新曲綫 New Curves | 用心雕刻每一本......
http://site.douban.com/110283/
http://weibo.com/nccpub

用心字里行间　雕刻名著经典

儿童品格的由来

社会性与人格发展

（第6版）

[美] 戴维·谢弗 著
陈会昌 译

人民邮电出版社
北 京

图书在版编目（CIP）数据

儿童品格的由来：社会性与人格发展：第6版 /（美）戴维·谢弗著；陈会昌译．— 北京：人民邮电出版社，2021.7（2023.12 重印）

ISBN 978-7-115-56716-1

Ⅰ．①儿…　Ⅱ．①戴…②陈…　Ⅲ．①儿童心理学－人格心理学　Ⅳ．① B844.1

中国版本图书馆 CIP 数据核字（2021）第 117100 号

Social and Personality Development, 6th Edition

David R. Shaffer

儿童品格的由来：社会性与人格发展（第 6 版）

◆ 著　　　　［美］戴维·谢弗

译　　　　陈会昌

策　　划　刘　力　陆　瑜

责任编辑　刘丽丽　赵延芹

装帧设计　陶建胜

◆ 人民邮电出版社出版发行　北京市丰台区成寿寺路 11 号

邮编　100164　电子邮件　315@ptpress.com.cn

网址　http://www.ptpress.com.cn

电话（编辑部）010-84931398　（市场部）010-84937152

三河市少明印务有限公司印刷

新华书店经销

◆ 开本：787 × 1092　1/16

印张：42.75

字数：776 千字　2021 年 8 月第 1 版　2023 年 12 月第 2 次印刷

定价：168.00 元

本书如有印装质量问题，请与本社联系　电话：(010) 84937152

内容提要

“社会性与人格发展”作为发展心理学的一门分支学科，近几十年来涌现出大量的实证研究，形成了若干重要的新理论。作为一门内容如此宽泛的学科，它涉及儿童的情绪、依恋、自我、同一性、性别角色、道德和社会化等非智力因素的发展及其影响源。这些主题都隶属于具有核心意义的个体心理特征范畴。*Social and Personality Development* 一书第 5 版的中译名为《社会性与人格发展》，为了使“社会性与人格”这一专业领域更通俗易懂，我们将第 6 版命名为《儿童品格的由来：社会性与人格发展》。

本书旨在向读者介绍这门学科当前的全貌，反映该领域大量重要的研究、影响广泛的理论和实践。全书分为三大编和一个结语章：第一编（第 1~3 章）讲述了本学科的取向和研究工具；第二编（第 4~10 章）聚焦于社会性与人格发展的“产品”或结果，包括个体的情绪、亲密关系、自我、性别类型化和性别角色、道德等方面的发展；第三编（第 11~13 章）探索了个体发展的“生态”环境和背景，即影响个体社会化的家庭和家庭之外的四种重要因素：电视、电脑、学校和同伴群体；最后，一个简短的结语（第 14 章）提醒读者有关社会性与人格发展的更大愿景，即该学科的核心主题和过程。

本书虽是一本兼具“专业性和科学性”的大部头书，内容浩繁，但是作者以读者为中心，语言平易、朴实、亲切，配有丰富的图表和拓展专栏，读起来更像一个故事，而不是一部百科全书。因此，它既适合发展心理学、教育心理学、学前教育学、家庭研究、婴幼儿护理、青少年犯罪学和体育心理学等专业的师生作为专业教科书，也适合作为相关职业的培训用书，还适合广大家长、幼儿教师、中小学教师和儿童品德教育工作者参考阅读。

作者简介

戴维·谢弗（David R. Shaffer），美国佐治亚大学的心理学荣誉教授，佐治亚大学本科课程前教导主任，毕生发展心理学与社会心理学课程前主任，曾给本科生和研究生教授毕生发展心理学课程35年。他发表的许多研究论文涉及诸如利他、态度与说服、道德发展、性别角色与社交行为、自我表露、社会心理学与法律等主题。他也曾担任《人格与社会心理学》杂志、《人格与社会学学报》和《人格》杂志的副主编。1990年，谢弗博士获得了Josiah Meigs杰出教学奖，这是佐治亚大学的最高教学荣誉。

译者序

作者在1979年出版本书第1版时曾宣告，“社会性与人格发展”作为“发展心理学”的一个分支独立出来的时代已经来临。自那之后的40年来，社会性与人格发展领域不仅出现了若干具有重要意义的新理论观点，而且大量实证研究呈几何级数增长。现在，“社会性与人格发展”已经实实在在地从“发展心理学”中独立出来了。

“社会性与人格发展”的独立是一种必然趋势。首先，自20世纪70年代起，发展心理学逐渐将其范围拓展到人的毕生发展，研究对象从过去的0~18岁的儿童青少年，扩展到从生命形成（精卵结合）到死亡的全程，研究范畴包括生理发育、认知发展、情感与社会性发展这三大领域。因此，无论从时间维度（年龄），还是从研究领域的角度来看，毕生发展心理学都是一门体量巨大的学科。那么，把这样一门体量巨大的学科进行分割，无论从理论上还是应用上都是必要的。

其次，第二次世界大战结束后，世界处于相对和平的状态，一些国家进入“后工业社会”，而另一些国家以“新兴国家”的面貌崛起。世界各国社会与经济的变迁，导致预期寿命延长和人口质量提高，催生了人们对战争年代被掩盖而当前得以大量显露的心理问题的关注。这些问题包括：儿童、青少年和成人的情绪情感发展，儿童和青少年的社会性发展，儿童和青少年良好人格的培养，儿童、青少年和成人形形色色的心理障碍和精神疾病，以及家庭、学校、电视、电脑和互联网等因素对儿童和青少年心理发展的影响，等等。由于社会的需要，针对上述问题，每年都有大量研究成果发表，其中包括越来越多的、生态效度较高的长时间的追踪研究。亟须一门分支学科对这些研究加以概括，给相关领域的实践工作者提供科学依据。

1979年，正是我考入上海师范大学攻读发展心理学专业研究生的时候。我的主攻方向是儿童的道德发展，接触了皮亚杰、科尔伯格、维果茨基、列昂节夫和包若维奇等人关于儿童道德发展的不少文献。虽然本书的第一版早在1979年就出版了，但当时的期刊文献中，关于儿童社会性的内容并不多。1987年，我到日本东京参加国际行为发展研究学会双年会时，情况发生了巨变，关于儿童社会性发展的发表物和关心此主题的研究者大大增加，关注儿童道德发展主题的研究者则变得寥寥无几。这次学术会议，是我转向儿童社会性与人格发展研究的一个重要驱动因素。

1979 年我刚涉足心理学研究时，我国的心理学事业与欧美发达国家的差距还很大，甚至与苏联、东欧国家的差距也不小。经过 40 年的努力追赶，这一差距正在逐步缩小。这种情况也反映在实践中。2000 年，我主持一项国家自然科学基金的推广项目——“幼儿社会化”研究时，多数家长对“社会化”既不了解，也不认可。当时，父母们感兴趣的主要是一些工具性的能力，如奥数、学业成绩或各种特殊技能，这和西方国家二十世纪五六十年代的情况相似。

但是最近几年，情况发生了变化。无论是幼儿教师还是幼儿父母，对幼儿的情感、社会性（俗称情商）都越来越关注，并且愿意在这方面投入成本。因此，《儿童品格的由来：社会性与人格发展》（第 6 版）的翻译出版，可谓正逢其时。

和第 5 版相比，第 6 版的内容有很多更新，新增小节、主题和较大段落达 71 处；新增参考文献 2500 篇，约占全部参考文献的四分之一。其中有些紧跟时代的主题，例如青少年使用互联网的问题，对中国和美国家庭教育方式及效果的比较，遗传与环境对儿童心理发展的影响，这些也是我国广大教育工作者和父母们所关心的。本书多处引用了我国心理学者的研究（也包括我本人的研究）。

本书是一本教材，可适用于发展心理学、教育心理学、学前教育学、家庭研究、婴幼儿护理、青少年犯罪学和体育心理学等专业的学生，还可用于与上述专业相关的职业培训。此外，本书也可作为广大家长、幼儿教师、中小学教师和儿童品德教育工作者阅读的参考书。虽然是专业教材，但其内容通俗易懂，紧密结合家庭和学校教育的实际，所有内容都以研究为依据，可信度高。

2012 年，本书英文第 5 版的中译本在我国出版，我和我的学生们承担了该版的翻译。第 6 版的翻译由我本人承担。除了新增内容外，对原有内容也做了重新翻译。在此，我向曾经参与第 5 版翻译工作的郭俊彬、张云运、高雯、王树青、张晓、李秀勋、彭晓明、张光珍、夏美萍、谷传华、王茜、贾秀珍和梁宗保致谢！

虽然我从事儿童青少年社会性与人格发展研究已近 40 年，但在专业术语的译名，尤其是西方儿童青少年中特有社会现象的描述方面，仍可能存有不同意见，译文的错讹之处也在所难免，祈望读者指正。

北京师范大学心理学部

陈会昌

简要目录

详细目录

第 9 章 攻击性和反社会行为 359

第 10 章 利他与道德发展 409

序　言

在本书第1版的序言中我曾说过：社会性与人格发展的研究已经成熟，希望我的书能够反映这一事实。显然，先前的假设被证明是正确的——这种正确性还反映在这样一个事实上：过去40多年间发生的信息爆炸，已使本书早期版本的内容变得陈旧。

本次我修订《儿童品格的由来：社会性与人格发展》的目的是：全面地向读者介绍这门学科当前的面貌，反映发展研究者提出的最优秀的理论、研究和实践。在多年的教学实践中，我尽力选择那些严谨的、以研究为基础，同时又令人感兴趣、观点正确、与时俱进、文笔简洁、语言精炼、学生容易理解的教材。我认为，一本好的教科书不应该高高在上，而应该像和读者交谈那样，期待着他们的兴趣、问题和关注点，把读者当作学习过程的积极参与者。一本好的、以"发展为主题"的教材也应强调发展变化的基础过程，使学生在学完一门课之后，能够深刻理解教材中讲到的各方面发展的原因和复杂性。最后，一本好教材应该是联系实际的教材，能够指出要求学生掌握的理论和研究如何应用到大量的现实生活当中。本版的修订反映了我为达到所有这些目标而做的努力。

哲学观

对待像社会性与人格发展这样一门如此宽泛的学科，一定的哲学观是必需的。我的哲学观可以归结为以下几点：

1. 我强调理论并信奉理论上的折中主义。这样做的原因很简单：社会性与人格发展研究现在已是相当成熟的学科，它之所以取得巨大进步，是因为众多研究者的努力，他们通过提出理论，系统地验证各种理论假设，告诉我们很多关于发展中的儿童的知识。这一研究领域有着非常丰富的理论传统，我们将一一回顾，它们都曾用重要的方式对我们理解社会性与人格发展做出过贡献。所以，本书并不想让读者相信，某一种理论观点是"最好的”。精神分析、行为主义、认知发展、社会信息加工、习性学、生态学、社会文化观与行为遗传学观（还有几种涉及发展的某些方面但不太全面的理论），都是值得尊重的。

2. 有关人类发展的最好的知识来自系统研究。要教好这门课，我认为必须让学生们相信理论和系统研究的价值。虽然达到这一目标的途径很多，但我采取的方法是，把当代发展心理学与“前科学”的起源加以比较，然后讨论并阐明多种方法论取向。研究者们就是用这些方法来检验理论并回答发展中的儿童和青少年的重要问题的。我着重解释了社会性与人格发展研究没有一种方法是“最好的”原因，同时我反复强调，最可信的知识都是可以用许多方法重复验证其结果的知识。
3. 我倡导强大的“过程”取向。我对众多发展教材的主要看法是，它们只描述人的发展，并没有充分地解释发展为什么会发生。近年来，研究者越来越关注查明并解释发展过程，也就是那些使人发生变化的生物因素和环境因素，本书明确地反映了这一重点。我自己的“过程”取向基于这样的信念：如果学生知道并理解了导致发展的原因，就更容易记住什么在何时得到了发展。
4. 我也提倡“背景”取向。发展研究者积累的重要经验之一是，儿童和青少年生活在影响其各方面发展的历史时代和社会文化背景中。我主要以三种方式强调了这些背景的影响。首先，全书贯穿着对跨文化比较的讨论。学生不仅乐于了解其他文化和各族裔亚文化中人们的发展，而且跨文化研究有助于他们理解人类何以如此相似又如此不同。此外，本书还考虑到家庭、邻里、学校和同伴群体这些直接背景的影响：（1）前 10 章对这些影响的讨论贯穿于社会性与人格发展的各个重要方面；（2）在第 11~13 章，将这些背景作为重要的主题展开论述。
5. 人的发展是一个整体过程。每个研究者可能集中考察一些特定的课题，如身体发育、认知发展、情绪发展和道德推理的发展等；但发展不是支离的、零碎的，而是整体性的：人同时是生理、认知、社会性和情绪的生物，而且在“自我”的这些组成部分中，每一部分都在一定程度上依赖于其他领域的发展。显然，这是一本很“专业”的书，它主要聚焦于发展的社会性和情绪方面。但是，在我所涉及的社会性与人格发展的每个方面，我都会通过强调生物、认知、社会和环境影响的交互作用，努力描绘出一幅儿童和青少年的完整肖像。
6. 对学生来说，一本发展心理学教材应该是反映当前知识的资料库。我选择了 600 多篇新近的研究报告和综述（都是本书第 5 版以后发表的），以确保我写的东西，包括学生课外阅读的资料，能够代表当前我们对一个或多个主题的认识。但我也尽量避免教材中的常见倾向，不会因为一些研究比较久远就忽略它们。社会性与人格发展的很多“经典”知识在教材里都被突出呈现，以阐明那些重要突破，也说明我们关于儿童和青少年的知识是在这些早期发现和见解的基础上逐步形成的。

内 容

虽然本书没有被正式分为几编，但还是可以按这种方式来看它。前 3 章（可称为第一编）讲述了本学科的取向和研究工具，包括研究方法（第 1 章），对社会性与人格发展的经典理论（第 2 章）和新近理论（第 3 章）要点的回顾。本书的一个重要特征是，对每一种研究方法和主要理论传统的贡献及局限性都作了分析。

第 4~10 章（可看作第二编）聚焦于社会性与人格发展的“产品”或结果，包括情绪发展（第 4 章），亲密关系的建立及其对后期发展的作用（第 5 章），自我的发展（第 6 章），成就（第 7 章），性别差异和性别角色发展（第 8 章），攻击性和反社会行为（第 9 章），利他与道德发展（第 10 章）。

本书第三编探索了人在其中获得发展、可称为发展“生态”的环境和背景。这一编的重点是作为社会化影响源的家庭（第 11 章）以及家庭之外的四种重要影响：电视、电脑、学校教育（第 12 章）和儿童的同伴群体（第 13 章）。

最后，一个简短的结语（第 14 章）用以提醒读者有关社会性与人格发展的更大愿景，即社会性与人格发展的核心主题和过程。我希望学生能把这些知识牢记在心，用它们指导自己与儿童和青少年的交流，哪怕他们会忘记学过的很多很多研究，但是这些重要的指导原则却始终散发着光芒。

本版的新内容

第 6 版在看待理论、实证和实践问题上有很多重要变化，增加了一些当今的前沿论题。概括来说，这些变化包括：（1）加强了对文化、亚文化和历史影响的关注，强调了经济不利因素对儿童发展的影响；（2）更加聚焦于发展中的生物与环境因素的交互作用；（3）强调并反复说明了发展结果取决于人与社会环境间的“良好匹配”；（4）更强调良好的同伴关系与高质量友谊的重要性（以及作为社会化影响源的家庭与同伴之间的相互作用)；(5)拓展了青少年期发展的内容。大幅度地更新了实证研究文献，过去十多年间发表的文献占很大比例，其中大部分是 2003 年以后发表的，当时本书第 5 版正在出版中。

总之，针对每一章，我都做了认真的修订和更新，增加了反映本学科当前趋势的新论题。为了增加新内容，我精简或重新组织了其他一些论题，一定程度上放弃了那些已被新证据证明过时的内容。下面列出了本版书中变化的一小部分例子：

- 对越来越受欢迎的“日记研究”法的介绍(第 1 章)
- 增加了社会性发展的人种学研究实例(第 1 章)
- 增加了心理生理学方法的新内容(第 1 章)
- 增加了用微观发生学方法研究社会性发展的新例子(第 1 章)
- 关于婴儿期和学步儿期效仿与模仿学习的新研究(第 2 章)
- 关于镜像神经元是新生儿模仿能力之可能机制的讨论(第 2 章)
- 布朗芬布伦纳环境系统实例的更新(第 3 章)
- 关于学前儿童对他人行为的类特质推理能力的新发现(第 3 章)
- 关于镜像神经元是早期共情反应之可能机制的讨论(第 3 章)
- 扩展了关于婴儿期和学步儿期情绪理解与社交参照的内容(第 4 章)
- 关于混合情绪及其与道德发展关系的新内容(第 4 章)
- 关于父母对情绪理解影响的一节新内容(第 4 章)
- 更新了关于行为抑制性的稳定性和父母对抑制性影响的内容(第 4 章)
- 介绍努力控制作为一种气质组成部分，与儿童学习和社交胜任力关系的新专栏(第 4 章)
- 对混乱型 / 无方向型依恋起源的新发现(第 5 章)
- 关于安全型和不安全型依恋之长远意义的新内容(第 5 章)
- 关于严重社交剥夺对儿童发展影响的较大修订，包括社交剥夺儿童之复原前景的新观点(第 5 章)
- 对不同照护方式、早期社会性与情绪发展以及后期问题行为之间关系的重大更新(第 5 章)
- 关于共同注意对婴儿自我概念发展影响的新研究(第 6 章)
- 关于先前的社会认知对儿童的信念 – 愿望心理理论影响的新内容(第 6 章)
- 关于父母对子女解读心理技能影响的新发现(第 6 章)
- 研究表明，稳定的自尊感是促进大多数幼儿积极发展的宝贵资源，而不仅

是积极生活经验的反映（第 6 章）
- 关于种族同一性的形成及其相关因素的拓展内容（第 6 章）
- 关于小班幼儿能够做出适当的类特质推理的新证据（第 6 章）
- 关于父母和兄弟姐妹对儿童角色采择技能都有影响的一节新内容（第 6 章）
- 更多地注意到儿童偏见态度和行为的起源和基础，以及克服或减轻偏见的干预项目（第 6 章）
- 关于目标设定与学业成绩的新研究（第 7 章）
- 预防习得性无助的一种新的有效干预措施（第 7 章）
- 关于文化对成就影响的新内容（第 7 章）
- 关于同伴对学业成绩影响的更多讨论（第 7 章）
- 新研究表明，家庭对儿童成就的影响，环境作用大于遗传（第 7 章）
- 关于父母期望与儿童成就行为的一节重要内容（第 7 章）
- 关于冒险行为、数学学习方面的性别差异（或无差异），以及基于此的需要数学背景的职业发展的性别差异（第 8 章）
- 对进化理论中关于性别类型化的“社会角色”假说的更多评论（第 8 章）
- 研究发现的性别同一性的新成分及其对儿童和青少年期心理健康的影响（第 8 章）
- 关于互联网对青少年寻求性别同一性之影响的新内容（第 8 章）
- 对青少年性行为和未婚生育减少之原因的详细考察（第 8 章）
- 关于攻击性的社会学习和社会信息加工理论的新内容（第 9 章）
- 关于互联网欺凌和被欺凌的新研究（第 9 章）
- 关于同伴对反社会行为影响的新内容（第 9 章）
- 关于攻击性性别差异发展过程的新发现（第 9 章）
- 关于生物因素对攻击性和反社会行为影响的重要内容（第 9 章）
- 关于婚姻冲突对儿童攻击性和内化障碍影响的新研究（第 9 章）
- 关于家庭对男孩和女孩反社会行为的不同影响的研究结果（第 9 章）
- 新证据表明，政治上普及的补救青少年罪犯的措施可能弊大于利（第 9 章）
- 更多关于预防校园攻击性和暴力的干预项目内容（第 9 章）
- 遗传对亲社会行为影响的新内容（第 10 章）
- 对青少年志愿服务及其对亲社会性心理特征影响的新研究（第 10 章）
- 关于学步儿道德意识发展的重要更新，包括关于早期道德意识的组成成分的研究（第 10 章）
- 介绍了道德言行不一的概念，以解释道德推理与道德行为之间的诸多不一

致（第 10 章）

- 增加了行为控制和心理控制对发展影响的内容（第 11 章）
- 新研究显示的遗传对父母教养方式的影响（第 11 章）
- 关于促进青少年期的健康自主性结果的新发现（第 11 章）
- 新增专栏，考察了富裕家庭父母的教养方式和子女通常表现出的适应困难（第 11 章）
- 更多地关注了儿童与兄弟姐妹共同生活面临的不利条件（第 11 章）
- 关于离异家庭儿童的适应困难是否具有遗传起源的新研究（第 11 章）
- 证据显示，基因型影响儿童对遭受虐待的长期反应（第 11 章）
- 关于儿童虐待的布根塔尔社会认知模型及其对预防性干预之意义的新内容（第 11 章）
- 商业性电视节目对年轻女孩身体意象之负面影响的证据（第 12 章）
- 关于上网对儿童和青少年潜在的积极和消极影响的大量新内容（第 12 章）
- 给父母的建议，以限制上网产生的潜在消极影响（第 12 章）
- 关于有效学校教育决定因素的更多内容（第 12 章）
- 关于参加课外活动对青少年发展之影响的新研究（第 12 章）
- 研究显示，学前班过渡项目促进了父母对儿童学习活动的参与性且有助于儿童的学业成绩（第 12 章）
- 有关美国儿童在国家成绩单中表现的最新资料（第 12 章）
- 对美国联邦法案《不让一个孩子掉队》的初步评估（第 12 章）
- 证据显示，6~10 个月大的婴儿就有明确的同伴偏好（第 13 章）
- 更多地关注了跨性别友谊的演变和发展，以及青少年约会关系的形成和机能（第 13 章）
- 新研究揭示出，个体的社会测量地位对心理适应的因果影响（第 13 章）
- 新增一节内容：影响社会测量地位的年龄因素（第 13 章）
- 新近研究揭示的有关亲密友谊的优势和潜在劣势（第 13 章）

写作风格

我的目标是写一本这样的教材：把读者视为正在和我进行讨论的积极参与者。在写作上我尝试采用相对非正式的、接地气的方式，更多地通过提问和思考问题，以及大量的其他练习，来激发学生的兴趣和参与性。多数章节在我的学生中预先进行过尝试性教学，他们为澄清问题提出了许多有益的意见，并提供了一些类比和轶事，我在介绍和讲解复杂理论时用到了这些例子。因此，在我的这些“学生评论家”大力的帮助下，我尝试写了这样一本书：它内容浩繁、具有挑战性；但读起来它更像一个故事，而不是一部百科全书。

特　色

本书作为教科书，其教学法的特色在第 6 版中得以大大扩展。该特色重在激发学生的兴趣，鼓励参与，使教材更容易掌握，主要表现在以下方面：

- 提纲和每章小结。每章开头的提纲和简要介绍有助于读者提前了解本章将要讲述的内容。每章小结根据各章的重点内容和关键术语进行组织，使读者能快速浏览每一章的重点主题。
- 小标题。书中使用了大量的小标题，使教材内容井然有序，分成容易掌握的小版块。
- 专业术语表。专业术语表提供了书中以黑体字出现的 400 多个重要术语的定义。本书结尾处附有完整的术语表。
- 专栏。每章都包含三四个专栏，旨在吸引读者注意重要的问题、思想或应用。专栏的目的是对所选论题进行更详细、更个性化的检验，同时激发读者思考相关的问题、争议和实践。其中一些专栏是本版新增加的，对原有的大多数专栏我们根据现有的新研究成果进行了更新。专栏分五种类型：（1）文化影响，考察文化、亚文化或其他社会环境对儿童和青少年发展的某些方面的影响（如“愤怒和羞愧表达的文化差异”）；（2）研究聚焦，讨论能说明发展原因或个体差异的一项研究或系列性相关研究（如“为什么女孩比男孩更具攻击性”）；（3）当前争论，介绍当前的热点争议（如“同伴比父母更重要吗？”）；（4）发展问题，考察各种对发展具有重大意义的主题或过程（如“团伙与反社会行为”）；（5）发展研究的应用，侧重于运用我们已知的知识来优化发展（如“促进照护者的敏感性和安全的母婴依恋”）。这些专栏都被认真编排进各章节中，用来强调本书的核心论题。
- 插图。本书附有大量图片和图表。虽然这一特色设计的目的是提供视觉信息以减轻读者的疲劳感，保持学生的兴趣，但它们不只是装饰。所有视觉辅助材料，都是为了说明重要的原理和研究结果，从而达到教学目标。

致　谢

像本书这样大的工程，在策划和制作的过程中，许多人给予了不可估量的帮助。我特别向以下专家评审们表达我的感谢，他们审读了第 6 版书稿，提出了很多建设性的、有见地的意见和建议：Christia Spears Brown, University of California, Los Angeles; Keith Happaney, Lehman College, CUNY; Jon Hixon, Buena Vista University; Ravisha Mathur, San Jose State University; and Ashley Maynard, University of Hawaii。

特别感谢 Pam Riddle，他在美国佐治亚大学负责整理和准备手稿以及《教师手册》。我发自内心地感谢这位出色的同事为我所做的不懈努力。

在《儿童品格的由来：社会性与人格发展》第 6 版的出版过程中，圣智出版公司的同仁表现出了高超的技术和专业精神，我再次向他们致谢。我最想对其表达谢意的是本书的编辑 Jill Pellarin，他技术高超，编辑工作一丝不苟。我还要感谢 Roberta Broyer 为本书版权所做的工作；Patrick Devine 凭借其天赋为本书所做的创造性的设计工作；Susan Lawson 为使本书内容更生动有趣所负责的图片工作。最后，感谢制作索引的 Cheryl Duksta，以及麦克米伦公司的 Charlene Carpentier 和 Lynn Lustberg，他们努力协调这些重要贡献者的工作，以高超的技术和效率使本书得以面世。

最后，感谢责任编辑 Michele Sordi，她对本项目价值的坚信，以及在获取资源方面的努力，极大地改进了本书的设计，在此对她表达深深的感激之情。

第1章

概　论

普适父母机——一项思想实验

社会性与人格发展的历史观

　前现代化时代的儿童期

　儿童成为研究对象：婴儿传记

　儿童心理学的产生

　理论在科学研究中的作用

关于人的发展的问题和争论

　关于人性的早期哲学观

　天性对教养

　主动性对被动性

　连续性对不连续性

　发展是普遍性的还是特定性的

研究方法

　科学方法

　收集资料：发现事实的基本方法

查明关系：相关设计和实验设计

　相关设计

　实验设计

　自然实验（或准实验）

发展研究设计

　横断设计

　追踪设计

　序列设计

　微观发生学设计

跨文化比较

附言：做发展研究的明智受益者

本章要点

至今我还记得我是怎么决定选学心理学专业的。在高三第一个学期，我对医学、化学、动物学和海洋学均略有涉猎，但是还不能肯定投身于哪个领域。也许，在那个决定命运的秋季注册日，促使我走向心理学注册桌前的一件最重要的事，就是在此之前 18 个月我侄女的出生。

这个小女孩让我着了迷。我惊奇地发现，她在 18 个月的时候，就已经能十分娴熟地与人沟通了。但有一件事又让我迷惑不解，在她 5 个月的时候，我俩就好像老朋友一般；可是 9 个月后，我放暑假回家，她对我却警觉了起来。这个正在学步的小姑娘能说出很多物品、动物和人（好多是电视里的人物）的名字，她特别喜欢某些人，尤其是妈妈和奶奶。在我看来，她在以自己的方式"变成人"，这激起了我浓厚的兴趣。

研究人类**发展**（development）30 多年后，我比以往更加确信，我所谓的"变成人"的过程，在某些方面是很不寻常的。我们来看人生的起点。一个新生儿，往往被父母看成是可爱的、令人想去搂抱的、讨人喜欢的，但本质上是个一无所知、依赖别人、偶尔闹人的小生灵。新生儿没有偏见或先入之见；他们不会说话；他们不遵守别人制定的规则；有时候他们好像就是为下一次吃奶而活着。不难理解，为什么约翰 · 洛克会把新生儿说成是可以接受任何经验的一块白板（John Locke, 1690/1913）。

欧文·柴尔德（Child, 1954, p. 655）指出，无论儿童有多少可供选择的行为，他或她"被引导而做出的实际行为总是被限制在一个相当窄的范围——符合其所在群体标准的习惯且可接受的范围。"确实是这样，英国儿童学说英语，法国儿童学法语。犹太儿童通常讨厌猪肉，印度教徒不吃被奉为神圣的牛肉，而基督教徒则知道这些食物都可以吃。美国儿童被教育，有朝一日，他们要在领导人选举中扮演积极角色；而约旦和沙特阿拉伯儿童则知道，他们的统治者认为这一角色是与生俱来的。在美国某些地方长大的儿童喜欢广场舞和乡村音乐，而生活在另一些地方的儿童则喜欢街舞和打击乐。一些儿童被允许"质疑"父母说的话；另一些儿童从小就被教导说，要无条件地听大人的话。总之，儿童是按照他们所在的文化、亚文化和家庭的习惯和方向来发展的。

我在前面说的"变成人"，其实就是**社会化**（socialization），即儿童习得其他社会成员认为重要且恰当的观念、行为和价值观的过程。每一代人的社会化都至少通过三种方式给社会带来好处。第一，社会化是一种行为调节方式。我猜想，对强奸、抢劫和谋杀的惩罚，可能并不是遏制这些可憎行为最重要的因素。我们中的任何一个人都可能在外面抢别人的钱包，从中拿走几块钱而不会被抓。但是，我们为什么不去抢劫一个弱小的老太太，或者去干那些风险低但是为社会所不齿的事情呢？那可能是因为，对反社会行为的控制在很大程度上是个人的事，它产生于道德标准——对与错或是与非之中；是我们在与父母、教师、同伴和其他社会化影响源互动中习得的。第二，社会化过程有助于促进个人成长。当儿童与他们所在文化中的其他人互动、变得越来越像那些人的时候，就获得很多知识、技能、动机和抱负，使其能在社会上有效地生活。第三，社会化还使社会秩序得以延续。社会化的儿童变成社会化的成人，又把他们学到的东西传授给自己的孩子。

每学年的第一堂课上，我都让学生用大约50个词写出自己选择“社会性与人格发展”课程的主要理由。一位理解力很强的大二学生写道：“我想知道，为什么我们大家彼此这么相像，同时我们之间又如此不同。”显然，人类在一些方面彼此相像，是因为我们作为同一物种的成员，享有共同的、沿着一条相似路径引导发展的进化遗产。其次，生活在任何特定文化或亚文化中的人们，都被鼓励接受相似的标准和价值观。当然，下面的话也没错，没有两个人完全一样，每个人都有自己独特的个性。为什么会这样？一个重要原因是，除了同卵双生子，任何两个人都不会遗传到完全相同的基因。导致我们的“独特”的第二个重要原因是，每个个体，即便在同一个家庭长大的同卵双生子，在成长过程中都有不同的经历（有时是令人惊讶的不同）。所以，社会性与人格发展所反映的东西，远多于遗传程序的表达，或文化对个体的影响。更准确地说，社会、文化和生物影响长期、复杂地相互作用，它使我们人类在某些方面相似，而在其他许多方面又彼此非常不同。

普适父母机——一项思想实验

琼斯、亨德里克和爱泼斯坦（Jones, Hendrick, & Epstein, 1979）曾经描述了一项有趣的思想实验，它涉及本书将要讲到的主要问题。他们给这项假想实验起名为“普适父母机”（Universal Parenting Machine），并作了如下描述：

> 假设六个婴儿一出生就被放进一台“普适父母机”。为了使假想情节更生动，我们假设三个婴儿是男孩，三个是女孩。这台普适父母机是……一个封闭的装置，拥有先进机械和技术，从婴儿出生到成熟，它一直能满足所有婴儿的生理需要。普适父母机最关键的特点是，它的设计使这些婴儿在18岁以前除了彼此之间互相接触外，不和其他人接触。确切地说，他们甚至不知道还有其他人存在（p. 52）。

现在请想象，普适父母机的创造是在我们的技术能力范围之内的。让我们假设，普适父母机可以创造出当代“伊甸园”，里面到处是花草树木，鸟语花香，有光亮透明的圆顶房子，我们的实验儿童可以接触到风雨变化，感受到日月星辰的运动。换句话说，努力想象我们已经模拟了一个与真实世界相似的令人愉悦的场所，但它可能缺少至少一个重要特征：我们忽略了其他所有人，也就是文化。让六个婴儿生活在这种环境中，对于他们的发展，我们有很多问题要问，这里只列举出几个：

- 一个最基本的问题：这些孩子会彼此互动，成为社会人吗？如果他们会，那就要问另外几个问题。
- 这些孩子会爱别人、依赖别人或形成稳固的友谊关系吗？
- 这些孩子会说话吗？或者会用其他有效方法交流复杂想法吗？
- 这种环境能提供儿童智力发展所需的刺激，使他们能够表达复杂的思想吗？
- 这些孩子能形成性别角色、成为在性方面成熟的人吗？
- 这些孩子会产生对自己成就的自豪感吗（当然，假设他们能独立完成一些有意义的事情）？
- 这些孩子的互动是友善的（在团结、合作和利他精神指引下）还是好战的（敌对的和攻击的）？
- 这些孩子会形成善与恶、好与坏的标准来规范他们的日常互动吗？

这项实验的结果会如何？很难说，因为从来没有人做过这样的研究，而且根据现行的伦理原则也不可能做。它是一项思想实验，在我们有关社会性与人格发展的知识的帮助下，没有什么能妨碍我们推测可能的结果。

前面说到，一个社会化的人是习得了其所在文化认为恰当的观念、价值观和行为的人。儿童怎么成为社会化的人？一种观点认为，儿童是由他们所在的文化塑造的。从这个观点的字面意思来看，我们可以预测，在缺乏一般的社会结构的情况下，那六个实验儿童顶多会变成半人类。而硬币的反面是，文化是由人来形成的。所以可以想象，这六个儿童会以充分的主动性互相交往，形成紧密的情感联结，创建他们自己的小文化，设立一套规则或习惯来规范其交往。虽然这种假设看上去不太可能，但至少存在一个案例，那是第二次世界大战时德国集中营里由一些犹太战争孤儿组成的小群体。在没有成人指导的情况下，他们形成了自己的“社会”（Freud & Dann, 1951）。我们将在第 13 章详细介绍这种有趣的“只有同伴”的文化。

当然，我们不敢肯定在普适父母机抚养下的婴儿，会像年幼的战争孤儿那样，建立相同的社会秩序。而且，那些战争孤儿年幼时曾经在成人社会中生活，所以他们几乎不能提供什么线索来说明，我们的实验儿童最后会变成什么样的人。那么，关于这项实验的结果，我们靠什么来做出预测呢？一种可能是参考已有的社会性与人格发展理论，看看能从中得出什么。

现在有几种理论可以来检验，每种都对儿童及其发展方式提出了假说。下一节，我们就要把理论家们关于人性和人的发展特点的不同假设加以比较。我们的理论概述可见第 2 章和第 3 章，在这两章，我们要深入探讨有关社会性与人格发展的经典理论和现代理论。

在审视了这些主要理论之后，我们将聚焦于情绪发展及其与社会生活其他方面的关系，包括儿童最早的人际关系。你们可能已经注意到，很小的婴儿就会缠在妈妈身边，如果离开这个亲密同伴，他们就会大声表达出自己的痛苦。为什么或者在什么情况下，他们会感到这种痛苦？它会怎样影响婴儿对陌生人的反应？儿童怎样学会调节和控制消极情绪？这些只是第 4 章将要探讨的婴儿、学步儿、儿童和青少年情感生活的少数几个问题。

第 5 章集中讨论了其他重要问题。婴儿怎样与母亲或其他亲密伙伴形成密切的关系？如果儿童在两三岁时没有形成对成人照护者的安全依恋，在他们身上会发生什么？对这些问题的回答，特别是后一个问题的回答，可以提供关于没有成人、只由普适父母机养育的儿童的一些思考。

在社交互动和寻求他人的注意或赞同方面，人与人之间显然不一样。一些人可以说是孤独者，另一些人则对人友好，喜欢社交。这两类人在社交性上有所不同，或者说他们对别人在场、注意和接纳自己的重视不同。能力是人与人之间差异的另一个方面。有些人获得成就时非常自豪，取得成就的动机也很强。另一些人对自己能不能取得成就或将来能取得什么成就并不太关心。那六个实验儿童会看重别人是否在场、是否注意和赞同自己吗？他们会形成成就动机吗？回顾一下影响儿童社交性、成就动机和成就行为的因素，将会帮助我们做出回答。这些是第 6 章和第 7 章要讨论的话题，即探讨自我的发展和人的成就倾向的发展。

前面曾经说，在选择实验儿童的时候，我们按照性别做了平衡（三男三女）。到最后，他们会以性别为基础出现分化吗？他们会不会形成男子气和女子气，并且从事不同的活动？他们会不会成为性成熟的人？我们有理由预测，对所有这些问题，回答都是肯定的，毕竟，性别是一种生物属性。但是我们应该谨记，性别角色和性别行为标准定会受到社会价值观和风俗的影响。因此，这六个实验儿童的性别类型化和性行为可能既有赖于他们的生物学遗传，也依赖于他们创建了什么样的社会秩序。性别类型化和性别角色行为的决定因素将在第 8 章探讨。

前面我曾问过一个问题，六个实验儿童之间的互动是友好的还是好斗的。在一般家庭环境中长大的儿童，这两种行为都会有。但是别忘了，普适父母机提供的社会化经验很难与一般家庭相同。如果我们拥有在正常环境中成长的儿童的攻击性和利他行为发展的一些资料，就能对实验儿童在互动中的积极与消极特征做出一些有根据的推测。影响儿童攻击性与反社会行为的因素将在第 9 章讨论。利他性与亲社会行为（慷慨、同情、助人与合作）将在第 10 章讨论。

当然，人类能在有秩序的社会中共同生存，一个主要原因是他们制定出法律与道德规则，用以区分对错，规范日常互动。儿童是怎样习得这些道德原则的？父母、教师、同伴和其他社会化影响源在儿童道德发展中起着怎样的作用？对这些问题的回答可以提供一些线索，告诉我们由普适父母机抚养的儿童形成自己的道德规则的可能性。道德发展将是第 10 章的重点。

由于这六个实验儿童是由机器养育的，所以他们不会生活在由妈妈、爸爸和几个兄弟姐妹组成的核心家庭。缺乏家庭关系和家庭影响对他们的发展会产生什么影响？在第 11 章介绍了社会化影响源“家庭”之后，也许我们会得到关于该问题的一些启示。

从儿童期到青少年期，家庭对年轻人的发展有巨大影响，但这只是在其他社会影响源开始施加影响之前的事情。例如，当婴儿和学步儿的家长因工作把他们放在某类托幼机构的时候，他们就要频繁地处在变换的照护者和新玩伴中间。即使这些学步儿一直在家里长大，一旦他们形成了对电视和电脑技术的兴趣，很快就能了解大量关于外部世界的事情。在西方社会，到六七岁时，孩子们都要走出家门去学校，这种环境要求他们适应新的权威人士——学校老师的要求，并且跟像他们一样的其他小朋友有效互动。看电视、玩电脑和接受正规的学校教育会以任何有意义的方式对人的品质产生影响吗？游戏伙伴和同伴群体对儿童、青少年的社会性与人格发展有重要影响吗？回答这些问题对那六个实验儿童的发展显然很重要，因为他们不接触电子媒体，除了同伴也没有其他人陪伴。这样，我们对社会性与人格发展的阐述，将在深入讨论“家庭之外”的主要社会化影响源——电视、电脑和学校教育（第 12 章）以及儿童的同伴群体（第 13 章）之后做出总结。

总之，没有人能确切地指出由普适父母机抚养的儿童最后是怎样的。毕竟在这一问题上还没有实证的先例。本书不会进一步详细分析那些假设儿童的未来会怎样，但你可能想记住他们，在我们审视社会性与人格发展的主要理论，回顾过去 90 年积累的关于儿童与青少年的研究文献时，对他们的未来做出一些有根据的猜测。讨论一开始，我们先简要介绍科学家是怎样对社会化过程产生兴趣的，他们为什么把理论启发下的实证研究作为获取人的发展知识的优选方法。

社会性与人格发展的历史观

前现代化时代的儿童期

儿童期和青少年期并非一直如当今我们所知道的那样，被视作特殊而敏感的时期。在有文字记载的历史早期，儿童很少有什么权利，他们的生活也并非总是受到成人的重视。例如，考古学研究显示，公元前 7000 年以前，儿童往往作为宗教祭品而被杀害，有时被埋在建筑物的墙壁里，使这些建筑更“牢固”（Bjorklund & Bjorklund, 1992）。直到公元 4 世纪，罗马的父母还能以各种名义合法地杀死其有残疾的、私生的或不想要的婴儿；甚至在这种故意杀婴行为被宣布为非法之后，父母不想要的婴儿仍会被抛弃在荒郊野外而死去，或长到儿童中期被卖为奴隶（deMause, 1974）。

历史学家菲利普·艾利斯（Aries, 1962）分析了中世纪欧洲的文献和绘画，得出结论，在 1600 年以前，欧洲社会很少有或没有我们现在所说的儿童期概念。中世纪的儿童被耐心抚养到会吃饭、穿衣和洗澡，但较少受到成人的宠爱（Aries, 1962; deMause, 1974）。6 岁左右，儿童便穿上了小尺寸的大人衣服。在绘画作品中，他们的形象往往是在商店或田野上跟着成人（往往是关系密切者）劳作，或在聚会和狂欢节上与成人一起饮酒寻欢。除了婴儿和学步期儿童被免除罪责之外，中世纪的法律在对待儿童和成人的犯罪上没有什么区别

图片 1.1　中世纪儿童通常穿戴得像个小大人，有时也会被像小大人一样对待。

（Borstelmann, 1983; Kean, 1937）。

17~18 世纪，人们对儿童和儿童养育的态度开始发生变化。当时的宗教领袖说，儿童是上帝创造物中的弱者，要庇护他们远离成人的野蛮放纵行为，同时也要改变他们自身的顽皮、邪恶行为。达到这一目标的方法之一是把儿童送到学校。学校教育的最初目的是使儿童有教养，让他们接受适当的道德和宗教教育，但是后来人们意识到，还应该教给儿童一些重要的辅助技能，如读书写字，使这些天真孩童变成"仆人和劳工"，为社会提供"好劳力"（Aries, 1962, p. 10）。至此，儿童仍被看成家庭的所有物，但社会劝阻父母虐待他们的子女，并促使他们给孩子更多的温暖和爱（Aries, 1962; Despert, 1965）。

儿童成为研究对象：婴儿传记

系统地研究儿童的第一缕曙光可以追溯到 19 世纪末期。当时，具有不同学术背景的研究者开始观察他们自己子女的发展，并将这些数据以**婴儿传记**（baby biographies）的形式进行发表。

影响最大的当属查尔斯·达尔文所写的婴儿传记，这是记录他儿子早期发展的日记（Darwin, 1877；亦参见 Charlesworth, 1992）。达尔文对儿童发展的好奇心源于他早期的进化论。很简单，他相信年幼的、未经教化的婴儿与尚未进化为人类的远祖有很多相同特征，因此提出了（现在受到质疑的）复演律，即个体从一个简单的受精卵发育成一个像年轻成人一样无比复杂、能够思维的人，这一过程重复着人类这一物种的全部进化史，说明了“人的复演”。因此，达尔文和他同时代的很多人都把婴儿传记看成回答人类进化过程这一问题的手段。

很遗憾，婴儿传记作为科学著作还有很多需要改进的地方。很多人为写婴儿传记所做的观察是不定期进行的，而且不同的婴儿传记作者强调自己孩子行为的不同方面。因此,不同的婴儿传记作者提供的资料往往无法作比较。此外，婴儿传记研究中的观察者一般都是为孩子感到自豪的父母，他们可能选择性地记下那些令人高兴的、正面的事情，而忽略了那些令人不快的、负面的情节。最后，几乎每一部婴儿传记都是基于对一个孩子的观察，我们很难知道以个案为基础得出的结论是否适合其他儿童。

虽然婴儿传记有这些缺陷，但它是向正确方向迈出的一步。像达尔文这样的大科学家也曾写过关于儿童发展的著作，这一事实足以说明，人的发展是具有科学研究价值的论题。

儿童心理学的产生

各个学术领域的入门教材一般都要推举一位该学科的“奠基人”。在发展心理学领域，有几位影响巨大的先驱者值得获此殊荣。迄今为止，在发展心理学中最常被提及的奠基人是 G. 斯坦利・霍尔（G. Stanley Hall）。

霍尔清楚地意识到了基于儿童个案的婴儿传记的缺点，于是，他于 19 世纪末收集了更多大样本的客观资料。霍尔对儿童的思维特点尤其感兴趣，他设计出了现在为人所共知的研究工具——问卷，来“发现儿童心理的内容”（Hall, 1891）。他发现，儿童对周围事物的理解在整个儿童期进步很快，但年幼儿童的“逻辑”并不怎么符合逻辑。霍尔后来写了一部影响很大的著作《青少年期》（1904），这是呼吁把青少年期看成一生中的一个独特时期的首部著作（见专栏 1.1）。霍尔是对成长中的年轻人进行大规模科学研究的开山鼻祖，所以他被视为发展心理学的奠基人（White, 1992）。

图片 1.2 美国心理学家 G. 斯坦利・霍尔（1844—1924）被认为是发展心理学的奠基者之一。

专栏 1.1 文化影响

“发现”青少年期

现代的儿童期概念可追溯到 18 世纪，但是青少年期被正式看作一生中的独特时期，却是较晚的事情，大约在 20 世纪初（Hall, 1904）。具有讽刺意味的是，西方社会的工业大潮可能是导致“发现”青少年期的最主要事件。大量移民涌入工业化国家，并从事那些先前由儿童和青少年做的工作，年轻人因此变成了经济债务而不是资产，或者像有人所说的：“从经济上看无价值，但情感上是无价的”（Zelizer, 转引自 Remley, 1988）。此外，日趋复杂的工业操作技术使得受过教育的劳动力更受重视，所以到 19 世纪末，法律开始限制童工，并强制性地要求他们入学读书（Kett, 1977）。于是突然之间，青少年要花很多时间和同伴相处，而和成人分离。他们整天泡在朋友中间，形成了自己丰富多彩的“同伴文化”，十几岁的少男少女被视为一个独特的群体，他们告别了天真烂漫的童年，却没准备好要承担成年人的责任（Hall, 1904）。

在一些文化中，个体从青春期开始就进入成年期，青少年被期望担负起成人的责任。

第二次世界大战后，随着越来越多的高中毕业生推迟结婚和就业而选择去读大学或研究生，青少年期得以扩展。如今，青年人把参加成人工作的时间推迟到二十五六岁已不再稀奇（Hartung & Sweeney, 1991; Vobejda, 1991）。而社会之所以能容忍这种“延长的青少年期”，是因为它需要员工接受更多的专业训练，以胜任他们选择的职业（Elder, Liker, & Cross, 1984）。

有趣的是，世界上很多文化并不把青少年期看成一个独特阶段。例如，圣劳伦斯的爱斯基摩人对男孩与男人（或女孩与女人）加以简单区分，他们遵循许多无文字社会的传统，认为个体在青春期就进入了成年期（Keith, 1985）。另一些文化对人生的描述则比我们复杂得多。例如，东非的阿拉沙人（Arasha），男人至少有六个有意义的年龄阶段：青年、年轻勇士、年长勇士、年轻长者、年长的长者、退休老人。

年龄在不同时代和不同文化下具有不同意义，这一事实反映了本书已提到并将反复强调的一个基本事实：在某一历史或文化背景下的人的发展路径，与另一时代或文化背景下的发展路径不同，而且有本质的不同。除了生物因素与人类种族的联系之外，我们在很大程度上是自己生活的时代和地域所造就的。

大约在霍尔采用问卷研究儿童思维的同时，欧洲一位年轻的神经学家正在尝试以一种不同的方法探索心理并揭示其内容。这位神经学家的方法非常富有成效，他所获得的信息使他提出了一种理论，彻底改变了人们对儿童和儿童期的看法。这位神经学家就是西格蒙德·弗洛伊德，其理论即众所周知的精神分析理论。

在很多科学领域，新理论往往是对旧理论的改进或修正。但是在弗洛伊德时代，还很少有关于人类行为的“旧”理论可以拿来修正。弗洛伊德是一个真正的先驱者，他根据自己对患各种情感障碍的病人所做的成千上万的治疗记录和观察，提出了精神分析理论。

弗洛伊德在理论上的高度创造性和异端性引起了多方注意。他的早期理论著作出版后不久，《国际精神分析学报》便创刊，其他研究者开始报告他们对弗洛伊德思想的检验结果。到 20 世纪 30 年代中期，弗洛伊德的著作被翻译成其他文字，将精神分析理论的影响推向全世界。多年来，弗洛伊德的理论被证明是非常富于启发性的，这意味着它不断引发许多新的研究，并促使其他研究者去扩展弗洛伊德的思想。显然，直到 1939 年，弗洛伊德逝世时，儿童发展领域还很生机勃勃。

理论在科学研究中的作用

弗洛伊德的著作和其他学者对这些著作的反应，充分证明了理论在关于人类发展的现代科学研究中的作用。虽然理论是个气势恢宏的术语，但理论恰好又是人人都有的东西。如果我问你，为什么男人和女人在婴儿期很相像，但是到了成年期看起来又有很大不同，你肯定会说出一些原因。在回答这个问题时，你可能会陈述或至少反映出你自己关于性别差异的基本理论。所以，**理论**（theory）其实只不过是理论家描述和解释某方面经验的一系列概念和命题。在心理学领域，理论帮助我们描述各种各样的行为方式，并解释这些行为发生的原因。

科学理论是见诸于众的公开表述，它说明了某一专业领域的研究者认为正确的科学观念（Miller, 2002）。科学理论的妙处在于，它能使我们组织对内容浩繁的观察和事件的思考。想象一下，如果一位研究者努力收集资料，记录事实，却没有一套概念和命题来组织这些信息，他的生活会是什么样子。很可能这个人最终会被大量看似无关的事实所淹没，从而变成一个缺乏“大局观”的琐事专家。因此，对于发展科学（或其他学科）来说，理论至关重要，每一

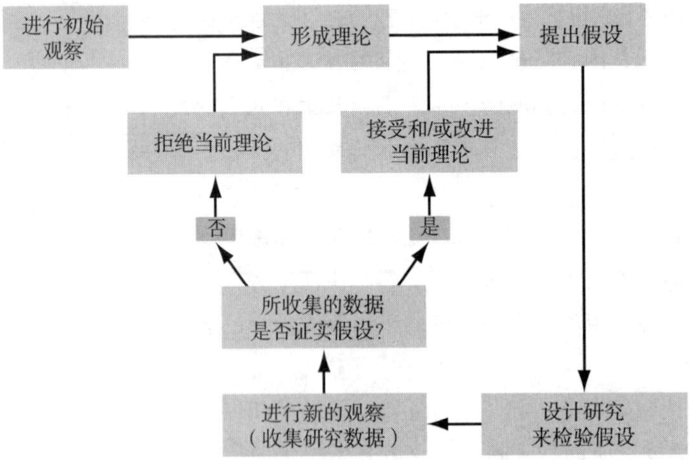

图 1.1　理论在科学研究中的作用

种理论都为我们提供了一个"镜头"，透过它，我们能够解释任何有关成长中个体的具体观察。

一个好的理论有什么特点？一般来说，它应该简练，也就是具有**简约性**（parsimonious），并且能解释广泛的现象。如果一个理论只有少数几条原理，却能解释大量经验观察结果，它就比那种需要用更多概念和命题来解释相同的或较少的观察结果的理论有用得多。其次，好的理论应该具有**可证伪性**（falsifiable），它可对未来发生的事件做出明确预测，使该理论获得支持或被否证。根据可证伪性标准，好理论还是**启发性的**（heuristic），意思是说，它们在已有知识基础上可不断生成可检验的**假设**（hypotheses），如果假设被后来的研究证实，即可带来对所考察现象的更充分理解（见图 1.1）。

如今，已经有几个"好"理论对我们理解社会性与人格发展做出了贡献。在第 2 章和第 3 章，我们将批判性地介绍几种影响较大的观点。我们会看到，其中每一种理论都对人类本性、人的发展路径和原因做出了不同解释。在讨论这些关于社会性与人格发展的主要理论之前，我们先来看看它们在一些基本问题上的不同观点。

关于人的发展的问题和争论

发展理论家至少在以下五个问题上存在不同意见：

1. 儿童是性本善还是性本恶？
2. 对人的发展而言，天性（生物因素）和教养（环境因素）哪个起主要作用？
3. 儿童是主动参与到发展过程中，还是被动接受社会和生物影响？
4. 发展是连续的还是不连续的？
5. 发展的最显著方面是所有人都表现出来的"普遍性"，还是每个人表现出来的"特殊性"、个人化的发展？

关于人性的早期哲学观

我们是哪种类型的动物？对于这个问题，经过几个世纪的争论，社会哲学家提出了不同观点，托马斯·霍布斯（Thomas Hobbes, 1651/1904）提出**原罪说**（original sin），认为儿童天生是自私的自我中心主义者，必须由社会控制；让·雅克·卢梭（Jean-Jacques Rousseau, 1762/1955）提出**性善论**（innate purity），认为儿童天生就有对错的直觉，他们常常被社会误导。对儿童养育来说，这两种观点显然大不相同。原罪说的支持者认为，父母必须积极地控制其自我中心主义的子女，而性本善的支持者则把儿童看成“高尚的未开化者”，认为应该给他们自由，尊重他们与生俱来的积极倾向。

约翰·洛克（John Locke, 1690/1913）提出了另一种关于儿童和儿童养育的观点，他认为，婴儿的心灵是一块**白板**（tabula rasa），任凭经历来涂鸦。换言之，儿童生性无所谓善恶，他们如何发展完全取决于怎样被养育。和霍布斯一样，洛克也主张严格地教育儿童，以确保儿童养成良好的习惯，尽量避免学到社会不认可的习惯和行为。

事实上，在社会性与人格发展的现代理论中，关于人性的这三种哲学观都在一个或多个理论中有所反映。尽管人们可能从中找不到关于人性的明确陈述，但是理论家通常会强调儿童性格的积极或消极方面，或者指出性格的积极或消极取决于儿童的经历。这些关于人性的假设是很重要的，因为它们影响着每一种发展理论的内容，尤其是理论必须提及的儿童养育观。

天性对教养

发展理论家争论最久的一个问题是**天性对教养**（nature versus nurture）。人究竟是遗传和其他生物素质的产物，还是由成长环境来塑造？这两种观点针锋相对：

> 主要是遗传造就了人，而不是环境……几乎所有的痛苦和欢乐都不是因为环境……人的差异来自其赖以出生的生殖细胞的差异（Wiggam,

1923, p. 42)。

> 给我一打健康的婴儿，在健全的、我指定的世界中养育他们，我保证，从中任选一个加以训练，他都能成为我所选定的一类专家——医生、律师、艺术家、商人和首领，没错，甚至乞丐和盗贼，而不论他的天资、嗜好、倾向、能力、天命和祖先的种族。天生的能力、天才、气质、心理构造、行为特征，这些东西根本不存在（Watson, 1925, p. 82)。

当然，还有一种中间立场，大多数现代发展心理学者都持这种立场。他们认为，天性和教养的相对贡献取决于所讨论的发展的特定方面。今天的发展心理学者普遍认为：人的所有复杂属性，如智力、气质和人格，都是生物倾向和环境影响长期交互作用的最终产物（参见 Bornstein & Lamb, 2005; Gottlieb, 2003)。因此，他们给出的建议是，少考虑天性对教养的问题，多思考这两种影响怎样结合起来或相互作用，共同导致发展变化。

主动性对被动性

理论争论的另一个话题是**主动性 / 被动性问题**（activity/passivity issue)。儿童是好奇、主动的生物，并在相当程度上决定着周围的人怎样对待他们？还是儿童是被动的灵魂，社会在他们身上打上了自己的印记？想一想这两种针锋相对的观点的含义。如果能证明儿童是绝对可造就的，完全受抚养者的任意摆布，那么，那些无能者就有资格控告他们的监护人渎职。美国确实有一个年轻人曾用这一逻辑起诉父母的失职。也许你可以预料到父母的律师会如何辩护。律师肯定会说，父母想方设法要把孩子教育好，可是孩子却毫无回应。其中的含义是，这个年轻人在决定父母怎样对待他上起着积极作用，因此，他在创造自己的成长环境方面承担着很大一部分责任。

主动性 / 被动性问题超出了对儿童有意识的选择和行为的思考。也就是说，发展心理学者把儿童在发展中的主动性看作是，在任何时候、儿童的任何特征都影响着他所处的环境。所以，一个困难型气质的婴儿会挑战爱他的父母的耐心，给父母带来挫折感，而这影响着他所处的养育“环境”，尽管困难型气质并不是他有意识的选择。同样，一个早熟的女孩进入青春期的时间比她的朋友或同学早得多，这种“早”也不是她选择的。但是，她比同伴更早地成熟会显著地影响别人对她的态度，以及她所经历的社交环境。

这些观点，你认为哪种更合理？先思考一下，因为你很快就有机会陈述你对这些理论争议问题的看法。

连续性对不连续性

请想一想发展变化的概念。你认为我们经历的变化是逐渐发生的，还是突然发生的?

在**连续性 / 不连续性**（continuity / discontinuity）问题的一端是连续性理论家，他们把人的发展看作分小步发生的累加过程，而不是突然的变化。就像图1.2A 显示的那样，他们用一条平滑的增长曲线表示发展变化。反之，不连续性理论家把通向成熟的道路描绘成一系列突然发生的变化，每一次变化都把儿童推向一个新的、更高的机能水平。这些水平或"阶段"很像图 1.2B 显示的，是一条不连续生长曲线上的稳定期。

连续性 / 不连续性问题的第二个方面关注的是发展变化是量变还是质变。量变是程度的变化。例如，儿童逐渐长高；每长一岁，他们跑得更快一点；他们学习到越来越多的关于周围世界的知识。相反，质变是性质的变化，它使个体在某些方面与原来有根本的不同。从蝌蚪向青蛙的变化就是质变。同样，我们会注意到，不会说话的婴儿和话说得很好的幼儿有本质差别；性成熟的青少年和刚进入青春期的同学也有本质差别。连续性理论家一般认为，发展变化是逐渐发生的，其性质是量的变化；而不连续性理论家则把这些变化看作是突然的、本质的变化。不连续性理论家认为，人经过一系列**发展阶段**（developmental stage）而得到发展。可以假定，每个阶段都代表了一个更大发展序列中的一个不同时期：一段以一组特定的能力、动机、行为或情绪为特征的生命周期，这些能力、动机、行为或情绪同时出现并形成一种共生模式。同时，每个阶段都

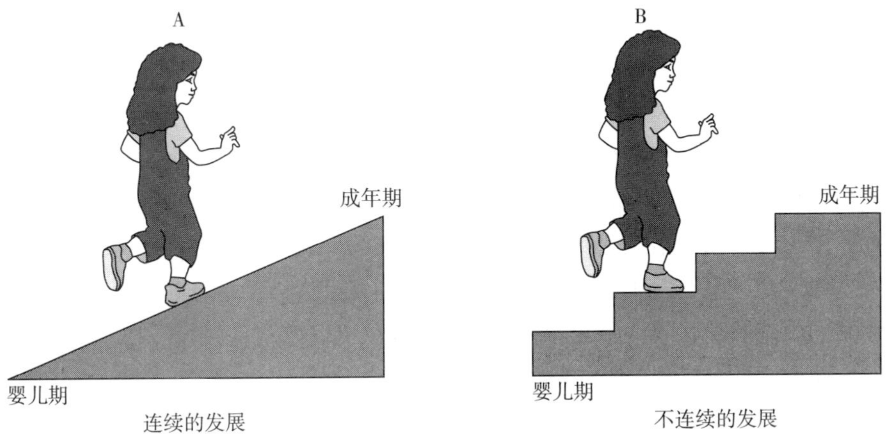

图 1.2 连续性和不连续性（阶段）理论家描绘的发展曲线

与前一个或后一个阶段有质的不同。相反，连续性理论家则把发展看成是一个累加过程，它是逐渐发生的，根本没有什么阶段可言。

连续性 / 不连续性的争论还有第三个方面：早期发展与后期发展有密切联系，还是生命早期发生的变化很少影响到后期结果？在这个意义上，连续性意味着早期发展与后期发展之间的关联性。那些反对发展阶段概念的人，从特征的跨时间稳定性中发现了这种关联性。例如，攻击性强的学步儿是否会自然而然地变成爱打架的小学生和青少年，或者，好奇心特别强的学前儿童后来是否被认为是具有创造造诣的成人。如果每个相继阶段的典型能力都被看作是来自前一阶段，那么，即使是认为发展要经历有本质差异的不同阶段的理论家，也会看到发展的某些关联性（或连续性）。

有趣的是，不同社会往往赋予连续性 / 不连续性问题以不同的地位。例如，在一些太平洋和远东文化中，用来描述婴儿特性的一些词语从来不用于描述年长儿童；成人说的词汇，如*智力*或*愤怒*，也从来不用来描述婴儿（Kagan, 1991）。这些文化中的人把人格发展看成是不连续的，把婴儿看作与成人截然不同的人，无法用相同的人格维度对婴儿做出判断。相反，北美和北欧国家的人们则更倾向于认为人格发展是一个连续过程，他们试图从婴儿气质中寻找成人人格的种子。

综上所述，关于发展的连续性与不连续性的争论是非常复杂的。其中包括发展变化是逐渐的还是突然发生的，是量变还是质变，以及它与早期发展是否有可靠的关联。

发展是普遍性的还是特定性的

最后，理论家们通常在这样一个问题上存在分歧，即发展的主要方面究竟是**普遍性的**（universal）（即正常的发展结果每个人都会表现出来）还是**特定性的**（particularistic）（发展的趋势和结果因人而异）。阶段论者一般认为，他们提出的发展次序可应用于所有文化中的所有正常人，因此是普遍性的。例如，所有正常人都在 11~14 个月开始使用语言，都会在 5~7 岁经历上学所需的认知变化，都会在 10 岁前后进入性成熟期，也都会在中年期出现老化的迹象（如出现皱纹，某些感觉能力衰退）。因此，从这个角度来看，发展最重要的方面是所有人都会表现出来的普遍模式。

然而，另一些理论家则认为，只重视发展的普遍性是不完整的。为什么呢？因为它忽略了使我们每个人都独一无二的因素。一种文化中的发展路径和另一种文化中的发展路径可能差异巨大。而且在任何一种文化中，不同亚文化或族群之间、家庭之间、个人之间，发展结果也不相同。因此，主张“特定性”的这些理论家认为，人的发展可以（而且确实）向多个方向进行，并不像阶段理论家让我们相信的那样具有普遍性。

这些就是以不同方式解决问题的各种理论在发展问题上的主要争论。你可以通过回答专栏 1.2 中的简明问卷来查明自己的立场。第 3 章最后的表 3.3 阐述了主要的发展理论家对这些问题的回答，你可以把他们关于人的发展的论断与你自己的看法作比较。

下一节我们将聚焦于“专业工具”——研究方法和设计，发展心理学研究者用它们来检验其理论，以便更好地理解儿童、青少年的社会性与人格发展。

专栏 1.2 发展问题

你在主要发展问题上持何种立场？

1. 儿童是______
   a. 必须对他们的消极或自私的冲动加以控制的人。
   b. 天性无所谓善恶的人。
   c. 生而具有很多积极倾向、较少消极倾向的人。
2. 生物影响（遗传、成熟）与环境影响（文化、父母教养方式、学习经验）被认为都对发展起作用。总体来说，______
   a. 生物因素的作用大于环境因素。
   b. 生物因素和环境因素同等重要。
   c. 环境因素的作用大于生物因素。
3. 人基本上是______
   a. 在决定自己的能力和特质方面起主要作用的主动的生物。
   b. 消极的生物，其特质要么由社会影响（父母和重要他人，外部事件）塑造，要么由人不可掌控的生物因素所决定。
4. 发展的发生______
   a. 通过一系列阶段，个体会突然从一个早期阶段进入一个非常不同的阶段。
   b. 通过一些微小的进步连续地发展，没有突然的变化或不同的阶段。
5. 像攻击性或依赖性这样的特质______
   a. 在儿童期出现，随年龄增长在很大程度上保持稳定。
   b. 在儿童期出现，但是可能会在以后消失，或让位于其他完全不同的特质。
6. 对一个发展中的个体，好的比喻是______
   a. 一部越来越复杂的机器，其零件（行为、情绪、能力）变得越来越多，也越来越精细。
   b. 一个实体，不能将其比作多个零件的组合，而是像一粒简单的种子随着时间推移变成了一朵盛开的玫瑰。

你对每一题的回答是：

1. ___ 2. ___ 3. ___ 4. ___ 5. ___ 6. ___

研究方法

侦探破案时，他们会先收集证据，形成猜测，然后对线索加以筛选，或者进一步收集信息，直到他们的某个猜测被证明是正确的。要揭示社会性与人格发展的奥秘，在很多方面需要付出相似的努力。研究者必须认真观察研究对象，分析收集的资料，利用这些资料得出关于人如何发展的结论。

本节重点讨论研究者用来收集成长中的儿童与青少年资料的方法。首先，我们要理解，为什么发展心理研究者认为收集所有这些资料至关重要。然后，我们将讨论几种探索事实的方法的优缺点，并了解如何使用这些方法来考察发展变化。

科学方法

对社会性与人格发展的研究是一项科学事业，这一说法是当之无愧的，因为当代发展心理学工作者采纳了被称为**科学方法**（scientific method）的价值体系，用它来指导自己对问题的理解。科学方法与其说是方法，不如说是一种态度或价值观。这种态度决定了，首先，研究者必须客观，必须让观察结果或收集到的数据来决定其观点正确与否。

几个世纪前，霍布斯、洛克和卢梭这样的社会哲学家曾发表他们对儿童和儿童养育的观点，当时的人们似乎把这些观点当作事实来看待。普通民众认为，伟大的心灵必定有高深的见解。很少有人会对知名学者说的话提出质疑，因为科学方法还没有成为被广泛接受的评价智慧或知识的标准。

我们不是要批评早期的社会哲学家。事实上，今天的发展心理学家（和儿童）都要感谢这些思想家，因为他们纠正了社会看待、对待和利用年轻人的方式。然而，伟大的心灵偶尔也会产生一些不正确的思想，如果他们的错误思想被不加批判地接受，并且影响到人被对待的方式，那就可能造成很大的伤害。科学方法就像一道坚实的防线，保护科学界和整个社会免受错误推理之害。这种保护来自依据客观观察对各种理论之优劣的评价，而不是简单依赖于理论家的科学、政治或社会声望。当然，这意味着，其思想受到评价的理论家必须是同样客观的，因此，他们愿意放弃虽然受欢迎、但存在反对证据的观点。

收集资料：发现事实的基本方法

无论我们想研究社会性发展的哪一方面，如新生儿的情绪反应、小学生友谊的发展或少数青少年使用毒品的原因，我们都必须找到对其加以测量的途径。今天，研究人员很幸运地拥有许多经过验证的程序，他们可以利用这些程序来收集信息并检验关于人的发展的假设。但是不管使用哪种方法，从科学角度来看，有用的测量必须具有两个重要特征：**信度**（reliability）和**效度**（validity）。

若一项测量在不同时间和不同观察者施测的情况下，能得到前后一致的信息，它就是可信的。假如你来到一个班级，记录每个儿童以攻击方式对待别人的次数，后来你的助手采用相同方式观察相同的儿童，但是得到的测量结果却和你的不一致。或者，你在某一周里测量了儿童的攻击性，但是在后来的一周，你用相同方法测量相同儿童的攻击性，两次结果大相径庭。显然，你对攻击性的观察测量是不可信的，因为它得到的是非常不一致的信息。对科学目的而言，要可信并因此而有用，你的测量方法必须从独立的观察者那里得到关于儿童攻击性的类似估计值（评分者信度），且个体儿童在前后两次测验中得到的分数相似（时间稳定性）。

如果一项测量测得的是它假定要测量的东西，这项测量就是有效的。或许你能理解，一个工具首先必须是可信的、具有测量的一致性，它才有可能是有效的。但是信度本身并不能保证效度。例如，如果观察者把所有的身体力量行为都简单地归为攻击行为，那么，一项用来测量儿童攻击性的可信的观察程序可能会严重夸大对攻击行为的估计值。研究者没有意识到，很多高强度的滑稽动作只是令人愉快的嬉闹游戏，不带有任何伤害和攻击意向。显然，在我们足够相信他们所收集的资料或得出的结论之前，研究者必须证明他们测量的正是他们所要测量的特征。

认识到信度和效度在心理测量中的重要性，让我们来看看评价社会性与人格发展的几种方法。

自我报告　发展心理学者用于收集数据、检验假设的三种常用程序分别是访谈、问卷（包括心理测验）和临床法。虽然这三种方法相似，每种方法都要求参与者回答研究者提出的问题，但是不同之处在于，研究者对待个体参与者的方式有所不同。

访谈和问卷　采用访谈或问卷法的研究者要向儿童（或父母、教师）提出有关发展的一系列问题，如儿童的情感、观念和行为特征。通过问卷（以及大多数

心理测验）收集数据时，只需把问题印在纸上，让参与者做书面回答即可，而访谈则要请参与者对研究者提出的问题做口头回答。如果研究程序属于**结构式访谈**（structured interview）或**结构式问卷**（structured questionnaire），则须所有参加研究的人以相同顺序回答同样的问题。这种标准化或结构化格式的目的是以相同方式对待每个人，以便能够将不同参与者的反应进行比较。

请看应用访谈法的一个有趣例子。该项目中，幼儿园儿童、小学二年级和四年级儿童要回答 24 个问题，以评估他们关于男性和女性的社会刻板印象（Williams, Bennett, & Best, 1975）。每个问题都是对一个不同的小故事做出反应，故事中的核心人物，要么用社会刻板印象中形容男性的形容词（如攻击性、有力量、强壮）加以描述，要么用社会刻板印象中形容女性的形容词（如情感丰富、容易激动）加以描述。儿童的任务是指出每个故事中的人物是男性还是女性。威廉姆斯等人发现，甚至幼儿园儿童就已经能说出故事中的人物是男孩还是女孩了。也就是说，这些 5 岁儿童对性别的社会刻板印象已经相当了解，从幼儿园到小学二年级，儿童的刻板印象思维越来越强。这些结果的一个含义是，既然幼儿园儿童就已经用刻板印象来思考问题，那么性别刻板印象必定很早就出现了。

对访谈或问卷的一种创造性使用是**日记研究**（diary study），研究中，参与者（通常是青少年或年轻人）在日记或笔记中对一个或多个标准化问题做出回答，回答可在特定时间（如一天结束时）完成，也可根据电子寻呼机的提示做出反应。日记研究已被证明是很有用的，它可以考察许多其他方法难以触及的问题，如儿童向青少年期过渡时的喜怒无常和消极性（Larson et al., 2002, 参见第 4 章），或日常压力源与男女青少年抑郁的关系（Hankin, Mermelstein, & Roesch, 2007, 参见第 6 章）。

访谈和问卷的用途广泛，但也有一些显著的缺陷。首先，这两种方法都不适合太小的儿童，因为他们不能阅读，言语理解能力差。其次，研究者肯定希望他们得到的回答是诚实、准确的，而不仅仅是回答者以讨人喜欢的方式呈现自己。举例来说，很多儿童可能不愿意承认他们从妈妈提包里偷偷拿了钱，或者和邻居家的孩子玩“医生”游戏。显然，不准确或不真实的反应会导致错误的结论。研究者还必须确保用相同方式向不同年龄的参加者解释问题；否则，在一项研究中观察到的年龄趋势，反映的可能是儿童理解和沟通能力的差异，而不是儿童的情感、思维和行为方面的真实变化。最后，当对成长中的儿童及其父母或老师同时进行访谈，而儿童对自己感受或行为的描述与其他被调查者的描述不同时，研究者可能难以决定儿童和成人谁的报告更准确（Hussong et al., 2005）。

虽然存在这些潜在的缺点，但结构式访谈和问卷还是很好的方法，它们可以在短时间内获得大量有用的信息。当访谈人员向参与者强调，他们的回答会被保密，并要求他们准确地报告对所提出问题的了解时，这两种方法尤其有用，从而最大限度地提高可能性或得到真实或准确的回答。例如，在性别刻板印象研究中，年幼的参与者可能认为，每个问题都是对他们个人的挑战或要解决的难题，这促使他们做出准确的回答，充分表达出他们对男人和女人的了解。在这种情况下，结构式访谈是评价儿童关于性别知觉的最好方法。

临床法 **临床法**（clinical method）与访谈法有密切关系。为了检验一个假设，研究者通常向参与者提出不同类型的任务或问题，请他们回答。参与者做出反应之后，研究者就会提出第二个问题或引入一个新问题，用来澄清参与者最初的回答。这样的提问一直持续到研究者收集到验证假设所需要的信息。在研究开始阶段，对所有参与者问的问题往往是相同的，但他们对每个问题做出的回答将决定研究者下一次问什么。由于参与者的回答往往不同，所以可能没有哪两个参与者会被问到完全一样的问题。因此，临床法把每个研究对象看成是唯一的。

著名的瑞士心理学家让·皮亚杰曾大量运用临床法研究儿童的道德推理和智力发展。在皮亚杰的研究资料中，有很多是他和儿童个人之间互动的记录草稿。下面是皮亚杰（Piaget, 1932, 1965）研究儿童道德推理发展的一个小例子，从中可以看出，年幼儿童对说谎的看法与成人很不相同。

皮亚杰：你知道什么是说谎吗？
克莱：就是你说的不是真的。
皮亚杰：二加二等于五是谎话吗？
克莱：是，是谎话。
皮亚杰：为什么？
克莱：因为那是不对的。
皮亚杰：一个说二加二等于五的孩子知道结果是不对的，还是说他弄错了？
克莱：他弄错了。
皮亚杰：如果是他弄错了，那么他说了谎话还是没说？
克莱：是的，他说谎了。

和结构式访谈一样，临床法往往能在较短时间内收集大量信息。支持采用这种方法的人还提出了该方法的另一个优点，即灵活性：在根据参与者的最初回答进行追问的时候（如上述例子中皮亚杰所做的），往往能得到对这些回答的深刻理解。但是临床法的灵活性同时也是一个潜在的缺点。要把被问到不同问题的参与者所给出的回答进行直接比较，这很难做到。而且，对参与者的这种非标准化的处理，还会导致一种可能的情况，即研究人员先前的理论偏见会影响他所追问的问题及其对回答的解释。采用临床法得出的结论部分地取决于研究者的主观解释，因此人们希望用其他研究方法来验证这些理解。

观察法　研究者通常更喜欢直接地观察人们的行为，而不是问他们关于这些行为的问题。众多发展心理学家偏爱的一种方法是**自然观察**（naturalistic observation），即在普通的、日常的自然状态下对人进行观察。如果要观察儿童，就要到家里、学校、公园和游戏场所，认真记录所发生的事情。研究者不可能事无巨细都做记录，而往往要检验关于一种行为的特定假设，如合作和攻击行为，因此要集中关注这种行为。自然观察的一个优势是容易在婴儿和学步儿中实施，对于这些孩子，研究者通常不能用需要言语技能的方法对他们进行研究。观察法的最大优势在于，它是可以告诉我们人在日常生活中的真实行为的唯一方法（Willems & Alexander, 1982）。

然而，自然观察也有局限性。首先，有些行为很少发生（如英勇援救行为）或者是社会不期望的（如公开的性游戏和偷窃），不可能由陌生观察者在自然环境中直接观察到。其次，很多事件通常在自然环境中同时发生，其中任何一个事件（或事件组合）都可能影响到人的行为。这使人们很难查明参与者的行为或行为发展趋势。第三，仅仅一个观察者在场，就可能使人的行为与无人在场时不同。当身边有一个观看者时，儿童可能会“夸张地表演”，而父母则可能表现出自己最好的行为，比如尽力克制自己，不因为孩子失礼而打孩子。出于这些原因，研究者会设法降低**观察者影响**（observer influence），办法是：（1）从隐蔽位置给参与者录像；（2）收集“真实”资料前，在该环境中待一段时间，使被观察的人习惯于有人在场，从而行为更自然。

PYMCA/Jupiter Images

图片 1.3　当采用自然观察法时，儿童为观察者进行表演的倾向是研究者必须克服的问题之一。

许多年前，玛丽·哈斯凯特和雅涅·基斯特

纳（Haskett & Kistner, 1991）做过一项优秀的自然观察研究，比较未受虐待幼儿与那些经儿童保护机构确认曾受到父母虐待的日托中心同伴的社会行为。研究者首先定义了他们想要记录的行为样例，包括人们期望的行为，如友好地打招呼与合作游戏，以及人们不期望的行为，如打人和骂人。他们监测了 14 名受虐待儿童和 14 名未受虐待儿童在日托机构游戏区与同伴一起玩的情形。观察采用**时间取样**（time-sampling）进行记录：在三天当中，观察了三个游戏时段，每次 10 分钟。为降低观察者对游戏活动的影响，他们站在游戏区域外面进行观察。

结果是令人不安的。如图 1.3 所示，和未受虐待儿童相比，受虐待儿童很少发起社交互动，而且有些社交退缩。当和同伴互动时，受虐待儿童比未受虐待儿童更多地出现攻击行为和其他不良行为。而未受虐待儿童常常不理睬受虐待儿童发起的积极社交互动，似乎他们不愿意跟这些孩子一起玩。

哈斯凯特与基斯特纳的观察研究显示，受虐待儿童是缺乏吸引力的玩伴，他们不受同伴喜欢，甚至被拒绝。但是在一般情况下，自然观察研究很难查明这些发现的确切原因。受虐待儿童的消极行为导致了同伴的退避和拒绝？还是同伴拒绝导致了受虐待儿童的消极行为？两种情况都能解释哈斯凯特和基斯特纳发现的结果。

有什么办法能使观察研究者去考察在自然环境中不太可能观察到的不寻常或不期望的行为呢？一种方法是在实验室进行**结构式观察**（structured observations）。在结构式观察研究中，每个参与者都要置身于可能引发所要考察的行为的情境中，研究者暗中观察（采用隐蔽的摄像机或单向镜）参与者是否表现出该行为。以莱昂·库金斯基（Kuczynski, 1983）的研究为例，他让儿

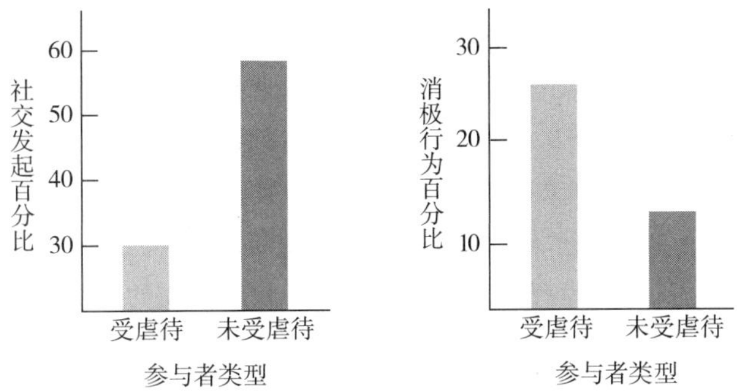

图 1.3 受虐待和未受虐待儿童的社交主动性和消极行为比较

与未受虐待同伴相比，受虐待幼儿发起的社交互动要少得多，消极行为则多得多。

童答应帮他完成一个令人厌烦的任务，然后让儿童单独待在房间里做这件事，房间里放着诱人的玩具。这种方法可以使库金斯基查明，当年幼儿童认为没人会看见自己做的违规行为时，他们是否会违反做某事的承诺（这是一些儿童表现出来的不符合期望的行为）。

结构式观察是考察很少发生或在自然环境中不会公开表现出来的行为的最可行方法，此外，它还能确保样本中的每个参与者都面临相同的诱发刺激，并且有平等机会表现出目标行为——这种环境在现实生活中并不一定是真实的。当然，结构式观察的主要缺点是，参与者不一定会像他们平时那样对人为设计的实验室情境做出反应。

个案研究　上面介绍的几种收集资料的方法，包括结构式访谈、问卷、临床法和行为观察，都可以用在**个案研究**（case study）中，汇集资料绘制一幅单个个体发展的详细肖像。在创建个人化的记录或“个案”时，研究者一般要收集参与者的多种信息，如家庭背景、社会经济地位、健康情况、学习或工作经历以及在心理测验中的表现。个案史中的很多信息都来自于对该参与者的访谈和观察，但是研究者所问的问题和所做的观察大多是非标准化的，而且个案之间会有很大差异。

19 世纪和 20 世纪初的婴儿传记就是个案研究的实例，西格蒙德·弗洛伊德对其临床患者做过很多引人入胜的个案研究。他在分析这些个案时注意到，不同的患者往往说出非常相似的事件和经历，这些事件和经历在患者成长过程中的作用不容忽视。他从这些观察中做出推论，在人的发展过程中，必然存在着所有人共同跨越的重要里程碑。弗洛伊德持之以恒地观察其患者，倾听他们的生活经历，从而得出结论，患者生活史中的每个里程碑都与早期事件有重要联系。然后他据此推论，他拥有资料（那些拼图碎片）来构建对人的发展的全面解释，即我们今天所知的精神分析理论。

尽管弗洛伊德和其他很多发展心理学家已经利用个案研究取得了很大进展，但这种方法也有严重的缺点。首先，不同个案被问的问题不同，所做的测验不同，又在不同环境下接受观察，所以研究者很难把不同个案作比较。其次，个案研究缺乏可推此及彼的概化特征，即从少数人经验中得出的结论不能直接推广到多数人身上。实际上，弗洛伊德的精神分析理论受到的最多的批评便是，这一理论是从情绪障碍患者的生活经历中归纳出来的，他们很难代表一般人群。由于这些原因，从个案研究得出的任何结论都要采用其他研究方法加以检验。

人种学方法　**人种学方法**（ethnography）是常用于人类学领域的一种参与观

察法，在希望了解文化对成长中儿童、青少年影响的研究者中，它越来越受欢迎。为了收集资料，人种志学者有时会在他们所研究的文化或亚文化社会中居住几个月甚至几年。他们收集的资料一般都五花八门、内容广泛，大多来自自然观察，与该文化成员的谈话笔录，以及研究者对这些事件的初步解释。这些资料最后要汇总为该文化社区的详细描述，并从中得出结论：该社区的独特价值观和传统对儿童、青少年发展的一个或几个方面有怎样的影响。

人种学研究的一个实例是波萨达等人（Posada et al., 2004）完成的，他们希望查明，可对西方工业化社会白人中产阶级的母婴安全依恋做出预测的敏感照护模式，与哥伦比亚波哥大婴儿的情绪安全性照护模式是否相似。一位观察者对 27 个哥伦比亚家庭做了多次长时间的访问。访问期间，观察者会告诉被访家庭的母亲，她们只须像平时一样做即可，观察者与家庭成员自然地互动。每次访问后，研究人员对观察和其他笔记加以转录，以供研究团队做进一步分析。

根据大量转录材料，两位研究者和一位人种学专家归纳出了照护行为的 10 个方面，它们来自对母婴互动的深度分析，包括：母婴身体接触的特征，母亲对婴儿的需要或要求关注做出回应的敏捷性，母婴互动的流畅性，以及母亲和婴儿对彼此互动的喜爱程度。有趣的是，这些用人种学研究得出的照护维度，与以前查明的工业化社会白人中产阶级家庭的敏感照护的成分相当一致（见第 5 章），这意味着，至少在婴儿期，敏感照护行为具有跨文化的相似性。

显然，相比于只做几次由旁观者进行一些有限的观察和访谈的访问，通过与某社区成员密切而长期接触，从中得出一种文化或亚文化的详尽情况，可以带来对该社会的传统和价值观的更深刻理解（LeVine et al., 1994）。如果研究者希望了解多元社会中少数族裔儿童和青少年面临的文化冲突及其他发展方面的挑战，那么这种对文化和亚文化的全面描述就非常有效（Segal, 1991; 也见 Patel, Power, & Bhavnagri, 1996）。人种学方法虽然有这些明显的优势，但它是一种非常主观的方法，研究者自己的文化价值观和理论偏见可能使他们曲解自己所经历的事情。此外，人种学方法的结论只适合于所研究的文化和亚文化，不能推广到其他背景或文化群体。

心理生理学方法　近年来，发展心理学者转向了**心理生理学方法**（psychophysiological methods），一种测量生理反应与行为之间关系的技术，以此来探索儿童知觉、认知和情绪反应的生物学基础。心理生理学方法尤其有助于解释不能对事件做出报告的婴儿和学步儿的心理和情绪体验（Bornstein & Lamb, 2005）。

心率是一种不随意的生理反应，它对人的心理体验高度敏感。专注于有趣刺激的婴儿，其心率会比正常的静息或基线水平心率有所下降，但是对该刺激不感兴趣的婴儿，其心率则没有变化，而另一些由该刺激引起警觉和愤怒的婴儿，其心率会上升（Campos, Bertenthal, & Kermoian, 1992; Fox & Fitzgerald, 1990）。对脑功能的测量也可用于评价心理状态。例如，脑电图仪（EEG）把电极附着于头皮来记录脑电波活动。由于脑电活动的不同模式代表了不同的唤醒状态，所以研究者若想评价婴儿知觉到了什么，就可以给婴儿呈现新奇的视觉和听觉刺激，跟踪婴儿脑电波的变化（称为事件相关电位，ERPs），以查明这些刺激是否被察觉到或是否被辨别，因为当被知觉为两个不同的刺激时，会产生不同的脑电波活动模式。实际上，有研究者已经利用事件相关电位探索了婴儿对他人情绪表现的反应，结果发现 7 个月大的婴儿更关注消极表情，而不关注积极或中性情绪（Leppanen et al., 2007），12 个月大的婴儿更倾向于利用消极的而不是积极或中性的表情，从而指导他们在新的不确定情境中应该如何感觉或行为（Carver & Vaccaro, 2007）。

心理生理反应虽然很有用，但它还远远称不上心理状态的完美指标。心率和脑电波活动虽然可以说明婴儿注意到了刺激，但我们仍然很难确切查明刺激的哪些方面（形状、颜色等）吸引了婴儿的注意。其次，生理反应的变化往往反映了心境的改变、饥饿，甚至是对生理测量装置的消极反应，而不是婴儿对刺激的注意或对刺激的情绪反应。由于这些原因，当参与者（尤其是婴幼儿）在最初的平静、警觉和满足情况下时，其生理反应更可能是心理体验的有效指标。

表 1.1 对已经介绍过的数据收集方法做了简要总结。下一节将讲到研究者怎样运用这些资料收集方法中的一种或几种的结合，设计一项研究来检验假设，以查明发展的连续性和变化。

查明关系：相关设计和实验设计

科研人员在决定他们要研究什么和怎样收集资料之后，必须做一个研究计划或研究设计，使他们能够查明各个事件和行为之间的联系，寻找这些关系中的因与果。我们来看研究者可能会采用的两种研究设计：相关设计和实验设计。

相关设计

在**相关设计**（correlational design）中，研究者收集信息，确定所考察的两个或多个变量之间是否存在有意义的关系。如果要检验一个特定的假设（而不

表 1.1　七种常用研究方法的优点和局限性

方法	优点	局限性
自我报告		
访谈和问卷	以较快的方式收集较多信息；标准化格式使研究者可以把不同参与者的数据进行直接比较。	数据的收集可能不准确，回答可能不真实，或者反映的只是回答者的言语技能和对问题的理解力。
临床法	把参与者看作独特个体的灵活方法；自由式探查可以帮助并保证参与者能理解问题的含义。	因所有参与者接受的处理方式不同，得出的结论可能不可信；灵活探查部分地取决于研究者对参与者反应的主观解释；只适合于语言表达能力强的参与者。
观察法		
自然观察	可研究自然环境中真实发生的行为。	所观察的行为可能受观察者在场的影响；在观察进行中，不容易观察到不寻常的和社会不期望的行为。
结构式观察	在标准化情境中儿童有平等的机会表现出目标行为；是观察不常发生或不符合社会期望的行为的好办法。	人为设计的情境不利于捕捉到儿童在自然环境中的行为方式。
个案研究	一种包容性强的方法，可利用多种来源的资料得出有关一个人的推论和结论。	所收集资料的类型因个案的不同而不同，也可能不准确、不真实；从个人案例得出的结论可能带有主观性，不能应用于其他人。
人种学方法	与简短的观察或访谈相比，可提供关于文化信仰、价值观和传统的丰富描述。	结论可能因研究者的价值观和理论观点而出现偏差；结果不能推广到所研究群体和背景之外。
心理生理学方法	可用于评价发展的生物基础，查明不能做出口头报告的婴儿和学步儿的感觉、知觉和情绪。	不能确切说明参与者感觉或知觉到什么；所考察因素之外的其他因素可能导致相似的生理反应。

是进行初步的探索性研究），研究者就要查明这些变量之间是否存在其假设中所指定的关系。相关研究者不以任何方式设置或操纵参与者的环境，他们把人们看作他们找到这些人时的样子（已经被自然的生活经验“操纵”），然后试图确定，人们日常生活经验中的各种变量是否跟其行为或发展模式中的差异有关。

为了说明相关法怎样进行假设检验，我们来看一个简单的理论，该理论指出，年幼儿童从电视中学到很多东西，并且会模仿所看到的人物的行为。根据理论，我们可以提出一个假设，儿童所看的表现出暴力和攻击行为的电视人物越多，他们就越倾向于对同伴表现出攻击行为。当我们选取了要研究的儿童样本之后，下一步就要为检验上述假设而测量我们认为存在相关的两个变量。为了评价儿童所看电视中攻击性节目的多少，我们可能采用访谈或自然观察法来确定每个儿童看了什么节目，并计算节目中暴力和攻击行为的数量。为了测量儿童对同伴做出攻击行为的频次，我们可能在一个游戏场所观察所选样本，并记录每个儿童对同伴表现出敌意、攻击行为的多少。现在我们已经收集到了数据，是时候检验我们的假设了。

变量之间有没有关系，可以通过运用统计方法计算**相关系数**（correlation coefficient）来确定。相关系数（r）是两个变量间关系强度和方向的数学估计值，其范围在 +1.00 和 −1.00 之间。r 的绝对值告诉我们两个变量之间关系的强度。相关系数 −.70 和 +.70 表示强度相等，而且两个值都大于 .50 的中度相关。r 为 0.00 说明两个变量之间没有关系。

相关系数前面的正负号表明关系的方向。正号表示，当一个变量值增加时，另一个变量值也会增加。举个例子，身高和体重呈正相关，随着儿童日益长高，体重通常也会增加（Tanner, 1990）。负相关则表明一种反向关系，一个变量增加时，另一个变量减小。比如，在小学生中，攻击性和受欢迎程度就呈负相关：表现出较多攻击行为的孩子往往在同伴中不受欢迎（Crick, 1996; LaFontana & Cillessen, 2002）。

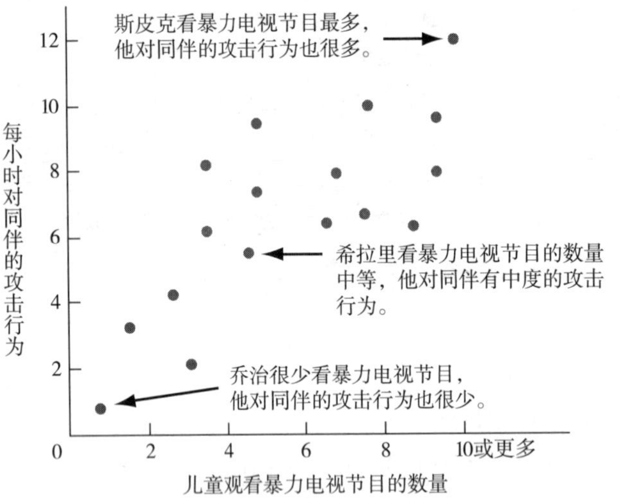

图 1.4 儿童观看暴力电视节目的数量与他们表现出的攻击行为数量之间假设的正相关关系图

每个点代表一个儿童观看暴力电视节目的多少（见横坐标）和他每小时对同伴做出的攻击行为的多少（见纵坐标）。尽管相关并不大，但我们可以看出，观看更多暴力电视节目的儿童通常更倾向于对同伴做出攻击行为。

现在我们来看儿童观看暴力电视节目与攻击行为之间有正相关的假设。几位研究者做了与我们的设计相似的相关研究（Liebert & Sprafkin, 1988），结果显示，两个变量之间有中度的正相关（0.30~0.50）：与很少观看暴力电视节目的儿童相比，看大量暴力电视节目的儿童更可能对同伴表现出攻击行为（见图 1.4）。

这些相关研究能否说明观看暴力电视节目导致了儿童较多的攻击行为？回答是：不能！虽然我们已经查明观看暴力电视节目与攻击行为之间有相关关系，但是并不清楚这种关系的因果方向。说爱攻击的儿童更喜欢看暴力电视节目，这同样是一种貌似可信的解释。还有另一种可能性，即看电视与攻击行为之间的关系是由我们没有测量的第三个变量导致的。也许是父母在家里经常打架（一个未测量的变量）导致孩子变得更具攻击性，并且喜欢看暴力电视节目。如果真是这样，那么后两个变量也会相关，虽然它们之间并不互为因果。

总之，相关设计是一种用途很广的方法，它可以查明我们想考察的、可以测量的任意两个或多个变量之间的系统关系。但其主要局限性是它不能证明某个东西导致了另一个东西。那么，研究者怎样查明各种行为或人发展的其他方面的因果关系呢？一种办法是做实验。

实验设计

和相关研究不同，**实验设计**（experimental designs）可以准确地评价两个变量之间可能存在的因果关系。让我们再来看看儿童观看暴力电视节目是否会导致儿童更具攻击性。为检验这一假设（或任何其他假设）而做一项实验室实验，我们会把参与者带到实验室，将他们分成不同的处理组，然后记录他们对这些不同处理的反应。

让参与者接受的不同处理就是实验中的**自变量**（independent variable）。为了验证提出的假设，我们把参与者观看电视节目的类型作为自变量（处理方式），让一半儿童观看包含有一个或几个角色以暴力或攻击方式对待他人的电视节目，另一半儿童看有很少或没有暴力情节的电视节目。

儿童对电视节目的反应则成为我们实验中的数据或**因变量**（dependent variable）。因为我们的假设关注的是儿童的攻击性，所以我们希望测量在儿童看了每类电视节目之后，他们在攻击性（即因变量）方面的表现如何。之所以被称为因变量是因为它的值可能“依赖于”自变量。在本例中，我们假设，相比看非暴力节目的儿童（自变量的第二种水平），看暴力节目的儿童（自变量的一种水平）后来的攻击性（因变量）更强。如果我们是严谨的实验者，严格控制了可能影响儿童攻击性的其他所有因素，那么，我们所预期的结果模式将使我们能够得出有说服力的结论：观看暴力电视节目导致了儿童攻击行为的增多。

多年前，有人曾真地做过一项实验，它很像我们上面所说的实验（Liebert & Baron, 1972）。该研究中，一半 5~9 岁儿童看 3 分半钟的暴力短片，短片从电视剧《铁面无私》中剪接而成，其中有两段打斗、两段枪战和刺杀场面。其余儿童看 3 分半钟非暴力但令人激动的田径比赛。所以自变量是儿童所看节目的类型。然后，把每个孩子带到另一个房间，让他坐在一个箱子旁边，箱子上有通向另一个房间的电线。箱子的绿色按钮上写着“帮助”，另一个红色按钮上写着“伤害”，两个按钮之间有一个白灯。实验员说，隔壁房间有一个孩子马上就要玩转手柄游戏，他一玩，箱子上的白灯就亮。告诉孩子们，灯亮时按下“帮助”按钮，可以帮助另一个孩子更容易地转动手柄，按下“伤害”按钮，就会使那个孩子的手柄变得特别烫手。确认参与者理解了这些指令后，实验员离开房间。在接下来的几分钟里，白灯亮 20 次，即每个参与者有 20 次机会去帮助或伤害另一个孩子。每个孩子按下“伤害”按钮的总次数，被作为其攻击性的测量指标，即研究中的因变量。

结果很明确，尽管存在一个可选择的帮助按钮，但是，如果儿童观看了暴力电视节目，那么，男孩和女孩都更多地按“伤害”按钮（攻击行为）。这说明，仅仅 3 分半钟的暴力电视节目，就能导致儿童对同伴做出更多攻击行为，尽管他们从电视里看到的攻击行为和他们自己表现出来的不相同。

当学生们在课堂上讨论这个实验时，总有人对这样的结果解释提出质疑。例如，一个学生做了另外的解释：“看暴力短片的孩子们可能天生就比看田径比赛的孩子更具虐待倾向。”也就是说，他认为**混淆变量**（confounding variable），即儿童原有施虐倾向的水平决定着他们伤害同伴的意愿，而自变量（电视节目的类型）根本就没起作用！他说的对吗？我们怎么知道两种实验条件下的儿童，在某些可能影响他们伤害同伴意愿的方面没有差别？

这个问题引出了**实验控制**（experimental control）这一重要问题。为了得出自变量与因变量之间存在因果关系的结论，实验者必须确保可能影响因变量的所有其他因素都得到了控制，也就是说，在每种实验条件下是同等的。平衡这些可能的混淆因素的一种方法是，像莱波特和拜伦（Liebert & Baron, 1972）那样，把儿童随机分配到不同处理组中去。随机化，或称**随机分配**（random assignment），意味着参与研究的人都有平等机会被分配到每种实验处理或实验条件下。可借助一种无偏向的方法把参与者分配到一个特定处理组，如抛硬币法来实现。如果真的可以做到随机分配，那么两种或多种实验条件下的参与者，其在可能影响其因变量表现的任何特征上出现差异的可能就非常小：所有这些“混淆”特征都随机分布在每种条件下，使组与组之间达到平衡。由于莱波特和拜伦把儿童随机分配到不同实验条件下，他们就能合理地肯定，看暴力电视节目的儿童并不是天生就比看非暴力节目的儿童具有更强的施虐倾向。所以，他们就理所当然地得出结论说，前一组儿童更具攻击性是因为他们观看的电视节目中，暴力和攻击是核心主题。

实验室实验可能的局限 显然，实验法的最大优势就是能得出因果结论。但实验室实验的批评者则认为，严格控制的实验室环境往往是不自然的、人为的，儿童在这种环境中的所作所为和他们在自然环境中的行为差别很大。尤里·布朗芬布伦纳指责说，对实验室实验的严重依赖，使发展心理学变成了“儿童在陌生环境、与陌生成人在一起、表现出陌生行为的科学”（Bronfenbrenner, 1977）。罗伯特·麦考尔也指出，实验告诉我们，什么东西可能导致发展变化，但是却不一定能查明在自然环境中实际上导致这些变化的因素（McCall, 1977）。所以，从实验室实验中得出的结论不一定能应用到现实世界中去。在专栏 1.3 中，我们将介绍一种方法，实验研究者可用来反击这种批评和评价其实验室发现的**生态效度**（ecological validity）。

自然实验（或准实验）

有很多问题不能采用实验法来研究，或因伦理原因而不应该使用实验法。比如，我们想探讨早期社交剥夺对婴儿社会性与情绪发展的影响。显然，我们不能要求一组父母把孩子锁在阁楼上两年，以得到我们所需要的数据。道理很简单，让儿童接受任何可能对其生理和心理健康造成不良影响的实验处理，都是不道德的。

不过，我们可以采用**自然实验（或准实验）**［natural（or quasi）experiment］来实现研究目的。在这类研究中，我们观察发生在参与者身上的自然事件的结果。所以，假如我们能够找到一组儿童，他们在一两岁时待在条件很差的机构，很少与照护者接触，就能把他们的社会性与情绪发展与从小在家里被养育的儿童相比较。这种比较可以提供一些关于早期社交剥夺对儿童社会性与情绪发展影响的有价值的信息（第 5 章对这类自然实验做了详细介绍）。自然实验中的“自变量”是参与者所经历的“事件”（如我们的例子中机构中的婴儿所经历的社交剥夺），“因变量”是研究者选择研究并测量的任何结果（如上述例子中的社会性与情绪发展）。

然而必须注意的是，进行自然实验的研究者既不对自变量加以控制，也不按随机原则把参与者分配到实验条件下，他们只是观察和记录自然发生的结果或事件。所以，在没有严格的实验控制的情况下，我们往往很难准确地判定是什么因素导致了所发现的组间差异。例如，假设遭到社交剥夺的福利院儿童的情绪发展比在家庭中长大的儿童差，那么，福利院儿童所经历的社交剥夺是造成这一差异的原因吗？还是说福利院儿童在其他方面与在家庭中长大的儿童有

专栏1.3 研究聚焦

评估现实生活中的因果关系：现场实验

我们怎样才能更肯定，在实验室实验中得出的结论也能应用到现实生活中去呢？一种途径是在自然环境中做类似的实验，即**现场实验**（field experiment），来获取该结论的聚合证据。这种方法结合了自然观察和严格控制的实验的所有优点，而且参与者一般也不会认为他们在参加“奇怪的”实验，因为他们从事的所有活动都是日常活动。事实上，他们甚至没有意识到自己在被观察，或是在参加一项实验。

下面来看一项现场实验（Leyens et al., 1975）。它要验证的假设是，大量接触媒体暴力可能使观看者变得更具攻击性。被试是比利时的少年犯，他们都住在为男性青少年设立的一所最低安全保障的房舍里。实验开始前，研究人员观察了样本中的每个男孩，以测定他们的攻击水平。把这些初始评价可以作为衡量之后攻击水平增加的基线。基线观察显示，住在该机构四座房舍里的男孩可以分为两个亚组：两个房舍中的男孩攻击性较强，另两个房舍中的男孩攻击性较弱。然后开始实验。在一周的时间里，每天晚上，每个亚组中的一个房舍里的男孩观看暴力电影，比如《雌雄大盗》和《十二金刚》，另一房舍的男孩观看中性影片，如《老爸的未婚妻》和《美国丽人》。在看电影的一周里，每天两次（午饭时和晚上看完电影后）记录各房舍男孩身体攻击和言语攻击的情况；在看电影之后的一周内，每天一次（午饭时）记录其攻击情况。

这项现场实验最惊人的结果是，每晚观看暴力电影的两个亚组的青少年，其身体攻击明显增加

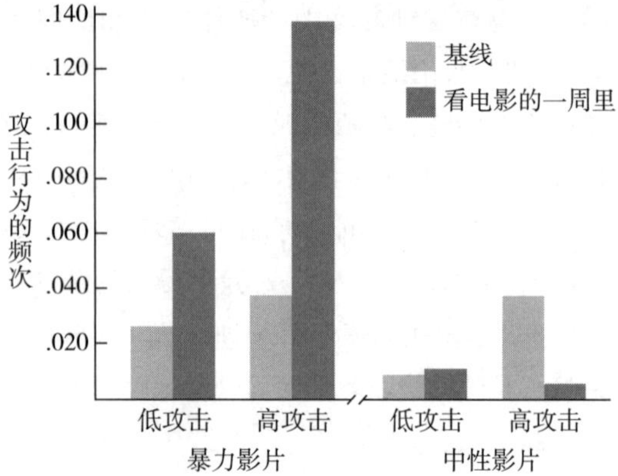

基线条件下和观看暴力影片或中性影片后，高攻击和低攻击男孩夜晚的平均身体攻击行为的频次。

资料来源：摘自 Leyens et al., 1975。

了。这些暴力电影中有很多身体攻击场面，它们似乎激发了看电影男孩的相似反应。但是如图所示，暴力电影在原来攻击性水平较高的青少年身上激发了更多的攻击行为。非但如此，看暴力电影也使原来高攻击性的男孩的**言语攻击**更多——在看电影的一周和看完电影后的一周里，这种影响一直在这些男孩身上有所表现。

显然，在比利时进行的现场实验结果与莱波特和拜伦（1972）在实验室研究中得出的结论一致：接触媒体暴力确实怂恿了攻击行为。而且它还通过以下结果证实了实验室的发现，即**在自然环境中**，媒体暴力的教唆效应对那些原来就具有攻击性的观看者影响更大、更持久［参见弗里德里希和斯特恩对幼儿园儿童所做研究的相似结果（Friedrich & Stein, 1973）］。

表 1.2　常用研究设计的优点和局限性

设计	程序	优点	局限性
相关	在研究者不干预的情况下，收集关于两个或多个变量的资料。	可在自然环境中估计变量之间关系的强度和方向。	不能确定变量间的因果关系。
实验室实验	操纵参与者所处环境的某些方面（自变量），测量其对参与者行为（因变量）的影响。	可查明变量之间的因果关系。	在人为情况下获得的资料可能不能推广至现实生活中。
现场实验	操纵自变量，并在自然情境下测量它对因变量的影响。	可查明因果关系，也可把结果推广到现实生活中去。	在自然环境中实施的实验处理可能效果不大并且难以控制。
自然实验（准实验）	一些人经历了真实世界（自然）的环境操控，收集这些人的行为资料。	可考察在实验中很难或不可模拟的自然事件的影响；提供关于因果关系的有力线索。	对自然事件或置身其中的参与者缺乏严格控制，从而妨碍研究者得出明确的因果关系。

差别（例如他们在婴儿期更体弱多病，营养更差），因此发展结果更差？没有随机分配参与者，对其他可能造成不同处理组差异的因素（如营养条件）未加控制，所以我们不能确定，社交剥夺就是福利院儿童不良情绪发展结果的决定因素。

尽管自然实验不能确切地说明因果关系，但这种方法仍有其用武之地。为什么？因为它能告诉我们，自然发生的事件有可能影响经历过这些事件的人们，因此可以提供关于因果关系的某些有意义的线索。

表 1.2 总结了上述各种研究设计的优缺点。下面来看更具体的探索发展的连续性和变化的研究设计。

发展研究设计

社会性发展研究者不仅对考察儿童在某一个时间点上的行为感兴趣，而且他们想知道，儿童的情感、思维、能力和行为怎样随着时间推移而发展或变化。我们如何设计研究来描绘这些发展趋势呢？下面简要介绍四种设计：横断设计、追踪设计、序列设计和微观发生学设计。

横断设计

横断设计（cross-sectional design）就是在同一时间点，对不同年龄的各个儿童组进行考察。例如，一位研究者想考察儿童是否随着年龄增长而越来越慷慨，他会为 6 岁、8 岁和 10 岁的儿童设置条件，让他们有机会把喜欢的物品（如糖果和钱）分给不如他们幸运、缺少这些东西的孩子。通过比较不同年龄组儿童的反应，研究者即可查明慷慨行为随年龄发生的变化（见第 10 章对这一主题的回顾），或者查明他们想考察的发展的任何方面。

横断设计的一个重要优势是，研究者可以在短时间内从不同年龄的参与者那里获取资料。例如，研究者不必等 4 年，等儿童从 6 岁长到 10 岁，再来确定慷慨行为是否会随着年龄增长而增多，他只要从不同年龄儿童中取样，在同一时间对所有样本加以测量即可。

年龄群效应　然而必须注意，在横断研究中，每个年龄水平的参与者是来自不同年龄群的不同的人。所谓年龄群是指年龄相同、在成长中经历了相似文化环境或相同历史事件的一群人。横断比较总是涉及不同的年龄群，这一事实意味着，在研究中发现的与年龄有关的效应，不一定都归因于年龄或发展，可能是由区分不同年龄群个体的其他特征造成的。例如，早期横断研究一致地发现，年轻成人的智力测验分数高于中年人的分数，中年人的分数又高于老年人。但是智力真像这些发现所表明的，随着年龄增长而逐渐下降吗？不一定！后来的研究（Schaie, 1986, 1990）揭示出，人的智力测验分数在一生中保持着相当的稳定性，早期研究确实测量了一些完全不同的东西，如受教育程度的年龄群差异。在早期的横断研究中，老年人读书较少，这可以解释为什么他们的智力测验分数低于中年人和年轻人样本。他们的测验分数并不是下降了，而是从来就低于与之相比较的那些年轻人。所以说，早期的横断研究发现的是**年龄群效应**（cohort effects），而不是真实的发展变化。

虽然存在这个重要的局限，但横断比较仍是发展心理学者最常使用的设计方法。为什么呢？因为它有省时省力的优点；我们可以在短时间内从不同年龄的人群中取样来完成研究。另外，如果没有什么理由让我们相信，所考察的不同年龄群在成长过程中的经历有太大差别，那么横断设计就可能得出有效的结论。所以，如果我们在前面的研究中比较 6 岁、8 岁和 10 岁儿童的慷慨行为，很可能是我们有充分的自信认为，在这四年间，历史或主流文化并没有发生重大变化。在研究当中必须注意，如果尝试做出跨越多年的发展推论，那么年龄群效应可能是个重要问题。

个体发展资料　横断设计还有一个值得注意的局限性：它不能告诉我们有关个体发展的任何东西，因为研究中的每个人都只在一个时间点被观察。因此，横断研究不能回答这样的问题："我的孩子什么时候能变得更慷慨？"或"攻击性强的2岁儿童到5岁时攻击性还强吗？"要解决这类问题，研究者通常采用第二种发展性比较，那就是追踪设计。

追踪设计

在**追踪设计**（longitudinal design）中，同一批参与者随着时间的推移而被重复观察。比如，一位研究者想查明在整个儿童中期，个体的慷慨性是否随年龄增长而增强，他可能会在儿童6岁时给其提供对贫穷孩子做出慷慨行为的机会，之后，当这些儿童长到8岁和10岁时，再对他们的慷慨性进行相似的评价。

追踪研究的周期可以很长，也可以很短。研究者可以关注发展的一个特定方面，如慷慨性，也可以关注多个方面。通过重复测量相同的参与者，研究人员可以评价各种特征的稳定性和样本中每个人发展变化的模式。此外，通过寻找大多数或所有个体发展的共同之处，研究者还可查明一般的发展趋势。最后，在一段时间里对一些儿童的追踪，可以帮助研究者理解发展中个体差异的基础，尤其是，如果他们能确定不同的早期经验会导致非常不同的结果。

几项著名的追踪项目对儿童跟踪了几十年，就发展的很多方面做出了评估（见，如 Kagan & Moss, 1962; Newman et al., 1997）。但是，多数追踪研究在方向和范围上都比较适中。例如，豪斯和马西森（Howes & Matheson, 1992）的研究对1到2岁儿童的假装游戏活动追踪了3年，每隔半年重复观察一次。豪斯和马西森利用一种评价游戏之认知复杂性的分类方案，试图查明以下问题：（1）随着年龄增长，游戏是否变得更复杂；（2）在游戏复杂性上，儿童之间是否存在差异；（3）儿童游戏的复杂性能否预测他们与同伴交往的能力。果然，所有儿童的游戏在3年时间里都越来越复杂，同时，在每个观察点，游戏的复杂性都表现出个体差异。此外，儿童游戏的复杂性与其社交能力之间也存在明显的关系：在任何一个年龄点，玩更复杂游戏的儿童，到6个月后的下一个年龄点，都被评价为对他人友好，攻击性也较少。所以这项追踪研究显示，不仅假装游戏的复杂性随着年龄增长而逐渐增加，并且它还是儿童今后的同伴交往能力的可靠预测指标。

追踪研究有重要的优势，同时也有一些缺点。例如，追踪研究非常费钱耗时，尤其是在研究必须持续多年的情况下。此外，社会性与人格发展的理论与研究焦点会不断地发生变化，所以一个长期的追踪项目，开始时要追踪的问题看起来令人兴奋，但是到研究结尾的时候，可能就变得不那么重要了。**选择性流失**（selective attrition）也是追踪研究的一个问题：儿童可能搬家，生病，因重复测验而厌烦，或者有些父母因这样那样的原因不同意孩子继续参加研究。结果导致样本较小，且可能是**非代表性样本**（nonrepresentative sample）。这类样本只能为所考察的发展问题提供较少的信息，而且从那些没有搬家的健康儿童和长时间保持合作的儿童中得出的结论也有其局限性。

学生们很容易就能发现，持续时间很长的追踪研究还有一个缺点，即**跨代问题**（cross-generational problem）。追踪研究中的儿童一般来自同一个年龄群，因此，他们经历的是不同于其他年龄群的文化、家庭和学校环境。例如，20世纪30年代和40年代曾进行几项早期追踪研究，请想想自此之后时代发生了怎样的变化。在这个双职工的年代，被送去日托中心的婴幼儿比过去多得多，现在的家庭规模比过去小，儿童的兄弟姐妹较少；现在的家庭，搬家的频率也比二十世纪三四十年代更频繁，所以相比过去的儿童，当代儿童可能要身处更

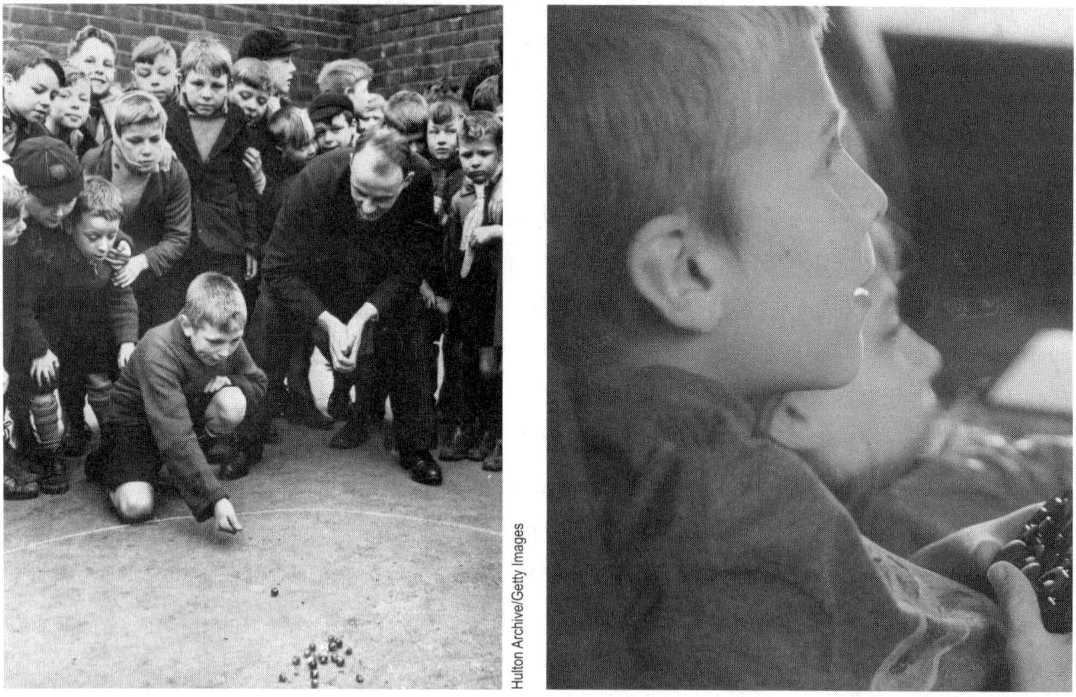

Hulton Archive/Getty Images

图片 1.4 20世纪30年代（左）和21世纪最初10年（右）的娱乐活动

这两幅照片说明，成长在20世纪30年代的儿童，其经验与当代儿童很不相同。很多人认为，跨代的环境变化可能使追踪研究的结果只适用于随着研究进展而长大的儿童。

多样的人群和地方。现在的儿童不管住在什么地方，他们都是在电视和电脑屏幕前长大的，而对二十世纪三四十年代的儿童而言则不存在这样的影响。因此，过去时代的儿童生活在一个非常不同的世界，我们不能肯定，那时儿童的心理发展与当今儿童完全相同。换言之，环境的跨代变化可能限制一个追踪项目的结论只适用于那些随着研究进展而长大的参与者。

我们已经知道横断设计和追踪设计都有各自的优缺点，有没有可能把这两种设计的优点结合起来呢？第三种发展研究设计——**序列设计**（sequential design）正是这样做的。

序列设计

序列设计通过选择不同年龄的参与者，在一段时间里追踪几个不同的年龄群，从而把横断设计与追踪设计的长处结合起来。举例说明，假设我们想考察儿童从 6 岁到 12 岁的道德推理发展，我们可以从 2008 年开始测试一个 6 岁儿童的样本（2002 年出生的年龄群），再测一个 8 岁儿童的样本（2000 年出生的年龄群）。之后，我们分别在 2010 年和 2012 年再次测试这两个群体的推理能力。注意，这一设计要求我们对 2002 年的年龄群从 6 岁追踪到 10 岁，对 2000 年的年龄群从 8 岁追踪到 12 岁。图 1.5 显示了这一研究设计。

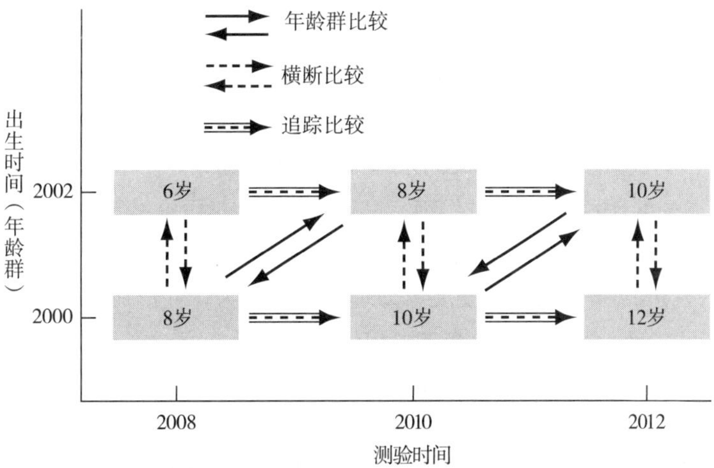

图 1.5　序列设计实例

在 4 年时间里，对 2000 年和 2002 年出生的两个儿童样本进行追踪观察。此设计使研究者可以通过比较出生年份不同的同龄儿童来评估年龄群效应。如果没有年龄群效应，则本设计中的追踪比较和横断比较，可使研究者得出有关发展变化的强度和方向的有说服力的结论。

这种序列设计主要有三个优点。第一，通过比较出生在不同年代的同龄儿童的道德推理，确定年龄群效应是否影响研究结果。如图 1.5 所示，通过比较两个样本在 8 岁和 10 岁时的道德判断，可以评价年龄群效应。如果两个样本没有差别，我们就可以说年龄群效应不存在。该图还表明了序列设计的第二个优点：在一项研究中同时做了追踪比较和横断比较。如果两种比较中推理的年龄趋势相似，我们就可以确信，它们代表了道德推理能力的真实发展变化。第三，序列设计比一般追踪设计效率更高。在上述例子中，虽然我们对道德推理的发展只追踪了 4 年，但是却相当于追踪了 6 年。若是最初取 6 岁儿童样本进行标准的追踪比较，则必须追踪 6 年才能得到相似的信息。显然，把横断设计与追踪设计相结合胜过各自的单独设计。

微观发生学设计

横断、追踪和序列设计都只能提供发展变化的大概轮廓，而不一定能查明这些发展变化为什么发生、怎样发生。**微观发生学设计**（microgenetic designs）可用于探索促进发展变化的过程。其逻辑很简单：让那些被认为即将发生某种重要发展变化的儿童，反复置身于可能导致这种变化的经验中，在这种变化发生时对其行为进行监控。

认知理论家已经应用这种方法发现，儿童怎样凭借新的、更有效的策略来解决问题。通过几小时、几天或几周时间的密集观察，认真分析儿童的问题解决行为，研究者通常能够详细阐明儿童的思维和策略使用发生了怎样的变化，以及这些变化对其认知能力（Siegler & Svetina, 2002）、算术技能（Siegler & Jenkins, 1989）、记忆（Coyle & Bjorklund, 1997）以及语言技能（Gershkoff-Stowe & Smith, 1997）的促进作用。尽管微观发生学设计是一种新方法，但它很有希望查明哪些经验可能促进社会性与人格发展领域的发展，比如自我概念和自尊的发展，社会认知的发展（即理解他人行为，并形成对他人的印象），道德推理的发展，性别角色刻板印象思维的发展，等等。

卡里奇等人（Courage, Edison, & Howe, 2005）采用微观发生学设计考察了自我概念发展的一个重要里程碑：认出镜子中的自己或近期照片上的自己的能力。评估自我识别的常用方法是在婴儿脸上涂上红胭脂（或其他有颜色的东西），让他们来到镜子前。如果婴儿认出镜子里的人就是“我”，他们就会触摸自己的脸（自我识别），探究那个奇怪的带颜色的点，反之，他们就会什么也不做，或者去触摸镜子里的人像（不能识别自己）。过去的横断研究揭示出，从 18 个月到 24 个月，表现出清晰的自我识别的婴儿比例迅速增加。这是否说明，认出镜子中的自己是一种突然的“啊哈”类的经验？

为了找到答案，卡里奇等人选了 10 个学步儿，从他们 15 个月大开始，每两周评估一次其自我识别能力。这种微观发生学的评估揭示出，学步儿逐渐从不能识别进入一个短暂的（1~2 周）模糊期，此时他们能在一些测验中成功地认出自己，但在另一些测验中却无法认出。最后，平均在 16~17 个月大时，他们表现出可靠的、清楚的自我识别。显然，这些微观发生学资料表明，从不能识别自己到稳定的自我识别是个逐渐的过程，而不是一种突然的顿悟。

虽然微观发生学方法提供了独特的机会，在发展变化发生时观察并记录其真实过程，但这种研究也有一些劣势。首先，以如此精细的方法追踪大量儿童难度大，耗费时间，也比较昂贵。另外，微观发生学研究中的观察频率可能影响被观察儿童的发展。例如，卡里奇等人研究的学步儿有很多机会看到自己的形象，这种大量的练习可能有助于解释，为什么他们比早期横断研究的学步儿能更早地做出稳定的自我识别，早期研究中的那些孩子通常只接受一次测验。也就是说，微观发生学研究中儿童接受的促进发展的大量经验，并不能反映他们通常会遇到的情况，可能歪曲了自然环境中的发展过程。即便如此，当研究者像卡里奇等人所做的那样（Courage, Edison, & Howe, 2005）采用微观发生学设计，在他们已经了解的可能会发生变化的时间，考察与年龄相关的变化时，他们往往能更精细地查明这些发展是怎样（或为什么）发生的。

为了帮助你回顾和比较上述四种重要的发展研究设计，表 1.3 简要描述了每种方法的优缺点。

跨文化比较

发展心理学者在发表他们的新发现或新结论时常常会犹豫不决，除非他们已经考察了足够多的人，并肯定他们的“发现”是可信的。但是，他们的结论往往是基于在某一时间点、生活在某一文化或亚文化的参与者，因此很难确定这些结论能否适用于下一代人，或目前生长在其他社会或亚文化中的人们（Lerner, 1991）。如今，研究结果跨样本、跨背景的普遍性已成为一个重要问题，因为理论工作者暗示，在人类发展中存在着“共性”——所有儿童从婴儿长到成人的过程中共同拥有的一些事件和结果。

跨文化研究是对不同文化、亚文化、人种和种族背景的参与者，在发展的一个或多个方面进行观察、测验和比较。这种研究服务于很多目的。例如，

表 1.3　四种发展研究设计的优点和局限性

设计	程序	优点	局限性
横断	在同一时间点观察不同年龄（或年龄群）的人。	发现年龄差异，找出发展趋势，省时省力。	年龄趋势反映的可能是年龄群之间的无关差异，而不是真实的发展变化；不能提供个体发展资料，因为每个参与者仅在一个时间点被观察。
追踪	在一段时间里对同一个年龄群重复进行观察。	提供个体发展的资料；揭示早期经验与后期结果间的联系；指出随着时间推移，个体之间是多么的相似，以及个体之间的差异有何变化。	比较耗时费钱；选择性流失会导致非代表性样本，限制结论的可推广性；跨代变化会限制所得结论只适用于所研究的年龄群。
序列	随时间推移重复考察不同年龄群，把横断设计与追踪设计相结合。	可把真实发展趋势与年龄群效应区分开；说明一个年龄群经历的发展变化是否和其他年龄群相似；比追踪设计花费的财力和时间少。	比横断研究耗时费钱；虽然是最有效的设计，但仍存在问题，比如研究发现的发展变化能否推广到所研究的年龄群以外。
微观发生学	在发展变化可能发生的较短时间内对儿童进行密集观察。	在变化发生时对其进行密集观察，可揭示变化怎样发生和为什么发生。	对大样本而言非常昂贵而且耗时；为引发变化而提供的大量经验可能缺乏典型性。

它能使研究者查明，从一种社会背景（如美国白人中产阶级儿童）得出的儿童发展方面的结论，是否也适于生长在其他社会或同一社会的不同族群、不同社会经济背景（如美国拉丁裔或经济贫困家庭）下的儿童。所以，**跨文化比较**（cross-cultural comparison）可以避免研究结果的过度推广，它是查明人类发展是否存在真正的“共性”的唯一途径。

然而，从事跨文化研究的很多人不是在寻找相似性，而是在寻找差异。他们意识到，人是在不同的社会和亚文化中成长的，对很多问题可能有不同的看法，如管教孩子的适当时间和方法，适合男孩和女孩参与的活动，儿童期结束的时间，成年期开始的时间，怎样对待老年人，以及生活中的许多其他问题（Fry, 1996）。研究者还认识到，来自不同文化的人看待世界、表达情绪、思维和解决问题的方式也很不相同。因此，除了聚焦发展的普遍性外，跨文化研究还揭示出，人的发展受到文化背景的很大影响（见专栏 1.4 中对性别角色的文化多样性的生动介绍）。

你是否惊讶发展心理学工作者在其研究中竟采用了如此多方法和设计？可用研究方法的多样性是一大优势，因为采用一种方法获得的结果可以用另一种方法来验证或否证。确实，提供聚合证据有一种最重要的作用，它向人

专栏 1.4 文化影响

性别角色的跨文化比较

跨文化比较最有价值的一点是，它能告诉我们，一种发展现象是不是普适的。我们来看男性和女性在社会中的角色。在美国文化中，传统男性角色所需的特质有独立性、果断性和支配性。相比之下，社会期望女性更善于照顾别人和更敏感。这样的男性和女性角色是普适的吗？两性的生物差异必然会导致行为上的性别差异吗？

多年前，人类学家玛格丽特·米德（Mead, 1935）采用人种学方法比较了新几内亚岛上三个部族中的人所接受的性别角色。她的观察发人深省。在阿拉佩什部落，男人和女人都要学习我们所说的女性角色：他们善于合作，很少表现出攻击性，对别人的需要敏感。相反，曼都古马部落则教育部落的男人和女人都表现出敌意、攻击和对他人的情绪反应不敏感——符合西方标准下典型的男性特点。第三个部落查姆布利人，则表现出与西方社会相反的性别角色发展：男性被动、情绪依赖、社交敏感；女性却支配、独立和果断！

米德的跨文化比较显示，在对男人和女人的典型行为模式的影响方面，文化教化可能和生物差异同样重要，甚至更重要。所以我们非常需要像米德这样的跨文化比较。缺少了这样的比较，我们就容易犯错误，把美国社会认为正确的东西当作放之四海而皆准的真理。在文化比较的帮助下，我们才能正确理解生物因素和环境对人的发展的贡献。

们证明，一个人的研究发现是真实的发现，而不仅仅是用收集初始数据的方法和设计得出的人为产物。所以，对于考察儿童和青少年来说，没有“最好的方法”；对理解社会性与人格发展来说，上述所有方法都做出了重要贡献。

附言：做发展研究的明智受益者

此时，你可能觉得奇怪：“我为什么需要了解这么多发展研究者用来做研究的方法？”这是一个情理之中的问题，因为选修这门课程的多数学生都会找别的工作，而不会从事对成长中的儿童或青少年的科学研究。

我的回答很直白：像本课程这样的研究性课程，其目的固然是要准确地概述本学科的理论和研究，但它们也应该尽力帮助你们去评价将来可能遇到的相关信息。而且你们肯定会接触到这样的信息。作为一个教师、学校行政人员、护士、缓刑监督员、社会工作者或与儿童和青少年有关的其他专业人员，即便你不阅读学术刊物，你肯定会从电视、报纸、杂志等大众媒体中接触到这类信息。你怎么知道你读到或听到的那些貌似引人注目的、重要的新发现值不值得认真对待？

这是一个重要问题，因为有关社会性与人格发展的新信息，在它们赖以为基础的研究数据发表于专业刊物（如果真的这么做了）之前的几个月甚至几年，就已在大众媒体上公之于众了。更为重要的是，发展研究者所投稿件中，只有不到 30% 被本学科中有影响的专业期刊认为有发表价值。所以很多媒体报道所基于的研究的“戏剧性”新发现，在其他科学工作者看来，并不具有多少戏剧性，甚至没有发表价值。

即使媒体的报道确实以学术刊物上发表的论文为依据，对研究及其结论的报道也经常有误导性。举个例子，一个大脑的网络故事援引了一篇已发表的文章，称有明确的证据证明“酗酒是遗传的”。我们将在第 3 章讲到，这是一个远比作者实际所得结论更具戏剧性的结论。另一家大都会报纸以《日托对儿童的伤害》为题，概述了声望很高的杂志《发展心理学》上的一篇文章，但是该报纸上的文章根本没搞清楚研究者（Howes, 1990）的结论是这样的：质量非常低的日托可能会伤害一些学前儿童的社会性与智力发展，但是多数受到良好日托照护的幼儿并没有受到不良影响。（关于日托及其对成长中儿童的影响将在第 5 章深入探讨。）

我的意思并不是说，你永远不要相信你读到的东西；我只是提醒你们，对媒体（和期刊）上的报道先持怀疑态度，并且用本章所讲的方法论知识对其做出评价。你们可以先这样问：“那些资料是怎样收集的？研究是怎样设计的？由于所采用的收集资料的方法和研究设计（相关对实验，横断对追踪）的局限性，研究者得出的结论适当吗？有没有设置恰当的控制组？研究结果是否经过同行专家审查并已发表在权威学术刊物上？”请不要认为已发表的文章就不会受到批评。发展科学的很多论文和学位论文，都是学生基于先前发表的研究中存在的问题和缺陷而完成的。所以要花时间阅读并评价一下关系到你的专业或你的父母角色的已发表的报告。这样，你不但能更好地理解那些研究和结论，而且任何遗留的问题或疑问，你都可以通过写信、打电话或发电子邮件的方式来与文章作者进行讨论。

总之，你必须做一个有知识的消费者，这样才能获得社会性与人格发展研究领域所提供的知识之外的更多东西。我们对研究方法的讨论，就是为了达到我们心中的这个目标，扎实地掌握了这些方法论课程，可以帮你正确地评价你看到的研究，不仅是本书中的研究，还有你将来会接触的其他很多来源的研究。

本章要点

- **发展**指从受精卵到死亡期间发生的系统的连续性和变化。
- **社会化**是儿童学会其他社会成员认为重要且恰当的观念、行为和价值观的过程。社会性与人格发展是社会、文化和生物因素长期、复杂相互作用的产物，这些因素使人们在某些方面相似，但在另一些方面又很不相同。

普适父母机——一项思想实验

- 普适父母机是一项假设的思想实验，儿童在其中和同伴一起被抚养，没有父母，没有主流文化。它提供了一种有趣的背景，以此来思考正常的社会性与人格发展的过程和结果。

社会性与人格发展的历史观

- 与当代儿童相比，中世纪的儿童很少享有权利和受到保护。到了十七、十八世纪，出现了人文主义的儿童观，此后不久，一些父母开始在**婴儿传记**中记录其子女的成长。直到将近1900年才开始出现对发展的科学研究。斯坦利·霍尔在美国、西格蒙德·弗洛伊德在欧洲分别收集资料，并提出关于人的发展的**理论**。不久，其他研究者相继提出**假设**并进行研究，评价并扩展了早期理论。
- 理论是对观察资料做出描述和解释的一系列概念和命题。**简约性**、**可证伪性**和富于**启发性**的理论是好的理论。

关于人的发展的问题和争论

- 关于人的发展的理论在以下五个基本问题上观点不同：（1）性本善还是性本恶（分别有**原罪说**、**性善论**和**白板说**）；（2）**天性/教养问题**；（3）**主动性/被动性问题**；（4）**连续性/不连续性问题**；（5）发展的最重要方面是**普遍性**的还是**特定性**的。

研究方法

- 当今的发展心理学者遵循**科学方法**，用客观资料检验其观点的正确性。研究者可接受的方法必须具有**信度**和**效度**。如果一种方法可得到一致的、可重复的结果，则是可信的；如果能准确地反映本想测量的东西，则是有效的。
- 在社会性与人格发展领域，最常用的收集资料的方法有自我报告、观察法、个案研究和人种学方法。自我报告有标准化的自我报告，如能把参与者作直接比较的**结构式访谈**和**结构式问卷**（包括**日记研究**）；也有较灵活的自我报告，如**临床法**，它能获得每个参与者的情感、思维和行为的个人化的详细资料。
- **自然观察**是在儿童和青少年生活的自然环境中进行的，而**结构式观察**在实验室中进行，研究者在那里引发所要考察的行为。
- **个案研究**基于访谈、观察和个体回答问题所得的测验分数，以及从教师、父母那里得到的个人信息，获得对单个儿童或青少年的深度了解。
- 最初由人类学家采用的**人种学方法**是一种描述性的方法，研究者以参与性观察者的身份深入到文化和亚文化背景中。他们认真观察社区成员，做谈话笔记，把信息加以汇总，得到关于群体价值观、文化传统及其对成长中的儿童和青少年影响的详细资料。
- **心理生理学方法**对生理反应与行为之间的关系加以测量，常用于揭示儿童知觉、认知或情绪反应的生物基础。

查明关系：相关设计和实验设计

- 研究者用来查明他们所考察的变量之间关系的研究设计主要有两种。**相关设计**是在自然状态和不加干预的情况下对变量之间的关系进行检验。**相关系数**用于估计变量之间关系的强度和方向。但相关研究不能查明相关变量之间是否存在因果关系。
- **实验设计**可解释因果关系。实验者操纵一个（或多个）**自变量**，对其他**混淆变量**进行**实验控制**（通过对参与者的**随机分配**），观察所操纵的变量对**因变量**的影响。实验可在实验室完成，也可在自然环境中进行（**现场实验**），它可提高结果的**生态效度**。实验者不能操纵和控制的事件的影响可通过**自然实验**（**准实验**）进行考察。但由于不能控制自然事件，准实验就难于得出因果结论。

发展研究设计

- 考察发展变化的研究设计有**横断设计**、**追踪设计**和**序列设计**。横断设计在同一时间点对不同年龄组进行比较，它简便易行，但不能揭示个体的发展。另外，如果研究发现的年龄趋势是由**年龄群效应**导致的，而不是真正的发展变化，其结果可能具有误导性。
- **追踪设计**是在同一批参与者长大的过程中重复对其进行考察，以查明发展变化。它可发现发展的连续性、变化性和个体差异，但追踪设计存在**选择性流失**问题，从而导致**非代表性样本**。另外，长时间追踪研究的**跨代问题**使研究结果可能只适用于所研究的特定年龄群。
- **序列设计**把横断设计与追踪设计结合起来，帮助研究者扬二者之长，判定哪些是真实的发展趋势，哪些是年龄群效应。
- **微观发生学设计**是在发展变化正常发生时，在短时间内对儿童进行密集的考察，以揭示这些变化怎样发生和为什么发生。

跨文化比较

- **跨文化研究**是把来自不同文化或亚文化的参与者的一个或多个方面进行比较，目前这种研究变得越来越重要。只有把来自多种文化的人进行比较，才能查明“普遍适用的”发展模式，同时揭示出受社会背景严重影响的其他发展方面。

第2章

社会性与人格发展的经典理论

精神分析理论

弗洛伊德的心理性欲理论

弗洛伊德理论的贡献与批评

埃里克森的心理社会发展理论

埃里克森理论的贡献与批评

当今的精神分析理论

行为主义（或社会学习）理论

华生的行为主义

斯金纳的操作学习理论（激进行为主义）

班杜拉的认知社会学习理论

社会学习的交互决定论

社会学习理论的贡献与批评

皮亚杰的认知发展观

皮亚杰关于智力与智力发展的观点

认知发展的四个阶段

皮亚杰理论的贡献与批评

本章要点

"真理只存于理论中，而非实践中。"——无名氏

"没有什么东西比一个好的理论更有用。"——库尔特·勒温

第 1 章只是简单地谈到理论，把理论定义为描述和解释人的经验的一系列概念和命题。我们也曾提到每个人都是"理论家"，因为每个人都有自己的观点，反映出我们在各种问题、观察和事件中的看法。理论对当今的发展研究者有多重要呢？它们是如此重要，以至于当代很多学者认为，离开理论知识就不能进步。实际上，当发展研究者向其他同行介绍自己时，他们常常提到（1）其最感兴趣的领域（如婴儿情绪发展）；（2）指导其研究的理论观点。所以，一个发展研究者的职业同一性，部分取决于他赞同什么理论。

本章中我们关注关于人的社会性与人格发展的那些最早、影响最大的思想，即在 1975 年以前指导大多数研究且其影响持续至今的理论。首先，简要介绍弗洛伊德的精神分析理论，这一理论把人说成是与生俱来的生物本能的仆人，本能在儿童期逐渐成熟，而且对我们是谁和我们将变成什么样的人起着决定作用。回顾弗洛伊德的理论，把它与后期精神分析理论的观点作比较之后，我们将介绍一种完全不同的观点：行为主义和社会学习理论，它不重视生物因素对人的发展的作用，而是把儿童看作"白板"，受到他们所处社会化环境的重大影响。最后，我们介绍让·皮亚杰的认知发展观，一种相互作用论，认为生物因素（成熟）和环境经验共同推动智力发展，而智力发展反过来又对社会性与人格发展的所有方面均产生重要影响。

本章将介绍三种理论观点，每一种都既有优势也有局限性。社会性与人格发展的新理论（质疑早期思想并在其基础上建立的模型）不断涌现，第 3 章我们将介绍其中几种，重点强调社会性与人格发展的生物因素作用的模型（行为遗传学和进化论观点）、环境作用的模型（生态系统论）和认知基础的模型（社会文化理论、社会信息加工理论）。

下面，我们从弗洛伊德的精神分析流派开始对"经典"理论进行回顾。

精神分析理论

除了进化论者查尔斯·达尔文，很难想出哪个理论家对西方思想界的影响超过了西格蒙德·弗洛伊德，一位 1856 年出生、1939 年逝世的维也纳医生。这位富于革命性的思想家对以往的人性观念提出了挑战，他提出，人是被自己意识不到的动机和冲突所驱动的，人格则受早期生活经验的影响。本节

我们先介绍弗洛伊德富于魔力的关于人的发展的**心理性欲理论**（psychosexual theory），然后再把他的这一理论与其最著名的追随者埃里克·埃里克森的理论加以比较。

弗洛伊德的心理性欲理论

弗洛伊德对人性的看法从本质上来说源于托马斯·霍布斯的原罪说。他的精神分析理论的核心是，人被强大的、必须去满足的生物欲望驱动。什么欲望呢？社会所不允许的欲望！弗洛伊德（1940/1964）把新生儿比作一口“沸腾的大锅”——一种与生俱来的自私动物，被两种**本能**（instincts）无情地驱动着，这两种本能分别是**生的本能**（Eros）和**死的本能**（Thanatos）。生的本能一词借自希腊神话中的爱神，据称它通过指导那些维持生命的活动，如呼吸、吃喝、性以及满足其他身体需要的活动，从而促进生存。死的本能一词源自希腊神话中的死亡之神，它被视为人身上的一种破坏力，以纵火、斗殴、凶残的攻击、谋杀和自虐（自我伤害）等方式得以表达。

图片 2.1 西格蒙德·弗洛伊德（Sigmund Freud, 1856—1939）的精神分析理论改变了人们对发展中儿童的看法。

弗洛伊德曾经是一位执业神经科医生，他的发展理论来自他对情感障碍病人生活史的分析。他给病人治疗时，为了减轻患者的神经症和焦虑，经常运用催眠、自由联想（让人迅速说出自己的想法）和梦的解析等方法，因为这些方法能够提供被患者**压抑**（repression, 即尽力排除出意识之外）的**无意识动机**（unconscious motives）的线索。通过分析这些动机和导致其被压抑的事件，弗洛伊德断定，人的发展是一个冲突的过程：作为生物人，我们有必须满足的性和攻击本能，而社会则规定，其中很多需要是不受欢迎的，必须加以限制。弗洛伊德认为，父母在孩子出生后头几年里控制这些性与攻击欲望的方式，对塑造儿童的行为和性格起着重要作用。

人格的三种成分 弗洛伊德的心理性欲理论认为，人格的三种成分——本我、自我和超我——经过心理性欲发展的五个阶段逐渐发展并整合。**本我**（id）是出生时便存在的全部东西。它的唯一机能是要满足天生的生物本能，而且试图马上就去满足。你不妨想想，小婴儿看上去的确是“完全的本我”。只要饿了或尿了，他们就会哭闹，直到需要得到满足，一点儿也不懂得忍耐。

自我（ego）是人格中有意识的、理性的成分，它反映出儿童的知觉、学习、记忆和推理等新兴能力。自我的机能是为本能的满足寻找现实途径，一个饥饿的学步儿，如果记得怎样得到食物，就会去找妈妈，说“饼干”。随着自我的成熟，儿童就能更好地控制非理性的本我，找到现实的办法来满足自己的需要。

但是，满足需要的现实方法也并非总能被接受。当一个饥肠辘辘的 3 岁孩子在两餐之间偷吃甜点而被抓时，他可能很快就意识到了这点。人格的第三种成分，**超我**（superego），是良心的领地。当儿童在 3~6 岁期间逐渐把父母的道德观和标准内化（变成自己的价值观和标准），超我得到发展（Freud, 1933）。超我一旦出现，儿童就不再需要成人告诉他们何为善恶，他们能意识到自己的过失，并且为自己的不道德行为感到内疚或羞耻。因此，超我像一个内部督察官，监督着自我为本我不合期望的冲动寻找社会可接受的出口。

心理发展阶段　弗洛伊德认为，性本能是最重要的本能，因为他发现，病人的心理失调往往与被压抑的儿童期性冲突脱不开干系。但是，年幼儿童真是有性欲的人吗？弗洛伊德的回答是肯定的（Freud, 1940/1964），他所说的性欲是广义的，包括吮吸手指和排便之类的活动，而我们从不认为这些活动跟性欲有关。弗洛伊德认为，随着性本能的逐渐成熟，性欲的焦点会从身体的一个部位转移到另一个部位，每次转换都带来心理性欲发展的一个新阶段。表 2.1 简要

表 2.1　弗洛伊德的心理性欲发展阶段

心理性欲发展阶段	年龄	表现
口唇期	0~1 岁	性本能集中于口部，婴儿从口部动作，如吸吮、咀嚼和咬东西中获得快感。喂养活动非常重要，比如断奶过早或过于突然，可能导致一个人以后对密切接触的渴望和过分依赖配偶。
肛门期	1~3 岁	自发的大小便成为满足性本能需要的主要方式。如厕训练成为儿童与父母之间的主要冲突。父母营造的情感氛围可能有长远影响。例如，若孩子因“意外的”排便而被惩罚，他们可能会变得抑制、凌乱或挥霍。
性器期	3~6 岁	快感来自对生殖器的刺激。儿童对异性别父母产生乱伦欲望（所谓的男孩的恋母情结和女孩的恋父情结）。这种冲突导致的焦虑，使儿童内化作为竞争者的同性别父母的性别角色特征及道德标准。
潜伏期	6~11 岁	性器期的创伤导致性冲突被压抑，性冲动被导向学校学习和激烈的游戏中。随着儿童在学校形成更强的问题解决能力和内化社会价值观，其自我和超我逐渐发展。
生殖期	12 岁以后	青春期的到来重新唤醒了性欲望。青少年必须学习怎样以社会接受的方式表现这些欲望。如果心理发展是健康的，成熟的性本能将通过婚姻和养育孩子得到满足。

描述了弗洛伊德的心理性欲发展五阶段。

关于弗洛伊德理论的最大争议莫过于他所说的**性器期**（phallic stage）——发生在 3~6 岁的一个阶段。此时，男孩与父亲、女孩与母亲之间出现敌意的竞争，这源于儿童对异性别父母的乱伦欲望，希望他们成为自己的性伙伴。这种暧昧的心理状态（没有讽刺的意思），对男孩，被称为**恋母情结**（Oedipus complex；俄狄浦斯情结）；对女孩，被称为**恋父情结**（Electra complex；伊莱克拉特情结）。弗洛伊德认为，在儿童被迫放弃乱伦欲望，并认同自己的同性别父母之前，他们都会存在由这种敌对冲突滋生的焦虑。本书第 8 章和第 10 章将要讲到，这种**认同**（identification）过程是一种根本机制，它使儿童获得“男子气”或“女子气”的同一性，形成强有力的内化良心或超我。

弗洛伊德认为，父母在孩子心理性欲发展的每个阶段都必须正确对待孩子。性需要得到过多或过少的满足，都可能使儿童沉迷于受强烈鼓励或不受鼓励的活动。此后，儿童可能会**固着**（fixate）在那些活动上（即表现出发展停滞），并且在一生中都会残留于身。例如，一个婴儿的吮吸手指行为受到严厉惩罚，并因此产生冲突，则其成年后可能以替代形式表达这种口唇期固着，如成年后不停地吸烟和性口交等。请注意这里的含义：弗洛伊德的意思是，儿童早期的经验和冲突可能会困扰人们很多年，并影响到成人后的兴趣、活动和人格。

弗洛伊德理论的贡献与批评

你认为弗洛伊德的思想有多少道理？你是否认为我们所有人都被性和攻击本能无情地驱使着？还是说，弗洛伊德认为如此重要的性冲突，不过是反映了他和他的病人所生活的维多利亚时代的性压抑？

如今，只有少数发展心理学工作者是弗洛伊德理论的追随者。没有多少证据证明，弗洛伊德所认为的非常重要的口唇期、肛门期和性器期冲突，能够可靠地预测个体后期的人格（见例如 Bem, 1989; Crews, 1996）。造成这种现象的一个原因可能是，弗洛伊德关于人的发展的解释，是基于他所选择的数量有限的情感失调的成人，他们的经历并不适用于大多数人。

但是，我们不应该仅仅因为弗洛伊德理论的某些方面有点奇谈怪论，就全盘否定他的思想。弗洛伊德的最伟大贡献也许是他的*无意识动机*这一概念。当心理学进入 19 世纪中叶之时，研究者只是单方面地关注*意识经验*，如感觉过程和知觉错觉。弗洛伊德首先指出，这些学者考察的只是冰山一角，他宣告，心理经验的绝大部分位于意识水平之下。弗洛伊德值得赞赏的第二点是，他十分关注早期经验对后期发展的重要性。早期经验到底有多重要，至今尚在争论，但现在已很少有发展心理学者怀疑，某些早期经验可能有长远影响。最后，我们应该感谢弗洛伊德探索了人的发展的情绪方面——爱、恐惧、焦虑和其他强有力的情绪，它们在我们的生活中扮演着重要角色。遗憾的是，生活的这些重要方面，却常被那些只注重可观察行为和理性思维过程的发展心理学者忽视了。

综上所述，弗洛伊德不愧是一位伟大的先驱者，他勇敢地驾驶航船，冲破黑暗，穿过前人从未探索的未知水域。在这一过程中，他改变了我们对人类的看法。

埃里克森的心理社会发展理论

随着弗洛伊德越来越广为人知，他吸引了很多追随者。但弗洛伊德的学生们并不总是赞同这位大师的观点，最终，他们开始修正弗洛伊德的一些思想，并凭借自己的实力成为知名理论家。在这些*新弗洛伊德主义*的学者中，最著名的就是埃里克·埃里克森。

埃里克森与弗洛伊德的比较 埃里克森（Erikson, 1963, 1982）同意弗洛伊德的许多观点，但他与弗洛伊德在两个重要方面有所不同。第一，埃里克森（1963）强调，儿童是*主动的*、好奇的探索者，他们努力适应周围环境，而不是生物欲望的奴隶，被他们的父母塑造。埃里克森被称为一位“自我”心理学家，因为他相信，人在其生活的每一阶段都必须应对社会现实（通过自我的机能），从而成功地适应现实，表现出正常的发展模式。所以，在埃里克森的理论中，自我远不止是本我和超我对立需求的仲裁者。

图片 2.2 埃里克·埃里克森（Erik Erikson, 1902—1994）在他的心理社会发展理论中强调社会文化对人格的决定作用。

埃里克森与弗洛伊德的第二个重要差别是，埃里克森不太强调性欲望，而是更多地强调文化影响。显然，埃里克森的思想受他本人曲折人生的影响。他生在丹麦，长在德国，青少年期有很长时间都在欧洲游荡。在接受了专业训练之后，埃里克森来到美国，在这里他曾经研究了大学生、作战的士兵、南方的民权工作者和印第安原住民。埃里克森在这些不同社会群体中观察到了发展的相似性和差异，因此，他在自己的**心理社会理论**（psychosocial theory）中强调发展的社会和文化方面也就不足为奇了。

表 2.2 埃里克森和弗洛伊德提出的发展阶段

大约年龄	埃里克森的阶段 / 心理社会危机	埃里克森的观点：重要事件和社会影响	对应的弗洛伊德的阶段
0~1 岁	信任对不信任	婴儿必须对满足他们基本需要的人产生信任感。如果照护者在照护过程中拒绝或反复无常，婴儿就会把周围世界看成充斥着不可信任和不可靠之人的危险之地。母亲或主要的照护者是最重要的社会化影响源。	口唇期
1~3 岁	自主对羞怯和怀疑	儿童必须学会"自主"——自己吃饭、穿衣、保持清洁等等。不能形成这种独立性将使儿童怀疑自己的能力，感到羞愧。父母是他们社会化的主要影响源。	肛门期
3~6 岁	主动对内疚	儿童努力表现得像个大人，想承担他们力所不能及的责任。他们的目标和活动有时与父母、家人的要求相冲突，这些冲突可能使他们感到内疚。要圆满解决这一危机需要一种平衡：儿童必须要保持主动性，但同时要学着不侵犯他人的权利、特权或目标。家庭是重要的社会化影响源。	性器期
6~12 岁	勤奋对自卑	儿童必须掌握重要的社会与学习技能。在这一时期，儿童把自己与同伴相比较。足够勤奋的儿童能掌握社交与学习技能，因此产生自信心。不能获得这些重要属性将导致自卑感。教师和同伴是重要的社会化影响源。	潜伏期
12~20 岁	同一性对角色混乱	这是从儿童期进入成熟期的过渡期。青少年努力解决"我是谁"的问题。他们必须形成基本的社会和职业同一性，否则他们将为自己成年时应承担什么角色而迷惑。同伴群体是主要的社会化影响源。	生殖早期（青少年期）
20~40 岁（成年初期）	亲密对孤独	这一阶段的基本任务是形成牢固的友谊关系，产生对另一个人的爱与亲密感（或共享同一性）。如果不能形成友谊和亲密关系，就会产生孤独感和疏离感。恋人、配偶和亲密朋友（无论男女）是重要的社会化影响源。	生殖期
40~65 岁（中年期）	繁衍感对停滞感	在这一阶段，成人面临的任务是在工作中富有成就、养家，或照顾未成年人。"繁衍感"的标准是由个体所处文化确定的。不能或不愿承担这些责任的人会变得停滞和自我中心。配偶、子女和文化标准是重要的社会化影响源。	生殖期
老年期	自我完整感对绝望	老年人回顾一生，要么把它看作有意义、有成效和愉快的经历，要么因未兑现承诺和没有实现目标而失望。人的生活经历，尤其是社会经验，将决定这个最后的人生危机能否得到解决。	生殖期

人生的八个危机 埃里克森认为，人一生中面临着八个主要的危机或冲突。每个冲突都有其出现的时间，它由人在一生中某个特定时间所经历的生物成熟与社会要求共同决定。人必须妥善地处理好每一次危机，才能为圆满解决人生

的下一个危机做好准备。表 2.2 简要描述了埃里克森所说的八个危机（或心理社会阶段），同时列出了弗洛伊德理论中与之相应的心理性欲阶段。需留意的是，埃里克森的发展阶段并不像弗洛伊德的那样，在青少年期或成年初期就结束了。埃里克森认为，青少年和年轻成人遇到的问题，跟养育孩子的父母面临的问题很不同，跟中年人和老年人遇到的问题也不同，中老年人要努力成为年轻同事的良师益友，对家庭和社会不断做出贡献，理解生活的意义和他们在自然秩序中的位置。对这种观点，当代大多数发展心理学者都十分赞同（参见 Sheldon & Kasser, 2001）。

对第一个心理社会阶段**信任对不信任**（trust versus mistrust）的分析，会有助于说明埃里克森的思想。回想一下，弗洛伊德强调出生后一年内婴儿的口唇活动，他认为，母亲的喂养行为对孩子的人格有长期影响。埃里克森同意这一点，但是他指出，对婴儿今后发展来说，最重要的不仅是母亲的喂养行为，还有她对婴儿所有需要的*整体反应性*。要形成基本的*信任感*，婴儿必须能够依靠主要的照护者为他提供食物，缓解不适，随叫随到，他笑的时候也以笑回应，对他表现出温情和疼爱。如果婴儿身边的亲人对孩子忽视、拒绝或反应不一致，孩子就会得到一个教训：别人都是不可信的。果真如此吗？在第 5 章和第 13 章我们将看到，与照护者建立起不信任、不安全关系的婴儿，他们长大后跟同伴很少形成亲密和互相支持的友谊关系，往往会出现冲突的、不和谐的互动。

埃里克森理论的贡献与批评

很多人喜欢埃里克森的理论胜过弗洛伊德的理论，只是因为他们不相信人是被性本能支配的。像埃里克森这样的分析师，强调人具有*理性*、*适应性*的天性，这一点很容易被接受。另外，埃里克森还强调，人们可能回忆起的许多社会冲突和个人困境，现在还在经验之中，困扰着他们，也不难预料或发现还会影响他们所熟识的人。

埃里克森在他的八个心理社会阶段中似乎确实抓住了人生的核心问题。事实上，埃里克森的思想一直以来在如下这些方面给我们以启示：婴儿情绪发展（第 4 章和第 5 章），儿童期自我概念的发展与青少年面临的同一性危机（第 6 章），友谊与同伴关系对社会性与人格发展的影响（第 13 章，还可参见 Sigelman & Rider, 2006, 有关埃里克森对成人发展领域贡献的讨论）。另外，埃里克森的理论也因其对发展*原因*的解释含混不清而受到批评。必须具备什么样的经验，儿童才能在学步期形成自主性，在学前期形成主动性，在青少年期形成稳定的同一性呢？为什么早期信任感对自主性、主动性或勤奋的发展而言如此重要？遗憾的是，对这些重要问题，埃里克森自己也不清楚。毋宁说，埃里克森的理论是对人的社会性和情感发展的一种描述性观点，而未能充分地解释发展如何发生以及为什么发生。

当今的精神分析理论

弗洛伊德和埃里克森是众多精神分析学家中仅有的两位对社会性与人格发展领域产生深刻影响的人（Tyson & Tyson, 1990）。其他人如卡伦·霍尼（Horney, 1967）曾向弗洛伊德关于发展中的性别差异的思想提出挑战，她现在成为女性心理学这一学科公认的创始人。与弗洛伊德同时代的阿尔弗雷德·阿德勒（Adler, 1929/1964）首次提出，兄弟姐妹（和兄弟姐妹之间的竞争）对社会性与人格发展有着不可忽视的重要影响，第 11 章将对这一主张进行详细讨论。美国精神分析学家哈里·斯塔克·沙利文（Sullivan, 1953）集中论述了青少年初期的密友关系（即亲密友谊）是以后生活中亲密爱情关系的基础（见第 13 章关于这一问题以及友谊对社会性与人格发展其他贡献的讨论）。虽然他们的理论各有侧重点，但这些新弗洛伊德思想都比弗洛伊德更强调社会性对人格发展的贡献，而较少强调性本能的作用。

精神分析理论家虽然做出了很多重要贡献，但如今只有少部分发展研究者坚定地追随这种观点。许多研究者放弃精神分析理论（尤其是弗洛伊德理论）的一个原因是，其理论命题很难检验或证伪。比如说，假如我们想检验弗洛伊德理论的基本命题：健康的人格表现为其心理能量均衡地分布在本我、自我和超我之中。我们怎样检验？我们可以用客观测验选出“心理健康”的被试，但是却没有可以测量心理能量或本我、自我和超我相对强度的工具。关键在于，精神分析的许多论断，除了用访谈或临床法考察外，没有别的方法可以测量，而且令人遗憾的是，这些方法耗费时间和财力，还是发展研究中最缺乏客观性的方法。

当然，众多发展研究者放弃精神分析理论还有一个重要原因，那就是还有似乎更令人信服的理论。下面我们就来看一个受很多研究者赞赏的理论，即行为主义或社会学习流派。

行为主义（或社会学习）理论

第 1 章中提到，一位学者曾声称，他能把十几个健康的婴儿训练成他所选择的任何一种人，医生、律师、乞丐等等，不论这些孩子的背景和血统如何。多么大胆的说法！它意味着教育等于一切，而天性或遗传天资不起任何作用。说这话的就是极力主张学习在人的发展中起重要作用的约翰·华生，众所周知的**行为主义**（behaviorism）心理学的创始人（Horowitz, 1992）。

华生的行为主义

Archives of the History of American Psychology

图片 2.3 约翰·华生（John B. Watson, 1878—1958），行为主义心理学创始人，第一位社会学习理论家。

华生的行为主义（Watson, 1913）的一个基本前提是，要得出关于人的发展的结论，就要对外显行为进行观察，而不是对那些不可观察的无意识动机或认识过程加以推断。此外，华生认为，外部刺激和可观察的反应［称为**习惯**（habits）］之间通过学习建立的联结，就是人发展的建筑材料。华生和约翰·洛克一样，把婴儿看作一块白板，任凭经验在上面书写。儿童没有天生的倾向性。华生是一个社会学习论者，他相信，儿童怎样成长，归根结底取决于他的成长环境，取决于他的父母和生活中的其他重要他人怎样对待他。那么，根据行为主义的观点，像弗洛伊德等人所说的儿童成长要历经一系列由生物成熟决定的阶段是错误的。相反，发展是一个连续的行为变化过程，它受到人的独特环境的影响，而且人与人之间差别巨大。

为了证明儿童多么具有可塑性，华生着手证明，婴儿的恐惧和其他情绪反应是习得的，而不是天生的。华生和罗莎丽·雷诺（Watson & Raynor, 1920）给一个名叫阿尔伯特的 9 个月大的婴儿呈现一只温顺的白鼠。阿尔伯特的反应起先很主动，他朝着白鼠爬过去，跟它一起玩，就像之前他和一只小狗、一只兔子玩一样。两个月后，华生尝试慢慢地引发他的恐惧反应。每次阿尔伯特一接近白鼠，站在他身后的华生就用锤子敲一根铁棒。阿尔伯特最终把白鼠和巨大的响声联系了起来，开始害怕这只毛茸茸的小白鼠。这说明，恐惧很容易就被习得了。

华生关于儿童被社会环境塑造的观点，给父母们带来了无情的信息——他们要为孩子变成什么人负主要责任。华生（Watson, 1928）警告为人父母者，如果要让孩子养成好习惯，他们应该从孩子一出生就训练孩子，不要溺爱孩子。

该怎样对待孩子呢？他写道：

> ……就当他们是年轻的成年人……你的行为始终要客观、温和而坚定。不要拥抱、亲吻他们，不要让他们坐在你膝盖上……早上跟他们握握手。如果孩子出色地完成了一项困难任务，就轻轻拍一下他的头……不出一个星期，你就知道做到完全客观……（又）温和有多容易……你会为过去自己对孩子的那种自作多情、多愁善感的方式大感惭愧（pp. 81-82）。

自华生以来，有几种理论试图解释，我们怎样从社会经验中学习，并进而养成华生所说的“人的发展大厦上的砖瓦”这样的习惯。其中有一位理论家在推进行为主义理论方面贡献最大，他就是 B. F. 斯金纳。

斯金纳的操作学习理论（激进行为主义）

斯金纳（Skinner, 1953）通过对动物的研究发现了一种非常重要的学习形式，他认为，这种学习形式是有机体形成大多数习惯的基础。很简单，斯金纳提出，无论人还是动物，都会重复那些带来好结果的动作或行为，压抑那些带来坏结果的动作或行为。所以，白鼠踩动踏杆而得到一粒美味的食物，它就会再去踩踏杆。用斯金纳的理论来说，自由地踩踏杆的反应叫操作，使这一动作加强（即以后更多地出现该动作）的一粒食物叫**强化物**（reinforcer）。与此相似，如果一个女孩的父母经常用奖励强化她的友善行为，她就会养成同情痛苦玩伴的长期习惯；而如果勤奋可以带来高分“回报”，一个十几岁的男孩就会更勤奋学习。另一方面，能够抑制一个反应或降低它未来发生可能性的那些后果叫**惩罚**（punisher）。如果一只白鼠原来踩踏杆得到强化，现在突然在每次踩踏杆时受到一次很疼痛的电击，那么它的踩踏杆习惯就会消失。同样道理，一个十几岁的女孩每次晚回家都受到惩罚，她就会记得以后要按时回家。

图片 2.4 B. F. 斯金纳（B. F. Skinner, 1904—1990）提出了社会学习理论，强调外部刺激对控制人的行为的作用。

和华生一样，斯金纳也相信每个人养成的习惯都来自我们独特的**操作学习**（operant learning）经验。一个男孩的攻击行为可能一次又一次地得到强化，因为他的同伴“屈服于”（强化）他的武力。另一个男孩可能变得不爱攻击，因为他的同伴用回击积极抑制（惩罚）了他的这类行为。由于不同的强化和惩罚经验，这两个孩子最终会向不同方向发展。根据斯金纳的理论，没必要说在儿童发展中有一个“攻击阶段”，或人身上存在着“攻击本能”。相反，他主张，儿童养成的大多数习惯，即构成“人格”并使每个人各不相同的反应，恰是受其结果塑造的那些自发产生的操作。所以，斯金纳的操作学习理论声称，人的发展方向在很大程度上取决于外部刺激（强化和惩罚），而不在于内部力量，如本能、驱力或生物成熟。

如今的发展心理学者已经认识到，人的行为可能有很多形式，习惯在一生中可能会因为其积极或消极后果而出现或消失（Gewirtz & Pelaez-Nogueras, 1992; Stricker et al., 2001）。但很多人都认为斯金纳过分强调了由外部刺激（强化和惩罚）塑造的操作行为，忽视了认知对社会学习的重要作用。阿尔伯特·班杜拉就是这样一位批评者，他提出了现今被广泛赞同的社会认知理论。

班杜拉的认知社会学习理论

以研究动物为基础来解释人的社会学习，这样做是否合理？班杜拉认为是不合理的（Bandura, 1977, 1986, 1992, 2001）。他同意斯金纳所说的操作条件作用是一种重要的学习方式，特别是对动物来说。但班杜拉认为，人具有认知能力，是主动的信息加工者，人和动物不同，人会思考行为与后果之间的关系，他们相信会发生什么要比他们实际体验到的事件对人的影响更大。请想一想你自己作为一个学生的困境。你上学要花钱、花时间，还要面临很多让你不满意的要求。但是你却能容忍这些投入和不愉快，因为你期望，一旦获得学位，会得到更大的回报。你的行为并非由行为的即时后果塑造，如果是那样的话，很少有学生能经受大学的考试和辛苦。你坚持做一名大学生，因为你思考了接受教育的长远利益，并且知道这些收益比必须忍受的短期付出更重要。

Courtesy Dr. Albert Bandura, Stanford University, Palo Alto, CA

图片 2.5 阿尔伯特·班杜拉（Albert Bandura, 1925—）在他的社会学习理论中强调认知在学习中的作用。

班杜拉决定把**观察学习**（observational learning）作为核心的发展过程，这清楚地展现出他对认知的强调。观察学习就是通过观察别人（榜样）的行为而产生的学习。一个 2 岁的孩子只须看他姐姐怎样做，就学会了接近并爱抚家里的宠物狗。一个 8 岁的孩子听见父母以蔑视的口气谈论一个少数族裔群体，他可能就学会了以消极态度对待这个群体（还给这些人起贬损外号）。如果在观察中没有认知过程起作用，观察学习就不会发生。如果我们要在以后模仿出观察过的行为，就必须认真地注意榜样的行为，对观察的东西加以领会或编码，然后把这一

专栏 2.1 研究聚焦

无强化的非试误（观察）学习实例

1965 年，班杜拉做出了一个非常激进的陈述：儿童能够仅仅通过观察一个社会榜样的行为而学习，**无需自己先表现出这些行为，也无需因为做出这些行为而受到强化**。这种“非试误的”学习显然跟斯金纳的理论不一致，后者认为，人必须先做出一个反应并得到强化，才能习得该反应。

班杜拉做了一个如今已成经典的实验来证明他的观点。让幼儿园儿童观看一部短片，短片中一个成人榜样对一个充气玩偶做出一系列非同寻常的攻击行为，比如，一边用一个木棒打玩偶，一边大声喊“真棒”；用皮球砸向玩偶，同时喊道“梆！梆！”，等等。实验条件有三种：

1. **榜样—奖励**条件下的儿童看到，第二个成人给那个攻击性的榜样糖果和饮料，以奖励其“冠军表现”。
2. **榜样—惩罚**条件下的儿童看到，第二个成人因榜样打玩偶而斥责他、打他。
3. **无后果**条件下的儿童只看到榜样的攻击行为。

看完短片后，每个孩子被单独留在一间游戏室，游戏室里有一个充气玩偶和榜样用过的打玩偶用的道具。隐藏的观察者记录了儿童模仿榜样做出的一个或多个非同寻常的攻击行为。这些观察揭示了儿童是否会**表现**出他们看到的行为。下图的左侧显示了这一“表现”测验的结果。注意，在榜样—奖励和无后果条件下，儿童模仿的榜样攻击行为都多于榜样—惩罚条件下的攻击行为。显然，这很像班杜拉所说的那种非试误的观察学习。

但是还有一个重要问题。与看到榜样被惩罚的儿童相比，前两种条件下的儿童通过观察榜样行为而学到的是否更多？为了查明这一点，班杜拉又做了一项测验，看三组孩子究竟学到了多少。这次，每个孩子只要模仿出他能回忆起来的榜样行为，不管谁都能得到一些小饰品和水果汁。如图右侧显示，这次的“学习测验”揭示出，三种条件下，儿童通过观察榜样学习到的东西差不多。这说明，榜样—惩罚组的儿童在前面的“表现测验”模仿出较少的榜样行为，是因为他们知道，自己也会因为打玩偶受到惩罚。当给他们提供奖励后，他们的模仿行为就比开始时多了许多。

总之，把儿童通过观察学习到了什么与他们**表现**出这些反应的意愿区别开来，这一点很重要。很明显，对于观察学习，即对于形成使观察者能够模仿出榜样行为的映像或口头描述来说，强化并不是必需的。然而榜样受到的强化或惩罚，可能会有力地影响观察者是否愿意**表现**出他通过观察已经学到的东西。

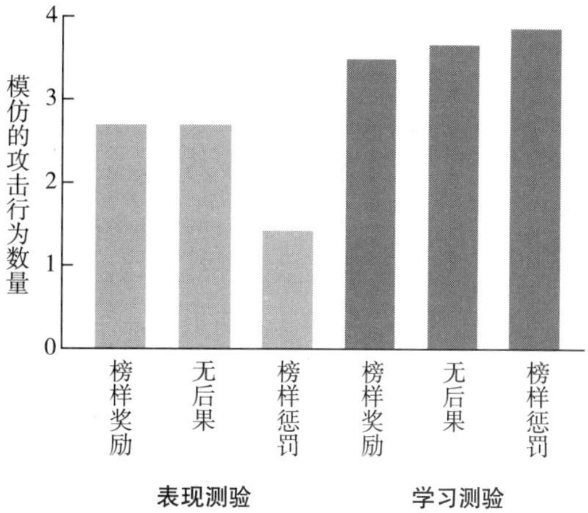

榜样—奖励、无后果和榜样—惩罚三种条件下，儿童在表现测验和学习测验中模仿攻击行为的平均数。

资料来源：摘自 A. Bandura, 1965, *Journal of Personality and Social Psychology*, 1, 589–595. Copyright 1965 by the American Psychological Association. Adapted by permission。

信息存储到记忆中（以图像或语言符号方式）。从专栏 2.1 中可以看到，儿童不需要强化也照样能学习。

班杜拉为什么在其社会学习理论中强调观察学习呢？答案很简单，因为这种主动的、认知的学习形式使幼儿能在各种背景下，照猫画虎地快速学会成千上万的新反应。在这些背景下，他们的“榜样”根本没想教他们什么，只是由着自己的兴趣做事罢了。其实，儿童注意、记住并模仿了很多曾在榜样身上表现出来却不被鼓励的行为，如骂人、吸烟或两顿饭之间吃零食，等等。所以班杜拉认为，儿童只要“睁开双眼（加上竖起耳朵）”就能不断地学习到社会期望的和不期望的各种行为，而且人的发展就是这样快速地沿着四通八达的路径进行的，对此他一点也不感到惊讶。

模仿与观察学习的发展趋势 班杜拉的观察学习理论假设，一个观察者能够建构起榜样行为的映像或其他**符号表征**（symbolic representations），然后利用这些中介物再现其所看到的东西。这些能力最早是在什么时候出现的？儿童从什么时候开始利用他们新出现的观察力来学习重要的新技能？观察学习的特征怎样随时间而变化？对这些重要问题，虽然班杜拉极少提及，但其他研究者探讨了这些问题，并提供了一些答案。

模仿与观察学习的产生 尽管新生儿能够模仿少数运动反应，如伸舌头（Kaitz et al., 1988）、像成人榜样那样转动头部（Meltzoff & Moore, 1989），甚至模仿高兴和悲伤表情（Field et al., 1982; 另参见专栏 2.2），但是这些早期出现的模仿能力很快就消失了，可能只不过是一些不随意的反射（Abravanel & Sigafoos, 1984; Vinter, 1986）。在出生后第一年的晚些时候，对新异反应的有意模仿才开始出现，并逐渐变得更确定（Piaget, 1951）。起初，必须先呈现榜样而且榜样必须持续表现出一个新反应，儿童才能够模仿。但是到 6 个月时，一些婴儿已经能在看到榜样动作的 24 个小时之后，模仿非常简单的动作（如按按钮使一个玩具发声）（Collie & Hayne, 1999）。这种**延迟模仿**（deferred imitation），即在未来的某个时间再现成人榜样行为的能力，在 1 岁以后迅速发展。虽然很多 14 个月大的婴儿可在延迟 24 个小时之后模仿电视榜样的目的性动作（Meltzoff, 1988a），但是这些年幼的学步儿更可能回忆并模仿真人的动作，而不是电视榜样的动作（Barr & Hayne, 1999），即使在延迟一周之后也是如此（Meltzoff, 1988b）。

如果榜样的意图很明显（拿回一个玩具）而不是很模糊（什么都不拿回），学步儿就更可能重复榜样的动作（Carpenter, Call, & Tomasello, 2002）。年幼的学步儿不仅仅是模仿：他们甚至能想出比榜样更有效的办法来得到一个有趣的结果。在一项研究中，14 个月大的婴儿观察一个怕冷的榜样裹着毯子用头开灯。当给他们机会时，这些学步儿也按这个按钮来开灯，但他们用的是手指，而不是头（Gergely, Bekkering, & Kiraly, 2002）。他们重复了榜样的目的（开灯），但用的是不同的手段，即**效仿**（emulation）过程。模仿和效仿在儿童早期都很常见，但是从大约 2 岁开始，儿童变得更倾向于准确地模仿榜样的一个特定动作（而不是效仿动作），尤其是在榜样友善而非冷漠地对待他们（Nielson, 2006），且（或者）他们不清楚榜样的特定动作的目的时（Williamson & Markman, 2006）。他们可能选择模仿那个友好的榜样，以此为手段发起或维持与这个善于交际之人的互动。他们也可能选择模仿榜样的某个他们不完全理解的复杂动作，因为他们有兴趣重现榜样的行为结果，并且认为准确的模仿（而不是自由的效仿）能更好地达到这一目的。然而，3 岁儿童则非常善于选择性模仿。当他们之前自己尝试实现榜样的目标已遇到过困难时，他们不会特别倾向于模仿榜样的一个不成功的动作，而是更可能会准确地模仿一个成功的榜样动作（Williamson, Metzloff, & Markman, 2008）。

综上所述，有控制的实验室证据显示，14~36 个月大的儿童很喜欢善交际的榜样，尤其是那些温和、友好的榜样，他们有动力与之互动。他们快速发展的延迟模仿能力意味着，他们已经对见过的东西形成了符号表征，并且从记忆中提取这些信息来指导他们重现过去的事件。因此，较大的婴儿和学步儿应该做好了从父母、兄弟姐妹和玩伴这些现实世界中的陪伴者身上学很多东西的准备。在自然环境中，他们能利用新获得的模仿能力吗？

是的，他们能！列昂·库金斯基等人（Kuczynski et al., 1987）请一些母亲记录了自己孩子对父母和同伴榜样的模仿和延迟反应，这些孩子是 12~20 个月的婴儿和 25~33 个月的学步儿。结果非常有趣。两个年龄段的儿童模仿榜样的时间比例大体相同，但是在模仿内容上有明显的年龄差异。12~20 个月的婴儿喜欢模仿情感表达，如笑和欢呼，以及其他高强度的滑稽动作，如跳、来回摇头和拍桌子。换句话说，他们的模仿在很大程度上是玩乐的性质。相比之下，25~33 个月的儿童更经常模仿工具性的行为，如干家务和日常的自我照料。此外，他们的模仿还带有较多的自我指导的特点，较大的学步儿好像在积极地尝试做以下事情：（1）学习榜样表现出来的技能；（2）理解他们看到的事件。比如，12~20 个月的婴儿在模仿成人对他们的管教时，只是简单地重复口头禁令和身体动作，如拍巴掌，而且这些反应大多是指向自己的。然而，稍年长的学步儿则倾向于重新扮演整个情节，比如管教者采用的社会影响策略，而且这些反应往往指向另一个人、一只动物或一个娃娃。所以在 2~3 岁，观察学习正在成为一种重要手段，儿童利用它习得基本的个人技能和社交技能，同时更深

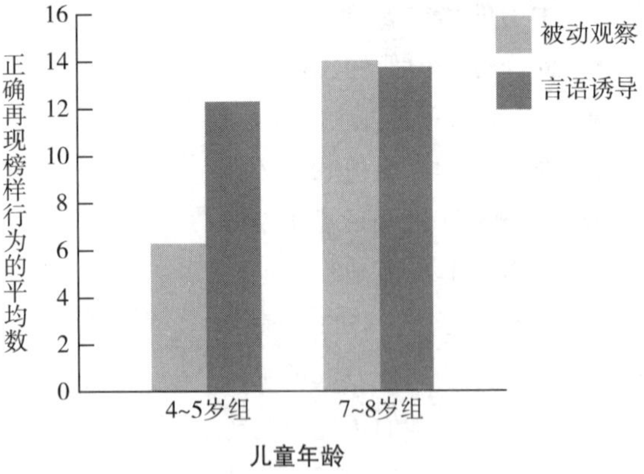

图 2.1 儿童再现社会榜样行为的能力与年龄及言语指导的关系

资料来源：摘自 B. Coates and W. W. Hartup, 1969, *Developmental Psychology*, 1, 556–562. Copyright © 1969 by the American Psychological Association. Used by permission。

入地理解了大人希望他们遵守的规则和规矩（另可参见 Want & Harris, 2001）。

观察学习的后期发展：言语中介的使用 尽管学前儿童很快地学会了语言，成为一个比较熟练的交谈者，但他们还不能像年长儿童那样，凭借语言符号帮助自己记住榜样行为的顺序。科茨和哈图普在一项研究中（Coates & Hartup, 1969）让 4~5 岁和 7~8 岁的儿童观看一个短片，片中的一个成年人榜样做出一些不寻常的行为，例如，用一支玩具枪朝着一座积木塔射击，从两腿间扔出一个沙包。在他们观察榜样人物时，让每个年龄组中一半的儿童描述榜样的动作（*言语诱导条件*）；而另一半儿童只是观看，没有收到任何指示（*被动观察条件*）。如图 2.1 所示，事后 4~5 岁儿童中言语诱导组比被动观察组再现了更多的榜样行为，相比之下，两种条件下的 7~8 岁儿童再现的榜样行为的数量一样多，不管他们是否被要求描述榜样的行为。后一个结果说明，对于 7~8 岁的儿童，*即使没有要求他们描述*榜样的行为，他们也会利用言语符号来描述他们所看到的东西。这一研究的重要意义是，学前儿童只能从社会榜样身上学到较少的东西，因为他们和年长儿童不同，不能自发生成有助于他们记住所看到事物的**言语中介**（verbal mediators）。

社会学习的交互决定论

早期学习理论宣扬的是华生的**环境决定论**（environmental determinism）：年幼无知的儿童被看作环境影响的被动接受者——他们会成为什么样的人，要看父母、教师和其他社会化影响源把他们培养成什么样子。班杜拉（1986, 1989, 2001）对这一观点提出了强烈的批评，他强调，儿童和青少年是主动的、会思考的人，他们以多种方式对自己的发展做出贡献。例如，观察学习要求观察者*主动地*去注意、编码和记住社会榜样表现出的行为。儿童通常能自由地选择他们要注意的榜样，所以，想从别人那里学到什么，他们是有发言权的。

班杜拉（Bandura, 1986）提出**交互决定论**（reciprocal determinism）概念

来说明其观点，他认为人的发展反映了人（P）、人的行为（B）和环境（E）之间的交互作用（见图2.2）。早期行为主义者认为环境塑造了儿童及其行为，与之不同，班杜拉和另一些人（主要是 Richard Bell, 1979）提出，人、行为与环境之间的关系是双向的，所以，儿童可能通过自己的行为影响环境。来看一个例子。

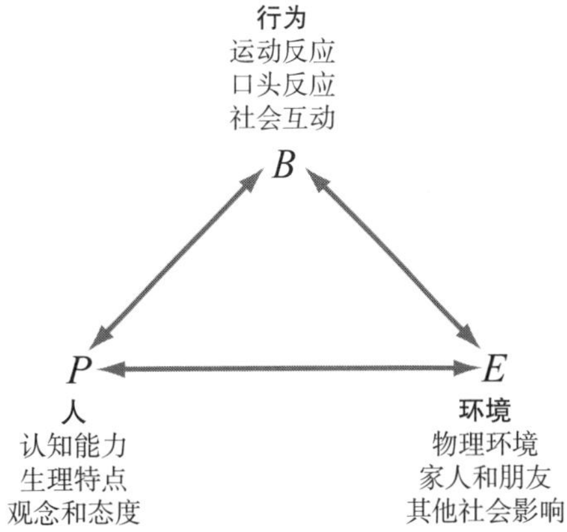

图 2.2　班杜拉的交互决定论模型

资料来源：摘自 A. Bandura, 1978, "The Self System in Reciprocal Determinism." *American Psychologist*, 33, 344–358. Copyright © 1978 by the American Psychological Association. Used by permission。

假设一个 4 岁男孩发现，他能靠打另一个孩子得到他喜欢的玩具。在这种情况下，得到喜欢的玩具是一个满意的结果，它强化了这个孩子的攻击行为。但是注意，这里的强化物是男孩凭借他自己的攻击行为产生的，不但欺凌行为被强化（得到了玩具），而且连游戏环境的特征也改变了。欺凌者以后变得更喜欢欺凌同伴，而那个被欺凌的玩伴则变得更容易向欺凌者"屈服"（Putallaz et al., 2004; 见图 2.3）。

综上所述，认知社会学习理论把发展看作儿童与其环境之间持续的交互作用。儿童所经历的情境或"环境"肯定会影响他们，但他们的行为也影响着环境。这就意味着，儿童会主动参与塑造将影响其成长与发展的环境。

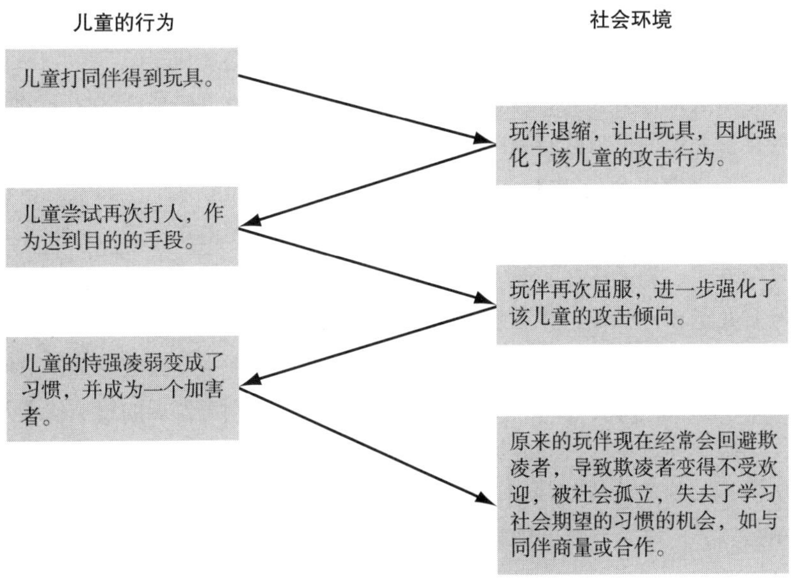

图 2.3　交互决定论：表明儿童既受环境影响也影响环境的假设例子

社会学习理论的贡献与批评

社会学习观的主要贡献也许在于它提供了关于成长中的儿童和青少年的丰富资料。社会学习理论是非常精确和可测量的（Horowitz, 1992）。凭借严密控制的实验来确定参与者怎样对各种环境影响做出反应，社会学习理论家已经开始了解，在整个儿童期和青少年期，人是如何和为什么形成情感依恋、获取性别角色、交朋友、学会遵守道德规则，以及出现这样或那样的变化的。在本书中我们将要讲到，社会学习观对我们了解社会性与人格发展的许多内容做出了至关重要的贡献（Grusec, 1992）。

社会学习理论家重视外显行为及其直接原因，这对临床治疗和实际应用也很有启发意义。例如，现在我们可以运用行为矫正法快速消除很多问题行为，在这种治疗中，治疗师（1）找到导致不良习惯的强化物，并将其消除；（2）对符合社会期望的行为加以培养和强化。这样一来，像欺凌、骂人等令人讨厌的行为，只需几天或几周就能得以矫正，而不用像精神分析师那样，花几个月或几年去探查儿童的无意识，寻找导致这些敌意行为的冲突。

社会学习理论虽然有这些优点，但许多人认为，它对社会性与人格发展的解释过于简单化。我们不妨看看它对个体差异的诠释。它假设，每个人遵循不同的发展道路，因为没有两个人在完全相同的环境中长大。但持反对意见的人则认为，每个人来到这个世界时都带着另外一些东西——独特的遗传基因，同样可以对他们的“个体性”做出一种合理的解释。所以，社会学习理论家可能因为忽视了重要的生物影响，而把个体差异问题过于简单化了。

还有一些批评者，其观点将在第 3 章讨论，他们也许赞成行为主义者所说的发展在很大程度上依赖所处的环境。然而，这些生态系统论者认为，对人的发展有如此之大影响的“环境”，实际上是一系列的社会系统（如家庭、社区和文化），它们之间以及它们与个体之间以复杂的方式相互作用，这些相互作用的复杂方式，是无法在实验室里模拟出来的。他们的观点是，只有在自然环境中考察儿童和青少年，才可能查明环境是怎样真实地影响发展的。

最后一种批评意见是：虽然强调儿童在发展过程中主动作用的认知取向学习理论越来越受欢迎，但是，还没有学习理论家就认知对发展的影响给予足够的重视。持这种意见的人，或说“认知发展”观的拥护者相信，儿童的心理能力经历了一系列质的变化或质的阶段，而这被行为主义者完全忽略了。此外，他们还强调，环境对儿童的影响以及儿童对环境的反应，很大程度上取决于他们的**认知发展**（cognitive development）水平。下面让我们转到这一观点，看看它都揭示了些什么。

皮亚杰的认知发展观

在理解儿童思维方面，没有一位理论家的贡献超过让·皮亚杰（Jean Piaget, 1896—1980），这位瑞士学者从20世纪20年代起就致力于研究儿童的智力发展。皮亚杰确实是一位非凡的人物。他在10岁时就发表了第一篇科学论文，内容是关于一只罕见的白化麻雀的行为。他最初的兴趣是动物对环境的适应，并于1918年获动物学博士学位。之后，他的兴趣转到了认识论这一关于知识起源的哲学分支，他希望能把自己这两方面的兴趣结合起来。皮亚杰认为心理学可以做到这一点，因此他来到巴黎，在阿尔弗雷德·比奈（Alfred Binet）的实验室谋得一个职位，致力于第一个标准化智力测验的研究。他的这一任职经历深刻影响了他后来的职业生涯。

用测验法来考察心理能力，是根据一个人正确回答问题的数量和类型来估计他的智力。但是，皮亚杰不久就发现，他对儿童的不正确回答的兴趣超过了对正确回答的兴趣。他首次发现，同样年龄的儿童做出的错误回答的类型也相同。为什么会这样？当皮亚杰开始采用他早期在精神病诊疗所工作时学到的临床法询问儿童其错误概念时，他意识到，年幼儿童并非只是智力不如年长儿童，二者的思维过程也是根本不同的。之后，皮亚杰建立了自己的实验室，在60年的时间里，他始终致力于探索儿童的智力发展过程，他试图揭示儿童的思维是怎样从一个阶段向另一个阶段演进的。

皮亚杰关于智力与智力发展的观点

受其生物学背景的影响，皮亚杰（Piaget, 1950）把智力定义为帮助有机体适应环境的基本生命过程。他所说的适应，是指有机体能够应对周围环境的要求。例如，饥饿的婴儿抓住一只奶瓶放进嘴里是适应行为；一个青少年在旅行时看懂地图，或在需要的时候给自行车换轮胎也是适应行为。随着儿童的成熟，他们形成了更复杂的“认知结构”，以帮助他们适应周围环境。

认知（智力）图式　认知结构，或皮亚杰所称的**图式**（scheme），是用来应对或解释某一方面经验的思维或动作的组织方式。例如，很多3岁儿童相信太阳是活的，因为它早晨升起，晚上落下去（Opfer & Gelman, 2001）。这么大的孩子是在非常简单的认知图式基础上进行思维操作的——会动的东西就是活的。婴儿期形成的最早的图式只是一些简单的动作习惯，如伸手、抓握和拿起，这些动作确实被证明是适应性的。一个充满好奇心的婴儿把伸出手臂（伸手）跟用手抓的动作结合起来，就可以探索他伸手就能抓到的一切感兴趣的东西，从而满足其好奇心。虽然这些**行为图式**（behavioral schemes）可能很简单，却使婴儿能转动玩具、旋转旋钮、打开盒子等等，以此来掌控环境。到婴儿期快结束时，儿童能在心理上表征他们的经验，形成像视觉映像这样的**符号图式**（symbolic schemes）。进入小学不久，儿童的图式就变成**运算图式**（operational schemes），它采用内部心理活动或“脑的动作”的方式，如加减法，使儿童能以心理方式操控信息，并对日常生活中遇到的问题和困难进行符合逻辑的思考。无论什么年龄的儿童，他们总要依靠已有的认知图式来理解周围世界。因此，建构起了不同类型图式的幼儿和年长儿童，往往对相同对象和事件的解释及反应也大不相同。

建构图式：皮亚杰关于智力机能的观点 儿童是怎样形成较复杂的图式，并在智力上取得进步的？皮亚杰认为，婴儿并不像一些哲学家所说的那样，天生就有关于现实世界的知识和思想。儿童既不是简单地接受信息，也不是被动地让成人教给他们怎样思考。皮亚杰把儿童看作**建构主义者**（constructivists），他们在自己经验的基础上，主动创建出对周围环境的全新理解。儿童是怎样做的呢？靠的是他们的好奇心和主动探索。儿童观察周围发生的事情，遇到感兴趣的东西就做试验，把不同的事件连接或联系起来，当他们现有的理解（或图式）无法解释自己经历的事物时，他们就会感到迷惑。

按照皮亚杰的说法，儿童之所以能建构新图式，是因为他们具有与生俱来的两种智力机能，分别是组织和适应。**组织**（organization）是儿童把原有图式与新的、较复杂的智力结构结合起来的过程。比如，学步儿起先认为，凡是会飞的都是“鸟”，后来慢慢发现很多不是鸟的东西也会飞，于是他们把这些知识组织到新的、更复杂的层次结构中去，如下图所示：

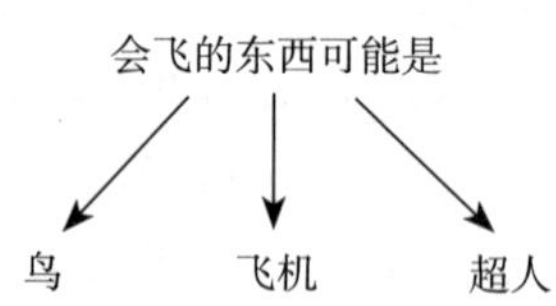

皮亚杰认为，组织是天生的、自动的：儿童不断地把他们现有的图式组织到较高层次的系统或结构中去。

组织的目的是为了下一步的适应过程。顾名思义，**适应**（adaptation）指的是根据环境要求做出调整的过程。皮亚杰认为，适应通过两种互补的活动而发生，即同化和顺应。

为了说明适应机能，再来看看那个认为太阳有生命的 3 岁孩子。她的这种想法不是从大人那儿学来的，显然是根据自己的生活经验建构起来的。毕竟很多移动的东西都是有生命的。一旦儿童形成了这种理解，她就把新看到的会移动的东西看作是有生命的；也就是说，她会用现有的认知结构来解释新经验，皮亚杰把这一过程称作**同化**（assimilation）。但是，儿童终究会遇到一些会移动但没有生命的东西，比如一个纸飞机，在爸爸折出这个飞机之前，它和一张纸没什么两样；再如一个有发条的玩具，除非你给它上发条，否则它就不会动。于是，儿童原有的理解和现在要理解的事实之间就出现了矛盾，用皮亚杰的术语说就是**失衡**（disequilibriums）。在这种情况下，她原来的“移动的—东西—是—有生命的”这一图式就不得不修改了。因此，这些不一致的经验促使她去**顺应**（accommodation），即改变现有图式，以便对遇到的事物做出更好的解释（也许会得出结论：只有可以自己移动的东西才是有生命的）。

所以图式的演化贯穿一生。皮亚杰认为，我们不断地靠同化和顺应这两个互补过程来适应环境。起先，我们尝试用现有的认知结构来理解新经验或解决问题（同化）。但是，我们常常发现现有的图式不足以解决这些问题，这时我们不得不去修正它们（顺应），把它们与其他的相关图式互相整合（组织），提供一个与现实更“匹配”的图式（Piaget, 1952）。生物成熟也发挥着重要作用：随着脑和神经系统的成熟，儿童进行复杂认知活动的能力逐渐增强，这帮助他们建构起对经验更好的理解（Piaget, 1970）。于是，充满好奇心的、主动的儿童一直在形成新的图式，把知识加以重组，从而不断取得进步，使他们以全新方式对老问题进行思考，推动他们从认知发展的一个阶段进入下一个更高级的阶段。

认知发展的四个阶段

皮亚杰提出了认知发展的四个主要阶段：感觉运动阶段（0~2 岁），前运算阶段（2~7 岁），具体运算阶段（7 岁 ~11 岁或 12 岁），形式运算阶段（11 岁或 12 岁及以后）。这些阶段形成了皮亚杰所说的**恒定的发展顺序**（invariant developmental sequence），即所有儿童必定按照上述顺序发展。阶段的跳跃是不可能发生的，因为每个新阶段必须建立在前一阶段的基础上，代表着一种更复杂的思维方式。

感觉运动阶段（出生到大约 2 岁） **感觉运动阶段**（sensorimotor stage）发生在 0~2 岁，发展研究者称之为婴儿期。其主导的认知结构是行为图式，随着婴儿开始协调其感觉输入与运动反应，从而“响应”和“理解”环境，图式得以发展。

出生后的前两年，婴儿从只有极少知识的反射性生物，逐渐成长为有计划的问题解决者，他们学到了大量知识，内容涉及他们自己、亲人以及日常生活环境中的物品和事件。最引人注目的是婴儿的认知发展，皮亚杰把感觉运动时期又分为六个亚阶段（见表 2.3），它们描述了婴儿从反射性生物向反思性生物的逐渐演化。我们的回顾将围绕着感觉运动发展中影响思考儿童社会性与人格发展的那些方面。

有意向行为或目标导向行为的发展 在出生后的前 8 个月里，婴儿开始操纵物品，并且发现自己可以使一些有趣的事情发生。但是，这些发现是逐渐出现的。皮亚杰认为，**新生儿**（neonate）出生时只有少量基本的反射反应，如吸吮反射、抓握反射等，这些反射帮助他们满足像饥饿这样的生物需要。出生后第一个月，婴儿的活动几乎局限于练习他们与生俱来的反射，把新对象同化到这些反射图式中（如吸吮一个物品而不是奶头），并使他们的反射顺应新对象。

最早的协调习惯出现在 1~4 个月，婴儿偶然发现，他们做出的一些动作，如吸吮手指、嘴里发出咕咕声，能带来满足感，因此值得重复。这些反应称为**初级循环反应**（primary circular reactions），它们都指向婴儿自己的身体。说它们“初级”，是因为它们是婴儿身上出现的最早的习惯，“循环”则是因为它们带来的快乐引发婴儿一次又一次的重复。

4~8 个月时，婴儿又偶然发现，他们能使有趣的事情发生在外部物品上，例如，挤压一个橡皮鸭子会发出嘎嘎声。这些反应称为**次级循环反应**（secondary circular reactions），仍然因为能给婴儿带来快乐而被重复。这些简单的习惯对社会性与人格发展有多重要呢？皮亚杰认为，出生后头 4 个月，婴儿发现了自己身体的局限和能力；6 个月左右，婴儿则意识到，外部的客体和他们的“身体自我”是分离的。因此，区分“自我”和“非自我”被看作个人同一性或自我概念发展的第一步。

8~12 个月的婴儿忽然能够协调两三个动作来实现一个简单的目标。例如，你把一个婴儿想要的玩具放在垫子下面，婴儿会用一只手揭开垫子，用另一只手去拿那个玩具。在这个例子中，揭开垫子的动作本身并不令人快乐，也不是偶然做出的动作。它是一个更大的有意向图式的一部分，其中两个本来无关的反应（揭开和拿起）被协调了起来，从而成为达到目的的手段。皮亚杰认为，这种简单的手段—目的活动是真正的问题解决的最初形式。

12~18 个月，婴儿开始用物品做试验，尝试创造一些新方法来解决问题，或者去重复一些有趣的结果。例如，婴儿原来会挤压橡皮鸭子让它嘎嘎叫，现在，他可能把鸭子扔到地上，用脚踩，或用枕头压，看看这些做法对玩具的影响一样还是一样。这些尝试—错误的探索性图式称为**三级循环反应**（tertiary circular reactions），是真正的好奇心出现的信号。

最值得注意的发展发生在 18~24 个月：儿童开始把他们的行为图式内化，建构起心理符号或映像。18~24 个月的婴儿好像突然就能够通过心理方式解决问题，而不用诉诸于尝试—错误的试验了。从皮亚杰和他儿子劳伦特的互动中，可以看到这种**内部试验**（inner experimentation）能力：

> 劳伦特坐在桌前，我把一块面包放在前面他够不着的地方。又在孩子右边放了一根 25 厘米长的小棍。起先，劳伦特想抓面包……后来他不抓了……劳伦特看了看面包，他没有动，又迅速看了一眼那根小棍，忽然抓起小棍去够面包……终于把面包弄到了自己身边（Piaget, 1952, p. 335）。

显然，劳伦特有一个重要的顿悟：小棍可以用来延长他的手臂，从而够到远处的东西。在这个例子中，没有发生尝试—错误试验，因为劳伦特的“问题解决”是在内心的符号水平上发生的。

模仿的发展 模仿引起了皮亚杰的兴趣，因为他和班杜拉一样，把模仿看作高适应性活动——借助于这一手段，婴儿可以主动参与社会交流，并把新技能加入其行为库。但是，他自己的观察显示，直到 8~12 个月，婴儿才能模仿由榜样表现出的新奇动作（在这个年龄，他们自己的行为中出现了明显的意向性）。而且 8 个月婴儿的模仿图式是非常不清晰的。假如你弯曲、伸直手指，婴儿可能会用张开、合上整个手掌来模仿你（Piaget, 1951）。自发的模仿在 8~12 个月时越来越准确，我们前面曾提到，第二年里最重要的成绩是精细的延迟模仿，即重复榜样早些时候所做动作的能力。显然，延迟模仿能力意味着，婴儿已经能够生成关于自己经验的各种符号表征，这种能力将促进他们的观察学习。[1]

我们该如何看待近期那些声称新生儿能够模仿简单的面部表情和运动反应的说法呢？专栏 2.2 中探讨了被皮亚杰忽略的这一现象，并讨论了其可能的适应意义。

---

1 皮亚杰可能是正确的，他指出，婴儿对全新动作反应的模仿比较慢，因为这些动作不是他们已有行为技能的一部分。不过，他们能模仿自己在 6 个月大时已能做出的反应，并能在看到榜样做出一些动作的 24 小时之后模仿这些动作（Collie & Hayne, 1999）。这种非常简单的延迟反应表明，婴儿拥有某些符号能力的年龄比皮亚杰认为的早得多。

专栏 2.2 当前争论

新生儿会模仿吗？

研究者曾经认为，婴儿在6个月之前不能模仿另一个人的动作（Piaget, 1951）。但是自20世纪70年代末开始，几项研究发现，不到7天的婴儿明显就能模仿成人的几种面部表情，如伸舌头、张嘴、闭嘴、噘嘴（表示悲伤），甚至做出高兴的样子（Field et al., 1982; Meltzoff & Moore, 1977; Reissland, 1988; 参见下列图片）。

一些批评者提出异议，认为这些早期的表情，尤其是吐舌头和张嘴（这些是最可靠的反应）——根本不是模仿动作，只是反映出婴儿试图用自己的嘴探索那些他们觉得特别有趣的东西（Jones, 1996）。也有人想知道，新生儿的模仿是否反映了近期发现的**镜像神经元**（mirror neurons）的活动——当个体做出一个动作或观察到这个相同动作时，这种脑细胞都会被激活（Iacoboni, 2005; Winerman, 2005）。这里的意思是，看到成人吐舌头，可能激活了正在观察的婴儿的镜像神经元，从而引起某种相似的动作反应。有趣的是，这些早期“互相匹配”的表情很难在3~4个月时被引发（Abravanel & Sigafoos, 1984）。一些人把新生儿这种有限的模仿能力说成是一种**不随意的反射图式**，会随着年龄增长而消失（像其他很多反射一样），后来被随意模仿取代（Kaitz et al., 1988; Vinter, 1986）。

但是安德鲁·梅尔佐夫（Meltzoff, 1990b; Meltzoff & Moore, 1992）坚持认为，婴儿早期的匹配表现是**随意的模仿反应**。他说这是因为刚出生几天的婴儿经常在**短暂的延迟之后**，模仿出成人的表情，即使成人不再做出该表情。在梅尔佐夫看来，这些模仿反应是可能的，因为婴儿把他们在成人脸上“看到”的面部动作，与他们可能在自己脸上“感觉”到的动作匹配了起来。但是梅尔佐夫的批评者认为，如果新生儿的模仿是**随意模仿反应**，那么这些反应应该随着年龄增长越来越强而不是消失（Bjorklund, 2005）。

显然，这些早期匹配的表情动作，其潜在的意义和原因仍然是个有争议的话题。无论我们把它称为模仿、探索还是反射行为，一个新生儿对面部表情的反应性几乎肯定会温暖照护者的心，并帮他们确信自己和孩子有了一个好的开始。事实上，我们将在第5章看到，很小的婴儿就具备了另外一些与生俱来的特征，它们可以引发与照护者充满温情的互动，促进情感依恋和健康的社会性与情感发展。因此，完全可以想象，新生儿匹配面部表情的能力具有同样重要的机能，它的确具有很强的适应性！

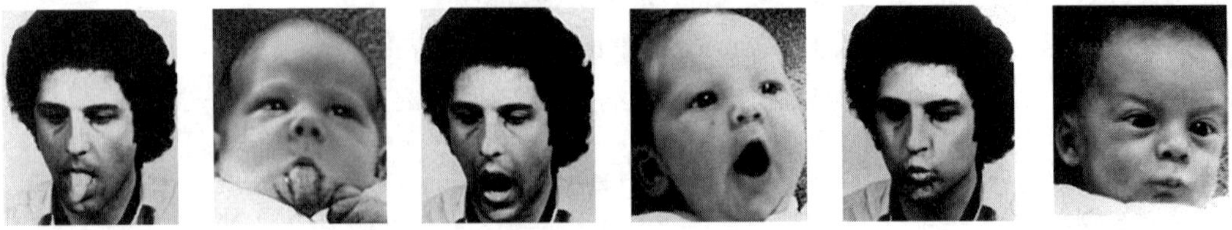

From A. N. Meltzoff and M. K. Moore, Science, 1977, 198, 75–78.

2~3 周的婴儿模仿吐舌头、张嘴和噘嘴的录像截图样例。

客体永久性的发展 感觉运动时期更重要的成就之一是**客体永久性**（object permanence）的发展，即相信客体在看不见、摸不着时仍然存在。如果你摘下手表，用咖啡杯把它扣住，你很清楚，手表还存在。对我们来说，客体是永远存在的，离开视线并不等于离开内心。

皮亚杰认为，婴儿起先并没有意识到这些基本生活事实。在头四个月里，婴儿还不会寻找消失了的有吸引力的物品。假设他们对一只手表感兴趣，但如果手表被杯子盖住，他们很快就会失去兴趣，似乎他们认为，那只表变成了一个杯子，而不再是手表（Bower, 1982）。4~8 个月时，婴儿会寻找部分被掩盖或藏在透明盖子下面的有吸引力的东西，但他们还是不能找到完全被掩藏的东西，这说明，在他们眼里，消失了的东西就不再存在。[2]

皮亚杰认为，婴儿在 8~12 个月时开始出现客体概念的最初迹象。但是客体永久性还远没有形成，皮亚杰这样描述他 10 个月大的女儿杰奎琳：

> 杰奎琳坐在床垫上，周围没有什么东西干扰或吸引她……我从她手里拿走了（玩具）鹦鹉，连续两次把它藏在床垫下面，位于其左侧（A 点）。两次杰奎琳都马上寻找并找回了鹦鹉。然后，我又从她手里拿回玩具，在她的注视下慢慢地把鹦鹉移动到她右边，藏在垫子下面（B 点）。杰奎琳看见了这次移动……但是在鹦鹉消失（在 B 点）的那一刻，她转向左边，依然到原来的地方（A 点）去寻找（1954, p. 15）。

杰奎琳的反应是这个年龄孩子的典型反应。在寻找一个消失的物体时，8~12 个月的婴儿通常是到原来找到它的地方去找，而不是到最后看见它的地方去找。换句话说，儿童的行为就好像其行为决定了物体出现的地方，因此，她并没有把物体看作独立于自己的活动而存在。

在 12~18 个月，客体概念有了进展。此时，婴儿能够追随物体的可见移动，到物体最后被看到的地方去寻找物体。但是客体概念还未完全形成，因为婴儿还不能从心理上进行推断，而这对于表征和理解看不见的位置移动是非常必要的。假如你把一个诱人的玩具藏在手里，把手移到一个障碍物后面，把玩具放在那儿，撤回并松开你的手，然后让婴儿找那个玩具，那么，12~18 个月的婴儿会到他们最后看到玩具的地方——你的手里——去找玩具，而不是到障碍物后面去找。

---

2 皮亚杰的结论引起了热烈的争论。现在，很多研究者相信，即使很小的婴儿也知道客体一直存在，在客体被隐藏超过一两秒的情况下，他们只是忘记了客体在哪里（参见 Bjorklund, 2005, 综述）。

到 18~24 个月的时候，儿童逐渐能够在心理上表征看不见的位置移动，并利用这些心理推断指导他们寻找消失的物体。此时，客体概念就完全形成了。

客体概念对社会性发展来说有什么意义？我们将在第 5 章讲到，它对婴儿最初的真实情感依恋发展起着非常重要的作用。一些认知理论家（如 Schaffer, 1977, 1991）指出，在未形成关于周围亲人的“永久性”概念之前，婴儿不可能与这些人形成紧密的情感联系。要跟一个随时会从视野中消失的“不再存在”的人建立有意义的持久关系毕竟很困难。

综上所述，儿童在感觉运动时期的智力发展何等令人瞩目。在短短两年里，婴儿从反射性的、几乎不能走动的生物，变成了会计划的思想者，他们可以自己四处走动，能在头脑里解决一些问题，形成简单的概念，甚至还能把他们的很多想法跟周围的人交流。表 2.3 简要总结了两岁前智力发展的主要成就。

表 2.3 感觉运动时期的亚阶段及其智力发展

亚阶段	解决问题或 引起有趣结果的方法	模仿技能	客体概念
1. 反射活动（0~1 个月）	练习和顺应与生俱来的反射	模仿某些面部表情和大肌肉动作[1]	跟踪移动的客体但忽略其消失
2. 初级循环反应（1~4 个月）	重复指向自己身体的有趣动作	重复自己的某一被陪伴者模仿的行为	专注地看着客体消失的地方[2]
3. 次级循环反应（4~8 个月）	重复指向外部客体的有趣动作	同亚阶段 2	寻找部分隐藏的客体
4. 次级图式的协调（8~12 个月）	把动作组合起来解决简单问题（意向性的最初证据）	逐渐调节最初粗糙的模仿尝试，形成模仿新反应的能力	寻找和发现未看见其消失过程的隐藏客体——是客体永久性概念的最早迹象
5. 三级循环反应（12~18 个月）	尝试寻找解决问题或重复有趣结果的新方法	对新反应进行系统化的模仿；对简单运动动作的延迟模仿	寻找并发现看见其消失的客体
6. 运用心理组合发明新手段（18~24 个月）	在内部符号水平上解决问题，儿童使用顿悟法的最早迹象	对复杂行为序列的延迟模仿	寻找并发现以不可见的位移方式隐藏的客体，客体概念完全形成

1 对面部表情的模仿显然是天生的能力，与快 1 岁时出现的随意模仿可能无关。

2 现在很多研究者相信，客体概念可能很早就已出现，皮亚杰的研究严重低估了婴儿对客体的认识（参见 Bjorklund, 2005）。

资料来源：摘自 T. M. Field, R. Woodson, R. Greenberg, & D. Cohen, 1982, “Discrimination and Imitation of Facial Expressions by Neonates.” *Science*, 218, 179–181; also A. N. Meltzoff & M. K. Moore, 1977, “Imitation of Facial and Manual Gestures by Human Neonates.” *Science*, 198, 75–78。

前运算阶段（大约2~7岁） 进入**前运算阶段**（preoperational stage），儿童越来越善于建构并应用心理符号（词和映像）对他们接触到的物品、情境和事件进行思考。虽然在符号推理方面取得了这些进步，但皮亚杰对前运算智力的描述仍然主要集中在儿童思维的局限性和不足上。事实上，他之所以称这一阶段为“前运算”阶段，是因为他认为，学前儿童还没有学会能使其进行逻辑思维的**认知操作**（cognitive operations），比如加减法这样的内部心理活动。在对这一智力发展阶段进行讨论的时候，我们将再次关注前运算思维特征对社会性与人格发展的意义。

符号机能与假装游戏 前运算阶段早期（2~3岁）的一个标志性特征是，儿童越来越多地运用**符号机能**（symbolic function），即用一种东西（一个词或一件物品）表示或象征别的东西。比方说，2~3岁的儿童能够使用词或映像表征他们的经验，所以他们颇善于对过去的事件进行重新建构，对不在眼前的客体进行思考甚至比较。

前运算阶段早期的另一个标志是凭借符号机能的发展而形成的，这就是，玩假装游戏的次数和假装游戏的复杂性都急剧增加：学步儿经常假扮其他人（妈妈、超级英雄），还用道具（如鞋盒子或一根棍）来武装这些角色，用它们表征与角色有关的物品（例如婴儿床或激光枪）。当幼儿沉浸在他们的假想世界中时，虽然父母偶尔会担忧，但皮亚杰却把假装游戏看作很要紧的事情——是有助于儿童社会性、情绪与智力发展的活动。有很多证据支持皮亚杰的观点。例如，在婴幼儿期，很多孩子创造出“假想玩伴”，他们与假想伙伴玩的游戏，可以帮助他们练习并完善许多社交规范，比如和朋友友好相处，帮助和安慰朋友等等（Gleason, 2002; Gleason, Sebanc & Hartup, 2000）。在真实生活中，社交性假装游戏要求儿童扮演不同角色，协调游戏活动，解决出现的任何纠纷。通过玩“过家家”“上学”，扮演妈妈、爸爸和幼儿园老师，儿童也可以学习并准备承担成人角色（Pellegrini & Bjorklund, 2004）。也许正是因为他们通过游戏学到的社交技能（如合作能力），所以幼儿园教师评价，比起较少玩假装游戏的孩子，玩很多假装游戏的孩子更富于创造性，社会性更成熟，也更受同龄人欢迎（Connolly & Doyle, 1984; Howes & Matheson, 1992）。

最后，假装游戏使儿童可以自如地表达困扰着他们的情感，解决情感冲突，从而促进了情感的健康发展（Fein, 1986）。举个例子，假如詹妮曾因午饭时不吃豌豆而受到批评，她可能会在游戏中获得掌控情境的机会，批评她的布娃娃太挑食，或者劝布娃娃“健康饮食”，把豌豆吃掉。以游戏方式解决这些情绪冲突，可能对于帮助儿童理解权威和他们必须遵守的规则的基本原理起到重要作用（Piaget & Inhelder, 1969）。

所以，永远不要认为游戏是无用的。虽然儿童玩游戏是因为快乐而非游戏会培养他们的技能，但是玩游戏间接地促进了儿童的社会性、情绪和智力发展，且在游戏的过程中他们很享受。在这个意义上，游戏确实是儿童的工作，是一件严肃的事情！

前运算思维的缺陷 虽然儿童的符号机能和假装游戏具有适应性特点，但皮亚杰关于前运算思维的很多观点都集中在其局限性上。他认为其中最大的缺陷是儿童的**自我中心主义**（egocentrism），这是一种从自己的角度看世界、很难认识到别人有不同观点的倾向。皮亚杰证明了这一点，他先让儿童熟悉不对称的三座山头（见图 2.4），然后问儿童，坐在他对面的孩子眼里会看到什么。3~4 岁的儿童大多会说，对面的孩子看到的和他自己看到的完全相同。皮亚杰对此的解释是，儿童不能考虑到别人的不同观点。

假如儿童不能做出*知觉观点采择*，或不能推断别人看到和听到什么，可以想见，他们势必难以做出*概念观点采择*——正确地推断别人的情感、思维和意图。事实上，我们将看到，幼儿的确常常只从自己的角度看问题，而不能对别人的动机、意向和愿望做出正确判断；而且他们常常认为，自己知道的事情别人也知道（Hala & Chandler, 1996; Ruffman et al., 1993）。其次，幼儿的自我中心主义还可以帮助我们解释，为什么他们有时候会那样无情、自私、强人所难，不愿互相帮助。如果这些“漠不关心的”幼儿意识不到自己的行为会带给别人什么感受，他们就体验不到怜悯和同情，而怜悯和同情可以抑制反社会行为，促进善良举动。本书第 9 章和第 10 章详细讨论儿童的攻击性、利他性和道德发展的时候，将会探讨儿童认知能力（特别是共情能力和角色采择技能）与社会行为之间的这种假定关系。

图 2.4 皮亚杰的三山问题

前运算的幼儿是自我中心的，他们很难判断出另一个人的观点，往往认为另一个孩子从不同位置看到的山和他们从自己的位置看到的山完全相同。

在 4~7 岁，自我中心主义有所减弱，在和别人分享大小、形状、颜色这些知觉特征的基础上，儿童能更准确地对客体进行分类。事实上，皮亚杰把 4~6 岁儿童的思维说成是“**直觉**”（intuitive）思维，因为他们对客体和事件的理解通常“集中”在单一的、最显著的知觉特征上（事物看上去的

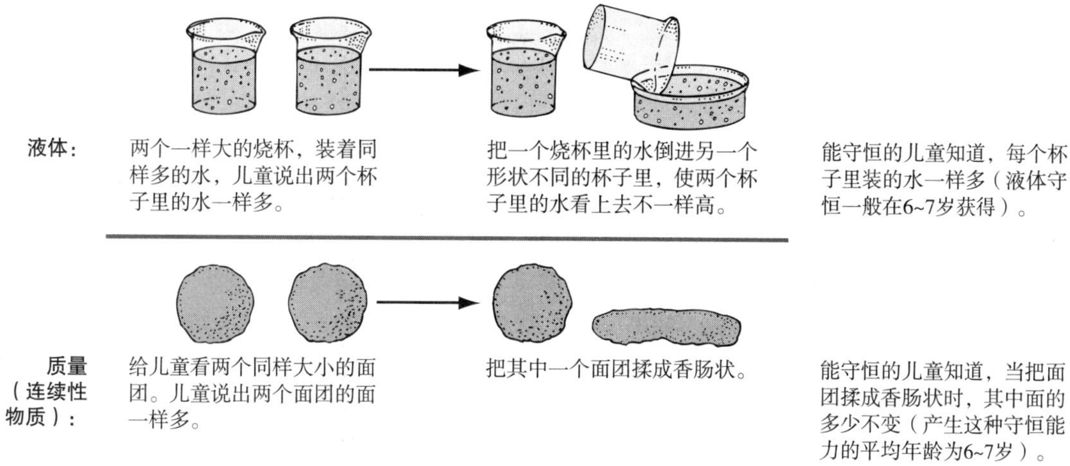

图 2.5　皮亚杰的两个著名的守恒问题

样子），而不能符合逻辑地、理性地进行思考。

如果我们考察皮亚杰著名的守恒研究的结果，就会发现直觉推理的不足（Flavell, 1963）。在一项守恒实验中，先让儿童调整两个同样大小的杯子里的水，直到每个孩子都认为“两个杯子里有一样多的水”。然后，儿童看见实验员把水从一个比较高、口径较小的杯子倒进一个比较矮、口径较大的杯子。之后问儿童，矮杯子里的水与另一个高杯子里的水一样多吗（见图 2.5）。小于 6 岁或 7 岁的儿童通常会说，较高较细杯子里的水比较矮较粗杯子里的水多。这些儿童关于液体的思维明显**聚中**（centered）于一种知觉特征，即圆柱体的相对高度（高圆柱体 = 较多的水）。用皮亚杰的术语来说，前运算阶段的儿童还不能掌握**守恒概念**（conservation）：他们意识不到，物质的外表以某种表面形式发生改变时，它的某些属性（如体积或质量）仍然保持不变。

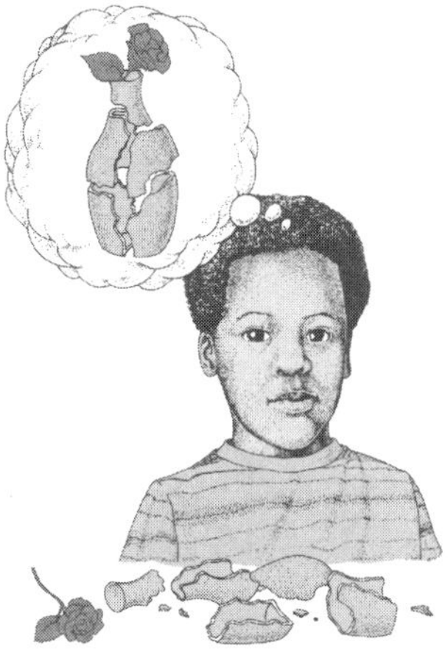

可逆性是一种重要的认知操作，在儿童中期得到发展。

前运算阶段的儿童为什么不能守恒呢？因为他们的思维还不是运算思维。皮亚杰认为，要达到守恒必须具备两种认知操作，一种是**可逆性**（reversibility），即从心理上还原一个动作或逆向操作的能力。处于直觉思维水平的儿童不能从心理上将动作流程逆转，因此，他们意识不到，如果把水从比较矮的宽口杯子倒回到原来较高的窄口杯子里，其液面还是原来那么高。第二，儿童必须摆脱其“聚中”思维才能明白，直接看到的外表可能具有欺骗性。皮亚杰认为，当儿童掌握了被称为**补偿**

（compensation）的认知操作——同时聚焦一个问题的几个方面，他们就能“去中心”。处于直觉思维阶段的儿童在解决液体守恒问题时，还不能同时注意高和宽两个方面。因此他们不明白，液体宽度的增加可以补偿高度的减少，使液体的绝对质量保持不变。

让我们想一想幼儿的直觉推理对社会性与人格发展的含义。3~5 岁的幼儿已经知道他自己是男孩还是女孩，而且知道每个人都可以按其性别来分类。但这些幼儿关于性别及其含义的思维是自我中心的且被外表所支配。因此，一个 4 岁男孩会说，如果他真的愿意，他可以变成一个妈妈；或者认为，如果一个女人剪短头发，穿上男人衣服，干一份建筑工人的工作，她就是一个男人（McConaghy, 1979; Slaby & Frey, 1975）。这些现象说明，学前儿童还不具备性别概念的守恒。第 8 章将要讲到，性别守恒对性别角色发展有重要影响，儿童在 5~7 岁之前往往还没有获得此种守恒，而此时他们开始对液体和质量之类的“非社会性”属性守恒了。

具体运算阶段（约 7~11 岁） 根据皮亚杰的理论，进入**具体运算阶段**（concrete-operational stage）的儿童很快地习得了认知操作，并在思考所见所闻的客体、事件或所经历的其他事情时应用这些重要的新技能。我们前面讲过，认知操作是一种内部心理活动，它使儿童能对映像和符号加以修改和重组，从而得出符合逻辑的结论。例如，可逆性操作使儿童能在心理上逆转动作流程，从而认识到，虽然水柱的外形变化了，但如果把水倒回原来的杯子里，水还是那么多。凭借这种认知操作，处于具体运算阶段的儿童现在知道了两个不同的容器里装着同样多的液体；他们运用逻辑，而不是迷惑人的外表，得出这一结论。所以，对头脑中的客体进行操作的能力，使 7~11 岁的儿童远远超越了前运算阶段死板而聚中的思维。

关系逻辑的发展 具体运算思维的一个标志是能够更好地理解关系和关系逻辑，具备了把自己的能力和特征与别人比较，从而在多个方面增强自我概念的能力。还记得体育老师说“从高到矮排成一队”吗？对于具体运算阶段的儿童来说，这个要求很容易做到，因为他们已经有了**序列**（seriation）能力，即一种从心理上将物品按可计量的维度（如高度和重量）来排列的能力。相比之下，前运算阶段的儿童在心理序列任务中的表现非常差，他们很难做到体育老师提出的这一要求。

与序列有密切关系的是**传递**（transitivity）概念，这是对一个系列中各组成部分的关系准确地进行推理的能力。比方说，詹妮比苏珊高，苏珊比乔高，那么，詹妮肯定比乔高。这样的推理对我们来说很基本，但是皮亚杰断言，具体运算阶段之前的儿童还不懂得传递原则的逻辑必然性（Markovits & Dumas, 1999）。

然而，有趣的是，具体运算儿童的传递推理一般只局限于以实物形式呈现的真实物品，7~11 岁的儿童还不能把这种关系逻辑运用于像代数中使用的 x, y, z 之类的抽象符号。事实上，皮亚杰之所以把这一阶段命名为具体运算，正是因为他的研究揭示出，7~11 岁的儿童还不能用他们的操作图式对抽象概念或假设命题进行逻辑思考，这些假设扰乱了儿童关于现实的概念。让我们来看看皮亚杰为什么得出这样的结论。

形式运算阶段（11~12 岁及以后） 到了 11 岁或 12 岁，许多儿童进入皮亚杰智力发展的最后一个阶段：**形式运算阶段**（formal operational stage）。前面讲到，具体运算是对经验的实物进行的心理操作，它可以对有形的物品和事件进行符合逻辑的思考。相比之下，形式运算是对思想和命题进行的心理操作，思维不再依赖实际的或可观察的事物，因为形式运算者可以对没有现实基础的假设过程和事件进行符合逻辑的推理。

对假设命题的反应 看一个少年是否已经进入形式运算阶段的一个办法是，给他提出一个违反他对现实世界看法的思维问题。具体运算阶段，儿童的思维和客观现实分不开，遇到假设命题，他们就会感到困难。事实上，他们甚至会说，不可能对不存在的事物或不会发生的事件进行逻辑思考。相比之下，形式运算者喜欢思考假设的东西，会产生一些不寻常的创造性反应。从专栏 2.3 中我们会看到，当儿童思考一个以艺术课作业形式提出的假设命题时，具体运算思维和形式运算思维有何不同。

假设演绎推理：对答案和解决方案的系统探索 形式运算者解决问题的方式越来越系统化和抽象，很像科学工作者的**假设演绎推理**（hypothetico-deductive reasoning）。通过皮亚杰著名的钟摆问题（Inhelder & Piaget, 1958），我们可以很容易地把形式运算推理与年幼儿童的推理做比较。用长度不同的绳子，一端拴上重量不同的小锤，另一端拴一个钩子挂起来。被试的任务是探索钟摆摆动快慢（即在给定时间内摆动的次数）受哪些因素影响，是绳子长度、小锤重量、对小锤的推力，还是小锤开始下落的高度？抑或有两个或多个因素起作用？

要解决这个问题，首先须确定可能对钟摆摆动快慢起作用的四个因素，然后一个一个地检验所有的“假设”，办法是每次改变一个因素并让其他因素保持不变。形式运算的人会凭借这种系统方法提出假设并检验假设，最终发现钟摆摆动快慢只和一个因素有关，那就是绳子的长度。相比之下，9~10 岁的具

专栏 2.3 研究聚焦

儿童对假设命题的反应

皮亚杰（Piaget, 1970）认为，具体运算思维受现实的约束。可以假定，大多数 9 岁儿童要思考一个不存在的东西或从未发生的事件都会感到困难。相比之下，进入形式运算阶段的儿童就能够思考假设命题，并得出符合逻辑的结论。皮亚杰猜想，很多形式运算的儿童甚至会喜欢这类认知难题。

多年前，研究者让一组具体运算阶段的儿童（9 岁，四年级）和一组处于或正接近形式运算的少年（11~12 岁，六年级）完成下面的任务：

> 假如给你第三只眼睛，你可以选择在身体的任何部位安置这只眼睛。请给我画一张画，说明你要把这只“多出来的”眼睛放在什么地方，然后告诉我，你为什么把它放在那儿。

9 岁儿童大多把第三只眼放在两眼之间的前额上。这些儿童好像是根据他们的具体经验完成这一任务的：所有人的眼睛都长在脸的中部位置。一个 9 岁男孩说第三只眼应该在双眼中间，因为“库克罗普斯（希腊神话中的独眼巨人）的眼睛就在这儿”。他们放置这只眼睛的理由相当缺乏想象力，来看几个例子：

> 吉姆（9 岁半）：我希望我的两眼边上有一只眼，如果其中一只眼看不见了，我还能用两只眼睛看。
>
> 维基（9 岁）：我希望有另一只眼，这样我就能看你三次。
>
> 塔尼亚（9 岁半）：我希望有第三只眼，这样能看得更清楚。

对比之下，形式运算阶段的年长儿童给出了五花八门的回答，完全不依赖于他们从前见过的事情。此外，这些儿童还想出了这种假设情境带来的好处，对把“多出来的”眼睛放在独特位置，给出了颇富想象的理由。下面是几个例子：

> 肯（11 岁半）：（把第三只眼画在一绺头发上面）我可以让这只眼睛转动，向四面八方看。
>
> 约翰（11 岁半）：（把第三只眼画在左手手心）我能看见周围的角落，看见我能从饼干桶里拿出什么样的饼干。
>
> 托尼（11 岁）：（把第三只眼画在嘴里）我希望第三只眼在我嘴里，因为我能看见我正在吃什么。

当问及对“三只眼”作业的看法时，9 岁组的很多儿童认为这有点愚蠢，没意思。一个孩子说：“这有点傻，没有人有三只眼。”但 11~12 岁的儿童很喜欢这样的作业，并且缠着老师，让她在学期的剩余时间里再布置一些像“眼睛问题”一样“好玩的”作业（Shaffer, 1973）。

这项研究的结果与皮亚杰的理论大体一致。处于或正在接近形式运算阶段的年长儿童比具体运算阶段的儿童更可能对假设命题做出合乎逻辑的和创造性的反应，而且他们更喜欢这种推理。

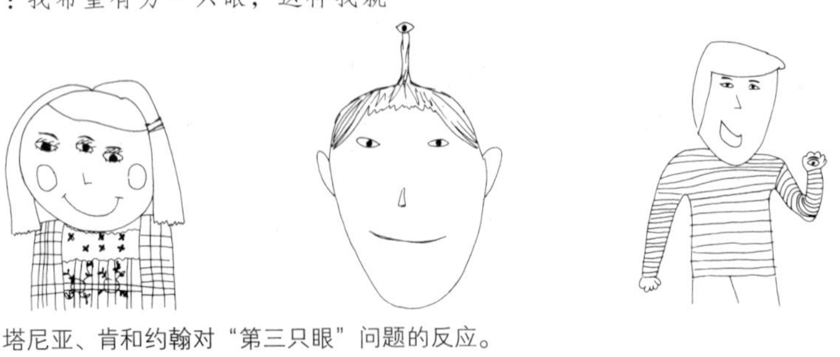

塔尼亚、肯和约翰对“第三只眼”问题的反应。

体运算儿童不能提出假设并检验各种可能性，因此不能得出合乎逻辑的结论。他们往往在检验一个变量（例如绳子的长度）时没有让其他变量（重量）保持不变；他们可能会发现，拴着重些的小锤且绳子短些的钟摆，比栓轻些的小锤且绳子长些的钟摆摆动更快，从而错误地推断，绳子的长度和小锤的重量都会影响钟摆摆动的快慢。

总之，形式运算的推理是理性、系统而抽象的，形式运算者能够对思想和可能性进行合乎逻辑的思考，就像对真实的客体和事件那样。

形式思维的个人与社会结果 形式运算思维是一种有力的工具，它以或好或坏的方式改变着青少年。首先来看好的方面：如同我们在第6章将要讲到的，形式运算为思考人生的可能性、形成稳定的同一性、更好地理解他人的心理观点和行为原因铺平道路。形式运算还能帮助个体更好地做出艰难的个人决定，权衡可选择的行动方案及其对自己和他人的可能后果（见第10章，道德推理的发展）。所以，认知发展的进步确实为社会性与人格发展其他方面的变化奠定了基础。

不好的方面：形式运算可能给青少年带来某些痛苦经历。年幼儿童一般会接受现实，听从权威者的意见，但形式运算的青少年可能会想象一些假设的、与当前现实不同的情境，他们会质疑一切事情，从父母对他们选择朋友的限制，到一个国家是否应该在有很多人还处于贫困和无家可归的情况下，花巨资来从事空间探索、建立导弹防御系统。青少年在现实世界中发现不合逻辑的和其他不如意的现象越多，他们越可能对应为这些不完美状况负责任的人（如父母和政府）感到失望甚至愤怒。皮亚杰（Piaget, 1970）把这种认为事情“应该”怎样的完美主义倾向，看作青少年新习得的抽象推理能力的正常发展结果，他认为，形式运算是“代沟”产生的主要原因。

按照皮亚杰的观点，青少年是如此关注自己和自己的思想，以致于他们实际上表现出比小学时候更严重的自我中心主义。戴维·艾尔金德（Elkind, 1967, 1981）发现，青少年往往表现出两种类型的“自我中心主义”。其一是**假想观众**（imaginary audience）现象，指青少年常常感到自己“站在舞台上”，身边的每个人都像他自己一样在关注、评判其行为和外貌。因此，十几岁的女孩花很长时间化妆，拼命掩盖脸上的几颗青春痘，可能是因为她确信，每次约会对象把头转向一边，都是因为他厌恶她脸上的青春痘——而事实上，具有同样自我意识的男孩把头转向一边，可能是因为他以为，面前的这位女生关切的表情说明他用的漱口水很失败。

青少年自我中心主义的第二种表现，艾尔金德称之为**个人神话**（personal

图片 2.6 这个女孩可能觉得，别人都像她一样关注着其容貌和行为，据说这是青少年自我中心主义的表现之一——假想观众现象。

fable），即认为自己和自己的思想具有唯一性。例如，一个初恋失败的十几岁男孩会觉得，在人类历史上没有人经历过像他这样的巨大痛苦。个人神话还可以帮助我们理解，为什么青少年会做出许多冒险行为。毕竟，他们是独一无二的，所以不大可能因吸食可卡因或从事不安全的性行为而受到伤害：不良后果更可能发生在别人而不是自己身上。

艾尔金德认为，青少年自我中心主义的两种表现形式，在他们刚开始习得形式运算时增强，并且随着时间推移会伴随理想主义的衰退而逐渐减弱。但研究数据和他的这一观点并不完全一致。有研究发现，对于吸毒、酒后驾驶和无保护性行为等风险行为，青少年体会到的个人危险与中年人体会到的一样多，这就向青少年感到自己是唯一的和不会受伤害的观点提出了质疑（Beyth-Marom et al., 1993）。事实上，青少年的很多冒险行为反映的只是冒险和追求刺激的欲望，而不是因为他们觉得自己不会受伤害（Arnett & Balle-Jensen, 1993; Gardner & Steinberg, 2005）。尽管如此，假想观众现象在 13~15 岁比在 15 岁以上的青少年中更明显，往往是还处于具体运算水平的 13~15 岁的青少年表现出更多的这种自我意识（Gray & Hudson, 1984; O'Connor & Nikolic, 1990），这和艾尔金德的预期正相反。因此，一些发展心理研究者现在认为，青少年的自我关注现象，与形式运算思维关系不大，倒是与角色采择技能的发展关系密切（将在第 6 章讨论），这种技能促使青少年思虑别人怎么看他或怎样对其行为做出反应（Lapsley et al., 1986; Vartanian & Powlishta, 1996）。从这一角度来看，青少年的自我中心主义其实并不是多么“自我中心”。

皮亚杰理论的贡献与批评

像弗洛伊德和华生一样，皮亚杰也是一位富有革新精神的叛逆者。他在心理测量工作者中是不受欢迎的，因为他声称，智力测验只能测出儿童知道什么，不能告诉我们智力的最重要方面——儿童怎样思考。此外，皮亚杰大胆地探索了一个不可观察的、心理层面的概念——“认知”，这是赞成行为主义传统的心理学者所反对的（Beilin, 1992）。

到 20 世纪 60 年代，时代发生了明显变化。皮亚杰的早期理论和研究不仅使得儿童思维研究合法化，而且他早期将道德发展与认知发展相联系的研究（见第 10 章的深入讨论）为**社会认知**（social cognition）这一全新发展研究领域的出现做出了重要贡献。近期的社会认知理论家，如劳伦斯·科尔伯格和罗伯特·塞尔曼发现，随着年龄增长，儿童逐渐建构起对物理世界的日益精细的理解，形成对社会问题更复杂的思想，包括性别差异、道德价值观、情感的重要性、友谊的意义和责任，以及社会生活的其他方面。社会认知的发展是本书第 6 章重点关注的主题，人的社会认知能力与社会性和人格发展各方面之间的关系贯穿整章。

皮亚杰的理论对教育有很大影响。例如，众所周知的发现教学法所基于的前提就是，年幼儿童并非像成人那样思维，如果能让他们接受利用环境中熟悉事物的“实践”或“动手”教育，他们就会学得更好。所以，在以皮亚杰理论为指导的课堂上，一个学前教师可能给她的学生提供不同数量的实物，让他们堆叠、涂色、排序，用这种方法给儿童讲授难懂的数的概念。不难想象，像数这样的新概念，最好的教授方法就是让充满好奇心的、主动的儿童，应用他们现有的图式，自己做出关键的“发现”。

皮亚杰无疑是行为科学家中的巨人，他的工作在我们对人类发展的思考中留下了深刻而持久的印记（Fischer & Bidell, 1998; Flavell, 1996），但是他思想中的许多内容现在受到了挑战。例如，前面曾经提到，皮亚杰认为，婴儿在前 8 个月不具备客体永久性，1 岁以前不能掌握符号机能，现在看来，这些观点或许是不正确的。实际上，皮亚杰往往低估了儿童的推理能力，第 10 章讲到其道德推理理论时，我们会再次发现这一点。此外，皮亚杰认为，认知发展要经历一个普遍的、不变的阶段序列，这一观点也受到了质疑（Bjorklund, 2005）。苏联发展心理学家列夫·维果茨基（Vygotsky, 1978）在其社会文化理论中探讨了文化（观念、价值观、传统和社会群体技能）是怎样代代相传的。维果茨基没有把儿童说成是靠自己做出关键发现的独立探索者，而是把认知发展看作*社会中介的活动*——儿童在其中通过与更有知识的社会成员进行合作性对话，逐渐学会新的思维和行为方式。维果茨基也不同意所有儿童的发展都要经历相同的认知发展阶段的说法。为什么不同意呢？因为儿童通过与更有能力的同伴互动而掌握的新技能往往具有文化特定性，而不是普遍适用的认知结构。所以，按照维果茨基的观点（本书第 3 章将详细探讨），皮亚杰在很大程度上忽视了社会文化对人的发展的影响。

尽管有这样或那样的批评，但是今天，无人会质疑皮亚杰关于“社会性与人格发展部分地取决于认知发展”这一论断。原因很简单，回望过去的半个世纪，社会性发展研究者一再发现，社会性与情感方面的很多重要发展，大体上都发生在儿童达到皮亚杰所说的重要的认知里程碑之时。皮亚杰的理论虽有缺陷，但它为理解发展过程中出现的变化提供了有价值的框架。在发展心理学领域，皮亚杰的理论是当之无愧的“经典”。

本章要点

- 本章介绍了社会性与人格发展的三种“经典”理论：精神分析理论、行为主义（或社会学习理论）以及皮亚杰的认知发展理论。

精神分析理论

- 精神分析理论起源于西格蒙德·弗洛伊德，其**心理性欲理论**称，人是由与生俱来的性与攻击本能（**生的本能**和**死的本能**）驱动的，必须对这些本能加以控制。人的很多行为反映了被**压抑**的**无意识动机**。弗洛伊德提出了心理性欲发展的五个阶段：口唇期、肛门期、性器期、潜伏期和生殖期。在这一发展过程中，人格的三种成分，**本我**、**自我**和**超我**出现并逐渐密切地整合在一起。
- 弗洛伊德对3~6岁儿童经历的**性器期**与**恋母情结**、**恋父情结**的描述，引起了热烈的争论。根据弗洛伊德的观点，父母必须谨慎地处理这些性冲突，防止孩子**固着**于不成熟的活动并表现出发展的停滞。
- 埃里克·埃里克森的**心理社会理论**修正并扩展了弗洛伊德的理论，该理论较少关注性本能，更多地强调影响人发展的社会文化因素。根据埃里克森的理论，人的发展经历八个心理社会冲突：从婴儿期的**信任对不信任**到老年期的自我完整感对绝望。要想健康发展，每种冲突都必须得到解决，并促成某种积极特质（如信任的产生）。

行为主义（或社会学习）理论

- 学习理论，或**行为主义理论**，起源于约翰·华生。他认为，婴儿是一块白板，他们养成的**习惯**是其社会经验的结果。发展是一个连续过程，根据人所处的环境类型，发展沿多个不同方向前进。斯金纳扩展了华生的理论，他宣称，发展反映了儿童的**操作**条件作用，儿童被动地接受伴随其行为的**强化**或**惩罚**的塑造。相比之下，阿尔伯特·班杜拉的认知社会学习理论把儿童看作主动的信息加工者，他们通过**观察学习**很快地形成了诸多新习惯。班杜拉否认华生的**环境决定论**，他认为儿童有能力创造影响其发展的环境（**交互决定论**）。

皮亚杰的认知发展理论

- 让·皮亚杰的认知发展理论对社会性与人格发展有重要意义。皮亚杰认为，智力活动是基本的生命机能，它帮助儿童适应环境。他把儿童看作主动的、富于创造性的探索者（即**建构主义者**）。他们不停地建构着表征其所知事物的**图式**，并通过**组织**和**适应**过程修改这些图式。通过组织过程，儿童把现有知识纳入更高层的图式中。适应则是经过调整而成功地与环境匹配的过程，它通过**同化**和**顺应**来实现。

- 皮亚杰认为，智力发展经过**恒定的发展顺序**阶段，可概括如下：
    - **感觉运动阶段**（0~2 岁）：出生后头两年，婴儿凭借对客体的动作，“知道”并理解客体和事件。儿童为适应周围环境而创建的**行为**（或**感觉运动**）**图式**最终被内化，形成心理符号（或**符号图式**），它使儿童理解**客体永久性**，出现**延迟模仿**，并且无须通过试误就能在心理水平上解决简单问题。
    - **前运算阶段**（约 2~7 岁）：随着儿童在游戏中开始创造性地使用词语和映像，符号推理的使用在**前运算阶段**越来越明显。2~7 岁儿童对周围世界的了解越来越多，但他们的思维与成人相比仍有很大缺陷。皮亚杰把学前儿童说成是高度**自我中心主义**的：他们从自己的角度看待一切事物，不善于了解别人的观点。他们的思维带有**聚中性**：遇到新事物时，他们往往只盯住其中最明显或知觉上最突出的一个特征。结果就是，这种**直觉思维**使儿童难以完成**守恒**之类的任务，因为这些任务要求儿童同时对几方面的信息进行评价。
    - **具体运算阶段**（约 7~11 岁）：进入**具体运算**阶段的儿童可以对具体的物品、事件和经验进行合乎逻辑的、系统的思考。他们可以完成心算，并且在心理上将身体动作结果和行为顺序加以**逆转**。这些以及其他**认知操作**的掌握使儿童能够守恒、排序，进行传递推理。但具体运算阶段的儿童还不能对假设命题进行逻辑思考，因为这种命题破坏了他们关于现实的概念。
    - **形式运算阶段**（11~12 岁及以后）：形式运算思维是理性的、抽象的，很像科学家的**假设演绎推理**。在这一阶段，青少年可以“对思维进行思考”，像操作真实客体与事件一样操作思想。这些新出现的认知能力可以解释为什么青少年是理想主义者，而且表现出**假想观众**和**个人神话**这样的思维方式。
- 虽然皮亚杰精确地描述了智力发展的一般顺序，但一些研究者对皮亚杰关于发展发生在不同阶段的观点提出质疑，还有人批评他的理论低估了儿童的认知能力，在很大程度上忽视了社会文化的影响。即使存在这些缺陷，皮亚杰的理论对我们理解认知发展仍有不可磨灭的贡献，他的理论被广泛应用在教育之中，催生了社会认知领域，并且为社会性与人格发展的许多其他方面提供了重要启示。

第3章

社会性与人格发展的新近理论

设想回到了1974年，一个新学期的第二周，我们正在上学院开设的第一门“社会性与人格发展”课。在回顾了关于儿童发展的精神分析和行为主义理论之后，教授介绍了她称之为一种儿童发展的“新观点”——皮亚杰的认知发展理论。皮亚杰的理论确实是一个全新的视角。毕竟，他的理论将儿童描述为并非由生物本能或环境影响塑造的被动的代理人，而是在自身发展过程中起重要作用的*主动的*存在。而且，皮亚杰没有片面强调天性或教养，而是把发展描述成为生理成熟和个体经验间的一种复杂的相互作用，好奇而主动的儿童拥有这些经验，也会为自己创造这些经验。

在20世纪70年代早期，皮亚杰的理论显然称得上是社会性与人格发展理论的“新观点”。但是，20世纪后期又出现了几个新理论，它们是对早期理论的挑战、深化和扩展。这些新理论有的强调生物的作用，有的则更多地关注环境或认知因素对社会性与人格发展的影响。但是在回顾这些理论时我们会看到，它们都承认皮亚杰所强调的两点：（1）发展中的人是*主动的*而非被动的，（2）发展源于天性和教养之间各种复杂的相互作用。

本章前两节将介绍两种“生物学”理论。第一种理论有强烈的进化论色彩，强调物种所有成员共有并使我们相似（即促进了标准的发展结果）的遗传属性。相比之下，第二种理论，或称*行为遗传学*观点，主要想考察每个人继承的独特基因组合怎样导致了个体之间的*差异*。

现代进化论

人类发展的生物学理论有着悠久而辉煌的历史。弗洛伊德的精神分析理论显然带有强烈的生物学色彩。不仅是弗洛伊德理论中的动机成分，即先天本能，而且其性本能的*成熟*，都被认为决定着社会性与人格发展的进程（或至少是某些阶段）。

有趣的是，行为主义者华生之所以持有极端的环境决定论立场，可能在一定程度上是对弗洛伊德和当时其他有影响力的生物理论家的回应。这些学者中最著名的要数阿诺德·格塞尔（Arnold Gesell, 1880—1961），他认为人的发展在很大程度上是一个生物成熟的问题。格塞尔（Gesell, 1933）认为儿童就像植物，按照基因设置好的模式和时间表“开花结果”；至于父母怎样教养孩子，一点都不重要。

今天的发展心理学家大多都不接受格塞尔的激进主张，但是，生物影响对人的发展起重要作用这一观点在**习性学**（ethology）中仍然富有活力。习性学是考察行为的进化基础以及进化而来的行为对物种生存和发展之影响的科学研究（Archer, 1992）。这一学科的起源可追溯到查尔斯·达尔文，而现代习性学则起源于两位欧洲动物学家康拉德·洛伦兹（Konrad Lorenz）和尼科·廷伯根（Niko Tinbergen）的工作，他们对动物的研究揭示了进化过程和适应行为之间的重要联系（Dewsbury, 1992）。下面我们将简要介绍经典习性学的核心假设及其对人类发展的意义。

经典的习性学理论

根据洛伦兹（Lorenz, 1937, 1981）和廷伯根（Tinbergen, 1973）的观点，一切动物物种的成员生来就具备一系列“生物编程”的行为。这些行为（1）是进化的产物，（2）对其生存是适应性的。例如，许多鸟类刚出壳就从生理上准备好了一些本能行为，如跟随母鸟（称为印刻反应，使小鸟免受天敌侵害并能找到食物）、筑巢、鸣叫等。这些生物编程的特征是达尔文所说的**自然选择**（natural selection）的进化结果，即在进化过程中，具有“适应性”行为基因的鸟，比缺乏这些适应特征的鸟更可能得以生存，并把基因传递给下一代。那么，经过一代又一代，携带最具适应性行为的基因将在该物种中变得越来越普遍，并成为几乎所有个体的特征。

因此，习性学家关注先天或本能的反应，这些反应是（1）物种成员共有的；（2）它们指引个体沿着相似的路径发展。何处能找到这些适应行为，并考察它们对发展的意义呢？习性学家一般喜欢在自然环境中考察其研究对象。为什么？很简单，他们认为，如果在先天属性得以进化并证明其具有适应性的自然环境中进行观察，就更易于查明并理解塑造人或动物发展的那些先天属性（Hinde, 1989）。

习性学与人类发展

我们在动物中相对容易发现促进生存的本能反应，但人类真的也有这类行为吗？如果有，那么这些程序性反应又怎样影响人的发展呢？

人类习性学家，如约翰·鲍尔比（Bowlby, 1969, 1973），相信儿童不但会表现出各种各样的预先编程行为，而且这些反应中的每一种都促进一种特殊类型的经验，这种经验将有助于个体生存和正常发展。比如，人类婴儿的啼哭被

图片 3.1 啼哭是吸引照护者注意的痛苦信号。

认为是一种生物编程的“痛苦信号”，它能促使照护者迅速赶来。习性学家认为，婴儿不仅按照生物编程方式，用号哭来传达他们的痛苦，而且从生物学角度来看，照护者也天生会对这些信号做出反应。因此，婴儿啼哭的适应性意义在于：（1）确保婴儿的基本需要（如饥、渴、安全）得到满足；（2）确保婴儿通过社会和情感依恋的建立，与其他人充分接触以形成纽带（Bowlby, 1973）。

尽管习性学家极力批评学习理论家忽视了人类发展的生物基础，但他们很清楚，没有学习，人的发展不会有很大进步。例如，婴儿的啼哭可能是一种促进人际接触的本能信号，从而导致人类情感依恋的出现。但是，这些情感依恋并不是简单地自动“发生”的。在婴儿对一个经常出现的照护者表现出情感依恋之前，他必须首先学会区分熟悉面孔和陌生面孔。据推测，这种分辨学习的适应意义可以追溯到人类进化史中游牧部落把大量时间花在户外的时期。当时，对一个婴儿而言，依赖熟悉的陪伴者、害怕陌生人是相当重要的，如果他面对一张陌生的面孔而不哭泣，就很容易成为食肉动物的目标。

现在来看事情的另一面。一些照护者自身就承受着各种生活压力（如长期病痛、抑郁、不幸的婚姻，甚至脾气暴躁的婴儿），他们可能习惯性地怠慢或忽视，所以婴儿的哭声很难促使他们与之进行更多的接触。这种婴儿不可能与照护者形成强烈的情感依恋，而且将来会变得很害羞，对他人的情感反应淡漠（Ainsworth, 1979, 1989）。这些婴儿从其早期经验中学到的东西是，他最亲近的人不可靠、不可信。因此，他们可能变得相当矛盾，怀疑照护者，且可能在以后也认为其他的社交同伴（如老师和同伴）同样不可信，应该尽量避而远之。

个体的早期学习经验有多重要？像弗洛伊德一样，习性学家认为早期学习经验非常重要。事实上，他们认为许多属性和行为的发展都有一个“关键期”。一个关键期是生命周期中的一个短暂时段，此时，发展中的机体对特定环境影响具有独特的敏感性和反应性；而在非关键期，同样的环境事件或影响就没有那么持久的影响（Bruer, 2001）。虽然关键期概念似乎确实能解释动物发展的某些方面，如雏鸟的印刻行为，但许多人类习性学家认为，用敏感期这一术语来描述人类发展则更为准确些。**敏感期**（sensitive period）是指特定能力或行为出现的最佳时间，此时，个体对环境影响特别敏感。与关键期相比，敏感期的时间框架并不十分严格，或者说很难确切地界定。在敏感期之外，发展也是可能发生的，但要促进之就会困难得多（Bjorklund & Pellegrini, 2002）。

举例来说，一些习性学家认为，生命的前三年是人的社会性和情绪反应性发展的敏感期（Bowlby, 1973）。假定在前三年，我们最容易形成亲密的情感联结，如果在这一时期我们很少或者没有机会形成情感联结，我们就会发现，在后来的生活中，我们很难结交亲密的朋友，或很难与他人建立亲密的情感关系。显然，这是一个关于人类情感生活最有趣又最具争议的断言，我们将在第5章详细考察这种早期社会性及情感发展对人的长期影响。

总之，习性学家清楚地认识到，早期经验对我们有重大影响，但他们又提醒人们注意，人是具有先天倾向的生物体，与生俱来的那些特征，也会影响着人们可能拥有的各种学习经验。

现代进化论

像习性学家一样，现代进化论的倡导者也对阐明自然选择怎样使我们形成适应性的特质、动机和行为感兴趣。但是，进化论者对进化如何起作用的假设与习性学家不同。回顾一下，习性学认为，先天的适应性行为是那些保证了个体生存的行为。现代进化论者则不这样看，他们认为，先天的、适应性的动机和行为确保的是个体基因的存活和延续。这看上去只是略有区别，但却非常重要。我们来看个人牺牲现象，一位父亲从着火的家中救出了自己的四个孩子，他却不幸遇难。习性学家很难对此做出解释，因为父亲的无私不可能使他自己活下来。但进化论者则解释说，父亲的动机和行为有高度适应性。为什么？因为他的孩子们携带着其基因，而且四个孩子比他自己有更长的生育年限。因此，从现代进化论的观点来看，父亲的行为确保了他的基因（或者确切地说，携带其基因的孩子们）的存续，即使他为此而死去。

我们简单思考一下，人类进化历史怎样导致了择偶偏好这一重要社会属性的性别差异（Buss, 1995, 2000）。一般来说，男性一生中会生成数十亿个精子，使得精子的数量远比卵子多得多。因此，如果男性想延续自己的基因，他们可能会想方设法让许多女性受精，以充分满足这种无意识的生物性动机。从进化论角度来看，这完全说得过去。此外，男性应该寻找年轻、有吸引力的伴侣，因为这些属性意味着生育力和性魅力，从而保证生育成功。女性应该和男性一样，希望把自己的基因延续给后代。但是，因为一位女性只能生育有限的后代，

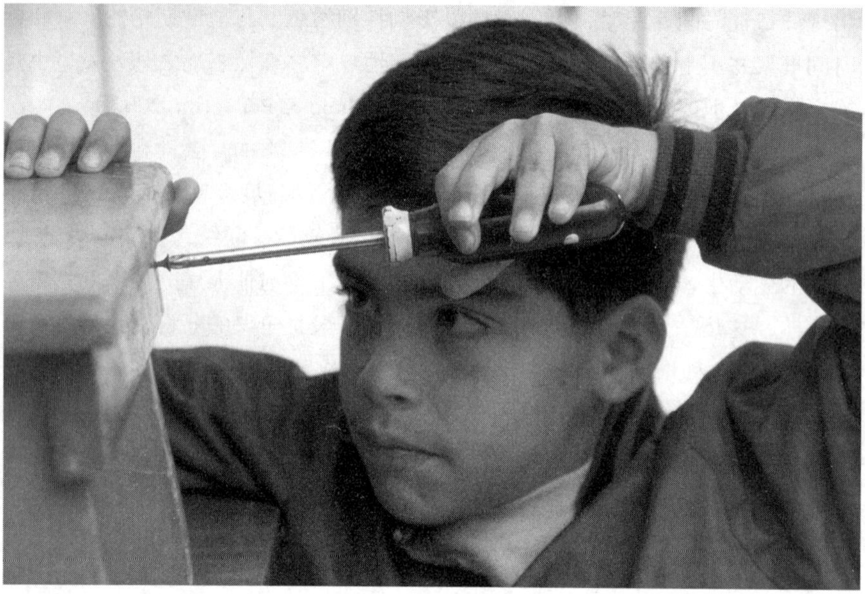

图片 3.2　人类的成熟比其他动物缓慢得多，这一进化优势使人类能学会很多身体、动作、认知和社会技能，让他们能够按照自己的需要来塑造环境。

而且她对后代的投入很大（必须怀胎、哺育、抚养子女），所以她会更愿意找一个有实实在在的资源（如财富、权力）且有良好心理属性（如善良、有爱的能力）的男性，从而能够帮助她保护和养育自己的孩子。

有趣的是，现实当中男性和女性的择偶偏好真的证实了这些预测，全世界的男性都更愿意寻找年轻、有吸引力的配偶，而女性则更愿意找年龄稍大、资源充裕且在情感上被她吸引的善良伴侣（Buss, 1995; 2000）。因此，现代进化论者认为，这一基本无意识的目的——保护和最大化我们遗传给后代的基因数量，能够解释择偶偏好的性别差异。（当然，其他解释也是可能的。作为一个练习，你可以试一下自己能否用本章或前面几章的一个或几个理论来解释这些现象）。

再来思考另一个问题：与其他动物物种相比，人类发育非常缓慢，长期处于不成熟状态，需要他人的照顾和保护。现代进化论者把这种长期的不成熟期看作一种必要的进化适应。也许与其他物种相比，人类必须依靠智慧来生存。拥有一个大容量、功能强大的大脑，本身就是一种进化适应，因为人类需要利用工具来改造环境，以更好地满足他们的需要。他们也用复杂的规则和社会习俗创造出丰富多彩的文化，每一代年轻人必须学会这些规则和习俗，以便在这些社会系统中生存繁衍。因此，较长的发展期，由成人（尤其是希望存续自己基因的血缘亲属）提供保护，是具有适应性的，这一过程使儿童获得所需的各种身体和认知能力、知识以及社交技能，成为现代人类文化中富有能力的一员，从而占据一席之地（要了解更多关于人类较长成熟期的适应性价值，可参阅 Geary & Bjorklund, 2000; Bjorklund & Pellegrini, 2002）。

进化论的贡献与批评

如果这本教材写于 1974 年，它就不会包含进化论观点了。虽然习性学在 20 世纪 60 年代就有了发展，但早期习性学家研究的是动物行为，只是在最近 25~35 年间，习性学或现代进化论的倡导者才认真地尝试提出进化对人类发展的贡献，并且他们的许多假设仍然被认为是推测性的。尽管如此，进化论观点的支持者们已然为发展心理学做出了重要贡献。他们提示我们，每个儿童都是一个生物性个体，生来就具有许多适应性的、遗传编程的特征，这些特征将影响其他人对儿童的反应，从而影响发展进程。此外，习性学家在方法论上也做出了重要贡献，向我们展示了以下方法的价值：（1）在自然的日常环境中研究人的发展；（2）把人类发展同其他物种的发展作比较。

我们将在第 5 章详细讨论一个非常有趣的习性学观点：婴儿天生是社会性生物，他们从呱呱坠地开始就能够发起和维持社会互动。这一观点同行为主义和皮亚杰的观点形成了强烈对比，行为主义者把新生儿说成是*白板*，皮亚杰认为“自私的”婴儿只带着少数基本反射来到这个世界。进化论者还认为，人类进化的方式使我们更容易形成并表现出**利他性**（altruism）这样的亲社会动机，这有助于共同利益，并让我们和谐地共同生活和工作。专栏 3.1 介绍的一些观察研究表明，利他行为的某些方面可能有其生物学基础。

有人批评说，进化论观点就像精神分析理论一样，难以被验证。我们怎样证明各种动机、习惯和行为是天生的、适应性的或是进化历史的产物呢？这些说法很难被证实。哈佛大学古生物学家斯蒂芬·杰伊·古尔德（Gould, 1978）批评道，所有进化论者都在构造“假想故事”，以此来解释各种社会行为如何因其适应价值而被自然选择。假想故事是一种听起来合理、实际上也可能正确，但没有*确定性*证据支持的说法（专栏 3.1 中对群体背景下利他性的进化解释就可以看作一个假想故事）。这一批评相当尖锐，因为那些理论很容易诉诸于假想故事，缺乏*有用的*科学模型应有的一个重要特征——它们几乎不可能被证伪。进化论还被批评为只是*追溯性的*，或者只是对发展的“事后”解释。用进化概念来解释已经发生的事情并不难，但这些理论能够*预测*将来会发生什么

专栏 3.1 研究聚焦

利他是人性的一部分吗？

达尔文的“适者生存”观点似乎反对利他是人天生的动机。许多人把达尔文的观点解释为，那些把个人需要置于他人需要之上、强大而自私的个体最有可能生存。果真如此，进化将更倾向于将自私、利己动机作为人性的基本成分，而不是利他主义动机。

马丁·霍夫曼（Hoffman, 1981）对这一观点提出了质疑，他列举了几个理由，表明“适者生存”概念实际上意味着利他主义。他的观点基于这样的假设：人如果具有使人们彼此友好且在合作的社会群体中共同生活的基因，他们就更可能躲避天敌，满足所有的基本需要并成功地繁衍后代。如果这一假设成立，那些合作、利他的个体将最有可能活得长久，并将“利他基因”遗传给后代。而离群索居的个体将死于饥饿、被猛兽吃掉，或死于其他无法单独应对的自然灾害。这样，经过千代万代，自然选择将促进利他性这种天生的社会性动机的发展。也许，“社交性”的巨大生存价值使得利他、合作及其他社会性动机比竞争、自私等诸如此类的品性更适合成为人类本性的成分。

争论婴儿是否会自然而然地帮助别人，这显然很可笑。然而霍夫曼认为，即使新生儿也能够识别并体验他人的情绪。这种能力，也就是**共情**（empathy，也译作**同理心**），被认为是利他的一种重要影响因素，因为一个人在可能帮助别人之前，必须意识到别人在某种程度上是痛苦的并产生同情。所以霍夫曼认为，至少共情这个利他的先决条件在出生时就已存在。

霍夫曼的观点基于一项实验研究（Sagi & Hoffman, 1976）。在实验中，让出生不到 36 小时的婴儿听：（1）另一个婴儿的哭声，（2）电脑模拟的类似的婴儿哭声，或（3）什么也不听（一片寂静）。听真实哭声的婴儿很快也哭起来，并表现出踢腿、痛苦表情等激烈的身体信号。而听模拟哭声以及什么也没听的婴儿，其哭泣的反应就少得多，似乎并没有感到多么不安。（另一些研究支持了这些观察，见 Dondi, Simion, & Caltran, 1999, and Martin & Clark, 1982。）

霍夫曼指出，人类的哭声有某些与众不同之处。当婴儿听到另一个婴儿啼哭并体验到其痛苦（即与之产生共情）时，婴儿自己也会感到痛苦。这怎么可能呢？虽然还没有明确的答案，但近期认知神经科学领域的发现显示，**镜像神经元**（当一个人做着或只是看着一个动作或事情时激活的脑细胞）的激活可能是早期共情反应的神经机制（Iacoboni, 2005; Winerman, 2005）。当然，这些发现并未充分证明人的本性是利他的。但它们确实表明共情能力在出生时就可能存在，并为利他行为的最终发展提供了生物基础（见第 10 章对共情如何促进利他性的更多分析）。

吗？许多发展研究者认为它们不能。

最后，其他理论（尤其是社会学习理论）的拥护者辩称，即使某些动机或行为的基础是生物编程的，这些先天反应也会很快因学习而改变。因此，花费大量时间来考虑它们过去的进化意义可能并没有什么帮助。即使是一些受遗传强烈影响的属性也很容易因经验而改变。比如，与别的鸟类叫声（如鸡）相比，小野鸭显然更爱听母鸭的叫声，习性学家说这种行为是天生的、适应性的，而且是野鸭进化的产物。但是，吉尔伯特·戈特利布（Gottlieb, 1991）的研究发现，如果在小鸭从蛋壳里孵出之前给它们听鸡叫的声音，那么这些小鸭出生后则爱听鸡叫超过母鸭叫！在这个例子中，小鸭出生前的经验胜过了遗传素质。当然，人类比小鸭子具有更强的学习能力，因此，许多批评者辩称，在塑造人类行为和特性方面，文化学习经验很快就能使先天进化机制黯然失色。例如，阿尔伯特·班杜拉（Bandura, 1973）在比较人类和动物的攻击行为时得出这样的结论：

> [和动物不同]，人类主要不是靠听觉、姿势或嗅觉信号来传达攻击或缓和意图。人已经[发展出了]一套非常复杂的交流系统——称之为“语言”——来控制攻击性。国家领导人能……通过语言技能更好地防范灾难性暴力，而不必咬牙切齿、怒发冲冠，尤其是考虑到高层人士普遍存在谢顶的情况。

尽管存在这些批评，进化论观点对发展科学来说仍是很有价值的补充。相对学习理论过于强调环境，他们对生物过程的强调提供了一种有益的平衡，而且他们也使很多发展研究者相信，应在行为实际发生的自然环境中探索发展的原因。

现在让我们转向影响力与日俱增的第二种现代生物学观点——行为遗传学。

行为遗传学：个体差异的生物基础

近年来，许多学科的研究者都在问一个问题：“是否存在一些特定的能力、特质和行为模式，它们在很大程度上依赖于个体继承的基因的特殊组合？如果有，这些属性可能被个体的经验改变吗？”行为遗传学者的研究所关注的就是这类问题。

在深入考察**行为遗传学**（behavioral genetics）之前，我们先戳穿一种常见的迷思。虽然行为遗传学者认为发展是**基因型**（genotype）（一个人遗传的一组基因）表达为**表现型**（phenotype）（一个人可观察的特征和行为）的过程，但他们不是绝对的遗传决定论者。相反，他们声称，大多数行为属性是遗传素质和环境影响长期相互作用的结果。举个例子，如果在同样的环境中长大，一个遗传了高个子基因的儿童几乎必定比一个遗传了矮个子基因的儿童长得高。

但是，如果前者在生命早期营养非常差，而后者则营养很好，那他们长大后的身高也许差不多。因此，行为遗传学家清醒地意识到，即使像体型这类看起来包含了很强遗传成分的属性，也常常会因环境影响而发生重大改变。

那么，同样是对发展的生物基础感兴趣，行为遗传学家与习性学家、现代进化论者有何不同呢？答案相当简单。如前所述，进化论的支持者研究某一物种中所有成员共有并使其彼此相像的遗传属性（也就是关注导致共同发展结果的属性）。相比之下，行为遗传学者聚焦某一物种内成员间变异的生物学基础。他们关心的是，每个人遗传到的独特基因组合怎样使人们彼此不同。现在让我们看看他们采用何种研究方法来完成这一任务。

研究遗传影响的方法

行为遗传学者主要用两种方法来评估遗传对行为的影响：选择性培育和家族研究。每种方法都试图查明各种属性的**遗传力**（heritability），即可归因于遗传因素的一种特质或一类行为的变异量。

选择性培育　一些研究者通过巧妙地操纵动物基因型来试图“培育”某些属性，从而查明遗传对各种行为属性的影响。**选择性培育实验**（selective breeding experiment）的一个典型例子是泰伦（Tryon, 1940）试图证明，老鼠的迷宫学习能力是一种遗传属性。泰伦先测试了许多老鼠走复杂迷宫的能力，将犯错误少的老鼠划分为“迷宫—聪明型”，犯错误多的划分为“迷宫—愚笨型”。然后，在历经数代的繁殖中，他让聪明型的雌雄老鼠互相交配，愚笨型的雌雄老鼠互相交配。他还控制了老鼠的生活环境，以排除环境对迷宫学习成绩差异的影响。如图 3.1 所示，在之后几代中，聪明鼠和愚笨鼠迷宫学习成绩的差异逐渐增大。显然，泰伦证明了老鼠的迷宫学习能力受基因组合的影响。其他研究者采用相同的选择性培育法，分别证明了基因对大鼠、小鼠和鸡的活动水平、情绪性、攻击性和性驱力等属性的影响（Plomin et al., 2001）。

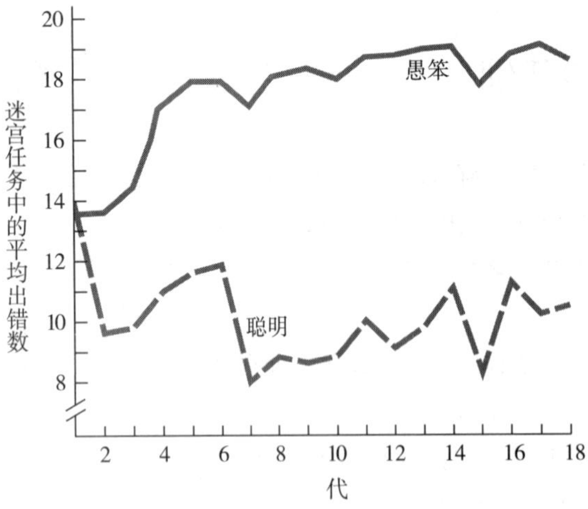

图 3.1　在 18 代繁殖中，近亲繁殖的聪明老鼠和愚笨老鼠走迷宫的成绩

资料来源：Plomin et al., 2001.

家族研究 因为人不会情愿接受被实验者这样的选择性培育，所以人类行为遗传学不得不转而依靠另一种方法：家族研究。在典型的家族研究中，把生活在同一家庭中的人加以比较，看他们在一个或几个属性上的相似程度。如果研究所探索的属性是可遗传的，那么生活在同一环境中的两个人的相似性应该会随**血亲关系**（kinship）（具有相同基因的程度）的增近而增加。

图片 3.3 同卵双生子具有完全相同的基因型，因此他们是研究遗传对人格和社会行为可能影响的丰富资源。

如今有两种类型的家族（或血亲关系）研究比较常用。一种是**双生子设计**（twin design），或称**双生子研究**（twin study），这类研究提出的问题是："在相同环境中长大的同卵双生子，是否比相同环境下养育的异卵双生子在各种属性上更相像？" 如果基因对所探讨的属性有影响，那么同卵双生子应该更相像，因为他们有 100% 的相同基因（血亲水平 =1.00），而异卵双生子只有 50% 的相同基因（血亲水平 =0.50）。

第二种常用的家族研究称为**收养设计**（adoption design），主要考察与收养家庭其他成员没有遗传关系的被收养儿童。研究遗传影响的学者会问："被收养的儿童是跟与其有 50% 相同基因（血亲水平 =0.5）的亲生父母相像，还是跟与其拥有相同环境的养父母相像？" 虽然亲生父母没有养育他们，但如果收养儿童与其亲生父母在气质或人格上更相像，那么基因一定对这类属性的产生有影响。

家族研究还能帮助我们估计环境对各种能力和行为的影响程度。例如，两个没有基因关系的被收养儿童在同一家庭长大，他们之间的血亲水平以及他们和养父母之间的血亲水平均为 0。因此，我们没有理由认为，这两个孩子彼此很相像，或与养父母很相像，除非共同环境对所考察的属性有一定的影响。可用来推断环境影响的另一种研究方法是，比较生活在同一家庭中的同卵双生子和生活在不同家庭中的同卵双生子。不管是一起长大还是分开养育，同卵双生子的血亲水平都是 1.00，所以，如果一起长大的双生子在某一属性上比分开长大的更相像，我们便可推论环境对该属性有影响。

对遗传和环境影响的估计

行为遗传学者凭借一些合理而简单的数学运算来考察：（1）一种特质是

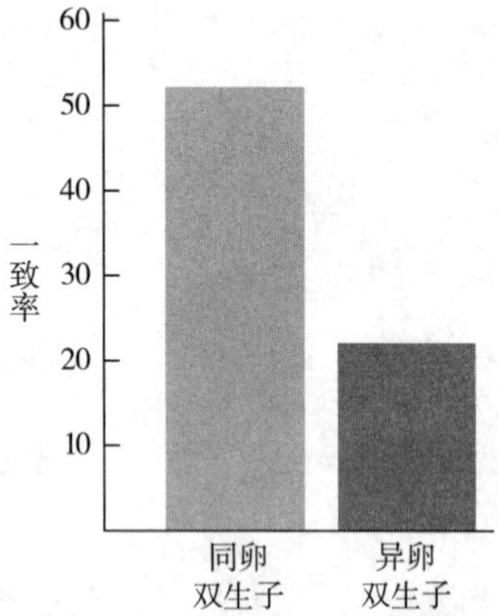

图 3.2 110对男性双生子中同性恋的一致率

根据同卵双生子之间更高的一致率可以推断：基因影响性取向。尽管他们拥有完全相同的基因，但只有一半的同卵双生子拥有相同的性取向，这一事实也说明，环境对人的性取向也有影响。

资料来源：Bailey & Pillard, 1991.

否受遗传影响；（2）遗传与环境对个体在该特质上的差异各起多大作用。当研究一个人是否表现出某种特质（如吸毒习惯或临床抑郁症）时，研究者会计算和比较**一致率**（concordance rates），即两个人（如同卵双生子，异卵双生子，父母和他们的养子女）中一个人表现出某种特质时，另一人也表现出该特质的百分比。假设你想考察男性同性恋是否受遗传影响，你可能会去找双生兄弟中的男同性恋，不管是同卵双生还是异卵双生，然后再找到他们的双生子兄弟，确认他们是不是同性恋。如图 3.2 所示，在这样一项研究中，同卵双生子的一致率相当高（56 个同卵双生兄弟的同性恋中，有 29 个其兄弟也是同性恋），而异卵双生子的一致率较低（54 个异卵双生兄弟的同性恋中，有 12 个其兄弟也是同性恋）。这揭示出，基因型确实对男性的性取向有影响。但是，由于同卵双生子的性取向并不完全一致，我们由此也可推论：他们的经验（即环境影响）必然也对其性取向产生了影响，尽管他们的基因完全相同。

对那些可以假定其数值大小的连续特质（如攻击性和智力），行为遗传学者通过计算相关系数而不是一致率来估计遗传影响。比如，在一项关于智商（IQ）的研究中，相关系数可表明双生子的 IQ 分数是否有系统的相关。相关度越高表示智商越接近，说明如果双生子中一个聪明，另一个也聪明；一个愚笨，另一个也愚笨。

如前所述，行为遗传学研究总是告诉我们，基因和环境二者对发展都有影响。这一点很容易说明，我们来看一篇关于智力分数（IQ）的家族研究综述，它考察了 112 942 对儿童、青少年或成人的智力分数（IQ），结果如表 3.1 所示。在这里，我们将关注双生子（包括同卵和异卵）的相关系数，以说明行为遗传学者如何估计三种因素对个体智力成绩差异的影响。

基因影响 表 3.1 中很清楚地证明了基因对 IQ 的影响。两个人在基因上越相近，其 IQ 的相关也就越高；如果两个人是同卵双生子，相关就会最高。但是，遗传的影响究竟有多大呢？

行为遗传学家用统计方法来估计受遗传影响的某个属性的变异量。这个指数称为**遗传力系数**（heritability coefficient），可以用下面的双生子数据来计算：

$$H = (r_{\text{同卵双生}} - r_{\text{异卵双生}}) \times 2$$

表 3.1 由包含 4 种血亲水平的家族研究得到的智力测验分数的平均相关系数

血亲关系	一起抚养（在同一个家庭）	分开抚养（在不同家庭）
无血亲关系的兄弟姐妹（血亲水平 =.00）	+.34	−.01[a]
收养父母与收养子女（血亲水平 =.00）	+.19	—
异父（或异母）的兄弟姐妹（血亲水平 =.25）	+.31	—
生父母与子女（血亲水平 =.50）	+.42	+.22
同胞兄弟姐妹（血亲水平 =.50）	+.47	+.24
双生子		
异卵双生（血亲水平 =.50）	+.60	+.52
同卵双生（血亲水平 =1.00）	+.86	+.72

a 表示随机选取分开抚养没有血亲关系的兄弟姐妹间的相关。

资料来源：Bouchard & McGue, 1981.

该公式表示：某属性的遗传力等于同卵双生子相关系数与异卵双生子相关系数之差的两倍（Plomin, 1990）。

现在来估计基因对智力测验分数之个体差异的影响。根据表 3.1 中一起抚养的双生子的数据，我们可作这样的估计：

$$H = (0.86 - 0.60) \times 2 = 0.52$$

该结果表明，IQ 的遗传力的估计值为 0.52，就一个数值从 0（完全不遗传）到 1.00（完全遗传）的测量尺度来看，该值处于中间位置。我们可以得出结论，在这些共养双生子中，遗传因素对 IQ 的影响处于中等水平。但是，似乎这些人在该特质上仍有不少变异可归因于非遗传因素，也就是环境影响，以及我们在测量该特质时可能出现的误差（没有哪个测量是完美的）。

有趣的是，我们还可根据表 3.1 中的数据估计两种环境影响。

非共享环境影响（NSE） 有些经验是个体独有的，和其他家人不共享，它们使家庭成员彼此不同（Rowe & Plomin, 1981; Rowe, 1994）。在表 3.1 中，**非共享环境影响**（nonshared environmental influence）体现在哪里呢？我们看到，一起长大的同卵双生子的 IQ 并不完全一样，他们共享 100% 的基因，而且生活在同一个家庭，但其相关系数为 0.86。按说这个相关已然很高，却还是小于完全相关 1.00。因为同卵双生子共享相同的基因和家庭环境，所以他们之间的任何差异必定是由他们各自经验的差异所致。他们可能受到朋友的不同对待，也可能其中一个人比另一人更喜欢玩拼图或其他智力游戏。既然导致一起长大的同卵双生子差异的唯一因素是他们非共享的经验，我们就可以用以下公式估计非共享环境的影响（Rowe & Plomin, 1981）：

$$非共享环境影响（NSE）= 1 - r（同卵共养双生子的相关）$$

非共享环境对个体 IQ 差异的影响（即 1 – 0.86 = 0.14）虽小，但可以估算出来。下面会讲到非共享环境对其他属性的影响，尤其是对人格特质的影响较大。

共享环境影响（SE） 共享环境是生活在同一家庭环境中的人们共同享有并使他们彼此相似的经验。表 3.1 显示，无论同卵双生子还是异卵双生子（实际还包括有血亲关系和无血亲关系的兄弟姐妹），在一起生活比分开生活的孩子在智力上显示出更大的相似性。生长在同一个家庭可能提高儿童的智力相似度，其原因可能是父母对所有孩子示范了相似的兴趣爱好，并用相似的方法促进他们的智力发展（Hoffman, 1991; Lewin et al., 1993）。

我们如何估计**共享环境影响**（shared environmental influence）对某一特质的贡献呢？一种粗略的估算方法如下：

$$SE = 1 - (H + NSE)$$

这一公式表示：共享环境对某一特质的影响等于 1（该特质的总变异）减去遗传力（H）与非共享环境影响（NSE）之和。在前面我们发现，在共养双生子样本中，IQ 的遗传力为 0.52，非共享环境的影响率为 0.14，因此，共享环境对 IQ 个体差异的影响率（SE = 1 – [0.52 + 0.14] = 0.34）是中等的、有意义的。

还要注意，虽然遗传力系数可用于估计基因是否对人的各种属性具有任何有意义的影响，但这个统计值还是颇难理解，而且常常被误解。在专栏 3.2 中，我们将进一步考察遗传力估计能告诉我们什么，不能告诉我们什么。

遗传对人格和心理健康的影响

心理学者一般会认为，构成人格的相对稳定的习惯和特质是由环境塑造的，但是家族研究和其他追踪研究却揭示出，人格的许多核心维度是受遗传

专栏 3.2 当前争论

对遗传力估计的常见误解

遗传力系数是一个有争议的统计值，理解起来较难且经常被误用。其中最大的误解是，人们认为遗传力系数能告诉我们，自己是否遗传了某种特质。**这种理解是不正确的。**某种特质的遗传力指的是人们在该特质上的**差异**与他们遗传的基因差异之间的相关程度，它并不是说有一个（或若干个）基因完全地决定了一个人是否会表现出该特质（Plomin, 1994）。为了说明**可遗传的**并不等于**遗传到的**，请想想所有人都遗传了两只眼睛。但是眼睛的遗传力却是 0，因为每个人都有两只眼睛，在“有眼睛”这件事上没有个体差异（除了某些环境事件的影响，如意外事故）。

在解释遗传力系数时，我们必须认识到，对遗传力的估计仅适用于群体而**不针对个体**。如果你研究了许多 5 岁双胞胎儿童的身高，并估算出身高的遗传力为 0.90，你可以推论 5 岁儿童身高**差异**的最主要原因在于他们拥有不同的基因。因为遗传力的估计值对每个个体并不能说明什么，所以显然不能下结论说：0.90 的遗传力表明弗雷迪·琼斯的身高有 90% 是遗传的，而其余 10% 反映了环境影响。

我们还要注意，遗传力估计仅用于在某种**特定环境背景**下某一**特定群体**中的所有成员表现出来的某一特质。实际上，对于不同环境中长大的不同群体，遗传力系数有着本质差别。比如，设想我们把一群同卵和异卵双生婴儿放在穷困的孤儿院里抚养，每张婴儿床都有隔板，他们看不见其他婴儿和成人照护者，相互之间也没有社交接触。以往的研究（第 5 章将会讲到）发现，如果测量这些婴儿的社交性，我们会发现他们之间稍有不同；但从本质上看，所有这些婴儿的社交性都比在家里抚养的婴儿差得多，我们可以顺理成章地把这一结果归于早期环境中的社交剥夺。但是，由于这些双生子经历了**同样的剥夺环境**，他们在社交性上表现出的任何差异的唯一原因就是他们遗传素质的差异。在这一样本中，社交性的遗传力系数实际上接近 1.0，远高于那些在家里由父母养大的婴儿的情况，研究发现，他们的遗传力系数为 0.25~0.40（Plomin, 1994）。

最后一点，人们往往假定，受基因影响的特质不会因环境影响而改变。**这也是一个错误假设！**例如，在第 5 章我们将看到，孤儿院婴儿的社交性，可以通过把他们安置在反应敏感、社交刺激丰富的收养家庭而得到根本改善。认为“**可遗传的就是不可改变的**”（正如一些批评家对那些改进社交和智力弱势群体现状的社会项目所做的批评）所犯的一个潜在的严重错误，恰是对遗传力系数的常见误解造成的。

总之，“**可遗传的**”并非“**遗传到的**”的同义词，遗传力估计在不同群体和不同环境中可能变化很大，它不能告诉我们任何关于个体发展的信息。虽然遗传力估计可以帮助我们确定人们在某些特质上表现出的**差异**是否具有遗传基础，但它并未提供关于儿童能力变化的信息，也不应该被用于公共政策的制定中，否则会束缚儿童发展或对其幸福产生不利影响。

影响的（Loehlin, 1992; Plomin, 1994）。例如，**内向性 / 外向性**（introversion/extroversion）——人害羞、退缩、在人群中感到不安的程度，以及与此相对的开朗和社交性——像 IQ 一样，均显示出中等水平的遗传力（Martin & Jardine,

1986)。

另一个可能受遗传影响的重要属性是**共情式关怀**(empathic concern，也译作共情关注)。共情水平高的人善于识别他人的需要，关注他人的幸福。在专栏 3.1 中我们已经了解到，新生儿对其他婴儿的痛苦的反应，使得自己也变得痛苦起来。这一发现表明，共情能力可能是天生的，但是共情式关怀的个体差异有生物学基础吗?

确实有。早在 14~20 个月大时，同卵双生子对痛苦同伴的关心程度已经比异卵双生子更相似(Zahn-Waxler, Robinson, & Emde, 1992)。到了中年，即使已离开家、分开生活多年，同卵双生子的共情式关怀的得分仍然相似(r = 0.41)，而异卵双生子之间却不相似(r = 0.05)，因此，这表明该属性是可遗传的特质(Matthews et al., 1981)。事实上，这项成人双生子研究的实施者注意到，“如果共情式关怀……能导致利他动机，[我们的]研究就为利他性个体差异的遗传基础提供了证据”。

基因的影响有多大? 遗传基因对人格的影响有多大?我们通过观察家庭成员之间的人格相似性就能略知一二，如表 3.2 所示。与异卵双生子相比，同卵双生子在这项综合性人格测验中更相像。如果我们用双生子的数据来估计遗传对人格的贡献，可以得出的结论是：许多人格特质都有中度的可遗传性(在该样本中 H = 0.40)。当然，中度的遗传力系数还表明，人格也受环境因素的强烈影响。

表 3.2 三种血亲水平的家庭成员的人格相似性

	血亲水平			
	1.00(同卵双生子)	0.50(异卵双生子)	0.50(非双生兄弟姐妹)	0.00(同一家庭养育的无血缘关系的兄弟姐妹)
人格属性(几种人格特质的平均相关)	0.50	0.30	0.20	0.07

资料来源：J. C. Loehlin, “Fitting Heredity-Environment Models Jointly to Twin and Adoption Data from the California Psychological Inventory.”*Behavior Genetics*, 1985, 15, 199–221. Also J. C. Loehlin & R. C. Nichols, *Heredity, Environment, and Personality: A Study of 850 Sets of Twins*. Austin, TX: University of Texas Press, 1976. Copyright © 1976 by the University of Texas Press.

环境影响人格的哪些方面？ 传统上，发展研究者认为个体共享的家庭环境对人格的塑造来说尤其重要。现在再来看看表 3.2，你能否用这一逻辑发现一些问题。例如，请注意，生活在同一家庭但没有血缘关系的人，他们在综合人格测验中几乎没有什么相似之处（$r = 0.07$）。因此，家庭成员所共享的家庭环境的诸方面对人格发展的影响想必不大。

那么，环境会影响人格吗？在一些行为遗传学家看来（David Rowe, Robert Plomin, 1981, Rowe, 1994），对人格影响最大的是*非共享环境*，是它造成了个体之间的*差异*。在一个普通家庭中就有许多非共享经验的来源。例如，父母常常以不同的方式对待儿子和女儿或长子和后面出生的子女。兄弟姐妹受到父母的不同对待，他们会经历不同的环境，这将会增加他们在人格的诸多重要方面存在差异的可能性。兄弟姐妹之间的互动是非共享环境影响的另一个来源。例如，哥哥姐姐习惯于支配弟弟妹妹，这种家庭经验可能使哥哥姐姐逐渐变得独断和支配。但是对于弟弟妹妹来说，这种支配性的家庭环境，可能促成其消极、容忍与合作等人格特质的形成。

非共享环境影响的测量 怎样测量如此广泛的非共享环境的影响呢？丹尼斯·丹尼尔斯等人（Daniels, 1986; Daniels & Plomin, 1985）曾经采用的一个简单方法是，询问成对的青少年期的兄弟姐妹，父母和老师对待他们的方式是否不一样，在生活中是否有其他重要的不同经历（例如，在同伴中的受欢迎程度不同）。丹尼尔斯发现，兄弟姐妹们确实报告了这些差异；更重要的是，他们所报告的父母对待他们的方式和其他经历方面的*差异*越大，其人格特征就越不相似。尽管这种相关研究不能证明经验差异*导致*了人格差异，但它们确实揭示出，对发展影响最大的环境可能是每个家庭成员所独有的非共享经验（Dunn & Plomin, 1990）。

人们难免会问：兄弟姐妹有不同的经验，是因为他们有不同的基因吗？换句话说，儿童受遗传影响的特征会影响别人对他们的反应吗？例如，一个相貌出众的孩子，与其相貌平平的兄弟姐妹相比，更容易受到父母和同伴的区别对待吗？尽管基因确实在某种程度上影响了兄弟姐妹的不同经验（Baker & Daniels, 1990; McGue et al., 2005），但是，我们有充分的理由相信，每个人高度个人化的、独特的环境，并不完全起因于人们所遗传到的不同的基因。对此我们从何而知呢？

最重要的线索来自同卵双生子的研究。因为从基因角度来看，同卵双生子是完全匹配的，他们之间的任何*差异*必定源于*非共享环境*的影响。实际上，同卵双生子确实报告了其环境的差异，影响了他们的人格和社会适应。例如，一项研究发现，如果双胞胎中的一个受到父亲（或母亲）更温暖的对待（非共享环境），或者同老师建立了更亲密的联系（非共享环境），那么，与他 / 她的双胞胎兄弟 / 姐妹相比，他 / 她情绪上的困扰就会更少（Crosnoe & Elder, 2002）。而且，同卵双生子受到父母的区别对待越多，其人格和社会行为就越不相似（Asbury et al., 2003; Burt et al., 2006）。显然，这些非共享环境影响不能归因于双生子的基因差异，因为同卵双生子有完全相同的基因型！这就是为什么估算非共享环境影响的公式（$1 - r_{\text{一起抚养的同卵双生子}}$）是有意义的，因为它所提供的估计是基于完全不受基因影响的环境影响。

记住这些事实，我们回过头来看表 3.2。同卵双生子在许多人格特质上的平均相关只有 0.50，这表示同卵双生子在某些方面相像，而在其他方面不像。用公式来计算 NSE（1 − 0.50 = 0.50），它表明非共享环境对人格有重要影响，至少和基因一样重要。

总之，家庭环境对人格确实有重要影响，但这并不只是因为它对所有家庭成员有一种标准影响，从而使他们相像。事实上，在一些社会化的重要领域，父母以相似的方式对待所有孩子，促进了他们之间的相似性（Hoffman, 1991）。例如，父母常常示范并鼓励每个孩子遵循同样的道德、宗教、政治兴趣和价值观。对这些和其他许多心理特征来说，共享环境对兄弟姐妹间相似性的影响常常与基因同样重要，甚至更重要（Hoffman, 1991, 1994; Plomin, 1990）。但是在许多其他基本人格特质的形成中，人们拥有的非共享经验（和基因影响一起）对表现型的影响最大（Plomin et al., 2001; Reiss et al., 2000）。

遗传对行为失调和精神疾病的影响 精神疾病有遗传基础吗？某些人是否天生倾向于表现出异常行为或反社会行为？ 30 年前这些观点似乎很荒谬，但现在来看，这两个问题的答案却十分肯定。

我们来看**精神分裂症**（schizophrenia）的证据，精神分裂症是以逻辑思维、情感表达和社会行为严重紊乱为特征的一种严重的精神病，一般在青少年后期或成年初期出现。对几项双生子精神分裂症研究的综述显示：同卵双生子患该病的平均一致率为 0.46，而异卵双生子的一致率只有 0.14（Gottesman & Shields, 1982）。此外，亲生父母患精神分裂症，其子女患精神分裂症的风险则增加，即使他们在早期便被另一个家庭收养（Loehlin, 1992）。这些均是精神分裂症受遗传影响的有力证据。

近些年，遗传对一些异常行为和状态有影响的事实已经非常清晰，比如酗酒、问题行为易感性、犯罪和行为不良、抑郁、多动症、躁郁型精神病和各种神经症障碍（Baker et al., 1989; Bartels et al., 2004; Plomin et al., 2001; Rowe,

1994)。现在，你可能有或曾经有近亲被诊断为酗酒、神经症、躁郁型精神病或精神分裂症，但是请放心，这并不表示你或你的孩子会出现这些问题。父母中一方患精神分裂症，其所生的孩子中仅有 5%~10% 可能被确诊为“精神分裂症”综合征。即使你是同卵双生子中的一个，而另一个患有严重精神障碍，你也只有 50%（对于精神分裂症）和 5%（对于大多数其他障碍）的可能经历与你的双生子兄弟姐妹同样的问题。

既然同卵双生子在精神疾病和行为失调方面常常不一致（即不相像），那么环境必定是这些问题的重要影响因素。换句话说，人们并不是遗传了行为障碍，而是遗传了易出现某种疾病或某种不正常行为模式的*素质*。即使一个儿童的家族史表明这种遗传素质可能存在，通常也要由一种或多种压力经历（如拒绝型父母、学业上的一次或多次失败、父母离异造成家庭破裂）来引发这种障碍（Plomin & Rende, 1991; Rutter, 1979）。显然，这些后来的发现让我们有理由更乐观，因为也许有一天，预防多数遗传病的发作会成为可能，而这需要我们：(1) 更多地了解引发这些障碍的环境因素；同时，(2) 努力研发预防或治疗技术，这将会帮助“高危”人群在面临环境压力时保持情绪稳定。

遗传与环境共同影响发展

在回顾了一些文献并了解行为遗传学怎样估计遗传对各种属性的影响之后，我们已经很清楚，遗传和环境都以重要的方式影响人们的认知表现、人格和心理健康。但它们是怎样影响的呢？从上述的讨论中，你可能会得出这样的认识：遗传和环境是*独立*的影响源，这很像 35 年前发展研究者陷入的那场天性与教养之争。今天，行为遗传学家认为，基因实际上会影响人们可能会经历的环境类型（Plomin et al., 2001; Scarr & McCartney, 1983）。如何影响呢？这种影响至少有三种方式。

被动性基因型与环境的相关　根据桑德拉·斯卡尔和凯斯琳·麦卡特尼（Scarr & McCartney, 1983）的观点，父母给孩子提供的家庭环境，部分地受父母自身基因型的影响。因为父母也给孩子提供基因，所以孩子所处的养育环境与其自身的基因型是相关联的（很可能是匹配的）。

举个例子来说明**被动性基因型 / 环境相关**（passive genotype/environment correlations）的发展意义。具有运动员素质的父母，可能会营造一种运动型家庭环境，他们鼓励孩子玩运动型游戏，激发孩子对体育的兴趣。孩子除了身处运动型环境中，还可能遗传了父母的运动型基因，这使他们对运动型环境的反应非常积极。因此，运动员父母的孩子可能因为遗传和环境的共同影响而喜欢体育活动，而且这两种影响是紧密交织在一起的。

激发性基因型与环境的相关　前面我们提到，导致个体差异的“非共享”经验对人格的很多方面都有显著的影响。儿童所处环境的差异是否部分源于他们遗传了不同的基因，从而诱发了同伴的不同反应呢？

斯卡尔和麦卡特尼（Scarr & McCartney, 1983）认为答案是肯定的。他们提出的**激发性基因型 / 环境相关**（evocative genotype/ environment correlations）观点假定，儿童身上受遗传影响的属性会影响他人对待他们的行为。例如，爱笑、积极的婴儿会比易怒、消极的婴儿受到更多的关注和社交刺激。和相貌平平的学生相比，老师可能更喜欢那些相貌出众的学生。显然，他人对儿童的反应（以及儿童身上受遗传影响的属性）均是环境影响因素，它们对儿童人格的形成起着重要作用。于是我们再次看到了遗传和环境的共同影响：一个人受遗传影响的特征影响了其人格发展所依赖的社会环境特点。

主动性基因型与环境的相关　最后，斯卡尔和麦卡特尼还提出，儿童偏好和寻找的环境是与其遗传素质最匹配的环境。比如，一个生来外向的孩子会经常邀请朋友来家里做客，热衷于聚会，喜欢参与社交活动。相比之下，一个生性害羞、内向的孩子可能尽力回避大型社交聚会，而选择收集钱币之类的可单独进行的活动。因此，这些**主动性基因型 / 环境相关**（active genotype/ environment correlations）的一个含义是，具有不同基因型的人会为自己选择不同的“小生态”，这些小生态对他们将来的社会性、情感和智力发展可能有很大影响。

基因型与环境的相关怎样影响发展　斯卡尔和麦卡特尼（Scarr & McCartney, 1983）认为，主动、被动和激发性基因型影响的相对重要性在人的发展过程中会发生变化。在出生后的前几年中，婴儿、学步儿和学龄前儿童不能随便去邻居家，不能随意选择朋友和创建小生态。他们大多数时间处在父母为其创建的家庭环境中，因此被动性基因型与环境的相互作用在生命早期十分重要。但是一旦儿童到了入学年龄，每天都离开家，他们突然能够自由选择自己的兴趣、活动、朋友和聚会场所。这样一来，随着儿童的成熟，主动性基因型与小生态创建的相互作用对发展所起的作用就会越来越大（见图 3.3）。最后，激发性基因型与环境的交互作用一直都很重要，因为人受遗传影响的特征和行为方式，终生都会影响他人对其的反应。

如果斯卡尔和麦卡特尼的理论有可取之处的话，那么除了同卵双生子以外的所有兄弟姐妹，都应该随着时间推移越来越不相像，因为他们逐渐脱离了小时候父母为他们创造的相似的家教环境，开始主动地为自己选择不同的小生态。而事实上，这个观点也得到了很多支持。遗传上毫无关系、生活在同一家庭的收养儿童，在儿童早期和中期，确实在行为和智力上表现出一定的相似性（Scarr & Weinberg, 1978）。由于这些收养儿童彼此不共享基因，且与养父母也不共享基因，其相似性必然源于他们共同的养育环境。但是到了青少年晚期，基因上毫不相关的兄弟姐妹在智力或人格上不再彼此相像，可能是因为他们各自选择了非常不同的小生态，这反过来又使他们走上了不同的发展道路（Scarr & McCartney, 1983; Scarr et al., 1981）。即使是共享 50% 基因的异卵双生子，到青少年期和成人期也不再像儿童期那样相似（McCartney, Harris, & Bernieri, 1990）。很明显，异卵双生子不共享的那部分基因导致他们选择了不同的小生态，随着时间的推移，这种小生态使他们越来越不相像。相比之下，同卵双生子一生中始终表现出一些显著的相似性。同卵双生子不仅引发了别人的相似反应，而且相同的基因型也促使他们喜欢并选择相似的环境（如朋友、兴趣和活动）；反过来，这种环境又对双生子产生相似的影响，使他们随着时间推移而一直相像。即使分开抚养的同卵双生子，如果其相同基因使他们寻找和偏好相似的环境和经验，那么他们在某些方面也会很相似。让我们来看一个实例。

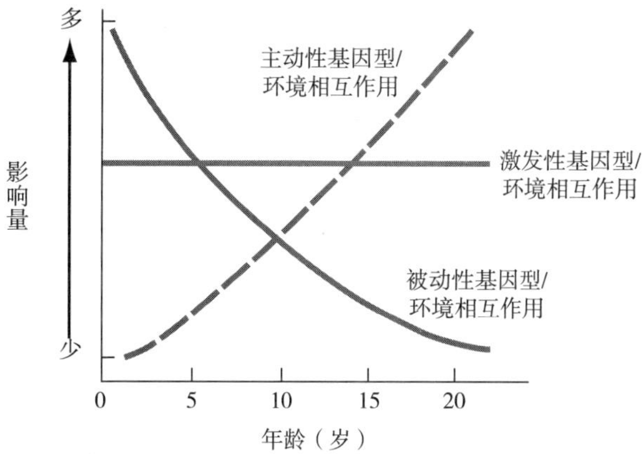

图 3.3 年龄对被动性、激发性和主动性基因型与环境相互作用的影响

分开抚养的同卵双生子 托马斯·布沙尔等人（Bouchard et al., 1990; Farber, 1981）研究过 30 多对分开抚养的同卵双生子，他们分别在不同的家庭环境中长大。奥斯卡·斯托尔（Oscar Stohr）和杰克·尤菲（Jack Yufe）就是其中的一对。在纳粹统治欧洲期间，奥斯卡由母亲当作天主教徒抚养长大。在第二次世界大战期间他参加了希特勒青年运动，现在在德国一家工厂做主管。杰克，一家商店的主人，在地球另一边的一个加勒比海国家的犹太家庭长大，十分憎恶纳粹。现在杰克是一个政治自由主义者，而奥斯卡则非常保守。

像布沙尔所研究的每对分开抚养的同卵双生子一样，奥斯卡和杰克在某些重要方面很不同。通常其中一个比另一个更自信、更外向、更具攻击性，或者他们可能信奉不同的宗教，秉持不同的政治信仰（像杰克和奥斯卡那样）。但更值得注意的发现是：所有这些双生子都显示出许多惊人的相似性。比如，年轻时，杰克和奥斯卡在运动方面都特别出色，都不擅长数学。他们有相同的怪癖，都有点儿心不在焉。还有一些小事情，比如他们都喜欢吃辛辣食物，喜欢喝甜酒，习惯在手腕上缠橡皮筋，习惯在上厕所之前、之后都冲马桶，等等。

分开抚养的同卵双生子为什么如此不同，同时又会如此相似呢？主动性基因影响的概念可以解释这些离奇的相似性。当我们知道双生子在不同环境中长大时，我们会想当然地认为环境之间的差异很大，但实际差异并没有我们想象的那么大。实际上，分开抚养的同卵双生子属于同一代人，他们在成长过程中很可能接触到许多相同的物体、活动、教育经验和历史事件。因此，如果同卵双生子受遗传影响而倾向于选择相似的环境加以特别关注，如果他们的“不同”环境给他们提供了相当相似的经历，他们从这些经历中创建了自己的小生态，那么他们在许多习惯、癖好、能力和兴趣上就应该彼此相似。

为什么分开长大的双生子会不同呢？斯卡尔和麦卡特尼（Scarr & McCartney, 1983）认为，这些双生子在一些特征上也应该有差异，因为他们的养育环境很不同，妨碍了他们建立相似的小生态。奥斯卡·斯托尔和杰克·尤菲的例子就很典型。他们在许多方面相像，因为分开抚养的环境允许他们获取一些相同的经验（如运动、数学课、辛辣食品、橡皮筋），从而使基因相同的同卵双生子形成一些相似的习惯、癖好和兴趣。但是，他们难免会在政治意识形态上不同，因为他们的社会政治背景（纳粹统治的欧洲和政治宽松的加勒比）是如此的不同，这妨碍了他们创建使他们成为政治盟友的“小生态”。

行为遗传学的贡献与批评

行为遗传学是一个较新的学科，它对科学工作者看待人类发展的方式产生了强有力的影响。例如，我们现在知道，过去被认为由环境塑造而成的许多属性，其实在某种程度上也受基因的影响。正如斯卡尔和麦卡特尼指出的，我们是“基因引导下的天性和教养团队共同努力”的产物（Scarr & McCartney, 1983, p. 433）。实际上，基因可能通过影响我们的经验，进而影响我们的行为，从而对人的发展施加多种影响。这一观点给我们一个非常重要的启示，先前已查明的很多“环境”对发展的影响，可能在一定程度上反映的其实是基因的作用（Jaffee et al., 2004; Plomin et al., 2001）。

专栏 3.3 当前争论

教养方式要"好"还是只需"一般化"？

对还是错？

在一般家庭里，父母的教育对儿童成长有重要影响。

第 2 章曾讲到，约翰·华生（Watson, 1928）主张父母对孩子要严格，因为他认为父母有权力塑造孩子的未来。桑德拉·斯卡尔（Scarr, 1992）不同意这一观点，她认为，父母没有权力以他们认为合适的方式塑造孩子。然而，在某些方面，斯卡尔的观点和华生的观点一样充满争议。她认为，人类进化的方式使他们能对形形色色的环境做出反应，并且：

1. 在人类物种典型的多样的家庭环境中，儿童表现出正常的、适应性的发展模式。
2. 特殊的育儿方法不会使发展结果产生大变化。
3. 只有那些严重偏离正常范围的家庭环境（如父母暴力、虐待或忽视孩子）才会严重限制发展并导致适应不良的结果。

当然，斯卡尔假设，不同的儿童以略有不同的方式对典型的（或一般的）家庭环境做出反应，这在很大程度上可归因于他们基因的不同。但是斯卡尔也认为，对儿童或青少年发展产生重大影响的是他们所激发的别人（不是父母）对其反应，以及他们为自己创建的小生态，而父母的教养行为对其发展的影响很小，假如这些教养行为"一般化"（也就是说，对人来说属于正常范围即可）。因此，与华生主张的超级育儿法针锋相对，斯卡尔声称，父母只需要提供"人们期望的平均水平的环境"，就能促进孩子的健康发展，同时也履行了自己作为有效监护人的职责。她说：

> 儿童的发展并不取决于父母是否带他们去看球赛，或者去参观博物馆，而是取决于他们的遗传基因、充足的机会，以及一个帮助儿童成长为自己的一般化的环境（Scarr, 1992, p.15）。

你怎么看斯卡尔的这些主张？一些发展心理学者马上就对之提出了批评。比如戴安娜·鲍姆琳德（Baumrind, 1993）指出，正是斯卡尔所说的"一般化"或"差不多"范围内的一些不同教养方式，使儿童和青少年的发展产生了巨大差异。鲍姆琳德自己的研究结果一致地表明："高要求——高回应"的父母教育出来的儿童和青少年在学习成绩和社会调节方面，要强于那些中等要求或中度回应但在各个教养维度均属"正常范围"的父母教育出来的孩子。鲍姆琳德还辩称，儿童是主动的个体，他们在一定程度上塑造了自己的环境，但这绝不意味着父母无力以可能促进（或阻碍）适应性结果的方式影响这些环境。最后，鲍姆琳德担心，告诉父母只要"一般化"会减少他们在促进孩子胜任力方面的投入，如果孩子失败了，他们会更快地免除自己的责任。在她看来，这是很不幸的，因为研究一再证明，那些意识到自己对促进子女适应性发展负有责任的父母，总能教育出有能力、适应良好的子女；而那些投入精力少的父母教育出来的孩子则通常适应性较差。因此，鲍姆琳德得出结论：斯卡尔提出的"一般化"或"差不多"，其实是差得多。

另一些批评者（如 Jackson, 1993）担心，如果决策者接受了斯卡尔的观点，可能对公共政策的制定带来不利影响。具体来说，如果我们认可斯卡尔的"平均水平的可期望的环境"，是所有儿童需要的、接近其受遗传影响发展潜力的这一观点，那么就没

专栏 3.3（续）

有必要去进行干预，以试图优化那些来自正常家庭环境但经济贫困儿童的发展。杰克逊（Jackson, 1993）指出，许多旨在促进非裔（和其他族裔）美国人认知和情绪发展的干预业已取得了显著的成果。如果我们认为这样的干预可有可无，像斯卡尔理论所说的那样，我们就无法再为 25%~30% 的美国儿童（这还不算世界上许多其他国家的儿童；参见 Baumrind, 1993）谋福利了。

很明显，关于父母教养方式之影响的这场争论表明，行为遗传学者（斯卡尔）和环境论者（鲍姆琳德、杰克逊）对发展持有迥然不同的观点。在这一点上，争论还将继续，本书在很多地方会讲到，教养方式对儿童和青少年的发展确实有重要影响，许多发展心理学者建议，父母要努力做到比“一般化”好得多才行。

当然，并不是所有的发展心理研究者都同意基因是“天性和教养”团队的“四分卫”（美式橄榄球的进攻组织者——译注）（Gottlieb, 1996; Greenberg, 2005; Partridge, 2005; 参见专栏 3.3 关于教养行为的讨论）。学生们常常反对斯卡尔和麦卡特尼的理论，因为她们的理论似乎有遗传决定环境的意味。其实这并非该理论的本意。斯卡尔和麦卡特尼是这样说的：

1. 不同基因型的人可能引发他人对自己不同的反应，可能为自己选择了不同的小生态。
2. 但是，人们激发的反应和选择的小生态在很大程度上依赖于他们遇到的特定的人、环境和境况。例如，一个儿童虽然从基因来看有友好和外向的倾向，但如果他和自己隐居的父亲一起生活在阿拉斯加荒野，那么这种素质也无从显现。这个儿童在这种离群索居的环境中可能变成一个相当害羞、保守的人。

总之，基因型和环境相互作用导致了发展变化和发展结果的多样性。不可否认，基因对我们可能经历的环境产生了一些影响。但是，我们所处的环境又限制了源于某个基因型的表现型的出现（Gottlieb, 1991, 1996）。唐纳德·赫布（Hebb, 1980）当初说的“行为百分之百由遗传决定，同时又百分之百由环境决定”，此话并不过分，因为这两者的影响似乎复杂地交织在一起。

尽管这些新观点可能很有趣，但一些批评者声称，行为遗传学取向只是关于发展可能如何展开的描述性概述，而不是对发展的清晰解释。持这种观点的一个原因是，我们对基因如何发挥影响还所知甚少（Partridge, 2005）。基因被编码产生蛋白质和氨基酸，但并不会产生智力或社会性这些属性。虽然我们现在猜测，基因通过影响我们从他人那里引发的或为自己创造的经验而间接地影响行为，但对于基因怎样和为什么驱使我们偏好某种特定刺激或追求某种令自己满意的活动，我们仍然知之甚少（Plomin & Rutter, 1998）。此外，行为遗传学家以广义方式使用“环境”这一术语，很少尝试直接测量环境的影响，或详细说明环境怎样作用于个体，从而影响其行为。或许你也能从中发现这样的问题：批评者认为，行为遗传学并没有解释发展，只是假设我们的基因以未知的方式影响着非具体化的环境，而这些环境在某种程度上塑造了我们的能力、行为和性格（Gottlieb, 1996; Partridge, 2005）。

环境到底怎样作用于儿童和青少年，影响他们的能力、行为和性格呢？什么样的环境影响、在什么年龄特别重要？这是本书后面各章将要回答的问题。回想一下，我们曾简要介绍过一种环境论的观点（第 2 章的社会学习观点），它凭借实验室实验来描述儿童和青少年如何从经验中学习。现在让我们来看一个截然不同的环境论观点，它批评社会学习理论过分强调实验室研究，认为只有研究自然状态下的人，才能理解环境究竟怎样影响发展。

生态系统论：一种现代环境论观点

设想在一次讨论中，一些著名的“环境论者”聚在一起，被问及一个直截了当的问题：“你们所说的环境是指什么？”我们刚刚批评了行为遗传学对这个问题的含糊回答，非常有趣的是，社会学习理论家也好不到哪里去。行为主义者华生和斯金纳把“环境”看作推动人发展的任何或一切外部力量。虽然后来的社会学习理论家，如班杜拉（1986, 1989），摒弃了这种极端的机械论观点，承认环境既影响发展中的个体，也被发展中的个体所影响，但他们对发展赖以发生的环境的描述依然是模糊的。

图片 3.4 尤里·布朗芬布伦纳（1917—2005）在其生态系统论中描述了多层次的环境系统怎样影响儿童和青少年的发展。

相比之下，尤里·布朗芬布伦纳（Bronfenbrenner, 1979, 1989; Bronfenbrenner & Morris, 2006）的**生态系统论**（ecological systems theory）提供了一种令人鼓舞的看待人发展的新视角，它对环境影响做出了迄今为止最为详尽的分析。并且因为它也承认，一个人受生物影响的特征与环境交互作用共同塑造了发展，所以称之为**生物生态理论**（bioecological theory）也许更准确。

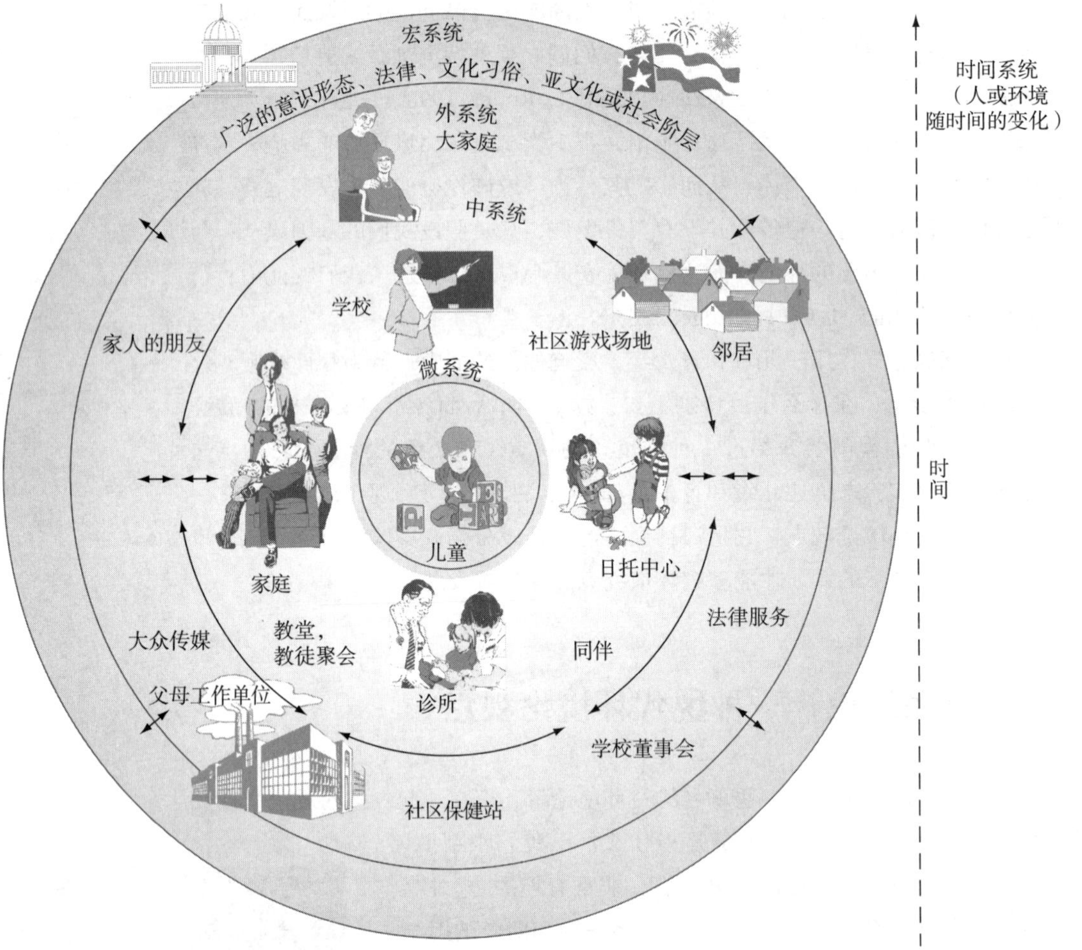

图 3.4 布朗芬布伦纳提出的嵌套式结构的生态环境模型

微系统指儿童与直接环境的关系；中系统指儿童所处的直接环境之间的关系；外系统指儿童不参与其中却对他们产生影响的社会环境；宏系统指影响广泛的文化意识形态。

资料来源：Bronfenbrenner, 1979.

布朗芬布伦纳（Bronfenbrenner, 1979）首先提出，自然环境是发展中的人的主要影响源，这一点常被实验室研究者们低估（或完全忽视），他们选择在高度人为的实验室背景下研究发展。于是，他把“环境”（或自然生态）定义为“像俄罗斯套娃那样、一层套一层的嵌套式结构”。换言之，发展中的个人处于中心，被几层环境系统包围，从家庭这样的直接环境到更远的环境，如更广泛的文化（见图 3.4）。在这些系统中，层与层之间、层与个人之间相互作用，以重要的方式影响着发展。

布朗芬布伦纳提出的发展环境

微系统　布朗芬布伦纳的最内层环境称为**微系统**（microsystem），指在个体的直接环境中发生的活动和互动。对大多数小婴儿来说，微系统仅指家庭。但是，随着儿童进入托儿所、幼儿园、青年团体，以及和街坊邻居中的同伴玩耍，他们的自然环境变得越来越复杂。儿童不仅受小环境中人们的影响，他们自己受生物和社会影响的那些特征，如习惯、气质、生理特征和能力，同样也影响着同伴的行为。例如，一个易怒或困难型气质的婴儿可能会令其父母疏远，甚至造成父母间的摩擦，破坏父母的婚姻（Belsky, Rosenberger, & Crnic, 1995）。微环境中任何两个人之间的互动，都可能受到第三方的影响。例如，父亲显然会影响到母婴关系：母亲若与配偶建立起了亲密的支持关系、婚姻幸福，就倾向于更耐心、更敏感地与孩子互动；而那些婚姻关系紧张、从配偶那里得不到支持，觉得自己只能靠一己之力养育孩子的母亲，则做不到这些（Cox et al., 1989, 1992）。因此就发展而言，微系统是动态的，系统中的每个人既影响他人，也受他人的影响。

中系统　布朗芬布伦纳的第二个环境层次称为**中系统**（mesosystem），指家庭、学校、同伴群体这类微环境系统的联系或相互关系。布朗芬布伦纳认为，发展很可能被微系统间牢固而富有支持性的联系所优化。例如，跟父母建立起安全、和谐关系的孩子，其在儿童期和青少年期通常有较强的社交能力，被同伴接受，享有紧密而支持性的友谊（Gavin & Furman, 1996; Kerns, Klepec, & Cole, 1996; NICHD Early Child Care Research Network, 2006; Shulman, Elicker, & Sroufe, 1994）。儿童在校期间的学习能力，不仅依赖教师的教学质量，而且在某种程度上也依赖父母对这些学习活动的重视，以及与老师的协商与合作（Luster & McAdoo, 1996; Schulting, Malone, & Dodge, 2005）。另一方面，微系统之间的非支持性关系会招致麻烦。例如，同伴群体不重视学习往往会危害青少年的学业，哪怕父母和老师尽了最大努力来鼓励他们学习，也无济于事（Chen et al., 2005; Steinberg, Dornbusch, & Brown, 1992）。

外系统　布朗芬布伦纳的第三个环境层次称为**外系统**（exosystem），是指儿童和青少年并不身处其中却受其影响的环境。例如，父母的工作环境就是一种外环境影响，儿童在家、在学校的情感关系可能受父母工作时间是否规律（Hsueh & Yoshikawa, 2007），以及是否喜欢他们的工作（Greenberger, O'Neal, & Nagel, 1994）的影响。又如，儿童在学校的经历也可能受到外环境的影响，如学校董事会做出的社会整合计划，或社区中一家工厂倒闭造成学校收入减少。

宏系统　布朗芬布伦纳也强调发展发生在一个**宏系统**（macrosystem）中，即所处的文化、亚文化或社会阶层背景，微系统、中系统和外系统都嵌入其中。宏系统是一个影响广泛、包罗万象的意识形态体系，它决定了儿童应该受到怎样的对待，应该教给孩子什么，以及儿童应该追求什么样的目标。当然，这些价值观在不同文化（以及不同亚文化和社会阶层之间）间存在差异，而且可能极大地影响儿童在家庭、社区、学校和其他可能直接或间接影响他们的环境中的经验。例如，家庭中虐待儿童的发生率（微系统的经验）在那些反对体罚孩子、主张以非暴力方式解决人际冲突的文化中就相当低（Belsky, 1993; U.S. Department of State, 2002）。

最后，布朗芬布伦纳的模型中还有一个时间维度，或称**时间系统**（chronosystem），它强调，发生在儿童身上或发展中的任何生态环境的变化，都可能影响发展的方向。例如，青春期出现的认知和生理变化可能增加少年和父母之间的冲突（Paikoff & Brooks-Gunn, 1991; Steinberg, 1996）。环境变化的影响也依赖于另一个时间变量，即儿童的年龄。例如，父母离异对任何年龄的孩子都会造成打击，但年幼的儿童受到的打击更大，他们会感到自己是导致父母离异的原因，而青少年受到的打击则会小些（Hetherington & Clingempeel, 1992）。

生态系统论的贡献与批评

我们在这里简要介绍了生态学观点，并将在全书中探讨其主张。可能你已经看出，它对环境（和环境影响）做出了比学习理论家更丰富的描述。我们每个人都生活在特定的微系统中，这些微系统与中系统相联系，并且嵌入到外系统和宏系统的更大背景中。在人为的实验室环境中研究环境影响，对生态环境论者来说毫无意义。相反，他们认为，只有观察发展中的人与不断变化的自然环境间的相互作用，才能理解人怎样影响环境，又怎样被环境影响。

布朗芬布伦纳通过对环境影响的深入分析，提出了儿童和青少年最优化发展的多种方式。举例来说，假设一位职业母亲在试图与其气质困难型的婴儿建立愉快关系时遇到了困难。在微系统水平上，成功的干预可能是帮助父亲成为一个更敏感的合作者，多承担一些照顾孩子的苦差，鼓励母亲对孩子更敏感、更有耐心（Cowan, Powell, & Cowan, 1998）。在外系统水平上，如果他们的社区在成人教育课程中开设关于教养方式的课，或者如果有父母小组，遇到困难的父母可以在那里表达他们的担忧，互相给予情感支持，互相学习如何引发孩子的愉快反应，这位母亲（和父亲）就能因此得到帮助，进而改善他们与孩子的关系（Lyons-Ruth et al., 1990）。在宏系统水平上，父母能否带薪休假，在家好好处理家务，这方面的社会政策可能是非常重要的干预，它不仅能让双职工父母有更多时间解决带孩子时遇到的困难（Clarke et al., 1997），而且也传达了一种态度，即社会认为家庭问题的解决和儿童的（最终也是社会的）幸福感同样重要（Bronfenbrenner & Neville, 1995）。

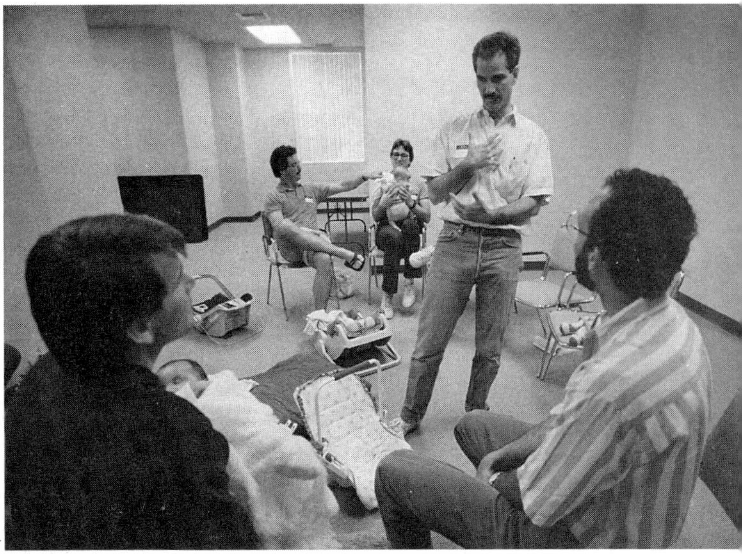

Spencer Grant/Photo Researchers

图片 3.5 父母教养方式课堂是一种“外系统”影响，可以帮助父母与子女建立更和谐的关系。

生态系统论虽然有其优势，但它远没有对人的发展做出完整描述。布朗芬布伦纳把这个理论看作一个生物生态学模型，但它确实并未说出生物性对发展有什么具体影响。发展心理学者得益于生态系统论观点，因为它描述了影响发展中的个体又被个体所影响的自然环境的复杂性，但是要全面理解环境怎样影响人的发展，我们仍然需要了解儿童和青少年是如何加工环境信息，以及又是如何从自己的经验中学习的。因此，生态系统论是对发展领域的一个重要补充，但它只是对其他发展理论的补充，而不能取而代之。

现代认知理论

本节再介绍两个有影响的认知理论，然后我们对人类发展近期理论的回顾也就结束了。要介绍的这两种理论是：维果茨基的社会文化理论，社会信息加工理论。

维果茨基的社会文化理论

图片 3.6 列夫·维果茨基（1896—1934）的社会文化理论把人的发展看作一个由社会中介的过程，该过程因文化而异。

我们在第 2 章回顾了皮亚杰的认知发展理论，该理论认为，儿童发展要经过一个普遍的、不变的认知阶段序列，这些阶段对社会性与人格发展有很多方面的影响。为了从一个新的角度来看皮亚杰的理论，我们来考察一种近年来引起研究者很大兴趣的认知发展观及其影响，即苏联发展心理学家列夫·维果茨基的**社会文化理论**（sociocultural theory）（Vygotsky, 1934/1962, 1930—1935/1978; 亦可参见 Rogoff, 1990, 1998; Wertsch & Tulviste, 1992）。维果茨基是一位活跃在二十世纪二三十年代的学者，当时皮亚杰正在构建自己的理论。维果茨基的思想被冠以"近期的"名头，只是因为它最近才从俄语翻译过来，并在一些重要方面影响了西方的思想。维果茨基在其理论发展完善之前就因肺结核英年早逝，时年才 38 岁。但是，他给我们留下了重要的思想养料，他强调：（1）人类发展发生在一个特定的、影响着发展形式的社会文化背景中；（2）儿童的许多重要人格特征和认知技能都是从其与父母、老师和其他更有能力的同伴的*社会互动*中获得的。

文化在智力发展中的作用 维果茨基（Vygotsky, 1930—1935/1978）主张，婴儿生来就具有一些*基本心理机能*：注意、感觉、知觉和记忆。这些基本心理机能借助于文化最终转变为新的、更复杂的心理过程，他称之为*高级心理机能*。以记忆为例，年幼儿童早期的记忆能力受生物性的局限，只能生成映像和印象。但是，每种文化都会提供给儿童一些**智力适应工具**（tools of intellectual adaptation），使儿童更具适应性地应用其基本心理机能。因此，西方社会的儿童可以通过记笔记学会更有效的记忆；而无文字社会中的儿童则学会了其他记忆方法，如在绳子上打结来表示要记住的东西，或把绳子缠在手指上提醒自己要做的事情。这种*社会传承的*记忆方法和其他文化工具教会儿童如何运用其大脑，即*怎样*思维。由于每种文化也传递特定的观念和价值观，所以文化也教儿童*思考什么*。

总之，维果茨基主张，即使个体在隔绝状态下进行认知加工，它也自然地带有*社会文化性质*，因为它受到文化传递给个体的观念、价值观和智力适应工具的影响。因为这些价值观和智力工具存在很大的文化差异，所以维果茨基认为，智力发展的进程和内容并不像皮亚杰所说的那样，是"普适的"。

早期能力的社会起源 维果茨基同意皮亚杰的一个观点，即年幼儿童是充满好奇心的探索者，他们主动参与学习和发现新规律。但是，他不像皮亚杰那样强调自发探索，而是强调社会对个人发展的影响。

根据维果茨基的观点，儿童做出的很多真正重要的“发现”发生在合作或合作性对话情境中，对话的一方是技能熟练的老师，他给出关于活动的示范和语言指导，另一方是初学者，他先理解老师的指导，然后内化这些信息，以调节自己的行为。

维果茨基认为，**合作学习（或指导学习）**（collaborative [or guided] learning）更容易发生在儿童的**最近发展区**（zone of proximal development）。他用这个术语描述学习者能独立完成的任务与在更有能力伙伴的指导和鼓励下完成的任务之间的差距。为了阐明维果茨基所说的合作学习，我们来看一个例子：一个四岁的男孩渴望学会用塑料球棒击球，但不管他怎么努力，也总是击不中爸爸投来的球。爸爸发现他的眼睛总是不看球而且胳膊离身体太近，于是爸爸知道了，如果没有别人的帮助，儿子成不了下一个贝瑞·邦兹（美国棒球巨星）。那么这位父亲怎样帮助儿子成为一个更好的击球手呢？

促进认知发展和掌握其他能力的社会合作的一个重要特征是**搭建脚手架**（scaffolding），更有能力的专家型伙伴根据新手的当前能力，细心地调整对新手的支持和帮助，让新手能从中受益，增强对问题的理解。因此，当那位爸爸观察到儿子因眼睛未追踪球而打不中球时，他可能先支一个球座，把球固定住。然后他让儿子站在球座前，并给出一些口头指导（如“挥臂”“抬头”“看球”），再鼓励儿子把球击出去。

维果茨基认为，儿童在合作学习中的角色是掌握口头指导言语，并用其来指导自己的活动。因此，当四岁的小男孩练习了几十次击球之后，他的**个人言语**（private speech）中可能就出现了这样的话：“挥臂”或“看球”。等男孩学了这些基础课程以后，爸爸会给他新的、更复杂的言语指导（如“击球时转动髋部”），进一步培养儿子的击球技能。随着男孩继续改进其技术，他会把这些新的指导变成自己的语言（大声说出来或对自己说）。经过若干次这样的对话（或信息交流），男孩就慢慢把这些指导内化，获得了关于怎样击球的清晰的言语表征。这时，他可能已经准备好了用这种个人言语指

图片 3.7 维果茨基认为，如果儿童从更有能力的伙伴那里得到指导和鼓励，他们就能更容易地习得新技能。

导自己去击打运动中的球了。

需要注意的一点是：合作学习是社会学习的一种形式，但是与社会学习理论所强调的学习类型显著不同。它既不依靠可见的强化物塑造出新反应，也不仅仅靠观察来学习（虽然老师对新技能或活动的演示可使其语言指导更直观）。相反，指导学习更多地是一种思维和行动方面的“学徒模式”，初学儿童在父母、教师、哥哥姐姐及技能熟练的同伴指导下，日复一日，“亲自动手”参与诸如做饭、打猎、收庄稼、解题、打棒球等活动，学会大量有文化意义的技能和活动（Rogoff, 1998）。因此，合作学习或指导学习，只能通过师徒间的社会传递才能发生，这种社会传递似乎是非常重要的社会化过程，而这一点好像被社会学习理论者忽略了。

社会文化理论的贡献与批评

维果茨基的社会文化理论为我们看待人的发展提供了一个新视角，他强调了其他理论家所忽视的具体社会化过程的重要性。根据维果茨基的观点，儿童的思维、技能和人格通过以下活动得到发展：（1）与技术熟练的同伴就其最近发展区内的任务进行合作对话；（2）把技术熟练的老师所说的话内化成自己的言语。随着社会对话被转化为个人言语，最终变成**内部言语**（inner speech），文化所偏好的思维方式、问题解决方式或智力适应工具，就会从有能力的老师的语言转化成儿童自己的思维。

皮亚杰强调认知发展的普适性的顺序，并称之为可促进社会性和人格发展的普适性阶段。维果茨基与之不同，他的理论引导我们去设想发展进程中存在的广泛的文化差异。这些差异反映在儿童不同的文化学习经验中，例如，西方文化中的儿童通常独立地解决谜题以及成人提供的其他挑战性智力任务，这些经验为儿童在高度结构化的西方课堂上独立掌握课业作好了准备。相比之下，在澳洲和非洲丛林里的狩猎社会中，儿童从小就被鼓励要合作，掌握复杂的空间推理技能，这使他们能够成功地搜寻和围捕使其赖以生存的猎物。一种文化中的问题解决或认知能力并不一定比另一种文化中的更好或更先进，它们代表着不同的发展形式，使儿童成功地适应本文化的价值观和传统（Rogoff, 1998; Vygotsky, 1978）。

维果茨基对合作学习的强调已使许多人（尤其是对教育感兴趣的发展研究者）重新审视同伴作为社会化媒介的作用。在教育背景下的研究揭示出，与单独学习相比，同伴合作学习能使儿童更快地掌握重要的课程，而且使他们更喜欢所学的知识（Azmitia, 1992; Brown, 1997; Johnson & Johnson, 1989）。此外，从合作学习中收获最多的往往是能力较差的儿童，显然，他们能从技能熟练的同伴提供的指导中获益（Azmitia, 1988; Tudge, 1992）。合作学习不但会给参与者带来学习上的好处，而且我们在第 12 章将要讲到，它还有助于促进种族和谐，提高学习障碍儿童和其他特殊需要儿童的社会地位和自尊。

对维果茨基理论的批评有哪些呢？维果茨基的许多著作现在只是从俄语翻译成了其他语言（Wertsch & Tulviste, 1992），他的理论还没有像皮亚杰理论那样受到集中而详尽的研究。但是，他的一些观点已经受到挑战了。如芭芭拉·罗戈弗（Rogoff, 1990, 1998）认为，维果茨基所强调的那种严重依赖言语指导的学习在某些文化中可能不适用，或者它对某些学习形式的用处较大，而对另一些学习形式的用处较小。在澳大利亚腹地学习捕猎的儿童，或者在东南亚学习种植、照看孩子和收割水稻的儿童，可能更多地从观察和实践中学习，而不是从言语指导和鼓励中受益（见 Rogoff et al., 1993）。其他研究者也发现，同伴合作解决问题并不总是对合作者有利。如果能力较强的合作者对他所知道的事情并不十分自信，或他的指导不适应同伴的理解水平，实际上可能会有损任务成绩（Levin & Druyan, 1993; Tudge, 1992）。维果茨基的理论也许还会引发其他批评，但是他提供了有价值的启发，提示我们认知发展和社会性发展：（1）并不像某些理论家所认为的那样具有“普适性”；（2）只有在文化和社会背景中研究发展，才能更好地理解发展。

社会信息加工理论（或归因理论）

有关社会性与人格发展的最后一个“宏大理论”来自认知理论家、社会心理学家和社会性发展心理学家的贡献，他们关注：（1）人怎样加工社会信息，怎样解释经验；（2）这些解释怎样影响人的社会行为和人格发展。今天，许多发展心理学家称这种观点为**社会信息加工理论（或归因理论）**[social information-processing（or attributional）perspective]。

社会信息加工理论的前提 社会信息加工理论家认为人是主动的社会信息加工者，他们不断对自己和他人的行为做出解释，或者**归因**（causal attributions）。这些“归因”理论家认为，儿童对自己或他人的印象及其社会经验的看法会改变，变得日益深刻和抽象，因为他们逐渐善于推论他人行为的原因。但是，和皮亚杰不同，许多社会信息加工理论家认为，认知发展和社会信息加工的过程是连续的、逐渐进步的过程，而不是分阶段的。

归因过程理论可以追溯到社会心理学家弗里茨·海德（Heider, 1958），他认为，所有人都具有两种强大的动机：（1）对世界形成一致性理解的需要，（2）掌控环境，从而能够“主宰自我命运”的需要。为了满足这些需要，一个人必须能够预测人们在各种情境中会怎样做，并且理解他们为什么这样做。

海德认为，一个人在试图解释那些值得注意的行为时，要么把它归于内部原因（如行为者的特征或倾向），要么归于外部原因（如引发行为的某些情境因素或其他有关方面）。这是一个重要区分，因为我们对自己或他人行为的归因类型会影响我们对该行为的反应。来看下面的例子。

假设一个 10 岁男孩正穿过操场，突然被一个飞碟击中了后脑勺。他环顾四周，发现只有一个同学，而这个同学正在因为刚才发生的事而大笑。这个男孩会对其同学的行为做出哪种归因呢？他可能把这种笑解释为同学故意拿飞碟打他的信号，于是把这位同学的行为归于内部的（或倾向性的）原因，如同学的攻击性。结果，男孩可能会很生气，以绝交或反击的方式做出回应。但如果该同学对他被飞碟击中表示关心，而且还有另一个同学在场并正准备接飞碟，男孩就会认为这次伤害不是故意的，他会将其归于外部（情境性的）原因，如飞碟被风吹偏了方向。做出这种归因后，受害者可能就不会生气，其行为可能完全不同于他认为同学在故意伤害自己而采取的行动。

总之，社会信息加工理论者认为，对于社会行为和人格发展来说，个体经验的意义并不取决于这些经验是什么，而更多地取决于个体对经验的归因。换言之，我们在很大程度上是自身对社会经验进行解释（即社会信息加工）的产物，而不是这些经验的客观特征的产物。当然，这一观点的一种含义是：同样的经验，因为个体做出的归因不同会产生非常不同的影响。

海德和其他早期归因论者（如 Kelly, 1973）都是研究成人归因的社会心理学家，对发展性问题并不感兴趣。但是，一旦查明了成人归因的规律，下一步就要研究儿童对社会行为的解释，寻求确定他们的归因与成人有何不同，以及归因为什么会随着年龄增长而改变。为了给这方面的研究增加一点趣味，我们来简要考察一下儿童是如何意识到人具有稳定倾向性或特质的，这是一个里程碑，对儿童形成对自己和同伴的印象有重要影响。

倾向性特征推理　如果让你描述你自己或一个熟人，你可能说出你或同伴身上的几种心理品质，如友好、正直和聪明之类的**特质**（traits）。有趣的是，八九岁以下的儿童很少对自己和他人做特质归因。为什么呢？早期的观点认为（Secord & Peevers, 1974），如果要用特质术语来描述自己或他人，则儿童必须：

（1）知道人可能是各种行为的原因；（2）知道这些行为一般都是受意图指引的；（3）知道特定的个人在不同时间、不同情境中，以一致的、可预测的方式行事。

有趣的是，即使很年幼的儿童也理解人是因果关系的动因，人往往是为了得到一定的结果而有目的地采取行动。两岁的学步儿经常在自己的语言中表露出他们对因果关系和目的性的认识［如“我打开它（电视），因为我想看它］。此外，让两岁儿童观察一些事情并在两周后进行回忆，他们更多地回忆起有因果关系的事件，而不太能回忆非因果关系的事件（Bauer & Mandler, 1989; Miller & Aloise, 1989）；如果他们能理解榜样行为的目的（意图），则能更好地模仿榜样的行为（Call, Carpenter, & Tomasello, 2005; Carpenter, Call, & Tomasello, 2002）。3 岁儿童已能懂得，人为了达到一个目标而努力，显然是为了成功而不想失败（Shultz & Wells, 1985; Stipek, Recchia, & McClintic, 1992）。实际上，学前儿童最常犯的归因错误是，他们认为他人行为所造成的结果大多是有意的。因此，六七岁以下的儿童，无法对故意行为、意外事故或产生了行为者无法预见后果的其他行为进行区分（Nelson-LeGall, 1985; Schultz & Wells, 1985）。

但是，行为者引发了一个可预见的、有目的的结果这一知识，本身并不足以表明该行为者具有稳定的特质。归因理论家认为，要认识到某人表现出来的是一种特质，观察者必须先：（1）知道行为者做出的行为是发自内心的，而非环境所迫；（2）推断出这种发自内心的意愿具有跨时间、跨情境的稳定性。

对类特质归因的理解 既然学前儿童常常做倾向性归因，认为一个人的行为反映了他的个人动机或意图（内因），那么，他们为什么不用心理建构或特质来描述自己或同伴呢？斯蒂文·罗尔斯和戴安娜·卢布尔（Rholes & Ruble, 1984）的一项研究提供了一种答案。

在罗尔斯和卢布尔的研究中，先让 5~10 岁的儿童听几个故事，故事中人物行为的一致性有所变化。一些人物的行为在不同时间导致了高度一致的结果，另一些人物的行为导致了不一致的结果。早期研究（Kelley, 1973）发现，成人常常凭借**一致性图式**（consistency schema），对那些在不同时间和不同情境表现出一致行为的人做出类特质的归因。下面是一个“高度一致性”故事的例子，它可能会使读者把主人公的行为归因于他的一种特质，即能力强。

> 昨天山姆的投球几乎百发百中。过去，山姆每次投篮几乎总是能命中。

在罗尔斯和卢布尔的研究中，5~10 岁儿童听完一致性（或不一致）的故事后，研究者让儿童对主人公的行为做倾向性归因或情境性归因，并回答一系列问题，以确定他们是否把主人公的倾向性看成其行为结果的稳定的原因。例如，在投篮故事中研究者可能问儿童：“你认为山姆以后投篮能命中多少次？”（时间稳定性），或“山姆还擅长玩多少种其他的投掷游戏？”（情境稳定性）。

罗尔斯和卢布尔发现，如果行为是高度一致的，那么即使五六岁的儿童也能对主人公的当前行为做出倾向性归因。但是当问及一些预测性问题时，不满9岁的儿童似乎不能意识到倾向性具有跨情境的稳定性。因此，认为山姆现在擅长打篮球的5~8岁儿童不能意识到，不管现在还是以后，山姆的感知运动技能都使他在其他同类项目上也做得不错。

总之，年龄小于八九岁的儿童不能用“类特质”的词来描述自己和他人，并不是因为他们不能做倾向性归因（像归因论者最初认为的那样），而是因为他们不能肯定这些倾向性的稳定性。换句话说，年幼儿童与年长儿童对特质的看法不同，他们认为许多特质（尤其是消极特质）会改变，随着年龄增长而变得更积极（Lockart, Chang, & Story, 2002）。如果他们听老师说某个同学“聪明”，可能是因为他在最近的一次考试中得了最高分，他们把这个词看成对该同学的成绩的评价，并不代表其稳定的智力水平高（Alvarez, Ruble & Bolger, 2001; Rholes & Ruble, 1984）。相比之下，类特质词对9岁儿童更有意义，他们能用“聪明”这样的词来简单明了地表达自己的看法，即在一种情况下表现聪明的人，在其他类似情境中也会表现出同样的特质（也很聪明）。当然，对特质含义的理解是人的认知上的一个重大进步，它使我们能够更加自信地预测，那些被认为具有某些特质的同伴在各种社会情境中会如何行事。

社会信息加工理论的贡献与批评

在此我们只是简要介绍了社会信息加工理论的观点。我们还会反复讲到，它的支持者为我们理解社会性发展的以下核心问题做出了重要贡献，譬如：自我概念和自尊的发展（第6章），成就动机的发展（第7章），性别角色社会化（第8章），攻击行为个体差异的基础（第9章），道德行为（第10章），同伴接纳/受欢迎（第13章）。实际上，社会信息加工理论的核心内容是，发展中的个体是主动的信息搜索者，对其产生影响的常常是他们对自身社会经验的解释，而不是这些经验的客观特征。这已被证明是一种重要的理论洞见。

在批评意见方面，社会信息加工理论家尚未明确都有哪些因素导致儿童归因的发展变化。例如，为什么八九岁以下的儿童不理解倾向性特征可能具有跨时间和跨情境的稳定性，因此不能推断出心理特质的存在？社会信息加工理论者的回答是，年幼儿童在鉴别自己和他人行为的原因，以及对行动者的行为进行跨时间、跨情境的比较方面，尚缺乏足够的经验来形成一致性概念和持久的心理特质（Rholes & Ruble, 1984）。但是后来的研究证明，在罗尔斯和卢布尔看来缺乏经验的学前儿童，如果有充分的社会信息去加工，他们就能做出现实而恰当的特质推理。例如，一项实验发现，即使是一些 3 岁和 4 岁的儿童（更多的 5 岁和 6 岁儿童），在看到行为者的 5 个友好行为的例子（而不是一个）之后，也能够更快、更恰当地给行为者贴上“友好”的标签（Boseovski & Lee, 2006）。此外，“社会经验”假设仍然留下了很多有待解答的问题。比如，什么类型的社会经验，以及和什么人在一起，最可能促进类特质归因的发展？社会信息加工理论对此以及其他可能对儿童社会认知发展有重要影响的因素并未做出回答。

此外，对于类特质归因的出现，许多其他解释也可能是对的且相当可信。例如，我们在第 6 章会讲到，受皮亚杰影响的一些学者认为，年幼儿童很少做类特质归因，因为他们的认知尚不成熟；也就是说，他们是高度自我中心的，缺乏角色采择技能，表现出聚中思维，专注于事物当前特征，所有这些都阻碍他们发现行为跨时间、跨情境的规律性和不变性，而它们是作出稳定的类特质归因所需要的。有研究者（如 Eder, 1989）发现，即使 3~5 岁的学前儿童也能意识到熟悉同伴的行为有规律性，但显然他们还不会用恰当的词汇来描述自己观察到的这种初步“特质”。虽然社会信息加工理论是对社会性和人格发展领域的有价值的补充，但是它不能对其所适用的发展现象提供完整解释，因此，我们最好把它看作对其他理论的有益补充，而不是取代其他理论。

理论与世界观

现在我们已经对关于人发展的主要理论做了回顾，我们怎样把它们加以比较呢？一种办法是把这些理论归为几大类，因为每种理论都是建立在更一般的哲学假设或世界观基础之上的。通过考察不同理论所依据的基本假设，我们或许能领会到它们的某些分歧有多深。

早期的发展理论基于两大世界观（Overton, 1984）。第一种是**机械论模型**（mechanistic model），它把人比作机器，认为：（1）人好像一组零件（行为）的集合，这些零件可以被分解，就像机器可以拆成不同的部分；（2）人是被动的，人的变化主要是对外界影响的反应（就像机器靠外部能源来运行）；（3）

随着零件（特定的认知、情绪和行为能力）的增加，人发生逐渐的或连续的变化。相比之下，**有机论模型**（organismic model）把人比作植物和其他生命有机体，认为：（1）人是完整的生命，不能被简单地看成是一组零件；（2）人在发展过程中是主动的，在内部力量（如本能或成熟）的指引下得以发展；（3）人经历不同的（非连续的）阶段而逐渐成熟。

哪些理论家选取了哪种模型？显然，早期的学习理论家，如华生和斯金纳，赞同机械论的世界观，他们把人看作被动地受环境事件塑造的生命，他们用刺激和反应来分析人的行为。班杜拉的社会学习理论主要是机械论的，但是它反映了重要的有机论假设，即人是主动的生物，既影响环境也受环境影响。相比之下，精神分析理论家，如弗洛伊德和埃里克森，以及遵循皮亚杰传统的认知发展理论家，都把有机论模型作为其理论的主要依据：受到周围环境的滋养，人在内部力量的指引下，通过一系列不连续的阶梯或阶段而得以发展，就像种子变成开花结果的植物。习性学和行为遗传学也被归为有机论模型。它们把人描述成主动的、整体的生物，具有引导其发展的生物遗传素质。虽然这两种理论都把发展看成连续而非阶段性的，但习性学家强调，当一种新的适应行为在其敏感期（一个有机论的假设）内出现时，有些发展可能是突然发生的或非连续的。

后来有人提出了另一种更宽泛的世界观：**环境论模型**（contextual model），被许多发展研究者所接受（Lerner, 1996）。环境论模型把发展看作人和环境动态交互作用的产物。人在发展过程中是主动的（符合有机论模型），环境也是主动的（符合机械论模型）。发展可能既有普遍的一面，也有因文化、时代或个人因素而特有的一面。发展既可能是连续的，又可能是非连续的，它可能沿着不同的路径进行，这取决于内部力量（天性）和外界影响（环境）之间复杂的交互作用。

我们所提到的理论中没有一个是与环境论世界观完全吻合的，但有些理论与之比较接近：信息加工理论者把儿童和青少年描述为环境信息输入的主动加工者，他们的信息加工能力受成熟及其所经历的各种社会文化经验的影响（注意，维果茨基的社会文化理论也持相似观点）。虽然他们认为发展基本上是连续而非阶段性的，但许多信息加工理论者承认，特定发展领域内的变化可能是不平衡的，某个方面的智力表现或社会信息加工能力的质变也并非不存在。

布朗芬布伦纳的生态系统论也选择了环境论世界观。他的确做过符合“机械论”的假定：人受到从家庭到社会等各种环境的重要影响，但他敏锐地意识到，儿童和青少年是主动的生命体，随着成熟而变化，他们的行为以及受生物影响的属性影响着周围环境，反过来这些环境也影响着他们的发展。因此，他认为，发展是主动的人与不断变化的“主动的”环境之间的动态交互作用，正是基于此，生态系统论可被划为环境论。

表 3.3 总结了我们所回顾的每个主要理论背后的哲学假设和世界观。对比你在专栏 1.2 中表达的观点和这些理论家的观点，看看你能否清晰地确定自己关于人性和人的发展特征的世界观。

虽然我们粗略地把几种主要的发展理论分为“生物学流派”“环境论流派”和“认知流派”，但我们应该明白，每个理论（除了华生和斯金纳的激进行为主义）都承认，除了自身所强调的因素以外，其他因素也影响着发展。换言之，所有的当代理论家都清楚地意识到，生物因素、认知发展和环境影响复杂的交织在一起，发展的某一方面的变化对其他发展领域都有重要意义。请看下面的例子。

是什么决定一个人是否受同伴欢迎呢？如果你说社会技能很重要，那么你是对的。诸如热情、友好、合作意愿之类的社会技能（这些都受后天环境的重要影响）是受欢迎儿童通常表现出来的特征。然而，我们将在第 13 章看到，一些受遗传影响的属性，如容貌的吸引力和进入青春期的年龄，对社会生活有非常现实的影响。例如，早熟男孩比晚熟男孩拥有更良好的同伴关系。还要注意一点，在学校表现良好的聪明儿童，比智力一般或较低的儿童更受同伴欢迎，后者的表现较少受人称赞。

因此，一个人的受欢迎程度不仅取决于社交技能，而且还依赖于认知能力和身体特征。这个例子说明，发展不是碎片状的，而是**整体性的**（holistic），人是集生物、认知和社会性于一体的生命体，“自我”的每一个组成部分都在一定程度上依赖着其他发展领域正在发生的变化。这种整体观可能是当今人类发展研究中的主旋律，本书其余各章将围绕这一观点来组织。

也许你奇怪，为什么没有人希望你从中选择一个你喜欢的理论并拒绝其他的理论。事实是，每一个理论都强调了发展的不同方面，加之有这样一个共识，即人的发展实质上是一个不可分割的整体，因此，许多发展学家都成为了理论上的**折衷学派**（eclectics）：大家普遍认识到，没有一个宏大的理论能够解释社会性与人格发展的所有方面，每个理论都对儿童与青少年的发展有所贡献。本书其中一条宗旨就是：以一种整体观的方法，将众多理论的贡献整合起来，为发展中的人描绘出一个统一、整体的画像。

表 3.3　8 种主要发展理论的哲学观

理论	主动的人对被动的人	发展的连续性对非连续性	天性对教养	世界观
精神分析理论	主动论：儿童受先天本能驱使，这些本能（在别人帮助下）被引向社会许可的出口。	非连续：强调心理性欲发展阶段（弗洛伊德）或者心理社会发展阶段（埃里克森）。	强调二者：生物力量（本能、成熟）促进心理性欲阶段和心理社会危机的出现；父母的教养行为影响这些阶段的结果。	有机论
学习理论	被动论：儿童被环境所塑造（但班杜拉认为发展中的人也影响环境）。	连续：强调构成人格的习得反应（习惯）的逐渐增加。	教养：环境影响而非生物影响决定发展过程。	机械论
皮亚杰的认知发展理论	主动论：儿童积极建构对自我、他人及其所适应环境的复杂理解。	非连续：强调有本质差异的认知阶段的不变次序。	强调二者：儿童生来需要适应环境；他们在一个能提供许多适应性挑战的环境中发展。	有机论
习性学观点	主动论：人生来具有由生物性决定的行为，它们促进了适应性发展结果。	既连续又不连续：强调适应行为的逐渐增加，但某些适应能力在发展的敏感期内突然出现（或不出现）。	天性：强调生物编程的适应行为，但承认适当的环境（受同伴的先天生物倾向影响）是成功的适应所需要的。	有机论
行为遗传学	主动论：由于受遗传影响的特征的作用，人会引发他人的反应，并为自己选择小生态环境。	连续：基因型和环境持续相互作用，影响着发展。	强调二者：强调天性，但认为基因对发展赖以发生的环境有重要影响。	有机论
生态系统论	强调二者：人主动地影响环境，并受环境影响。	既连续又不连续：强调变化的个体和变化的环境之间的相互作用导致发展的质变。然而，非连续的个人事件或环境事件（如青春期来临、父母离异）也会导致突然的质变。	教养：高度强调环境对发展的影响，但也承认儿童身上那些受生物性影响的属性会影响环境。	环境论
现代认知理论 维果茨基 社会信息加工理论	主动论：儿童主动获取环境信息来回答问题，解释自己或他人行为的原因，习得本文化所看重的属性和思维方式。	连续：强调儿童逐渐习得社会信息加工技能和其他具有文化价值的属性。	教养：能力的发展受个体社会文化经验的重要影响。但一些信息加工论者承认，生物成熟使年长儿童和青少年能更快速地加工信息。	环境论
我的观点（回顾专栏 1.2）	______	______	______	______

本章要点

- 本章探讨了社会性与人格发展领域的几种新近的观点，它们是对第 2 章介绍的三个经典理论的挑战、充实和扩展。

现代进化论

- **习性学**中所表达的进化论观点认为，人天生具有许多适应性特征，它们在**自然选择**过程中不断进化，保证了生存并指引着发展。习性学家认为人受到经验的影响，甚至主张，如果提供有利于发展的环境条件，特定的适应性特征在**敏感期**内最有可能得到发展。现代进化论者探讨了预选择动机，如**利他性**，以及其他不是确保个体存活而是确保基因存续的行为。

行为遗传学：个体差异的生物学基础

- 行为遗传学研究**基因型**和环境如何影响个体**表现型**的变异。我们可以采用选择性育种实验研究动物，但人类行为遗传学家则必须采用家族研究（通常是**双生子设计**或**收养设计**），根据**血亲水平**不同的家庭成员间的异同来估计各种特质的**遗传力**。遗传对许多特质的影响可通过评价**一致率**和**遗传力系数**来估计。行为遗传学家还可查明一种特质的变异量有多少可归因于**非共享环境**的影响，又有多少可归因于**共享环境**的影响。
- 家族研究揭示出人们所继承的基因会影响其智力成绩、**内向性 / 外向性**和**共情式关怀**等人格的核心维度，甚至影响**精神分裂症**、神经性障碍、酗酒、犯罪等变态行为的倾向。但是，这些复杂的特质都不是由遗传“决定”的，它们都深受环境的影响。
- 行为遗传学家试图解释遗传和环境如何共同促进了发展变化。近期的一个模型提出，基因以三种方式影响个体可能经历的环境：**被动性基因型 / 环境相关**、**激发性基因型 / 环境相关**和**主动性基因型 / 环境相关（或创建小生态）**。但是，行为遗传学方法被批评为不完整的理论，它只是描述而并未解释基因或环境如何影响人的能力、行为和特征。

生态系统论：一种现代环境论观点

- 尤里·布朗芬布伦纳的**生态系统论**把发展看作变化的个体与变化的环境交互作用的结果。布朗芬布伦纳认为，发展赖以发生的自然环境实际上包括几个相互作用的背景或系统——**微系统**、**中系统**、**外系统**和**宏系统**，这些系统都受到**时间系统**的影响，即受到个体或其他环境背景跨时间变化的影响。这种对环境与人相互作用的深度阐述促生了许多优化发展的新干预方法。

现代认知理论

- 维果茨基的**社会文化理论**认为，随着儿童掌握本文化中的**智力适应性工具**，他们的思维、技能和人格得以发展。在与技能更熟练的同伴的合作性对话背景下，儿童习得了文化观念、价值观和问题解决策略，因为他们逐渐内化了教师的指导并完成了最近发展区内的任务。当更熟练的同伴恰当地**搭建脚手架**使其指导更易接受时，**合作学习**就会尤为有效。儿童从中受益，并开始独立完成任务。
- 社会信息加工理论家认为，儿童对其社会经验的反应主要依赖于他们对自己及他人行为的因果**归因**。这一重要见解已经得到相关研究的一致支持，它对我们理解许多社会性发展问题都有重要帮助。但是，社会信息加工理论对其所提出的现象并未做出完整解释，因而最好把它看作其他理论观点的有益补充而非替代。

理论与世界观

- 我们可以按理论所依据的世界观来对其进行分类。当逐步认识到人类发展的异常复杂性及**整体性**特征之后，很多发展心理学家都赞同用**环境论模型**取代指导学习理论的**机械论模型**以及阶段论所依据的**有机论模型**。事实上，大多数现代发展心理学家在理论上采取**折衷主义**态度，他们认识到，没有一种理论能对人类的发展做出圆满的解释，每种理论都对我们理解人的发展有重要帮助。

第4章

情绪发展与气质

凯琳和切莉是两个同为 18 个月大的孩子，她们各自拉着妈妈的手，耐心等着进入有圣诞老人的商店。一看到这些还在蹒跚学步的孩子，圣诞老人马上走过去，弯下腰，“呵！呵！呵！”地大声欢迎着，还一本正经地问道：“你们今年乖不乖？”切莉明显受到了惊吓，她很害怕，呜咽着转身去抱妈妈，差点儿摔个跟头。凯琳虽然也是小心翼翼的，但是显得很好奇。她目不转睛地看着圣诞老人，又看了看妈妈，妈妈对她说：“告诉圣诞老人：是的，我很乖，今年圣诞节我想要一个洋娃娃。”凯琳转身走近圣诞老人，允许他把自己抱起来放在膝上。

显而易见，这两个学步儿在面对这个穿着红外套、说话大声、长着大胡子的陌生人时，有着截然不同的情绪反应。切莉显然很不安，向妈妈寻求安慰；而凯琳虽然害怕却更好奇，她先看着妈妈，寻求说明和指导，然后就开始自己探索这一情境。为什么两个孩子对同样的新奇体验有如此不同的反应呢？

在本章，我们将通过回顾儿童情绪发展的文献来探讨这一问题。首先，我们会介绍儿童的情绪体验和表达随年龄增长而发生的变化，以及他们识别和解释他人情绪能力的增强。之后，我们来看儿童怎样开始调节和控制自己的情绪，对儿童来说这是一项意义重大的成就，因为这使他们能够更有效地和他人交往，达成其他各种个人目标。

当然，并不是每个人都表现出相同的情绪发展模式，有多个孩子的父母通常会觉得，他们的每个孩子从一出生就对日常事物有不同的情绪反应。在过去 40 年中，社会性发展学者认识到，这些父母的看法是非常正确的：婴儿在情绪和行为反应方式上，或者说气质上，的确存在差异。当我们探索儿童表现出的气质差异，以及影响气质的遗传和环境因素时，我们就会理解为什么有助于解释儿童对新异刺激和日常事物做出如此不同反应的早期气质属性，会被许多发展心理学家视为成人人格的重要基石。

情绪和情绪发展概述

在我们开始探讨发展中个体的情绪活动之前，我们首先要问：“什么是情绪？”对于这个问题，我的学生的典型回答是“我们对自己经验的感受”或“我们所有人表现出的积极和消极心情模式”。发展心理学家不会不同意这些定义，但会补充说，情绪比“感受”更丰富。他们认为**情绪**（emotions）包括以下几种成分：

1. 感受（通常具有积极或消极特征）
2. 相关的生理反应，包括心率的变化、皮肤电反应（即汗腺活动）、脑电波，等等。
3. 认识：引发或伴随感受和生理变化的认知活动。
4. 目标，或采取以下行动的愿望：趋利避害，影响他人的行为，沟通需求或愿望等。

举一个简单例子来说明情绪的上述四个成分。想象一下，一个男孩看到他三岁生日收到的礼物新卡车时那种神采飞扬的样子。他的这种积极感受伴随着心率加快和可能的认知活动——“我得到了我想要的东西”，并且这些“快乐”的伴随物驱动他马上去接近那个玩具（也许向满足他愿望的人表达感谢）。

情绪和情绪发展的两种理论

很多理论家对情绪发展及其适应意义做过论述，其中有两种理论在今天的影响最大。第一种取向是**单一情绪理论**（discrete emotions theory，也译作**分化情绪理论**），这一理论具有深厚的进化论背景，可以追溯到 1872 年查理·达尔文提出的主张，即人类的大多数基本情绪均是那些有某种适应价值的进化历史的产物（见 Darwin, 1965）。例如，婴儿在尝到苦味溶液时表现的厌恶，可能是一种使其排斥或呕吐不喜欢食物的先天反射，这种反射能确保婴儿远离受污染的食物；新生儿在饥饿或不舒服时的啼哭，会将其不适、需要照料的信息传达给照护者，这样就能促进婴儿的幸福感（Saarni, Mumme, & Campos, 1998）。和达尔文一样，当代单一情绪理论的支持者（如 Eckman, 2003; Izard et al., 2000）依然认为，人的许多基本情绪是进化史的产物。每种“单一”的情绪（例如，悲伤与愤怒）都伴随着一系列特定的表情（和身体）反应，并且在生命早期就有明显表现（见图 4.1）。

相比之下，对情绪发展持**机能主义观**（functionalist perspective）的理论家认为，新生儿和小婴儿不能表现出单一情绪；他们的情绪活动主要是由综合的积极（兴奋）或消极（悲伤）体验组成的（Campos, Mumme, et al., 1994; Sroufe, 1995）。机能主义理论家还提出，情绪最基本的目的是影响行为和推动实现目标的行动（Campos, Mumme, et al., 1994; Witherington, Campos, & Hertenstein, 2001），他们还强调环境对情绪发展的影响。所以当一个新生儿的胳膊被束缚或接受注射时，她可能会因为体验到的挫折和疼痛而非常痛苦。但是在与他人交往（即社交经验）2~3 个月后，婴儿才能理解是别人造成了自己

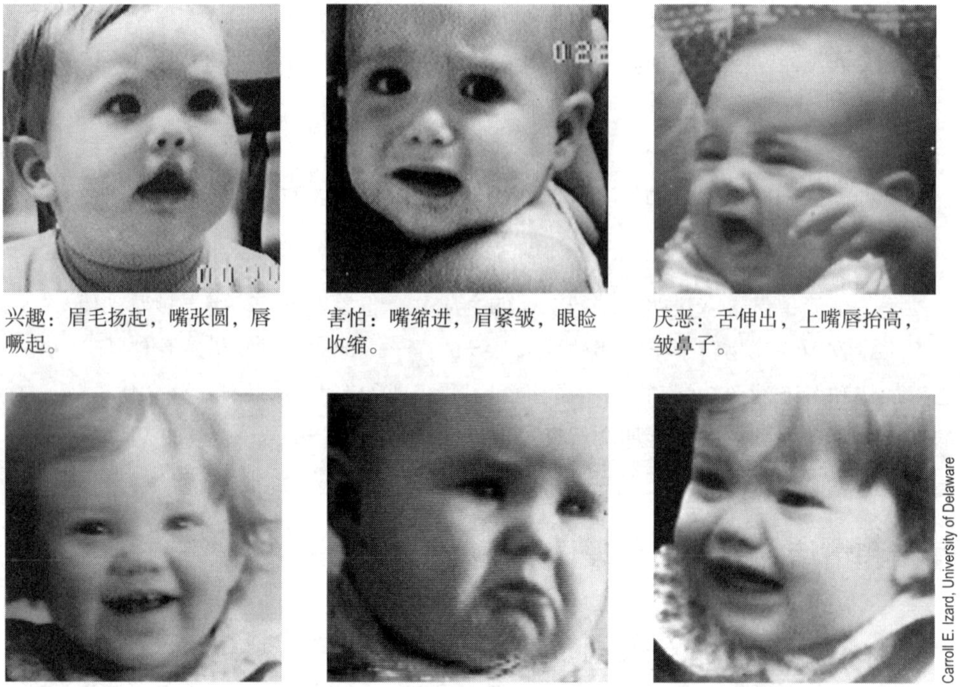

兴趣：眉毛扬起，嘴张圆，唇噘起。

害怕：嘴缩进，眉紧皱，眼睑收缩。

厌恶：舌伸出，上嘴唇抬高，皱鼻子。

快乐：眼睛发亮，脸颊鼓起，嘴呈笑状。

悲伤：嘴角下撇，双眉中间部分抬起。

愤怒：嘴呈方形张开，双眉向中间紧皱并向下，两眼瞪着前方。

Carroll E. Izard, University of Delaware

图 4.1　婴儿的各种表情

的痛苦。此时她可能会看着或者转向那个人，通过脸色通红、身体扭动、踢打或者采取其他行动来表达自己的愤怒（而不是痛苦），以消除引发疼痛或不舒服的原因，或者引发别人的安抚。如能成功，她的这种愤怒表达就确实是“机能性”的（Saarni, Mumme, & Campos, 1998）。

机能主义理论家还强调，对环境的成功适应常常需要儿童控制其情绪，而不是自由表达情绪。虽然采取一些直接的、强有力的行动可能是两岁儿童应对惹恼自己的玩伴的权宜之计，但无论成人还是其他儿童都不可能长时间容忍无节制的愤怒的自由表达，持续表现出这种行为的儿童可能会落得独处一隅、无人搭理的局面。确实，儿童情绪发展的一个至关重要的方面是学会调节情绪，以维持社交和谐或达到其他重要目标。正如我们将看到的，当儿童逐渐懂得在各种情况下某种情绪表达能否被接受（或不接受），则随着年龄的增长，其情绪的表达也就确实变得越来越社会适宜。

现在，让我们通过考察单一情绪在婴儿期和学步期的发展顺序来探索儿童情绪的发展。

单一情绪的出现和发展

我通常会用理论家们争论不休的问题来开始关于情绪发展的讨论，这些问题是：婴儿有情感吗？他们能像年长儿童或成年人那样，表现出快乐、悲伤、害怕、愤怒等情绪吗？大多数刚做父母的人都认为答案是肯定的。在一项研究中，超过半数的 1 个月大婴儿的母亲说，她们的孩子表现出了至少 5 种不同的情绪：兴趣、惊奇、喜悦、愤怒和害怕（Johnson et al., 1982）。这些资料似乎与单一情绪理论的看法非常一致，也就是人类的许多基本情绪是与生俱来的。但是，批评者们会说，这只不过是自豪的妈妈从她们孩子的脸上看出了太多东西罢了。我们怎么能知道婴儿是否可以体验到特定的情绪呢？

特拉华大学的卡罗尔·伊扎德等人使用录像记录婴儿对某些事件的反应，如手抓冰块、玩具被拿走、与母亲分离一段时间后看到母亲回来等，以此来研究婴儿的情绪表达（Izard, 1982, 1993）。伊扎德安排一些不知道婴儿所经历事件的评估者，请他们根据婴儿的表情判断婴儿体验到何种情绪。这些研究发现，观察同一种表情的不同评估者一致地从婴儿表情中判断出了同一种情绪（回顾图 4.1）。此外，婴儿以可预测的方式对特定类型的经验做出反应。例如，柔和声音和新异视觉呈现可能引发婴儿的微笑或兴趣，而注射或其他疼痛刺激会引发小婴儿的痛苦和较大婴儿的愤怒（Izard, Hembree, & Huebner, 1987）。婴儿还能用声音表达情绪。例如，2 个月大的婴儿在舒适时往往会发出咕咕声，在对某些东西感兴趣或高兴时会因为兴奋而"突然出声"，父母认为这些是积极情绪的信号，他们会通过与婴儿说话或游戏，试图延续婴儿的积极情绪（Keller & Scholmerich, 1987）。

有趣的是，成人通常能根据表情判断婴儿体验的是何种积极情绪（如感兴趣还是喜悦），但是，却很难仅凭表情来判断特定的消极情绪（如害怕还是愤怒）（Izard et al., 1995; Matias & Cohn, 1993）。尽管如此，多数研究者认同，婴儿通过表情和声音传达各种感受，且随着年龄的增长，每种表情逐渐成为每一特定情绪更加可识别的标志（Camras et al., 1992; Izard et al., 1995）。

1 岁前单一情绪的出现顺序

在生命的第一年里，各种情绪出现的时间不同。婴儿一出生就能表现出感兴趣、痛苦、厌恶和满足（以早期微笑为标志）等表情，而愤怒、悲伤、喜悦、惊奇和害怕等**初级（或基本）情绪**（primary [or basic] emotions）则在 2~7

个月出现（Izard et al., 1995）。这些所谓的初级情绪可能具有牢固的生物学基础，因为它们在所有正常儿童中出现的年龄大致相同，并且在所有文化中都有相同的表现和解释（Camras et al., 1992; Izard, 1993）。但是，婴儿需要进行一些学习（或认知发展），才能够表达出刚出生时没有的那些情绪。实际上，最能诱发 2~8 个月大婴儿惊喜和快乐的事情之一是：他们发现自己能够控制某些事物。这些习得性期望如果未实现（例如当某人或某事物阻碍他们实施控制的时候），2~4 个月的婴儿可能会愤怒，4~6 个月的婴儿可能会悲伤（Lewis, Alessandri, & Sullivan, 1990; Sullivan, Lewis, & Alessandri, 1992）。

当然，任何一种初级情绪从最初出现之后，其表现形式和机能都会随着时间的推移发生很大变化。我们先从一种积极情绪“高兴”来讨论这些变化，之后再探讨愤怒、悲伤和害怕等消极情绪的发展。

积极情绪的发展：高兴

如前所述，婴儿高兴（或满意）的最初信号是尚未发展的早期微笑，只是对吃饱或对照护者可能提供的轻摇、轻拍和高声调这类抚慰刺激的反应。事实上，这种微笑经常发生在婴儿睡着的时候，被认为是由生理状态变化（紧张缓解）带来的反射反应，而非由社交刺激或互动所引发（Sroufe & Waters, 1976）。

大约第 2 个月末，婴儿开始出现**社交性微笑**（social smiles），这在与照护者的互动中最为常见。照护者可能因婴儿对他们的积极情绪而开心，用微笑回应婴儿，并继续做出让婴儿感到高兴的事情（Lavelli & Fogel, 2005; Malatesta & Haviland, 1982）。3 个月时，与其他吸引他们的有趣、生动的玩偶相比，婴儿更可能对一个真人微笑（Ellsworth, Muir, & Hains, 1993; 见图 4.2）。3~6 个月大的婴儿在看着微笑的照护者或与之愉悦地互动时，会越来越多地

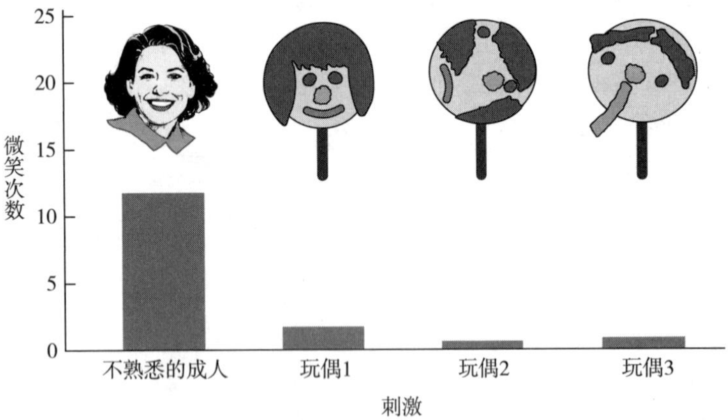

图 4.2 三个月的婴儿对一个不熟悉的成人和三个与人脸相似程度不同的手指玩偶的微笑

婴儿看上述四个对象的时间相同，但对真人微笑的次数明显更多。

资料来源：Ellsworth, Muir, & Hains, 1993.

表现出脸颊上扬、舒展的（即大大的）微笑，这被一些研究者视为婴儿开始与一个陪伴者分享积极情感的标志（Legerstee & Varghese, 2001; Messinger, Fogel, & Dickson, 2001）。

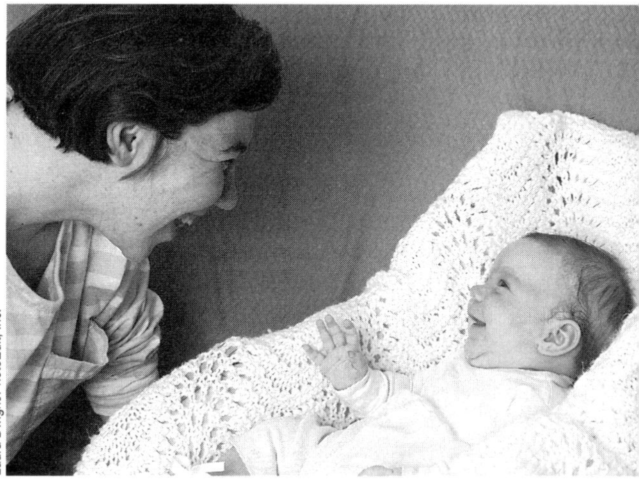

图片 4.1 很少有信号能像婴儿的社交微笑那样吸引成人的注意。

微笑随着年龄的增长而变得越来越具"社交性"，但即使很小的婴儿，都可能在他们操控玩具或其他无生命物品时表现出微笑和（后来的）大笑。在一项研究中，给2个月大的婴儿的手臂拴一根线，实验组的婴儿只要移动手臂就会响起音乐，而"控制组"的婴儿在与手臂移动无关的时间段听到同样的音乐。研究结果令人惊讶：相比控制组的婴儿，那些手臂运动能引发音乐的婴儿在音乐响起时笑得更多（Lewis, Alessandri, & Sullivan, 1990）。使实验组婴儿如此高兴的原因并不是悦耳音乐的出现，而是因为他们能让音乐出现。

到6~7个月的时候，婴儿会对熟悉的陪伴者表露开心的微笑，对遇到的陌生人则通常表现出警觉而不是高兴。在这点上，婴儿经常会使用微笑和其他积极情绪信号作为社交姿态，与熟悉的陪伴者分享快乐，或延长积极的社交互动（Fogel et al., 2006; Saarni, Mumme, & Campos, 1998）。

消极情绪的发展

尽管新生儿就能对饥饿、疼痛和其他各种不适刺激表现出一般化的痛苦，但某些特定的消极情绪在前6个月里先后出现。面红耳赤的愤怒（与一般的痛苦不同）有时会在2个月的婴儿打针、不能掌控玩具和遭遇其他事情时表现出来，这些愤怒反应在6个月之前会日益强烈（Izard et al., 1995; Lewis, Alessandri, & Sullivan, 1990; Sullivan & Lewis, 2003; Sullivan, Lewis, & Alessandri, 1992）。

悲伤有相似的发展轨迹，2~6个月的婴儿在某些引发愤怒反应的情境中（例如接受痛苦的治疗或失去控制感，见 Izard et al., 1995; Lewis, Alessandri, & Sullivan, 1990）会显得很悲痛。不能得到照护者的积极回应是一种很容易引发婴儿悲伤的情境。在一项研究中，让母亲在与婴儿互动时保持一种平静、不愉快的表情。结果，婴儿会因为母亲“平静的脸”而悲伤（偶尔会愤怒）（Tronick et al., 1978; see also Lewis & Ramsey, 2005）。同样，慢性抑郁症患者养育的 2~3 个月大的婴儿经常表现出悲伤；实际上，这些婴儿似乎在配合其照护者的抑郁症状，随着时间的推移，他们变得越来越闷闷不乐且社交反应迟钝（Campbell, Cohn, & Myers, 1995; Field, 1995）。

为什么愤怒和悲伤的表情会随年龄的增长而增加？学习和认知发展可能在其中起重要作用。随着小婴儿逐渐认识到自己能控制周围环境中的物和人，他们就开始对失去控制或妨碍他们实现目标的人表现出消极反应（Sullivan & Lewis, 2003）。例如，起初能够通过挥动手臂使音乐响起的 2~6 个月大的婴儿，后来当他们挥动手臂不能再使音乐响起时，他们会变得愤怒（有时会伤心）（Lewis, Alessandri, & Sullivan, 1990; Sullivan, Lewis, & Alessandri, 1992）。到了 3~4 个月，婴儿期望照护者能对自己发出的社交请求做出回应（Van Egeren, Barratt, & Roach, 2001），如果回应违背了他们习得的经验，比如母亲表现出的是一张“平静的脸”或严重抑郁，这不仅足以使婴儿痛苦，而且会让他们非常难过。值得注意的是，到 4 个月大的时候（可能更小），生气和悲伤显然是单一情绪，它们传达不同的信息，而且有不同的生理心理结果。例如，当婴儿挥动手臂不能响起音乐，他们会表现出愤怒，这时往往会带来更用力挥动手臂的动作，但几乎没有肾上腺皮质活动的迹象（应激的生理指标）。这些愤怒的婴儿试图通过重新恢复控制而使行为更具适应性。相比之下，因失控变得悲伤的婴儿则活力减弱，他们从根本上“放弃了”，而且他们的悲伤伴有肾上腺皮质应激指标的增强（Lewis & Ramsey, 2005）。

恐惧和恐惧反应　恐惧是最晚出现的一种初级情绪（Witherington, Campos, & Hertenstein, 2001）。小婴儿偶尔会因大声、突发的噪声或身体位置的突然改变而受到惊吓，但是到 6~7 个月大时，表明婴儿明确意识到某人某物或某情境对自己有威胁（因此会恐惧）的反应才出现。

大部分 7~8 个月大的婴儿表现出两种特定的恐惧。第一种恐惧：想象 8 个月的比利坐在一个安静房间的地板上，这时妈妈带一个陌生人走进来。陌生人突然来到他旁边，弯下腰说：“喂，比利！你好吗？”如果比利和许多 8 个月大的婴儿一样的话，他会盯着陌生人看一会儿，然后转身哭着爬向妈妈。

对陌生人的这种警觉反应或**陌生人焦虑**（stranger anxiety），恰与一个熟人接近时婴儿的那种微笑、咿呀语以及其他积极的问候形成鲜明对比。在婴儿形成最初的情感依恋之前，大多数婴儿对陌生人的反应是积极的，然后不久就会变得焦虑起来（Schaffer & Emerson, 1964）。对陌生人的警觉反应（常常混杂着感兴趣的迹象）在 8~10 个月大时达到顶峰，在 1~2 岁期间反应强度逐渐降低（Sroufe, 1977）。然而，一个 8~10 个月大的婴儿可能不会对他看到的每一张陌生面孔都感到害怕，也可能会对陌生人做出相当积极的反应。专栏 4.1 介绍了最可能引发陌生人焦虑的情境，医务人员和儿童保育人员或许可以运用这些知识来避免儿童在其工作场所感到害怕。

许多已经建立起情感依恋的婴儿，在与母亲或其他依恋对象分离时，仍会表现出明显的不适。举例来说，10 个月大的托尼看见妈妈穿上外套、拿起提包打算出门购物时很可能会哭起来，15 个月的多莉丝甚至会跟着妈妈走到门口，呜咽着求她别离开。这些反应都体现了儿童的**分离焦虑**（separation anxiety）。分离焦虑一般出现在 6~8 个月，在 14~18 个月时达到顶峰，在婴幼儿期，分离焦虑的频率和强度逐渐降低（Kagan, Kearsley, & Zelazo, 1978; Weinraub & Lewis, 1977）。但是，若与亲人长时间分离，小学生甚至青少年也会有焦虑或悲伤表现（Thurber, 1995）。

为什么婴儿会害怕陌生人，害怕与主要照护者及其他亲密的陪伴者分离呢？为什么这些担忧会在 6~8 个月时出现？许多学者对此进行了推测，其中两种观点已得到一些实证支持。进化理论家（如 Bowlby, 1973）认为，婴儿面对的许多情境具有危险的自然线索，这些情境在人类进化史中曾经频繁地预示着危险，因而使恐惧和回避成为生物编程行为。婴儿一旦能轻易地从熟悉的物体和事件中区分出不熟悉的事物，则就有一些情境会使他们自动产生恐惧，比如：陌生面孔（古代可能是食肉动物）、陌生环境，以及与熟悉的陪伴者分离的那种"陌生"场景。与这一进化论观点相一致，相比在家里，婴儿在陌生的实验室情境中，会对分离和陌生人表现出更多的恐惧反应；很可能实验室的陌生感使得婴儿的担忧会比平时遇到陌生人和分离变得更强。进化论观点还能解释分离焦虑的一个有趣的跨文化差异。在许多非工业化国家，婴儿与母亲一起睡并始终保持着亲密接触，这些婴儿开始抗拒分离的时间，则会比西方国家的儿童早 2~3 个月（Ainsworth, 1967）。为什么？因为这些婴儿极少与照护者分离，所以，几乎任何的分离都会成为一个非常陌生且引发恐惧的事件。

认知发展理论家则把陌生人焦虑和分离焦虑视为婴儿知觉与认知发展的自然结果。杰罗姆·凯根（Kagan, 1972, 1976）认为，6~10 个月大的婴儿已经完全形成了下列稳定图式：（1）熟悉的陪伴者的面孔；（2）这些陪伴者在家里可能的位置（如果他们现在不在眼前）。如果有与婴儿的照护者图式不同的陌生人面孔突然出现，则会使婴儿感到不安，因为他们不能解释这个人是谁，或者熟悉的照护者去了哪里。凯根还提出，7~10 个月大的婴儿在家里不会特别抗拒分离，因为他们知道照护者离开后去了哪里，应该是把自己留在客厅，然

专栏 4.1 发展研究的应用

克服陌生人焦虑：对儿童医护和保育人员的有益提示

学步儿一进医生诊室就哭，紧紧抱住父母不放手，这很常见。那些记得之前来诊所经历的孩子，可能承受的是“打针焦虑”，而不是陌生人焦虑。但是，许多孩子只是害怕一个可能会用扎、刺或非正常的、令人不安的方式处置他们的医生靠近他们。幸好，照护者和医务人员（或其他陌生人）可以采取一些办法来降低婴儿或学步儿在这类情境中的恐惧。建议如下：

1. **有熟人陪在身边。**当与母亲或其他陪伴者分开时，婴儿对陌生人的反应会更消极。事实上，如果坐在母亲膝上，多数 6~12 个月大的孩子就不会特别警惕陌生人的接近；但是，如果婴儿坐在离母亲有几尺远的地方，当看到陌生人接近时，他们就会呜咽或哭起来（Morgan & Ricciuti, 1969; Bohiln & Hagekull, 1993）。如果小患者们不必与照护者分离，那么医护人员就可以期待得到他们更积极的反应。

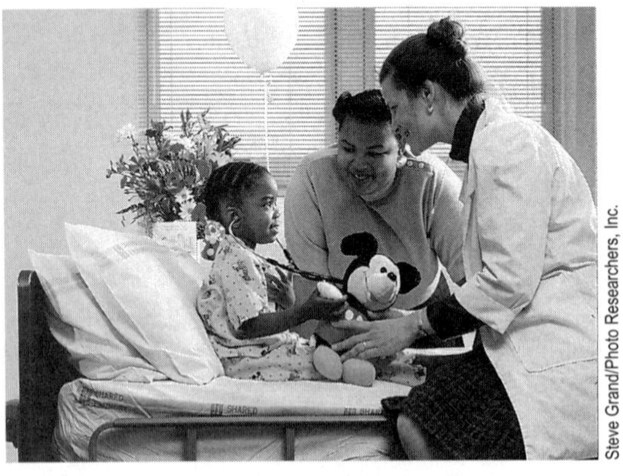

多数学步儿会喜欢一个送给自己玩具的友好的陌生人，即使对方是一位医生。

2. **让陪伴者对陌生人做出积极反应。**如果照护者热情地问候陌生人，或者用积极的声调与婴儿谈论陌生人，婴儿的陌生人焦虑就不太可能出现（Feinman, 1992）。这些行为使得婴儿通过**社交参照**而知道：既然妈妈和爸爸很喜欢他，那么这个陌生人可能就没有什么可怕的。在把注意力转到孩子身上之前，医务人员可以和照护者先进行一段愉快的交谈，这样做很有好处。
3. **使周围环境更“熟悉”。**熟悉的情境比陌生情境更不容易引发陌生人焦虑。例如，很少有 10 个月大的婴儿会在家里表现出对陌生人异常的警惕，但是面对陌生实验室中的陌生人，他们的反应就特别消极（Sroufe, Waters, & Matas, 1974）。让现在的医生到家里出诊不太现实，但是医生可以把其中一个诊室布置得像小孩子的家，可以在墙角放一辆漂亮的小汽车，在墙上贴卡通画，或者放一两个毛绒玩具给孩子玩。让婴儿熟悉陌生情境也很重要：如果婴儿进入陌生房间后不到一分钟陌生人就出现，绝大多数（90%）10 个月的婴儿都会表现出不安，但是，如果留有 10 分钟时间来熟悉环境的话，则只有一半的孩子会对陌生人的到来产生消极反应（Sroufe, Waters, & Matas, 1974）。给医生的建议是：留出几分钟时间，先让婴儿或学步儿熟悉诊室，之后医疗人员再进入，这样儿童见到医生就不会那么紧张了。
4. **做一个敏感、不唐突的陌生人。**毋庸置疑，婴儿对陌生人的反应取决于陌生人的行为（Sroufe, 1977）。如果陌生人先与婴儿保持一定距离，然后一边微笑着、说着话，递给婴儿一个熟悉的玩具或提议一起玩一个熟悉的游戏，一边慢慢接近婴儿，则情况就会好得多（Bretherton,

专栏 4.1（续）

Stolberg, & Kreye, 1981; Sroufe, 1977）。如果陌生人像敏感的照护者那样，耐心地从婴儿身上发现线索，也会有所帮助（Mangelsdorf, 1992）。宝宝喜欢他们能够控制的陌生人！介入的陌生人如果快速地接近孩子，并把自己强加于他们（例如，婴儿还没适应就试图抱他们），可能没有什么好结果。

5. **尽量让儿童觉得自己不那么陌生**。陌生人焦虑在一定程度上取决于陌生人的外貌。杰罗姆·凯根（Kagan, 1972）认为，婴儿对日常生活中所遇到的面孔形成了心理表征或图式，他们最可能害怕那些外表与现有图式不相似的人。所以，穿着白大褂、脖子上挂着听诊器的医生，或者戴着尖帽子看上去像女巫的护士，都会让婴儿和学步儿特别警觉！许多儿科医生可能无法改变让婴儿警觉的一些身体特征（例如大鼻子或者面部疤痕），但是他们可以把那些令婴儿感到害怕的医疗器具藏起来，把白大褂换成"正常"服装，这样有助于小患者把他们看作普通人。如果与小孩子建立融洽的关系是需要优先考虑的事项，那么，那些发型奇特或戴有鼻环的保姆同样需要留意这条建议。

后去了一个熟悉的场所，比如厨房。但是，一旦照护者拎起包走出前门，破坏了这个"在熟悉地方的熟悉面孔"的图式，婴儿就无法轻易理解照护者的去向，他们就可能哭泣。与这一观点一致，研究者在家中观察婴儿时发现，在照护者走向不熟悉的门（如地窖门）而不是熟悉的门时，婴儿更可能表示抗议（Littenberg, Tulkin, & Kagan, 1971）；分离期间能安静玩耍的 9 个月大的婴儿，在寻找母亲并发现母亲不在他们所想的位置时，马上会变得非常不安（Corter, Zucker, & Galligan, 1980）。

总之，陌生人焦虑和分离焦虑是复杂的情绪反应，它们部分源于婴儿一般的陌生事物恐惧（进化论观点），源于他们不能对陌生人是谁以及熟悉的陪伴者发生了什么做出解释（认知发展观点）。需要指出的是，婴儿对分离和陌生人情境的反应有很大的个体差异：有的婴儿对这两种情况几乎漠不关心，而有的婴儿则感到非常恐惧。为什么差异如此巨大？我们将在本章和第 5 章讲到，发展研究者认为，恐惧的个体差异，常常反映的是气质以及婴儿依恋关系质量或安全感上的差异。

自我意识情绪的发展

从第 2 年末直到第 3 年，婴儿开始表现出尴尬、害羞、内疚、妒嫉和自豪

图片 4.2 在违规或失败时，三岁儿童能评价自己的行为，并可以体验到自我评价的情绪，如羞愧。

这样的**次级情绪**（secondary emotions）或**复杂情绪**（complex emotions）。这些情绪反应常常被称为**自我意识情绪**（self-conscious emotions），因为每一种情绪都损害或增强自我意识。迈克尔·刘易斯（Lewis, 1998）认为，只有当儿童能从镜子里或照片中认出自己时，尴尬——这种最简单的自我意识情绪才会出现（这是我们在第 1 章中提到的自我参照发展的一个重要里程碑，将在第 6 章讨论），而羞愧、内疚和自豪这样的自我评价情绪，既需要自我认识，也需要理解评价自己行为的规则和标准。

已有证据中大多数与刘易斯的观点相一致。例如，那些被过度夸赞或被要求在陌生人面前“卖弄”而感到非常尴尬的学步儿，往往具有清晰的自我认识（Lewis, Stanger, & Sulliven, 1989）。3 岁左右，当儿童能较好地用好与不好评价自己的表现时，他们才会在成功地完成一项困难任务后表现出明显的自豪（微笑、喝彩，或者大喊“我做到了”）；而在没能完成一个简单任务时则会感到羞愧（颓然地向下看，还常常嘟囔着“我不擅长这个”）（Lewis, Alessandri, & Sullivan, 1992; Stipek, Recchia, & McClintic, 1992）。幼儿在规定时间内未能完成任务或达到标准时，可能表现出一种评价性尴尬，表现为紧张的笑、自我碰触或目光转移等（Alessandri & Lewis, 1996）。评价性尴尬来自对个人表现的消极评价，这种尴尬带来的压力比被别人注意而引起的“简单”尴尬大得多（Lewis & Ramsay, 2002）。评价性尴尬仅仅是一种程度较轻的羞愧吗？也许吧，然而刘易斯和拉姆塞（Lewis & Ramsay, 2002）报告说，感受到评价性尴尬的幼儿并不像羞愧的孩子那样眼睛向下、嘴角下撇；事实上，在研究中没能成功应对挑战的 4 岁儿童，要么表现出评价性尴尬，要么表现出羞愧，但是二者不会同时出现，这说明二者是不同的情绪。

有研究者对羞愧（shame）和内疚（guilt）进行了明确区分。内疚意味着一个人未能在某些方面对别人尽到义务；感到内疚的儿童可能会关心自己的错误所造成的人际后果，并且想尽力接近他人，弥补自己的过错（Higgins, 1987; M. L. Hoffman, 2000）。相反，羞愧更多的是关注自己而非他人。不管是因为违反道德、个人失败还是社交失误，羞愧会使儿童（消极地）关注自己，并且可能会促使他们躲起来，回避他人（Tangney & Dearing, 2002）。

父母对自我意识情绪的影响 父母能明显地影响儿童对特定自我意识情绪的易感性。例如，亚历山德里和刘易斯（Alessandri & Lewis, 1996）观察了母亲对 4~5 岁孩子在拼图游戏中的成功或失败的反应。不出所料，儿童一般会因成功而自豪，因失败而羞愧。然而，他们表现出自豪或羞愧的程度，在很大程度上取决于母亲对结果的反应。那些看重消极方面的母亲会对孩子的失败提出批评，这类母亲的子女常常在失败后产生较严重的羞愧，而在成功后表现出较低水平的自豪。反之，那些更倾向于对孩子的成功做出积极反应的母亲，她们的孩子会为取得的成就感到更多的自豪，而对偶然未能达成目标表现出较少的羞愧。

来看另一种有趣的来自父母的影响。明显地违反常规和道德都可能让儿童感到内疚或羞愧，或两种情绪兼有。然而，父母对违规的反应，可能决定着儿童要么感到内疚，要么感到羞愧。如果父母斥责他们（克莱尔，你怎么这么坏，愚蠢，没脑子，等等），儿童更可能感到羞愧；但是，如果父母批评他们的不恰当行为，强调行为错误的原因，指出这样做会对别人造成怎样的伤害，同时鼓励儿童做一些力所能及的事情来弥补他们的过错，儿童就更可能感到内疚而不是羞愧（M. L. Hoffman, 2000; Tangney & Dearing, 2002）。

起初，学步儿和年幼儿童最可能在成人看着他们的行动时表现出自我评价性情绪（Harter & Whitesell, 1989; Stipek, Recchia, & McClintic, 1992）。迈克尔·刘易斯（Lewis, 1998）指出，年幼儿童最初的自我评价，反映了他们如何看待父母或生活中的重要他人对自己的评价。事实上，很多儿童在完全内化各种规则和评价标准之前就已经上小学了，在缺乏外部监督的情况下，已经开始对自己的行为有了自豪、羞愧或内疚之感（Bussey, 1992; Harter & Whitesell, 1989）。

情绪表达的后期发展

在生命的前几年，大多数特殊情绪或单一情绪都已经出现，至少以基本形式出现了。儿童期最显著的变化是引发各种情绪的情境或事件。例如，第 7 章和第 8 章会讲到，儿童焦虑和恐惧的原因，从他们不能直接解释或应对的（真实的或想象的）威胁，转变为重要的现实生活事件。比如，应对学业挑战，或者与同伴建立良好关系并被同伴接纳。第 9 章会讲到，儿童社会认知能力的变化对可能激怒他们或引发攻击行为的情境有何影响。第 10 章探讨的是，随着儿童把越来越多的规则、道德规范和行为标准逐渐内化，并且逐步开始监督

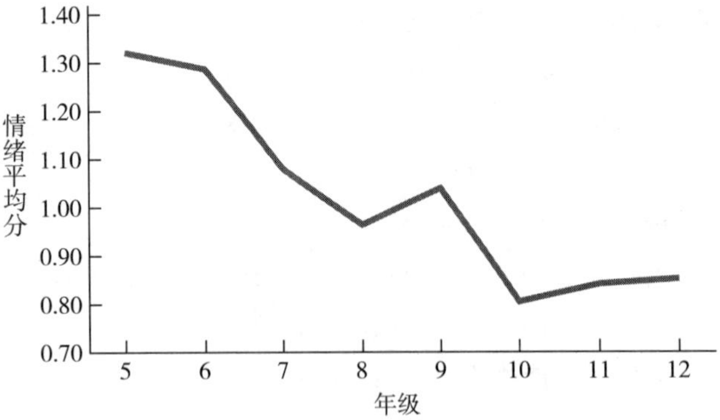

图 4.3 青春期前至青少年期这 8 年中的情绪平均分
从 5 年级到 10 年级该分数呈下降趋势，但分数始终为正数。这表明，一般青少年的积极心境多于消极心境。
资料来源：Larson, et al., 2002.

和评价自己（或他人）的行为，他们会逐渐形成更强的能力去体验复杂情绪，如自豪、内疚、羞愧，并且真诚地关心他人的幸福。

一般认为，在儿童逐渐达到性成熟并从儿童期向青少年期过渡时，他们会变得越来越情绪化，消极情绪也会显著增加。这种关于儿童情绪变化的看法值得商榷。有一些证据支持了这一观点，即从青少年初期到中期，个体日常体验中的消极情绪增多，积极情绪减少，尤其是在青少年初期，他们常常说自己孤独、自卑，或者有轻微的行为障碍（Collins & Steinberg, 2006; Schneiders et al., 2006）。然而，“心境”的这种下降趋势在青少年中期趋于稳定（Larson & Lampman-Petraitis, 1989; Larson et al., 2002; 见图 4.3），在成年初期及以后再次变得明显起来（Carstensen et al., 2000; Mroczek & Kolarz, 1998）。绝大多数青少年能很好地应对这种情绪变化，保持良好的适应，但严重抑郁症和亚临床抑郁的发作在青少年初期确有增加（Wichstrom, 1999）。一项研究揭示，15%~20% 的青少年受此影响，相比男孩，抑郁症状增强的女孩更多（Hankin, Mermelstein, & Roesch, 2007; Twenge & Nolen-Hoeksma, 2002）。

为什么青少年初期的消极情绪会突然增多？伴随性成熟产生的生理和激素变化可能导致了喜怒无常和躁动不安的增加（Buchanan, Eccles, & Becker, 1992; Udry, 1990）。但是，许多研究者认为，青少年与父母、老师以及同伴之间的日常冲突的显著增加，是青少年初期积极情绪体验减少的主要原因。与这种生活压力观一致的是，父母与子女在个人责任和自我管理等问题上的冲突在青少年初期至中期达到顶峰，随后这类冲突逐渐减少（Laursen, Coy, & Collins, 1998; Smetana & Gaines, 1999）。因此，随着家庭内冲突的减少，也止住了青少年情绪水平下降的趋势。里德·拉尔森等人（Larson, 2002）的一项追踪研究发现，生活压力是青少年情绪的良好预测指标：在青少年期的任何时段，经历较多生活压力的青少年，其日常体验到的良好情绪都较少（亦见 Schneiders et al., 2006）。

（许多种类的）压力水平的升高也是严重抑郁的青少年消极情绪的主要原因，这不足为奇。事实上，女孩比男孩更容易患抑郁症有两个原因。一项日记研究发现，13~15 岁的女孩（1）不但报告与家人、同伴和浪漫伙伴的压力体验比男孩更多，而且（2）她们对这些压力，尤其是与同伴的矛盾，做出的消极反应也更多（Hankin, Mermestein, & Roesch, 2007）。从学前初期，女孩就比男孩更看重与玩伴和其他同伴保持和谐的关系（更多讨论参见第 8 章）。因此，与朋友和其他熟悉同伴的矛盾对女孩的影响也更大，且（或）给她们带来更多的烦恼，从而在一定程度上导致其抑郁易感性也更高。

识别和理解他人情绪

随着儿童的成熟，他们不仅体验和表现出越来越多样化的情绪，而且能更好地意识到他人的感受，恰当地解释自己和他人情绪的原因与功能。获得关于情绪的知识是情绪发展的一道难关，它帮助我们去推断别人的感受，并调节自己的行为以实现目标（例如，对痛苦的同伴表示同情而不是高兴或愤怒）。正如我们将看到的，儿童对情绪的理解在婴儿期和学步期还很有限，但在学前期和小学阶段得到了非常快速的发展。

对情绪的早期识别和解读

婴儿最早在什么时候能注意到他人的情绪并做出反应？他们从出生或者出生后不久就能对特定的言语信号做出反应，这可能颇为令人吃惊。例如，在专栏 3.1 中我们已知道，新生儿听到另一个婴儿哭，自己也会哭起来，这是他们对另一个婴儿悲伤的回应。在出生后第一年里，世界各地的父母都用伴随积极情绪的高声调跟孩子说话（Fernald & Mazzie, 1991; Grieser & Kuhl, 1988），甚至出生刚两天的婴儿也会更注意成人交流中使用的高声调言语，而对“平淡的”言语注意较少（Kaplan et al., 1996）。

婴儿何时开始识别和解读他人的面部表情，这一问题尚存争论。3 个月大的婴儿更喜欢看快乐的而非中性、伤心或愤怒的面孔照片（La Barbera et al., 1976; Kuchuk, Vibbert, & Bornstein, 1986），但他们的这种注视偏好，可能反映的只是其视觉分辨能力的强弱，而不一定意味着这么小的婴儿就能解读“高兴”“愤怒”或“伤心”等表情。但是，有证据表明，小婴儿确实会特别留意更自然的情绪表达，并且能做出恰当的反应。例如，3 个月大的婴儿不仅能在母亲的表情伴随着相应语调时分辨出母亲的高兴、悲伤或愤怒情绪，而且能对母亲的快乐表情做出愉快的回应，还会因为母亲的愤怒或悲伤而紧张（Haviland & Lelwica, 1987）。4个月大的婴儿能分辨出陌生人自然表现出的情绪变化（如一个高兴的人突然变得伤心起来），7个月大时，他们不但能够仅凭一种感觉输入（如声音线索或面部表情）就能分辨他人的简单情绪（Flom & Bahrick, 2007），而且对表现不同情绪的照片显示出不同的脑电活动（事件相关电位）（Leppanen et al., 2007）。有趣的是，7个月大的婴儿已经能够体验和表达恐惧，盯着看恐惧面孔的时间比高兴或中性面孔更长，并显示出更强的事件相关电位（Leppanen et al., 2007）。这可能意味着，一张惊恐的脸有特殊的意义。那么，7个月大的婴儿真的接近于能够实际解读他人情绪的意义或个人相关性了吗？

社交参照　7~10个月大的婴儿解读特定情绪的能力确实更加明显（Soken & Pick, 1999），在这段时间里，婴儿开始留心父母对不确定情况的情绪反应，并且用这些信息调节自己的行为（Feinman, 1992）。这种**社交参照**（social referencing）随着年龄的增长越来越多（Walden & Baxter, 1989），并很快从父母扩展到其他人。例如，在接近1岁时，如果周围的陌生人微笑，婴儿就会接近并摆弄不熟悉的玩具，但是，如果陌生人是一脸害怕的样子，婴儿就会回避这些玩具（Klinnert et al., 1986）。一项研究显示，12个月大的婴儿甚至能从电视片断中获得社交参照，他们在看到电视中引起一个成人恐惧的物体后，也会对该物体做出回避或消极反应（Mumme & Fernald, 2003）。有趣的是，在社交参照情境下，12个月大的婴儿对成人的消极情绪显示出比积极情绪更强的事件相关电位（Carver & Vaccaro, 2007），而且情绪的声音表达传递的信息与面部表情相当或者超过面部表情（Mumme, Fernald, & Herrera, 1996）。一些研究者想知道，成人的情绪信号是否不应该只是理解成婴儿需要作出反应的简单命令（例如“不要碰”），而是婴儿对信息的主动寻求（Baldwin & Moses, 1996）。有一项研究支持了这种解释，在该研究中，18个月大的婴儿看到一个实验员在第三者做出一个有趣的动作（如把一个玩具扯断）后，要么变得生气，要么保持平静。虽然看到这一场景对婴儿的情绪没有多大影响，但是在实验员生气的情况下，他们则更少模仿第三者做出的行为，好像他们把实验员的生气理解为“扯断玩具的行为是被禁止的，所以我不应该这样做”（Repacholi & Meltzoff, 2007）。然而，就较年长的学步儿而言，社交参照往往被解释为儿童的主动信息寻求，而不只是对命令或指导的简单反应。例如，学步儿在接近或回避一个新物品或新情境之后，往往会看向同伴，这表明他们把他人的情绪反应作为评估他们自己的评价优劣或准确与否的信息（Hornik & Gunner, 1988）。

情绪、情绪理解和早期社会性发展 1岁以前，婴儿只表现出初级情绪，对别人感受的理解也很肤浅，即使这样，也使我们认识到，婴儿的情绪能力对早期社会性发展有非常重要的意义。显然，婴儿的情绪表达起着一种沟通作用，可能影响着照护者的行为。例如，痛苦时的哭泣是对亲人的召唤。微笑或感兴趣的表情的早期含义是使照护者确信，孩子想要甚至渴望与他们建立社会关系。后来的恐惧和伤心表情可能说明婴儿感觉不安全或不快乐，需要他人关注和安抚。愤怒可能意味着，婴儿想让陪伴者别再做让他心烦的事情，而喜悦则促进照护者继续正在进行的互动，或者表明孩子希望接受新挑战。所以，婴儿的情绪是适应性的，它们促进了社会接触，有助于照护者调整自己的行为以符合婴儿的需要和目标。换句话说，情绪表达可以帮助不会说话的婴儿与亲人进行沟通，以达到“相互了解”（Tronick, 1989）。

同时，婴儿逐渐显露识别和解释他人情绪的能力是一个重大进步，它使婴儿能够推断自己在各种情境下应该有怎样的感受和行为。“社交参照”的好处是，婴儿能以此迅速获得知识。例如，哥哥或姐姐对家里小狗的快乐反应说明这个“毛茸茸的球”是朋友，而不是不会说话的怪物。母亲痛苦的表情和担忧的话语告诉婴儿，某人手里拿的刀子是必须要躲避的东西。如果善于表达的照护者经常将婴儿的注意引向环境中的重要方面，或者表达出他们对婴儿关于物体或事件评价的感受，那么，他们的情绪中包含的信息将会以重要的方式影响儿童对周围环境的理解（Rosen, Adamson, & Bakeman, 1992）。

识别他人情绪的后期发展

众所周知，3岁以前，儿童还不善于识别并说出照片上的人或木偶的面部表情（Widen & Russell, 2003）。实际上，他们往往不能说出别人的面部表情，或者用“高兴”来形容很多种情绪。也许这只是反映出2~3岁的学步儿还没学会（或不能提取）形容各种情绪的词语，因为18个月大的孩子已能参照别人的情绪做出一些恰当的行为推理。例如，在列帕科利和高普尼克的一项研究中（Repacholi & Gopnik, 1997），当18个月大的孩子看到一个女人提起吃饼干就露出厌恶表情时，他们就知道，当有生蔬菜和饼干这两种食物时，她喜欢的是生蔬菜，而不是自己喜欢的饼干。

3~5岁，儿童越来越善于通过面部表情来正确识别和形容别人（或木偶）的简单情绪（Laible, 2004b; Widen & Russell, 2003）。3岁儿童能正确形容高兴的表情，但是经常用“高兴”描述其他积极情绪，如惊奇。3~4岁，儿童开始用“伤心”（或“发疯”）来形容消极情绪；到4~5岁，“害怕”（形容恐惧）这个词用得越来越多且更加准确（Widen & Russell, 2003）。但是，即使5岁的儿童都很少能用“惊奇”或“厌恶”来形容情绪；直到小学中年级以后，儿童才能正确地使用这些词汇以及如自豪、羞愧和内疚等词汇来描述更复杂的情绪。

然而，有一点需要特别注意，面部线索并不是儿童用来识别他人情绪的唯一根据。托马斯·布恩和约瑟夫·库宁厄姆（Boone & Cunningham, 1998）发现，让4岁、5岁和8岁的儿童看成人跳舞，这些具有丰富表现力的身体动作，代表的可能是快乐、悲伤、愤怒或恐惧。即使5岁儿童也能从富有表现力的身体运动中区分出跳舞者是悲伤、恐惧还是快乐；而8岁儿童在这方面则拥有和成人一样的能力，能正确识别舞者富有表现力的动作中所暗含的全部四种情绪。

对情绪原因的理解

在幼儿园和小学低年级阶段，儿童识别他人在特定情境中情绪的能力迅速提高。测量儿童对情绪原因理解的常用方法是，给他们呈现如图4.4所示的附有照片或图画的小故事，让儿童说出故事主人公的感受，或选出代表主人公感受的面部图。即使3岁儿童也已能很好地理解像生日宴会这样的积极事件会引发高兴，4岁时他们就懂得“小狗走丢了”这样的事情会让主人伤心（Denham, Zoller, & Couchoud, 1994; Michaelson & Lewis, 1985）。但是，在学前晚期或小学初期之前，儿童一般还不善于识别可能引发愤怒、害怕、惊奇或厌恶的情境。

但是一些研究者认为，故事判断法可能低估了学前儿童对其所认识之人消极情绪的理解。例如，理查德·费比斯等人（Richard Fabes, 1988, 1991）发现，3~5岁儿童实际上对日托班同伴的消极情绪（悲伤、愤怒等）的理解好于对积极情绪（愉快表现）的理解。这一发现也许能从其他研究中得到预期，有研究表明，当父母与2~5岁儿童讨论情绪时，他们对消极情绪原因的讨论比积极情绪多得多（Lagattuta & Wellman, 2002）。虽然在这么小的孩子知道的积极情绪是否比消极情绪一定多这一问题上尚有争议，但是几乎每个人都同意：（1）儿童在幼儿园阶段学习了大量导致各种初级情绪的原因；（2）直到小学高年级甚至初中，儿童才能熟练地说出那些引发自豪、内疚、羞愧、羡慕、嫉妒及其他复杂情绪的情境或状况（Saarni, Mumme, & Campos, 1998）。

情绪理解的其他里程碑　有趣的是，即使4~5岁的儿童也已经能够理解一个人当前的感受（特别是悲伤之类的消极情绪），这可能源于对过去事件的反

图 4.4 对儿童理解他人情绪能力的测量

给儿童讲附有图画的小故事，让儿童说出故事主人公可能体验到的情绪。

资料来源：Michaelson & Lewis, 1985.

思（Lagattuta & Wellman, 2001）。在一项研究中，让儿童听一个名叫玛丽的女孩的故事，故事中玛丽心爱的兔子被狗追丢了，再也没有找到。很久以后，玛丽看到了一些让她想起兔子的事物（如兔子的照片或者令人讨厌的狗），然后问儿童："为什么玛丽现在很伤心？"极少有 3 岁儿童能够正确回答，但是超过 80% 的 4 岁儿童和 100% 的 5 岁儿童能意识到，是因为出现了兔子提示物，它使玛丽想起了她那只走丢了的兔子，并再次因这一不愉快的事件而悲伤（Laguttuta, Wellman, & Flavell, 1997）。

随着小学生越来越善于使用个人信息、情境信息和过去的经历来理解与解释情绪，他们在情绪理解发展过程中出现了阶段性的突破。例如，5~7 岁儿童能同时理解两种相容的情绪（我很高兴来到迪斯尼乐园，遇见米老鼠让我特别激动）（Harter, 1999）。8 岁的儿童懂得，同样的情境（例如，一条温驯的大狗快速接近）能在不同的人身上引起两种不同情绪（恐惧和快乐）（Gnepp & Klayman, 1992）。6~10 岁的儿童开始知道，他们自己或他们认识的人会对同一情境产生积极和消极情感（即混合情绪。例如，约翰在晚会上很开心，可是因为亨利没被邀请，他又有点伤心）（Brown & Dunn, 1996; Harter, 1999）。

儿童理解混合情绪的年龄差异与社会性发展的很多领域有关，其中包括道德发展。来看一个情境，一个孩子把球踢到一条热闹的街道上，然后跑去把球捡回来，但是大人一直要求他不要往街上跑。当被问及这个孩子在这种情况下有何感觉时，4~5 岁的儿童一般会说，他感觉很好（他实现了捡回球的愿望），而不是感觉很差（因为违反了禁令）。相比之下，7 岁儿童可能会说这个孩子的心情有些复杂，有好有坏：他把球捡回来会觉得很高兴，但这一情绪可能会被因违反了规则、做了可能会带来伤害之事而引发的负面情绪所压倒（Lagattuta, 2005）。这种对混合情绪的认识，标志着年长儿童更尊重规则和义务，说明他们知道，遵守或违反规则，可能对自豪、羞愧和内疚等道德情感有很大影响（见第 10 章对道德发展的深入分析）。

值得注意的是，后期在情绪理解方面的许多进步发生在儿童能把皮亚杰守恒任务中的两个或更多因素（如液体的高和宽）加以整合的年龄，它们可能在一定程度上依赖于同样的认知发展。当然，社会经验也同样重要。例如简・布朗和朱莉・邓恩（Brown & Dunn, 1996）发现，对冲突情绪表现出早期理解的 6 岁儿童，在儿童早期就经常与父母讨论情绪产生的原因。显然，这些讨论为他们分析自己跟兄弟姐妹或同伴发生冲突时的复杂感受提供了准备。

下面我们来看父母对年幼儿童情绪理解的影响。

父母对早期情绪理解的影响

近年来，研究者越来越认识到，从孩子们开始谈论其感受的婴儿期起，父母和孩子之间关于情绪及其原因的谈话对培养孩子的情绪理解便起着至关重要的作用。例如，母亲可能经常谈到学步儿表达的愿望（“我知道你想要一块饼干，托德”），以及伴随这些愿望的挫折感或满足感（“对不起，你很伤心，但是晚饭前没有饼干”；“等到咱们吃甜点时你会高兴的”），这就把儿童的目标成就或挫折与特定的情绪后果联系起来。事实上，如果 15 个月大的儿童的母亲经常使用这种“愿望”语言与孩子交谈，那么到 2 岁时，相比那些母亲很少在婴儿早期与之谈论这些事情的同龄孩子，他们能更好地理解故事人物的情绪

（Taumoepean & Ruffman, 2006）。

与孩子的情绪对话在整个学前期变得越来越丰富，部分原因在于儿童语言能力的快速进步，以及他们对情绪体验的兴趣日益浓厚。通过和年幼儿童讨论故事书中人物的情绪，或鼓励他们回忆自己难忘的情绪体验，父母教孩子辨别各种单一情绪，理解那些导致这些情绪的事件，并了解各种情绪在什么场合可以表达，什么场合不可表达（Laible, 2004a）。这种谈话使我们联想起维果茨基的思想：新知识的社会建构要与一个较年长、更有知识的人在他搭建的脚手架下进行互动。在这里，情绪对话就是这种互动，它可以促进儿童对重要情绪事件的关注、回忆和理解。

图片 4.3 与学步儿讨论愿望受挫和实现时的情绪结果能促进早期情绪理解。

不过，在怎样跟孩子谈论情绪方面，父母们显然会有不同的选择。有的父母采用一种精心计划的方式，经常问孩子关于故事人物情绪的开放式问题，或者提供充足的背景信息，在与孩子谈论过去发生的、引发强烈情绪的事情时提出开放式问题。另一些父母在情绪对话中远没有这样的精心计划，他们只是给孩子读故事，不评论人物的情绪，有可能会问一些涉及孩子情绪体验的简单的是否问题（例如，“你在动物园里很害怕，是吗？”），而不是提出让孩子做出详细分析并解释自己感受的开放问题。谈话方式有关系吗？确实有关系！3~5岁儿童的母亲若能使用精心计划的方式来谈论情绪，则孩子就能更好地识别和分辨别人的表情，也更善于预测一个木偶对特定事件会有怎样的情绪反应（例如，在去看电影的路上，一只很大但很友好的狗走了过来）（Laible, 2004b）。

看来，父母似乎的确能够促进幼儿对情绪的理解（亦可参阅 Denham & Auerbach, 1995; Laible & Thompson, 2000），而且，有助于孩子思考和分析自身情绪的精心计划的谈话（也可使更有阅历的成人纠正一些错误概念）是促进情绪社会化的特别有效的方法。

学会调节情绪

从婴儿期开始，成功调节情绪的能力就是一项极为重要的技能，它不仅关乎实现一个人的个人目标，而且还影响个体可能具有的社会交往特征，影响其可能形成的社会关系及婚姻关系的类型。**情绪自我调节**（emotional self-regulation）涉及控制情绪的能力，以及把情绪唤醒的强度调节到适宜实现个人目标的水平。适当的情绪调节包括管理我们的感受以及伴随感受的生理反应，管理我们与情绪有关的认知（例如，思考如何解释导致情绪产生的情境），以及管理我们与情绪有关的行为（如面部表情）。来看下面这个需要做出情绪调节的情境，它可以说明所有的情绪调节成分：

> 比利被一个强壮的大个子同学肖恩撞倒，磕破了膝盖。我们并不清楚事故的原因，但很可能肖恩不是故意的。然而，比利的第一反应就是愤怒。他不想打架，可是仍想让肖恩明白，他的粗心给别人带来了伤害，以后行事要小心点。为了成功地实现这些目标，比利不得不抑制自己的愤怒（调节感受）和唤醒水平（调节生理反应），把注意集中在“伤害可能只是个意外”这样的想法上（调节与情绪相关的认知），这个意外不需要回之以粗话和愤怒的表情（调节与情绪相关的行为），因为粗话和愤怒可能会挑起比利所不希望的打架。

这种调节对于学步儿、大多数学龄前儿童和很多小学低年级儿童来说，都是无法做到的，更不要说那些容易被各种事件或经历（如饥饿、窒息、疼痛、噪声）引发情绪、必须靠照护者安抚的婴儿了。显然，情绪自我调节的出现是一个漫长而复杂的过程，深受个体在家庭内外积累的经验的影响。

情绪自我调节的早期社会化

在出生后的头几个月，是照护者通过控制婴儿接触可能过度刺激他们的事件，调节着婴儿的情绪唤醒。照护者采用的方法包括：摇晃、轻拍、举起婴儿，给婴儿唱歌，或者给过度唤醒的婴儿一个橡皮奶嘴（Campos, 1989; Jahromi, Putnam, & Stifter, 2004; Rock, Trainer, & Addison, 1999）。6个月前后，婴儿在调节消极情绪方面有了一定的进步。例如，6个月大的婴儿通过让身体离开不愉快的刺激，或通过吮吸自己的拇指、橡皮奶嘴等方式，至少可以减少一些消极唤醒（Mangelsdorf, Shapiro, & Marzolf, 1995）。这些自发行为对减少痛苦特别有效，尤其是在母亲注意到他们，给以安抚并使其注意力离开痛苦源头的情况下（Crockenberg & Leerkes, 2004）。有趣的是，6个月大的男孩比女孩更难调节消极唤醒，并且更多地以消极情绪来引起照护者的调节性的支持（抚慰）

（Weinberg et al., 1999）。

相比积极情绪，父母会尽快调节婴儿的消极情绪，而积极情绪通常是他们喜欢的，多多益善（Denham, 1998）。当一位妈妈与 7 个月大的婴儿玩耍时，她会努力表现出开心、感兴趣和惊奇，从而为孩子提供积极情绪的榜样（Malatesta & Haviland, 1982）。母亲会有选择地对孩子的情绪做出回应；出生后的头几个月，母亲对婴儿表达的兴趣或惊奇的关注越来越多，而对婴儿的消极情绪则较少做出回应（Malatesta et al., 1986）。于是通过这一基本的学习过程，婴儿会表现出较多快乐表情、较少不愉快表情，并慢慢习惯如此。

但是，在不同文化中，被社会所接纳的情绪可能非常不同。美国父母喜欢给孩子提供刺激，直到孩子乐不可支。相反，中部非洲古西和阿卡部落的照护者则极少与婴儿面对面玩耍，而是尽力让小婴儿保持平静、放松的状态（Hewlett et al.,1998; LeVine et al., 1994）。所以，美国孩子慢慢知道，*只要情绪是积极的*，强烈地表达情绪没有问题；而古西和阿卡的孩子则会明白：积极情绪和消极情绪都需要抑制。

快 1 岁时，婴儿学会了用其他一些方法来降低消极唤醒，如摇晃身体、啃咬东西，或者离开不愉快的人或事（Mangelsdorf, Shapiro, & Marzolf, 1995）。到 18~24 个月大时，学步儿更有可能尽力控制那些引发不愉快的人或物（如机械玩具）（Mangelsdorf, Shapiro, & Marzolf, 1995），他们开始能够通过与陪伴者聊天、玩玩具，或者干脆将注意力从那些令他们失望的事物上移开等方式，以此来应对因不得不等待美食或礼物而产生的挫败感（Grolnick, Bridges, & Connell, 1996）。实际上，观察发现，这个年龄的学步儿在主动抑制自己的生气或伤心时会皱眉或抿嘴唇（Malatesta et al., 1989）。但是，即使 18 个月大的学步儿，也难以调节各种害怕情绪（Buss & Goldsmith, 1998）；相反，感到恐惧的学步儿通常会发展出更容易吸引照护者注意并获得照护者抚慰的情绪表达方式（Horstmann, 2003）。例如，当两岁的孩子生气（因为玩具被抢走）或害怕（因为陌生人接近）时，他们往往不表达此时感受到的生气或害怕，而是转向照护者，并显得很伤心，这样能更成功地引发情绪调节支持（Buss & Kiel, 2004）。

情绪调节认知策略的出现

18~24 个月大的学步儿开始谈论情绪，这些关于自己和他人情绪原因与结果的对话，大大促进了其情绪理解和情绪自我调节。有趣的是，父母跟 2~5 岁儿童谈论的积极情绪和消极情绪一样多，其中关于消极情绪的讨论，更多地集

图片 4.4　关于情绪体验的家庭谈话可以帮助年幼儿童更好地理解自己和别人的感受。

中在消极情绪的原因、消极情绪与其他心理状态和目标的关系以及怎样调节上（Lagattuta & Wellman, 2002）。学前儿童一直在学习控制强烈的消极情绪的重要性，消极情绪具有破坏性，令人不快，可能会影响他们与父母、兄弟姐妹和同伴的交往，从而妨碍个人或社会目标的实现。

与父母谈论情绪通常能帮助学前儿童形成情绪自我调节的认知策略。父母常用的一种方法是，引导孩子把注意力从难以控制的压力源转移到愉快的事情上（例如，在打预防针之前，让孩子看墙上色彩鲜艳的海报），或者用其他方法帮助孩子理解惊吓、沮丧或失望等体验（Thompson, 1994, 1998）。这些支持性的干预措施正是维果茨基所说的指导性教导的一种形式，应当帮助学前儿童设计出自己的有效的情绪调节策略。通过使用认知策略，3~6 岁儿童能越来越好地调节消极情绪，这些策略包括：将注意力从可怕的事物上转移［“我怕鲨鱼（大白鲨）。闭上眼睛！”］，想一些高兴的事情来克服不愉快的想法（“妈妈走了，但等她回来，我们会一起去看电影”），或者用更令人满意的方式来重新解释引发悲伤的原因［“他（电影中的角色）没死……那是假装的。”］（Thompson, 1994; 也见 Carrick & Quas, 2006）。

尽管我们一直在讨论有效的情绪调节似乎只涉及怎样抑制情绪以及与情绪相关的行为，但是适应性的调节有时也包括维持或加强情绪，而不只是抑制。例如，儿童可能学会用表达愤怒来对抗欺凌（Thompson, 1994）。还有第 10 章将要讲到的，儿童在对他人造成伤害或违反规则后会有不安的体验，父母一般不会轻易放过，且会努力维持孩子的这一体验，为什么？因为他们希望以下面两种方式帮助孩子重新解释自己的不安：（1）引起孩子同情痛苦的受害者，表达他们的关心；（2）让孩子为自己的过错感到内疚，以后不再这么做（Dunn, Brown, & Macguire, 1995; Kochanska, 1991）。

需要维持和加强的另一种情绪是对自己成就的自豪感，它对健康的成就动机意识以及积极的学业自我概念的发展均有重要作用（见第 7 章对这一主题的进一步探讨）。所以，有效的情绪调节包括抑制、维持有时甚至是加强我们的情绪唤醒能力，以便我们能够持续有效地应对面临的挑战，恰当地与人交往

（Buss & Goldsmith, 1998; Thompson, 1994）。

学习和遵守情绪表达规则

每个社会都有一套**情绪表达规则**（emotional display rules），用以说明各种情绪在何种场合应当表达，在何种场合不应当表达。例如，很多文化中的儿童都知道，人们希望他们在收到祖母的礼物时表达开心或感激；但是，如果礼物只是一件内衣，则无论如何都要尽量抑制其失望情绪。情绪的这些“行动编码”是儿童为了与其他人交往和获得称赞而必须学会使用的规则。

抑制某种情绪的能力是儿童为了遵从一种文化的表达规则而必须学会的重要技能，但是这种遵从往往也需要一点欺骗或伪装。换句话说，表达规则不仅要求儿童抑制实际体验到却不被接受的情绪，而且还要把它们替换（至少在表面上是这样）成在当时情境下合乎规则要求的情绪（例如，在收到生日礼物内衣时要显得开心而不是失望）。

3 岁左右，儿童开始表现出掩饰真实感受的有限能力。例如，迈克尔·刘易斯等人（Lewis, Stanger, & Sullivan, 1989）发现，因为偷玩了不让玩的玩具而撒谎的 3 岁儿童，表现出轻微的痛苦迹象（慢放录像时能观察到）；但是他们掩饰感受的能力，足以让不知情的成人无法将他们与如实说自己没偷玩玩具的儿童区别开来。学前儿童表现出与内心感受不同的外在情绪的能力逐年提高（Peskin, 1992; Ruffman et al., 1993）。但即便是 5 岁的儿童，他们在掩饰真实情绪或试图说服那些不相信其谎言的人方面，都还做不到游刃有余（Polak & Harris, 1999）。

在整个小学阶段，儿童对社会不接受的表达规则越来越有意识，也越来越懂得在各种社交场合应当表达（或抑制）哪些情绪（Jones, Abbey & Cumberland, 1998; Zeman & Shipman, 1997）。也许因为父母对女孩施加了更大压力，要求她们在社交场合“举止得体”，所以女孩对表达规则的遵守比男孩更主动，也更擅长（Davis, 1995）。此外，在亲子互动中，那些强调积极情绪的母亲，以及那些忽视消极情绪的母亲，其子女均更善于掩饰失望及其他消极情绪（Garner & Power, 1996; Jones, Abbey, & Cumberland, 1998）。相比之下，在家中频繁接触消极情绪的儿童，无论消极情绪是否指向儿童本身，他们都常常表现出难以自我调节的、强烈的消极情绪（Davies & Cummings, 1994; Eisenberg, Gershoff et al., 2001; Jenkins et al., 2005; Maughan & Cicchetti, 2002; Paulussen-Hoogeboom et al., 2007）。

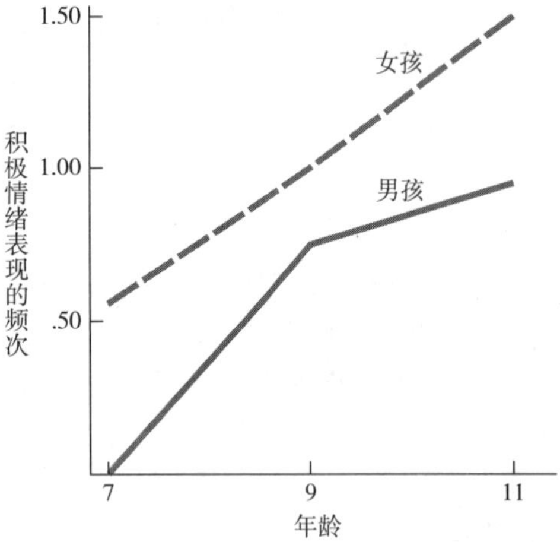

图 4.5 随着年龄增长，儿童逐渐善于在收到不喜欢的礼物时也能表现出积极情绪

资料来源：C. Saarni, 1984.

然而，即使在最理想的情况下，儿童要充分掌握简单的情绪表达规则也仍需假以时日。图 4.5 显示，很多 7~9 岁儿童（特别是男孩）在收到一份不喜欢的礼物时，仍然不能掩饰失望并行为激动。很多 12~13 岁儿童，在被同伴嘲笑时不能很好地抑制愤怒（Underwood et al., 1999），或者在一个受尊敬的成人行使权威阻碍他们实现自己的计划时也会如此（Underwood, Coie, & Herbsman, 1992）。

个体很早就遵从文化所要求的情绪表达规则，尤其是在集体主义文化中，例如日本人和尼泊尔的婆罗门人，他们的文化抑制个人主义，强调维持社会和谐，把社会秩序置于个人需要之上（Cole & Tamang, 1998）。在专栏 4.2 中可以看到，儿童被允许和禁止表达的情绪具有很大的文化差异。但

专栏 4.2 文化影响

愤怒和羞愧表达的文化差异

帕梅拉·科尔、卡罗尔·布鲁施和巴布·塔芒（Cole, Bruschi & Tamang, 2002）报告了一项跨文化研究，比较了三种文化（美国、尼泊尔婆罗门人和尼泊尔塔芒人）中，儿童对可能引发愤怒和羞愧的不愉快情境的反应方式。尼泊尔的两种文化属于集体主义文化：强调尊重权威、维持社会和谐，以及为集体利益放弃个人目标。在这两种文化中，羞愧的体验和表达表明个人做错了事，愿意为了群体利益服从权威。而愤怒在亚洲的集体主义社会中是不被推崇的，因为它标志着自作主张，对权威与社会和谐有潜在威胁。相反，生活在个人主义文化中的美国儿童，崇尚个体的自主性、自我表达和追求个人目标。美国社会更能够容忍那些为了捍卫自身权益、提出个人主张而表达的愤怒，只要他们采用的是社会可接受的方式（非敌意方式）。另一方面，羞愧常常被美国人认为有害于自尊，因此不像在集体主义文化中那样被看重。

这些广泛的文化价值观会影响儿童对可能引发愤怒或羞愧的难堪场面的反应吗？为了回答这一问题，科尔等人给 8~12 岁的婆罗门、塔芒和美国小学儿童讲述了几个需要思考的故事。其中一个是这样的：

> 你正在做作业，爸爸坐在你身旁。你想要用橡皮，而橡皮正在爸爸手里，于是你就去拿。这时爸爸打了一下你的手，说道："别动——等我用完！"

专栏 4.2（续）

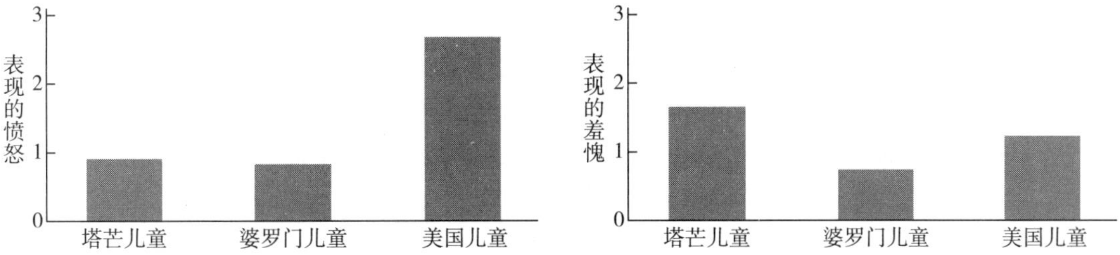

在不同文化中，儿童对可能引发愤怒或羞愧情绪的不愉快情境的反应。

资料来源：摘自 Cole, Bruschi, & Tamang, 2002。

听完故事后，询问儿童，如果这种情形发生在他们身上，他们将作何感受，会表现出什么情绪。儿童用可供选择的面部表情图画来作答，这些表情有愤怒、羞愧、开心和中性表情（像是说“好吧”）。

为了研究一个有趣的结果模式，我们关注了三种文化中的 11~12 岁儿童表达的羞愧和愤怒，他们都有较长时间吸收各自所属文化情绪表达规则的经历。如上图所示，美国儿童比两种尼泊尔文化中的儿童更可能对这些难堪情境表达愤怒。面对同样的故事情景，塔芒儿童表达出更多的羞愧，婆罗门儿童几乎不表达愤怒或羞愧（或其他任何情绪）。当问儿童为什么做这样的反应时，愤怒的美国儿童的典型回答是：“你可以拿着橡皮，但是也犯不着打我！”塔芒儿童因对自己的不恰当行为（“我冷不防地抢了橡皮”）感到自责而表现出较多的羞愧感，其典型回答是说一些“为什么要生气”之类的话。相比之下，报告说既不愤怒也不羞愧的婆罗门儿童，其典型表现是对自己生气，他们认为在橡皮故事中表达愤怒是错误的，因为“父亲给了我生命，[我应该]安静坐好。”

为什么尼泊尔塔芒儿童比同龄的婆罗门儿童的羞愧感更强呢？研究者进行了家庭随访，观察 3~5 岁塔芒和婆罗门儿童的情绪表达，以及年长的人对这些情绪的反应，揭示出了完全不同的情绪社会化模式。塔芒人强烈反对表达愤怒，但会关注和规劝表现出羞愧的孩子，这传递出一个信息：有能力的孩子是谦恭的、举止得体的且从不生气。相比之下，婆罗门父母大多忽略那些表现出羞愧的孩子，而是会关注和规劝那些生气的孩子，其中传递的信息可能是，愤怒是可以理解的，且可以得到解决，但有能力的孩子不应该过分羞愧（Cole, Tamang, & Shrestha, 2006）。这两个集体主义的族群为什么会表现出不同的情绪社会化模式呢？科尔等人认为，这可能部分归结于塔芒人与婆罗门人的地位差异。在尼泊尔，塔芒人的社会地位比婆罗门人低得多。因此，塔芒儿童表达的自责（羞愧）可能反映了他们认同自己的无权和服从角色，这种角色与他们作为弱势少数族裔成员的较低社会地位相一致。

这项研究显示，来自不同社会（以及来自同一社会不同亚群体）的人对什么是恰当和不恰当的情绪表达看法不同。虽然所有人都能够体验和表达人类的各种情绪，但是依照每个社会群体的价值观和外显表达规则，何种感受可以公开表达，以及在何种场合表达，各个社会群体之间还是存在显著差异的。

是，无论文化规定的具体情绪表达规则如何，这些恰当的情绪表达指南都能帮助成长中的儿童“融入”社会，从而为社会进步作出贡献。即使在美国这样的个人主义社会，儿童拥有很大自由来表达各种情绪，但也越来越倾向遵从情绪表达规则，这在很大程度上是因为儿童希望得到赞扬、回避批评（Saarni, 1990; Zeman & Garber, 1996）。掌握了这些情绪行为编码的儿童，在老师和同学眼里更讨人喜欢，显得更能干（Jones, Abbey, & Cumberland, 1998）。

情绪能力、社交能力和个人适应

前面我们考察了儿童情绪表达、对自己和他人情绪的理解以及情绪调节能力的发展趋势（见表 4.1 中的简要总结），下面转入一个有趣的问题：这些发

表 4.1　情绪发展概述

年龄	情绪表达 / 调节	情绪理解
0~6 个月	• 出现所有的初级情绪。 • 积极情绪受到鼓励因而变得更多见。 • 婴儿被观察到尝试靠吸吮或转身来调节情绪。	• 能分辨高兴、生气和悲伤等表情。
7~12 个月	• 生气、害怕和悲伤等初级情绪的表现增多。 • 婴儿的情绪调节能力有进步，他们用摇晃身体、盯着某物发呆、回避不愉快的刺激物等方式调节情绪。	• 对他人初级情绪的识别有进步。 • 出现社交参照。
1~3 岁	• 出现次级（自我意识）情绪。 • 情绪自我调节继续发展，学步儿能够将注意从令其烦恼的刺激上转移或试图掌控它们。	• 学步儿开始说出情绪并能假装出各种情绪。 • 社交参照的应用更广泛。
3~6 岁	• 情绪调节的认知策略开始出现并逐渐精细化。 • 出现一些掩饰情绪行为和遵从情绪表达规则的行为。	• 识别和理解初级情绪原因的能力开始出现。 • 根据肢体动作来识别他人的情绪。 • 理解一个人可以同时产生两种互不排斥的情绪。 • 意识到回忆过去事件可能引发情绪。
6~12 岁	• 对情绪表达规则的遵从有所进步。 • 自我意识情绪与“正确的”或“有能力的”行为标准的内化更紧密地联系起来。 • 自我调节策略（包括在恰当的时候增强情绪强度的策略）富于变化且更复杂。	• 懂得不同的人对同一事件可能体验到不同情绪。 • 懂得一个人可以同时体验到互不相容的或混杂的情绪。 • 对自我意识情绪原因的理解有所进步。
13~18 岁	• 随着青春期的激素变化以及青少年在家庭内外所经历的日常困扰的增多，消极情绪增加。	• 情绪理解力继续得到全面的改善。

展对儿童的社交能力、社会地位和个人适应有多重要?

研究这些问题的发展心理学者认为，具备情绪能力对儿童的**社交能力**（social competence）而言至关重要。社交能力是在社交互动中与别人持续保持积极关系，从而实现个人目标的能力（Rubin, Bukowski, & Parker, 1998）。**情绪能力**（emotional competence）分三部分：*情绪表达*，指经常表达积极情绪、较少表达消极情绪；*情绪知识*，指正确识别他人的情绪以及造成这些情绪的原因的能力；*情绪调节*，把情绪唤醒的体验和表达强度调节到适当水平，以便成功实现个人目标的能力（Denham et al., 2003）。研究不断地揭示出，情绪能力的上述三部分都与儿童的社交能力相关。例如，与经常愤怒、悲伤或喜怒无常的儿童相比，经常表达积极情绪、较少愤怒或伤心的儿童通常受到老师更高的评价，也能建立更好的同伴关系（Hubbard, 2001; Eisenberg, Liew, & Pidada, 2004; Ladd, Birch, & Buhs, 1999）。在情绪理解测验上得分高的儿童，在教师评价的社交能力上的得分一般也较高，他们的社交技能使他们能轻松地与同学交朋友、建立积极关系（Brown & Dunn, 1996; Dunn, Cutting, & Fisher, 2002; Mostow et al., 2002）。最后，不能恰当调节情绪（尤其是愤怒）的儿童，常常不受同伴喜欢，被拒绝（Eisenberg, Liew, & Pidada, 2004; Rubin, Bukowski, & Parker, 1998），并且可能出现诸多适应问题，如过于冲动、缺乏自控、不恰当的攻击行为、焦虑、抑郁和社交退缩（Eisenberg, Cumberland et al., 2001; Gilliom et al., 2002; Hill et al., 2006; Maughan & Cicchetti, 2002）。

苏珊娜·德纳姆等人（Denham et al., 2003）曾进行过一项有趣的追踪研究，测量 3~4 岁儿童情绪能力的三个成分，试图查明早期情绪发展的哪个或哪几个方面与儿童在幼儿园和学前班的社交能力有明显的关系。采用时间取样对“情绪表达”进行评估：观察并记录每个 3~4 岁的儿童在 24 个 5 分钟时间段里表现出的积极或消极情绪的次数。“情绪知识”的测量方法是，让儿童说出木偶在 8 个生活情境中（如拿到一个冰激凌；做了恶梦之后等等）体验到的情绪。最后，“情绪自我调节”的测量方法是，让母亲报告儿童调节不良的次数，以及上面提到的对儿童积极和消极情绪的时间取样观察中出现的失控行为的次数。在儿童 3~4 岁时对其社交能力进行测量之后，等他们进入学前班再评估一次。评估包括幼儿园教师和保育员对儿童合作性和对同伴感受敏感性的评定，还包括同伴对儿童可爱程度的评价。

研究结果有些复杂但非常有意义。在 3~4 岁，儿童的情绪表达能够预测其情绪知识和情绪调节。也就是说，比起那些较少表达积极情绪的儿童，积极情绪表达占主导的儿童有更多情绪知识，并且能更好地调节情绪。但是，只有情绪调节能够预测儿童的社交能力。根据幼儿园教师的评价，情绪自我调节能力强的儿童，社交能力也较强；根据幼儿园同伴的评价，他们比调节不良的儿童更受同伴喜爱。但是，这种情况在学前班发生了变化，此时良好的情绪表达（即较多地表达积极情绪）和情绪知识都能有力地预测儿童在学前班阶段的社交能力，而情绪自我调节的作用退居其次了。

这些结果的有趣之处不在于细节而在于全局：儿童早期所评估的情绪能力的三个方面都对儿童正在形成的社交能力有影响，并且最终影响其社会适应的可能模式。显然，儿童较早便开始学习人们期望他们表达的特定情绪，抑制或调节不符合期望的情绪；他人所表达的情绪的意义，以及他们作为接受者应该怎样对这些信号做出回应，所有这些都是至关重要的经验教训，对其儿童期、青少年期及其之后的生活都有重要作用。

气质与发展

我们已经了解到，儿童的情绪表达、情绪理解和情绪自我调节的发展有一些总体相似性。但是，儿童的情绪机能却存在显著的个体差异。回想本章开头的场景：切莉和凯琳这两个学步儿，对一个突然出现、引起他们注意的大胡子陌生人（圣诞老人）表现出了明显不同的情绪。显然，切莉表现出的强烈的陌生人焦虑与凯琳略带警觉的好奇形成了鲜明对比。这些差异属于情绪早期社会化的差异吗？根据已经学到的知识，我们可以假设，也许凯琳的父母比切莉的父母谈论了更多关于情绪原因的东西，在帮助凯琳发展情绪调节策略方面发挥了更积极的作用。回想一下，这两个学步儿求助于妈妈的方式有何不同：切莉抓牢妈妈寻求保护，而凯琳看着妈妈寻求关于圣诞老人的信息（社交参照）。因此，正如第 5 章将要讲到的，这两个学步儿对圣诞老人的不同反应，很可能反映了情感联结安全性（或依恋）的差异，即两个女孩与各自妈妈形成的依恋类型不同。但是，两个女孩在情绪和行为上的差异还可能反映了其他方面的特点，即完全正常的气质差异。

气质的概念与测量

父母和日托服务提供者都知道，每个婴儿各有截然不同的“秉性”。在试图描述婴儿的人格时，研究者集中探讨了**气质**（temperament）的各个方面，玛丽·罗斯巴特和约翰·贝茨（Rothbart & Bates, 1998）把气质定义为在情绪、运动、注意力反应性和自我调节方面有先天基础的个体差异，很多气质特点被认为是成人人格的情绪和行为的基石。什么类型的情绪和行为差异呢？虽然不同研究者以不同方式定义并测量气质，但很多人都同意，以下6个方面较好地描述了婴儿气质的个体差异（Rothbart & Bates, 1998）：

1. 恐惧性痛苦（恐惧）——在新情境中或者对新异刺激表现出谨慎、痛苦和退缩。
2. 易怒性痛苦——当愿望落空时发怒、啼哭，表现出痛苦（有时被称为“挫败/愤怒”）。
3. 积极情感——经常微笑、大笑，愿意接近他人并与他人合作（有研究者称之为“社交性”）。
4. 活动水平——大肌肉运动（例如踢打、爬行）的多少。
5. 注意广度/持久性——儿童朝向并关注感兴趣的东西或事件的时间。
6. 节律性——吃饭、睡觉、消化等身体机能的规律性和可预测性。

那么请注意，婴儿的气质反映了两种消极情绪（恐惧和易怒）以及一般积极情绪。此外，这六种气质成分的前五种也可以用来描述学前儿童和年长儿童的气质差异（Rothbart & Bates, 1998）。

某些气质维度的差异需要一段时间才得以显现，它们无疑受到生物成熟和经验的影响（Rothbart et al., 2001）。例如，恐惧性痛苦直到6~7个月才出现，注意广度的变化，尽管在早期就有所表现，但在1岁左右才变得更加显著，此时，因为大脑前额叶的成熟，婴儿调节注意的能力有所增强。

气质的测量 测量婴儿和年长儿童气质变异的方法和途径有很多种，但其中最常用的方法是，请非常了解儿童的成人填写专为评价特定气质特征而设计的问卷，描述婴儿的行为。例如，玛丽·罗斯巴特编制的《婴儿行为问卷》（Infant Behavior Questionaire, IBQ），请父母描述宝宝听到吸尘器的声音时的哭泣（恐惧性痛苦）、等待吃奶时的哭泣（易怒性痛苦）、微笑和大笑（积极情绪）、扭动或踢打（活动水平）等行为出现的频率（使用7点量表，1=从来不，7=经常如此）。罗斯巴特编制的《儿童行为问卷》（Child Behavior Questionaire, CBQ）采用了类似的题目，其设计更具年龄适应性，通常由家长、教师或者日常照护者填写，用以评估从学步期到小学低年级儿童的气质变异。《儿童行为问卷》中的标准题目要求成人报告儿童出现某些情形的频率，如对大声噪音、大型动物等的恐惧（恐惧性痛苦）、发脾气（易怒性）、从一个房间跑（而不是走）到另一个房间（活动水平）等。像《婴儿行为问卷》和《儿童行为问卷》这样的测量工具，其主要优势在于，填写问卷的成人一般都非常了解孩子在各种情境中的行为和情绪反应（Rothbart & Bates, 1998）；然而不足之处是，填写问卷的人尤其是父母，其报告不一定完全客观。

其他研究人员更喜欢在实验室情境中评估儿童的气质（更准确地说是他们特别感兴趣的气质成分），在这些情境中，研究人员感兴趣的气质差异更容易被观察到。如果想考察恐惧性痛苦（或称为行为抑制）的变异，研究中会让儿童接触陌生人或不熟悉的玩具，玩具可以移动、发出噪音或包含一些不确定因素，并记录儿童对这些物体和情境的反应（Kagan, 1992）。支持采用实验室评估的研究者认为，这种气质评估方法更客观，偏见较少（Kagan, 1998）。然而，它也有重要的缺陷：（1）这种测量可能受到即时因素的较大影响，比如儿童在某个特定日子里的心境；（2）它们一般只能提供一两个气质特征的信息，不能反映整体气质差异。

遗传和环境对气质的影响

遗传影响　许多研究者认为，气质这个术语意味着导致个体行为差异的一种生物基础，它受遗传影响，具有跨时间的稳定性（Buss & Plomin, 1984; Rothbart & Bates, 2006）。行为遗传学家通过比较同卵和异卵双生子来考察遗传的影响。在6个月左右，同卵双生子已经比异卵双生子在活动水平、易怒性和积极情感这样的气质特征上表现出了更多的相似之处（Braungart et al., 1992; Emde et al., 1992; 见图 4.6）。在整个婴儿期和幼儿期，虽然多数气质特征的遗传力系数最多为中等（Goldsmith, Buss & Lemery, 1997），但气质的许多重要成分确实受基因影响。

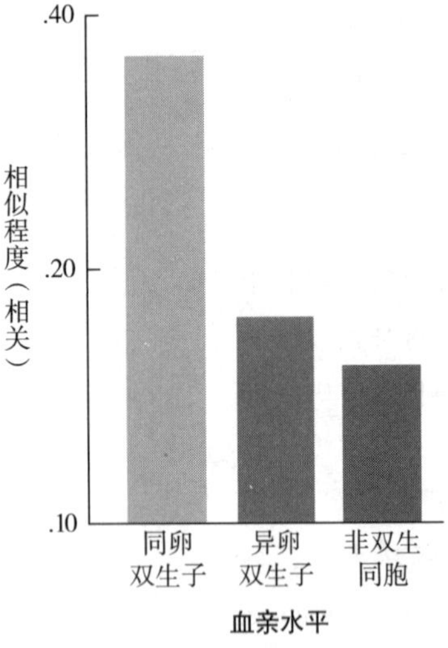

图 4.6　在婴儿期，同卵双生子、异卵双生子和不同时间出生的非双生同胞的气质相关。

资料来源：Braungart et al., 1992; Emde et al., 1992.

环境影响　气质特点只具有中度可遗传性，这意味着环境同样影响儿童的气质。环境的哪些方面最重要呢？某些研究表明，兄弟姐妹共享的家庭环境会显著影响“微笑 / 积极情感”这类积极气质特点；而对易怒性和恐惧性痛苦这类消极气质特点影响则较小，因为共同生活的兄弟姐妹在气质的这些方面通常并不相同（Goldsmith, Buss, & Lemery, 1997; Goldsmith et al., 1999）。相反，消极气质特点更多地受到非共享环境的影响，兄弟姐妹不共享的这些环境累积在一起，造成了他们气质上的差异。如果父母发现孩子们之间的早期行为差异，并且调整了对他们的抚养方式，这种情况就很容易发生。举个例子，如果一位母亲发现，与3岁女儿詹妮弗当初相比，婴儿期的吉米对陌生人更回避，她可能会给吉米更多自由，允许他回避社交接触而去独自活动，这就使得吉米比姐姐更孤僻、更加地社交抑制（Park et al., 1997）。

气质的稳定性

随时间推移，早期气质的稳定性如何呢？一个8个月大时会因陌生面孔而高度不安的"恐惧型"儿童，到两岁时仍然会害怕陌生人吗？4岁时还会回避新玩伴吗？追踪研究表明，气质的活动水平、易怒性和"积极情感/善交际性"这几种成分，从婴儿期到儿童期甚至到成年初期，都具有中等程度的稳定性（Caspi & Sliva, 1995; Jaffari-Bimmel et al., 2006; Lemery et al., 1999）。实际上，新西兰的一项追踪研究发现，3岁时测量的一些气质成分，不仅在3~18岁保持中度稳定，而且能预测参与者在反社会倾向上的个体差异，以及他们18~21岁时的人际关系和家庭关系质量（Caspi & Sliva, 1995; Henry et al., 1996; Newman et al., 1997）。这些发现可以解释，为什么许多发展研究者认为气质是成人人格的基石。不过，并非所有人的气质都如此稳定。

我们来看杰罗姆·凯根及其同事在追踪考察他们称为**行为抑制性**（behavioral inhibition）这一气质特点时的发现。行为抑制性是一种对陌生人或陌生情境表现出退缩的倾向（Kagan, 1992, 2003）。在4个月大的时候，抑制型儿童就会对一个色彩鲜艳的小汽车这类新异玩具表现出激动且身体活动加强，并且他们经常对那些非抑制型儿童一点也不害怕的情境，表现出很强的生理唤醒（例如高心律）。在21个月大时进行测验，当遇到陌生人、陌生玩具和陌生情境时，被归为抑制型的学步儿会相当害羞，有时候甚至会害怕；而大部分非抑制型儿童则能很好地适应这些情形。在4岁、5岁半和7岁半测验的时候，抑制型儿童仍然很少与陌生的同伴和成人交往，如果参与有危险的活动（例如走平衡木），他们比非抑制型儿童更谨慎。不仅如此，抑制型的婴儿和学步儿很可能在学龄期表现出过分的担忧（例如担心被诱拐）（Kagan et al., 1999），在青少年期表现出害羞和社交焦虑（Kagan et al., 2007; Schwartz, Snidman & Kagan, 1999）。

因此，行为抑制性是一种具有中度稳定的特性，它可能有深厚的生物根源。实际上，研究者已经发现，对新奇事物过度反应的婴儿，其大脑右半球（消极情绪中心）比左半球的脑电活动更强，而对新奇事物反应不甚激烈的婴儿，其大脑活动要么表现出了相反的模式，要么左右半脑的脑电活动未出现差异（Calkins, Fox, & Marshall, 1996; Fox, Bell, & Jones, 1992）。此外，在婴儿期被归为抑制型或非抑制型的儿童，到了青少年初期和成年初期，对新奇事物仍然表现出不同的生理反应（Schwartz et al., 2003; Woodward et al., 2001）。家族研究清楚地表明，行为抑制是一种受遗传影响的特征（Bartels et al., 2004; DiLalla, Kagan, & Resnick, 1994; Robinson et al., 1992）。然而，凯根（Kagan,1998）和其他研究者（Kerr et al., 1994; Pfeifer et al., 2002）都发现，主要是那些位于行为抑制性连续体两端的儿童，即最抑制和最不抑制的儿童，表现出了长期的稳定性，而其他多数儿童随年龄增长，其抑制水平会出现很大波动。当然，许多儿童的抑制水平表现出显著变化这一发现说明该特性还受到环境的影响。事实上，环境因素甚至有助于抑制的稳定性，因为儿童似乎很可能长期保持高度的抑制性，如果照护者：（1）过度保护儿童，不允许他们有自主权（Fox, 2007），或者（2）不能准确地评价他们的感受或对孩子不敏感，常常对他们的小心翼翼冷嘲热讽，比如："别那么幼稚！"（Kiel & Buss, 2006; Rubin, Burgess, and Hastings, 2002）。

这里有另一个例子也表明，受遗传影响的气质特性常常因环境因素而改变（或保持）。非常有趣，亚历山大·托马斯和斯蒂拉·切斯在其经典追踪研究（从婴儿期到成年期的气质类型的稳定性）中发现了相似的机制。

早期气质类型与后期发展

托马斯和切斯（Thomas & Chess, 1977; Thomas, Chess, & Birch, 1970）在他们早期的报告中指出，婴儿气质的某些方面以一种可预期的方式聚集成类，形成几大气质类型。在他们的纽约追踪研究中，141 名婴儿中的大多数可以被归为三种气质类型中的一类。

1. **容易型气质**（easy temperament）（样本的 40%）：容易相处的儿童性情平和，经常处于良好心境，对新经验开放、适应性强。其行为习惯有规律且可预测。
2. **困难型气质**（difficult temperament）（样本的 10%）：困难型儿童表现活跃、易激惹，行为习惯不规律，对日常生活中的变化常常做出激烈反应，对陌生人或环境适应很慢。

3. **慢热型气质**（slow-to-warm-up temperament）（样本的 15%）：这些儿童相当不活跃，略显忧郁，对陌生人和环境适应较慢。但是与困难型儿童不同，他们对新奇事物的反应适度，而不是激烈的、消极的。例如，他们可能会通过把目光移开来拒绝拥抱，而不是踢打或尖叫。

其余儿童不能归于上述三种类型，表现出了自己独特的气质类型。

气质类型与儿童的适应　显然，这三大类气质可能随着时间推移而持续下去，并影响儿童对以后生活中的各种环境的适应。例如，"困难型"气质的儿童比其他儿童更可能出现学校适应问题，他们在与兄弟姐妹或同伴交往时容易发火，具有攻击性（Rubin et al., 2003; Stams, Juffer, & van IJzendoorn, 2002; Chess & Thomas, 1999）。相比而言，大约一半的"慢热型"儿童表现出了另一种适应问题，因为他们在遇到新活动和挑战时会犹豫不决，致使他们可能被同伴忽视或拒绝（Chess & Thomas, 1999）。

儿童抚养与气质　这些观察结果是否意味着早期的气质类型很难改变，并且会在很大程度上决定了我们的人格和社会适应呢？答案是否定的。切斯和托马斯（Chess & Thomas, 1999）发现，早期气质特点有时能、有时不能延续到以后的人生阶段。换句话说，气质类型是可以改变的，有一个因素通常会影响气质的变化，这就是儿童的气质类型与父母教养方式之间的"**良好匹配**"（goodness of fit）。我们先来看看什么是气质与抚养之间的良好匹配？如果父母在坚持让孩子遵守规则时保持冷静，同时也克制自己，让孩子以一种更从容的节奏对新规则做出反应，那么脾气大、对新事物难以适应的困难型婴儿和学步儿，经过一段较长的时间，常常会变得不再那么容易发怒，也更具有适应性。事实上，许多经历了这种耐心而敏感养育的困难型婴儿，到了儿童期或青少年期不再被划为困难型孩子，也不再表现出任何适应问题（Bates et al., 1998; Jaffari-Bimmel et al., 2006）。但是，对一个好动、易怒且拒绝被关注的孩子，家长很难保持耐心和敏感。事实上，许多家长对这样的孩子发火、缺乏耐心、苛求并惩罚

图片 4.5　如果父母对困难型婴儿缺乏耐心，采取强制的教育方式，他们的困难型气质很可能会延续。

孩子（Sanson, Hemphill, & Smart, 2004; van den Boom, 1995）。令人遗憾的是，这些态度和做法与困难型儿童构成了“不良匹配”，孩子会对父母的强制和惩罚报以更加不耐烦和反抗，这反过来又导致父母更爱发火，对孩子越来越不关心（Lengua, 2006）。困难型婴儿的父母如果经常对孩子缺乏耐心、生气、苛求和强制，长此以往，他们就可能在以后依然是困难型儿童，并出现行为问题（Chess & Thomas, 1999; Rubin et al., 2003）。

困难型儿童容易出现适应问题，部分原因可能是由于他们缺乏调节情绪尤其是调节消极情绪的技能。在专栏 4.3 中，我们在考察近期广受关注的一种气质属性时将再次涉及调节问题，这种气质属性就是*努力控制*。

不同文化下气质对发展的影响

我们回顾的有关气质及其发展结果的研究，在一个重要方面存在局限：多数研究都是在美国、加拿大、西欧国家这样的西方文化中进行的。这就可能有严重的局限性，因为至少有一些初步的证据表明，关于什么是“符合期望”的气质以及与其相关的结果都可能因文化而异。我们来看一个例子：儿童和青少年害羞的含义。

在美国，害羞、内向的儿童处于社交劣势。他们面临被同伴忽视甚至拒绝的风险，这一结果可能导致低自尊、抑郁，以及我们将在第 13 章中详细讨论的其他适应问题。此外，即使害羞的青少年或年轻人在其他方面适应得很好，他们也常常不够大胆或果断，不能充分利用许多机会，而且他们在结婚、生子、创建个人事业等方面，也比不害羞的同龄人晚得多（Caspi, Elder, & Bem, 1988）。

相比之下，许多亚洲文化历来看重美国人所谓的害羞和抑制行为。例如，过去在中国开展的研究一再发现，害羞、内敛的儿童被教师认为具有社交成熟性（Chen, Rubin, & Li, 1995），并且他们可能比活跃、自信的孩子更受同伴欢迎，这与我们在美国和加拿大了解到的模式截然相反（Chen, Rubin, & Sun, 1992）。而多数西方儿童偶尔表现出的喧闹的课堂行为(美国教师认为正常的)，可能会被泰国教师打上“品行障碍”的标签，他们希望学生内敛、恭敬、顺从（Weisz et al., 1995）。不过，来自中国的近期数据显示了一个有趣的新变化。在过去的 15 年里，中国实施了一系列社会改革，更加重视个人自由和首创精神等这样一些观念，在某种程度上，中国儿童把害羞看作社交优势的观念似乎正在发生变化。例如，陈欣银和岑国桢等人（Chen, Cen et al., 2005）报告说，

专栏 4.3 研究聚焦

努力控制、情绪自我调节和社会性发展

前面讲过，恰当的情绪调节能力是对一个人的未来有深远影响的重要特性：良好的调节者较少表现出攻击性、焦虑、退缩或抑郁，而且通常与老师、同学相处得更好。近些年来，社会性发展心理学者通过研究儿童在**努力控制**（effortful control）方面的变化来探讨气质对自我调节的影响，努力控制与调节能力紧密相连，有些研究者偶尔以此来测量情绪的自我调节（Eisenberg, Zhou, et al., 2005）。

努力控制被定义为“执行注意的有效性，包括抑制一个优势反应和/或激活一个次级优势反应的能力”（Rothbart & Bates, 2006）。它由各种相关能力组成，包括：（1）集中精力在任务或情境上，（2）为应对变化的情境要求而转换注意，（3）抑制不恰当的反应，（4）计划并选择一个更适合于当前形势的反应。我们有充分的理由推测，努力控制与成功的情绪调节有关。例如，一个6岁儿童要在他的生日聚会上举止得体，就必须集中注意庆祝活动（而不是去他的房间闲逛）；当被告知打开祖母给的礼物时，他要把注意力从往脸上涂蛋糕移开；当发现礼物令人失望时，他要抑制占优势但不恰当的反应（表达愤怒或失望），同时计划并选择更适合情境的反应（“谢谢奶奶送的内衣，这正是我要的！”）。

研究者对努力控制的测量，通常是采用罗斯巴特编制的《儿童行为问卷》的一个分问卷，让父母或教师报告，儿童的某种行为是否符合问卷的描述（例如，“不让玩游戏时会生气”“去看病时保持平静”“给图画涂颜色时注意力高度集中”“别人说‘不’时能立即停止一个活动”）。努力控制被认为是一种受遗传影响的气质特性，但它也非常容易受环境影响。实际上，一项双生子研究发现，环境因素解释了儿童努力控制分数的绝大多数变异，而基因的作用居其次（Goldsmith, Buss, & Lemery, 1997）。尽管研究数据有限，但有一致的证据表明，温暖、支持性的父母教养方式通常会促进儿童的努力控制，而严厉的教养和前后不一致的管教方式通常会抑制之（Eisenberg, Zhou, et al., 2005; Rothbart & Bates, 2006; Spinrad et al., 2007）。

努力控制的发展通常与情绪自我调节的发展同步，在2~3岁时，儿童的努力控制表现出明显改善（Carlson, Mandell, & Williams; 2004; Kochanska, Murray, & Harlan, 2000）。虽然儿童的集中注意和控制冲动的能力随年龄增长而逐渐增强（Jacques & Zelazo, 2001），但是，努力控制显示出了明显的个体差异，且这些差异在整个学前期、儿童中期和青少年期都较为稳定（Lengua, 2006; Li-Grining, 2007; Zhou et al., 2007）。那么，努力控制能力较强的儿童都有哪些方面的优势？

至少从目前有限的证据来看，他们肯定是有优势的。例如，和努力控制能力较弱的同学相比，努力控制能力较强的学前儿童（尤其是在抑制占优势但不恰当反应的能力方面）一年后在学前班的学习成绩更好（Blair & Razza, 2007）。此外，和努力控制能力强的同学相比，努力控制得分低的小学生和青少年更可能表现出外显行为问题，如不适当的攻击性和违法犯罪，以及其他一些内化行为问题，如焦虑、抑郁、社交退缩等（Eisenberg, Sadovsky, et al., 2005; Eisenberg, Zhou, et al., 2005; Zhou et al., 2007）。

总之，努力控制似乎是一个最重要的气质特征，研究发现它与儿童的情绪能力、学习能力以及出现各种问题行为的风险相关，并且在未来几年，可能会有证据显示，它对社交行为和人格发展的许多其他方面都有重要影响。

现在害羞的中国儿童不再比自信、外向的同伴更受欢迎，而且像前面研究中的西方害羞儿童一样，他们正面临着被同伴拒绝的风险。因此，随着文化价值观的变化（一种历史效应），特定气质特征的认可度或可取性肯定也会发生改变。

甚至在西方文化的不同国家之间，害羞所带来的结果也不尽相同。例如，瑞典人对害羞的看法要比美国人积极一些，他们喜欢害羞、内敛的行为，而不是大胆、武断或吸引注意的滑稽举动。因此，对于瑞典男性来说，害羞并不是劣势。像害羞的美国男性一样，害羞的瑞典男性结婚生子的年龄比不害羞的男性要晚；但是，与美国男性的情况不同，害羞并未妨碍瑞典男性的职业生涯发展（Kerr, Lambert, & Bem, 1996）。那么瑞典的女性又如何呢？害羞对她们建立亲密关系没什么影响，害羞的瑞典女性结婚生子的时间与不害羞的女性也没什么不同。但是和害羞的美国女性不同的是，美国的害羞女性普遍都接受过良好的教育、嫁给一位成功的男性。但是在瑞典，害羞的女性比不害羞的女性受教育要少，而且嫁给了收入较少的男性，因此，害羞可能使她们处于经济劣势。为什么害羞的瑞典女孩接受的教育少呢？玛格丽特·科尔等人（Kerr et al., 1996）认为，瑞典的教师们更可能鼓励害羞的男生继续受教育。所以，与不害羞的女孩或害羞的男孩相比，害羞的瑞典女孩缺乏主动性去接近老师以寻求指导，因此其得到的受教育机会较少。

于是我们可以看到，害羞所带来的结果在不同文化中（甚至在同一种文化中，也取决于一个人的性别或研究进行时所处的历史时代）可能存在天壤之别。很明显，一些气质特征比另一些特征更符合某种文化的特定价值观和传统。由于文化传统的差异如此之大，我们可以有把握地得出这样的结论：没有一种气质类型在所有文化中都是最适应的。

本章要点

情绪和情绪发展概述

- 情绪是一个复杂的建构，由感受（积极的或消极的）、生理反应、引发或伴随感受和生理变化的认知，以及驱动个体采取行动的目标和期望组成。
- **单一情绪理论**认为，人类的每一种情绪都伴随着面部和身体的一系列特定反应；这些情绪状态是人类进化的产物，在生命早期就已出现。相比之下，**机能主义观点**的支持者认为，情绪随时间而发展，其目的是促进人采取某些行动以实现目标。

单一情绪的出现和发展

- 人类婴儿显然是有情绪的生物。初生婴儿就显示出感兴趣、痛苦、厌恶和满足等表情，其余的**初级情绪**则出现在出生后 6 个月左右。

- 6~10 周大的婴儿开始显露出**社交性微笑**，随着年龄增长其表现越来越多。2 个月大婴儿的笑容表明他们为能掌控玩具和事件而高兴；6~7 个月大时，婴儿把他们最强的社交性笑容留给熟悉的伙伴。
- 愤怒和悲伤（区别于一般性的痛苦）最早出现在 2 个月左右，在 1 周岁之前，这两种情绪作为单一情绪越来越容易辨别。恐惧一般在 6~7 个月大时出现。两种特别令人关注的早期恐惧是陌生人恐惧，或**陌生人焦虑**，以及和照护者分离时感到的不适，或称**分离焦虑**。
- **次级情绪**，或**自我意识情绪**，如尴尬、自豪、害羞和内疚，在出生后第二年或第三年开始出现，此时，儿童的认知发展出现标志性的进步，出现了自我认识，并且习得了评价自己行为的标准。
- 引发特定情绪的情境随着儿童期的发展而变化。青少年初期的消极情绪表现通常会增多，这可能反映了青春期激素的变化以及青少年与父母、教师和同伴的日常纠纷越来越多。

识别和理解他人情绪

- 婴儿辨别情绪的面部表现并从中获取信息的能力在出生后第一年有显著提高。在 7~10 个月大时，婴儿表现出**社交参照**，使他们知道在各种不确定情境中自己应该有何感受和行为。
- 3~5 岁，儿童逐渐善于根据表情线索甚至肢体动作来识别他人体验到的初级情绪。
- 儿童逐渐能够理解各种情绪产生的原因，以及引发这些情绪的情境和事件。4~5 岁的儿童已能意识到，当前的情绪可能是由回忆过去事件而引起的。6~10 岁的儿童逐渐懂得，对同一件事，不同的人可能产生不同的情绪，同一个人可能同时体验到两种或两种以上的情绪。
- 父母和其他照护者可以通过谈论孩子的心理状态及其情绪的后果来促进年幼儿童对情绪的理解。在进行这些关于情绪的对话时，成人使用的内容丰富、精心计划的方式是情绪社会化的一种特别有效的手段。

学会调节情绪

- **情绪自我调节**是指人为了达到目标，把情绪强度调整到恰当水平的过程。
- 小婴儿几乎完全依靠照护者来安抚和调节他们的痛苦。将近一岁时，婴儿学会了调节消极情绪的简单方法，学前儿童在父母和其他成人帮助下，形成了一些认知策略，用以减弱（或加强）其情绪唤醒，以便达到他们的目标。
- 情绪调节能力的增强帮助儿童遵从符合文化要求的**情绪表达规则**。尽管任何人都能体验到人类的所有情绪，但是他们对外表露的情绪和表露情绪的情境却有很大的文化差异。

情绪能力、社交能力和个人适应

- 情绪能力由三种成分组成：(1) 情绪表达能力，(2) 情绪理解能力，(3) 情绪自我调节能力。
- 早在学前期，情绪能力的三个方面就都与儿童的社交能力和个人适应能力有关。

气质与发展

- **气质**的许多成分都受到遗传影响。环境对气质也有重要影响，其中共享环境对气质的积极方面有较大影响，而非共享环境对气质的消极方面影响较大。
- 活动水平、易怒性、恐惧性痛苦和**行为抑制性**等气质成分随着年龄增长具有中度稳定性，并可预测成人人格的变化。处于气质维度两个极端的个体，其气质最稳定。
- 不同的气质特征可以组合为可预测的类型，如

容易型、**困难型**和**慢热型**。虽然困难型和慢热型儿童出现适应问题的风险更大，但他们实际上是否会出现这些问题，要看其父母的教养方式与他们自己的气质是否实现了**良好匹配**。

- **努力控制**是指注意的集中和（或）转移能力，以及抑制优势反应并作出适合当前情境的反应的能力。努力控制是情绪自我调节和良好的社交行为模式的强有力影响因素。
- 气质特征是否可取因文化而异，要看它们是否符合所处文化的价值观。

第5章

依恋

1960年，约翰·鲍尔比发表了一篇文章，描述了15~30个月龄学步儿的一些行为，他们因为患慢性疾病住院治疗，和母亲长时间分离。这些儿童只是生了病但在其他方面正常，其发展却出现了某些问题。据鲍尔比介绍，在长期住院期间，大多数儿童的行为经历了三个时期：

1. 起先是*反抗期*（protest phase），儿童哭叫、让妈妈回来，试图回到妈妈身边，拒绝临时照护者的照料。这一时期的持续时间从几小时到一周多不等。
2. 第二是*绝望期*（phase of despair），儿童看上去对跟妈妈重聚不再抱希望。他们变得情感冷漠，对玩具和他人都不感兴趣，似乎陷入了深深的悲伤状态。
3. 随后，很多儿童进入鲍尔比所称的*超脱期*（detachment phase）。他们看上去已经“恢复”了，重新对玩具和临时照护者有了兴趣，但他们跟自己妈妈的关系却发生了变化。妈妈来医院探望时，他们态度冷淡，妈妈离开时也不再反抗。这些孩子似乎断开了他们与妈妈之间的情感纽带。

鲍尔比还发现了第四个分离期：*对人际关系的持久退缩*，它发生在与母亲分离时间过长，或在与母亲分离的同时又失去了护士和保姆等临时依恋对象的情况。这两种情况的儿童，往往对人际接触不再那么感兴趣了。他们仍然能主动与他人交往，但会变得更加自我中心，注意力常常从人转换到绒毛玩具或其他无生命的东西上。

鲍尔比的研究在一定程度上受到本章后面将要介绍的早期研究的启发，这些研究揭示，和最初主要的照护者分离，在孤儿院和其他福利机构长大的儿童，常常不能和任何人形成亲密的情感联系，会陷入抑郁和绝望状态，对他人无回应，甚至不想活下去（Spitz, 1945, 1949）。这些观察提示鲍尔比，婴儿和最初照护者之间亲密的感情联系，或*依恋*的形成，可能是社会性与情感正常发展的必要条件。他本人后来对就医住院学步儿的观察支持了这一结论，即依恋形成之后，在很长时间里，仍然在儿童的生活中发挥重要作用，任何可能破坏这种纽带的因素（如长期与家人分离），都会带来痛苦和绝望，为消极的发展结果埋下隐患。

我们将在本章深入评价鲍尔比等人关于早期情感纽带对儿童社会性、情感与智力发展之重要性的观点。我们先考察婴儿和照护者怎样建立这种亲密关系，接着讨论早期依恋在两个方面的重要性：第一，我们将回顾大量新增的证据，它们表明，婴儿与照护者形成的依恋在质量或*安全性*方面是不同的，情感依恋的类型对儿童的短期和长期发展都有重要意义。第二，我们将介绍那些与最初的照护者很少有或没有接触、对任何人都没有表现出依恋的婴儿的发展进程。

最后，我们讨论一个重要的、引起广泛争议的实际问题：那些可能在情绪上遭受痛苦、心理发展不良的儿童，他们的父母是否应该外出工作，他们是否应该在出生后头几年的大部分时间里接受某种替代照料？

什么是情感依恋

尽管婴儿一出生就能和他人交流他们的很多感受，但是，一旦他们在情感上开始依附于照护者，他们的社会生活将会发生重大变化。那么，何谓情感**依恋**（attachment）？约翰·鲍尔比（Bowlby, 1969）用这一术语描述我们与生活中特定之人间的强烈情感联系。鲍尔比认为，安全依恋的人从互动中获得快乐，面临压力和不确定情况时，依恋对象在场会让他们安心。所以，10 个月大的婴儿可能这样表现他与母亲的依恋关系：他把最开心的笑容送给妈妈，当他焦躁、不适或害怕时，他会朝着妈妈哭，或向妈妈爬过去。

依恋是互惠的关系

鲍尔比也强调，亲子依恋是一种互惠的关系，婴儿依恋父母，父母也依恋婴儿。

在与婴儿形成亲密的感情联结方面，父母显然具有明显的优势，但人们有时很难理解，父母怎么会对**新生儿**（neonate）投入那么多情感。很多年前，我的一位同学听到我们的一位教授兴奋地谈论他刚出生的儿子如何吸引他时，不禁对他说道：

> “真是搞不懂您为什么会对孩子有这么强烈的情感？新生婴儿流口水，吐奶，让人操心，大哭小叫，经常尿湿尿布和垫子，还整日整夜地需要人照顾。一提起婴儿，就会让人联想到这么多令人不爽的琐事，学习理论难道没有预料到父母该习得厌烦他们的孩子才对？”

从 40 多年前的那天起，社会性发展研究者便开始试图理解父母是怎样被新生儿吸引的。甚至在宝宝还没出生时，很多父母就对宝宝充满眷恋，他们幸福地谈论着孩子，为孩子的降生制订宏伟的计划。当妈妈感觉到宝宝在踢腿、用听诊器听见宝宝的心跳，或者在 B 超上看见孩子的影像时，父母们都会表现出巨大的喜悦（Grossman et al., 1980）。更重要的是，二十世纪七八十年代

© Ellen Senisi/The Image Works

图片 5.1 安全依恋的儿童与照护者经常互动，并试图保持亲密关系。

所做并被广为报道的研究显示，在孩子刚出生的几小时内，父母若能与新生儿广泛密切地接触（最好是肌肤接触），会很快使婴儿与母亲形成**情感纽带**（emotionally bonded），这种在早期“敏感期”形成的亲子纽带，比那些在孩子刚出生时没有接触而后来才建立的亲子情感联系，不仅更强烈，而且保持的时间也更长（Klaus & Kennell, 1976, 1982）。

这一“敏感期”假设是一种激进的观点，其他研究者很快就表达了各种意见。后来的研究显示，与新生儿进行密切接触可以增强父母对孩子已有的积极情感，帮助他们与孩子拥有一个良好开端，尤其是在妈妈非常年轻、经济贫困、不懂得怎样给孩子提供刺激和怎样照料孩子的情况下（Eyer, 1992）。但是，没有明确的证据表明，跟新生儿没有早期接触的父母以后就难以与孩子建立亲密联系。倒是有相反的证据：多数养父母对亲子关系都相当满意，他们最终都与收养子女建立起了非常亲密的情感联系，虽然他们与这些被收养的婴儿在出生后的几天、几周甚至几个月都不曾有接触（Jaffari-Bimmel et al., 2006; Levy-Shiff, Goldschmidt, & Har-Even, 1991）。实际上，收养家庭母亲和婴儿之间安全依恋形成的可能性与非收养家庭相当（或稍高）（Stams, Juffer & Van IJzendoorn, 2002; Singer et al., 1985）。

总之，婴儿跟照护者之间的安全依恋并非在出生后几小时（或几天）内形成的，而是在出生后几个月的时间里，通过社会互动逐渐形成的。没有理由说，那些在孩子刚出生时跟孩子没有肌肤接触的父母，很难跟孩子建立充满温暖和爱的关系。

同步互动和依恋

对依恋形成有重要影响的一个因素是**同步活动**（synchronized routines），它通常是在婴儿出生后的前几个月里，婴儿与照护者一起建立起来的。在4~9周期间，婴儿通常开始盯着妈妈的脸，显出对妈妈的脸很感兴趣（Lavelli & Fogel, 2002），到2~3月大时，他们开始理解一些简单的、偶发的社交活动。因此，在一个3个月大的婴儿醒着和专注的情况下，妈妈对着孩子微笑，孩子就会高兴地回报一个大笑，并期待妈妈做出一个有意思的反应（Lavelli & Fogel, 2002, 2005; Legerstee & Varghese, 2001）。相比之下，如果社交期望不能实现，就像在“平淡的面孔”实验中那样，让妈妈一直绷着脸，2~6 个月大的婴儿通常会朝妈妈短暂地微笑，以重新引起她的注意，如果妈妈还没有反应，孩子就会悲伤（Moore, Cohn, & Campbell, 2001）。所以，即使很小的婴儿，也希望自己的肢体语言与妈妈的姿态有某种程度的“同步”。出生后头几个月婴儿的这种期望是他们跟周围亲人面对面互动变得越来越和谐和复杂的重要原因（Stern, 1977）。

最可能形成同步互动的条件是，照护者细心地留意婴儿的状态，当婴儿清醒和专注时，给予游戏式的刺激。但是，若婴儿过分激动或疲劳，显得烦躁，或者传达出“平静点，我想歇会儿”的信号，就不要再继续下去。爱德华·特罗尼克（Tronick, 1989, p.112）描述了一个妈妈跟孩子一起玩躲猫猫游戏时的同步互动：

> ……当游戏达到“高潮”时，婴儿忽然转过头去，开始吮吸拇指，呆呆地看着空中。妈妈停止了游戏，坐下来，看着他……过了几秒钟，孩子转过头，露出邀请的神情。于是妈妈靠近孩子，微笑着，用高亢、夸张的声调说：“哦，现在你又转回来了！”孩子也报以微笑并发出声音。他们一起嬉闹了一会儿，婴儿又开始吮吸拇指，看别处。妈妈再次等着。（很快），婴儿又转向妈妈，他们彼此用大笑互相回应。

在这种简单但同步的互动中，很多信息得到了交流。兴奋的婴儿用转头和吮吸拇指表达“喂！我需要放松一下，调整我的情绪。”妈妈则耐心等待他回过头来，告诉他“我懂”。当他转回头时，妈妈微笑着告诉他，她很高兴他回来，婴儿则以微笑和兴奋的声音信号表示他知道了。持续一两分钟后，当婴儿过于兴奋时，妈妈就等他再次平静下来。当孩子第二次转向妈妈时，用大笑表达了他对妈妈的谢意。显然，这是一种二元关系，不仅可以使两个人顺利互动，而且还能快速修正互动中的任何错误。

同步互动对建立情感联系有多重要？我们可以通过把它跟冲突的、非同步的互动相比较来获得一些理解。如果上述例子中的妈妈在孩子转过头去的时候缺乏耐心，仍然不停地发出声音来吸引他的注意，并且把脸贴近孩子的视线，那么，根据特罗尼克的研究（Tronick, 1989），很可能孩子会出现痛苦的表情，更使劲地转头，甚至推开妈妈的脸。妈妈侵入性的举动像是在说“别害羞，来跟我玩吧！”婴儿的拒绝反应则像是在说“不要！你先等等，让我歇会儿！”那么，在这种交流中，信息会被忽视，互动错误会持续存在。这与前面描述的高度亲昵、同步的互动相比，无疑对母亲和婴儿来说都不那么愉快。

总之，婴儿凭借对他人发起的社交提议做出的回应，凭借他们开始出现的、

Robert Brennan/PhotoEdit, Inc.

图片 5.2　早期情感与行为的同步性是婴儿与照护者之间强烈、成熟且双方都满意的依恋的最好预测指标。

努力使自己的行为与敏感的亲人同步的能力，使其在赢得他人的情感方面发挥着重要的作用。如果父母把社交刺激限制在婴儿清醒并可以接受的时间，在婴儿发出“喂，我想平静一会儿”的信息时就不再勉强婴儿，那么，流畅的同步互动最可能形成。父母可能较难与气质上易激惹或反应迟钝的婴儿形成同步的日常活动（Feldman, 2006）。但在正常情况下，3 个月大的婴儿与其照护者之间的同步交流可能每天会发生几次，这对情感依恋的形成尤为重要（Stern, 1977）。随着婴儿与回应敏感的照护者的持续互动，他会慢慢知道这个人喜欢什么，以及怎样调整或吸引她的注意（Keller et al., 1999）。照护者当然也应该更好地解读婴儿发出的信号，学会调整自己的行为，准确地捕捉和维持婴儿的注意。随着照护者和婴儿在日常活动实践中成为更好的玩伴，他们的关系应该会令双方都满意，最终发展成强烈的相互依恋（Isabella, 1993; Isabella & Belsky, 1991）。

婴儿怎样形成依恋

很多父母在宝宝出生后很快就形成了对孩子的情感联结，但是婴儿则不然，他们需要一些时间，在发育上做好准备，才能形成对他人的真正依恋。人们提出了很多理论来解释婴儿怎样跟周围人形成情感联系，以及背后的原因。在回顾这些理论之前，我们先介绍婴儿和亲人形成依恋关系的时间问题。

最初依恋的发展

多年前，鲁道夫·谢弗和佩吉·埃莫森（Schaffer & Emerson, 1964）对一组苏格兰婴儿进行追踪研究，从出生追踪到 18 个月，考察他们情感依恋的发展。每个月对妈妈进行一次访谈，查明以下问题：（1）在与亲人分离的 7 种情况下（如把孩子放在婴儿床上，把孩子交给一个陌生人等），孩子怎样做出反应；（2）婴儿分离时的反应指向哪些人。如果婴儿与某人分离时确实表现出哭闹行为，就判定他依恋于这个人。

谢弗和埃莫森发现，婴儿与照护者形成亲密关系要经历以下三个阶段：

第一，**非社交性阶段**（asocial phase, 0~6 周）。6 周前的婴儿是非社交性的，多种社交性刺激或非社交性刺激都能引起他们的愉快反应，很少引起他们的不满。在这一阶段结束时，婴儿开始显示出对微笑面孔这类社交性刺激的偏爱。

第二，**未分化的依恋阶段**（phase of indiscriminate attachments, 6 周到 6~7 个月）。这个阶段的婴儿显然喜欢有人陪伴，但在某种程度上是未分化的：他们对人的微笑多于对似乎有生命的东西，比如会说话的木偶（Ellsworth, Muir, & Hains, 1993），而且，在成人把他们放下时他们就会烦躁。虽然 3~6 个月的婴儿只会朝着熟人大笑，而且当熟人照料时能很快平静下来，但是任何人（包括陌生人）关注他们，他们都会高兴。

第三，**特定的依恋阶段**（phase of specific attachment, 约 7~9 个月）。在 7~9 个月时，婴儿开始只在与一个特定的人分离时才会抗议，这个人通常是妈妈。此时婴儿会爬，他们会跟在妈妈后面，靠近她，妈妈回来时他们会热情地欢迎。谢弗和埃莫森认为，这一时期的婴儿已经形成了最早的真正的依恋。

对照护者形成的安全依恋有另一个重要结果：它能促进探索行为的发展。

Mark Richards/PhotoEdit, Inc.

图片 5.3　一个安全依恋的婴儿把她的依恋对象当作安全基地，从这里出发去探索周围环境。

玛丽·爱因斯沃斯（Ainsworth, 1979）认为，依恋对象是探索行为的**安全基地**（secure base），是一个安全的起点，婴儿能从这里出发，自如地到周围去探险。所以，当一个安全依恋的婴儿胡安跟妈妈一起到邻居家串门的时候，他可能会不时地回头看看坐在沙发上的妈妈，同时自如地在起居室的各个角落到处探索。但是，如果妈妈去了卫生间，他就会警觉起来，不再继续探索。这看上去好像有点自相矛盾，婴儿必须依赖另一个人，才能自信地独立做事。

第四，**多重依恋阶段**（phase of multiple attachment）。在谢弗和埃莫森的研究中，大约一半婴儿在形成最初依恋之后的几个星期内，开始对其他人产生依恋，包括爸爸、哥哥姐姐、祖父母或固定的保姆。到 18 个月时，只有很少的婴幼儿会只依恋一个人，一些婴幼儿可能对 5 个或更多的人产生依恋。

谢弗和埃莫森起初认为，多重依恋的婴儿有一个依恋对象的“层次”，处在顶端的是婴儿最喜欢的人。但是后来的研究证明，婴儿的每个依恋对象的作用是不同的，婴儿最喜欢什么人，要视情况而定。比如，在烦躁不安和受到惊吓时，大多数婴儿都喜欢妈妈陪伴。但是他们大多喜欢爸爸和他们一起玩，也许是因为爸爸和孩子待在一起的大部分时间是“游戏时间”（Bretherton, 1985; Parke, 2002）。后来谢弗（Schaffer, 1977）得出结论：“对几个人形成依恋并不意味着对不同人的感情有深浅之分，一个婴儿的依恋能力不像一块必须要分割的蛋糕。爱，即使在婴儿身上，也是没有界限的。”(p. 100）

依恋理论

如果你养过小猫小狗，你就知道，宠物对喂它们的人特别亲近。人类婴儿果真也是这样吗？对此发展心理学家的争论旷世已久，下面介绍影响较大的四种依恋理论：精神分析理论、学习理论、认知发展理论和习性学理论。

精神分析理论：因为你喂我，所以我爱你 在弗洛伊德看来，小婴儿是“口唇”发达的生物，他们的满足感来自吸吮和把东西放在嘴里，他们对任何提供口部快感的人产生依恋。因为妈妈最可能因为喂奶而使口唇发达的婴儿得到快乐，所以，按照弗洛伊德的逻辑，母亲是婴儿感到安全和喜爱的最初对象，尤其是在母亲能放松、慈爱地喂奶的情况下。

埃里克·埃里克森也认为，母亲的喂奶行为会影响婴儿依恋的强度或安全性。但是他指出，母亲对婴儿所有需要的*总体反应性*比喂奶本身更重要。埃里克森认为，照护者对婴儿的需要总能保持敏感，会培养婴儿对他人的信任，反之，缺乏敏感性或前后不一致的养育方式会导致不信任。他还指出，婴儿期没有对照护者形成信任感的婴儿，在今后一生中，都可能回避与他人建立相互信任的密切关系，或者对这种关系表示怀疑。

在回顾喂养行为与依恋的研究之前，我们需要先介绍另一种认为喂养非常重要的观点，即学习理论。

学习理论：奖励带来爱 出于完全不同的原因，一些学习理论家也认为，婴儿会对喂养他们以及满足他们需要的人产生依恋。喂养被认为非常重要原因有二（Sears, 1963）。首先，它能引发得到满足的婴儿的很多积极反应（微笑、咕咕声），从而增强了照护者对婴儿的喜爱；其次，喂养使妈妈有机会给孩子提供各种舒适感，如食物、温暖、轻柔的抚摸、柔情而抚慰的话语、背景的变换甚至一块干尿布（如果有需要），这一切都可通过喂奶来一次完成。慢慢地，婴儿就把妈妈和愉快或舒适的感觉联系在了一起，妈妈就成了重要的人。妈妈（或其他照护者）一旦拥有了这种**次级强化物**（secondary reinforcer）地位，婴儿就会依附于她，婴儿此时会在需要时对她做各种事情（笑、哭、咕咕说话、咿呀学语、跟随），以吸引照护者的注意，或者把这个有价值、对自己有好处的人留在身边。

喂养到底有多重要？哈里·哈洛和罗伯特·齐默曼的研究比较了喂养和触觉刺激对幼猴依恋发展的重要性，并于1959年发表了该研究结果。实验中的小猴子从出生第一天就与母猴分开，在之后的165天里由两个代理母亲抚养。两个代理母亲都有一张脸和匀称的金属丝身子，但是，其中一个代理母亲（“布妈妈”）身上裹着泡沫塑料，外面还包着厚厚的绒布。一半的小猴由这个温暖舒适的“布妈妈”喂养，另一半则由那个比较不舒服的“铁丝妈妈”喂养。

他们考察的问题很简单：这些小猴是依恋于喂它们的“妈妈”，还是更喜欢那个柔软的、令人想拥抱的布妈妈？结果根本不用比较！即使是由铁丝妈妈喂养的小猴，也更喜欢布妈妈，它们每天待在布妈妈身边、抱着她的时间超过15个小时，而待在铁丝妈妈身边的时间只有1小时左右（且大部分是喂奶时间）（见图5.1）。当见到会走路的玩具熊这类新颖刺激并因此而受到惊吓时，所有的小猴都直接跑到布妈妈身边。哈洛和齐默曼的经典研究无可争辩地说明，就小猴的依恋形成来说，接触的舒适感比喂食或缓解饥饿有更重要的影响。

显然，喂养对人类婴儿并不比对婴猴更重要。当谢弗和埃莫森（Schaffer & Emerson, 1964）向母亲询问她们的喂养时间安排（是有规律地按时间间隔喂，还是根据孩子的需要喂）以及给孩子断奶的年龄时，结果显示，母亲给孩

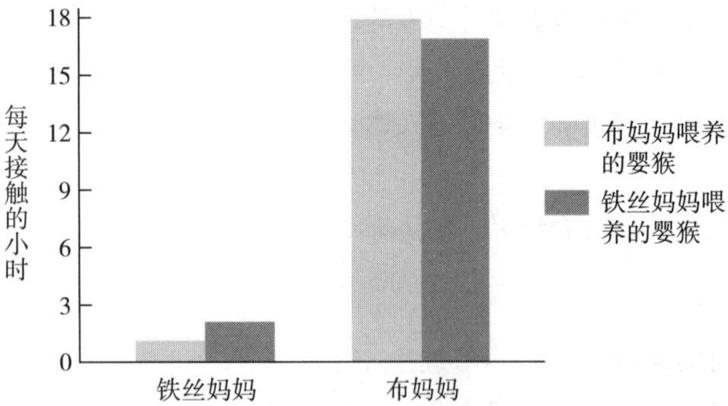

图 5.1 25 天大时婴猴待在布妈妈身边的时间明显多于铁丝妈妈，不管喂养他们的是布妈妈还是铁丝妈妈。这种接触性差异在 165 天的喂养期间一直存在。

资料来源：Harlow & Zimmerman, 1959.

子喂奶充分与否并不能预测婴儿对母亲依恋的质量。事实上，就其中 39% 的婴儿来说，经常给他们喂食、洗澡、换尿布的人甚至没有成为他们最初的依恋对象！

当前的观点 现在我们已经很清楚，无论对猴子还是人类，喂养都不是依恋的主要影响因素，但仍有学习理论家辩称说，强化是情感依恋的形成机制（Gewirtz & Petrovich, 1982）。他们的观点修正后与埃里克森的观点很接近：能吸引婴儿的人，是那些对其所有需要做出回应且给他们带来各种快乐和有益体验的人。的确，谢弗和埃莫森（Schaffer & Emerson，1964）发现，母亲行为中有两个方面可以预测婴儿对她依恋的特点，一个是母亲对孩子行为的回应性，另一个是母亲给孩子提供的刺激总量。如果母亲可靠并恰当地对孩子急切的需求做出了回应，并且经常跟孩子一起玩，那么她们的孩子大多会对其形成亲密的依恋。

认知发展理论：要爱你，我得知道你会在这儿 认知发展理论很少提到哪些成人最有可能吸引婴儿，但它提出婴儿形成依恋的能力部分取决于婴儿的认知发展水平，而这确实提醒我们：发展具有整体性。在依恋形成之前，婴儿必须能分清谁是熟人，谁是生人。他们还必须知道，熟人是具有“永久性”的（客体永久性），因为要跟一个经常从视野中消失的人建立稳定的关系毕竟比较难（Schaffer, 1971）。正因为如此，最早的依恋在 7~9 个月出现并非偶然，这时婴儿正好进入皮亚杰感觉运动阶段的第四个亚阶段，他们开始第一次寻找和发现其他人当着他们的面藏起来的东西。

巴里·莱斯特及其同事（Lester et al., 1974）检验了这个假设，他们先测试了 9 个月婴儿的客体永久性，然后让他们分别与妈妈、爸爸和陌生人短暂地分离。结果发现，在客体永久性测验中得高分的婴儿（处于第四个或更高的亚阶段），只在跟妈妈分离时着急；而得分低的婴儿（处于第三个或更低的亚阶段），无论跟谁分离都不着急。看起来，只有那些认知发展较好的 9 个月大的婴儿才形成了最初的依恋（对他们的妈妈）。这一发现表明，依恋——这一重要的情绪发展标志形成的早晚，部分取决于婴儿的客体永久性发展水平。

鲍尔比的习性学理论：也许关系和爱都与生俱来 关于情感依恋，习性学家提出了一种带有强烈进化论色彩的有趣解释。其主要假设是，包括人类在内的一切动物物种，出生时就带有一些天生的行为倾向，它们以各种方式促进物种在进化过程中得以生存。约翰·鲍尔比（Bowlby, 1969, 1980）早期曾是弗洛伊德精神分析理论的拥护者，但后来他认为，许多与生俱来的行为，都是为了促进婴儿与照护者之间的依恋而专门设计的。甚至依恋关系本身就具有适应意义，它使幼仔免受天敌和自然灾难的伤害，并能满足它们的需要。当然，习性学家认为，早期依恋的长远目标是使每一世代的成员都能生存和繁衍，以保证物种的延续（Geary, 2002）。

习性学观点的起源 有趣的是，依恋的习性学理论实际上是受到了动物研究的启示。1937 年，康拉德·洛伦兹报告，刚出壳的小鹅几乎会跟随任何移动的对象——鹅妈妈、一只鸭子甚至一个人，他把这种行为称作**印刻**（imprinting）。洛伦兹还发现：（1）印刻是天生的，用不着教幼禽怎样跟随；（2）印刻只发生在禽类出壳不久后短暂的关键期里；（3）印刻是不可逆转的，一旦小鹅跟随了某一特定对象，就将保持对它的依附。

洛伦兹因此得出结论，印刻是一种适应性反应。如果幼禽跟随它们的母亲，就会得到食物和保护，因而得以生存。那些迷路的幼禽可能饿死或被捕食者吃掉，也就无法将它们的基因传递给后代。因此，历经无数世代，印刻反应最终变成一种先天的**预适应特征**（preadapted characteristic），它使幼禽依附于母亲，从而增加了其存活的机会。

人类的依恋 人类婴儿虽然不像小鹅那样生来就对母亲有印刻行为，但是他们也有一些遗传的属性，帮助他们保持与他人接触，并获得照护。例如，洛伦兹（Lorenz, 1943）指出，婴儿的“丘比特娃娃”外貌（大脑门、丰满的脸颊、柔软浑圆的脸蛋，见图 5.2）很容易引起照护者的疼爱。托马斯·阿利赞同这一观点（Alley, 1981）。阿利发现，成人判断说，婴儿面孔（和侧面轮廓）的素描“很可爱”，比 2 岁、3 岁和 4 岁幼儿的素描“更可爱”。看来，稚气可人的面孔更容易激起他人的积极关注，因而有助于情感依恋的形成；而且婴儿越讨人喜欢，妈妈和其他亲人就越喜爱他们并对其做出积极反应（Barden et

图 5.2 很多物种的幼仔都具有“丘比特娃娃”效应，即外表可爱并容易激发照护者的注意。
资料来源：Lorenz, 1943.

al., 1989; Langlois et al., 1995)。然而，可爱并非形成亲密依恋关系所必需，因为很显然，大多数相对不怎么可爱的婴儿也与他们的照护者形成了安全依恋关系（Speltz et al., 1997）。

大部分婴儿不但长了一副“可人的”面孔，而且他们的许多天生的、反射性的反应也很讨人喜欢（Bowlby, 1969）。比如婴儿的吸吮反射和抓握反射，它们使父母相信宝宝很乐意接近他们。微笑最初是对任何愉悦刺激的反射，后来成了向照护者发出的特别有效的信号（Lavelli & Fogel, 2005），就像咕咕声、兴奋得红光满面以及自发的咿呀语（Keller & Scholmerich, 1987）。从 3~6 个月起，婴儿越来越多地用鼓起的面颊和开口微笑（或大笑）来回应微笑的照护者，好像在说，他们愿意跟她分享高兴的情感（Messinger, Fogel, & Dickson, 2001），父母则往往把婴儿社交性的大笑理解为“我的宝宝很高兴，我是个能干的照护者”。所以，一个微笑的婴儿能够强化照料行为，从而使父母和身边其他人在以后更愿意照料这个愉快的小家伙。

最后，鲍尔比认为，在正常情况下，成人只是以生物学意义上预先设定好的方式，对婴儿发出的信号做出亲切的回应，就像婴儿向他们发信号一样。他指出，成人很难对婴儿的急切哭声置之不理，或对婴儿的大笑视而不见。总之，人类婴儿和他们的照护者都是以进化而来的令人愉悦的方式回应彼此，并形成亲密的依恋关系，从而保证婴儿的（最终是物种的）生存。

这是不是意味着依恋是自动形成的？否，依恋不能自动形成！鲍尔比认为安全依恋是逐渐形成的。随着父母越来越准确地理解婴儿发出的信号，并做出恰当的回应，婴儿则学习了解父母是什么样的人，以及怎样才能调控他们的行为。但观察表明，如果婴儿预设的那些信号因得不到令人满意的回应而慢慢减弱，那么这一过程就会走入歧途，正如那些妈妈深陷抑郁或爸爸被不幸福的婚姻困扰的情况。所以，尽管鲍尔比认为人类在生物学上已经为形成亲密依恋做好了准备，但他也强调，除非每个当事人都学会如何对对方的行为做出恰当的回应，否则，安全的情感纽带还是难以形成。

四种理论的比较 上述四种理论虽然在很多方面都有差异，但是每种理论都提供了一些启发。显然，喂养活动对人类依恋的形成，并不像精神分析理论家起初认为的那么重要，但弗洛伊德强调，如果我们想知道婴儿怎样形成依恋，就应该更多地了解母婴互动的情况。埃里克·埃里克森和学习理论家在弗洛伊德早期理论基础上进而提出，在婴儿的情感发展方面，照护者确实起着重要的作用。可以想见，婴儿一定会把给予自己很多舒适回应的陪伴者看作可信赖的、值得以爱回报的人。习性学家可能同意这一观点，但是他们补充说，婴儿是依恋过程的主动参与者，他们发出天生或预设的反应，使其能够促进可能产生依恋的那些特别的互动。最后，认知理论家的贡献在于，他们发现情感依恋形成的快慢与婴儿的认知发展水平有关。所以，非要给哪种理论贴上“正确”的标签而忽略其他理论也没什么意义，因为每一种理论都有助于我们理解婴儿怎样与最亲密的陪伴者形成依恋关系。

依恋安全性的个体差异

事实上，所有在家养育的婴儿与照护者建立的依恋关系，其在质量上存在着显著的差异。一些婴儿在依恋对象身边显得十分舒适、放松，而另一些婴儿却好像非常焦虑，或者不知道下一步会发生什么。当父母把婴儿留给保姆时，一些婴儿会表现得极其悲伤或生气（或二者兼有），而另一些婴儿则对这种分离相对较适应，他们会通过玩玩具或者跟保姆待在一起，使自己很快平静下来（见专栏 5.1，其中提到一些办法，可以帮助父母和其他照护者使婴儿和学步儿在面临不可避免的分离时更容易忍耐）。为什么一些婴儿的依恋关系看上去很安全，而另一些却不安全呢？儿童早期依恋的安全性对后期发展有影响吗？要回答这些问题，研究者必须先找到测量依恋安全性的方法。

依恋安全性评估

要测量 1~2 岁婴儿与母亲或其他照护者的依恋质量，最常用的方法是玛丽·爱因斯沃斯设计的陌生情境程序（Ainsworth et al., 1978）。该**陌生情境**（strange situation）由 8 个情节组成（见表 5.1），试图模拟：（1）在有玩具的情况下，照护者与婴儿的自然互动（考察婴儿是否把照护者看成自由探索的安全基地）；（2）与照护者短暂分离并遇到一个陌生人（陌生人往往给婴儿造成压力）；（3）重聚情节（考察一个处于压力下的婴儿能否从照护者那里得到安抚，重新回到安心状态，接着玩玩具）。通过记录并分析婴儿对这 8 个情节的反应，包括探索活动、对陌生人和分离的反应，特别是与亲密同伴重聚时的行为，一般就可以把婴儿对照护者的依恋划分为以下四种之一。

1. **安全型依恋**（secure attachment） 60%~65% 的美国 1 岁婴儿属于这一类型。安全型依恋的婴儿单独和妈妈在一起时能够主动探索，而分离时会烦

专栏 5.1　发展研究的应用

减轻分离的痛苦

有些时候，大多数父母不得不把婴儿和学步儿送到一个不熟悉的环境（如托儿所或日托中心），或让一个陌生人（如保姆）陪他们几个小时。怎样才能让孩子更容易忍受这种不可避免的分离呢？下面提三点简单的建议：

1. **分离前做解释** 认知发展理论家告诉我们，当婴儿和学步儿不知道照护者去了哪里、什么时候回来时，分离是最让他们担心的事情。因此，分离前做解释很重要。如果学步儿的妈妈走之前花几分钟时间解释一下她现在要离开，很快就会回来，那么被留在陌生环境里的孩子就较少哭，并且玩得更积极（Weinraub & Lewis, 1977）。简单的解释比冗长的解释效果更好（Adams & Passman, 1981），也不需要提前几天就跟学步儿说即将到来的一次分离。事实证明，2 岁儿童如果提前知道要分离，他们早早就会开始担心；此外，和那些离别前才知道要分离的孩子相比，他们在真的分离之后会表达更多的不满，更少积极参与游戏（Adams & Passman, 1980）。
2. **给孩子带一些家里的东西** 习性学家告诉我们，孩子被带到一个陌生地方，由一个陌生人照护，这样的分离最容易引起不安。因此，对于稍大一点的婴儿和学步儿，如果在分离时身边有一些从家里带来的小物件，比如一个绒布小动物，或一个小毯子，他们就不那么难受了（Passman & Weisberg, 1975）。给学步儿一张妈妈的清晰照片（或给替代照护者一张妈妈的照片，必要时可给孩子看），也能帮助孩子对必要的分离做出比较积极的反应（Passman & Longeway, 1982）。
3. **找一个敏感的替代照护者** 最后，所有的发展心理学者都建议，在选择替代照护者时，要选那些喜欢孩子、对孩子的需要敏感的人。8 个月或更大的婴儿初次被交给一个不熟识的保姆都会焦躁不安，但他们能否适应这种情境，显然还要看保姆的行为（Gunnar et al., 1992）。假如保姆只是充当一个“临时照护人”，先把孩子安顿下来，然后就去做自己感兴趣的事情，那么，多数婴儿和学步儿都会继续发出痛苦的信号。如果保姆像“玩伴”那样，给孩子玩具，引发孩子的兴趣，那么，多数婴儿和学步儿就能很快平静下来，加入到有趣的活动之中（Gunnar et al., 1992）。很显然，比起那种认为自己的责任就是及时满足孩子的吃喝需求，然后就可以去打电话或去厨房的保姆，一个喜欢与孩子互动的保姆无疑是更好的选择。

Stewart Cohen/Stone/Getty Images

如果学步儿带着他们喜欢的玩具，并且保姆更像一个玩伴而不是看孩子的人，那么必要的分离就比较容易忍受。

表 5.1 陌生情境的 8 个情节

情节	事件	记录的潜在依恋行为
1	实验员向母亲和婴儿介绍游戏室，然后离开。	
2	妈妈坐在一旁，婴儿玩游戏。	母亲是否被作为安全基地
3	陌生人进入，坐下，与母亲交谈。	陌生人焦虑
4	母亲离开，如果婴儿不安，陌生人安抚婴儿。	分离焦虑
5	母亲回来，问候婴儿。如果婴儿烦躁就安抚他，陌生人离开。	重聚行为
6	母亲再次离开游戏室。	分离焦虑
7	陌生人再次进来并安抚婴儿。	接受陌生人安抚的能力
8	母亲回来，问候婴儿。如果需要就给以安抚，尝试引起婴儿对玩具的兴趣。	重聚行为

注：除第一个情节外，其他情节都持续 3 分钟，但是对于那些非常不安的婴儿，分离情节可能持续时间较短，重聚时间可能延长。

躁不安。妈妈回来时，这些婴儿一般会高兴地欢迎妈妈；如果非常不安，他们通常会寻求和妈妈身体接触，以抚平忧伤。当妈妈在场时，这些婴儿能与陌生人友好相处。

2. **拒绝型依恋**（resistant attachment） 约 10% 的 1 岁婴儿属于这种“不安全”的依恋类型。这些婴儿，当妈妈在场时紧靠妈妈待着，很少有探索行为。妈妈离开时，他们非常悲伤；但是当妈妈回来时，他们又有些矛盾：他们对妈妈把自己单独留下感到生气，而且拒绝妈妈主动发起的身体接触，但他们还是靠近妈妈。即使妈妈在场，拒绝型婴儿对陌生人也非常警觉。
3. **回避型依恋**（avoidant attachment） 这些婴儿（约占 1 岁婴儿的 20%）也表现出一种“不安全”依恋。和妈妈分离时，他们通常很少悲伤，他们会远离妈妈，并一直忽视妈妈，即使妈妈想引起他们的注意。回避型婴儿一般能和陌生人交往，但偶尔会回避或忽视他们，就像回避和忽视妈妈那样。
4. **混乱型依恋**（disorganized/disoriented attachment） 这是后来发现的一种依恋类型，美国婴儿中有 5%~15% 属于这一类型，陌生情境对他们造成的压力最大，似乎是一种最不安全的依恋（NICHD Early Child Care Research Network, 2001b）。它好像是拒绝型与回避型依恋的一种古怪结合，反映了对照护者是靠近还是回避的困惑（Main & Solomon, 1990）。与妈妈重聚时，这些婴儿有些畏缩，看上去有些害怕、僵硬，或蜷缩在地板上；他们可能会靠近，但当妈妈要靠近时，他们又突然跑开。

测量问题 各种不同的研究样本，其中绝大多数婴儿都可以归为爱因斯沃斯等人描述的上述四种依恋类型之一。然而陌生情境程序也受到了一些批评。例如，尤里·布朗芬布伦纳（Bronfenbrenner, 1979）指出，陌生情境的极度“陌生感”（很快地进入陌生环境、陌生人、突然与照护者分离）可能引发了过分夸张的情绪反应，而这些并不能说明婴儿平时在家里的真实行为，也不能说明婴儿与照护者关系的真实特点。另一些人指出，爱因斯沃斯等人划分的四种不连续的依恋“类型”带有人为的痕迹，如果把婴儿放在一个连续维度（如对照护者依恋的安全性）上来考察依恋的差异可能更好些（见 Waters et al., 1995）。或者，也可以在一些与依恋有关的行为维度上考察个体差异，如寻求接近、生气和拒绝安抚等（Fraley & Spieker, 2003; 另可参阅 Cassidy, 2003 和 Sroufe, 2003 对这些概念的批评）。另外，颇为遗憾的是，陌生情境很难用于测量 2 岁以上儿童的依恋特征，因为大些的孩子已能应对与照护者短暂的分离（很少感到压力），也能应对与陌生人的接触。

对于研究婴儿和学步儿的学者来说，陌生情境仍是应用最广泛的依恋安全测量方法，但用来评估年长儿童、青少年和成人依恋表征的新方法也已经产生。**依恋 Q 分类**（Attachment Q-set, AQS）测量就是其中一种，适用于 1~5 岁儿童依恋的测量。这种测量工具，要求父母或经过训练的观察者，将 90 种依恋相关行为描述（如“孩子害怕时从照护者那里寻求安心……大笑着招呼照护者”）与孩子在家的行为相比较，从“最像”到“最不像”分成几类。测量所得的总分表示儿童在家里与照护者之间依恋安全性的程度（Waters et al., 1995）。Q 分类数据也可以用分数来表明儿童与照护者之间依恋的特定“类型”，这些评估与陌生情境程序的结果一般是吻合的（van IJzendoorn et al., 2004）。另一些用于青少年和成人的方法有**成人依恋访谈**（Adult Attachment Interview, AAI），访谈中受访者会被问及有关儿童早期与父母关系的往事以及情感方面的广泛问题，根据受访者的报告，把他们关于依恋关系的心理表征划分为安全、回避 / 忽视、拒绝 / 矛盾、未解决 / 无方向等类型（Hesse, 1999; Main & Goldwyn, 1994）。

这些测量年长儿童和成人的依恋及依恋表征的新方法非常实用，它们可以帮助研究者寻找一些有趣问题的答案。例如，婴儿最初的依恋质量随着时间变化是否稳定？一个儿童的早期依恋能否预测其后来与他人（如配偶和子女）形成的依恋关系类型？本章后面会讲到这些问题，并讨论早期的安全或不安全依恋对一个人以后生活可能产生的其他影响。

依恋的文化差异

在不同的文化中，婴儿和学步儿被划分为各种依恋类型的比例也不同，这种情况反映了文化因素在儿童养育中的作用。例如，德国北部地区的父母有意鼓励婴儿独立，而不鼓励亲密和缠人的接触，这也许可以解释，相比美国婴儿，为什么有更多德国婴儿在重聚时会表现出回避型依恋特征（Grossman et al., 1985）。在日本等文化中，以强烈的分离焦虑和陌生人焦虑为特征的拒绝型依恋比较多，因为在日本，父母很少把婴儿交给别人带（Takahashi, 1986）。这种依恋类型在以色列婴儿中也比较多,因为在农场集体养育的儿童晚上睡在“婴儿房”，由保育员照管，婴儿的父母都不在（Aviezer et al., 1999）。

西方研究者一般把这些发现解释为，依恋关系和依恋安全性的意义普遍适用于所有文化，依恋分类中的文化差异只是说明，不同文化养育方式的差异导致了婴儿安全依恋和不安全依恋比例的不同（van IJzendoorn & Sagi, 1999; Waters & Cummings, 2000）。但是，也有研究者不同意这种说法，他们认为，在不同的文化中，安全（或不安全）行为的定义特征是不同的。

例如，日本母亲对婴儿的回应与西方母亲非常不同（Rothbaum, Pott et al., 2000; Rothbaum, Weisz et al., 2000）。与美国母亲相比，日本母亲跟婴儿的亲密接触要多得多，她们尽力预先估计婴儿所有可能的需要，而不只是对孩子的哭声做出回应。和美国母亲相比，日本母亲较多强调社会常规，而较少重视孩子自己的探究，她们希望孩子在自己怀里**撒娇**（Amae）——一种完全依赖母亲的状态，笃定相信母亲的爱和宽容。考虑到这些育儿实践，日本婴儿在分离时慌乱不安、重聚时紧缠着妈妈也就不足为奇了。根据陌生情境法，这些行为被划分为不安全依恋的表现。但是，在日本，树立健康的撒娇观念被认为具有很强的适应性，是健康依恋的特征，因为它是具有文化价值的群体取向发展的一个阶段，日本儿童通过学会满足他人的需要，学会合作，实现群体目标，从而和他人形成相互依赖的关系（Rothbaum, Weisz,

图片 5.4　虽然养育儿童的传统存在很大的文化差异，但是在世界范围内，安全依恋比不安全依恋更普遍。

Keren Su/Stone/Getty Images

et al., 2000)。相比之下，西方社会的健康、安全型依恋关系则是鼓励婴儿离开那些看护、保护自己的照护者，鼓励孩子探索环境，成为独立自主的人，着重于追求个人的目标。

请不要误解，大多数日本婴儿（以及所有文化中的婴儿）在陌生情境程序中都会被评价为安全型依恋，而不是不安全依恋。但是，日本婴儿的依赖性和强烈的分离焦虑与陌生人焦虑，并非像西方婴儿同样行为所反映的那样，实际上它反映的不一定是严重的情绪不安全性。看来依恋中带普遍性的东西是，全世界的父母都希望孩子在与他们的关系中感到安全，大多数父母都尽力培养孩子形成符合本文化价值的安全感（Behrens, Hesse, & Main, 2007; Posada & Jacobs, 2001; Rothbaum, Pott, et al., 2000）。但是，关于安全依恋与不安全依恋的起源，我们所了解的大都是根据欧洲和北美的研究得出的。记住这种局限，让我们利用已有的研究发现，深入了解婴儿的安全依恋或不安全依恋是怎样形成的。

影响依恋安全性的因素

影响婴儿依恋类型形成的因素有很多，主要有：婴儿接受的照护质量、婴儿的家庭特点和情绪氛围，以及婴儿自身的气质。

照护质量

玛丽·爱因斯沃斯（Ainsworth, 1979）认为，婴儿对母亲（或其他亲密他人）依恋的质量很大程度上取决于婴儿所受到关注的多少。根据她的**养育行为假说**（caregiving hypothesis），安全型依恋婴儿的妈妈被认为从一开始就是敏感、有求必应的照护者。而且她们确实是这样做的。一篇综述回顾了 66 项研究，发现表现出表 5.2 所述特征的母亲，往往有安全型依恋的婴儿（De Wolff & van IJzendoorn, 1997）。此外，安全型婴儿和学步儿的母亲是有洞察力或**悟性**（insightful）的人，她们知道孩子各种情绪产生的原因以及行为背后的动机，这种能力使她们能对孩子的需要和担忧做出恰当的回应（Koren-Karie et al., 2002）。所以，假如照护者对孩子有积极的态度，对孩子的需要和目的能够理解、欣赏并敏感地对待，跟孩子同步互动，并且给孩子提供丰富的刺激以及情感上的帮助，孩子在跟自己的互动中获得舒适和快乐，就有可能形成安

表 5.2 促进母婴安全依恋的照护方式

特征	表现
敏感性	对婴儿发出的信号做出快速、恰当的回应
积极态度	对婴儿表达出积极的情感和喜爱
同步性	与婴儿进行顺畅、互惠的互动
相互性	构建母亲和婴儿关注同一事物的互动
支持	密切关注婴儿的活动并提供情感支持
刺激	经常将行为指向婴儿

注：照护行为的这六个方面相互之间有中度相关。

资料来源：De Wolff and van IJzendoorn, 1997.

全依恋。

表现为拒绝型而非安全型依恋模式的婴儿，其父母表现出的养育行为往往不一致，对孩子是热心回应还是漠不关心，取决于他们当时自身的情绪，而且他们大部分时间里不作回应（Ainsworth, 1979; Isabella, 1993; Isabella & Belsky, 1991）。为了应对这种不可靠的照护，婴儿会不顾一切地通过使劲缠着妈妈、哭喊和其他依恋行为，来求得到情感支持和安慰，而当这一切努力都失败之后，他们就会生气或怨恨。

将婴儿置于形成回避型依恋风险的照护方式至少有两种。爱因斯沃斯等人（例如，Isabella, 1993）发现，一些回避型婴儿的妈妈往往对孩子缺乏耐心，对孩子发出的信号反应迟钝，她们经常对孩子表达消极情感，并且似乎很少从母婴的亲密接触中获得快乐。爱因斯沃斯认为（Ainsworth, 1979），这些妈妈是刻板且自我中心的人，她们常常拒绝自己的孩子。但是有时候，回避型婴儿的妈妈又会变得过分热心，她们不停地跟孩子说话，给孩子提供太多刺激，致使婴儿厌倦（Belsky, Rovine, & Taylor, 1984; Isabella & Belsky, 1991）。婴儿可能以适应性的方式回应这样的母亲，他们学会了回避或忽视那些似乎不喜欢他们陪伴的成人，或者用无法应对的刺激“轰炸”他们的成人。拒绝型婴儿会努力争取到情感支持，而回避型婴儿好像学会了什么也不做（Isabella, 1993）。

最后，玛丽·曼因指出，形成混乱型依恋的婴儿，对照护者既想接近又害怕，因为照护者过去的举动、忽视或体罚场景把他们吓坏了（Main & Solomon, 1990）。的确，婴儿在重聚时的接近 / 回避（或一片茫然）也就容易理解了，因为他们过去反复经历过被接纳、虐待、惊吓或忽视，他们不知道是应该接近照护者而得到安慰，还是离开照护者而得到安全。已经有研究支持了曼因的理论：混乱型依恋在许多研究样本中都能偶尔观察到，但在遭受身体虐待的婴儿中尤其常见（Carlson, 1998; Carlson et al., 1989）。

严重抑郁、酗酒或吸毒的母亲，她们的婴儿也普遍存在混乱型依恋，因为她们会虐待或忽视婴儿（Beckwith, Rozga, & Sigman, 2002）。更重要的是，如果婴儿的主要照护者遭受了毁灭性的人际关系丧失或创伤，并且正表现出对依恋关系的未解决或无方向的心理表征，那么这些非常不安全的依恋就很可能出现（Green & Goldwyn, 2002）。一个未解决/无方向的照护者，由于她极其不敏感的养育行为（例如，冲着悲伤的婴儿笑而不是安慰），以及在婴儿眼里其他一些可怕的行为（例如，吓唬或假装要打孩子，或粗鲁地对待孩子，好像孩子是个无生命的木偶），所以很容易带出一个混乱型依恋的孩子（Madigan, Moran, & Pederson, 2006; Forbes et al., 2007; True, Pisani, & Oumar, 2001）。因此，那些在寻求安慰时却被反复虐待、忽视、拒绝或嘲笑，或者受到各种形式惊吓的婴儿，当他们面对一个极度麻木、难以捉摸但自己的幸福又完全依赖于她的人时，可能会为该接近还是回避而不知所措，这又有什么可奇怪的呢？

什么人会成为不敏感的照护者？ 有几种个人特征使父母有可能表现出不敏感的养育方式，从而导致孩子形成不安全依恋。例如，如果婴儿的主要照护者在临床上被诊断为抑郁症，则婴儿会肯定地、无一例外地形成某种类型的不安全依恋（Radke-Yarrow et al., 1985; Teti et al., 1995）。抑郁的父母常常忽视婴儿发出的社交信号，难以和婴儿建立起令人满意的同步关系，尤其是如果婴儿是易怒的或漠然的（Poehlmann & Fiese, 2001）。婴儿在这些照护者缺乏回应性的情况下也往往变得抑郁，并且很快就开始出现和照护者的抑郁综合征相匹配的症状，甚至在和其他不抑郁的成人交往时也会如此（Campbell, Cohn, & Meyers, 1995; Field, 1995）。

缺乏敏感性的另一类父母，往往是那些觉得自己小时候缺乏爱、被忽视和被虐待的人。这些过去曾被虐待的照护者，往往从一开始会发誓，绝不像小时候父母对待自己那样对待孩子，但是他们往往希望孩子很“完美”，且马上爱上自己。所以，当孩子爱哭闹、发脾气、心不在焉时（所有婴儿时不时地都会如此），这些情感不安全的父母就会觉得自己再次被拒绝了（Steele & Pollack, 1974）。然后，他们可能收回对孩子的爱（Biringen, 1990; Crowell & Feldman, 1991; Madigan, Moran, & Pederson, 2006），有时会忽视甚至虐待孩子。

最后，那些意外怀孕的和不想要孩子的成人，尤其容易变成缺乏敏感性的父母，他们的孩子可能在发展的各方面都不尽如人意。捷克斯洛伐克的一项追踪研究（Matejcek, Dytryck, & Schuller, 1979）揭示，比起那些年龄相同、婚姻和社会经济地位相仿但从未要求过堕胎的妈妈，那些意外怀孕、要求堕胎但被拒绝的妈妈，对孩子的疼爱较少。虽然那些“想要的”和“不想要的”孩子出生时身体都很健康，但是在九年的追踪中，和父母想要的孩子相比，那些父母不想要的孩子更频繁地生病住院，在学校的成绩较差，家庭生活更不稳定，同伴关系较差，更容易发脾气，表现出较多的反社会行为。对这些孩子成年早期的追踪观察告诉我们更多的事实：和父母“想要的”同伴相比，过去曾是父母“不想要的”孩子，现在对他们的婚姻、工作、朋友关系和一般心理健康都更不满意，而且更常因为心理障碍而去治疗（David, 1992, 1994）。此外，这些父母不想要的孩子的哥哥姐姐（他们是父母想要的孩子），在心理发展方面通常要好得多。这一发现说明，父母不想要的孩子在社会性与情绪方面的缺陷，与父母当时不想要他们有关，而不是因为父母缺乏养育能力（David, Dytrych, & Matejeck, 2003）。很明显，如果父母不太想养育一个孩子，他们就不会非常敏感地对待他，也不会尽心尽力地促进孩子的发展。

照护敏感性的生态约束 当然，亲子互动都是在一个更大的生态背景下发生的，生态环境影响着照护者怎样对孩子做出回应（Bronfenbrenner & Morris, 2006）。例如，正在经历健康、法律或经济方面问题的照护者，更可能会出现缺乏敏感性的养育。毫不奇怪，不安全依恋的发生率在非常贫穷的家庭中最高，因为这样的家庭得不到充分的医疗保健（Murray et al., 1996; NICHD Early Child Care Research Network, 1997）。

夫妻关系对亲子互动也有很大影响。和社会经济地位相似但婚姻幸福、互相信赖的父母相比，在孩子出生前婚姻不幸福的那些父母更可能会：（1）在孩子出生后表现为一个不敏感的照护者；（2）对孩子和自己的父母角色表达消极态度；（3）与他们的孩子（婴儿和学步儿）形成不太安全的关系（Cox et al., 1989; Howes & Markman, 1989）。相反，拥有幸福婚姻的夫妇往往能在做一个好爸爸、好妈妈的过程中互相支持，如果婴儿已经显露出容易激惹和反应迟钝等倾向，这种积极的社会支持就特别重要。杰伊·贝尔斯基（Belsky, 1981）发现，*只有在父母婚姻不幸福的情况下*，处于情绪“风险”中的新生儿（以婴儿对社交刺激反应迟缓和情绪易激惹为指标）才可能与父母产生非同步的互动。由此可见，风雨飘摇的婚姻是一个重要的环境风险因素，它可能会干扰和阻碍亲子之间安全的情感依恋的形成。

好在我们有一些办法可以帮助那些处于危险中的父母成为一个敏感的、更具回应性的照护者。专栏 5.2 介绍了两项以此为目的研究。

专栏 5.2 发展研究的应用

促进照护者的敏感性和安全的母婴依恋

前面讲到，患抑郁症的父母、经济贫困和缺乏社会支持的父母容易变成缺乏敏感性的养育者，他们的婴儿也容易与他们形成不安全依恋。近年来，有些发展研究者设计了干预实验，看能否帮助处于风险中的父母变得更敏感，希望这些母亲和孩子之间能形成安全的情感联结。在一项干预中，一位从事社会服务的专业人员对一些抑郁的、遭受贫困的母亲进行了定期访问，她先跟这些母亲建立了友好的支持性关系，然后帮助改进她们的互动技能，教她们怎样引发孩子的积极回应，还鼓励她们每周参加一次父母培训班。与没有参加这些活动的抑郁母亲的孩子相比，得到这些支持的抑郁母亲的孩子，他们在智力测验中得分较高，也更可能形成安全型依恋（Lyons-Ruth et al., 1990）。

第二项在荷兰进行的干预研究（van den Boom, 1994），对象是经济贫困的母亲，而且她们有极易激惹的婴儿。易激惹这种气质特征可能干扰或阻碍母婴之间的同步互动，使婴儿很难形成安全依恋。在这些婴儿 6 个月大的时候，随机选出一半妈妈参加了为期三个月的干预活动，其余的妈妈作为控制组，不接受干预。干预措施包括帮助妈妈改进养育行为，使之更符合孩子的需要和独特的气质特征，从而激发婴儿更积极的回应，促进母婴之间的良好互动。干预后期，在游戏和日常看护场合对母亲和孩子进行观察，评价母亲的敏感性和婴儿的社交反应性。在婴儿 1 周岁时，采用陌生情境程序评估了这些婴儿对妈妈依恋的安全性。

研究结果很明确。在干预结束的时候，干预组的母亲比控制组的母亲对孩子更关心、更敏感、回应性更强，她们的婴儿也比控制组母亲的婴儿更善于社会交往，更喜欢探索，也更少啼哭。1 周岁时，干预组母亲的婴儿中有 63% 与母亲形成了安全型依恋，而控制组母亲的婴儿中形成安全型依恋的只有 22%。而且这些影响还会持续到以后（van den Boom, 1995）。在干预结束 9 个月后，干预组的妈妈在跟孩子一起玩耍时仍然比控制组妈妈更敏感。此时，她们的孩子已经 18 个月大，其中 74% 对母亲表现出安全型依恋；而控制组的孩子，安全型依恋的比例只有 26%。到这些孩子 3 岁半时，用依恋 Q 分类法对他们的依恋安全性进行评估，结果显示，干预组儿童与母亲情感联结的安全性仍然高于控制组。

这些干预实验无可辩驳地说明，照护者的敏感性是可以培养的，而且这种敏感性与依恋的安全性有因果关系。显然，这两项实验中的敏感性训练是全面的，持续时间达几个月。但是还有更令人鼓舞的消息，即使是对新生儿的母亲进行简短的干预，也能帮助她们对婴儿做出更敏感的回应，从而促进安全依恋的发展（Bakermans-Kranenburg, van IJzendoorn, & Juffer, 2003）。

婴儿的气质

前面讲到，父母对婴儿形成何种类型的依恋负有责任。但是，因为形成依恋关系是两个人的事情，所以我们设想，婴儿也可能影响母婴情感联系的质

表 5.3 托马斯的气质类型与爱因斯沃斯依恋分类在 1 岁婴儿中所占比例的比较

气质类型	婴儿比例	依恋类型	婴儿比例
容易型	60	安全型	65
困难型	15	拒绝型	10
慢热型	23	回避型	20

资料来源：Ainsworth et al., 1978; Thomas & Chess, 1977.

量。婴儿表现出的巨大气质差异会影响依恋的类型吗？杰罗姆·凯根（Kagan, 1984, 1989）对此深信不疑。他认为，陌生情境法测量的真正东西是婴儿气质的差异，而不是依恋的质量。他通过自己的观察得出这一观点。他发现，1 岁婴儿分别被划分为安全型、拒绝型和回避型依恋的比例，与托马斯和切斯所述的容易型、困难型与慢热型气质类型在儿童中所占的比例大体吻合（见表 5.3）。二者之间的这种联系可能说明了某些问题。凯根认为，困难型气质的婴儿会极力拒绝日常活动的变化，对新事物感到惶恐，所以当面临陌生情境中的快速变化时他们会感到压力，以至于不能对母亲的安慰做出积极的回应，因此被划分为拒绝型。相比之下，一个对人友好的容易型气质的婴儿通常会被划分为安全型，而那些害羞、“慢热”的婴儿，在陌生情境中会显得不怎么友好或冷漠，因此可能被划分为回避型。所以按照凯根的**气质假说**（temperament hypothesis），依恋类型的主要设计师是婴儿，而不是照护者。因此可以推断，儿童表现出的依恋行为恰是他们自身气质的反映。

气质能否解释安全依恋？ 像易激惹或消极情绪性这样的气质成分，虽然确实可以预测某些特定的依恋行为（如分离时不满的强度），也确实会对婴儿的依恋质量产生影响（Goldsmith & Alansky, 1987; Kochanska & Coy, 2002; Poehlmann & Fiese, 2001），但业内多数专家认为，凯根的气质假说不免有些过于绝对。例如，很多婴儿对一个亲人表现出安全依恋，而对另一个亲人则表现为不安全依恋。如果依恋分类仅仅反映儿童相对稳定的气质特征，那么这种情况就不应该发生（Goossens & van IJzendoorn, 1990; Sroufe, 1985）。另外，从专栏 5.2 可知，对于困难型气质的荷兰婴儿，如果其母亲经过训练之后变得更耐心、敏感，具有了回应性，则这些婴儿中的多数都会形成安全型依恋。这一发现证明，敏感的养育和依恋质量之间存在因果关系（van den Boom, 1995）。不仅如此，一篇回顾了 34 项研究的综述发现，那些预示着不敏感养育行为的母亲特征，如生病、抑郁以及有其他生活压力，与不安全依恋的急剧增加有关（见图 5.3）。然而，儿童自身的一些问题，如早产、生病和其他心理障碍，

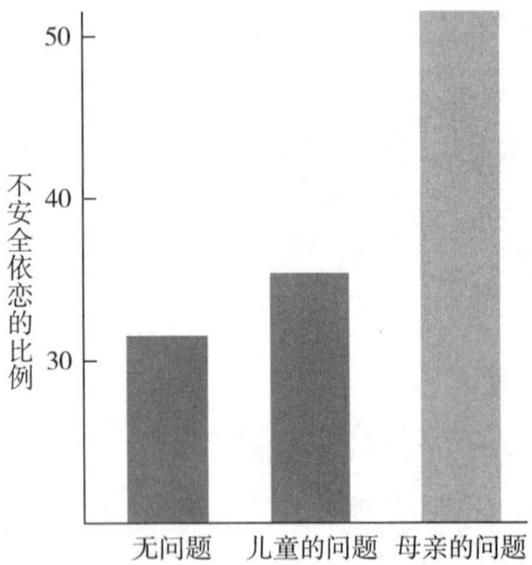

图 5.3 比较母亲与儿童的问题行为对不安全依恋发生率的影响

母亲的问题与不安全依恋的急剧增加有关，而儿童的问题与此无关。

实际上对依恋质量几乎没有影响（van IJzendoorn et al., 1992）。

最后，一项对同卵双生子和同性别异卵双生子的研究发现，70% 的同卵双生子和 64% 的异卵双生子与他们的照护者形成了相同类型的依恋（即要么都安全，要么都不安全）（O'Connor & Croft, 2001; 另可参见 Bokhorst et al., 2003, 和 Roisman & Fraley, 2006, 他们也得出了相似结果）。这些发现有两层重要含义。首先，因为同卵双生子依恋类型的一致性并不算高，所以遗传（包括受遗传影响的气质成分）对儿童依恋最多也只是中等程度的影响。其次，因为多数双生子在依恋类型上是一致的，所以，共享环境（如与同一个敏感或不敏感的照护者互动）必是对双生子依恋的相似性产生了重大的影响。即便双生子中有人与照护者形成了不同的依恋关系，这些不同或差异所反映的也多为非共享环境的影响，而非像气质这类任何遗传影响的差异（Fearon et al., 2006）。

尽管上述研究结果似乎都支持爱因斯沃斯的照护者假说，而不是凯根的气质假说，但请认真阅读专栏 5.3 介绍的研究。这项研究清楚地说明了敏感的照护行为与安全依恋之间的重要联系，同时也说明了婴儿气质有时会对所形成的依恋类型产生影响。

至此，我们只强调了婴儿与母亲之间依恋的质量。那么，婴儿与母亲之间依恋的类型对他们跟父亲的关系有没有影响？下一节我们将探讨这一问题，看看父亲促进孩子的社会性与人格发展的几种方式。

儿童对父亲的依恋

1975 年，迈克尔·兰博指出，父亲是儿童发展中“被遗忘的奉献者”。他是对的。直到 20 世纪 70 年代中期，父亲一直只被认为在生物意义上是必要的，在婴儿和学步儿的社会性和人格发展方面起的作用很小。父亲在儿童早期发展中的作用被忽视或低估的原因之一可能是，他们花在孩子身上的时间和精力比妈妈少得多（Parke, 2002; Yeung et al., 2001）。其实，父亲和母亲一样对新生儿着迷（Hrdy & Batten, 2007; Nichols, 1993），在孩子出生后的第 1 年里，他们对孩子的照料逐渐增多，平均每天花近 1 小时和他们 9 个月大的婴儿互动

专栏 5.3 研究聚焦

养育行为与气质对婴儿依恋的复杂交互作用

许多年前，格拉吉娜·科罕斯卡（Kochanska, 1998）曾经检验过关于母婴依恋的一个整合理论，该理论认为：(1）养育质量是决定婴儿形成安全还是不安全依恋的最重要因素；但是，(2）如果婴儿表现为不安全依恋，则气质是其不安全依恋**类型**的较好预测因子。科罕斯卡分别在婴儿 8~10 个月和 13~15 个月时测量了母亲的养育质量（母亲对婴儿的回应性，母婴间积极情绪的同步性）。她还评价了婴儿气质的恐惧性痛苦这一特征。**恐惧的**儿童在面临新的、不确定的情境时容易表现出强烈的痛苦，与凯根所说的行为**抑制的**儿童相似。相比之下，不恐惧的儿童无论对陌生情境、陌生人还是分离情境，都比较镇定，很像凯根所说的行为**非抑制**儿童。最后，在婴儿 13~15 个月时，科罕斯卡采用陌生情境法评估了婴儿对母亲依恋的质量。这样，她就能用数据说明，对婴儿依恋的安全性和依恋类型来说，究竟是父母养育行为的影响大，还是婴儿气质的影响大。

这项研究得出了两个有趣的结果。第一，正如该整合理论所预期的，养育质量（而不是婴儿气质）可以明确地预测婴儿与母亲形成的是安全依恋还是不安全依恋，积极的、回应性的养育行为与安全依恋相关。但是，养育质量**不能**预测不安全依恋婴儿所表现出来的不安全依恋的**类型**。

那么，什么因素可以预测不安全依恋的类型呢？婴儿的恐惧可以预测！根据该整合理论和我们对恐惧—不恐惧维度的了解，可以预期，恐惧气质的不安全依恋儿童往往表现出**拒绝型**依恋，非恐惧气质的不安全依恋儿童则往往表现为**回避型**依恋。

显然，这些发现意味着，无论是强版的养育行为假说还是强版的气质假说，都不免有些言过其实。实际上，科罕斯卡的研究结果与托马斯和切斯的**良好匹配模型**相当吻合：安全依恋是在养育行为与婴儿气质良好匹配的情况下形成的，不安全依恋往往是由压力重重或缺乏灵活性的照护者不能顺应孩子的气质特征造成的。事实上，照护者的敏感性之所以能稳定地预测依恋安全的原因之一是，“敏感的照护”这个概念本身就意味着一种能力：调整其养育行为以顺应婴儿表现出来的气质特征（van den Boom, 1995）。

（Ninio & Rinott, 1988）。当婚姻幸福、夫妻关系和睦（Belsky, 1996; Coley & Hernandez, 2006; Cox et al., 1989, 1992），或者母亲鼓励父亲成为孩子生活中的重要部分时（DeLuccie, 1995; Palkovitz, 1984），父亲与婴儿、学步儿和幼儿的关系最为密切，对孩子持更积极的态度。

作为照护者的父亲

如果父亲对照护孩子持积极态度，肯在孩子身上花很多时间，是个敏感的

Creatas/Jupiter Images

图片 5.5 “玩伴”只是父亲承担的众多角色之一。

照护者，那么，许多婴儿都会在 6~12 个月龄期间形成对他们的安全依恋（van IJzendoorn & De Wolff, 1997）。同样是孩子的陪伴者，爸爸和妈妈相比有什么不一样呢？在澳大利亚、以色列、印度、意大利、日本和美国进行的研究显示，在所有这些社会和文化中，爸爸在婴儿生活中所起的作用某种程度上与妈妈是不同的。妈妈比爸爸更多地抱孩子、抚慰孩子、跟孩子说话、与孩子玩藏猫猫等传统游戏，满足孩子的身体需要；爸爸比妈妈更多地提供游戏性的物理刺激，发起不寻常的、意想不到的游戏，逗孩子开心（Parke & Buriel, 2006）。尽管大多数婴儿在烦躁或害怕时喜欢母亲的陪伴，但父亲通常是儿童更喜爱的玩伴（Lamb, 1997）。

但是，玩伴只是现代父亲所承担的众多角色之一，尤其是在妻子上班，他们必须承担一部分照料孩子的责任的情况下（Grych & Clark, 1999; Pleck & Masciadrelli, 2004）。那么，父亲是哪种类型的照护者呢？他们中的很多人是（或很快成为）日常带孩子的高手（包括换尿布、洗澡、孩子哭的时候哄孩子）。此外，一旦父亲成为孩子依恋的对象，他们就开始发挥安全基地的作用，孩子会以他们为基地，更加勇敢地探索环境（Lamb, 1997）。所以，对孩子而言，父亲是全能型的陪伴者，他们可以发挥母亲发挥的任何作用（当然，母亲也是如此）。

父亲对情感安全性和其他社交能力的贡献

很多婴儿都和妈妈、爸爸形成了相同类型的依恋（Fox, Kimmerly & Schafer, 1991; Rosen & Rothbaum, 1993），但也有不少孩子，对父母中的一个人形成了安全依恋，对另一个人却形成了不安全依恋（van IJzendoorn & De Wolff, 1997）。例如，玛丽·曼因和唐娜·韦斯顿（Main & Weston, 1981）曾采用陌生情境法测量了 44 个学步儿对母亲和父亲的依恋特征，结果发现，其中 12 个孩子对父母都形成了安全依恋；11 个孩子对母亲形成了安全依恋，对父亲形成了不安全依恋；另有 10 个孩子对母亲形成了不安全依恋，对父亲形成了安全依恋；还有 11 个孩子，对父亲和母亲都形成了不安全依恋。

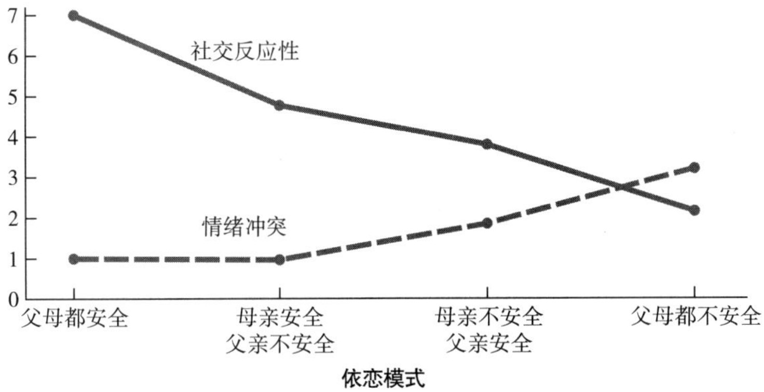

图 5.4 对父母依恋安全性不同的四组儿童的社交反应性和情绪冲突的比较

资料来源：Main & Weston, 1981.

父亲对儿童的社会性与情感发展有什么贡献呢？回答这个问题的一种方法是，对比那些对父亲形成安全依恋的孩子和那些对父亲形成不安全依恋的孩子的社交行为。曼因和韦斯顿让前述四种类型的学步儿逐个地在实验室里见一个扮成小丑的友好的陌生人，小丑先花几分钟时间试图跟孩子玩，然后，当门口一个人叫小丑马上出去时，小丑转过身哭起来。在小丑做这些事情时，观察并评价每个孩子：（1）是否愿意跟小丑建立积极关系（得低分表示孩子警觉或痛苦）;（2）情绪冲突表现（即心理忧虑的迹象，例如，以胎儿姿势蜷缩在地板上，或以“社交”方式对着墙喃喃自语）。图 5.4 显示了这个陌生人测验的结果。其中，对父亲和母亲两个人都形成了安全依恋的孩子是最具社交回应性的一组。同样重要的发现还有，与对父母都形成了不安全依恋的孩子相比，与父母中至少一人形成了安全依恋的孩子对小丑更友好，情绪困扰也较轻。后来的另一项研究显示，和那些只对父母中的一人形成了安全依恋或对父母都无安全依恋的孩子相比，对父母都安全依恋的儿童的焦虑和社交退缩行为更少，能更好地适应入学时遇到的困难（Verschueren & Marcoen, 1999）。对父亲形成了安全依恋的儿童，在整个儿童期和青少年期都表现出较好的情绪自我调节能力，较强的同伴交往能力，问题行为和违法犯罪行为也较少（Cabrera et al., 2000; Coley & Medeiros, 2007; Lieberman, Doyle, & Markiewicz, 1999; Pleck & Masciadrelli, 2004）。如果跟父亲建立起安全、支持性的关系，即使父亲离开这个家，其子女仍能从与父亲的关系中获益（Black, Dubowitz, & Starr Jr., 1999; Coley & Medeiros, 2007）。所以，父亲不仅在儿童发展的很多方面（也许是所有方面）都发挥着重要作用，而且，儿童对父亲的安全依恋似乎可以补偿不安全的母子依恋潜在的有害影响（Main & Weston, 1981; Verschueren & Marcoen, 1999）。

依恋与后期发展

精神分析理论（Erikson, 1963; Freud, 1905/1930）和习性学理论（Bowlby, 1969）都认为，婴儿从安全依恋中获得的温情、信任和安全感将为日后健康的心理发展打下基础。言外之意，不安全依恋可能预示着在日后的岁月里不甚理想的发展结果。

安全和不安全依恋的长期影响

尽管现有资料大多局限于婴儿对母亲的依恋，但是，已经形成安全依恋的婴儿可能会表现出更好的发展结果。例如，与形成了不安全依恋的婴儿相比，12~18 个月时形成了安全依恋的婴儿，其在 2 岁时的解决问题能力更强（Frankel & Bates, 1990）；玩更复杂的象征游戏，更具创造性（Pipp, Easterbrooks, & Harmon, 1992）；表现出较多积极情绪，较少消极情绪（Kochanska, 2001）；作为玩伴更受同伴欢迎（Fagot, 1997; Jacobson & Willie, 1986）。实际上，婴儿期形成混乱型依恋的儿童，更容易成为充满敌意、具有攻击性的幼儿和小学生，从而遭到同伴的拒绝（Lyons-Ruth, Alpern, & Repacholi, 1993; Lyons-Ruth, Easterbrooks, & Cibelli, 1997）。

许多关于安全依恋和不安全依恋儿童的追踪研究也描绘了相似的图景。例如，埃弗雷特・沃特斯等人（Waters et al., 1979）先是在儿童 15 个月时测量了他们的依恋特征，等这些儿童 3 岁半时，又在幼儿园对他们进行了观察。15 个月时对母亲形成了安全依恋的儿童，3 岁半时成了幼儿园的社交领袖：他们经常发起游戏活动，对其他儿童的需要和感受敏感，非常受同伴欢迎。观察者称这些儿童富于好奇心、自主且渴望学习。相比之下，在 15 个月时形成了不安全依恋的儿童则会出现某种程度的社交和情绪性退缩，不敢加入其他孩子的游戏活动。他们被观察者描述为缺乏好奇心，对学习兴趣不高，追求自己的目标时也不卖力。当这些儿童长到 11~12 岁和 15~16 岁时，观察者又对他们参加夏令营的表现进行跟踪观察。研究发现，在婴儿期和学步期形成了安全依恋的儿童比那些形成了不安全依恋的同龄儿童，其社交技能更强，更可能拥有亲密的朋友（Englund et al., 2000; Elicker, Englund, & Sroufe, 1992; Shulman, Elicker, & Sroufe, 1994）。后来对其他样本的研究也得出了一致的结论，和那些安全依恋的同伴相比，早期形成了不安全依恋或现在正处于不安全依恋的儿童，更可能与父母发生冲突性的情感对话，而不是有助于情绪自我管理的同步性对话（Oppenheim, Koren-Kaire, & Sagi-Schwartz, 2007）；而且缺乏迎接挑战的热情（Moss & St-Laurent, 2001），在向大学过渡时，难以建设性地应对社交和学习压力（Larose, Bernier, Tarabulsy, 2005）；在整个儿童期和青少年期，他们与同龄人的关系更差，亲密朋友较少，违纪行为较多（如在学校不遵守纪律），其他的心理病理症状也较多（Allen et al., 1998, 2007; Demulder et al., 2000; Jaffari-Bimmel et al., 2006; NICHD Early Child Care Research Network, 2006; Schneider, Atkinson, & Tardif, 2001）。早期亲子依恋与后期社交、情感和智力发展结果之间的长期关系有时是间接的。例如，吉尔特杨·奥弗比克（Overbeek, et al., 2007）等人所做的一项前瞻性追踪研究发现，儿童中期亲子关系的质量与这些孩子25岁时的配偶关系质量之间存在着间接的联系。具体来说，在4~10岁与父母关系不好的儿童，进入青少年期后会与父母发生更多的冲突，而正是这种冲突（受到青少年早期与父母关系质量的强烈影响），能很好地预测这些人与配偶的关系（可参见 Jaffari-Bimmel et al., 2006, 早期依恋类型对青少年期社交能力的间接影响）。

所以，儿童早期的依恋特征可能在未来很多年里都会对他们产生直接或间接的影响。其中一个原因是，随着时间的推移，依恋关系通常趋于稳定。在中产阶级样本中，大多数儿童（一个美国样本的84%和一个德国样本的85%）在小学阶段的亲子依恋类型和他们婴儿期的亲子依恋类型相同（Main & Cassidy, 1988; Wartner et al., 1994）。事实上，相当多生活在稳定家庭的青少年和年轻成人，继续表现出他们在婴儿期形成的亲子依恋类型（Hamilton, 2000; Waters et al., 2000）；随着年龄增长，很多发展良好的中产阶级青少年和父母形成了更为安全的关系（Allen et al., 2004）。

依恋质量为什么能预测后期发展

早期依恋的质量为什么能长期保持稳定？依恋怎样塑造人的行为并影响其未来的人际关系特点？

关于自我和他人的心理作用模型的依恋 约翰·鲍尔比（Bowlby, 1980, 1988）和英奇·布雷泽尔顿（Bretherton, 1985, 1990）对早期依恋类型的稳定性和长期影响给出了一种有趣的解释。他们认为，随着婴儿不断地与主要的照护者互动，他们会形成一个**内部心理作用模型**（internal working models），即关于自我和他人的认知表征，以此解释各种事件并形成关于人际关系特征的预

		自我模型	
		积极的	消极的
他人模型	积极的	安全 （最初的安全型依恋）	忧虑 （最初的拒绝型依恋）
	消极的	否定 （最初的回避型依恋）	恐惧 （最初的混乱/迷惑型依恋）

图 5.5 根据关于自我和他人的积极或消极心理作用模型得出的四种亲密情感关系结果

资料来源：Bartholomew & Horowitz, 1991.

期。敏感的、回应性的照料使儿童推断出人是可依赖的（关于他人的积极心理作用模型），而不敏感、忽视或虐待的照料则导致不安全和缺乏信任（关于他人的消极心理作用模型）。这听起来很像埃里克·埃里克森关于信任重要性的早期思想，而习性学家又向前迈进了一步，他们声称，婴儿也会发展出关于自我的心理作用模型，其基础主要是婴儿在*需要*时引发他人注意和抚慰的能力。所以，如果照护者对婴儿的要求能够做出迅速、恰当的回应，婴儿就认为“我是可爱的”（关于自我的积极心理作用模型）；相反，如果婴儿发出的信号总是被忽视或误解，婴儿就会觉得“我是不值得爱的，让人讨厌的”（关于自我的消极心理作用模型）。也许这两个模型会结合起来，共同影响儿童最初的依恋关系质量和特征，以及他们对未来人际关系的预期。他们会形成怎样的预期呢？

图 5.5 给出了该“心理作用模型”理论的一个版本。如图所示，对自己和照护者建构起积极心理作用模型的婴儿应该：（1）形成最初的安全依恋；（2）有自信可以去面对和征服新挑战；（3）在以后的生活中，通常会和朋友及配偶建立起安全、相互信任的关系。相比之下，关于自我的积极模型与关于他人的消极模型的结合（例如，婴儿能有效地引起一个不敏感、过分干预的照护者注意的结果），可能倾向于使婴儿形成*回避型*依恋，并且“否定”紧密的情感纽带的重要性。消极自我模型和积极他人模型的结合（例如，婴儿只是有时能但经常不能吸引来他们所需要的注意和照料的结果），可能倾向于使婴儿形成*拒绝型*依恋，并且“忧虑”于安全的情感纽带的建立。最后，消极自我模型和消极他人模型的结合，可能是*混乱或迷惑型*依恋的基础，致使“恐惧”在亲密关系中受到伤害（无论是身体上的还是情感上的）（Bartholomew & Horowitz, 1991）。

杰伊·贝尔斯基、贝基·斯普里茨和凯斯·克尔尼奇（Belsky, Spritz & Crnic, 1996）率先向世人证实，婴儿期形成了安全依恋的儿童与那些形成了不安全依恋的儿童拥有不同的信息加工方式，这说明两者各自形成了完全不同的关于自我和他人的内部心理作用模型。这几位研究者让 3 岁儿童看由玩偶表演的积极事件和消极事件，积极事件如赠送生日礼物，消极事件如饮料洒了一地。他们预期，婴儿期形成了安全依恋的儿童期待生活中有快乐的事情，关注这些事情，尤其能很好地记住它们；但是，研究者预期，婴儿期形成了不安全依恋的儿童期待并倾向记起更多消极的事件。在这项研究中，安全依恋和不安全依恋的儿童对积极和消极事件的注意并没有差别，但是如图 5.6 所示，安全依恋的儿童更多地回忆起积极事件，而不安全依恋的儿童更多地回忆起消极事件。在控制了组间气质差异的情况下依然如此。这意味着什么？鲍尔比是对的，他推断，形成安全依恋和不安全依恋的个体，其内部心理作用模型的差异对后来的发展可能有显著影响。

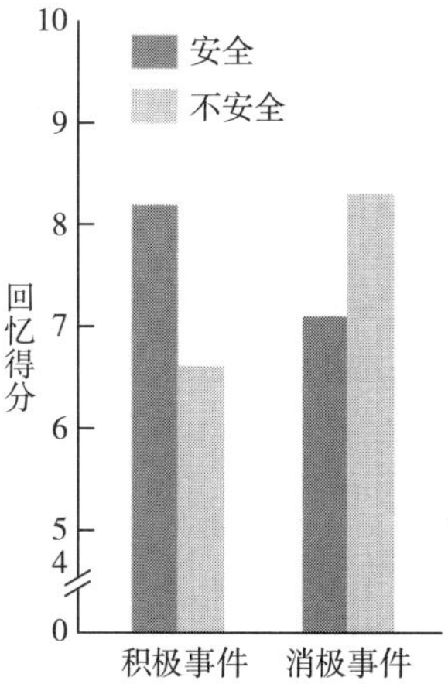

图 5.6 由于内在心理作用模型的不同，安全依恋儿童倾向于记住积极事件，不安全依恋儿童倾向于记住消极事件。

资料来源：Based on means in Table 1, p. 113, in J. Belsky, B. Spritz, & K. Crnic, "Infant Attachment Security and Affective-Cognitive Information Processing at Age 3." *Psychological Science*, 7, 1996, 111–114.

照护者的依恋心理作用模型 有趣的是，照护者也会在个人生活经历的基础上形成对自我和他人的心理作用模型。目前几种用来测量成人的心理作用模型的方法，要么采用成人依恋访谈法，让他们回忆自己儿童期的依恋经历，然后对这些回忆做详尽分析；要么采用纸笔报告法，考察他们现在对自我、他人以及人际关系特点的看法（Bartholomew & Horowitz, 1991; Main & Goldwyn, 1994）。通过这些方法，我们可以有效地把成人按图 5.5 进行分类。那么，父母本人的心理作用模型是否会影响其婴儿的依恋类型？

答案是肯定的。例如，彼得·弗纳基等人（Fonagy et al., 1991）发现，在孩子出生前测得的英国母亲依恋关系的内部心理作用模型，以 75% 的机会正确预测了她们将与孩子建立的依恋类型。后来，在加拿大、德国、荷兰、日本和美国进行的研究也报告了类似的结果（Behrens et al., 2007; Benoit & Parker, 1994; Das Eiden, Teti, & Corns, 1995; Steele, Steele, & Fonagy, 1996; van IJzendoorn, 1995），这些研究发现的母婴心理作用模型的匹配度达到 60~70%。导致这一匹配度的原因之一是，拥有关于自我和他人的积极心理作用模型的母亲，更可能提供敏感、回应性和非干扰性的照护，从而促进了婴儿的安全依恋（Slade et al., 1999; van Bakel & Riksen-Walraven, 2002; Tarabulsy et al., 2005）。为什么会这样？新西兰的一项前瞻性追踪研究提供了一个重要线索，它发现，如果母亲在自己小时候受到了有利于形成安全依恋的温暖和敏感的养育，则她们也会以小时候习惯了的那种温暖、敏感的方式对待自己的子女（Belsky et al., 2005）。但是，敏感的养育并不是母婴之间心理作用模型“匹配”的唯一影响因素。另一个影响因素是，与拥有不安全依恋表征的母亲相比，拥有安全依恋表征的母亲从母婴互动中体验到更多的快乐和愉悦（Slade et al., 1999），而且这两个因素相互独立地影响着婴儿依恋类型的形成（Pederson et al., 1998）。

如此看来，亲密关系的认知表征常会发生代际传递。鲍尔比（Bowlby, 1988）指出，心理作用模型一旦在生命早期形成，就会逐渐稳定下来，成为人格的一部分，持续影响着人们一生的亲密情感纽带的特征。

依恋是人生宿命吗

早期心理作用模型虽然可以持续很久，而且早期形成的安全情感依恋明显有某些优势，但是，不安全依恋婴儿的未来生活未必都是黯淡无望的。本章前面曾提到，和其他人，比如父亲（或祖父母、幼儿教师），形成的安全关系，也可以弥补因为和母亲形成不安全依恋造成的不良后果。此外，如果一个不敏感的母亲随着时间推移而变得敏感和富于回应性了，她的孩子也会逐渐变好，不会出现各种行为问题和其他缺陷（Forbes et al., 2007; NICHD Early Child Care Research Network, 2006）。

还要注意一种情况，假如妈妈回去上班了，或者又生了一个要求过分关注的孩子，或者遇到了某种巨大的生活压力，如婚姻问题、抑郁症、重病或经济困难，致使母子之间互相回应的方式发生巨大的改变，那么，原来的安全依恋有可能变成不安全依恋（Lewis, Feiring, & Rosenthal, 2000; Moss et al., 2005; NICHD Early Child Care Research Network, 2006; Waters et al., 2000）。鲍尔比使用心理作用模型这一术语，一个原因是为了强调儿童对自我、他人和亲密情感关系的认知表征是动态的，如果以后与照护者、好朋友、恋爱对象或配偶的经验暗示需要改变，那么，这种认知表征是可变的（可能变好，也可能变坏）。

总之，过去拥有的安全依恋并不必然保证以后的生活总能有积极的调适；早期的不安全依恋也不一定预示今后的生活结局必然不好（Thompson, 1998）。但是我们还是不应该低估早期安全依恋的适应意义。那些在婴儿期心理机能发挥良好，但在幼儿期因遭遇一种或多种生活压力致使心理机能发挥很差的儿童，如果他们早期形成的是安全依恋而非不安依恋，那么到了小学阶段，他们会更容易恢复，表现出良好的社交技能和自信（Sroufe, Egeland, & Kreutzer, 1990）。这说明什么？虽然不能绝对保证这些儿童会得到适应性的结果，但是早期安全依恋经历是情感力量的一个重要源泉，它使儿童或青少年面对压力和逆境时能够更好地应对和适应。

无依恋的婴儿

有些婴儿在一两岁阶段与成人的接触极为有限，似乎没有对任何人产生依恋。这些遭受社交剥夺的儿童，有的是在家里由一些虐待、忽视孩子的家长养育，更多的是在人手不足的社会福利机构长大，他们只有在被喂食、换尿布或洗澡时才能见到保育员。这样的早期经历会给他们带来什么后果呢？

婴儿期和儿童期社交剥夺的后果

20 世纪 40 年代，医生和心理学家开始发现并研究在极端社交剥夺条件下生活的婴儿。在当时的福利机构中，一个保育员照护 10~20 个婴儿的情况很常见。除了给他们洗澡、换尿布，以及把奶瓶靠在枕头上给他们喂食外，保育员很少和孩子们互动。婴儿通常躺在互相分隔的婴儿床上，栏杆上挂着的床单将他们和周围环境几乎完全隔开。按照今天的标准，这些孩子是被极度忽视的受害者。

在这种条件下养育的儿童，头三到六个月看起来完全正常，他们用哭声引起别人的注意，对着保育员微笑，咿咿呀呀地跟他们“说话”，当被抱起时会顺势配合着调整身体的姿势。但是六个月之后,他们的行为发生了变化。此时,他们很少哭，也很少再发出咕咕声或咿呀声；对保育员的照料也显得僵硬、不能适应；他们常显得忧郁，对社交接触缺乏兴趣（Goldfarb, 1943; Provence & Lipton, 1962; Ribble, 1943; Spitz, 1945）。下面是对这样一个婴儿的描述：

> 他的冷静、绝望的外表和缺乏活力令人惊讶……他没有求助成人来减轻痛苦……不提出任何要求……当成人主动、再三地努力和他交流时，他开始有了点反应、活力……和积极性，但只要成人不主动，他就重新陷入忧郁中……你若把着他的手，他能向前走几步，但他自己不会向前走（Provence & Lipton, 1962, pp. 134-135）。

1990 年，罗马尼亚政局发生巨变，社会动荡，被抚养在条件很差的福利机构里的许多儿童都出现了严重的失调问题，这引起了人们的极大关切。这些罗马尼亚儿童待在孤儿院里，每个房间有 20~30 个孩子，每 10~20 个孩子只配有一个保育员。他们大多数时间只是躺在婴儿床上前后摇晃，很少有机会玩耍，也得不到别人的爱抚，几乎不能和什么人发生同步活动（Fisher et al., 1997）。其中很多孩子，要么对别人的社交邀请极度退缩，反应迟钝，要么

图片 5.6　在条件很差、缺少人手的孤儿院中养育的儿童显露出了很多发展障碍的迹象。

不加选择地表示友好、接近并寻求注意，对陌生人就像对熟悉的照护者一样（Smyke, Dumitrescu, & Zeanah, 2002）。这种退缩 / 抑制以及无选择的友好 / 非抑制模式，实际上是一种临床症状，称为**反应性依恋障碍**（reactive attachment disorder），不能对养父母形成安全依恋（American Psychiatric Association, 2000），即使收养父母在依恋关系中拥有安全的心理作用模型也无济于事（Marcovitch et al., 1997）。

问题究竟有多严重呢？一项研究采用陌生情境法，将 95 名 12~31 月龄的罗马尼亚孤儿院儿童与 50 个从未进过孤儿院的罗马尼亚同龄儿童进行了对比。孤儿院儿童由他们“最喜欢”的保育员陪着一起参加实验，而对照组儿童则由他们的母亲陪着一起参加。研究发现（见图 5.7），多数未进过孤儿院的儿童已经形成了安全依恋，而大多数孤儿院儿童，要么不可归类（几乎没有任何依恋迹象），要么对某一喜欢的保育员表现出混乱型依恋（Zeanah et al., 2005）。而且，和在家抚养儿童的安全依恋相比，少数几个孤儿院儿童形成的“安全”依恋，明显地不那么亲密和舒适。那些在生命的头 6~8 个月由条件很差的罗马尼亚孤儿院抚养的儿童，即使已被中产阶级家庭收养了很长一段时间，但和在家养育的同龄儿童相比，仍然很难形成安全依恋，更可能表现出缺乏安全感的异常行为模式（Chisholm, 1998, O’Connor et al., 2003）。

当这些福利机构的儿童长成小学生和中学生时又会怎样？答案部分地取决于他们在福利机构里待了多久。威廉 · 戈德法布（Goldfarb, 1943, 1947）比较了一出生就被抚养在人手不足的孤儿院的两组儿童的情况，一组1岁时被收养离开了孤儿院，另一组3岁时被收养离开了孤儿院。他在这些孩子3岁半、6岁半、8岁半和12岁时，分别对他们进行了访谈、观察和测验。结果发现，那些在孤儿院度过0~3岁的儿童，在发展的所有方面都滞后于早期被收养而离开孤儿院的儿童。他们的智力测验分数更低，社会性更不成熟，更多地依赖成人，语言技能差，容易出现攻击和多动等行为问题。到了青少年初期，他们变得不合群，跟同伴或收养家庭成员相处困难（另见 Croft et al., 2007; Kreppner et al., 2007）。即使只在孤儿院度过短短6个月，儿童的智力也会受到损害。一项研究发现，那些在孤儿院度过人生前6个月或更长时间的罗马尼亚被收养儿童，尽管已在良好的收养家庭中生活了多年，其11岁时的智力仍然显著低于那些6个月之前就被收养的英国和罗马尼亚同龄人（Beckett et al., 2006）。然而，那些在条件很差的福利机构生活超过6个月的被收养儿童，到11岁时，仍有约三分之一的孩子心理机能表现正常，没有严重的缺陷（Kreppner et al., 2007）。

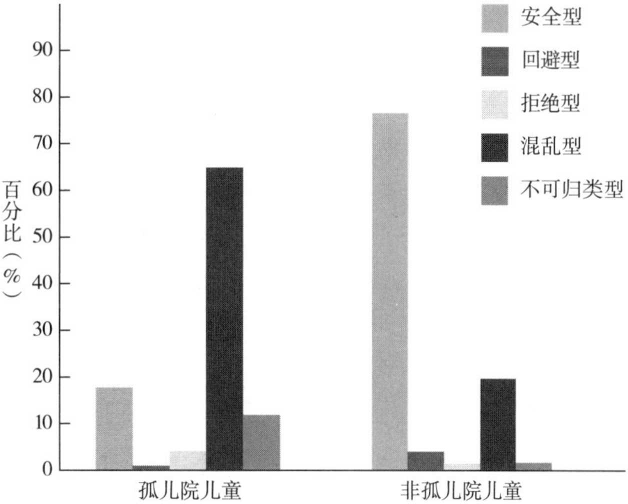

图 5.7 12~31月龄的罗马尼亚孤儿院儿童和非孤儿院儿童，安全型、回避型、拒绝型、混乱型和不可归类型的比例

资料来源：摘自 Zeanah et al., 2005。

早期剥夺造成伤害的原因

现在已没有人怀疑早期社交剥夺具有长期影响，但是在为什么会有这样的效应上，仍有不同意见。只是短短6个月的福利院生活就会对智力产生可测量的长期影响，这一事实使人们推测，出生后头几年是一个“敏感期”，在此期间，如果缺乏社交刺激，且社交剥夺持续6个月以上，会抑制大脑的正常发育（Nelson, 2007; Rutter, 2006）。

关于早期剥夺的社会意义，**母亲剥夺假说**（maternal deprivation hypothesis）的支持者（Bowlby, 1969; Spitz, 1965）认为，儿童在缺乏人手的孤儿院不能得到正常发展是因为，他们缺乏一个像母亲一样的依恋对象给予他们温暖、慈爱的照料。这种观点流传甚广，但很多观察结果用母亲剥夺假说并不能做出很好的解释。例如，在俄罗斯、中国和以色列，对缺乏人手的儿童福利机构的研究显示，由许多敏感的保育员养育的婴儿发育相当正常，并且到了儿童期，他们和在家里长大的孩子一样，也适应得很好（Bronfenbrenner, 1970a; Kessen, 1975; Oppenheim, Sagi, & Lamb, 1988）。再如，扎伊尔的埃菲（俾格米）人的婴儿从出生起就由好几个照护者照料，似乎也能茁壮成长（Tronick, Morelli & Ivey, 1992）。所以，在人手缺乏的福利机构长大的婴儿所受到的伤害，除了因为他们没有对一个像母亲一样的对象形成最初的依恋之外，还另有其他原因。

社交剥夺的婴儿发展不正常，仅仅是因为他们与应该对其社交信号做出反应的人很少有社会接触吗？**社交刺激假说**（social stimulation hypothesis）的拥护者认为如此。他们指出，由多个照护者抚养的中国、俄罗斯、以色列和埃菲婴儿的正常发展说明，婴儿需要跟富于回应性的陪伴者（一个或多个）持续地互动，才能得到正常的发展。这样的刺激可能尤为重要，因为它往往在一定程度上又取决于婴儿自身的行为：人们常会在婴儿啼哭、微笑、咿呀学语、打饱嗝或凝视自己时来到他们身边。婴儿自己的行为与照护者的行为之间的这种联系使婴儿相信，他对社会环境有一定的掌控，这是形成关于自我的积极心理作用模型的重要因素。当婴儿施展这种“掌控”并得到他人的关注和疼爱时，他也就发展着对他人的积极心理作用模型，变得对人越来越友好。

来看看遭受社交剥夺的婴儿的处境，他们可能发出了很多信号，但很少从忙忙碌碌、疏忽大意的照护者那里得到回应。这些儿童从早期经历中学到了什么呢？可能是他们吸引他人注意的努力是徒劳的（关于自我的消极心理作用模型），他们的处境或作为似乎对任何人都无关紧要（关于他人的消极心理作用模型）。最终，他们形成了一种**习得性无助**（learned helplessness）感，干脆不再试图引发他人的回应（Finkelstein & Ramey, 1977）。遭受社交剥夺的婴儿之所以非常被动、退缩和冷漠，原因正在于此。

儿童可以从早期剥夺中恢复吗

幸好，我们如果把遭遇社交剥夺或受虐待的婴儿和学步儿安置在家中，使他们可以从敏感负责的照护者那里得到很多关注，他们就能克服早期形成的许多障碍（Clarke & Clarke, 2000; Nelson, 2007）。如果儿童从小没有受到过虐待，而且在 6 个月大之前被受过良好教育、相对富裕且本人拥有积极、安全的依恋关系心理作用模型的父母收养，那么，其恢复效果就会特别得好（Dozier et al., 2001; Kreppner et al., 2007; Stams, Juffer, & van IJzendoorn, 2002）。例如，奥德利·克拉克和珍妮特·哈尼斯（Clark & Hanisee, 1982）研究了一组亚洲孤儿，他们在来到美国之前生活在福利院、收养家庭或医院。他们当中很多是战争孤儿，早期经历过营养不良或生过重病。虽然这些孩子经受过严重的环境磨难，但是他们取得的进步令人惊讶。在刺激丰富的中产阶级收养家庭只生活了两三年，这些被收养的亚洲儿童就在标准化智力测验和社会成熟度两方面都取得了高于平均水平的成绩。

另一方面，一些早期受到过虐待或较晚被收养的儿童，往往表现出无法消除的缺陷和反应性依恋障碍。这说明，0~6 个月是婴儿形成安全的情感联结，以及由这种联结促进的其他能力的敏感期。他们可以彻底恢复吗？我们还不得知（参见 Beckett et al., 2006; Kreppner et al., 2007），我们只知道，遭受过特别严重且持续时间很长的逆境，可能需要更长的时间恢复，也需要更强的干预，而不只是把儿童安置在一个好家庭里就能办到的。有研究者认为，严重且长期的早期剥夺可能影响了大脑发育，从而导致许多福利机构中的儿童表现出来某些长期缺陷（Nelson, 2007; Rutter, 2006）。好消息是，研究证实，直到青少年期或成年初期，大脑都是可塑的（Huttenlocher, 2002）。因此，如果能查明长期缺陷的神经基础，就能设计有效的干预，帮助福利院儿童或受虐待儿童解决他们已有的或潜在的问题。

母亲就业、日托与早期情绪发展

近年来，一个重要问题引起了广泛关注：婴儿、学步儿和学龄前儿童如何度过他们的时光？是待在家里由父母抚养，还是也可以在日托机构继续他们的发展进程？目前有六成多的母亲和超过一半 1 岁以下婴儿的母亲至少部分时间外出工作（National Research Council and Institute for Medicine, 2000; Tran & Weinraub, 2006），越来越多的儿童在接受其他形式的养育。在美国，有大约 40% 的婴儿和学步儿由父母正常抚养，21% 由其他亲属抚养，4% 在家中由保姆抚养，14% 去家庭托儿所（通常是一个女人在自己家里带几个孩子以获取收入），31% 被送到托幼机构（Scarr, 1998）[1]。

1 这些比例之和超过了 100%，因为相当多美国儿童受到了超过一种的照护方式，比如上午在托儿所，其他时间在家由父母照料。此外，有 30%~40% 的婴儿在 12~15 个月期间至少经历过一次日托机构的变换（Tran & Weinraub, 2006）。

被送到家庭托儿所和日托中心的婴儿，他们在与外出上班的母亲建立和保持安全依恋上是否有困难？和在家中由父母照料的婴儿相比，他们是否受到某种损害？迄今的研究显示，通常不会有什么损害（Ahnert, Rickert, & Lamb, 2000; NICHD Early Child Research Network, 1997, 2000, 2001a, 2001b, 2003a）。实际上，对于那些来自不利环境的儿童来说，高质量的日托可以促进他们的社会性和智力发展，若没有这样的有利促进，这些儿童就可能出现问题行为以及严重的发展迟缓（Love et al., 2003; Ramey & Ramey, 1998）。此外，一项控制严密的大型追踪研究以 1153 名受到替代养育的儿童为被试，从 1991 年开始一直持续到现在。该研究显示，无论是进入日托机构的年龄，还是受到的照护数量，都不会以简单的方式与他们对母亲依恋的安全性或者他们的情绪健康相关联（NICHD Early Child Care Research Network, 1997, 2001b）。这项大型追踪研究受关注的一个原因是，和那些更多在家庭接受照护的儿童相比，研究者发现，4 岁半以前受到较长时间家庭之外替代照护的儿童，可能更具攻击性，也更不顺从（NICHD, 2003a）。更重要的是，在集体日托中心这种特殊的替代照护机构待了更长时间的儿童，到 12 岁时，仍表现出较多的问题行为（Belsky et al., 2007）。但是，这种“照护数量”的影响并不大，而且在其他严格控制的研究中也并不总是能发现（见 Love et al., 2003）。

遗憾的是，这些宽泛的概括并不能说清事情的全貌。让我们来看两个因素，了解它们怎样帮助婴儿和学步儿较好地适应母亲上班以及入托带来的变化。

替代照护的质量

表 5.4 列出了专家认为的面向婴儿和学步儿的高质量日托的最重要特征（Burchinal et al., 2000; de Schipper, Riksen-Walraven, & Guerts, 2006; Howes, 1997）。遗憾的是，和许多西欧国家广泛可用的替代照护相比，美国的替代照护的质量很不均衡。大量美国婴儿和学步儿要么被不熟悉儿童发展或未经培训的保姆照料，要么被送到不符合最低卫生和安全标准且无执照的家庭托儿所或日托中心（Scarr, 1998）。

高质量的照护有多重要？很显然，当儿童得到高质量的日托照护时，即使这种日托式照护开始得非常早，他们出现不安全依恋（或任何其他不良后果）的风险都要小得多。例如，凯根等人（Kagan et al., 1978）发现，在 3 个半月到 5 个半月大时就进入高质量的大学附属日托中心的婴儿，他们中的绝

表 5.4 高质量婴幼儿日托中心的特征

物质环境	室内环境清洁，采光好，通风；户外游戏区有护栏，面积大，无危险；有适合儿童年龄的器械，如滑梯、秋千、沙箱等。
儿童 / 保育员比例	每个保育员看护 3 个婴儿或 4~6 个学步儿。
保育员特征 / 资格	保育员须受过儿童发展和急救方面的专业训练；热情，善于表达情感，对儿童的需要能及时回应。员工最好保持稳定，以便婴儿和学步儿与她们的保育员建立良好关系（甚至依恋关系）。
玩具 / 活动	玩具和活动适合儿童年龄；婴儿和学步儿经常能够得到指导，即使在室内自由游戏时也应有人指导。
家庭联系	父母总是受欢迎的，保育员应该开放地和父母探讨孩子的进步。
执照	日托机构的开办应取得州政府的许可；理想情况下，应获得美国国家家庭日托项目或美国国家早期儿童项目的认证。

大多数不但对母亲形成了安全依恋，而且两岁以前，他们在社会性、情绪和智力方面的发展，与背景相似但在家中养育的婴儿无差异。在瑞典进行的研究也报告了相似的积极结果，瑞典的托幼机构由政府补贴并严密监管，一般都是高质量的（Broberg et al., 1997）。而且，似乎瑞典婴儿越早进入高质量的托幼机构，6~8 年后，他们在小学和初中时的认知、社会性和情感发展就越好（Andersson, 1989, 1992）。对美国质量不同的托幼机构的研究显示，早期进入高质量日托，可以在一定程度上预测他们在 3 岁、4 岁半和小学低年级阶段良好的社会性、情绪尤其是智力发展结果（如语言技能、入学准备和标准化测验成绩），而低质量的日托则与很多消极结果相关（Burchinal et al., 2000; Howes, 1997; Love et al., 2003; NICHD Early Child Care Research Network, 2000, 2001a, 2003b, 2005b）。

遗憾的是，受到最差和最不稳定的日托照护的儿童，其父母往往处于复杂而压力重重的生活中，这种情况限制了他们作为父母的敏感性以及对孩子生活和学习活动的参与（Fuller, Holloway, & Liang, 1996; Howes, 1990）。因此，一个儿童在日托中心进步缓慢往往有两方面的原因，其一是家庭生活混乱，压力缠身的父母失去了养育孩子的热情；其二是这些儿童受到的替代照护不够理想（NICHD Early Child Care Research Network, 1997, 1998a）。下面我们进一步分析这一观点。

教养方式与父母对外出工作的态度

根据路易斯·霍夫曼的研究（Hoffman, 1989），母亲对外出工作和带孩子的态度，无论对孩子的社会性和情绪健康，还是对她们自己的就业状况都很重要。如果母亲的就业状况与她们要么外出工作要么当好全职主妇的愿望一致，那么作为照护者的她们就会感到更幸福、更敏感（Harrison & Ungerer, 2002; NICHD Early Child Care Research Network, 1998b）。与不参加工作的母亲相比，有工作的母亲确实在照顾婴儿、学步儿和幼儿方面花费的时间要少，但是，她们常会创建丰富的家庭环境，在晚上和周末花更多时间带孩子，跟孩子一起玩（减少做家务和自己的社交活动时间），以此来补偿她们工作日不在家的缺憾（Huston & Rosenkrantz Aronson, 2005）。所以，如果母亲愿意或需要外出工作，她仍然可以做一个敏感的母亲，而一味地强迫她待在家里照顾孩子没有任何意义，反倒会使其产生抵触、情绪低落，对带孩子也失去了兴趣。

母亲何时重返工作岗位有影响吗？很遗憾，这个问题没有简单的答案。有研究者发现，在孩子出生后的9~12个月内，如果母亲出去工作，孩子面临不安全依恋的危险会略有增加（另一些研究发现，这些儿童面临的风险还有：入学准备测验分数低、小学低年级阅读和数学成绩略差）(Barglow, Vaughn, & Molitor, 1987; Belsky & Rovine, 1988; Brooks-Gunn, Han, & Waldfogel, 2002; Han, 2005; Hill et al., 2005）。但是，我们对这些发现不要过分解读，那些早早就回到工作岗位的母亲，她们的婴儿大多后来还是形成了安全依恋，并且在儿童晚期没有出现严重的认知缺陷，尤其是在这样的情况下：母亲是因为愿意工作而去工作，且她本人又是一个敏感的照护者（Belsky & Rovine, 1988; Belsky et al., 2007; Harrison &Ungerer, 2002）。

即使儿童受到很不理想的照护，他们的发展结果在很大程度上仍取决于父母的教养方式（NICHD Early Child Care Research Network, 1997, 1998b, 2001a, 2001b, 2003a）。如果参加工作的母亲对工作和对做母亲二者都持积极态度，孩子的发展结果可能就比较好（Belsky & Rovine, 1988; Huston & Rosenkrantz, 2005）。如果丈夫赞同她外出工作，并且对其母亲角色给予支持，这对结果也会有很大帮助（Cabrera et al., 2000）。总之，父母的教养态度和他们在家中提供的照护质量，对婴儿、学步儿或年长儿童发展的影响远大于儿童所受到的替代照护类型的影响（Belsky et al., 2007; NICHD Early Child Care Research Network, 1997, 1998a, 2001b）。

那么，关于母亲参加工作、替代照护和儿童早期社会性与人格发展，我们可以得出什么结论呢？将上述研究结合起来，我们可以看出：（1）母亲外出工作，但孩子在家里受到敏感、有求必应的照护，其情绪发展不会受到影响；（2）即使儿童受到的父母教养很不理想，但高质量的替代照护可以帮助儿童缓解情绪不安全感以及其他不良后果。刺激丰富的高质量日托能起到这种保护作用，它帮助儿童在社会性和智力方面更具反应性，从而诱导父母对孩子更敏感、回应更迅速（Burchinal et al., 2000; NICHD Early Child Care Research Network, 1999）。归根到底，如果儿童面临不敏感的父母养育和糟糕的替代照护的双重危险，那么，母亲参加工作和日托最可能导致不良情绪和其他消极后果（NICHD Child Care Research Network, 1997, 2001b）。

怎样帮助在职父母

那么，怎样帮助外出工作的父母跟他们的婴儿、学步儿建立并保持安全的关系，促进孩子其他方面的最佳发展？美国国家制定的一项育婴休假政策无疑是沿着正确方向迈出了坚实的一步。1993 年，美国国会通过了《家庭和医疗休假法案》，该法案规定，拥有 50 名或 50 名以上员工的企业，其员工可享受 12 周无薪假期来照护自己的婴儿而不会失去职位。但是这项法案：（1）不适用于近一半的美国员工，因为他们所在的企业不足 50 人（Kamerman, 2000）；（2）与其他许多工业化国家制定的慷慨的育婴休假政策相比，显得太吝啬（见表 5.5）。

表 5.5 一些现代工业化国家的父母产假政策

国家	政策
加拿大	母亲有 15 周带 55% 薪金的产假，另有 10 周的育婴假，可由父亲或母亲享有。
芬兰	母亲有 18 周带 70% 薪金的产假，另有 26 周带 70% 薪金的育婴假，可由父亲或母亲享有。
德国	母亲享有 14 周 100% 薪金的产假，以及两年半的部分薪金的假期。
瑞典	母亲享有 14 周 80% 薪金的产假，母亲或父亲另享有 38 周 60% 薪金的假期，还可享有另外 6 个月的相近薪金的福利假期。
英国	母亲享有 6 周 90% 薪金的产假和 12 周较低比例薪金的假期，另有 13 周可由父亲或母亲享有的无薪假。
美国	在 50 人或 50 人以上企业工作的员工可享有 12 周无薪产假。

资料来源：Kamerman, 2000.

早期关于母亲产假影响的报告揭示出，长假期比短假期好处多多。具体来说，在美国，与休 2 个月产假的母亲相比，休 4 个月产假的母亲和孩子互动时的消极情绪更少（Clark et al., 1997; 也见 Feldman, Sussman, & Zigler, 2004）。在那些患抑郁症或孩子是困难气质的母亲中，长假的好处最为明显：如果产假延长到 4 个月，这些母亲能更积极地照料自己的婴儿，也能更敏感地与婴儿面对面互动。长假能使抑郁的母亲对孩子投入更多，成为一个更自信的照护者；让她们有更多时间与难养型婴儿磨合，在其教养方式与婴儿气质特征之间建立"良好匹配"。遗憾的是，很多母亲负担不起 4 个月的无薪假期。因此，一些研究者和儿童照护倡导者建议对 1993 年通过的《家庭和医疗休假法案》进行修正，无论企业规模大小，为所有企业的员工提供 4~6 个月带有部分薪金的假期（Clark et al., 1997; Kamerman, 2000）。

出台监管日托服务行之有效的国家政策，可能和产假政策同样重要，甚至更重要。当前，中产阶级家庭最直接地感受到了日托的压力。高收入家庭有能力负担高质量日托费用；而一些低收入家庭儿童接受的补偿性教育（或其他带有资助性质的照护），常常比中产阶级家庭支付得起的日托的质量还高些（Scarr, 1998）[2]。其间，无论来自何种社会背景，父母都必须尽力寻找有能力的保姆或其他高质量的日托机构，而这些优质资源往往又供不应求。之所以如此，在一定程度上是因为美国政府一直不愿意像许多欧洲国家那样，为所有公民提供日托资助，并对日托质量进行严格监管。越来越多的雇主意识到，帮助员工找到高质量的日托，也符合他们的利益。据桑德拉·斯卡尔的调查（Scarr, 1998），很多企业每年都争做《职业妇女》杂志评出的前 100 名对家庭最友好的公司，一些大企业的老板甚至在工作地点办起了日托中心。爱德华·齐格勒（Zigler & Finn-Stevenson, 1996）指出，已经在各社区建立的公立学校，可能是为幼儿提供日托服务相对经济的方式，其经费可由联邦政府、州、本地税收和家长共同负担。事实上，齐格勒已促使美国 400 多个学校系统把儿童照护纳入它们的教育规划。但是，企业和公立学校的这些努力并不普遍，短期内不太可能成为公共政策。因此，在有更多的选择之前，美国大多数在职父母仍不得不继续面对寻找又好又付得起费用的替代照护的挑战。

2 遗憾的是，在美国，高质量的营利性日托相当昂贵，对许多有超过一个孩子的家庭来说是一个现实的负担。例如，在佐治亚州的雅典市，2006 年可满足良好或优秀标准的营利性或非营利日托机构收取的费用，大约是每名儿童每年 8 000 美元（婴儿还要更高）。

本章要点

什么是情感依恋

- 婴儿一般在 1 岁以内会对亲人形成情感联结。这种**依恋**是互惠的关系，婴儿的依恋对象（父母和其他亲密的陪伴者）也会对婴儿产生依恋。随着父母调整自己的行为，使之与婴儿的社交信号相符合并形成**同步活动**，父母与婴儿形成的最初的**情感联结**会增强。这种细腻的互动给父母和婴儿带来快乐，有助于形成强烈的互惠依恋。

婴儿怎样形成依恋

- 婴儿先要经过一个**非社交性阶段**和一个**未分化的依恋阶段**，之后在 7~9 个月大时形成真正的依恋，即**特定的依恋阶段**。形成依恋的婴儿变得更富于好奇心，把依恋对象当作**安全基地**来探索环境。婴儿最后进入**多重依恋阶段**，与一个以上的人形成感情纽带。

依恋理论

- 由于研究发现喂养对依恋形成所起的作用远小于早期的精神分析和学习理论模型的预期，因此，这两种理论受到了质疑。认知发展学说认为依恋在一定程度上取决于认知发展水平，该理论已得到一些支持。习性学理论近年来越来越受到欢迎，该理论认为，人类具有**预适应特征**，它预先决定了人会形成依恋。上述所有理论对我们理解婴儿依恋都作出了贡献。

依恋安全性的个体差异

- 爱因斯沃斯的**陌生情境法**被广泛应用于评估 1~2 岁儿童依恋的安全性，而**依恋 Q 分类法**和**成人依恋访谈法**也是用途广泛的方法，可用于评估年长儿童、青少年和成人的依恋表征。依恋可以划分为四种类型：**安全型**、**拒绝型**、**回避型**和**混乱 / 迷惑型**。
- 四种依恋类型的分布因文化的不同而不同，这通常反映了父母养育行为的文化差异，但是世界各地的父母都希望他们的婴儿形成安全依恋，而且世界各地形成安全依恋的婴儿都多于其他类型的婴儿。

影响依恋安全性的因素

- 敏感、回应迅速和**有悟性**的养育行为与安全依恋的发展有关，而不一致、忽视、过度干预和虐待等养育行为可预测不安全依恋的形成。因此，**养育行为假说**得到了充分支持。幸好，那些可能带来不安全依恋的父母，可以通过接受培训变成更敏感、更具回应性的照护者。
- 婴儿自身特点和气质特征也可能通过影响照护者与婴儿的互动而影响婴儿依恋的质量。然而，**气质假说**认为依恋只不过是婴儿气质的反映，这显然有些言过其实。
- 现在，一些发展研究者赞同一种整合理论：养育行为在很大程度上决定了依恋的安全与否，儿童气质则在很大程度上影响由不敏感的养育行为导致的不安全依恋的类型。

儿童对父亲的依恋

- 很多婴儿形成对母亲的依恋之后，很快会形成对父亲的依恋。父亲的敏感照护行为会促进安全依恋，而其不敏感的照护行为同样会导致不安全的父子依恋。尽管父亲在孩子照护的各个方面都可以精通或已经很精通，但他们常常扮演的是婴儿和学步儿玩伴的角色。
- 对父亲的安全依恋以多种方式影响儿童的社会性与情绪发展，它有助于补偿不安全的母子依恋带来的伤害。

依恋与后期发展

- 婴儿期的安全依恋可预测之后的智力、好奇心和社交能力。其原因之一是，婴儿形成了关于自我和他人的**内部心理作用模型**，该模型在时间上是稳定的，它会在以后多年影响儿童对人和困难的反应。父母的心理作用模型往往和子女的模型一致；依恋表征也常会代际传递。然而，儿童的心理作用模型是可以改变的，所以，过去安全依恋的经历并不能保证以后生活中一定适应良好；不安全依恋也不一定预示着不良发展后果。

无依恋的婴儿

- 一些婴儿在生命早期与照护者的接触非常有限，没有对任何人形成依恋。在婴儿期遭受社交剥夺的儿童会变得退缩、兴趣寡淡，并且在以后有可能出现智力缺陷、行为问题和**反应性依恋障碍**。目前的推测是，早期剥夺可能会对大脑发育产生不利影响。被剥夺儿童的问题似乎主要源于缺乏回应性的社交刺激（**社交刺激假说**），而非得不到一个像母亲一样的人的照护（**母亲剥夺假说**），这些儿童往往具有一定的韧性或复原力，可以克服原有的各种缺陷。然而，有待发现一些特殊的干预措施，以帮助那些早期遭受严重且持久社交剥夺的儿童克服长期缺陷。

母亲就业、日托与早期情绪发展

- 人们曾经担心，与外出工作的父母频繁地分离并被送进日托机构，可能会妨碍婴儿形成安全的依恋，或削弱已形成的安全依恋的质量。然而，几乎没有证据支持母亲就业或替代照护会产生有害的影响，除非儿童面临家庭养育不敏感和日托质量低下这样的双重风险。
- 良好的家庭休假政策，以及为所有父母提供经济上可承受的高质量日托的国家政策，是外出工作同时又希望改进子女社会性、情绪与智力发展的父母所需的最大的支持。

第6章

自我、同一性与社会认知

我是谁？

我是一个自由人，一个美国人，一个美国参议员，一个民主党人，一个自由主义者，一个保守派，一个得克萨斯人，一个纳税人，一个农场主，一个商人，一个消费者，一个父亲，一个选举人，既不像我过去那样年轻，也没有我想的那么老，我就是所有这些没有固定顺序的身份的混合体。

——**林登·约翰逊**，美国参议员和第 37 任总统（引自 Gordon, 1968）

你会怎样回答“我是谁”这个问题？虽然并非所有成年人都会像上述的美国前总统林登·约翰逊那样看自己，但大学生们经常在回答中提到他们最看重的一些人格特征（如诚实、友善），他们在生活中可能扮演的一些角色（例如学生、同伴导师、医院志愿者），他们的宗教观和道德观，他们的未来志向以及政治倾向，等等。在做出这些回答的时候，他们其实就在描述心理学家称为**自我**（self）的这个难懂的概念。

没有人比你更了解你自己，但毫无疑问，你对自己的了解多数来自你与他人的接触和交往经验。当一个大学二年级的学生告诉我们，他是友好和精力充沛的人，在社团、青年共和党以及校园宗教运动中都表现活跃时，他就是在说，自己过去与他人和所属群体交往的经验正是其个人同一性的重要决定因素。许多年前，社会学家查尔斯·库利（Cooley, 1902）和乔治·赫伯特·米德（Mead, 1934）提出，自我概念在社会互动和交往中得以发展，并在生命历程中经历许多变化。库利使用**“镜像自我”**（looking-glass self）这个术语，试图强调个体对自己的认识是他人对其态度的反映：一个人的自我概念是从社会这面“镜子”里看到他自己的影像。

库利和米德认为，自我发展与社会性发展是紧密交织在一起的，它们同时出现，任何一方离开另一方都寸步难行。新生儿体验到的人和事件可能只是简单的“印象流”，绝对没有“自我”概念，除非他们意识到自身的存在独立于他们日常遇到的物体和个体。等到婴儿明白了自我与非自我完全不同，他们才能与亲人建立互动的日常生活（即社交性的发展），也才能懂得，他们的行为会引起他人可预期的反应。换言之，儿童在别人对其反应的基础上获得了关于“社会自我”的信息。米德（Mead, 1934）的推论是：

自我有一种与严格意义上的生理有机体完全不同的特性。自我是这样一种东西，它……不是天生的，而是在社会性发展过程中出现的。也就是说，自我在特定个体身上得到发展，是其与那一整个过程以及该过程中其他人的关系的结果。

婴儿在出生时真的没有自我意识吗？本章第一节将探讨这个问题，为此，我们将追溯从婴儿期到青少年期自我概念的发展。接着，我们将讨论儿童和青少年怎样评价自我并建构自尊感。然后，我们聚焦于青少年面临的一个主要发展困境：建立一个坚定的、未来取向的自我画像或同一性的需要，以此来达成成年初期的任务。最后，我们将探讨发展中的儿童对于他人和人际关系有哪些了解，同时也将看到，**社会认知**（social cognition）的这一方面与自我概念发展同时发生，因此很好地证实了库利和米德的观点，即发展的个人方面（自我）和社会性方面是紧密交织的。

当然，自我发展的其他几个方面也需要更广泛的覆盖，因为它们本身都是重要的主题。例如，第 7 章会讲到，充满好奇心的婴儿和学步儿是怎样着迷于让一些事情发生，并为自己的这种能力而骄傲，这种骄傲可能会（也可能不会）发展为强烈的成就动机和良好的学业自我概念。而且我们都对自己（或他人）形成了这样一些概念：我是男性或女性，亲社会者或反社会者，道德之人或不道德之人。近年来对这些主题的研究非常广泛，因此每个方面的成果都可以独立成章（见第 8~10 章）。

现在让我们回到起点，看看儿童是如何认识自我这个实体的。

自我概念的发展

婴儿是从何时开始，第一次把自己与他人、客体以及环境中的事件区分开来的？又是从哪一时间点起，开始有意识地觉察到他们的独特性的？幼儿使用哪类信息来定义自我？他们的自我形象和自我价值感怎样随着时间而改变？这些问题就是我们在回溯从婴儿期到青少年期的**自我概念**（self-concept）发展时要逐一考察的。

自我的出现：分化、区分和自我识别

和米德一样，许多发展心理学家认为，婴儿出生时没有自我意识。精神分

析学家玛格丽特·马勒等人（Mahler, Pine, & Bergman, 1975）把新生儿比作“蛋壳中的小鸡”，他们没有理由把自我从周围环境中区分出来。毕竟，儿童的所有需要都是通过无时不在的亲人得到满足的，他们只是“待在那儿”，没有自己的特性。

相比之下，另一些发展心理学家（Brown, 1998; Meltzoff, 1990a）则认为，甚至新生儿就已经有了将自我与周围环境区分开来的能力。例如，当新生儿听到另一个婴儿哭声的录音时会哭，而听他们自己哭声的录音却不哭，说明新生儿一出生就能区分自我和他人（Dondi, et al., 1999）。而且，新生儿能预期自己的手来到其嘴边，就像专栏 2.2 中所说的，他们似乎具有利用来自自身面部表情的**本体感反馈**（proprioceptive feedback）的能力，大致模仿照护者的某些面部表情。这些观察启发了安德鲁 · 梅尔佐夫（Meltzoff, 1990a）：

> 小婴儿拥有一种萌芽阶段的“身体图式”。……（尽管）这种身体图式（随时间）而发展，但某些身体图式的核心从婴儿期伊始就以“心理原始人”的形式而存在（p. 160）。

当然，对这些观察难免有不同解释，许多人认为它们不过是反射，想确定婴儿最早在什么时候拥有自我感知绝非易事。但是，几乎所有人都同意，这一能力最早出现在前两三个月（Samuels, 1986; Stern, 1995）。回想一下皮亚杰（和其他人）关于婴儿早期认知发展的描述：在前两个月，婴儿练习他们的反射图式，以自己的身体为中心重复一些令其愉快的动作，如嘬手指、挥动手臂等。换句话说，他们正在熟悉自己的身体能力。三个月大的婴儿看到电视监控器里正在踢动的腿时，已能使用有关踢的方向性的本体感受和空间线索来判断他看到的腿是不是他自己的（Rochat & Morgan, 1995）。从第 4 章中我们已知，1~3 个月大的婴儿就喜欢通过踢腿或伸胳膊（通过系在移动物体或视听设备的绳子）来产生有趣的景象和声音（Lewis, Alessandri, & Sullivan, 1990; Rovee-Collier, 1995）。甚至 8 周大的婴儿就能将如何使这些有趣的事情发生的记忆保持 2~3 天；如果绳子断开，婴儿不能施加控制了，他们会更猛烈地拉或踢身边的东西，并显得相当痛苦（Lewis, Alessandri, & Sullivan, 1990; Sullivan, Lewis, & Alessandri, 1992）。由此可见，2 个月大的婴儿可能已经出现了有限的**个人作用感**（sense of personal agency），或理解了正是他们造成了至少某些使他们着迷的事件。

新生儿能否真正把自己与周围环境区分开，这个问题尚待回答。但即使不能区分，在出生后一两个月内，他们也很可能就知道了自己身体的范围。此后不久，他们就能把这种“身体自我”与他们能控制的外部客体区分开（Samuels,

1986）。因此，如果 2~4 个月大的婴儿会说话，他们在回答“我是谁”的问题时可能会说：“我是一个观看者，一个嚼东西的人，一个够东西的人，一个抓住东西并让一些事情发生的人。”

6~12 个月大的婴儿知道，他们与周围人是不同的存在，有着可以分享的不同观点（Thompson, 1998）。例如，9 个月及以上的婴儿懂得，他们和妈妈可以通过共同注意——同时注意同一物体，来分享感知经验。一岁时，婴儿已经学会用手指向一个有趣的物体或事件进而引导别人的注意。这是一种技能，有人认为，它代表一种早期的合作性沟通，婴儿试图用这种方式影响陪伴者的观点或心理状态（Tomasello, Carpenter, & Liszkowski, 2007）。

自我识别　一旦婴儿知道了自我的存在（独立于他人和客体而存在），就会进入一种想知道他是谁或他是什么的状态（Harter, 1983）。婴儿什么时候觉察到自己有独特的身体特征？什么时候建立了明确的自我形象，并把自己看作一个随时间推移而永久存在的客体？

回答这些问题的一个办法是让婴儿接触他们自己的视觉表象（看自己的录像或照镜子），看他们对这些影像作何反应。此类研究发现，4~5 个月大的婴儿似乎把自己的脸当作熟悉的社交刺激（Legerstee, Anderson, & Schaffer, 1998; Rochat & Striano, 2002）。例如，玛利亚·雷格斯蒂等人（Legerstee et al., 1998）发现，让 5 个月的婴儿观看自己和同伴的移动影像视频，他们能准确地区分自己和同伴的影像，因为他们更喜欢注视同伴的脸（这对他们来说更新奇有趣）而非自己的脸（大概他们熟悉自己的脸，因此不太感兴趣）。这么小的婴儿怎样区分自己的脸和别人的脸呢？一种解释是，婴儿（至少在西方社会）经常从镜子里看见自己，这时通常有家人在身边，与他们一起玩社交游戏（Fogel, 1995; Stein, 1995）。这些经验给婴儿充足的机会，让他们熟悉自己的镜像，并把自己因运动产生的本体感受信息与镜子中人物的动作相匹配，从而将“自我”跟存在的另一个人区分开，因为那个人的动作跟他自己的并不完全一致（Legerstee, Anderson, & Schaffer, 1998）。

在以后的几个月里，婴儿能更好地区分自己和其他人的视觉表征，并把其他人看作潜在的社交伙伴。在一项研究中（Rochat & Straiano, 2002），研究人员让 9 个月大的婴儿看他们自己的录像，或者看一个模仿婴儿动作的成人的录像。这些 9 个月大的婴儿更注意看模仿婴儿的成人，而不是自己的影像，他们更多地把成人看作“玩伴”，对他微笑，并且当录像暂停和模仿停止时，还试图重新吸引这个人。

但是，幼小婴儿在区分自我和他人时表现出来的非凡技能，可能只代表他们的视觉辨别力，而非有意识地觉察到镜中或录像中的自我影像就是“我”。那么，怎样确定婴儿能否真正建构一种随时间推移而稳定的自我形象呢（意识到“嗨，那就是我！”）？

麦克尔·路易斯和珍妮·布鲁克斯—冈（Lewis & Brooks-Gunn, 1979）考察了儿童**自我识别**（self-recognition）的发展。他们让婴儿的妈妈（假装给婴儿擦脸）悄悄地在婴儿鼻子上用脂粉涂上一个红点，然后把他们抱到镜子前。如果婴儿有关于自己脸的图式，认识镜子里的影像就是自己，就应该很快注意到鼻子上新出现的红点，并且去摸或擦自己的鼻子。对 9~24 个月大的儿童进行这个**胭脂测验**（rouge test）时，较小的孩子没有表现出自我认识：他们往往什么也不做，或者去擦镜子里那个人鼻子上的红点；而 15~17 个月大的儿童开始出现自我识别的迹象；18~24 个月大的儿童多数会摸自己的鼻子，显然意识到自己脸上多了个奇怪的红点。他们清楚地知道，镜子里的那个孩子是谁（另可参见 Lewis & Ramsay, 2004）。

有趣的是，游牧部落的婴儿虽然没有照过镜子，但他们在胭脂测验中表现出开始有自我识别力的年龄与城市里的婴儿大体相同（Priel & deSchonen, 1986）。而且，许多 18~24 个月大的儿童甚至能从近期的照片中认出自己，

Lon C. Diehl/PhotoEdit, Inc.

图片 6.1 能认出镜中的影像是“我”，这是自我发展的一个重要里程碑。

并经常用人称代词“我”或者自己的名字来称呼自己的照片影像（Lewis & Brooks-Gunn, 1979; Lewis & Ramsey, 2004）。但是这么小的儿童还没有充分意识到，自我是一个随时间推移而一直稳定的实体。在3岁半以前的儿童的额头上悄悄贴一小块闪光彩纸，2~3分钟之后让他们在录像或照片上看到头上有彩纸，他们是不能找到彩纸的（Povinelli, Landau, & Perilloux, 1996）。2~3岁儿童已经表现出一定的自我识别力，但他们不能发现彩纸，因为他们的自我概念局限于**当前自我**（present self），还不能领会过去发生的事情对他们现在的意义。相比之下，4岁和5岁儿童在*短暂延迟*后能很快找到额头上的彩纸，但如果录像描述的事情发生在一个星期以前，他们就不再去找。这些年龄稍长的幼儿已经形成了**持久自我**（extended self）的概念：意识到随时间变化自我是稳定的，（1）最近发生的事件对现在是有意义的，而（2）一周之后，他们从录像中看到头上有彩纸时，就已经不再认为彩纸还在自己头上，因为这件事是在很久以前发生在自己身上的（Povinelli et al., 1999; Povinelli & Simon, 1998）。

认知和社会性对自我识别的影响　为什么18~24个月大的儿童突然认识到，那个熟悉的镜像是“我”？回想一下，这个年龄的学步儿恰好在内化他们的感觉运动图式，形成心理符号——其中最早的一个可能是关于自己身体和面部特征的表象（Nielsen, Suddendorf, & Slaughter, 2006）。这是怎样发生的呢？看来，这些正处于创建心理符号边缘的较大的学步儿开始注意到，他们在镜子中看到的动作与自己身体运动带来的本体感受之间具有相似性，从而意识到：“镜子里那个在做我正在做的动作的孩子必定是‘我’”（Miyazaki & Hiraki, 2006）。如果心理年龄达到了18~20个月，即使严重心理迟滞的儿童，在胭脂测验中也能自我识别（Hill & Tomlin, 1981）。

认知发展水平对自我识别固然重要，但社会经验可能同样重要。戈登·盖洛普（Gallup, 1979）发现，除非在完全社交剥夺的环境中长大，正常情况下，青少年期的黑猩猩能很容易地在镜子中认出自己（胭脂测验显示）。与正常黑猩猩相比，社交剥夺的黑猩猩对自己镜像的反应，就好像它们正看着另一只黑猩猩！因此，术语*镜像自我*可能既适用于人类，也适用于黑猩猩：“社会镜子”中的影像使正常黑猩猩形成了某些自我觉知，而缺少这些经历的黑猩猩将不能获得准确的自我形象。

对人类自我意识有影响的一种社会经验是对主要照护者的安全依恋。桑德拉·皮帕等人（Pipp et al., 1992）对2~3岁儿童实施了一个自我认识的复杂测验，既评定了儿童对自己名字和性别的意识，也评定了他们的自我识别。如图6.1所示，两岁的安全型依恋儿童的测验得分高于其不安全型依恋的同伴；

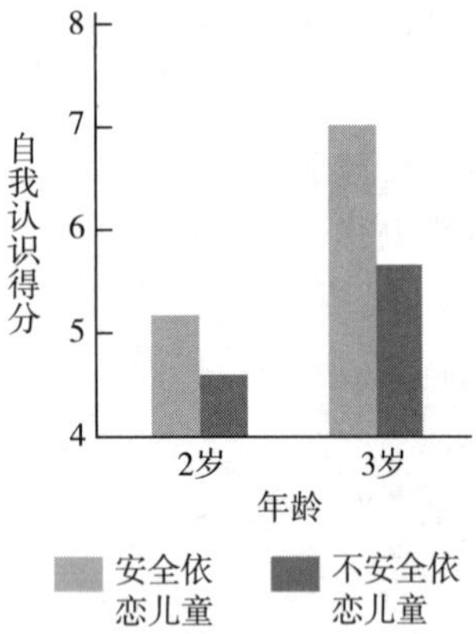

图 6.1 不同年龄和不同依恋质量的儿童，在自我认识测验中的平均得分

资料来源：摘自 Pipp, Easterbrooks, & Harmon, 1992。

3 岁儿童中，安全型和不安全型依恋的个体在自我识别上的差异更大。

父母也会影响儿童自我概念的扩展，他们给孩子提供描述性信息（“你是一个大女孩”；“你是一个多么聪明的男孩”），评价儿童的行为（“那是错的，比利；大男孩不会抢小妹妹的玩具”）。父母还和孩子谈论他们一起经历的印象深刻的事件，例如到动物园或迪斯尼乐园游玩。在这些谈话中，父母一般会问这样的问题：“上周我们去哪儿了？这次出游，你最喜欢玩的是什么？”这些交流可以帮助幼儿把他们的经历组织成故事线，使他们回忆起对个人有意义的事情——发生在“我”身上的事情（Farrant & Reese, 2000）。这些最初在成人的帮助下共同建构的自传式记忆，有助于说明自我随时间推移是稳定的（例如，“我比去年夏天去迪斯尼乐园时长大了”），因此有助于持久自我感的发展（Povinelli & Simon, 1998）。

自我识别对社会性和情绪发展的影响 自我识别的发展为几种新的社会性和情绪能力铺平了道路。例如，第 4 章讲到，体验像“尴尬”这样的自我意识情绪的能力依赖于自我识别。而且，达到这一自我参照里程碑的学步儿会变得更友好，社交技能更强。他们很愿意模仿玩伴的活动（Asendorph & Baudonniere, 1993; Asendorph, Warkentin, & Baudonniere, 1996），开始表现出更复杂的社会性假装游戏形式（Lewis & Ramsay, 2004），甚至偶尔会合作以达到共同目标（一个孩子操纵把手，让另一个孩子从容器中拿到玩具）（Brownell & Carriger, 1990; 也见 Brownell, Ramani, & Zerwas, 2006）。早期出现的分享注意以及进而与人合作的能力具有非凡的意义，有人把它们看作人类文化的基础（Tomasello, 1999）。的确，拥有自我意识的两岁儿童能够自如地参与和同伴合作解决问题的活动；但是，即使成熟的黑猩猩，对合作解决问题也不感兴趣（Warneken, Chen, & Tomasello, 2006）。

分类自我的出现 学步儿表现出明确的自我识别之后，他们就开始觉察到人与人的不同，并开始根据一些维度对自己进行分类，形成**分类自我**（categorical self）（Stipek, Gralinski, & Kopp, 1990）。年龄、性别以及好坏这样的评价性维度，是学步儿纳入其自我概念的最早的社会范畴，他们会这样说：“我是个大男孩，不是小娃娃”；或“珍妮是个好女孩”。

有趣的是，幼儿甚至能够察觉到种族和民族的分类。但是，要正确地把自己分类还要过一段时间。例如，3~5 岁的美国原住民儿童，能轻易地区分照片中的印第安人和白人，但不能准确地说出他们自己最像哪一类人（Spencer & Markstrom-Adams, 1990）。在非裔幼儿中也可以看到相似的“错误识别”现象，他们表现出明显的白人偏好，更少把积极品质与黑人或非裔美国人联系在一起（Cross, 1985; Spencer, 1988）。但是，这些“错误识别”和亲白人偏好，不一定意味着少数族裔儿童没有意识到自己的种族，或者对自己特别挑剔，因为少数族裔儿童经常同时表现出一种亲白人情感和非常积极的自我概念（Spencer & Markstrom-Adams, 1990）。相反，少数族裔幼儿表现出来的所谓的“错误识别”，可能只是反映了他们与白人儿童表现出来的对少数族裔的消极刻板印象一样的早期意识（Bigler & Liben, 1993），以及想让自己向他们认为的最优势群体靠拢的愿望（Spencer & Markstrom-Adams, 1990）。

我是谁？学前儿童的反应

> 我三岁了，和妈妈、爸爸、哥哥杰森以及姐姐丽莎住在一个大房子里。我有一双蓝眼睛，我房间里有一只橙色的小猫和一台电视。我认识所有的 ABC 那些字母，不信你听：A, B, C, D, E, F, G, H, J, K, L, O, M, P, Q, X, Z。我跑得很快。我喜欢披萨，在幼儿园我有一个好老师。我能数到 10，想听我数吗？我喜欢我的小狗斯基珀。我能爬到攀登架的顶上……我很强壮。看，我能举起这把椅子！（Harter, 1999, p. 37）

这是把几个 3~4 岁孩子对“我是谁”的回答综合起来的陈述，它充分说明，为什么许多发展心理学家认为，学前儿童的自我概念是具体的、身体性的，几乎没有任何心理内容的自我意识。这些学前儿童定义自我时，根据的是他们的身体特征（我是蓝眼睛）、喜好（我喜欢披萨）、拥有物（我的房间里有一台电视），以及他们能完成并感到自豪的动作（例如，跑得快；爬到攀登架顶上）。相比之下，这么小的孩子很少用到心理描述，例如“我很友好”或“我乐于助人”（Damon & Hart, 1988; Harter, 1999）。即使那些听起来像是对特质的描述（例如，我很强壮），通常也是指在特定环境中的身体能力（如我能举起这把椅子），而不是与其他儿童比较之后对自己有多强壮的评价。

图片 6.2 学前儿童已经意识到他们的行为模式和偏好，并使用这一信息来形成早期的自我“心理”画像。

埃里克·埃里克森一点儿也不会对这些发现感到惊讶。

在其心理社会发展理论中，埃里克森（Erikson, 1963）指出，2~3 岁的儿童正努力变得独立或自主，而 4~5 岁的儿童已经形成了自主感，他们正在学习新技能，争取实现重要目标，并为他们的成绩感到骄傲。埃里克森认为，如果幼儿主要根据他们的活动和身体能力来认识自己，那么这是他们健康成长的表现，因为以活动为基础的自我概念反映了一种主动感，他们需要借此来应对在学校必须学习的各门新课程。

早期“心理”自我概念的证据　但是，并非所有人都赞成这样的观点：学前儿童的自我概念局限于可观察的特征，而缺乏任何“心理”的自我意识。丽贝卡·埃德尔（Eder, 1989, 1990）发现，如果让 3.5~5 岁的儿童使用需要较少言语技能的迫选式陈述，而不是回答如“我是谁”这样的开放式问题，他们就能很快从诸如社交性这样的心理维度来描绘自己（例如，在“我喜欢自己玩”与“我喜欢跟朋友一起玩”这两个句子中做出选择）。而且，他们在不同维度上对自己的描述也不同，这些自我描述随着时间的推移是稳定的（Eder, 1990）。尽管学前儿童还不明白“善于交际”“体格健壮”或一个“成功者”意味着什么，但埃德尔的研究显示，早在儿童能使用特质词表达这种知识之前，他们就有了初步的心理自我概念。

儿童的心理理论和私密自我的出现

当成人思考“自我”的时候，他们知道，自我包括别人看得见的**公开自我**［public self（or me）］，以及不直接为他人所知且具有内在、反思特性的**私密自我**［private self（or I）］。年幼儿童能意识到自我的公开和私密这两个方面吗？这种区分意味着儿童有一种**心理理论**（theory of mind），即明白人具有愿望、信念和意图这样的心理状态，且它们并不总能与别人分享或被他人理解，却常常指导他们的行为。

对心理状态的早期理解　获得心理理论的第一步是意识到自己和他人都是有生命（而不是无生命）的客体，其行为反映了目的和意图。值得注意的是，两个月大的婴儿就已经有了某些进步；他们更可能重复人类的而不是无生命物体做出来的简单动作，表明婴儿可能已经分辨出了人类榜样（Legerstee, 1991）。到 6 个月大时，婴儿认识到人的行为是有目的的，知道人在对待其他人和无生命物体时的行为是不同的。例如，如果 6 个月大的婴儿看到一个大人在对屏幕后面不可见的刺激物讲话，他们就期望当屏幕撤走时会有一个人出现；如若出现的是非生命物体，婴儿就会感到惊讶。相反，如果那个大人操纵了不可见的刺激物，6 个月大的婴儿就期望看到一个物体，而这时如果有一个人出现，他们也会感到很惊讶（Legerstee, Barna, & DiAdamo, 2000）。到 9 个月大时，婴儿能分辨一个成人的消极意图（递给玩具又突然撤回，以此来捉弄他们）和积极意图（真地把玩具递给他们）（Behne et al., 2005）。9~12 个月大时，婴儿表现出大量的**共同注意**（joint attention），经常指向物体、事件，或把照护者的注意引向物体或事件，这说明他们认识到社交伙伴能理解或分享其观点和意图（Tomasello, Carpenter, & Liszkowski, 2007）。到 18 个月大时，学步儿已经发现愿望能影响行为，并通常能准确推断出别人的愿望。因此，如果见到某个女人一想到吃饼干就表现出厌恶，那么他们就知道，当允许在各种零食中做出选择时，她更愿意吃蔬菜，而不是儿童自己喜欢的饼干（Repacholi & Gopnik, 1997）。

2~5 岁时，儿童对心理活动的理解得到快速扩展。2~3 岁的儿童经常谈论他们的感情和愿望，甚至会对不同心理状态之间的联系表现出一定的理解。例如，他们知道，一个想要饼干的孩子，如果得到了饼干就会感觉好（高兴）；如果没有得到就会感觉不好（伤心，生气）（Moses, Coon, & Wusinich, 2000; Wellman, Phillips, Rodriguez, 2000）。而且，2~3 岁的孩子充分意识到：（1）他们可能知道别人不知道的一些事情（O'Neill, 1996; see also Moll & Tomasello, 2007）；（2）别人不能实际观察到他们的想法（Flavell et al., 1993）。然而，尽管 3 岁的孩子已对人的心理和新出现的私密自我更加关注，但他们对信念和推论这样建构性、解释性的心理产物的理解，仍处在萌芽状态。实际上，他们被称为"**愿望理论家**"（desire theorists），因为他们认为人的行动通常反映了他的愿望，但他们还不理解一个人的信念也会影响其行为（Cassidy, 1998; Wellman & Liu, 2004）。

3~4 岁时，大多数儿童形成了**信念—愿望心理理论**（belief-desire theory of mind），从而像成人一样认识到，信念和愿望是不同的心理状态，二者分别或共同影响一个人的行为（Wellman, Cross, & Watson, 2001）。因此，一个在打闹时打碎了花瓶的 4 岁孩子，为了打消妈妈惩罚他的愿望，他会极力改变妈妈的心理状态，让妈妈相信，他打碎花瓶是无意的（"我不是故意，妈妈，那是个意外！"）。

信念—愿望心理理论的起源　很小的孩子会把愿望看作决定行为的最重要因素，因为他们自己的行动经常由愿望引发，于是便认为别人的行为也反映了相似的动机。此外，3 岁的儿童对信念有一种非常奇怪的看法，认为信念是对

图片 6.3　即使一岁大的婴儿也意识到，当他们用手指着一个物体，以便让陪伴者和他们共同注意该物体时，其他人的心理状态（感知）可能与他们自己的有所不同。

所有人共享之现实的正确反映。他们不能像年长儿童和成人那样领悟到，信念只是对现实的解释，它可能因人而异，也可能不正确。看看儿童对如下故事的反应，这是一个**错误信念任务**（false-belief task），用来评价儿童能否理解“一个人会持有不正确的信念并受其影响，尽管这些信念可能是错误的”：

> 山姆把一些巧克力放在一个蓝碗橱里就出去玩了。当他不在时，妈妈把巧克力移到了绿碗橱里。山姆回来后，他想吃巧克力。他会到哪里去找巧克力呢？

3 岁的孩子会说“绿碗橱里”。他们知道巧克力在哪里，对他们来说，信念是对现实的反映，所以他们认为，山姆在想吃巧克力的愿望驱动下，会去正确的地方找巧克力。相比之下，大多数 4~5 岁儿童表现出了信念—愿望心理理论：他们现在明白，信念只是现实的心理表征，它可能不正确，也可能不为他人所共享；因此他们知道，山姆会到蓝碗橱找巧克力，因为山姆相信（信念往往影响行为，即使它们是错的）巧克力在那里，而不是到他们知道巧克力所在的绿碗橱那里去找（Wellman, Cross, & Watson, 2001）。

一旦儿童理解了人们可能在错误信念基础上行事，他们就会使用这一知识，通过说谎或其他欺骗手段使自己得到好处（Talwar, Gordon, & Lee, 2007）。例如，玩藏东西游戏的 4 岁儿童（3 岁还不行）会自发地设置错误线索，试图误导对方对物品所在位置的判断（Sodian et al., 1991）。注意，这些 4 岁儿童现在可以明确地区分公开自我和私密自我，因为他们知道，自己欺骗性的公开行为（错误线索）会使对方产生一种不同于他们自己关于物体所在位置的私密知识的信念。

这并不是说年幼儿童没有任何能力去认识错误信念或其隐含的意义。例如，3 岁儿童能分辨凭空想象的描述，或能分辨出故事的特征是伪装出来的错误信念，而且故事实际表达的特征的确与现实相矛盾（Cassidy, 1998; Wellman, Hollander, & Schult, 1996）。假如在藏东西游戏中他们与成人合谋想出了一个欺骗策略，那么，他们在其他错误信念任务上的成绩就会显著提高（Hala, & Chandler, 1996）。但是，在 3~4 岁，儿童一般会获得对心理生活更丰富的理解，区分信念与愿望，把作为知情者的私密自我与他们在别人面前呈现的公开自我明确区分开来。

然而，更准确地说，心理理论是在婴儿期就开始产生并在一生中不断完善和使用的一系列理解，而不要把它看作在4岁时突然出现的东西（Wellman & Liu, 2004）。这些早期发展有多重要呢？戴维·布约克兰德（Bjorklund, 2005）的回答是，信念—愿望心理理论的发展是以后所有社会认知发展的基础。如果儿童从未习得解读心理，不能认识到公开显现的未必反映私密的现实，他们将很难对自己或他人行为做出有意义的心理推断，并且人类表现出来的复杂的社交互动、合作、和解等就几乎不可能实现。的确，与没有掌握错误信念任务的同龄人相比，掌握了该任务的年幼儿童往往表现出更高超的社交技能、更好的社会适应能力（Keenan, 2003; Repacholi & Slaughter, 2003）。

心理理论是怎样产生的？　儿童在这么小的年龄是怎样建构心理理论的？有一种观点认为，就像被激励通过语言分享意义一样，人类婴儿为了获取有关心理状态的信息，可能在生理上也做好了准备（Meltzoff, 1995）。如专栏6.1所阐释的，有人认为心理理论是进化的产物，人类大脑有专门化的模块，使儿童得以建构起对自己和他人心理活动的丰富理解。

但是，即使人类在生物学意义上天生具有形成心理理论的倾向，也仍有许多社会经验促进其心理理论的发展。例如，假装游戏就是一种促使儿童思考心理状态的活动。当学步儿和学龄前儿童合计着用一个东西代表另一个东西，或扮演如蝙蝠侠和哈利·波特这样的假装角色时，他们逐渐意识到人的心理具有这种创造性潜能，意识到信念只不过是心理的建构，但它们会影响所从事的活动，即使它们歪曲了现实（就像他们在假装游戏中那样）（Hughes & Dunn, 1998; Taylor & Carlson, 1997）。年幼儿童也有充分的机会，可从围绕动机、意图、信念和其他心理状态的家庭讨论中学习心理是怎样运作的（Jenkins et al., 2003）。与父母和其他成人的谈话可能至少以两种方式促进心理理论的出现。第一，这种谈话促进了一般的语言发展，而语言发展和学龄前儿童在错误信念任务上的表现密切相关（Milligan, Astington, & Dack, 2007）。另外，母亲与婴儿、学步儿和学龄前儿童越多地谈论心理状态，儿童在自己的言语中就越多倾向于提及心理状态（Taumoepeau & Ruffman, 2006），他们在错误信念任务和其他心理理论任务上的成绩就越好（Meins et al., 2002; Ruffman, Slade, & Crowe, 2002）。

兄弟姐妹之间的互动是否也有同样的作用呢？研究结果有些复杂。尽管有的研究者发现，有哥哥姐姐的年幼儿童在错误信念任务上的成绩始终都更好，也能比其他儿童更快地获得信念—愿望心理理论（见综述 Ruffman et al.,

专栏 6.1　当前争论

心理理论是生物编程的吗？

一些理论家宣称，支撑自我意识和复杂心理理论的基础能力是人类进化的产物，是我们的社会智力和文化发展的基础（Baron-Cohen, 1995, 2000; Mitchell, 1997）。人类祖先大概早已发现，理解信念、愿望和其他心理状态具有高度的适应性，因为这种“读心术”的能力促进了分工合作的发展，并且使人类能更准确地评价可能威胁生存的其他竞争群体的动机。

西蒙·拜伦－科恩（Baron-Cohen, 1995）提出，人类拥有专门用于解读心理的大脑模块。一个模块是**共享注意机制**（shared attention mechanism, SAM），在 9~18 个月时形成，它使两个或更多的个体知道他们在注意同一件事情。另一种机制是**心理理论模块**（theory of mind module, TOMM），大约在 18~48 个月之间形成，它使儿童能分辨和解释意图、愿望及信念这样的心理状态。

事实上，有证据表明，信念—愿望心理理论的发展可能反映了**特定领域**的加工技能，它们与正常智力是不同的。例如，在智力正常的 4 岁儿童和大多数年龄较大的智力迟滞儿童中，大约 85% 的人通过了错误信念问题。但是，**孤独症**儿童缺乏（或延迟出现）共同注意和对错误信念的理解（Peterson, Wellman, & Liu, 2005），即便这些孤独症儿童在其他智力任务上可能做得很好（Baron-Cohen, 2000）。孤独症是一种严重的精神障碍；患病儿童不容易与他人共享注意，似乎生活在他们自己的世界里，并且难以进行大多数形式的社会互动。拜伦—科恩（Baron-Cohen, 1995）提出，孤独症的个体缺少心理理论模块，在解读心理方面表现出深度缺陷或**心理盲**。想象一下，如果你不能理解别人的动机和愿望，或意识不到他人可能会欺骗你，那么，与他人交往将会多么混乱，甚至是令人恐惧的事情。坦普尔·格兰丁（Grandin, 1996），一位智力足以做大学教授的孤独症女性，她描述说自己不得不努力建立一个记忆库，以弥补她在解读心理技能方面的缺陷，在这个记忆库中，存储着人们在特定情境中会怎样做和可能表达什么情绪的信息。虽然她能理解简单情绪，如生气和高兴，但她从未弄明白《罗密欧和朱丽叶》到底说的是什么意思。

拜伦－科恩关于心理理论的生物学模型这一新观点，一经出炉就争议不断。利用神经成像技术，研究人员已经开始确定在完成心理理论任务时被激活的大脑区域，这些脑区域似乎与思考他人信念有独特的联系（Gallagher & Firth, 2003; Saxe, Carey, & Kanwisher, 2004）。然而，这些发现可能反映的是大脑发育过程中正常的成熟变化，而不能将孤独症儿童的心理解读困难归因于他们缺乏专门的心理理论模块。相反，他们的心理盲可能源于缺乏共享注意，从而限制了他们跟父母、兄弟姐妹谈论心理状态的经验。对失聪儿童的研究为这一假说提供了一些支持。在童年晚期或青春期早期之前，这些儿童对错误信念往往知之甚少（Peterson & Siegal, 2000），尤其是当他们的父母听力正常而不使用手语，且很少有机会与他们“谈论”愿望、信仰和意图之时（Woolfe, Want, & Siegal, 2002）。相比之下，父母也失聪的失聪儿童经常用手语与父母交谈，他们在获得心理理论方面就很少延迟（Schick et al., 2007）。

另外，并非自我意识或心理理论的所有方面都是人类独有的。例如，黑猩猩在胭脂测验中表现出了自我识别能力；一只猿猴能跟随另一只猿猴的

专栏 6.1（续）

目光来共同注视一个东西，能通过叫声和手势进行交流，甚至能欺骗别的猿猴来得到自己想要的东西（Tomasello, Call, & Hare, 2003）。但是，约瑟夫·科尔和麦克尔·托马塞罗（Call & Tomasello, 1999）发现，大猩猩和黑猩猩不能完成非语言的错误信念任务。4~5 岁儿童能通过这样的任务，而且还能完成其他错误信念任务，这说明他们已经获得了一种信念—愿望心理理论。因此，可以想象，人类具有类似心理理论模块的东西，这有助于解释为什么只有人类才能表现出丰富的社会认知能力，尽管还需要更多的研究来对这一论断做出恰当的评估。

1998）。有哥哥姐姐可能使年幼儿童有更多的机会去玩复杂的假装游戏，更多地参与到欺骗和耍计谋的互动中，这些经历都在告诉他们，信念不需要反映现实，同样能影响自己和他人的行为。相比之下，拥有一个与自己处于同一心理发展水平的孪生兄弟姐妹并不会给儿童带来这种优势，因为那些没有其他兄弟姐妹的双生子，其在心理理论任务上的表现与独生子女相似（Wright Cassidy et al., 2005）。

文化影响　不同文化背景中的儿童在学前阶段都能对心理如何运作形成如此丰富的理解吗？显然不是。在秘鲁胡宁省的克丘亚人中，即使 8 岁的儿童也很难理解信念有可能是错误的（Vinden, 1996）。为什么？可能是因为克丘亚人很少谈论自己或他人的心理状态。他们大多是靠土地生存的农民，日出而作，日落而息，不需要为过好日子而经常反思自己或他人的感受或观念。实际上，他们的语言中很少有描绘心理状态的词汇，他们的民间故事中，与心理状态相关的内容也非常贫乏。类似地，在某些新几内亚的部落中，就连青少年也不能回答关于他人想法的问题，而这些问题是西方社会 5 岁儿童就很容易掌握的（Vinden & Astington, 2000）。因此，4 岁时出现信念—愿望心理理论并不是普遍现象，在对其出现缺乏社会支持的文化中，它可能会延迟出现。

儿童中期和青少年期的自我概念

一旦儿童形成了心理理论，并能清晰地区分其公开自我和私密自我，则他们的自我描述，就会从身体、行为和其他“外在”特征，逐渐演变到概括那些持久稳定的内在特征，也就是他们的特质、价值观、信念和意识形态上

（Damon & Hart, 1988; Harter, 1999）。从下面两个儿童对“我是谁”的回答中可以看出，从儿童中期到青少年初期，自我描述变得更抽象或更“心理”化（Montemayor & Eisen, 1977, pp. 317-318）。

> **9 岁儿童:**我叫布鲁斯。我的眼睛是蓝色的，头发是褐色的。我喜欢体育！我家有七口人。我的视力特别好。我有很多朋友。我住在……我有一个2.1米高的叔叔。我的老师是V. 夫人。我喜欢打冰球！我可能是班上最聪明的男生。我爱吃……我喜欢学校。
>
> **11 岁半儿童：**我叫A.。我是一个人……一个女孩……一个诚实的人。我不太漂亮。我学习一般。我是一个很棒的大提琴手。我比同龄人长得高一些。我喜欢几个男孩……我比较传统。我游泳游得特别好……我努力帮助别人……总的来说我还不错，但我脾气不好。有几个女生和男生不太喜欢我。我不知道男孩子是否喜欢我……

注意，这个9岁儿童继续将一系列身体特征（例如，褐色头发、蓝眼睛），作为自我的重要方面。但是，与那些更年幼的儿童相比，他的自我描述更心理化，因为他把重点放在了他的爱好（“我喜欢体育”“我喜欢学校”）和人际关系（“我有许多朋友”“我的老师是……”）上，偶尔还提到其心理特质（“我可能是班上最聪明的男生”）。对于小学生来说，同伴关系变得非常重要，他们关心的是表现那些能巩固其同伴地位的行为和特质：

> *你是个怎样的人？*我是个友好的人。*为什么友好很重要？*如果你不友好，别的孩子就不喜欢你（Damon & Hart, 1988, p. 60）。

现在，我们把9岁儿童的自我描述与处于青少年初期的11岁半儿童的自我描述加以比较。11岁半的女孩仍旧关注同伴关系（“我喜欢几个男孩”；“有几个女生和男生不太喜欢我”）。但是，她的自我描述主要是关于可概括其人格持久稳定的性格品质或特质（例如，诚实、传统、助人、有点儿脾气）。而且，年长儿童的自我概念并不全是积极的（Harter, 1999）。儿童越来越多地把自己与他人（主要是同伴）相比较，承认自己在某些方面相对不足（如“我不太漂亮”“我学习一般”）。

青少年期的自我 现在来看一个 17 岁青少年的自我描述：

> 我是一个人……一个女孩……一个个体……我是双鱼座。我是一个喜怒无常的人……一个优柔寡断的人……一个有雄心的人。我是个求知欲很强的人……我很孤独。我是一个美国人（上帝保佑我）。我是个民主党人。我是个自由主义者。我是个激进分子。我是个保守派。我是个伪自由主义者。我是个无神论者。我不是一个可分类的人（即我不愿意被归类）（Montemayor & Eisen, 1977, p. 318）。

乍一看，这个自我描述似乎与上面那个 11 岁半儿童的描述没什么不同：两人都描述了他们最明显的人格特征，并对他们的社交生活感到有点消极（"……不是很喜欢我"对"我很孤独"）。不过，在 17 岁青少年的描述中，我们看到了更多的价值观或意识形态分类的证据（例如，民主党人、激进分子、无神论者），以及明显不一致的其他描述（例如，"我是个自由主义者……我是个保守派"；"我是一个美国人，上帝保佑我……我是个无神论者"）。

自我描述中的不一致是青少年的典型特征，他们越来越意识到，自己不可能在所有情境中都是同一个人，这一事实让他们感到迷惑，甚至懊恼。苏珊·哈特和安妮·曼苏尔（Harter & Monsour, 1992）请 13 岁、15 岁和 17 岁的青少年描述他们与（1）父母、（2）朋友、（3）恋人、（4）老师和同学在一起时的自己。然后，让每个参与者对四个自我描述加以分类，挑出不一致的地方，并说明对此他们感到多么困惑和不安。如图 6.2 所示，13 岁青少年报告的不一致较少，也不为他们发现的不一致感到多么困扰。相比之下，15 岁青少

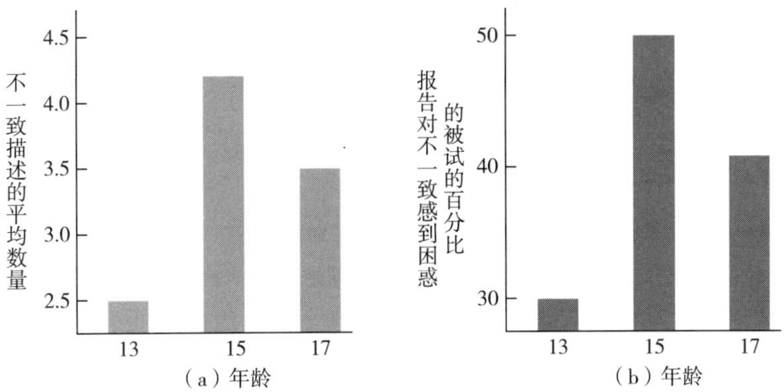

图 6.2 13 岁、15 岁和 17 岁的青少年报告的互相矛盾的特质的平均数（图 a），以及这三组青少年对这些自我描述中的不一致感到困惑或混乱的百分比（图 b）。

资料来源：摘自 Harter & Monsour, 1992。

年列举了许多相对立的特征，并且经常受其困扰。一个 15 岁的女孩说，她与朋友在一起时很快乐，但在家里感到很压抑。“我真的觉得自己是快乐的，而且很想快乐，因为我觉得那才是真正的自我，但我和家人在一起时感到压抑，我都快疯了”（Harter & Monsour, 1992, p. 253）。这些 15 岁的青少年似乎觉得，他们身上有几个不同的自我，但他们很想找到“真我”。有趣的是，对自我描述中的不一致感到最烦恼的青少年，是那些通过伪装或扮演角色来改善自己的形象或赢得父母和同伴认可的人。遗憾的是，经常表现出**虚假自我行为**（false self-behaviors）的青少年，是那些对自己真正是谁最不自信的人（Harter et al., 1996）。

对较年长的青少年来说，自我描述的不一致不再那么令他们烦恼了，他们常常把不一致的成分整合进一个更高级、更连贯的自我观念中。例如，一个 17 岁的男孩可能会得出这样的结论：这是完全可以理解的，与父母和同学在一起时会很放松和自信，但如果一个人没有什么约会经验，约会时就会感到紧张；或者“喜怒无常”可以解释他在跟朋友们在一起的某些场合很快乐，但在另一些场合则易怒。哈特和曼苏尔认为，认知发展，特别是形式运算能力，是这种自我认识产生变化的基础，包括把“快乐”和“易怒”这样的抽象特质加以比较，并最终把它们整合进“喜怒无常”这类更一般的概念中。

总之，从儿童期到青少年期，一个人的自我概念会逐渐发展，更心理化、更抽象，连贯、整合的自我描述越来越多。可以说，青少年变成了经验丰富的“自我理论家”，能够反思和理解自己人格的运作方式。

最后还有一点很重要：这里所讲到的自我概念发展的概况大多来自在西方工业社会所做的研究，这些社会重视独立性，把个人特征看作个体人格的标志。但是，我们从专栏 6.2 可以看到，这种以西方为中心的“自我”观，并不能完全反映世界上许多集体主义社会中人们的经历。

自尊：自我的评价成分

随着儿童成长，他们不仅能越来越好地理解自己，建构更复杂的自我描述，而且也开始评价那些他们认为自己拥有的品质。自我的这种评价成分称为**自尊**（self-esteem）。高自尊的儿童对自己是什么样的人感到满意；他们能认识到自己的优点，也承认自己的缺点（通常希望克服它们）；一般来说，他们对自己表现出来的特征和能力持积极态度。相比而言，低自尊的儿童对自己不太满意，他们常想着自己的那些缺点，而不是自己刚好拥有的优点。

专栏 6.2 文化影响

文化对自我概念的影响

在下面的量表中说明你同意或不同意以下每个项目的程度。

1　2　3　4　5　6　7

完全不同意　　　　　　　　完全同意

____1. 我尊敬与我交往的权威人物。

____2. 被挑选出来接受表扬或奖赏，我感到很惬意。

____3. 我的快乐取决于我身边的人是否快乐。

____4. 在班上发言对我来说不是问题。

____5. 在做教育或职业规划时，我应当考虑父母的建议。

____6. 独立于他人的身份或同一性对我来说很重要。

（Singelis, 1994）

怎样的自我概念最符合期望，因文化而异。西方社会，例如美国、加拿大、澳大利亚和欧洲的工业化国家，被称为**个人主义社会**（individualistic societies）：他们重视竞争和个人主动性，强调人与人之间的不同。相比之下，许多亚洲文化（例如印度、日本和中国）被认为是**集体主义社会**或**公共社会**（collectivist or communal societies）：人们之间更多地是合作和相互依赖，而不是竞争和独立；而且与他们的身份或同一性紧密相联的是其所属的群体（例如家庭、宗教组织和社区），而不是自己的成就和个人特征（Triandis, 1995）。实际上，东亚文化（例如中国、韩国和日本）中的人更看重谦虚，而把注重个人利益看作有些不正常和适应不良（Markus & Kitayama, 1994; Triandis, 1995）。

从较年长的美国和日本青少年对“我是谁”问卷的回答中可以清楚地看出，人们的自我概念的性质和内容存在跨文化差异（Cousins, 1989）。问卷让他们先评价自己的个人 / 个人主义特征（例如，“我诚实”;“我聪明”）和社会 / 关系方面的特征（例如，“我是一个学生”；“我是一个好儿子”）。然后，让参与者选出五个他们认为最具自我描述性且对自我概念最重要的选项。

这一研究的结果如图所示，美国学生的核心自我描述大部分（59%）是个人 / 个人主义特征，而同样的这些特征在日本青少年的核心自我描述中只占 19%。日本学生比美国学生更多地列举社会 / 关系特征作为他们自我概念中特别看重的成分。在发展趋势方面，与青少年初期的个体相比，日本和中国的较年长青少年较少根据个人主义特征对人加以区分，而随着年龄的增长，美国青少年则更多地进行这类区分（Crystal et al., 1998）。来自个人主义和集体主义文化的儿童之间的这种差异可能在儿童初期就已出现。例如，海蒂·凯勒等人发现（Keller et al., 2004），在非洲喀麦隆恩索农村（集体主义群体，不鼓励婴儿独立，主张为婴儿和学步儿提供大量的身体接触），95% 的 18~20 个月大的学步儿还不能在胭脂测验中认识到自己是独特的个体，而按照西方标准养育的希腊同龄儿童，其能够进行这种自我识别的比例则为 65%。并非所有领域都存在差异。例如，在学习环境中，中国青少年更关切展现出对新教材的个体掌握，而不是寻求社会认同或追求其他群体目标（Li, 2006）。但是在许多其他生活领域，来自集体主义文化的儿童和青少年似乎比西方同龄人表现出更多的社交取向，更少的个体取向。事实上，研究表明，亚裔美国青少年，其家庭在移民到美国后仍保留着许多集体主义价值观，所以，和欧裔美国青少年相比，他们更强调自己的社

专栏 6.2（续）

会同一性以及与他人的联结（Chao, 2001; Fuligni, Yip, & Tseng, 2002）。

在个人主义和集体主义的连续体上，你处于什么位置？如果你像大多数来自个人主义社会的人，那么你可能更赞同项目 2、4 和 6 的表述（独立性和个人主义所关心的事情），而来自集体主义社会的人通常更赞同项目 1、3、5 的表述（相互依赖性和公众关注的事情）。

可见，个体所处文化的传统价值观和信念会显著地影响自我概念的特征。而且本书后面将会讲到，个人主义与集体主义的文化和价值体系之间的差异对自我的多个方面都有重要影响，比如个体看待和评价某些事情的方式，举几个例子，如成就行为、攻击性、利他主义和道德发展。

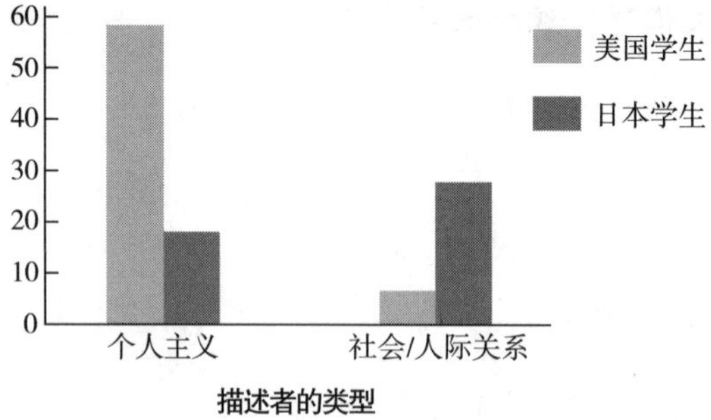

美国和日本学生在“我是谁”问卷的回答中，把个人主义特征和社会 / 人际关系特征列为自我概念核心维度的平均百分比。

资料来源：摘自 Cousins, 1989。

自尊的起源

儿童对自己和自身能力的评价是自我最重要的方面，它影响到儿童行为的其他方面以及他们的心理健康。自尊是怎样产生的？儿童在什么时候第一次确立了一种现实的自我价值感？

这些问题并不容易回答，第 5 章介绍的鲍尔比（Bowlby, 1988）的“心理作用模型”理论为此提供了一些有意义的线索。该理论预测，安全依恋的儿童对自我和他人建构了积极的心理作用模型，而不安全依恋的儿童对自我和他人建构的心理作用模型则比较消极，相比之下，安全依恋的儿童应该会较早地开始对自己做出积极评价。在比利时的一项研究中，研究者问 4~5 岁的孩子关于自我价值的问题，并让他们通过手上的玩偶来作答。例如，“你（玩偶）喜欢和这个孩子一起玩吗？”“这个孩子是一个好（坏）男孩 / 女孩吗？”结果显示，相比不安全依恋的儿童，与母亲形成安全联结的孩子更积极地（通过玩偶）描述自己，而且幼儿园老师也评价说，这些孩子能力更强，具有更高的社交技能（Verschueren, Marcoen, Schoefs, 1996）。此外，与父母双方都形成了安全依恋的儿童，其自我描述最为积极（Verschueren & Marcoen, 1999）。8 岁时的再次评定表明，这种优势具有跨时间的稳定性（Verschueren, Buyck, & Marcoen, 2001）。由此看来，似乎到4岁或5岁时，也可能更早，儿童已经形成了一种早期的、有意义的自尊感，它受到儿童依恋历史的影响，而且是教师对其能力评价的一种合理而准确的反映。

儿童期自尊的成分

当成年人想到自尊时，脑海中会浮现出一个整体的自我评价，它基于我们在不同生活领域所表现出来的优缺点。儿童也是这样，他们先评价自己在许多不同领域的能力，然后把这些印象综合为一个整体自我评价（Harter, 1999; Marsh & Ayotte, 2003）。

苏珊·哈特（Harter, 1982, 1999, 2005）提出了一个儿童期自尊的层级模型，如图6.3所示。为了验证这一模型，她让儿童完成一个《儿童自我认识量表》，在如下五个领域——*学习能力*、*社会接纳*、*体貌特征*、*运动能力*、*行为举止*——对自己做出评价，同时也表明他们的整体价值感或整体自尊。评价方法是，儿童指出量表中的陈述是否恰当地反映了其整体自我价值中的每一能力领域，从而判断对他们自己的这些评价是对还是不对（见图6.4）。

哈特认为，4~7岁的儿童有膨胀的自我，因为他们倾向于在所有领域都积极地评价自己。一些研究者认为，这些非常积极的评价，反映的是他们有这样一种*愿望*，即他们是被他人喜欢的，或在各种活动中都表现良好。因此，这种评价不能作为坚定的自我价值感的基础（Eccles et al., 1993; Harter & Pike, 1984）。但是，4~7岁儿童的自我评价并非完全不切实际，因为自我评价与其成就测验分数以及教师对他们在相同能力领域的评定均呈中度相关（Marsh, Ellis, & Craven, 2002; Measelle et al., 1998）。

从大约8岁起，儿童对自我能力的评价开始接近于他人对自己的评价（Harter, 1982; Marsh, Craven, & Debus, 1998）。例如，儿童对社交能力的个人评

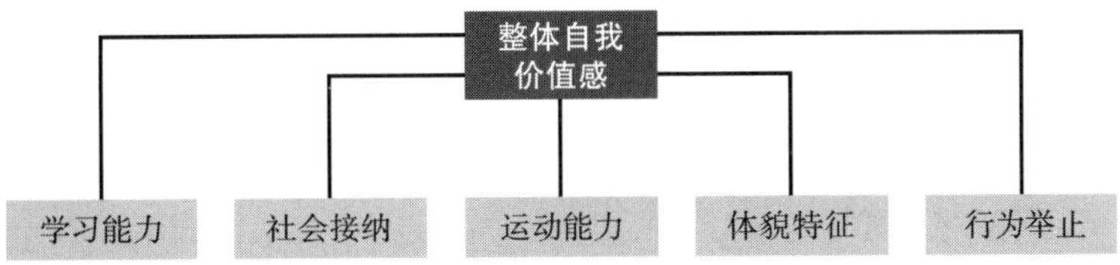

图6.3 自尊的多维层级模型

资料来源：摘自 Harter, 1996。

项目	非常符合	有点符合				非常符合	有点符合
学习能力	1	2	有些人很难正确解答学习中的问题。	但	另一些人几乎总能正确回答问题。	3	4
社会接纳	1	2	有些人觉得很难交朋友。	但	另一些人觉得交朋友很容易。	3	4
运动能力	1	2	有些人在提到体育运动时，觉得自己不擅长。	但	另一些人在各类体育运动中都做得很好。	3	4
体貌特征	4	3	有些人喜欢自己的外表。	但	另一些人不喜欢自己的外表。	2	1
行为举止	1	2	有些人通常会因为他们所做的事情而惹上麻烦。	但	另一些人通常不会做那些给自己惹麻烦的事情。	3	4
整体自尊	4	3	有些人对他们自己很满意。	但	另一些人经常对自己感到不满意。	2	1

图 6.4 哈特的儿童自我认识量表中的项目样例

每个方框中的数字表示儿童对题目做出选择后会得到的分数。

资料来源：Harter, 1988.

定，现在通过同伴对其同学社交能力的评定而证实：具有较高运动自尊的儿童，会更多地被选拔参加团体运动，并且和自认为运动能力较差的同学相比，体育老师对他们也给予了更高的评价。综合来看，这些结果表明，自我知识和自尊可能很大程度上依赖于他人对我们行为的感知和反应方式。这正是查尔斯·库利（Cooley, 1902）所阐释的观点，他创造了镜像自我这一术语，以此解释我们如何建构自我形象。

但是哈特也发现，她所评估的这些能力领域，在儿童看来其重要性是各不相同的。尤为重要的是，如果儿童在他们认为最重要的领域自认为很有能力，那么其整体自我价值往往最高。因此，似乎年长儿童的自尊感既取决于他们认为别人怎样评价自己（即社会镜像），也取决于他们怎样选择评价自我（Harter, 2005）。

青少年期的自尊

到了青少年初期，一个人的自我价值感越来越分化，且更多地集中于人际关系方面。苏珊·哈特等人（Harter et al., 1998）创造了术语**关系自我价值**（relational self-worth）来描述他们的发现：在不同的关系背景下（例如，与父母、老师、男生、女生），青少年开始认识到不同的自我价值感。显然，所有这些方面的关系自我价值对一个人的整体自尊都有贡献，但某一领域可能对某些青少年来说更重要。因此，如果一个青少年认为自己特别聪明，又得到老师的肯定和赞扬，那么即使同伴认为他是书呆子，他仍可能拥有较高的整体自尊；另一个青少年，即使她觉得自己与父母和老师的关系不太好，但却认为自己与同伴交往的能力很强，因此她也可能拥有较高的整体自尊。这再一次说明，自我评价不仅取决于他人如何评价我们，还取决于我们如何选择评价自己（也就是说，我们认为对自我概念最核心或最重要的是关系自我价值中的哪些关系和方面）。

图片 6.4 在青少年期，友谊质量成为自尊的最重要决定因素之一。

鉴于人际关系变得越来越重要，新的人际关系维度，如浪漫关系的吸引力和亲密友谊的质量，成为青少年整体自尊非常重要的影响因素也就不足为奇了（Masden et al., 1995; Richards et al., 1998），但它们影响男孩和女孩的自我评价的方式是不同的（Thorne & Michaelieu, 1996）。拥有高自尊的女孩往往与朋友有支持性的关系，而男孩更可能从他们成功影响朋友的能力中获得高自尊。女孩的低自尊与缺乏朋友的支持和认可有很大关系；而影响青春期男孩低自尊的一个主要因素是他们缺乏浪漫的能力，反映为他们不能赢得或维系女孩对自己的喜爱。

随时间发展自尊是稳定的吗

人的自我价值感是稳定的吗？在 8 岁时表现出高自尊的儿童，到青少年期是否仍然有良好的自我感觉？还是说更合理的假设是：青少年期的压力和困难使多数青少年怀疑自己和自己的能力，从而削弱了其自尊？

埃里克·埃里克森（Erikson, 1963）同意后一种观点。他认为，经历了青春期的身体、认知和社会性变化的青少年，当他们告别儿童期，开始探索稳定的成人同一性时，通常会感到混乱，并至少出现一定程度的自尊下降。事实上，一些追踪研究考察了儿童和青少年对自己在特定领域中能力的认识，例如学习、社会接纳、身体技能 / 运动、外貌等。这些研究发现，儿童和青少年的能力信念从小学、初中到高中确实在逐渐降低（相关发现和综述见 Fredricks & Eccles, 2002; Jacobs et al., 2002），青少年初期在某些领域内的能力信念下降尤其突出（如学习能力和运动能力）（Cole et al., 2001; Watt, 2004）。这种能力信念的降低可能部分反映了年长儿童更现实的自我评价，因为他们从较小的小学转到更大的初中，接触到了更大的同伴群体，并且发现自己在一个或几个能力领域并不像自己过去所认为的那样技能娴熟。就像赫伯特·马什等人所说的（Marsh & Hau, 2003），如果人的目标是保持高自尊，那么，在小池塘里做一条大鱼总比在大池塘里做一条小鱼要好些。因此，处于青少年初期的大多数个体是否表现出了埃里克森所预期的自尊突然混乱和下降呢？

旨在回答这一问题的一些小样本研究的结论很不一致，有几项研究报告了从儿童期到青少年期过渡中整体自我价值的明显下降，而另一些研究没有报告这样的下降，甚至发现在整个青少年期，个体的自尊逐渐增强（Robins et al., 2002）。但是，后来对更大、更有代表性样本的研究发现，埃里克森可能是正确的，青少年初期的确有很多人经历自我价值下降的情况。例如，理查德·罗宾斯等人（Robins et al., 2002）调查了 30 多万 9~90 岁个体的整体自尊，发现在 9~20 岁之间，不论男女，自尊都出现明显下降；随后，从成年初期到大约 65 岁，自我价值感逐渐恢复和增强；到了老年期，自尊再次下降。另一项追踪研究发现了相似的结果，18~25 岁，自尊和心理幸福感都上升，最大的上升出现在成年初期，此时他们结婚成家，并从家庭、朋友、同事和配偶那里得到越来越多的社会支持（Galambos, Barker, & Krahn, 2006）。

但是，在我们下结论说青少年期是自我价值感的下降期之前，先来看看对 50 项跨越生命全程的自尊研究的**元分析**（meta-analysis）结果。该分析发现，在儿童期和青少年初期，自尊的时间稳定性最差；到青少年晚期和成年初期，自尊逐渐显示出较强的稳定性（Trzesniewski, Donnellan, & Robins, 2003）。这些资料显示，从儿童期向青少年期过渡的方式表现出了巨大的个体差异：许多人确实出现了自尊下降，而另一些人的自尊可能没有很大波动，甚至可能出现自我价值的提升。进入青少年期，在经历了*多重压力之后*，青少年的自尊可能会降低，他们从小学过渡到更严格的初中，成为初中生里年龄最小、能力最差的学生，他们要应对青春期的变化，开始约会，或许还要应对家庭变动，例如搬迁到一个新城镇或父母离异（Gray-Little & Hafdahl, 2000; Simmons et al., 1987）。因为女孩比男孩成熟早，她们更可能同时经历升学和青春期的双重变化。而且在青少年期，相比男孩，女孩更可能对自己的身体和外貌感到不满

（Paxton, Eisenberg, & Neumark-Sztainer, 2006; Rosenblum & Lewis, 1999），也更担忧自己能否维持别人的认可（Rudolph, Caldwell, & Conley, 2005），更多地会因与家人、同伴争吵而困扰（Gutman & Eccles, 2007; Hankin, Mermelstein, & Roesch, 2007）。所有这些发现都有助于解释，在青少年期，为什么陷入抑郁的女孩比男孩多（Wichstrom, 1999; Stice & Bearman, 2001），为什么女孩的自我价值比男孩有更大幅度的下降（Robins et al., 2002）。（专栏 6.3 提出了改善女孩身体形象和培养健康自尊的建议。）

请别误解，大多数青少年都能很好地应对他们体验到的自尊变化。而且我们应该记住，青少年期的自尊虽然有上下波动，但是也确实表现出某些有意义的时间稳定性（Trzesniewski, Donnellan, & Robins, 2003）。因此，那些进入青少年期时拥有良好自我价值感的青少年，很可能在青少年期结束时依然保有完好的自尊；而且可以预期，当他们成功地应对了成年初期的发展挑战时，其自尊会逐渐提升（Robins et al., 2002; Galambos, Barker, & Krahn, 2006）。

自尊有多重要 自尊是否会影响生活结果？近来这一问题引起了争论。一些理论家认为，自尊在某种程度上是一种附带现象：有好事发生，自尊就高；有坏事发生，自尊就低（Baumeister et al., 2003; Seligman, 1993）。根据这一观点，高自尊是积极社会适应的结果，而不是原因。然而，另一些理论家（如 Donnellan et al., 2005）则认为，稳定的自尊感是一种积极的*资源*，可以促进富有成效的成就体验，还可以防止出现精神健康问题、药物滥用和反社会行为。那么，哪种观点正确呢？高自尊是促进积极发展的资源，抑或仅是良好生活的结果？

争议还远没有结论，但是有两项研究表明，积极的自我评价可以预测以后的良好结果，而低自尊则预示着一个不那么美好的未来。在对处于高危环境的青少年的追踪研究中，珍·杰拉德和谢丽尔·比勒（Gerard & Buehler, 2004）发现，自尊水平较高的青少年不易抑郁，以后也较少表现出品行障碍。另一项在新西兰进行的追踪研究发现，与高自尊的青少年相比，低自尊的青少年到 25 岁前后，其心理和身体健康较差，经济前景不容乐观，且出现较多的犯罪行为（Trzesniewski et al., 2006）。此外，一项元分析综述报告，旨在提高低自尊儿童和青少年的自我价值感的一些项目，显著改善了参与者的个人适应和学业成绩（Haney & Durlak, 1998）。综上所述，这些发现似乎预示，稳定的自我价值感是一种潜在的有价值的资源，它可以帮助儿童和青少年应对逆境并取得良好的发展成果。

不过，我们必须注意，对一些儿童来说，高自尊也有阴暗的一面。那些好

专栏 6.3 研究聚焦

青少年女生参加的体育活动和自尊

对儿童身体发育的研究表明，青春期之前，男生和女生在身体力量和能力上几乎没有什么差异。进入青春期后，男生大肌肉的力量持续增强，而女生的肌肉力量则趋于稳定或略有下降。这种性别差异部分归因于生物因素：青少年期的男生肌肉较多，脂肪较少，比女生拥有更高水平的男性性激素（如睾丸素）（Tanner, 1990）。但是，这些生物差异并不能解释为什么很多青春期女生在长高和变重的同时，其大肌肉力量却在降低（Smoll & Schutz, 1990）。似乎进入青春期后，人们向来鼓励女孩不要太顽皮，要把更多的兴趣放在传统的（不甚活跃的）女性事务和嗜好上。而且，青少年期身体活动的缺乏是她们力量下降的主要影响因素，在那些一直处于高度活跃状态的女运动员身上，并没有看到身体力量的下降（Whipp & Ward, 1992）。

1972 年，美国颁布了一项联邦法律，即法案第 9 条，禁止联邦基金会的性别歧视，其目的之一就是鼓励女性在青少年期和成年初期更多地参加体育锻炼。这条法案使得女大学生的运动项目基金明显增加，中学女生的运动项目在过去 30 年中也有了很大扩展。甚至像耐克这样的私营企业也进入了该领域，它们在 20 世纪 90 年代的广告宣传活动中凸显年轻女孩的诉求——“如果你让我参加运动……”，接着列举参加运动可能带来的各种健康和社会益处，其中之一就是提高自尊感。

后一种主张有根据吗？为了获得证据，里奇曼和谢弗（Richman & Shaffer, 2000）精心编制了一个问卷来测量大学一年级女生在中学时参与正式和非正式体育活动的深度和广度。研究者还要求参与者填写问卷来评估其：（1）自尊水平，（2）身体能力感，（3）身体意象，（4）拥有果敢和健康的竞争意识之类的“阳刚”特征。

研究结果支持了耐克运动广告中的说法。首先，女孩在中学时参加体育运动与她们日后的自尊有明显关系：较早、较多参加体育运动的女生进入大学后，其自我价值感也较高。进一步的分析显示，早期体育活动对女大学生的自尊有显著的积极影响，具体反映在以下结果中：（1）参加运动与感知到的体能增加、较好的身体意象的发展以及理想中的阳刚特征（如果敢性）的获得有关，（2）所有这些方面的发展又与参与者大学时的自尊正相关（或明显有促进作用）。

当然，对这些相关数据要做谨慎的解释。但是，这些结果与下面的假设一致：在青少年期，女

喜欢体育活动的女生会体验到很多好处，包括增强自尊。

专栏 6.3（续）

生参加体育活动有助于自我价值感的提升。喜欢体育运动的女孩在涉及体育的自尊方面收获最大；但最喜欢运动的女孩通常会认为，体育锻炼确实促进了体能、身体形象和果敢性之类理想个人特质的发展（Shaffer & Wittes, 2006）。这些发现意味着，如果教师和教练员重视且设计出有效方式来测量并说明正式和非正式体育活动对身心的益处，同时较少关注竞技体育运动的结果，忽略那些体育能力较差女生的身体缺陷，那么，对大多数女生来说，体育课和正式的团队体育活动可能会更加有益。

斗的恃强凌弱者，他们凭借支配其他孩子来获得并保持高自尊。在一项短期追踪研究中，梅德哈维·梅农等人（Menon et al., 2007）发现，前青少年期具有高自尊、高攻击性的儿童，越来越看重通过攻击行为获得的奖励，同时越来越轻视其攻击行为的受害者，这种认识将延续并加剧今后的攻击和反社会行为（参见第 9 章关于儿童和青少年攻击性影响因素的讨论）。因此，更准确的结论可能是：高自尊可能会在以后生活中促进适应性的发展，这种自尊源于亲社会或其他适应性的生活经验，而不是反社会或适应不良的行为。

父母和同伴对自尊的影响

父母的教养方式　父母在儿童自尊的形成过程中起着至关重要的作用。正如我们在第 5 章讲过的，儿童早期父母教养的敏感性，显著地影响着婴儿和学步儿建构的自我心理作用模型是积极还是消极。高自尊的小学儿童和青少年，其父母一般都会给予他们温暖和支持，为他们制订明确的行为标准，允许他们在做影响其个人的决定时表达自己的意见（Coopersmith, 1967; Gutman & Eccles, 2007; Lamborn et al., 1991）。此外，高自尊和这种关怀 / 民主的教养方式之间的联系，在中国、澳大利亚与在美国、加拿大几乎完全相同（Scott, Scott, & McCabe, 1991）。虽然这些儿童教养研究使用的是相关设计，但我们并不能据此确定温暖、支持的父母教养导致了高自尊，可是很容易想象有这种因果过程在发挥作用。比起那些冷漠、高控制型的父母对孩子说“你的缺点让我厌烦”，向孩子传递“你是一个好孩子，我相信你会遵守规则，做出正确决定”这类信息，无疑更容易促进孩子的高自尊。

同伴影响　早在五六岁，当儿童使用**社会比较**（social comparison）信息来分辨自己在各个方面比同伴做得好还是差时，他们就开始认识到自己和同学之间

的差异了（Pomerantz et al., 1995）。例如，他们互相看了一眼对方试卷，问“你有几道题没答？”或在赢了赛跑后说“我比你跑得快”（Frey & Ruble, 1985）。随年龄增长，这种比较越来越多，越来越精细（Pomerantz et al., 1995），并对儿童的能力感和整体自尊的形成起着重要的作用（Altermatt et al., 2002），这在强调竞争和个人成就的西方文化中尤为如此。有趣的是，在以色列集体农场抚养的儿童，在与同伴比较时这种自我评价的偏见并没有那么强烈，这可能是因为集体农场非常强调合作和团队协作（Butler & Ruzany, 1993）。

到了青少年期，同伴对自尊的影响则更加明显（Harter, 1999）。从父母和同伴那里得到充分且稳定的社会支持的少年，一般会表现出较高的自尊、较少的问题行为（DuBois et al., 2002b）。回想一下，对青少年自我评价影响最大的恰是与特定亲密朋友的关系质量。事实上，当成年初期的人们回顾那些难以忘怀以及影响其自尊的生活经历时，他们频繁提及的是与朋友和恋人在一起的经历，甚至比与父母和家人在一起的经历还要多（Mclean & Thorne, 2003; Thorne & Michaelieu, 1996）。

文化、种族和自尊

与来自个人主义国家（如美国、加拿大和澳大利亚）的同龄人相比，来自中国、日本和韩国这些集体主义社会的儿童和青少年报告的整体自尊水平稍低（Harter, 1999）。为什么呢？这些差异似乎反映出，集体主义社会和个人主义社会所强调的个人成就和自我提高的重点不同。在西方社会，人们经常为追求个人目标而竞争，并为个人成就而感到骄傲（甚至吹嘘）。相对来说，集体主义社会中的个体更强调相互依赖而非独立。他们重视谦虚，不出风头，他们的自我价值来源于为其所属群体（如家庭、团体、班级甚至全社会）的利益所做的贡献。虽然承认个人的弱点和需要自我改进之处可能会降低一个人在自尊测量上报告的自我价值感，但它实际上能使集体主义社会的儿童自我感觉良好，因为这样做很可能会被他人认为这种谦虚是合适的，对集体的利益也是负责任的（Heine et al., 1999）。

在多元文化社会中，人们的自尊也存在种族差异。来看美国的研究结果。在小学阶段，处于不利地位的非裔和西班牙裔美国儿童，会逐渐意识到消极的种族刻板印象，甚至可能感受到来自某些成人和同伴的偏见，因此与同龄的欧裔儿童相比，他们常表现出较低的自尊；相比之下，亚裔小学儿童一般会报告与欧裔儿童同样高或稍高的自尊（Twenge & Crocker, 2002）。但是，到青少年期情况发生了一些变化，非裔和西班牙裔青少年可能表现出与欧裔青少年同等甚至稍高的自尊（Gerard & Buehler, 2004; Gray-Little & Hafdahl, 2000; Twenge & Crocker, 2002）。如果他们得到了父母的充分支持，被鼓励认同自己的种族群体及其文化传统并为之骄傲，就更会如此（Caldwell et al., 2002; Hughes et al., 2006; Umana-Taylor, Diversi, & Fine, 2002）。

有趣的是，亚裔青少年报告的自尊则比其欧裔同学要低（Twenge & Crocker, 2002）。这个结果可能反映出，许多亚裔美国家庭保留了一些他们原来国家的集体主义价值观（Chao, 2001），包括这样的传统惯例：一个人应当表现出适当的谦虚，尊重父母权威，愿意让个人的动机和关切服从于家庭的更大利益。

既然我们已经了解了成长中的儿童和青少年怎样获取关于自我的信息，以及怎样评价自我以获得自尊感，那么下面我们转向自我发展的另一个重要方面：形成一个稳定的、未来取向的个人同一性。

我要成为什么样的人？同一性的建立

埃里克·埃里克森（Erikson, 1963）认为，青少年面对的主要发展障碍是建立**同一性**（identity），即一种坚定的、连贯一致的自我认识，涉及我是谁，将来要向哪个方向发展，什么样的社会角色适合我，等等。锻造一个同一性，要抓住时机做出许多重要选择：我想从事什么职业？我应该接受什么样的宗教、道德和政治价值观？作为一个男人或女人，一个有性别的生命，我是谁？社会上哪个位置适合我？这些问题都是青少年非常关心的，埃里克森使用术语**同一性危机**（identity crisis）来描述青少年在思考"我现在是谁"并决定"我能够（或应该）成为什么样的自我"时的那种困惑感甚至焦虑感。

你能回想起自己在青少年时代曾因这些问题而困惑过吗：你是谁？你应当成为什么样的人？你可能成为什么样的人？有没有可能，时至今日，你仍未解决这些同一性问题，还在努力寻找答案？倘若如此，这会使你不正常或不适应吗？

詹姆斯·马西娅（Marcia, 1980）设计了一种结构访谈，研究者基于青少年是否已经探索了各种选择，是否对职业、宗教意识形态、性取向和某一政治价值观做出了坚定的承诺，从而把他们分别归入四种同一性状态：同一性弥散、同一性早闭、同一性延缓和同一性获得。下面即是对这四种同一性状态的说明：

1. **同一性弥散**（identity diffusion）：处于“弥散”状态的人，还没有思考和解决同一性问题，未能计划未来的生活方向。例如，“对宗教问题，我真的没怎么想过，我说不清自己信仰什么。”
2. **同一性早闭**（identity foreclosure）：被划分为“早闭”的人获得了一种同一性，但在建立同一性时并没有经历“危机”就决定了什么最适合自己。例如：“我父母是浸礼教徒，所以我也是浸礼教徒；我就是这样长大的。”
3. **同一性延缓**（identity moratorium）：处于这一状态的人正经历埃里克森所说的同一性危机之中，他们积极思考有关生活方向的问题，并寻求答案。例如：“我正在评估我的信仰，希望能弄清对我来说什么是正确的。我喜欢天主教教义提供的许多答案，也对其中一些内容产生怀疑。我一直在探讨上帝一位论，看它能否解答我的问题。”
4. **同一性获得**（identity achievement）：获得了同一性的人，通过对特定的目标、信仰和价值观做出个人承诺，解决了同一性问题。例如：“在对我的宗教和其他宗教进行严肃的心灵探索之后，我终于明白了我信仰什么，不信仰什么。”

同一性形成的发展趋势

虽然埃里克森假定同一性危机在青少年初期出现，大多在 15~18 岁得以解决，但他的年龄常模可能有些过于乐观。当菲利普·梅尔曼（Meilman, 1979）对 12~24 岁男性的同一性状态进行测量时，他发现了一个清晰的发展进程。如图 6.5 所示，绝大多数 12~18 岁的参与者处于同一性弥散或早闭状态，直到 21 岁及以后，多数参与者才达到同一性延缓状态，或者获得了稳定的同一性。

女性的同一性形成过程与男性有何不同？在大多数方面，没有什么差异（Archer, 1992; Kroger, 2005）。女孩获得明确同一性的进程大致与男孩相同。但是，有人发现了一个有趣的性别差异：虽然当今的女大学生和男大学生一样，都关心职业同一性的建立，但是，她们更重视同一性中的性特征、性别角色以及家庭和职业目标的平衡等方面（Archer, 1992; Kroger, 2005）。

从这一研究可以推断，同一性形成需要相当长的时间。直到青少年晚期（大学阶段），许多年轻男女才从同一性弥散或早闭状态进入延缓状态，进而获得一种同一性（Waterman, 1982; Kroger, 2005）。但是，这并不意味着同一性形成过程的结束。许多成人仍旧在为同一性问题而挣扎，或者在思索早年得出的所有答案之后，又重新开始思考“我是谁”的问题（Kroger, 2005; Yip, Seaton, &

Sellers, 2006）。例如，离异可能使一个家庭主妇重新考虑做一个女人意味着什么，也重新提出关于其同一性的其他方面的问题。

获得同一性的过程也是相当不均衡的（Archer, 1982; Kroger, 2005）。萨利·阿切尔（Archer, 1982）评定了6~12年级学生在如下四个方面的同一性状态：职业选择、性别角色态度、宗教信仰和政治意识形态。在她的研究中，只有5%的青少年在四个方面都处于同样的同一性状态，95%的青少年在四个方面处于两种甚至三种状态。因此，青少年可能在一个方面获得了稳定的同一感，而在其他方面仍处于探索之中。

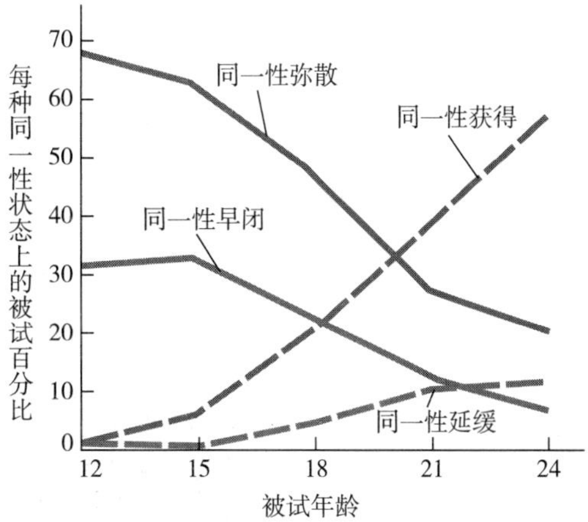

图 6.5 随年龄增长，被试在马西娅所提出的四种同一性状态上的百分比

注意：同一性危机的解决时间比埃里克森假定的晚很多，只有4%的15岁和20%的18岁青少年获得了一种稳定的同一性。

资料来源：摘自 Meilman, "Cross-sectional age changed in ego identity status during adolescence," *Developmental Psychology*, 15, p. 230–231. Copyright © 1979 by the American Psychological Association. Reprinted by permission。

同一性的形成是一个相当痛苦的过程

埃里克森使用术语"危机"来描述青少年对同一性的积极探索，这一用词也许并不恰当，因为处于同一性延缓状态的青少年并非都显得"压力山大"。詹姆斯·马西娅及其同事（Marcia, 1993）发现，相比处于早闭和弥散状态的同龄人，这些积极的同一性探索者对自己和自己的未来感觉更好（一个相反的观点，见 Meeus et al., 1999）。但是，埃里克森也是正确的，他认为同一性获得是一种健康的、适应性的发展，因为与其他三种同一性状态的人相比，同一性获得者确实拥有较高的自尊，较少不自在或沉迷于个人担忧的事情之中（Adams, Abraham, & Markstrom, 1987; O'Connor, 1995; Seaton, Scottham, & Sellers, 2006）。此外，埃里克森认为，在成年初期的个体面对**亲密对孤独**（intimacy versus isolation）的心理危机时，稳定的同一性的获得，恰是与他人建立真正亲密关系（或共享同一性）的先决条件。的确如此，在大学一二年级表现出成熟同一性状态的大学生，一年之后往往会确立亲密关系；而那些处于弥散状态的大学生，在接下来的12个月内则很少能与他人建立亲密关系（Fitch & Adams, 1983; 也见 Peterson, Ewigman, & Kivlahan, 1993）。因此，稳定的个人同一性的建立无疑是一个重要的里程碑，有助于个体为积极的心理适应以及可能持续一生的情感承诺的发展铺平道路。

在同一性探索中，最痛苦或"类似危机"的是个体长期不能建立同一性。

A. Ramey/PhotoEdit, Inc.

图片 6.5 形成“消极同一性”有时会提升同一性弥散状态青少年的自尊。

埃里克森认为，没有明确同一性的个体可能会漫无目的地漂泊，陷入“弥散”状态，最终会变得沮丧和丧失信心。或者，他们可能完全陷入埃里克森称为**消极同一性**（negative identity）的状态之中，变成“害群之马”“违法者”或“失败者”。为何会如此？因为对于这些沉沦的灵魂来说，变成不被人们期望的人似乎总比完全没有同一性要好些（Erikson, 1963）。事情的确如此，许多处于弥散状态的青少年非常冷漠，表现出对未来的无望感，有时甚至会自杀（Chandler et al., 2003; Waterman & Archer, 1990）。以极低自尊进入高中的一些青少年，往往会涉足一些违法犯罪活动，并认为这种离经叛道的自我形象给他们带来了自我价值的提升（Loeber & Stouthamer-Loeber, 1998; Wells, 1989）。因此，似乎有一小部分青少年和年轻成人会真正经历所谓的同一性危机。

个人、社会和文化对同一性形成的影响

青少年同一性获得的进程受到至少四个因素的影响：认知发展、教养方式、学校教育和社会文化大环境。

认知的影响　认知发展在同一性获得中起重要作用。已经熟练掌握形式运算思维并能够对假设进行逻辑推理的青少年，能更好地对未来的同一性进行想象和思考。因此，与智力不成熟的同伴相比，他们更可能提出和解决同一性问题（Berzonsky & Kuk, 2000; Boys & Chandler, 1992）。

教养方式的影响　青少年与父母的关系也能影响其同一性的形成进程（Grotevant & Cooper, 1998; Markstrom-Adams, 1992）。与处于其他状态的同伴相比，处于弥散状态的青少年更可能感到被父母忽视或拒绝，并且与父母疏远（Archer, 1994）。如果最初没有机会认同受人尊敬的父母形象并汲取父母身

上的一些好品质，那么一个人可能就很难建立自己的同一性。在另一个极端，处于早闭状态的青少年经常缠着父母，有时也会害怕遭到相对控制型父母的拒绝（Berzonsky & Adams, 1999）。早闭状态的青少年可能从来不质疑父母的权威，或者从不曾感到有构建独立同一性的任何需要。如果这些青少年上大学后不再住在家里，而是住在外面，他们就更有可能形成独立的同一性（Jordyn & Byrd, 2003）。

相比之下，易于向着同一性延缓与获得状态发展的青少年，看起来在家中有牢固的爱的基础，也有相当的自由来行使做自己的权利（Grotevant & Cooper, 1998）。例如，这些青少年在家庭讨论中能体验到亲近感和相互尊重，感到他们有表达不同意见、行使个人权利的自由。因此，教养中这种有助于儿童获得强烈自尊感的爱和民主风格，也与青少年期健康和适应性的同一性结果戚戚相关。

学校教育的影响 上大学有助于一个人形成同一性吗？答案是肯定的，但也不尽然。上大学似乎确实能促使人们设定职业目标，做出稳定的职业承诺（Waterman, 1992）；但是，在建立稳定的政治和宗教同一性方面，大学生往往远远落后于已参加工作的同龄人（Munro & Adams, 1977）。事实上，一些大学生会在某些领域（尤其是宗教领域）从同一性获得状态倒退到同一性的延缓甚至弥散状态。但是，我们不要过于苛责大学环境，因为如果接触到的人或环境对旧观点提出挑战并提供新的选择，许多成人也会像大学生一样，重新提出“我是谁”的问题（Kroger, 2005）。

文化历史的影响 最后，同一性形成还会受到社会历史大环境的强烈影响（Bosma & Kunnen, 2001），埃里克森本人也强调这一点。事实上，青少年应当在认真探索多种选择之后，决定自己的个人同一性，这种看法可能是20世纪的工业社会所特有的（Cote & Levine, 1988）。和过去的几个世纪一样，当前许多非工业化社会的青少年只是简单地接受他们被期望扮演的成人角色，没有经过任何深刻反思或试验：农民的儿子会成为农民；渔夫的子女会成为（或嫁给）渔夫，等等。因此，对于世界上的许多青少年来说，马西娅所谓的同一性早闭，可能是他们通向成年期的最具适应性的道路。此外，青少年所追求的特定生活目标，在任何时候都必定在一定程度上受限于他们所处社会能够提供和重视的可选范围（Bosma & Kunnen, 2001; Matsumoto, 2000）。

少数族裔青少年的同一性形成

除所有青少年都要面对的同一性问题之外，少数族裔群体成员还必须思考建立**种族同一性**（ethnic identity）问题，即对种族群体及其价值观和传统的个人认同（Phinney, 1996）。这并非易事。如前所述，一些少数族裔儿童一开始可能会认同主流文化群体，显然是想与处于社会优势地位的群体交往（Spencer & Markstrom-Adams, 1990）。一个曾这样做过的西班牙裔青少年说："我记得我不会说自己是西班牙人。我的朋友……有白人和东方人，我非常努力地去融入他们"（Phinney & Rosenthal, 1992, p. 158）。年幼儿童并非对其亚文化传统一无所知，例如，墨西哥裔美国幼儿可能学会了像墨西哥式握手这种与文化相关的行为；但是直到 8 岁左右，他们才可能完全理解哪些民族标签适用于自己，以及这些标签意味着什么；方才理解种族是一个人的终身属性（Bernal & Knight, 1997）。

在青少年期，形成积极的种族同一性的步骤或情形似乎与形成职业或宗教同一性的相同（Phinney, 1993; Seaton, Scottham, & Sellers, 2006）。青少年初期的个体经常会说，他们认同自己的种族群体，因为父母和群体中的其他成员影响了他们（早闭状态），或者因为他们就是如此，他们没有仔细想过这个问题（弥散状态）。但在 15~19 岁，许多少数族裔青少年进入了种族同一性的延缓或获得阶段（French et al., 2006; Pahl & Way, 2006）。一个墨西哥裔女孩这样描述她的延缓状态："我想知道我们做什么，我们的文化与其他文化有何不同。参与节日和文化活动帮助我更多地了解自己的文化，了解我自己"（Phinney, 1993, p.70）。与那些只是把自己归为少数族裔、仍处于种族同一性弥散和早闭状态的同伴相比，获得了种族同一性的少数族裔青少年一般会表现出较高的自尊，学业适应较好，与父母的关系融洽，并得到其他种族同伴的较高评价（Chavous et al., 2003; Fuligni, Witkow, & Garcia, 2005; Phinney, Ferguson, & Tate, 1997; Supple et al., 2006; Yip & Fuligni, 2002）。因此，形成对本种族群体的强烈认同似乎是促进适应性结果的重要个人资源。的确，丽莎·基昂等人（Kiang et al., 2006）的研究发现，甚至在控制了自尊这一重要个人资源的影响之后，与种族认同较弱的同龄人相比，那些拥有强烈种族认同的少数族裔青少年，当他们在面对日常生活中的困难时，能够更好地保持快乐和幸福感。

与种族同一性相关的问题，有时是由他人的偏见言论带来的压力所触发，有时是由一个人的种族带来的歧视所触发（Caldwell et al., 2002; DuBois et al., 2002a; Pahl & Way, 2006）。当因他们的亚文化价值观与主流文化的价值观不一致而遭遇冲突时，当因他们的同一性探索与本群体传统相冲突而经常遭到其亚文化群体成员（特别是同伴）阻碍时，这些少数族裔青少年也会面临令人苦恼的同一性问题（Ogbu, 1988）。事实上，几乎所有的北美少数族裔对“过于白人”倾向的群体成员都有相应的称谓：把土著美国人称为“苹果”（外红内白），把西班牙裔美国人称为“椰子”，把亚裔美国人称为“香蕉”，把非裔美国人称为“奥利奥”（夹心饼干）。然而，尽管社会压力可能会激起同一性探索，推动个体进入同一性延缓阶段，但种族同一性的获得则完全是个人的事情，少数族裔青少年必须与社会嘲讽和其他价值冲突作斗争，为他们自己决定他们是谁（Pahl & Way, 2006）。

有趣的是，那些混血青少年，还有那些在白人家庭中的跨种族被收养者，有时不免要面临更大的冲突。这些青少年可能感到迫于压力，不得不在少数族裔同伴和白人同伴间做出选择，因此，当获得的同一性既包含非裔美国人（打个比方），也包含白人时，就会遇到社会障碍（DeBerry, Scarr, & Weinberg, 1996; Kerwin et al., 1993）。在斯卡尔经典的明尼苏达跨种族收养研究中（Scarr, 1983），大约有一半的被收养者，在17岁时表现出某些社会适应不良的迹象。虽然他们的外表是非裔美国人，但他们往往把白人看作自己的第一参照群体。因此，他们的不适应反映了以下事实：（1）他们并没有准备在非裔美国人团体中有效发挥作用，（2）他们作为黑人，在努力适应白人的生态环境时，可能会遭遇一些偏见和歧视（DeBerry, Scarr, & Weinberg, 1996）。但是，相比于更多维持着种族弥散倾向者来说，他们无论更多认同白人还是非裔美国人参照群体，都可以预测会有更好的适应结果。因此，我们可以得出另一点启示：对于少数族裔成员来说，建立某种种族同一性或参照点，是一种适应性的发展结果。

图片 6.6 形成积极的种族同一性对少数族裔青少年来说是一种适应性的发展。

最后，在美国这样的多元文化社会中，不同种族的理想自我是更加个体（个人主义）还是更加集体，存在程度上的差异。大多数来自个人主义文化的欧裔美国人，通常用诸如“白人”之类标签来描述他们的种族，并且可能（或可能不）仅仅用“美国人”来提及一种集体身份。相比之下，美国原住民文化从起源上就是典型的集体主义文化，其青少年往往发展出强烈的二元文化集体同一性：既是美国土著人又是美国人（Whitesell et al., 2006; see also Fuligni, Witkow, & Garcia, 2005, 有证据表明，美国华裔寻求建立二元种族同一性，这代表着他们的民族血统与美国青年身份的结合）。因此，在美国，已获得种族同一性的青少年通常会形成多层面的集体身份，他们既为自己是美国人又为自己是某个种族或民族的一员而感到自豪。

那么，我们怎样帮助少数族裔青少年形成积极的种族同一性，获得更好的适应结果呢？他们的父母能够发挥重要作用。从幼儿期开始：（1）教给他们本群体的文化传统，培养民族自豪感；（2）让他们准备好建设性地处理自己可能遭遇的偏见和价值冲突；（3）成为关爱和支持孩子的朋友（Bernal & Knight, 1997; Caldwell et al., 2002; Caughy et al., 2002; Hughes et al., 2006; McHale et al., 2006）。学校和社区也能提供相应的帮助。比如，从学前早期开始，促进儿童对种族多样性的理解和欣赏（Burnette, 1997）；持续不断地努力，以确保受教育和就业机会惠及所有人（Spencer & Markstrom-Adams, 1990）。

社会认知的另一面：了解他人

做一个合格的“社会人”需要我们与他人互动，如果我们知道自己的社交伙伴在想什么或有怎样的感受，且能预测他们可能做出的行为，这样的互动就会更加和谐（Heyman & Gelman, 1998）。尽管有关心理理论的研究告诉我们，即使学前儿童也是成长中的“心理学家”，但关于他人的性格和行为倾向，他们仍有很多东西需要学习。儿童关于他人知识的发展，即对他人特征的描述以及对他人思想、行为的推断，可能是社会认知研究中的最大领域，其中许多问题有待回答。例如，儿童使用哪类信息形成对他人的印象？这些印象随时间会发生怎样的变化？儿童获得的哪些技能可以解释其在识人（person perception）方面的这些变化？这些都是下面将要探讨的问题。

识人的年龄趋势

与描述自己一样，7~8 岁之前的儿童可能会用那些同样具体的、可观察的词语来描述他们认识的人（Livesley & Bromley, 1973; Ruble & Dweck, 1995; 见专栏 6.4）。例如，5 岁的詹妮会说：“我爸爸很高大。他的腿上有很多毛，而且吃芥末酱。真恶心！我爸爸喜欢狗——你呢？”这还算不得是对人性格的描述！即使年幼儿童用一些具有心理意义的词语来描述他人，通常也是很一般的特征，例如“他很好”“她很小气”，他们用这样的词更多地是描述和评价他人近期的行为，而不是对此人持久品质的解释（Rholes & Ruble, 1984; Ruble & Dweck, 1995）。

这并不是说学前儿童不能鉴别人们表现出的内在品质。正如本章前面讲述的，甚至 18 个月大的孩子就已经知道，他人的行为反映其目的和欲望，他们偶尔能正确解释这些心理状态，并适当地做出反应（Repacholi & Gopnik, 1997）。3~5 岁时，儿童知道他们最亲密的陪伴者在各种不同情境中通常会怎样行动（Eder, 1989）。幼儿园的儿童已经知道，他们的同学在学习能力和社会技能上是有差别的；并且，他们会稳定地选择“聪明的”同学作为学习竞赛的队友，选择“善于社交”的同学作为游戏活动的搭档（Droege & Stipek, 1993）。

5~6 岁的儿童不仅越来越意识到同伴表现出来的行为一致性，而且他们也开始进行其他类型的“类特质”推论，这种推论主要基于他们对愿望和动机这些能解释他人行为的主观心理状态的理解。例如，5 岁儿童听到一个故事，故事中的一个儿童经常跟他人分享，另一个儿童则很少分享，据此，他就能正确地推断，在以后的日子里，第一个孩子更愿意分享，是大方的（与自私相对）；而第二个孩子更不愿意分享，是自私的（Yuill & Pearson, 1998）。因此，5 岁孩子认为，先前行为的个体差异，意味着不同的动机对未来行为有着不同的影响。而且，如果让该研究中的儿童分辨具有迥然不同特质的儿童在面对相同的结果时各自会表现出怎样的情绪，那么对于动机的思考和做出类特质行为预测之间的联系就会更加明显。5 岁儿童能做出恰当的情绪推断，例如，他们会说，那个大方的孩子在与他人分享了生日蛋糕后会感到很“开心”；而那个自私的孩子，在被迫与他人分享蛋糕后，其小气的动机会遭遇挫败，并因此感到“难过”。然而，这些发现实际上可能低估了年幼儿童的能力。后来的研究发现，即使三四岁的儿童，如果他们遇到的事例能清楚地表明目标人物的行为或慷慨或有害，也能做出恰当的类特质推断（说一个人“很好”或“很坏”）（Boseovski & Lee, 2006; Liu, Gelman, & Wellman, 2007）。而且，四五岁的儿童可以使用特质标签来预测在不久以后的特质相关行为。例如，如果告诉他们鲍比是个“自私”的孩子，他们就预测，鲍比会把他的玩具从妹妹那里拿走，不让她继续玩（Liu, Gelman, & Wellman, 2007）。

看来，到四五岁（或稍早些）时，儿童似乎就能以具有心理意义的方式思考特质问题。可是，他们为什么不使用许多特质词来描述那些他们十分熟悉的人呢？很可能是因为，他们对“一种人格特质意指一个人的行为具有显著的跨

专栏 6.4 发展问题

儿童和青少年的种族分类与偏见

因为学步儿和学龄前儿童倾向于根据可观察的特征来定义其他人，所以，当你了解到，甚至 3~4 岁儿童，在发现肤色不同并且能用“黑人”“白人”这样的标签来描述不同的人或照片时，可能也就不会感到奇怪了。此外，在澳大利亚、加拿大和美国所做的研究显示，到 5 岁或 6 岁时，许多白人儿童已经对种族刻板印象有了一些了解（Bigler & Liben, 1993），至少在态度上表现出对黑人和美国土著有了某些偏见（Aboud, 2003; Black-Gutman & Hickson, 1996; Doyle & Aboud, 1995; Dunham, Baron, & Banaji, 2006）。

有趣的是，父母往往认为自己的孩子基本上没有注意到种族多样性，并认为，只有当那些心地狭隘的父母把自己狭隘的观点传给孩子时，这些孩子才会对其他孩子表现出有偏见的态度和行为（Burnette, 1997）。但是，研究结果却与此不同，因为年幼儿童的种族态度通常与其父母和朋友的态度无关（Aboud, 1988; Burnette, 1997）。实际上，年幼儿童表现出一种很强的倾向，喜欢把人分类，认同并偏爱与自己同类的人。为了证明这一点，研究者把 3~5 岁幼儿分为“红色”组和“蓝色”组（根据他们上课时穿的衣服颜色），随着时间推移，他们对自己所在的颜色组越来越喜爱，尽管幼儿教师用“红色组”“蓝色组”只是进行简单的描述，毫无评价成分在内（Patterson & Bigler, 2006）。而且，一年级小学生越来越喜欢那些只和本族群玩伴一起玩的忠诚的群体内成员（Castelli, De Amicis, & Sherman, 2007）。各种族群体的标签（如黑人、犹太人、阿拉伯人）会使儿童预期，不同族群的成员在一些重要方面有所不同；事实上，让 5 岁的以色列儿童推断另一个人的偏好或行为，当使用“阿拉伯人”或“犹太人”的标签时儿童得出的结论与他们根据外貌做出的结论一样多，或者更多（Diesendruck & haLevi, 2006）。因此，种族偏见的起源可能更多是**认知的**，而非社会性的，它反映了自我中心的儿童僵化地根据肤色（或种族标签）将人们分类，他们非常偏爱自己所属的群体，但不一定对其他种族的人们过分敌对（Aboud, 2003）。

关于学前期之后偏见态度的发展尚有一些争论。随着儿童进入具体运算阶段，思维变得更灵活，**明显的**种族偏见的强度通常会减弱。8~9 岁儿童变得更宽容，这反映了他们对种族群体更现实的评价，与学前期的态度相比，他们认为外群体的人更可接受，而本群体的人却不再那么受欢迎（Doyle & Aboud, 1995; Teichman, 2001）。它也反映了些许自我展示，因为低年级小学生正在学习并逐渐遵从倡导抑制偏见行为的规范（Rutland et al., 2005）。然而，在儿童中期，偏见态度的内隐（私密）指标相当明显（Dunham, Baron, & Banaji, 2006），对于 7~9 岁的儿童来说，如果自己的参照群体是封闭的、排他的，当某些方面受到外群体的威胁时，他们可能会突然不喜欢其他群体的成员（Nesdale et al., 2005）。然而，小学儿童表现出的内群体偏见以内群体偏爱为主，而非对外群体的贬损或仇恨（Pfeifer, Ruble, et al., 2007）。简言之，这并不是说外群体令人厌恶，只是与自己的群体相比，他们“略逊一筹”。

在前青少年期和青少年期，社会力量对维持或加强种族偏见起到一定作用。戴莎·布拉克－古特曼和费伊·希克森（Black-Gutman & Hickson, 1996）发现，欧裔澳大利亚儿童对当地土著的偏见在 5~9 岁逐渐降低，之后在 10~12 岁增强，又回到

专栏6.4（续）

5~6 岁时的水平！由于 10~12 岁儿童不再受 5~6 岁儿童那种自我中心和僵化分类图式的限制，其偏见增强明显反映出受成人态度的影响，即许多欧裔澳大利亚人对土著人有着根深蒂固的敌意。但是，青少年初期偏见的增强可能也反映了这一事实：个人同一性问题变得越来越重要；因此，赞扬本群体的优点，突出其他群体的缺点，是巩固自身群体同一性、提升自我价值的一种方式（Teichman, 2001）。

一些发展心理学者认为，防止种族偏见的最好方式是让老师和家长公开谈论种族多样性的有利方面以及偏见的有害方面。这种教育应从学前期开始，因为孩子对自己群体的强烈喜爱和偏见的早期迹象通常在此时扎根（Burnette, 1997）。美国学校实施的减少偏见的三种主要方法，已在各地取得了不同程度的成功（Pfeifer, Brown, & Juvonen, 2007）。

1. **多元文化课程**。此项目旨在让儿童了解不同群体的风俗和历史，向他们介绍少数族裔群体成员的故事，并以非刻板印象的方式描述各个种族群体。
2. **合作学习项目**。此项目旨在促进地位平等的接触，不同种族和民族的儿童必须齐心协力，追求共同目标。根据每一位小组成员学习成绩的提高程度对小组进行评价，以此为基础给予奖励和表扬。这种方法鼓励了种族间的合作，因为每个儿童，无论来自哪个种族，其表现都关系到整个小组。
3. **反偏见 / 社会认知项目**。此项目的特色是对种族偏见的原因以及促进种族间合作的方法展开讨论。儿童可以进行角色扮演，或阅读包含歧视行为的读物，并鼓励他们想象被歧视儿童的想法（观点采择）或他 / 她的感受（共情训练）。

单独来看每个项目，“多元文化课程”的干预效果有限，有时会有所改善，但往往不能影响儿童对外群体的态度。“合作学习项目”效果较好，常常能促进对外群体的积极态度和跨种族友谊（以及提高学习成绩）。“反偏见 / 社会认知”干预也在促进对外群体成员的积极态度和行为方面取得了一些成功（Pfeifer, Brown, & Juvonen, 2007; see also Hughes, Bigler, & Levy, 2007）。当然，这三种方法结合起来使用会比任何单一的项目更有效。

我们应该将有限的教育资源用来减少学校的偏见吗？詹妮弗·普法菲尔等人认为理当如此（Pfeifer et al., 2007），他们还建议……“把那些减少偏见的项目纳入《不让一个孩子掉队》法案的‘品格教育’部分可能是合适的”（p. 13）。他们认为，一个主要的挑战是找到有效的和个人化的方法，真诚、坦率地与儿童讨论偏见和歧视问题，不要回避和掩盖。事实上，在儿童入学前可能就有必要进行这种坦诚的谈话，因为偏见态度一旦形成就很难改变。正如发展心理学者沃尼·麦克罗伊（Mcloyd, 引自 Burnette, 1997, p. 33）指出的，“种族主义是如此根深蒂固，[要克服它]，需要那些开放、诚实、公正且不轻易气馁的人持续地付出艰苦的努力。”

Bob Daemmerich/The Image Works

种族混合的讨论小组有助于促进对不同亚文化传统的理解，并防止偏见的形成。

时间和跨情境的一致性”还不能真正理解。来看一个例子。让儿童听一个故事，在这个故事中，一个孩子要么与没有玩具的孩子分享玩具，要么拒绝分享玩具。然后让儿童预测，这个孩子将来在类似场合会分享多少个玩具。甚至 5 岁儿童也会说，分享玩具的孩子将来会比不分享玩具的孩子分享更多玩具，如果给他们提供描述用语，他们甚至可以选出恰当的特质词（大方或自私）来形容他们听到的人物。然而，这些类特质推理可以归因于评价性推理，而非类特质推理。一个 5 岁儿童可能会想：“他与人分享，那很好；因此，将来他会做一些好事，分享就是好事。”如果要求他们在形容这个儿童是大方还是自私之间做出选择，大方是好的形容词，因此 5 岁儿童就会选这个词。他们可能会做出恰当的类特质预测，而这一预测是基于把故事中的人物评价为好孩子，他还会做好事；而不是首先推断故事中的人物是个大方的孩子，现在的大方——一种稳定的特质——预示着以后也会大方。

后来，珍妮特·阿尔瓦雷兹等人（Alarvez et al., 2001）验证了这一假设，在研究中他们让 5~6 岁和 9~10 岁的儿童听故事，然后提问。在儿童听到的故事中，有的故事人物跟别的孩子分享了玩具，有的拒绝分享。然后让他们预测在以后相似的情形下，故事里的那个孩子可能分享多少玩具（没有，很少，较多，很多）；同时让他们说明其行为的好坏，并给出好或坏的程度（例如，有点好 / 坏，相当好 / 坏，非常好 / 坏）。最后，在选择一种特质（大方对自私）来形容人物的行为之后，让他们指出故事人物表现出该特质的程度（以大方为例：有点大方，比较大方，非常大方）。结果很明显。两个年龄组的儿童都做出了恰当的行为推论，即与故事中没有分享的儿童相比，跟别人分享的儿童以后会分享更多的玩具。但是，这些推理的理由存在年龄差异。5~6 岁儿童对故事人物行为好坏的评价，能预测他们对该人物以后分享多少玩具的评定；而他们对故事人物大方或自私程度的评价，并不能预测他们对后来分享多少玩具的评定。9~10 岁的孩子正相反，他们对故事人物后来分享多少玩具的评定，反映了他们对人物的大方或自私程度的评定，而不是他们对行为好坏的看法。

总之，5~6 岁儿童通常把特质用作对他人行为的评价词［例如，用“大方”评价一个会分享的孩子，因为他是好人（以后也会做好事）］，而不是对跨时间跨情境的稳定品性特征的描述（亦见 Rholes & Ruble, 1984）。但是，如果一个人被描述为拥有一种特质（如自私），那么，甚至 4 岁儿童就能预测这个人未来的行为。这一发现意味着，他们对作为品性的特质已有初步的理解，尽管他们还不能自发地产生或说出那些既用来描述别人过去的行为，又用来预测未来行为的特质标签（Liu, Gelman, & Wellman, 2007）。

儿童中期和青少年期的识人变化　前面回顾的研究数据显示，在儿童中期的某一时刻，儿童开始将他人看作具有稳定品性特征（即特质）的人。已有文献证实了这一点（Rholes & Ruble, 1984）。7~16 岁的儿童越来越少地根据具体属性来形容他们的朋友和家人，而更多地使用心理描述词。这些变化在卡尔·巴伦鲍依姆（Barenboim, 1981）的研究中得到了很好的证明，他让 6~11 岁儿童描述三个他们熟悉的人。6~8 岁儿童没有简单列出亲密同伴的行为，而是在值得注意的行为维度上将他们与别人作比较，做出诸如此类的评论，比如“比利比杰森跑得快”，或“在我们班，她画画最好”。如图 6.6 所示，这类**行为比较**（behavioral comparisons）的使用在 6~8 岁增加，9 岁后快速减少。行为比较的一个自然结果是，儿童越来越多地意识到同伴行为的规律性，并最终把它们归于一个人现在被推定具有的稳定的**心理建构**（psychological constructs）或特质。因此，一个 10 岁儿童，先前描述她熟悉的一个同学是班上画画最好的，现在可能会说这个同学很有艺术细胞，以此来表达相同的印象。注意，从图中还可以看到，8~11 岁儿童对这些心理特质的使用快速增加，而这一时期的行为比较则变得不那么常见了。最终，儿童开始在重要的心理维度上把人们加以比较和对比，做出这样的评论，如“比尔比泰德更害羞”，或“苏茜是我们班上最有艺术细胞的同学”。在描述他人时，虽然 11 岁的儿童很少能进行这些**心理比较**（psychological comparisons）（见图 6.6），但在巴伦鲍依姆的第二项研究中，绝大多数 12~16 岁的青少年都能自如地在显著的心理维度上对同伴进行比较。

随着儿童接近和进入青少年期，他们在识人方面还会以许多其他的方式发生变化。年幼儿童倾向于相信别人的话，而 10~11 岁的儿童则不同，他们越来越意识到，他人在动机驱使下，会按社会期望的方式展现自己。因此，他们比 6~7 岁儿童更怀疑别人自我报告的一些特性，如诚实、聪明等，而选择根据自己的观察（或老师的说法）得出结论（Heyman & Legare, 2005）。

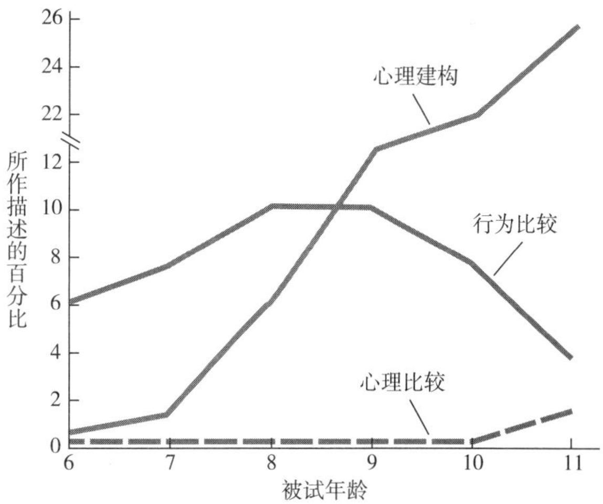

图 6.6　6~11 岁儿童从行为比较、心理（类特质）建构和心理比较方面进行描述的百分比

资料来源：Barenboim, 1981.

14~16 岁的青少年不仅越来越意识到那些刻画其熟人之品性的相似和不同，还开始认识到一些情境性因素（如疾病、家庭不和）能使一个人的行为“背离品格”

（Damon & Hart, 1988）。此时，他们把人看作由不同人格特质组合的独特个体，能够分析一个人各种各样的、往往不一致的特质是怎样“组合在一起”并产生意义的，就像他们在建构其自我概念时所做的那样。例如，托德可能注意到，胡安妮塔有时会夸大她的能力，有时又对自己很没有信心，他会把这些看似矛盾的印象整合起来，推断出胡安妮塔基本上是没有安全感的，她通过吹嘘掩饰这种不安全感。因此，从青少年中期到晚期，年轻人正在成为有经验的“人格理论家”，已经变得很擅长观察其熟悉同伴的“内心”和“外显行为”，从而理解影响他们这么做的真正原因。随着年龄增长，儿童的自我概念和对别人的印象为什么变得越来越抽象和连贯？要回答这些问题，需要先搞清楚两种“认知”观点，然后再来看社会因素怎样直接或间接地影响社会认知的发展。

社会认知发展理论

有关社会认知的认知理论　最常用来解释社会认知发展趋势的两种认知理论分别是：皮亚杰的认知发展理论，罗伯特·塞尔曼的角色采择理论。

认知发展理论　认知发展理论家认为，儿童看待自己和他人的方式，很大程度上依赖于他们的认知发展水平。回想一下，3~6 岁的前运算阶段的儿童，其思维一般集中于刺激物和事件最明显的知觉特征上。因此，你会发现，3~6 岁儿童用非常具体、可见的词语，如他们的外表和所有物、他们的好恶，以及他们能做出的行为，来描述他们的同伴。这在皮亚杰主义者看来理所应当。

7~10 岁儿童的思维在许多方面发生了变化，因为他们的思维进入了皮亚杰所说的具体运算阶段。不仅自我中心倾向明显减弱，而且他们还摆脱了知觉上的假象，开始认识到，不管外表怎么变，物体的某些特征保持不变（守恒）。显然，这些超越知觉外表、能推测潜在稳定性的能力，可以帮助我们解释为什么那些自发地将自己与同伴相比较的 7~10 岁儿童，逐渐变得更能理解自己和别人行为的规律性，并使用心理建构或特质来描述这些行为方式。

12~14 岁儿童进入了形式运算阶段，能够符合逻辑地、系统性地对抽象事物进行思考。虽然心理特质概念本身是抽象的，但它建立在具体、可观察的行为规律性之上，这或许能解释，为什么较年长的具体运算儿童能对这些概念词进行思考。但是，特质维度是更难的心理推断或抽象，几乎没有任何具体参照物。因此，能够使用维度术语进行思考，并能在这些连续体上可靠地对人进行排序（这是进行心理比较所必须的），意味着一个人能操作抽象概念，具备了形式运算能力（O’Mahoney, 1989）。

虽然正如皮亚杰理论所指出的那样，儿童确实在 6~8 岁时开始作行为比较，11~12 岁时开始作心理比较，但是他的认知发展理论明显低估了年幼儿童的社会认知能力。例如，我们已经知道，具有信念—愿望心理理论的 4 岁儿童正在获得对信念和愿望这些主观心理状态更丰富的理解，并且到 4~5 岁时（还处于皮亚杰理论中的前运算阶段），儿童能利用他们关于心理状态的知识以及对行为规律的观察，对人未来的行为至少做出某些相当准确的推论和预测（Alvarez et al., 2001; Boseovski & Lee, 2006; Yuill & Pearson, 1998）。显然，一般认知发展有助于社会认知的发展，正如认知发展理论的拥护者所主张的那样。但是，罗伯特·塞尔曼（Selman, 1980）认为，有一个特定的认知发展方面构成了对自我和他人成熟理解的基础，即**角色采择技能**（role-taking skills）的发展。

塞尔曼的角色采择理论 塞尔曼（Selman,1980; Yeates & Selman, 1989）认为，儿童一旦具备了区分自己观点和他人观点的能力，并懂得了这些互相矛盾的观点之间的关系，他们就能更深刻地理解自己和他人。有人把角色采择技能说成是人的心理理论在行为中的表现（Blair, 2003）。简而言之，塞尔曼认为，要“认识”一个人，必须能推测他的观点，理解他的思想、情感、动机和意向，即了解导致其行为的内因。如果一个儿童还不具备这种角色采择技能，他可能别无选择，只能根据外部特征来描述他所熟悉的人，即他们的外貌、活动和所拥有的东西。

为了研究角色采择技能的发展，塞尔曼让儿童对有关人际关系的两难困境做出解释。其中一个例子是这样的（Selman, 1976, p. 302）：

> 霍莉是个 8 岁的女孩，喜欢爬树，在邻居里数她最会爬树。有一天，当她正从一棵树上爬下时，不小心掉了下来……但没有摔伤。爸爸看见了这一情景，开始担心起来，他告诫霍莉以后别再爬树了。霍莉答应了。过了几天，霍莉和朋友们碰见了肖恩，肖恩的小猫卡在一棵树上，下不来了，必须立即采取措施，不然小猫会摔下来的。在场的人里只有霍莉一个人能爬上树把小猫救下来，但她想起了对爸爸的保证。

为了评定儿童怎样理解霍莉、霍莉爸爸和肖恩的观点，

Courtesy Robert L. Selman, Roy E. Larsen Professor of Human Development and Education. Professor of Psychiatry in Medicine, Harvard University

图片 6.7 罗伯特·塞尔曼（Robert Selman, 1942—）强调角色采择技能发展和人际理解发展之间的关系。

表 6.1 塞尔曼社会观点采择的阶段

角色采择的阶段	对霍莉两难困境的典型回答
0. 自我中心或无差别化观点（约 3~6 岁） 儿童意识不到自己观点之外的任何观点。他们认为自己所想的就是霍莉要做的，也是其他人同意的。	认为霍莉会去救小猫。当问到霍莉爸爸对她违背诺言会作何反应时，这些儿童回答道："他会高兴，因为他喜欢小猫。"换句话说，儿童自己喜欢小猫，就假设霍莉和她爸爸也喜欢小猫。
1. 社会信息角色采择（约 6~8 岁） 儿童认识到别人的观点可能跟自己的不同，但认为出现不同观点只是因为这些人接受了不同信息。	当问到霍莉的爸爸会不会因为她再次爬树而生气时，儿童可能回答："如果他不知道霍莉为什么要爬树，他就会生气。但是，如果他知道了霍莉为什么要爬树，就会原谅她，因为她有充分的理由。"
2. 自我反思的角色采择（约 8~10 岁） 儿童知道，即使接受了同样的信息，自己和别人的观点也可能不同。他们现在能考虑到别人的观点，也认识到别人可以设身处地为他们着想，因此能预料别人对他们行为的反应。但儿童还不能同时考虑到自己的观点和别人的观点。	如果问霍莉会不会爬树，儿童可能回答："会，她知道爸爸能理解她为什么这样做。"儿童做出这种回答的主要根据是，霍莉的爸爸考虑到了霍莉的观点。但是如果问，霍莉的爸爸愿不愿意霍莉爬树救小猫，儿童往往回答"不愿意"。这表明，儿童已能推测爸爸的看法，能够想到爸爸会担忧女儿的安全。
3. 相互的角色采择（约 10~12 岁） 儿童能同时考虑到自己和别人的观点，而且知道别人也会这么做。儿童还能想到一个无关第三方的观点，并且推测每个当事人（自己和别人）对对方的观点将作何反应。	儿童能站在无关第三方的角度，对霍莉两难困境的结果做出描述，说他们知道霍莉和她爸爸两个人是怎样考虑对方的想法的。例如，一个孩子说："霍莉想把小猫救下来，因为她喜欢小猫，但是她知道她不应该爬树。霍莉的爸爸知道霍莉已被告知不要再爬树，但是他之前也不知道会有小猫的事。"
4. 社会的角色采择（约 12~15 岁及以上） 青少年现在试图将别人的意见与他们所在的社会系统的意见（即大多数人的看法）加以比较来理解他人的观点。亦即，他们希望别人考虑到并推断出社会群体中大多数人面临这件事时所采取的观点。	当问到霍莉是否应该因为爬树而受到惩罚时，该阶段的青少年会说"不"，并认为善待动物的价值观证明了霍莉的做法是恰当的，大多数做父亲的都懂得这个道理。

资料来源：摘自 Selman, 1976。

塞尔曼问儿童以下问题：霍莉知道肖恩此时对小猫的感受吗？如果发现霍莉又爬树了，霍莉爸爸会怎么想？如果爸爸知道自己又爬树了，霍莉认为爸爸会做什么？假如你处在这种情况下，你会怎么做？通过分析儿童对这些探查问题的回答，塞尔曼归纳出角色采择技能的发展是阶段性的，如表 6.1 所示。

从表中可见，儿童从一个自我中心的个体，似乎只知道自己的观点，不知道其他任何观点（阶段 0），发展为有经验的"社会认知理论家"，能同时考虑几种观点，并把每种观点与“大多数”人所采取的观点相比较（阶段 4）。很明显，这些角色采择技能呈现出一个真正的发展顺序，41 个男孩在 5 年时间里接受重复测验，其中 40 个都表现出从一个阶段向另一个阶段的稳定进步，而且不会跳过中间阶段（Gurucharri & Selman, 1982）。角色采择技能按一个特定顺序发展，可能是因为它与皮亚杰认知阶段的不变序列有或多或少的联系（Keating & Clark, 1980）：前运算阶段的儿童处在塞尔曼角色采择的第一或第二个水平（阶段 0 或阶段 1），大多数具体运算阶段的儿童处在第三或第四个水平（阶段 2 或阶段 3）；形式运算阶段的儿童大概平均分布在角色采择的第四和第五个水平（阶段 3 或阶段 4）。

角色采择和对关系的思考 随着儿童获得角色采择技能，他们对人际关系的意义和特征的理解开始发生变化。我们来看不同年龄的儿童如何看待*友谊*的意义。处于塞尔曼自我中心阶段（阶段 0）的学前儿童认为，他们跟身边玩伴之间任何愉快的互动，都可以使这些玩伴具备“朋友”的资格。因此，5 岁的查恩可能把特里当作亲密朋友，只是因为“他住在隔壁，和我一起玩”（Damon, 1977）。

*共同活动*仍然是 6~8 岁儿童友谊的主要基础（Hartup, 1992）。但此时儿童已经达到塞尔曼的第 1 个阶段，懂得了别人可能会有不同于自己的想法，他们开始把朋友看作*选择*“帮我做一些好事”的人。在这一阶段，友谊往往是单向的，因为儿童没有感到太大的需要回报的压力。而且，如果一个朋友不能迎合儿童的兴趣（例如，谢绝了在后院露营的邀请），那他很快就不再是朋友。

之后，在塞尔曼的第 2 个阶段，8~10 岁的儿童对朋友的需要表现出越来越多的关心，开始把友谊看作建立在*相互信任*基础上的互惠关系，在这一关系中，两个人彼此尊重、友好和交流情感（Selman, 1980）。共同活动不再是做朋友的充分条件；当儿童知道自己与同伴的兴趣和观点可能相同也可能不同时，他们坚持认为，朋友是在*心理上*和自己相似的人。

到青少年初期，许多人已经达到塞尔曼的第 3 或第 4 个阶段。虽然他们仍旧把朋友看作心理上相似的人，彼此喜欢、信任和帮助，但他们关于友谊义务的概念扩大到了强调*亲密的感情和思想的交流*（Berndt & Perry, 1990）。他们还期望朋友能支持自己，对自己*忠诚*，在需要时会随时提供亲密的情感支持（Berndt & Perry, 1990; Buhrmester, 1990）。

所以，随着角色采择技能的发展，儿童的友谊概念逐渐从将朋友看作“对我有益的人”的单向、自我中心的观点，变为一种和谐、互惠的观点，认为友谊是一方真正理解另一方，乐于为对方提供情感支持、分享美好事物，同时

表 6.2　自我和社会认知发展的里程碑

年龄（岁）	自我概念 / 自尊	社会认知
0~1	能把自我和外部环境相区别 出现个人力量感 能分辨自己和他人的面孔 认识到自己和同伴可以共享经验	分辨熟人和陌生人 喜欢熟悉的陪伴者（依恋对象）
1~2	自我识别开始出现 分类自我得到发展	知道他人的行为反映了其意图 知道他人按照各自的意愿行动 在有社会意义的维度上对他人加以分类
3~5	自我概念强调的是他们的身体特征、拥有物和行动 自尊感开始出现 形成信念–愿望心理理论，出现私密自我	对人的印象主要基于其行动和具体特征 种群刻板印象和偏见态度出现 友谊建立在共同活动基础上
6~11	自我概念逐渐强调人格特质 自尊主要建立在一个人的学习、身体和社交能力基础上	对人的印象主要以其表现出的特质（心理建构）为基础 偏见态度的强度减弱 友谊主要建立在心理相似性和相互信任的基础上
12 及以上	友谊和异性吸引力开始影响自尊 自我概念反映了人的价值观和意识形态，变得更加整合且抽象 获得了同一性（青少年晚期或成年初期）	对人的印象主要建立在他人性格特征的相似和不同（心理比较）基础上 偏见态度可能减弱也可能增强，取决于所受的社会影响 友谊建立在忠诚和亲密的分享基础上

希望对方给予自己同样的回报。也许是因为他们以更牢固的亲密性和人际理解为基础，所以与年幼儿童相比，年长儿童和青少年的亲密关系被认为更重要、更稳定和更持久（Berndt, 1989; Berndt & Hoyle, 1985; Furman & Buhmmester, 1992）。

表 6.2 简要概括了本章已讨论过的儿童对自我和他人认识的变化，这些变化显然受到认知发展的影响。但是，正如我们将在本章小结中指出的，社会认知的发展也深受儿童和青少年拥有的社会互动和社会经验的影响。

社会因素对社会认知发展的影响　许多发展心理学者想知道，儿童自我意识的发展以及对他人的理解，是否像认知理论家所假设的那样，与认知发展有着密切的关系。例如，考虑一下，即使儿童的角色采择能力与他们在皮亚杰任务测量和智商测验中的成绩有关（Pellegrini, 1985），但一个自我中心特征表现得越来越少且智力变得成熟的儿童，却很可能不是一个熟练的角色采择者

（Shantz, 1983）。因此，一定有其他非认知因素促进着角色采择技能的发展，甚至可能对儿童的社会认知发展有着独特的影响。社会经验会起到这样的作用吗？没有哪位理论权威会比皮亚杰更这样认为。

图片 6.8 同伴之间的意见不一致是角色采择技能和人际理解发展的重要影响因素。

社会经验是角色采择的一个影响因素

许多年前，皮亚杰（Piaget, 1965）曾指出，小学儿童的游戏互动促进了角色采择技能以及成熟的社会判断的发展。按照皮亚杰的说法，儿童在一起游戏时会扮演不同的角色，从而逐渐意识到自己的想法和同伴的想法之间的不同。游戏中出现冲突时，为了能接着往下玩，儿童必须学会协调自己和同伴的观点（即达成妥协）。因此，皮亚杰认为，同伴之间的平等交往对社会观点采择以及人际理解的发展起着非常重要的作用。

研究不仅一致地支持了皮亚杰的观点，而且还证明某些同伴交往形式可能比其他形式能更好地促进人际理解的发展。具体来说，詹妮丝·尼尔森和弗朗西斯·阿波德（Nelson & Aboud, 1985）发现，朋友之间的分歧特别重要，因为儿童一般对朋友比对熟人更坦白、更诚实，也有更强的动机去解决与朋友的争论。因此，意见不一致的朋友比意见不一致的熟人更可能互相提供理解和领会不同观点所需的信息。事实上，当 8~10 岁儿童讨论存在不一致意见的人际问题时，两个朋友对彼此的批评要比两个熟人对彼此的批评多得多，但朋友也更可能充分地解释各自观点的理由。此外，经过这样的讨论之后，意见不同的朋友之间的相互理解增强了，而意见不一致的熟人之间则没有出现这样的结果（Nelson & Aboud, 1985）。可见，朋友之间地位平等的交往，对角色采择技能和人际理解的发展可能尤为重要。

父母和兄弟姐妹对角色采择的影响 当然，在与兄弟姐妹发生冲突时，儿童往往会接触到各种不同的观点，父母对这些争执的干预可以促进角色采择的发展。朱莉·史密斯和希尔迪·罗斯（Smith & Ross, 2007）发现，当 5~10 岁儿童发生争吵时，母亲会作为调解者进行干预，即为解决争端设置基本规则，从而限制使用有争议的策略，防止敌对行为升级，同时：（1）让兄弟姐妹中的每个人都说出自己的看法来确定争论点；（2）鼓励每个人就自己的目标和感受展

开讨论；（3）促使他们积极想办法，自己解决争端。如此一来，兄弟姐妹们变得更善于理解彼此的观点，友善地解决纠纷，甚至在以后母亲不在场时也能这样做。但是，如果母亲想通过强行干预来提出解决冲突的方案，兄弟姐妹们就不太可能了解彼此的观点，有争议的问题可能一直得不到解决，或者以一人赢、别人输的方式得到解决。因此，当父母作为调解者而非裁决者进行干预时，父母对兄弟姐妹之间纠纷的介入更有可能促进角色采择能力的发展。

有研究发现，与未受虐待且父母认真承担养育责任的同龄人相比，受到虐待或其他不当对待的儿童和青少年倾向于更自我中心，且角色采择技能的发展严重滞后。这也说明，父母对儿童的社会理解发展有意义深远的影响（Burack et al., 2006）。事实上，如果虐待的照护者不对儿童提供爱、支持以及游戏中的社交互动，也不和他们交流感受、目标、意图和其他心理状态，儿童就很难学会理解和调节情绪，很难发现人的心理如何运作，也难以认识并领会他人的不同观点。

社交经验是识人的一个直接影响因素 儿童与父母、兄弟姐妹和同伴的社会交往，不但通过培养角色采择技能的发展间接地促进他们的识人能力，而且这种社会交往本身还是一种直接经验，让儿童了解到别人是什么样的。换句话说，一个儿童与社交伙伴交往的经验越多，他想理解同伴的动机就越强，在评价同伴行为背后的原因方面就越熟练（Higgins & Parsons, 1983）。

受欢迎程度是对社交经验的一种方便的测量；也就是说，受欢迎儿童比不受欢迎儿童更经常与各种各样的同伴交往（LeMare & Rubin, 1987）。因此，如果一个儿童与同伴交往的直接经验对其社会认知判断发挥着独特作用，那么受欢迎儿童在社会理解测验中应该比不受欢迎儿童表现得更好，即使他们的角色采择技能相差无几。这正是杰基·格内普（Gnepp, 1989）所发现的，她测量了受欢迎和不受欢迎 8 岁儿童的类特质推理能力，方法是让他们根据一个不认识的儿童过去行为的小样本，对该儿童做出恰当的类特质推理。因此看来，社交经验（以受欢迎程度为指标）和认知能力（角色采择技能）都以各自的方式，共同影响着儿童对他人理解的发展。显然，库利（Cooley, 1902）和米德（Mead, 1934）的这一观点是非常正确的：社会认知和社交经验完全交织在一起，互惠关联，共同发展，缺其一则另一方都无法取得长足的进步。

本章要点

- **自我**产生于社交互动，在很大程度上反映的是他人对我们的反应（即**镜像自我**）。**社会认知**的发展涉及儿童对自我和他人的理解是如何随年龄而发展的。

自我概念的发展

- 尽管有不同意见，但大多数发展心理学家认为婴儿出生时没有**自我概念**，在最初的2~6个月中才逐渐把自己和外部环境相区别，这时他们获得一种**个人控制感**，并学会（从照镜子的经验中）分辨自己和别人的面孔。
- 在接近1岁时，婴儿意识到，他们和身边的陪伴者是独立的存在，但自己和他们能够共享经验。
- 18~24个月时，学步儿开始通过**胭脂测验**，表现出真正的**自我识别**——这个里程碑依赖于认知发展和与同伴在一起的社交经历。最初的自我识别提供了学步儿的**当前自我**这一概念的证据，当前自我的概念会逐渐发展出**持久自我**的概念，或随时间推移而稳定的自我。学步儿也根据社会方面的重要维度，如年龄和性别，将自己分类，形成**分类自我**。
- 尽管学前儿童知道他们在许多场合一般会如何行动，并且在不需言语技能的情况下能根据心理维度把自己分类，但3~5岁儿童的自我描述仍很具体，大多聚焦于他们的身体特征、拥有物以及能够完成的活动上。
- 在3~4岁，儿童的**心理理论**从**愿望理论**向**信念—愿望理论**发展，后者更像成人对心理如何运作所持的观念。一旦儿童在假装游戏、逐渐进步的语言能力以及与父母、兄弟姐妹和其他成人关于心理状态的谈话的促进下，达到这一里程碑，他们就能更准确地区分**私密自我**和**公开自我**，更善于对自己和别人的行为做出有意义的心理推论。
- 在儿童中期，儿童开始根据他们内在的、持久的心理特征来描述自己。青少年拥有更加整合、更抽象的自我概念，不仅包括他们的倾向性品质（即特质、信念、态度和价值观），还包括这些特征如何彼此相互作用以及如何与情境相互作用并影响着其行为的知识。但是，经常表现出的**虚假自我行为**让青少年对他们真正是谁感到困惑。
- 在**个人主义社会**中，自我概念的核心通常是人们的个人特征，而在**集体主义社会（或公共社会）**中，则是人们的社会或关系特征。

自尊：自我的评价成分

- **自尊**是人对自我价值的判断，从生命早期开始形成，这时婴儿在与照护者的互动中形成了关于自我的积极或消极的心理作用模式。到8岁时，儿童的自我评价能更准确地反映别人对其身体、行为、学习和社交能力的评价。在青少年期，**关系自我价值感**和一些新维度，如异性吸引力和亲密友谊的质量，也成为整体自尊的重要影响因素。青少年期的自尊通常会下降，对那些同时经历了大量新的生活压力的青少年来说尤其如此。直到成年初期和中年期，自尊才会恢复和逐渐增强。
- 稳定而符合实际的自尊感是一个宝贵的资源，它有助于儿童和青少年应对逆境，取得良好的发展结果。
- 温暖、敏感和民主的教养方式会促进自尊，冷漠而高控制的教养方式则会降低自尊。在小学阶段，同伴通过**社会比较**影响彼此的自尊。对青少年来说，对自我价值影响最大的因素是同伴关系的质量，尤其是与亲密朋友和恋人的关系。

- 与个人主义社会中的同龄人相比，在自我批评被看作适应行为的集体主义社会中的儿童和青少年，一般表现出较低的整体自尊水平。在小学阶段，非裔和西班牙裔美国儿童比欧裔和亚裔儿童报告的自尊水平低。但是，非裔和西班牙裔美国青少年报告的自尊水平通常高于其他族裔的青少年，特别是当周围人鼓励他们要对自己的种族和文化传统感到自豪时。

我要成为什么人？同一性的形成

- 青少年期最具挑战性的任务之一是通过形成稳定的**同一性**来解决**同一性危机**，以便承担成年初期的责任。许多大学生从同一性的**弥散**和**早闭**状态向**延缓**状态（他们尝试寻找一种同一性）发展，并最终达到**同一性获得**状态。同一性形成是一个艰难的过程，通常会持续到成年期。
- 寻求同一性的过程并不像埃里克森认为的那样充满危机。同一性获得和延缓是心理健康的状态。如果同一性形成过程中出现危机，就可能长期不能形成同一性，陷入弥散状态的青少年往往会接受**消极同一性**，并出现心理适应不良。
- 促进健康同一性形成的因素有：认知发展，父母提供温暖、支持并鼓励子女自我表达，让青少年寻找自己适当位置的文化环境。对于少数族裔青少年，获得积极的**种族同一性**可以促进其他生活领域中健康同一性的发展。

社会认知的另一面：了解他人

- 尽管学前儿童已能注意到他人的内在品质，能做出一些准确、适当的类特质推理，但 7~8 岁以前的儿童更多地用形容自我的那些具体、可观察的词语来形容朋友和熟人。等到他们在明显的行为维度上比较自己和他人时，就会对自己和他人行为的规律性更敏感（**行为比较阶段**）；后来他们开始用稳定的心理建构或特质来描述这些行为（**心理建构阶段**）。当开始在朋友和熟人之间进行**心理比较**时，即使是较小的青少年，他们对他人的印象也变得更抽象。在 14~16 岁时，青少年变成经验丰富的“人格理论家”，他们懂得了许多情境因素都可能使一个人做出“不符合自己品质”的行为。
- 儿童社会认知能力的发展一般与认知发展相关，特别是与**角色采择**技能的出现相关：为了真正“了解”一个人，你必须能从他的观点出发，理解他的思想、情感、动机和意图。但是，*社交互动*，尤其是与父母、兄弟姐妹、朋友和同伴进行地位平等的交往，是影响社会认知发展的重要因素。社交互动通过促进角色采择技能的发展而间接地起作用，并且通过向儿童提供他们所需的了解他人是什么样子的经验，以更加直接的方式发挥着作用。

第7章

成 就

父亲：戴维，你妈妈跟我说，你的作文不大好，老师说你写作文不用功。你有什么要说的吗？

九年级学生：啊，爸爸……我不喜欢语文课，我也不擅长编故事。

父亲：不是吧？你在描述露营经历，讲你怎么钓到了鱼，鱼又全部都跑掉了的时候，你的想象力是多么栩栩如生啊！我觉得你只是需要加把劲儿，把你的想法和体会都写出来。

九年级学生：但我不想写东西，写作对我来说并不重要。

父亲：孩子，在生活中，我们每个人都不得不做一些自己不愿做的事情。想想看，如果你的主管分派给你一项任务，而你却说，"啊，老板，我真不愿意干这活儿……我不擅长这个。"你又能在这个岗位上待多久呢？为了取得成功，你必须迎接挑战，尽最大努力征服它们。圆满完成任务，不管它是不是你自愿选择的，这真的会提升你的自信，让你觉得只要自己下定决心，什么事情都能办到。所以，下次你写作文的时候，我希望你认真对待，尽全力做到最好。每个人都要这样严格要求自己，你觉得呢？

九年级学生：那……好吧。不过，你可别指望出现什么奇迹！

父亲：哦，我不奢望你成为海明威……但是我知道，如果你肯去写，你有能力构思出高于九年级平均水平的短篇故事或散文。假如你认真对待的话，说不定会喜欢上写作呢。

你过去是否也曾和家长或老师有过类似的对话？我的很多学生都说有过，这并不奇怪。社会化最基本的目标之一，就是敦促儿童追求重要的目标，努力实现这些目标，并为成功感到自豪。在我读初中和高中时，我曾和父母进行过多次这种谈话（上面这段就是其中之一），讨论写散文、背诵林肯总统的《葛底斯堡演说》之类的文章有何价值。在我看来这纯粹是浪费时间，毫无用处。父母却认为，谁也不能保证什么东西将来会有用，不论做什么作业我都应该尽全力，因为圆满完成这些学业活动有助于建立自信，而这对我今后在生活中取得成功很重要。

我父母的这些说辞是西方社会许多成年人的典型观点。他们常常鼓励儿童自立，甚至勇于竞争，无论做什么都要做好，一句话，要做一个"成功者"。但正如我们将要了解到的，并不是所有的文化都认为竞争获胜和个人成就是"有成就"的最佳指标。虽然成就的含义因社会的不同而有所不同，但一项对30种文化的调查显示：世界各地的人们都看重像自立、尽责，乐于努力工作以实现重要目标等这样一些个人特质（Fyans et al., 1983）。

这些重要的特质一定是可教而学会的吗？社会学习理论者认为如此，而其他人则有不同观点。许多年前，精神分析学者罗伯特·怀特（White, 1959）提出，从婴儿期开始，人类就受内在动力驱使去掌握或“掌控”环境，影响或成功应对这个人与物的世界。当看着婴儿努力去转动把手、打开柜子、摆弄玩具，并在取得成功后表现出喜悦之情时，我们看到了这种**掌握动机**（mastery motivation，也译作掌控动机）在起作用（Jennings & Dietz, 2003）[1]。即便是心理迟滞的婴儿和学步儿，也会为了享受掌控的乐趣而主动寻求挑战（Hausen-Corn, 1995）。值得注意的是，怀特的观点与皮亚杰的观点非常相似。皮亚杰认为，儿童受内在动力驱使，通过同化新的经验，进而顺应这些经验，从而适应环境。

如果所有婴儿果真都是掌控取向的，并因自己能对环境有所影响而满足，那么为什么学龄儿童在追求成就的努力程度上有如此之大的差异呢？是否存在儿童必须习得的“成就动机”？儿童的自我意象和成败预期怎样影响他们的抱负与成就？什么样的家庭环境和社会影响会促进（或阻碍）成就行为？这些就是本章要讨论的主要问题。

成就动机的概念

在完成学校作业、音乐课，或者掌控在社区儿童棒球队打什么位置等方面，有的孩子比别的孩子更努力，原因之一在于他们有着不同的**成就动机**（achievement motivation），即努力在挑战性任务中获得成功并达到高标准成就的意愿。在不同文化中，成就动机有不同的反映。西方工业化社会倾向于个人主义文化，成就动机是根据符合优秀标准的个人成就（通常是竞争性成就）来推断的。我们将会看到，大多数关于成就动机发展的研究都是在西方社会进行的，反映了一种以欧洲为中心的成就观。相比之下，来自集体主义社会的人可能辩称，成就动机反映的是努力实现那些促进社会福利、使他们所属群体的目标最大化的意愿（见 Triandis, 1995）。

不过，无论生活在哪种文化中，“成就”概念都意味着儿童需要进行某些学习。他/她不但要知道在各种特定领域或情境中，哪些表现可以接受，哪些不可接受；而且一个成功者还要学会用这些标准来评价自己的成就。虽然人们普遍认同个体的成就倾向主要是后天获得的，但不同的理论家看待这一概念的

1 怀特曾用术语效能动机（effectance motivation）来描述婴儿掌握的需要，但现在大多数发展心理学者称之为掌握动机。

方式却大相径庭。

成就的动机观

戴维·麦克莱伦等人（McClelland et al., 1953）谈到了儿童的**成就需要**（need for achievement, *n* Ach）。他们将其定义为一种“习得的动机，当可以用卓越的标准来衡量一个人的行为时，就会驱使个体去竞争并努力获得成功”。换句话说，“高成就需要者”已经学会了为自己的能力达到或超过高标准而感到自豪，在面对新挑战时，正是这种自我实现感驱使他们努力工作，争取成功，力求有出众的表现。

作为“创造性想象力”测验的一部分，麦克莱伦让被试看四幅图，然后就每幅图写一个故事，以此来测量成就动机。这四幅图展示的是人们在工作或学习，但每幅图都模棱两可，暗示了多种主题（见图片 7.1）。通过计算参与者在四个故事中包含的与成就相关的陈述，进而来确定其成就需要（前提假设是参与者会把自己和自己的动机投射到其主题中）。例如，一个高成就需要者看到图片 7.1 后可能说：这些人为了一项将要给医学带来变革的新突破，已经连续工作了数月；而一个低成就需要者可能会说：这些员工很高兴一天的工作就要结束了，他们可以回家休息了。

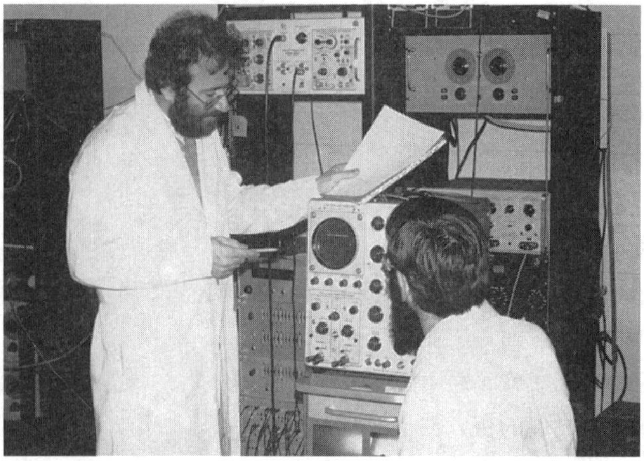

Robert Pleban

图片 7.1　戴维·麦克莱伦等人使用这类场景来测量成就动机。

成就的行为观

与麦克莱伦的观点不同，沃恩·克兰德尔等人从行为而非动机角度来定义成就。他们认为，“成就是指在卓越标准可操作化的情况下，任何旨在使其能力得到认可或避免不认可的行为”（Crandall, Katkovsky, & Preston, 1960, p. 789）。克兰德尔等人指出，不存在适用于所有成就任务的单一的、高于一切的成就动机。相反，他们认为，在不同的技能领域（如艺术、课业、运动），儿童的努力程度也会不同，这取决于他们对在每个领域做出成就的重视程度，以及他们对获得成功和因成就而得到认可的期望程度。

请注意，在“是什么强化了成就行为”这一问题上，麦克莱伦和克兰德尔明显存在分歧。麦克莱伦认为，由高成就带来的个人自豪感具有强化作用（并将在以后维持成就行为），因为它满足了对胜任或成就的内在需要。而克兰德尔等人则反驳说，要解释人们为什么努力达到严格的标准，不必讨论那些必须得到满足的内部需要。相反，他们认为，成就行为不过是一类工具性反应，旨在赢得重要他人，如父母、老师、同伴的认可（或避免不认可）。

两种观点哪个正确呢？或许都正确。苏珊·哈特（Harter, 1981）发现，有些儿童的确把成就任务当作满足自己对胜任或掌握之需要的一种手段［**内在取向**（intrinsic orientation），与麦克莱伦的成就需要观点接近］；而另一些儿童之所以努力，主要是为了赢得外部的激励，如分数、奖品、社会认可［**外在取向**（extrinsic orientation），有的理论家称之为“社会成就”］。哈特用一份30个项目的问卷，考查儿童进行各种活动的原因是内在的（我喜欢有挑战性的任务；我喜欢独立解决问题），还是外在的（我做事是为了得到高分，得到老师的认可，等等），以测定他们的成就取向。她的研究表明，比起外在取向的儿童，内在取向的儿童更可能喜欢有挑战性的问题，而不是简单的问题，并且认为自己完全胜任学校课业。的确，受内在动机驱动的人会真正享受他们达成目标的工作过程，而不是把这些努力当作负担（Deci, Koestner, & Ryan, 2001; Harakiewicz, 1998）。青少年初期的个体，如果把家庭作业看作有助于自己实现掌握目标的有价值的工具，那么他们就愿意在家庭作业上投入更多努力（Trautwein et al., 2006）。

在学习新知识时，如果老师足够有智慧，能找到办法激发学生追求内在目标而不是外在目标，那么他们能否更好地实现课程目标呢？马拉滕·范斯滕基斯特及其合作者（Vansteenkiste et al., 2005）相信这一点。他们发现，与被告知遵从一些营养指南有助于使身体更具有吸引力（外在目标）相比，如果告诉青少年初期的个体遵循营养指南对保持身体健康非常重要（内在目标），那么他们就会更积极地学习这些营养学新知识，并对材料形成更丰富的理解。简单地说，如果学生是内在取向（或追求内在目标），他们在新知识的学习中就会更投入。

在小学低年级，西方社会的儿童已经在成就取向上有所不同。我们接下来会看到，学者们已经提出了很多理论来解释，在面对挑战时，小学生（其实也包括青少年和成人）的反应有哪些不同，以及为什么会不同。但是在讨论这些理论观点之前，让我们先来看看学步儿和学龄前儿童在开始评价自己的成就时所达到的几个里程碑。

对个体成就的早期反应：从掌握到自我评价

前面提到，即便是婴儿，也会从"掌控"一个新玩具或产生其他有趣结果中获得乐趣。但是，他们何时开始习得行为标准，并开始评价自己产生的结果是"成功"还是"失败"？他们几岁时开始懂得，在与同伴的竞争中输或赢意味着什么？这些都是很重要的问题，在西方对成就的定义中，高成就者常被描绘为：能够根据卓越标准对自己的成就进行可靠的评价，并在面对新挑战时常努力超越他人的人。

德波拉·斯蒂佩克等人（Stipek, Recchia, & McClintic, 1992）对1~5岁的儿童进行了系列研究，考察儿童何时形成根据行为标准来评价自己成就的能力。对于成就动机而言，这是一种核心能力。在斯蒂佩克的研究中，研究者让儿童参与有明确成就目标的活动（比如，把游戏用的木钉敲进钉板，玩拼图游戏，用保龄球击倒塑料瓶），并对他们进行观察。这些任务都是结构化的，儿童要么能够做到，要么不能，从而可以观察他们对成功或失败的反应。其中一项研究让2~5岁的儿童与同伴比赛搭积木，并记录他们对胜败的反应。根据这些研究，斯蒂佩克等人发现，儿童学习评价自己在成就情境中的表现要经过三个阶段：因掌握而快乐，寻求认可和使用标准。

- 阶段1：因掌握而快乐。2岁之前，婴儿和学步儿显然就会因掌握挑战性任务而高兴，表现出怀特（White, 1959）所述的掌握动机。不过，他们并不寻求别人对其成功的关注或认可；即使失败也不感到烦恼，而是转移目标，尝试去掌控其他玩具。此时他们还没有根据界定成败的行为标准来评价自己产生的结果。
- 阶段2：寻求认可。接近2岁时，学步儿开始预期别人会怎样评价自己的表现。他们在掌握一项任务时会寻求认可，失败时则会预期受到否定。比如，年仅2岁的儿童在某项任务上取得成功时，常常会微笑、高昂着头和下巴，并且说"我做到了"之类的话，以唤起实验者对其成就的关注。同时，没能完成任务的2岁儿童常常会远离实验者，像是要避免受到责备。这样看来，似乎2岁儿童已经能够把自己产生的结果评价为掌握成功或不成功，并且已经知道，他们可以预期成功后得到认可，失败后受到否定。

- 阶段 3：使用标准。一个重要的突破发生在 3 岁左右。这时，儿童开始独立地对自己的成功或失败做出反应。他们似乎已经会采用客观标准来评价自己的表现，不再那么依赖别人来告诉自己做得好还是不好。处在阶段 3 的儿童似乎能够在成功时体验到以自我为中心的自豪感（而不仅是快乐），在未能达到目标时体验到羞愧或评价性尴尬（而不仅是失望）（也见 Lewis, Alessandri, & Sullivan, et al., 1992; Lewis & Ramsay, 2002）。

年幼儿童会对竞争活动做出怎样的反应呢？在 33 个月大以前，这些竞争者既不会因赢而喜，也不会因输而悲。对于 24~32 个月大的幼儿而言，最重要的是成功地完成（掌控）他们的个人任务。相比之下，33~41 个月大的幼儿在完成一项任务时，如果是第一个完成（并赢得竞赛），他们会比自己是第二个完成时表达更多的积极情感。42~60 个月大时，当宣布某某赢了的时候，输的幼儿就会放慢速度或者停下来；显然，他们理解了比赛的竞争性：一旦对手"赢了"，自己就没必要再忙着做完了。不过，在竞赛活动中"输了"的学前儿童很少会有羞愧的反应。看来，对 3.5~5 岁的儿童来说，赢了固然可喜，输了通常也不会被明确地看成失败。

总之，婴儿受掌握动机的引导，从他们的日常成就中获得乐趣；2 岁儿童开始预期别人对其表现的认可或否定；3 岁及以上的儿童则能根据界定成败的行为标准来评价自己的成就，并基于其行为是否符合这些标准而体验到自豪感或羞愧 / 评价性尴尬。当然，斯蒂佩克的研究着眼于年幼儿童对成就结果的反应的常模趋势，并未涉及成就动机个体差异的发展。针对这一问题，我们现在来看几种主要的成就理论。这些模型试图解释：为什么不同的人会采取不同的成就取向，以及对不同取向的选择将怎样影响他们未来的成就。

成就动机理论与成就行为

对我们理解成就动机和成就行为贡献最大的理论是麦克莱伦 / 阿特金森的成就需要模型以及较晚近的归因论（或社会信息加工理论）。本节，我们将比较这两种重要观点的异同。

成就需要理论

第一个重要的成就理论是"成就需要"取向，这一动机模型起源于卫斯理

图片 7.2　戴维·麦克莱伦（1917—1998）提出的成就动机理论指导了二十世纪五六十年代关于儿童成就倾向的研究。

大学的戴维·麦克莱伦及其同事的开创性工作，后来由密歇根大学的约翰·阿特金森（John Atkinson）进行了修正。

麦克莱伦的成就动机理论　1938年，亨利·莫雷（Henry Murray）出版了《探索人格》(*Explorations in Personality*)，这部著作对研究人类行为的学生产生了深远影响。莫雷提出了对人的需要加以分类的一种人格理论。他讨论了人的28种基本需要，比如性需要、归属需要、养育需要，以及成就需要等等。他将成就需要定义为“希望尽可能既快又好地做事情的愿望”（Murray, 1938, p. 164）。

卫斯理大学的麦克莱伦及其同事读了莫雷的著作，产生了对成就动机发展的兴趣。麦克莱伦等人（McClelland et al., 1953）把成就需要看作一种习得的动机，像所有其他社会性动机一样，是在某类特定行为带来的奖励或惩罚基础上习得的。如果儿童因为独立、竞争、成功而受到强化，因失败而受到责备，他们的成就动机就会相当强。但是，如果在日常活动中不经常鼓励儿童自立、勇于竞争、高度胜任，我们就很难期望他们形成强烈的成就需要。总之，个体成就动机的强度取决于他们受到的“成就”训练。麦克莱伦等人认为，儿童受到的成就训练如何，会因其所处的文化、社会阶层、父母对独立和成就价值的态度而异。

卫斯理大学的研究团队所面临的首要任务是找到测量成就动机的方法。他们需要一种工具，能够在卓越标准可操作的情况下测量个体对竞争和脱颖而出的愿望强度。

麦克莱伦等人决定采用前面介绍的故事写作法，因为他们相信，一个人潜在的真实动机可以在其幻想的生活（梦、愿望、空想、白日梦等）中得到反映。他们很快发现，当人们就模糊的工作或学习场景写故事时，所表现出来的成就想象的数量有很大差别。那么，下一步就要验证这一方法的有效性：通过表明成就需要得分高的人真的会成为高成就者，而得分低的人的成就则显得较平庸。

成就动机与成就行为的关系　成就动机与成就行为是否存在某种有意义的联系？早期的研究表明确实如此。20世纪50年代进行的几项研究揭示，成就需要测验得分高的大学生，其平均绩点（GPAs）高于成就需要得分低的学生，而且他们渴望地位较高的职业（Bendig, 1958; McClelland et al., 1953; Minor & Neel, 1958）。因此，与成就动机测验得分低的人相比，在麦克莱伦的成就需要幻想测验中表现出强烈成就愿望的人，往往取得了较高水平的成就。

成就社会 如果在某个时代，一种文化中出现了大量的高成就需要者，会有什么结果？这种文化是否会大踏步前进，在未来几年显示出技术或经济增长的明显迹象？

麦克莱伦在《成就社会》(*The Achieving Society*, 1961）一书中对这一假设进行了直接的检验。麦克莱伦用非常有趣的方式评估了23个国家中每个国家的平均成就需要。他只是收集了各个国家的小学生读物，用他通常评定儿童自己所编写的故事的方法，对这些读物中的故事进行成就想象评分。之所以选择这些儿童读物进行研究，是因为它们代表了该国家的主流文化，就此而论，它们可能是任何特定时代小学儿童所受成就训练数量相当好的指标。麦克莱伦从20世纪20年代和1950年的读物中取样，其目的是想考察能否根据20世纪20年代某国的儿童读物中出现的成就想象数量来预测该国随后的经济增长。

不出所料，麦克莱伦（McClelland, 1961）发现：这个国家20世纪20年代儿童读物中成就主题的数量，恰与该国1929—1950年间经济生产率的增长存在显著的正相关（$r = 0.53$）。虽然这一相关与他的假设一致，但这并不一定意味着一个社会的成就需要会影响它随后的经济增长。一个对立的假设是：20世纪20年代已经起步的经济增长，既影响了一个国家20世纪20年代对成就的关注，也影响了它此后的经济增长。但是，如果先前的经济增长是原因，那么该国1929年至1950年的经济增长应该与其1950年儿童读物中成就主题的数量存在高相关。*但是并没有观察到这种关系*。因此，麦克莱伦的跨文化数据表明，成就动机先于经济增长，一个国家的平均成就需要是它未来经济成就的“晴雨表”[2]。

麦克莱伦理论存在的问题 虽然麦克莱伦的研究似乎说明，无论在个体水平还是群体（或文化）水平，成就动机都是成就行为的可靠预测指标，但是，其他研究者在重复验证他的这一发现时却遇到了困难。例如，弗吉尼娅·克兰德尔（Crandall, 1967）发现，在她所回顾的研究中，只有不到一半的研究显示高成就需要儿童的表现优于低成就需要的同龄人。其他研究（见Winter, 1996的综述）显示，麦克莱伦的成就需要测量在预测未来创业活动（如建立企业）成就方面，明显要好于对科学或职业方面的预测。最后，约翰·阿特金森（Atkinson, 1964）发现，成就大的人（高成就者）与成就小的人（低成就者）在成就情境中往往有不同的*情绪反应*：高成就者迎接新挑战，低成就者则畏惧之。为什么成就动机通常无法预测成就行为呢？是否还有其他竞争性的动机，使得成就情

2 另一项研究的结果支持了这一结论：39个国家1950年所用儿童读物的成就需要得分，可以预测这些国家1952年至1958年期间的经济增长（McClelland, 1961）。

境对一些人而言如此具有威胁性，以致妨碍了他们的表现？阿特金森认为是这样，我们来看看他对麦克莱伦理论的修正。

阿特金森对成就需要理论的修正 阿特金森（Atkinson, 1964）在概述其成就动机理论时提出：

> 除了争取成功的一般倾向——称为**争取成功的动机**（motive to achieve success, M_s）或成就动机——之外，还有一种避免失败的一般倾向，称为**避免失败的动机**（motive to avoid failure, M_{af}）。成就动机可以描述为对成就做出自豪反应的能力，避免失败的动机可以理解为失败时感到羞愧和尴尬的能力。当一个人确定……自己的表现会受到评价，并且很可能会失败时，这种倾向就会被唤醒，唤醒的结果是焦虑和从这种情境中退出的倾向（p. 244）。

因此阿特金森宣称，个体趋向或回避成就活动的倾向，取决于两种竞争性动机的相对强度。一个人如果愿意接受新的挑战并不断取得成就，那么，他争取成功的动机就显著强于避免失败的动机（即 $M_s > M_{af}$）。相反，对于回避挑战、无所建树的低成就者，其避免失败的动机就强于争取成功的动机（即 $M_{af} > M_s$）。因此，在阿特金森的理论中，成就动机（M_s）与成就行为的关系明显地受避免失败动机（M_{af}）强度的影响。

它值得完成吗？特定目标的价值 阿特金森还认为，一个人赋予其可能取得的那个成功的价值，是成就行为的一个重要决定因素。弗吉尼娅·克兰德尔（Crandall, 1967）同意这一观点。她指出，儿童可以在许多领域取得成就，包括学业、体育运动、兴趣爱好、家务劳动、交友等。儿童主动给自己设定高标准并努力实现这些目标的意愿，可能因领域而异，这部分取决于实现目标或为自己的努力赢得认可所具有的**成就价值**（achievement value）。

乔尔·雷纳（Raynor, 1970）通过对心理学导论课学生开展的一项有趣研究检验了这一假设。研究让每个学生完成麦克莱伦成就需要的幻想测验（用于确定 M_s）和考试焦虑问卷，后者是一项客观的纸笔测验，用于测量个体在接受评价时的焦虑程度（用于确定 M_{af}）。此外，还让学生判断他们认为自己的心理学导论课与其未来的职业有多大相关（因而有多大价值）。雷纳的主要预测是：成就动机较高的学生（$M_s > M_{af}$ 者），如果认为课程与其未来有关（高价值），而不是无关（低价值），那么他们在这门课上的表现要好得多。

表 7.1 显示了研究结果。正如所料，$M_s > M_{af}$ 的学生（上面一排）如果认为导论课与其未来职业有关，其成绩就显著地更高。显而易见，当一个人认为

自己可能达成的目标有价值或很重要时，成就动机就更可能预测较高的成就。还应当注意到，对于 $M_{af} > M_s$ 的被试，如果他们认为心理学导论课与其职业有关，成绩反而会*更*低。因此，诚如阿特金森的设想，对失败的高度恐惧实际上会破坏通向有价值的目标之路。

可见，一个人在成就情境中的表现，不只取决于其成就需要的绝对水平。为了预测一个人面对挑战时可能作何反应，了解以下两点也会很有帮助：（1）此人对失败的恐惧（M_{af}），以及（2）感知到的成功的价值，这一*认知*变量因人而异，因成就领域而异，是成就行为的一个至关重要的决定因素。

表 7.1 心理学导论课的平均 GPA 是成就相关的动机和课程与未来职业关联性的函数

成就特征	课程与个体未来的关联	
	低	高
$M_s > M_{af}$	2.93	3.37
$M_{af} > M_s$	3.00	2.59

注：平均 GPA 根据 4.00 等级制进行计算，A=4，B=3，C=2，D=1，E=0。

资料来源：Raynor, J. O.（1970). Relationships between achievement-related motives, future orientation, and academic performance. *Journal of Personality and Social Psychology*, 15, 28–33. Reprinted by permission of the American Psychology Association.

我能成功吗？预期在成就行为中的作用 最后，阿特金森（Atkinson, 1964）提出，第二个*认知*变量，即人们对“如果为实现目标而努力，会成功还是会失败”的预期，也是成就行为的一个重要决定因素。他认为，比起看不到实现目标的希望，如果人们感到成功有望，则更有可能努力工作。这些**成就预期**（achievement expectancies）有多重要呢？非常重要，这一点我们可以通过下面的例子来说明。如果我们回顾大量文献就会发现，智商与学习成绩有中到高度的相关，智商高的学生，其成绩通常好于智商中等或较低的同学（Neisser et al., 1996）。但是，智商较高却学业预期较低的学生，其成绩*不如*智商较低却预期较高的同学，这种情况也不少见（Battle, 1966; Crandall, 1967; Phillips, 1984）。换句话说，对成功和失败的预期是成就行为的有力影响因素；预期会成功的儿童通常真的会成功，而预期会失败的儿童可能不会花费时间和精力去追求他们认为“力所不能及”的目标（Dweck, 2001; Heckhausen & Dweck, 1999）。

小结 阿特金森的成就需要理论对麦克莱伦的早期理论做了重要的修正和扩展。麦克莱伦的模型认为，成就行为的个体差异主要可以归于人们表现出的成就动机（成就需要）的总体水平。把阿特金森的理论归入动机论模型也是恰当的，他认为，个体努力工作以实现各种目标的意愿取决于两种成就相关的动机，即争取成功的动机（M_s）和避免失败的动机（M_{af}）的相对强度。但阿特金森也指出，还有两个认知变量决定着我们为成功付出的努力和实际成就，这两个认知变量就是对成功（或失败）的预期以及各种目标的价值，它们与动机

变量同等重要。

近来，社会信息加工理论家更加广泛地关注影响成就的认知因素，尤其是成就预期的起源。现在让我们转向归因论，看看在儿童的成就倾向方面，这一理论能告诉我们些什么。

维纳的归因论

在整本书中，我们一直提到，如果婴儿和学步儿有足够的机会来控制其环境，即调节有回应性同伴的行为，以及实现其他目标，如成功操控适合其年龄的玩具，他们就会倾向于认为自己是有能力的，能够掌控许多挑战性的事情。那么对于儿童的成就期望以及他们赋予成功与失败的价值来说，这种个人控制感到底有多重要？

伯纳德·维纳（Weiner, 1974, 1986）提出了成就的归因理论，该理论认为，一个人的成就行为，关键取决于他怎样解释以前的成功和失败，以及他是否认为自己能够控制这些结果。维纳认为，人是主动的信息加工者，会对得到的资料进行筛选，对其成就结果做出解释或**因果归因**（causal attributions）。他们会做出哪些归因呢？虽然不会总是使用这些准确的标签，但维纳认为，人们会把自己的成败归于下面四种原因之一：（1）自身能力的强弱，（2）付出努力的多少，（3）任务的难度，（4）运气的好坏。

注意，其中的两种原因，即能力和努力，属于内部原因或个体方面的特征；而另外两种，即任务难度和运气，则属于外部的或环境因素。这种对原因的归类方式所依据的“内部—外部”维度，源自弗吉尼娅·克兰德尔早期对**控制点**（locus of control）这一人格维度的研究（Crandall, 1967）。内部控制点的人认为，发生在自己身上的事情应该归因于个人。如果某次作文得了优，他们很可能会把它归因于自己出众的写作才华或自身努力的结果（内因）。外部控制点的人相信，与自己的能力或努力相比，结果更多地取决于运气、命运或其他人的行动。他们可能会说，作文得优是因为运气（老师碰巧喜欢这一篇）、题目容易或其他外部原因。克兰德尔认为，内部控制点有利于成功：儿童要想追求成功，成为高成就者，就必须相信自己能够创造出积极的结果。外部控制点的儿童不会努力追求成功或成为高成就者，因为他们认为自己的努力不一定能决定其结果。

儿童的控制点通常采用《智力成就原因问卷》来测量。这是一个包括34个项目的量表，用以考查个体对好结果或坏结果的原因的认识。每个项目描述一种与成就相关的经历，让儿童选择导致该经历的原因（一个外部原因或一个内部原因）（项目样例见图 7.1）。儿童选择的“内部”反应越多，其内控得分越高。选择内部原因少的儿童则归为外控型。

莫林·芬德利和哈里斯·库珀（Findley & Cooper, 1983）对 100 多项研究进行回顾后发现，内控型学生的确获得了更好的成绩，他们在标准化学习成绩测验中的表现通常优于外控型学生。事实上，对美国少数族裔学生进行的一项大型研究显示，儿童的内控信念对其学习成绩的预测，要好于其成就需要得分、父母的教养方式、所处课堂的类型和教学风格的预测（Coleman et al., 1996）。如此看来，克兰德尔的设想是对的：愿意为自己的成功承担个人责任有助于成就行为。

那么，维纳的理论和克兰德尔早期关于控制点的观点有何不同呢？答案很简单：维纳认为，导致成就结果的四个可能原因，在稳定性维度上也有所不同。能力和任务难度是相对稳定或不易改变的。如果你今天的口头表达能力强，明天你的这种能力也同样强；如果某种言语问题特别难，那么类似的问题也可能这么难。相比之下，个体在完成任务时付出的努力程度或运气所起的作用，则会随着情境的变化而变化，是不稳定的。因此，维纳是根据因果控制点和稳定性维度将导致成功的四种可能原因进行了分类，如表 7.2 所示。

“稳定性”和“控制点”归因对未来成就行为的影响　在对因果归因进行分类时，同时考虑因果控制点和稳定性为什么很重要？原因很简单，因为这些判断中的每一种都有不同的后果。维纳认为，正是稳定性维度决定着成就预期：比起归于不稳定原因，把结果归于稳定原因会导致更强的预期。例如，把成功归因于自己能力强，这会

1. 如果老师让你通过升级考试，可能是

　______ a. 因为她喜欢你

　*______ b. 因为你的表现

2. 如果你的考试成绩好，更有可能是因为

　*______ a. 你为这次考试下了功夫

　______ b. 考题很简单

3. 你读了一个故事却记不住，通常是因为

　______ a. 故事写得不好

　*______ b. 你对这个故事不感兴趣

* 表示对每个样例项目的“内部”反应。

图 7.1 《智力成就原因问卷》的项目样例

资料来源：V. C. Crandall, *Intellectual Achievement Responsibility Questionnaire*. Wright State University School of Medicine, Yellow Springs, Ohio.

Michale Newman/PhotoEdit, Inc.

图片 7.3 如果儿童相信他们对自己的成功负有个人责任，他们就更可能成为高成就者。

表 7.2 维纳对成就结果原因的分类（以怎样解释糟糕的考试成绩为例）

	因果控制点	
	内因	外因
稳定原因	能力 “我对数学毫无办法。”	任务难度 “这次考试出奇地难，而且题目也太多了。”
不稳定原因	努力 “我应该更努力地学习，而不是去听演唱会。”	运气 “真倒霉！好像每道题都是在我缺课的那些课上讲的。”

使你自信地预期未来还会有类似的成功。如果你把同样的成功归于不稳定的、随情境变化而变化的原因（如努力或运气），那么你对未来的成功就没那么自信了。相反，把失败归于我们无能为力的、稳定的原因（如能力差或任务难），也会导致较强的预期，但却是消极预期，会使人预料未来还会有类似的失败。反之，如果把失败归于不稳定的原因（如努力不够），就有可能带来改进，从而导致较积极的预期。

如果说感知到的与成就相关的结果的稳定性决定了成就期望，那么，因果控制点又起什么作用呢？根据维纳的观点，对结果的内控或外控判断，决定着该结果对于感知者的价值。可以假定，当把成功归于一个人可以引以为荣的内部原因，如工作努力或能力强，则成功就是最有价值的；如果我们的成功是因为外部原因，如运气好或任务特别简单，那么很少有人会因此感到自豪。而把失败归于内部原因（尤其是能力不足），则会损害我们的自尊，并减弱今后为成功而努力的意愿。很明显，如果我们认为自己在某一门功课上毫无能力，那么，努力学习以改变糟糕的成绩就会显得徒劳；而事实上，这门课可能会一下子就显得不那么有价值或重要了，我们甚至想放弃它。但是，如果我们能把糟糕的成绩归于外部原因，如运气不佳或考试特别难（或模棱两可），那么，这次失败就不会使我们感到非常自责，也不会破坏我们对这门课价值的认识。

根据维纳的观点，把成功归因于能力强是具有适应性的，因为这种稳定的内部归因会使我们感到自己做的事情有价值，并使我们预期自己会再次取得成功。相反，把失败归因于努力不够（而非能力不足）更具适应性，因为努力是不稳定的，这样我们就更有可能相信，只要我们更加努力，将来就会做得更好。

总之，维纳的归因模型与阿特金森的理论相似，都强调成就预期和成就价值这两个认知变量的重要性。但是，维纳的理论认为认知变量起主要作用。认识到的成就结果的控制点可能影响人们对成功或失败的评价；而对结果之稳定

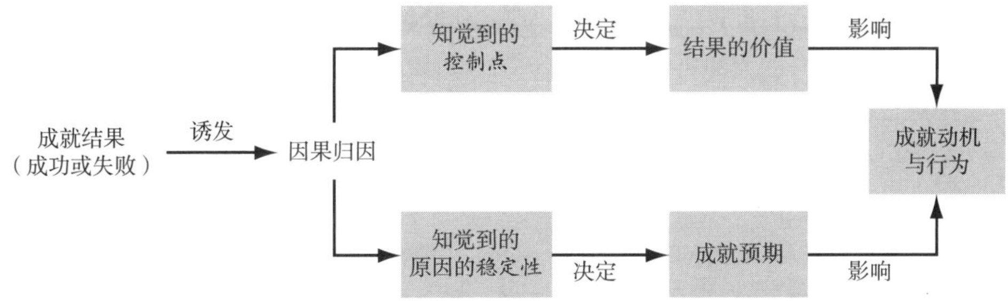

图 7.2 维纳成就归因理论示意图

性的归因则可能影响人们的成就预期。综合来看，这两种判断（预期和价值）决定了我们今后从事类似成就活动的意愿或动机（见图 7.2，维纳理论的图解）。

成就相关归因的年龄差异 如果你觉得维纳的理论听起来有点太认知化、太抽象，不能解释年幼儿童的成就归因，那么你的感觉是对的。在大约 7 岁之前，儿童是不现实的乐观主义者，认为自己有能力在任何任务上取得成功，即便是那些他们过去反复失败的任务（Stipek & Mac Iver, 1989）。幼儿园和小学的老师对这种信心满满乐观主义的形成起着重要作用：他们通常给儿童设定容易达到的目标，更多地表扬儿童的努力而不是行为结果，从而使儿童相信，自己能够做成很多事情，通过努力可以变得"聪明"（Rosenholtz & Simpson, 1984; Stipek & Mac Iver, 1989）。到 5 岁时，儿童已能清楚地意识到任务难度和能力的关系，比如，他们知道：对于同一项任务，觉得任务简单的儿童比觉得任务很难的儿童更聪明（Heyman, Gee, & Giles, 2003）。不过，即便是 7 岁的儿童，依然倾向于把付出的努力等同于能力。比如，约翰用四个小时来完成任务，约瑟做同样的事情只用了两个小时，他们可能会说约翰比约瑟聪明；或者，他们会认为，如果两个孩子付出了同样多的努力，就应该取得相同的结果（见 Nicholls & Miller, 1984; Nicholls, 1989）。当让儿童回忆一个在学习上不怎么用功却成绩很好（意味着能力强）的同伴的故事时，年幼儿童倾向于把该儿童错记为他很努力（Heyman, Gee, & Giles, 2003）。实际上，年幼儿童似乎持有一种**能力增长观**（incremental view of ability）：他们相信，能力是可改变的而非稳定的，通过更加努力和大量的练习，自己就能变得更聪明、更有能力（Droege & Stipek, 1993; Dweck & Leggett, 1988）。

当然，成人一般认为努力和能力是逆向相关的。也就是说，如果约翰必须付出两倍于约瑟的努力才能取得相同的结果，那么他的能力肯定不如约瑟。而且根据维纳（Weiner, 1982, 1986）的发现来判断，和年幼儿童相比，青年人认为能力随着时间推移而更趋稳定。那么，儿童何时开始区分能力和努力的呢？他们何时转向**能力的实体观**（entity view of ability），认为能力是确定或稳定的特质，不易受努力或练习的影响？研究显示，许多8~12岁儿童开始区分努力和能力（Nicholls & Miller, 1984; Pomerantz & Ruble, 1997）。这在一定程度上依赖于他们的认知发展，尤其依赖同时在多个维度上对物体、事件和结果进行分类的具体运算能力的发展。

不过，社会经验，尤其是学校经验的不断变化，也大大影响了儿童对能力和努力的看法。小学老师越来越强调对能力的评价；他们给学生的评分反映的是学生的学习质量，而不是他们的努力程度。除了这些成绩评分，还有各种竞赛，如科学展览、拼字比赛、闪卡竞赛等等，它们鼓励学生工作的速度、质量而非数量。而且，根据老师对其能力的评价，小学高年级学生往往被划分为不同的“能力群体”（Rosenholtz & Simpson, 1984; Stipek & Mac Iver, 1989）。所有这些实践经验，加上儿童越来越多地根据社会比较来评价自己的能力（Altermatt et al., 2002; Pomerantz et al., 1995），可以解释为什么小学高年级学生开始区分努力和能力，开始对自己的成功和失败做出维纳理论所预期的因果归因。

有趣的是，在小学4~6年级，很多学生不再那么看重学习成绩，并形成相当消极的学业自我概念。这一趋势在初中和高中期间变得更明显（Blackwell, Trzesniewski, & Dweck, 2007; Eccles, 2004; Jacobs et al., 2002）。下面将讲到，儿童开始区分能力和努力并接受能力的实体观，是导致这些趋势的主要因素。

德威克的习得性无助理论

所有儿童在努力征服挑战时都难免失败，但是他们对失败的反应却不尽相同。在维纳归因理论的基础上，凯罗尔·德威克（Carol Dweck）及其同事试图解释，为什么有些儿童面对失败仍然坚持不懈，直到最终实现目标；而另一些儿童失败时就会停住脚步，“放弃”努力。他们的研究结果表明，这两类儿童解释其成就结果的方式迥然不同（Dweck, 2001; Dweck & Leggett, 1988）。

有些儿童是**掌握定向**（mastery-oriented，也译作掌控定向）的：他们倾向于把成功归于自己能力强，而把失败的责任外化（“那次考试题出的有问题、不公平”），或归于他们容易克服的不稳定因素（“如果我再努力一点儿，就会做得更好”）。这些学生之所以被称为“掌握定向”，是因为他们面对失败仍然会继续坚持，相信只要继续努力，终将获得成功。虽然他们把自己的能力看作

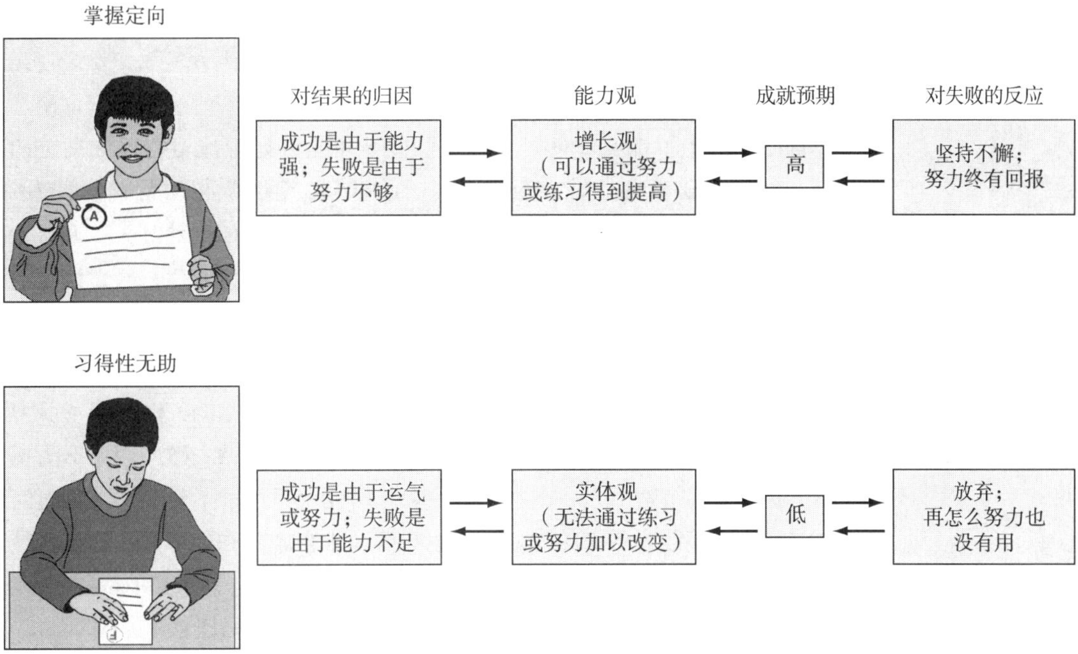

图 7.3 掌握定向和习得性无助的成就取向的特征

相当稳定的特质，不会每天都剧烈地波动（这使他们对重新取得成功充满自信），但他们还是认为，失败以后只要继续努力，自己的能力终会得到提高（增长观）。因此，掌握定向的儿童有很强的“掌控”新挑战的动机，无论过去他们在类似任务上是成功还是失败（见图 7.3）。

对比之下，另一些儿童常常把自己的成功归于不稳定因素，如工作努力或运气；他们不认为自己能力强并因此感到自豪和自尊。然而，他们常常把自己的失败归于稳定的内因，即能力不足，这使他们对未来成功形成了较低预期，并且导致放弃。德威克认为，这些儿童表现出一种**习得性无助定向**（learned helplessness orientation）：如果把失败归于能力不足这一稳定原因，儿童就会认为自己对此无能为力（能力的实体观），他就会感到受挫，觉得没有理由让他尝试改进。因此，他不再努力，并表现出无助（见图 7.3）。

需要指出的很重要的一点是，表现出习得性无助定向的儿童，不仅仅是班里那些能力最差的学生。相反，即便天赋很高的学生也会采用这种不健康的归因方式，而且它一旦形成，往往会有时间上的持续性，最终破坏他们在那些令其感到无助的学科上的成绩（Fincham, Hokoda, & Sanders, 1989; Phillips, 1984; Ziegert et al., 2001）。

习得性无助是怎样形成的？ 根据德威克的观点（Dweck, 1978），如果家长和老师在儿童成功时表扬他学习努力，失败时却责备他能力不足，就会在无意间促进其习得性无助定向的形成。显然，如果失败后受到的惩罚或批评使他们怀疑自己的能力，那么即便是4~6岁的儿童也会开始形成习得性无助定向（Burhans & Dweck, 1995; Ziegert et al., 2001）。相反，如果家长和老师在儿童成功时表扬他努力想出了有效的问题解决策略，失败时强调他不够努力，儿童就会认为自己的能力够用，只要再努力一下，就会做得更好，而这正是掌握定向的儿童所持有的观点（Dweck, 2001）。在一项设计巧妙的实验中，德威克及其同事（Dweck et al., 1978）证实，在5年级学生解决不熟悉问题时，如果有些同学接受的是导致习得性无助的评价方式，他们就会把自己的失败归因于能力不足；而那些接受掌握定向评价方式的同学，则会把他们的失败归因于努力不够，即“我需要继续努力”。在这个实验中，研究者只用了不到一小时的时间就造成了这种差异巨大的归因方式。它意味着，来自家长和老师同样的评价性反馈方式，常常历经数月乃至数年而不变，可能会对小学生（和更年长的学生）中常见的“无助”和“掌握”这两种相反定向的形成产生巨大的影响。

帮助无助者获得成功 一遇到挫折就放弃，显然不是成人所鼓励的成就定向。怎样做才能帮助这些“无助”的儿童在他们曾失败的任务上坚持不懈呢？德威克认为，一种有效的训练方式是**归因再训练**（attribution retraining），说服儿童把失败归于他们可以改变的、不稳定的原因，即不够努力，而不是继续认为失败源于自身能力不足，这一因素是不易改变的。

为了检验这一假设，德威克（Dweck, 1975）让一些在数学难题上屡屡失败而变得“无助”的儿童接受两种“疗法”中的一种。在总共25次的“治疗”中，一半儿童接受*完全成功*（全部成功且无反馈）疗法，做他们会做的题，并因为成功而获得代币。另一半儿童接受*归因再训练*，在25次治疗中，他们取得的成功几乎与上一组儿童一样多，但其中故意安排了几次失败，每次失败后都告诉他们注意还不够集中或速度不够快，*应该继续努力*。因此，这里的一个明显尝试是，使儿童相信失败反映的是不够努力而非能力不足。这种疗法有效吗？是的，确实有效！实验的最后，接受归因再训练的“无助”儿童，在他们最初失败过的数学难题上表现得更好了；而且当他们失败时，通常会把失败归因于不够努力，进而更加努力。对比之下，接受完全成功疗法的儿童并未表现出这样的改善，他们在最初的问题上失败后仍会放弃。可见，仅仅让表现出无助的儿童看到他们可以成功还远远不够。为了减轻习得性无助，必须让儿童学会对自己的失败做出更具建设性的反应，知道只要自己更加努力就能克服这些困难。

我们还能做得更好吗？当然。我们可以采取措施预防习得性无助的形成。家长和老师可以在这些预防工作中起主要作用，他们只需表扬儿童显著的成功，并且注意不要暗示孩子，失败说明他能力不足，以至于伤害他们的自我价值（Burhans & Dweck, 1995）。不过，正如专栏 7.1 中的研究所显示的，表扬成功的方式也有对错之分。简单地告诉一个成功的儿童“你真聪明”，实际上可能弊大于利。

容易在学校实施的另一种预防策略是引导学生修正他们的智力理论，也就是说，使他们相信能力可以通过加倍努力来提高（增长观），从而否定他们正在形成的那种观点，即能力是稳定和不能改变的（实体观）。丽莎·布莱克威尔等人（Blackwell, 2007）在数学成绩差的七年级学生中使用了这种方法。其中一半学生被随机分配到实验组，在为期 8 周的咨询期间，他们接受聚焦于“你能提高你的智力”“学习使你更聪明”等主题的训练课程，旨在培养一种智力的增长观。控制组学生接受了数量相同但内容不同的训练课程，这些课程的重点是改进记忆方法和其他学习技能。这项追踪研究的主要因变量是参与者的数学成绩。如图 7.4 所示，两组参与者在六年级春季学期（时间 1）和 7 年级春季学期伊始（干预开始时，时间 2）已经表现出了数学成绩的下降。但请注意，到了春季学期末（时间 3），干预组学生数学成绩的下降趋势被逆转，而控制组学生则继续下降。此外，进一步的分析显示，从“增长观”干预中获益最大的学生，是那些在干预之前对智力持有更强的实体观的学生。

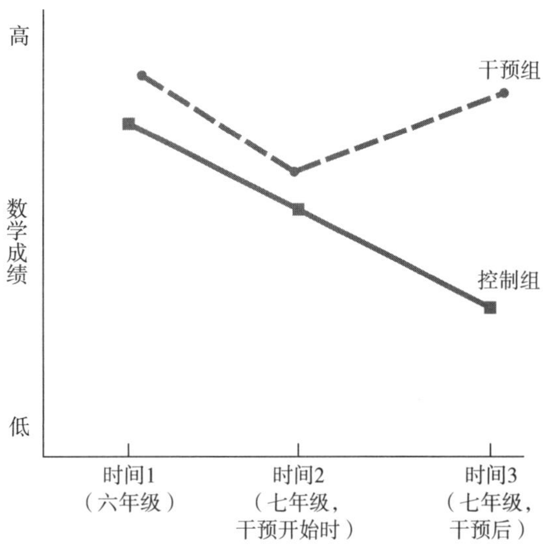

图 7.4 干预组和控制组学生数学成绩的变化

资料来源：摘自 Blackwell, Trzesniewski, & Dweck, 2007。

因此，恰当地表扬成功（见专栏 7.1）和培养适应性智力理论方面的工作意味着，要防止习得性无助，最关键的是要让儿童相信，只要付出足够的努力，任何人的能力都能得到发展。事实上，这一至关重要的方法，加上教育者以激发学生内在目标（而不是外在目标）的方式设置新学习目标，从而使其更有趣（Vansteenkiste et al., 2005），对于扭转或消除通常在青少年初期出现的学习兴趣和成绩的下降会大有帮助（Eccles, 2004），甚至会减少因缺乏学习动机而辍学，进而使自己陷于经济困难的高中生数量。

专栏 7.1 发展研究的应用

警惕：表扬也可能有危险

德威克等人认为，要想促进掌握定向，预防习得性无助定向，就必须注意表扬儿童的方式，对成就的表扬也有对错之分。由于掌握定向的儿童倾向于把成功归因于他们的能力，那么，表扬他们“聪明”“脑子好”“真棒”，似乎是认可其成就的最佳方式。但是，德威克（Dweck, 2001）认为，这种**个人（或特质）表扬**［person（or trait）praise］从长远来看可能是有害的。当儿童成功完成任务时，如果经常听到别人夸他们“擅长于此”或“聪明”，那么在面对挑战时，他们对**成绩目标**（performance goals）的兴趣就会超过学习新东西的兴趣。也就是说，他们希望做好，主要是为了显示他们有多聪明！随后的一次失败，会迅速破坏这一成绩目标，或许会使儿童认为“我并没有那么聪明”，并且放弃，表现出无助。相反，德威克认为，成功时得到**过程表扬**（process praise），即表扬他们为形成有效的问题解决策略而付出的努力，儿童会变得对**学习目标**（learning goals）更感兴趣。也就是说，在面对新挑战时，他们会把提高自身能力（而非炫耀自己聪明）看作重要目标。这样，即使之后在解决某个新问题时遭遇失败，也不会很快破坏学习目标。这只不过是告诉儿童，如果他希望完成这个任务并提高自身能力，他“需要继续努力，想出更加有效的策略”，即需要坚持不懈。

梅丽莎·卡明斯和凯罗尔·德威克（Kamins & Dweck, 1999）在对幼儿园儿童进行的一项实验中检验了这一假设。实验中，每个儿童都要扮演一个成功完成了几项任务的孩子，比如完成一幅拼图、搭积木、用乐高积木盖房子。每次成功之后，告诉一组儿童他们做得非常好，并对他们的成功进行个人表扬（我真为你感到骄傲；你真的很擅长这个）。对另一组儿童，则告诉他们做得很好，并对其成功做出过程表扬（你真努力；你发现了一个好办法）。然后让儿童评价自己（例如，你有多好……多聪明？）以及对自己的成功的感受（5点量表，从非常伤心到非常高兴）。为了测定以后在面对失败时的坚持性，儿童又扮演了完成另外两项任务（画画和算术）的角色。告诉儿童，他们所扮演的角色之前在这两项任务上犯了错误，然后让儿童选择：是继续做那些成功完成过的任务，还是做那些犯过错误的任务。

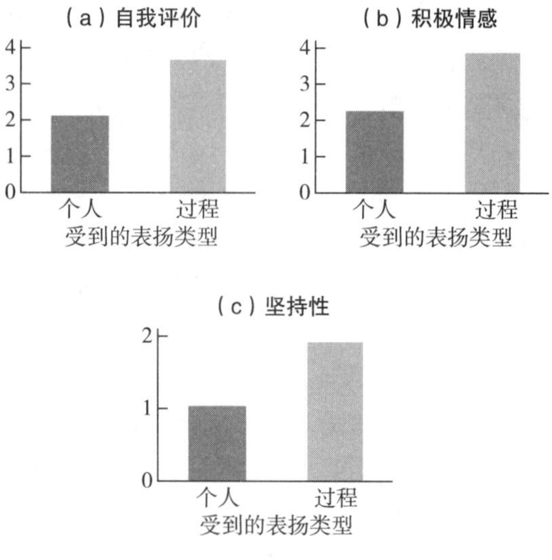

对个人能力、成功后的感受、继续坚持做失败过的任务的意愿进行评价的平均值。

注：数字越大表示知觉到的能力越强（a），对个人成功的感受越积极（b），越倾向于选择做失败过的任务（c）。

资料来源：摘自 Kamins and Dweck, “Person versus process praise and criticism,” *Developmental Psychology*, 35, p. 835–947.

专栏 7.1（续）

结果很明确。如图所示（a 和 b），因成功而受到过程表扬的儿童，其自我评价更积极（如更聪明、任务完成得更好），且对其成功的感受也好于受到个人表扬的儿童。显然，这些幼儿园孩子认为，“付出了很大努力”这一评价，比“你真的很擅长这个”之类的具体个人表扬更能代表其能力。此外，我们从图（c）可以看到，受到过程表扬的儿童比受到个人表扬的儿童更有坚持性，他们会选择尚未掌握的任务，好像学习目标或提高自己的技能是他们的主要目的。相比之下，受到个人表扬的儿童更倾向于选择已经成功完成过的任务，好像他们更感兴趣的是显示自己的能力和不被小看（成绩目标），而不是获得新技能（亦见 Mueller & Dweck, 1998, 五年级学生完成年龄适宜性挑战任务的类似结果）。

可见，为了促进掌握定向，预防习得性无助，表扬儿童成功的方式的确有对错之分。正如德威克所预期的，过程表扬强调儿童的努力及其想出的成功策略，与个人表扬相比，它能更有效地提高儿童自我认识到的能力（自我效能感），鼓励他们坚持完成最初遇到过挫折的任务。

对成就理论的反思

在我回顾了四种主要的成就理论后，有一点应该是很明确的，儿童的成就倾向所包含的远不止是与生俱来的掌握动机或普遍的成就需要。显然麦克莱伦等人作出了重要贡献，他们证明了人的成就动机有明显差异，并且阐明了成就动机的形成过程。但是，他们认为成就动机是一种普遍属性，可以预测个体对所有成就任务的反应，这一观点现在看来有些言过其实。阿特金森对成就需要理论加以修正，提出存在一种与之相对的“避免失败的动机”，它使人们回避挑战性任务，以避免失败带来的尴尬。当然，阿特金森的理论也开辟了重要的新领域，它强调与成就相关的认知，即个体对成功的预期和赋予成功的价值是成就行为的重要影响因素。维纳的归因理论源于此前克兰德尔对控制点的研究，它阐明了个体对成就结果的解释或因果归因如何影响其成就预期以及认识到的成功与失败的价值。最后，德威克的习得性无助理论把我们带回到起点，它阐明，根深蒂固的归因风格会怎样影响儿童的动机，使他们坚持不懈地完成原来未能掌握的挑战任务。因此，正如我们在第 5 章回顾各种依恋理论之后所得出的结论，把任何一个成就理论奉为“正确的”而忽视其他理论，都是毫无意义的。上述每种理论都有助于我们理解：为什么在面对挑战时，儿童的反应会有如此大的差别。

文化和亚文化对成就的影响

个人主义和集体主义的成就观

现在已经有充分的证据表明，儿童接触到的传统文化会影响其成就定向。个人主义社会，如美国、加拿大和西欧国家，对儿童的教养鼓励自立和个人主张，给予儿童很大的自由去追求个人的（往往也是高创造性的）目标。相比之下，非洲、亚洲和拉丁美洲的集体主义社会则强调维持社会和谐的重要性，强调追求社会网络其他成员崇尚的、能使社会福利最大化的目标的重要性（Berry et al., 1992; Triandis, 1995）。这些不同的文化价值观怎样影响人们对成就任务的反应呢?

先来看一项跨文化研究，它要求人们在可以获知社会规范的情况下，对视觉刺激做出正确判断（Berry, 1967）。参与者有北极的爱斯基摩人，他们来自个人主义社会，受地理环境限制，靠狩猎和捕鱼为生；还有塞拉利昂的滕内人，属于集体主义社会，他们的生计靠齐心协力成功种植、收获和配给单一的作物（大米）。研究要求来自这两种文化的人比较长度不同的线段。每次比较时，都给参与者呈现一条标准线和八条测试线。参与者的任务是选择和标准线长度相同的那条测试线。每次判断之前，实验者都会提出虚构的群体规范，告诉参与者："大多数滕内人（或爱斯基摩人）都说这条线段（错误选项）和标准线长度相等。" 每次测试，符合群体规范的那条错误的线段都与正确的线段间隔五条线段（见图 7.5）。参与者所选择的线段偏离正确线段以及接近人为规范线段的距离，作为该试次从众的衡量指标。每个参与者的从众总分，由把参与者在所有试验中偏离正确线段的选择的次数简单相加而得。

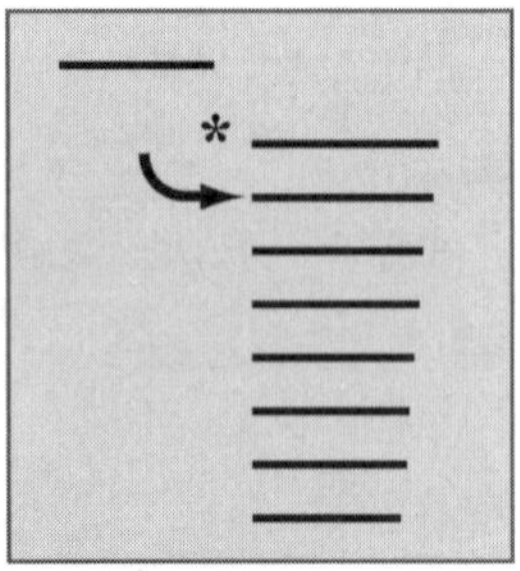

刺激卡顶端的那条线段是标准线段。每次试验都告诉被试，其中另一条线段（带星号的那条）通常被参照群体成员认为和标准线段长度相等。这张卡片中的正确选项是从下面数第二条。

图 7.5 测量遵从群体规范的一种常用方法

资料来源：摘自 Berry, 1967。

正如所料，贝里发现，塞拉利昂滕内人大多遵从了人为的群体规范，而爱斯基摩人则不理睬规范信息，选择了正确的线段（或非常接近正确的线段），显示出他们的独立性。一个滕内人的说明解释了其从众的文化根源："当滕内人做出一个选择时，我们都必须同意这一决定，这就是我们说的合作"（Berry, 1967, p. 147）。爱斯基摩参与者在做出判断时很少说话，但在拒绝群体规范、选择与正确线段很接近的线段时，他们脸上有时会掠过一丝自信的微笑。

在个人利益与群体利益相对立的混合动机情况下，儿童成就定向的文化差异则表现得尤为明显。在混合动机游戏中，为了挣到足够的点数、积分等以便赢得有价值的奖励，参与者可以选择竞争或合作；但他们不知道，任何游戏者要想赢得奖励，最好的办法是所有人尽早开始合作，并持续合作直到达到他们的目标。来自集体主义社会（墨西哥）的儿童被教育要学会合作，他们在这类混合动机任务中的表现明显优于其更具竞争性的墨西哥裔和欧裔美国同龄人（Kagan & Masden, 1971, 1972）。实际上，在混合动机情况下，许多7~9岁的美国儿童，其竞争性如此之强，以至于当他们发现自己无法赢得奖励时，竟会设法降低同伴的得分（在个人竞赛中明显地以“击败”他/她为目标）。

由此我们可以看出，来自不同文化的个体对成就的看法的确不同。对一个来自个人主义文化的人来说，个人成功和显示个人价值是一个人取得成就的最普遍指标。相反，对于集体主义社会的人们，成就意味着一个人必须抑制个人主义，与同伴或同事齐心协力为集体利益而工作。这并不意味着集体主义社会的人之间没有竞争。比如在中国，由于父母要求孩子在学校表现要好，而且只有不到10%的优秀学生才有机会接受高等教育，所以学业竞争相当激烈。（译者注：2006年中国高校入学人数为546万人，18年前对应的出生人口为2457万人，保守估计，2006年18岁的青年中有机会接受高等教育的应不低于22%。）根据李的研究（Li, 2006），中国青少年在学习方面主要追求个人目标，而不是集体目标。然而，虽然中国儿童在学习上竞争和追求个人目标，但是他们在学校力求出类拔萃的一个重要理由是光耀门楣（一种集体主义目标），而且他们的同伴群体（也就是与他们竞争的人）在强化对学习成绩的要求方面起着工具性作用，他们通常作为一个集体共同努力，以促进更好的学习成绩（Chen, Li, et al., 2000; Chen, Chang, & He, 2003）。

当然，强调个人主义还是集体主义只是许多普遍信仰和价值观中的一种，这些信仰和价值观存在文化差异且影响儿童的成就定向。再来看一个例子，个体怎样看待努力和成就的关系也有明显的文化差异：与美国妈妈相比，中国和日本妈妈相信，孩子的努力程度对其学习成绩的影响要比先天智力的影响大得多（Stevenson & Lee, 1990）。换句话说，亚洲父母比美国父母更倾向于接受能力的增长观，这一观点似乎会在他们孩子身上得以延续，从而防止亚洲儿童在遭遇学习困难时出现无助行为。在第12章讨论“学校教育和学校影响”这一主题时，我们会更详细地探讨这一有趣的文化差异。

成就的种族差异

几篇文献综述表明，在成就方面，至少在学习成绩这一研究最集中的领域，存在明显的种族差异。虽然在任何种族内部都存在巨大的个体差异，但非裔、印第安人和拉丁裔美国儿童在学校得到的等级评定和在标准化学习成绩测验中的得分均低于他们的欧裔同学，而亚裔学生（尤其是近期的移民）在学校的表现往往又优于欧裔学生（Chen & Stevenson, 1995; Fuligni, 1997; Tseng, 2006）。怎样解释这些种族差异呢?

早期的一个假设是，学习成绩的种族差异反映了智力的群体差异。事实上，研究表明，来自低成就少数族裔的学生，其智力测验成绩的确不如欧裔或亚裔学生（Neisser et al., 1996）。但是研究也表明，在智商测验的种族差异中，许多（或许大部分）差异其实是一种潜在的社会阶层效应，在条件相当的环境中成长的少数族裔和主流民族的学生，其智力测验分数大致相同（Brooks-Gunn, Klebanor, & Duncan, 1996; Scarr & Weinberg, 1983; Waldman, Weinberg, & Scarr, 1994）。

对成就的种族差异的另一种解释是，在低成就少数族裔的学生中，有很大比例的人的社会经济背景较差，这一因素与学习成绩差有关。换句话说，该观点认为，学校成绩的种族差异跟智商的种族差异一样，很大程度上反映的是社会阶层效应。与这一观点相一致，夏洛特·帕特森等人（Patterson et al., 1990）发现，家庭收入（社会经济地位的一个指标）的差异比种族本身能更好地预测非裔美国学生和白人学生的学习能力（亦见 Greenberg et al., 1999）。但是，**即使控制了社会阶层因素**，非裔美国学生的学习成绩仍然不如他们的白人同学，这是为什么?

当然不是因为他们的父母不看重学校教育或学习成绩。美国的非裔和拉丁裔父母似乎至少和欧裔父母一样看重（如果不是更看重的话）教育（Galper, Wigfield, & Seefeldt, 1997; Steinberg, Dornbusch, & Brown, 1992），而且他们实际上可能更重视家庭作业、能力测验和延长上学时间的价值（Stevenson, Chen, & Uttal, 1990）。如今，许多发展心理学者相信，学业成就方面的种族差异，不能过多地归因于父母对教育价值所持的态度差异，以下因素的影响可能更多些：（1）教养方式上微妙的亚文化差异，（2）学业的同伴认可方面的种族差异，（3）关于学习成绩的社会刻板印象的消极影响。

教养方式的种族差异 即使被研究的家庭处于同等的社会经济地位，不同种族间家庭教养方式的微妙差异对儿童的成就倾向也有很大影响。例如，埃尔斯·莫尔的研究（Moore, 1986）发现，在监控孩子对一项困难的认知任务的反应时，来自中产阶级家庭的非裔美国母亲和欧裔美国母亲之间有着明显不同。一般来说，欧裔美国家庭的儿童似乎享受测验过程，而非裔美国家庭的儿童则不然，他们往往很快地回答问题，似乎想逃离一次不愉快的体验。这些截然不同的反应可能与母亲在监控孩子的问题解决活动时所用的教养方式有关。与非裔美国母亲相比，欧裔美国母亲会给予孩子大量的正面鼓励。他们会开玩笑以缓解紧张，当孩子表现出一些进步时常会欢呼雀跃，好像在传达一种态度："战胜困难真令人开心"。相比之下，非裔美国母亲更倾向于催促孩子往前走，如果孩子没有进步，就会有些不高兴（或许会传达给孩子这样的信息，"应对挑战就会有不被认可的风险"），并且她们对孩子表现的评价也比欧裔美国母亲更消极。或许，这就是为什么她们的孩子会在问题解决过程中感到不太舒服。总之，莫尔的研究表明，即便不同种族背景的儿童都成长在优越的家庭中，这些家庭之间在教养方式上仍然可能存在微妙差异，从而导致在学习成绩上的种族差异（另可参见 Alexander & Entwisle, 1988; Slaughter-Defoe et al., 1990; Bradley, Corwyn, Burchinal, et al., 2001; Bradley, Corwyn, McAdoo, et al., 2001; and Raver, Gershoff, & Aber, 2007 对此问题的深入讨论）。

有趣的是，亚裔美国学生通常会受到一种严厉的教养方式，它不同于白人母亲的教养方式，而与莫尔所观察到的中产阶级非裔美国母亲的方式更相似。但是，这种严厉的、近于苛刻的教养方式，加上对教育的极端强调，以及许多亚裔父母为孩子设定的极高的成就标准，实际上促进了其学业成功。为什么？很可能是因为，亚裔美国家庭至少保留了祖籍文化中的某些集体主义价值观，特别是这些价值观要求亚裔美国儿童必须对长辈保持尊敬和服从，而长辈则有义务把他们训练成有社会责任感、有能力的人（Chao, 1994, 2001）。实际上，这些亚裔美国人的教养方式的文化根源可以在跨文化研究中看到。例如，中国母亲比美国母亲更少强调孩子的成功，但比美国母亲更有可能关注并建设性地批评失败。中国母亲所做的，传递的是他们的一种根深蒂固的价值观，即每个人都需要奋斗，不断迁善，失败意味着你需要改正，在这种情况下，需要更努力工作以提高自己的能力（即能力的增长观）（Ng, Pomerantz, & Lam, 2007）。

同伴群体的影响 同伴也是影响小学儿童和青少年的一个重要因素，他们有时会支持父母鼓励学业成就的努力，有时则会妨害。对许多来自低收入家庭的非裔和拉丁裔学生而言，妨碍学习成绩的同伴压力可能尤为严重。劳伦斯·斯腾伯格等人（Steinberg et al., 1992）发现，许多低收入地区的非裔和拉丁裔美国儿童的同伴文化会明显地妨碍学习成绩，而欧裔和亚裔美国儿童的同伴群体则更倾向于重视和鼓励学习成绩。在一些城市的贫民区学校，如果成绩优异的非裔学生因学习成绩好而被看作“像个白人那样做事”，他们实际上面临着被其非裔同伴排斥的风险（Ford & Harris, 1996; Fordham & Ogbu, 1986）。

然而，不管你是什么种族，你可能都会记得自己青少年时代的同辈群体，他们往往有些叛逆，对大人的忠告冷嘲热讽，支持反社会的规范，不拿学校和学习成绩当回事儿。托马斯·金德曼（Kindermann, 2007）对 11~13 岁青少年（主要是白人）的研究发现，在六年级学期开始时，和不爱学习的同学混在一起的学生，在学年结束时，其学习动机出现了明显下降。即使在中国这个崇尚尊重长辈和学习成绩的集体主义社会里，如果一个孩子加入了一个叛逆的、反社会的同伴群体，其学习成绩也可能会受到负面影响（Chen, Chang, et al., 2005）。如图 7.6 所示，研究开始时，这些反社会青少年的母亲越支持孩子，越努力促进他们的学习成绩，*两年以后*，其孩子的学习成绩就越差。这一发现表明，反社会的同伴群体往往会使父母促进孩子成就行为的努力付诸东流。

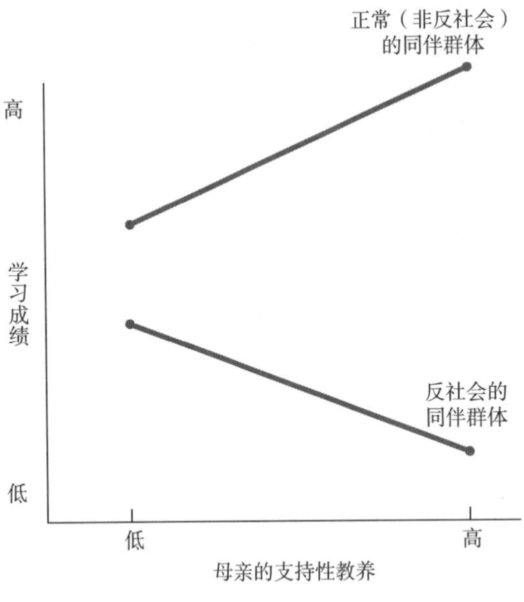

图 7.6 儿童归属的同伴群体对母亲努力培养孩子负责任行为的效果的影响

注意，那些非常努力地促进孩子学习成绩的母亲，如果她们的孩子结交反社会的同伴，两年后，其孩子的在校学习成绩就会很差；但是，如果孩子与其他更典型的中国同伴群体交往，则他们的成绩会很好。

资料来源：摘自 Chen, Chang, He, 2005。

另一方面，图 7.6 还显示，只要儿童没有结交反社会的同伴，努力促进负责任行为的父母，基本上就能成功地提高孩子的学习成绩（Chen, Chang, et al., 2005）。显然，支持性的教养方式有助于儿童取得良好成绩（正如我们将在下面看到的）。但是，同伴也会产生同样的影响，如果儿童的父母非常重视教育，他们往往愿意和那些有相同价值观的同伴交往。安德鲁·富里尼（Fuligni, 1997）对拉丁美洲、东亚、菲律宾和欧洲移民家庭的研究发现，和美国本土青少年相比，移民家庭的青少年往往在校成绩更好，受教育和职业抱负更高，尽管他们的父母没有受过很好的教育，在家里也很少讲英语（另可参见 Georgiades, Boyle, & Duku, 2007; Tseng, 2006）。为什么？因为这些高成就学生的父母非常看重学习的价值，这种价值又被他们的朋友所强化，这些朋友经常和他们一起学习，分享课堂笔记，鼓励他们在学校有好的表现。对父母价值观的这种同伴支持也促进了有才华的非裔学生的学习成绩（Ford & Harris,

1996; Gutman, Sameroff, & Eccles, 2002），而且对任何背景的学生的学习成绩都有很大影响（Ryan, 2001）。显然，如果一个人没有从父母和同伴那里得到相互矛盾的价值观信息，他也就更容易专注在学业目标上。

最后一点，专栏 7.2 介绍的研究表明，消极的社会刻板印象可能通过一种微妙的方式妨碍某些少数族裔学生的学习成绩，即便是有较高成就动机且天分不错的学生也不例外。

成就的社会阶层差异

除了特定的种族身份，儿童之间的另一个差别是他们的社会阶层或**社会经济地位**（socioeconomic status, SES），即在根据地位和权力分层的社会中所处的位置。在西方社会，对家庭所处社会阶层的最普遍的测量指标有：家庭收入、父母职业声望，以及父母受教育水平。这些都是基于家庭当前或过去所取得的成就。因此，在这些文化中，社会阶层明显是一个与成就相关的概念。而研究发现，与来自较低社会经济阶层的儿童相比，来自中产阶级和高收入阶层的儿童，其成就需要得分较高，也更有可能在学校表现良好，或许就不足为奇了（见 Bradley, Corwyn, McAdoo, et al., 2001b; Patterson, Kupersmidt, & Vaden, 1990; Schoon et al., 2002）。来自贫困家庭的儿童尤其可能在学习上表现不佳，而且贫困对成就行为的影响似乎是累积的。追踪数据显示，儿童和青少年在贫困条件下生活的时间越长，他们的受教育程度就越低，而且越有可能在成年初期从事不太体面的、地位较低的职业（Duncan & Brooks-Gunn, 1997, 2000; NICHD Early Child Care Research Network, 2005a; Schoon et al., 2002）。

和成就的种族差异一样，成就的社会阶层差异最初也被归于智力的群体差异。中上阶层的儿童的智力测验得分确实高于较低阶层和蓝领阶层的儿童（Neisser et al., 1996），因此这意味着来自较高社会经济阶层的儿童可能有“智力优势”，进而有助于他们取得更大的成就。但是，大多数当代理论家认为，在解释学习成绩的社会阶层差异方面，与阶层相关的教养方式和家庭生活的差异可能比智力更重要。事实上，有一种观点（且已被重复验证）提出，经济困境会造成心理痛苦，这种对生活状况的强烈不适感和不满意感，会使低收入的成人急躁、易怒，从而减少了他们作为儿童（和青少年）教育过程的直接参与者或监督者对子女学习活动的敏感性、支持性以及参与度（Conger et al., 1992; Conger, Patterson, & Ge, 1995; McLoyd, 1998; Raver, Gershoff, & Aber, 2007）。此外，收入较低的父母往往自己所受的教育较少，可能既没有知识，也没有

专栏 7.2　研究聚焦

看不见的威胁：社会刻板印象怎样影响学习成绩

两个学生，一个黑人，一个白人，并肩坐在大学英语课堂上。两人都来自中产阶级家庭，都进入了一流高中，并且都在那里取得了好成绩。但是现在，黑人学生因考试不及格而面临退学，白人学生则没有。他们的表现为什么如此不同呢？

克劳德·斯蒂尔（Steele, 1997）认为，答案可能与遗传、父母教养方式、社会阶层或家庭功能障碍方面的种族差异无关。相反，在他看来，一个被人用“黑人智力低”“拉美人懒惰”之类的消极社会刻板印象来形容的种族，其成员会在考试的时候体验到**刻板印象威胁**（stereotype threat）：他们会暗自思忖，关于其所属社会群体的刻板印象可能是真的，害怕自己会被别人认为具有和这些消极刻板印象有关的特质。这种刻板印象威胁一旦被唤醒，就会产生破坏性的焦虑，削弱这些学生在考试时全神贯注、竭尽全力的能力（Wheeler & Petty, 2001）。因此，在斯蒂尔看来，一个受歧视的少数族裔学生，即便他公开声明那些消极刻板印象是错的，还是免不了受其影响。

为了检验他的理论，斯蒂尔和约书亚·阿隆森（Steele & Aronson, 1995）对年长的女性青少年施测了一项难度很大的言语技能测验。测验之前告诉她们，这些问题：（1）用来评估她们的能力（这可能会诱发污名化少数族裔的刻板印象威胁），或（2）仅仅出于研究者的兴趣（无刻板印象威胁）。如图所示，当认为测验是要评估她们的能力时，非裔美国学生表现较差；当测验被说成是非评价性的练习时，她们的表现就好得多，跟白人学生一样好。在另一项研究中，斯蒂尔和阿隆森发现，只需让黑人学生在试卷上标明自己的种族，就足以诱发刻板印象威胁并妨害到其测验表现。

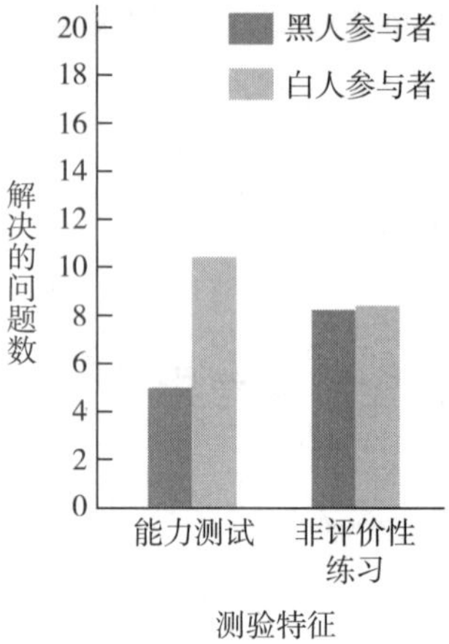

种族和测验特征对一项高难度言语测验的平均成绩的影响。当非裔美国学生认为她们参加的测验可能使自己被贴上“智力低下”的标签时，她们在心理能力测验中的表现就会更差。

资料来源：摘自 Steele & Aronson, 1995。

也许应该给这类结果贴上“刻板印象凸显效应”的标签，因为突出一种刻板印象并不总是产生有害的后果。例如，有一种刻板印象认为，亚裔美国人在学习上很有天赋，尤其是在数学方面。与这种刻板印象相一致，在一项研究中，和不提示她们的种族身份相比，在提醒其亚裔美国人身份时，她们的数学测验成绩会**更好**（Shih, Pittinsky, & Ambady, 1999）。然而，同样是这项研究，同样是这些亚裔女性，与不提示她们的女性身份时相比，提示其女性身份时她们的数学测验成绩则**更差**，这与人们持有的女性不如男性擅长数学的刻板印象相一致（另可见 Muzzatti & Agnoli, 2007，社会刻板印象对意大利女孩的数学成绩有类似的破坏效应）。

有趣的是，6~10 岁的儿童会越来越注意他人

专栏 7.2（续）

的刻板看法，尤其是那些来自污名化群体的儿童；而且，这些意识到别人认为他们学习能力不足、受到贬低的6~10岁儿童，已经表现出刻板印象的威胁效应。与认为测验只是单纯的练习（无威胁情境）相比，当这些儿童认为测验是为了鉴定其能力（威胁情境）时，他们在认知任务上的表现会更差（McKown & Weinstein, 2003）。

因此，从儿童中期开始，刻板印象威胁就可能妨碍受歧视的少数族裔学生，成为智力和学习成绩的种族差异的重要影响因素。问题还不止于此。约书亚·阿隆森等人发现（Joshua et al., 2002），在学业方面感受到刻板印象威胁的学生会变得非常沮丧，事实上，他们会不认同学校或社会刻板印象涉及的教育领域，认为它们对自己的前途来说不那么重要。进而这种不认同会关闭许多职业选择的大门，甚至导致退学。怎样才能克服对有害刻板印象的易感性呢？

一种方法可能有助于受歧视的少数族裔学生获得健康的种族同一性。茵娜·阿尔丘尔、达芙娜·奥伊塞尔曼和黛博拉·拜比（Altschul, Oyserman, Bybee, 2006）的研究发现，来自低收入家庭的非裔和拉丁裔青少年，如果他们认同自己的种族，觉得与自己所属的种族群体关系密切，而且认为在学校取得好成绩对家庭和种族很重要，那么他们在学校就能得到明显更高的平均分。那些相信成就是其作为非裔或拉丁裔美国人的一部分的青少年，似乎能够克服关于他们能力的刻板印象，在学校里专注于取得成功，特别是当他们拥有能力的增长观，相信只要付出足够的努力，任何人都会变得更有能力之时（Good, Aronson, & Inzlicht, 2003）。

斯蒂尔支持的另一种方法是，让受歧视的少数族裔学生和白人学生定期共同学习，讨论个人和社会问题，参加各学科的掌握学习讲习班。这些跨种族的合作项目，通过避免自我隔离，可以帮助少数族裔学生认识到：来自所有种族的学生都必须坚持不懈地努力掌握课程，没有哪个种族或民族的智力生来就低于其他种族或民族，这些观念无疑会对消除刻板印象威胁大有裨益。有趣的是，参与这一项目的黑人和白人大学生的平均绩点都有提高，而黑人学生的提高尤为显著（Steele, 引自 Woo, 1995）。斯蒂尔还认为，学校可以通过如下措施进一步降低刻板印象威胁：（1）终止仅设定最低目标的补救项目，（2）减少对某些支持性活动的依赖，它们可能会以微妙的形式向少数族裔学生传递这样的信息：没有帮助，他们就无法参与竞争或成功。斯蒂尔说，如果只实行一个原则，那就是"挑战（少数族裔学生），而不是对他们进行援助。挑战表达的是对他们自身潜力的信任"（引自 Woo, 1995）。

钱，不能给孩子提供能够激发学习兴趣、应对学校挑战，而且适合其年龄特点的书籍、教育玩具、游戏和体验（Duncan & Brooks-Gunn, 2000; Gershoff et al., 2007; Klebanov et al., 1998）。最后，低收入家庭的邻居往往也是贫困或经济不利的家庭，他们之间缺乏集体感、凝聚力和邻里间的相互支持，而且没有图书馆、学前或年幼儿童项目等社区资源来为孩子提供刺激丰富的活动，以促进其好奇心以及对成就的兴趣（Duncan & Brooks-Gunn, 1997; Kohen et al., 2002）。不过，如果低收入父母找到激发儿童的途径，比如读书给他们听，教授新技能，

提供许多适合孩子年龄的挑战让他们来完成，这些孩子（1）也会学习成绩良好，对学业成就表现出与中产阶级儿童同样浓厚的内在兴趣（Bradley, Corwyn, McAdoo, et al., 2001; DeGarmo, Forgatch, & Martinez, 1999; Gottfried, Fleming, & Gottfried, 1998; Schulting, Malone, & Dodge, 2005），（2）进入青少年期之后，与父母很少参与其中的低收入同学相比，他们会追求较高地位的职业（Hill et al., 2004）。

我们可以做些什么来改善美国贫困儿童的教育前景，并最终改善其职业前景呢？美国林登·约翰逊总统在20世纪60年代向贫困宣战时留下的最持久的遗产，或许就是各种学前期**补偿式干预**（compensatory interventions），最有名的是《开端计划》（Head Start）。它们的目标是（1）补偿贫困儿童在入学时通常会表现出的认知劣势（例如，Stipek & Ryan, 1997），（2）使他们与其中产阶级同伴处于大致平等的地位。对一些较好的补偿式干预的长期追踪显示，它们很少能永久性地提高贫困儿童的智力。但是，这并不意味着这些项目失败了，因为与其他社会经济地位较低的非参与者相比，这些项目的参与者更可能对学校持积极态度，达到学校的基本要求，从高中毕业，并且也较少留级，较少需要昂贵的特殊教育服务（Barnett, 1993; Darlington, 1991）。专栏7.3是对一些更有效的补偿式教育项目的考察，从中我们可以看到，实际上，现在已有充分的理由相信，补偿式教育的效果在将来会更好。

总之，一个人的成就倾向实际上可能受到其所处文化、亚文化，以及社会经济小生态中盛行的教育、态度和价值观的影响。但是，在任何文化、种族或社会经济群体内部，都存在显著的个体成就差异，这些差异受到家庭和家庭生活差异的重大影响。

家庭和家庭成员对成就的影响

多年来，研究人员已经确定了对儿童的掌控和成就动机以及实际成就行为而言特别重要的四种家庭影响因素，它们分别是：儿童的依恋特征、家庭环境特点、可能促进或抑制儿童成就意愿的父母教养方式，以及父母对子女的期望。

依恋特征与成就

第5章回顾的一些研究证明，对父母的安全依恋会促进婴幼儿的掌控行

专栏 7.3 发展研究的应用

有效的补偿式干预法

过去 30 多年对补偿式教育项目的评估明确指向了两个结论：如果（1）处境不利儿童在生命早期就接受补偿式教育且持续较长时间，并且（2）找到方法帮助父母，让他们更多地参与孩子的学习活动，那么结果会有显著的改善。

父母参与的重要性

无论哪种形式的补偿式教育项目，只要能让处境不利儿童的父母以某种方式参与其中，几乎总是会更有效。现在，很多发展心理学者支持通过**两代干预**（two-generation interventions）让父母来参与。这种干预不但给处境不利儿童提供高质量的学前教育，也给其父母提供社会支持、有关教养孩子和其他家庭问题的知识，以及摆脱贫困所需的教育和职业培训（Ramey & Ramey, 1998）。

维多利亚·塞茨和南希·阿普菲尔（Seitz & Apfel, 1994; 亦见 Seitz, Rosenbaum, & Apfel, 1985）针对刚刚生下第一个孩子的贫困母亲实施了一项干预。控制组的贫困母亲和孩子没有接受任何干预。10 年后，塞茨等人（Seitz et al.,1985）追踪研究了这些家庭的第一个孩子。他们发现，接受了补偿式干预的儿童，其学习成绩正常的可能性比非参与者大得多，而留级、需要诸如特殊教育之类昂贵补救服务的可能性则小得多。而且不止这些，干预还产生了扩散效应：在学习成绩方面，“干预组”和“控制组”参与者的弟弟妹妹表现出了与第一个孩子相同的差异，虽然这些参与者的弟弟和妹妹都是干预结束以后出生的（Seitz & Apfel, 1994）。很明显，这一家庭干预使得接受干预的贫困母亲更多地参与到孩子的生活之中，使她们对孩子的养育更自信和有效。这一变化不仅使接受了刺激丰富的学前养育的第一个孩子受益，而且也使她们之后的所有孩子都能从中受益。这的确是一种有效的干预。（亦见 Brooks-Gunn, Berlin, & Fuligni, 2000, Ryan et al., 2002, 其他两代干预的例子，贫困父母接受了该项目提供的教养技能训练和儿童照护服务后，孩子在社会性和智力上明显受益。）

早期干预的重要性

《开端计划》和其他类似项目的批评者认为，这些项目开始得太晚（通常在 3 岁以后），且持续时间太短，难以产生持久影响。实际上，那些从婴儿期就开始且持续多年的干预，在智商和学习成绩上产生了更持久的效果。

卡罗来纳启蒙项目（Carolina Abecedarian Project，也译作卡罗来纳初学者计划）就是其中之一（Campbell & Ramey, 1994, 1995; Campbell et al., 2001）。参与项目的儿童来自接受福利救济的家庭，其母亲在智力测验中得分远低于平均值。这一项目提供刺激丰富的日托和（后期）补偿式教育，从儿

Tony Freeman/PhotoEdit, Inc.

针对处境不利儿童及其父母的两代人的家庭干预可以带来教养方式的变化，家中所有的孩子都会从中受益。

专栏 7.3（续）

童 6 到 12 周大开始，持续到 5 岁，每周 5 天，每天 8 小时。控制组儿童也来自类似的处境不利家庭，但没有接受干预。在随后的 21 年里，每隔一定时间就对这两组高风险儿童进行智力测验和学习成绩测验，以评估其发展。结果是惊人的。从 18 个月时开始，参与该项目的儿童的智力测验得分已超过控制组儿童，这一优势一直保持到 21 岁。因此，这表明，很早就开始的高质量学前干预具有持久的智力效益。它们还会产生持久的教育效益，因为从三年级以后，参与项目的儿童的各科学习成绩都高于控制组。长大成人以后，该项目的参加者比控制组参与者较少出现抑郁现象，尽管他们中很多人在容易造成抑郁综合征的非常缺乏刺激的家庭环境中长大（McLaughlin et al., 2007）。

在芝加哥一项类似的早期干预项目中，与进入小学时便停止接受干预的参与者相比，小学入学后继续接受 2~3 年额外补偿教育的参与者在学校的成绩格外好，他们在三年级和七年级时的数学和阅读成绩高出大约年级平均分的一半（Reynolds & Temple, 1998）。因此，帮助处境不利儿童过渡到结构化课堂环境的延长的补偿性教育可能是最有益的。然而，在这项芝加哥项目中，完成的尽管只是学前期干预，但儿童身上仍然显示出了干预的长期影响。与未参加该项目的儿童相比，他们在整个中小学期的留级率和接受特殊教育的比率明显更低，18 岁之前因违法犯罪被捕的人数更少，20 岁时的高中毕业率更高（Reynolds, Ou, & Topitzes, 2004）。

这项研究对当前进行的干预方式产生了重要影响。一个显著的例子是《早期开端计划》（Early Head Start），它针对的是有婴儿和学步儿的处境不利家庭，为其提供中心式的儿童照护和家庭 / 父母教养支持服务。美国 17 个地方对该项目进行的早期评估结果都是相当正面的：与没有参与《早期开端计划》的控制组父母相比，参与项目的父母在情感上能够给予孩子更多支持，为他们阅读的书籍更多，给他们提供的学习机会也更多。到 3 岁时，参与《早期开端计划》的儿童，其认知和语言发展得分已经高于控制组，并且表现出的攻击行为也较少（Love et al., 2005）。

当然，两代人的家庭干预和一些长期项目，如卡罗来纳启蒙项目和芝加哥项目，实施起来都非常昂贵，而且有批评者认为，不值得向所有处境不利家庭提供这种成本巨大的服务。但是，这种态度可能是“因小失大”。维多利亚·塞茨等人（Seitz et al., 1985）发现，强调高质量日托的扩展式两代干预往往能够自我补偿：（1）它们使更多父母摆脱了整天照护小孩，能够出去工作，从而减少了他们对社会救济的需求，（2）它们提供的认知发展基金，使大多数处境不利儿童免于在学校接受昂贵的特殊教育服务，这一节省本身证明了干预项目物有所值（Karoly et al., 1998）。如果考虑到人生后期所累积的长期经济效益：相比处境不利的非参与者，因成功的干预而毕业并获得高薪工作的成人纳税更多，需要更少的社会救济，较少被关进刑事机构由公共经费供养（估计成本可能高达每年 3 500 亿美元，参见 Reynolds, Ou, & Topitzes, 2004），那么，投入到补偿式教育中的每一美元的净收益都是可观的（Duncan & Magnusson, 2007）。

为。回想一下，与不安全依恋的儿童相比，在 12~18 个月时对主要养育者形成了安全依恋的婴儿和学步儿，他们更可能在 2 岁时成功解决问题；3~5 年后上小学时，他们也会表现出更强的好奇心、自立以及解决问题的渴望。那些入学时属于安全依恋的孩子，从儿童中期到青少年期都比不安全依恋的同伴更自信，在学校表现更好，即使控制了其他已知的影响学习成绩的因素，如智商、社会阶层等，结果也是如此（Jacobsen & Hofmann, 1997）。平均而言，安全型依恋的儿童并不比不安全依恋的同伴智力更高，然而他们似乎更渴望把自己的能力应用于他们遇到的挑战（Belsky, Garduque, & Hrncir, 1984; Moss & St-Laurent, 2001）。因此，儿童显然需要一位慈爱且敏感的家长提供"安全基地"，使他们安心地去冒险，寻求挑战。

家庭环境

年幼儿童探索未知、获得新技能和解决问题的倾向还依赖于家庭环境特点，以及它所提供的挑战。贝蒂·考德维尔和罗伯特·布拉德利开发了**HOME 量表**（Home Observation for Measurement of the Environment）这一研究工具，研究者以此对婴儿、学步儿或学龄前儿童进行入户访谈，从而了解家庭环境中究竟提供了多少刺激（Caldwell & Bradley, 1984）。HOME 量表的婴儿—学步儿版有 45 项陈述，每项都以"是"（该陈述符合这个家庭）或"否"（该陈述不符合这个家庭）记分。为了获得信息，研究者会（1）请孩子的母亲描述她日常生活的内容及其育儿方式，（2）仔细观察母亲与孩子的互动，（3）记录父母给儿童提供的游戏材料的种类。然后将收集到的这 45 条信息分成 6 个类别或分量表，见表 7.3。家庭在每个分量表上都得到一个分数。所有 6 个分量表的得分越高，说明家庭环境提供的刺激就越丰富。

家庭环境特点能预测儿童的成就行为吗？为了查明这一点，威廉·冯·多宁克等人（William van Doorninck et al., 1981）访问了 50 个 12 个月大的婴儿所在的贫困家庭，并使用 HOME 量表把这些家庭环境分为刺激相对丰富（HOME 分数较高）和刺激匮乏（HOME 分数较低）。5~9 年后，他们又追踪调查了这些儿童的标准化学习成绩测验分数和在学校得到的等级评定。从表 7.4 中可以看到，12 个月大时的家庭环境特点能够预测儿童多年后的学习成绩。三分之二的来自刺激丰富家庭的儿童，后来在学校表现相当好，而 70% 的来自刺激匮乏家庭的儿童则表现很差。在对全美家庭进行的一项大型的多种族追踪研究中，布拉德利等人发现（Bradley et al., 2001），对于所有种族和

表 7.3 HOME 量表（婴儿版）的分量表和项目示例

分量表 1：父母的情绪和言语反应性（11 项）	
项目示例	父母对孩子的发声或言语做出言语反应。 父母的言语明确、清楚、能听得到。 访问期间，父母爱抚或亲吻孩子至少一次。
分量表 2：避免限制与惩罚（8 项）	
项目示例	访问期间，父母没有打孩子。 访问期间，父母没有责骂或批评孩子。 访问期间，父母干涉或限制孩子不超过三次。
分量表 3：物理环境的组织与时间的安排（6 项）	
项目示例	孩子每周的户外活动至少四次。 孩子的游戏环境是安全的。
分量表 4：提供适宜的游戏材料（9 项）	
项目示例	孩子有一个推拉玩具。 父母提供适合孩子年龄、促进学习的物品，如移动电话、桌椅、高脚婴儿椅、游戏围栏等。 访问期间，父母拿玩具给孩子玩。
分量表 5：父母对孩子的卷入（6 项）	
项目示例	父母一边做家务一边跟孩子说话。 父母安排儿童的游戏时间。
分量表 6：日常刺激的多样化（5 项）	
项目示例	父亲每天花一些时间带孩子。 孩子房间里有 3 本以上的书。

资料来源：Bradley & Caldwell, 1984.

社会阶层的儿童来说，如果他们所生活的家庭在 HOME 量表中得分较高，那么，在整个儿童期直到青少年期，其学业表现（跟所生活家庭 HOME 量表得分中等或较低的同学相比）都比较好。刺激丰富的家庭环境不仅能促进良好的学习成绩，还可以促进成就的内在取向——强烈希望寻求和迎接挑战，以满足对胜任和掌握的个人需要（Gottfried, Fleming, & Gottfried, 1998）。因此，虽然掌握动机的种子可能真如怀特和皮亚杰所说的那样，是与生俱来的，但发现问题和解决问题的乐趣，最可能在那些富于智力刺激丰富的家庭环境中开花结果，因为这样的家庭给孩子提供了许多适于年龄的挑战并鼓励孩子掌握它们（Bradley, Corwyn, Burchinal, et al., 2001）。

表 7.4 儿童 12 个月大时的家庭环境特点与 5~9 年后其小学学习成绩的关系

12 个月大时的学习成绩	家庭环境特点	
	平均或较高（前 70%）	较低（后 30%）
刺激丰富	20 人	10 人
刺激匮乏	6 人	14 人

资料来源：摘自 van Doorninck et al., 1981。

当然，父母对孩子的要求及其对孩子成就的反应也会影响孩子的成就意愿。下面我们来看一些可能促进或妨碍健康成就取向发展的教养方式。

教养方式与成就

哪种教养方式能够促进成就动机的发展呢？麦克莱伦等人（McClelland et al., 1953）在《成就动机》（*The Achievement Motive*）一书中提出，那些强调**独立性训练**（independence training），鼓励孩子自己独立做事，并热情地强化这种自立行为的父母，会对成就动机的发展有积极影响。研究证实了这一观点（Peterson & Steen, 2002; Winterbottom, 1958）。但是，有一点需要注意，要成功地促进自主和自立的发展，需要的远不止是让儿童独自去实现目标。与维果茨基强调合作学习重要性的观点相一致，一项追踪研究发现，如果两岁孩子的父母在儿童努力过程中细心地为孩子搭建脚手架，使他们能够成功掌控那些若没有父母的耐心指导就不可能掌控的挑战，那么，一年后，也就是 3 岁时，这些儿童在成就情境中会感到更自如，动机也更强（Kelly, Brownell, & Campbell, 2000）。

此外，其他研究者（如 Rosen & D'Andrade, 1959）发现，直接的**成就训练**（achievement training），即给孩子设定高但可以达到的标准，同时强调把事情做好这一目标，也会促进成就动机。儿童可能不时地需要一些有帮助的线索（即父母的一点辅助）才能充分发挥其能力，达到较高目标。但是，很重要的一点是，父母给予的指导不要太多，因为他们应该使儿童相信，战胜挑战的人是他自己而不是父母（Grolnick et al., 2002）。这些在困难任务上表现良好的经验会自我强化，有助于儿童把挑战性任务看作发自内心的兴趣。

最后一点，对儿童完成任务之后的表扬或惩罚方式也很重要。主动寻求挑战、成就动机强的儿童，其父母通常表扬他们的成功，又不过分指责偶然的失

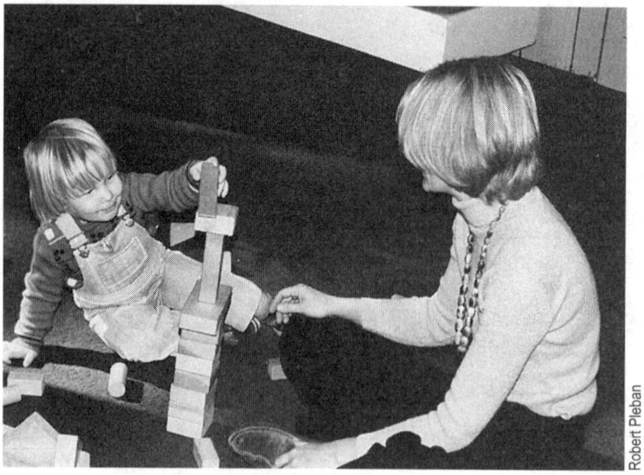

图片 7.4 对孩子的成就给予鼓励、对成功给予热情回应的父母，会培养出喜欢挑战的掌握定向儿童。

败；相反，回避挑战、成就动机弱的儿童，其父母往往对他们成功的认可来得比较慢，或采取“无所谓”的态度，并且倾向于指责或惩罚他们的失败（Burhans & Dweck, 1995; Kelly, Brownell, & Campbell, 2000; Teeven & McGhee, 1972）。

由此可见，高成就动机儿童的父母具有以下三个特征：（1）对孩子热情、接纳，能很快表扬孩子的成绩；（2）设定合理的标准让孩子去达到，并监控其进程，确保他真正做到，以这种方式提供非干涉性的指导和控制；（3）允许孩子有一定的独立或自主权，在决定怎样最好地战胜困难，达到自己的预期时，让他们表达自己的看法。戴安娜·鲍姆琳德（Baumrind, 1973）把这种热情、严格而又民主的教育方式称作**权威型教养方式**（authoritative parenting），她和其他研究者都发现，这种方式能够培养小学生和青少年对成就的积极态度和优良的学习成绩，无论是在西方（Glasgow et al., 1997; Lamborn et al., 1991）还是在亚洲（Chen, Dong, & Zhou, 1997; Lin & Fu, 1990）[3] 均是如此。如果儿童在学习过程中受到积极的鼓励和支持，他们可能会享受新挑战，并且有信心征服它们（McGrath & Repetti, 2000）。相比之下，如果父母按下面的方式去做，就会妨碍儿童在学校的表现和取得成功的动机：（1）漠不关心，疏于指导；（2）高度控制，不停地唠叨孩子的作业，当孩子表现不佳时诱发他们的内疚感，取得好成绩就给予钱和物质奖励，得到差成绩就喋喋不休地批评（Aunola & Nurmi, 2004; Ginsburg & Bronstein, 1993）。

家庭环境影响还是遗传影响？ 在这个问题上，不妨先考虑一下，我们所讨论的家庭影响是否真正代表了环境影响。父母的基因型是否可能影响他们照料和教养孩子的方式，以及他们给孩子提供的刺激的多少？或者，受遗传影响的孩子的智商和气质会不会促使父母更多（或更少）地采取权威型教养，这种

3 有些研究者报告，对于中国人和第一代美籍华人学生，当他们的父母更加严格和高控而不是采取权威型教养时，他们的成绩会更好（见，Chao, 2001）。在第 11 章讨论教养方式的种族差异时，我们将详细考察这一问题。

模式能促进孩子的学习成绩吗？如果对这些问题的回答是肯定的，这就意味着我们讨论的那些家庭影响可能代表了潜在的遗传效应，而不是家庭环境产生的影响。

要回答这个问题，我们先回忆第5章介绍的研究发现，这些发现表明，双生子与主要照护者建立的依恋特征（影响成就动机和行为的一个因素）主要受儿童接受到的照护的敏感性影响（共享环境），几乎不受基因以及儿童那些由遗传决定的特征的影响。再看看近来关于儿童入学准备的研究发现，儿童入学时关于字母、数字、颜色、形状、阅读和写作技能的基本知识，能够很好地预测未来的学业成就（见，例如 Duncan et al., 2007）。一项对5岁儿童入学准备情况的双生子研究（Lemelin et al., 2007）确实发现，遗传对大多数入学准备技能有中等程度影响。然而到目前为止，对入学准备影响最大的是共享环境影响，其中包括（除了其他方面）双生子与父母的依恋特征，双生子共享的家庭环境特点，他们经历的教养方式的相似性，以及家庭社会经济地位等共享环境的影响。因此，即使基因型的差异确实影响了儿童成就倾向的个体差异，但儿童所生活的家庭也是强有力的环境影响，在塑造其成就动机和成就行为方面起着重要作用。

父母期望与成就

面临某项挑战时，儿童对成功或失败的预期，会显著影响他们的成就动机。但是，我们要注意，父母对孩子也有期望，而这可能也影响着孩子的成就认知和成就行为。父母对孩子在某一特定成就领域（如数学）表现的期望，部分取决于孩子早期的表现。因此，如果孩子在数学或英语科目上表现良好，父母就会认为孩子在这些领域的能力更强，所以，相比于其孩子在这些科目上表现不佳的父母，他们就会对自己的孩子在这些学科上抱有更大的期望（Frome & Eccles, 1998）。但是，一旦父母对孩子的能力形成了明确的印象，随着时间的推移，一些有趣的结果就显露出来：父母对子女能力的认识将影响儿童对自己能力的认识，以至于儿童关于其能力的自我概念与父母对他们能力的看法变得更趋一致，超过了与他们自己过去的成就表现的一致性（Frome & Eccles, 1998; Jodl et al., 2001）！

更重要的是，父母如何看待孩子的能力会影响他们怎样帮助孩子社会化，从而影响孩子的成就行为。举例来说，如果父母认为他们的儿子学习能力较差，他们可能不会投入太多精力去帮助他提高学习技能，甚至可能鼓励他在其他领域取得成功，比如体育运动。相反，父母如果认为自己的孩子是学霸，就可能会提供资源和机会以提高孩子的智力技能，促进其学业进步。的确，有明确的证据表明，父母的期望确实影响孩子的学业表现。甚至有研究在控制了儿童过去的数学和阅读成绩之后，发现父母对子女在这些方面能力的早期印象，仍可预测 9 个月后孩子的数学和阅读标准化测验成绩（Halle, Kurtz-Costes, & Mahoney, 1997）。似乎父母对孩子有无天赋的看法，会强烈地影响孩子的自我认识、成就动机和成就行为，从而形成一种自我实现的预言。

显然，如果父母认为自己的孩子缺乏能力，他们对孩子能力的评价就会危害孩子的成就行为。然而，伊娃·波梅兰茨等人（Pomerantz & Dong, 2006）发现，父母对孩子的这些负面评价是否会危害孩子的成绩，可能在很大程度上取决于另一个因素——父母自己的智力观。如果父母自己信奉智力的实体观，他们可能会直接或间接地传达这样的信息：孩子在某一方面的无能是固定的，不可改变的，从而削弱了孩子实现目标的动力。相比之下，如果父母不相信智力的实体观，而支持智力的增长观，他们就更可能鼓励似乎缺乏能力的孩子努力学习，以提高自己的能力。如果情况确实如此，我们可以预期，父母对孩子能力的负面评价可能会导致成绩不佳，即自我实现预言，但只在父母强烈赞同智力的实体观的情况下才会发生。

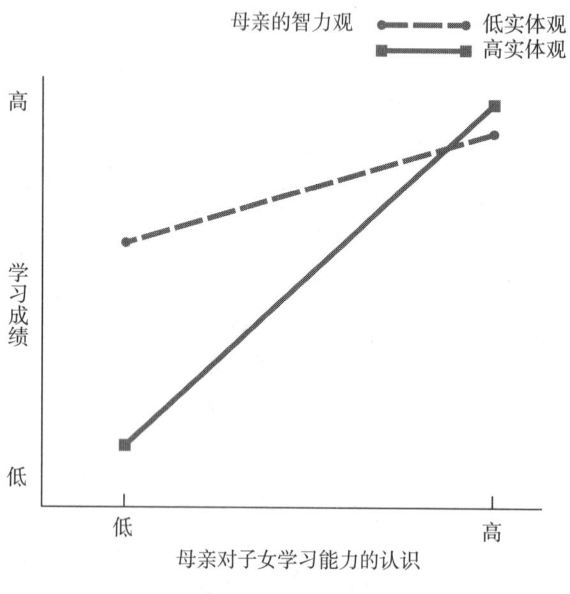

图 7.7 母亲对子女学习能力的认识和所接受的智力实体观与研究结束时儿童学习成绩的关系

资料来源：摘自 Pomerantz & Dong, 2006。

波梅兰茨等人（Pomerantz & Dong, 2006）对四至六年级学生做了为期一年的追踪研究，验证了这一假设。研究开始时，母亲们接受访谈，以确定：（1）她们对孩子在六门学科上的学习能力的看法，（2）她们对智力实体观的相信强度。明确相信智力实体观的母亲完全赞同这样的陈述："你的智力水平是一定的，并且你没办法改变它"，而反对这种观点的母亲（低实体观的母亲）显然不同意此类陈述。为了控制过去的学习成绩这一无关变量，记录了研究开始时儿童的学习成绩。主要的因变量是一年后研究结束时儿童的学习成绩。

如图 7.7 所示，研究结果明确支持了波梅兰茨等人的假设。图中显示，只有当儿童的母亲强烈支持智力的实体观，并认为学习能力稳定不可改变时，儿童的学习成绩才会与母亲对其能力强弱的看法相匹配（自我实现预言）。特别值得注意的是，只有在母亲坚定地认为能力是稳定的情况下，母亲对孩子能力差的看法才会严重危害其学习成绩。相比之下，如果母亲不认同智力的实体观，儿童显然就能摆脱母亲的低期望。为什么？可能是因为，不相信实体观的母亲更可能认为只要努力就能提高学习能力，并把这种想法传递给了孩子。

因此，如果父母赞同智力的实体观，那么他们关于孩子缺乏能力的印象，可能就会危害孩子的成就行为。我们该如何处理这个问题？既然儿童的智力观可以通过简单的干预来改变（Blackwell, Trzesniewski, & Dweck, 2007），那么，对父母来说也应当如此。波梅兰茨等人的研究（Pomerantz & Dong, 2006）表明有一种方法可行，学校可以实施家长教育项目，让家长明白学习能力是需要长期培养的（能力的增长观）。如果这些干预在儿童学习生涯的早期（在父母对其子女的能力形成根深蒂固的看法之前）实施，并为父母提供明确的培养学习能力的方法（如下面小结所述），干预就很可能会取得最佳成效。

小结　在回顾了家庭环境和家庭成员对成就的影响之后，我们可以了解到，父母可以采取各种方法来帮助孩子有效应对挑战。一开始，他们可以努力做一个敏感且回应性的父母，促使婴儿把他们作为安全基地，去探索和寻求挑战。当然，创建一个刺激丰富的家庭环境，提供许多适于孩子年龄的挑战，会培养孩子享受解决问题的乐趣，促进孩子的掌控行为。如果父母对孩子的学习感兴趣，为其制定合理的目标；在孩子需要的时候提供任何支持（搭建脚手架），让他们取得成功；并谨慎地表扬孩子，正是其努力坚持（过程表扬）才使得他能把事情做好（成就训练），从而让孩子觉得自己能够掌握了一些真正有用的本领（独立性训练）。最后，也是最重要的一点，父母和孩子交流时要表达对孩子能力的积极印象，同时要谨慎地向其强调，虽然遭遇挫折时会觉得自己能力差，但是这种能力缺陷是可以克服的，只要付出足够的努力，就能具备这种能力（能力的增长观）。

因此，培养孩子的成就动机和成就行为可能并不困难（至少理论上是如此）。也许我们面临的最大障碍不是吸引充满好奇的儿童去寻求挑战，而是使更多的成年人遵循上面列出的简单指导原则。我们还必须想办法去帮助更多的父母应对他们面临的其他压力和挑战（例如，抑郁、工作压力、战争压力或贫困），使他们有时间、精力和资源投入孩子的生活。

本章要点

- 社会化的一个基本目标，就是根据儿童与生俱来的**掌握动机**，鼓励他们追求重要目标并为其成就而自豪。

成就动机的概念

- **成就动机**有多种不同的定义。麦克莱伦把它看作一种竞争并争取成功的习得动机（即**成就需要**）。这种观点把高成就者描述为**内在取向**的。但是，行为主义理论家认为，成就动机是一种获取社会认可及其他外部奖励的需要；因此，他们认为高成就者是**外在取向**的。

对个体成就的早期反应：从掌握到自我评价

- 婴儿受掌握动机引导，从日常成就中获得乐趣。2 岁时，学步儿开始预期别人对自己表现的赞扬或否定，3 岁及更大的儿童能够根据行为标准来评价自己的成就，还会根据其达到这些标准的程度而体验到自豪或羞愧。对于 3.5~5 岁的儿童来说，赢得竞赛固然带来快乐，但是输了也不认为是“失败”。

成就动机与成就行为的理论

- 有研究检验了麦克莱伦的成就需要理论，证实了人们在成就动机方面存在显著差异。但是，麦克莱伦认为这一普遍的动机可以预测所有情境中的成就行为，这一观点有些言过其实。
- 阿特金森对成就需要理论进行了修正。他认为，影响成就行为和竞争动机的因素有两个——**争取成功的动机**和**避免失败的动机**。阿特金森开拓了新领域，他强调：**成就预期**和**成就价值**这两种与成就相关的认知，是成就行为的重要影响因素。
- 维纳的归因理论源于此前有关**控制点**的研究，它关注个体对成功或失败的**因果归因**，它们影响着个体的成就预期和知觉到的成功或失败的**价值**。
- 德威克的理论提出两种相反的成就取向。**掌握定向**的儿童和青少年把成功归于稳定的内在因素（如能力强），把失败归于不稳定的因素（努力不够），并持有**能力的增长观**。因此，他们觉得自己有能力，会努力学习并克服困难。而**习得性无助定向**的儿童往往在失败后不再努力，因为他们表现出**能力的实体观**，把失败归因于能力不足，而他们对此无能为力。常常被责备能力不足或常常感到被迫选择**成绩目标**而非**学习目标**的儿童可能形成习得性无助。习得性无助的儿童如果通过**归因训练**认识到，他们的失败能够而且应该归于努力不够这类不稳定且通过努力可以改变的因素，他们就会逐渐趋于掌握定向。父母和教师可通过表扬儿童的成就来预防习得性无助的形成，其中**过程表扬**比**个人表扬**更有效。非适应的能力实体论可能导致儿童出现学业危机，幸运的是，这种观点可以通过相对简单的干预进行修正。

文化和亚文化对成就的影响

- 文化传承会明显影响个体的成就取向。来自集体主义社会的人被教导要抑制个人主义，为了所在社会群体更大的福利而工作。来自个人主义社会的人则学会要自立，强调个人成功是成就的标志。
- 学习成绩受种族和**社会经济地位**的影响。家庭教育的微妙差异、破坏性的同伴影响和**刻板印象威胁**都可能对低成就少数族裔学生的不良学习成绩产生影响。

- 无论什么种族，处境不利的儿童都面临着成为学习不良者的危险。**补偿式干预**，尤其是**两代干预**和很早开始并贯穿学前期的干预，能够显著减少处境不利儿童面临的学业风险。

家庭和家庭成员对成就的影响

- 对主要养育者形成安全依恋的婴儿和学步儿可能会成为好奇心强并乐于寻求挑战的学前儿童，以后在学校也有良好表现。
- 使用 **HOME 量表**所做的研究表明，刺激丰富的家庭环境可以给幼儿提供多种适于年龄的挑战，并鼓励和支持儿童战胜这些挑战，从而促进今后多年在学习上取得好成绩。
- 早期的**独立性训练**和**成就训练**会促进成就动机的发展，如果父母对成功给予热情的强化，对偶然的失败不过分责备，效果更好。采用这种权威型教养方式的父母所培养出的儿童会在学习上取得更多的成就。
- 父母对子女能力的知觉会影响子女对自己能力的评价和成就行为，从而形成自我实现的预言。如果父母持有智力的实体观，认为孩子的缺点是稳定而不能改变的，那么，父母对子女能力的消极评价就会严重损害孩子的学习成绩。

第8章

性别差异和性别角色发展

儿童的性别对他 / 她的发展有多重要？许多人会说“太重要了！”通常，父母最先得知的信息就是孩子的性别。当那些初为父母之人自豪地打电话告诉亲友宝宝出生的喜讯时，被问的第一个问题大多是“男孩还是女孩？”（Intons-Peterson & Reddel, 1984）。实际上，这种性别标签的影响往往很快就会显现出来，而且相当直接。在医院的育婴室或产房，如果新生儿是男孩，父母经常称呼他“大小子”或“虎子”，并且他们可能会谈论其哭声、踢腿或抓握的力量。相比之下，新生的女孩则更多地被称为“甜甜”或“小丫头”，并且被形容为温柔的、惹人喜欢的或可爱的（Maccoby, 1980; MacFarlane, 1977）。父母通常会为新生儿取一个反映其性别且带有祝福的名字，在西方社会，婴儿马上就会被蓝色或粉红色衣服装扮起来。梅维丝·海瑟林顿和萝丝·帕克（Hetherington & Parke, 1975, pp. 354-355）描述了一位发展心理学者的窘境，因为她“不想让她的观察者知道他们观察的是男孩还是女孩”：

> 即使刚出生几天，一些女婴被带到实验室时，她们的一缕头发上或者几乎还是光秃的脑袋上，就系着粉红色的蝴蝶结……当采用另一种隐藏婴儿性别的办法，请妈妈给孩子穿上罩衫时，男孩都穿了蓝色的，女孩都穿了粉红色的，“你信不信，竟然还要穿带花边的罩衫”？

Tony Anderson/Getty Images

图片 8.1 性别角色的社会化早在父母给婴儿提供“适合性别”的衣服、玩具和发式时就开始了。

在出生后的第一年里，当父母给孩子提供“适合性别”的衣服、玩具和发型时，性别教化就一直在进行着（Pomerleau et al., 1990）。父母与儿子或女儿玩耍的方式不同，对他们做出反应的期待也不同（Bornstein et al., 1999; Caldera, Huston, & O'Brien, 1989）。显然，孩子的养育者把性别看作一个重要特征，而此属性往往决定了养育者如何回应孩子。

为什么人们对男性和女性的反应不同，尤其是对男婴和女婴？一种解释关注的是两性的生物差异。想一想父亲对子女性别的决定作用。如果来自父母双方的性染色体都是 X 染色体，形成的合子就是女性（XX），它会发育成一个女孩儿；而如果来自父亲的性染色体是 Y 染色体，形成的合子在遗传上是男性（XY），则会发育成一个男孩儿。这种两性间的遗传差异最终会影响到行为的性别差异吗？而这些行为差异或许可以解释父母为什么通常不会同样地对待儿子和女儿。本章后面的内容将详细探讨这个有趣的话题。

然而，性别差异之大超过了生物遗传的差异。这个世界绝大多数的社会都期望男性和女性有着不同的行为举止，承担不同的角色。为了符合这些期望，儿童必须知道自己是男孩还是女孩，且必须把这些信息整合进其自我概念中。我们将在本章集中讨论**性别类型化**（gender typing）这个既有趣又充满争议的话题，通过性别类型化，儿童不仅获得了性别同一性，而且其习得的动机、价值观和行为方式，看起来还要符合其所处文化对生物性别的期望。

本章开始，我们先简要介绍人们普遍认为在认知、人格和社会行为方面真实存在的性别差异。事实证明，其中有些看法有一定的事实依据，但也有很多看法不如说是没有事实根据的杜撰或虚构。之后，我们介绍性别类型化的发展，了解到幼儿通常很早就意识到性别角色刻板印象，并在进入幼儿园之前，就表现出符合其性别类型的行为。这么小的孩子是如何学到如此之多关于性别与性别角色的知识的？我们将回顾几种有影响的理论来回答这一问题，这些理论具体说明了生物因素、社会经验与认知发展如何共同作用或相互作用，影响了性别类型化这一过程。我们还要讨论一个有趣的观点，它断言传统性别角色在当今社会已不再适用；最后，我们将简要介绍自我的另一个方面，即作为一个有性生命的自我，它是我们的性别自我概念的核心。

分类男性和女性：性别角色标准

在进入大学时，多数人已经知道了很多关于男性与女性的知识。事实上，如果让你和你的同学快速列举男人与女人存在差异的 10 个心理维度，每个人都能轻而易举地写出来。而人们说的最多的是：哪种性别的人更容易表现出情绪，更整洁，更具竞争性，或者更爱说刻薄话。

性别角色标准（gender-role standard）：被认为更适合某一性别成员而不适合另一性别成员的一组价值观、动机或行为。总的来看，一个社会的性别角色标准描述了人们期望男性与女性怎样行为，反映了一些刻板印象，凭借这些印象，人们对男人和女人加以分类并做出反应。

在很多社会中，包括我们自己的社会在内，女性性别角色标准和社会刻板印象往往与她们的生育者角色分不开。女孩一般被鼓励承担**表达型角色**（expressive role），即善良、照顾、合作以及对他人的需要敏感等（Conway & Vartanian, 2000; Parsons, 1955）。人们相信，这些心理特质为女孩成为妻子或母亲做好了准备，以便延续家庭功能，成功养育后代。相反，男孩被鼓励承担**工具型角色**（instrumental role），作为一个传统的丈夫和父亲，男性将面临养家和保护家人免受伤害的任务。因此，年幼的男孩被期望成长为具有支配性、果断、独立且有竞争力的人。在许多社会中都发现了相似的标准和角色模式，当然，并不是所有社会都是如此（Wade & Tavris, 1999; Williams & Best, 1990）。在另一个更大型的研究项目中，赫伯特·巴里、玛格丽特·培根和欧文·柴尔德（Barry, Bacon & Child, 1957）分析了 110 个非工业化社会中的性别类型习俗，寻找在社会化过程中五个品质的性别差异：照顾性、顺从性、责任心、成就感和自立性。如表 8.1 所示，成就感与自立性更多地被用来鼓励男孩，照顾性、责任心和顺从性则较多地被用来鼓励女孩（亦见 Best & Williams, 1997）。

现代工业化社会的儿童也面临着性别类型化的巨大压力，尽管在压力程度与方式上与非工业化社会的儿童有所不同（例如，在许多西方社会，父母对儿子和女儿成就的强调大致相同；Lytton & Romney, 1991）。此外，表 8.1 中的发现并不意味着女孩的自立性不受赞同，或者男孩的不顺从性可以接受。实际上，对男孩和女孩来说，巴里等人所考察的五种品质都是受到鼓励的，但是，对不同品质的强调程度则取决于儿童的性别（Zern, 1984; 亦见 Pomerantz & Ruble, 1998）。这表明，社会化的首要目标是鼓励儿童获得那些帮助他们成为品行端正、对社会有贡献的成员的特质。第二个目标（许多成人仍然认为很重要）是使儿童“性别类型化”，向女孩强调关系取向或表达型的品质，向男孩强调个人主义或工具型品质。

由于文化标准规定了女孩应该承担一种表达型角色，男孩承担一种工具型

表 8.1 在 110 个社会中，五个品质在社会化过程中的性别差异

	社会化压力更大的社会中的百分比	
品质	**男孩**	**女孩**
照顾性	0	82
顺从性	3	35
责任心	11	61
成就感	87	3
自立性	85	0

注：在每一品质上，两个百分比之和不等于 100，因为有些社会中男孩和女孩面临的压力并没有区别。例如，在有相关数据的社会中，18% 的社会在照顾性方面对两性的要求无差别。

资料来源：摘自 Barry, Bacon, & Child, 1957。

角色，我们可能就倾向于认为，女孩和女人实际上表现出了表达型特质，男孩与男人则拥有工具型特质（Broverman et al., 1972; Williams & Best, 1990）。如果你认为，随着对女性权益越来越关注，更多女性进入劳动力市场，这些刻板印象已经消失，那请你再想想。虽然 20 世纪后半叶已经发生了一些变化，在朝着平等的性别角色和性别标准的方向迈进（至少在西方社会中）（Botkin, Weeks, & Morris, 2000; Eagly, Wood, & Diekman, 2000），但青少年与年轻人仍然认可许多传统的刻板印象，更喜欢那些表现出社会刻板印象品质的男性与女性（Lueptow, Garovich-Szabo, & Lueptow, 2001; Twenge, 1997; 可以用专栏 8.1 的小测验测试你自己）。例如，在一项研究中（Prentice & Carranza, 2002），大学生坚持认为女性应该善良、开朗、富有同情心、善于表达情感和有耐心，而不是固执、傲慢、令人生畏或盛气凌人。相反，男性应该有雄心、果断、健壮，是个性鲜明的领导者，而绝不应该是情绪化、轻信，或软弱、依赖支持的人。这些假定的（和被偏爱的）两性差异有事实根据吗？让我们来看看具体情况到底如何。

事实与虚构：性别差异

法国的一句古老格言“*差别万岁*”反映了人人皆知的一个事实：男人与女人的解剖结构就不同。成年男性一般要比女性个子高，体重重，肌肉更发达；而女性，从她们寿命更长这个意义上而言，则可能更坚韧（Giampaoli, 2000）。虽然这些生理差异不言而喻，但是，心理机能方面的性别差异的证据却不像大多数人所认为的那样清晰。

两性之间的真实心理差异

在一项经典综述中，埃莉诺·麦考比和凯罗尔·杰克林（Maccoby & Jacklin, 1974）回顾了 1 500 多项比较性别差异的研究并得出结论：传统的性别刻板印象很少有事实根据。事实上，她们在综述中指出，只有四点较小的性别差异得到了研究的一致支持。下面是她们得出的结论，并做了一些更新和修正：

1. *言语能力*。在多项测量中，女孩都比男孩表现出更出色的言语能力。女孩学会说话和发展语言技能的年龄都比男孩要小（Bornstein & Haynes,

专栏 8.1 发展问题

你是否表现出了通常所认为的男性或女性特征

一些调查（例如，Ruble, 1983; Williams, Satterwhite, & Best, 1999）让大学生对下面这些行为方式或个人特征做出反应，指出哪些特质描述了“典型”的男性，哪些特质描述了“典型”的女性。作为一个练习，请用下面的量表评价你自己，指出你觉得自己表现出每个特质的程度（请诚实坦率地回答，答案不分对错）。

量表：	1	2	3	4	5
	完全不像我	有些不像我	既像我又不像我	有些像我	非常像我

特质		特质	
1. 主动	________	17. 察觉别人的感受	________
2. 冒险	________	18. 细心周到	________
3. 攻击性	________	19. 创造性	________
4. 有雄心	________	20. 好奇心	________
5. 爱竞争	________	21. 他人取向	________
6. 支配性	________	22. 性感	________
7. 独立	________	23. 艺术修养	________
8. 好领导	________	24. 易激动	________
9. 数学好	________	25. 同理心	________
10. 果断	________	26. 深情	________
11. 机械能力	________	27. 有魅力	________
12. 坦率	________	28. 整洁	________
13. 执着	________	29. 敏感	________
14. 自信	________	30. 心慈	________
15. 强大	________	31. 机敏	________
16. 坚韧	________	32. 通情达理	________
∑特质 1~16	________	∑特质 17~32	________

特质 1~16 通常是与男性有关的特质，特质 17~32 通常是与女性有关的特质。把你在每一列特质上的总分相加。本章后面讨论男子气、女子气和双性化的时候，还会回过头来看这个例子。

1998），从儿童期到青少年期，女孩在阅读理解和言语流畅性测验中都显示出些微但一贯的言语优势（Halpern, 2004; Wicks-Nelson & Israel, 2006）。然而，在语言类比推理测验中，男孩比女孩表现略好（Lips, 2006）。

2. 视觉和空间能力。在一些**视觉和空间能力**(visual/spatial abilities)测验中，男孩的表现优于女孩。视觉和空间能力是指对图像信息进行推理或其他心理操作(见图 8.1，已在两种视觉和空间任务中发现了性别差异)。男性在空间能力上具有中等程度的优势，这种优势在 4 岁时就出现，并持续一生(Choi & Silverman, 2003; Halpern, 2004; Voyer, Voyer & Bryden, 1995)。

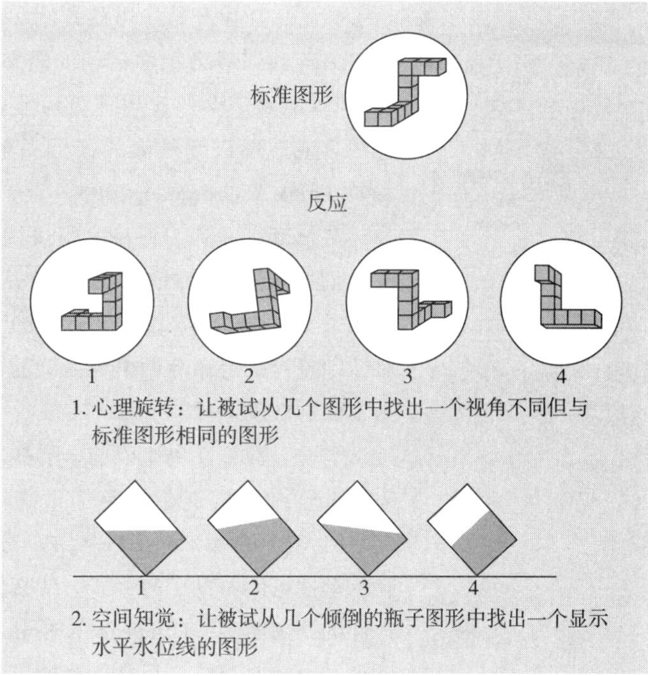

图 8.1 存在性别差异的两种空间任务

资料来源：Linn & Petersen, 1985.

3. 数学推理。从青少年期开始，男孩在算数推理测验中的表现就始终略优于女孩(Halpern, 1997, 2004; Hyde, Fennema, & Lamon, 1990; 见图 8.2)。在实际中，女孩的计算技能胜过男孩，甚至数学成绩也更高，部分原因在于女孩比男孩更倾向于设立学习目标而不是成绩目标，故而她们在提高数学能力方面更努力(Kenney-Benson et al., 2006)。尽管如此，男孩的数学自我效能感比女孩强(Simpkins, Davis-Kean, & Eccles, 2006)，掌握的数学问题解决策略较多，这些使他们在学习能力倾向测验(SAT)中的复杂应用题、几何和数学部分的成绩好于女孩(Byrnes & Takahira, 1993; Casey, 1996; Lips, 2006)。在那些高数学成就者中，男孩解决数学问题方面的优势体现得最明显，拥有超凡数学才能的男性要多于女性(Lips, 2006; Stumpf & Stanley, 1996)。视觉和空间能力与问题解决策略的性别差异似乎导致了算术推理的性别差异(Casey, Nuttal, & Pezarris, 1997)。然而，我们接下来会发现，某些社会因素，也就是男孩与女孩接收到的关于他们各自能力的信息，也会影响他们的数学、言语以及视觉和空间推理技能。

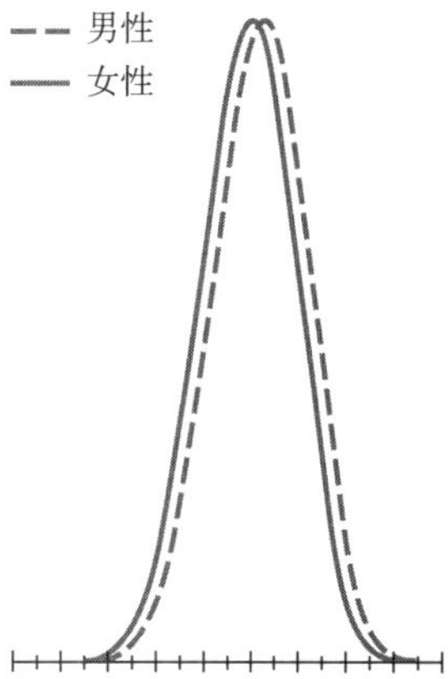

图 8.2 男性和女性的分数分布曲线

这两条曲线显示了已被多项研究证明的两性能力差距。两性的平均成绩差别不大，分数分布有相当大的重叠。

资料来源：摘自 Hyde, Fennema, & Lamon, 1990。

4. *攻击性*。从 2 岁开始，男孩就比女孩的身体和言语攻击更多；到了青少年期，男孩卷入暴力犯罪活动的概率是女孩的 10 倍（Barash, 2002; Snyder, 2003）。但是，女孩比男孩更可能表现出对他人隐蔽的敌意，比如冷落、忽视，或试图破坏他人的社会关系或社会地位（Crick, Casas, & Mosher, 1997; Crick & Grotpeter, 1995）。

其他性别差异：评论家很快就对麦考比和杰克林的综述提出了挑战，说她们搜集资料和处理结果的方法导致她们低估了实际存在的性别差异的数量（Block, 1976; Huston, 1983）。后来的研究综合了几项研究的结果，对性别差异的可靠性做出更准确的估计，提出了如下一些在人格与社会行为方面的性别差异。例如：

5. *活动水平*。甚至在出生以前，男孩的身体活动就比女孩多（Almli, Ball, & Wheeler, 2001），他们在整个儿童期都保持更积极的活动，特别是与同伴交往时（Eaton & Enns, 1986; Eaton & Yu, 1989）。实际上，男孩表现出的高活动性可能有助于解释，为什么男孩比女孩更容易发起和接纳许多非攻击性的嬉闹游戏（Pellegrini & Smith, 1998）。
6. *恐惧、胆怯和冒险*。早在生命的第一年里，当处于不确定的情境中时，女孩似乎比男孩更恐惧或胆怯，也比男孩更小心翼翼，优柔寡断，冒险行为比男孩要少得多（Christopherson, 1989; Feingold, 1994）。冒险方面的性别差异可能部分源于男孩的高活动水平，但是父母对冒险的反应也很重要。6~10 岁儿童的母亲报告说，在反对冒险方面，与儿子相比，她们对女儿的要求更严格。为什么？部分原因是她们在纠正儿子的冒险行为方面很少成功，因此得出结论，“男孩就是男孩”，冒险是“他们的天性”（Morrongiello & Hogg, 2004）。在整个童年期和青少年期，男孩的冒险行为一直比较多（并因此遭受更多的负面后果）；而女孩也像男孩一样，经常参与某些危险行为，如吸烟或酗酒（Blakemore, Berenbaum, & Liben）。
7. *发展的脆弱性*。从母亲怀孕开始，男孩就比女孩更可能面临产前和围产期分娩的危险，也更容易受到疾病的影响（Raz et al., 1994, 1995）。男孩比女孩更可能出现各种发展问题，包括自闭症、阅读和语言障碍、注意缺陷多动综合征、情绪障碍和智力迟滞（Halpern, 1997; Holden, 2005; Thompson, Caruso, & Ellerbeck, 2003）。
8. *情绪表达性和敏感性*。在婴儿期，男孩与女孩在情绪表达方面并没有多大差别（Brody, 1999）。但是从学步期开始，男孩就比女孩更多地表达愤怒情绪，女孩则更多地表达其他各种情绪（Fabes et al., 1991; Kochanska, 2001）。2 岁女孩比 2 岁男孩使用更多情绪词（Cervantes & Callanan,

1998），并且相比儿子，学前儿童的父母更多地与女儿谈论情绪和令人难忘的情绪事件（Kuebli, Butler, & Fivush, 1995）。的确，对反思其感受给予这种社会支持有助于解释，相对于男孩和男人，为什么女孩与女人能够更深刻或更强烈地说出她们的情绪，可以更自在地表达情绪（Fuchs & Thelan, 1988; Saarni, 1999）。

关于共情敏感性之性别差异的证据比较复杂。女孩和女人一致地评价自己（并且别人也这样认为）比男孩或男人更善于照顾人，更富有同情心（Baron-Cohen, 2003; Feingold, 1994）。但是以引发共情（让儿童体验别人的痛苦或不幸）为目的的实验室研究则揭示，面对他人的不幸，男孩表现出来的面部痛苦、关心及生理唤醒与女孩并无明显差别（Blakemore, Berenbaum, & Liben, in press; Eisenberg & Fabes, 1998）。研究发现，在自然情境下，男孩对宠物和长辈的感情和关心至少与女孩一样多（Melson, Peet, & Sparks, 1991）。

Horizon International Images, Ltd./Alamy

图片 8.2　嬉闹游戏在男孩中比在女孩中更常见。

9. 顺从。早在学前期，女孩就比男孩更顺从父母、老师和其他权威人物的请求和要求（Feingold, 1994; Smith et al., 2004）。当劝说别人遵从自己时，女孩主要靠机智和礼貌的建议（Baron-Cohen, 2003），男孩虽然也很能机智得体，也会友善地与人合作，但他们比女孩更有可能诉诸于要求或控制（Leaper, Tennenbaum, & Shaffer, 1999; Strough & Berg, 2000）。
10. 自尊。在整体自尊方面，男孩略高于女孩（Kling et al., 1999）。这种性别差异在青少年早期变得更加显著，并且持续整个成年期（Robins et al., 2002）。

在回顾有关“真实”性别差异的证据时，我们必须牢记，这些数据反映的是群体的平均水平，并不一定反映任何特定个体的行为。例如，关于儿童表现出的外显攻击行为的变异，性别只能解释其中约 5%（Hyde, 1984），其余 95% 则来自性别差异之外的个体差异。另外，麦考比和杰克林指出，在言语、空间与数学能力方面，性别差异并不大，但是对能力分布在两个极端区域（即非常高或非常低）的人群来说，这些差异非常显著（Halpern, 1997, 2004），而在其他区域的人群中则不明显（Lips, 2006; Stetsenko et al., 2000）。例如，在以色列这样的社会，女性在数学能力测验中表现较好，有时甚至超过男性，因此女性在技术培训与技术型职业中有很好的机会（Baker & Jones, 1992）。即使在美国，人们预期的性别差异也没有出现在所有族群中。例如，华裔美国女孩在高水平数学测验（如学业能力倾向测验）中的成绩与华裔男孩一样好，但是，欧裔男孩的 SAT 测验成绩比欧裔女孩平均高出 40~50 分（Lips, 2006）。这些发现表明，多数性别差异并不是生物学上的必然，文化、亚文化和其他社会影响在男性和女性的发展中起着重要作用（Halpern, 1997）。

那么，对于两性之间的心理差异，我们应该得出什么结论呢？虽然当前学者们还在争论哪些性别差异是真实的或有意义的（Eagly, 1995; Hyde & Plant, 1995），但是多数发展心理学者都赞同一点：男性与女性心理上的相似远远大于差异，即使是有充分证据证明的差异，似乎也只是中等程度的差异，且受条件限制（Blakemore, Berenbaum, & Liben）。因此，仅仅根据性别是不可能准确地预测个体的攻击性、数学技能、活动水平或情绪表达性的。只有在计算群体平均水平的时候，性别差异才会显现。

文化神话

当今大多数发展心理学者认同的另一个结论是麦考比和杰克林坚持的一个观点（Maccoby & Jacklin, 1974）：许多（可能是大多数）性别角色刻板印象是没有事实根据的“文化神话”。表 8.2 列出了被人们广泛接受的一些“神话”。

为什么这些不准确的说法能够一直大行其道？麦考比和杰克林（Maccoby & Jacklin, 1974）是这样解释的：

> 对这些长期流行的“神话”，一个……可能的解释是：这些刻板印象真的是太强大了。在此必须重申一个古老的真理：如果人们相信了关于一个群体的一般性概括，那么，当群体中的一个人以人们预期的方式行事时，旁观者就会注意到其行为举止，他的信念就会得到证实和强化；而当群体中某个人的举止不符合旁观者的预期时，其行为就很可能会被忽略。如此一来，旁观者的一般看法就受到了保护，而不会出现认知失调。……［这种］证据充分的［选择性注意］……过程……导致了这些神话的延续，不然的话，它们就一定会在否定证据的冲击下消失（p. 355）。

表 8.2 关于性别差异的一些无根据的观念

观念	事实
1. 女孩比男孩更“善于社交”。	两性对社交刺激同样感兴趣，对社会强化物同样敏感，同样善于学习社会榜样。在一定年龄，实际上男孩与玩伴在一起的时间比女孩更长。
2. 女孩比男孩更“易受影响”。	大多数有关儿童从众的研究都没有发现这一性别差异。然而，有时候男孩比女孩更容易接受与自己的价值观相冲突的同伴群体的价值观。
3. 在简单的重复性任务中，女孩比男孩表现得好，而在需要高水平认知过程参与的任务中，男孩表现更好。	有关证据并不支持这一说法。在死记硬背的学习、概率学习和概念学习中，并不存在性别差异。
4. 男孩比女孩更具有“分析性”。	除了我们已讨论过的在认知能力方面存在中等程度的性别差异外，男孩和女孩在分析或逻辑推理测验中没有差异。
5. 女孩缺乏成就动机。	这种差异不存在！或许女性缺乏成就动机这一神话一直存在，是因为男性和女性的成就动机指向目标不同。

资料来源：摘自 Maccoby & Jacklin, 1974。

换句话说，性别角色刻板印象是一种根深蒂固的认知图式，人们用它来解释男性和女性的行为，且经常发生歪曲（Martin & Halverson, 1981; 见专栏 8.2）。人们甚至用这些图式对婴儿的行为进行分类。在一项研究中（Condry & Condry, 1976），让大学生参与者看一段录像，告诉他们录像中这个 9 个月大的婴儿是女孩（“达娜”）或男孩（“戴维”）。在大学生观察婴儿玩耍的过程中，让他们解释婴儿对诸如泰迪熊或玩偶盒的反应。结果，他们对婴儿行为的印象显然受制于婴儿假定的性别。例如，当婴儿被假定是男孩时，大学生就将其对玩偶盒的强烈反应解释为“生气”；当婴儿被假定为女孩时，则被解释为“害怕”。

事实证明，毫无根据的或不准确的性别角色刻板印象对男孩和女孩都有重要影响。我们将在下一节讨论这些文化神话所产生的更为消极的影响。

文化神话是否会对能力及就业机会的性别差异产生影响

1986 年，菲利普·戈德堡（Goldberg, 1986）让一些女大学生参与者判断

专栏 8.2　研究聚焦

性别刻板印象会影响儿童对反刻板印象信息的理解吗?

麦考比和杰克林(Maccoby & Jacklin, 1974)提出，一旦人们形成了某种性别刻板印象，他们就容易关注并记住与这些刻板印象一致的信息，而不容易记住与刻板印象不一致的信息。卡罗尔·马丁和查尔斯·霍尔沃森(Martin & Halverson, 1981)同意这种观点，他们认为性别刻板印象是一种根深蒂固的图式或朴素理论，人们用它来组织和表征一些经验。这些性别图式一旦形成，至少会对儿童或成人的认知过程产生两个重要影响：(1)记忆的**组织**效应，使得与图式一致的信息比反刻板印象的事件更容易被记住；(2)**扭曲**效应，与性别刻板印象不一致的信息在记忆过程中会变得与性别刻板印象一致。例如，当看见一个女孩在厨房做饭(性别一致信息)时，人们很容易记住这个信息，而一个男孩做出相同行为(性别不一致信息)，人们就不太容易记住。如果人们目睹了男孩做饭，他们可能会扭曲这一信息，使它与性别刻板印象一致，可能会将这个人记成是女孩而不是男孩，或者重构男孩的行为，说他在修炉子而不是在做饭。

马丁和霍尔沃森(Martin & Halverson, 1983)在一项对5岁和6岁儿童进行的有趣研究中检验了他们的这一假设。在第一阶段，给每个儿童看16张图片，其中一半图片描绘的是从事性别一致性活动的孩子(如一个玩卡车的男孩)，另一半图片呈现的是做出性别不一致行为的孩子(如一个劈柴的女孩)。一周之后，测查那些儿童对这些图片的记忆。

实验结果非常有趣。在主人公从事性别一致性活动的图片场景中，儿童很容易回忆起主人公的性别。但是当主人公的行为**不符合**其性别时，儿童会扭曲图片场景，称主人公的性别与他们回忆起来的活动一致(例如，他们可能会说自己看到的是一个男孩而不是一个女孩在劈柴)。正如所预测的那样，与性别不一致行为的场景相比，在性别一致性活动的场景中，儿童对自己所回忆起的主人公的性别更**有信心**，这表明儿童很难记住反刻板印象的信息。但有趣的是，当儿童扭曲了性别与活动不一致的场景时，他们对自己回忆起的主人公的性别(错误记忆)也很自信，就像他们对性别一致性活动场景中主人公性别的回忆(正确回忆)一样。因此，儿童似乎会扭曲那些反刻板印象的信息，使其更符合他们的刻板印象，对他们来说，这些被扭曲的记忆就是“真的”，就像未被扭曲的刻板印象信息一样。

那么，为什么不准确的性别刻板印象会一直存在?研究发现，我们很难回忆起与刻板印象不一致的证据，而且事实上，我们经常会扭曲这些信息，以证实最初的(不准确的)观念。

几篇科学论文的优劣，事先告知她们这些论文的作者或是男性(“约翰·麦凯”)或是女性(“琼·麦凯”)。虽然论文的原稿是一模一样的，但是，与被告知论文作者是女性相比，当被告知论文作者是男性时，参与者判断论文的质量更高。

这些女大学生的回答反映了一种普遍存在于很多社会的观念，即女孩与女性不擅长学习数学和科学课程，也不擅长需要这种训练的职业(Eccles et al., 2000; Tennenbaum & Leaper, 2003)。幼儿园和小学一年级的女孩已经相信她们的算术不如男孩好；在整个小学阶段，儿童越来越把阅读、艺术和音乐视为女孩擅长的领域，而把数学、科学、体育和操作性实验课视为更适合男孩的课程（Eccles, Jacobs, & Harold, 1990; Eccles et al., 1993, 2000）。另外，一项对美国不同职业领域中女性与男性从业者所占百分比的调查发现，女性较多地在需要言语能力（如图书馆学、基础教育）的领域工作，而较少在其他职业领域，尤其是需要数学和自然科学背景的理工与其他技术领域（如工程学）工作（Eccles et al., 2000; National Council for Research on Women, 2002），这些不平衡现象在欧洲社会中也存在（DeWandre, 2002）。怎样解释这些巨大的性别差异呢？是由言语、数学或者视觉和空间能力方面存在的相对较小的性别差异造成的吗？抑或是性别角色刻板印象制造了一种**自我实现预言**（self-fulfilling prophecy），从而促进了认知表现上的性别差异，并引导男孩和女孩沿着不同的职业路径发展？当前，许多发展心理学者赞同后一种观点。让我们来详细探讨一下。

家庭影响　父母常以不同方式对待儿子和女儿，这可能会造成能力和自我认识方面的性别差异。杰奎琳·艾克尔斯等人进行了系列研究，试图查明为什么女孩在数学与自然科学课程上容易表现出退缩，并较少进入与数学和科学有关的职业领域。她们发现，父母对男孩和女孩数学能力的不同期望的确变成了自我实现的预言。具体如下：

1. 受性别刻板印象的影响，父母会期望儿子的数学成绩好于女儿。甚至在儿童接受任何正式的数学教育之前，美国、日本和中国的母亲都认为，男孩比女孩的数学能力强（Lummis & Stevenson, 1990），而且父母的这种观念会随着儿童年龄增长而逐渐增强（Frome & Eccles, 1998）。
2. 父母把儿子在数学上的成功归于能力，而把女儿的成功归于努力（Parsons, Adler, & Kaczala, 1982）。这些归因进一步强化了这一观念，即女孩缺乏数学才能，她们只有通过刻苦努力才能取得好成绩（亦见 Pomeranz & Ruble, 1998）。父母经常以微妙的方式传达这一信息。如果孩子在写数学作业时寻求帮助，妈妈告诉她："找你爸爸去，他是数学脑瓜"，或者爸爸说："没错，宝贝儿，你妈妈的数学确实不怎么样。"于是孩子了解到，数学是男人的领域，不太适合女孩（Lips, 2006）。
3. 儿童逐渐内化父母的观念，男孩感到更自信，女孩则往往低估自身的一般学习能力（Cole et al., 1999; Stetsenko et al., 2000），特别是低估了自己学数学的能力（Fredricks & Eccles, 2002; Simpkins, Davis-Keane, & Eccles, 2006）。

4. 由于怀疑自己缺乏能力，女孩变得对数学不感兴趣，不重视数学，较少选修数学课。高中毕业后，与男孩相比，女孩也不大愿意从事跟数学有关的职业（Benbow & Arjimand, 1990; Jacobs et al., 2002）。即使那些认为自己在数学和科学方面实力很强的女大学生，也比男生较少期望将来在这些领域继续深造或就业（Lips, 2004）。

简而言之，那些预期女儿在数学学习中苦苦挣扎、对数学望而却步的父母，他们的这种预期往往会成真。艾克尔斯等人的研究（Eccles et al., 1990）已经排除了由于女孩实际上在数学方面比男孩差而导致父母（和女孩自己）对女孩期望更低的可能性。即使男孩和女孩在数学能力倾向测验中表现得同样好，在数学上取得相似的成绩，父母对女孩的低期望对女孩自我认识的消极影响也很明显（Eccles, Jacobs, & Harold, 1990）。父母认为，女孩擅长语言，男孩在体育和科学方面则更有天赋，这种观念也影响了在这些领域的兴趣与能力的性别差异（Eccles et al., 2000; Fredricks & Eccles, 2002; Tennenbaum & Leaper, 2003）。

学校影响　教师对男孩女孩在特定学科方面的能力高低也持有刻板印象。例如，六年级的数学老师认为，男孩在数学上更有能力，女孩则更为努力（Jussim & Eccles, 1992）。尽管这些老师经常会奖励女孩付出的努力，给女孩与男孩相同或更高的分数（Jussim & Eccles, 1992; Kenney-Benson et al., 2006），但他们的潜台词是：女孩必须更努力才能学好数学，这种微妙的暗示可能会让许多女孩相信，她们最好将天赋用在更适合自己的、与数字较少相关的其他成就领域，比如音乐或语文。

总之，有关两性认知能力差异的一些无根据的观念，可能确实会影响我们前面已讨论过的一些与性别相关的微小的能力差异，从而导致只有较少女性从事科学领域内的职业，以及其他需要数学技能的职业。显然，艾克尔斯所描述的一连串事件并非不可避免。例如，对性别角色态度与行为持有非传统观念的父母，他们的女儿在数学与科学方面的成就并不会随着年龄增长而下降，而那些来自传统家庭的女孩则表现出了下降趋势（Updegraff, Mchale, & Crouter, 1996）。但即便如此，女孩仍比男孩更容易成为学校里的多面手，努力在大部分或全部课程中表现出色。由于她们把时间、精力和才能广泛地投入到许多学科，所以女孩不太可能特别精通其中的一门学科（尤其是数学和科学等“男性化”学科）（Denissen, Zarrett, & Eccles, 2007）。

近年来，研究者一直致力于教育父母、教师和辅导员，告诫他们，无根据的性别刻板印象会以微妙的方式，削弱有才能的女学生的教育与职业热情。并且有证据表明，这种努力已经取得了一些实效。在一项追踪研究中，艾克尔斯等人（Fredricks & Eccles, 2002; Jacobs et al., 2002）发现，到 12 年级时，女孩与男孩一样重视数学，并且认为自己和男孩一样擅长数学（虽然在整个高中阶段，两种性别的人对自身数学能力以及数学重要性的评价都有下降趋势）。在当今美国社会，女性在科学和工程领域的从业者中只占 23%，但是女性的大学入学率和毕业率都高于男性（Lips, 2006）。此外，在 2005 年，女性获得了所有法学学位的 49%，医学学位的 47%，工程与科学领域所有学位的近 44%。而 1976 年的相应比例为：科学与工程约 10%，法学 18%，医学 28%（Cynkar, 2007b）。2006 年，美国众议院迎来了第一位女议长；2007 年美国出现了第一位女性总统候选人。因此，随着越来越多的女性在政治、职业、科学、技术行业以及其他各领域取得成就，我们有理由设想，有关女性能力的许多限制性刻板印象终将瓦解。如果逆潮流而动，就是浪费一种最宝贵的资源——超过世界总人口一半的女性的能力和努力。

下面我们将讨论性别类型化过程，看看为什么男孩和女孩对自己的看法如此不同，并且常常选择承担不同的角色。

性别类型化的发展趋势

传统的性别类型化的研究集中在三个独立又相互关联的主题上：（1）**性别认同**（gender identity，也译作性别同一性）的发展，即认识到一个人是男孩还是女孩，以及认识到性别具有不可改变的属性。（2）性别角色刻板印象的发展，或者关于男性和女性应该是什么样子的看法。（3）行为的性别类型化模式的发展，即儿童倾向于选择同性别玩伴，且对同性别活动的喜爱超过了那些通常被视为异性的活动。

性别概念的发展

性别认同发展的第一步是区分男女，并且把自己归到其中一类。6 个月大时，婴儿就能通过声调的差异来判别女性与男性讲话（Miller, 1983）；到 1 岁时，他们能准确分辨出男性和女性的照片（长头发的是女性），且在联合知觉测验中，开始把男性与女性的声音和面孔相匹配（Leinbach & Fagot, 1993; Poulin-

Dubois et al., 1994）[1]。

2~3 岁，随着他们学会并且能正确使用“妈妈”“爸爸”以及（稍晚些时候）“男孩”和“女孩”的称谓，儿童开始能说出他们所知道的有关性别的知识（Leinbach & Fagot, 1986）。2 岁半到 3 岁时，几乎所有的幼儿都能准确地知道自己是男孩还是女孩（Thompson, 1975; Warin, 2000），虽然对他们来说，理解性别恒常性还需要较长时间。例如，许多 3~5 岁儿童认为，如果他们真的想，男孩就能够做妈妈，女孩也可以做爸爸，或者一个人变换衣服与发型就能变成另一性别的人（Fagot, 1985b; Warin, 2000）。一般来说，儿童在 5~7 岁开始懂得性别不可改变，因此，多数年幼儿童在进入小学时或之后不久才有了坚定的、指向将来的性别认同（Szkrybalo & Ruble, 1999）。

苏珊·伊根和大卫·佩里（Egan & Perry, 2001）提出，性别认同意识不仅包括知道“我是一个男孩或女孩，以及我永远是一个男孩或女孩”这类知识，还包括以下判断：“我是我所属性别群体的一个典型或非典型成员”，“我满意或不满意我的生理性别”，“我能或不能自由地探索跨性别选择”，以及“我觉得我的性别优于或不如另一性别”。本章后面会讲到，性别认同的后几个方面在小学时期就出现了，并对儿童的个人适应和社会适应发挥了重要作用。

性别角色刻板印象的发展

大约在意识到自己是男孩或女孩的基本身份的同时，学步儿就开始形成性别角色刻板印象，这似乎有些不可思议。迪安娜·库恩等人（Kuhn et al., 1978）先给 2 岁半到 3 岁半的儿童看一个男性玩偶（“麦克尔”）和一个女性玩偶（“丽莎”），然后询问儿童，两个玩偶中哪个会做一些符合性别刻板印象的活动，如做饭，缝衣服，玩娃娃、卡车或火车，说话多，亲吻别人，打架，爬树等等。几乎所有的 2 岁半儿童都有了一些性别刻板印象。例如，男孩和女孩都认为女孩说话多，不打人，常常需要帮助，喜欢玩娃娃，喜欢帮妈妈做家务（如做饭和打扫卫生）。与之相对，这些年幼儿童还认为男孩喜欢玩汽车，喜欢帮助爸爸，喜欢搭建一些东西，并且爱说“我打你”这类话（另可见 Blakemore, 2003）。在这些 2~3 岁的儿童中，对性别刻板印象了解最多的是那些能够根据其他孩子的照片正确判断他们是男孩还是女孩的儿童（Fagot,

---

1 联合知觉指个体使用一种感觉通道（如视觉）来确认已通过其他通道（如听觉）而熟悉的刺激的能力。

Leinbach, & O'Boyle, 1992)。因此，对性别标签的理解似乎加速了性别刻板印象的形成。

在学前期和小学低年级，儿童对适合男孩和女孩的玩具、活动和成就领域了解得越来越多（Blakemore, 2003; Serbin, Powlishta, & Gulko, 1993）。最终，小学儿童认识到，男孩和女孩在心理方面的差异很大，他们最先知道的是自己性别的一些积极特质和另一性别的消极特质（Serbin, Powlishta, & Gulko, 1993）。10 岁到 11 岁时，儿童对人格特质的刻板印象可与成人相比。在一项著名的跨文化研究中，黛博拉·贝斯特等人（Best et al., 1977）发现，英国、爱尔兰及美国的四年级与五年级的儿童一般认为，女性弱小、情绪化、心肠软、心眼多、感情丰富，男性则有雄心、果断、攻击、支配和残忍。后来的研究表明，来自世界各地许多国家的男性和女性参与者一致地将这些相同的人格特质（和更多其他特质）归于男性和女性（Williams, Satterwhite, & Best, 1999）。

儿童对待他们快速学习到的这些性别角色模式有多认真？他们认为必须要遵从这些刻板印象吗？许多 3~7 岁的儿童认为是这样的。他们往往像一个小性别主义者那样，把性别角色标准看作不可违反的共通规则（Banerjee & Lintern, 2000; Ruble & Martin, 1998）。来看一个 6 岁儿童对一个喜欢玩娃娃的男孩乔治的反应：

> （*你认为人们为什么告诉乔治不要玩娃娃？*）嗯，他应该只玩男孩玩的东西，而现在他玩的东西是女孩们玩的……（*如果乔治想玩，他可以玩芭比娃娃吗？*）不行，先生！……（*乔治应该怎么办？*）他应该停止玩女

图片 8.3　在 2.5~3 岁时，儿童知道男孩和女孩偏好不同的活动，他们已经开始玩符合性别刻板印象的游戏。

> 孩才玩的娃娃，开始玩“特种部队”。（*为什么一个男孩可以玩特种部队而不能玩芭比娃娃呢？*）因为，如果一个男孩玩芭比娃娃，他会被人笑话的……并且，即使他试着多玩芭比娃娃来讨女孩喜欢，女孩也不会喜欢他（Damon, 1977, p. 255）。

为什么年幼儿童会如此地严格且不能容忍违反性别角色呢？可能是因为在3~7岁，与性别有关的问题对他们非常重要。毕竟，这时候，他们已经很肯定地把自己归为男孩或女孩，并开始怀疑他们将永远是男孩或女孩。因此，他们可能会夸大性别角色刻板印象，好“让他们获得清楚的认识”，这样他们就可以符合其男性或女性的自我形象（Maccoby, 1998）。

但是到8~9岁时，儿童对性别的看法变得更加灵活，性别主义减弱了（Blakemore, 2003; Levy, Taylor, & Gelman, 1995; McHale et al., 2001）。请注意，9岁的詹姆斯能够明确地区分什么是人们有义务遵守的道德规则，什么是习俗的而非必须遵守的性别角色标准：

> （*你认为他的父母应该做什么？*）他们应该……给他卡车之类的玩具，看看他会不会玩那些东西。（*如果……他一定要玩娃娃会怎么样？你觉得爸爸妈妈会惩罚他吗？*）不会。（*为什么？*）这又不是在做坏事。（*为什么不是坏事呢？*）因为……如果他打破了窗户，并且一直那样做，他们会惩罚他，因为你不应该打破窗户。但是，如果你想玩娃娃的话，你可以玩。（*有什么区别？……*）哦，打破窗户是你不应该做的。而如果你玩娃娃，你是可以玩的，但是男孩通常不会玩娃娃（Damon, 1977, p. 263）。

然而，仅仅因为小学生说男孩和女孩可以有跨性别的兴趣，参加跨性别的活动，这不一定意味着他们赞同那样做的人。如果询问他们是否会跟一个涂口红的男孩或一个打橄榄球的女孩交朋友，并让他们评价这些违反了性别角色的行为，小学生（和成人）可以适当地容忍女孩违反角色的行为。但是，参与者，特别是男孩，对那些尝试着像女孩一样装扮和行为的男孩比较苛刻，把这些违反性别角色的行为看得和违反道德规则一样坏。因此，这表明在遵从性别角色方面，男孩承受的压力会更大些（Blakemore, 2003; Levy, Taylor, & Gelman, 1995）。

文化影响　在西方个人主义社会中，8~10岁的儿童对违反性别刻板印象行为的看法变得更灵活，但在其他地方，同样的模式却不明显。在中国这样的集体主义社会里，人们强调保持社会和谐，按社会期望行事，极力鼓励儿童接受和遵从适宜的性别角色模式。所以，与来自西方个人主义社会的同龄人（以色列市区儿童）相比，8~10 岁的中国儿童，尤其是男孩，对违反性别角色的行为的接受程度要低（Lobel et al., 2001）。

青少年对性别刻板印象的看法 在青少年早期，随着儿童从小学进入初中，他们对男性与女性可能表现出的特质，以及自己可以追求的爱好与职业的想法，变得越来越灵活了（至少西方青少年是这样）。但是很快，性别角色模式再次变得不那么灵活，男孩和女孩对反映出非典型同一性的跨性别行为（如男孩涂口红，女孩留平头）都表现出强烈的不容忍（Alfieri, Ruble, & Higgins, 1996; Sigelman, Carr, & Begley, 1986; Signorella, Bigler, & Liben, 1993）。我们如何解释这种第二轮的性别沙文主义呢?

显然，青少年对跨性别的日益不容忍与**性别强化**（gender intensification）这一更强大的过程有关。性别强化指的是进入青春期以后，个体遵从性别角色的压力增加，导致与此相关的性别差异扩大（Boldizar, 1991; Galambos, Almeida, & Petersen, 1990; Hill & Lynch, 1983）。男孩开始把自己看得更加具有男子气概；女孩则开始强调她们女人味的一面（Mchale, Updegraff, et al., 2001; McHale, Shanahan, et al., 2004）。为什么会发生性别强化? 父母影响是其中一个因素：随着儿童进入青少年期，母亲越来越多地和女儿一起活动，父亲则更多地与儿子共同活动（Crouter, Manke, & Mchale, 1995），特别是在既有儿子又有女儿的家庭中，父母双方都要为同性别子女的恰当的社会化承担主要责任（McHale & Crouter, 2003; Shanahan, McHale, Crouter, & Osgood, 2007）。但是，同伴影响可能更重要。例如，青少年越来越发现，要想成功地与异性约会，他们必须遵从传统的性别角色规则。到了青少年期，一个像假小子且对此毫不在意的女孩会发现，她的穿着、举止必须更“女人味”才能吸引男孩。而一个男孩可能会发现,他只有展现出更鲜明的“男子气概”形象,才会更受欢迎（Burn, O'Neil, & Nederend, 1996; Katz, 1979）。迫使青少年遵从传统角色的社会压力，甚至有助于解释为什么当儿童进入青少年期时，其认知上的各种性别差异突然变得更加明显（Hill & Lynch, 1983; Roberts et al., 1990）。到了高中以后，青少年对自己作为年轻男性或女性的身份开始逐渐适应起来，对性别的想法再次变得灵活（Urberg, 1979）。然而，即使是成人，也可能依然非常不能容忍那些公然无视性别角色模式的男性（Levy, Taylor, & Gelman, 1995）。

性别类型化行为的发展

评定儿童行为“性别适宜性”的最常用方法，就是观察他们喜欢跟谁一起玩，以及玩什么。玩耍的姿态和玩具偏好的性别差异出现得很早，甚至在儿童建立基本的性别同一性之前，或者在他们能够正确指称各种“男孩玩的”“女孩玩的”玩具之前就出现了（Blakemore, LaRue, & Olejnik, 1979; Fogot, Leinbach, & Hagan, 1986）。例如，列夫·斯特尼斯等人（Stennes et al., 2005）发现，在 13 个月大儿童的早期假装游戏中，女孩围绕着假装当妈妈的主题，发起很多动作和沟通手势；而男孩的游戏动作和手势，往往是模仿用锤子敲打或用铲子挖土之类的男性动作。14~22 个月大的时候，男孩通常更喜欢卡车和汽车，女孩更多地玩娃娃和绒毛玩具（Smith & Daglish, 1977）。实际上，18~24 个月大的学步儿往往会拒绝玩跨性别的玩具，甚至在没有其他玩具可玩时也会这样（Caldera, Huston, & O’Brien, 1989）。

性别隔离　儿童很早就发展出了对同性别玩伴的偏爱。在托儿所里，两岁女孩已经喜欢和女孩一起玩（La Freniere, Strayer, & Gauthier, 1984），3 岁时，男孩们往往会选择男孩而非女孩做玩伴。这种**性别隔离**（gender segregation）的现象，可在多种文化中观察到（Leaper, 1994; Whiting & Edwards, 1988），而且随着儿童年龄增长日益明显。在 6 岁半之前，儿童与同性伙伴在一起的时间是他们与异性伙伴的十倍还多（Maccoby, 1998）；而且当一个年幼儿童与异性同伴在一起玩时，通常会有至少一个同性别伙伴在场（Fabes, Martin, & Hanish, 2003）。小学儿童和青春期前的儿童一般认为，跨性别的互动比较无趣，他们对异性同学行为举止的看法可能比对同性同学更消极（Underwood, Schockner, & Hurley, 2001）。有趣的是，即使年幼儿童也会认为，仅仅因为性别的原因就排斥一个儿童玩洋娃娃或卡车游戏是错误的（Killen et al., 2001）。但是他们还是经常会这么做。艾伦·斯鲁夫等人（Sroufe et al., 1993）发现，那些坚定地保持清晰的性别边界、避免与“敌人”结伴的 10~11 岁儿童，大多被看作有社交能力且受欢迎，而那些违反性别隔离规则的儿童，则通常不受欢迎且适应不良。有证据显示，那些偏好跨性别友谊的儿童可能会被同伴拒绝（Kovacs, Parker, & Hoffman, 1996）。但是，当青春期的社会性与生理性事件引发了对异性同伴的兴趣时，性别边界以及对异性同伴的偏见就会明显减少（Bukowski, Sippola, & Newcomb, 2000; Serbin, Powlishta, & Gulk, 1993）。

为什么会发生性别隔离呢？埃莉诺·麦考比（Maccoby, 1998）认为，这在很大程度上反映了男孩与女孩游戏风格的不同，男孩女孩游戏的不相容性源于男孩较高的雄性激素水平，它促进了活跃、粗犷的行为。在一项研究中（Jacklin & Maccoby, 1978），成人观察者让一对同性别和异性别的学步儿待在一个游戏室，里面有很多有趣玩具，记录他们一起玩或单独玩的次数。如图 8.3 所示，男孩与男孩之间、女孩与女孩之间有更多的社交和互动。同性别玩伴之间的互动更活跃、更积极。对比之下，在男女搭档的情况下，女孩往往回避男孩。男孩常过于吵闹、专横，不为多数女孩喜欢；而女孩不好追跑嬉闹，喜欢用礼貌的协商而非命令或武力来解决同伴争端（亦见 Martin & Fabes, 2001）。在整个儿童期，男孩喜欢在同性别群体中玩耍或学习，女孩则比男孩更可能在群体环境中表现退缩，选择更多地关注个体，在与另一个女孩一起活动时表现得最好（Benenson & Heath, 2006）。女孩被期望温文尔雅地去玩，如果她们像男孩那样大声喊叫，就要受到既来自男孩也来自女孩的批评（Blakemore, 2003）。

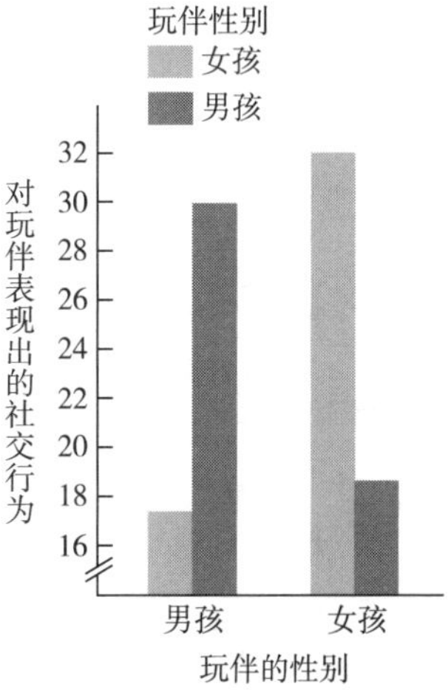

图 8.3 到了 33 个月大的时候，学步儿已经偏爱同性别的玩伴
男孩较多地与男孩交往，较少与女孩交往，女孩对女孩比对男孩更友好。
资料来源：摘自 Jacklin & Maccoby, 1978。

认知和社会认知的发展也使儿童的性别隔离更加明显。一旦学前儿童声称自己是男孩或女孩，并开始形成性别刻板印象，他们就开始喜欢自己所属的性别群体，而把异性同伴看作有很多消极特征的外群体（Martin, 1994; Powlishta, 1995）。实际上，持有较多性别刻板印象的儿童，在游戏活动中最有可能保持性别隔离，并且很少结交异性朋友（Kovacs, Parker, & Hoffman, 1996; Martin, 1994）。

性别类型化行为中的性别差异 在包括美国文化在内的许多文化中，男性和男性性别角色地位较高（Blakemore, Berenbaum, & Liben, in press; Turner & Gervai, 1995），在遵循适合于性别的行为准则方面，男孩比女孩面临更大的压力（Bussey & Bandura, 1992）。可以想象，一位父亲可能给他一岁的女儿买一辆卡车玩，但是，男孩的父亲则可能收起儿子的玩具娃娃（Snow, Jacklin, & Maccoby, 1983）。对符合性别的玩具，男孩会比女孩更快地形成偏好。例如，朱蒂·布拉克莫尔等人（Blakemore et al., 1979）发现，两岁男孩很明显地喜爱符合性别的玩具，但是一些两岁的女孩可能就不是这样。在 18~24 个月大时，许多孩子（男孩多于女孩）对性别类型化的物品和活动产生了非常强烈的兴趣，如男孩喜欢汽车，女孩喜欢娃娃或装扮（DeLoache, Simcock, & Macari, 2007）。3~5 岁的男孩：（1）比女孩更可能说他们不喜欢跨性别的玩具（Bussey & Bandura, 1992; Eisenberg, Murray, & Hite, 1982）；（2）比起一个爱玩女孩游戏的男同伴，他们甚至可能更喜欢一个爱玩“男孩”玩具的女玩伴（Alexander & Hines, 1994）。

在 4~10 岁，男孩和女孩都越来越意识到大人对他们的期望，并且会遵从这些文化规范（Huston, 1983）。但是，女孩比男孩更可能保持对跨性别玩

表 8.3 向圣诞老人索要“男性化”和“女性化”礼物的男孩和女孩的百分比

	提出要求的男孩（%）	提出要求的女孩（%）
男性化礼物		
车	43.5	8.2
运动设备	25.1	15.1
空间 / 时间型玩具（建材、钟等）	24.5	15.6
女性化礼物		
娃娃（成年女性）	0.6	27.4
娃娃（宝宝）	0.6	23.4
家用物品	1.7	21.7

资料来源：摘自 Richardson & Simpson, 1982。

具、游戏及活动的兴趣。约翰·理查德森和卡尔·辛普森（Richardson & Simpson, 1982）曾统计了 750 个 5~9 岁儿童在写给圣诞老人的信中所表达的玩具偏好，他们发现，这些孩子的大多数请求明显是性别类型化的，但我们从表 8.3 中可以看到，女孩比男孩更多地索要“异性的”玩具。至于他们的实际性别角色偏好，不少小女孩希望自己是男孩，如今近一半的女大学生声称自己小时候曾经是个假小子（Bailey, Bechtold, & Berenbaum, 2002）。但是，一个男孩如果希望自己是女孩就不寻常了（Martin,1990）。

女孩在儿童中期受到男孩活动和男性化角色的吸引，其原因可能有几个。首先，她们逐渐意识到男性化行为更被看重，因此女孩想要成为“最好的”（或至少不是二等公民）自然是合乎情理的（Frey & Ruble, 1992）。其次，女孩比男孩有更大的余地去参与一些跨性别的活动；女孩可以做“假小子”，但如果一个男孩“娘娘腔”，则免不了受到嘲弄和排斥（Martin, 1990）。最后，快速移动的男性化游戏与“动作”玩具可能只是比女孩玩具（娃娃、玩偶之家、杯碟、洗刷器皿）更有趣，这些通常给女孩玩的玩具，是在鼓励她们形成照顾性、表达性取向。假设一个 5 岁女孩吉娜在圣诞节收到圣诞老人的一个“有机械装置的汽车间”（配有加润滑油的架子、气泵、汽车、工具及零部件），她会发出快乐的尖叫。当打开包装，拿出这件玩具时，吉娜和她的三个姐妹（年龄分别为 3 岁、5 岁和 7 岁）会立即丢下她们的洋娃娃、玩偶之家以及那些还未打开的礼物，围在一起玩这个奇异而又迷人的玩具。

虽然女孩很早就对男性化的游戏感兴趣，但是大多数女孩到了青少年中期会逐渐偏爱（或者至少遵从）许多适合女性角色的东西 。为什么呢？可能有生物、认知及社会性方面的多种原因。青春期的到来使她们的身体呈现出女性的体态特征（*生理发育*），如果女孩希望吸引异性同伴，她们深感需要变得更“女性化”些（Bure, O’Neil, & Nederend, 1996; Katz, 1979）。其次，这些女孩也逐渐掌握了形式运算和高级的角色采择技能（*认知发展*），这有助于解释为什么她们会变得：（1）对自己不断变化的身体特征的自我意识增强（Jones, 2004; McCabe & Ricciardelli, 2005）；（2）十分关注他人对自己的评价（Elkind, 1981; 请回忆*假想观众现象*）；（3）更容易受到性别强化压力的影响，从而更倾向于遵从有关女性角色的社会规范。

性别类型化的亚文化差异

关于性别类型化的社会阶层与种族变量的研究虽然不多，但已有的研究揭示出 :（1）与社会经济地位较低的同伴相比，中产阶级的青少年（但不是儿童）持有较灵活的性别角色态度（Bardwell, Cochran, & Walker, 1986; Canter & Ageton, 1984）;（2）非裔儿童比欧裔儿童持有较少的女性性别刻板印象（Bardwell, Cochran, & Walker, 1986; 亦见 Leaper, Tennenbaum, & Shaffer, 1999）。

研究者把性别类型化过程中的这些社会阶层与种族差异归因于教育与家庭生活的差异。例如，来自中产阶级家庭的人一般在教育与职业选择方面拥有较多机会，这或许能解释，为什么他们最终会对男性和女性应该扮演的角色持有比较灵活的态度。

为什么非裔美国儿童持有较少的性别刻板印象？原因之一是非裔美国人社区在分担家庭责任方面历来提倡更有利的性别平等态度（King, Harris, & Heard, 2004），所以父亲和母亲对待孩子的方式可能不会像在其他种族社区那样有很大不同。贾伊普尔 · 鲁普纳林等人（Roopnarine et al., 2005）发现，在欧裔美国家庭中，母亲往往负责照料，父亲则陪孩子玩耍 ; 而非裔美国家庭的情况与此不同，父亲较少受约束，他们跟母亲一样（甚至比母亲更多地）为婴儿提供养育安慰、声音刺激和很多关爱。作为照护者，这些父亲的行为与母亲的行为极为相似。此外，与欧裔美国儿童相比，生活在单亲家庭或母亲在外工作的非裔美国儿童的比例更高（U.S. Bureau of the Census, 2001）。因此，在非裔年幼儿童中观察到的较少的女性刻板印象，可能只是反映了一个事实 : 他们的母亲比欧裔母亲更可能在父母角色中同时担起了男性的工具性功能和女性的表达性功能（Leaper, Tennenbaum, & Shaffer, 1999）。

最后，在哪些活动与职业更适于男性或女性的观念上，那些在“反主流文化”或“先锋派”家庭（父母努力倡导平等的性别角色态度）长大的儿童，确实比传统家庭的儿童更少持有性别刻板印象（Weisner & Wilson-Mitchell, 1990）。但是，这些“反主流文化”家庭的儿童也相当了解传统的性别刻板印象，他们与传统家庭的儿童一样，对玩具和活动也有“性别类型化”偏好。

总之，性别角色的发展速度非常惊人（Ruble, Martin, & Berenbaum, 2006; 见表 8.4 中的简要概括）。到儿童入学时，他们早已意识到自己的基本性别身

表 8.4　性别类型化概述

年龄	性别认同	性别刻板印象	性别类型化行为
0~2.5 岁	• 区分男性和女性的能力开始出现并逐渐提高。 • 儿童准确地标榜自己是男孩或女孩。	• 一些性别刻板印象出现。	• 出现性别类型化玩具和活动偏好。 • 开始偏爱同性别的玩伴（性别隔离）。
3~6 岁	• 开始谈论性别（意识到一个人的性别是恒常不变的）。	• 对兴趣、活动和职业的性别刻板印象出现并逐渐固化。	• 对性别类型化游戏和玩具的偏好更强，男孩尤其如此。 • 性别隔离加剧。
7~11 岁	• 性别认同扩展到对自身的性别典型性和性别满足感的认知。	• 人格特质和成就领域的性别刻板印象出现。 • 性别刻板印象不再那么绝对。	• 性别隔离继续加剧。 • 男孩的性别类型化游戏和活动偏好持续增强，女孩产生（或保持）对一些男性化活动的兴趣。
12 岁及以上	• 性别认同更突出，反映了性别强化的压力。	• 在青少年早期对跨性别行为的厌烦增加。 • 到了青少年晚期，大多数方面的性别刻板印象都比以前更灵活。	• 在青少年早期，对性别类型化行为的遵从增强，反映了性别强化加剧。 • 性别隔离变得不那么明显。

份，已经形成了很多关于性别差异的刻板印象，并开始偏好适合其性别的活动，更喜欢同性别的玩伴。在儿童中期，他们知道了更多带有性别刻板印象的心理特质，知识日益丰富，对性别角色的看法变得更加灵活。但他们的行为会变得更加性别类型化，更加远离异性，尤其是男孩。那么有趣的问题来了：这一切怎么会发生得如此快？

性别类型化与性别角色发展理论

目前有几种理论来解释性别差异与性别角色的发展。一些理论强调两性生物差异的作用，而另一些理论则强调社会对儿童的影响。一些理论强调社会对儿童做了什么，另一些则强调在儿童尝试理解性别及其含义时，他们对自己做了什么。下面将简要介绍两种生物学理论，以及几种偏向“社会化”的取向，包括精神分析理论、社会学习理论、认知发展理论和性别图式理论。

进化论

“从前有一个名叫克莉丝的婴儿……（她）来到一个美丽的小岛上居住……（那里）只有男孩和男人；克莉丝是唯一的女孩。克莉丝在这个岛上过着非常幸福的生活，但是她从未见过别的女孩或者女人”（Taylor, 1996, p. 1559）。克莉丝会变成什么样子呢?

当玛丽安娜·泰勒（Taylor, 1996）让4~10岁的儿童说出克莉丝的玩具偏好、职业抱负和人格特征时，4~8岁的儿童会用一些刻板的女性特征来描述她，虽然她成长在一个男性化的环境中，从未见过另一个女孩或女人。换句话说，学龄前与小学低年级儿童表现出一种**本质主义偏见**，认为克莉丝作为一个女孩的生物学身份可以决定她将变成什么样子。在这项研究中，只有9~10岁的儿童才初步意识到克莉丝所处的男性环境可能会影响其活动、抱负和人格特点。

这种趋于表现出类似本质主义偏见的生物学视角是一种进化论取向。进化心理学家（如Buss, 1995, 2000; Geary, 1999, 2005）主张，在人类历史的进程中，男性和女性面临不同的进化压力，自然选择过程造成了男性与女性的根本差异，从而决定了劳动的性别分工。例如，第3章曾介绍过进化理论家怎样解释男性和女性为了保留自己的基因而偏爱不同的择偶策略。男性只需要提供精子以产生后代，通过与多个伴侣性交并生育许多子女来确保他们的基因得以延续。相反，女性要达到同样的目标必须投入更多，在每个子女出生前先要怀胎九月，还要常年抚育每个孩子，才能保证其基因得以保留。为了成功地抚育孩子，女性逐步进化成和蔼、温柔以及善照顾他人（表达性特征）的个体，她们偏爱那些对她们和气、能给她们提供资源（食物和保护）、能保证孩子生存的男性。相反，男性则应该越来越具有竞争性、果断性和进取性（工具性特质），因为这些特质会增加他们成功地吸引配偶并获得资源的机会（Geary, 1999）。

根据进化理论家的观点（Buss, 1995, 2000），在整个进化历史中，男性和女性可能在心理上有很多相似性，但是他们在任何一个面临不同适应问题的领域都不尽相同。例如，男性在视觉–空间知觉方面更优越。空间技能是狩猎的基本技能，如果狩猎者不能预估梭镖（或石头和箭）的运动轨迹以射中移动的动物，他们几乎就捕杀不到猎物。因此，提供生存必需食物的压力，可以保证作为猎物提供者的男性要比女性发展出更强的空间技能。

对进化论的批评 进化论对性别差异与性别类型化过程的这种解释颇遭诟病。进化论可以解释具有跨文化一致性的性别差异，却在很大程度上忽视了特定文化或特定历史时期存在的性别差异（Blackmore, Berenbaum, & Liben, in press）。此外，**社会角色假说**（social-roles hypothesis）的支持者认为，心理方面的性别差异并不能反映生物进化形成的素质。相反，这些差异的出现是因为：（1）文化赋予男性和女性不同的角色（例如，供养者与持家者）；（2）人们一致赞同的社会化实践，促使男孩和女孩发展出恰当承担各自角色（例如，果断性和照顾性）所需的特质（Eagly, Wood, & Diekman, 2000）。显然，社会角色观的支持者并不是批评自然选择这一概念，例如人类的狩猎—采集者祖先进化出了良好的空间技能这类特征。但是，他们也可能会争论说，除非影响空间技能这类属性的自然选择基因位于女性所没有的 Y 染色体上，否则它们就应该平等地传递给儿子和女儿，而这意味着任何性别都不应该拥有这一属性的遗传优势。因而，这表明男性可能是通过猎食（即由社会分配的角色导致的空间活动）发展出了比女性更好的空间技能，而不是男女之间的生物进化差异。

现在，大多数生物学取向的理论家采取一种较温和的、不甚本质主义的立场，认为生物与社会影响相互作用，共同决定了人的行为与角色偏好。性别间的哪些生物差异最重要？首先，男性有一个 Y 染色体，因此有一些基因是所有女性都没有的。但更重要的是，两性在激素平衡性方面有显著差异，与女性相比，男性拥有较高浓度的雄激素（包括睾丸素）和较低浓度的雌激素。根据最著名的性别类型化的相互作用理论，这些与性别有关的生物因素，与那些重要的社会影响相结合，共同引导男孩和女孩发展出不同的行为模式及性别角色。现在让我们来仔细领会这种有影响的理论。

莫尼与埃拉尔特的生物社会理论

性别分化与性别角色发展概述 约翰·莫尼与安科·埃拉尔特（Money & Ehrhardt, 1972）描述了大量关键插曲或事件，它们会影响一个人最终的男性或女性角色偏好。第一个关键事件发生在受孕时，即儿童从父亲那里继承的是 X 染色体还是 Y 染色体。在接下来的六周里，发育中的胚胎只有一个未分化的性腺，性染色体将决定这一结构变成男性睾丸还是女性卵巢。如果是 Y 染色体，那么性腺将发育为睾丸，否则就发育为卵巢。

新形成的生殖腺继而决定了第二个关键事件。男性胚胎的睾丸分泌两种激素：促进男性生殖系统发展的*睾丸激素*和抑制女性生殖器发展的*缪氏抑制物*。如果没有这些激素，胚胎就会发育出女性生殖系统。

第三个关键事件，怀孕 3~4 个月后，睾丸持续分泌的睾丸激素可以正常地促进阴茎与阴囊的发育。如果没有睾丸激素（如正常女性那样），或如果男胎儿遗传了一种罕见的病症，即**睾丸雌性化综合征**（testicular feminization syndrome, TFS），那么其机体就会对男性性激素不敏感，从而形成女性的外生殖器（阴唇和阴蒂）。睾丸素也会改变脑与神经系统的发育。例如，它向男性的大脑发出信号，让它停止周期性的激素分泌，以使男性不会在青春期经历月经周期。

婴儿一出生，社会因素就会立即开始起作用。父母和其他人会根据其外生殖器给孩子贴标签，并据此对孩子做出反应。如果婴儿的生殖器异常，就会被错误地认为是另一性别的成员，这种不正确的标签会影响其未来的发展。例如，假使一个生物学意义上的男性一直被说成是“女孩”（可能是一个患有睾丸雌性化综合征或具有女性外生殖器的男孩），并且被当作女孩来对待，那么在2岁半到3岁时，他会获得女孩的性别同一性（尽管生物特点并非如此）。最后，当大量激素释放，刺激生殖系统发展，则第二性征出现，性欲开始发展，生物因素在青春期再次现身。这些事件，连同个体早期的作为一名男性或女性的自我概念，为成人的性别同一性与性别角色偏好奠定了基础（见图8.4）。

性别角色发展受生物性影响的证据 生物因素对男性和女性的行为有多大影响？要回答这个问题，我们必须先来看看研究者已经发现的遗传与激素的影响。

遗传影响 遗传因素会影响人格、认知能力和社会行为等方面的一些性别差异。例如，科瑞恩·赫特（Hutt, 1972）怀疑，男孩中较为常见的几种发育障

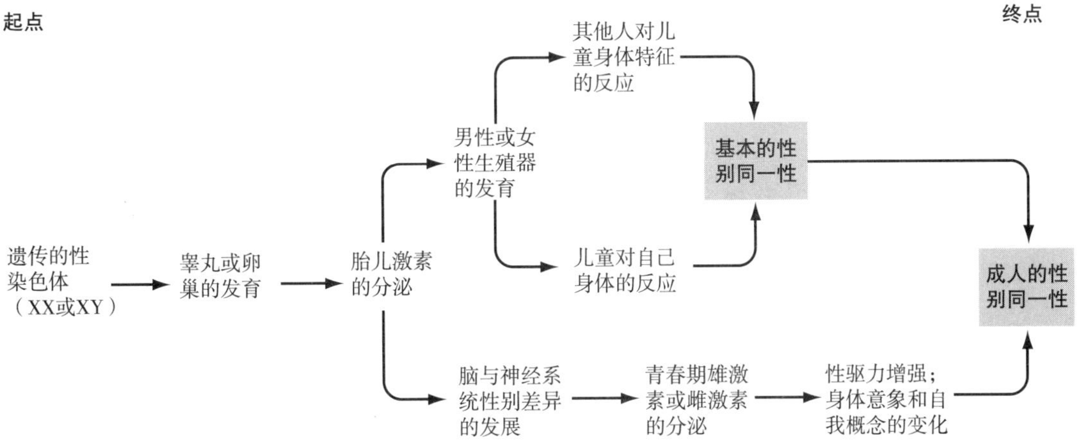

图 8.4 莫尼与埃拉尔特的性别类型化生物社会理论中提到的关键事件

资料来源：Money & Ehrhardt, 1972.

图片 8.4　经常玩视觉 / 空间玩具的女孩在空间能力测验中表现较好。

碍，很可能是母亲携带的 **X– 连锁隐性性状**（X-linked recessive traits），（基因是［XX］的女性必须从父母双方各遗传一个隐性基因才会表现出相同的障碍）。此外，**青春期到来的时间**（timing of puberty），是一个在一定程度上受基因型调节的生物学变量，对视觉和空间表现有轻微影响。在某些视觉和空间任务上，成熟晚的男孩和女孩都比其同性别的早熟者表现得好。据称，这是因为缓慢的成熟促进了执行空间功能的大脑右半球的专门化（见 Newcombe & Dubas, 1987）。但后来的研究证明，比起青春期到来的时间，男孩和女孩的空间能力更多地受早先参与的空间活动及其自我概念的影响（Levine et al., 1999; Newcombe & Dubas, 1992; Signorella, Jamison, & Krupa, 1989）。具体来说，似乎拥有牢固的男性化自我概念以及拥有丰富的空间玩具与活动经验，将促进男孩与女孩的空间技能；而拥有有限的空间活动经验及其女性化自我概念，则会抑制其空间能力的发展。

男性化和女性化自我概念与遗传基因的关系有多密切？来自青少年双生子的行为遗传学研究结果表明，基因型可以解释人们男性化自我概念变异的 50%，但是只能解释女性化自我概念变异的 0~20%（Loehlin, 1992; Mitchell, Baker, & Jacklin, 1989）。此外，后来的一项双生子研究发现，遗传和共享环境对 3~4 岁男孩和女孩的性别类型化玩具和活动的偏好均有中等程度的影响（Iervolino et al., 2002）。因此，尽管基因决定了我们的生物性别，并明显地对性别类型化的发展结果有一定影响，但是，人们的性别类型化行为以及男性化和女性化自我概念的变异，似乎在很大程度上可归因于环境的影响。

激素影响 对出生前暴露于“异常”激素中的儿童的研究发现，生物因素对发展的影响更加明显。在知道影响后果之前，一些有生育问题的母亲服用了含有孕酮的药物，它们在身体内会被转化为男性睾丸激素。另一些患有**先天性肾上腺增生**（congenital adrenal hyperplasia, CAH）的儿童有一种遗传缺陷，这导致他们的肾上腺从孕期开始就产生异常高的雄性激素水平。这些情况通常对男性胎儿没有影响，而女性胎儿则经常因此而男性化，虽然她们有 XX 的遗传基因以及女性的内部性器官，但是她们出生时会具有与男孩相似的外生殖器（例如，一个看起来像阴茎的大阴蒂和一个类似阴囊的连成一体的阴唇）。

莫尼和埃拉尔特（1972; Ehrhardt & Baker, 1974）追踪研究了几个**双性化女性**（androgenized females），她们的外生殖器接受了手术整形，之后被作为女孩抚养。与她们的姐妹及其他女孩相比，双性化女孩更可能是假小子，她们经常和男孩一起玩，偏爱男孩的玩具与活动胜过传统女性喜爱的活动（亦见 Berenbaum & Snyder, 1995; Servin et al., 2003）。事实上，即使这些女孩的母亲坚定地鼓励她们玩典型的女孩游戏，对她们玩女孩玩具多多给予表扬，她们对男孩玩具和活动的强烈偏好也仍会一直持续（Pasterski et al., 2005）。到青少年期，双性化女性开始约会的时间晚于其他女孩，并且认为婚姻应该推迟到她们立业之后。高达 37% 的人描述自己是同性恋者或双性恋者（Money, 1985; 亦见 Berenbaum, 2002）。双性化女性的空间能力测试成绩也比多数女孩和女人更好，这进一步表明，早期所受男性激素的作用可能会对女性胎儿大脑的“男性化”产生影响（Berenbaum, 1998; Hines, 2004）。近期的一项瑞典研究确实揭示了一种剂量—关联效应：患有较严重的先天性肾上腺皮质增生的女孩（并因此在胎儿期受到更多男性激素的影响），常会表现出对男性化玩具与职业的强烈兴趣（Servin et al., 2003）。尽管怀疑论者可能会猜想，是否有其他家庭成员在这些女孩的早期生活中对其异常的生殖器做出一些反应，像对待男孩那样对待她们，但是对这些女孩父母的访谈表明，他们并没有这样做（Ehrhardt & Baker, 1974）。甚至女孩在出生前接触的睾丸激素（由母亲所分泌）的正常变异也与女孩在三岁半时的游戏行为相关：与出生前受到较低水平睾丸素作用的同龄女孩相比，出生前受到较高水平睾丸素作用的女孩对男性化玩具和活动有更强的偏好（Hines et al., 2002; 但根据 Knickmeyer et al., 2005, 此结果未能得到重复验证）。因此，我们必须认真地考虑以下可能性：（1）两性之间的某些差异可能受激素的调节，反映了激素对脑组织的影响（Cahill, 2005）；因此表明，（2）出生前大量接触男性性激素可能会影响女性的态度、兴趣和活动。

社会标签影响的证据 虽然生物性的影响力可能将男孩和女孩导向不同的活

动与兴趣，但莫尼和埃拉尔特（Money & Ehrhardt, 1972）认为，社会标签的影响也很重要。事实上，它们是如此重要，以至于可以改变甚至反转生物倾向性。关于这一备受争议的观点，其部分证据来自莫尼等人对双性化女孩的研究。

回忆一下，莫尼研究的双性化女孩出生时的外生殖器虽然像男孩的阴茎和阴囊，但她们的内部生殖器官是正常的。过去曾有一些双性化女孩在出生时被视为男孩，也被作为男孩来抚养，直至她们的异常被察觉。据莫尼（Money, 1965）报告，只要变性手术发生在 18 个月大之前，这种状况的发现与矫正（通过手术与性别重设），即便会出现适应问题，问题也很小。但是在 3 岁以后，性别重设就变得非常困难，因为这些遗传上的女性已经经历了长时间的男性性别类型化过程，并且她们已经给自己贴上了男孩的标签。这些数据使莫尼得出结论：在儿童 18 个月到 3 岁之间存在一个建立性别同一性的“关键期”，如专栏 8.3 所述，把生命的头三年称作敏感期可能更准确些，因为其他研究者宣称，一定条件下，在青少年后期确立新的性别同一性也是有可能的。但是莫尼的发现表明，早期的社会标签以及性别角色社会化，对于决定儿童的性别同一性与性别角色偏好起着非常重要的作用。

文化影响 大多数社会都提倡男性的工具性特质和女性的表达性特质，一些心理学者因此得出结论：传统的性别角色是事物自然秩序的一部分，是人类生物

专栏 8.3 当前争论

生物因素决定命运吗？

当生理性别和社会标签相冲突的时候，哪个会占上风？下面这个例子是关于一个同卵双生子男孩的故事，他的阴茎在包皮环切术中受损而无法修复（Money & Tucker, 1975）。父母在听取医生意见并考虑了可能的选择之后，同意通过外科手术切除儿子身上所有外显的男性特征器官。手术后，这个家庭开始把这个孩子当作一个女孩来养，改变了她的发型，给她穿上了镶褶边的上衣、裙子等衣服，给她买女孩的玩具，教给她一些女孩应有的行为，比如坐着小便。到她 5 岁时，莫尼描述说，她与她的双生子哥哥已经非常不一样了。依其所述，她知道自己是个女孩，比她哥哥更爱整洁，更精致。在这个例子中，人为改造的性别和性别角色社会化过程似乎战胜了先天的生理性别，果真如此吗？

米尔顿·戴蒙德和凯斯·西格蒙德森（Diamond & Sigmundson, 1997）追踪研究了这个“布鲁斯”变成“布伦达”的案例，发现这个故事有一个曲折的结局（参见 Colapinto, 2000, 关于这个案例的一部引人注目的纪录片，其中节选了对她本人、她的父母、兄弟和同伴的访谈）。几乎从一开始，“布伦达”（和她的双生子兄弟）就报告说，她从未真正适应女孩的玩具和衣服。布伦达喜欢她哥哥的玩具，喜欢把东西拆开看个究竟。布伦达不知道她出

专栏8.3（续）

生的时候是个男孩，到10岁的时候，她怀疑自己不是一个真正的女孩。她不仅喜欢女孩，而且还经常和男孩打架，但是，“虽然我觉得自己有点怪异……但是我不想承认”（pp. 299-230）。由于她外表看起来像男孩，所以经常遭到同伴的拒绝，这使她付出了代价，持续的压力使她的行为越来越女性化，而且迫使她想借助外科手术来造一个阴道，从而成为一个真正的女性。在经历了几年的内部混乱和自杀想法之后，14岁时她拒绝了阴道手术，也不再服用雌激素，而是选择了乳房切除手术，服用雄性激素，并进行外科手术再造了阴茎。于是，她变成了一个英俊的年轻男性（现在叫“大卫”），非常受欢迎。他跟女孩约会，25岁时结了婚。他报告说，对于自己好不容易获得的男性身份，他很激动（Colapinto, 2000）。或许我们应该放弃这种观点，即早期的性别角色社会化过程至关重要。其实，生物因素也很重要。

生物因素很重要的第二个证据来自对多米尼加共和国18个特殊个体的研究，这18人在生理上属于男性，但是一种遗传疾病（睾丸雌性化综合征）导致他们在出生前对男性激素不敏感（Imperato-McGinley et al., 1979）。出生时，他们的生殖器不太明显，被当作女孩并按照女孩的方式来抚养。但是到了青春期，由于雄性激素的影响，他们开始长胡子，外表变得男性化。按照莫尼和埃拉尔特的关键期假设，整个儿童期都被当作女孩来抚养的人能适应成为一个男人吗?

令人吃惊的是，这18个人中有16个似乎能接受从女性到男性的转变，能适应男性生活方式，包括与异性建立关系。剩下的两人中，有一个人保留了女性身份和性别角色，另一个人向男性身份转变，但是仍然穿裙子。传统观点认为，3岁前的社会化过程对后期的性别角色发展起着关键作用，显然，该研究向这种观点提出了质疑。它表明激素影响可能比社会影响更重要。

但是，上述多米尼加的这项研究的结论也受到了挑战（Ehrhardt, 1985）。因为他们没有提供个体怎样被养育的信息，很可能多米尼加的父母知道睾丸雌性化综合征在他们的社会中很普遍，所以在这些人年幼的时候，父母对他们的养育不同于其他女孩。此外，这些由女孩变成男孩的人，其生殖器看上去可能有些不正常，但在多米尼加，人们有到河里洗澡的风俗，他们或许有机会把自己和正常女孩（和男孩）作比较，意识到自己“与众不同”。因此，这些孩子所接受的可能并不完全是女性化的养育，或许他们从未真正去做一个女孩。我们不能想当然地假设，他们后来能接纳男性角色是激素在起作用。对新几内亚山姆比亚部落中一些被当作女性抚养的男性睾丸雌性化综合征患者的研究发现，社会压力，即关于他们不能生孩子的说法，似乎对其青春期后的性别转换影响最大（Herdt & Davidson, 1988）。

还有一个加拿大男孩，他的阴茎在包皮环切手术中受到损坏，从7个月大的时候就开始被当作女孩来抚养，现在她已经成人，并继续以女性性别身份过着相当舒适的生活（Bradley et al., 1998）。显然，生物因素不是决定性的，社会影响对一个人的性别认同也很重要。

对这些生殖器异常的个体进行的研究告诉我们：人的生物特征预先决定了一个人是男性还是女性；性别认同的建立，3岁前可能是敏感期，但不是关键期；无论是生物特征还是社会标签，都不能完全解释性别角色的发展。

进化史的产物（Buss, 1995, 2000）。但是，在不同文化中，人们对男孩与女孩的期望存在巨大差异。例如，在法属波利西尼亚的塔希提岛，男性与女性之间几乎没有区别；甚至其本土语言中也没有性别代词，且多数名字男孩和女孩可以通用（Wade & Tavris, 1999）。我们来看玛格丽特·米德（Mead, 1935）对新几内亚的 3 个部落社会的研究。阿拉佩什部落的男性和女性均被教导要合作、不要有攻击性、对他人需要敏感。这种行为模式在西方文化中会被认为是“表达性的”或“女性化的”。相比之下，在蒙杜古马部落，男性和女性都被期望在人际交往中要果断、进取、情绪稳定，很像西方标准下的男性化行为模式。最后，德昌布利部落则表现出了一种与西方社会相反的性别角色发展模式：男性是被动的、情绪依赖的、社交敏感的，而女性则是支配的、独立的、果断的。因此，这三个部落的成员发展了符合其文化的社会性性别角色，这些角色都不符合西方社会常见的女性 / 表达性—男性 / 工具性的模式。显然，社会力量对性别类型化发挥着重要作用。

总之，莫尼与埃拉尔特的生物社会理论强调了早期生物性发展的重要性，它们影响着父母和其他人在孩子出生时给孩子贴怎样的标签，并且可能更直接地影响孩子的行为。但这一理论也认为，儿童是被当作男孩还是女孩社会化，会强烈影响其性别角色的发展。简而言之，生物力量与社会力量是相互作用的。但是，它们具体是怎样相互作用的？

心理生物社会观 戴安娜·哈尔佩恩（Halpern, 1997）提出了一种**心理生物社会模型**（psychobiosocial model）来解释天性和教养怎样共同起作用，影响性别类型化特征的发展。哈尔佩恩赞同莫尼和埃拉尔特的观点，胎儿期受雄性或雌性激素的影响，开始形成男性与女性的大脑组织，例如，它们使男孩更擅长空间活动，女孩对温和的言语交流更敏感。这些增强的敏感性，与父母关于男孩与女孩适合做什么的观念相一致，意味着男孩可能（并且事实也如此）获得比女孩更丰富的空间经验，而女孩则更经常接触言语游戏活动（Bornstein et al., 1999）。

哈尔佩恩根据认知神经科学领域的新进展提出，男孩与女孩所拥有的不同的早期经验，会影响他们未成熟的、高度可塑的大脑中的神经通路。虽然遗传密码对大脑发育有限制作用，但它没有提供特定的“线路”指导，大脑的精确结构在很大程度上受早期经验的影响（Johnson, 1998）。因此，根据哈尔佩恩（Halpern, 1997）的观点，男孩比女孩获得了更多的早期空间经验，他们可能在负责空间功能的大脑右半球形成更丰富的神经通路，这反过来可能使男孩更善于接受空间活动并形成空间技能。比较而言，女孩可能在负责言语功能的大脑左半球形成丰富的神经联结，因此更善于言语活动，掌握言语技能。从心理生物社会观来看，天性与教养相互作用，密不可分。用哈尔佩恩的话来说："……生物性与环境密不可分，它们如同共用一个心脏的连体儿一样"（p. 1097）。

生物社会理论与心理生物社会模型都没能详细说明对儿童的性别认同与性别类型化行为模式产生重要影响的社会过程。现在让我们转向性别类型化的社会理论，首先是西格蒙德·弗洛伊德的精神分析理论。

弗洛伊德的精神分析理论

第 2 章曾讲过，弗洛伊德认为性欲（性本能）是与生俱来的。但是他认为，一个人对特定性别角色的偏好出现于心理性欲发展的**性器期**（phallic stage），这一时期，儿童开始模仿并**认同**（identify）双亲中同性别的一方。具体来说，弗洛伊德声称，当一个 3~6 岁的男孩被迫认同父亲时，他会内化男性化的特征和行为，以此来放弃要与母亲乱伦的愿望，并减轻他的**阉割焦虑**（castration anxiety），消除他的**俄狄浦斯情结**（Oedipus complex）。然而，弗洛伊德认为性别类型化对一个女孩来说更困难，她缺少阴茎，感觉被阉割了，并且体验到不可抗拒的恐惧，这会迫使她强烈地认同母亲，从而消除她的**恋父情结**（Electra complex，伊莱克拉特情结）。那么，为什么一个女孩会形成对女性角色的偏好呢？弗洛伊德做出了几种解释，其中之一是，父亲作为女孩的情感对象，可能会鼓励其女性化行为，此类行为可以增强母亲这一角色的吸引力，而母亲是女孩女性化的榜样。因此，通过努力取悦父亲（或者在认识到不可能占有父亲之后，为了与其他男性建立关系而做准备），女孩需要被激励去学习母亲的女性化特征，并最终完成性别类型化（Freud, 1924/1961）。

对弗洛伊德理论的评价　虽然儿童大致在弗洛伊德认为应该的年龄很快地了解了性别刻板印象，并且发展了符合性别的玩伴与活动偏好，但弗洛伊德关于性别类型化的精神分析理论还是有不足之处。例如，很多 4~6 岁儿童对男性与女性生殖器之间的差异一无所知，也就很难看到像弗洛伊德所说的那样，大多数男孩会出现阉割焦虑，或大多数女孩会有被阉割的感受（Bem, 1989; Katcher, 1955）。此外，弗洛伊德假定，男孩对其父亲的认同建立在恐惧基础上，但是很多研究发现，男孩对关心和疼爱自己的父亲的认同，远胜过对经常惩罚与威胁自己的父亲的认同（Hetherington & Frankie, 1967）。最后，关于子女与父母相似性的研究揭示，学龄儿童和青少年在心理上并非与父母中的某一个相似（Maccoby & Jacklin, 1974）。显然，这些发现不支持弗洛伊德关于儿童是通过认同双亲中同性别的一方而获得重要人格特质的看法。

下面介绍有关性别类型化的社会学习理论，看看这种观点是否更有说服力。

社会学习理论

社会学习理论家阿尔波特·班杜拉（Bandura, 1989; Bussey & Bandura, 1999）认为，儿童通过两种方式获得他们的性别同一性与性别角色偏好，首先，通过**直接教导**（direct tuition）（或*差别强化*），儿童的性别适宜行为得到鼓励和奖赏，而那些适合另一性别的行为则受到劝阻或惩罚。其次，通过*观察学习*，儿童接受了各种同性别榜样的态度和行为。

性别角色的直接教导　父母会积极教导男孩怎样成为男孩，女孩怎样成为女孩吗？是的，确实如此（Leaper, Anderson, & Sanders, 1998; Lytton & Rommney, 1991），而且他们很早就开始塑造孩子的性别类型化行为。例如，贝弗莉·法戈和玛丽·莱茵巴赫（Fagot & Leinbach, 1989）发现，在儿童出生后的第二年，在他们获得基本的性别同一性或表现出对男性或女性活动的明显偏好之前，父母已经开始鼓励其符合性别的活动，而不鼓励其跨性别的游戏。在20~24个月大时，女儿在跳舞、打扮（像女性那样）、跟着父母转、寻求帮助以及玩洋娃娃等方面受到了一致的强化，父母一般不鼓励她们去摆弄物件、跑、跳和攀爬。相比之下，儿子经常会因为玩玩偶游戏或寻求帮助等“女性化”行为而受到斥责，却会因为玩男性化的物件，如需要大肌肉活动的积木、卡车和推拉玩具而受到积极的鼓励（Fagot, 1978）。

儿童是否会受到父母提供的“性别课程”的影响？当然会！事实上，那些表现出最清晰的差别强化模式的父母，他们的孩子相对来说会更快地（1）知道自己是男孩或女孩，（2）形成较强的性别类型化玩具与活动偏好，（3）理解性别刻板印象（Fagot & Leinbach, 1989; Fagot, Leinbach, & O’Boyle, 1992）。此外，父亲比母亲更可能鼓励“性别类型化”行为，而不鼓励那些适宜另一性别的行为（Leve & Fagot, 1997; Lytton & Romney, 1991）。因此，儿童对于性别类型化玩具与活动的最早偏好，是因为父母（特别是父亲）成功地强化了这些兴趣。

整个学前期，父母逐渐变得不倾向于仔细监控并有差别地强化孩子的性别类型化活动（Fagot & Hagan, 1991; Lytton & Romney, 1991）。为什么呢？因为许多其他因素会协力维持这些兴趣，其中最重要的是兄弟姐妹与同性别同伴的行为（Beal, 1994; Mchale, Crouter, & Tucker, 1999）。甚至在形成基本的性别同一性之前，两岁男孩就经常会轻视或扰乱玩女孩玩具或与女孩一起玩的男孩，两岁女孩会非常苛刻地对待跟男孩一起玩的女孩（Fagot, 1985a）。有证据表明，同伴的早期影响是非常重要的，学前儿童与同性别同伴一起玩的时间越多，6 个月后他们在行为和玩具偏好方面的性别类型化就越强（Martin & Fabes, 2001）。因此，学步儿的玩伴就已经开始有差别地强化性别类型化的态度和行为，并将持续整个儿童期（McHale, Kim et al., 2004），即使父母都不太可能这么做了。

观察学习　根据班杜拉的观点（Bandura, 1989），儿童通过观察与模仿各种各样的同性别榜样，获得许多性别类型化的特征与兴趣。班杜拉假设，通过选择性地注意和模仿各种同性别的榜样，包括同伴、老师、哥哥姐姐和媒体偶像，以及母亲或者父亲，男孩将了解到哪些玩具、活动和行为“适合男孩”，女孩将了解到哪些活动与行为“适合女孩”（Fagot, Rodgers, & Leinbach, 2000）。

但还有一个问题，在学前期，同性别榜样的影响有多重要，因为研究者经常发现，3~6 岁儿童会学习两种性别的榜样（Leaper, 2000; Ruble & Martin, 1998）。例如，有些儿童的母亲是职业女性（她担当男性化的工具性角色），或者其父亲平时经常做一些女性化家务活，如做饭、清扫、照顾孩子，他们比那些来自传统家庭的儿童更少意识到性别刻板印象（Sabattini & Leaper, 2004; Turner & Gervai, 1995）。同样，与只有同性别兄弟姐妹的儿童相比，那些有姐妹的男孩与有兄弟的女孩，其性别类型化活动的偏好就不那么明显（Collley et al., 1996; Rust et al., 2000）。此外，约翰·马斯特斯等人（Masters et al., 1979）发现，学前儿童更关心所观察的行为的性别适宜性，而不是行为榜样的性别。例如，4~5 岁的男孩会去玩那些被认为是“男孩玩具”的物品，即使他们看到一个女孩也正在玩这些东西。但是，这些幼儿并不愿意玩“女孩的玩具”，即使他们见过男孩榜样玩这些玩具，而且他们认为，其他男孩也不会玩被认为是女孩玩具的物品（Martin, Eisenbud, & Rose, 1995）。因此，儿童对玩具的选择更多地受到玩具“社会标签”的影响，而不是榜样儿童性别的影响。但是，到 5~7 岁，一旦儿童意识到性别是其人格中不可改变的特征时，他们便开始更有选择性地关注同性别的榜样，并且可能会主动回避另一性别榜样喜爱的玩具与活动（Frey & Ruble, 1992; Ruble, Ballaban, & Cooper, 1981）。

媒体影响 儿童不仅通过观察与之交往的其他儿童和成人榜样来学习，而且还通过阅读绘本故事和看电视来了解性别角色。在过去的50年中，儿童读物中的性别歧视已有所减少，但是男主人公仍比女主人公更可能从事活跃的、工具性的活动，如攀登、骑车、制作东西；而女主人公则经常被描述为被动的、依赖的人，她们花很多时间从事室内安静的活动，还会造成一些需要男性来解决的问题（Diekman & Murnen, 2004; Turner-Bowker, 1996）。电视节目也大致如此。男性通常被描述为从事专业工作的有影响的人，而女性尤其是已婚女性，往往被描述为被动的、情绪化的人，她们是杰出男性角色的背后支持者，管理家务或者从事护士之类的“女性化”职业（Ogletree et al., 2004; Signorielli & Kahlenberg, 2001）。很显然，儿童会受到这些高度传统化的角色形象的影响，因为与很少看电视的同学相比，看过大量电视节目的儿童更可能偏好性别类型化的玩具与活动，并且对男性和女性持有更多的刻板印象（McGhee & Frueh, 1980; Signorielli & Lears, 1992）。

总之，有大量证据表明，差别强化与观察学习会影响性别角色的发展。但是，社会学习理论家往往认为儿童是这一过程中的*被动接受者*：父母、同伴和电视人物向儿童展示各种行为，并且强化儿童做出那样的行为。这种观点是否忽视了儿童*自己*对其性别角色社会化也会有所贡献？例如，有些儿童的父母带有性别歧视，常把性别刻板印象的玩具强加给他们，但孩子并非总是愿意接受这样的圣诞礼物。还有一些父母，本想给孩子买中性或教育性的玩具，最后却不得不向乞求买汽车的儿子和想要一套茶具的女儿让步（Robinson & Morris, 1986）。

科尔伯格的认知发展理论

劳伦斯·科尔伯格（Kohlberg, 1966）提出了与我们所回顾的其他理论截然不同的性别类型化的认知理论，它可以解释为什么男孩和女孩会接受传统的性别角色，即使父母并不希望他们那样做。科尔伯格理论的要点是：

1. 性别角色发展取决于认知发展；儿童在受到其社会经验的影响之前，必须对性别角色有一定理解。
2. 儿童*主动地使自己社会化*；他们不是社会影响的被动接受者。

根据精神分析理论与社会学习理论，儿童先学会做“男孩”或“女孩”的事情，因为父母鼓励他们做这些事情；然后，他们认同或者习惯性地模仿同性别的榜样，从而形成稳定的性别同一性。与此不同，科尔伯格提出，儿童首先确立稳定的性别同一性，然后主动地寻求同性别榜样和其他信息，学着像男孩或女孩那样做。在科尔伯格看来，并不是“因为我受到男孩的对待，所以我必须做一个男孩”（社会学习的观点），而更像是“嗨，我是个男孩，因此我最好尽我所能找出怎样表现得像个男孩”（认知—自我社会化的观点）。

科尔伯格认为，儿童要充分地理解作为男性或女性意味着什么，必须经过以下三个阶段：

1. **基本的性别同一性**（basic gender identity）。3 岁左右，儿童已经称自己是男孩或女孩。
2. **性别稳定性**（gender stability）。稍晚些，儿童认识到性别具有跨时间的稳定性。男孩一定会变成男人，女孩一定会成为女人。
3. **性别一致性**（gender consistency）。当儿童意识到，人的性别还具有跨情境稳定性时，性别概念就完整了。5~7 岁儿童已经达到了这一阶段，他们不再为外表所迷惑。例如，他们知道，一个人的性别是不会随着穿异性服装或参与跨性别活动而改变的。

儿童何时会主动使自己社会化，即观察同性别的榜样并学着像男性或女性那样做？科尔伯格认为，自我社会化只在儿童达到性别一致性以后才会发生。因此，对科尔伯格来说，对性别的成熟理解：（1）促进了真正的性别类型化，（2）是关注同性别榜样的原因而不是结果。

在 20 多种不同文化中进行的研究揭示，学前儿童确实按科尔伯格所说的顺序，依次经历性别同一性的三个阶段，其中性别一致性（或性别恒常性）的形成显然与认知发展的其他方面相关，如液体与质量守恒有关（Munroe, Shimmin, & Munroe, 1984; Szkrybalo & Ruble, 1999）。此外，已形成性别一致性的儿童表现出较多性别刻板化的游戏偏好（Warin, 2000），并开始更关注电视里的同性别榜样（Luecke-Aleksa et al., 1995）；比起女性榜样喜欢的玩具，这时的男孩显然更喜欢男性榜样喜欢的新奇玩具，即使女性榜样们玩的玩具更具有吸引力（Frey & Ruble, 1992）。所以，具有成熟的性别同一性的儿童（特别是男孩），常常谨慎行事，选择同性别的其他成员认为的更适合他们的玩具和活动。

对科尔伯格理论的批评　科尔伯格理论的主要问题是，在儿童形成成熟的性别同一性之前，性别类型化已在进行之中。例如，两岁男孩在达到基本的性别同一性之前就已偏好男性化玩具，3 岁的男孩和女孩已经知道了不少性别角色刻板印象，并且早在开始选择性地关注同性别的榜样之前，他们便已偏好同性别的活动和玩伴。此外，我们注意到，儿童长到 3 岁（科尔伯格的基本性别同一性阶段），性别矫正会变得极其困难，此时他们已经把自己归为男孩或女孩。事实上，一个人的性别同一性水平可能既依赖于社会经验，又依赖于认知发展，甚至一些经常看到裸体异性的三四岁儿童，都有可能在性别同一性测验中表现出性别一致性（Bem, 1989）。而且，儿童对性别和性别角色刻板印象的僵化想法，似乎与他们的性别稳定性水平（而不是性别一致性）联系更密切，一旦形成了性别一致性，他们就会更灵活地看待性别刻板印象（见 Ruble, Martin, & Berenbaum, 2006; Ruble et al., 2007）。所以，科尔伯格认为对性别角色的成熟理解是性别类型化的必要条件，这一观点有些夸大。正如下一节将介绍的，只要对性别角色有初步理解，儿童就能习得性别刻板印象，并形成对性别类型化玩具与活动的强烈偏好。

性别图式理论

凯罗尔·马丁和查尔斯·哈尔弗森（Martin & Halverson, 1981, 1987）提出了一种略有不同的性别类型化认知理论（实际上是一种信息加工理论），而且似乎很有前景。像科尔伯格一样，马丁与哈尔弗森认为，儿童在内在动机驱动下，形成与他们的“男孩”或“女孩”自我意象一致的兴趣、价值观与行为。与科尔伯格不同的是，他们认为这种“自我社会化”在儿童 2.5~3 岁获得基本性别同一性时就开始了，到六七岁形成了性别一致性之时，就已发展良好。

根据马丁与哈尔弗森的性别图式理论，基本性别同一性的确立会激发儿童去了解两性，并把这些信息整合进**性别图式**（gender schemas）之中。性别图式是关于男性和女性的一系列有组织的观念与期望，影响着儿童注意、加工和记忆的各种信息。首先，儿童建构起一种简单的“**群内 / 群外图式**（in-group/out-group schema）”，据此把某些物品、行为和角色归为“男孩的”，其他的则归为“女孩的”（例如，卡车是给男孩的；娃娃是给女孩的；女孩可以哭但是男孩不应该哭，等等）。在研究儿童的性别刻板印象知识时，这是研究者常用的一种信息。这种对物品与活动的最初分类明显地影响了儿童的思维。在一项研究中，向 4 岁和 5 岁儿童展示一些不熟悉的中性玩具（例如，旋转钟、磁性表架），要么告诉儿童这些物品是“给男孩的”，要么说是“给女孩的”，然后让他们回答自己和其他男孩或女孩是否喜欢它们。儿童明显地依赖成人所说的性别标签来引导其思维。例如，男孩比女孩更喜欢“男孩”物品，并且儿童会认为，别的男孩也会比别的女孩更喜欢这些物品。但当这些相同的物品被说成是“给女孩的”时，则会观察到一种相反的推理模式。正如马丁和鲁布尔（Martin & Ruble, 2004）所说：“儿童就像寻找性别角色线索的侦探，这些线索告诉他们，谁应该或不应该参加某项活动，谁可以和谁一起玩，男孩和女孩为什么不同”（p. 67）。因此，吸引力再大的玩具，只要被说成是异性别成员的物品，它们马上就会失去吸引力（Martin, Eisenbud, & Rose, 1995）。

此外，儿童还会建构一个由详细的行为计划组成的**自我性别图式**（own-sex schema），根据它来表现出各种性别一致性行为，并扮演符合性别的角色。一个拥有基本性别同一性的女孩，可能首先认识到缝纫是“女孩的事”，而拼装飞机模型是“男孩的事”。那么，由于她是个女孩，并且想表现出与自我概念一致的行为，她就可能会搜集大量关于缝纫的信息，将之纳入其自我性别图式中，而在很大程度上忽略了关于拼装飞机模型的信息（见图 8.5）。为了检验这一观点，布拉德巴德等人呈现给 4~9 岁儿童几个装着中性物品（如防盗警铃、比萨刀具）的盒子，要么告诉儿童这些物品是“男孩”物品，要么告诉他们这些是“女孩”物品（Bradbard et al., 1986）。不出所料，男孩比女孩更多地探索“男孩”物品，而当这些物品被说成是女孩喜欢的东西时，女孩则比男孩更多地探索这些物品。一周后，男孩比女孩回忆起了更多关于“男孩物品”的详细信息，而如果同一物品被说成是“女孩物品”，女孩则比男孩回忆出了更多关于这些物品的信息。如果儿童获取信息的努力以这种方式受到其自我性别图式的指引，我们就可以很容易理解，当他们发育成熟时，男孩和女孩可能会获得大量迥然不同的知识，并形成不同的兴趣与能力。

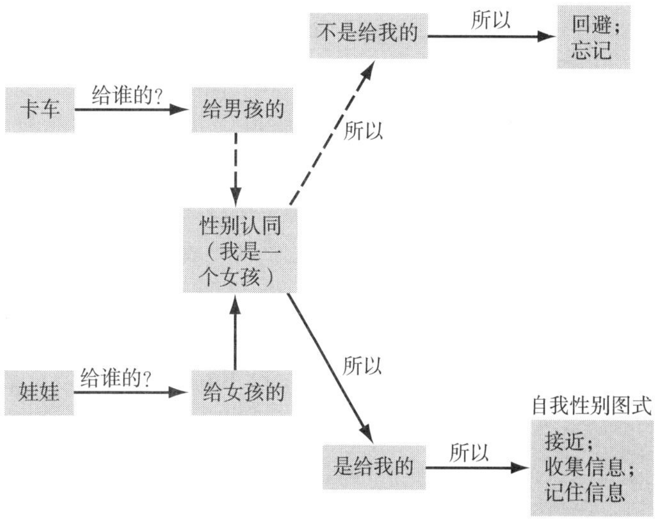

图 8.5 行为的性别图式理论

一个年幼女孩根据“群内 / 群外图式”把新信息归类为“男孩的”或者“女孩的”。关于男孩玩具与活动的信息被忽略，但是关于女孩玩具与活动的信息则因与其自我相关，而被纳入到更大的“自我性别图式”之中。

资料来源：摘自 Martin & Halverson, 1987。

性别图式一旦形成，它会提供一个加工社会信息的框架，并据此“建构”经验。也就是说，儿童可能会编码和记忆与其性别图式一致的信息，遗忘与图式不一致的信息或以另外的方式歪曲它，使之变得与其性别刻板印象更一致（Liben & Signorella, 1993; Martin & Halverson, 1983）。尤其是到了六七岁，当儿童自己的性别刻板印象知识与偏好已经成形并变得很强烈的时候，这一过程会更显著（Welch-Ross & Schmidt, 1996）。对这一观点的支持可见专栏 8.2；回忆一下前面提到过的一些儿童，他们听到的故事中的主人公表现出非典型的性别行为（例如，一个女孩劈柴），他们往往能回忆起这一行为，但是会改变这一场景，以符合其性别刻板印象（说一个男孩在劈柴）。的确，这些遗忘或歪曲与性别刻板印象相反的信息的强烈倾向有助于解释，关于男性和女性的无事实根据的观念为什么很难消除。

总之，马丁与哈尔弗森的性别图式理论是有关性别类型化的一种有趣的“新视点”。这一模型不仅描述了性别角色刻板印象是如何很早便产生并随时间推移而延续的，而且也指明，早在儿童意识到性别是不可改变的属性之前，这些“性别图式”如何影响儿童的性别角色偏好与性别类型化行为的发展。

整合理论

生物学理论、社会学习理论、认知发展理论和性别图式理论，其中的每一种都影响着我们对性别差异与性别角色发展的理解（Ruble & Martin, 1998; Serbin, Powlishta, & Gulko, 1993）。实际上，不同理论所强调的过程在不同的时期似乎都很重要。生物学理论解释了出生前的主要的生物性发展，这些事件使人们给儿童贴上男孩或女孩的标签，并以相应的方式对待他 / 她。社会学习理论家强调的差别强化较好地解释了早期的性别类型化过程：年幼儿童表现出与性别一致的行为，主要是因为别人鼓励这些活动，而往往不鼓励更适合另一性别成员的行为。正如戴安娜·哈尔佩恩在她的心理生物社会理论中所指出的，对性别类型活动和经历的鼓励甚至会影响男孩和女孩的大脑连接，从而使他们对不同类型的刺激做出反应。

由于早期社会化及分类技能的发展，2 岁半到 3 岁的儿童形成了基本的性别同一性，并开始建构*性别图式*，这些性别图式告诉儿童：（1）男孩和女孩分别是什么样子的，（2）作为男孩和女孩，他们应该怎样思考和行为。在六七岁时，儿童最终理解了性别是不会改变的，并开始越来越关注同性别的榜样，以判定哪些态度、活动、兴趣和行为最适合于自己所属性别的成员（科尔伯格的观点）。当然，用表 8.5 中所示的整合模型来概述这些发展并不意味着生物

表 8.5　整合理论家对性别类型化过程的概述

发展阶段	事件和结果	相关理论
出生前	胎儿形成男性或女性生殖器，婴儿一出生，其他人就会对其做出反应。	生物社会理论
0~3 岁	父母或其他人称儿童为男孩或女孩，用来提醒其性别，开始鼓励儿童表现出符合性别的行为，不鼓励儿童参与异性的活动。由于这些社会经验、神经系统和基本分类技能的发展，年幼儿童形成了性别类型化行为偏好，知道自己是男孩或女孩（基本的性别认同）。	社会学习理论 心理生物社会理论
3~6 岁	一旦儿童形成了基本的性别认同，他们开始寻求性别差异的信息，形成性别图式，自发地去做“适合”自己性别的行为。在建立性别图式的过程中，儿童往往会同时关注男性和女性榜样。当性别图式稳固地建立之后，年幼儿童很可能会模仿适合自己性别的行为，无论表现出这些行为的榜样是男性还是女性。	性别图式理论
7 岁 ~ 青春期	儿童最终获得了基本的性别一致性，即一种稳定的、未来定向的自我形象，知道男孩一定会变成男人，女孩一定会变成女人。此时，他们对性别图式的依赖减弱，开始关注同性榜样的行为，以获得与其稳固的男性或女性自我分类相一致的行为方式和特质。	认知发展理论（科尔伯格）
青春期以后	青少年的生理巨变以及新的社会期望（性别差异加剧）的出现，使青少年重新审视其自我概念，形成成人的性别认同。	生物社会 / 心理生物社会理论 社会学习理论 性别图式理论 认知发展理论

因素在儿童出生后不再起作用；或者在儿童形成了基本性别同一性之后，差别强化就不再影响儿童的发展。但整合理论家会强调，从 3 岁起，儿童就是主动的自我社会化的人，他们努力获得自己认为的符合其男性或女性自我形象的男性或女性特质。这就是为什么那些不鼓励儿童接受传统性别角色的父母，常常会惊讶地发现，他们的儿子和女儿似乎变成了小小的“性别歧视者”。

还要强调一点：性别角色发展的所有理论一致同意，儿童实际学到的关于男性或女性的知识，很大程度上取决于他们所生活的社会以“性别课程”的方式提供给他们的内容。也就是说，我们必须从生态学的视角来看性别角色的发展，领会今天在我们的社会中看到的关于男性与女性的发展模式并不是不可避免的（可以回忆一下米德在新几内亚的德昌布利部落发现的性别角色反转现象）。在另一个时代或另一种文化背景中，性别类型化过程能够创造出不同类型的男孩和女孩。

在西方文化中，我们应该努力培养不同类型的男孩和女孩吗？如我们在下一节中将要看到的，一些理论家对这一问题给出了非常肯定的回答！

心理上的雌雄同体：21世纪的一种趋势？

在本章中，我们使用性别适宜（gender-appropriate）一词来描述社会认为更适合某一性别而不适于另一性别的行为举止。现在，许多发展心理学者认为，这些严格定义的性别角色标准其实是有弊端的，因为它们限制了男性和女性的行为。例如，桑德拉·贝姆（Bem, 1978）表示，她研究性别角色的主要目的是“帮助处于严格性别角色刻板印象桎梏中的人们获得个性解放，并形成一种摆脱了文化强加的男性化和女性化定义的心理健康概念。”

多年来，心理学家都假定男性化与女性化处于一个单一维度的两极。如果一个人拥有高度男性化的特质，他必然是非女性化的；而高度女性化则意味着非男性化。贝姆（Bem, 1974）向这种假定提出了质疑，她认为两种性别的人都可能成为心理上的**雌雄同体**（androgyny），即对受到赞许的男性刻板印象特质（例如果断、分析性、强有力和独立）与受到赞许的女性刻板印象特质（例如热情、有同情心、温柔和善解人意）加以平衡与中和。因此，在贝姆的模型中，男性化与女性化是人格的两个独立维度。一位男性或女性，若拥有许多令人向往的男性刻板印象特质与很少的女性刻板印象特质，会被定义为男性化性别类型的人。一个拥有许多女性刻板印象特质与很少男性刻板印象特质的人则被说成是女性化性别类型的人。双性化的人同时拥有男性化与女性化特质，而未分化的个体则同时缺乏这两种类别的特质（见图 8.6）。

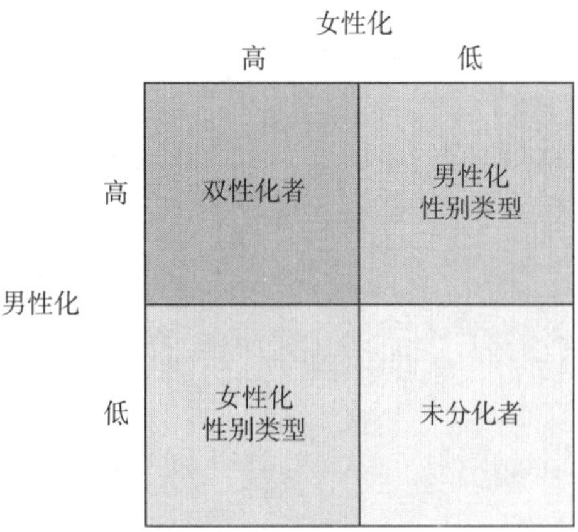

图 8.6 把男性化和女性化视为独立人格维度的性别角色取向分类

真的存在双性化的人吗

贝姆（Bem, 1974）和其他研究者（Spence & Helmrich, 1978）编制了自我认识问卷，其中包括一个男性化特征（或工具性特征）量表与一个女性化特征（或表达性特征）量表。在一个大学生的大样本中进行测试（Spence & Helmrich, 1978），结果发现，大约 66% 的参与者是“男性化”男性或者“女性化”女性，约 30% 是双性化的人，其余 7%~8% 是未分化的或“性别倒错者”（即男性化性别类型的女性，或女性化性别类型的男性）。你的性别角色取向是什么样的？可以回到专栏 8.1 中，看看你在特质 1~16 上（受赞许的男性化特征）的总分与17~32上（受赞许的女性化特征）的总分，然后分别除以16。虽然这些特质不等同于贝姆性别角色问卷中所描述的那些特质，但是，如果你在两类特质上的平均分等于或高于3.9，那么根据这套测量工具，你很可能属于双性化的人。

尽管成人性别角色问卷编制于20世纪70年代，但它们仍然是自我认识的性别角色取向的有效测量工具（Holt & Ellis, 1998）。然而，自20世纪70年代以来，女性表现出更多受赞许的男性化特征（Spence & Buckner, 2000）。在一项研究中，多达45%的大学女生（男生约34%）被归为心理上的雌雄同体（Morrison & Shaffer, 2003）。珍妮特·波尔迪扎尔（Boldizar, 1991）编制了适用于小学儿童的性别角色问卷，发现在3~7年级的儿童中，25%~30%的学生可归为双性化个体。因此，双性化个体确实存在，而且数量相当可观。

双性化个体有优势吗

如果一个人既果断又敏感，既独立又善解人意，我们不禁会想，这种双性化的人在心理上是健康的吗？贝姆（Bem, 1975, 1978）的研究表明，与传统性别类型的人相比，双性化男性和女性的行为更灵活。例如，与男性化的个体一样，双性化的个体能表现出*独立性*这一“男性化的”工具性特征，他们可以抵制社会压力，不会因为其他同伴认为一部无聊的卡通片很有趣，就会觉得它真的有趣。但是，他们也会像女性化的人那样，表现出*照顾性*这一“女性化的”表达性特征，比如主动与婴儿交流。双性化的人确实具有较强的适应性，他们能够根据当前的环境需要来调整自己的态度和行为（Harter, Waters, & Whitesell, 1998; Morrison & Shaffer, 2003; Shaffer, Pegalis, & Cornell, 1992）。此外，大学生（无论男女）都认为，理想的人是双性化的（Slavkin & Stright, 2000），双性化的儿童和青少年似乎拥有更高的自尊，并且与传统性别类型的同伴相比，他们更受人欢迎，适应得更好（Allgood-Merten & Stockard, 1991; Boldizar, 1991; O’Heron & Orlofsky, 1990）。

不同观点　在做出“人人都应该努力具备一些双性化特质”这一结论之前，我们来看对该观点的一些质疑。首先，研究发现，良好的社会适应以及高自尊，与男性化特质而非双性化特质密切相关（Spence & Hall, 1996; Whitley, 1983）。此外，双性化个体，如果拥有显著*积极*而非*消极*的男性化和女性化特征，其心理健康水平和幸福感才是最高的（Woodhill & Samuels, 2003, 2004）。

我们也有理由怀疑，在儿童期这一性别隔离严重、性别适宜行为面临沉重同伴压力的时期，以及在面临强大性别压力的青少年初期，双性化还具有适应性吗？实际上，希尔玛·洛贝尔等人（Lobel et al., 1997）发现，那些极力表现出被认为更适合异性特质的儿童，面临被同伴拒绝和低自尊的风险。如前所述，儿童期的性别同一性不仅包括“我是男孩 / 女孩，并将永远是男孩 / 女孩”，还包括“我是典型的 / 不典型的男孩或女孩，我愿意做一个男孩或女孩”的判断。显然，性别同一性的后几个方面才是真正重要的。苏珊·伊根和大卫·佩里（Egan & Perry, 2001）发现，从四年级到八年级，当男孩和女孩认为自己是本性别的典型成员，满意自己是男孩或女孩，并且觉得可以按照自己的意愿自由探索跨性别的选择时，他们会享有较高的自尊和较好的同伴关系。在儿童晚期和青少年早期，性别典型性的感知和对性别的满意感非但不是一种约束，反而具有很大的适应性，可以促进积极的心理社会结果。那么，也许儿童必须先在典型的性别取向上获得安全感，觉得自己像个男孩或女孩，然后他 / 她才能在以后的生活中从跨性别的探索中获益。

总而言之，现在就下结论说：“相比单一的男性化或女性化取向，一个人在所有方面都表现出双性化取向会更好”可能为时尚早，尤其是在儿童中期和青少年早期。但是，考虑到双性化成人表现出的行为灵活性，以及双性化对成人自我价值感的巨大贡献，我们可以有把握地假定，女孩和女人有一些“男性化”，男孩和男人有一些“女性化”，可能是适应性的且肯定是无害的。

应用：论改变性别角色的态度和行为

现在很多人认为，如果消除了性别歧视，男孩和女孩不再被迫接受狭隘的“男性化”或“女性化”角色，世界会更美好。在一个没有性别歧视的文化中，女性在职场中也许不再会缺乏果断与自信；男性则可以自如地表现出敏感性和照顾性，而现在很多男性为了显得有“男子气概”而抑制了自己的这些方面。我们怎样才能减少性别歧视，并鼓励儿童在他们本可能表现出的兴趣与特性方面变得更具弹性呢？

贝姆（Bem, 1983, 1989）认为，父母必须承担积极的角色：（1）作为一门大课程的一部分，他们要教给年幼儿童生殖解剖学知识，告诉儿童，人的生物性别在除生殖领域外的其他方面并不重要；（2）鼓励跨性别和同性别的游戏，平等地分派家务（父亲有时可以做做饭或打扫卫生，母亲可以清洗或修理汽车），从而延缓儿童接触性别刻板印象的时间。如果学前儿童把性别看作一种纯粹的生物属性，并经常看到自己和父母追求跨性别的兴趣，参与跨性别的活动，他们就可能不会建构起在高度性别歧视的早期环境中容易形成的那种严苛的性别刻板印象。研究表明，双性化的父母容易培养出双性化的孩子，这符合贝姆所说的转变方法。类似的发现还包括：与父母持有传统性别角色态度和行为的儿童相比，若父母持有非传统性别角色态度，或者父亲常常承担“女性化”的家务以及照顾孩子的任务，则他们的孩子较少意识到性别刻板印象，而且不太可能表现出性别类型化的兴趣和能力（Sabattini & Leaper, 2004; Turner & Gervai, 1995）。

我们如何去影响那些传统化背景下的儿童呢？他们已经从家人、电视和同伴那里获得了大量的性别刻板印象信息。研究人员发现，这的确是一项艰巨的任务（Hughes & Seta, 2003）。显然，简单地向儿童说明跨性别合作的好处，或者鼓励他们玩另一性别的玩具、与异性同伴一起玩耍，这些干预措施不会产生持久的效果：干预结束后，儿童很快就又退回到同性别游戏，继续喜欢同性伙伴（Maccoby, 1998）。在一个特别雄心勃勃的项目中（Guttentag & Bray, 1976），研究者给学前班、五年级和九年级学生提供了专门设计的、适合年龄特点的读物与活动，让他们了解女性的能力，以及由刻板印象和性别歧视而产生的一些问题。这个项目对年龄较小的儿童效果很好，特别是女孩，她们往往对已经知悉的性别歧视表示气愤。但是，它实际上在九年级男生身上产生了相反的效果。他们似乎抵制所教授的新观点，比起训练前，他们在训练之后表达了更具刻板印象的观点。虽然九年级女生认真记住了所学的东西，但她们仍然认为，女人应该管家，男人应该负责养家糊口。

这一研究和其他研究（见综述 Katz & Walsh, 1991）表明，改变性别角色态度的努力，对年幼儿童比对年长儿童更有效，并且可能对女孩比对男孩更有效。这一点是有意义的，它说明，在儿童的刻板印象稳固之前，较早地改变儿童的想法要容易一些；现在很多研究者赞同采用认知干预，要么直接反击社会刻板印象，要么消除那些使儿童建构这种刻板性别图式的思维限制。正如我们在专栏 8.4 中所看到的那样，这些认知干预可能确实非常有效。

最后，有证据表明，为改变儿童的性别刻板印象的态度和行为而设计的一些项目，如果由男性来负责，可能更有效（Katz & Walsh, 1991）。为什么？这可能是因为男性通常会比女性更坚决地区分“性别适宜”与“性别不适宜”的行为（Tennenbaum & Leaper, 2002）；因此，男性作为变革的推动者可能格外引人注目。换句话说，如果鼓励（或者不反对）跨性别活动和愿望的是一位男性，儿童会觉得这些活动和愿望很合理。

因此，新的性别角色态度是可教的，但是，如果这些态度在家里或大文化

专栏 8.4 发展研究的应用

用认知干预抵御性别刻板印象

表明男性和女性共同从事传统的“男性”或“女性”职业的干预措施，可以非常有效地克服僵固的性别刻板印象。

在学前阶段，当儿童建构性别图式的时候，他们的思维往往是直觉的、单向度的。正如我们所看到的，当儿童遇到与自己的性别图式相矛盾的信息时，例如，了解到一个男孩喜欢做饭，他们不太可能会对这个信息进行加工和保留。毕竟，其单向度的、直觉的思维方式使得他们很难把性别类型化活动（做饭）与性别分类（女孩）区分开。因此，这类信息不会被加工，而很可能被扭曲或遗忘。

丽贝卡·比格勒和琳恩·利本（Bigler & Liben, 1990, 1992）设计并比较了两种认知干预法，这两种干预旨在减少儿童对男性和女性会从事何种职业的性别图式思维。参加研究的 5~11 岁儿童被随机分成三组：

第一组接受**规则训练**。研究者通过一系列问题解决讨论教育儿童：(1) 决定在诸如建筑或美容这些传统的男性或女性职业上表现良好的最重要因素是人的兴趣和学习的意愿；(2) 人的性别与此无关。

第二组接受**分类训练**。给儿童布置几项分类任务，让他们每次都把对象分成两类（如从事男性和女性活动的男人和女人）。这项训练的目的是向儿童说明可以用许多方式对事物进行分类，这些知识将帮助儿童理解职业分类可以独立于通常承担这些角色的人的类型。

第三组为**控制组**。儿童只是简单地学习各种职业对社会的贡献。

与控制组儿童相比，接受规则训练或分类技能得到改善的儿童，其职业刻板印象都明显下降了。此外，研究者后来对儿童信息加工过程的测试进一步表明，儿童的性别刻板印象减弱了。具体来说，接受规则训练或接受分类训练后习得分类技能的儿童，他们比控制组儿童更有可能回忆起与性别刻板印象相矛盾的信息（例如，回忆起故事中收垃圾的实际上是一个女人）。可见，通过直接攻击他们记忆的准确性（规则训练），或者通过提高儿童的认知技能（分类训练），都可以修正儿童的性别刻板印象，帮助儿童认识到其刻板的性别图式中的谬误。

遗憾的是，教师在儿童刚入学的几年里通常按照儿童的性别来分组，强调性别之间的差异，这便在无形中助长了儿童的性别图式思维。在一项实验中，比格勒（Bigler, 1995）随机将一些 6~11 岁的暑期学校学生分到“性别教室”里，老师创建单独的男生和女生公告板，安排男生与男生一起坐，女生与女生一起坐，并且经常说一些区分男生和女生的话（例如，“所有的男生都坐下”“所有的女生把气球抛到空中”）。而将另一些儿童分配到另一间教室，且告诉教师只叫儿童的名字，把全班当作一个整体。四周后，在“性别教室”里的儿童比控制班

专栏 8.4（续）

的儿童表现出更多的性别刻板印象，尤其是那些只能从单一向度思考问题的儿童，他们很难理解一个人可以同时属于一个以上的社会类别。因此，如果在低年级的时候，教师避免根据儿童性别来分组，可能会帮助年幼儿童克服性别刻板印象，否则，这些年幼的单一向度的思考者很容易建构出刻板的性别图式来。

背景中得不到强化，这些变化能否保持并推及新情境中就另当别论了。瑞典文化是一种大力主张性别平等的文化：男人和女人有相同机会从事传统的男性化（或女性化）职业，父亲和母亲平等地承担家务劳动以及照顾孩子的责任。瑞典青少年对男性化特质的重视仍然高于女性化特质，但是，在这点上，他们并不像美国青少年那样固执，并且更倾向于认为性别角色是可习得的专业领域，而不是生物编程的责任（Intons-Peterson, 1988）。

虽然美国社会还不能保证像瑞典那样的性别平等，但是它正在慢慢变得趋于平等，有人认为这些变化已对儿童产生了影响（Tennenbaum & Leaper, 2002）。朱蒂·洛贝尔（Lorber, 1986, p. 567）从自己 13 岁的孩子对她所提问题的回答中看到了希望。当她向他打听那个他认识的孕妇生的是男孩还是女孩时，这个新时代的孩子反问道："你为什么想知道这个？"

性欲望和性行为

尽管一些学龄前儿童和许多小学儿童会自慰，并参与追逐接吻游戏或扮演"医生"等可以帮助他们在以后生活中建立性关系的其他形式的性尝试（Larsson & Svedin, 2002; Thorne, 1993），但是许多男孩和女孩约在 10 岁初次体验到性吸引，此时正是肾上腺开始越来越多地分泌雄性激素的时候（Herdt & McClintock, 2000）。当儿童接近并经历青春期且性激素分泌量增加时，他们会体验到强烈的性吸引与性冲动（Smith, Guthrie, & Oakley, 2005），开

Comstock Images/Jupiter Images

图片 8.5 在 10 岁或 11 岁左右，儿童开始对异性同伴表现出更大的兴趣。

始逐渐意识到自己的**性欲望**（sexuality），这是一个对青少年的自我概念有巨大影响的发展问题。青少年面对的一个主要障碍是，怎样恰当地控制与表达他们的性感受，而这受到他们所生活的社会和文化背景的巨大影响（Weisfeld & Woodward, 2004）。

文化对性欲望的影响

不同的社会为儿童提供的性教育，以及为鼓励儿童成为成熟的性个体做准备而付出的努力显然是不同的（Ford & Beach, 1951）。一些社会相当宽容地对待儿童期的性欲望。在南太平洋的曼吉（Mangian）文化中，人们教男孩一些手淫技巧并鼓励他们手淫；在13岁时，他们开始学习一些性技巧，由一名年长妇女教他们怎样延迟射精，直到女方能达到性高潮（Santrock, 2002）。相反，限制型的社会则会压制性表达。例如，新几内亚的郭马族儿童会因为性游戏而受惩罚，成人不允许他们触摸自己的生殖器。实际上，一个郭马族儿童若被抓住出现勃起，他的阴茎很可能要遭受棍打！

美国与其他西方社会处于性宽容/性限制连续体的什么位置呢？在24个国家进行的一项性态度调查（Widmer, Treas, & Newcomb, 1998）显示，德国、瑞典与澳大利亚对青少年的性行为比较宽容，而美国、英格兰、北爱尔兰与波兰对青少年初期的性行为以及婚前性行为持非常保守和禁止的态度。荷兰、挪威、捷克、加拿大和西班牙因对同性恋有相对较高的容忍度而被列为“同性恋放任”国。但是在其他方面，这些国家与严格限制性行为的那些国家又比较相似。在限制型社会中，父母经常回避孩子提出的有关性的问题（Thorne, 1993），并且把那些为建立性关系做准备的任务留给儿童自己。许多儿童和青少年最终是从同伴那里学到应该怎样与异性建立关系的（Whitaker & Miller, 2000）。

青少年的性探索、性态度与性行为

那么，那些很少能从成人那里得到指导的西方青少年是怎样学会控制性冲动，并把他们的性欲望整合到自我概念中去的呢？这些任务从来都不容易，正如专栏8.5中所介绍的，对那些发现自己受同性别伙伴吸引的青少年来说，做到这些尤为困难。从成人写给报刊咨询专栏的信件来判断，他们似乎认为，现

专栏 8.5 当前争论

性取向和同性恋的根源

一个人要建立性认同，其中一项任务就是要能意识到自己的**性取向**（sexual orientation），即对同性或异性之性伴侣的偏好。性取向存在一个连续体（Diamond, 2008; Morgan-Thompson & Morgan, 2008），但并不是所有文化都像美国文化这样对性偏好进行分类（Paul, 1993），美国文化一般把人的性取向分为异性恋、同性恋或双性恋。

有趣的是，大约 15% 的青少年初期的个体体验到为同性别成员的某些（往往是短暂的）情感和性所吸引（Carver, Egan, & Perry, 2004），但是大多数青少年无须经过深刻的心灵探索就形成了异性恋取向。而对 5%~9% 仍被同性吸引的年轻人来说，他们要面对消极的社会态度，接受自己的同性恋取向并形成积极的同一性，则会是一个漫长而痛苦的过程（Hershberger & D'Augelli, 1995; Diamond & Lucas, 2004）。与异性恋的同龄人相比，被同性吸引的青少年往往表现出较低的自尊（Bos et al., 2008），他们可能对自己的同性恋取向感到焦虑甚至抑郁，这通常是因为他们害怕自己的性取向暴露之后会带来家人的拒绝，或者同伴的身体和言语攻击（Bos et al., 2008; Dube & Savin-Williams, 1999; Diamond & Lucus, 2004; D'Augelli, 2002）。因此，许多同性恋者直到 16~19 岁才有勇气“说出真相”，一般是告诉朋友或兄弟姐妹（Savin-Williams, 1998; Savin-Williams & Diamond, 2000）。如果告诉父母，也是在一两年之后（Savin-Williams & Ream, 2003）。对亚裔或拉丁裔美国青年来说，告诉任何人都特别困难，因为他们的亚文化社区成员往往比许多欧洲裔美国人更不能接受同性恋（Dube, Savin-Williams, & Diamond, 2001）。

近年来发生的一些社会变革有助于男女同性恋青年更有效地应对他们所面临的挑战。20 世纪 70 年代，美国心理和精神病学协会宣布同性恋不是一种心理障碍，一些与各种不同性取向有关的污名被移除。此外，由异性恋和同性恋学生组成的支持团体在美国中学中越来越常见（Savin-Williams, 2008; Scott, 2007），越来越多正面的同性恋角色出现在媒体中（例如 Ellen Degeneres，“鄙视直男”之类的流行真人秀），这些都有助于向所有性取向的人传递一个信息：除了性取向，同性恋者和其他性取向的人没有什么不同。尽管如此，偏见仍然存在，并且经常因不得不与仇视同性恋者相处而加剧（Poteat, 2007）。这些仇视同性恋者认为，同性恋者与他们有天壤之别，并且对这些所谓的差异深感厌恶（Shaffer & Augustine, 2003）。

	同卵双生子	异卵双生子
男性双生子中一个为同性恋或双性恋则另一人也是	52%	22%
女性双生子中一人为同性恋或双性恋则另一人也是	48%	16%

资料来源：Male figures are from Bailey & Pillard, 1991. Female figures are from Bailey et al., 1993.

青少年是怎样成为同性恋、双性恋或异性恋的？一种观点认为，这不是我们做出的选择，而主要由生物性决定；我们只是把这种生物倾向表现出来而已（Money, 1988）。显然，关于性取向奥秘的部分答案确实藏在遗传密码中。迈克尔·贝利等人（Bailey & Pillard, 1991; Bailey et al., 1993; Bailey,

专栏 8.5（续）

Dunne, & Martin, 2000）发现，同卵双生子的性取向比异卵双生子更相似。但是正如表格中的数据所示，只有大约一半的同卵双生子有相同的性取向。这意味着，环境对性取向发展的影响至少和基因一样重要。

哪些环境因素会决定一个具有同性恋遗传倾向的人是否会被同性伙伴吸引呢？我们确实还不清楚。早期精神分析的一个观点，即男同性恋者源于母亲专横而父亲软弱，几乎没有得到支持（LeVay, 1996）。大部分同性恋者是被异性恋的父母抚养的，没有证据表明跟随同性恋父母长大会影响儿童的性别类型化（Golombok et al., 2003）或他们最终的性取向（Bailey et al., 1995; Patterson, 2004）。也没有证据支持以下说法，即同性恋者曾遭到父亲拒绝，或受到年长者的诱惑（Green, 1987）。一个更有希望的假设是，孕期环境中的激素影响可能是重要的。例如，出生前母亲体内的雄性激素水平高，则该女性就比其他女性更可能表现出双性恋或同性恋取向。这一发现表明，出生前高水平的男性性激素至少会导致一些女性的同性恋取向（Berenbaum, 2002; Meyer-Bahlberg et al., 1995）。此外，有证据表明，产前环境中雄性激素水平低可能会使一些男孩具有对男性表现出性吸引的先天倾向（Lippa, 2003）。但是，至今没有人确切地知道，哪些产前和产后环境因素与基因共同影响了同性恋取向（Herek, 2000）。

代青少年因受到来势凶猛的激素驱使，几乎痴迷于性，并觉得可以自由表达其性欲望。这种说法准确吗？

在互联网上探索性 除了与同伴的面对面接触，青少年还经常从电视、杂志、电影等媒体中寻找有关性的信息（Brown, 2002），当然也包括互联网（Fraiberg, 2004）。在一项关于青少年访问互联网专栏的研究中，铃木和卡尔佐（Suzuki & Calzo, 2004）发现，青少年对性健康专栏的兴趣是一般青少年问题专栏的两倍还多。与其他媒体渠道不同，互联网用户可以积极参与有关性的问题，利用互联网聊天室探索他们正在出现的性认同，获取其他青少年对性的态度，甚至卷入网络性关系（Subrahmanyam, Greenfield, & Tynes, 2004）。事实上，对捷克共和国青少年的研究显示，大约 16% 的样本（男孩和女孩一样多）在互联网上尝试过虚拟性行为，约三分之一的参与者透露，互联网是他们第一次性体验的场所（Smahel, 2003; Smahel & Divinova, 2004, Subrahmanyam, Smahel, & Greenfield, 2006）。

青少年在网络聊天室的匿名环境中到底聊些什么呢？一项研究（Subrahmanyam, Smahel, & Greenfield, 2006）揭示，在面对面谈话中被视为理所当然的身份问题（如一个人的年龄、性别和住址）一般都会在网上交流。有充分的证据表明，聊天的青少年一般会寻找性信息并探索性认同。平均每分钟就会有一次关于性的评论，18 岁及以上者的发言频次高于 10~17 岁的人。在这项研究中，约 20% 的参与者有性感的网上昵称（如“白雪女郎”；“性感白痴”）。性特征化内容因性别而异。男孩比女孩更有可能做出明确的性评论（任何辣妹想聊天请按 69），他们似乎在寻求伙伴；而女孩比男孩更可能以含蓄方式交流有关性的主题（他真够辣），或使用一个性感昵称（如“纯真天使”），她们好像在试图吸引异性伙伴。这些发现是否意味着青少年沉迷于性行为？当然不是，因为大多数参与者在聊天中都没有提到性主题，尽管在这个开放的公共聊天室中，所有人都可能暴露于性主题之中。

所以，互联网给青少年提供了大量关于性的信息，也提供了相对安全和匿名的机会让他们去探索自己正在出现的性认同，而不会让他们面临在真实世界中进行类似探索可能遇到的风险（Subrahmanyam, Smahel, & Greenfield, 2006）。

性态度 在整个 20 世纪，尽管青少年并不痴迷于性，但他们对性的看法越来越自由，近年来，因为害怕感染艾滋病，他们对性的态度又略微转向保守（McKenna, 1997）。然而，很明显，今天的青少年已经改变了他们对性的一些态度，同时也保留了父辈和祖辈的许多观念。

改变的是什么？第一，青少年现在确信，有爱的婚前性行为是可以接受的，但和过去的人们一样，他们认为随意的性行为或滥交是错误的，尽管他们也有过那样的经历（Astin et al., 1994）。一项调查显示，依然只有少数性活跃个体（男性 25%，女性 48%）把对伴侣的喜爱之情作为他们初次性交的主要原因（Laumann et al., 1994）。

青少年性态度的第二个主要变化是双重标准下降了。**双重标准**（double standard）是指这样一种观念：许多适合男性的性行为（如婚前性行为和乱交）并不适合于女性。双重标准只是减少了，但并没有完全消失（Simon & Gagnon, 1998）。例如，大学生仍然相信，拥有多个性伴侣的女人比同样滥交的男人更不道德（Crawford & Popp, 2003; Robinson et al., 1991）。此外，青春期男孩对婚前性行为的态度比女孩更宽容（Lesch & Kruger 2005; Smith, Guthrie, & Oakley, 2005）。但西方社会正逐渐向适合男性和女性的单一的性行为标准靠拢。

第三，当前的性态度非常多变，似乎反映出一种关于性行为规范的更大困惑（Lesch & Kruger, 2005; Welles, 2005）。正如菲利普·德雷耶（Dreyer, 1982）指出的那样，“有爱的性行为”的观点是非常模糊的：人必须真正地相爱，还是只要喜欢就可以发生性行为？现在该由个人来决定了。但是做出这些决定是艰难的，因为青少年从很多来源中接受了一些混乱的信息。一方面，他们经常受到父母、牧师和专栏作家的告诫，要珍视处子之身，避免怀孕和染上性传播疾病；同时他们的自慰不仅不被鼓励，而且还要为之感到羞耻（Halpern et al., 2000; Ponton, 2001）。另一方面，青少年被鼓励受人欢迎和富有魅力，他们每年从电视中看到多达 12 000 次富有魅力的性暗示和性行为（许多节目以令人愉悦的方式描述了乱交，以及发生在未婚伴侣之间的性行为），这使他们相信，性活动只是达到这些结果的一种手段（Associated Press, 1999）。显然，哥哥姐姐的行为也增加了这种混乱，因为对于其哥哥姐姐性活动较活跃的儿童来说，他们自己也倾向于性活跃，并且通常会在比哥哥或姐姐还小的年龄就发生了性行为（East, 1996; East & Jacobson, 2001）。在过去，适宜的性行为规则更简单：如果你结婚了（或订婚了），性行为就是恰当的，否则就要避免性行为。这并不等于说，我们的父辈或祖辈总会抵制他们面对的诱惑；但是，他们在断定自己所做之事是否能被接受方面，可能比现在的青少年容易些。

性行为　近年来，不仅性态度和性探索方式在改变，而且性行为方式也在改变，尤其对女孩而言。和过去相比，现代青少年通常在较早的年龄就卷入更亲密的性活动之中（如爱抚、性交）。在美国，大约 20% 的欧裔青少年和 30% 的非裔青少年在 15 岁之前就有性行为（Althaus, 2001; DiIorio, 2001）。图 8.7 显示了不同历史时期的高中生报告曾有婚前性行为的比例。注意，在高中阶段两性活动的长期增长可能已经达到顶峰，因为图中的数据表明，约有 50% 的

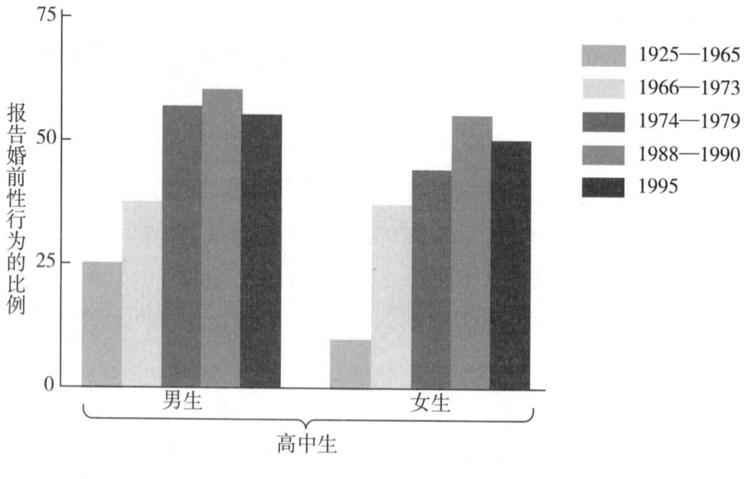

图 8.7　不同历史时期，报告有婚前性行为的高中生比例的变化

前三个时期的数据摘自 Dreyer, 1982; 后期数据摘自 Baier, Rosenzweig, & Whipple, 1991。

资料来源：Reinisch et al., 1992; McKenna, 1997.

高中女生（从 1990 的 55% 开始下降）和 55% 的高中男生（从 1990 的 60% 开始下降）曾有过性交。而且性交的这种下降趋势今天似乎还在持续（Centers for Disease Control and Prevention, 2003; Mosher, Chandra, & Jones, 2005）。但是，性交的下降可能只是反映了当今高中生口交之类的替代活动比例在升高（Prinstein, Meade, & Cohen, 2003）。许多青少年甚至大学生认为，口交（或肛交）不算性行为（Pitts & Rahman, 2001）。正如一位年轻女性在课堂讨论中所说，“如果它没让你怀孕，那就不算数。”

图片 8.6　某些类型的性活动已成为青少年平常的经历。

大多数性活跃的青少年在青少年中期或晚期才与一个固定伴侣交往。然而，女孩比男孩更可能认为性与爱不可分割（Darling, Davidson, & Passarello, 1992; Welles, 2005）。两性间的这种态度差异会导致误解和感情伤害，它能部分地解释为什么女孩比男孩较少认为自己的第一次性经历是美好的，而更可能比男孩感到失望（Darling, Davidson, & Passarello, 1992; de Gaston, Weed, & Jensen, 1996; Hyde & DeLamater, 2003）。

总之，青少年的性态度和性行为在 20 世纪发生了很大变化，致使两性性活动的某些类型业已成为现代青少年平常的经历。这种情况发生在所有主要种族群体和社会阶层，各社会群体中的性活动差异正在急剧缩小（Centers for Disease Control and Prevention, 2003; Forrest & Singh, 1990）。

青少年性行为的个人与社会后果

在青少年早期，什么样的人最可能性活跃？这种活跃有多大风险？研究已经查明了导致早期性活动的一些因素。过早发生性行为的青少年往往是一些早熟者，其中很多来自没有父亲的低收入家庭，他们在学校的学习遇到困难，他们的朋友是性活跃者，他们沾染了一些不良习惯，如酗酒或物质滥用（Bingham & Crockett, 1996; Capaldi et al., 2002; Ellis et al., 2003; Miller, Benson, & Galbraith, 2001）。实际上，美国的非裔、原住民以及拉丁裔青少年比其他族群的青少年更可能在较小的年龄有性活动，这很可能反映了一个事实：来自这些族群的青少年，很多跟着母亲一起过着贫困的生活，他们在学校身处困境，生活中有性活跃的朋友或者哥哥姐姐（Coley & Chase-Lansdale, 1998; East, 1996）。

令人遗憾的是，大多数性活跃的青少年未能有效采取避孕措施（Kaplan et al., 2001），这在很大程度上是因为他们：（1）对生殖问题无知；（2）认知太不成熟，未认真考虑其行为可能会产生严重的长期后果；（3）担心如果他人看出自己对性行为有准备，“想着”去实施，那么他人（包括他们的伙伴们）会对自己有负面的看法（Coley & Chase-Lansdale, 1998）。同伴影响也很重要。当朋友认为发生性行为和进行无保护的性交几乎没有什么代价时，性活跃的青少年就会更倾向于进行无保护的性活动（Henry et al., 2007）。当然，这种不安全的性行为会将他们置于两种危险境地：性传播疾病以及少女怀孕。

美国的性传播疾病 在性活动频繁的青少年中，大约五分之一的人会染上某种性传播疾病，包括梅毒、淋病、衣原体感染、生殖器疱疹或者艾滋病。这些病若不及时治疗，可能会导致感染者终生不育甚至死亡，也会造成其子女的生殖缺陷以及其他并发症（Cates, 1995）。显然，那些未能有效使用避孕套的青少年，以及那些与多人发生性行为者，感染性病的风险最高（Capaldi et al., 2002）。

随着艾滋病病例的增长，人们一直在努力教育儿童和青少年怎样预防这种致命疾病。在美国，艾滋病的发病率在13~19岁的青少年中增长最快，特别是住在市区的非裔和拉丁裔青少年（Faden & Kass, 1996）。目前，美国大多数州要求在公立学校开展某些形式的艾滋病教育，有证据表明，这些方案能够增加小学生对这种疾病及预防方法的了解（Sigelman et al., 1996）。但遗憾的是，关于性病和艾滋病传播的知识以及为此而采取的干预措施，对矫正那些危险的性行为的作用甚微（Boyer, Tschann, & Shafer, 1999; National Campaign to Prevent Teen Pregnancy, 2005）。

少女怀孕与分娩 性行为活跃的青少年面临着另一风险：美国每年约有10%（超过100万）的15~19岁的少女怀孕（Ellis et al., 2003）。虽然其中一多半以流产或堕胎告终，但是，每年仍有近50万婴儿由少女妈妈所生（Miller et al., 1996）。美国少女怀孕的比率大约是加拿大及多数欧洲国家的两倍，但好消息是，近年来非婚生育的比率一直在下降，特别是在年龄较小的青少年中，达到了1946年以来的最低水平（Centers for Disease Prevention and Control, 2004）。非婚生育在非裔、拉丁裔和原住民等经济困难群体中更为常见，其中约三分之二的青少年母亲选择留下孩子，而不是将其送到收养所。

少女做妈妈的后果 不幸的是，生育孩子的少女妈妈所面临的不良后果可能是退学，以及失去与社会关系网络的联系，并且如果她是50%失学者中的一个，那么低收入（或无）工作的生活会延续她的弱势经济地位（Coley & Chase-Lansdale, 1998）。另外，许多少女，特别是年龄较小者，在心理上还没做好当妈妈的准备，这会大大影响其婴儿的发育。

少女妈妈所生孩子的后果 相比年长妈妈，少女妈妈，特别是处于经济弱势的人，更可能会糟糕地养育孩子，在怀孕时滥用酒精和致瘾物，得不到充分的产前护理。因此，许多少女妈妈比年长妈妈患上了较多的产前和分娩并发症，也更可能生下早产儿或低体重儿（Chomitz, Cheung, & Lieberman, 2000）。

不仅少女妈妈的孩子会面对一个困难重重的开始，而且她们自己也面临同样的处境，她们的智力还没有成熟到足以担起做妈妈的责任，也很少能从同样是青少年的爱人那里获得足够的经济和社会支持（Coley & Chase-Lansdale, 1998）。与大龄妈妈相比，少女妈妈对儿童发展了解很少，认为她们的孩子很难带，体验到更大的抚养压力，对孩子回应不敏感和缺少关爱（Miller et al., 1996）。然而，有研究表明，年轻妈妈的这些不良养育实践，以及其自身和孩子的不良后果并非由这些妈妈的年轻本身所致：在那些处于弱势经济地位的未婚青少年妈妈中，这些不良后果更明显，她们对孩子的抚育（无论妈妈年龄大小）一般都会缺乏敏感性，并且给予孩子的刺激也不够（Kalil & Kunz, 2002; Turley, 2003）。遗憾的是，这些处境不利的少女妈妈的教养方式会导致长期的不良后果，她们的孩子在学前期会表现出相当大程度的智力缺陷和情绪障碍，在儿童后期，其学习成绩差，同伴关系不良，有违法行为（Moore & Brooks-Gunn, 2002; Spieker et al., 1999）。少女妈妈的处境及其孩子的发展过程可能会在后来有所改善，尤其是，倘若少女妈妈能从自己的父母那里得到社会支持，返回学校读书，不再生更多的孩子（Benson, 2004）。然而，与那些直到20多岁才做父母的同伴相比，她们（和孩子）可能仍然处于弱势经济地位（Hardy et al., 1998）。

如何处理青少年的性问题 怎样才能延迟性行为开始的时间，降低少女怀孕和性传播疾病的发生率呢？现在，很多发展心理学者认为，要达到这个目标首先应该从家庭开始。父母总是低估青少年子女（特别是年龄更小的青少年）的性活动，不愿向孩子表达他们是多么强烈地反对孩子的性活动（Jaccard, Dittus, & Gordon, 1998）。但是，父母和青少年子女（甚至青少年期之前的儿童）尽可能早地直接讨论这一问题，应该是一种重要的预防策略。研究一致表明，有关性行为的危险性以及安全套使用的话题，亲子间若能在青少年开始有性行为之前就进行坦诚的交流，可能会取得以下效果：(1) 延迟青少年性行为开始的时间；(2) 一旦青少年开始有性行为，促使他们经常使用安全套 (Miller et al., 1998; Whitaker & Miller, 2000)，进而会显著地降低少女怀孕或感染性传播疾病的可能性。在与青少年进行这些话题讨论的同时，认真监控他们的活动场所，监督他们怎样择友，还会进一步降低性活动与危险性行为的发生率 (Capaldi et al., 2002; Miller, Forehand, & Kotchick, 1999)。

在家庭之外也开始出现一些有效的干预措施。其中一种尝试是由私人基金赞助的“青少年主动帮助服务项目”，目前正在全美近 50 个地方机构进行。参加该项目的青少年从事一些志愿服务活动（例如同伴辅导和医务工作），并参加定期课堂讨论，讨论的主题包括他们的志愿者工作、未来职业的选择，还有就是对当前和未来关系的决策，等等。对这一项目全美 25 个站点的评估显示，女性参与者中的怀孕率比社会和家庭背景相似但未参加该项目的女孩低一半 (Allen et al., 1997)。此外，墨西哥也开展了一个类似项目，主要关注避孕和性行为风险的具体知识，以及有关沟通、自我决断与做决策等生活技能的训练，与那些很少教青少年控制性欲望和抵制性骚扰的传统性教育相比，它明显减少了危险性行为和少女怀孕 (Pick, Givaudian, & Poortinga, 2003)。显然，积极参与这些活动的青少年，有理由乐观地看待自己的未来和处理人际关系的能力，还使少女怀孕的可能大大降低了。

因此，这种超越仅关注生殖的生物学式性教育可能确实是一种有效的干预。聚焦节制性欲的干预项目可以有效地传播生殖知识，促进对性的更具适应性的态度（参见 Thomas & Dimitrov, 2007），但在延迟性活动、促进安全性行为以及降低怀孕率等方面往往无效 (Kirby, 2002; Peck, 即将发表)。在延迟性活动、使年龄大一点的性活跃青少年更多地采取避孕措施方面很成功的项目，一般依靠双管齐下的方法：(1) 教导并有力地证明，为什么节欲对于青春期前儿童以及青少年初期个体是最好的；(2) 给年龄大一点的青少年提供充分的避孕知识，以及他们可以用来抵制性行为压力的策略 (Frost & Forrest, 1995; Lowy, 2000; Peck, 即将发表)。从西欧的一些证据来看，安全套的免费发放并不会鼓励性活动不活跃的青少年变得性活跃，美国的很多教育者呼吁，应该在美国开展类似的避孕项目 (Lowy, 2000)。那些赞成较早开展广泛的性教育和免费获取避孕套的人们认为，除非有更多的青少年延迟其性活动的开始时间，或者从事较为安全的性活动，否则青少年性活动的不良后果几乎是不可避免的。

本章要点

- **性别类型化**是儿童获得性别认同或性别同一性，并习得社会认为适合其生物性别成员的动机、价值观和行为的过程。

分类男性和女性：性别角色标准

- **性别角色标准**是指较之于另一性别的成员而更适合于某一性别成员的一组动机、价值观或行为。很多社会都具有基于性别来进行劳动分工的特点，它们鼓励女性承担**表达型角色**而男性承担**工具型角色**。

事实与虚构：性别差异

- 在许多言语能力的评估中，女孩优于男孩，而且女孩比男孩更富于情感表达能力，更顺从和胆小。男孩比女孩更活跃，更多身体和言语攻击，表现出较高的自尊，在数学推理以及**视觉和空间技能**测验中往往比女孩表现得好。但是总的来说，这些性别差异很小，男性和女性在心理上的相似远多于不同。
- 许多传统的性别角色刻板印象是没有事实依据的，这些观念有：女性比男性更善于社交，易受暗示，缺乏逻辑性、分析性和成就取向。这些“文化神话”的持续存在会导致**自我实现预言**，促使男性和女性的认知表现出差异，引导男性和女性走上不同的职业道路。

性别类型化的发展趋势

- 2.5~3 岁时，儿童开始明确地称自己是男孩或女孩，这是他们**性别同一性**发展的第一步。5~7 岁，儿童意识到性别是自我的一个不可改变的方面。此后不久，他们建构了性别同一性的其他方面，如自己的性别特征有多典型，以及对自己身为男性或女性是否满意。
- 在儿童表现出基本的性别同一性的时候，他们开始知道一些性别角色刻板印象。到了 10~11 岁，儿童对男性和女性人格特质的刻板印象可与成人相当。起初，刻板印象被视作强制的惯例，但到了儿童中期，儿童对性别的看法会变得比较灵活，之后，在**性别强化**的青少年期，他们对性别的看法再次变得更加僵化。
- 甚至在形成基本的性别同一性之前，很多学步儿就表现出对性别类型化玩具与活动的偏好。到 3 岁时，他们表现出了**性别隔离**，喜欢与同性别的伙伴玩，形成了对异性同伴的明显偏见。男孩比女孩面临着更大的性别类型化压力，他们更快地形成对性别类型化玩具与活动的偏好。

性别类型化与性别角色发展理论

- 进化论者认为，性别差异与基于性别的劳动分工随着时间而进化，因为男性和女性在人类历史进程中面临着不同的进化压力和挑战。相比之下，**社会角色假说**的支持者则把这些差异归因于男性和女性所扮演的社会分配的角色的不同。
- 莫尼和埃拉尔特的生物社会理论强调出生前的生物性发展及其对儿童社会化的影响。基因在一定程度上影响了个体对性别类型化玩具和活动的偏好以及男性化和女性化的自我概念。**双性化女性**的行为显示，孕期的激素水平也影响着游戏风格和活动偏好的性别差异。但是，一些被当作异性抚养的儿童（例如患有**睾丸雌性化综合征**的儿童）的发展，以及一些跨文化比较表明，社会标签与性别角色社会化在决定人的性别同一性与角色偏好方面发挥重要作用。**心理生物社会模型**解释了生物影响和社会影响怎样相互作用而导致了行为的性别差异。

- 弗洛伊德认为，在发展的**性器期**，儿童为了摆脱**俄狄浦斯情结**或**恋父情结**而认同其同性别的父母，从而逐渐实现性别类型化。但是，一些研究并不支持弗洛伊德的理论。
- 与社会学习理论一致，通过**直接教导**（或差别强化），儿童形成了最早的性别类型化玩具与活动偏好。随着学前儿童注意到两个性别的榜样，并日益意识到性别刻板印象，观察学习也可以促进性别类型化。
- 科尔伯格的认知发展理论声称，儿童是自我社会化者，他们必须经历**基本的性别同一性**和**性别稳定性**，才能达到**性别一致性**，这时，他们开始有选择地关注同性别榜样，逐渐实现性别类型化。然而，研究一致表明，性别类型化的开始时间比科尔伯格认为的早得多，而且性别一致性的测量结果并不能预测性别类型化的程度。
- 根据马丁和哈尔弗森的性别图式理论，已经建立基本性别同一性的儿童会建构"**群内/群外图式**"与**自我性别图式**，并以此作为脚本来加工与性别相关的信息，使自己社会化为某种性别角色。与图式一致的信息被搜集和保留，与图式不一致的信息则被忽略或扭曲，从而使那些无根据的性别刻板印象得以一直存在。
- 对性别类型化的最好解释是一种折中的整合理论，它认识到生物社会理论、心理生物社会理论、社会学习理论、认知发展理论以及性别图式理论所强调的那些过程对性别角色的发展都起作用。

心理上的雌雄同体：21 世纪的一种趋势？

- "男性化"和"女性化"的心理属性一般被认为处在同一维度的两端。然而，关于性别角色的一个"新观点"认为，男性化与女性化是两个独立的维度，**双性化**者拥有很多受赞许的男性化和女性化特点。研究表明，双性化的人确实存在，他们比较受欢迎且适应良好，和传统的性别类型的人相比，他们可以适应更广泛多样的环境要求。但是，在儿童期和青少年早期，双性化可能不具优势，此时，性别类型化和性别满意度等同一性方面可以预测适应性的心理社会结果。
- 通过强调人的性别与生殖之外的领域无关，鼓励和模仿异性和同性的活动，强调并讨论儿童已获得的无根据的性别刻板印象的反面信息，父母和老师（尤其是男性）可以防止僵化的性别类型化。

性欲望和性行为

- 开始于青春期之前的激素变化会带来性冲动的增多和恰当控制**性欲望**的需要，这个任务对那些被同性伙伴吸引的青少年来说尤其困难。近年来，性态度变得越来越自由，现在的大多数青少年认为，有爱的性是可以接受的，他们拒绝性行为的**双重标准**。青少年的性活动也有所增多，而女孩性行为的变化比男孩更大。
- 大量的性活跃青少年未能有效地采取避孕措施，因而使自己处于感染性疾病或怀孕的风险中。
- 少女怀孕和生子是美国的一个重要社会问题。未婚青少年妈妈大多很贫穷，在心理上也没有做好当妈妈的准备，她们往往会辍学，使自己长期陷入经济困难。而她们的不良教养方式会给孩子带来很多情绪问题以及认知缺陷。
- 在家庭中对性和生殖健康问题进行讨论，结合父母对青少年子女活动的合理监控，改进性教育和避孕服务，以及诸如强调生活技能训练的"青少年主动帮助服务项目"，有助于降低性行为风险及少女怀孕的比率。

第9章

攻击性和反社会行为

2007年4月16日，美国弗吉尼亚理工大学英语专业的23岁学生赵承熙，有条不紊地制造了一起美国历史上最严重的恶性枪击事件。在他饮弹自尽前，两个半小时的枪击案共造成32人死亡，17人受伤。早上7点刚过，赵承熙先在宿舍枪杀了两名学生，然后离开宿舍，把一个含有文字、照片和录像记录的文件包通过电子邮件发给美国全国广播公司（NBC）新闻节目组。之后，他来到教学楼，用锁链锁住三扇大门，并开始向毫无防备、惊恐无助的学生和教职员工开枪射击。赵承熙的背景很糟糕，饱受抑郁和选择性缄默症（一种抑制个体表达自我的严重社交焦虑障碍）的困扰。像许多其他校园枪击案的罪犯一样，这种社会适应不良使他在童年中期和青春期初期常常遭受同伴的嘲笑和欺凌；在弗吉尼亚理工大学，他曾有过骚扰女生的异常行为；在写作和课堂活动中，他喜欢表达一些令人不安、有时甚至是暴力的主题。显然，赵承熙是一个因严重心理健康问题而饱受折磨的年轻人（Wikipedia, 2007）。

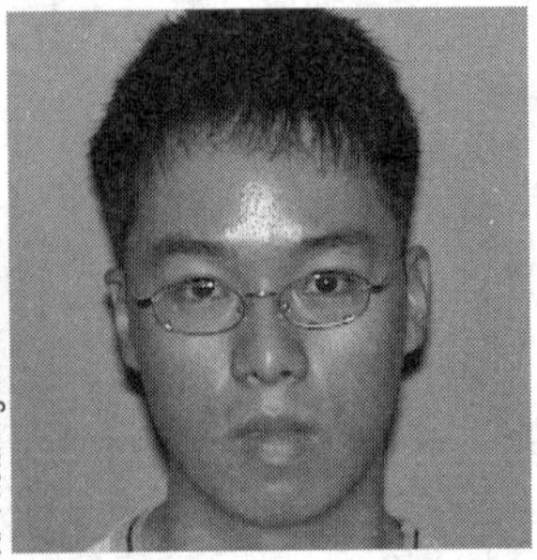

图片 9.1 赵承熙

赵承熙的恐怖暴行发生之后，来自世界各地的人们向弗吉尼亚理工大学表达了同情和支持。不可否认，赵承熙的行为是极端的，但在人类随处可见、比比皆是的攻击和其他各种反社会行为中，可能还算不上非同寻常。我们只须看看晚间新闻，就能看到绑架、枪战和谋杀等各种严重的暴力事件，这些可都是NBC《晚间新闻》的主播布莱恩·威廉姆斯及其在广播网和当地新闻机构的同事们的日常报道。艾略特·阿伦森（Aronson, 1976）曾描述过一本书，这本书堪称极简世界史，它用10~15页的篇幅按年代顺序列举了人类历史上最重要的事件。也许你能猜到它是如何描述的：一场接着一场的战争，中间夹杂着一些其他事件，诸如耶稣的诞生以及印刷机的发明。如果一个外星人以某种方式获得此书并破译它，他/她可能会得出结论，认为我们人类是充满敌意的、反社会的生物，应该避而远之。

是什么使得人类具有攻击性？大多数脊椎动物并不试图杀死自己的同类，而我们人类有时却会这样做。攻击倾向是人类本性的一部分？或者更准确地说，它是儿童必须习得的吗？有利益冲突的人们有希望实现和平共处吗？如果有，如何才能防止、改善或控制攻击性以及其他形式的反社会行为？这些都是本章将要讨论的问题。

什么是攻击性

我们大多数人都有一个内隐的攻击性定义。几乎每个人都认为强奸是一种暴力和攻击行为；但是两厢情愿的伴侣之间热烈而激情的做爱则通常不被认为是攻击行为。我在课堂上讲到攻击性这一主题时，要求学生们用自己的语言来定义它，同学们毫无例外地会就何谓攻击性展开争论，议论哪些行为应该被看作攻击行为。出现这些争论不足为奇，因为社会科学家们已经为类似问题争论了六七十年。我们现在来讨论攻击性的一些常见定义。

攻击性是一种本能

攻击性可能是一种本能，即人类本性的一种基本成分吗？弗洛伊德认为是的，他把**死的本能**（Thanatos）描述为导致所有人类产生攻击性能量的因素。弗洛伊德对攻击性持有一种“水压式”的观点：当敌意的、攻击性的能量增长到临界水平时，它就会以某种形式的暴力和破坏性行为倾泻出来。

持此观点的不止精神分析理论家。著名的习性学家康拉德·洛伦兹（Lorenz, 1966）把攻击性描述为一种好斗本能，它是由环境中的某些“诱发”线索引起的。罗伯特·阿德里（Ardrey, 1967）在其著作《非洲起源》一书中甚至暗示，人类“是天生就喜欢用武器杀戮的掠夺者”（p. 322）。虽然精神分析理论和习性学观点在攻击性问题上存在一些重要的差异，但两种学派都认为，攻击性和反社会行为是由天生的暴力倾向造成的。

攻击性的行为定义和意图定义

大多数行为主义理论家都反对用本能论来解释暴力和破坏性行为。他们把人类的攻击和反社会行为看成一种特殊的目标驱使行为。阿诺德·巴斯（Buss, 1961）提出了一个被频繁引用的**攻击性的“行为”定义**（“behavioral” definition of aggression），把攻击行为界定为“一种把有害刺激传送给另一个有机体的反应”（p. 3）。

可以看出，巴斯的定义强调行为的后果而非行为者的意图。根据巴斯的理论，任何把痛苦或不适施加给另一个生命体的行为都被视为攻击性。但是，当牙医在我们的牙齿上钻孔，给我们带来痛苦时，我们中有多少人会认为他们具有攻击性？当一个笨拙的舞伴踩到我们的脚时，我们能说他/她具有攻击性吗？如果一个狙击手未能击中目标，难道我们就因为他没有给他人造成身体伤害而说他不具有攻击性吗？

虽然你有不同意以上说法的自由，但多数人会认为，狙击手的行为具有攻击性，而牙医和舞伴的行为则属于不小心或意外。在做此归因时，人们依赖的是**攻击性的意图定义**（intentional definition of aggression），它意味着，攻击行为是在另一生命体力图回避伤害的情况下，仍然对其做出有意伤害或损伤的任何形式的行为（Dodge, Coie, & Lynam, 2006）。请注意，这种根据意图来界定的攻击性把一切故意制造伤害但未达到目的的行为也定义为攻击行为（例如，没有击中目标的暴力踢打），同时排除了那些意外伤害或活动，例如在嬉闹游戏中，参与者都乐在其中而没有伤害他人的意图。

攻击行为通常分为两类：**敌意性攻击**（hostile aggression）和**工具性攻击**（instrumental aggression）。如果攻击者的主要目的是伤害或损伤受害者（无论是身体的、心理的伤害，还是毁坏其产品或财物），他们的行为就是敌意性攻击。相反，工具性攻击是指一方只把伤害另一方作为一种获得非攻击性结果的手段（例如，把一个玩伴推倒，同时抢他的糖果）。显然，同样的外显行为根据情境可归为敌意性攻击或工具性攻击。如果一个小男孩打他的妹妹，还因为她哭而奚落她，我们可能认为这是敌意性攻击。但是，如果这个男孩是要抢夺妹妹正在玩的玩具，那么同样的行为又可以被视为工具性攻击（或是兼具敌意性攻击和工具性攻击）。

有些人批评把攻击性划分为敌意性攻击和工具性攻击的这种做法，因为我们通常很难分辨一个伤人者是否有伤害的意图，更不用说去确定年龄较大的儿童、青少年或成年人的攻击行为是敌意的还是工具性的（Tremblay, Hartup, & Archer, 2005）。例如，班杜拉（Bandura, 1973）曾描述过一个青少年团伙，他们经常在街上攻击无辜受害者。但是，团伙成员并不一定是为了"寻求刺激"而攻击他人（敌意性动机）；他们被要求至少打过 10 个人才能成为该团伙的正式成员（工具性目的）。因此，看上去很明显的敌意性攻击行为，实际上可能受到隐藏的强化事件所控制。

总之，敌意性攻击和工具性攻击之间的区别并不像我们想象的那么明显。但无论如何，这种划分仍是有意义的，因为发展心理学家们发现，这两种攻击性是在不同时期出现的，往往有不同的发展前因，而且它们对个体未来的个人和社会适应也有不同的意义。

攻击性是一种社会判断

虽然我们已经讨论过，好像有一类故意的行为，几乎所有人都会给它贴上

“攻击性”的标签，但这种观点是完全错误的。班杜拉等人（Bandura, Parke, & Slaby, 1983）令人信服地证明，“攻击性”实际上是一种社会标签，我们根据这些行为对自身意义的判断，将其应用于不同的行为。人们对某一行为是否是攻击行为的解释取决于社会、个人和情境等很多因素，其中包括我们自己对攻击性的看法（这会因我们的性别、文化、社会阶层和已有经验的不同而不同）、行为反应发生的情境、反应的强度、参与其中之人的身份和反应，等等。因此，一个高强度的反应，比如用右手对某人的下巴重重一击，比同样但较温和的动作更容易被贴上攻击性的标签，因为我们可能把后者解释为闹着玩，甚至是一种情感表达（Costabile et al., 1991）。射杀一头鹿，在一个持和平主义的素食者看来，要比一个持有美国步枪协会会员证的肉食者认为的更加暴力，更具攻击性。儿童之间的扭打，如果有人在这一过程中受伤，就更容易被贴上攻击性的标签（Costabile et al., 1991）。正如我们从专栏 9.1 中所看到的，事件参与者的身份在决定我们对其攻击意图的印象方面起着重要作用。

总之，攻击性在一定程度上是一种社会判断，是我们对观察到或经历过的看似损害或破坏性的行为做出的社会判断。我们可以认为攻击性是故意挫败、伤害、损伤或掠夺他人的行为，但是我们要意识到，推断行为者是否有伤人意图的依据，实际上会因感知者、作恶者、受害者以及背景和情境的不同而不同，因此可以肯定，人们对发生了什么以及它是否算得上攻击，往往持有不同的观点。

攻击性的理论

现在你可能会认为，上述每一种攻击性定义都是基于某种理论的。下面，我们将介绍几种用于解释人类攻击性的理论。

本能论

弗洛伊德的精神分析理论　通过回顾恐怖的第一次世界大战，弗洛伊德提出，人类生来就有死的本能，它试图结束生命，是一切暴力和毁灭行为的基础。从食物中获取的能量有可能逐渐汇聚为攻击能量，而这些攻击欲望必然会周期性地发泄出来，以免其增长到危险水平。弗洛伊德认为，攻击能量可以用社会可接受的方式释放出来，例如充满活力的工作或游戏；也可以通过不被期望的

专栏 9.1 研究聚焦

成人对嬉闹游戏的反应：男孩就是男孩，但女孩是攻击者

想象冬天一个下雪的午后，你正走在街上，碰巧看到一个孩子正在跑着、跳着向同伴扔雪球。你会怎样解释这件事？你的判断会受扔雪球者和接雪球者身份的影响吗？如果都是男孩你会怎么想？都是女孩呢？一个男孩和一个女孩呢？

约翰·康德利和大卫·罗斯（Condry & Ross, 1985）做了一项有趣的实验，想看看成人怎样解释不同性别儿童之间的嬉闹游戏。先给实验参与者看一段录像，两个孩子在雪地里玩，但是由于都穿着防雪服，分辨不出性别。游戏很快就变得很粗野，一个孩子（目标儿童）向另一个孩子（接受儿童）使劲地扔雪球，扑过去并用雪球击中那个孩子。看录像之前，分别告诉 4 组成年参与者这两个孩子：（1）都是男孩；（2）都是女孩；（3）目标儿童是男孩，接受儿童是女孩；（4）目标儿童是女孩，接受儿童是男孩。看完录像，让参与者在两个维度上评价目标儿童的行为：（1）目标儿童向接受儿童发起的攻击行为的数量；（2）目标儿童的行为在多大程度上是正性的、嬉戏的和友好的。

结果很有趣。从下图可以看出，当把目标儿童和接受儿童都说成是男孩时，目标儿童的嬉闹行为很少被说成是攻击性的，反而被认为是一种友情的表示。平时，我们看到两个孩子在“打闹”，如果都是男孩，我们会说“男孩就是那样”，所以不会去干预。相反，男孩和女孩之间的嬉闹行为肯定会被说成是攻击行为。注意，不管行为的接受者是女孩还是男孩，女孩目标儿童高强度的行为都会被认为具有很强的攻击性！康德利和罗斯总结了这些数据后说，“这可能不公平，也的确不平等，但是从本研究的结果来看，人们在判断男孩和女孩的攻击行为方面确实存在差异”（p. 230）。

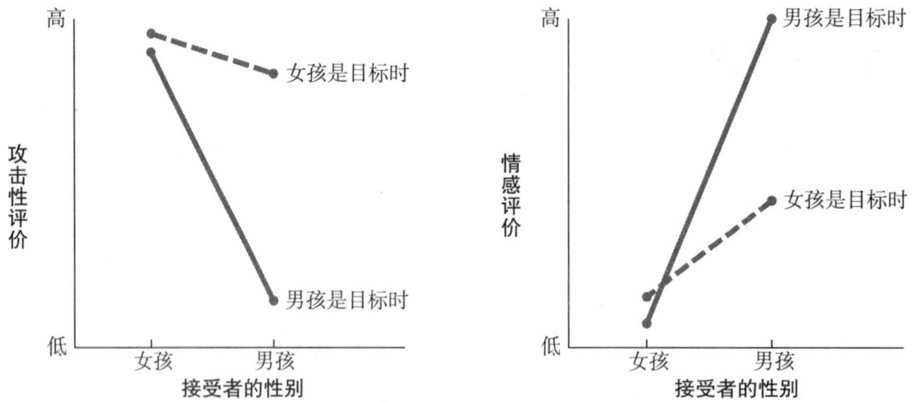

目标儿童和接受儿童的性别不同时，对目标儿童行为具有的攻击性和情感的评价。

资料来源：Condry, J. C., & Ross, D. F. 1985. Sex and aggression: The influence of gender label on the perception of aggression in children. Child Development, 56, 225–233. © 1985 by The Society for Research in Child Development. Reprinted by permission of Blackwell Publishing.

方式发泄出来，例如侮辱他人、打架或毁坏财物。弗洛伊德有一个有趣的观点，他认为攻击能量偶尔会指向内部，导致某种形式的自我惩罚、自残甚至自杀。

大多数当代精神分析理论家仍坚持认为攻击性是一种本能驱力，但是不同意弗洛伊德所说的我们怀有指向自身的死的本能的观点。也许，每当我们试图满足需要时而受挫，或遭遇另一些阻碍自我功能发挥的威胁时，本能的攻击倾向就会出现。这样看来，攻击驱力具有适应意义：它们帮助个体满足基本需要，因而能促进生命而不是自我毁灭。

洛伦兹关于攻击性的习性学理论 关于攻击性的第二个本能论观点源自习性学家康拉德·洛伦兹。洛伦兹（Lorenz, 1966）认为，人和动物都有基本的指向同类的争斗（攻击）本能。像精神分析理论学家一样，他也把攻击性看作一个能产生自身能量的水压式系统。但是他认为，攻击冲动会持续增强，直到有了合适的释放刺激才减缓。

哪些刺激可能会引发攻击行为？这些攻击性表现又发挥什么功能？洛伦兹认为，一切本能，包括攻击性，都服务于一个基本的进化目的：确保个体和种系的生存。因此，当一只动物进入另一只动物的领地时发生的争斗被认为是适应性的；它使动物个体分散在广阔的领域，以免大量动物聚集在一处导致食物资源耗尽而饿死。动物也会为了保护它们的幼仔而抵御外来入侵者，使它们生存、成熟和繁殖。最后，种系内部雄性间的争斗决定了哪些雄性能和有限的雌性交配。由于强壮的雄性通常在这些争斗中会获胜，种系内的攻击性确保了群体中最强悍的成员得以繁衍后代。

从习性学的角度看，攻击性可以帮助大多数种系获得生存，因为它们在进化中形成了五花八门的“本能的抑制性”，防止同类自相残杀。例如，许多鱼类会进行一些“威胁性”的表演或仪式化的攻击活动，其中一个参与者会在不严重伤害对手的情况下“获胜”。同类的鸟很容易互相残杀（或互相啄伤眼睛），但是鸟儿们很少这样做。狼通常会避免互相残杀，在争斗时，失败的狼会发出“信号”，把自己的咽喉毫无保护地伸到胜利者嘴边以示认输。

根据洛伦兹的理论，人类杀害自己的同类，是因为人对攻击本能控制得很差。由于人类在史前时期缺乏与生俱来的杀伤工具（如利爪或尖牙），因此不需要进化出本能的抑制性来防止伤害或杀死其他人。但是人类却在智力上得到进化，发明了毁灭性的武器，并且由于缺乏天生的抑制性而乐此不疲地用这些致命武器打击敌人。洛伦兹指出，缺乏对攻击性的抑制，加之毁灭性武器的发展，这些都给人性带来极其严重的挑战：我们现在必须非常努力地把我们的攻击冲动导向社会可接纳的追求上来，否则我们就要面对人种濒临灭绝的现实这种可能。

对本能论的评价 人们常常辩称，攻击性的本能论解释价值有限。例如，“一切攻击性都源自天生的本能力量”这种观点很难解释为什么有些社会比另一些更具攻击性。在一些文化中，如新几内亚的阿拉佩什人、喜马拉雅山脉的雷布查人和刚果的俾格米人，他们都用武器获取食物，但是很少发生族内攻击。当外来者入侵时，这些爱好和平的人会撤退到敌人难以接近的地区，而不是抵抗和战斗（Gorer, 1968）。虽然这些观察不能排除生物因素影响攻击性的可能，但是这些发现对人类本能地具有攻击性这一理论提出了强烈的质疑。

迄今为止，还没有神经生理学的证据表明身体会产生或积聚攻击能量（Gilbert, 1994; Scott, 1992），也没有可靠证据表明人类攻击性之普遍是由于我们缺少天生的、本能的可阻止伤害他人的抑制性。相反的证据倒有不少。例如，马丁·霍夫曼（Hoffman, 2000）认为，人的**共情**（empathy，也译作同理心）能力及其促发的同情心就是人类进化的产物，而且是（或能够成为）抑制攻击性的有力因素。班杜拉（Bandura, 1973）也指出，人类不需要像动物那样用露出咽喉或其他信号来平息攻击行为；人类进化出更复杂的系统——语言，用它来解决争端，而不是诉诸攻击行为。

在控制人类的攻击性的前景问题上，人类习性学家和现代进化论者远不像洛伦兹和弗洛伊德那样悲观（Buss, 2000; Gilbert, 1994）。对儿童游戏群体的习性学研究（Sluckin & Smith, 1977; Strayer, 1980）显示，3~5 岁的儿童就已经形成了适当而稳定的支配等级（根据在冲突情境中谁支配谁而定），而且知道在发生冲突时谁会支配他们或服从他们。斯特拉耶（Strayer, 1980）提出，这些支配等级的作用就是把攻击性减到最小，猿和其他物种也有相似的等级，能把争斗减到最小，并促进社会适应。斯特拉耶的观点显然是正确的。在有这些支配等级特征的游戏群体中，受到攻击或被支配的儿童很少反击或求助于老师和同伴。相反，那些不处在支配地位的儿童常常通过走开或向支配者做出某种和解动作来结束争端。例如，主动要求和对方做朋友，要求共享引起争端的财物，甚至友好地拍拍对方（Sackin & Thelen, 1984）。因此，儿童不仅能够成功地在争端上升到暴力和相互攻击之前结束它，而且他们在很小的时候就会这样做了。

即便人类有本能的攻击性，个体的攻击倾向也很容易受到社会经验的影响。看看有关动物的文献，我们会发现，猫在通常情况下会吃老鼠，很多人把这种行为称作本能行为。但是，如果把小猫和老鼠一起喂养，日后就算将其暴露在激烈的猫科动物吃鼠类的榜样中，这些猫也很少吃老鼠（Kuo, 1930）。这一观察充分表明，被认为是本能的攻击行为，通过社会学习可以大大地得到缓解，甚至消除。基于这一原因，很多理论家现在认为，人类的攻击行为，无论其基本来源是什么，都能通过学习得到矫正，而费尽心机地猜测其可能的生物进化意义，倒显得没有多少价值（Bandura, 1973; Baron & Richardson, 1994）。

学习理论

耶鲁大学的约翰·多拉德及其同事不再执迷于攻击性的本能论，他们很早就提出了一种影响深远的关于攻击性的学习理论，即著名的**挫折/攻击假说**（frustration/aggression hypothesis）（Dollard et al., 1939）。这一假说有两个基本命题：（1）挫折（目标导向行为受阻）必然导致某种形式的攻击性；（2）攻击性必然由某种形式的挫折引起。

这一简单的理论很快就暴露出明显的问题。举个例子，第4章讲到，由于失去对物体的控制力而受挫哭泣的小婴儿会变得非常愤怒，拼命挥动他们的四肢，但并没有伤害别人的意图（Sullivan, Lewis, & Alessandri, 1992; Sullivan & Lewis, 2003）。简言之，受挫并不总是导致攻击。甚至3岁的儿童在因受挫而更多地发脾气和愤怒时，也不会出现攻击反应（Goodenough, 1931）。那么，我们能说所有的攻击行为都是由某种挫折引起的吗？莱昂纳德·贝尔科维茨（Leonard Berkowitz）一定不会这样认为。

贝尔科维茨修正后的挫折/攻击假说 贝尔科维茨（Berkowitz, 1965）声称，受挫只是使我们愤怒，并导致一种“攻击行为预备状态”。其他很多因素也会导致愤怒，例如被人挑衅或受到攻击，以及过去养成的攻击习惯，都可能增强个体对攻击性的预备性。他指出，即使考虑到个体对攻击性的预备性，如果情境中没有“攻击性线索”，攻击反应也不会发生。攻击性线索是指一些刺激是“……和当时或以前的愤怒诱发因素有关联的东西，……它在一个预备好了的人身上*诱发攻击反应*”（1965, p. 308）。根据贝尔科维茨的假设，攻击性线索必须在愤怒的个体表现出攻击性之前出现。但是我们从图9.1中看到，贝尔科维茨（Berkowitz, 1974, 1993）后来修正了自己的观点，即不论是否存在攻击性线索，一个*极端*愤怒的人都可能表现出攻击性。

请注意贝尔科维茨理论的预期，攻击性具有个体差异：当暴露于攻击性线索中时，那些攻击性已经根深蒂固的儿童，与还未稳定养成攻击习惯的儿童相比，应该更倾向于表现出攻击性。但是，到目前为止，贝尔科维茨最受争议的观点是**“攻击性线索”假设**（“aggressive cues” hypothesis），即以前与攻击性

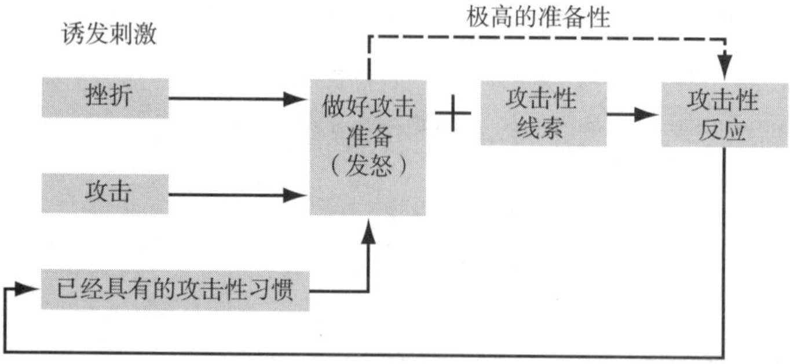

图 9.1 贝尔科维茨修正后的挫折 / 攻击假说

资料来源：摘自 Berkowitz, L. 1974. Some determinants of impulsive aggression: Role of mediated association with reinforcement for aggression. Psychological Review, 81,165–176. Adapted by permission of the American Psychological Association。

有关的事物或事件的经历，都将会在以后起到线索作用，从而增加年幼儿童之间的相互攻击。像枪、坦克、橡塑士兵以及其他一些象征性的毁灭性玩具也有这些效果吗？

回答是肯定的。在一项经典研究中，西摩·费什巴赫（Feshbach, 1956）让 5~8 岁的儿童在教室里参加结构性游戏。在这些游戏中，有的是围绕攻击性主题的，例如海盗和士兵；有的是中性主题，如马戏团、农场活动和开商店。然后一位观察者记录这些孩子在自由游戏时间的攻击性互动行为，并把每种行为标记为*主题式攻击*（以前游戏情境下的适当行为，例如挑战对方的海盗），以及*不适当攻击*（言语辱骂或身体殴打等超出一般游戏的行为）。不出所料，那些玩攻击性玩具的儿童表现出的主题式攻击行为最多。相比于玩中性玩具的同伴，这些儿童也参与了大量的不适当攻击（See also, Turner & Goldsmith, 1976; Watson & Peng, 1992）。因此，那些鼓励攻击性的玩具的确会增加儿童在游戏中的敌意和攻击性互动。

总之，贝尔科维茨修正后的挫折 / 攻击假说认为，攻击行为来源于*内部力量*（愤怒、攻击习惯）和*外部刺激*（攻击性线索）的结合。虽然这一理论有助于解释为什么一个愤怒的人会表现出攻击反应，但是它很少提及攻击习惯的养成或不同刺激是怎样变成“攻击性线索”的。同时，一些理论家对贝尔科维茨模型提出了根本性的批评，他们指出，很多攻击行为并不是由于愤怒或生气，而仅仅是达成其他非攻击性结局的一种手段。此外，我们下面要讲到，攻击性线索对儿童行为的影响似乎更多地取决于儿童对这些刺激和事

图片 9.2 虽然这些小男孩玩得很开心，但是这些鼓励攻击性的玩具的确增加了儿童游戏群体中出现敌意互动的可能性。

件的解释（认知因素），而不仅仅是线索本身的存在。

班杜拉的社会学习理论 班杜拉关于攻击性的社会学习理论（Bandura, 1973, 1989）有几个方面值得注意。它是第一个强调认知对攻击性影响的模型。它把攻击性作为社会行为的一个类别，其形成过程和其他所有类型的社会行为是相同的。当大多数理论家关注引起攻击性的因素时，班杜拉已经先人一步试图解释攻击行为是怎样获得和保持的。

根据班杜拉的理论，攻击反应的获得有两条途径。首要的和最重要的方法是观察学习——一种认知过程，儿童关注并在记忆中保存他们见到的他人的攻击行为。第2章讲过，班杜拉的经典实验（Bandura, 1965）清楚地阐释了他的观点。儿童看到一个成人榜样殴打充气娃娃，就学会了他们所观察到的这种攻击反应，而且只要他们没有看到榜样因攻击行为受到惩罚，就有可能对充气娃娃做出类似行为。

儿童还可以通过直接经验习得攻击反应（或攻击习惯）。儿童的攻击行为若受到强化，以后就可能诉诸于攻击。例如，一个学前儿童发现，他可以通过武力打败同学，使他们屈服于自己的强压，从而轻易获得好玩的玩具。显然，这个儿童因此得到了想要的东西，其欺凌行为从而被强化。

攻击性是如何保持的 根据班杜拉的理论（Bandura, 1973），如果攻击行为多次给攻击者带来好处或能满足其目的，攻击行为就会得到保持（还可能变成习惯）。换言之，爱打架的孩子知道，诉诸武力是既管用又快捷的办法。

具有攻击性的儿童对武力带来的后果的确持有更多的积极预期。和不爱打架的同伴相比，他们：(1)更相信攻击会带来切实的奖赏（例如控制争夺的玩具）；(2)更加确信攻击使他们容易且成功地制止别人的有害行为；(3)更倾向于认为攻击会增强他们的自尊，并且冷漠地认为他们不会给受害者造成什么永久伤害（Crick & Dodge, 1996; Frick et al., 2003; Dodge, Coie, & Lynam, 2006）。较之非攻击性儿童，攻击性儿童更看重攻击的结果，即他们特别重视控制和操纵受害者的能力，而不关心他们可能给别人带来的痛苦，或者可能被同伴拒斥（Boldizar, Perry, & Perry, 1989; Crick & Dodge, 1996; Frick et al., 2003; Zakriski & Coie, 1996）。更有甚者，高攻击性的青少年容易聚集成团伙（或帮派），这就鼓励和强化了用攻击去解决冲突的行为（Dishion, Andrews, & Crosey, 1995; Poulin & Boivin, 2000; Tolan, Gorman-Smith, & Henry, 2003），他们会变得习惯于支配别人（或试图去支配别人），因此使攻击成为习惯性的和令其满意的行为。实际上，神经成像研究（de Quervain et al., 2004）揭示了攻击的积极成果根本不需要是有形的，它可以发生在神经层面。也就是说，成功的攻击行为激活了大脑中的快乐中枢，而这种愉快的神经激活可能会因为实现复仇或获得统治力而在心理上体验到内在的满足感（Dodge, Coie, & Lynam, 2006）。用班杜拉理论中的话说，这些攻击性个体“采用了一种自我强化系统，在该系统中，攻击行为是个体自豪感的源泉”（Bandura, 1973, p. 208）。托奇（Toch, 1969）的一段话恰如其分地说明了攻击性是如何自我强化的：

> 他说：“喂——你，伙计！”那小子站起来，我们再次把他打倒在地。我们把他打成肉酱……一旦我们开始了，我们就会废了这小子……直到把他送进医院。之后，我觉得自己就像是一个国王。你知道，就是那种感觉，“我是个男人，你别惹我。”……我觉得人人都在仰望我（pp. 91~92）。

总之，班杜拉认为，攻击习惯得到保持是因为：（1）有助于满足其他目标；（2）能作为结束他人有害行为的有效手段；（3）受到攻击性同伴的认可；（4）对攻击者来说甚至是内在奖励。

内部唤醒和攻击行为 请注意，班杜拉和其他攻击性理论家在一个很重要的方面存有差异：他把人类描述为基本上是理性的动物，攻击的主要目的是满足重要的个人目标；而不是把人类描述为反应性的动物，人类只能被一些“内部”驱力，诸如本能、挫折或愤怒所“驱使”。但是班杜拉承认，如果情境中有线索使人把唤醒解释为受挫或愤怒，那么任何类型的内部唤醒都会增加攻击的可能性。已有证据支持班杜拉的这些观点。与没有被唤醒的实验参与者相比，那些从体育锻炼或观看色情作品中体验到非敌意唤醒的实验参与者，若处于受辱或被挑衅的情境中，则更可能表现出攻击性增强（Geen, 1998）。由此可见，各种形式的内部唤醒都可能成为攻击性的催化剂，而非煽动者。

对班杜拉理论的评价 班杜拉是社会学习理论家，像其他学习理论家一样，他把攻击看成对攻击者具有工具性意义的行为。班杜拉对人类攻击性研究的主要贡献是：（1）关注攻击反应的获得和保持过程；（2）聚焦认知对攻击行为的影响，特别是他提出，个体对社会情境的解释（包括解释个体经历过的有唤醒作用的情境线索）决定着是否会在该情境中表现出攻击行为。然而，班杜拉夸大了这一情况，即具有高攻击性的儿童之所以表现出高频率的攻击行为，是因为他们认为攻击是实现其他目标有效的工具性策略。

为了便于说明，近来的研究将高攻击性儿童展示出来的攻击行为划分为两类：主动型攻击者和反应型攻击者。较之非攻击性的青少年，**主动型攻击者**（proactive aggressors）相信通过攻击会得到切实利益（比如控制争夺的玩具），而且相信通过支配其他儿童能够提高自尊，因为这些儿童一般在受到严重伤害之前就会俯首称臣（Crick & Dodge, 1996; Frick et al., 2003; Quiggle et al., 1992）。因此，这些主动型攻击者很像班杜拉所说的高攻击青少年，认为运用武力是实现个人目标的工具性策略。

相反，**反应型攻击者**（reactive aggressors）表现出较强的敌意性和报复性攻击。这些青少年对别人充满怀疑和戒备，常常认为别人是好斗的敌对者，应该用武力对付他们（Astor, 1994; Crick & Dodge, 1996; Hubbard et al., 2001, 2002）。这些鲁莽的个体与班杜拉的社会学习理论框架中的高攻击性儿童的模式不符，因为那些儿童非常关注攻击的工具性价值。他们更像贝尔科维茨所说的愤怒型攻击者。

在所有被认为具有高攻击性的儿童中，约 33% 属于反应型攻击者；另外 15%~20% 属于主动型攻击者，他们几乎没有表现出反应型攻击；其余 50% 介于主动型攻击者和反应型攻击者之间（Brendgen et al., 2006; Vitaro & Brendgen, 2005）。有趣的是，高攻击性儿童在加工社会信息时表现出明显的偏差，这导致了他们高水平的攻击性以及他们表现出的攻击性类型。当前关于儿童攻击性的一种理论——社会信息加工理论——可以预测并容易解释攻击行为的差异。下面让我们进一步了解该理论。

道奇的社会信息加工理论

肯尼斯·道奇（Dodge, 1986; Dodge & Pettit, 2003; Crick & Dodge, 1994）构想出了一个社会信息加工模型，用来解释儿童为何喜欢用攻击或非攻击的方式解决问题。举例来说，请想象你是一个 8 岁的孩子，在某种模糊的情境下受到了伤害：一个同伴从你课桌边走过，腿轻轻碰了一下桌子，说了声“哎哟”，结果把你花了好长时间快要完成的拼图搞乱了。当你快速评估损失时，你确实不知道为什么会这样，尽管你肯定被这件事唤醒了。你会做何反应？

道奇指出，儿童对上述情境的反应取决于图 9.2 所示的六个认知步骤或过程。如图所示，受到伤害的儿童要先对当时的线索进行编码和解释（损失到底是怎样造成的？损失制造者会做出什么反应？他是故意的吗？）。解释线索之后，儿童必须制定一个目标（去处理这一事件），形成并评估实现这一目标的可能策略，最后选择并实施一个反应。注意，该模型还指出了儿童的心理状态——他过去的社交经验（尤其是与伤害有关的社交经验）、社会期望、对社会规则的了解和调节情绪的能力——可以影响对该理论六个阶段中任一阶段的信息加工。

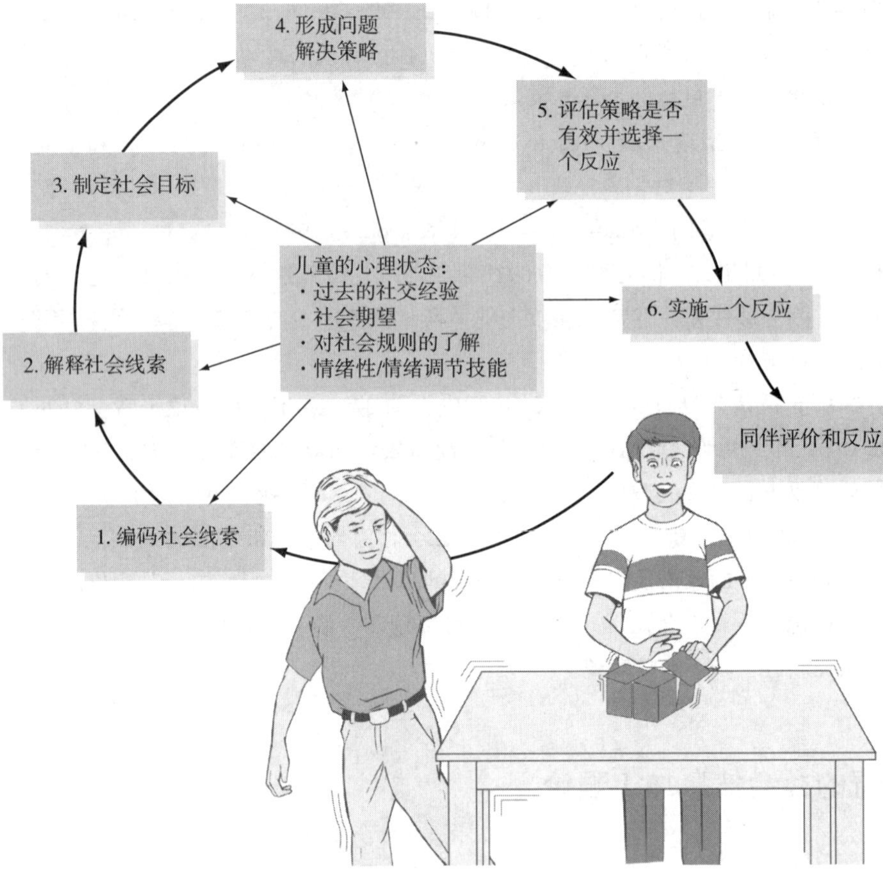

图 9.2 道奇的社会信息加工模型，描述了儿童在决定如何对伤害事件或其他社交问题做出反应时采取的步骤。这个男孩的作品被一个从他桌旁经过的男孩碰坏了，他必须先编码并解释社会线索（他是故意的还是不小心），然后沿着下面的步骤形成并实施对这一伤害事件的反应。

资料来源：Crick & Dodge, 1994; Lemerise & Arsenio, 2000.

根据道奇的理论，*反应型攻击者*有和同伴争吵的历史，他们的心理状态常常包括这样的预期："别人对我是敌意的。"因此，在模糊情境下受到伤害时（比如，一个粗心的同伴弄乱了他的拼图），他们较之非攻击性的儿童会更加倾向于：（1）想到并找到与这一预期相符的线索；（2）把对方行为归为敌意的；（3）立刻发火，迅速以敌意方式报复，而不去仔细想有什么更好的非攻击的解决办法。研究不仅一致表明反应型攻击者的确有过多的敌意归因（Crick & Dodge, 1996; Dodge, 1980; Hubbard et al., 2001, 2002），而且还表明了他们自身的这种敌意性报复会让老师和同伴逐渐不喜欢他们，进而形成与老师、同伴交往的负性经验（Pellegrini, Bartini, & Brooks,1999; Poulin & Boivin, 2000）。这会进一步强化他们的预期，即“别人对我是敌意的”（见图 9.3）。有趣的是，女孩和男孩一样具有反应型攻击行为，表现出同样的**敌意性归因偏差**（hostile attributional bias），对想象的或模糊的伤害事件做好了强烈的攻击准备（Crick & Dodge, 1996; Crick, Grotpeter, & Bigbee, 2002）。

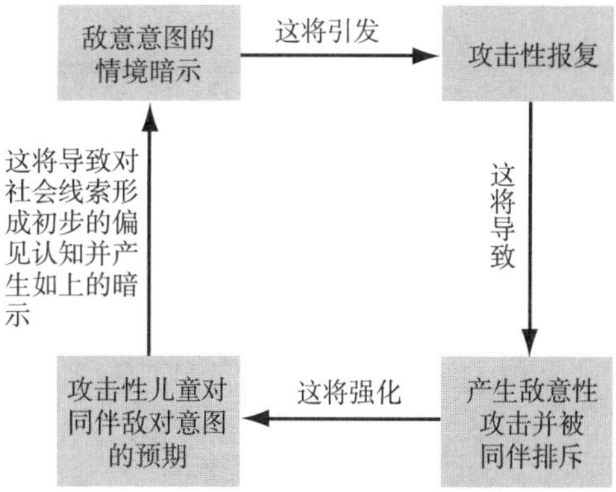

图 9.3　反应型攻击者对模糊情境下的伤害行为及自身行为结果的归因偏差的社会认知模型

主动型攻击者表现出不同的社会信息加工方式。由于这些儿童没有感到自己被人讨厌，甚至觉得很受欢迎，还有很多朋友（LaFontana & Cillessen, 2002; Rodkin et al., 2000），因此，当在模糊情境下有人对他们造成伤害时，他们不会立即把敌对意图归于这个人。但是，这并不意味着主动型攻击者就此不了了之。这些儿童对自身的评价往往好于对同伴的评价（Salmivalli et al., 2005），他们比非攻击性儿童更倾向于形成工具性的目标（例如，“我要教训那个粗心的家伙，以后从我旁边经过要小心点儿”），并冷静且有意识地决定：做出一种攻击反应可能是实现目标的有效办法。主动型攻击者似乎很擅长抑制在模糊挑衅情境下体验到的愤怒（Hubbard et al., 2002），看起来几乎是无情和冷酷的（Frick et al., 2003），尽管他们和同伴发生攻击性冲突时偶尔会表现出积极的情绪，如快乐或欢喜（Arsenio, Cooperman, & Lover, 2000）。他们的心理状态倾向于用攻击来解决冲突，因为他们期待着用武力换回的积极成果，而且他们觉得能够控制对手（Crick & Dodge, 1996）。

对道奇理论的评价　上述研究为道奇关于攻击性的社会认知理论提供的支持令人印象深刻。和班杜拉一样，社会信息加工理论家强调，儿童对挑衅和其他伤害事件的行为反应，往往取决于他们对情境的认知解释，而非客观伤害的数量。但是，社会信息加工观点远远超越这一基本前提，它阐明了具有不同心理状态和社会信息加工偏差的儿童，对挑衅和其他伤害事件的解释和反应也可能千差万别。换言之，它既阐明了贝尔科维茨的因“愤怒”而攻击，又阐明了班杜拉所强调的冷酷、精明的工具性攻击。

尽管这一社会认知模型有明显的优点，它最有用的地方是有助于我们理解儿童和青少年在特殊的社交情境中为什么会产生攻击行为，但是没有告诉我们儿童最初是如何变得具有了攻击性（或非攻击性）的，以及他们如何习得了信息加工偏差。幸好，社会性发展心理学家对儿童社会信息加工缺陷的原因已有更多的了解。例如，本章后面将讲到，作为反应型攻击基础的敌意性归因偏差，儿童可能很早就在家中与父母和兄弟姐妹的互动中表现出来了。

另一点重要的批评是，这种社会认知理论对情绪和情绪自我调节的关注不够。例如，那些困难型气质的儿童往往表现出冲动、注意力不集中、消极性情绪、自我调节能力差等特征，他们很容易表现出信息加工过程中的缺陷，以后在儿童期和青少年期表现出攻击性或其他反社会行为（Dodge, Coie, & Lynam, 2006; Eisenberg, Spinrad et al., 2004; Hill et al., 2006; Lemerise & Arsenio, 2000）。在这些问题上，社会信息加工模型虽然提供了新的启发，但是对全面解释儿童的攻击性和反社会行为还远远不够。

我们对攻击性的主要理论的回顾，大体指出了鼓动、激发和保持攻击行为的因素，以及有助于我们解释攻击行为个体差异的成因。下面我们来看看攻击性随年龄发生的变化，然后介绍一些影响攻击性的生物因素，以及使得攻击行为获得和保持的社会环境。

攻击性的发展趋势

儿童从什么时候开始表现出符合我们定义的攻击性行为？攻击性行为是如何随年龄变化的？这些就是本节要讨论的问题。

早期冲突与攻击性的起源

虽然小婴儿会生气，甚至偶尔也会打人，但是我们很难把这种行为看成一种攻击意图。皮亚杰（Piaget, 1952）描述过一件事，有一次，他用手挡住了 7 个月大的儿子劳伦特想要够的有趣的东西。劳伦特看都没看爸爸，就使劲地拍打皮亚杰的手，似乎这只手代表了一个必须被移除的障碍。

但是，这一景象很快就发生了变化。马琳·卡普兰等人（Caplan et al., 1991）发现，当一个孩子控制了另一个孩子想要的玩具时，即使 1 岁大的孩子，互相之间也会强硬起来。在卡普兰等人看来，一个孩子拥有一个玩具，这个玩具在其他婴儿眼里就成了更有价值的东西（明显的社会影响），即使旁边有同样的玩具，12 个月大的婴儿也会忽视这些玩具，试图制服同伴以便控制另一个孩子的玩具。显然，这些争斗中的威胁者把其他儿童视为了对手，而非无生命的障碍物。这一发现意味着，工具性攻击的种子在儿童1周岁左右就已经种下了（Hay, 2005）。在这段特定的时间内，即使从埃里克森的心理社会理论角度来看，攻击性的出现也是有道理的，因为1岁的儿童已经开始寻求自主了。因此，他们比更小的婴儿更倾向于投入与同伴的冲突中，以此来展现自己的意志（Alink et al., 2006）。

2岁的儿童因玩具而发生的**冲突**（conflict）和1岁时差不多（或略多），但很难说冲突和攻击是同义词，对学步儿来说也是这样。学步儿在1~2岁时表现出的身体攻击开始增多（Alink et al., 2006）。但是，他们也更善于用非攻击性的方式解决冲突。例如，卡普兰发现，2岁的儿童比1岁的儿童更可能通过协商或分享，而非互相打斗来解决争执，特别是当玩具紧缺时。因此，我们也许不需要通过训练来防止儿童用互相攻击的方式解决早期冲突。冲突具有适应意义，它创设情境，让婴儿、学步儿和幼儿学会在不诉诸武力的情况下协商并实现他们的目标，特别是当成人进行干预并鼓励儿童温和地解决冲突时（NICHD Early Child Care Research Network, 2001a; Perlman & Ross, 1997）。实际上，日本的母亲们特别不能容忍伤害行为，他们鼓励孩子为了促进社会和谐而压抑愤怒。因此，与美国儿童相比，日本的学前儿童很少因为人际冲突而愤怒，也很少以攻击的方式做出反应（Zahn-Waxler et al., 1996）。

与年龄相关的攻击性本质的变化

要想确定随年龄的增长儿童的攻击性是增多还是减少，这并不容易，因为2岁儿童表现出来的攻击或反社会行为与5岁儿童和8岁儿童或青少年不可相提并论。因此，研究者在考察与年龄有关的变化时，既要考察攻击行为的形式，又要考察引发攻击或反社会行为的情境。

学前期的攻击性 我们过去所知的关于学前儿童攻击性的变化，大多来自几个有限的研究，其中一项是由弗罗伦斯·古迪纳夫完成的（Goodenough, 1931）。她让2~5岁儿童的母亲用日记方式记录孩子表达的每一次愤怒、愤怒的原因和结果。另一项追踪研究由马克·卡明斯等人完成（Cummings et al., 1989），他们分别在儿童2岁和5岁时记录了成对儿童之间在游戏时的争执，试图查明儿童攻击倾向跨时间的稳定性。这些研究还结合了对父母的访谈资料（Alink et al., 2006; Baillageon et al., 2007），以及对学步儿、学龄前儿童和一年级儿童在实验室（Rubin et al, 1998）、幼儿园（NICHD Early Child Care

图片 9.3 幼儿的争执通常集中在玩具、糖果或其他喜欢的资源上，并被视为工具性攻击行为。

Research Network, 2001a, 2004a）和游戏场所（Hartup, 1974）的观察，得出了以下结论：

1. 一般性的暴躁脾气在学前期减弱，4岁后不再普遍。
2. 强力反抗行为（即攻击性）的发生率大多在3岁左右达到高峰，在整个学前期逐渐下降。但是，3岁后儿童对挑衅行为的报复性反应倾向明显增加。
3. 攻击性随年龄增长发生变化的方式至少有两种。2~3岁的儿童可能会打、咬和踢对方。这一年龄段儿童之间的争执大多与玩具和所有物有关，攻击通常是工具性的。较大的幼儿（以及小学低年级儿童）表现出的身体攻击逐渐减少，代之以嘲弄、奚落、散布谣言，或者起一些具有贬损性质的绰号。虽然大多数较大儿童的争执含有工具性目的（例如拿到玩具），但他们攻击冲突中的敌意性质的活动（主要意图是伤害别人）比率逐渐增高。

为什么5~6岁儿童间的攻击性互动没有2~3岁普遍？一种可能是，较大的学前儿童已能较好地调节愤怒和其他负面情绪，开始把父母（和幼儿教师）的行为规则加以内化（Kochanska, Coy, & Murray, 2001），这些规则会成为惩罚的提醒，如“好好跟别人玩，不要打架，要轮流玩（分享）”。此外，3~5岁儿童的语言技能快速发展，因此他们能更好地表达自己的需求、挫折和愿望，而不是只会和对手打架（Alink et al., 2006; Dodge, Coie, & Lynam, 2006）。这些发展使儿童从个人经验中懂得，比起使用武力，协商和分享既不痛苦，又能更有效地达到目的，还不会破坏同伴关系（Fabes & Eisenberg, 1992; NICHD Early Child Care Research Network, 2001）。

小学期的攻击性 在整个儿童中期，身体攻击和其他形式的外显行为问题继续减少，儿童的冲动性逐渐减弱，也更善于调节情绪，服从规则，用友善方式解决争执（Eisenberg, et al., 2004; Dodge, Coie, & Lynam, 2006; Loeber & Stouthamer-Loeber, 1998; Shaw et al., 2003）。

虽然工具性攻击和其他不守秩序的行为有所减少，但是敌意性攻击（特别是男孩）随年龄略有增长。为什么敌意性攻击会增长呢？哈图普（Hartup,

1974）的解释非常简明：较大儿童的角色采择更熟练，更善于推断别人的动机和意图。所以，如果一个同伴表现出故意伤害，小学生比学前儿童更可能觉察出这一攻击意图，并以敌意方式报复那个伤害者（Gifford-Smith & Rabiner, 2004）。

图片 9.4　随着儿童的成熟，他们的攻击行为中被视为敌意性攻击的比例逐渐上升。

有关儿童对伤害行为认识的研究和哈图普的观点基本一致。虽然当相关线索非常明显时，3~5 岁儿童能正确推断行为者的攻击意图，但是他们无论如何都不会像较大儿童或青少年那样善于解释这些信息（Nelson-LeGall, 1985）。在一项研究中（Dodge, Murphy, & Buchsbaum, 1984），让学前班、小学二年级和四年级的儿童分别判断一个因不小心而弄坏同伴搭的积木塔的孩子的意图，从敌意、友善或亲社会意图中选择一种。结果，学前班儿童正确判断行为者真实意图的比例不到一半（42%），二年级儿童的正确率要高些（57%），但不如四年级儿童（72%）更善于察觉意图。

需要注意的是，虽然 7~12 岁的儿童能够较容易地区分故意和非故意伤害（Dodge, 1980），却仍可能对任何挑衅行为，甚至他们明知的非故意行为，做出攻击反应（Sancilio, Plumert, & Hartup, 1989）。为什么呢？因为小学生（尤其是男孩）不愿谴责**报复性攻击**（retaliatory aggression），而往往将其看成对挑衅的正常反应（虽然并不一定合乎道德）（Astor, 1994; Coie et al., 1991）。因此，敌意性攻击随年龄增加的另一个原因是，同伴约定俗成地认可反击行为，他们认为这是对伤害事件的正常反应。

儿童期攻击的加害者和受害者　随着年龄增长，虽然多数儿童攻击性互动的情况逐渐减少；但是世界不同地区的追踪研究显示，一小部分儿童，大约 4%~7%，经常参与打斗以及其他攻击或反社会行为（Brody et al., 2003; Nagin & Tremblay, 1999; Shaw et al., 2003）。在 8~12 岁，一小部分儿童成为多数公开攻击事件的直接参与者。他们是什么人？在很多群体中，当事人是一小撮高攻击性的加害者，以及同学中 10%~20% 经常受欺凌的人（Olweus, 1993; Perry, Kusel, & Perry, 1988）。

我们可能至少都见过一名受害同伴，他们一次又一次地成为其他儿童敌意行为的目标。这些儿童是谁，又是谁把他们挑选出来作为虐待对象的？

美国新近的一项全国性研究，旨在对全美学校中的欺凌和被欺凌现象建档，该研究包括 15 000 名六至十年级的学生（Nansel et al., 2001），其结果很值得注意：

1. 17% 的学生报告在上学期间“有时”被欺凌，19% 的学生报告“有时”欺凌别人。这些学生中，6% 的人报告既被别人欺凌过也欺凌过别人。
2. 男孩比女孩更可能成为欺凌者和被欺凌者（虽然有其他研究者报告，在欺凌和被欺凌方面没有性别差异，见 Kochenderfer-Ladd & Skinner, 2002; Veenstra et al., 2007）。
3. 男孩更可能遭受身体欺凌，女孩更可能遭受言语欺凌和其他心理虐待（例如社会排斥，遭受谣言和恶意流言攻击）。
4. 欺凌在青少年初期最频繁（六至八年级），在城市、郊区和农村具有相同的普遍性。
5. 欺凌者更可能吸烟、喝酒，且学习差。

其他研究发现，欺凌（和被欺凌）在儿童早期出现得更多，这种较高的比例很难解释，因为 9 岁之前的儿童往往不能区分欺凌和一般打斗（Smith et al., 2002）。欺凌者经常和像他们一样爱打架的同伴在一起，他们会怂恿甚至协助、强化同伴的欺凌行为（Espelage, Holt, & Henkel, 2003）。友谊对维持欺凌活动很重要。研究发现，高攻击性的男孩和女孩会一起商定，哪些人应该成为受害者，他们大多会选择自己最好的朋友选定的受害者（Card & Hodges, 2006）。有意思的是，在青少年期，一些欺凌者相当受欢迎，被认为很“酷”，因为他们有能力（有手腕）使受害者（或其他人）服服帖帖地顺从他们（LaFontana & Cillessen, 2002; Rodkin et al., 2000）。但是，大多数惯于欺凌的人都不受同伴喜欢（Veenstra et al., 2005）。惯于欺凌的人常常在家里目睹成人间的冲突和攻击行为（例如激烈争吵，虐待配偶），但他们自己很少成为被攻击或虐待的对象（Dodge, Coie, & Lynam, 2006; Schwartz et al., 1997）。一些欺凌者的父母对孩子的攻击行为非常纵容，甚至鼓励他们骄横，遇到挑衅就坚决反击（Demaray & Malecki, 2003）。所有这些在家的经验告诉儿童，攻击能给欺凌者带来好处，他们把受害者看成“软柿子”，不经反抗就放弃自己的东西，或屈服于他们的支配。所以，惯于欺凌的人似乎因个人或工具性原因，反复欺凌那些受害者（Olweus, 1993），因此常被归为*主动型攻击者*。

尽管长期受欺凌的人一般都不受同伴的喜欢（Boivin & Hymel, 1997; Veenstra et al., 2005, 2007），但他们也不完全相同。多数**被动受害者**（passive victims）具有社交退缩、沉默、身体羸弱等特征，他们不愿意反击，很少做引起别人敌意的事情（Boulton, 1999; Olweus, 1993）。被动受害者中的男孩往往和母亲关系亲密，过分受保护，被鼓励表达恐惧和自我怀疑，这些会妨碍男性化特征的培养，使他们不为同班的男生接纳（Ladd & Kochenderfer-Ladd, 1998）。被动受害者中那些向成人（或同伴）求助的男孩，容易被看成是在挑起冲突，而不是有效地解决冲突，他们会更加疏远同伴，并且继续受欺凌（Graham & Juvonen, 1998, 2001; Nansel et al., 2004; Kochenderfer-Ladd & Skinner, 2002）。

图片 9.5 欺凌现象广泛存在于学龄儿童中，并对欺凌者和受害者双方都具有潜在的长期后果。

多项研究发现（Egan & Perry, 1998; Olweus, 1993; Perry, Kusel, & Perry, 1988），少数受害者属于**挑衅型受害者**（provocative victims），他们爱对抗，焦躁不安，性情暴躁，常常惹恼同伴，受欺凌时喜欢还击（往往不成功），并表现出反应型攻击者常有的敌意性归因偏差。事实证明，这些高对抗性的受害者会欺凌更消极的同伴，变成**欺凌者 / 被欺凌者**（bully/victims），他们比欺凌者和被动受害者更不受欢迎（Veenstra et al., 2005）。挑衅型受害者大多在身体和情感上受过虐待，或者在家里受过虐待，他们从这些经历中学会了把别人看作敌意对手（Dodge, Coie, & Lynam, 2006; Schwartz et al., 1997）。

很多长期受欺凌的儿童和青少年，如果他们把被欺凌的责任归于自己，没有朋友为他们伸张正义，帮助他们习得社交技能，形成积极的同伴认知，他们就会继续受欺凌（Graham & Juvonen, 1998; Hodges et al., 1999; Ladd & Troop-Gordon, 2003; Schwartz et al., 2000）。令人遗憾的是，受欺凌的儿童很难交到朋友，他们不但缺乏社交技能，而且他们想结交的那些儿童还会回避他们，怕因此在班里失去地位，导致自己也被欺凌（Nansel et al., 2001; Veenstra et al., 2005）。所以，被欺凌的儿童面临着各种适应问题，如孤独、焦虑、抑郁、自尊心下降，对学校越来越厌恶和逃避（Egan & Perry, 1998; Hawker & Boulton, 2000; Kochenderfer-Ladd & Wardrop, 2001; Troop-Gordon & Ladd, 2005）。但是，对长期受欺凌的儿童来说，离开学校后情况也不一定能好转，他们还会受到电子邮件、短信、诽谤网站和在线的“大满贯书”之类的骚扰或威胁，这些网

表 9.1 减少或管控电子欺凌的策略

- 严肃对待网络骚扰。如果电子欺凌包含人身威胁（尤其是死亡威胁），应立即报警。
- 保护好你的联系信息。在决定向什么人提供你的手机号码、短消息姓名和电子邮箱地址时，务必谨慎行事。
- 如果你在网上被骚扰，应立即退出网站。立刻把情况告知你信任的成年人。
- 不要回复骚扰信息。如果你收到电子邮件或短消息的骚扰，可屏蔽发送者的信息。
- 保存骚扰信息并转发给你的互联网或电子邮件提供商。大多数互联网服务商都有相应的使用规定，限制用户通过互联网骚扰他人。
- 当你知道他人在网上或通过手机骚扰某人时，要大胆说出来。大多数青少年更能听得进去同伴的批评。

资料来源：摘自 Raskauskas & Stoltz, 2007。

站会邀请其他人发布对受欺凌者的诽谤或侮辱性的评论（Raskauskas & Stoltz, 2007）。网络欺凌的结果可能是残酷的，例如近期的一个案例，梅根·迈耶是一个 13 岁患抑郁症的女孩，在遭到一个新结识的男人在网上公开诽谤和侮辱后，选择了自杀，而这个“男人”被证实竟然是一个女竞争对手的母亲（Pitts, 2007; 参见表 9.1 减少或管控对电子欺凌的策略）。如果这些结果还不足以振聋发聩，那么我们再看看美国发生的超过 40 起校园枪击案（尤其是哥伦比亚大学和弗吉尼亚理工大学）中施暴者的一个共同特征：他们都有过长期受同伴严重折磨和欺凌的经历（U.S. Secret Service as cited in Crawford, 2002; Wikipedia, 2007）。显然，我们迫切需要一些终止虐待的项目，通过干预，不仅要采取强有力的措施阻止欺凌，还要帮助被欺凌的儿童建立自尊，发展社交技能和支持性的友谊关系，这将改善他们在同伴中的地位，使他们不再成为欺凌者的目标（Dodge, Coie, & Lynam, 2006; Egan & Perry, 1998; Hodges et al., 1999）。本章后面会介绍一些干预研究的早期结果，这些干预考虑到了这些目标。

青少年期的攻击性和反社会行为 有关攻击性发展趋势的重要综述得出结论，打斗和其他明显、易察觉的攻击行为的发生率从童年中期到青少年期持续下降（Brody et al., 2003; Loeber & Stouthamer-Loeber, 1998），这一趋势在男孩和女孩中都存在（Bongers et al., 2004）。既然如此，那么我们又如何解释因攻击或其他严重暴力行为而被捕的事件在青少年期急剧增长的事实（Dodge, Coie, & Lynam, 2006; Snyder, 2003）？这些看起来不一致的发现可能反映了以下事实：（1）在身体攻击最严重的儿童中，5%~10% 的人有成为暴力青少年的危险（见 Broidy et al., 2003）；（2）在整个青少年期，他们的身体攻击增加，而不是下降（Loeber & Stouthamer-Loeber, 1998; Nagin & Tremblay, 1999）。这些自控力较低的个体变得很危险，因为随着年龄增长，他们越大也越强壮，而且比儿童期更容易接触到武器，因此，如果他们表现出攻击倾向，就可能造成严重的伤害（U.S. Department of Health & Human Services, 2001）。

最后一点：虽然随着年龄增长，多数青少年的外显攻击性明显减少，但他们的行为不一定变得更好。不仅更加隐蔽的社交排斥急剧增多，特别是进入青春期的女孩（Cairns et al., 1989; Crick et al., 1999; Galen & Underwood, 1997），而且，十几岁的男孩，还有少数女孩，变得更多地以间接方式（如偷窃、逃学、致瘾物滥用、恶意破坏财物以及不正当行为）来发泄其愤怒和沮丧（Broidy et al., 2003; Loeber & Stouthamer-Loeber, 1998; U.S. Department of Health & Human Services, 2001）。在美国的同龄人文化中，蔑视权威和违法行为在青少年期更容易被同伴接纳，一些无视法律的年轻人开始在同伴中占据更高地位（Miller-Johnson & Costanzo, 2004）。在美国，大约有 15% 的 17 岁男孩，因为某种不正当的反社会行为而被逮捕；然而在所有违法者中，被捕的人不到三分之一（Dodge, Coie, & Lynam et al., 2006）。在较小的程度上，女孩也参与其中。约 28% 的青少年被捕者是女孩（Snyder, 2003）；多达 12% 的美国女孩报告，她们在 17 岁前至少参加过一次暴力行为（Dodge, Coie, & Lynam, 2006）。因此，那些外显攻击性减少的青少年，大多只是转向了其他形式的反社会行为，以此作为与同伴沆瀣一气或发牢骚的手段。

攻击性是一种稳定的特质吗

我们已经知道，随着时间的推移，儿童表现出的攻击性 / 反社会行为的类型会发生明显的变化。但是攻击（或反社会）倾向又会怎样？具有攻击性的学步儿和幼儿在小学期仍然具有高攻击性吗？非常好斗的小学生会变成具有攻击性、反社会的青少年和成人吗？

如果我们考虑人口趋势，即使是 1~2 岁的婴幼儿，攻击性似乎也具有中等程度的稳定性（Alink et al., 2006）。不仅爱攻击的婴幼儿可能在 3~5 岁时仍然保持一定的攻击性（Alink et al., 2006; Baillargeon et al., 2007; Cummings, Iannotti, & Zahn-Waxler, 1989; Rubin et al., 2003），而且在芬兰、冰岛、新西兰和美国所做的追踪研究显示，儿童在 3~10 岁期间表现出的喜怒无常、脾气暴躁和攻击行为的数量，可以很好地预测他们以后的攻击性或其他反社会行为（D. Hart et al., 1997; Henry et al., 1996; Kokko & Pulkkinen, 2000; Newman et

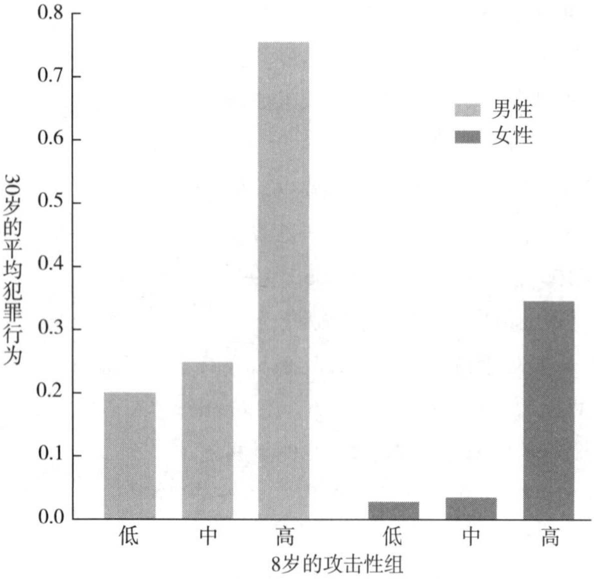

图 9.4 儿童期的攻击性对成年期男性和女性犯罪行为的预测

资料来源：Huesmann, et al., 1984.

al., 1997）。例如，洛威尔·休斯曼等人（Huesmann et al., 1984）对 600 个实验对象追踪了 22 年。如图 9.4 所示，8 岁时高攻击的儿童通常在 30 岁时更具敌意，他们可能殴打配偶和孩子，有犯罪记录。

当然，这些发现反映的只是群体趋势，并不表明所有高攻击儿童随时间的延伸都保持高攻击性，也不表明非攻击儿童会一直保持非攻击性。事实上，个体水平存在很多差异，一些追踪研究报告了四种生命轨迹（Broidy et al., 2003; Nagin & Tremblay, 1999; Shaw et al., 2003; 亦见图 9.5）。少数男孩（女孩更少）遵循**长期稳定轨迹**（chronic persistence trajectory），他们从儿童期到青少年期表现出较高的攻击性，并且攻击性水平逐渐提高。这些儿童最有可能在以后变得充满暴力，或表现出其他反社会行为。另一些人遵循**高水平终止轨迹**（high-level desister trajectory），起初表现出很高水平的攻击性，之后随着时间的推移而降低。第三种是**中等水平终止轨迹**（moderate-level desister trajectory），起先表现出中度程度的攻击性，从儿童期到青少年期，攻击和反社会行为逐渐减少。一些儿童（女孩多于男孩）表现出**无问题轨迹**（no-problem trajectory），从儿童期到青少年期一直表现出较低水平的攻击性及反社会行为。

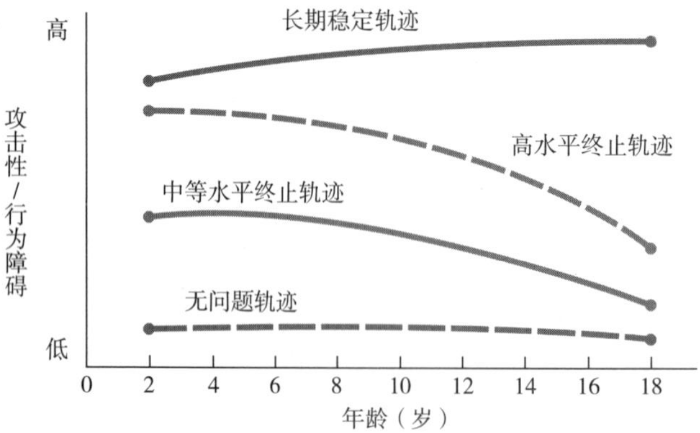

图 9.5 追踪研究报告的从儿童期到青少年期攻击性/行为障碍的四种常见发展轨迹

有研究者描述了第五种类型，即**后发（或限于青少年的）轨迹**（late-onset or adolescent-limited trajectory），该类型的人在儿童期相对平静，但到了青少年期变得更具攻击性和反社会（Aguilar et al., 2000; Brennan et al., 2003; Loeber & Stouthamer-Loeber, 1998; Moffitt, 1993）。这些后发青少年中的许多人在同伴群体活动中参与有害的犯罪行为和其他反社会行动，虽然他们并没有明显地和异类同伴文化纠缠在一起，且可能随着时间的推移退出或远离犯罪活动（Moffitt & Caspi, 2001; Patterson, Capaldi, & Bank, 1991）。

总之，随着年龄增长，有些人的攻击性比另一些人更具稳定性，在生命早期就表现出最高和最低水平（主要是身体上）攻击性的儿童，其稳定性最高。攻击性对很多人来说是一种相当稳定的特质，对此我们并不惊讶。不久我们将会看到，有些孩子可能天生就容易出现不良情绪和过激行为（Dodge, Coie, & Lynam, 2006）。同样甚至更重要的是，某些家庭情境是怎样成为培养攻击习惯的“温床”的。如果儿童在家里学会了对冲突做出攻击反应，日后在学校遇到类似问题时，他/她就可能以武力手段对待同学，使自己的攻击性受到强化；有些儿童的攻击会招致责骂、排斥或还击，这使其认定“同伴对我是敌意的”。不久以后，这些儿童会发现自己处在一个恶性循环中，就像图 9.3 描述的那样，这一模式会使他们的攻击倾向一直保持。

攻击性的性别差异

虽然攻击性对许多人（无论男女）来说是相当稳定的特质，但是来自世界 100 多个国家的数据显示，男孩和男人比女孩和女人更具有外显的（即身体和言语的）攻击性（Harris, 1992; Maccoby & Jacklin, 1974）。此外，在自然环境下开展的攻击性研究中，其性别差异的程度显著大于实验室研究中的情况（Hyde, 1984）。为什么男性和女性会在攻击性上存在差异？

生物学观点

根据麦考比和杰克林的研究（Maccoby & Jacklin, 1974, 1980），至少有四个理由可以推断生物因素在很大程度上导致了攻击性的性别差异。首先，在所有参与研究的社会中，男性几乎都比女性攻击性强。其次，身体攻击的性别差异出现得很早。近期一项研究发现，17 个月大的婴儿就存在这种性别差异（Baillargeon et al., 2007），因此很难将其单独归因于社会学习或父母的育儿方式。再次，与我们最接近的种系，如狒狒和黑猩猩，也是雄性的攻击性更强。最后，较高的雄性攻击性水平可以归因于其具有较高的睾酮水平，雄性性激素能增强活动，易致怒，因此助长了攻击行为。

动物实验为睾酮和攻击性之间的联系提供了可靠的证据。出生前就接触过睾酮的雌性恒河猴，后来表现出更多雄性特征的社会行为模式：它们威胁其他猴子，发起打斗游戏，试图像雄猴那样“骑在”同伴身上（Wallen, 1996; Young, Goy, & Phoenix, 1964）。相反，被阉割的雄性白鼠不能分泌睾酮，变得更消极被动，表现出雌性性行为（Beach, 1965）。

人类又会如何呢？丹·奥尔维斯等人（Olweus et al., 1980）发现，那些自我评价为具有身体和言语攻击性，且欺凌过别人的 16 岁青少年，其睾酮水平的确高于自我评价为不具有攻击性的男孩。而且睾酮水平特别高的男性，常有较多的犯罪记录以及虐待和暴力行为（Dabbs et al., 1995; Dabbs & Morris, 1990）。但是我们对 45 项研究的元分析揭示，睾酮和攻击性之间充其量有中度相关（Book, Starzyk, & Quinsey, 2001）。此外，还有一些原因使得我们必须谨慎地解释这些相关数据。首先，人类经历了漫长的社会化过程，不像动物那样完全受激素控制。艾伦·布斯等人（Booth et al., 2003）发现，那些觉得自己和父母亲密、被父母接纳的男性青少年，其睾酮水平和反社会行为无关。只有那些觉得自己和父母疏远的男孩，其较高水平的睾酮和反社会行为之间才有正相关。因此，社会化经历和激素相互作用，共同影响行为。而且，人的激素水平可能取决于经验。为了证明这一点，欧文·伯恩斯坦及其同事（Rose, Bernstein, & Gordon, 1975）发现，当雄性恒河猴在争斗中获胜时，其睾酮水平上升，输了则下降。同样，人类在竞争性游戏中打败对手后，睾酮也会有所上升，而失败者的激素水平则明显下降（Green, 1998）。这些发现意味着，雄性性激素的较高水平，既可能是行为原因，也可能是行为结果。最后，近期一项综述（Dodge, Coie, & Lynam, 2006）进一步模糊了这一现象，其结论是，男孩的睾酮水平与他们在同伴中的社会支配水平的关系，比与其攻击行为水平的关系更为密切。即使是在离经叛道同伴群体中的男孩，其睾酮水平也只能预测他们的非攻击行为问题，而不是其攻击行为问题（Rowe et al., 2004）。显然，我们应该质疑那种断言，即雄性性激素要么导致人的攻击行为，要么解释攻击性的性别差异（Archer, 1991）。

社会学习观

社会学习观的支持者们不仅反对用激素来解释攻击性的性别差异，而且还指出，很小的男孩并不总是比女孩更具攻击性（Alink et al., 2006; Hay, Castle, & Davies, 2000）。事实上，马琳·卡普兰及其同事（Caplan et al., 1991）发现，在 1 岁儿童的游戏中，当游戏群体由女孩支配时，采取武力和攻击方式解决玩具争夺的情况更多！甚至在 2 岁时，如果玩具数量有限，由男孩支配的群体比由女孩支配的群体更可能采取协商和分享的方式。到 17~18 月个大时，攻击性的性别差异才变得明显（Baillargeon et al., 2007）。显然，这期间有足够的时间使他们接受社会影响，从而引导男孩和女孩向不同方向发展（Loeber & Stouthamer-Loeber, 1998）。

哪些社会影响会共同起作用，使男孩比女孩更具攻击性？其中之一是，父母和男孩间的游戏比和女孩间的游戏更激烈，对女儿攻击行为的反应要比对儿子的更负面（Ruble, Martin, & Berenbaum, 2006）。此外，男孩经常收到一些礼物，如激光枪、坦克、导弹发射器和其他象征破坏性的玩具，这又鼓励了攻击性并促进了攻击行为（Feshbach, 1956; Watson & Peng, 1992）。在幼儿期，儿童逐渐在其性别图式中把攻击性看作一种男性特征（Giles & Heyman, 2005）；到了童年中期，男孩期望通过攻击行为来获得切实利益，而且他们因此从父母和同伴那里受到的谴责要比女孩少（Hertzberger & Hall, 1993; Perry, Perry, & Weiss, 1989）。由此看来，虽然生物因素可能起作用，但是攻击性的性别差异在相当程度上取决于社会学习中的性别类型化及性别差异。

交互作用（或生物社会）观

最后，交互作用观的支持者们认为，和性别相关的体质（生物）因素和社会环境影响交互作用，共同促进了攻击性性别差异的发展。从出生起，男婴就比女婴更活跃，更易发脾气且难以安抚。这些与性别相关、受遗传影响的气质特点对发展有直接影响；但更可能的是，它们对养育者有间接的诱发作用。例如，父母可能更愿意和一个活泼的儿子玩激烈的游戏，而不是和恬静的女儿玩此类游戏；或者他们更可能对一个容易发脾气、难管教、难安抚的儿子失去耐心。在第一种情况下，父母可能希望鼓励男孩参与这种快节奏、激烈的活动，在这些活动中，愤怒和攻击性可能会随时爆发。在第二种情况下，父母对儿子比对女儿更不耐烦或恼怒，这将促使男孩朝着更加易怒或对别人更加敌意、充满报复的方向发展。因此，攻击性（或其他任何形式的社会行为）的性别差异不可能是自动自发的，或“从生物学角度预先设定好的”。相反，儿童的生物易感性可能会影响养育者和其他亲近陪伴者的行为，这又反过来引发儿童的某些行为反应，并影响儿童表现出的行为和兴趣。由此得到的启示是，生物因素和社会影响复杂地交织在一起，两者对攻击性性别差异的形成都有重要作用。

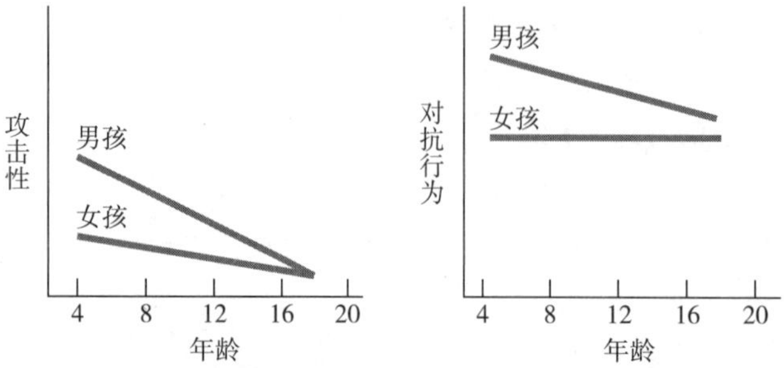

图 9.6 一项追踪研究中荷兰儿童的攻击性与对抗行为的发展轨迹

资料来源：Bongers, Koot, van der Ende, & Verhulst, 2004.

另一种观点是：现在有些研究者认为，男孩比女孩表现出更多的攻击性，可能是因为研究者关注外显的、容易察觉的攻击行为，而没有考虑隐蔽的敌意行为，而这些行为在女孩中比在男孩中更普遍。专栏 9.2 的研究结果明确支持了这一观点。

最后，值得注意的是，虽然儿童期的男孩比女孩出现更多的行为失调，青少年期的男孩比女孩出现更多的违法犯罪（Dodge, Coie, & Lynam, 2006），但是，攻击性和对抗行为（如爱争辩、挑衅、易怒）的其他多数性别差异都只在生命早期最明显，并随时间的发展而逐渐消失。图 9.6 显示了 2 600 名荷兰儿童在一项大规模追踪研究中表现出的攻击性和对抗行为的年龄趋势。从图中可以看出，随着年龄增长，攻击性和对抗行为都在稳步下降，男孩的下降幅度更大——18 岁时，儿童早期和中期那些明显的性别差异消失了（Bongers et al., 2004）。这一结果告诉我们：男孩确实有更强的外显攻击性，更容易出现不良的反社会行为倾向。但是，我们因此获得的可能是一幅被误导的性别差异图景，因为我们过分关注那些随着年龄增长仍然保持高攻击性和反社会性的少数个体。对绝大多数人而言，对抗行为和（尤其是）攻击行为随着个体的成熟，逐渐变得越来越不常见。可以肯定，大多数年轻女性和男性都明显不具有攻击性。

生物因素对攻击性的影响

生物因素可以在多大程度上解释攻击性和反社会行为的个体差异？如前所述，睾酮水平这个重要的生物学属性，充其量只与敌意的反社会行为的发生率有较弱的关系。然而，遗传影响的证据更有力。

基因型与攻击性

在他们最近的文献综述中，肯尼斯·道奇等人（Dodge, 2006）声称，世

专栏 9.2 研究聚焦

为什么女孩比男孩更具攻击性?

尼基·克里克和詹妮弗·格罗特皮特(Crick & Grotpeter, 1995)认为，男孩和女孩都具有很强的敌意和攻击性，但表现方式不同。男孩经常追求竞争性的、工具性的目标，有可能对惹恼或妨碍他们实现目标的人采取殴打、凌辱等攻击方式。相反，女孩更关注**表达型**或**关系**目标，即和他人建立亲密关系，而不想跟同伴竞争或控制他们。因此，克里克和格罗特皮特假设，女孩的攻击行为更多地和她们追求的社交目标一致，包括许多隐蔽的**关系攻击**(relational aggression)，例如拒绝接纳对方，把他/她排除在个人社交圈外，采取某些破坏友谊或破坏对手在同伴群体中地位的行为(如传谣)。

为了验证这一假设，她们让3~6年级的学生进行同伴提名，选出谁经常表现出:(1)明显的攻击行为(如殴打、骂人);(2)操纵关系的行为(如回绝、冷落怠慢或排斥别人)。如图所示，被提名具有高外显攻击性的男孩大大多于女孩，这一发现验证了以往的研究。但是在关系攻击上，女孩大大多于男孩。很明显，这种微妙、间接的敌意表达方式有时很难被受害者察觉，因此能使施害者既表达了攻击性，又避免了公开冲突。3~5岁的女孩就已经学会这样做了，因为她们比学前男孩更喜欢排斥和挑衅她们的同伴而不是跟他们打架(Crick, Casas, & Mosher, 1997)，采取操纵关系的方法来伤害某些同伴(Crick, Casas, & Ku, 1999)。此外，具有较高关系攻击性的女孩，当她们觉察到自己成为操纵关系行为的对象时做出的敌意性归因偏差，与攻击性男孩在遇到模糊的工具性挑衅情境下做出的归因偏差是一样的(Crick, Grotpeter, & Bigbee, 2002)。

其他儿童也会把这种降低个人地位、降低别人人际关系质量的行为看作攻击行为吗?杰西卡·贾尔斯和盖尔·海曼(Giles & Heyman, 2005)探讨

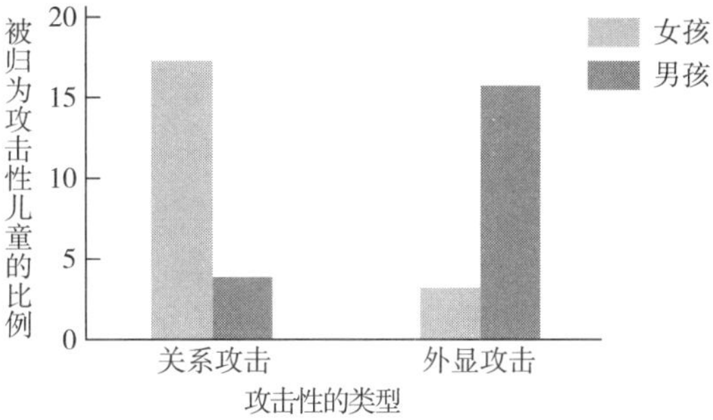

3~6年级男女生操纵关系行为和外显攻击行为的比率

资料来源：Crick & Grotpeter, 1995.

了这一问题，她们让3~5岁的儿童说出，如果同伴被一个孩子气得发疯，男孩和女孩分别会用什么方式报复或欺凌那个孩子。大多数情况下，儿童会说，男孩会打或骂那个孩子(尤其当那个孩子是男孩时)，而女孩最可能的反应是破坏对手的社会地位(尤其当那个孩子是女孩时)。因此，即使学前儿童，也明确地把这些关系操纵行为看作有害的和“攻击性的”——这种看法从儿童中期到青少年期越来越强(Galen & Underwood, 1997; Park et al., 2005)。在集体主义社会中，女孩的关系攻击比男孩更普遍，在这些国家中，人们强调维持社会和谐(French, Jansen, & Pidada, 2002)。而且，经常表现出关系攻击的女孩常常较孤独，被同伴排斥，这和具有高外显攻击性男孩的遭遇一样，他们的同伴关系也较差(Tomada & Schneider, 1997)。然而，并不是所有的研究都发现了关系攻击的性别差异(参见Dodge, Coie, & Lynam, 2006)。因此，最恰当的结论也许是，如果有性别差异被发现，女孩的关系攻击通常比男孩多。

总之，男孩和女孩通常以不同的方式表达他们的敌意。由于以往关于儿童攻击性的多数研究都集中于身体和言语攻击方面，在很大程度上忽视了操纵关系行为，因此，这显然低估了女孩的攻击倾向。

界各地的 100 多项行为遗传学研究结果使我们得出了一个不可避免的结论：在攻击性和反社会行为方面，由于同卵双生子（血亲水平 = 1.00）比异卵双生子（血亲水平 = .50）更相似，所以这些行为属性显然受到了我们所遗传的基因的影响。攻击性有多少可以归因于遗传影响？针对这一问题，不同研究给出的答案差别巨大，取决于参与者的年龄以及攻击性或反社会行为的类型；但大多数研究表明，基因可以解释攻击性变异的 40%~50%，非共享环境影响可以解释 40%，在同一家庭生活的共享环境影响大约可解释 15%（参见 Rhee & Waldman, 2002）。遗传对年幼儿童影响的估计值大于年长儿童，对攻击行为的估计值大于违法、反社会行为（Dodge, Coie, & Lynam, 2006）。此外，身体攻击受到的遗传影响显然大于关系攻击（Brendgen et al., 2005），也大于主动型或反应型攻击倾向（Brendgen et al., 2006）。总之，所有类型的攻击性和反社会行为都在一定程度上受到遗传素质的影响。

然而，我们必须注意，仅仅因为许多形式的攻击性和反社会行为受到遗传影响，并不能说明环境影响不重要。即使一对同卵双生子，在攻击性方面也有差异，因为他们共享 100% 的基因，所以这些差异必然归因于他们的非共享环境影响。父母的不同对待就是这样的非共享环境影响，对同卵双生子的一项研究发现，双生子中受到母亲更多负性和更少温暖对待的那个通常更具攻击性（Caspi et al., 2004）。

同样重要的是，攻击性和反社会行为的遗传素质并不意味着，我们中的一些人遗传到"攻击性"基因编码，从而产生攻击性或对抗行为。一个更大的可能性是，基因和环境相互作用，影响了这些属性。来看一个明显的例子。迄今为止，只有一个特定基因被确定可能导致行为障碍。即便如此，那些遗传了这种可疑基因的人，只有在经历诸如父母虐待或忽视等强大的环境逆境时才会表现出严重的行为障碍（Caspi et al., 2002; Foley et al., 2004）。

气　质

我们前面曾提到另一个受遗传影响的攻击性因素——困难型气质。但是，气质对攻击性的影响提供了基因型 / 环境相互作用的另一个例子。易怒或其他困难型气质的儿童往往会引发同伴的消极反应，这反过来又会助长"别人对我很苛刻"的印象，从而招致攻击性的报复。因此，受气质影响的攻击性可能源于斯卡尔和麦卡特尼（Scarr & McCartney, 1983）所称的激发型基因型 / 环境相关（见第 3 章）。由于这些受到气质困扰的儿童变得更具攻击性，他们将与其他攻击性强的儿童交往，从而创建一个环境小生态，这更加助长了他们的攻击行为（主动型基因型 / 环境相关）。从这一点上来说，与具有攻击性的朋友和同伴交往成为强有力的环境影响。研究表明，经常和具有攻击性的朋友混在一起的二至四年级小学生，随着时间的推移，他们自己的攻击性水平也会增高（Werner & Crick, 2004）。事实上，家庭以外的同伴和其他社会力量的影响越来越大，这或许有助于解释为什么遗传对攻击性的影响在儿童早期最高，而在青少年晚期则降低了。

总之，生物因素显然会影响攻击性和反社会行为的个体差异。但是，班杜拉、杰拉德·帕特森以及许多其他攻击性理论家认为，一个人的攻击性的绝对水平——个体可能表现出的最高的攻击和反社会水平——主要取决于其成长的社会环境。下面我们将要考察两种重要的社会影响，它们有助于解释为什么有些儿童和青少年比他人更具攻击性：（1）他们所处的社会和亚文化所推崇的规则和价值观；（2）他们成长的家庭环境。

文化和亚文化对攻击性的影响

跨文化和人种学研究一致表明，有些社会和亚文化比另一些更具暴力和攻击性（Triandis, 1994）。前面曾提到新几内亚的阿拉佩什人和锡金的雷布查人，这些文化主张被动、非攻击的社会秩序，大力推崇集体主义价值观，强烈反对争斗和其他形式的人际冲突，当外来人入侵他们的领地时，他们会逃走而非战斗（Gorer, 1968）。和这些群体截然相反，新几内亚的盖布西人教导他们的孩子要好战，无情地对待别人的需求，他们的谋杀率比任一工业化国家都要高出 50 倍（Scott, 1992）。美国也是一个“攻击性”的国家。从百分比来看，美国的强奸、谋杀和袭击的发生率高于其他工业化国家；持械抢劫事件的发生率，美国的排位仅次于西班牙（远高于排在第三位的加拿大）（Wolff, Rutten, & Bayer, 1992）。美国的枪击杀人率比其他主要工业化社会的平均水平高 12 倍之多，这主要是因为法律使得美国人很容易拥有枪支（Dodge, Coie, & Lynam, 2006）。美国拥有枪支最多的五个州的儿童死于枪击案的可能性是持枪水平最低五个州的 3 倍（Miller, Azrael, & Hemenway, 2002）。

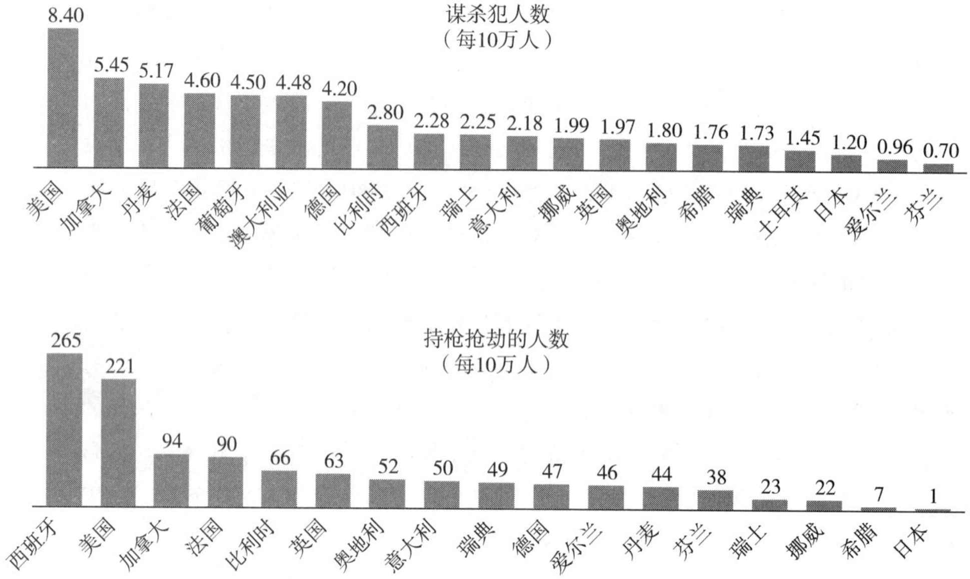

图 9.7 现代工业化社会中两项主要暴力犯罪的频率

资料来源：Wolff, Rutten, & Bayer, 1992. © 1992 by Michael Wolff & Company, Inc. Originally appeared in *Where We Stand* by Michael Wolff et al., originally published by Bantam Books. Reprinted by permission of Curtis Brown, Ltd.

亚文化差异

在英国、加拿大和美国做的一些研究还发现，攻击性存在社会阶层的差别：社会经济地位较低家庭的儿童和青少年（特别是来自大城市市区的赤贫男性）比来自中产阶级的同龄人表现出更多的攻击和犯罪行为（Loeber & Stouthamer-Loeber, 1998; NICHD Early Child Care Research Network, 2004a; Tolan, Gorman-Smith, & Henry, 2003）。这一趋势可部分归因于抚养孩子方面的社会阶层差异。例如，与中产阶级的父母相比，低收入家庭的父母在孩子不顺从和出现攻击行为时更可能采用体罚，他们试图压制这些行为，但同时又树立了攻击性榜样（Dodge, Pettit, & Bates, 1994）。低收入的父母更倾向于用攻击方式来解决冲突，并且鼓励孩子在被同伴挑衅时用武力回应（Dodge, Pettit, & Bates, 1994; Jagers, Bingham, & Hans, 1996），这些教养方式可能助长了高攻击性儿童经常表现出的敌意归因偏差的发展。最后一点，低收入父母自己的生活往往充满坎坷和压力，频繁更换工作，应对贫穷生活带来的诸多压力，这就使他们很难去管理或监督孩子的行踪、活动和交友情况。令人遗憾的是，缺乏父母监管往往和这些攻击行为或违法活动相联系，如打架、毁坏财物、学校行为障碍、药物滥用以及离家出走等（Dishion, Nelson, & Bullock, 2004; Laird et al., 2003）。

但是，低收入家庭的青少年中常见的较高水平的攻击性、反社会行为和犯罪行为并不能完全归咎于父母（Chung & Steinberg, 2006）。这些处于风险中的青少年，有许多生活在城市贫民区，贫民区暴力犯罪和其他反社会行为猖獗；贫民区缺乏必要的社区服务来支持良好的家庭教育，保证青少年有效的学习和工作；贫民区也缺乏**集体效能**（collective efficacy）的方式或邻里间的相互联系，这种联系使居民能够监管社区内的青少年，维持公共秩序（Tolan, Gorman-Smith, & Henry, 2003）。本章后面要讲到，儿童在家中受到的教养发挥着重要作用，保护儿童远离还是助长儿童接近那些居住在这些高危社区中的异常同伴（团伙）（Brookmeyer, Heinrich, & Schwab-Stone, 2005; Chung & Steinberg, 2006; Kliewer et al., 2006）。然而，很明显，许多低收入家庭聚居的社区邻里环境，对在低社会经济地位的儿童和青少年中常见的高水平攻击和反社会行为有着重要的影响（Farver et al., 2005; Tolan, Gorman-Smith, & Henry, 2003; Walker-Barnes & Mason, 2001），主要是因为这样的社区会强化儿童的印象，认为攻击和暴力是一种可接受的解决社会问题的方式（Guerra, Huesmann, & Spindler, 2003），而且给儿童提供了大量接触行为不良同伴的机会（Chung & Steinberg, 2006）。

总之，人的攻击或反社会倾向在一定程度上取决于其所处的文化、亚文化和社区对这种行为的鼓励和容忍程度。但是，并非所有处在崇尚和平主义社会的人都是善良、合作和乐于助人的，成长于“攻击性”的社会、亚文化或社区中的多数人并不一定容易表现出暴力行为。为什么在各种社会背景下攻击性都存在巨大差异？原因之一是，儿童是在环境迥异的家庭中长大的。在下一节中，我们将介绍家庭环境是怎样变成敌意、反社会行为的温床的。

家庭对攻击性的影响

一个人的家庭和家庭环境会如何影响暴力和攻击行为？在本节中，我们将考察两条相互关联的影响途径：（1）具体教养方式的影响；（2）家庭环境对儿童攻击行为的全面影响。

父母的教养活动与儿童的攻击性

在考察攻击性的发展时，研究者假设：父母的态度和教养策略在儿童攻击倾向的形成过程中起主要作用。这一假设显然有一定道理。有关儿童教养的文献中最可靠的发现是，冷漠和拒绝型的父母以反复无常的方式采用**高压型**（power-assertive）管教，且经常听任孩子表达攻击冲动，这些父母可能会培养出充满敌意和攻击性的孩子（Dodge, Pettit, & Bates, 1994; Dodge, Coie, & Lynam, 2006; Olweus, 1980; Rubin et al., 2003）。当然，这些发现很有意义。冷漠和拒绝型的父母使孩子的情感需求受挫，也给孩子树立了不关心他人的坏榜样。此外，如果这些冷漠的父母在和孩子互动时经常表达负面情绪，将会阻碍孩子恰当调节自己情绪的能力，这对攻击行为会产生强烈的影响（Eisenberg et al., 2003）。因为忽视了孩子的许多攻击行为的爆发，放任型的父母使好斗行为合法化，不能给孩子提供控制攻击冲动的机会。当攻击性上升到一定程度导致父母体罚孩子时，成人又在扮演着一种极端行为的榜样，而这种行为正是父母原本想极力阻止的。因此，毫不奇怪，那些凭借高压型管教控制孩子攻击性的父母，其子女在家庭之外常常有着很高的攻击性（DeKlyen et al.,1998; Dodge, Coie, & Lynam, 2006）。当一个孩子知道惹父母不高兴就会遭到痛打、脚踢和推搡，那么他们在遇到惹自己不高兴的同伴时，也会如法炮制（Hart, Ladd, & Burleson, 1990）。

Frank Keillor

图片 9.6　如果儿童惹恼别人会受到打骂，他们就可能也去打骂那些惹恼他们的人。

儿童会影响父母吗　虽然父母的教养态度和教养活动一定对儿童的攻击性和反社会行为有影响，但是影响的方向也可能出现逆转，即孩子影响父母。丹·奥尔维斯（Olweus, 1980）关于儿童教养的研究发现，青少年男性攻击性最可靠的预测因素是：（1）父母对他们在儿童早期攻击行为的放任和宽容；（2）父母对他们的冷漠和拒绝态度。但是，第三个最可靠的预测因素并不是教养变量，而是儿童的气质性冲动（高活动性、冲动性的男孩常具有最高的攻击性）。根据奥尔维斯的观点，

一个具有活跃、冲动气质的男孩，可能会“使母亲精疲力竭，最后对儿子的攻击行为变得越来越能容忍”（p. 658）。如果冲动的儿子真的惹怒了母亲，导致母亲对他的行为忍无可忍，母亲可能会大喊大叫地表达她的愤怒情绪，或是采用体罚来控制孩子，这就增加了儿子养成好斗、粗暴行为模式的可能性。虽然当前理论家对气质在多大程度上影响攻击性和反社会行为的意见不一（Dodge, 1990; Lytton, 1990），但很显然，儿童（由于其气质）也参与创造了教养环境，进而会影响他们的攻击倾向（见 Brennan et al., 2003; Frick, et al., 2003; Jaffee et al., 2004; Rubin et al., 2003）。

家庭氛围与儿童的攻击性

很久以来，发展心理学者就认为，家庭的情感氛围能够并且常常影响儿童的适应。造成家庭环境不良的一个主要因素是冲突激烈的父母间的关系。

父母间的冲突和儿童的攻击性 儿童处于父母冲突中会受到怎样的影响？越来越多的证据显示，当父母争吵打架时，儿童往往感到极度悲伤，家庭内部持续的冲突可能使儿童与兄弟姐妹和同伴形成敌意、攻击的互动模式（Cummings & Davies, 2002; Davies & Cummings, 2006）。实际上，追踪研究表明，在控制了儿童早期的行为问题之后，随着时间的推移，父母间的冲突和婚姻困境的增加，可以预测儿童和青少年的攻击性及其他问题行为相应的增加（Cui, Conger, & Lorenz, 2005; Sturge-Apple, Davies, & Cummings, 2006）。令人遗憾的是，由于儿童在冲突激烈的家庭中变得更加任性和好斗，他们的行为会陷入恶性循环：父母会因为管教孩子的事情更多地争吵，而这种夫妻冲突的增加又促使孩子的问题行为变本加厉（Cui, Donnellan, & Conger, 2007; Jenkins et al., 2005）。

如果父母表现出攻击模式，然后又彼此疏远，使孩子无法看到以友好、满意的方式解决冲突，那么青少年受父母冲突的影响就更大（Katz & Woodin, 2002）。实际上，最近的研究发现，父母发生冲突之后的分离和疏远比父母间的冲突本身能更好地预测儿童后来的问题行为（Sturge-Apple, Davies, & Cummings, 2006）。为什么会这样？其中一个原因是，对子女而言，彼此疏远、陷入痛苦之中的父母在情感上更加遥不可及。也就是说，他们不再那么温情和支持，甚至变得冷漠或忽视（Sturge-Apple, Davies, & Cummings, 2006），因此表现出我们曾见过的与攻击行为的发展相联系的教养方式。更有甚者，处于冲突激烈家庭中的痛苦儿童还会表现出对父母冲突的生理反应性迟钝，这反映了他们对目睹的不愉快事情的回避或排斥；这种生理反应性的降低是他们行为问题的可靠预测指标（Davies et al., 2007）。为什么对压力的反应性的降低能够预测未来的攻击行为，这仍未得到充分的解释，一个假设是，这些难以唤醒的儿童可能很难习得社交技能和其他适应行为（如情绪调节机制），导致他们不能结交亲密朋友或与同伴友好地解决争执。

本书第 11 章将会介绍，家庭是复杂的社会系统，其中任何两个成员（如母亲和父亲）之间的关系都会影响其他所有家庭成员的行为。关于父母冲突与儿童攻击性和其他问题行为关系的文献提供了家庭系统影响的明确实例。下面来看一种较普遍的家庭氛围（或系统）的影响：在强制型家庭环境中，攻击性和问题行为的增长。

强制型家庭环境是攻击性的“温床” 在过去 30 年里，杰拉德·帕特森等人（Patterson, 1982; Patterson, Reid, & Dishion, 1992; Snyder, Reid, & Patterson, 2003）观察了家里至少有一个高攻击儿童的家庭互动模式。帕特森样本中的攻击性儿童几乎是“失控的”——他们在家和在校时经常打架，不守纪律，目中无人。他把这些家庭与其他有相同规模和社会经济地位但没有问题儿童的家庭进行了比较。

帕特森很快发现，他不能仅仅用父母采用的教养方式来解释“失控”行为。相反，高攻击性儿童似乎生活在非典型的家庭环境中，这种环境特征是儿童帮助营造了一种社交氛围。与大多数家庭中人们经常表达赞同和关怀不同，在高攻击性儿童的家庭中，家人之间经常争吵。他们不愿意发起谈话，即使谈话也常常是话里带刺、威胁或激怒别人，而不是亲切、温和地交谈。帕特森把这种环境称作**强制型家庭环境**（coercive home environment），其中的大部分互动表现为，一个家庭成员试图强行制止另一个成员对他 / 她的激惹。他还注意到**负强化**（negative reinforcement）在维持这些强制活动中所起的重要作用：当一个家庭成员把另一个成员的生活搅得很不舒服时，第二个成员就会发牢骚、大叫大嚷、嘲弄或打斗，因为这些行为常常能强迫对方停止某一行为（因此而受到强化）。让我们来看以下事件的发生顺序，这在强制型家庭环境中是很典型的：

1. 一个女孩嘲弄她的哥哥，哥哥冲她大叫，制止了她的嘲弄（大叫行为被负强化了）。
2. 几分钟之后，这个女孩叫哥哥的绰号，于是男孩追打她。
3. 女孩不再叫他的绰号了（男孩的追打行为得到负强化）。她开始哭泣并回击哥哥，男孩躲避（对女孩打斗行为的负强化）。接着，男孩又接近妹妹，打她，冲突逐步升级。

4. 这时母亲参与进来。但是，孩子们的情绪太激烈，无法安静地听她讲道理，于是母亲用惩罚和强制手段结束了他们的争斗。
5. 争斗停止了（因此强化了母亲运用强制手段的行为）。但是，孩子们很快开始向母亲哭诉、抱怨或是大叫大嚷。如果母亲妥协并不惜任何代价接受和解，那么孩子们的反强制策略就会得到强化。遗憾的是，妥协只是权宜之计。下次如果孩子们又互相打斗，并且冲突变得更无法忍受时，母亲可能会采用更多的强制手段来制止他们。孩子们会再一次运用他们的反强制策略来诱导她“妥协”，这样周而复始，家庭氛围逐渐变得令所有人都不快。

问题儿童的母亲很少采用社会赞许的方法来控制行为，而是选择在多数情况下忽视亲社会行为，把很多无关痛痒的行为理解为反社会行为，在处理她们认为的不良行为时，几乎完全凭借强制手段（Nix et al., 1999; Snyder et al., 2005）。这些问题儿童在家中受到大量消极对待（包括父母给一些模棱两可或无伤大雅的事件贴上反社会行为的标签），这也许可以解释他们为什么总是不信任别人，表现出高攻击性儿童常见的*敌意性归因偏差*（Dishion, 1990; Snyder et al., 2003; Weiss et al., 1992）。颇具讽刺意义的是，来自高强制型家庭环境的儿童最后逐渐对惩罚具有了抵抗力。他们学会用反强制来对抗强制，而且经常会这样挑衅和违抗父母，*反复表现出母亲试图压制的行为*。为什么会这样？因为这是儿童能够引起那些很少表扬或表达关爱的成人注意的一种方法。无怪乎帕特森把这些儿童称作“失控”儿童！与之相反，非强制型家庭的儿童能从兄弟姐妹和父母那里得到很多积极关注，因此他们不必用激怒别人的方式引起家人注意。

由此可见，家庭环境的影响是*多方向的*：亲子间强制型的*互动*以及儿童本身将会影响所有人的行为，助长形成一种充满敌意的家庭环境——攻击性形成的真正“温床”（Garcia et al., 2000）。遗憾的是，如果得不到帮助，这些问题家庭可能永远跳不出这种毁坏性的攻击和反攻击交往模式。在专栏 9.3 中，我们介绍了解决这一问题的有效方法——关注整个家庭，把家庭视为一个社会系统，而不仅仅着眼于前来治疗的攻击性儿童。

对强制型教养方式反应的个体差异　帕特森的研究中有一个有趣的方面，并不是所有生活在相同强制型家庭环境中的儿童都会表现出与帕特森所说的“失控”相同的攻击性和早期行为障碍模式。虽然帕特森承认，儿童对强制型家庭环境的形成有影响，但是他更强调父母的教养方式和控制模式如何影响儿童的攻击性，而较少关注儿童的影响，以及兄弟姐妹间在适应强制型教养方式

专栏 9.3 发展研究的应用

帮助“失控的”儿童（及父母）

怎样治疗那些敌意、挑衅和“失控”的问题儿童？杰拉德·帕特森（Patterson, 1981, 1982）的方法是对整个家庭，而非仅仅是问题儿童进行治疗。帕特森首先仔细观察家庭内的互动，查明家庭成员如何互相强化强制行为。接着向家长描述问题的实质，教他们应对孩子行为的新方法。帕特森强调如下原则、技巧和步骤：

1. 不对孩子的强制行为让步。
2. 当孩子出现强制行为时，你不要变得更强制。
3. 采用暂停法控制孩子的强制行为，把孩子带到他/她自己的房间（或其他地方），直到其冷静下来，停止这种强制方法。
4. 找出孩子最令人愤怒的行为，建立一个积分系统，让孩子能够通过表现出可接受的行为或放弃不可接受的行为获得分数（奖励、特权）。对年龄较大一点儿的问题儿童，父母可以制定一个“行为契约”，具体规定他们期望孩子在家和在校应该表现出的行为，以及违反规则将受到的惩罚。尽可能和孩子共同协商订立这一契约，让他们有发言权。
5. 发现孩子身上值得让你表示温情和关怀的亲社会行为。对那些习惯于呵斥和强调消极方面的父母而言，虽然这样做往往很困难，但帕特森认为，父母的关爱和赞同将会强化好的行为，最终引发儿童表现出关爱之情——这是家庭走向复原之路的明确信号。

很多问题家庭乐意接纳这些方法，反应积极。不仅问题儿童变得不再那么强制、挑衅以及更少的攻击性了，而且母亲们的抑郁也逐渐消失了，因为她们对自己、孩子及解决家庭危机的能力逐渐有了自信（Patterson, 1981）。在有些问题家庭中，这一方法显示出立竿见影的效果。而在另一些家庭中，这种治疗逐渐有所反应，可能还需要定期打打“强心针”，即治疗师亲自拜访家庭，进行随访治疗，查明进展为何变慢（或停顿），然后重新训练父母，或提出新方法来矫正没有解决的问题。很明显，这一治疗是有效的，因为它认识到“失控”行为源于亲子间的相互影响，以及对敌意性家庭环境的形成起作用的家庭系统。因此，仅仅关注问题儿童的治疗是不够的！

上的差异。

为什么有些儿童比其他儿童更容易受到冷漠、拒绝和惩罚式教养方式的潜在有害影响呢？近年来，这一问题的答案越来越清晰了。针对儿童的攻击性、行为障碍和违法犯罪的追踪研究一致得出结论：气质冲动、非抑制或胆大的儿童，他们要么冷漠无情，缺乏同情心，要么不善于调节消极情绪，如果他们经历了冷漠、拒绝和强制型的教养方式，就会面临出现高水平攻击性和行为问题的巨大风险（Brennan et al., 2003; Rubin et al., 2003; Shaw et al., 2003）。不仅如此，这样的气质特征往往会激怒父母，招致父母表现出冷漠和进行强制型管教。事实上，有人认为，性格上不知敬畏、行为失调的儿童，经常与父母、兄弟姐妹和同伴发生冲突，他们可能永远不懂得同情他人，也没有形成强大的内化的道德控制，而这种道德控制能缓和他们的攻击性和反社会行为（Frick et al., 2003; Kochanska, 1997; Shaw et al., 2003）。显然，我们在这里讨论的危险气质和强制型教养方式的结合会把儿童置于最大的风险之中，因为：（1）那些具有受欢迎气质的儿童在面对强制型教养方式时，很少表现出高水平的攻击性和行为障碍（Brennan et al., 2003; Shaw et al., 2003）；（2）有气质风险的儿童，如果其父母是严格但有耐心和支持型的父母（即在教养方式和儿童气质间形成了良好“匹配”），则他们会更好地顺从父母的规则和要求（Kochanska, 1997），也不大会表现出（或维持）特别强的攻击性和反社会行为（Rubin et al., 2003）。

性别差异　强制型家庭的管教过程最初是在“失控”男孩的家庭中发现的，但是在许多有行为障碍的女孩家庭中也很明显（Compton et al., 2003）。然而，男孩和女孩可能会以不同的方式对不同父母的严厉管教策略做出反应。在近期的一项研究中，大卫·纳尔逊及其同事（Nelson, 2006）考察了中国父母对学前儿童攻击性的影响。研究发现，高水平的身体强制管教可以最好地预测男孩的攻击性（更多是身体攻击）。然而，严厉的心理控制——强制式地试图管控行为的方法，如收回爱、做出贬损评价，其中包含引发内疚感或羞愧感或贬低自我价值感——可以更好地预测女孩的身体攻击和关系攻击，尤其是在和低水平的身体强制法结合使用的情况下。这些结果是否适用于中国以外的儿童，目前尚不清楚。但是，研究者提出了一个耐人寻味的建议，即严厉的管教和儿童期攻击性之间的路径，可能不仅存在性别差异，而且也不一定局限于父母的身体强制型教养行为。

强制型家庭环境对长期犯罪的影响　表现出早期行为障碍且一直处于强制型家庭环境中的儿童，面临的危险有多严重？帕特森等人（Patterson et al., 1989）回顾了有关问题儿童的研究文献，得出了一些令人信服的结论。如图 9.8 所示，儿童早期的强制型教养方式会导致儿童形成敌意性归因偏差、挑衅和攻击行为，以及自制力的全面缺乏；到了儿童中期，这些儿童会受到小学同学的排斥，被老师批评，学习较差（Birch & Ladd, 1998; Dodge, Coie, & Lynam, 2006）。这些不良结果可能会导致父母减少对子女的投入，不愿密切监控他们的活动（Dishion, Nelson, & Bullock, 2004; Vuchinich, Bank, & Patterson, 1992）。

此外，问题儿童会体验到被同伴拒绝，在班级或学习小组中可能与其他学习较差的儿童分在一起，这意味着他们将频繁地接触与他们同样具有挑衅、攻

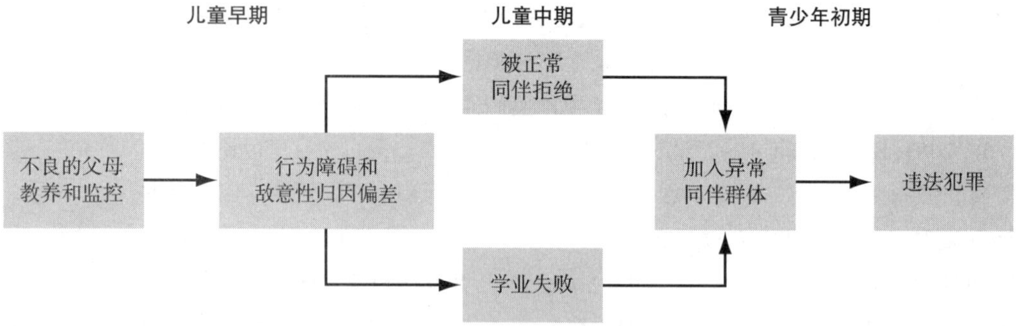

图 9.8　长期反社会行为的发展模型

资料来源：Patterson, G. R., DeBaryshe, B. D., & Ramsey, E. 1989. A developmental perspective on antisocial behavior. American Psychologist, 44, 329–335.© 1989 by the American Psychological Association. Reprinted by permission.

击性和缺乏社交技能的儿童。从 11 岁至 14 岁，这些学生主要和其他敌意的、反社会的同学来往，他们混在一起，形成异常同伴小团伙，这些小团伙通常会贬低学习的意义，主张用攻击方式解决冲突，参与不良的青少年活动，如不良性行为、物质滥用、逃学以及其他反社会或犯罪行为（Poulin & Boivin, 2000; Dishion, Andrews, & Crosby, 1995; Dodge, Coie, & Lynam, 2006）。如果这些青少年正式加入并相继成为美国约 31 000 个团伙中的一员，后果可能会更严重（Walker-Barnes & Mason, 2001; 另可参见专栏 9.4，进一步了解卷入小团伙的情况）。回到前面提到的那个问题，帕特森指出，生活在强制型家庭环境中的确会面临严重的风险，因为这些经历通常是走向长期攻击和犯罪的关键一步。

当然，并不是所有长期犯罪或反社会的个体都是由强制型家庭环境造成的。温德尔夫妇在一项针对 4 000 多名越南退伍军人的研究中发现（Windle & Windle, 1995），这些人当中被认为具有高攻击性的人，五分之一是*后发型*的，即这些男性在成年期变得具有攻击性，在儿童早期并未有攻击性或混乱家庭生活的历史（可参见 Moffitt & Caspi, 2001）。此外，一些涉及最隐蔽犯罪活动（偷窃、诈骗等）的青少年和成人罪犯显然不是强制型家庭环境的产物。然而，大多数暴力罪犯的确是从儿童早期较少的攻击性发展到初高中时期较严重的打斗，进而发展到青少年晚期和成年初期真正的暴力行为，如暴力殴打、强奸、抢劫和谋杀，这符合帕特森的强制型模式的发展路径（Loeber & Stouthamer, Loeber, 1998）。

虽然男孩比女孩更可能采用图 9.8 描述的长期持续的发展路径（Broidy, Nagin, & Tremblay, 2003; McFadyen-Ketchum et al., 1996），但是违法犯罪的“性别沟壑”在缩窄。男性犯罪始终在暴力犯罪统计中居多；但到 17 岁时，有

专栏 9.4 发展问题

团伙和反社会行为

也许同伴群体对青少年产生负面影响的最大可能来自他们加入的**团伙**（gangs）——由青少年和年轻成人组成的组织松散的群体，他们往往来自同一种族，对群体有认同感，可能会参与非法活动或其他反社会行为（例如，吸食或贩卖毒品、打架斗殴、抢劫、盗车等）。很多青少年在从初中到高中的过渡期加入了团伙，通常是因为他们：(1) 受到朋友的压力；(2) 渴望友谊和"归属感"；(3) 希望受到强壮团伙成员的保护（Decker, 1996; Walker-Barnes & Mason, 2001）。

团伙给很多青少年初期的孩子提供了归属感，尽管他们待在团伙里的时间通常很短。

加入团伙的青少年此前大多已经有过一些违法行为，并有行为不端的朋友。加入团伙后，他们的犯罪行为明显多于加入团伙之前（Gordon et al., 2004; Thornberry, Krohn, et al., 2003）。美国城市的大多数严重青少年犯罪都是由团伙成员所为，其中大部分是男性（Thornberry, Krohn, et al., 2003）。女性团伙成员面临着她们特有的危险：致瘾物和酒精滥用、过早的性活动、没有足够的性病预防措施的乱交和卖淫等（Harper & Robinson, 1999）。任何地方都可能有团伙，但最多的（最有影响力的）团伙集中在贫民区，这些地方缺少和睦的邻里关系和集体效能，青少年大多缺乏监管，可以为所欲为（Brody et al., 2001; Tolan, Golan-Smith, & Henry, 2003）。

在评估团伙对青少年的影响时，区分**团伙卷入**和**团伙犯罪**很重要。居住在贫民区的十多岁的孩子，很多在青少年初期就加入了团伙，和团伙成员混在一起，穿团伙认可的服装，参加许多有名无实的团伙活动（例如，炫耀团伙手语）。但是，研究者发现，随着时间延伸团伙卷入会急剧下降，大多数团伙成员在团伙中待不到一年（Thornberry, Krohn, et al., 2003; Walker-Barnes & Mason, 2001）。当青少年逐渐参与合法的学习或课外活动后，有名无实的团伙卷入就变得不重要了。主要是那些感到和家人非常疏远的成员，以及最具有犯罪危险且最初加入团伙的成员，才会愈陷愈深，走向严重的团伙犯罪。

青少年是否加入团伙，家庭教育起着重要作用。对于非裔美国青年来说，严格而支持性的家庭教育，加之对子女行迹的谨慎监控，可以防止青少年初期的孩子结交行为不端的同伴（Brody et al., 2001），防止青少年长期卷入团伙（Tolan, Golan-Smith, & Henry, 2003; Walker-Barnes & Mason, 2001）。相反，在家里受到敌意、强制式对待，加上家长对行为监控不严，则更可能与非裔、西班牙裔和白人青少年不良同伴厮混在一起，更可能卷入团伙犯罪（Chung & Steinberg, 2006）。对这些青少年来说，团伙就等于替代的家庭，为他们提供在家里得不到的情感支持（Walker-Barnes & Mason, 2001），加入这类核心团伙，不出几个月或几年，他们就会惹出麻烦。

19% 的男孩和 12% 的女孩报告至少有过一次严重的暴力行为（Dodge, Coie, & Lynam, 2006）。女孩和男孩一样可能参与盗窃案、不当性行为和致瘾物滥用，她们比男孩更可能因为离家出走和卖淫之类的犯罪行为而被捕（Snyder, 2003; Uniform Crime Reports, 1997）。不正常的家庭环境可能把女孩推上犯罪之路，但是在会不会犯罪这一问题上，女孩和男孩是一样的（Loeber & stouthamerl-Loeber, 1998），尤其是当女孩认为自己的父母是敌意的和反社会的（Dogan et al., 2007）。

毫不奇怪，反社会的男青年喜欢和反社会的女孩结对儿。这些处于风险中的反社会情侣，不仅会经历充满敌意甚至虐待的恋爱（Capaldi & Clark, 1998; Murphy & Blumenthal, 2000），还会过早地、毫无准备地成为父母。研究表明，这些年轻的反社会父母通常会把自己父母曾经用在他们身上的冷漠、不敏感和强制型的教养方法，接着用在自己的孩子身上（Conger et al., 2003; Thornberry, Freeman-Gallant, et al., 2003），使他们的子女处在充满愤怒、压制孩子行为、敌意性归因偏差及各种伴随现象的家庭环境中（参见图 9.8）。这是敌意和反社会倾向从一代传向下一代的途径。

专栏 9.3 中描述的家庭干预措施能够有效地纠正青少年初期（以及更年幼）儿童的反社会倾向。但是，一旦早期的反社会模式持续到青少年期，很多因素就会共同作用，使攻击性得以保持，干预常常也就难以成功了。成功的青少年干预项目已有报道（Curtis, Ronan, & Bourdvin, 2004; Dodge, Coie, & Lynam, 2006）。但是，针对有反社会青少年家庭的治疗的一个主要问题是，父母可能已经离开了他们反社会的子女，很少和他们联系，所以很难完成家庭治疗（Kazdin, 2003b）。此外，从行为不端的同伴或团伙“家人”那里获得情感支持的青少年，可能会拒绝把父母和其他权威人士当作合法的影响源。事实上，一项试图矫正行为不端青少年团伙反社会倾向的研究却适得其反，此干预反而提高了他们的反社会行为水平（Dishion, McCord, & Poulin, 1999）。请记住这一启示：如果把行为不端的人集中起来进行治疗，只会让事情变得更糟。对不良行为的“政治”解决方案，比如在改革学校中建立“新兵训练营”（Dodge, Dishion, & Lansford, 2006），或让这些人接触矫正机构中更严重的犯人，就像“直接惊吓辅导项目”那样（Petrosino, Turpin-Petrosino, & Finckenauer, 2000），这些做法虽然在当下很流行，但无异于浪费时间和资源。因此，要更好地解决长期的攻击性和犯罪问题，我们必须从预防性干预角度去思考，这些干预计划旨在：（1）教给父母更有效的管理子女的技能；（2）培养儿童的社交技能，以免他们被同伴排斥；（3）提供学习辅导，帮助儿童跟上学业，减少他们陷入行为不端同伴团伙或高中辍学的可能。当然，任何能减少攻击性、反社会行为或使之失去吸引力的做法都是可行的。下面，我们来看一看发展心理学者试图用来控制儿童敌意的一些措施。

控制攻击性和反社会行为的方法

除了家庭治疗，还有哪些方法能够帮助家长和教师控制年幼儿童的攻击行为，防止反社会行为变成解决冲突的习惯呢？在过去的几年里，人们提出了许多解决方法，包括创设非攻击的游戏环境，消除攻击性带来的好处，培养认知和情绪能力，如控制愤怒、培养共情和观点采纳（角色采择）能力，使他们不会过度地对同伴做出敌意归因。但是，很少有解决方法像这种建议一样被如此高调地自吹自擂：我们给儿童提供了无伤害地表达其愤怒或挫折的方法。让我们先来看看这种“备受欢迎”的方法。

宣泄：一种有争议的策略

弗洛伊德认为，敌意、攻击冲动是随时间逐渐累积起来的，他力劝人们，在这些冲动达到危险水平并引发暴力前，应该以无害的方式不时地释放这些冲动（即宣泄）。这种**宣泄说**（catharsis hypothesis）给予我们的启示很清楚：如果我们鼓励年幼儿童把他们的愤怒或沮丧发泄在无生命的物体上，如充气娃娃，他们的攻击能量就会逐渐耗尽，不再伤害别人。

这种**宣泄法**（cathartic technique）曾经风靡一时，但它并没有发挥作用，甚至可能适得其反。一项研究（Walters & Brown, 1963）发现，那些被鼓励去拳击和踢打充气娃娃的儿童，与那些没有机会击打充气娃娃的儿童相比，在后来的同伴交往中攻击性更强。另一些研究者发现，那些最初被同伴激怒，然后有机会对一个无生命物体进行攻击的儿童，在面对原先激怒他们的同伴时，其攻击性并没有减弱（Mallick & McCandless, 1966）。因此，宣泄法并不能减少攻击冲动，无论对儿童还是对成人都是如此（Green, 1998）。事实上，对敏感的儿童来说，这种方法可能意味着，拳打脚踢和强制行为是可被接受的表达愤怒和沮丧的方法。

创设非攻击性的环境

一种减少儿童攻击性的简便有效的方法是，创设一个尽量减少冲突发生的游戏区。例如，父母和教师可以拿走（或是拒绝买）一些具有“攻击性”的玩具，如枪、坦克和塑料匕首等，这些玩具会引发暴力幻想和攻击行为（Dunn & Hughes, 2001; Watson & Peng, 1992）。提供足够的空间让儿童进行激烈的游戏，也有助于防止意外的碰撞、推挤和摔倒，而这些经常会升级为敌意行为（Hartup, 1974）。此外，游戏材料不足也会导致冲突和攻击的发生；如果成人提供足够的球、滑梯、秋千和其他玩具，以免他们为了有限的资源而竞争，那么儿童就会和谐地一起玩耍（Smith & Connolly, 1980）。

如何教育那些已经具有高攻击性的儿童？发展心理学家现在认识到，不同类型的攻击性需要不同类别的干预（Crick & Dodge, 1996）。前面讲过，主动型攻击者往往诉诸武力，因为它容易实施，并且能使这些儿童达到目的。对这些儿童来说，一种有效的方法可能是教导他们，攻击性不会带来回报，而像合作和分享这样的亲社会行为才是实现目标的更好办法。相反，急躁的反应型攻击者可以更多地从社会认知干预中受益，即教会他们控制愤怒，抑制他们对招惹自己的同伴做出敌意归因的倾向。我们将会进一步了解这两种干预手段。

消除攻击性的回报

父母和教师可以通过确定并消除攻击性的强化结果，鼓励儿童用其他手段实现个人目标，以此来减少主动型攻击的发生。例如，如果 4 岁的伦尼为了抢一个玩具而要打他 3 岁的妹妹盖尔，伦尼的妈妈可以把玩具拿回来给盖尔，不让伦尼得逞，这就等于告诉他，这种工具性攻击是不能获益的。但是，如果伦尼是一个不安全型的儿童，觉得自己被忽视了，他打妹妹是为了获取母亲的关注，那么这一策略就不会奏效，在这种情况下，母亲对这件事的关注就强化了伦尼的攻击性。那么，她该怎样做呢？

反向一反应法（incompatible-response technique）是一种被证明行之有效的方法。这是一种策略，除了伦尼出现最严重的攻击行为外，对其他一切都视而不见（因而拒绝给他“被关注”的奖励），同时强化诸如合作和分享等与攻击性不相容的行为。采用这一策略的教师发现，它可以使儿童的亲社会行为逐渐增多，敌意行为减少（Brown & Elliot, 1965; Conduct Problems Prevention

Research Group, 1999）。

成人怎样才能既处理好严重的伤害行为，又不因他们的关注而“强化”这些行为呢？一种有效的方法是帕特森主张的**暂停法**（time-out technique），成人把攻击者从攻击性受到强化的情境中带走（例如，把他送回自己的房间，直到他能够自控和表现正常）。虽然这一方法可能导致一些愤恨，但是成人并没有体罚儿童，没有做出攻击榜样，也不会无意强化儿童意在吸引成人注意的不良行为。如果成人能同时强化与攻击性不相容的合作或助人行为，这样的暂停法就能有效地控制儿童的敌意行为（Parke & Slaby, 1983）。

社会—认知干预

图片 9.7　当成人在努力强化与攻击性不相容的行为时，暂停法是控制儿童攻击性和其他不当行为的有效方法。

高攻击性尤其是高反应型攻击的儿童，能够从社会—认知干预中受益。这种干预帮助他们：（1）调节自己的愤怒；（2）变得更善于共情，学会站在他人的角度看问题，因而不会对同伴做出过分的敌意归因（Crick & Dodge, 1996; Rabiner, Lenhart, & Lochman, 1990）。在一项研究中（Guerra & Slaby, 1990），一组暴力犯罪青少年接受了这种技能的训练。研究者教他们：（1）寻找伤害行为的非敌意线索；（2）控制他们的冲动（或愤怒）；（3）想出解决冲突的非攻击性方法。这些暴力犯罪者不仅明显改进了解决社交问题的技能，而且还放弃了攻击的念头，在与权威人士和其他狱友的相处中攻击性变弱了。麦克尔·钱德勒（Chandler, 1973）在一组 11~13 岁的少年犯身上发现了类似的效果。这些人持续 10 周参加了专门设计的课程，使他们更了解他人的意图和感受。结果，他们的敌意社会认知和攻击行为都减少了（可参见 Kazdin, 2003a; Lochman & Wells, 2004, for other successful social-cognitive interventions with aggressive children）。

应用：预防校园攻击和暴力

美国青年人中的暴力行为是一个重大的公共健康问题（Snyder, 2003; U.S. Department of Health and Human Services, 2001）。我们都听说过一些令人痛心的事件，一些心怀不满的年轻人（例如美国弗吉尼亚理工大学的赵承熙，科罗拉多州科伦拜中学枪击案中的 2 名学生）携带武器进入校园，有预谋地杀害其同学和老师。这类事件虽然罕见，儿童在学校被杀害的风险很低，但美国的小学生和初中生是遭受非致命攻击和暴力欺凌的高危人群（Kaufman et al., 2000; Singer et al., 1999）。7% 的高中生在过去 30 天里携带武器上学（Kann et al., 2000），很明显，他们有能力造成严重的伤害事件。的确，在过去的 20 多年里，尽管各种暴力犯罪有所减少，但是因暴力袭击——青年中常见的一种暴力形式——被逮捕的人数比例，现在比 1983 年高出约 70%（U.S. Department of Health and Human Services, 2001; Dodge, Coie, & Lynam, 2006）。

毫不奇怪，关切攻击性和反社会行为的社会性发展心理学家一直在致力于设计干预措施，力图预防校园攻击和暴力事件。这些研究者一般都主张综合性的预防干预，可以普遍适用于所有学生而不只是高攻击性的儿童，他们结合各种已被证明有效的方法，如强化亲社会行为，帮助儿童调节和控制愤怒，更好地理解别人的感受和意图，寻找解决冲突的非攻击性方法等。

其中一个经过仔细评估的项目被称作“和平建设者”，这是一个在亚利桑那州图森市从多族裔幼儿园到五年级各班开展的全校范围的预防暴力项目（Flannery et al., 2003）。“和平建设者”试图通过奖励亲社会行为，以及教给儿童避免强化攻击和反社会行为的方法来改变学校的氛围。儿童学习一些基本规则：赞扬别人，避免贬低别人，纠正错误，关注并改正伤害行为等。另外，“和平建设者”定期讲述一些新课程和方法，帮助儿童变得更亲社会、更少敌意。初期的效果非常好。与没有参加“和平建设者”项目的对照班学生相比，参加该项目的学生变得更亲社会和更少攻击性。根据教师的评价，这些学生变得更敏感、更有同理心、更加合作和自控（Flannery et al., 2003）。此外，接受干预的儿童一年后所取得的进步在第二年的干预中始终得以保持，在 3~5 年级的学生中，原来攻击性最高的学生从该项目中受益最大。

研究者在对纽约市和西雅图市关于低年级小学生的另外两个项目进行评估时发现，参与项目的儿童在校的攻击行为显著少于那些未参加项目的儿童。另外，项目参与者还表现出（通过教师评价）亲社会行为增加，学习成绩提高，焦虑、抑郁等内化问题减少；并且参与该项目的时间越长，效果越好（Henrich,

Brown, & Aber, 1999, for an overview of these interventions）。在纽约市进行的另一项干预研究的追踪显示，这种“创造性冲突解决”项目强调引导儿童加强沟通，控制愤怒，克服敌意性归因偏差，并采用非攻击的方式解决社交问题，对青少年初期的5~6年级儿童有持续的影响，老师认为他们比其他未参加该项目的对照组学生更亲社会，攻击性更少（Aber, Brown, & Jones, 2003）。

迄今为止，在成功实施的干预措施中，有的旨在减少诸如欺凌等类型的攻击行为（Frey et al., 2005）；有的属于综合性项目，包括几乎所有已知的减少儿童攻击性的方法以及对家长进行培训。“快车道”就是这样一个雄心勃勃的项目，其对象是处于低社会经济地位、具有攻击性和不良行为风险的一年级学生。“快车道”项目不仅力求减少攻击性，防止反社会行为，还要提高学习成绩，降低高中辍学率。对该项目的全面评价尚未完成，但与未参加干预的儿童相比，“快车道”项目的儿童在一年级、三年级、五年级表现出更好的社交技能和较少的攻击行为，以及较低水平的临床异常行为障碍（Conduct Problems Prevention Research Group, 2002, 2004）。

可见，早期的回报非常鼓舞人心。但是，我们还需要开展更多的研究，确定干预措施的哪些方面与长期减少攻击性和反社会行为的关系最密切。这样就有可能设计出既合理又经济的干预措施，由教师（或教师助理）来执行，作为“公民”课程的一部分，以提高小学儿童的社交能力。

本章要点

什么是攻击性

- 人类的攻击性是一种普遍现象，对它的定义五花八门。弗洛伊德用**死的本能**来描述他所认为的与生俱来的攻击性和毁灭本能。习性学家也把攻击性看作人性的一个基本成分。
- 学习理论家否认本能论的定义，赞同**攻击性的行为定义**，后来又出现了**攻击性的意图定义**。攻击行为被细分为两类：**敌意性攻击**和**工具性攻击**。但是对于一种特定行为是否真正具有攻击性，人们通常意见不一，这反映出攻击性在很大程度上是个体基于伤害行为对其自身的意义而对它做出的社会判断。

攻击性的理论

- 弗洛伊德提出，人类是由毁灭本能驱动的，他认为死的本能是攻击冲动产生的原因。习性学家把攻击性描述为一种由环境中特定诱发线索引起的争斗本能。因而，这两种思想流派都认为人类本能地具有攻击性。
- 从早期非常简单的**挫折/攻击假说**派生出了其他有关攻击性的学习理论。贝尔科维茨修正后的挫折/攻击理论认为，挫折、挑衅以及先前习得的攻击习惯都会增强个体对攻击的准备性。但是，如果没有**攻击性线索**的诱发，攻击反应就不会发生。班杜拉的社会学习理论认为，攻击反应是个体如何通过直接经验和观察学习获得并保持下来使之成为习惯的。他还开拓性地提出：(1）任何形式的唤醒都能引发攻击性；(2）比起实际伤害行为的数量，我们对伤害行为的认知解释对决定我们的反应更重要。

- 道奇的社会信息加工理论扩展了班杜拉对认知的重视，它描述了儿童在解释伤害事件和做出反应时可能表现出的六个信息加工阶段。这一模型有助于我们区分出**主动型攻击者**和**反应型攻击者**。对于前者来说，攻击通常是取得其他结果的手段；而后者则表现出**敌意性归因偏差**，而且在受到真实或想象的挑衅后会迅速做出报复反应。

攻击性的发展趋势

- 大约1岁的婴儿开始和兄弟姐妹及同伴为了玩具或其他拥有物而发生争执，工具性攻击就此出现。
- 在整个儿童期，身体攻击逐渐减少，言语攻击增多，工具性攻击略微减少，敌意或**报复性**攻击增多。到儿童中期，一小部分儿童造成了大多数的攻击性事件。参与这些事件的往往是欺凌者以及那些**被动的**和/或**挑衅型的**受害者。
- 青少年期，除了那些攻击性最强的个体会变成真正的暴力者之外，外显攻击行为逐渐减少。许多青少年虽然显示出攻击性减少，但转向用其他隐蔽或间接的方式表达愤怒和不满。
- 从人口水平来看，攻击性倾向对男性和女性都具有跨时间的中度稳定性；但是个体的攻击性水平存在差异。遵循**长期稳定轨迹**的儿童，在整个儿童期都具有较高的攻击性；而那些表现出**高水平终止轨迹**的儿童，在早期攻击性较高，随着时间的推移攻击性减少；表现出**中等水平终止轨迹**的儿童，在儿童早期具有中度攻击性，但随着年龄增长攻击性逐渐减弱；而那些表现出**无问题轨迹**的儿童，从儿童期到青少年期攻击性都很低；另一些青少年可能表现出**后发轨迹**，即儿童期较平和，到青少年期和成年初期攻击性增多。遗传和环境对攻击性的跨时间稳定性均有影响。

攻击性的性别差异

- 从绝对水平来看，男性比女性有更多的外显（包括身体和言语的）攻击性。这种公认的性别差异反映了生物和社会因素的交互作用。但是这一观点可能低估了女性的攻击倾向，因为女孩通常比男孩有更多的**关系攻击**。

生物因素对攻击性的影响

- 与普遍的看法不同，睾酮水平充其量只是与攻击性和反社会行为的发生率有关。然而，世界各地的研究表明，同卵双生子的攻击性和犯罪行为比异卵双生子的更相似。这一发现表明，我们的攻击性/反社会行为倾向部分地受遗传基因的影响。这并不等于说我们遗传了“攻击性”基因。一个更合理的解释是，受遗传影响的某些特征，比如气质，会影响我们对他人引发的反应以及为自己创设的环境，这些基因型/环境的相关性，共同影响着我们的攻击性或反社会行为的程度。

文化和亚文化对攻击性的影响

- 一个人的攻击倾向部分取决于其所成长的文化和亚文化环境。来自不利环境的儿童和青少年，由于家庭教养方式存在社会阶层差异，也由于他们更可能居住在**集体效能**低的高危社区，因此比中产阶级的同龄人更具攻击性，且犯罪率更高。

家庭对攻击性的影响

- 冷漠和拒绝型的父母依赖于**强制型管教**，并常常放任攻击行为，他们有可能培养出高攻击性的儿童。但是，攻击性的社会化是一条双向通道，因为儿童的特征（如气质或对管教的反应）也会影响父母的态度和教养方式。
- 冲突激烈的家庭似乎是攻击性和暴力的温床。家庭中的父母冲突提高了儿童与兄弟姐妹和同伴产生敌意和攻击性互动的可能性。许多高攻击性的儿童生活在**强制型家庭环境中**，争吵和打架这类敌意行为会受到**负强化**。受强制型家庭氛围影响最大的是容易冲动和胆大的儿童，他们不能调节消极情绪，而且还常常激起家人敌意和强制性的反应。对这些失控儿童，有必要进行家庭治疗，否则他们就有可能疏远老师和同学，与行为不端的同伴混在一起，变得越来越反社会，有时甚至会加入**团伙**，逐渐卷入暴力和其他严重的犯罪活动。

控制攻击性和反社会行为的方法

- 和**宣泄说**相悖，**宣泄法**并不是减少儿童敌意行为的有效方法。创设"非攻击性的"游戏环境是更有效的方法。
- 成人运用暂停法和**反向一反应法**可以使主动型攻击者受益，这些方法教会儿童，攻击得不到回报，非攻击性的问题解决手段是实现目标的更好办法。所有的攻击型儿童，特别是鲁莽的反应型攻击者，能够从社会认知干预中受益，使他们压制愤怒，更善于与他人共情，更具观点采择能力，较少做出敌意性意图归因。
- 在学校开展的综合性干预，如"和平建设者""创造性冲突解决"和"快车道"等项目，在培养儿童的社交能力和减少校园攻击方面取得了显著成效。

第10章 利他与道德发展

几年前，我实验班上的一名学生去访谈一些新生儿的父母，问他们："你们认为在儿童的社会性发展中什么最重要，你们最希望灌输给孩子的是什么？"以下是很有代表性的回答。

母亲：哦……我希望他成为一个好孩子……不只关心他自己和自己的需要，也关心别的孩子。

父亲：亲爱的，他还得当心自己不要被利用；但（转向访谈者）他必须学会用正确的方式做事。

访谈者：您指的正确的方式是什么？

父亲：我的意思是，不能为了达到自己的目的而欺负别的孩子。他必须学会自己的事情自己做，同时还要学会与人相处，遵守规则。

访谈者：什么规则？

父亲：你知道的……不要伤害别人；懂得去做父母和其他成年人认为正确的事；上课注意听讲；不惹麻烦……类似这些规则。

母亲：这还不够。我们还要教给他为什么要遵守规则，要让他在破坏规则时感到羞耻，这样我们就不必时时监督他的一举一动了。

也许有些令人惊讶，访谈样本中 74% 的父母的回答在很多方面与上面这对父母的回答相似。这表明，父母首先希望孩子能形成明确的*道德感*，也就是要有明确的是非观念，藉此指导他们在日常生活中与人交往。在他们详细解释希望灌输给孩子的道德原则时，多数回答可以归入以下三类（这在上面的例子中都可看到）。

1. *不损害他人*。父母普遍希望孩子能够学会适当的自主，在不损害他人的情况下，满足自己的需要。事实上，大多数父母谈到，他们会努力遏制儿童对他人无缘无故的、有意的伤害，或者说*攻击行为*。因为他们要向儿童灌输这样的道德原则：故意伤害他人是不对的，是对他人权利的侵犯。
2. *亲社会关怀*。许多父母希望灌输的另一种价值观是*利他意识*，即对他人福祉的无私关怀，并且愿意把这种关怀付诸行动。实际上，当孩子还带着尿布时，很多父母便鼓励孩子做出分享、安慰或助人这类利他行为，这种情况并不罕见。
3. *遵守规则的个人承诺*。最后，几乎所有的被调查者都提到，重要的是教育孩子遵守社会认可的行为规则，并监控孩子的行为，以保证他们遵守这些规则。他们觉得*道德社会化*的最终目标是帮助儿童获得一套个人价值观或伦理原则，使他们能够辨别是非，做"正确"的事情，即使在没有他人在场监督和评价其行为的情况下也能如此。

在第 9 章中，我们讨论了攻击性的话题。本章要考察社会性发展中另外两个相互关联的方面，人们在判断一个人的道德品质时往往会想到这两个方面。我们先探索与攻击性相对立的品质——亲社会关怀（或利他）的发展——我们会思考年幼且被认为是自私的儿童，如何为了他人利益而做出个人牺牲。然后，我们要考察道德发展中更宽泛的问题，追踪儿童从看似自我放纵且不守规矩的孩子变成把各种道德原则内化，并以此来评价自己和他人行为的道德哲学家的演变过程。

现在，我们来看看儿童是如何变得具有亲社会倾向的。

什么是利他和亲社会行为

亲社会行为（prosocial behavior）是任何旨在利于他人的行为。例如，能与不如自己幸运的人分享，安慰或援助一个痛苦的人，与人合作或助其实现某一目标，或只是通过赞美别人的外表或成就而使其感觉良好（Eisenberg, Fabes, & Spinrad, 2006）。在进一步讨论前，我们先来看下面四种情境：

1. 约翰，一位富豪，为艾滋病研究捐款 5 万美元。
2. 奥德尔，因救助一个遭抢劫的年轻女子而被刺身亡。
3. 胡安，献血 1 品脱（473 毫升），为此得到 15 美元的报偿。
4. 山姆，为报答好友吉姆以前的帮助，主动提出帮吉姆粉刷车库。

毫无疑问，大多数人会同意这些行为都是亲社会行为的例子。但是，你是否认为这些行为都是利他行为？我的学生经常对这四种行为中的一种或多种是否符合**利他**（altruism）行为而产生分歧。

大多数成人，包括我的学生，都赞成**利他的动机 / 意图观**（motivational / intentional view of altruism）。也就是说，只有当行动者的主要动机是为他人提供利益或其他积极结果时，其友善之举才算是利他的。因此，利他意味着对他人福祉的同情和 / 或关心，几乎没有成人会教育儿童说，只有可换得酬劳或他人承诺回报时才去帮助别人是恰当行为。

然而少数持怀疑论的成人严重怀疑：任何形式的亲社会行为的动机仅仅是出于对他人的关心，而不顾及自己。情境 1 中的约翰是真正的利他吗？如果你得知约翰自己就患有艾滋病，你又会作何感想？即使情境 2 中做出高尚牺牲的奥德尔，也可能只是意在获得他所救助女孩的芳心（或他想要的其他回报）。由于很难查明助人者潜在的意图，所以一些成人（和发展心理学家）赞成**利**

图片 10.1　是否有任何理由认为这种亲社会行为是非利他的？如果是，那么你喜欢利他的哪种定义？

他的行为定义（behavioral definition of altruism），即利他行为就是对他人有益的行为，无论行为者的动机如何。换句话说，我们可以笼统地把利他行为和亲社会行为看作意义相同的概念。因此，上面四种情境中描述的行为都可以说是“利他的”。

有趣的是，12 岁的儿童似乎也喜欢利他的行为定义，而不区分行为者是出于同情而助人，还是为回报他人或得到报酬而助人（Peterson & Gelfand, 1984）。虽然父母一般都赞成利他的动机定义，但无论是他们还是发展心理学家，在谈到或回应儿童的助人行为时，都不会严格区分利他行为和亲社会行为。不区分的一个原因是，在西方社会，人们（甚至是年幼的小学二年级学生）普遍认为，与抑制伤害行为和反社会行为（道德的消极方面）相比，他们在为他人做善事（道德的积极方面）方面所负有的义务更少（Grusec, 1991; Kahn, 1992）。换句话说，虽然善行受社会赞许，但它带有自由选择性，因此不具有强制性[1]。所以，为了促进这类具有积极意义但非义务性的行为，父母和教师通常会把各种善行都看作“好”的和值得赞扬的（即便它们并不是完全意义上的利他行为）。

利他性和亲社会性发展的理论

利他行为是先天的还是习得的？理论家曾经就此展开争论。进化心理学家认为，亲社会关怀具有预适应的、基因编程的特性，是人性的基本成分之一，有助于确保种系的延续。相反，精神分析和社会学习理论家则认为，儿童的亲社会倾向不是来自个体的基因或进化史，而是来自社会中介的经验（利他性是习得的）。认知发展理论家当然同意后一种观点。不过，他们补充说，儿童亲社会行为的形式和频率，在一定程度上取决于其社会认知发展水平。

1　本章会讲到，集体主义社会及其他各种亚文化的人们，和西方个人主义社会中的人们不同，他们更倾向于把亲社会行为看作一种义务和强制行为。

生物学理论：亲社会行为是“预先设定”的吗

1965 年，唐纳德·坎贝尔（Campbell, 1965）指出，利他性在一定程度上是本能的，它是人性的基本成分之一。他的观点基于这样一种假设：无论是人还是动物个体，如果生活在合作性的社会单元中，就更可能远离天敌的威胁，更好地满足基本的生存需要。如果这一假设正确，那么合作、利他的个体更可能存活下来，把“利他基因”传给下一代。因此，千千万万年的进化过程更有利于先天的亲社会动机的发展。坎贝尔指出，“群居的巨大生存价值使得先天的社会性动机和自我中心动机一样具有先天基础”（1965, p.301; 另见 Hastings, Zahn-Waxler, & McShane, 2006）。

那么，人类究竟是如何进化成具有亲社会倾向的呢？马丁·霍夫曼（Hoffman, 1981, 2000）认为，共情的能力——我们被他人的情绪所唤醒，并设身处地体验他人情绪的趋向——是利他关怀的生物学基础。霍夫曼提出，除非我们有能力分享他人的情感、体验他人的痛苦，否则我们为什么要抛开自私动机去帮助他人或不伤害他人呢？

正如专栏 3.1 指出的，当新生儿对其他婴儿的哭声感到不安时，他们可能会表现出一种原始的共情反应。然而，天生的共情能力并不意味着利他性是“自动的”或以任何生物决定论方式“编程的”，正如霍夫曼所言，共情的敏感性易受环境影响，并可能因儿童成长的社会环境而被促进或抑制。这是对亲社会行为的进化论解释提出的重大挑战，进化论的说法只适用于人类物种的整体，并不能解释共情与亲社会行为的个体差异。

行为遗传学的观点 行为遗传学家认为（并发现），我们的共情、同情和亲社会活动倾向在一定程度上受到遗传基因的影响（Eisenberg, Fabes, & Spinrad, 2006, Knafo & Plomin, 2006, for recent reviews）。几项双生子研究发现，基因、共享环境和非共享环境对学龄前儿童和小学低年级儿童的共情反应和亲社会行为产生影响，随着时间的推移，基因和非共享环境的影响会变大。

这些发现有几层重要的含义。首先，共享环境影响力的下降意味着，在个体生命早期，家庭环境以及父母培养孩子共情和亲社会行为的努力最为重要。其次，基因影响亲社会行为的事实并不意味着我们中的一些人比其他人遗传到更多的“利他基因”。相反，基因对共情和利他性的影响与气质差异密切相关。例如，消极情绪得分低且努力控制得分高的儿童不太可能因他人的痛苦在情绪上受打击，因此更可能对个人的不幸做出同情反应（Eisenberg, Fabes, & Spinrad, 2006; Valiente et al., 2004）。最后，随着时间的推移，非共享环境对亲社会行为影响更大也就不足为奇了，因为随着兄弟姐妹不断长大，他们不共享的新环境（如日托、同伴群体、朋友）变得越来越普遍。例如，如果双生子中的一人和一个高度亲社会的同伴结下了一段长久的友谊，那么我们很容易看到，与没有共享这种友谊的双生子中的另一个相比，她可能变得更具亲社会倾向（Knafo & Plomin, 2006）。

总之，进化过程能很好地培养人类的共情能力和亲社会动机，人类的遗传差异有助于解释共情、同情和亲社会行为的个体差异。然而，行为遗传学研究表明，共享环境和非共享环境对我们的亲社会倾向有非常重要的影响。现在，让我们转向强调环境对儿童亲社会性发展具有影响的其他理论。

精神分析理论：以良心为向导

回顾第 2 章对精神分析理论的讨论，弗洛伊德把幼儿描述成自私的生物，经常被以本我为基础的享乐冲动所驱动。对人性的这种描述表明，利他概念向人格发展的精神分析解释提出了尖锐的挑战：一个自私的、自我中心的儿童怎么可能形成舍己为人的利他关怀意识呢？

其实，这种挑战并不像乍看上去那样难以应对。精神分析理论的拥护者认为，亲社会规范和原则，如**社会责任规范**（norm of social responsibility）和黄金规则，只是许多父母教育方案和价值观中的凤毛麟角，在超我得到发展的儿童期，这些规则可能都已经被内化。在本章后面，我们讨论弗洛伊德的俄狄浦斯道德理论时，再来考察超我发展的过程。

社会学习理论：我能从中得到什么

利他性向社会学习理论提出了一个有趣的悖论（Rosenhan, 1972）。社会学习理论的一个核心前提是，人们会重复那些受到强化的行为，而避免重复那些须付出代价或受到惩罚的行为。但是，许多亲社会行为似乎与这种人性观相背离：利他主义者有时会选择冒很大风险、放弃个人报偿，以至于奉献出自己的宝贵资源（因而遭受损失）来造福他人。社会学习理论家面临的挑战是，这些自我牺牲倾向又是如何获得和维持的。

针对这种挑战，社会学习理论家有各种不同的回应。在概念层面上，一些学习理论家认为，所有的亲社会行为，甚至是那些被证明需要付出巨大代价的亲社会行为，都是受某种微妙的报偿或自我利益驱动的。例如，有人可能认为，冒着生命危险从纳粹魔爪下救助犹太人的德国公民，乃是为了提高自尊，赢得后人赞誉，或是期望在来世能获得道德正直之人才有的利益。这种解释的主要问题在于它的循环论证：它假定，因为助人行为发生了，其结果必然会被强化。

虽然利他行为并不一定伴有切实的奖励，但利他性仍然可能是社会学习和强化的结果。让我们看一看儿童习得“善有善报”的三种可能方式。

减轻共情反应　我们的共情能力有助于解释，在没有明显而实在的报偿来维持助人行为的情况下，我们为什么仍然会帮助别人，安慰别人，与别人分享。例如，一个人对遭受痛苦的受害者产生共情，感同身受地体验其痛苦，她可能从过去的经验习得，帮助或安慰受害者不仅能减轻受害者的疼痛和痛苦，而且也能减轻自己的痛苦。因此，亲社会行为看起来可能是一种自我牺牲，实际上，它通过让助人者感觉良好或减轻共情作用的痛苦而强化了助人者。

强化亲社会行为　学习理论家还认为，如果父母和教师经常宣扬亲社会行为的美德，赞赏那些表现出亲社会行为的儿童，这些奖赏产生的积极影响就会与亲社会行为联系起来。当儿童做出亲社会行动时，就会产生良好的感觉，换句话说，亲社会行为成为一种自我强化。而且，由于儿童的善行会经常受到表扬和认可，因此不难想象，随着时间的推移，亲社会行为很可能会保持其“令人满意”的品质，而且从此不再消失。

通过观察学会利他　最后，班杜拉（Bandura, 1989）认为，对儿童的亲社会倾向产生最普遍而深刻影响的是他人的行为，即他们接触的社会榜样。他可能

图片 10.2　通过观察利他榜样的行为，儿童学习了很多亲社会的教诲。

是对的，因为我们将看到，那些目睹了利他榜样好行为的儿童往往变得更具亲社会倾向，甚至在榜样付出了个人代价且没有因为善行而获得实际利益时亦是如此（Eisenberg, Fabes, & Spinrad, 2006）。

总而言之，学习理论家们对儿童的亲社会行为意愿提供了几种貌似合理的解释，这些行为几乎没有任何切实的回报，甚至可能还代价高昂。在本章后面的章节中，我们将进一步考察这些观点，看看强化、共情和社会榜样对儿童的亲社会性发展的影响。

利他的认知理论：成熟是中介

认知发展理论与社会信息加工理论都认为，合作、分享、安慰和主动帮助他人等亲社会行为在儿童期表现得越来越明显（Eisenberg, Lennon, & Roth, 1983; Kohlberg, 1969; Chapman et al., 1987）。这个预测的基础很简单：随着儿童智力的发展，他们将习得重要的认知技能，这些技能将影响他们对亲社会问题的推理，并揣测利他行为的动机。

认知理论家指出，亲社会性的发展可分为四个大的阶段。第一阶段从 2 岁开始，可以观察到某些分享和同情的表现。在这一阶段，学步儿对他人痛苦的反应更可预测，通常是自己也因此感到不安（即共情），有时也会试着安慰痛苦的同伴（M. L. Hoffman, 2000）。第二阶段与皮亚杰的前运算阶段（3~6 岁）大致对应。此时，学前儿童仍然是以自我为中心的，他们思考亲社会的问题（及其实际的行为）时，往往是自私的或快乐主义的。如果对别人有利的行为也能给自己带来好处，那么就认为这些行为值得做。第三阶段发生在儿童中期到前青少年期（相当于皮亚杰的具体运算阶段）。此时，儿童的自我中心倾向减弱，掌握了重要的角色采择技能，开始关注别人的合理需要，并将其作为亲社会行为的理由。在这一时期，儿童开始认为大多数人认可的好行为就是“好的”，就应该去做。同样在这一时期，同情心对利他性的发展发挥了重要作用。最后，达到形式运算水平的青少年能更好地理解并深刻领会抽象的亲社会规范，如社会责任规范或黄金规则等普遍原则，这些原则将：（1）鼓励他们把好的行为推及到更多需要帮助的人身上；（2）可能也会激发他们对亲社会行为个人责任的强烈归因，如果他们漠视自己的义务，就会产生内疚感或自责（Chapman et al., 1987; Eisenberg, Lennon, & Roth, 1983）。

很多认知取向的研究者探讨的是认知技能（如角色采择）与儿童亲社会行为的关系，而不是努力去考察亲社会性发展的大的阶段。但南希·艾森伯格及其同事曾经探讨了儿童的亲社会问题推理随年龄发生的变化，结果的确有趣。我们将在本章后面的章节中回顾这两方面的内容。

利他性的发展趋势

在本章开头我们提到，真正关心他人的福祉并愿意为之付诸行动，这是绝大多数父母希望孩子具备的品质。事实上，当孩子还带尿布的时候，许多父母就已经在鼓励分享、合作或助人这类亲社会行为了。儿童发展专家曾经声称，这些用心良苦的父母其实是在浪费时间，因为婴儿和学步儿是自我中心的，他们不可能考虑到除自己之外他人的需要。但是，这些专家恰恰错了！

亲社会行为的起源

早在接受正式的道德或宗教训诫之前，儿童就可能表现出与年长者类似的亲社会行为。例如，12~18 个月大的孩子有时会把玩具送给同伴（Hay et al., 1991），甚至试图帮母亲做一些清扫或除尘的家务（Rheingold, 1982）。婴幼儿的亲社会行为甚至具有某种“合理性”。例如，2 岁的孩子更有可能在玩具稀缺而不是充足的情况下把玩具让给同伴（Hay et al., 1991）；他们更可能帮助一个固定的玩伴，而不是一个不熟悉的孩子（Eisenberg, Fabes, & Spinard, 2006）。

学步儿能对同伴表现出同情行为吗？答案是肯定的，这样的亲社会关怀表现并不少见（Eisenberg, Fabes, & Spinard, 2006）。卡罗琳·扎恩－韦克斯勒等人（Zahn-Waxler, Radke-Yarrow, et al., 1992）让 13~25 个月大的学步儿的母亲们观察并记录孩子对他人痛苦的反应，结果如表 10.1 所示。最小的学步儿出现的最多的反应是自己也变得烦恼，转身离开伤心的同伴。如果一个 12~18 个月大的学步儿确实认为需要给同伴一些安慰，她可能会求助母亲或其他成人去安慰同伴，而不是自己去安慰（M. L. Hoffman, 2000）。但是到了 20~23 个月大时，学步儿更倾向于关心那些难过的同伴，常常是自己想办法去安慰，尽管难过并不是由他们造成的。我们来看看 21 个月大的约翰对伤心的玩伴杰利的反应：

> 今天，杰利的脾气有点怪，他……大声哭喊，闹个不停。约翰走过来，递给他玩具，想让他高兴……他好像说了句“给你，杰利”。我对约翰说：“今天，杰利打针了，他很难过，心情不好。”约翰皱着眉头看看我，

表 10.1 母亲报告的学步儿对并非自己造成的他人痛苦而表现出同情、亲社会行为、攻击行为和个人痛苦的次数比例

学步儿的反应	13~15 月龄	18~20 月龄	23~25 月龄
同情	.09	.10	.25
亲社会行为	.09	.21	.49
攻击行为	.01	.01	.03
个人痛苦	.15	.12	.07

资料来源：摘自 Zahn-Waxler, Radke-Yarrow, et al., 1992。

好像他真的懂了杰利哭是因为他不高兴……他走过去，抓着杰利的胳臂，说“好杰利”，并继续把玩具递给他（Zahn-Waxler, Radke-Yarrow, & King, 1979, pp. 321–322）。

显然，约翰很关心他的小伙伴，想方设法地让他高兴。

一些 2~3 岁的儿童常常安慰伤心的同伴，但另一些儿童则很少这样做。早期同情心的个体差异在某种程度上可以归因于气质的差异。比如，与气质上胆大、非抑制的学步儿相比，那些胆怯、行为抑制的 2~3 岁的学步儿更可能对他人的痛苦感到高度紧张，从而离开那个痛苦的人，之后去调节自己个人的紧张（Young, Fox, & Zahn-Waxler, 1999）。

儿童早期同情心的个体差异还取决于父母在孩子伤害别人时的反应。卡罗琳·扎恩 – 韦克斯勒等人（Zahn-Waxler et al., 1979）发现，缺乏同情心的学步儿，其母亲通常使用训斥或体罚等强制性策略来惩戒孩子的伤害行为。反之，那些更具同情心的学步儿，其母亲往往采用简单的**情感解释**（affective explanation）来惩戒孩子的伤害行为，培养孩子的同情心（也许还夹杂懊悔），帮助孩子理解自己的行为与该行为造成他人痛苦之间的关系（例如，对孩子说：“不要这样！你把道格弄哭了，咬人可不好！”）。

利他行为随年龄发生的变化

虽然 2~3 岁的儿童会对伤心的同伴表现出某种同情和怜悯，但他们并不急着做出真正的自我牺牲行为，诸如与同伴分享一件稀罕的玩具。如果成人指导儿童考虑他人的需要（Levitt et al., 1985），或者如果一个孩子主动要求分享或发出某种威胁，如“你不给我，我就不跟你好了”（Birch & Billman,

1986），那么儿童就更可能表现出分享和其他友善行为。但总体而言，为别人做出自发的自我牺牲行为，在学步儿和年幼的学龄前儿童中还比较少见（Eisenberg, Fabes, & Spinard, 2006）。莫非这是因为学步儿在很大程度上不能察觉他人的需要，不知道分享或帮助同伴的好处吗？可能不是，因为至少有一项在幼儿园开展的观察研究发现，2.5岁~3.5岁的儿童总是乐于在假装游戏中表演对别人友善的好行为；而4~6岁的儿童则更多地表现出真实的助人行为，较少“假扮”利他者的角色（Bar-Tal, Raviv, & Goldberg, 1982）。

Mary Kate Denny/PhotoEdit, Inc.

图片 10.3 学前儿童并不是很利他的，必须经过诱哄才能与人分享。

在世界各国不同文化中进行的多项研究发现，从小学低年级以后，分享、助人和其他亲社会行为越来越普遍（参见 Eisenberg, Fabes, & Spinard, 2006; Underwood & Moore, 1982; Whiting & Edwards, 1988）。有一种亲社会活动在青少年期比在儿童期更常见，那就是志愿参与某种社区服务（例如，辅导处境不利的儿童，或在流浪者收容所做义工），约一半的青少年会参与这种活动（National Center for Educational Statistics, 1997）。尽管参与志愿活动的动机有时可能出于个人的而非利他主义的目的，但研究者普遍发现，那些参加这些项目持续三个月或更长时间的青少年，其自尊和助人的个人责任感会显著提高（Eisenberg, Fabes, & Spinard, 2006）。即使是参加必要的校本服务活动，对那些最初不太愿意参加的学生也产生了非常积极的影响，通常会增强他们参加志愿服务的意愿，在未来几年提高了他们实际的公民服务水平（Metz & Youniss, 2005）。为什么？原因可能有几个。首先，青少年看重同伴的意见，对来自同伴的压力特别敏感，和同学一起参加服务活动可能表明，对亲社会目标的追求是同辈群体所认可和期望的（Wentzel, Filisetti, & Looney, 2007）。其次，必需的服务活动可能使一个青少年体验到助人行为的情感回报，使他们更相信自己有能力改善他人的生活（Bandura, 2002; Eisenberg, Fabes, & Spinard, 2006）。最后，原来不情愿的参加者成功完成了必需的服务活动，可能会促进其自我概念的改变，因此，他们变得更倾向于认为自己是一个关心他人或他人取向的个体（Cialdini & Goldstein, 2004）。然而我们需要注意的是，强迫大学生做志愿者可能适得其反，这会削弱他们的助人动机（Stukas,

Snyder, & Clary, 1999)。

我们将要考察的很多研究都试图解释为什么较年长的儿童和青少年倾向于变得更具亲社会性。在介绍这类研究之前，我们先来谈谈社会性发展研究者思考的另一个问题：利他性存在性别差异吗？

性别差异 人们通常认为，女孩比男孩更（或逐渐变得更）乐于助人、慷慨或富有同情心。这是事实还是虚构的？这种刻板印象也许只是部分正确。经常有报告说，女孩的助人、安慰、分享行为多于男孩，但其实两者的差异并不大（Eisenberg, Fabes, & Spinard, 2006; Russell et al., 2003），也不是在所有情境中都存在这种差别（Grusec, Goodnow, & Cohen, 1996）。人们认为女孩比男孩更关心别人的福祉，善于用强烈的面部表情和语言表达同情（Hastings et al., 2000）。但是这些发现很难解释，因为当遇到一个痛苦的人时，男孩的心理唤醒程度和女孩差不多（Eisenberg, Fabes, & Spinard, 2006）。然而研究者发现，男孩比女孩更不合作、更爱竞争。例如，一项研究发现，到童年中期，男孩比女孩更可能在游戏中做些妨碍他人赢得奖品的事情，即使他人的表现根本不会对他们赢得奖品造成影响（Roy & Benenson, 2002）。因此，拥有帅气的外表、一定的地位或可以支配别人，似乎对男孩比对女孩更重要[2]。

女孩比男孩需要或寻求更多的帮助吗？显然不是。有研究发现，从一年级到五年级，男孩和女孩在完成任务方面对他人帮助的依赖性都越来越小，他们希望得到的只是间接帮助（如提示），以使自己能独立完成任务（Shell & Eisenberg, 1996）。因此，“如果没有直接帮助，女孩就很难完成任务”的说法，可能只是一种文化神话，没有什么事实根据。

认知和情感因素对利他性的影响

我们在前面提到，利他的认知理论认为，在童年中期和青少年初期，个体亲社会行为的增多与角色采择技能、亲社会道德推理、共情以及对责任的深入理解等能力的发展有密切关系。这意味着，我们应该逐渐把自己视为更乐于助人、富有同情心或利他主义的个体。我们来看看是否有人支持这些观点。

---

2 亲社会行为的性别差异问题还远未解决。艾森伯格等人（Eisenberg et al., 2006）发现，让父母或儿童自己报告亲社会倾向，男孩和女孩在亲社会行为和共情 / 同情反应方面的差异，要比观察或实验研究发现的差异大得多。因此，自我报告研究发现的性别差异可能部分地反映了报告者的性别刻板印象观念，即女孩比男孩更善于共情、同情，具有更强的亲社会倾向。

角色采择与利他性

如果角色采择技能可以帮助儿童认识和理解造成别人痛苦或不幸的原因，那么我们就可以假定，熟练的角色采择者比不熟练者更具有利他性。这一假设得到了很多研究的支持（Eisenberg, Fabes, & Spinard, 2006; Eisenberg, Zhou, & Koller, 2001）。在一项研究中（Hudson, Forman, & Brian-Meisels, 1982），先测验二年级学生的角色采择技能，然后观察并记录这些学生指导幼儿园儿童完成绘画和手工任务的过程，用于分析角色采择技能不同的小学生在指导遇到困难的幼儿时会怎样做。结果发现，无论其角色采择能力是高是低，当幼儿直接请求帮助时，这些小学生都很乐于助人。但是，如果幼儿的需要不太明显，或者间接地（例如，皱着眉头盯着他们）请求帮助时，角色采择能力高的小学生能够理解他们的意思，并提供必要的帮助；而角色采择能力低的小学生只是对着他们笑一笑，继续干自己手里的活儿，并不提供任何帮助。

这项研究充分表明，角色采择技能和亲社会行为之间正相关。在另一些研究中，**社会观点采择**（social perspective taking）（认识另一个人的感受、想法和意图）与亲社会行为之间的因果联系更明确。这些研究表明，与没有接受角色采择技能训练的同伴相比，受过训练的儿童和青少年会变得更富有宽容心，更具合作性，更关心他人的需要（Chalmers & Townsend, 1990; Iannotti, 1978）。然而，角色采择只是有助于利他行为发展的几种个人品质之一。另外三个重要的因素分别是儿童的**亲社会道德推理**（prosocial moral reasoning）水平、对他人痛苦的共情反应，以及他们刚出现的作为利他个体的自我概念。

亲社会道德推理

在过去的25年中，研究者描绘了儿童对亲社会问题推理的发展，以及这种推理与利他行为的关系。例如，艾森伯格等人向儿童呈现一些故事，其中的主人公必须决定在亲社会行为需要付出个人代价时是否会帮助或安慰他人。下面就是其中一个故事（Eisenberg-Berg & Hand, 1979）：

> 一天，一个叫玛丽的女孩要去参加朋友的生日聚会。在路上，她看到一个女孩倒在地上，她的腿摔伤了。这个女孩请求玛丽去她家，叫她的父母来带她去医院。如果玛丽这样做，她就不能准时参加朋友的生日聚会，就会错过吃冰淇淋、蛋糕和玩各种游戏的机会了。玛丽该怎么办？

如表 10.2 所示，从童年早期到青少年期，亲社会两难问题的推理能力的发展依次经过 5 个水平。其中，学前儿童的反应常常是*自私的*：他们认为，玛丽应该去参加聚会，以免错过有趣的游戏。但是，随着儿童日渐成熟，他们对他人的需要和愿望的反应性也逐渐增强；以至于一些中学生开始觉得，如果他们为了追求自身利益而无视一个需要帮助的人，就是对自己的不尊重（Eisenberg, Lennon, & Roth, 1983; Eisenberg, Miller, et al., 1991）。

儿童、青少年的亲社会道德推理发展水平能预测利他行为吗？显然可以。与无须付出代价的微不足道的助人行为相比，自我牺牲行为的推理和行为之间的关系更强（Eisenberg, Fabes, & Spinard, 2006）。例如，与那些仍然以自私方式进行道德推理的学前儿童相比，那些亲社会道德推理超越快乐主义水平的学前儿童更可能帮助他人，并*自发地*与同伴分享喜欢的东西（Eisenberg-Berg & Hand, 1979; Miller et al., 1996）。对那些比学前儿童年长的儿童进行的研究也得出了类似结果。在中学生样本中，成熟的道德推理者通常会帮助他们*不喜欢*但确实需要帮助的人，而不成熟的道德推理者则会忽视他们不喜欢之人的需要（Eisenberg, 1983; Eisenberg, Miller, et al., 1991）。最后，艾森伯格及其同事（Eisenberg, et al., 1999）从一项长达 17 年的追踪研究中发现，4~5 岁时自发分享行为较多、亲社会道德推理较成熟的儿童，在整个童年期、青少年期和成年初期的助人行为都更多，更关心别人，对亲社会问题和社会责任的推理也更复

表 10.2 艾森伯格的亲社会道德推理水平

水 平	大约年龄	简要描述和典型反应
快乐主义	学前期和小学低年级	关心自己的需要。如果对自己有利，就提供帮助。*例如*：“我不会帮助她，因为那样做我就可能错过聚会。”
需要导向	部分学前儿童和小学生	把他人的需要看作助人的合理根据；但是，如果不能提供帮助，也不会产生同情或自责。*例如*：“我会帮助她，因为她需要帮助。”
刻板印象赞许导向	小学生和部分中学生	对赞许的关注以及他人对好坏的刻板印象严重影响着一个人的思维。*例如*：“如果我帮助了别人，妈妈会拥抱我。”
共情导向	小学高年级学生和中学生	此时的判断中有了同情的证据；有时会模糊地提到个人的义务和价值。*例如*：“我很乐意帮助她，因为她很痛苦。”
内化价值观导向	小部分中学生，无小学生	基于内化的价值观、规范、信念和责任来判断助人与否；违反这些规则可能会伤害自尊。*例如*：“我拒绝捐款，因为慈善机构浪费了太多善款，没有把钱捐给目标受助者。”

资料来源：摘自 Eisenberg, Lennon, & Roth, 1983。

杂。实际上，在亲社会性上同伴提名得分高的青少年形成了一种**善意归因偏差**（benign attributional bias），在同伴的冒犯行为动机不确定时，其倾向是做出善意而非敌意的归因（Nelson & Crick, 1999）。这种看重他人积极一面的意愿本身就是一种亲社会的特征，它有助于亲社会的青少年避免敌对、保持合作、关注他人。总之，这些观察表明，亲社会倾向可能在童年早期就开始建立了，并且保持一定的跨时间稳定性（参见 Eisenberg et al., 2002）。

为什么成熟的道德推理者对他人甚至不喜欢的人的需要如此敏感呢？艾森伯格认为，儿童日益成熟的同情他人的能力大大推动了其亲社会推理的成熟，并发展出一种无私的关怀，促使他们去帮助任何需要帮助的人（Eisenberg et al., 1987; Eisenberg, Zhou, & Koller, 2001）。接下来，我们来看看研究者对共情与利他之间关系的探索。

共情：影响利他性的重要情感因素

虽然婴儿和学步儿似乎都能意识到同伴的痛苦，并对这种痛苦做出反应（即共情）（Zahn-Waxler, Radke-Yarrow, & King, 1979; Zahn-Waxler, Radke-Yarrow, et al., 1992; 见专栏 3.1），但他们的反应并不一定是助人的。实际上，许多幼儿一见到别人遭受痛苦或不幸就表现出明显的个人痛苦的迹象（在生命早期，这可能是一种重要反应），他们会离开需要帮助的人，甚至攻击他/她，以缓解自己的不适感。但其他儿童（甚至一些很小的孩子）更倾向于把他们的共情式唤醒解释为对其他痛苦者的关心或同情，正是这种**同情心的共情式唤醒**（sympathetic empathic arousal）而非**指向自我的痛苦**（self-oriented distress），最终促进了利他性的发展（Batson, 1991; M. L. Hoffman, 2000）。

共情的社会化 在前面讨论婴幼儿同情心的起源时，我们曾提到，父母可以通过以下途径促进儿童的同情反应：（1）树立共情式关怀的榜样；（2）依靠情感导向的管教方式，帮助幼儿理解他们给他人造成痛苦的不良后果（Barnett, 1987; Hastings et al., 2000; Zahn-Waxler, Radke-Yarrow, & King, 1979; Zahn-Waxler, Radke-Yarrow, et al., 1992）。另有研究者（Davidov & Grusec, 2006; Zhou et al., 2002）发现，温和、精心呵护孩子且在孩子痛苦时反应敏感的父母，其子女更善于共情，更具亲社会倾向。接受这种教养方式的儿童会体验到积极、支持的家庭气氛，在这样的家庭中，他们的情感需要能得到满足。这种情绪安全感有助于儿童克服从他人的不幸中体验到的消极情绪，使他们倾向于把自己的共情唤醒解释为同情而非个人痛苦（Davidov & Grusec, 2006）。

共情—利他性关系的年龄发展趋势 共情与利他性之间有什么关系？这个问题的答案部分取决于共情的测量方法及受测者的年龄。有的研究是通过让儿童报告自己对故事中人物的不幸遭遇的感受，以此来评价儿童的共情反应，这些研究发现，共情和利他性之间几乎没有什么联系。有的研究让教师评价儿童的共情敏感性以及儿童对他人的不幸表现出的面部表情，结果发现，教师评价是预测儿童亲社会行为更好的指标（Chapman et al., 1987; Eisenberg et al., 1990）。总体而言，对学龄前儿童和小学低年级儿童来说，共情与利他性之间充其量存在中等程度的相关；而对前青少年期的儿童、青少年和成人来说，两者之间的相关则较强一些（Eisenberg & Miller, 1987; Underwood & Moore, 1982）。

对这些年龄趋势的一种解释可能是：随着时间的推移，儿童在调整消极情绪、抑制因他人的不幸而产生的个人痛苦方面会做得更好，所以他们表现得更富有同情心（Eisenberg, Fabes, et al., 1998）。在此过程中，社会认知的发展可能发挥了重要作用，年幼的儿童缺乏角色采择技能和对自己情绪的领悟，而这些技能恰恰是充分理解和觉察（1）他人为什么会痛苦和（2）自己为什么会情感唤醒这两点的必要条件（Roberts & Strayer, 1996）。例如，当幼儿园里的儿童看到幻灯片中一个男孩在小狗跑丢后十分伤心时，他们大多把男孩的烦恼归为外因（小狗失踪），而不是更“个人”的或内部的因素，如男孩很担心和想念他的小狗（Hughes, Tingle, & Sawin, 1981）。并且，尽管幼儿表示看到幻灯片后感到不安，但他们通常为自己的共情唤醒寻找自我中心的解释，这种解释似乎反映了他们的个人痛苦（例如，“我的小狗也可能会丢”）。但是，7~9 岁的儿童开始把自己的共情反应与故事中人物的情感联系起来，他们能设身处地推断人物痛苦的心理基础（例如，“因为他伤心，我也伤心……因为，如果他真的喜欢那只小狗，那么……”）。因此，一旦儿童能更熟练地推断他人的观点（角色采择），能理解自己的共情产生的原因（例如，“我伤心是因为他伤心”），那么这些原因就有助于对苦恼或处境困难的同伴产生同情，共情就可能对利他性产生重要影响（Eisenberg, Gershoff, et al., 2001; Eisenberg, Fabes, & Spinard,

图片 10.4 随着儿童的成熟和形成更好的角色采择技能，他们就更可能同情痛苦的同伴，并为他们提供安慰和帮助。

2006; Roberts & Strayer, 1996）。

“感知责任”假说 现在有一个重要问题：共情到底是如何促进利他性发展的？显然，一个人即使没有感觉到必须帮助他人，也能对一个痛苦的人产生同情。那么，共情是如何推动利他行为的呢？

一种可能是，同情的共情式唤醒促使儿童思考他曾经学到的利他方面的教诲，如黄金规则、社会责任规范，甚至是人人称赞助人行为的常识。结果，儿童就可能承担起帮助痛苦受难者的责任（见图 10.1），如果漠视这种责任就会产生内疚感（Chapman, et al., 1987; Williams & Bybee, 1994）。注意，这种**“感知责任”假说**（“felt responsibility” hypothesis）代表了艾森伯格亲社会道德推理的较高水平（见表 10.2），有助于解释共情与利他之间的联系随年龄而增强的原因。由于年龄较大的儿童比年幼的儿童懂得（和内化）了更多的利他原则，当他们体验到共情式唤醒时，就会有更多的思考。因此，与年幼的儿童相比，他们更可能感到自己有责任去帮助一个痛苦的人，并通过帮助那些需要帮助的人而坚守这一责任。

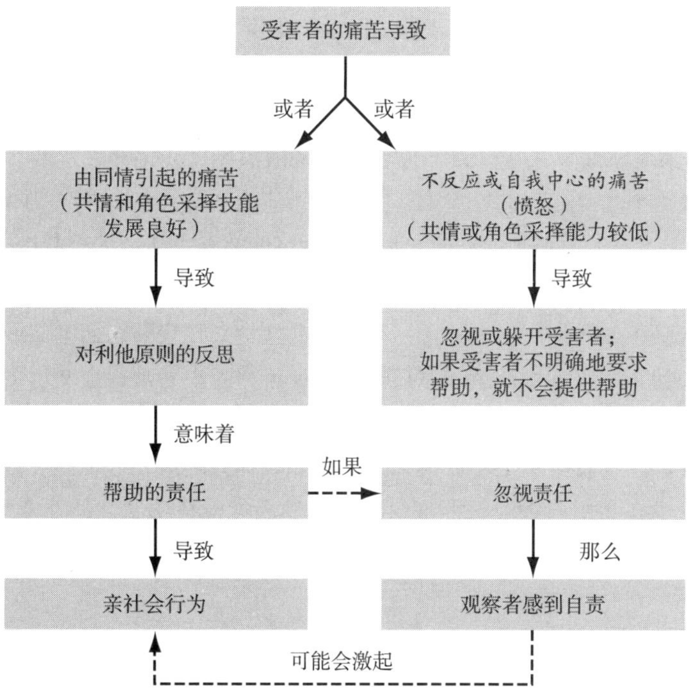

图 10.1 共情如何促进了利他性：“感知责任”的解释

视自己为利他主义者

一个人为帮助他人而做出牺牲的意愿，在很大程度上还取决于他 / 她对自己的利他性的评价。虽然迄今研究者还没有成功地确定一组可定义的利他性的人格特质（Myers, 1996），但是，与那些不认为自己非常善良、富有同情心、乐于助人的人相比，把亲社会倾向看作自我概念重要组成部分的青少年和成人确实具有更强的亲社会倾向（Clary & Snyder, 1991; Eisenberg et al., 1999; Hart & Fegley, 1995）。那么，如果我们让年轻人相信自己很慷慨或乐于助人，能否促进利他性的发展呢？

琼・格鲁塞克和埃丽卡・雷德勒（Grusec & Redler, 1980）试图回答这些问题。她们先让一些 5 岁和 8 岁的儿童做三件事：（1）向家境穷困的儿童捐赠玻璃球；（2）与没有彩铅的同学共用彩铅；（3）帮助实验者完成一件重复而乏味的任务。然后把这些儿童分为两组。实验组（自我概念训练组）的儿童一旦做了这三件事，就会被告知他们"待人友善""乐于助人"；控制组的儿童即使做了这三件事，实验者也不对他们说什么。一到两周后，另一位实验者要求儿童捐赠绘画和手工艺品材料，帮助当地一家医院生病的孩子振作起来。

格鲁塞克和雷德勒发现，与 5 岁儿童相比，自我概念训练对 8 岁儿童的影响更大。被告知"待人友善""乐于助人"的实验组 8 岁儿童比控制组儿童更多地为生病的孩子画画，把自己的东西送给他们。为什么自我概念训练对 8 岁儿童比对 5 岁儿童有效？我们在第 6 章中提到的一项研究可以给我们很好的启示。可想而知，8 岁儿童已开始用心理学术语描述自我，并把这些"特质"看作自己性格中稳定的方面。因而，当被告知他们"待人友善""乐于助人"时，8 岁儿童（不是 5 岁儿童）显然把类似特质属性整合进他们的自我概念中去了，并在以后他人需要时慷慨地自愿提供帮助，不辜负这个新的、更利他的自我形象。而且，正如我们所提到的，一个人的利他主义自我概念的类似变化有助于解释，为什么那些参加社区服务活动的青少年，后来通常也会变得更愿意为他人提供服务。

因此，鼓励青少年把自己视为关心和照顾他人的人，这是促进善行的一种途径，至少在年龄较大、已能理解和充分领会类似特质属性的儿童中是如此。在下一节中，我们将探讨与儿童利他性发展相关的社会和文化影响因素。

文化和社会因素对利他性的影响

文化影响

文化不同，对利他性的认同或鼓励程度也就不同。在一项有趣的跨文化研究中，比阿特丽斯和怀廷（Beatrice & Whiting, 1975）观察了肯尼亚、墨西哥、菲律宾、冲绳、印度和美国这六种文化背景中 3~10 岁儿童的利他行为。如表 10.3 所示，非工业化社会中的儿童最具有利他性，那里的人们通常生活在大家庭中，按照传统，儿童也要对家庭的福祉有所贡献，他们要准备一日三餐、砍柴、提水、照看弟妹。在西方工业化社会中，尽管儿童做的家务劳动相对较少，但与那些以生活自理（如清扫自己的房间）为主要责任的同龄人相比，被安排做家务或其他涉及全家人利益任务的儿童会表现出更强的亲社会倾向（Grusec, Goodnow, & Cohen, 1996）。

导致西方工业化国家的儿童利他性得分较低的另一个原因是，这些个人主义社会非常强调竞争和个人目标，而非集体目标。相反，来自集体主义社会（包括北美的美国土著部落或以色列集体农场这类集体主义的亚文化）的儿童则被教育要抑制个人主义，为了更大的集体利益而与他人合作，避免人际冲突（Triandis, 1994, 1995）。因此，对于世界上很多集体主义社会中的儿童来说，亲社会行为不像在个人主义社会中那样具有“自由决定”的特点；相反，为集体的更大利益而牺牲个人的利益，与不违反道德规则一样，完全是一种义务（Chen, 2000; Triandis, 1995）。在专栏 10.1 中我们会看到，来自集体主义社会（中国）的儿童非常适应他们文化强调的亲社会理想，认为做了好事而博取别人的注意是不对的，他们甚至会否认自己做了好事！但是不出所料，来

表 10.3 六种文化中的亲社会行为：每种文化中利他性得分高于跨文化总样本平均分的儿童比例

社会类型	利他性得分高的儿童（%）	社会类型	利他性得分高的儿童（%）
非工业化社会		工业化社会	
肯尼亚	100	冲绳	29
墨西哥	73	印度	25
菲律宾	63	美国	8

资料来源：Whiting & Whiting, 1975.

专栏 10.1 文化影响

思考亲社会问题的文化差异

诸如加拿大和美国等西方个人主义社会这样教育儿童：亲社会行为是值得赞赏的，儿童应该为其自我牺牲行为感觉良好，甚至获得表扬。相反，在崇尚集体主义的中国，儿童不仅学到亲社会行为是一种应尽的义务，而且他们受到的教育还要求他们谦虚，不自夸，不要因为做了好事就邀功求赏。实际上，承认自己做了好事或因此寻求表扬，被认为是有违中国传统文化规范及其所强调的集体主义原则的。

这些教育对中国儿童思考亲社会问题产生了怎样的影响？他们真的会低估自己的善行吗？他们会如此谦虚和不爱出风头，甚至可能否认自己做了利他行为（也就是说谎）吗？

为了查明这些问题，李康等人（Lee et al., 1997）进行了一项有趣的跨文化研究：让加拿大和中国的 7 岁、9 岁和 11 岁儿童评价四个简单的故事。为了比较加拿大儿童和中国儿童对**亲社会**问题的思考，其中两个故事是这样的：一个孩子做了一件好事（例如，为一位因为缺钱不能去外地考察的同班同学匿名捐款），当老师问“你知道是谁做了这件好事”的时候，他 / 她或者**承认是他 / 她做的**，或者**说谎**（说“我没干这件事”）。为了进行比较，研究者还考察了儿童对**反社会行为**的评价。每个参与者也听了另外两个故事：一个孩子做了一件错事（例如，把一名同学撞伤），在老师调查此事时，他 / 她或者**诚实地承认错误**，或者**撒谎**说不是自己干的。听完故事后，每个儿童对故事人物的行为以及他 / 她在教师调查时的回答是否恰当做出评价。

有趣的是，在评价行为者的**反社会行为**（被认为是很坏的行为）或该行为者的回答时，两种文化之间没有表现出很大差异。中国和加拿大的儿童都认为，做了伤害他人的事能够坦白很好，而说谎很不好。同样，中国和加拿大的儿童也都对**亲社会**行为做出了积极的评价。但两国儿童对做了亲社会行为是承认还是说谎的看法却显著不同。

如图所示，三个年龄组的加拿大儿童都认为，做了好事的人应该乐于承认（也就是说出真相，并

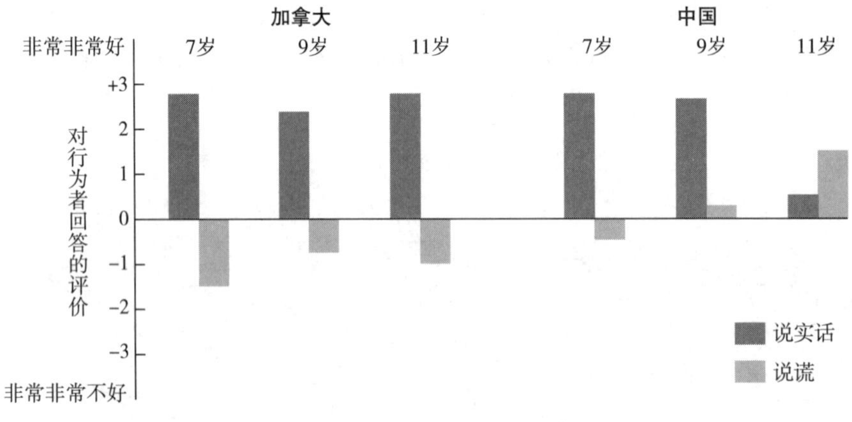

加拿大和中国儿童对做了好事说实话或说谎的评价

资料来源：Lee et al., 1997.

专栏 10.1（续）

得到赞誉），而拒绝承认责任（撒谎）是不对的（或愚蠢的）。相反，随着年龄的增长，中国儿童以**越来越负面**的态度看待从亲社会行为中获取荣誉这件事，而以**越来越正面**的态度看待不承认自己做了好事的行为。对中国儿童来说，亲社会行为是**符合期望的**，不是可以自由选择的，也不值得为此获得个人的表扬或认可，这与加拿大儿童的观点恰好相反。的确，由于中国文化注重谦虚、不出风头，这使得儿童最终克服了说谎的尴尬，因此中国儿童逐渐认为，更值得称赞的是做出被期望的行为而表现谦虚，而不是做了好孩子该做的好事就大胆承认并希望引起人们的过分注意（Lee et al., 1997）。

你不觉得奇怪吗？中国儿童不一定比加拿大儿童更爱撒谎。两种文化背景下的儿童都知道什么是谎言，而且都认为撒谎根本不是一种美德。然而，在这两种文化中，围绕着亲社会问题的谎言是否最恰当，其背景是明显不同的。可以设想两种情况：一种情况是，一个人为了帮助其团队（集体）实现重要的目标而说谎，但伤害了其朋友（通过忽略团队中的某个人）；第二种情况是，这个人向包括其朋友在内的整个团队说谎，从而损害了集体利益。哪一种说谎更糟糕？在一项研究中，让 7 岁、9 岁和 11 岁的儿童做出评价，来自集体主义文化背景的中国儿童更多地认为，为了帮助集体而说谎比帮助个人而说谎更积极些。但是随着年龄增长，来自个人主义文化背景的加拿大儿童越来越多地认为，为了帮助个人（他们的朋友）而说谎比帮助集体说谎更好些（即更合适些）（Fu et al., 2007）。

总之，这些有趣的跨文化研究清楚地表明，影响人们对亲社会行为看法的价值观（以及认为"善意谎言"或多或少是恰当的那些环境）可能存在巨大的文化差异。

自集体主义背景但又更适应西方社会的儿童报告了较低水平的亲社会行为（de Guzman & Carlo, 2004）。

虽然不同的文化对利他性的强调各有侧重，但是大多数社会中的大多数人都认可社会责任规范这一经验法则，认为一个人应当帮助那些需要帮助的人。下面，我们来探讨成人为了说服儿童接受这一重要价值观并关注他人福祉可能采取的一些方式。

对利他性的强化

很多研究（Mills & Grusec, 1989; Yarrow, Scott, & Waxler, 1973）发现，由儿童喜爱和尊敬的成人对他们的善意行为进行言语强化，能促进他们的亲社会行为。小小的表扬也能发挥很大的作用，因为儿童希望按照他们喜欢和尊重之人所制定的规则行事，伴随好行为而来的表扬表明儿童达到了这一目标

（Kochanska, Coy, & Murray, 2001）。然而，那些因为表现出亲社会行为而受到实物奖励的儿童并不特别地利他。为什么呢？这是因为他们倾向于把自己的善行归因于想得到奖励，而不是对他人福祉的关心。一旦没有了奖励，与那些未获得过奖励的同伴相比，他们更不可能为了他人利益而做出自我牺牲（Fabes et al., 1989; Grusec, 1991）。

榜样的影响：利他性的实践和教育

社会学习理论认为，鼓励利他性并身体力行的成人对儿童的影响方式有两种：其一，通过利他行为，成人的榜样可以引导儿童表现出相似的友好行为；其二，成人不仅做出榜样行为，并且经常向儿童做**利他劝诫**（altruistic exhortations），为儿童提供机会，去内化诸如社会责任规范等原则，从而促进亲社会倾向的发展。

实验室研究一致表明，幼儿在观察了友善或助人的榜样行为以后，自己也会变得更友善，更乐于助人。尤其是当榜样与他们建立起亲切友好的关系，向他们说明友善行为的充分理由并能言传身教之时。在一项研究中（Midlarsky & Bryan, 1972），给儿童看一个成人榜样：他在游戏中玩了10轮，5次赢5次输。在赢的情况下，榜样或表现得慷慨，把赢得的部分东西捐给救助贫困儿童的基金会；或表现得自私，把赢得的所有东西据为己有。在输的情况下，榜样或宣讲慷慨，强调慷慨行为对受捐赠者的积极影响（“我知道我不必捐出去，但是捐献将使一些孩子很快乐”）；或鼓吹贪婪，强调慷慨行为不符合期望的方面（“我本周真的又要花钱；接受施舍会使一些孩子感觉很不好”）。然后，儿童开始玩游戏，赢5次，因而有5次机会可以匿名向贫困儿童捐钱。

图片 10.5 愿意做出亲社会行为的儿童，其父母往往会鼓励利他行为，并做到言传身教。

表10.4总结了研究的结果。不出所料，观察了慷慨榜样行为的儿童捐出所赢钱的比例（35.8%），显著地比观察了自私榜样行为的儿童捐出的比例（14%）要多。而且，榜样的言语劝诫也

表 10.4 儿童目睹宣扬慷慨或贪婪的榜样表现出慷慨或自私的榜样行为后捐献赢得物的比例

榜样的行为	榜样的宣扬 慷慨	自私	行的平均数
慷慨	44.0	27.5	35.8
自私	17.5	10.5	14.0
列的平均数	30.8	19.0	

资料来源：摘自 Midlarsky & Bryan, "Affect expressions and children's initiative altruism." *Journal of Experimental Research in Personality 6*: 195–203, 1972. Reprinted by permission of Elsevier。

有明显的效果，宣扬慷慨的榜样引发的捐献比例（30.8%）显著地比鼓吹贪婪的榜样引发的捐献比例（19%）要多。可见，如果这些劝诫被强烈地表述出来，并被证明符合潜在受赠者的需要，那么就能促使儿童变得更慷慨。然而，慷慨榜样的劝诫引发的相对较多的捐款提示我们，要鼓励儿童分享或做出其他亲社会行为，言传身教最有效。

现在，我们转向一些儿童抚养方面的文献，看看在实验室中促进利他性的变量，在自然环境中能否对儿童产生类似的影响。

什么人会培养出利他的儿童

对亲社会活动人士的研究 对表现出非同寻常仁爱的成人进行的研究表明，这些"利他主义者"与其父母之间有着温暖而深情的关系，他们的父母也高度关注他人的福祉。例如，第二次世界大战期间，冒着生命危险从纳粹铁蹄下援救犹太人的基督教徒自我报告说，他们与道德高尚的父母（和其他密友）保持着密切的联系，而父母和朋友也总是恪守着道德原则（London, 1970; Oliner & Oliner, 1988）。对 20 世纪 60 年代美国民权运动中的"自由骑士"的访谈发现，有两种亲社会的积极参与者。一种是全身心投入的积极分子（放弃家庭和职业，把全部时间投入到这项事业中的志愿者），另一种是部分投入（业余的）的积极分子。全身心投入的积极分子和部分投入的积极分子相比，区别主要表现在：首先，他们更乐于和父母保持密切的关系；其次，他们的父母也极力倡导利他主义，并且做过很多友善、富于同情心的善事，以支持这些利他主义的信条。相比之下，部分投入的积极分子，其父母则往往宣称但不躬行利他主义（Rosenhan, 1970; 另见 Clary & Snyder, 1991）。最后，近期的研究表明，自愿参加社区服务活动的青少年，往往与他们参加过类似社区服务的父母有着密切的联系（McLellan & Youniss, 2003）。显然，这些发现和实验室研究结果一致，两者均表明，温暖而富有同情心的榜样若对亲社会行为言传身教，将对激发儿童的亲社会反应格外有效。

父母的管教行为　父母对孩子伤害他人行为的反应，会对儿童利他性的发展产生重要影响。前面我们提过，具有较少同情心的学步儿，其母亲通常以惩罚或强制的方式对孩子的伤害行为做出反应；富有同情心的学步儿，其母亲则更多地使用非惩罚性的、表达对受害者同情的情感解释方法，她们劝导孩子为自己的错误承担责任，督促孩子去安慰或帮助受害者（Zahn-Waxler, Radke-Yarrow, 1979; Zahn-Waxler, Radke-Yarrow et al., 1992）。针对较大年龄儿童的研究也发现了类似的结果：经常采用理性、非惩罚教育方法的父母，常常对他人（包括他们自己的孩子）表现出同情和关心，通常能培养出富有同情心和自我牺牲精神的孩子；而经常使用强制和惩罚教育方法的父母，则会阻碍孩子利他性的发展，助长其自我中心价值观的形成（Brody & Shaffer, 1982; Davidov & Grusec, 2006; Eisenberg, Fabes, & Spinard, 2006; Hastings et al., 2000）。

理性的情感导向的管教方法之所以能够促进儿童利他性的发展，可能有几个原因。首先，它鼓励儿童去设想另一个人的观点（角色采择），体验这个人的痛苦（共情训练）；其次，它教会儿童去帮助或安慰他人，使自己和被帮助的人都感觉更好；最后，这些补偿性的反应还使儿童相信，他们能成为"富有同情心"或"乐于助人"的人，从而形成亲社会的自我概念，儿童会在日后表现出其他的友善行为，努力把这一自我概念付诸实践。

下面，我们将转向弗洛伊德以及麦独孤（McDougall, 1908）等许多其他早期学者的相关理论，他们认为，成熟的道德意识的形成是社会化的最重要方面。实际上，从第 9 章起，我们就一直在讨论有关道德的话题，因为道德发展过程既包括亲社会价值观的形成，也包括对敌意和反社会冲动的抑制。

什么是道德

在道德发展的过程中，大部分人会达到这样一个水平：他们希望负责任地做事，自以为（也被别人认为）是一个有道德的人（Blasi, 1990; Hoffman, 1988）。什么是**道德**（morality）？大学生普遍认为，道德意味着一种能力，它使人能够：（1）辨别是非；（2）有是非感地行事；（3）因道德行为而自豪，或

表 10.5　加拿大成年人定义的道德成熟特征的六个维度

维度	特征
1. 有原则的—理想主义的	有明确的价值观；关注做正确的事；讲伦理；有高度发展的良心；遵守法律
2. 可靠的—忠诚的	负责；忠诚；可靠；对配偶忠诚；可敬
3. 正直的	始终如一；尽责；理性；工作努力
4. 关爱—值得信任的	诚实；信任他人；真诚；友善；体贴
5. 公正的	品德高尚；公平；公正
6. 自信的	坚强；自我肯定；自信

资料来源：Walker & Pitts, 1998.

因违背道德准则而羞愧和内疚（Quinn, Houts, & Grasser, 1994; Shaffer, 1994）。当研究者让西方社会（加拿大）的成年人说出道德成熟的人都有哪些特征时，他们普遍认为道德成熟包括六个维度（见表 10.5）。

大学生认同的道德定义和成年人界定的道德成熟特征维度，两者均暗示这样一种思想，即道德成熟的人之所以遵守社会规则，不是因为期望切实的回报，也不是害怕因违法而受到惩罚。确切地说，是因为他们最终内化了所学到的道德原则，并愿意遵从这些道德观念，即使没有权威人物在场强迫也是如此。当代所有的理论家都认为，**内化**（internalization），即行为由外控向由内在标准和原则控制的转变，是道德成熟道路上最重要的里程碑。

发展心理学家如何看待道德

道德发展的理论探讨和实证研究，大都集中在大学生对道德的一般定义中提到的三种道德成分，这三种成分是：

1. 情感或情绪成分是围绕正确或错误行为有各种感受（内疚感，对他人感受的关切等），构成这些感受的情感或情绪成分能激发道德思想和行为。
2. 认知成分是我们获得是非概念以及决定如何作为的核心。
3. 行为成分反映的是当人们面对说谎、欺骗或违反其他道德规则的诱惑时实际将如何行为。

正如结果所展示的那样，道德发展的主流理论各自聚焦于道德的不同成

图片 10.6 对年幼的儿童来说，抗拒诱惑非常困难，尤其是在身边没有人帮助他们锻炼意志力的情况下。

分。精神分析理论家强调情感成分或强有力的**道德情感**（moral affect）。他们认为，儿童之所以遵照其伦理原则去行动，是为了体验自豪感等积极情感，避免内疚和羞愧等消极情感。认知发展理论家则注重道德的认知方面或**道德推理**（moral reasoning），认为儿童的是非判断会随着儿童的成熟发生显著变化。最后，社会学习理论家和社会信息加工理论家的研究有助于我们理解，儿童是如何学会抵制诱惑，抑制说谎、偷窃与欺骗这些违反道德规则的行为，从而表现出**道德行为**（moral behavior）的。

在考察各种理论及其相应研究时，我们将着重讨论道德情感、道德推理和道德行为之间的关系。这将有助于我们判定是否存在某种普适的、跨时间和跨情境稳定的"道德品质"。然后，我们要深入讨论不同的儿童教养方式是如何影响儿童的道德发展的；同时，我们也尝试把前面讲过的许多知识整合进来。

精神分析理论的道德发展观

我们曾在第 2 章中讲到，精神分析学家认为成熟的人格包括三种成分：非理性的本我，它寻求本能需要的即时满足；理性的自我，负责制订既满足本能需要、又符合现实的计划；道德意义上的超我（或良心），它负责监控自我的想法和行为的可接受性。弗洛伊德认为，婴儿和学步儿没有形成超我，如果父母不对他们的行为加以控制，他们就会根据自私的冲动去行事。但是，一旦超我出现，它就会成为内部的审查员，它是一种使儿童为其道德行为而自豪、因违反道德而内疚或羞耻的力量。因此，为了维护自尊，避免消极的道德情感体验，道德发展成熟的儿童通常能抵制违反道德规范的诱惑。

弗洛伊德的俄狄浦斯道德理论

根据弗洛伊德（Freud, 1935/1960）的观点，在性器期（3~6 岁），超我得到发展，据说这一时期的儿童经历了与同性别父（母）的情感冲突，冲突起源于儿童对异性父（母）的性欲望。为了解决这种俄狄浦斯情结，男孩据说会认同和模仿父亲，特别是当父亲在男孩眼里构成威胁、激起恐惧时。他不仅模仿父亲的男性角色，还要内化父亲的道德标准。同样，女孩通过认同母亲、内化母亲的道德标准解决恋父情结。然而，弗洛伊德认为，因为女孩没有对阉割的强烈恐惧，所以她们形成的超我比男孩要弱。

对弗洛伊德理论的评价　弗洛伊德指出，自豪、羞愧与自责这类的道德情感是决定道德行为的重要因素，道德原则的内化是通向道德成熟的重要一步。也许我们赞同他的这一观点，但是其理论的“具体细节”却难以获得支持。例如，使用威胁和惩罚的父母培养不出道德成熟的儿童。相反，依靠严厉管教的父母，其子女往往品行不端，也很少表达内疚、懊悔、羞愧或自我批评（Brody & Shaffer, 1982; Kochanska et al., 2002）。并且也没有证据表明，男孩超我的发展优于女孩。事实上，后来的研究表明，如果有区别的话，反倒是3~5岁的女孩比男孩更少违反道德规则，当她们认为自己做了错事的时候，比男孩更感到内疚（Kochanska et al., 2002; Labile & Thompson, 2002）。最后，弗洛伊德提出的道德随年龄发展的趋势过于悲观。一些13~15个月大的学步儿愿意服从要求，甚至在没有外部监督的情况下听从禁令（Kochanska, Aksan, & Carlson, 2005; Kochanska, Tjebkes, & Forman, 1998）。到2岁时，不少学步儿在违反道德规则时开始表现出看似内疚的痛苦迹象（Kochanska, Casey, & Fukumoto, 1995; Kochanska et al., 2002），他们有时会努力补救他们认为是由自己造成的小意外，甚至在没有人告诉他们这样做时也是如此（Cole, Barrett, & Zahn-Waxler, 1992）。另外，3岁的儿童已能表现出复杂的道德情感，当其行为符合标准时，他们看起来很自豪；不符合标准时，他们会表现出羞愧（Lewis, Alessandri, & Sullivan, 1992; Stipek Recchia, & McClintic, 1992）。这些观察表明，道德内化过程可能在儿童体验到恋母或恋父情结，或者还没解决这种冲突之前就已经开始了。因此，尽管弗洛伊德有关道德情感意义的宏大论题有一定的价值，但他的**俄狄浦斯道德**（Oedipal morality）理论也该退出历史舞台了。

良心早期发展的新观点

近年来，很多研究者从社会学习或社会化的角度对“良心”的早期发展进行了新的探索（Kochanska, Coy, & Murray, 2001; Kochanska, Aksan, & Carlson,

2005; Kochanska & Murray, 2000; Laible & Thompson, 2000, 2002)，他们的发现很具启迪作用。如果儿童与温和、有求必应的父母建立起安全型的依恋关系，父母与孩子分享积极的情感，一起游戏时尊重他们的意愿，在孩子做了错事又不听话时，能用坚定而平静的态度毫不隐瞒地表达自己的感受，旗帜鲜明地告诉孩子他的行为是错的，并向他解释为什么他应该为自己的行为感到不安，那么，儿童似乎在学步期就能够开始形成良心。父母通过说理而不是威胁的方式建立规则，对儿童的错误行为做出明确评价，以互相理解的方式使儿童知道什么可以接受，什么不可以接受，从而向儿童提供一套可供内化的规则系统。在这种温和、安全的氛围（而不是由恐惧引发的氛围）中，学步儿和父母容易形成**相互回应取向**（mutually responsive orientation）的关系，父母和孩子：

- 容易形成吃饭、睡觉或玩游戏等有规律的日常生活；
- 表现出和谐的沟通模式，双方都能熟练地读取对方的社交信号，并且真正享受到信息的双向交流，从而促进他们的联系感；
- 表现出互相合作的意愿甚至是渴望，双方的冲突很少会出现升级，并且能很快平息；
- 经常表达快乐和互相喜爱之情，开玩笑，能很快地抑制可能出现的负面情感。

像依恋关系一样，父母和学步儿在多大程度上建立了相互回应取向的关系，这是可以通过观察他们的互动特征来衡量的（Aksan, Kochanska, & Ortman, 2006）。科罕斯卡等人认为，享受这种温和、有求必应关系的学步儿通常会表现出**自觉的服从**（committed compliance），在这种取向下，儿童：(1) 接受父母的安排，遵守父母提出的规则和要求的动机很高；(2) 对父母发出的反映他们行为对错的情感信号很敏感；(3) 开始内化父母对他们的好行为和坏行为的反应，逐渐体验到自豪、羞愧和内疚等，这些情感有助于他们评价和调节自己的行为（Kochanska, Coy, & Murray, 2001; Kochanska et al., 2002; Kochanska, Aksan, & Carlson, 2005; Laible & Thompson, 2000）。相反，冷漠、缺乏耐心的父母更多地依靠强制来解决冲突，不能与学步儿建立相互回应取向的关系，更可能使孩子产生**情境性服从**（situational compliance），一般是非对抗行为，源于父母对儿童行为的强力控制，而不是儿童合作或服从的愿望。

越来越多的证据支持这些关于良心早期发展的新观点。例如，与那些早期没有与母亲建立紧密的、相互回应的亲子关系的同龄儿童相比，在 2 岁到 2 岁半时与冷静、理智地解决冲突的母亲建立起相互回应关系的学步儿，到 3 岁时更可能抗拒诱惑，不去碰那些不让摸的玩具（Laible & Thompson, 2002）；在 4

岁半到 6 岁时，表现出更多道德高度内化迹象（比如，成人不在场时愿意遵守规则，知道自己犯错后有明显的内疚表现）（Kochanska & Murray, 2000）。另外，33 个月大时对母亲表现出自觉服从的男孩，会把自己看作“好孩子”或“有道德”的人（Kochanska, 2002）。这一发现有助于解释，与那些对母亲的顺从缺乏一致性、更倾向于情境性的儿童相比，为什么自觉服从的孩子更乐意跟其他成年权威人物合作（如父亲、托儿所老师、实验人员）（Feldman & Klein, 2003; Kochanska, Coy, & Murray, 2001; Kochanska, Aksan, & Carlson, 2005）。

那么，我们能描述在学步期和学龄前期出现的这种“良心”的特性吗？当然可以。纳赞·阿克森和格拉吉娜·科罕斯卡（Aksan & Kochanska, 2005）对儿童内化控制的多项早期指标进行复杂的统计分析后得出结论，33~45 个月大的幼儿的“良心”由两部分组成：道德情绪（如共情、内疚）和遵守规则行为（如内化的禁令，遵守其他规则和要求）。虽然这两种成分是道德的不同方面，但它们已经在儿童 33 个月大时建立了联系，因此，那些对他人的痛苦体验到更多共情（道德情绪）的儿童，也更倾向于在没有外部监督的情况下遵守规则（符合规则的行为）。更重要的是，这些道德成分中的每一种都具有中度的跨时间稳定性，尽管幼儿到 45 个月大时，它们的联系变得更加紧密，几乎就像年龄较大的学龄前儿童正在发展某种类似于弗洛伊德所写的单一超我的东西。

总之，近期的研究明确指出，情绪氛围和儿童教养行为可能会促进或抑制儿童良心内化的早期发展，它比弗洛伊德认为的要早得多。但是，迄今为止，这些研究者很少涉及学前期之后的道德发展或道德推理的发展，这正是认知发展理论家所强调的问题。

认知发展理论：儿童是道德哲学家

认知发展心理学家通过描绘道德推理的发展来研究道德，道德推理就是儿童在判断各种行为对错时所表现出的思维。认知发展理论家认为，认知发展与社会经验有助于儿童越来越全面地理解规则、法律和人际义务的意义。随着儿童获得这些新的理解，他们就在顺序不变的道德阶段上又前进了一步，每个阶段都是从前一个阶段演变而来，并取代前一个阶段，代表在道德问题上更高级或更“成熟”的观点。在本节中，我们先考察皮亚杰的道德发展理论，然后介绍科尔伯格对皮亚杰理论的修正和扩展。

皮亚杰的道德发展理论

皮亚杰关于儿童道德判断的早期研究集中在道德推理的两个方面。他挽起袖子，跟 5~13 岁的瑞士儿童一起玩弹子游戏，研究儿童对规则的尊重是如何发展的。在游戏过程中，皮亚杰问他们一些问题，如“这些规则是从哪里来的？每个人都必须遵守规则吗？这些规则可以改变吗？”为了考察儿童的公正概念，皮亚杰提供了一些道德决策故事让他们思考。下面是其中一个例子：

> 故事 A：一个叫约翰的小男孩在他的房间里。家人叫他去吃饭，他走进餐厅。但是门后面有一把椅子，椅子上有一个盘子，盘子上有 15 个杯子。约翰不知道门后有这些东西。他走进屋开门时碰倒了盘子，15 只杯子全摔碎了。
>
> 故事 B：有一个叫亨利的小男孩。一天，妈妈出门了，他试图从橱柜里偷拿一些果酱吃。他爬到椅子上，伸出胳膊去拿，但是果酱放得太高，他够不着……他使劲够，结果碰掉了一个杯子，掉到地上摔碎了。（Piaget, 1932/1965, p. 122）

听完这两个故事，要求儿童回答一些问题，如“哪个孩子更淘气？为什么？”“这个淘气的孩子应该受到什么样的惩罚？”利用这些研究方法，皮亚杰提出了他的道德发展理论，认为道德发展包括一个前道德阶段和两个道德阶段。

前道德阶段　皮亚杰认为，学前儿童几乎不关注或很少了解规则。处于**前道德阶段**（premoral period）的儿童玩弹子游戏时没有明确的获胜意图。相反，他们似乎是自己制定规则，他们认为游戏的意义就是轮流玩，并从中获得乐趣。

道德实在论或他律道德阶段　在 5~10 岁之间，儿童进入了皮亚杰所谓的**他律道德**（heteronomous morality）阶段（“他律”的意思是“受制于人”），形成了对规则的强烈尊重。这一时期的儿童认为，规则是由警察或父母这些强大的权威人物制定的，而且是神圣不可改变的。如果你开车超速，身边坐着一个 6 岁的孩子，你就会明白皮亚杰说的是什么意思了。即使你是因为急着赶往医院看急诊，这个孩子也会说，你违反了“交通规则”，这样的行为是不可接受的，应该受到惩罚。他律的儿童把规则视为道德上的绝对真理。他们认为，任何道德问题都有“对”与“错”之分，“对”总是意味着遵守了规则。

他律的儿童往往根据行为的客观结果而非行为者的意图来判断一个行为的性质。例如，许多 5~9 岁的儿童认为约翰比亨利更淘气，因为约翰虽然没有坏意图，但是他打碎了15只杯子，而亨利偷吃果酱时只打碎了1只杯子。

他律的儿童还主张抵罪式惩罚，即为了惩罚而惩罚，不考虑惩罚与被禁止行为的性质之间的关系。因此，6岁的儿童可能赞成用打屁股的方式惩罚一个打碎窗玻璃的男孩，而不是让这个男孩用他的零用钱进行赔偿。此外，他律的儿童相信**内在公正**（immanent justice），谁违反了社会规则就不可避免地要受到这样那样的惩罚。因此，如果一个6岁的男孩在偷吃点心时摔下来磕破了膝盖，他可能会想，受伤是对其错误行为的惩罚。对他律的儿童来说，生活总是公平和公正的。

道德相对论或自律道德阶段　到10岁或11岁时，大多数儿童已经达到了皮亚杰理论提到的第二个道德阶段，即道德相对论或**自律道德**（autonomous morality）阶段。在这一阶段，年龄较大的自律儿童认识到，社会规则是人为的主观约定，它可以被挑战，经由规则的管理者同意，既定的规则甚至可以被改变。他们还认为，为了服务人们的需要，规则也可以违反。因此，超速赶往医院看急诊的司机，就算违犯了法律，也不再被认为是不道德的。在这一阶段，判断行为对错的依据，主要看行为者欺骗或违反社会规则的意图，而不再是行为的客观结果。因此，10岁的儿童会肯定地说，亨利偷吃果酱（坏的意图）时打碎了1只杯子，他比约翰更淘气，因为约翰虽然打碎了15只杯子，但他是去吃饭（好的或中性的意图）。

在决定如何惩罚违规行为时，道德自律的儿童通常赞成对等的惩罚，也就是说，针对“罪行”量身定制惩罚的处理办法，使规则破坏者理解违规行为的影响，就可能避免以后重蹈覆辙。因此，自律的儿童可能会判断说，故意打碎窗玻璃的男孩应该用自己的零用钱来赔偿（让他们知道修窗户是需要花钱的），而不是简单地打一顿屁股了事。最后，自律的儿童不再相信内在公正，因为他们根据经验知道，违反社会规则有时不会被发觉，也就不会受到惩罚。

从他律向自律道德的发展　按照皮亚杰的观点，儿童从他律向自律道德的发展需要两个条件：一是角色采择技能的发展（认知成熟）；二是重要的社会经验，如与同伴的平等交往。正如第6章讲到的，同伴交往之所以重要，是因为它促进了角色采择技能的发展：儿童必须知道并适应同伴的不同看法（即合作与妥协），采取对双方都有利的方式解决分歧。这些经验有助于儿童理解，在应该怎么做事、怎么管束行为方面，没有绝对正确的观点，这是对规则的道德自律观，不需要成人的干预，他们已经具备相当的能力来解决争端，调整自己的行为（Carpendale, 2000）。

那么父母起什么作用呢？有趣的是，皮亚杰认为，除非父母放弃自己的一些权力，否则他们就有可能因为强化儿童对规则和权威的过分遵从而延缓儿童的道德发展进程。例如，假若父母以威胁和声明的方式强迫儿童服从要求，“必须这么做，因为我让你这么做！”那么，儿童很可能得出这样的结论：规则是“绝对的”，其绝对性来自父母执行规则的权力。

对皮亚杰理论的评价

不同文化中的研究者采用皮亚杰的研究方法考察了儿童的道德发展，得出了与皮亚杰相同的结论。与年龄较大的儿童相比，全世界所有年幼的儿童更可能表现为他律道德，比如，相信内在公正，在判断行为对错时强调行为结果而非行为意图（Jose, 1990; Lapsley, 1996）。另外，儿童道德判断的成熟与其智力和角色采择技能等认知发展相关（Ambron & Irwin, 1975; Lapsley, 1996）。还有一些研究支持皮亚杰的“同伴参与”假设：受同伴欢迎的儿童经常参加同伴群体活动，在同伴中承担领导者角色，他们往往能够做出成熟的道德判断（Bear & Rys, 1994; Keasey, 1971）。

但是，也有证据表明，皮亚杰的理论明显低估了学前儿童和学龄儿童的道德发展能力。

年幼儿童会忽视行为者的意图吗？ 皮亚杰认为，9 岁或 10 岁以下的儿童对行为的对错进行判断时，只考虑行为造成的结果，不考虑行为意图。遗憾的是，皮亚杰所采用的道德决策故事本身是有缺陷的，具体表现为：（1）故事设置的问题是，一个造成了较小危害但意图不好的人是否比好意图但造成很大危害的人更不好，这样的提问混淆了意图和结果；（2）故事中有关结果的信息比有关行为意图的信息更明显。

沙龙·尼尔森（Nelson, 1980）对 3 岁儿童进行的一项有趣的实验克服了上述缺陷。在该研究中，给每个儿童讲一个向游戏伙伴扔球的故事。扔球者的意图分别被描述为好的（他的朋友没有什么可玩的）或坏的（他正对他的朋友发火），行为的结果也分为积极的（他的朋友接住了球，并且玩得很高兴）或消极的（球击中朋友的头，朋友被砸哭了）。为了保证这些 3 岁的儿童能够理解行为者的意图，尼尔森向他们呈现了图 10.2 所示的图画，这些图画表达了投球者消极的意图。

不出所料，研究中的 3 岁儿童判断说，产生积极结果的行为比产生伤害结果的行为更好。但是，如图 10.3 所示，他们还认为，无论行为结果的好坏，持有好意图的孩子比那些故意伤害朋友的孩子更好。我们在第 6 章中讨论心理理论的发展时讲到，即使是 3 岁的儿童，已经对他人的意图相当理解。大约在这个年龄，与诚实但犯了错误的行为相比，为了故意欺骗他人而提供虚假信息的说谎行为会引起儿童更负面的反应（Siegal & Peterson, 1998）。4 岁左右，当儿童获得观念—愿望心理理论，认识到人们的行为是基于他们的错误观念时，他们就可能会开始哭闹，试图有意使用诸如"我不是故意这么做的，妈妈！"这类借口，以改变妈妈对自己行为的评价，从而逃避惩罚。因此，与皮亚杰的观点相反，学前的儿童已经能明确意识到，行为者的意图是评价其行为的依据（Chandler, Sokel, & Weinryb, 2000）。但是皮亚杰的理论也有正确的一方面：尽管年幼和年龄较大的儿童在评价他人行为时都能考虑信息源的两方面，但与年龄较大的儿童相比，年幼的儿童更看重结果，而对意图重视不够（Lapsley, 1996; Zelazo, Helwig, & Lau, 1996）。

图 10.2 尼尔森用来向学前儿童展示行为者意图的图例

资料来源：摘自 Nelson, S. A. 1980. Factors influencing young children's use of motives and outcomes as moral criteria. Child Development, 51, 823–829。

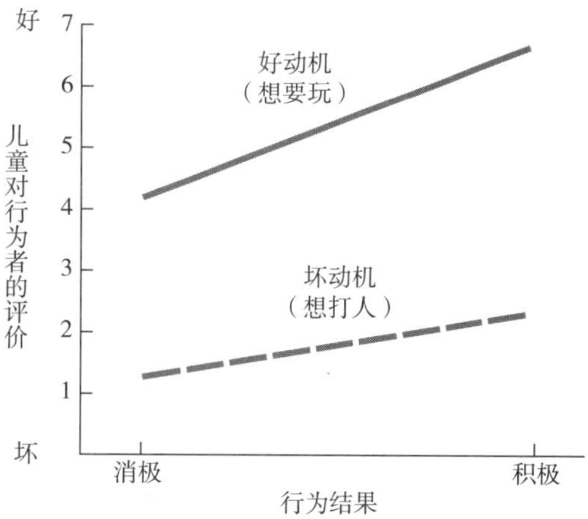

图 10.3 儿童对行为者行为结果好坏评价的平均分

行为者的行为或出于好意图而产生积极或消极的结果，或出于坏意图而产生积极或消极的结果。

资料来源：摘自 Nelson, S. A.1980. Factors influencing young children's use of motives and outcomes as moral criteria. Child Development, 51, 823–829。

年幼儿童尊重所有的规则与成人权威吗？

根据皮亚杰的观点，幼儿认为规则和成人的命令是神圣且不可违抗的规定，是由受人尊重的权威人物制定的，不容置疑或改变。但是，埃利奥特·图列尔（Turiel, 1983）指出，儿童在实际生活中遇到的规则有两种。一种是**道德规则**（moral rule），它关注人的福祉和基本权利，如反对打人、偷窃、说谎、欺骗，或以其他方式伤害别人或侵犯别人的权利。另一种是**社会常规**（social-conventional rule），是由社会舆论决定的，负责调节人们在特定社会情境中的行为。这些标准更像社交礼仪规则，包括游戏规则、上课时禁止吃零食或未经允许不得去厕所等校规。另外，成人还试图控制或影响儿童的**个人选择**（personal choice），比如，告诉他们该和谁玩，玩什么，可以吃什么，课余时间该干什么，等等。儿童是否平等地看待这三种规则或规定呢?

显然不是。朱迪思·斯美塔纳等人(Smetana, 1981, 1985, 2006; Yau & Smetana, 2003)发现,在美国、韩国和中国,即使2岁半到4岁的儿童也认为,诸如打人、偷窃、拒绝分享这类违背道德规则的行为,比在课堂上吃零食或要玩具时不说"请"这类违反社会常规的行为更不好,更应受到惩罚。当被问及在没有相应规则可依,是否可以接受某种不好的行为时,儿童会说,在没有明确规定的情况下,违背道德的行为总是错误的,但是违反社会常规的行为就无所谓了(Turiel, 2006)。显然,父母们认为他们有责任强化合乎道德和社会常规的行为,但他们对违反道德规则的行为更为关注,也更强调不道德行为给他人造成的伤害(Nucci & Smetana, 1996; Turiel, 2002)。这也许能解释,为什么儿童在2岁半到3岁时就能理解道德规则的必要性和重要性,这正是儿童开始萌发良心的年龄。

然而,有充分的证据表明,尽管学前儿童比皮亚杰认为的更尊重规则,但他们可能并不十分看重这些规则,尤其是阻碍他们欲望的人。事实上,4岁儿童比7岁儿童更不可能做出以下归因:(1)把消极情绪(如内疚)归于那些通过违反规则来满足个人欲望的人;(2)把积极情绪(如自豪)归于那些通过抵制违规的诱惑而表现出意志力的人(Lagattuta, 2005)。此外,学前儿童认为必须遵守规则,这在很大程度上是因为父母和幼儿园老师这些权威人物希望他们这样做(Kalish & Cornelius, 2006)。

有趣的是,皮亚杰的理论还预测,与年幼的儿童相比,6~10岁的他律儿童更倾向于尊重成人主张的意见。但是,这个年龄段的儿童已有相当的能力挑战规则和成人的权威。他们相信,父母极力反对偷窃和其他违反道德的行为规则是合理的;但是,他们觉得父母有时在滥用权威,因为父母专断地把规则强加给他们,限制他们选择朋友或课余活动,而这些要么是可以商量的,要么属于个人权利范围的事情(Helwig & Jim, 1999; Tisak & Tisak, 1990)。研究发现,在哥伦比亚、中国和美国等多个国家里,甚至学前儿童也认为,课余活动和游戏伙伴或者吃小点心的选择,不应该受到成人的严格限制(Ardila-Rey & Killen, 2001; Yau & Smetana, 2003)。年龄较大的他律道德儿童并不一定被成人的权威所慑服,对这一点最好的解释也许是,具有宗教信仰的10岁儿童认为,即使信仰了上帝这样的最高权威,也不会使违反道德的行为(如偷窃)在道德上变得正确(Nucci & Turiel, 1993; 另见 Perkins & Turiel, 2007,青少年坚决抵制权威人物让他们以道德上不可接受的方式行事的压力)。因此,即使在韩国、中国这样特别尊重权威的文化中,6~10岁的儿童对合理的权威是什么这一问题已经有了坚定的想法,这些想法并不像皮亚杰所说的那样,仅以坚定地尊重成人的尊严或智慧为唯一基础（Kim, 1998; Yau & Smetana, 2003）。

父母会阻碍儿童的道德发展吗？ 最后一点，皮亚杰认为父母是儿童道德社会化的影响源，这一观点有对有错。如果父母采用严厉、专制的教养方式，质疑儿童的道德推理，把他们自己的观点当作必修课让孩子学习，就会阻碍儿童的道德发展，皮亚杰的这些观点是正确的（Walker & Taylor, 1991）。但是，皮亚杰认为父母大多以专制的方式与儿童讨论道德问题，这种观点则是非常错误的。6~7 岁的儿童，处于皮亚杰所说的他律道德阶段，只要他们的父母是自律道德的人，他们往往能做出自律的道德判断（Leon, 1984）。这是什么原因呢？劳伦斯·沃尔克等人（Walker, Hennig, & Krettenauer, 2000; Walker & Taylor, 1991）的研究表明，父母只要谨慎地以适合于儿童理解力的方式进行道德推理，以支持的方式（而不是质疑的方式）表达新的道德观点，就能不断促进孩子的道德发展。

发展心理学家要感谢皮亚杰，是他提出了儿童的道德推理呈阶段式发展，而这些阶段与认知发展紧密相联。即使在今天，他的理论仍然推动着相关的研究以及新观点的涌现，包括上述发现，即 10 岁以下儿童的道德推理发展比皮亚杰所设想的更复杂。但是，真的像皮亚杰所说的那样，到了 10~11 岁，儿童的道德推理就得到充分发展了吗？劳伦斯·科尔伯格断定，情况并非如此。

科尔伯格的道德发展理论

科尔伯格（Kohlberg, 1963, 1984; Colby & Kohlberg, 1987）修正并扩展了皮亚杰的道德发展理论，他采用故事法，让 10 岁、13 岁和 16 岁的男孩解决一系列的“道德困境”。每一个困境都向应答者提出了挑战，让他们在两者之间做出选择：（1）遵从规则、法律或权威人物；（2）为了满足人的需要而采取与这些规则和命令相冲突的行动。下面的故事是科尔伯格道德两难故事中最著名的一个：

> 在欧洲，一个女人身患癌症，奄奄一息。医生认为有一种药可以救她。它是一种含镭药物，是同一城市的一位药剂师最近发明的。这种药造价贵，每一剂（可能救命）要价 2 000 美元，是成本的 10 倍。病人的丈夫海因茨竭尽所能，最终只借到了 1 000 美元，这只是药价的一半。他跟药剂师说，他的妻子快要死了，请求药剂师把药便宜些卖给他，或者容他以后再还钱。药剂师回答说：“不行，我发明了这种药，就是要用它来赚钱的。”

图片 10.7 劳伦斯·科尔伯格（1927—1987），创立了一种非常有影响的理论，改变了发展心理学家看待道德推理发展的方式。

海因茨绝望了，于是他破窗而入，为了妻子去偷药。海因茨应该那样做吗？

科尔伯格其实对应答者的选择（海因茨应该怎样做）并不太感兴趣，而是对应答者选择的理由或"思维结构"（一个人用来证明其决策之合理性的依据）更感兴趣。因此，如果一个参与者说"海因茨应该偷药救他妻子的命"，那就必须说出为什么她的生命更重要。是因为她可以为海因茨洗衣做饭？还是因为挽救妻子的生命是丈夫的责任？抑或因为拯救生命是人性的最高价值？为了确定一个人的道德推理"结构"，科尔伯格提出了以下探究性的问题：海因茨有义务去偷药吗？如果海因茨不爱他的妻子，他应该去偷药吗？海因茨应该为一个陌生人去偷药吗？人们尽其所能去挽救另一个人的生命是否重要？偷药是否触犯法律？偷药是否不道德？这些探究问题的目的是想查明：一方面，个体参与者关于服从和权威是如何推理的；另一方面，个体参与者对人的需要、权利和特权是如何推理的。

通过这些精心设置的*临床访谈*，科尔伯格首先发现，在青少年期和成年初期，个体的道德发展远远超越了皮亚杰提出的自律阶段，向着更复杂的水平迈进。科尔伯格认真分析了参与者对几个道德困境的反应后得出结论：道德发展*以不变的顺序*依次经历三种道德水平，每种水平又包括两个不同的道德阶段。根据科尔伯格的观点，这些道德水平和阶段的顺序是不变的，因为它们取决于特定的认知能力的发展，而认知能力又是以不变的顺序发展而来的。像皮亚杰一样，科尔伯格也假定，每一个后续的阶段都是从前一阶段发展而来，并取而代之；个体的道德推理一旦发展到一个较高阶段，就不会再倒退到以前的阶段。

在考察科尔伯格的道德发展阶段之前，我们必须强调，每个阶段都代表了一种特定的观点，或是对道德困境的*思维方法*，而不代表道德选择的特定形式。决策本身并不能提供很多信息，因为在解决这些道德困境时，无论处于哪个道德发展阶段，人们都要在两种选择中取其一（例如，偷或者不偷）。然而，达到科尔伯格最高道德水平的参与者通常赞同满足人性的需要，超过了对服从规则或法律的赞同，哪怕这可能会损害其他人的利益。

科尔伯格关于道德发展的三种水平六个阶段的基本主题和特征如下：

水平 1：前习俗道德 规则是真实地存在于自身以外的非内化的东西。儿童之所以遵守权威人物制定的规则，是为了避免惩罚或得到个人报偿。道德是为自我服务的：正确的行为就是能避免惩罚或令个人满意的行为。

阶段 1：惩罚和服从取向 一种行为的好坏取决于它的结果。儿童会遵从权威以避免惩罚，但如果错误行为没有被发觉，也未受到惩罚，儿童可能不会认为该行为是错误的。行为造成的伤害越大，或者受到的惩罚越严厉，那么这种行为就越“坏”。下面两种回答反映了对海因茨道德困境的“惩罚和服从”取向：

> 赞成偷药：偷药真的不是坏事——他最初是想付钱的。他既没有破坏也没有偷走别的东西，他拿走的药只值 200 美元，而不是 2 000 美元。
>
> 反对偷药：海因茨没有得到允许就拿走了药。他不能就那么破窗而入。他损坏了别人东西，他就成了一个罪犯……偷走这么贵重的东西是严重的犯罪。

阶段 2：天真的享乐主义 处于这一阶段的人遵守规则是为了获得奖赏，或者实现个人目的。他们能在某种程度上考虑他人的观点，但是他人取向行为是由希望获得回报驱动的。“投桃报李”是其主导哲学。下面是这种享乐主义的自私道德的两个例子：

> 赞成偷药：海因茨真的没有做什么伤害药剂师的事，他总会还他钱的。如果他不想失去妻子，他就应该去偷药。
>
> 反对偷药：嘿！药剂师并没有错，他像其他人那样，只是想赚钱。做生意就是要赚钱。

水平 2：习俗道德 这一水平的个体之所以努力遵守规则和社会规范，是为了获得别人的认可或维护社会秩序。获得社会赞赏和避免谴责取代了具体的报偿和惩罚，成为了道德行为的动机。处于这一水平的人能清楚地意识到并认真考虑别人的观点。

阶段 3：“好孩子”取向 道德的行为就是能让人高兴、给人帮助或得到他人认可的行为。根据行为者的意图评价其行为。“他是好意的”是这个阶段表达道德认同的常用语。我们可以从下面的回答中看到，阶段 3 的参与者，其主要目的就是被他人看作一个“好”人。

> 赞成偷药：偷东西是不好，但是海因茨只是在做一位好丈夫应该做的事情。你不能谴责他，因为他只是出于对妻子的爱才做了这种事。如果他不救妻

子，才更应该被谴责。

反对偷药：如果海因茨的妻子死了，他不会因此受到谴责。你不能因为他没去偷药就说他无情。药剂师是一个自私、无情的人。海因茨已经尽力了。

阶段 4：维护社会秩序的道德 在这个阶段，个体能够考虑多数人的观点，即反映在法律中的社会意志。遵从由法定的权威制定的规则就是正确的行为。遵从不是因为害怕惩罚，而是相信规则和法律能够维持那些值得维护的社会秩序。我们从下面的回答中看到，法律最终压倒了特殊利益。

赞成偷药：如果药剂师置人的生死于不顾，那就是他的错；因此，挽救妻子的生命是海因茨的义务。但是，海因茨不能为此而触犯法律，他必须偿还药剂师的钱，并且因其偷窃行为而接受惩罚。

反对偷药：对海因茨来说，想挽救妻子的生命是理所当然的事，但是偷窃总是错误的。无论你的感受如何，或者情况如何特殊，你都必须遵守规则。

水平 3：后习俗（或原则）道德 达到道德推理第三种水平的个体，能根据普适的公正原则定义是非，这些原则可能与现有的法律或权威人物的命令相冲突。道德上正确与法律上合法并不总是一回事。

阶段 5：社会契约取向 第 5 阶段的个体把法律看作表达多数人意志和促进人性价值的工具。能够实现这些目标并得到公正执行的法律，被看作人们必须遵守的社会契约；但是，损害人的权利或尊严、强加于人的法律，则被认为是非正义的、值得质疑的法律。请注意，在下面这个处于道德发展阶段 5 的参与者对海因茨道德困境的回答中，合法与合乎道德是如何区分的。

赞成偷药：说海因茨偷药在道德上是错误的之前，你必须先考虑整个情境。当然，闯入药店偷药，显然是违法的。而且……海因茨知道，他的行为并没有法律依据。但是，换了任何人，在那种情况下，偷药都是有情可原的。

反对偷药：我明白非法地拿到药的好处。但是，目的并不能使手段正当化。法律代表了人们对于如何共同生活而形成的一致意见。海因茨有义务尊重这些约定。你不能说海因茨偷药是完全错误的，但即使在这种情况下，也不能说他的做法是对的。

阶段 6：以良心为个人原则的道德 在这个道德发展的“最高”阶段，个体根据自己选择的符合良心的道德原则来判断对错。这些原则并不是像基督教“十诫”那样的具体规则，它们是有关普遍公正（对全人类权利的尊重）的抽象道德方针或原则，超越了可能与之冲突的任何法律或社会契约。科尔伯格

(Kohlberg, 1981)把阶段6的思维形容为“道德音乐椅游戏”[3],其中,面对道德困境的人能够站在每个可能受其道德选择影响的人的立场上看问题,最终形成所有人都认为“公正”的解决方案。以下是处于道德发展阶段6的参与者对海因茨道德困境做出的两种反应。

> 赞成偷药：如果一个人必须在违犯法律和挽救生命之间做出选择，保护生命的更高原则就会使偷药在道德上是正义的。
>
> 反对偷药：由于癌症病人很多，而药物短缺，可能无法满足所有患者的需要。正确的做法是只有当所有相关者都认为它是“正确”的做法。海因茨不应该凭情绪和依据法律而行事，而应该根据他自己认为的、一个理想的正义的人在这种情况下会怎么做为依据。

阶段6是科尔伯格对理想道德推理的憧憬。但是,达到这一水平的人极少,而且实际上也没有人能始终在这个水平上进行道德推理，科尔伯格逐渐把它看作一种假设的建构，也就是说，人们在阶段5的基础上继续发展，就会不断进步，并达到这个阶段。在科尔伯格较晚版本的道德判断记分手册上，已不再测量阶段6的推理了(Colby & Kohlberg, 1987)。

对科尔伯格理论的支持

科尔伯格认为，他的阶段论形成了道德发展遵循的固定不变的、具有普遍性的顺序，这种顺序与认知发展密切相关。他还宣称，认知发展本身不是确保道德发展的充分条件。为了超越道德发展的前习俗水平，儿童必须被置于可引起认知失衡的人群或情境中，认知失衡是指现有的道德概念与促使儿童对原有观点做出重新评价的新观点之间的冲突。因此，像皮亚杰一样，科尔伯格也认为，认知发展和相关的社会经验一起成为道德推理发展的基础。

这些思想到底得到了多少研究支持呢？我们从与科尔伯格发展顺序不变的假设有关的研究开始，对相关证据进行回顾。

科尔伯格的几个阶段顺序是不变的吗？ 如果科尔伯格的“三水平六阶段”代表了一种真实的发展顺序，那么我们就应该在年龄和道德推理成熟之间发现

---

3 音乐椅是西方流行的儿童游戏。音乐响起时，儿童围着一圈椅子走动，人数总比椅子数多一个，音乐停止时，每人抢着坐在一把椅子上，没抢到的那个人被淘汰，同时撤掉一把椅子。直到最后剩一个人为胜者。——译者注

高相关。这正是研究者在美国、墨西哥、巴哈马群岛、中国、土耳其、洪都拉斯、印度、尼日利亚和肯尼亚这些国家和地区进行研究所得出的结论（Colby & Kohlberg, 1987）。所以，科尔伯格道德推理的“三水平六阶段”似乎是与年龄相关的“普适”结构，正如我们所预期的，它们形成了一个发展序列。但是，这些研究能否证明科尔伯格的各个阶段形成了固定的或不变的序列吗？

答案是否定的，原因在于，在这些横断研究中，每个年龄阶段的参与者都是不同的人。因此我们不能确定，一个达到阶段 5 的 25 岁的人是否按照科尔伯格理论规定的顺序依次通过了不同的发展水平和阶段。

追踪研究的证据 对于科尔伯格的不变顺序的假设，最有说服力的证据应该是，每个儿童都按照科尔伯格提出的顺序依次通过了不同的道德发展阶段。安·科尔比及其同事（Colby et al., 1983）对科尔伯格最初研究中的参与者进行了 20 年的追踪，这些人每隔 3~4 年接受一次回访，共接受了 5 次回访。如图 10.4 所示，道德推理的确是逐渐向前发展的。前习俗推理（阶段 1 和阶段 2）的使用在青少年期显著下降；同时，习俗推理（阶段 3 和阶段 4）的使用上升。在成年期，习俗水平的推理占据道德判断的主导地位，很少有人超越之，达到后习俗水平（阶段 5）。但是即使如此，科尔比等人还是发现，参与者都按照科尔伯格预测的顺序经历了各个道德发展阶段，没有人曾跳过哪个阶段。在其他几个国家做的追踪研究也得出了相似结论（Colby & Kohlberg, 1987; Rest et al., 1999）。需要指出的是，虽然人们的道德推理按照固定的方式达到他们的最高推理阶段（Boom, Brugman, & van der Heijden, 2001），但对世界上绝大部分人而言，这一发展历程在阶段 3 或阶段 4 就到达了终点（Snarey, 1985）。

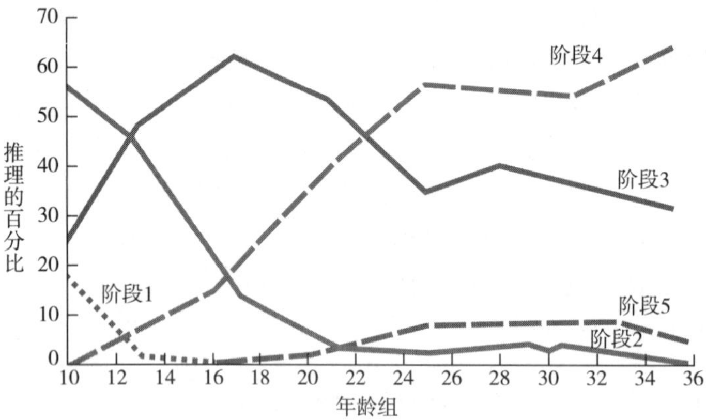

图 10.4 根据科尔伯格的道德阶段理论，研究者对一些男性参与者进行了持续 26 年（10~36 岁）的追踪研究。

资料来源：摘自 Colby, A., Kohlberg, L., Gibbs, J., & Lieberman, M. 1983. A longitudinal study of moral judgment. Monographs of the Society for Research in Child Development, 48, Nos. 1–2, Serial No. 200。

道德发展的认知前提 依照科尔伯格（Kohlberg, 1963）的观点，处于前习俗水平的幼儿是以自我为中心进行道德推理的。处于阶段 1 的儿童认为，某些行为不好是由于因此受到了惩罚。处于阶段 2 的儿童对他人的需要、想法和意图了解很少，他们认为自我服务的行为是适当的。但是，习俗水平的推理显然需要一些角色采择能力。例如，处于阶段 3 的人必须先了解他人的观点，然后才会评估那些想赢得他们认可的“好的”或在道德上被接受的意图。科尔伯格指出，后习俗水平的道德推理需要形式运算能力。达到阶段 5 的人进行道德判断的基础是抽象原则，他们必须能够进行抽象思维，而不仅仅是遵守法律或具体的道德规则。

这些假设得到了大量研究的支持。例如，沃尔克（Walker, 1980）发现，在 10~13 岁的儿童中，所有达到科尔伯格阶段 3（“好孩子”取向道德）的儿童都很擅长角色采择，尽管不是所有擅长角色采择的人都能达到阶段 3 的道德推理水平。同样，卡罗琳·汤姆林森 – 基西和查尔斯·基西（Tomlinson-Keasey & Keasey, 1974）及戴安娜·库恩等人（Kuhn et al., 1977）发现：（1）所有达到后习俗推理水平的参与者都达到了形式运算水平；（2）但是大多数达到形式运算水平者并未达到后习俗道德推理水平。所以，良好的角色采择技能是习俗道德水平的*必要而非充分条件*，而形式运算能力是后习俗道德发展的*必要而非充分条件*。这种情况正是科尔伯格所预期的，因为他只是把认知发展看作道德发展的一个前提。道德发展的另一个前提是*相关的社会经验*，即置身于促使人重新评价和改变其当前道德观点的人群或情境之中。

支持科尔伯格关于“社会经验”假设的证据 社会经验在促进道德发展方面起什么作用？最重要的一点就是儿童和青少年与父母和同伴围绕道德问题展开讨论。

父母和同伴的影响 和皮亚杰一样，科尔伯格也认为，同伴互动比与权威成人的单向讨论更有利于促进个体的道德发展。沃尔克等人（Walker et al., 2000）让 11 岁和 15 岁的青少年分别与父母、朋友一起解决道德两难问题，并比较了父母和同伴对其道德发展的不同影响。四年后，再让这些参与者解决道德两难问题。参与者早期与父母和同伴的讨论都会对其道德发展产生影响，但影响方式有些许不同。朋友比父母更可能对儿童和青少年的观点提出质疑并进行反驳，而这些质疑和反驳对个体的道德发展有积极作用。

图片 10.8 和同伴就重大道德问题展开讨论往往能促进道德推理的进步。

其他支持这一结论的研究（Berkowitz & Gibbs, 1983）发现，要求一组同伴就某个两难问题达成一致意见时，如果同伴的讨论是直率但非敌意的**协商式互动**（transactive interactions），讨论者相互交流观点，通过相互质疑消除分歧，形成一致意见，那么往往能够促进道德发展。这些都是重要发现，因为它们强有力地支持了科尔伯格的观点：社会经验由于对个体当前的推理能力构成认知上的挑战，从而促进了道德的发展（Turiel, 2006）。

相比之下，如果父母以积极、支持的方式表达自己的推理，提出一些温和的探究性问题，了解孩子是否理解父母的观点，那么父母对儿童的道德发展就会产生更大影响（Walker, Hennig, & Krettenaver, 2000）。但是，父母如果与子女直接交锋，则弊大于利，这大概是因为儿童、青少年往往把父母的直接质疑看作敌意的批评，从而引起他们的防御。但同样的质疑，若来自同辈伙伴，其威胁性就小得多。实际上，青少年尤其会仔细聆听和接纳同伴的观点，因为他们强烈地希望与同伴建立并保持良好的关系。因此，皮亚杰和科尔伯格强调同伴在道德社会化中的作用是正确的，但他们未能充分认识到父母也可能会在这方面发挥积极作用。

高等教育 接受高等教育是促进道德发展的另一种社会经验。上过大学、受过多年教育的成人比受过较少教育的成人对道德问题的推理更复杂，这种差异具有一致性（Speicher, 1994）；大学生和没有上大学的同龄人在道德推理上的差异，随着大学学业的不断完成而增大（Rest & Thoma, 1985）。高等教育可以通过两种途径促进道德发展：（1）促进认知发展；（2）将学生置身于可引发认知冲突和自我反省的多样化的道德观点之中（Kohlberg, 1984; Mason & Gibbs, 1993）。

文化影响 最后，只要生活在复杂、多样、民主的社会中，就能促进道德的发展。就像我们通过与朋友讨论问题而学会相互采纳对方观点一样，我们也可以在多样化的民主环境中学会必须权衡各种群体的观点，法律反映的是公民的共识，而不是独裁者的专制统治。跨文化研究表明，后习俗道德推理主要出现在西方民主社会，而在许多非工业化国家的农村中则不存在（Harkness, Edwards, & Super, 1981; Snarey & Keljo, 1991）。生活在这些同质化群体中的人们很少经历在多元化社会中才会发生的各种政治冲突和妥协，因此不必质疑约定俗成的道德标准。从发展的背景观角度来看，我们就可以理解，在那些强调合作和忠于社会群体的集体主义社会中，成年人的道德推理典型地表现为习俗水平的道德推理（主要是阶段3），在他们自己的社会体系中，习俗水平的道德推理具有适应性，也是成熟的（Harkness, Edwards, & Super, 1981; Turiel, 2006）。

总之，科尔伯格描绘了道德发展阶段的不变序列，查明了影响个体沿着这一发展序列能走多远的认知和环境因素。但是，批评者提出了很多质疑科尔伯格理论的理由，指出他的理论远不能完美解释道德发展。

对科尔伯格理论的批评

对科尔伯格理论的批评集中在这几个问题上：对某些特定群体是否有偏见？是否低估了幼儿道德的复杂性？是否对道德推理论述过多，而对道德情感和道德行为考虑太少？

科尔伯格的理论有偏见吗

文化偏见 虽然研究表明，许多文化中的儿童和青少年在科尔伯格理论的前三个或四个阶段上是按顺序依次发展的，但我们看到，科尔伯格定义的后习俗道德在某些社会中根本不存在。批评者指责说，科尔伯格的最高阶段反映的是西方关于公正的理想，而对西方社会之外的集体主义文化中的人们，或者对那些不看重个人主义和个人权利的价值、不想挑战社会规则的人们而言，科尔伯格的道德阶段论是有偏见的（Mascolo & Li, 2004; Shweder, Mahapatra, & Miller, 1990）。生活在集体主义社会中的人们强调社会和谐，视群体利益高于个人利益，他们在科尔伯格的理论体系中可能被视为习俗水平的道德思考者，但是他们可能具有很复杂的公平和公正概念（Li, 2002; Snarey & Keljo, 1991; Turiel, 2006），包括对个人权利和少数服从多数来决策的“民主”原则的高度尊重（Helwig et al, 2003）。虽然道德发展的某些方面在所有文化中都是相同的，但是专栏10.2介绍的研究显示，道德发展的某些方面在不同的社会中会大相径庭。

性别偏见 批评者还指出，科尔伯格的理论是从男性参与者对具有男性特征的两难困境的判断中发展起来的，不能充分代表女性的道德推理。例如，卡罗尔·吉利根（Gilligan, 1977, 1982, 1993）被这样的事实所困惑，一些早期研究发现，女性在道德推理上逊于男性，通常处于科尔伯格的道德推理理论的阶段3，而男性的推理通常处于阶段4。对此，她辩称，性别类型的差异化导致男孩和女孩各自形成不同的道德取向。吉利根认为，男孩从小接受大量关于独立和自信的训练，从而鼓励他们把道德两难问题看作个体间不可避免的利益冲突，法律和其他社会契约正是用来解决这些冲突的。她把这种取向称为**公正道德**（morality of justice），这种观点大约相当于科尔伯格理论的阶段4。相对而言，女孩从小被教育要贤惠、有同理心、关心他人，简而言之，根据她们的人际关

专栏 10.2 文化影响

道德推理的文化差异

下面各种行为都是错的吗？如果是错的，那么这种错误行为有多严重？

1. 一位年轻的已婚妇女没有得到丈夫的允许就去看电影了，然后被丈夫打得身上青一块紫一块，她曾经被丈夫警告，未经允许不能去看电影。
2. 哥哥和妹妹决定结婚并且生孩子。
3. 在父亲去世的那一天，家里的长子去理了发，还吃了鸡肉。

以上是理查德·施维德、马纳乌汁·马哈帕特拉和乔恩·米勒（Shweder, Mahapatra, & Miller, 1987）向印度和美国 5~13 岁的儿童和成人呈现的 39 种行为中的 3 种。你可能会惊讶地发现，印度的儿童和成人认为，儿子在父亲去世后理发和吃鸡的行为是这 39 种行为中最不道德的行为，而丈夫打不听话的妻子根本不算什么错误。美国的儿童和成人则认为，殴打妻子远比违反那些看起来专断的哀悼规则更严重。尽管印度人和美国人一致认为，像哥哥和妹妹乱伦这样的行为是严重的不道德行为，但是他们在其他许多问题上意见并不一致。

印度的儿童和成人还把禁止对已故父亲做出不尊重的行为看作一条普遍的道德规则。他们认为，如果世上的所有人都能遵守这条法则，那将是最好不过的。他们强烈反对这样的观点：如果社会上大多数人希望改变某种规则，那么这种主张就可以接受。印度人还相信，寡妇吃鱼或穿鲜艳衣服，妇女在月经期为家里人做饭，也是严重的不道德行为。对于正统的印度人而言，这些行为禁忌是天条戒律，而不是由社会成员制定的社会契约。印度人还认为，一个男人为了尽到一家之主的责任而打不听话的妻子，从道德上讲是必要的。

这种文化信仰对道德发展有什么影响呢？如图所示，施维德在印度进行的研究中发现的道德思维发展趋势，与其在美国开展的研究中发现的差别很大。随着年龄的增长，印度儿童把更多的问题看作普适的道德原则，而美国儿童所认为的普适道德原则却越来越少（也就是把更多的问题看作社会习俗，而社会习俗在不同的社会中是不同的）。

根据这些跨文化研究的发现，施维德对科尔伯格的某些观点提出了质疑：无论在什么地方，所有儿童都能在相近的年龄建构相似的道德规则，而且

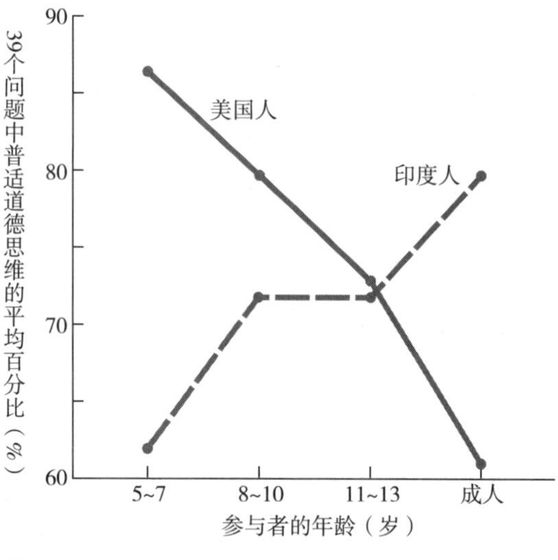

普适道德思维倾向于把行为规则看作普遍适用且不可改变的，在印度，这种思维倾向随儿童年龄的增加逐渐增强；而在美国，则随儿童年龄的增加逐渐减弱。道德发展过程在不同社会中可能也会不同。

资料来源：摘自 Shweder, R. A., Mahapatra, M., & Miller, J. G. 1987. Culture and moral development. In J. Kagan & S. Lamb, Eds., The emergence of morality in young children (pp. 1–83). Chicago: University of Chicago Press。

专栏 10.2（续）

存在某些普适的道德原则。施维德还对图列尔提出的所有儿童从小就能区分道德规则和社会常规的观点提出了质疑，因为他发现，有关社会常规的概念对于任何年龄的印度人都毫无意义。相反，施维德认为，文化为儿童明确规定了在道德上哪些行为可接受，哪些行为不可接受，并帮助儿童接纳这一概念结构。在专栏 10.1 中，我们也可以看到关于这一过程的研究证据：在崇尚集体主义的中国文化背景下，儿童逐渐接受了社会对亲社会行为和谦虚态度的重视。具体来说，他们认为做了好事之后不承认以及否认个人责任，比那些做了好事后到处宣扬或邀功请赏更恰当。

有趣的是，有些亚文化因素对道德推理也有重要影响。例如，与那些具有较高社会地位的同龄人相比，在其社会中处于从属地位的个体（例如处于较低社会经济地位的阿拉伯妇女和巴西儿童），更倾向于认为自己选择应该如何做事的机会很少，而服从权威是其更大的道德义务（Nucci, Camino, & Sapiro, 1996; Turiel, 2006; Turiel & Wainryb, 2000）。

显然，这些发现对一些道德认知发展立场提出了质疑：道德发展的所有重要方面都是普遍的。相反，这些研究者倾向于支持道德发展的背景观，认为儿童的道德判断受其所处文化和亚文化的影响。例如，在加拿大，一个人不需要笃信宗教，也不需要相信灵魂，才被认为是道德成熟的人（Walker & Pitts, 1998）；但是在印度，强烈的灵魂意识和对“神性道德”的忠诚被认为是最重要的。这似乎能解释为什么他们会把很多文化规则看作普适的道德法则（Shweder, 1997）。那么，我们应该对文化和道德推理做出怎样的结论呢？也许，像科尔伯格所说的那样，全世界的儿童长大后都会以更复杂的认知方式思考道德和公正问题；与此同时，像施维德及其他研究者所宣称的，他们也会接受什么是对的、什么是错的等不同的是非观（或个人选择与道德义务）。

系来界定她们“善”的观念。所以，对于女性而言，道德意味着对人的福祉的关怀和同情，这是一种**关怀道德**（morality of care），在科尔伯格的理论中可能代表阶段 3。但是，吉利根坚持认为，女性所接受的关怀道德，即便由于关注人际责任而被归于科尔伯格道德推理的阶段 3，但仍可能是相当抽象或“有原则的”。

虽然吉利根的观点乍看上去很具吸引力，但是几乎没有研究支持她提出的有关科尔伯格理论存在歧视女性的断言。在多数研究中，按照科尔伯格的计分标准，女性对道德问题的推理和男性同样复杂（Jaffee & Hyde, 2000; Walker, 1995）。在解决现实生活中面临的道德两难问题时，女性比男性或多或少地更倾向于关注对他人的关怀和义务（Jaffee & Hyde, 2000）。但这种性别差异很小，男性和女性一样，在考虑与人际关系有关的两难问题时，主要凭借以关怀为基础的推理；在思考个人权利问题时，主要凭借以公正为基础的推理。道德两难问题的性质远比推理者的性别更重要（Walker & Krebs, 1996）。观察小学女生之间的互动模式，不少女孩表现出社交排斥和其他伤害行为，这使一些人质疑吉利根所说的女孩更倾向于以人际关系和关怀为基础的道德（Goodwin, 2002）。而且令人难以置信的是，支持吉利根关于男孩和女孩在道德社会化方面存在差异的研究非常少（Lollis, Ross, & LeRoux, 1996）。其实，无论男女，都会把与公正和关怀两者有关的特征看作道德成熟的核心成分（Walker & Pitts, 1998; 也可见表 10.5）。

虽然公正和关怀取向并不像吉利根所声称的那样，是某一特定性别的道德，但她的研究也是很有价值的：它使我们更清醒地意识到，无论男女，人们在考虑道德问题，特别是现实中而非假设的道德问题时，总是根据自己对他人福祉的责任进行道德判断。科尔伯格只强调了一种依据法律来判断对错的方式。看来，在两性中同时探讨公正道德和关怀道德的发展是很有裨益的（Brabeck, 1983; Moshman, 1999）。

科尔伯格的理论是否不完整？ 对科尔伯格理论的另一种批评是，它过于注重道德推理，从而忽视了道德情感和道德行为。确实，科尔伯格没有强调诸如共情这样的道德情感，而共情为人们提供了接纳他人观点、考虑他人需要、以不损害他人福祉的方式行动的动机（M. L. Hoffman, 2000）。他也几乎没有提到诸如自豪、羞愧、内疚等影响人们的思维和行动的强烈情绪（Hart & Chmiel, 1992）。但是，科尔伯格也曾预测：成熟的道德推理者在行为上也应是道德的；随着个体向更高道德理解水平的发展，道德推理和道德行为之间的联系会更密切（Blasi, 1990）。

道德推理能预测道德行为吗？ 现有的多数研究资料与科尔伯格的观点是一致的。也有少数例外（Kochanska, Padavich, & Koening, 1996），大多数研究者发现，在被引诱欺骗别人或违反其他道德规则时，幼儿的道德判断并不能预测其道德行为（Nelson, Grinder, & Biaggio, 1969; Santrock, 1975; Toner & Potts, 1981）。然而，对年龄较大的小学生、青少年和成年初期的年轻人开展的研究发现，与道德推理水平低的个体相比，达到较高道德推理水平的个体，其行为更利他，更有良知，从而实现他们的承诺，而且较少欺骗或参与违法犯罪活动（Judy & Nelson, 2000; Midlarsky et al., 1999; Rest et al., 1999）。例如，科尔伯格发现，如果在考试时有机会作弊，道德推理达到后习俗水平的大学生只有15%的人在考试中作弊，而处于习俗水平的学生中作弊者达到55%，处于前习俗水平的学生中作弊者则高达70%。但是，道德推理阶段和道德行为两者之间充其量只有中度的相关（Turiel, 2006）。为什么会这样？原因之一是，人们在解决道德问题时往往不假思索，是出于一种习惯（例如，不加防护的性行

为),而未经多少认知反思(Walker, 2000)。另外,在日常生活中,情境因素(错误行为受到惩罚或损害他人的可能性)也是道德行为的一个影响因素。班杜拉(Bandura, 2002)认为,很多人形成了**道德推脱**(moral disengagement)机制,使人能够避免强烈的自我谴责,尽管人们知道自己的行为违反了重要的道德规范。例如,道德推脱有时会让我们得出这样的结论:违反我们的原则在道德上是正确的(如在战争中),或把某种情境中的违规行为视为可接受的(参与由同伴发起的不当行为),或为达到一个更重要的长期目标而做错事(为获得或保住奖学金而在考试时作弊)。因此,一个人的道德推理水平并不总能预测其行为,因为它只是复杂的行为方程式中的一个变量(肯定是有意义的变量)。道德发展过程可能导致道德推理与道德行为的不一致。例如,斯蒂芬·托马斯和詹姆斯·莱斯特(Thomas & Rest, 1999)发现,如果个体从一个道德阶段向另一个阶段过渡时,一直反复审视(或经常怀疑)自己已有的道德准则,那么情境因素对道德行为的影响就比对道德推理的影响更大。

科尔伯格低估幼儿了吗? 最后一点,科尔伯格主要关注必须经由法律来解决的法律两难问题,而忽略了其他"不涉及法律"的道德推理形式,实际上后者对学龄儿童的行为影响重大。例如,在解决艾森伯格的亲社会道德两难问题时,小学低年级学生通常会表现出"习俗"道德推理的一些方面,如考虑他人的需要,做他们认为会受到赞扬的事情,尽管这些小学生在科尔伯格的法律两难问题测验中仍然停留在前习俗水平(阶段1或阶段2)(另见 Helwig & Jasiobedzka, 2001; Turiel, 2006,关于科尔伯格低估了小学儿童道德复杂性值得注意的证据)。

总之,我们有充分的理由可以认为,科尔伯格的道德发展理论是一种杰出的理论。它描绘了从儿童期到成年期道德推理变化的普遍顺序。而且,也有证据支持科尔伯格的这些观点:认知发展和社会经验两者推动了道德发展。虽然如此,有关批评仍然具有一定的意义。科尔伯格的理论并未完全考察生活在集体主义文

Courtesy United States Army

图片 10.9 道德推脱过程有助于解释人们将如何为他们明知违反了重要道德原则的行为进行辩护。

化中的人们的道德状况，也未充分考察那些注重精神或关怀倾向人们的道德状况，它显然还低估了幼儿的道德推理。由于科尔伯格主要探讨道德推理，所以我们必须借助其他理论来理解道德情感和道德行为是如何发展的，以及思维、情绪和行为如何相互作用，最终使我们大多数人都成为有道德的人。

下一节，我们将转向社会学习观和社会信息加工观，这些理论试图阐明某些对儿童道德行为有重要影响的认知的、社会的和情绪的因素。

道德是社会学习（和社会信息加工）的产物

像班杜拉（Bandura, 1991, 2001）这样的社会学习理论家，主要对道德的行为成分，即人面对诱惑时的实际行为感兴趣。他们宣称，道德行为可以通过与学习其他社会行为相同的方式而习得，这些方式包括不同的强化和观察学习。他们还认为，人们所处的特定情境对道德行为也有很大影响。因此，他们会说，一个人在一种情境中的行为合乎道德，而在另一种情境中却违反道德；或者刚宣称诚实至高无上，转过头来就撒谎骗人，这一点也不奇怪。

道德行为与道德品质一致吗

对儿童道德行为最深入的研究也是最早的研究之一，大概要属休·哈茨霍恩和马克·梅（Hartshorne & May, 1928—1930）所做的“品格教育调查”。这一项目持续了五年，旨在考察 10 000 名 8~16 岁儿童的道德“品格”，采用的方法是在不同情境中诱使这些儿童说谎、欺骗或偷窃。这项大规模调查最值得一提的结论是，儿童的道德行为具有不一致的倾向；儿童在一种情境中的欺骗意愿不能预测他们在另一种情境中说谎、欺骗或偷窃的意愿。尤其令人感兴趣的是，研究者发现在特定情境中骗人的儿童与没有骗人的儿童都会说：骗人是错误的！哈茨霍恩和梅由此得出结论：“诚实”主要是针对特定情境而言的，它不是一种稳定的性格特质。

但是，用现在更复杂的统计方法对品格教育调查的数据重新进行分析（Burton, 1963），以及新近开展的一些研究（M. L. Hoffman, 2000; Kochanska & Murray, 2000），均对哈茨霍恩和梅的**特定情境说**（doctrine of specificity）提出了质疑。结果发现，一些特殊类型的道德行为（如考试中想不想作弊，是否与玩伴分享玩具）具有跨时间和跨情境的可靠一致性。另外，学步儿的道德情感（如内疚、共情）、道德推理和道德行为之间的相关，也随着年龄增长而逐渐增强（Aksan & Kochanska, 2005; Blasi, 1990; Kochanska et al., 2002）。因此，道德品质终究还是具有一定的一致性，尤其是人们在道德上变得成熟之后。但是，即使是道德上最成熟的人，我们也不能期望他 / 她在所有情境中都完全一致。因为一个人说谎、欺骗、违反其他道德规则的意愿（或者一个人这么做的感受和想法），可能在某种程度上总是依赖于个人的和情境的因素。这些因素包括：一个人通过违反道德可能实现目标的重要性，在同伴的怂恿下做出违规行为的数量，或人们摆脱道德原则之后的舒适度，等等（Bandura, 2002）。

Wayne Miller/Magnum Photos

图片 10.10　有时，我们很难说儿童是否能在一起学习，是否能互相帮助或取长补短。虽然儿童的道德行为具有一定的一致性，但是在一些特殊情况下，儿童的行为还会受到各种因素的影响，如依靠违反道德规则来实现目标的重要性，做错事时被抓住的可能性，等等。

学会抵制诱惑

从社会的角度看，衡量道德的重要指标之一是，即使没有监督和惩罚，个体能否抵制违反道德规则的压力（Hoffman, 1970; Kochanska, Aksan, & Joy, 2007）。在没有外部监督的情况下也能抵制诱惑的人，不仅掌握了道德规则，而且受到内在动机的驱动去遵守规则。儿童是如何掌握道德标准的？又是什么促使他们遵守这些习得的行为规范的？社会学习理论试图通过探索强化、惩罚和社会榜样对儿童道德行为的影响来回答这些问题。

决定道德行为的强化因素　我们已经多次看到，如果行为得到强化，那么它们的发生率就可能提高。道德行为也不例外。如果温和、善于接纳的父母为孩子制定了清晰而合理的标准，并在孩子做得好时经常表扬他们，那么，即使是学步儿也可能会迎合父母的期望；到 4~5 岁时，他们表现出内化良心的明确迹象（Kochanska et al., 2002; Kochanska, Aksan, & Joy, 2007; Kochanska & Murray, 2000）。儿童通常愿意遵从态度温和、能够提供社会性强化的成年人的愿望，对儿童符合成人意愿的行为给予表扬等于告诉孩子，他们正在实现这个目标。

惩罚对建立道德禁令的作用　虽然对儿童好的行为给予强化可以有效地促进他们做出符合成人期望的行为，但是成人往往不一定能识别儿童抗拒诱惑、值得表扬的行为。相反，成人在惩罚儿童的不道德行为，让他们认识到自己的错误方面却反应很快。惩罚能否有效地促进**抑制性控制**（inhibitory control）的发展？这个问题的答案在很大程度上取决于儿童对惩罚这种厌恶体验的解释。

早期的研究　罗斯·帕克（Parke, 1977）采用“禁止玩的玩具”范式考察了惩罚对儿童抵制诱惑的影响。在其经典实验的第一阶段，参与者只要一碰那些好玩的玩具就会受到惩罚（听一种令人厌恶的嗡嗡声），而在玩那些不好玩的玩具时，则不给予惩罚。儿童知道了这个规则后，实验者就离开，暗中观察儿童是否玩那些禁止玩的玩具。

帕克发现，在促进道德控制的发展中，并不是所有的惩罚都具有同样的作用。具体来说，由态度温和的（而非冷漠的）成人实施的严厉的（而非轻描淡写的）、即时的（而非延迟的）、一致的惩罚，对禁止儿童做出成人不希望出现的行为更有效。但帕克最重要的发现是，如果在惩罚的同时能配合讲道理，向犯了错的儿童说明禁止做某事的理由，那么所有形式的惩罚都会更有效。

讲道理为什么重要：信息加工角度的分析　为什么讲道理可以提高惩罚的有效性，甚至是那些本身几乎没有道德限制作用的、轻微的或延迟的惩罚也有作用？根据马丁·霍夫曼（Hoffman, 1988）的信息加工观点，讲道理之所以有效，是因为它阐明了为什么受到惩罚的行为是错误的，如果再做这样的事，为什么应该感到内疚、羞愧或不那么高尚。所以，如果儿童接受了这一道理，当他/她以后再想做这种被禁止的事时通常会感到不安（源自以前被管教的经历），并对这种唤醒进行内部归因（例如，“如果我伤害了别人，我会感到内疚”;“这样做会有损我的形象”），从而更可能抑制了被禁止的行为，并对自己“成熟而负责”的行为感觉良好（见图 10.5）。相反，如果没有给儿童讲明道理，或者在讲道理时把他们的注意集中在他们预期的再犯错误的消极后果（例如，“以后再这么做，小心你的屁股”）上，那么，当他们以后想再做那些被禁止的事时，同样会感到不安，但他们可能对这种情绪唤醒进行外部归因（例如，“我担心被抓住而受惩罚”），这种归因使他们在权威人物在场时能遵守道德规则，但在周围无人监督时，他们就不会抑制自己的违规行为。

当然，只有当儿童经历多次管教，加之成人充分地讲道理后，儿童才能把

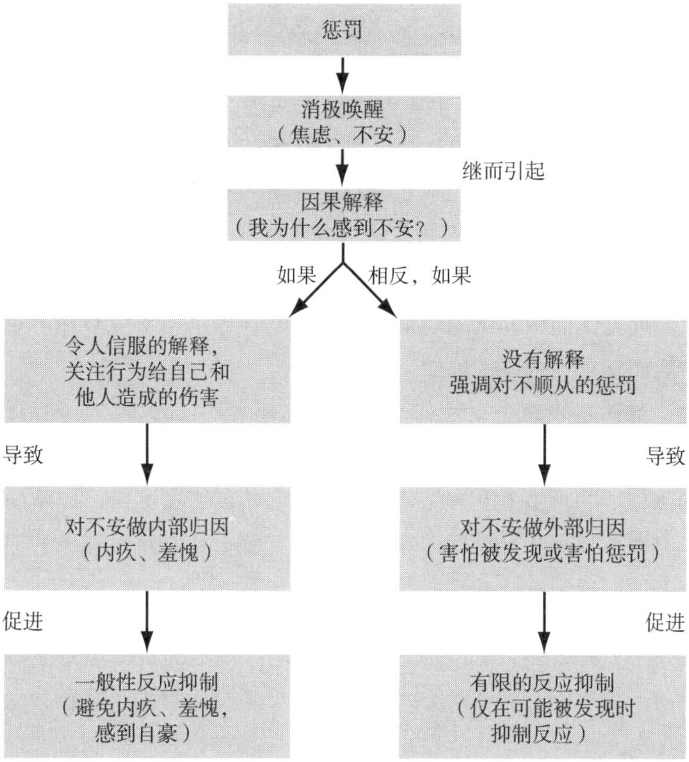

图 10.5 惩罚的抑制效果的社会信息加工模型

他们体验到的不安和接收到的信息联系起来，表现出如模型所预期的内部归因。但我们必须指出，仅仅害怕被发现和受惩罚，并不足以使儿童在没有外部监督的情况下抵制诱惑。为了培养真正内化的自我控制，成人必须为儿童创设包括恰当说理的管教，向儿童说明为什么被禁止的行为是错误的，为什么如果重犯就会有内疚、羞愧或不那么高尚等情绪（Hoffman, 1988）。显然，真正的自我约束主要受认知的控制，它靠的是儿童头脑中的想法，而不是他们内心的恐惧和不安。

道德自我概念训练 如果儿童对情感或行为进行内部归因真的能促进道德自我约束，那么我们就应该设法使儿童相信，他们能抵制破坏规则或违反道德的诱惑，因为他们是“品德好的”“诚实的”或“负责的”人。这种道德自我概念训练确实有效。威廉·凯西和罗杰·布尔顿（Casey & Burton, 1982）发现，如果在游戏之前强调“诚实”，那么，7~10 岁的儿童就会在游戏中表现得更诚实，并且学会提醒自己要遵守规则。但如果游戏不重视“诚实”，儿童往往就会表

现出欺骗行为。大卫·佩里等人（Perry et al., 1980）在一项研究中，对一组9~10岁的儿童说："你们是特别善于执行命令和遵守规则（道德自我概念训练）的孩子"，对另一组儿童什么也不说。结果发现，前一组儿童在屈从于一个几乎无法抗拒的诱惑（放下已经许诺要做的枯燥任务，去观看激动人心的电视节目）之后，他们的行为和第二组儿童存在显著差异。具体来说，经过道德自我概念训练的儿童比对照组的儿童更倾向于惩罚自己的错误行为，他们会把完成枯燥工作后得到的贵重奖品退回。因此，给儿童贴上"好的"或"诚实"的标签，不仅能提高他们抵制诱惑的可能性，而且在做了错事或破坏了正面的自我形象时，他们会感到内疚或懊悔。

总之，道德自我概念训练结合好行为出现时的及时表扬，是可代替惩罚、培养抑制性控制的一种有效途径。它有助于儿童相信"我抵制诱惑，因为我想做正确的事或不辜负我积极的自我形象"，它导致了真正内化控制的发展，而不是基于害怕被发现和受惩罚而产生的反应抑制。而且这种积极的非惩罚的方式不会产生惩罚通常造成的那些负作用（如怨恨）。

社会榜样对儿童道德行为的影响　一个遵守规则的榜样想做被禁止的事情但没有成功，结果以"被动"方式展现出符合道德的行为，儿童会受这种榜样的影响吗？事实上，只要儿童意识到"被动"的榜样是在抵制诱惑，不去违反规则，他们就可能会受到影响。琼·格鲁塞克等人（Grusec et al., 1979）发现，如果一个遵守规则的榜样能清楚地表达出他在遵守某项规则，同时说出他不违规的理由，那么他就能有效地鼓励儿童表现出好行为。

最后，纳切·托纳等人（Toner et al., 1978）发现，与其他同龄伙伴相比，在研究者的建议下，被劝说承担其他儿童的道德约束榜样的6~8岁儿童，更可能在后来的抵制诱惑测验中遵守其他规则。做榜样可能使儿童的自我概念发生了变化，使他们把自己看作"遵守规则的人"。这些研究对教育儿童有明显的启发：通过鼓励孩子表现自己的成熟，建议他们成为弟弟妹妹自我约束的榜样，父母也许能在年龄较大的孩子身上有效地培养起抑制性控制。

什么人会培养出道德成熟的儿童

多年前，霍夫曼（Hoffman, 1970）曾经回顾有关儿童教养的文献，考察父母实际采用的教育方法对子女的道德发展是否有效。他比较了三种主要的方法：

1. **爱的收回**（love withdrawal）：儿童做错事后，成人收回对他的关注、爱或赞许，换言之，就是引起儿童失去疼爱的焦虑。
2. **强迫命令**（power assertion）：使用强权控制儿童的行为（包括强制命令、身体约束、体罚和撤销特权等可能引起儿童恐惧、生气和怨恨的方法）。
3. **引导**（induction）：强调行为给他人造成的后果，解释为什么某行为是错误的，应该改正；通常会向儿童建议怎样做才不会造成伤害。

假设小香农在美国独立日那天用点着的烟花棒吓唬家中的小猫。如果使用*爱的收回法*，他的爸爸（妈妈）会说："你怎么能这样做！走开，我不想再看到你。"如果使用*强迫命令法*，他的爸爸（妈妈）可能就会打他的屁股，或者说："好吧！这周六你别想看电影了。"如果使用*引导法*，他的爸爸（妈妈）可能会说："快停下，香农！你看斯波茨多么害怕。你这么做会让它身上着火的，你知道，如果它被烧死，我们该多难过。"所以，引导的关键是提供理由，尤其是强调一个人的错误行为对自己或他人（这个例子中是小猫）所造成的后果。

截止到1970年，有关儿童教养的研究虽然不多，但是这些研究结果表明：（1）爱的收回和强迫命令对于促进道德成熟而言均非特别有效的方法；（2）引导可以促进道德情绪、道德推理和道德行为三方面的发展（Hoffman, 1970）。表10.6概括了父母的三种教育方法与儿童道德成熟度的测量之间的关系，此结果源自后来一篇对更多相关研究所做的综述（Brody & Shaffer, 1982）。很明显，这些数据支持了霍夫曼的结论：采用引导法的父母，其孩子往往在道德上比较成熟；而父母使用强迫命令的频率更多地与儿童的道德不成熟而非道德成熟相关。能证明引导法与道德成熟无关的研究很少，其研究对象均小于4岁。然而，后来的研究表明，引导法对2~5岁的儿童具有很好的效果，可以有效地促进儿童对他人的同情、怜悯以及听从父母要求的意愿；反之，使用高压的

表10.6 父母使用的三种教育方法与儿童道德发展之间的关系

父母的教育方法与儿童道德成熟度的关系	教育类型		
	强迫命令	爱的收回	引导
+ 正相关	7	8	38
– 负相关	32	11	6

注：表中的数字反映了三种方法与儿童的道德情感、道德推理或道德行为的测量之间存在相关（正相关或负相关）的个案数量。

资料来源：摘自 Brody & Shaffer, 1982。

强迫命令方法，如发火、身体约束或体罚，则与不顺从、反抗和对他人缺乏关心相联系，并有可能助长这些不良习惯的养成（Crockenberg & Litman, 1990; Eisenberg, Fabes, & Spinard, 2006; Kochanska et al., 2002; Kochanska & Murray, 2000; Laible & Thompson, 2000, 2002; Zahn-Waxler, Radke-Yarrow, & King, 1979; Zahn-Waxler et al., 1992）。

引导式的教育为什么有效？霍夫曼认为有这样几个理由。首先，它为儿童提供了可用来评价自己行为的认知标准（或理由）。其次，这种教育方式有助于儿童对他人产生同情，能使父母与儿童谈论自豪、内疚和羞愧这类道德情感。而这种讨论很难在采用另外两种方法时顺利进行，因为爱的收回使儿童产生不安全感，强迫命令则使儿童生气，产生怨恨。最后，采用引导法的父母可能会向儿童解释：（1）在面对违反道德禁令的诱惑时应该怎么做；（2）现在能够做些什么来弥补自己的过错。引导之所以成为道德社会化的一种有效方法，是因为它能唤起儿童对道德的认知、情感和行为这三个方面的注意，并把它们整合起来。

最后还要指出，在道德教育中，几乎没有父母是完全单独采用引导、爱的收回或强迫命令中的某一种方法，多数父母是把三种方法结合起来使用。霍夫曼（Hoffman, 2000）指出，只要不引起太多的恐惧，偶尔使用强迫命令法也管用，因为它可以激发儿童密切关注教育中的引导成分。他认为，有效教育的公式是：经常引导 + 偶尔的强迫命令 + 多多的爱。这一描述与帕克（Parke, 1977）在实验室研究抵制诱惑时的发现很相似，帕克的有效模式是："说理 + 温和的管教者实施的适度惩罚"。

对霍夫曼教育观点的批评

一些研究者质疑，霍夫曼关于引导式教育有效性的结论是否有些夸大。例如，白人中产阶级的母亲使用引导式教育与儿童道德成熟的测验具有一致的相关性；但对于具有其他社会经济地位的父亲或双亲来说，结果并不总是如此（Brody & Shaffer, 1982; Grusec & Goodnow, 1994）。一项研究发现，对于欧裔美国儿童而言，父母采用强迫命令式的教育与儿童的攻击行为和反社会行为之间存在正相关，但这种相关在非裔美国儿童中就不存在（Deater-Deckard & Dodge, 1997; Walker-Barnes & Mason, 2001）。显然，我们需要更多的研究来确定霍夫曼的主张有多大的文化特异性。

另外的批评是针对孰因孰果的问题：究竟是引导式教育促进了儿童道德上

的成熟，还是儿童道德上的成熟引发了父母更多的引导式教育？因为有关儿童教养的研究大多基于相关数据，所以这两种可能性都可以解释霍夫曼的发现。对此，霍夫曼回应说（Hoffman, 1975），父母对孩子行为的控制所产生的影响远大于儿童对父母行为的控制。换言之，他认为是父母的引导式教育促进了儿童道德上的成熟，而不是相反。有一些实验研究支持了霍夫曼的说法，在教导儿童遵守诺言、服从由陌生成人制定的规则时，引导式教育比其他教育方式都更有效（Kuczynski, 1983）。

虽然如此，儿童仍然能影响父母采用何种教育方式。在学步期就形成了自觉服从意识的儿童会把自己看作“好孩子”“有道德的人”，对引导式教育做出恰当回应，父母也常对他们进行引导式的教育（Kochanska, 2002）。行为经常失控、不听父母管教的儿童，随着年龄的增长，往往会引发父母更加强制（但无效）的管教方式（Dodge, Coie, & Lynam, 2006; Stoolmiller, 2001）。尽管大多数儿童对引导式教育反应良好，但很显然，没有哪一种教育方式对所有儿童来说都是最有效的，最有效的方法是：根据儿童的特点和当时的情境谨慎选择适宜的方法（Grusec, Goodnow, & Kuczynski, 2000）。例如，专栏 10.3 中介绍的研究充分说明，要促进不同气质类型儿童的内在道德，不同类型的教育方式可能都是必要的。

所以，家庭中的道德社会化过程是双向的：虽然引导式教育通常能促进儿童的道德成熟；但是，那些对这种说理的、非惩罚的方法做出恰当反应的儿童，更可能引发父母以同样的方式来对待他们。

儿童眼中的教育方式

儿童是如何看待各种教育策略的呢？他们是否也像许多发展心理学家一样，觉得体罚和爱的收回不能促进道德约束？他们赞同父母采用引导法，或是对错误行为采取更宽容的态度吗？

麦克尔·西戈尔和扬·考恩（Siegal & Cowen, 1984）探讨了这些问题，他们让 4~18 岁的儿童和青少年听一些包含各种错误行为的故事，然后让他们评价母亲对错误行为采取的教育方式。故事中的五种错误行为是：（1）一般的不听话（儿童拒绝打扫自己的房间）；（2）给他人造成身体伤害（儿童打一个游戏伙伴）；（3）给自己造成身体伤害（不听话，非要去触碰热火炉）；（4）给他人造成心理伤害（取笑身体残疾的人）；（5）毁坏了东西（在打闹时打碎了灯）。对这些错误行为，母亲使用了四种教育方法：引导（讲道理，指出行

专栏 10.3 研究聚焦

气质、管教和道德内化

格拉吉娜·科罕斯卡（Kochanska, 1993, 1997）提出，最能促进道德内化的教养方式取决于儿童的气质。一些儿童属于胆小型气质，他们在受到父母严厉训斥时，通常会非常焦虑，并号啕大哭。科罕斯卡认为，胆小的儿童对温和、非强迫命令式心理管教方式的反应更积极，这与霍夫曼的引导法有些相似。另一些儿童容易冲动，属于胆大型气质。科罕斯卡认为，采用温和的心理管教方式，无法有效唤醒这些情感反应很弱的儿童，让他们注意并内化父母的规则，甚至受到训斥时，他们也停不下来！在温和管教不奏效时，他们的父母往往会变得更加强制。但是科罕斯卡认为，强迫命令对胆大儿童的作用并不比对胆小儿童更有效。她指出，促进胆大儿童道德内化的途径是父母温和、敏感的教养，这样可以促进建立安全依恋和相互合作的亲子关系。她认为，安全、相互积极的取向，有助于培养那些想与父母合作并讨父母喜欢的儿童的自觉顺从。

为了检验这一假设，科罕斯卡（Kochanska, 1995, 1997）把一个 2~3 岁的儿童样本分为胆小和胆大两种气质类型，然后观察每个儿童与其母亲的互动，评价母亲的温暖性、对社交信号的反应性以及母亲采用的教养方式。同时，她收集了儿童对母亲依恋安全性的数据。在 2~3 岁、4 岁和 5 岁时三次评价了儿童道德内化的程度。在 2~3 岁时，道德内化的测量包括服从要求和遵守规则（不碰禁止玩的玩具），4 岁和 5 岁时还测量了儿童在游戏中拒绝欺骗和道德推理的成熟度。

这项追踪研究的结果无疑支持了科罕斯卡的理论。对胆小的儿童来说，在所有三个年龄阶段，采用温和的引导法，加之少量的强迫命令，可以预测较高的道德内化水平。但同样的教养方式与胆大儿童表现出的道德内化水平无关。相反，儿童对母亲形成安全依恋，以及母亲对孩子社交信号的高反应性，可以预测胆大儿童良心的发展程度。

科罕斯卡等人（Kochanska, 2007）通过追踪研究，用学步儿和幼儿这两个附加样本，重复并拓展了教养方式与气质的交互作用，以此来评价道德内化（如道德自我概念）的新测量方法。因此，我们可以更加确信，对于不同气质的儿童，不同类型的教养方式或者更有效，或者更无效。近期研究的另一个发现是，在儿童出生后的第二年（而不是第一年或第三年），教养方式对儿童的道德内化影响最大。为什么呢？这可能因为第二年是儿童与父母形成（或未形成）相互合作取向的时候，这种取向影响着儿童是否愿意听从父母的要求，友好地解决冲突，并形成强烈的内化的良心。

另外，父母的教养方式与儿童气质的“良好匹配”会促成适应性的结果。从有关儿童教养的研究文献来看，温和的引导式教育不仅对胆小的儿童实现道德内化很重要，而且也能令其他很多儿童的情绪得到充分的唤醒，从而使他们习得道德教诲。但是，使用这种相同的方式，对胆大儿童就不恰当。胆大的儿童更可能在安全的亲子关系中内化道德教诲，这要求父母的教育要坚定，要经常提醒儿童注意保持他们所希望的关爱、合作的亲子关系。科罕斯卡等人（Kochanska, Padavich, & Koenig, 2006; Kochanska et al., 2002; Kochanska, Aksan, & Coy, 2007）还发现，母亲经常采用强迫命令与儿童在犯错后内疚感较低（或没有）以及道德内化很少（或没有）相关，因此，这种教养方式不适合所有气质类型的儿童。

为的有害后果），体罚（打孩子），爱的收回（母亲再也不想和这个犯错的孩子有任何瓜葛），以及宽容的不干预（忽略已发生的事情，认为儿童自己会从中接受教训）。每种错误行为和一种教育方式两两组合，这样，每个参与者都要听 20 个故事，听完每个故事后，他们要指出母亲对儿童行为问题的处理方式是“非常错误”“错误”“半对半错”“正确”还是“非常正确”。

尽管每种教育方式的恰当性在不同的错误行为中有所不同，但总体上最有趣的发现是 :（1）对所有年龄的参与者（包括学前儿童）来说，引导都是最受欢迎的方法 ;（2）体罚的受欢迎度仅次于引导。因此，所有的参与者都赞成以说理为主、偶尔辅以强迫命令的教育方式。与此相反，没有一个年龄组赞成爱的收回和宽容法。事实上，在该研究中，4~9 岁儿童对母亲采取的任何一种教育方式的赞成，甚至爱的收回，都超过了对母亲的宽容态度的赞成（他们认为这是“错误”或“非常错误”的）。显然，儿童知道他们需要成人的干预并限制自己的不当行为，如果故事中的儿童不受成人约束，总是“为所欲为”，他们会感到不安。

总之，有关儿童教养的研究发现，儿童喜欢的教育方式（引导的同时偶尔辅以强迫命令）与道德成熟度的测量，以及实验室研究中的抗拒诱惑之间具有密切的相关性。也许引导式教育可以促进道德成熟的另一个原因仅仅是，儿童把这种方式看作处理错误行为的“正确”方式，他们可能非常愿意接受与自己的“世界观”相符的父母的影响。相反，那些喜欢引导式教育却经常处于另一种教育方式之下的儿童，则找不到什么理由把父母的价值观和劝诫加以内化，并认为父母诱使他们顺从所采用的方法不明智、不公正，不值得他们尊重。

本章要点

什么是利他和亲社会行为

- **亲社会行为**是指任何有益于他人的行为。**利他行为**是一种亲社会行为，它可以从两个方面来界定。**利他的动机 / 意图定义**认为，如果助人者的行为是出于对他人的关心，而不是为了个人利益，那么这种行为就是利他行为。**利他的行为定义**认为，利他行为是能给他人带来益处的任何行为，无论助人者的动机如何。

利他性和亲社会性发展的理论

- 进化理论认为，利他性是一种因为促进了个体和物种的生存，从而得以进化了的、具有预适应性的、基因预先设定的动机，利他关怀似乎是一种受遗传影响的属性。相反，精神分析、社会学习和认知 – 发展理论认为，儿童必须获得利他关怀意识。精神分析理论认为，利他的价值观通过内化成为人们超我的一部分。社会学习理论家认为，儿童能够获得和保持利他的习惯，是因为儿童知道亲社会行为会以某种方式受到强化。认知–发展理论家认为，利他关怀的发展依赖于儿童期认知的根本性进步，包括：（1）自我中心性逐渐下降；（2）角色采择技能得以发展；（3）共情式关心和亲社会道德推理取得进步。

利他性的发展趋势

- 诸如分享玩具、安慰伤心的同伴之类的亲社会行为在婴儿期、学步期就已出现，尤其是母亲把关心他人作为其教育方式的一部分。
- 从学前期开始，分享、助人和其他亲社会行为越来越普遍。志愿参加社区服务是很多青少年投入的亲社会活动。女孩倾向于比男孩更慷慨和乐于助人，而较少竞争，但这些性别差异很小，也不一定在所有背景下都存在。

认知和情感因素对利他性的影响

- 利他关怀的发展与**社会观点采择技能**、**亲社会道德推理**、富于**同情心的共情式唤醒**的发展及利他自我概念的形成相联系。虽然幼儿经常把共情式唤醒解释为个人的或**指向自我的痛苦**，但他们最终会掌握角色采择技能，把自己的体验解释为对他人的同情，加之他们学到的亲社会规范，通过引导儿童感受自己对他人福祉的责任而促进利他性的发展（**“感知责任”假说**）。

文化和社会因素对利他性的影响

- 与个人主义社会相比，集体主义社会的亲社会行为更明显，这些社会非常注重社会目标并将其视为义务，而在个人主义的社会中，个人对亲社会行为具有更多的自由决定性。
- 很多其他的社会因素会影响人的利他倾向。父母可以通过**利他劝诫**，例如表扬孩子的友好行为，身教重于言教等，培养孩子的利他行为。如果父母对儿童的伤害行为进行非惩罚的情感性解释，指出孩子的错误行为给受害者带来的消极后果，那么他们就可能培养出具有同情心、自我牺牲精神和关心他人福祉的子女。

什么是道德

- **道德**有多种定义，多数人认为，道德意味着一套内化了的原则或理想，它们帮助人明辨是非，按照是非标准去行动。道德有三个基本成分：**道德情感**、**道德推理**和**道德行为**。

精神分析理论的道德发展观

- 根据弗洛伊德的**俄狄浦斯道德理论**，儿童把父母中同性别一方的道德标准内化，这会出现在解决恋母或恋父情结、形成良心或超我的性器期。
- 始终有研究怀疑弗洛伊德的理论。然而，新近的观点和研究认为，在温暖的**相互回应取向关系**中，儿童表现出强烈的**自觉的服从**愿望（而非**情境性服从**），良心在学步期就开始形成了。

认知发展理论：儿童是道德哲学家

- 认知发展理论家通过考察道德推理的发展，强调道德的认知成分。皮亚杰根据儿童规则概念和社会公正感的产生提出了道德发展的两阶段模型。儿童从几乎不尊重规则的**前道德阶段**，逐步发展到把规则看作绝对真理、相信**内在公正**的**他律道德阶段**，最终发展到把规则看作灵活、公正、具有相对性而非绝对性的**自律道德阶段**。
- 皮亚杰查明了道德推理发展中的一些重要趋势。但他的研究方法存在一些缺点，未能区分**道德规则**和**社会常规**及**个人选择**，他还低估了学前儿童和学龄早期儿童道德推理的复杂性。
- 科尔伯格修正和拓展了皮亚杰的理论，他认为，道德推理的发展按照不变的顺序经历了三个水平（**前习俗道德**、**习俗道德**和**后习俗道德**），每个水平都包含两个不同的阶段。科尔伯格认为，发展的水平和阶段顺序是不变的，因为这些思维模式中的每一种都部分地依赖于认知能力的发展，而认知能力也是以固定顺序向前发展的。科尔伯格也声称，社会经验可以使一个人重新评价现有的道德概念，如果缺乏社会经验，道德也难以发展。

- 研究表明，科尔伯格提出的道德发展阶段之间确实存在一种不变的顺序。认知发展和各种相关的社会经验相结合，如在与父母、同伴、大学课堂以及民主活动成员进行的**协商式互动**中，面对各种不同的道德观点，可以促进个体道德推理的发展。但是，科尔伯格的理论没有充分描绘非西方社会，以及强调**关怀道德**而非**公正道德**的社会中人们的道德状况。像皮亚杰一样，科尔伯格也低估了幼儿的道德推理能力。批评者还认为，他的理论很少涉及道德情感和道德行为。

道德是社会学习（和社会信息加工）的产物

- 虽然**特定情境说**明显有些言过其实，但是社会学习理论有助于我们理解儿童怎样抵制诱惑、抑制那些违反道德规则的行为。可以促进**抑制性控制**发展的因素包括：表扬善行；惩罚错误行为，同时给予恰当的说理；道德自我概念训练；为儿童提供自我约束的道德榜样（或者让儿童自己充当榜样）。

什么人会培养出道德成熟的儿童

- 关于儿童教养的研究一致表明，采用**引导式教育**可以促进道德成熟，而**爱的收回**则效果甚微，**强迫命令**则与道德不成熟相关。不过，引导法的有效性取决于儿童的气质。但是，儿童通常喜欢引导式教育胜过其他方式，而且大多数儿童最愿意接受的影响来自采用引导式教育且其方法受到儿童尊重的成人。

第11章 家庭

1995年4月，95岁的科拉·谢弗度过了她的75周年结婚纪念日，次日又参加了长子（时年73岁）的金婚纪念庆典。参加庆典的还有科拉的其他子女，包括8位孙子女中的4人，11位曾孙子女中的8人，11位玄孙子女中的9人。令人吃惊的是，科拉不仅可以轻而易举地说出所有子孙们最重要的纪念日（生日、结婚纪念日），而且还能对这些人近来发生的重要事件（例如工作、求学或个人成就）如数家珍般一一道来。我问她是如何记住这些家庭事务的，她哈哈大笑着告诉我，自从她1985年（时年85岁！）退休以来，就有了充裕的时间参与家庭事务。她还风趣地说："亚历山大·格雷厄姆·贝尔发明电话时，他肯定会想到像我这样的人。"她还能从头到尾地讲述她认识的那些已过世亲属的一生，其中有些人生于19世纪40年代初，那时电话尚未发明，甚至连快马邮递都没有。显然，科拉·谢弗非常看重自己同谢弗家族过去、现在和未来一代代之间的亲情纽带。

我们中的大多数人都没有机会像我的祖母那样去了解和关心这么多代的亲属，但是像她这样看重家庭亲情纽带的人却不少见。美国99%以上的儿童都是在某种形式的家庭中成长起来的（U.S. Bureau of the Census, 2002），而且所有社会的绝大多数儿童成长的家庭环境都至少有生身父母中的一位或其他亲属陪伴。所以，几乎每个人都有自己的家。我们在家庭中出生，在家庭中以我们自己的方式长大成人，迈入成人生涯，就算到了耄耋暮年，我们还是与家庭密不可分。我们是家庭的一分子，家庭也是我们的一部分。

本章的焦点是把家庭看作一个*社会系统*：一个既影响年青一代，也受年青一代影响的机构。那么，什么是家庭？家庭都有哪些功能？孩子的出生对其他家庭成员会产生怎样的影响？家庭中其他成员之间关系的现状（或变化）是否会影响孩子受到的照护和训练？教养方式是否有优劣之分？究竟是父母决定着怎样抚养孩子，还是孩子影响了父母的教养方式？家庭的文化传统和社会经济地位是否会影响教养方式和亲子互动？同胞作为个体社会化的影响源有多重要？我们发现，当今的家庭生活越来越多样化，跟着同性恋父母长大，或必须适应母亲就业、父母离异，或者单亲再婚后重归双亲家庭，这一切又会对儿童产生什么影响？为何有些父母会虐待自己的孩子？审视家庭在儿童及青少年的认知、社会性和情绪发展中所起的重要作用时，我们会考虑上述这些重要的问题。

什么是家庭

从发展的角度看，在所有社会中，家庭最重要的功能是养育后代，并使其社会化。**社会化**（socialization）是指儿童获得社会上年长成员所认为的那些重要和适当的观念、动机、价值观和行为的过程。世代传承的社会化对社会至少有三方面的意义。首先，它是规范儿童的行为、控制其不合理冲动的一种方式。其次，它促进个体的个人成长。随着与本文化中其他成员的交往，儿童与他们越来越相似，在此过程中，他们获得知识、技能、动机和志向，从而能够适应他们所处的社区并有效地发挥作用。最后，它可以维护社会秩序：社会化良好的儿童会成长为有能力、适应性强、亲社会的成年人，他们又会把自己学到的这一切传递给他们的下一代。

当然，家庭只是社会化过程涉及的诸多机构之一。例如，有的宗教机构可以提供重要的情绪支持和道德指导，通常会增强家庭的凝聚力（Brody, Stoneman, & Flor, 1996），使儿童和青少年接触到值得信赖的成人导师和同伴，他们会强化父母的价值观，促进儿童和青少年的亲社会同一性的成长，以及其他方面的健康发展（King & Furrow, 2004; Larson, Hansen, & Moneta, 2006）。我们在第 12 章中还将看到，学校、大众传媒和儿童团体（如童子军）等机构通常能发挥辅助家庭的功能，对儿童进行训练并提供情感支持。不过，许多儿童在进入托儿所、幼儿园或开始正规的学校教育之前，很少有机会接触家庭以外的人。所以，对于儿童的社会化教育来说，家庭要远早于其他社会机构。而且，人生早期的经历对儿童的社会性、情绪和智力的发展极为重要，因此，把家庭看作儿童社会化的首要场所，可谓恰如其分。

图片 11.1 对许多西方社会的家庭来说，宗教活动提供了重要的社会和情感支持，它可以增强家庭凝聚力，有助于促进家庭各方面的健康发展。

家庭是一个社会系统

要给**家庭**（family）下一个定义，使它适用于所有的文化、亚文化或历史时期，这是非常困难的，因为人类的家庭历来存在多种形式，并将继续为人类的生存发挥着作用（Coontz, 2000）。根据新近的一个定义，家庭是“由两个或两个以上的人因血缘、婚姻、收养或选择联结而成的”，他们存在情感纽带，并对彼此负有一定的责任（Allen, Fine, & Demo, 2000, p. 1）。

20 世纪四五十年代，发展心理学家刚开始研究社会化的时候，几乎完全只关注母子关系，他们的研究基于如下假设：母亲（较少扩展到父亲）塑造了儿童的行为和人格（Ambert, 1992）。然而，现代的家庭研究者已经否定了这种简单的单向模型，赞同一种更加全面的“系统”取向，类似于第 3 章介绍的布朗芬布伦纳的生态系统论（Bronfenbrenner & Morris, 2006）。这种系统取向承认父母对孩子的影响，但它还强调：（1）儿童会影响父母的行为和教养方式；（2）家庭是复杂的**社会系统**（social system），是由双向互惠关系及同盟构成的网络，它不断地发生演变，深受社会和文化因素的影响（Parke & Buriel, 2006）。下面我们来看看这种系统观的一些含义。

家庭内部的直接和间接影响

怎样理解家庭是一个社会系统呢？对家庭系统理论家而言，家庭很像人的身体，是一个由相互联系的各部分组成的整体结构，各部分之间互相影响，每一部分都对整体功能发挥着作用（Parke & Buriel, 2006）。

我们不妨以**传统核心家庭**（traditional nuclear family）这种最简单的形式，即由母亲、父亲和一个孩子组成的家庭为例加以说明。杰伊·贝尔斯基（Belsky, 1981）认为，就连这种父—母—婴“系统”也是一个复杂的实体。婴儿与母亲的互动就已经包含了一个双向互惠影响的过程，其表现正如我们日常所见，婴儿的微笑通常会让母亲用微笑来回应，母亲忧虑的神情也会使婴儿变得警觉。任何两个家庭成员之间的这种相互影响都被称为**直接影响**（direct effect）。那么父亲加入之后，又会怎样呢？如图 11.1 所示，母—婴二元关系就会马上转变成“由夫妻关系、母婴关系和父婴关系组成的一个家庭系统”（Belsky, 1981, p.17）。

把家庭看作一个系统，意味着任意两个家庭成员之间的互动都可能受到第三个家庭成员的态度和行为的影响，这种现象称为**间接的或第三方影响**（indirect or third party effect）。举例来说，父亲显然会影响母婴关系：与那些承受夫妻冲突、感到是自己一个人在养育孩子的母亲们相比，那些与丈夫建立了亲密和支持性的关系、婚姻美满的母亲们，其对孩子的回应往往更耐心、更敏感（Cox et al., 1989, 1992; Parke & Buriel, 2006）。因此，她们的孩子更容易形成安全型依恋（Doyle et al., 2000）。母亲也会直接影响父婴关系：当夫妻和睦（Kitzmann, 2000）、两人经常谈论孩子（Flouri & Buchanan, 2003）时，父亲对孩子会更投入，更富于支持性。总之，如果夫妻双方**共同养育**（coparent）孩子，双方都支持对方的抚育行为，协同合作而不是对抗，孩子的发展就是最理想的。遗憾的是，那些关系不和睦、承受着其他生活压力的夫妻，很难进行有效的共同养育（Kitzmann, 2000; McHale, 1995），而且他们在养育孩子问题上的争论也会特别激烈（Papp, Cummings, & Goeke-Morey, 2002）且有害，这种争论通常可以预测个体在儿童期和青春期适应问题（除去可以归因于婚姻冲突中其他方面的那些问题）的增加（Mahoney, Jourilies, & Scavone, 1997; McHale et al., 2002）。显而易见，父亲和母亲都可以通过他们之间的互动，间接地影响着孩子。

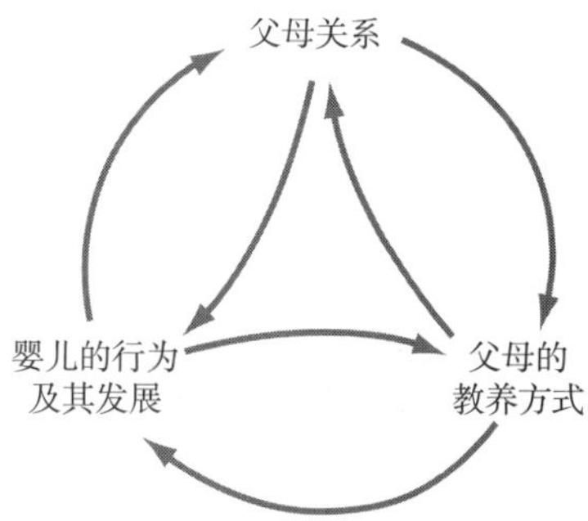

图 11.1 家庭作为社会系统的模型

如图所示，家庭大于各组成部分的总和。父母会影响婴儿，婴儿也影响父母和他们之间的关系。当然，父母的婚姻关系也会影响父母的教养方式和婴儿的行为，等等。很明显，家庭是一个复杂的社会系统。如果再增加一两个孩子，家庭的影响模式会怎样？作为练习，你可以重新画一张影响模式图。

资料来源：Belsky, J. 1981. Early human experience: A family perspective. Developmental Psychology, 17, 3–23.

当然，孩子也会对父母产生直接和间接的影响。一个经常发脾气、不听话的孩子，他 / 她的任性迫使母亲对其采取惩罚、强制的手段（“儿童对母亲”的直接影响；Stoolmiller, 2001），这种方式反过来又使得儿童更加不顺从（“母亲对儿童”的直接影响；Crockenberg & Litman, 1990; Donovan, Leavitt, & Walsh, 2000）。由于对这种情况感到惊慌，怒气冲冲的母亲这时会转而责怪丈夫的袖手旁观，接着便陷入一场关于夫妻双方抚育孩子的责任和义务的不愉快争论（儿童的任性对夫妻关系的间接影响）（Jenkins et al., 2005）。

简而言之，家庭中的每个人和每种关系都会直接和间接地影响其他人和其他关系（见图 11.1）。现在我们应该明白，企图完全根据母子关系来了解家庭对儿童的影响是过于天真了。

试想一下，家庭中第二个孩子的出生，以及随之而增加的同胞关系和亲子关系，会让整个家庭系统变得何等复杂。或者我们再想想**大家庭**（extended family household）的复杂性，在某些文化中，父母、孩子会与其他亲属——（外）祖父母、叔叔、阿姨、侄子和侄女住在一起（或住得很近），这种情况很普遍。在美国，非裔、拉丁裔和美洲原住民比欧裔美国人更重视大家庭关系（Leyendecker & Lamb, 1999; Parke & Buriel, 2006）。事实证明，对于经济处境不利的非裔美国母亲而言，这种家庭安排很适合她们，她们可能会从自己母亲或其他亲属那里得到养育孩子必需的帮助和支持，所以变成了更敏感、回应性更强的母亲（Burton, 1990; Taylor, 2000）。此外，处境不利的非裔学龄儿童

图片 11.2　家有一老，如有一宝。祖母甚至曾祖母，除了给年轻的父母们提供信息和情感支持外，在照护和教导孩子方面也扮演着重要的角色。

和青少年，如果其家庭得到了亲友的大量支持，父母的教养方式就会更适当，孩子也会有更多的积极发展结果，如自立感强，心理适应良好，学习成绩优良，问题行为较少（Taylor, 1996; Taylor & Roberts, 1995; Zimmerman, Salem, & Maton, 1995）。在非洲的苏丹文化中，集体主义观念主导着社会生活，强调社会依存和代际和谐；所以，与那些已经被西化、由双亲构成的核心家庭相比，在大家庭中成长的儿童通常表现出更好的心理适应模式（Al Awad & Sonuga-Barke, 1992）。由此看来，对儿童的发展而言，最健康的家庭环境，在很大程度上既取决于单个家庭的需要，也取决于（特定文化和亚文化环境中）多数家庭所倡导的价值观。

家庭是不断发展的系统

家庭不仅是复杂的社会系统，也是动态的系统。试想，每个家庭成员都是不断发展的个体，而夫妻关系、亲子关系和同胞关系的变化也会影响到每个成员的发展（Parke & Buriel, 2006）。这些变化很多是有计划进行的，如父母让学步儿自己去做更多的事情，以鼓励其自主性，促进其主动性的发展。但是，许多计划外或难以预料的变化（如同胞夭折、夫妻关系恶化甚至离婚）也会给家庭互动和孩子的成长造成不可忽视的影响。可见，家庭不仅是一个会发生发展变化的系统，它的动态性也会随其成员的发展而变化。

家庭是嵌入式系统

社会系统观还强调，所有的家庭都被嵌入更大的文化和亚文化环境中，而且每个家庭所处的生态位（如家庭的宗教信仰、社会经济地位，以及亚文化、社区乃至邻里间流行的价值观）都会影响家庭互动和儿童成长（Bronfenbrenner & Morris, 2006）。在本章稍后我们将看到，经济困难会对教养方式产生巨大影响：如果父母常因经济状况而忧愁，他们就难以对孩子做到精心养育和关怀备至（Conger et al., 1992, 2002; Parke & Buriel, 2006）。不过，如果经济拮据的父母与某个“团体”，如教会、志愿者组织或朋友圈子联系紧密，他们在日常养育孩子上遇到的压力和混乱就会少得多（Burchinal, Follmer, & Bryant, 1996; MacPhee, Fritz, & Miller-Heyl, 1996）。显而易见，家庭所处的社会大环境对家庭功能的实现也有很大影响。

综上所述，即使最简单的家庭也是一个活生生的社会系统，远大于各组成部分的简单之和。不仅每个家庭成员会影响其他所有成员的行为，而且任何两个家庭成员的关系也会影响其他所有成员的互动和关系。如果我们考虑到家庭成员的发展、家庭关系的变化以及整个家庭的动态性都会受到家庭所处社会大环境的影响，那么很明显，与其把家庭中的社会化过程比作父母与孩子间的双行道，不如把其视为由多条影响途径组成的繁忙的十字路口。

变化世界中变化的家庭系统

不仅家庭本身是一个复杂的、不断发展的系统，而且它也是在一个持续变化的世界中存在与发展的。20 世纪下半叶，一些巨大的社会变迁影响了典型家庭的结构和家庭生活的特征。根据美国人口普查和其他调查资料，在此列举几个变化：

1. *单身成人增多*。现在过着单身生活的成年人显著多于以往。但是婚姻并未“过时”，90% 的年轻人最终还是会结婚（Whitehead & Popenoe, 2003）。
2. *晚婚*。许多单身的年轻人为了追求学业和事业的发展目标，推迟了自己的婚姻生活。尽管在 20 世纪上半叶，初婚的平均年龄实际上有所降低，但如今，女性的结婚年龄再次回升到 25 岁，男性则回升到 27 岁（Whitehead & Popenoe, 2003）。
3. *出生率下降*。今天的成人不但婚后要等待更长的时间才生孩子，而且所生孩子的数量也减少了，平均每对夫妇约有 1.8 个孩子（U.S. Bureau of the Census, 2006）。第二次世界大战后的“婴儿潮”，是对家庭规模持续缩小这一趋势的非常态的偏离。今天，大概有 19% 的 40~44 岁女性膝下无子，其中许多人是自愿的，而 1980 年的这一比例是 10%（U.S. Bureau of the Census, 2006）。
4. *职业女性增多*。1950 年，孩子未满 6 岁的已婚女性中仅有 12% 的人就业，如今这一比例上升到 63%，该变化着实引人注目（U.S. Bureau of the Census, 2006）。全职家庭主妇越来越少了。

5. 离婚率上升。离婚率在过去几十年中持续上升，以至于每年新增的受父母离异影响的儿童已经达到了 100 万（Hetherington, Bridges, & Insabella, 1998）。据最近的估算，约有 40%~50% 的新婚夫妇会离婚（Hetherington, Henderson, & Reiss, 1999; Meckler, 2002）。
6. 单亲家庭增多。或者是由于未婚先孕者增多，或者是因为离婚率的上升，如今有更多的儿童至少有一部分时间是在**单亲家庭**（single-parent family）中生活。1960 年，只有 9% 的儿童和父母中的一方一起生活，而且通常是因为父母中一方早逝。2002 年，18 岁以下的孩子中有 28% 和父母中的一方一起生活，通常是由于父母离异或未婚先孕（Whitehead & Popenoe, 2003）。由父亲做户主的单亲家庭比以往更普遍，已占到所有单亲家庭的 18%（Fields, 2003）。
7. 贫困儿童增多。令人遗憾的是，单亲家庭数量的增加，在一定程度上导致了生活在贫困线以下的儿童比例的上升。今天，美国贫困儿童的比例接近 1/5，成为西方工业化国家中儿童贫困率最高的国家（Childstats.gov, 2007a）。如图 11.2 所示，非裔和西班牙裔美国贫困儿童的比例是欧裔美国儿童的 3 倍之多。
8. 再婚率上升。因为离婚率越来越高，越来越多的成人（约 66% 的离异母亲和 75% 的离异父亲）选择再婚，形成**混合或重组家庭**（blended, or reconstituted family），包括至少一个孩子及其生父（或生母）、继母（或继父），而且通常是把来自两个家庭的多个孩子混合到新的家庭系统中（Hetherington, Henderson, & Reiss, 1999）。美国约有 25% 的儿童会在继父（或继母）的家庭中生活一段时间（Hetherington & Jodl, 1994）。
9. 多代同堂的家庭增多。与过去相比，在当今的美国家庭中，认识自己的祖辈乃至曾祖辈的儿童多了，几代人之间的情感纽带也变得更为重要（Parke & Buriel, 2006）。由于双职工家庭增多，生育率降低，现在豆荚式家庭（beanpole family）也在增多，其典型特征是，和过去相比，代数增多了，而每代的人数却减少了。

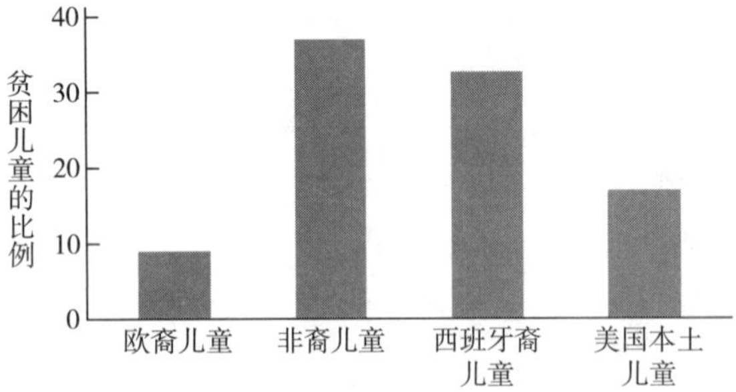

图 11.2　2005 年美国贫困儿童的比例

资料来源：U.S.Bureau of the Census, 2007.

上述的这些变化告诉我们，现代的家庭比过去更加多样化。我们对典型家庭的刻板印象——《反斗小宝贝》[1]中那样的核心家庭，父亲在外挣钱养家，母亲在家操持家务，最少两个孩子——也只是人们的老眼光而已。据估计，1960 年，这种“典型”家庭在美国占 50%，而 1995 年仅占 12%（Hernandez, 1997）。虽然现在家庭的影响力不减当年，但我们必须放宽视野，把双职工家庭、单亲家庭、混合家庭以及多代同堂家庭包括进来，因为这些家庭模式存在于当今社会，并且正在影响大多数儿童的发展。当我们把话题转入家庭生活，去探寻家庭会如何影响儿童的发展时，要始终谨记这一点。

图片 11.3　由于离婚和再婚非常普遍，现在许多儿童和自己的继同胞一起生活在混合（或继父 / 继母）家庭中。

儿童期和青少年期的教养社会化

在前几章，我们回顾了大量研究结果，这些研究探讨了父母如何影响婴儿和学步儿的社会性、情感和智力的发展。回想一下，这些研究的结论非常一致：温暖且敏感的父母会经常跟婴儿交流，设法激发他们的好奇心，这些行为不仅有利于孩子建立安全的情感依恋，还会激发孩子的探索欲望，促进其社会性及智力的发展。若父母双方都敏感且富回应性，能在教养方式上达成一致，彼此支持对方的角色，也会非常有益。杰伊·贝尔斯基（Belsky, 1981）曾指出，在婴儿期，父母的温暖和敏感“是婴儿（养育）中最具影响力的维度。在这一发展期，它不仅能促进婴儿心理机能的健康发展，……还能给一个人的未来生活奠定基础”（p. 8）。

出生后的第二年，父母继续担任养育者和玩伴的角色，也更加关注在各种情境中教孩子该怎么做（或不该怎么做）（Fagot & Kavanaugh, 1993）。按照埃里克森（Erikson, 1963）的观点，这是社会化真正开始的时期。这时，父母必须应对孩子正在萌芽的自主性，逐渐向其灌输得体的社交礼仪和自我控制，同

1 《反斗小宝贝》（Leave It to Beaver），1997 年在美国上映的著名电视剧，剧中的克利弗一家已经成为美国中产阶级白人家庭的模范偶像。剧中人包括一个亦友亦师的聪明爸爸华德，高贵又能干的妈妈琼，在学校出尽风头的运动健将大哥华利和小儿子小毕。小毕是个平凡的 8 岁男孩，总是努力让自己少惹麻烦，但是最后总是把事情搞得一团乱。——译者注

时注意不要压抑他们的好奇心、主动性和个人胜任感。

教养的两个主要维度

埃里克森以及其他研究者（Maccoby & Martin, 1983）指出，从儿童期到青少年期，父母教养的两个方面非常重要：父母的接纳 / 回应性，父母的要求 / 控制性（有时也称“放任 / 限制性”）。

接纳 / 回应性（acceptance/responsiveness）是指父母表现出的支持和关爱程度。接纳和回应型的父母会经常对孩子微笑、赞赏、鼓励，表达出极大的关爱，虽然孩子犯错时他们也会批评。相反，接纳和回应性较低的父母动辄对孩子批评、贬损、惩罚或忽视，也很少跟他们所爱的孩子进行交流。

要求 / 控制性（demandingness/control）是指父母对孩子的管束或监控程度。要求 / 控制型的父母会限制孩子的表达自由：他们提出许多要求，时刻监督孩子的行为，确保这些规则得以遵守。而要求 / 控制性较低的父母对孩子的限制少得多，他们很少提要求，在孩子追求自己的兴趣爱好、决定自己的事情方面，给予他们相当大的自由。

你可以毫不费力地做出判断：父母的接纳和回应性优于他们的拒绝和不敏感性。正如我们在本书前面一直所强调的，温暖且富有回应性的父母教养与一些良好的发展结果存在稳定的联系，如安全型的情感依恋、亲社会的行为取向、良好的同伴关系、高自尊、强烈的道德感以及其他优点。儿童通常想取悦自己所爱的父母，这驱使他们去做父母期望他们做的事情，学习父母期望他们学习的东西（Forman & Kochanska, 2001; Kochanska, 2002）。相反，儿童在之后的发展中表现出同伴关系不良、临床抑郁以及其他适应问题，主要原因就是父母中的一方甚至双方认为孩子不值得关注和被爱（Ge et al., 1996; MacKinnon-Lewis et al., 1997; Scaramella et al., 2002）。如果经常被忽视或拒绝，儿童就很难健康成长。

那么，父母应该高度控制孩子更好，还是应该较少限制孩子、给予他们较大的自主权更好？要回答这些问题，我们需要仔细地区分父母表现出的控制程度，并认真考察父母接纳的各种模式。

四种教养方式

研究表明，父母教养的两个主要维度是适度的独立，由此我们可以列出接

纳 / 回应性与要求 / 控制性的几种可能的组合方式（如图 11.3 所示）。这四种教养方式与儿童或青少年的社会性、情绪和智力发展有什么关系呢？

图片 11.4 在有效的父母教养中，温暖和关爱是至关重要的部分。

鲍姆林德的早期研究 关于教养方式最广为人知的研究，可能要数戴安娜·鲍姆林德（Baumrind, 1967, 1971）对学前儿童及其父母所做的早期研究了。鲍姆林德对样本中的每个儿童在幼儿园和家里的多种情境进行了观察。这些数据被用来评价儿童在社交、自立、成就、情绪稳定性和自我控制等多个方面的表现。鲍姆林德还对儿童的父母进行了访谈，并观察父母在家中与孩子的互动。她对父母的数据进行分析后发现，多数家长通常会用到图 11.3 中所列的三种教养方式之一（样本中没有一个父母属于“冷漠”型）。下面对三种教养方式加以描述。

专制型教养方式（authoritarian parenting）：这是一种严格限制的教养方式，父母设定很多规则，要求孩子严格遵守，很少向孩子解释为什么必须遵守这些规则，而且经常使用惩罚、强制策略（如宣示权力、收回关爱）以获得孩子的顺从。专制型的父母对孩子所持的与自己相左的观点不敏感，而是期望孩子把

要求/控制性 \ 接纳/回应性	高	低
高	**权威型** 要求合理适当， 执行始终如一， 对孩子敏感、接纳	**专制型** 规则、要求繁多， 很少做出解释， 对孩子的需求、观点不敏感
低	**放任型** 规则、要求很少， 对孩子过于纵容， 给他们过多的自由	**忽视型** 规则、要求很少， 对孩子的需求不关心、 感觉迟钝

图 11.3 父母教养的两个主要维度

把两个维度相交叉，得到四种不同的教养方式：接纳 / 控制（或“权威型”），接纳 / 不控制（或“放任型”），冷漠 / 控制（或“专制型”），冷漠 / 不控制（或“不参与型”）。你的父母采用的是哪种教养方式？

资料来源：Maccoby & Martin, 1983.

他们的话奉为金科玉律，尊重他们的权威。

权威型教养方式（authoritative parenting）：这是一种既有控制但又灵活的教养方式，父母会对孩子提出许多合理要求。他们会仔细地向孩子说明为什么要服从他们所设的限制，并确保孩子遵守这些指导。与专制型的父母相比，权威型的父母对孩子的观点更为接纳、回应更敏感，而且常常让孩子参与家庭决策。因此，权威型的父母以理智、民主（而非严厉、专制）的方式对孩子施加控制，赏识并尊重孩子的观点。

放任型教养方式（permissive parenting）：这是一种接纳但过于宽松的教养方式，父母很少提要求，允许孩子自由表达自己的感受和冲动，不会密切监控孩子的活动，很少严格控制他们的行为。

鲍姆林德（Baumrind, 1967）把这三种教养方式与接受每一种教养方式的学前儿童的特点联系起来，她发现权威型父母的孩子成长得最好。他们快乐、有社会责任感、自信、具有成就取向，乐于跟成人和同伴合作。专制型父母的孩子容易喜怒无常、看上去常常闷闷不乐、易激怒、不友好、缺乏目标，一般不怎么讨人喜欢。最后，放任型父母的孩子容易冲动且富有攻击性，男孩尤其如此。他们专横跋扈、自我中心、缺乏自我控制，独立性差，学习成绩也不好。

专制型和放任型父母的孩子在学前期表现出的缺点最终会“树大自然直”吗？为了回答这个问题，鲍姆林德追踪考察了这批儿童在 8~9 岁时的情况。如表 11.1 所示，权威型父母的孩子在认知能力（如思维的独创性、高成就动机、喜欢智力方面的挑战）和社会技能（如善交际、对人友善、积极参加集体活动并表现出领导力）两方面依然保持了相对较高的水平，而专制型父母的孩子在认知和社会技能两方面通常处于中等到中等偏下水平，放任型父母的孩子在这两方面都缺乏能力。实际上，接受权威型教养的儿童所具有的优势，到青少年期依然显著：与接受专制型或放任型教养的青少年相比，权威型父母教

表 11.1　教养方式与儿童中期、青少年期的发展结果的关系

	发展结果	
教养方式	**儿童期**	**青少年期**
权威型	认知与社交能力高	高自尊，社会技能出色，强烈的道德 / 亲社会取向，学习成绩好
专制型	认知与社交能力一般	学习成绩与社会技能一般，比放任型父母的孩子更顺从
放任型	认知与社交能力低下	自控力和学习成绩均较差，与权威型或专制型父母的孩子相比，有更多的吸毒行为

资料来源：Baumrind, 1977, 1991; Steinberg et al., 1994.

养出的青少年相对更自信、更具成就取向、社交技能熟练，倾向于远离致瘾物，也少有其他问题行为（Baumrind, 1991）。迄今为止，在美国所有种族和民族（Glasgow et al., 1997; Collins & Steinberg, 2006）以及各种不同的文化背景下（Chen, Hastings et al., 1998; Scott, Scott, & McCabe, 1991; Vazsonyi, Hibbert, & Snider, 2003）所进行的研究中，权威型教养方式均与积极的发展结果存在着联系。

忽视型教养方式　近年来，这样的事实已经相当明确：最不成功的教养方式就是所谓的**忽视型教养方式**（uninvolved parenting），它是一种极端宽松、不闻不问的教养方式。这样的父母要么拒绝自己的孩子，要么因对自己承受的压力和困难不堪重负，所以没有时间或精力养育孩子（Maccoby & Martin, 1983）。忽视型父母的孩子，3 岁时就已经表现出相当高的攻击性和较多的外显问题行为，如爱发脾气（Miller et al., 1993）。进入儿童后期，他们往往具有破坏性，课堂表现差（Eckenrode, Laird, & Doris, 1993; Kilgore, Snyder, & Lentz, 2000）；他们通常会发展成充满敌意、自私、桀骜不驯的青少年，缺乏有意义的长远目标，容易出现酗酒、吸毒、不正当性行为以及各种犯罪活动等反社会行为和犯罪行为（Collins & Steinberg, 2006; Kurdek & Fine, 1994; Patterson, Reid, & Dishion, 1992; Pettit et al., 2001）。事实上，这些孩子的父母对孩子通常会疏忽大意（甚至漠不关心），他们的行为（或者根本无动于衷）似乎告诉孩子："我根本就不在乎你，也不在乎你做什么"。这样的信息无疑会令孩子滋生出怨恨，希望报复这些麻木不仁、冷漠无情的敌对者或其他权威人物。

对权威型教养方式有效性的解释　为什么权威型教养方式和良好的社会性、情绪及智力发展结果存在稳定的联系呢？原因可能有很多。首先，权威型的父母是温暖且善于接纳的，他们传达了一种爱的关怀，激励着他们的孩子听从父母的指导，而冷漠和控制的（专制型）父母的孩子则不会这么做。其次是如何控制孩子才有效的问题。专制型的父母会设定一些死板的标准并控制孩子，几乎不会给予孩子表达的自由；与此不同，权威型父母用一种理性的方式施加控制，耐心地解释自己的观点，同时也考虑孩子的观点。关爱而接纳的父母会提出公平合理而非强制专横的要求，更可能诱发孩子的自觉服从，而不是抱怨或反抗（Kochanska, 2002）。最后，权威型的父母细心地根据孩子的能力提出要求，规范孩子的行为。换言之，他们设定的标准是孩子能实际做到的，同时给予孩子一定的自由或自主权来决定如何才能最好地实现这些期望。这种**自主性支持**（autonomy support）的方式传达出一个最为重要的信息，类似于"你是一个很有能力的人，我相信你可以自立，能够实现这些重要目标"（Steinberg,

2005）。当然，我们在前几章已经讲到，这种反馈在儿童期可以促进自立、成就动机和高自尊的发展，这种支持可以让青少年安心地去探索各种角色和思想意识形态，从而促进个体同一性的形成。

总之，权威型教养方式——关爱与适度、理性的控制相结合——是与积极的发展结果联系最紧密的教养方式。很显然，儿童需要关爱，同时也需要限制，即用一套规则帮助他们规范和评价自己的行为。没有这种引导，他们可能难以自控，变得自私，缺乏明确的成就目标，当父母很冷淡或漠不关心时尤其如此（Steinberg et al., 1994）。但是，如果给予孩子的指导过多，用刻板的限制束缚了他们的手脚，孩子就很难自立，甚至可能对自己的决策能力也没了自信（Steinberg, 2005; Steinberg et al., 1994）。

行为控制与心理控制

布莱恩·巴尔伯及其同事（Barber, 1996; Barber, Stolz, & Olsen, 2006）提出了关于父母实施控制的另一个重要问题：仅仅把父母划分成权威型、专制型、放任型和忽视型并不能完全解决这一问题。他们指出，父母可能会用不同的方式对孩子实施**行为控制**（behavioral control），即通过坚定而合理的纪律以及对其活动的监控来调节孩子的行为。他们也可能以不同方式对孩子实施**心理控制**（psychological control），即通过忽视、轻视或贬低孩子的感受，以及爱的收回或引发羞愧、内疚等心理手段，来影响儿童或青少年的行为。

根据本书所介绍的研究结果，读者大概能够猜到，哪种控制方式会带来更积极的发展结果。如果父母早在学前期就注重坚定的行为控制，很少采用诱发心理愧疚的手段，那么其孩子在儿童期和青少年期往往行为良好，不会参与违规的同伴活动，通常不会惹麻烦；相反，过多地使用心理控制（或行为控制与心理控制的水平都很高），则往往与儿童的焦虑、抑郁、加入不良同伴群体以及反社会行为等消极发展结果相关联（Aunola & Nurmi, 2004, 2005; Galambos, Barker, & Almeida, 2003; Olsen et al., 2002; Pettit et al., 2001; Wang, Pomerantz, & Chen, 2007）。这些结果可能反映了以下的发现：那些对孩子采用行为控制、同时给予充分的自主性支持的父母，通常表现出支持而坚定的（权威型的）指导模式；而喜欢用心理控制的父母，通常会凭借严厉的管教，并试图阻挠孩子的自主性（Barber & Harman, 2002; Pettit et al., 2001）。的确，频繁使用心理控制，可以说对孩子的自我感觉和自我价值形成了强烈的干扰（Barber, Stolz, & Olsen, 2006）。当心理控制型父母频频传达如下信息，如“你居然不把我放在眼里，胡作非为，真是令人讨厌和可耻”时，孩子很难产生自主、自信和自立的感觉，这样的信息往往会压抑孩子，使孩子疏远父母，还可能促使他们投入不良同伴群体的怀抱。

父母影响模式与儿童影响模式

长期以来，社会–发展心理学家深受**父母影响模式**（parent effects model）的影响，这种模式假设，家庭内部的影响主要是从父母到孩子单向运行的。这种观点的支持者声称，权威型教养方式可以促进（即导致）好的发展结果。相反，家庭中的**儿童影响模式**（child effects model）则主张，儿童对其父母的影响是主要的。这种观点的支持者声称，权威型教养方式之所以如此具有适应性，是因为脾气随和、容易管教、有能力的孩子会促使父母更多地采用权威型的教养。

鲍姆林德（Baumrind, 1983, 1993）赞成父母影响模式。她指出，权威型父母的孩子一开始时往往会反抗父母的要求；但他们最终还是会顺从父母，因为父母坚持自己所提的要求，而且有足够的耐心给予孩子时间去顺从，而不会迁就孩子不合理的要求，或者采用强迫命令的方法。确实，关于母亲对 1.5~3 岁的孩子所采用的早期控制策略的追踪研究，明确地支持了鲍姆林德的父母影响模式假说。具体来说，权威型的母亲坚持要求孩子做出有能力做（*或应该做的*）的行为，坚定而耐心地对待不顺从行为，这样孩子在学步期会逐渐变得更顺从，问题行为也较少。相比之下，专制型的母亲则强调*不要做*（不要摸、不要叫嚷），采用专横的、强迫命令的控制方法，她们的孩子在顺从与合作方面表现都较差，而且问题行为也会随着年龄的增长而增多（Crockenberg & Litman, 1990; Kuczynski & Kochanska, 1995）。

所以，父母的教养方式显然很重要。此外，父母的遗传基因也影响着他们的教养实践。詹妮·内德希塞尔等人（Neiderhiser et al., 2004）发现，与异卵双生子的母亲相比，同卵双生子的母亲对孩子表现出的慈爱程度更相似，这一发现清楚地表明，教养方式在一定程度上受母亲遗传禀赋的影响。

但是，与儿童影响模式相一致，儿童显然也会影响他们所接受的教养方式。例如，表现出高活动性、冲动性、低努力控制等受遗传影响的气质特征的儿童，往往表现得固执和倔强，且随着年龄的增长，会引发父母更多的强制性教养（Jaffee et al., 2004, Parke & Buriel, 2006; Stoolmiller, 2001），甚至可能最终把父母搞得精疲力尽，导致他们灰心，更少关爱孩子，甚至可能产生敌意，变得更加冷漠（Lytton, 1990; Stoolmiller, 2001）。今天，大多数发展心理学家赞

同相互影响模式（transactional model），把社会化看作相互影响的过程（Collins et al., 2000; Neiderhiser et al., 2004）。追踪研究通常暗示，教养方式对孩子的影响大于孩子对教养方式的影响（Crockenberg & Litman, 1990; Scaramella et al., 2002; Wakschlag & Hans, 1999）。但是，相互影响模式也提示人们：（1）儿童能够而且确实经常会影响其父母，无论是向好的还是坏的方向；（2）我们不能像华生（Watson, 1928）那样想当然地认为，父母要为孩子向好的方向还是坏的方向成长负全责。

儿童教养中的社会阶层与族裔差异

在许多文化和亚文化中，我们都发现了权威型教养与良好心理发展之间的联系（Barber, Stolz, & Olsen, 2006; Collins & Steinberg, 2006; Wang, Pomerantz, & Chen, 2007）。然而，来自不同社会阶层和族裔背景的人们，面临的问题不同，追求的目标不同，对于如何适应环境需要所采取的价值观也不同，这些生态因素都会影响他们的教养方式。

儿童教养中的社会阶层差异 那么，不同社会阶层的教养方式存在哪些差异？与中产阶层的父母相比，经济状况较差的父母和工薪阶层的父母通常：（1）强调服从和尊重权威；（2）约束更多，更专制，更多地采用强迫命令的管教方法；（3）较少给孩子讲道理；（4）较少对孩子表达温暖和关爱（Maccoby, 1980; McLoyd, 1998）。

埃莉诺·麦考比（Maccoby, 1980）声称，在许多文化以及美国的各族群中，都发现了教养方式存在社会阶层差异。不过要谨记，这里所说的是群体趋势而非绝对差异：有些中产阶层父母的教养方式也是非常严厉、强迫命令和冷漠无情的，而有不少经济状况较差的父母、工薪阶层的父母，其教养方式很像中产阶层的父母（Kelley, Power, & Wimbush, 1992; Laosa, 1981）。但总体而言，与中上等社会阶层的父母相比，社会经济地位较低的父母和工薪阶层的父母对孩子批评、惩罚较多，对孩子的不听话行为更不能容忍。

对儿童教养的社会阶层差异的解释 毫无疑问，许多因素共同导致了儿童教养的社会阶层差异，其中经济因素似乎是最重要的。例如，沃妮·麦克洛伊德（McLoyd, 1989, 1998）认为，经济困难会导致心理困扰——一种常见的对生活条件的不适感，它使经济拮据的成人急躁、易怒，容易受到各种消极生活事件的影响（包括日常生活中关于教养孩子的争吵），由此削弱了他们成为温暖、支持性父母的能力，因而无法深度介入孩子的生活。

随后，兰德·康格等人（Conger et al., 1992; Conger, Patterson, & Ge, 1995; Conger et al., 2002; 另见 Gershoff et al., 2007; NICHD Early Child Care Research Network, 2005a）为这一“经济困扰”假说提供了支持。他们的研究发现，家庭经济困难、不关心/忽视型教养方式与消极的儿童养育结果之间存在着明确的联系。如图 11.4 所示，事件之间的因果链如下：为经济压力所迫或感到自己难以应对经济问题的父母会变得抑郁，进而导致婚姻冲突增多。反过来，婚姻冲突又损害了父母双方成为支持型、参与型父母的能力，这可能主要是因为它在很大程度上破坏了夫妻相互支持、共同养育子女的感觉，使他们无法有效地应对教养孩子时遇到的困难（Gondoli & Silverberg, 1997）。而且父母也有理由担心孩子的养育问题，因为正处于儿童期和青少年期的孩子，对父母的争吵和漠不关心的教养方式往往会做出消极回应，体验到情感安全性的丧失，进而引发很多问题，如低自尊、学习成绩差和同伴关系不良，以及诸如抑郁、敌意和反社会行为等问题行为（Cummings et al., 2006; Davies & Cummings, 1998）。由不关心和强制型教养方式造成的这些儿童适应问题可能会进一步激怒父母，

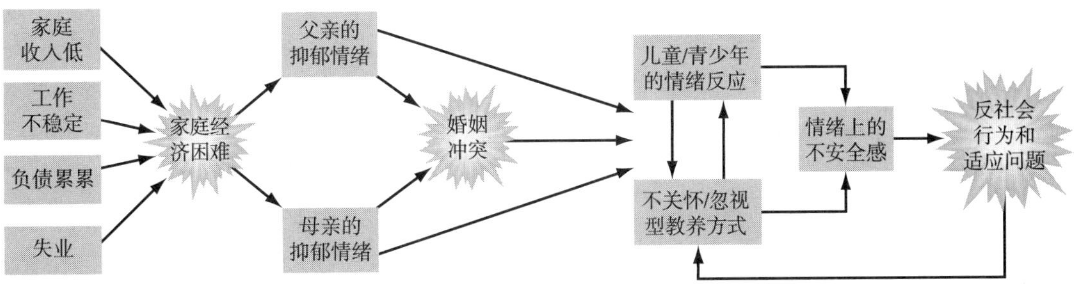

图 11.4 家庭经济困难、教养方式和儿童/青少年适应的关系模型

资料来源：摘自 Conger et al., 1992; Davies & Cummings, 1998。

导致父母愈加冷漠，对孩子生活的关怀和卷入程度更少（Jenkins et al., 2005; Rueter & Conger, 1998）。

生活在贫困线以下的家庭，更可能会经历康格的**家庭压力模式**（family distress model）勾勒出的所有适应不良的家庭动力过程；而且贫困程度越严重，持续的越久，儿童和青少年的预后则越不乐观（Duncan & Brooks-Gunn, 1997, 2000; NICHD, 2005a; Votruba-Drzal, 2006）。令人遗憾的是，美国联邦和各州的福利改革计划要求接受救济的贫困母亲去工作，这不太可能解决经济困难家庭面临的问题。接受救济的单身母亲如果有两个孩子，其微薄的工资收入不太可能超过联邦贫困线的标准（Seccombe, 2000）。据估计，收入处于联邦贫困线水平 100%~200% 的低收入家庭，其收入仍不足以克服生活资料短缺的困难（如足够的营养、医疗保健和稳定的居所），因此不足以减轻父母的压力，促进积极的家庭教养和适应性发展结果（Gershoff et al., 2007）。当然，我们需谨记，许多低收入的父母有能力应对他们的问题，有效地养育孩子，尤其是当其经济或婚姻方面的困难持续的时间不会太长，他们对养育孩子还是乐观且相当自信的，他们能够从亲人、朋友和其他人那里获得情感和养育方面的支持（Ackerman et al., 1999b; Brody, Dorsey, et al., 2002; Brody, Murry et al., 2002; Livner, Brooks-Gunn, & Kohen, 2002）。无论如何，麦考比和麦克洛伊德的假设似乎是对的：对于在低收入、经济困难家庭中常见的相对冷漠和强制的教养方式，经济困难可能是一个非常重要的影响因素。

对社会阶层和教养方式之间关系的另一种解释关注白领和蓝领职业所需技能的差异（Arnett, 1995; Kohn, 1979）。在社会经济地位较低的群体和工人阶层当中，蓝领工人占了很大比重，他们必须取悦上司，遵从其权威。所以，许多低收入的父母强调服从和尊重权威，因为在他们看来，这些特征正是蓝领经济中成功的关键。相反，中上等阶层的父母会更多地跟孩子讲道理、协商，同时注重个体的主动性、好奇心和创造性，因为对于他们作为公司高管、白领职员或专业人士而言，这些技能、特质和能力都是非常重要的（Greenberg, O'Neil, & Nagel, 1994）。

除了教养方式以外，许多环境因素共同促成了经济贫困儿童与经济状况较好的中产阶级和工薪阶层的儿童之间的分化。家庭不稳定就是一种环境影响因素。家庭不稳定是指对儿童家庭生活的日常连续性和凝聚力造成挑战的环境，它包括这些因素：（1）住所经常变化；（2）主要养育者有许多亲密伴侣；（3）在不同结构的家庭中生活（例如，与父母或祖父母或在寄养家庭中生活，等等）；（4）经历许多消极的生活事件（例如患重病、亲人去世、父母失业）。布莱恩·阿克曼等人（Ackerman et al., 1999a, 2002）利用这些指标评估了大量经济贫困家庭的稳定性 / 不稳定性。他们试图查明，在控制了这些儿童接受的家庭教养方式之后，家庭的不稳定性是否与 5~9 岁儿童表现出的情绪问题和品行障碍有关。研究结果清楚地表明，家庭的不稳定性是造成儿童发展困难的潜在因素。具体来说，来自不稳定家庭的男孩表现出更多的外化问题（例如，攻击性、不服从 / 反社会行为）；来自长期不稳定家庭的女孩则面临一些内化障碍的风险（例如焦虑、抑郁、社交退缩）。针对青少年女孩开展的类似研究也得到了相似的结果：在控制了她们与母亲的关系质量之后，与家庭生活同样贫困但比较稳定的女孩相比，那些经历了多次搬家或者与母亲分离的女孩则表现出更多的问题行为（Adam & Chase-Lansdale, 2002）。因此，即使贫困家庭的儿童与他们的监护家长关系良好，并得到适当的养育，如果他们的家庭生活不稳定，许多人仍然面临出现问题行为的风险。

无家可归 对于我们这些在稳定的家庭中长大的人而言，家庭不稳定会令我们感到恐惧，这就是没有一个地方可称之为“家”的人所遭遇的困境。在任何一年，约有 80 万美国儿童至少有部分时间是无家可归的（National Law Center on Homelessness and Poverty, 2004），其中多达 30 万儿童长期无家可归（Associated Press, 2006）。我们在电视上看到过一些无家可归的核心家庭，一家人或者住在汽车里，或者在公园、在高速公路休息区露宿。然而，典型的无家可归家庭是，由一个 20 多岁的单亲母亲带着一两个孩子居住在公共收容所。无家可归对成长中的儿童和青少年有何影响呢？

约翰·巴克纳等人（Buckner et al., 1999）比较了 6 岁及 6 岁以上无家可归的儿童与经济贫困但从未无家可归儿童的行为状况。在控制了其他可能影响父母教养的变量（如母亲压力）后，巴克纳等人发现，生活在收容所的无家可归儿童，其内化行为问题的得分明显高于其他生活贫困但从未无家可归的儿童，这些行为问题包括焦虑、抑郁、社交退缩以及身体疾病。无家可归之所以导致这些内化障碍，可能是因为生活在收容所的儿童痛苦地意识到与无家可归有

Tony Freeman/Photo Edit, Inc.

图片 11.5 无家可归的儿童可能处于焦虑、抑郁和社交退缩的风险中。

关的负面社会污名，因无家可归而感到羞耻，被同伴排斥，从而感到沮丧、自我贬低和自我价值低下。在无家可归的青少年中，许多人是被父母拒绝或虐待而离家出走的，他们通常会加入团伙，参与非法活动，如贩毒、偷窃或卖淫（Unger et al., 1998）。如果家真的是“心灵的港湾”，那么这个世界对无家可归的儿童和青少年来说，就是一个无情的地方。

总而言之，家庭不稳定（包括无家可归）显然会导致经济贫困的儿童经常表现出不良的发展模式。遗憾的是，近些年来，美国的许多公共救济项目都以福利事业改革的名义被削减，这一行动增大了对经济贫困、家庭不稳定以及贫困家庭中的那些无家可归者，特别是单亲母亲的威胁。巴克纳等人（Buckner, 1999）指出，向有需要的家庭提供足够的经济援助（例如，食品券、住房补贴，以及为了便于父母外出工作而提供的儿童照护服务）是绝对必要的，它使更多的贫困儿童拥有稳定的家庭，避免在极端贫困条件下长大可能带来的许多有害后果。

关于经济困难及其不良后果的讨论似乎意味着富裕家庭的儿童应该在发展上很成功。然而，专栏 11.1 中介绍的苏妮娅·卢瑟（Suniya Luther）的研究项目对这一观点提出了质疑。

儿童教养的族裔差异　不同族裔的父母也会持有不同的养育观和价值观，这些都是他们的文化背景或他们所处社会的生态位的产物（MacPhee, Fritz, & Miller-Heyl, 1996; McLoyd & Smith, 2002）。例如，与欧裔美国父母相比，美国原住民的父母和西班牙裔父母的文化背景带有更多的集体主义文化特征，强调的是集体目标而非个人目标，他们更倾向于：（1）和许多亲属保持密切联系；（2）认为孩子应该表现得冷静、举止得体和礼貌，要格外尊重权威人士（尤其是父亲），而不是富有独立和竞争性（Halgunseth, Ipsa, & Rudy, 2006; Harwood et al., 1996; MacPhee, Fritz, & Miller-Heyl, 1996）。墨西哥裔美国父母讲西班牙语，他们往往感受到很大的**文化适应压力**（acculturation stress），他们比欧裔美国父母对子女表现出更强的控制性。但是，这种高度控制的教养方式若能与温暖、情感支持相结合，也会具有适应性，因为对于他们而言，在一个不同寻常、极易使人困惑的新文化环境中究竟该如何为人处世，墨西哥裔的美国父母能给予孩子的选择其实很少（Hill, Bush, & Roosa, 2003）[2]。

亚洲父母和亚裔美国父母也倾向于强调自我约束和人际和谐，如果说有什么不同，那就是他们比其他族裔的父母对孩子指导得更多、控制得更加严格

2　有关西班牙裔美国父母教养方式之文化根源的更多讨论，可参考 Halqunseth, Ipsa, and Rudy, 2006。

专栏 11.1 发展问题

富裕家庭的儿童令人惊讶的发展

自20世纪70年代以来，尽管发展心理学家一直在研究社会阶层对教养方式和儿童发展的影响，但他们大都忽略了一个社会阶层：富人阶层（Luthar & Latendresse, 2005a）。苏妮娅·卢瑟及其同事发现了这一问题，并在20世纪90年代开始了一项专门研究富裕家庭的项目（Luthar & Becker, 2002; Luthar & D'Avanzo, 1999; Luthar & Latendresse, 2005a, 2005b）。从那时起，他们收集了美国城市近郊富裕家庭儿童的三个大型样本的数据，与来自城市低社会经济地位的控制组儿童进行了比较（见附表）。他们还在已有数据的一些变量上，将富裕家庭的儿童与美国的常模进行了比较。他们的发现与“富裕家庭的父母为子女提供了最好的条件”的假设恰恰相反，而且实际上也着实令人不安。

即使富裕家庭的父母更多地采用权威型教养，但子女的进步也并不令人满意。与全国常模样本的儿童和青少年相比，这些“富裕”的孩子更加抑郁、焦虑，更可能吸烟、喝酒和吸食致瘾物。这些问题行为早在七年级就开始出现！他们在所有物质上的优势似乎都不重要，因为在多数发展结果上，这些富裕家庭的儿童与城里处境不利的儿童（控制组）并无显著的差异。

卢瑟及其同事指出，一些富裕家庭的儿童表现出的不良结果，似乎与几个教养变量有关。其中包括父母对孩子施加过大的压力，父母一方面要求孩子在学业上成功，一方面又在情感和身体上疏远他们。也就是说，富裕家庭的父母大部分时间不会在家中陪伴孩子，即使在家，他们通常也是忙于自己的事情，完成高强度的工作，而不是和孩子一起度过。也许令人惊讶的是，在家庭生活的许多方面，非常富裕的家庭和社会经济地位较低的家庭之间几乎没有多大区别，例如儿童与父母中的一方或双方都不亲近，全家人也很少一起用餐。

此外，即使富裕家庭的儿童更有经济实力获得心理健康方面的服务，或到戒毒中心去治疗药物滥用，但是他们也不太可能得到像社会经济地位较低家庭的儿童类似的帮助。为什么呢？因为富裕家庭的父母更可能否认孩子有问题，或者会为此感到尴尬，因而更倾向让孩子待在家里而不是去寻求帮助。

显然，这个研究项目揭示了一个重要且被忽视的潜在“贫困”的儿童群体。如果父母总是忙于自己的事情或其他个人事务，无暇顾及孩子所需的温暖、关注和指导，那么经济上的优越并不能保证孩子发展得成功。

研究项目中富裕家庭的特征

样本	参加人数	样本中少数族裔的人数	有资格在校享受免费或低价午餐的人数	地区家庭年收入的中位数（来自普查数据）	本地区具有研究生或专业学位的成人数量（来自普查数据）
富裕组 1	264	18	1	80 000~102 000 美元	24~37
低社会经济地位组 1	224	87	86	35 000 美元	5
富裕组 2	302	8	3	120 000 美元	33
富裕组 3	314	7	3	125 000 美元	33
低社会经济地位组 2	300	80	79	27 000 美元	6

资料来源：摘自 Luthar & Latendresse, 2005a。

（Greenberger & Chen, 1996; Uba, 1994; Wu et al., 2002）。不过，对东亚血统的儿童和欧裔美国儿童而言，这种看似专制型的教养方式的内涵颇为不同。例如，露丝·赵（Chao, 1994, 2001）指出，中国儿童和华裔美国儿童在学校的表现都非常出色，虽然其父母都是高度专制型而非权威型的。在中国文化中，父母相信严加管教是表达关爱孩子、把他们培养成材的最佳方式。孩子们也接受服从长辈、尊重家庭这些源远流长的文化价值观，他们可能会把父母的严格管教看作父母对自己的关心、爱和投入的表现。所以，在中国人的价值体系中，儿童把父母严格、高控的教养方式看作父母的关心，实际上，这更像是权威型而非专制型的教养方式（Nelson et al., 2006）。然而，对欧裔美国人来说，这种过度控制以至于难以很好发挥作用的教养方式，在中国（以及美国的亚洲移民家庭中）的确有效。

尽管很难对非裔美国家庭的多样化教养方式加以概括，但是研究显示，城市中的非裔美国母亲（尤其是文化水平较低的单身母亲）倾向于要求孩子绝对服从，为了达到这一目的，她们采用强制性的管教（Kelley, Power, & Wimbush, 1992; Ogbu, 1994）。如果我们不假思索地假定（像研究者多年来所做的那样）一种特定的教养方式（权威型）优于其他教养方式，那么我们就会断定非裔美国家庭中常见的**严厉型教养方式**（no-nonsense parenting）是不具有适应性的。但是对于很多缺乏养育支持的年轻母亲而言，这种强制和高控的教养方式实际上是高度适应的，它可以保护住在危险社区的孩子免于成为犯罪的受害者（Ogbu, 1994），或免于结交反社会同伴（Mason et al., 1996）。事实上，对非裔美国青少年采用体罚等手段，并不会像对欧裔美国孩子那样增加其攻击性或反社会行为，这可能是因为，非裔美国儿童把这种管教看作父母对他/她的关心爱护，而非敌意表现（Deater-Deckard & Dodge, 1997; Lansford et al., 2004）。此外，这种介于专制型和权威型之间的“严厉型”教养方式，在其他方面也具有适应性。在这种教养方式下长大的非裔美国儿童会成为认知和社交能力都很强的青少年，很少表现出焦虑、抑郁或其他的内隐障碍（Brody & Flor, 1998），也较少涉足（或一直参与）犯罪活动（Walker-Barnes & Mason, 2001）[3]。

考虑到上述研究结果，我们一定不要想当然地因为“中产阶级”的权威型教养方式在很多情况下似乎能够促成良好的发展结果，就推论它一定是所有生

3 需注意，以欧裔美国人的标准来评判，严厉型教养方式的强迫性程度很高，但并不属于极端强迫型。极端强迫型教养方式和长期的消极家庭互动模式会导致个体抑郁、低自尊、反社会/犯罪行为等负面结果，这种情况在非裔和欧裔美国儿童和青少年家庭中都可能发生（参见 Gutman & Eccles, 2007）。

态位中最具适应性的教养模式。没有哪一种教养方式对所有的文化和亚文化而言都是最佳的。路易斯·洛萨（Laosa, 1981, p.159）约在30年前就提出了相同的观点，他指出，“世界各地土生土长的教养方式，各自代表着对各个民族互不相同的生活条件的良好适应。判断［成人］是不是‘好的［父母］’只能用那些与之相关的标准，即其所处文化的标准”。

追求自主：重新协调青少年期的亲子关系

青少年面临的最重要的发展任务之一是获得成熟而健康的**自主性**（autonomy）：不过分依赖他人，自己做决定和处理生活事务的能力。如果青少年想要像成人那样“成功”，就不能一遇到挫折就冲回家寻求慈爱的拥抱，也不能依靠父母来监督自己按时学习，或者提醒自己履行责任和义务。

随着儿童日趋成熟，行事越来越自主，家庭系统会发生什么变化？那真可谓火花四溅！在中国和美国这样差异悬殊的文化中，到青少年初期，父母和子女在自我管理问题上的冲突都越来越普遍，从青少年中期到晚期，冲突的频率（虽然强度不一定）会逐渐降低（Laursen, Coy, & Collins, 1998; McGue et al., 2005; Shanahan, McHale, Osgood, & Crouter, 2007; Yau & Smetana, 1996）。这样的争执，在集体主义文化的移民家庭与欧裔美国家庭发生的频率大致相同（Fuligni, 1998），它们通常既不持久也不严重，往往围绕青少年的仪表、择友以及忽视功课和家务劳动等问题而发生。而且多数的摩擦是由于父母和孩子的视角不同所致。父母从道德或社会—传统角度看待冲突，感觉自己有责任监督和管束孩子的行为；而对正处在探索自主阶段的青少年来说，唠唠叨叨的父母侵犯了他们个人的权利和选择（Collins & Steinberg, 2006; Smetana & Daddis, 2002）。随着青少年继续坚持己见、父母逐渐放宽限制，亲子关系通常会从父母主导向父母子女平等的方向演变（Collins & Steinberg, 2006）。但是，父母给予孩子多大的自主权则存在文化和族裔差异。例如，对华裔和

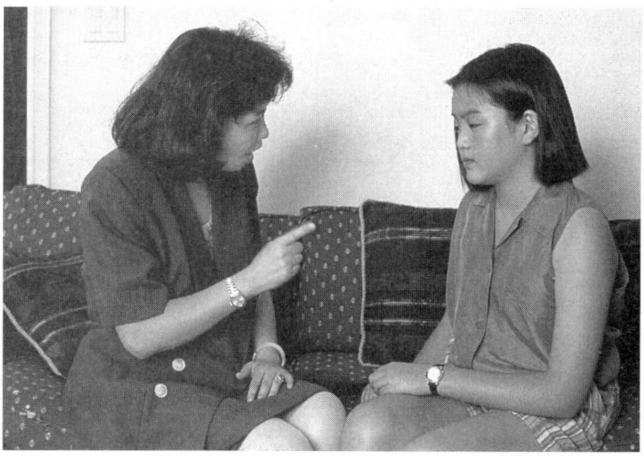

图片 11.6 由于青少年开始追求自主性，他们与父母的冲突变得越来越频繁。

墨西哥裔美国青少年而言，特别是来自移民家庭的，往往比欧裔美国青少年更强调家庭义务(Hardway & Fuligni, 2006),而且只期望得到有限的自主。实际上，与具有欧裔背景的父母相比，在美国和加拿大的亚裔父母运用自己权威的时间更长（Greenberger & Chen, 1996; Yau & Smetana, 1996），这常常使一些亚裔美国青少年感到烦恼乃至沮丧（Leung, McBride-Chang, & Lai, 2004），尤其是那些已经适应了新文化的青少年，其父母的价值观似乎与他们的原籍国联系更紧密，因而并不适合这些青少年的口味（Costigan & Dokis, 2006）。

研究者曾经认为，青少年建立自主的最佳途径就是切断与父母之间的情感纽带，实现与父母分离。实际上，对那些感到自己与父母冲突很多、支持很少的青少年而言，如果能适当地与家人疏离，且又能从老师、"大哥 / 大姐"或家庭以外的其他成年良师益友那里获得支持,他们确实能适应得更好（Fuhrman & Holmbeck, 1995; Rhodes, Grossman, & Resch, 2000）。不过，对那些在家中能得到温暖接纳的青少年来说，切断情感纽带并不明智。安全依恋型的青少年在和父母发生意见分歧、采取独立立场、变得自主时，会感到更安心，不必担心为此失去父母的温暖和关爱(Allen et al., 2003);而且那些适应得最好的青少年，会一直和父母保持亲密的依恋关系，即便他们已经获得自主权并准备离开温暖的家（Allen et al., 2007; Beyers & Goossens, 1999; Collins & Steinberg, 2006）。由此看来，既自主又依恋，或既独立又相互依赖，是最理想的。

鼓励自主 如果父母能够意识到并承认青少年子女对自主性有日益强烈的需求，并逐渐放宽限制，青少年就有可能形成适当的自主性、成就取向以及其他方面的良好适应。大量研究证明，父母应该始终如一地执行一套合理的规则，让孩子参与到涉及自我管理问题的讨论和决策中来，监督他们的行踪，而不要过多地引发内疚感（或采取其他形式的心理控制），即便冲突不可避免地发生了，依然给予子女温暖和支持（Barber & Harmon, 2002; Collins & Steinberg, 2006）。

有趣的是，那些被赋予了太多独立性、自己做决策的少年，往往比那些父母施加了较多控制的同龄人适应得更差（Smetana, Campione-Barr, & Daddis, 2004）。近些年来，巴特·索南斯及其同事（Soenens et al., 2007）认为（并发现），父母对自主性的支持最有效的方式，不是促进青少年独立地决策，而是给他们提供选择，并帮助他们探索各种选择，以他们的兴趣、目标和价值观为指针，让孩子自己做决定。这种方法被称为**自主性机能促进**（promotion of volitional functioning, PVF），即父母给予青少年指导或搭建脚手架，让他们自己做决策的策略，而不是强加给他们解决方案或放弃控制，这种策略能让他们在解决个人问题时体验到一种自我决定感。

这种教养实践的模式听起来是不是很熟悉？理当如此。父母接纳与灵活的行为指导和控制模式（既不过于纵容，又不过分限制）的完美结合，正是一种权威型的教养方式，在许多情况下，它都与健康的发展结果相关。事实上，青少年往往会把父母对他们的活动和行踪的问询看作对自己的关心，并且愿意透露这些信息，父母也就不必为了获取他们的活动及行踪的信息而严加询问或四处打探（Kerr & Stattin, 2000; Soenens et al., 2006）。青少年感到苦恼，出现逆反情绪，不愿透露关于自己活动的信息，最终出现问题，这主要是因为父母不让孩子去探索自主，要么控制过多，要么过于纵容和漠不关心（Barber & Harmon, 2002; Kerr & Stattin, 2000; Soenens et al., 2006）。当然，我们必须提醒自己，家庭内的社会化是双向影响的过程，与粗鲁、充满敌意、不服管教的青少年相比，父母对有责任感、头脑清醒的青少年采取权威型教养方式要容易得多。

总之，青少年要想追求自主，冲突和争取权力的斗争就在所难免。不过，随着青少年与父母对亲子关系的重新协商，从而使这种关系更为平等，大多数青少年与父母能够解决彼此的分歧，并且对对方保持积极的情感（Collins & Steinberg, 2006; Furman & Buhrmester, 1992）。结果，追求自主的年轻人在变得越来越自立的同时，还会形成对父母的“朋友式”依恋。

同胞与同胞关系的影响

虽然家庭规模逐渐在缩小，但大多数美国儿童仍至少有一个同胞，人们也就少不了要探讨兄弟姐妹在儿童生活中扮演的角色。许多父母为孩子们的打斗和争吵而烦心，经常担心这种对抗行为会妨碍儿童亲社会关怀的发展，妨碍他们获得与别人友好相处的能力。与此同时，有一种流行的说法：“独生”子女很可能成为孤独的、娇生惯养的“小皇帝”，如果他们有兄弟姐妹，就会明白他们远不像自己想的那样“特殊”，就会让他们在社会性和情感方面都受益（Falbo, 1992）。

虽然兄弟姐妹之间的竞争司空见惯，但是我们将会看到，同胞也可以在儿童生活中扮演非常积极的角色，充当照护者、老师、玩伴和密友。我们也将看到，独生子女远不像人们普遍认为的那样，因为缺乏同胞关系而处于不利的境地。

新生儿出生后家庭系统的变化

朱迪·邓恩和卡罗尔·肯德里克（Dunn & Kendrick, 1982; Dunn, 1993）研究了长子（女）如何适应家中一个新生命的降临，其研究结果并不全然乐观。弟弟或妹妹出生后，母亲给予长子（女）的关爱和游戏关注时间通常会减少；对这种觉察到的“忽视”，长子（女）的反应可能是变得难管教、爱搞破坏，依恋的安全性降低，特别是如果他们已经2岁或更大些，就更善于觉察自己曾经拥有的与照护者的“排他性”关系，现在已经被弟弟或妹妹的到来破坏了（Teti et al., 1996）。显然，长子（女）通常会因失去母亲的关注而心生怨恨，因弟弟或妹妹夺走这种关注而耿耿于怀；同时，他们自己的这些问题行为因与父母疏远了，从而使情况变得更糟。

因此，**同胞竞争**（sibling rivalry），即兄弟姐妹之间的竞争、嫉妒或怨恨，通常会随着弟弟或妹妹的降生而出现。怎样才能减少这种竞争呢？如果长子（女）在弟弟或妹妹降生家庭之前已经与父母形成了安全型的依恋关系，之后仍然能保持这种密切的关系，则这种适应过程就会比较容易些（Dunn & Kendrick, 1982; Volling & Belsky, 1992）。所以，建议父母继续给予长子（女）关爱和关注，尽可能保持以往的生活习惯。鼓励长子（女）觉察新生宝宝的需要，并帮助父母照看弟弟或妹妹，这也是颇为有益的（Dunn & Kendrick, 1982）。

图片 11.7 同胞之间的强迫和竞争行为是家庭生活中的一种正常现象。

儿童期的同胞关系

幸好，大多数长子（女）能很快地适应有了弟弟或妹妹的生活，他们的焦虑会大大减轻，最初表现出的那些问题行为也逐渐减少。但是，即便是关系最好的兄弟姐妹，冲突也是家常便饭。根据邓恩（Dunn, 1993）的报告，年龄很小的兄弟姐妹之间，小冲突竟然可以多达每小时56次！这些争吵通常围绕个人所有物和游戏的剧情安排而展开（Howe et al., 2002; McGuire et al., 2000），争吵最激烈的时候通常很难劝阻，每个人都认为自己是对的，是被同胞冤枉的（Wilson et al., 2004）。一旦消极情感减弱后，如果大孩子对年幼的弟弟妹妹产生了积极情感，并且兄弟姐妹一起想办法让每个人至少能达成一些目标，而不是继续互相攻击、指责和贬低，也不再只顾自己的兴趣，4~12 岁的同胞通常能以建设性的方式成功地解决他们的分歧（Ram & Ross, 2001; Ross et al., 2006）。

长幼同胞的行为之间有一些稳定的差异。通常，哥哥或姐姐会变得更加盛气凌人、更具攻击性，弟弟或妹妹则成为更顺从的一方（Abramovitch et al., 1986; Erel, Margolin, & John, 1998; Ross et al., 2006）。但是，哥哥或姐姐也会发起更多有益、有趣和其他的亲社会行为，这一发现可能反映了父母向他们施加了压力，即要求他们照顾弟弟妹妹，从而成熟了、长大了（Brody, 1998; Rogoff, 2003）。

一般来说，如果父母关系和睦，同胞间和谐共处的可能性就会较大（Dunn, 1993; Kim et al., 2006; Reese-Weber, 2000）。婚姻中的冲突和不如意，通常能很好地预测子女同胞互动中的嫉妒和敌意。尤其是，如果哥哥或姐姐与父母中的一方或双方的依恋关系脆弱、不安全，而父母本身又采用强迫性的管教方式（Erel, Margolin, & John, 1998; Volling, McElwain, & Miller, 2002）。婚姻冲突可能使儿童情绪紧张并导致不安全感（Cummings et al., 2006），而父母所用的强迫命令方法可能会向更强大的哥哥或姐姐传递这样的信息：对冒犯自己的人（特别是年幼、弱小者），就要用强力报复。

如果父母用心监督孩子们的活动，并对他们之间的冲突加以干预，同胞关系也会更友好。我们前面在第 6 章中曾讲到，父母若想使干预更有效果，就不要充当解决争吵的“法官”，而是要调解争论，阻制孩子们恶语相向，让每个孩子表达自己的情感和目标，促进相互理解，对对方观点产生共情，鼓励孩子们想出双方都认可的解决冲突的办法（Smith & Ross, 2007）。遗憾的是，如果父母袖手旁观、听之任之，学前儿童之间正常的冲突也会逐步升级为严重的冲突（Kramer, Perozynski, & Chung, 1999）。事实上，在忽视型教养方式之下，同胞之间激烈的、破坏性的打斗，能够有力地预测他们在家庭之外的攻击和反社会行为（Garcia et al., 2000; Snyder, Bank, & Burraston, 2005）。

最后，如果父母对所有的孩子都能做出温暖和敏感的回应，而不是长期地厚此薄彼，那么同胞之间的冲突就会比较少（Boyle et al., 2004; Brody, 1998; McHale et al., 2000）。同胞中的弟弟或妹妹对不平等的对待尤其敏感（Boyle et al., 2004），如果他们觉得父母偏爱哥哥或姐姐，通常会做出消极反应并出现适应问题。这并不是说哥哥或姐姐不会受差别对待的影响，只是因为他们年龄大些，更容易理解长幼需求有所不同，懂得不平等对待是合乎情理的，甚至意味着父母有时应该在一些方面偏向年幼的弟妹（Kowal & Kramer, 1997; Kowal, Krull, & Kramer, 2004）。

人们往往过分强调了同胞竞争。其实，小学生很重视自己与同胞的关系，尽管他们之间也存在很多冲突（Furman & Buhrmester, 1985），而青少年和同胞的冲突则比儿童期少得多（Kim et al., 2006），他们常常把同胞看作亲密伙伴，即可以向他们寻求陪伴和情感支持的人，虽然他们之间的关系也会阴晴不定（Buhrmester & Furman, 1990; Furman & Buhrmester, 1992）。那么，为什么同胞对这种经常有冲突的关系还会如此看重？观察记录给出了一个答案：兄弟姐妹经常会为对方做好事，并且善意地解决大多数较小的分歧，这些亲社会行为通常比憎恨、竞争或破坏行为多得多（例如 Abramovitch et al., 1986; Ram & Ross, 2001）。

同胞关系的积极作用

兄弟姐妹在彼此的生活中可以发挥哪些积极作用呢？哥哥姐姐的一个重要作用就是照看年幼的弟弟妹妹。一项对 186 个国家的家庭教养方式的调查发现，在 57% 的被研究群体中，哥哥或姐姐是婴幼儿的主要看护者（Weisner & Gallimore, 1977）。即使在美国这样的工业化社会中，大孩子（尤其是姐姐）也经常被要求照看弟弟妹妹（Brody, 1998）。当然，看护者的角色也让大孩子能以多种方式影响弟弟妹妹，例如，做他们的老师、玩伴和辩护人，成为他们情感支持的重要来源。

同胞可以提供情感支持　婴儿会不会对哥哥姐姐产生依恋，并将他们看作提供安全的人呢？为了查明这个问题，罗伯特·斯图尔特（Stewart, 1983）让 10~20 个月大的婴儿置身于一个修改版的安斯沃思“陌生情境”中。每个婴儿都和自己 4 岁大的同胞待在一个陌生房间里，随后一个陌生成人推门进入。当母亲离开时，婴儿通常会有悲伤表现；而陌生人在身旁时，他们会非常警惕。斯图尔特发现，这些悲伤的婴儿通常会靠近他们的哥哥或姐姐，尤其是陌生人第一次出现时。而且，大多数 4 岁儿童都会对自己的弟弟或妹妹提供一些安慰或看护，尤其是如果他们自己与母亲建立了安全型依恋关系（Teti & Ablard, 1989），或者他们形成了观点采择技能，能够理解弟弟或妹妹为什么会悲伤（Garner, Jones & Palmer, 1994; Howe & Rinaldi, 2004; Stewart & Marvin, 1984）。

随着年龄的增长，同胞之间经常会互相保护，彼此吐露心声，往往比向父母说的心里话还要多（Howe et al., 2000），他们能从同胞的支持中获得力量。例如，如果和同胞的关系非常牢固且富于支持性，那么身患重病的儿童，以及父（母）亲有精神疾病或酗酒的儿童，出现的问题行为较少，发展结果也较好（Vandell, 2000）。如果小学儿童受到同伴的忽视或拒绝，同胞之间的亲密关系有助于减轻小学生可能出现的焦虑和适应问题（Brody & Murry, 2001; East & Rook, 1992; Stormshak et al., 1996），而且会促进他们社交技能的发展，改善他们在同伴中的地位（Downey & Condron, 2004; Kim et al., 2007）。

图片 11.8 哥哥姐姐通常会充当弟弟妹妹的老师。

同胞可以充当榜样和教师 除了提供看护和情感支持外，哥哥姐姐通常还可以通过示范或直接指导，向弟弟妹妹传授新技能（Brody et al., 2003）。即使是学步儿也会对哥哥姐姐很关注，当哥哥姐姐积极参与同胞游戏、照看婴儿和做别的家务时，学步儿会经常模仿他们的行为（Maynard, 2002）。弟弟妹妹通常很崇拜他们的哥哥姐姐，在整个儿童期，哥哥姐姐都是他们重要的榜样和老师（Buhrmester & Furman, 1990）。假如让儿童解决一个问题，与有一个能力相当的年长同伴提供指导相比，有哥哥姐姐从旁指导时，他们学到的会更多（Azmitia & Hesser, 1993）。为什么呢？原因是：（1）如果年幼的学生是自己的弟弟妹妹，那么年长儿童觉得自己更有责任教他们；（2）与年长的同伴相比，哥哥姐姐会提供更细致的指导和更多的鼓励；（3）小孩子更愿意让哥哥姐姐来指导。这种非正式的教导显然颇有裨益：哥哥姐姐与弟弟妹妹玩上学游戏，教他们识字、数数，可以让弟弟妹妹更从容地学习阅读（Norman-Jackson, 1982）。更重要的是，常常教导弟弟妹妹的哥哥姐姐也可以从中受益，他们在学习能力倾向测验中的得分高于没有这种辅导经验的同伴（Paulhus & Shaffer, 1981; Smith, 1990）。

同胞可以促进社会认知理解的发展 最后，兄弟姐妹互动的频率和强度显示，这些接触可以促进各种社会–认知能力的发展。例如，我们在第6章中曾讲过，兄弟姐妹之间的游戏互动，可以促进儿童对错误观念的理解以及信念–愿望心理理论的出现。甚至同胞间的争吵也很重要：他们丝毫不羞于表达自己的愿望、需要，以及冲突时的情感反应。因此，他们互相提供的信息可以促进其观点采择能力、情绪理解能力、协商与妥协能力以及更成熟的道德推理的发展（Bedford, Volling, & Avioli, 2000; Howe, Petrakos, & Rinaldi, 1998）。显而易见，儿童可以通过很多种方式从与同胞交往的经验中获益。

当然，兄弟姐妹也可能会以不被期望的方式相互影响。例如，如果哥哥具有攻击性和反社会行为，那么年幼的弟弟妹妹往往也会变得更具攻击性，并且随着年龄的增长表现出较多问题行为（Snyder, Bank, & Burraston, 2005; Williams, Conger, & Blozis, 2007）。即使在控制了诸如父母的心理健康和亲子关系的质量等家庭变量后，如果同胞关系随着时间的推移变得更具冲突性，那么年龄较大的儿童和青少年往往会表现出更多的抑郁症状（Kim et al., 2007）。所以，兄弟姐妹一起长大，既具有一定的优势，也有一些潜在的劣势。

独生子女的特征

在没有兄弟姐妹的环境中长大的“独生”儿童，真的像人们通常所认为的那样：娇生惯养、自私自利、骄横任性吗？并非如此！两篇涵盖了数百项相关研究的综述发现，独生子女：（1）平均来说，他们的自尊和成就动机较高；（2）比有兄弟姐妹的儿童更顺从、智能略高；（3）可能与同伴建立起非常好的关系（Falbo, 1992; Falbo & Polit, 1986）。

这些发现是否仅仅反映了以下事实：喜欢要一个孩子的父母在各方面是否都不同于有多个孩子的父母？或许不是。1979 年，中国开始实行独生子女政策，以控制其日益膨胀的人口。大多数的中国夫妇，至少在城市中的夫妇，被限定只能生一个孩子。与许多批评家的担忧相反，没有任何证据能表明中国的独生子女政策造就了一代娇生惯养、自我中心的“小皇帝”。中国的独生子女与西方国家的非常类似，他们在智力和学习成绩测验中的得分略高于有兄弟姐妹的儿童，在人格或个人价值观方面则不存在有实际意义的差异（Fuligni & Zhang, 2004; Jaio, Ji, & Jing, 1996; Wang et al., 2000）。事实上，中国的独生子女实际报告的焦虑和抑郁少于有兄弟姐妹的儿童。

因此，来自不同文化背景的证据均表明，独生子女并没有因为缺少兄弟姐妹而处于不利境地。通过友谊或同伴关系，许多独生子女能够得到因为缺少兄弟姐妹而失去的东西。

家庭生活的多样性

正如本章前面指出的，现代的家庭是如此多样化，以至于大多数儿童都生活在双职工家庭、单亲家庭或混合家庭中，这和人们通常认为的父母两人、一人挣钱养家、有两个或多个孩子的典型家庭极为不同。因此，我们就来看看这些不同的家庭生活。

收养家庭

如果夫妻一方没有生育能力而又渴望天伦之乐，往往会设法收养一个孩子。大多数的养父母能跟无血缘关系的养子女建立起安全的情感联系（Levy-Shiff, Goldschmidt, & Har-Even, 1991; Stams, Juffer, & van IJzendoorn, 2002）；养育者的敏感性可以预测依恋类型，这对养子女和亲生子女而言是相同的，它意味着，对于儿童的发展结果来说，成人做父母的愿望比他们和孩子的血缘关系更重要。

不过，因为养父母与养子女没有共同的基因，所以养父母为养子女提供的成长环境可能并不像对亲生子女那样与其遗传倾向那么契合。环境的这些不相容性，加上许多儿童在被收养之前曾受到过忽视或虐待，或经历过多次寄人篱下的动荡，或有其他特殊需要（Juffer, Bakermans-Kranenburg, & van IJzendoorn, 2005; Kirchner, 1998），这些因素或许有助于解释为什么在儿童晚期和青少年期，收养的儿童会比他们的非收养同伴表现出较多的学习困难、情感问题以及较多的敌对行为和反社会行为（Lewis et al., 2007; Miller et al., 2000; Sharma, McGue, & Benson, 1998）。

请不要误解。其实大多数被收养的儿童和青少年都适应得不错（Jaffari-Bimmel et al., 2006; Stams, Juffer, & van IJzendoorn, 2002），他们在收养家庭中的成长远好于在孤儿院的成长，孤儿院的看护者并不特别在意他们的现在和长远的未来（Brodzinsky, Smith & Brodzinsky, 1998; Miller et al., 2000）。即使是来自社会经济地位较低的跨种族收养儿童，如果能在支持性的中产阶级家庭中成长，他们在智力和学业方面通常都发展得很好，而且表现出健康的心理社会适应模式（Brodzinsky et al., 1987; DeBerry, Scarr, & Weinberg, 1996; Sharma, McGue, & Benson, 1998）。可见，对大多数养父母和养子女来说，收养是相当令人满意的事情。

美国的收养行为正在从秘密进行（即生母和养父母彼此不知道对方身份），逐步变得更加开放（即允许生母与收养家庭的成员进行或多或少的直接或间接的接触）。被收养儿童通常会对自己的身世十分好奇，如果永远无法知道自己的亲生父母，他们会心烦意乱，因此更开放的安排对他们有好处。美国及其他一些国家的研究表明：(1）当被收养儿童能获知生母的消息甚至和她建立联系时，他们会对自己的身世更加好奇，对这些信息也更加满意（Leon, 2002）;(2）绝大多数的亲生父母都欢迎与他们那些被别人领养的孩子建立联系(Associated Press，2007）。更重要的是，关于亲生父母的信息以及与血缘亲属的接触，通常有助于收养儿童认识到,养父母才是自己“真正”的父母,而亲生父母只是“给予自己生命的人”（Leon, 2002）。因此，并无证据表明，向被收养儿童提供亲生父母的信息会像开放收养政策的批评者所担心的那样，他们对收养的含义感到迷惑或伤自尊。

精子捐赠家庭

一些无生育能力的夫妻不是通过收养，而是选择经由**精子捐赠**（donor insemination, DI）得到孩子，即有生育力的女性在匿名捐赠者提供的精子的帮助下受孕。以这种方式建立的家庭引发了一些担忧。例如，伯恩斯（Burns, 1990）认为，这些夫妇因无法生育而产生的压力，可能会导致其产生不正常的教养方式。其次，以这种方式孕育的孩子与其父亲没有任何基因关系，与有血缘关系的父亲相比，这些父亲会对孩子比较疏远，较少关心孩子（Turner & Coyle, 2000）。那么，人们对精子捐赠儿童发展的担忧是否有道理呢？

情况显然不是这样的。苏珊·高洛姆伯克等人（Golombok et al., 2002）在英格兰做了一项长达 12 年的追踪研究。他们把由精子捐赠家庭养育的儿童的发展进程，分别与收养儿童、亲生父母养育的儿童进行了比较。结果发现，在 12 岁时，与收养儿童和自然孕育的儿童相比，精子捐赠儿童没有表现出更多的行为问题，在情绪、学习、同伴关系方面适应得同样良好。研究发现，与收养家庭的母亲及自然受孕的母亲相比，精子捐赠儿童的母亲对孩子更疼爱，对孩子的需求也更敏感。而且，虽然精子捐赠家庭的父亲较少对儿童进行管束，但是在其他的养育活动中参与得并不少，他们和孩子的关系与养父、生父相比同样亲密。虽然这是仅有的一项对精子捐赠家庭的研究，且样本量较小，但是该研究进行得相当严谨，其结果显示，那些真心想做父母并坦然接纳精子捐赠的夫妇，无须担心以这种方式孕育出的孩子会出现不利的发展结果。

同性恋家庭

在美国，有几百万父母是男同性恋者或女同性恋者，其子女大多数是之前的异性婚姻所生的孩子，也有一部分是收养儿童或精子捐赠儿童（Flaks et al., 1995; Chan, Raboy, & Patterson, 1998）。历史上，很多地方的法庭都曾极力反对女同性恋者和男同性恋者养育孩子，以至于仅凭父母的性取向，就能否决某些同性恋父母在儿童监护权诉讼中的申诉。人们担忧同性恋父母可能心理不健康，或者他们会对自己的孩子进行性骚扰，或者孩子会因自己父母的性取向而遭到同伴的侮辱。然而，最大的担忧也许是害怕这些由同性恋父母养育的孩子日后也成为同性恋者。

有趣的是，这些担忧实际上毫无根据。如图 11.5 所示，在同性恋父母养育的孩子中，90% 以上的人成年后形成了异性恋取向，这一数据与异性恋父母养育的子女的情况没有显著差异（Patterson, 2004）。此外，一般而言，同性恋者的子女在认知、情绪、道德的成熟及其他方面的适应都与异性恋者的子女一样好（Chan, Rabboy, & Patterson, 1998; Flaks et al., 1995; Golombok et al., 2003; Lambert, 2005）。为了考察“同性恋者的孩子的性别类型可能不正常”这一说法是否有道理（Stacey & Biblarz, 2001），高洛姆伯克等人（Golombok et al., 2003）做了一个专项研究，她发现，那些来自单亲母亲（大多数是异性恋者）家庭的男孩，对传统男性活动的偏好程度低于由双亲养育的男孩，而不论父母是同性恋还是异性恋者。同性恋父母对有效教养方式的认知程度与异性恋父母完全相同（Bigner & Jacobsen, 1989; Flaks et al., 1995）；而且，同性恋父母中担任异性角色的一方通常也能与其孩子形成依恋，并承担一些养育责任。这些都是重要的发现，因为对全美青少年样本的分析显示，良好的心理社会性发展以及学习成绩：（1）可通过令人满意的父母—青少年关系来预测；（2）与家庭类型（即父母是同性恋还是异性恋）无关（Wainwright & Patterson, 2008; Wainright, Russell, & Patterson, 2004）。

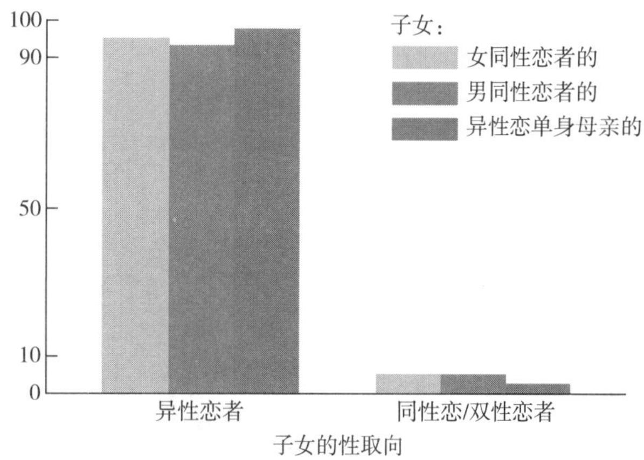

图 11.5 女同性恋者、男同性恋者和异性恋单身母亲抚养的子女成年后的性取向

注意，同性恋父母的子女表现出异性恋取向的可能性与异性恋父母的子女相同。

资料来源：摘自 Bailey et al., 1995; Golombok & Tasker, 1996。

综上所述，并没有确凿的证据表明，仅仅根据一个人的性取向来剥夺其做父母的权利是合理的（Wainright & Patterson, 2008）。在男女同性恋家庭中长大的儿童和青少年与在异性恋家庭中长大的儿童和青少年并无明显差异。

家庭冲突与离婚

之前我们曾提到，当今的婚姻中有 40%~50% 以离婚告终。在 20 世纪 90 年代和 21 世纪头 10 年出生的儿童中，超过一半的人会在单亲家庭中生活一段时间（平均约 5 年），通常是跟母亲一起生活（Hetherington, Bridges, & Insabella, 1998）。离婚给孩子的成长带来了哪些影响？在讨论这个问题之前，我们首先需要指出，离婚并不是单一的生活事件，它反映了整个家庭一系列充满压力的经历，通常开始于夫妻分居前的婚姻冲突，包括随后发生的诸多生活变化。正如梅维丝·海瑟琳顿和凯斯琳·卡马拉（Hetherington & Camara, 1984）所说，家庭必须经常应对“家庭资源匮乏、住所变更、承担新的角色和责任、形成新的（家庭）互动模式、重组日常生活……以及（可能）在现有家庭中引入新的关系（继父母与子女的关系、与继兄弟姐妹的关系）等形形色色的压力”（p. 398）。

图片 11.9　生活在冲突不断的核心家庭中的儿童，经常会受到身心两方面的伤害。从长远来看，有些父母婚姻虽不幸福，但“为了孩子着想”而又不得不待在一起。与这样的儿童相比，离异家庭中的儿童往往适应得更好。

离婚前：置身于婚姻冲突之中　离婚前的那段日子，家庭冲突通常会急剧增多，包括夫妻之间激烈的唇枪舌剑甚至身体暴力。置身于婚姻冲突中会给孩子带来哪些影响？越来越多的证据表明，这些孩子通常会变得非常痛苦，家中持续不断的冲突会使儿童在与兄弟姐妹和同伴交往时更多地表现出敌意和攻击行为（Cummings & Davies, 1994; Cummings et al., 2006）。此外，长期目睹父母不和，会导致儿童、青少年出现各种适应问题，如焦虑、抑郁和外显的品行障碍（Davies & Cummings, 1998; Parke & Buriel, 2006）。父母冲突对儿童和青少年有直接影响，如导致他们情绪波动，阻碍其行为的成熟（Cummings et al., 2006; Thompson, 2000）；也有间接影响，如降低父母对子女的接纳、敏感性以及亲子关系的质量（Davies et al., 2003; Erel & Burman, 1995; Parke & Buriel, 2006）。在应对父母冲突方面，具有安全依恋表征的儿童比具有不安全依恋表征的儿童表现略好（Davies & Forman, 2002），或许是因为他们较少认为自己应该为父母的冲突负责，也不太担心父母不再爱他们（El-Sheikh & Harger, 2001; Grych et al., 2000; Grych, Harold, & Miles, 2003）。但是，剑拔弩张的家庭环境绝不是儿童或青少年发展的健康环境；许多家庭研究者相信，从长远来看，儿童与其生活在冲突不断的家庭，还不如父母分居或离婚后成长得更好（Booth & Amato, 2001; Hetherington, Bridges, & Insabella, 1998）。不过，离婚本身也是一个令人非常不安的生活转折，往往会影响所有家庭成员的幸福感。

离婚后：危机与重组　大多数离异家庭都会经历一年或更长时间的危机期，在此期间，所有家庭成员的生活都将受到严重的干扰（Amato, 2000; Hetherington & Kelly, 2002）。通常的情况是，父母双方都会经历情感和实际生活两方面的困难。在大约 82% 的离异家庭中，母亲会获得某个子女的监护权，尽管得以解脱，但她们会感到愤怒、抑郁、孤独或痛苦。父亲也可能会痛苦，尤其是当他不想离婚，而且感到自己与孩子的关系被切断之时。刚刚成为单身时，夫妻双方一般都会感到自己疏离了之前的已婚朋友，失去了离婚前所依赖的其他社会支持。带孩子的离异母亲通常还会面临另一个问题，即如何用更少的钱维持生计。平均而言，她们的家庭收入只有离婚前的 50%~75%（Bianchi, Subaiya, & Kahn, 1997）；而且，如果她们被迫把家搬到低收入社区，努力工作，一个人抚养年幼的孩子，那么她们的生活会尤其艰难（Emery & Forehand, 1994）。

正如你所猜想的，一个痛苦不堪的人不会成为最好的父（母）。海瑟琳顿等人（Hetherington, 1982; Hetherington & Kelly, 2002）发现，拥有监护权的母亲会被自己的责任及离婚的情绪反应击垮，变得急躁、缺乏耐心，对孩子的需求反应也变得迟钝；结果，她们经常诉诸强制型的教养手段。事实上，离婚的母亲往往会变得（至少对孩子）敌意性更强、关爱更少（Fauber et al., 1990）。同时，没有监护权的父亲很可能向另一个方向变化，看望孩子时他们会对孩子过于放任和溺爱（Amato & Sobolewski, 2004）。

也许你能想象出，教养方式的这些变化是如何被孩子们接受的。离异家庭的儿童往往因家庭破裂而焦虑、愤怒或抑郁，从而变得爱发牢骚、好争吵、不听话、没礼貌。这一危机期的亲子关系被描述为一种恶性循环：孩子的痛苦情绪、问题行为与成人无效的教养方式相互影响，使每个人的生活都不愉快

（Hetherington & Kelly, 2002）。不过，儿童对离婚的最初反应会因其年龄、气质和性别的不同而不同。

儿童的年龄 年龄较小、认知发展不成熟的学前儿童和小学低年级儿童面对父母离婚时，他们的痛苦表现得最为明显。他们还不懂为什么父母要离婚，如果他们觉得自己该对家庭破裂负一定责任，就会产生负罪感（Hetherington, 1989）。年龄较大的儿童和青少年能够较好地理解：可能是性格不合或缺乏关心才导致痛苦的父母选择离婚，也能较好地解决可能出现的忠诚冲突；然而，他们仍然会对父母离婚感到痛苦，还可能表现为回避与家人交流，更多地参与同伴发起的不良活动，如逃学、不当性行为、致瘾物滥用和其他犯罪行为（Amato, 2000; Hetherington, Bridges, & Insabella, 1998）。可见，尽管年龄较大的儿童和青少年能够更好地理解父母离婚的原因，而且较少感到自己应为之负责，但他们受到的伤害并不比年幼的儿童少（Hetherington & Clingempeel, 1992）。

儿童的气质和性别 父母冲突和离婚带来的压力对困难型气质儿童的伤害尤为严重，他们因这些事件而出现的即时和长期的适应问题普遍多于容易型气质的儿童（Henry et al., 1996; Hetherington & Clingempeel, 1992; Lengua et al., 1999）。困难型气质儿童的行为非常不稳定，通常会使缺乏耐心、痛苦不堪的父母采用更强制性的教养方式，这种方式反过来又与困难型儿童的高敏感性特点"格格不入"，从而加剧了儿童的适应困难。

尽管不是普遍情况，但许多研究者报告，婚姻冲突和离婚对男孩的冲击比对女孩的冲击更强烈、更持久。父母离婚之前，男孩表现出的外显行为问题就多于女孩（Block, Block, & Gjerde, 1986, 1988）。至少有两项早期的追踪研究发现，父母离异两年后，女孩已经基本上从社会性和情感紊乱中得以复原，而男孩虽然在同一时期也有明显改善，但是仍然会表现出情感压力迹象，和父母、兄弟姐妹、老师及同伴的关系仍然存在问题（Hetherington, Cox, & Cox, 1982; Wallerstein & Kelly, 1980）。

但是，在性别差异上需谨慎。大多数早期研究都聚焦于由母亲主导的家庭以及一些容易测查的外显问题行为。后来的研究表明，如果父亲是监护人，男孩会发展得更好（Amato & Keith, 1991; Clarke-Stewart & Hayward, 1996）；离异家庭的女孩比男孩体验到更多的内隐痛苦，她们通常变得退缩、抑郁，而不是把愤怒、害怕或失望表现出来（Chase-Lansdale, Cherlin, & Kiernan, 1995; Doherty & Needle, 1991）。更重要的，离异家庭的女孩在青少年初期出现过早的性活动，其比例远远大于同龄人；而且她们在与男孩交往时，以及成年后在与男性的关系方面会一直缺乏自信（Cherlin, Kiernan, & Chase-Lansdale, 1995; Ellis et al., 2003; Hetherington, Bridges, & Insabella, 1998）。可见，离婚对男孩和女孩都会产生很深的伤害，尽管伤害的方式可能不同。

离婚的影响还是遗传的影响? 儿童的气质受遗传影响，气质又会影响儿童对父母离婚的反应，这一发现提出了一个有趣的假设：与离婚有关的很多消极发展结果，也许都可归因于儿童与离异父母共享的基因，这些基因使他们在任何一种主要的生活压力下容易经历冲突、情绪问题、反社会行为以及其他不良后果（如学习困难）。事实上，儿童在家中对父母冲突的反应明显受到其基因型的影响（Harden et al., 2007）。然而，一项巧妙而严谨的研究考察了已为人父母的双生子家庭，这些双生子父母的婚姻状况是不一致的（即这些双生子父母有的离婚，有的未离婚）。结果显示，父母离婚的儿童表现出的不良后果，如学习困难、抑郁、自杀念头、物质滥用、过早的性行为以及其他情绪问题，很大程度上归因于*离婚本身*（环境影响），而不能归因于他们与离异父母共享的基因（D'Onofrio et al., 2006）。这里还有另一个迹象，无论儿童的基因型如何，离婚及其余波对所有经历过它的儿童来说都是最动荡的生活变故。

离婚的长期后效　大多数父母离异的儿童和青少年最终都能适应家庭的这一变故，并表现出健康的心理适应模式（Hetherington & Kelly, 2002）。但是，即便是适应良好的离异家庭的儿童，也会有一些持久的延后效应。一项对离异家庭儿童的追踪研究发现，在父母离异 20 多年后对其进行访谈时，他们对离婚事件给自己的生活造成的影响仍然做出非常负面的评价（Wallerstein, Lewis, & Fernandez, 1997）。父母离异的儿童在成年后表现出更多的抑郁症状，生活满意度也更低（Hetherington & Kelly, 2002; Segrin, Taylor, & Altman, 2005）。他们表达不满的一个共同原因是，感到自己失去了与父母特别是与父亲的亲密关系（Emery, 1999; Woodward, Fergusson, & Belsky, 2000）。另一个有趣的长期后效是，与非离异家庭的青少年相比，离异家庭的青少年更担心他们自己的婚姻不幸福（Franklin, Janoff-Bulman, & Roberts, 1990）。这种担忧确有根据，因为与来自完整家庭的成年人相比，来自离异家庭的成年人更可能经历一段不幸的婚姻或离婚（Amato, 1996; Segrin, Taylor, & Altman, 2005）。

总之，离婚通常是最具破坏性、最令人不安的生活事件，没有哪个孩子对它有好的感受，哪怕事情已经过去了 20 年。虽然我们对离婚的描述都是令人沮丧的，但还是有一些令人宽慰的研究结果。首先，研究者一致发现，与双亲冲突频繁的家庭中的儿童相比，那些生活在稳定的单亲（或继亲属）家庭中的儿童通常适应得更好。其实，儿童在父母离异后所表现出的许多行为问题，早在父母离婚之前就已非常明显了，与离婚事件本身相比，这些行为受到旷日持久的家庭冲突的影响会更大（Amato & Booth, 1996; Shaw, Winslow, & Flanagan, 1999）。抛开通常与离婚有关的父母不和、教养方式失效不谈，虽然这种经历充满压力，但不一定都是破坏性的。如今，传统的至理名言依然有效：如果夫妻矛盾不可调和，生活不幸福，为了孩子着想，就应该离婚。也就是说，从长远来看，如果结束这种风雨飘摇的婚姻能够减轻孩子的压力，使父母中的一方或双方对子女的需求更敏感，并且能更好地回应，那么孩子就可能从中受益（Booth & Amato, 2001; Hetherington, Bridges, & Insabella, 1998）。

另一个鼓舞人心的信息是，并非每个离异家庭都会遭遇上述所有困难。事实上，有些成人和儿童能够很好地应对这一转变，甚至还会从中获得心理上的成长。谁会成为这样的幸运儿呢？专栏 11.2 探讨了可能会促进个体积极适应离婚的因素，这可以给我们一些启示。

专栏 11.2 发展研究的应用

铺平离婚后的复原之路

一些人能够从容地适应离婚事件，另一些人则承受着消极而持久的后果。哪些人能够从容适应？哪些因素可以让离异家庭的成员更轻松地度过适应期？

充足的经济支持

如果没有监护权的一方能够支付孩子的抚养费，家庭的资金宽裕，那么离婚后的家庭会适应得更顺利（Amato & Sobolewski, 2004; Marsiglio et al., 2000）。1988 年，美国通过的《家庭支持法案》迈出了正确的一步，它旨在杜绝"赖账爸爸"，确保他们履行义务。但是，只有大约一半未获监护权的父亲确实支付了孩子的抚养费；不支付抚养费，就会导致许多离异家庭陷入贫困，为生计而挣扎（Sorensen, 1997; U.S. Bureau of the Census, 2007）。

监护人良好的教养方式

在适应离婚的过程中，获得监护权的一方起着至关重要的作用。如果她/他能够继续采用温暖、权威型的教养方式，孩子就较少出现严重问题（Hetherington & Kelly, 2002）。显而易见，一个人感到压抑和抑郁时很难做到耐心和富于支持性，但是明白其中利害关系的父母能够更好地给予孩子所需的疼爱与关注；而且，干预措施也可以帮助他们。例如，弗尔加奇和德加莫（Forgatch & DeGarmo, 1999）发现，与控制组的离异母亲相比，被随机分配到一个养育技能项目（旨在防止使用强制手段）的离异母亲确实减少了强制手段；孩子在家里和学校的行为改善，得益于母亲教养方式的积极改变。

非监护人的社会/情感支持

如果父母在离婚后仍然争吵不休、互相敌

专栏 11.2（续）

视，不但双方都会心烦意乱，还会殃及有监护权一方的教养行为；儿童则会感到“夹在中间”，忠诚感被撕裂，很可能出现适应困难（Amato, 1993; Buchanan, Maccoby, & Dornbusch, 1991）。与未获监护权的父亲失去联系也会让孩子蒙受伤害，在与有监护权的母亲一起生活的儿童中，1/4 以上的儿童有过此遭遇（Demo & Cox, 2000）。不过，与父亲联系的质量远比数量重要得多。如果父亲是权威型的并积极支持母亲监护人的角色，儿童的适应就会好得多（Amato & Sobolewski, 2004；Marsiglo et al., 2000）。

要确保父母离异的儿童不会与无监护权的一方失去联系，一种办法是寻求**共同生活监护权**，儿童在父母两家轮流生活。如果父母关系融洽，这种安排会相当有效（Bauserman, 2002）；但是，如果他们互相敌视，孩子会感到“夹在中间”很为难，这种感受会导致高压力和适应不良（Buchanan, Maccoby, & Dornbusch, 1991）。如果儿童被允许和父母**双方**保持亲密的情感联系，父母致力于**共同养育**，让孩子免受他们之间持续冲突的伤害，那么实行共同监护就无关紧要了（Amato, 1993; Coley, 1998）。

其他社会支持

如果离婚后的成年人能够参加“无伴侣父母”组织（一个全国性的组织，在美国各地设有分会，旨在帮助单身父母应对自己的问题）之类的支持性团体，或者有可以依靠的亲朋好友，他们的抑郁通常会较轻（Emery, 1988; Hetherington, 1989）。亲密朋友的支持（Lustig, Wolchik, & Braver, 1992），或者孩子在学校参加同伴支持项目，以鼓励他们和同伴分享自己的感受，纠正自己的错误想法，学习积极的应对技能，也会让孩子从中受益（Grych & Fincham, 1992; Pedro-Carroll & Cowen, 1985）。总之，朋友、同伴、学校教师以及家庭以外的其他社会支持，都非常有助于家庭成员对离婚的适应。

使额外压力最小化

一般来讲，如果把额外的破坏性影响控制到最低限度，例如，父母不用经历烦琐的离婚诉讼和监护权听证会、不用寻找新工作或新住所，以及无须承受失去孩子的痛苦等，那么家庭成员对离婚的反应会更积极。实现上述目标的一种办法是进行**离婚调解**，即在婚前进行会谈，由训练有素的专业人士帮助双方就有争议的一些问题，比如孩子的监护权和财产分配等问题，达成友好协议。离婚调解确实是一种有效的干预，它不仅增加了庭外和解的可能性，而且可以增进离婚双方的好感，使未获监护权的父亲更可能支付子女的抚养费，并继续关心孩子的生活（Emery et al., 2001; Emery, Sbarra, & Grover, 2005）。

这些是通往积极离婚体验的有效的第一步，同时也有助于我们更好地理解为什么离婚对某些家庭更具破坏性。这项研究也是家庭作为一个小社会系统，嵌入更大社会系统的极好的例子。母亲、父亲和子女都将影响彼此对离婚的适应，而且家庭成员的体验还取决于邻里、学校、社区和家庭成员的社交网络所提供的支持。

再婚和重组家庭

离婚之后 3~5 年内，约有 75% 的单亲家庭会经历又一个重大变化：父母中拥有监护权的一方会再婚或与婚外伴侣同居，这样儿童开始拥有继父（母），或许还有新的兄弟姐妹（Hetherington & Stanley-Hagan, 2000）。再婚通常可以改善监护人的经济和生活状况，而且大多数刚刚再婚的成人报告，他们对自己的第二次婚姻是满意的。不过，重组家庭却给儿童带来了许多新挑战，他们不但要适应一个不熟悉的成人的教养方式，还要适应新的兄弟姐妹（如果有的话）的行为，以及有监护权和无监护权的双亲对自己关注的减少（Hetherington & Stanley-Hagan, 2000）。事实上，与离异后的生活相比，监护人再婚后家庭角色的重新稳定通常需要更长时间（Hetherington, Henderson, & Reiss, 1999）。此外，第二次婚姻以离婚告终的可能性比第一次还要略大一些（Booth & Edwards, 1992）。由此可以设想，当陷入结婚、婚姻冲突、离婚、单亲、再婚这一循环怪圈时，家庭成员要承受多么大的压力。研究表明，小学儿童经历的父母的婚姻转变越多，他们的学习成绩和适应状况就越差（Capaldi & Patterson, 1991; Kurdek, Fine, & Sinclair, 1995; 见图 11.6）。

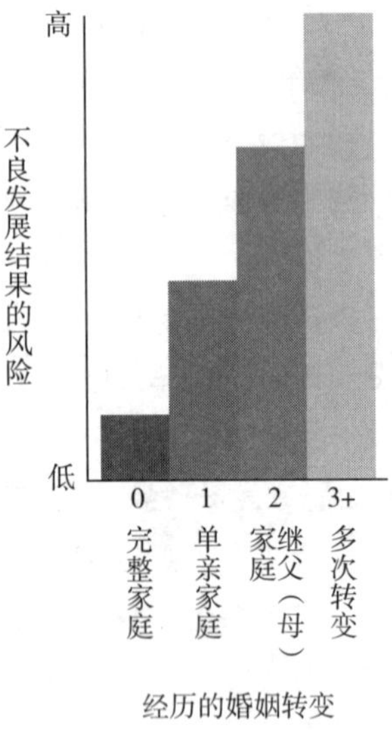

图 11.6 小学男生不良适应结果（即反社会行为、低自尊、同伴拒绝、药物滥用、抑郁、学习成绩差、加入不良的同伴组织）随其经历的父母婚姻转变次数而变化

那么，在相对稳定的继父（母）家庭中，儿童的境遇如何呢？答案在一定程度上取决于儿童的年龄、性别以及组建这个新家庭的是母亲还是父亲。

生母／继父家庭 家庭新成员的角色势必会给儿童带来破坏和混乱，经过最初的适应期后，有一位继父通常让男孩比女孩获益更多。男孩与作为监护人的母亲相处时可能会经历一个强制性怪圈，一位温暖且接纳性强的继父可以使他们从中解脱出来，使这些男孩的自尊心增强，逐渐克服他们在母亲再婚前表现出的许多适应问题（Hetherington, 1989; Vuchinich et al., 1991）。为什么女孩的情况不那么好呢？当然不是因为继父对待继女比对继子差；事实上，在再婚后的最初阶段，情况恰恰相反。有时，不管继父多么努力，继女依然冷漠、疏远。女孩通常把继父视为对自己与母亲关系的威胁，甚至还会因为母亲再婚后对自己的需求关注减少而憎恨母亲（Hetherington & Stanley-Hagan, 2002; Visher, Visher, & Pasley, 2003）。

生父／继母家庭 儿童对继母的反应如何，我们还所知甚少，因为现实中这样的家庭就比较少（目前只有 17% 的离异家庭是由父亲获得监护权）。现有研究表明，继母走进一个新家所造成的负面影响比继父要大一些。这在一定程度上是因为：（1）能获得监护权的父亲通常与孩子的关系非常亲密，而继母可能会对其造成破坏（Mekos, Hetherington, & Reiss, 1996）；（2）在监控和管束方面，继母通常承担比继父更主动的角色（Clarke-Stewart & Bretano, 2005; Hetherington, Bridges, & Insabella, 1998）。此外，从父亲监护的单亲家庭向父母双全的继母家庭的转变，与男孩相比，对女孩来说更具破坏性，女孩适应此种情况更困难，特别是在生母与孩子仍然保持密切联系的情况下（Brand, Clingempeel, & Bowen-Woodward, 1988; Clingempeel & Segal, 1986）。女孩通常与生母的关系非常亲密，所以无论是继父与她竞争母亲的关注，还是继母试图扮演替代母亲的角色，都会让女孩感到烦恼。不过，在稳定的继父（母）家庭中，她们对生活的适应一般会随时间的推移而改善。海瑟琳顿及其同事（Hetherington et al., 1999）对再婚后 5~10 年间的继父（母）家庭进行的追踪研究发现，女孩不再因生活在继父（母）家庭而表现出不良发展结果。实际上，她们比男孩的自主性和社会责任感更强，只是自尊感略低。

家庭构成与子女年龄　继父（母）家庭的人员组成通常会影响儿童对新家庭的适应。在**复杂的继父（母）家庭**（complex stepparent home）中，各种问题都比较多，这是一种真正的“混合”家庭，双方至少把一个亲生子女带到新家庭中。在这种复杂的组合中，父母都容易表现出**嫡亲效应**（ownness effect），即对亲生子女比对继子女表现出更多的疼爱、支持和投入（Hetherington, Henderson, & Reiss, 1999）。孩子们觉察到这种区别对待之后，通常会做出消极反应，而且从长远来看，他们对待继亲属比对待血缘亲属更疏远，感情更淡漠（Hetherington, Henderson, & Reiss, 1999; Jenkins et al., 2005; Mekos, Hetherington, & Reiss, 1996）。很明显，如果父母双方一直偏爱自己的亲生子女，要想做到有效的共同养育就很困难。相反，共同养育在**简单的继父（母）家庭**（simple stepparent home）中比较容易做到，特别是在孩子进入青少年期之前，家庭成员的角色就已稳定下来（Hetherington, Henderson, & Reiss, 1999）。

由于青少年初期要经历很多转变（如青春期的各种变化、升学、对自主的需求增强），所以毫不奇怪，相比年龄较小的儿童和年龄较大的青少年，青少年初期的男孩和女孩似乎对父母再婚都更难适应。海瑟琳顿和克林格姆皮尔（Hetherington & Clingempeel, 1992）报告，父母再婚时处于青少年初期的孩子，其适应状况明显不如非离异家庭的同伴，而且在追踪的 26 个月内没有明显改善。当然，许多处于青少年早期的孩子也能很好地适应这一家庭变故，并且对于所有年龄段的继子女而言，继父（母）家庭中的权威型教养方式均与更好的适应结果相关（Hetherington, Henderson, & Reiss, 1999; Hetherington & Stanley-Hagan, 2002）。不过，也有相当一部分（约三分之一）青少年会脱离重组家庭，而且与来自非离异家庭的同龄人相比，来自继父（母）家庭尤其是复杂的继父（母）家庭的青少年，其出现学习问题、不当性行为和许多其他违法活动的比率明显更高（Hetherington, Henderson, & Reiss, 1999）。

但是，在对继父（母）家庭的青少年的反社会倾向失去理智判断之前，我们应该先说明一个重要事实：绝大多数经历过父母婚姻变故的青少年是完全正常的，最初他们会经历一些适应问题，但不太可能出现持久的心理障碍倾向（Emery & Forehand, 1994; Hetherington, Henderson, & Reiss, 1999）。实际上，如果青少年把离开家的时间用于打工、参加课外活动、与成年良师益友或同伴形成建设性、支持性的关系，那么他们离开家未尝不是一件好事（Hetherington, Bridges, & Insabella, 1998）。

母亲就业和双职工家庭面临的挑战

我们在第 5 章中了解到，如今许多西方社会的大多数母亲们都走出家门参加工作，这种做法未必会而且通常也没有降低婴儿、学步儿和学龄前儿童的情感安全性。对年龄再大一点的儿童进行的研究发现，母亲就业并没有阻碍儿童的社会性或智力的发展（Burchinal & Clarke-Stewart, 2007; Harvey, 1999）。实际上，与那些母亲未就业的儿童相比，母亲就业的儿童（尤其是女孩）更独立、自尊更高、教育和职业志向更远大，而且对男性和女性的刻板观念也较少（Gottfried, Gottfried, & Bathurst, 2002; L. W. Hoffman, 2000; Richards & Duckett, 1994）。一项全国性的针对低收入家庭样本的调查考察了母亲就业与儿童认知能力的关系：母亲有正式工作的二年级小学生，其数学、阅读和语文成绩均优于母亲较少（即便有）在外工作的学生（Vandell & Ramanan, 1992）。

母亲就业与父亲参与养育　为什么许多母亲就业的孩子会有良好的发展结果，而且社会性发展也比较成熟？原因之一是，母亲因工作而缺席家庭养育活动，这往往会使父亲在儿童生活中发挥更重要的作用。母亲上班时间长，父亲会更多地照护孩子（Cabrera et al., 2000），对孩子的活动、去向以及同伴也会了解得更多（Crouter, Helms-Erikson, et al., 1999）。父亲的这种参与（不管是因为母亲工作还是其他原因）会对儿童产生非常积极的影响。研究一致表明，

与父亲较少关心并参与其生活的同龄人相比，父亲在养育孩子方面付出关爱、支持和情感投入的小学生和青少年，平均而言，其学习能力和社交技能都更强，出现问题行为和违法行为的可能性更小（Cabrera et al., 2000; Coley & Medeiros, 2007; Jaffee et al., 2003）。良好的发展结果与积极的、支持性的父亲参与之间存在联系，这在美国所有的族群中都是如此（Rohner, 2000）；而且这种关系是独特的，控制了其他已知的影响儿童发展的变量，如家庭收入、母亲的教养方式之后，这种联系依然存在（Black, Dubowitz, & Starr, 1999; Cabrera et al., 2000; Parke et al., 2004）。因此，如果促使敏感的、支持性的父亲能在儿童的生活中发挥更大的作用，那么母亲就业反倒可以让儿童从中受益。

Michael Newman/Photo Edit, Inc.

图片 11.10 如果双职工家庭的父母采用权威型的教养方式，并细心监控孩子的活动，那么孩子在社会性和学习方面都会发展得相当好。

当然，并非所有母亲就业和双职工家庭的儿童都能发展得这么好，尤其是如果父母感受到很多工作压力和其他压力，其影响蔓延到家庭中，进而降低了亲子互动的质量（Crouter, Bumpass, et al., 1999; Greenberger, O'Neil, & Nagel, 1994），父母对孩子的活动和去向缺乏监控（Perry-Jenkins, Repetti, & Crouter, 2000）。毋庸置疑，母亲的工作条件很重要。如果单身职业母亲的工作不稳定、薪资低、频繁变换工作、上班时间不规律，那么她们的子女往往会表现出低自尊、学习成绩下降，以及攻击性和其他外显行为问题增多（Hsueh & Yoshikawa, 2007, Kalil & Ziol-Guest, 2005）。很明显，如果要成功地养育孩子，经受巨大工作压力和正常家庭生活规律紊乱的家庭亟须得到帮助。

高质量日托机构的重要性 除了配偶（或伴侣）的共同养育，双职工父母能指望的最有力的支持之一就是高质量的日托机构。不妨回想一下，小时候进过高质量日托机构的儿童，从婴儿期一直到青少年初期，他们在社会性、情绪和认知方面都表现出良好的发展结果（Andersson, 1989, 1992; Broberg et al., 1997; Erel, Oberman, & Yirmiya, 2000）。关于高质量日托机构之长远益处的研究大多来自西欧国家，那里的婴儿、学步儿和学龄前儿童的日托机构通常由政府资助，拥有训练有素、待遇优厚的儿童保教专业人员，其适当的收费（一般不到普通女性工资的 10%）也能为民众广泛接受（Scarr, 1998）。相比之下，美国的日托机构之落后令人遗憾。美国的日托中心和家庭式的日托机构通常是营利性的，其保教人员收入微薄，在早期教育方面的培训和经验也不足，很少有人愿意长期从事这一职业，从而导致从业者无法获取丰富的经验（Scarr, 1998; Zigler & Gilman, 1993）。此外，美国的日托机构收费昂贵：一个并不理想的日托中心，每个孩子每年的花费通常高达 6000~8000 美元，或者超过最低收入职工年收入的 50%（U.S. Bureau of the Census, 2007）。1990 年，美国国会通过一项法案，同意给父母减税，以补偿孩子入托的费用。但是，由于没有一项全国性的日托政策来保证所有需要这种服务的美国人能够以合理费用享受高质量的日托服务，美国的工薪阶层不得不寻找其他照护孩子的途径，并努力为之筹钱，尽力为孩子的发展创造理想的条件（Scarr, 1998）。

自我照管　一些发展心理学家开始关注这一现象：越来越多的双职工家庭的孩子成为**自我照管（或挂钥匙）儿童**（self-care or latchkey children），他们放学后自己照管自己，成人的直接监督很少甚至没有（Zigler & Finn-Stevenson, 1993）。这些孩子是否会受到伤害、被同伴带入歧途，或者出现其他不良的发展后果？

对这一问题的研究所得出的结论并不一致。有些研究发现，与那些受家人监督的儿童相比，自我照管的儿童焦虑程度高、学习成绩差、违法或反社会行为较多（Marshall et al., 1997; Pettit et al., 1997）；但是，另一些研究却没有发现这种影响（Galambos & Maggs, 1991; Vandell & Corasantini, 1988）。为什么不同的研究其结果不一致呢？首先，对城区低收入家庭的儿童来说，自我照管的确风险更大，因为这种环境为无人监督的儿童参与不良同伴群体、参与反社会活动创设了很多机会（Lord & Mahoney, 2007; Pettit et al., 1999）。不管居住在什么社区，自我照管的儿童如何度过课余时间都很关键。如果小学儿童和青少年的家长采用权威型的教养方式，要求孩子放学后回家完成作业或做家务，并通过电话对孩子进行远程监督，那么这些孩子通常责任感较强、适应良好。相反，无人监督、放学后在外“闲逛”的同龄人，则更容易受同伴的影响，卷入反社会或违法活动（Galambos & Maggs, 1991; Pettit et al., 1999; Steinberg, 1986）。

由此看来，双职工父母可以采取一些措施，减少孩子放学后自我照管的潜在风险。例如，要求孩子放学后马上回家，通过不在场的监控确保他们按要求去做，同时采取权威型的教养方式。其实，让 8~9 岁的儿童照管自己无异于自找麻烦（Pettit et al., 1997）。这种做法在许多州是违法的，何况 5~7 岁的儿童一般还缺乏足够的认知能力，不知回避游泳池、交通拥堵的街道等高危场所，也不会应对受伤、火灾等紧急事件（Peterson, Ewigman, & Kivlahan, 1993）。自我照管的年幼儿童也更容易受到性虐待或窃贼的侵扰（Zigler & Finn-Stevenson, 1993）。

幸运的是，针对小学生放学后有组织的课后托管项目在美国社区日趋普遍（Mahoney, Lord, & Carryl, 2005）。这些项目的质量差异较大，有的项目只是儿童消磨时间、并无监管的“社交场地”；有的项目运作良好，不仅有训练有素的员工、合理的师生比例，而且还提供体育、游戏、舞蹈、美术、音乐、计算机活动和学习辅导等丰富多彩的课程。儿童不但喜欢这些高质量的课后托管项目（Rosenthal & Vandell, 1996），而且通过这些项目可以获得更好的成长。例如，吉尔・波斯纳和德波拉・凡德尔（Posner & Vandell, 1994）发现，来自高危社区的9岁儿童，与放学后无人监督的同龄人相比，如果参加了有丰富娱乐活动和（或）学习辅导的密切监督式课后托管项目，其学习能力较强，教师评定的适应状况较好，参与反社会活动的可能性也小得多。对这些儿童的追踪研究表明，控制了三年级时的能力之后，那些在三到五年级期间花更多时间参与戏剧、音乐、舞蹈或其他学习活动的课后托管项目中的儿童，到五年级时，由教师评定的情感适应状况以及学习成绩均好于无人监管、大部分课余时间用于闲逛和看电视的同龄人（Posner & Vandell, 1999; See also Mahoney, Lord, & Carryl, 2005）。然而，如果孩子参加的项目主要是看管，没有什么活动或成人指导，这种课后托管项目就没有上述益处（Kane, 2004; Pierce, Hamm, & Vandell, 1999; U.S. Department of Education, 2003）。由此可见，日托的质量对所有年龄段的儿童而言都很重要。鉴于波斯纳和凡德尔评估的这些公益基金项目获得了成功，我们应该鼓励政界人士和社区领导人认真地看待它们，将其作为一种可行的举措：(1)以使发展结果最优化；(2)避免更多母亲就业的孩子下午和傍晚不得不面对独处的危险。

家庭教养的失败：虐待儿童问题

家庭关系可以成为关怀和支持的最大源泉，也可以成为痛苦的主要来源。最明显的例子莫过于**虐待儿童**（child abuse）了。每天数以千计的婴儿、儿童和青少年遭受养育者实施的烧伤、毒打、挨饿、窒息、性骚扰或其他虐待。有些儿童虽不是上述“身体”虐待的对象，却成为父母拒绝、嘲弄、恐吓等各种心理虐待的受害者（Cicchetti & Toth, 2006）。甚至有更多的儿童（见图11.7）受到忽视，被剥夺了他们正常发展必需的基本护理和刺激。虽然毒打是最

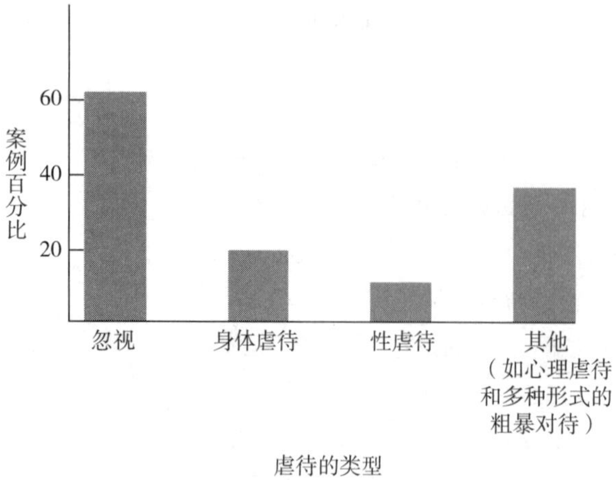

图 11.7 被证实的虐待儿童的各种类型的分布

各类型的百分比之和超过 100%，这是因为儿童可能遭受不止一种虐待。

资料来源：U.S. Department of Health & Human Services, 2005.

明显、最极端的虐待儿童的例子，但许多研究者相信，从长远来看，严重而频繁的心理虐待和忽视对儿童的伤害更大（Erickson & Egeland; 1996; Lowenthal, 2000）。

虐待儿童是一个非常严重的问题。美国每年约有 300 万起虐待儿童的申诉，其中约 1/3（近 100 万）被儿童保护机构证实为虐待（Childstats, 2007b; U.S. Department of Health and Human Services, 2005）。由于许多虐待儿童案件从未被报告或发现，上述的数字可能只反映了其冰山一角。美国一项全国性家庭抽样调查发现，11% 的儿童报告说自己在过去一年里曾被父母踢、咬、推搡、痛打、用东西砸、持刀或持枪恐吓（Wolfner & Gelles, 1993），而且每年的很多起性虐待案件中有大量是亲属所为（通常是父亲、继父或年长的同胞），并且从未被报告（Finkelhor & Dziuba-Leatherman, 1994）。这种状况令人担忧！过去 20 年间虐待儿童的报告数量增多，部分原因是人们对这一问题的认识提高了，公民比过去更愿意举报可疑案件，但是家庭暴力的增多也与这些情况有关，即非法致瘾物的使用增多、贫困加剧以及以家庭为中心的居住区的解体（Emery & Laumann-Billings, 1998; Garbarino, 1995）。

虐待儿童这种普遍存在的社会问题是由多种因素造成的。幸运的是，运用社会系统观，我们可以更好地理解它为何发生：（1）某些成人可能比其他人更倾向于虐待儿童；（2）某些儿童可能比其他儿童更容易受到虐待；（3）虐待更可能发生在某些情境、社区和文化中。

谁是施虐者

研究发现，没有一种简单的“虐待型人格综合征”可以准确地描述虐待儿童的成人具备哪些特征（Wiehe, 1996）。虐待儿童者存在于所有的族群和社会阶层中，并且从表面看，许多人是典型的慈爱父母，似乎永远不会伤害自己的孩子。

不过，虐待与不虐待孩子的父母还是有所不同的。首先，20%~40% 虐待孩子的父母有酗酒或药物滥用问题，这些问题可预测虐待行为（Emery & Laumann-Billings, 1998）。约有 30% 的受虐儿童在为人父母后会虐待自己的孩子，可见，虐待孩子的这种教养方式会代际相传（Cicchetti & Toth, 2006; van IJzendoorn, 1992）。在“曾经受过虐待”的虐待型父母中，很多是遭受过殴打的女性，她们受过丈夫或情侣的虐待（Coohey & Braun, 1997; Stith et al., 2000）。她们从自己作为挨打的孩子或情侣的经历中认识到，暴力是遭遇挫折的常见反应。虐待孩子的母亲通常比较年轻、贫困、文化水平低，一个人带孩子而没有伴侣来分担重负（Wiehe, 1996; Wolfner & Gelles, 1993）。此外，许多虐待孩子的父亲或母亲是低自尊的情感不安全的人，当孩子为了自主权和他们发生冲突时，他们会把孩子的易怒或独立性理解为孩子不尊重或者拒绝他们的表现（Bugental, 2001）。这些缺乏安全感的人通常觉得自己被孩子那些令人讨厌的行为所伤害，自己无力控制这种行为（Bugental & Beaulieu, 2003; Bugental & Happaney, 2004），从而引发了他们的愤怒、抑郁、打孩子或忽视孩子的结局（Bugental & Happaney, 2004）。

总之，与不虐待孩子的父母相比，虐待孩子的父母往往压力更大，比较年轻，缺乏社会支持，自己有受虐经历，相信强制管束比说服有效，感到养育孩子是件令人不愉快、对自我构成威胁的事情。不过，许多不虐待孩子的父母也具有上述所有特征，所以光凭这些条件并不能预判某人会不会成为虐待儿童者。

谁是受虐者

虐待孩子的父母通常会选中家里的某个孩子作为靶子，这意味着有些孩子会诱使父母表现出丑恶的一面（Gil, 1970）。当然，没有人会赞成让孩子为这种虐待承担责任，不过一些儿童的确更容易受到虐待。例如，与那些安静、健康、反应敏感、容易照看的孩子相比，情感反应迟钝、好动、易怒、气质冲动或体弱多病的婴儿更容易受到虐待（Bugental & Happaney, 2004; Cicchetti & Toth, 2006）。这些儿童的风险因素可能意味着，一些儿童之所以会成为受虐目标，是因为遗传特征会促发其做出令人讨厌的行为。然而，在一项双生子研究中，萨拉·贾菲等人（Jaffee et al., 2004）发现，并没有证据支持这种观点：受虐者会因其执拗的令人不愉快的行为而主动挑起虐待事件；诱发虐待的因素多见于家庭环境中或成人施虐者身上。事实上，大多数“困难型的”儿童从未被虐待过，反而是许多快乐的、看似容易相处的儿童更会被虐待。正如养育者的特征无法完全预测或解释虐待会发生的原因一样，儿童的特征也同样无法预测受虐情况。通常情况下，高风险的父母和高风险的孩子组合会导致虐待发生（Bugental & Happaney, 2004）。

但是，即便是高风险儿童与高风险父母的组合，也并不一定会导致虐待儿童的发生。家庭所处的社会大环境也发挥着重要作用。

环境诱发因素：虐待儿童的生态学

虐待儿童最有可能发生在压力重重的家庭中。离异、家人去世、失业或搬家等重大生活变故，都可能会扰乱家庭中的社会性和情感关系，并导致忽视型或虐待型的教养方式（Cicchetti & Toth, 2006; Emery & Laumann-Billings, 1998）。如果父母的婚姻不幸福，儿童遭到虐待或忽视的可能性也会大得多（Belsky, 1993; Egeland, Jacobvitz, & Sroufe, 1988）。

高风险邻里社区　家庭所处的更大的社会环境（即社区、社会和文化）也会影响虐待儿童的发生。有些居民区堪称**高风险邻里社区**（high-risk neighborhoods），这些居民区虐待儿童的发生率比具有相似人口统计特征的居民区高得多（Coulton et al., 1995）。这些高风险邻里社区是什么样的呢？它们往往条件极差，家庭贫困，居民居住时间短暂，人们社交孤立，缺乏公共服务（如幼儿园、娱乐中心）和非正式的支持系统（Garbarino & Kostelny, 1992）。这些社区中的成人没有发挥集体效能：不会彼此照看孩子，没有"举全村之力养育一个孩子"的观念（Korbin, 2001）。结果，这种社区里社交孤立的父母在遇到压力时往往无处求助，最后只得往孩子身上撒气。

图片 11.11　那些条件极差的邻里社区能够给经济困难的家庭提供的服务很少，社会支持也几乎没有，因此虐待儿童发生率很高。

文化影响　最后，家庭所处的大文化背景也会影响儿童受虐待的可能性。一些发展心理学家认为，虐待儿童之所以在美国蔓延，是因为美国社会中的人们：（1）对暴力较为放任；（2）普遍赞成把

表 11.2 虐待及忽视儿童的影响因素

影响因素	例 证
父母特征	年轻（25 岁以下）；文化水平低；患抑郁症或其他心理障碍；曾遭受过拒绝或虐待；相信强制管束的有效性；缺乏安全感或自我效能感；酗酒和（或）吸毒
儿童特征	性情易怒或任性；多动；早熟；不专心；体弱多病或存在其他慢性发育问题
家庭特征	经济拮据或贫困；失业；经常搬家；婚姻不稳定；缺乏配偶支持；需要照看的孩子较多；离异
邻里社区	高危社区；缺乏公共服务；难以从亲友处获得非正式的社会支持
文化	赞同采用强制手段解决冲突；用体罚管教儿童

体罚作为控制儿童行为的一种手段。这种观点的确有一定道理，因为跨文化研究表明，有些社会反对使用体罚，倡导以非暴力手段解决人际冲突，那里的儿童受到的虐待就较少（Belsky, 1993; U.S. Department of State, 2002）。事实上，一些斯堪的纳维亚国家已经宣布体罚（打人）是非法的，即便是父母也不例外（Finkelhor & Dziwba-Leatherman, 1994）。

虐待和忽视的后果

受到忽视或虐待的儿童会表现出大量严重的问题，包括智力缺陷、学习困难、抑郁、社交焦虑、低自尊，以及与老师和同伴的关系混乱（Bolger, Patterson, & Kupersmidt, 1998; Cicchetti & Toth, 2006; Kim & Cicchetti, 2006; Margolin & Gordis, 2000）。对儿童忽视所导致的行为，则与因其他形式的虐待导致的行为有所不同。与受到身体虐待或性虐待的儿童相比，受忽视的儿童更容易出现学习成绩不良（Eckenrode, Laird, & Doris, 1993; Shonk & Cicchetti, 2001）以及几乎没有亲密朋友（Bolger, Patterson, & Kupersmidt, 1998）。受忽视的儿童从养育者那里得到的智力或社会性方面的刺激极为有限，养育者本应促进他们的学习能力和社交技能的提高（Golden, 2000）。

相反，敌意、外显攻击行为和社会关系混乱在遭受身体虐待的儿童中更普遍，他们在调节消极情绪方面存在困难（Cicchetti & Toth, 2006; Maughan & Cicchetti, 2002），经常违反学校纪律（Eckenrode et al., 1993），容易遭到同伴的排斥（Bolger, Patterson, & Kupersmidt, 1998; Salzinger et al., 1993）。与遭受身体虐待相关的更失常的表现是，他们对同伴的痛苦缺乏正常的共情。玛丽·梅因和卡罗尔·乔治（Main & George, 1985）观察了受虐和未受虐的学步儿对烦躁、哭泣的同伴的反应，结果发现，未受过虐待的儿童大多会认真关注悲伤的同伴，

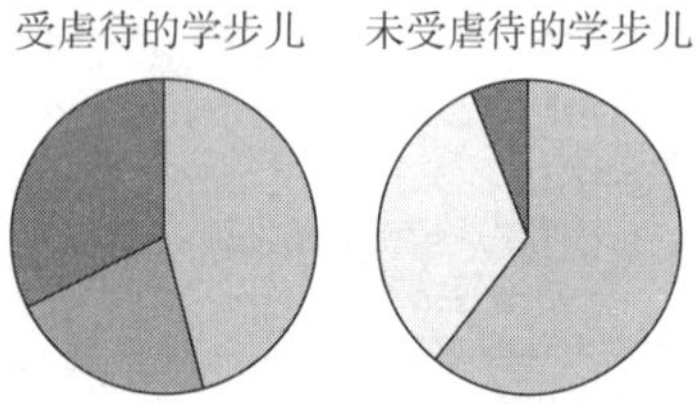

□ 关切、悲伤

□ 感兴趣、注视、“机械”的安慰动作

□ 害怕痛苦

■ 威胁、弥散性愤怒、身体攻击

图 11.8 在日托机构中观察到的受虐待和未受虐待的学步儿对悲伤同伴的反应

图中所示为 9 名受虐待学步儿和 9 名未受虐待学步儿各类反应的平均比例。

资料来源：摘自 Main & George, 1985。

表达关切，甚至尝试着去安慰。但是，如图 11.8 所示，受虐待的儿童中没有一个人表现出适当的关切；相反，他们会变得愤怒，甚至攻击哭泣的同伴（Klimes-Dougan & Kistner, 1990）。可见，受过身体虐待的儿童很可能变得具有虐待倾向，他们从家庭个人经历中认识到，悲伤的表现特别容易激怒别人，会招致愤怒而不是同情。在虐待儿童的家庭中，其他形式的家庭暴力（如殴打配偶）也很普遍（McCloskey, Figuerdo, & Koss, 1995），所以受虐待者很少有机会学习对他人的悲伤表达同情（Shields, Ryan, & Cicchetti, 2001），却有很多机会学着用攻击解决冲突（Bolger & Patterson, 2001）。难怪这些儿童往往会遭到同伴的排斥。

性虐待的受害者往往难以调节情绪，他们会体验到情绪失调者身上常见的焦虑、抑郁、退缩、行为失控以及学习困难等问题（Kendall-Tackett, Williams, & Finkelhor, 1993; Shipman et al., 2000）。在这些后续效应中，有许多最终会导致强烈的羞耻感、缺乏吸引力和自我价值感，悲观厌世、不信任别人（Bolger, Patterson, & Kupersmidt, 1998; Feiring, Taska, & Lewis, 2002; Vigil, Geary, & Byrd-Craven, 2005）。但是，有两个问题似乎与性虐待关系密切。第一，许多受害者表现出一些“性化行为”，例如，把物体塞入阴道、当众自慰、举止轻佻，年龄较大者则会出现早发性性交疾病以及性乱交（Kendall-Tackett, Williams, & Finkelhor, 1993; Vigil, Geary, & Byrd-Craven, 2005）。第二，约有 1/3 的性虐待受害者表现出**创伤后应激障碍**（posttraumatic stress disorder, PSD）的部分或全部症状，其临床综合征的表现包括噩梦、创伤事件重现，以及面对威胁时的无助感和焦虑感（Kendall-Tackett, Williams, & Finkelhor, 1993; Saywitz et al., 2000）。

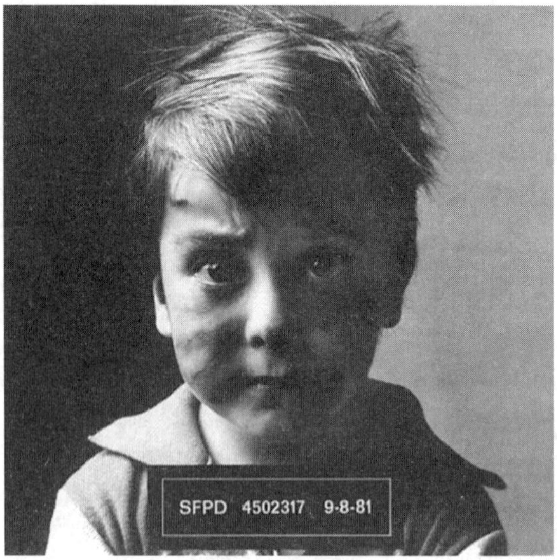

（资料来源：San Francisco Child Abuse Council, Inc. 4093 24th Street, San Francisco, CA 94114.）

Courtesy San Francisco Child Abuse Council

图片 11.12 80% 的囚犯曾经是受虐待的儿童。

令人悲哀的是，许多受虐待的儿童是多种虐待的受害者；长期遭受严重虐待的儿童可能出现上述各种后果，无论他们遭受的是哪种虐待（Bolger & Patterson, 2001; Bolger, Patterson, & Kupersmidt, 1998）。虐待和忽视在社会性和情绪方面造成的恶果相当持久，为了从自己的痛苦、焦虑、自我怀疑和不正常的社会生活中解脱出来，一些青少年会试图自杀（Bagley, 1995; Sternberg et al., 1993）。此外，儿时受过虐待的成人，无论在家还是在外面，都更容易使用暴力，其犯罪活动、药物滥用、抑郁和其他心理障碍的发生率也高于平均水平（Bagley, 1995; Cicchetti & Toth, 2006; Margolin & Gordis, 2000）。

也有令人宽慰的研究结果，许多受过虐待或忽视的孩子表现出很强的复原力，尤其是如果他们能够与父母中非虐待的一方、祖辈或其他家人形成温暖、安全和支持性的关系（Bolger, Patterson, & Kupersmidt, 1998; Egeland, Jacobvitz, & Sroufe, 1988）。一些受虐待的儿童和青少年会避免大部分的心理问题，重归正常，因为他们所遗传的基因有助于他们免受虐待造成的压力。如图 11.9 所示，阿夫沙洛姆·卡斯皮等人（Caspi et al., 2003）发现，童年所受的虐待会增加具有抑郁倾向基因型的受虐者的临床抑郁症风险，但不会在已知具有预防抑郁基因型的受害者中增加这种风险。有研究发现，对于受虐待者来说，如果他们拥有“保护性的”基因型，那么他们患抑郁症的可能性也不会比那些从未受过虐待的人更大！尽管受虐待的儿童有变成虐待型父母的风险，但值得再次强调的是，相当多的虐待受害者表现出很强的复原力，使他们没有虐待自己的孩子（Cicchetti & Toth, 2006）。小时候受过虐待的父母成功地打破虐待怪圈，其原因是，与没有做到这一点的父母相比，他们：（1）从父母（或代替父母的人）中非虐待的一方、治疗师或配偶那里得到了情感支持；（2）在成年期避免了沉重的压力（Egeland, Jacobvitz, & Sroufe, 1988; Vondra & Belsky, 1993）。

虽然我们对虐待儿童的成因有了更清晰的了解，也看到虐待造成的恶果可以减轻甚至克服，但是我们离解决这一问题还有很长的路要走。与其做出一个令人沮丧的提醒，不如看看专栏 11.3 介绍的那些已被实践证明能有效帮助受虐待儿童及其虐待者的措施。

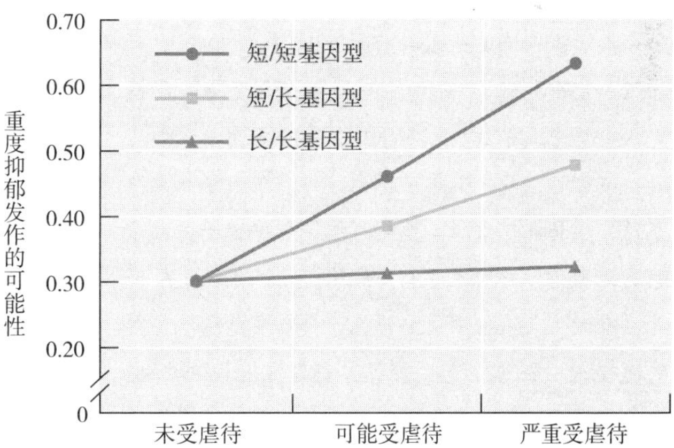

图 11.9 基因与儿童受虐相互作用，从而影响其成年后患抑郁的几率
所研究的短（s）基因变量会增加抑郁风险，长（l）基因变量则会预防抑郁。

资料来源：摘自 Caspi et al., 2003, p. 388, Figure 2。

专栏 11.3 发展研究的应用

打击儿童虐待

一想到竟然有这么多因素可导致儿童虐待，不禁令人心灰意懒。我们应该从何处入手进行干预呢？究竟要纠正多少问题，我们才能预防或杜绝暴力、阻止对儿童的忽视呢？尽管这个问题很复杂，但我们仍然取得了一些进展。

预防虐待和忽视

针对虐待儿童问题,先来看看如何防患于未然。这就要求我们先找出高风险家庭，此前我们回顾的各类研究对完成这一任务均有帮助。例如，如果新生儿评估显示婴儿非常易怒或反应迟钝，那么他/她可能有受虐待或被忽视的风险，我们可以帮助其父母重视并诱发出婴儿的积极品质。从专栏 5.2 可知，我们对高风险婴儿的母亲进行干预，能有效提高母亲的敏感性，促进安全型母婴依恋的建立以及积极的发展结果。

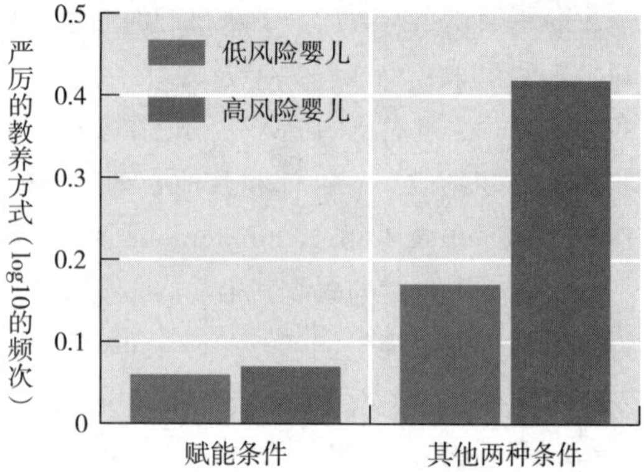

对处于压力下的低收入母亲进行赋能训练，尤其是那些因孩子存在健康问题或早产儿而处于最大虐待风险中的母亲们，可以减少她们采用严厉的教养方式。

资料来源：D.B. Bugental and D.A. Beaulieu, "A bio-social-cognitive approach to understanding and promoting the outcomes of children with medical and physical disorders" in R.V. Kail, ed. Advanced in Child Development and Behavior, Vol. 31.

集中对高风险父母和高风险儿童的组合进行预防虐待的干预，效果可能更好。达芙妮·布根塔尔等人（Bugental & Beaulieu, 2003; Bugental et al., 2002）集中考察了一些父母，这些父母觉得自己被卷入一场与孩子的权力斗争中，孩子故意惹他们生气，或者试图从他们这里得到最好的东西；如果孩子反应迟钝或很难带，他们可能会虐待孩子。在考察的对象中，一些家庭有高风险婴儿，他们是早产儿或在新生儿评估中得分较低，在未来可能出现健康问题；而另一些家庭的婴儿没有表现出任何风险。这些家庭被随机分配到三种条件下：第一种条件是"赋能"，它作为一个家访项目，旨在通过教会母亲们分析养育孩子过程中出现问题的原因，而不是责备自己和孩子，并想出有效的问题解决方案，从而帮助母亲成为一位好妈妈；其他两组家庭要么被分配到没有"赋能"培训的第二个家访项目中，要么被分配到一个控制组中，只接受定期的社区服务。

干预期结束后，与其他两种条件下的母亲们相比，"赋能"条件下的母亲们明显表现出更少的抑郁，更有能力成为一个有效的照护者。身体虐待（包括扇耳光、打屁股等）的发生率，"赋能"条件组仅为 4%，而另一个家访组为 23%，控制组则为 26%。高风险婴儿的家庭从这一项目中获益最大。如图所示，无论婴儿是否处于风险中，"赋能"条件下的母亲们不太可能采用严厉的管教方式；而在另外两种条件下，高风险的婴儿尤其会受到母亲的严厉对待。这是一项非常成功的实验干预,它表明，旨在改变高风险母亲对婴儿行为恶意认知评估这样的家访项目，的确对预防身体虐待有很大帮助。

专栏 11.3（续）

控制虐待行为

应该如何对待那些有虐待行为的父母呢？显然，社会工作者的一两次家访不可能解决这一问题。一种更好的项目是父母互诚协会，它是借鉴嗜酒者互诚协会而建立的自助式项目，旨在帮助养育者理解并解决其自身的问题，为他们提供通常所缺乏的情感支持。但是从根本上来说，全面综合的方法可能更有效。虐待孩子的父母既需要情感支持，也需要学习有效的养育技能和应对技巧，而虐待和忽视的受害者则需要一些活动丰富的幼儿园项目以及一些有针对性的训练，帮助他们克服因遭受虐待而导致的认知、社会性以及情感方面的问题（Malley-Morrison & Hines, 2004; Wiehe, 1996）。总之，预防或控制虐待儿童问题的根本目标是：必须把病态的家庭系统转变成健康的家庭系统。

最后，有些家庭系统比另一些家庭系统更具病态特征，支持性干预对它们可能无济于事。令人震惊的是，在执法机关和社会服务机构已知的反复虐待案例中，竟然有35%~50%的儿童被虐待致死。罗伯特·埃莫利和丽莎·劳曼—比林斯（Emery & Laumann-Billings, 1998）代表大多数发展心理学家发声：那些严重的、反复的虐待案件，呼吁我们必须采取强制性干预措施，起诉施虐者，把受害者从虐待家庭中解救出来。然而，我们面临的巨大挑战是，要成功地预防虐待儿童并进行早期控制，以便我们少一点、再少一点面对"是否把儿童与其父母分开"这种艰难的抉择。

对家庭的反思

詹姆斯·加尔巴利诺（Garbarino, 1992）把家庭描述为"人类经验的基本单元"。为了充分认识家庭对儿童和青少年的极端重要性，我们不妨设想一下：如果家庭无法实现它的这种重要功能，将会是多么糟糕的景象。假如一个受到忽视或身体虐待的婴儿，从未体验过任何类似于疼爱、敏感、及时回应的教养，那么这个孩子怎么能建立起安全型依恋，从而为其日后的社会性和认知能力的发展奠定基础呢？再想一想，如果孩子的父母具有强烈的敌意，根本不给孩子任何教导，或者用各种条条框框束缚孩子，不得越雷池半步，否则就大打出手，那么这个孩子又怎么能学会关心别人，自觉遵守规则，形成适宜的自主性，去适应社会呢？

雷吉纳·坎波斯等人（Campos, Raffaelli, et al., 1994）考察了巴西无家可归的街头少年，他们因各种原因离开家庭，如受到忽视、虐待，或者被视为没用的人而遭到抛弃。这些无家可归的孩子是什么样子呢？与那些同样在街头游荡却住在家里的同龄人相比，"流浪街头"的青少年发展得就更加糟糕。他们每天为生存而挣扎，常常靠乞讨度日。而且，他们始终生活在被伤害的恐惧中，经常参与卖淫、吸毒、偷窃和其他犯罪活动（Whitbeck, Hoyt, & Bao, 2000）。简言之，这些没有经历过家庭生活的青少年，过的是一种极其反常、离经叛道的生活，这会把他们推上通向心理疾病的快车道，正如我们从一个16岁少年对其日常生活的描述中看到的：

> 早晨差不多5点开始睡觉，下午两三点醒来……起床，洗脸，有钱的话就吃点儿早饭，然后出去偷东西，把东西卖掉，用换来的钱全都买了毒品，因为街上到处是毒品！……然后开始飘飘欲仙，接着，等慢慢平静下来就去睡觉（Campos, Raffaelli, et al., 1994, p. 322）。

这些无家可归的街头少年长大成人后会怎样呢？很明显，我们有理由假设他们的结局可能很糟糕，因为事实上，在巴西的一个大城市里，80%的囚犯曾经是街头青少年（Campos, Raffaelli, et al., 1994）。

你已经看到了关于家庭的一幅全景图。强调家庭的消极影响，往往更能说明家庭的极端重要性。幸运的是，我们当中大多数人的发展都要好于这种情形，虽然我们不一定能意识到家庭在保证我们成功发展方面有多么重要。所以，当你下次和自己最亲密的家人相聚时，可以回忆一下从本章学到的东西。你会明白，为什么当要求儿童和成人回答“生活中最重要的是什么事或什么人”时，他们几乎无一例外会提到自己的家庭（Furman & Buhrmester, 1992; Whitbourne, 1986）。随着年龄的增长，我们会变，我们的家庭也会变，但有一点永远都不会变，那就是我们永远不会停止爱别人，也不会停止被人爱，而这些人，就是我们所称的“家人”。

本章要点

什么是家庭

- **家庭**是个体**社会化**的首要影响源，在家庭中，儿童开始获得其所在社会认为适宜的信念、态度、价值观和行为方式。
- 不管是**传统的核心家庭**还是**大家庭**，都可被视为**社会系统**，其中的每个家庭成员都会对其他所有的家庭成员产生**直接影响**和**间接影响**（或**第三方影响**）。当家庭中的长辈能够有效地进行**共同养育**，互相支持对方的教养行为时，儿童会成长得更好。
- 家庭也是不断发展的社会系统，它所处的社会和文化背景会影响其功能的实现。
- 影响当今家庭生活的社会变迁包括：单身成人增多，晚婚，出生率下降，职业女性增多，离婚率上升，**单亲家庭**、**混合或重组家庭**以及多代同堂家庭增多，贫困家庭增多。

儿童期和青少年期的教养社会化

- 父母在教养行为的两大维度——**接纳／回应性**和**要求／控制性**上的表现有所不同，同时考虑这两个维度可以得到四种类型的教养方式。一般来讲，接纳而要求严格（**权威型**）的父母会通过说服来实现自己的要求，他们的子女通常能力强、适应好。低接纳而高要求（**专制型**）的父母、接纳却不提要求（**放任型**）的父母所养育的子女，其发展结果较差；不接纳、反应冷淡、无要求（**忽视型**）的父母所养育的子女，几乎所有的心理机能都存在缺陷。
- 近来关于父母控制的研究明显支持采用**行为控制**（结合充分的**自主性支持**）而非**心理控制**的方法。
- 发展心理学家通常假设，父母的教养方式决定着儿童的发展结果（**父母影响模式**）；但是我们也知道，儿童也会影响父母的教养行为（**儿童影响模式**）；对家庭社会化的完整理解应该承认父母与孩子间的双向影响（**相互影响模式**）。
- 来自不同文化、亚文化和社会阶层的父母拥有不同的价值观、关注点及生活态度，这些因素会影响他们的教养行为。但是，来自所有社会背景的父母都强调在其各自的生态位中有助于促进他们所认为的成功的特征，所以不要妄下结论，认为某种特定的教养方式比其他所有的教养方式都“更好”或更成功。
- 当青少年开始寻求**自主性**时，需要在亲子关系方面与父母重新协调。这一时期，家庭冲突可能会升级，但是如果父母愿意给孩子更多的自由，向孩子解释自己所定的规则和限制，更多地采用行为控制而非心理控制，而且持续做关爱和支持性的指导者，那么青少年就会形成适宜的自主性。

同胞与同胞关系的影响

- **同胞竞争**是家庭生活的正常现象，从弟弟（妹妹）的一降生就会开始。如果父母和睦，鼓励孩子友好地解决冲突，不长期偏爱某个孩子，那么同胞之间也会和谐相处，彼此为对方做许多好事。
- 同胞通常被视为相互支持的亲密伙伴。大孩子通常充当小孩子的照护者、安全基地、榜样和老师，他们通常也会从自己提供的知识传授和指导中获益。但是，同胞关系并不是儿童正常发展所必需的。总体来看，在社会性、情感和智力等方面，独生子女与有兄弟姐妹的儿童的发展相当（甚至在智力方面还略强）。

家庭生活的多样性

- 那些渴望做父母但无生育能力的夫妇和单身者，通常采取收养的方式来组建一个家庭。虽然收养子女比亲生子女会出现更多的情感问题和学习问题，但是对大多数的养父母和被收养儿童来说，收养可谓是一种令人满意的方式。在开放的收养制度下，被收养儿童可以了解自己的身世，他们对其家庭生活也更加满意。
- 通过**精子捐赠**的方式组建的家庭引发了许多担忧，但是总体而言，通过这种方式孕育的儿童在适应方面与亲生父母孕育的儿童一样好。
- 同性恋者可以像异性恋父母一样能养育好孩子。同性恋者的孩子通常表现出良好的适应性，而且大多数都是异性恋取向。
- 离婚是家庭生活的重大变故，对儿童及其父母来说都充满压力，令人不安。儿童最初的反应通常包括愤怒、恐惧、抑郁和内疚，这些感受可能会持续一年以上。离婚导致的情感剧变通常会影响到亲子关系。儿童会变得易怒、不顺从或出现其他问题，而作为监护人的母（父）

亲则会突然变得更多地使用惩罚和控制等手段。离婚所带来的压力和这种新的强制型生活方式，通常会影响儿童的同伴关系和学习成绩。年幼儿童和困难型气质的儿童，其痛苦的表现最为明显。在以单身母亲为主导的家庭中，女孩比男孩适应得更好。虽然离婚的影响在10~20年之后依然存在，但与仍然生活在冲突不断的双亲家庭中的儿童相比，父母离婚的儿童反而适应得更好。有助于儿童积极地适应父母离婚的因素有：来自父（母）中非监护一方充分的经济和情感支持，朋友、亲属和社区对监护人及其孩子的社会支持，尽量减少与离婚有关的其他压力源。

- 单亲父（母）通过再婚（或同居）组建新家庭，对所有家庭成员来说都是一个充满压力的转变。起初，对于有继父（母）的生活，男孩比女孩适应得好，年龄较小的儿童和年龄较大的青少年比青少年早期的少年适应得好。在**简单的继父（母）家庭**中的适应结果好于**复杂的继父（母）家庭**。虽然重组家庭儿童的反社会行为的发生率更高，但是大多数儿童和青少年都能较好地适应这一家庭变化，不会出现心理疾病倾向。
- 母亲就业通常会带来儿童的许多积极发展结果，如自立、善社交、智力和学习成绩出色，对两性的刻板观念较少，尤其是当母亲就业能够诱发那些关爱且支持型的父亲更多地参与到孩子的生活中时。双职工父母所期望的最有力的支持之一是教育活动丰富的日托服务；与其他许多西方工业国家相比，美国的这一支持系统比较落后。在美国，大量小学生因为母亲就业，在放学之后不得不自己照管自己。如果权威型的父母能够远程监控孩子的活动，这些**自我照管（或挂钥匙）的儿童**通常发展得良好。在美国，课后托管项目日趋普遍，其中一些运作良好的项目能给儿童提供有意义的活动，有利于儿童更好地发展，同时能够降低那些母亲就业的孩子从事反社会活动的风险。

家庭教养的失败：虐待儿童问题

- **虐待儿童**与家庭、社区以及更大的社会文化都有关。各个社会阶层、各行各业都有虐待儿童者，其中许多人一般比较年轻，承受很大压力，喜欢采用强制型的管教方式，自己儿时曾受过虐待。与健康、性情平和、容易照管的儿童相比，那些非常冲动易怒、情感反应迟钝或体弱多病的儿童更可能受到虐待。如果遭受巨大压力的养育者生活在**高风险社区**中，与各种社会支持源相隔绝，或大文化氛围支持采用体罚或暴力解决冲突，那么虐待儿童的发生率就会更高。虐待的长期后果会相当严重且持久。一些旨在帮助受虐儿童和施虐父母的项目，已经取得了令人瞩目的成果；但是离彻底解决这一问题，我们还有很长的路要走。

第12章

家庭之外的影响（Ⅰ）：电视、电脑和学校教育

在第 11 章中，我们曾讲到家庭是社会化的影响源，并讨论了父母和兄弟姐妹如何影响儿童发展的方式。虽然家庭对年青一代有巨大影响，但是其他的社会机构也会逐渐对儿童的发展产生影响。例如，当那些双职工父母把他们的婴儿、学步儿或学龄前儿童送入日托机构或幼儿园时，这些孩子就会接触替代性的照护者，遇到一群新玩伴。然而，即使是那些待在家中的学步儿，一旦对电视产生了兴趣，很快就会开始了解家庭以外的世界。在西方社会，到了 5~6 岁，几乎所有的儿童都要上小学，学校要求他们和同伴互动，适应与家中完全不同的规则和惯例。

于是，随着儿童的成长，他们越来越熟悉外面的世界，在父母眼皮底下的时间也大大减少。这些经验会如何影响他们的生活？我们将在下面两章探讨这一问题，考察**家庭之外的影响因素**（extrafamilial influences）给儿童发展所带来的影响，这四个影响因素是电视、电脑、学校（本章）以及同伴群体（第 13 章）。

早期窗口：电视对儿童和青少年的影响

60 多年前，普通美国人还没见过电视，这听起来几乎有些不可思议。现在，超过 98% 的美国家庭拥有至少一台电视机，3~11 岁的儿童平均每天看电视 3~4 小时（Bianchi & Robinson, 1997; Huston et al., 1992; Roberts, Foehr, & Rideout, 1999, 2005）。如图 12.1 所示，儿童看电视始于婴儿期，并且收看时间逐渐增加，直到 11 岁左右，之后在青少年期有所下降。澳大利亚、加拿大、日本、韩国和一些欧洲国家的发展趋势与美国基本相同（Larson & Verma, 1999）。如今，儿童在 18 岁前看电视的时间远远超过除睡觉以外的任何其他单项活动的时间（Kail & Cavanaugh, 2007; Liebert & Sprafkin, 1988）。男孩看电视的时间比女孩长，生活贫困的少数族裔儿童看电视的时间尤其多（Huston et al., 1999）。是否如许多评论家所担忧的那样，所有这些花在荧屏前的时间正在损害儿童的认知、社会性和情感发展呢？我们先来看看电视对儿童生活方式的影响，然后再来回答这个问题。

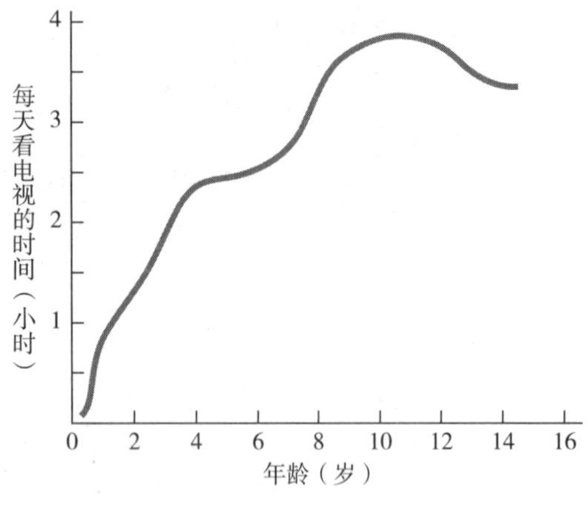

图 12.1 1987 年美国儿童和青少年平均每天收看电视的时间

资料来源：Robert M. Liebert and Joyce Sprafkin, The early window: Effects of television on children and youth. 1988. Published by Allyn & Bacon: Boston, MA. Copyright © 1988 by Pearson Education. Reprinted by permission of the publisher.

电视与儿童的生活方式

电视是否已经改变了儿童的生活方式和家庭生活特点？从某些方面来看，确实如此。一项早期研究发现，一旦买了电视，大部分家庭就会改变他们的作息模式及吃饭时间（Johnson, 1967）。家中有电视，会减少父母与子女进行与电视无关的娱乐活动——如游戏和家庭郊游——的时间，并且大部分的父母偶尔还会把电视当作“电子保姆”来使用。虽然家人一起看电视的时候可能拥有许多亲密接触的时间，但是许多评论家认为，这种形式的家庭互动对年轻一代并不是很有意义，特别是当他们被要求在非广告时段必须安静地坐好或闭嘴之时。布朗芬布伦纳曾指出（Bronfenbrenner, 1970b）：

> 尽管电视所产生的行为确实存在危害，但是……电视……的主要危害不在于它所产生的行为，而在于它所阻碍的行为：交谈、游戏、家庭庆祝活动和争论，而儿童的学习正是通过这些活动进行的，其性格也是通过这些活动形成的。打开电视的同时可能也就关闭了儿童转变为成人的进程。

那么，看电视是否像早期批评者所认为的那样，会对家庭生活以及儿童的社会性发展产生危害呢？评定电视整体影响的一种方法是，观察接触电视这种媒介的儿童与那些生活在无电视服务的偏远地区的儿童是否存在系统性的差异。一项针对加拿大儿童的研究为人们的担忧提供了一些证据。“诺特尔”是加拿大的一个与世隔绝的小镇，在电视未被引入这个小镇之前，当地儿童在创造性和阅读熟练度上的得分要高于那些生活在有电视服务的加拿大其他类似小镇上的同龄人。但是，在引入电视的2~4年后，诺特尔小镇的儿童表现出阅读技能和创造力的下降（与其他小镇的同龄人相比），参加的社区活动减少，攻击性和性别角色刻板印象明显增加（Corteen & William, 1986; Harrison & William, 1986）。

虽然这些结果发人深省，但也可能会产生某些误解。另一些研究者报告说，电视的最大影响是，它使儿童用看电视替代了听广播、读绘本和看电影之类的娱乐活动（Huston & Wright, 1998; Liebert & Sprafkin, 1988）。不仅如此，还出现了一些季节性的变化：在天气不好又无事可做的冬天，儿童看电视会更多（McHale, Crouter, & Tucker, 2001）。但是，只要看电视的时间不是过长，儿童和青少年就不会出现明显的认知或学习缺陷，与同伴游戏和交往的时间也不会减少（Huston et al., 1999; Lieber & Sprafkin, 1988）。一篇文献综述显示，儿童确实从电视上，特别是从教育节目中，学到了许多有用的知识（Anderson et al., 2001)。

看来，适度地看电视既不会麻木年青一代的心智，也不会损害他们的社会性发展。但是，我们将会看到，电视这种媒介的潜在影响是好是坏，主要取决于儿童收看的内容，以及他们理解和解释所看内容的能力。

电视理解力的发展

电视理解力（television literacy）是指个体对信息如何在小屏幕上传达的理解能力。它包括根据人物活动的故事主线和场景顺序，对节目内容进行加工的能力；它还包括对信息的形式加以解释的能力，这些信息指的是一些节目制作特点，如镜头移动、渐隐、多画面和音效等，它们通常是理解节目内容的基础。

有趣的是，2 岁的儿童表现出一种“视频缺陷”：他们从电视人物身上学到的少于从面对面与他人互动时学到的（Anderson & Pempek, 2005; Troseth, Saylor, & Archer, 2006）。为什么呢？这大概是因为视频中的人物不会对观众做出跟随反应，因此幼儿会把它视为不太可靠的信息来源（Troseth, Saylor, & Archer, 2006）。但是不管怎样，电视节目通常能吸引这些小观众，孩子们凭借自己对所看内容的理解，以多种方式影响着自己。

在 8~9 岁以前，儿童以片段的方式加工节目内容。他们通常容易被镜头移动、快节奏的动作、响亮的音乐和儿童（或卡通人物）的声音所吸引，而在出现成年男性或安静对话的慢节奏场景中，儿童往往会把注意力转移到其他地方（Schmitt, Anderson, & Collins, 1999）。因此，学前儿童常常不能建构出一个贯穿故事始终的事件因果链条。即使是 6 岁儿童，在回忆连贯的故事脉络方面也有困难，部分原因是他们倾向于记住人物做出的动作，而不是人物的动机，或所追求的目标以及实现这些目标的事件（McKenna & Ossoff, 1998; van den Broek, Lorch, & Thurlow, 1996）。此外，7 岁以下的儿童不能完全理解电视节目的虚构性，常常认为电视中的主人公在真实生活中仍然存在（并保持剧情中的特点）（Wright et al., 1994）。尽管 8 岁的儿童或许知道电视节目是虚构的，但是他们仍然把它视为对日常事件的准确描绘（Wright et al., 1995）。

从儿童中期到整个青少年期，儿童对电视节目的理解力快速提高。看电视的经验有助于儿童恰当地解释镜头移动、渐隐、配乐，以及其他有助于观众推测人物动机、把不相邻的场景联系起来的节目制作特点。此外，年龄较大的儿童和青少年逐渐能对时间跨度很大的场景进行准确的推断（van den Broek, 1997）。所以，如果一个人物角色打算好好表现，获取某人的信任以便以后欺骗他，那么一个 10 岁的孩子就会识破这个角色的欺骗意图，并对其做出消极评价。相反，6 岁的儿童更多地关注具体的行为，而非微妙的意图，他们通常会把这个骗子标榜为“好人”，而且还会对他 / 她后来的自私行为做出更积极的评价（van den Broek et al., 1996）。

年龄较小的儿童对动作格外关注，同时其电视理解力又普遍缺乏，这会使他们更喜欢模仿电视节目中人物表现出的那些特别生动的行为吗？是的，确实如此，这些模仿是有益的还是有害的，关键取决于儿童看到的内容。

电视暴力与儿童的攻击性

早在 1954 年，来自家长、教师和儿童发展专家的投诉，促使时任美国参议院青少年犯罪小组委员会主席的艾斯特斯·基福弗（Estes Kefauver）参议员向电视节目中暴力情节的必要性提出了质疑。但是，40 多年以后，“全国电视暴力研究”这项为期两年的关于电视暴力的频率、性质和背景的调查显示，美国电视节目依然含有令人难以置信的暴力内容（Mediascope, 1996; Seppa, 1997）。从早 6 点到晚 11 点播出的电视节目中，有 58% 的节目含有*反复的公然攻击行为*；73% 的暴力节目中的作恶者既不懊悔，也未受到任何惩罚或谴责。事实上，大部分的暴力电视节目都是儿童片，特别是卡通片，而且电视中将近 40% 的暴力行为都是由《恐龙战队》这样的英雄或被描写成儿童偶像的其他角色发起的（Seppa, 1997）。此外，儿童节目中将近三分之二的暴力情节都是以幽默形式表现的。

有关媒体暴力的理论观点　过多接触媒体暴力，会鼓励观众表现出攻击行为或参与其他类型的反社会行为吗？*宣泄假说*的支持者认为不会。西摩·费什巴赫（Feshbach, 1970）则主张，人们只是在头脑里闪过攻击的念头（幻想的攻击），就会体验到*宣泄*（即攻击能量得以释放）。如果情况果真如此，那么观看电视暴力应该使人能够利用节目提供的幻想素材达到宣泄的目的，从而*减少*攻击冲动。

相反，社会学习理论和社会信息加工理论的支持者（Andersin et al., 2003; Bandura, 1973）则提出了另外几种解释，认为媒体暴力可能会*增加*攻击性或反社会倾向。

- 电视上饰演暴力分子的演员实际上起到了*攻击性榜样*的作用，教给儿童很多他们不知道或者不想做的暴力行为。这里有一个例子：

> 在洛杉矶，一个女佣抓住一个7岁男孩的胳膊，他正往家里的羊肉炖菜中撒入从地上捡的碎玻璃碴。这种行为背后并没有恶意。纯粹是由好奇心驱使的一个试验，他想知道事情是不是真像电视里演的那样（Liebert & Sprafkin, 1988, p. 9）。

- 观看含有暴力行为的电视节目可能会增加观众自身的攻击性想法和情感在认知上的可接近性，而这种攻击心态会使他/她更容易把一些模糊事件解释为攻击性的意图，并做出相应的反应。
- 媒体暴力往往令人兴奋，会产生可能被解释为愤怒的生理唤醒，从而促进攻击行为，使观众很快体验到一种轻微的怒气（如被戏弄）或其他不愉快的社交活动。
- 经常并长期接触媒体暴力，最终可能使观众对暴力脱敏；也就是说，他们逐渐不再因为目睹暴力而被唤醒，甚至开始把攻击和暴力看作正常现象，这使得暴力的想法和行为更有可能发生。

上述这两种理论对观看电视暴力的影响做出了相反的预测。哪种更合理呢？研究者们试图通过开展三种研究来回答这个问题：实验室实验、现场实验和相关性调查。

实验室实验的结果 评估电视暴力是否真的会怂恿（或减弱）攻击性的一种方法，就是让儿童看暴力电视节目，然后给他们一次表现攻击行为的机会。截至1972年，研究者们已经进行了18项这样的实验室研究，其中16项研究发现儿童在观看电视暴力场面后变得更具攻击性（Liebert & Baron, 1972）。

虽然早期的实验研究获得了一致的研究发现，但是实验结论却受到了批评，因为高度人为的观看经历促使儿童把专一的注意力都集中在那些经过编辑、用暴力情节来包装的节目片段上，紧接着出现一个为儿童量身定做的机会，让他们在一个非典型的实验室环境中去表现攻击行为。电视暴力的怂恿效应极为短暂，它只是在实验室背景下，因为看了不同寻常的暴力节目后，马上就面临任务要求，而被“鼓励”去表现出攻击行为的吗？当然不是，正如专栏12.1所示，观看了专门为儿童制作的未经剪辑、具有很强暴力性节目的男孩们，紧接着在自然环境中与同伴交往时确实表现出更多的攻击倾向。

现场实验的结果 现场实验在评估电视暴力对观众行为的影响方面似乎是一种好方法，因为它把相关调查的自然主义取向与较严格的实验控制结合了起来。换言之，一个严格控制的现场实验，能够查明现实生活中接触暴力电视节目是否增加自然情境中攻击行为发生的可能性。

专栏12.1 研究聚焦

《恐龙战队》促进了儿童的攻击性？

近年来，最流行、最具暴力性的儿童电视节目之一就是《恐龙战队》，在许多频道上每周会播放5~6次，每小时包含200多个暴力行为。恐龙战队是一个多族裔的青少年组织，在一个名叫佐藤的年长的头儿领导下，每个成员都摇身一变，成为超级英雄，与一个企图占领地球的邪恶的丽达女王进行斗争。暴力不仅出现在正义与邪恶势力之间的战斗中，而且也出现在少年英雄练习武技的非战斗性画面里。根据全国电视暴力联盟的调查，《恐龙战队》是调查过的最具暴力性的儿童电视节目（Kiesewetter, 1993），大部分暴力都是**敌意性的**，意在击伤或杀死对方。那么，这个非常流行的电视节目**未经剪辑的**版本，是否会增加年幼观众在自然情境的游戏中互相攻击的可能性呢？

克里斯·博亚兹等人（Boyatzis et al., 1995）以一个针对5~7岁儿童的有趣实验来尝试回答这个问题。在这项研究中，一半儿童在学校里被随机安排观看一段随机选择且未经剪辑的《恐龙战队》，另一半儿童作为控制组参加其他活动，不看这个节目。之后，在游戏时间，研究人员观察并记录实验组每个儿童一段时间内的攻击行为（例如身体和语言攻击；凭借武力获得想要的东西）。然后把他们的行为与未观看那个电视节目的控制组儿童的行为进行比较。

附图中呈现出了戏剧性的结果。请注意，观看《恐龙战队》对女孩没有影响，可能是因为恐龙战队的主要成员是男孩，而年幼的男孩可能比年幼的女孩更强烈地认同恐龙战队。然而，我们发现在自由游戏期间，看了这个电视节目的男孩表现出的攻击行为是未看该节目男孩的7倍。

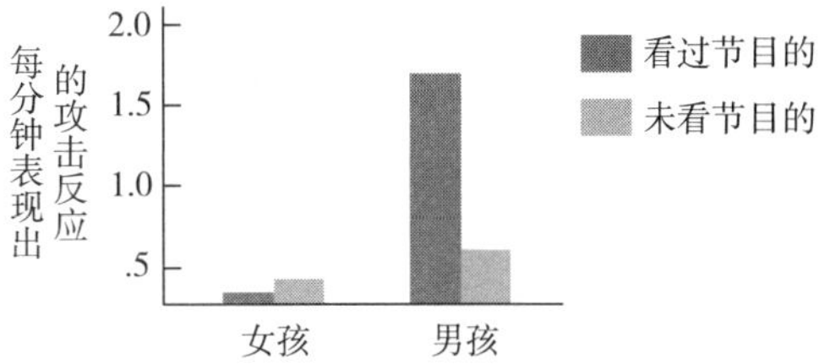

观看和未观看《恐龙战队》节目的女孩和男孩在自由游戏中每分钟表现出的攻击反应的平均数。

资料来源：摘自 Boyatzis, Matillo & Nesbitt, 1995。

因此，这是一个令人兴奋的证据，观看一段未经剪辑、随机选择的以男性角色为主的暴力性儿童节目，大大增加了男孩之间在自然环境中攻击的可能性。值得强调的是，变得更具攻击性的儿童是被**随机安排**观看《恐龙战队》的，他们并不是班上最具攻击性的男孩。后续的研究表明，电视理解力的缺乏对这一结果可能有显著影响，因为8~9岁以下的儿童被问及记住了什么的时候，他们通常会说"战斗"，而不记得恐龙战队所追求的亲社会线索（McKenna & Ossoff, 1998）。无疑，博亚兹等人的实验是在儿童观看电视节目后立即观察他们的游戏活动，这可能在一定程度上夸大了《恐龙战队》对年幼男孩的影响。但是，结果确实表明，不具备电视理解力的年幼观众反复收看这种流行的、容易看到的节目，能够并且确实增加了自然情境中同伴之间攻击性互动的频率，并且可能导致儿童（特别是男孩）认同采用攻击性来作为解决冲突的手段。

学前儿童的实验 在一项著名的现场实验中，琳内特·弗里德里希和阿莱莎·斯泰因（Friedrich & Stein, 1973; Stein & Friedrich, 1972）仔细观察了一所幼儿园儿童的样本，确定了每个儿童攻击性的基线水平。随后的一个月中，让一部分儿童在幼儿园每天都观看暴力电视节目（例如《蝙蝠侠》和《超人》），让另一部分儿童观看非暴力电视节目（如《罗杰斯先生的邻居》）。一个月之后的两周里，研究者每天都对儿童进行观察，以考察电视节目的影响。结果很明显：在随后与幼儿园同伴的互动中，观看暴力节目的儿童比未看暴力节目的儿童表现出更多的攻击性。虽然暴力节目的影响只对那些在基线测量中攻击性高于平均水平的幼儿具有统计意义，但是这些"最初具有攻击性"的儿童绝不是极端的或不正常的。他们仅代表了一所正规幼儿园内同伴群体中攻击行为较多的那些孩子。斯泰因和弗里德里希提醒我们，"这些效应就发生在自然情境中，而且在观看体验中剔除了在时间和环境上的设置。儿童只看了少量的暴力节目就已产生了这些效应……而且这些效应在之后的一段时期仍然持续存在"（Stein & Friedrich, 1972, p. 247）。

青少年的实验 在前面的专栏 1.3 中，我们曾讨论过一项以比利时少年犯为被试的现场实验。在一周的时间里，让这些少年犯中的一半人每天晚上看不同的暴力电影，如《雌雄大盗》和《十二金刚》，另一半人看非暴力影片，如《莉莉》和《美国丽人》。与他们攻击性的基线水平相比，那些观看了暴力电影的罪犯表现出了更多的身体攻击行为，而那些观看非暴力电影的罪犯则没有（Leyens et al., 1975）。与弗里德里希和斯泰因（Friedrich & Stein, 1973）的实验结果一致，暴力电影显著增加了那些在看电影之前就具有较高攻击性的罪犯的攻击性。这些看了暴力电影的高攻击性罪犯，在观看电影后的一周内持续表现出言语攻击的增多。

尽管有上面提到的这些以及其他的研究案例，但批评者们指出，在许多现场实验中，其结果通常是符合预期的，但是统计显著性非常弱（Geen, 1998），而且最大的影响常常来自于惩教机构中的"在押"观众——恰恰这些人是被预期可能会受到鼓吹和展示暴力节目影响更深的人群（Freedman, 1984）。但是人们可能会预期，在"未被关押"的观众中，无论他们的背景如何，结果都不会那么显著，这仅仅是因为我们并不总是能准确地控制这些孩子观看什么节目。例如，在弗里德里希和斯泰因（Friedrich & Stein, 1973）的实验中，研究者能够指定儿童在幼儿园观看的内容，却不能指定他们在家中观看的内容。如果她们能对研究中的儿童在家中的看电视行为进行准确控制，那么，她们的研究结果会更有说服力。

相关性研究的结果 观看电视暴力节目与自然情境中的攻击行为之间的正相关关系，已经在多项研究中被一再证实，这些研究包括对美国的学前儿童、小学生、中学生和成人，以及澳大利亚、加拿大、芬兰、英国、以色列和波兰的小学生进行的研究（Bushman & Huesmann, 2001; Geen, 1998）。当然，这些简单的关系来自相关数据，这些数据只能说明观看电视暴力节目可能会增加攻击性。

但是，追踪的相关研究更具说服力。罗厄尔·休斯曼等人（Huesmann et al., 2003）报告了一项研究，他们对 329 名被试进行了长达 15 年的追踪研究，从小学一直到他们 20 多岁。收集的数据包括这些被试在儿童期和成年初期曾看过的电视暴力节目的数量，他们对这些暴力的解释，他们在这两个时期的攻击性水平，以及家庭社会经济地位和父母的教养行为等其他很多信息。

结果非常有意思。即使在控制了儿童小学时的攻击行为、社会经济地位、家长的教养行为之后，在学校观看了较多电视暴力节目的男孩和女孩，在 15 年后的成年初期，都显著地表现出更多的攻击性（见图 12.2，图 a）。但是儿童期的攻击性与成年后对电视暴力节目的偏好之间仅有弱相关，这表明，早期看电视暴力节目与后来的攻击性之间的关系，比早期攻击性与后来的收看习惯之间的关系更紧密。儿童期过多地接触电视暴力节目，与成年男性的身体攻击密切相关，与成年女性的身体攻击和关系攻击都相关。

不仅如此，我们从图 12.2 中可以看到，认为电视暴力节目是真实的（即认为电视暴力是对日常生活的准确描述，见图 b）儿童以及那些对同性别攻击者有强烈认同感的儿童，受电视暴力的影响最大（见图 c）。很明显，虽然研究者进行了许多控制，但这仍然是一项相关研究，不能确切地揭示因果关系。但是其结果与该观点相当一致：早期接触大量的电视暴力，可能会在今后一段时间里，影响或导致敌意、反社会的态度和行为的发展。

图片 12.1 过多接触电视暴力节目可能会钝化儿童对现实生活中攻击行为的情绪反应，使他们相信这个世界是充满敌意和攻击性的人们居住的暴力场所。

电视暴力的脱敏作用 即便年幼的观众并未表现出从电视上看到的攻击行为，但是他们还是会受到影响。例如，个体经常观看电视暴力节目可能会被灌输**丑陋世界**

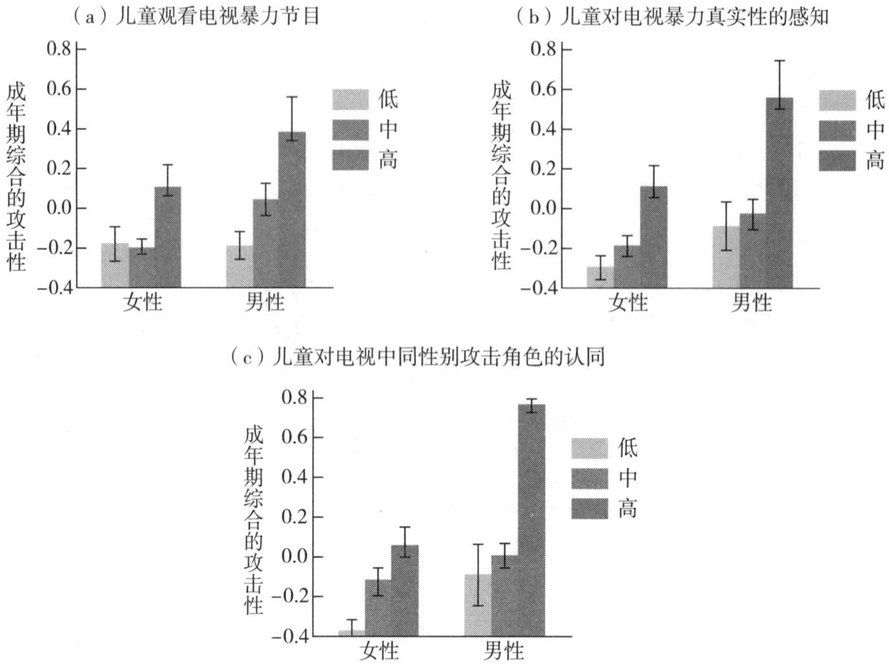

图 12.2　儿童期观看电视暴力节目与成年期攻击性之间的关系（图 a），儿童期对电视暴力真实性的感知对成年期攻击性的预测（图 b），儿童期对同性别攻击角色的认同对成年期攻击性的影响（图 c）。

资料来源：Huesmann, L. R., Moise-Titus, J., Podolski, C., & Eron, L. D. 2003. Longitudinal relations between children's exposure to TV violence and their aggressive and violent behavior in young adulthood: 1977–1992. Developmental Psychology, 39, p. 211. © 2003 by the American Psychological Assn. Reprinted by permission.

观（mean-world beliefs），倾向于把世界看作一个依靠攻击手段来解决人际问题的暴力场所（Comstock, 1993; Slaby et al., 1995）。事实上，最喜欢暴力电视节目的 7~9 岁儿童，最有可能相信暴力情节是日常生活的真实写照（Huesmann et al. 2003）。

同理，经常观看电视暴力节目会使儿童脱敏，即他们因暴力行为而产生的情绪困扰会越来越少，也更愿意容忍现实生活中的暴力行为。玛格丽特·托马斯等人（Thomas et al., 1977; Drabman & Thomas, 1974）以 8~10 岁的儿童为被试检验了这一**脱敏假设**（desensitization hypothesis）。让一部分儿童看一部暴力侦探片，另一部分儿童看非暴力但令人兴奋的体育节目，同时给儿童佩戴生理记录仪，记录他们的情绪反应。然后让每个参加研究的儿童通过监视器观察隔壁房间里的两个幼儿园儿童，并向实验员反馈是否有什么地方不对。监视器显示的是预先制作好的录像：两名幼儿发生了激烈的打斗，且在视频结束之前暴力不断升级。与观看了可产生同样生理唤醒的非暴力体育节目的儿童相比，那些先前观看过暴力节目的儿童在看到两名幼儿打斗时的生理唤醒较弱，并且更倾向于容忍它（长期观看电视暴力节目的缓慢作用）。显然，电视暴力能够促使观众对真实的攻击行为脱敏（Huesmann et al., 2003）。

我们能给观看电视暴力节目下什么结论　观看电视暴力节目会诱发儿童和青少年的攻击性，并培养他们的攻击和反社会倾向吗？情况确实如此。今天，几乎没有社会性发展心理学家会把我们所有的社会弊病归咎于这样的事实，即具有暴力和反社会倾向的成年人可能是在年幼时观看过电影《蝙蝠侠》或《第一滴血》，抑或认为过多地观看电视暴力本身就会把一个在其他方面适应良好的人变成一个暴力的反社会分子。但是，研究者对相关研究、实验研究和现场实验的文献进行了全面的回顾，这三种方法可以做到优势互补，从最后汇聚的资料中归纳出以下结论：电视暴力的攻击性—怂恿效应（1）在男孩和女孩中都存在，（2）当暴力被认为具有正当性时其影响最大，（3）对那些经常观看电视暴力节目的观众来说，会在相当程度上使他们对攻击性脱敏，产生丑陋世界观，养成攻击习惯和做出反社会行为（Anderson et al., 2003; Bushman & Huesmann, 2001; Geen, 1998; Hearold, 1986）。当然，我们应当对这些研究者们发出的警告保持警惕，他们强调电视暴力只是影响儿童表现出敌意和反社会行为的诸多因素之一，还无法和“在一个专制的家庭环境中成长”或“认同不同寻常的、具有反社会倾向的同伴”这样的因素相提并论（Geen, 1998; Huesmann et al., 2003）。说多多地观看电视暴力节目对任何个体都会产生有益的长期影响很难站得住脚，但是它的危害才是主要的（Anderson et al., 2003）。最后，我们要注意的是，几乎没有证据支持这样的观点：观看媒体暴力可以使人得以宣泄，从而降低观看者的攻击冲动。

电视的其他潜在不良影响

除了可能会诱发攻击行为以及滋养敌意和反社会的态度以外，看电视对年幼的观众还会产生其他不良后果。我们简要地考察三种影响。

电视是社会刻板印象的一种来源　电视对儿童的另一个不良影响是，它会强化各种具有潜在危害性的社会刻板印象（Huston et al., 1992）。例如，我们在第 8 章中曾谈到，性别角色刻板印象在电视中普遍存在，与看电视较少的同伴相比，看过大量商业性电视节目的儿童持有更传统的两性观。令人遗憾的是，电视对男女两性的刻画方式，实实在在地影响着观众的自我概念和自尊。例如，西方社会的电视节目通常会强化这样一种观念，即女性必须身材苗条才会被认为具有吸引力（苗条理想）。澳大利亚的一项纵向研究发现，甚至5~8岁的女孩就已经习得了这种苗条理想。有一些电视节目宣扬以貌取人，如《朋友》或《狂怒》，与较少看这类节目的同龄人相比，经常观看这类节目的女孩，开始变得对自己的外貌越来越不满（这也是青少年晚期少女低自尊的一个主要影响因素）（Dohnt & Tiggemann, 2006）。不足为奇，如果电视节目总是不断地强化女性几乎不能实现的苗条理想，那么在很多情况下，准备尝试无数种节食法的青少年就容易罹患威胁生命的饮食障碍，如神经性厌食症和暴食症[1]。

对少数族裔的刻板印象在电视节目中也普遍存在。由于民权运动的影响，现在非裔美国人在电视上占据了更广泛的领域，其数量已经等同或超过他们在人口中所占的比例。但是拉丁裔和其他少数族裔仍然没有被充分代表。当黑人以外的少数族裔出现的时候，他们通常被恶意丑化，其形象不是坏人就是受害者（Liebert & Sprafkin, 1988; Staples, 2000）。

虽然证据不多，但是儿童的民族和种族态度似乎受到了有关少数族裔电视节目的影响。在早期，非裔美国人被刻画为滑稽、无能或懒惰的人，导致了消极的种族态度（Graves, 1975; Liebert & Sprafkin, 1988）；而在卡通片以及诸如《芝麻街》这样的教育节目中，对少数族裔的正面描述似乎淡化了儿童的民族和种族刻板印象，增加了他们结交多种族朋友的可能性（Graves, 1993; Gorn, Goldberg, & Kanungo, 1976）。显然，电视节目能把不同民族和种族背景的人团结在一起，也能造成进一步分裂，这取决于这些社会群体在小小的荧屏上被如何刻画。

儿童对商业广告的反应　在美国，每个儿童平均每年收看近2万条电视商业广告，广告夸耀的玩具、方便食品和高糖食品，其中许多都是成人不愿意购买的。但是，年幼的儿童不断地索要他们在电视上看到的产品，并且常常会在父母拒绝满足他们的要求时与之产生冲突（Atkin, 1978; Kunkel & Roberts, 1991）。年幼的儿童坚持要买，因为他们不能理解广告的销售意图，往往把它们当作有帮助和能提供好消息的公众宣传（Liebert & Sprafkin, 1988; Linn, 2004）。到8~11岁，大多数儿童懂得了广告是专门用来说服人们去消费的；而

1　神经性厌食症是一种危及生命的饮食障碍，其特点是严格地控制食量以及对发胖的强迫性恐惧。暴食症是另一种具有潜在致命性的饮食障碍，其特点是反复进食之后大量使用泻药并呕吐。有关这些疾病的讨论，可参见 Shaffer & Kipp, 2007。

到了 13~14 岁，他们能对广告和产品宣传产生合理的怀疑（Linn, 2005）。但即使是青少年，也经常受他们所看广告的诱惑，尤其是当产品的代言人是名人或者产品的吸引力带有欺骗性和误导性之时（Cialdini, 2001; Huston et al., 1992）。

因此，许多父母警惕商业广告对孩子的影响就不足为奇了。不只是儿童广告常常会推销那些不安全或营养价值不高的产品，还有许多广告宣传非处方药品或饮酒的好处，这些广告使儿童低估如饮酒、私自用药和吸毒等危险行为的后果（Tinsley, 1992）。美国国家电视改善基金会是一个旨在改善儿童电视节目的家长组织，它认为电视广告的潜在危害比电视暴力更大！

看电视与儿童健康 过多地观看电视还可能会以微妙的方式破坏儿童的健康和幸福。近期有许多报告显示，美国民众正在变得肥胖。**肥胖症**（obesity）是一个医学术语，适用于那些超过理想体重 20% 以上的人群，而理想体重是根据他们的身高、年龄和性别计算出来的。肥胖症显然对身体的健康有着巨大的威胁，已经成为心脏病、高血压和糖尿病的重要影响因素；在所有年龄组中，肥胖症的比率都在不断增加，特别是幼儿（Krishnamoorthy, Hart, & Jelalian, 2006）。肥胖症有许多影响因素，我们提到最多的是遗传易感性和不良饮食习惯。但是，许多人过度肥胖是因为他们缺乏足够的运动来消耗摄入的热量（Cowley, 2001）。

遗憾的是，看电视本来就是一件久坐的事情，与身体活动性游戏或家务劳动相比，不太可能有助于儿童消耗过剩的热量。有趣的是，对未来肥胖症的一个最有力的预测指标就是儿童看电视的时间（Anderson et al., 2001; Cowley, 2001），每天看电视超过 5 个小时的“沙发土豆”年轻一族，最有可能患肥胖症（Gortmaker et al., 1996）。除了限制儿童的身体活动以外，看电视还会使儿童养成不良的饮食习惯。儿童不仅喜欢一边看电视一边吃方便食品，而且他们看到的电视广告中的食品（可能正在吃的）大部分是高热高脂高糖类的，含有的营养成分较少（Tinsley, 1992）。

减少看电视的有害影响 关心这个问题的家长们如何才能减少观看商业电视节目的潜在危害呢？表 12.1 列举了专家推荐的一些有效策略，包括监督孩子在家看电视的习惯，以减少他们与极端暴力节目或其他不良节目的接触，同时培养他们对亲社会或教育性主题节目的兴趣。专家提醒，可以从美国国家电视改善基金会获得有关不适合儿童观看的电视节目的信息。

虽然表 12.1 中的每一条指导原则都很好，但我们还要提两条建议。第一，锁定信号以控制电视播放内容的做法，其有效性从源头上就被削弱了。暴力节目的制作者设置的以内容为基础的评级系统，反映的只是以年龄为导向的评

表 12.1 管控电视对儿童发展影响的策略

目标	策略
减少看电视的量	和孩子一起制订一个活动时间表，包括看电视、做作业、和朋友玩。然后，讨论你们认为平衡的一系列活动。
	限制一周看电视的时间。规定不能看电视的时间（早饭前或上学日的晚上）。
	孩子的房间里不要摆放电视。
	记住，如果你经常看电视，那么你的孩子也可能会这样。
限制电视暴力节目的影响	选看几集，然后判断你的孩子观看的节目中有多少暴力。
	和孩子一起看电视并讨论其中的暴力行为。如暴力发生的原因，受害者有多痛苦。询问孩子若不使用暴力该如何解决冲突。
	给孩子解释娱乐节目中的暴力是如何“捏造”出来的。
	对暴力视频加以限制。
	鼓励孩子观看那些反映合作、互助、互相关心的电视节目。这些节目已被证明对儿童有积极影响。
抵制电视上鼓吹的消极价值观	让孩子把电视上呈现的内容与真实生活加以比较。
	和孩子一起讨论电视中的内容哪些是真实的，哪些是虚构的。
	向孩子解释你对性、酒精和毒品所持的价值观。
	如果你家里有 VCR 或 DVD 播放机，开始专门为孩子们准备一个可选的视频库。
	在接通有线电视之前，要仔细留意节目的种类和类型，因为其中很多是成人频道，可以请有线电视公司配备一个家长“锁定”装置，令你能为孩子选择频道。
应对电视广告的影响	告诉孩子，广告是用来尽可能多地向观众推销他们的产品的。
	把广告免责声明用孩子能理解的语言告诉他们。
	在购物时，让孩子明白广告经常是夸大的。那些在电视上看着又大又快又令人兴奋的玩具，近距离看时可能会又小又慢又不怎么令人兴奋，甚至让人失望。

资料来源：摘自 Murray, J. P., & Lonnborg, B. (2005). *Children and television: Using TV sensibly*. Kansas State University Agricultural Experiment Station and Cooperative Extension Service。

级，而不是一个更详细的、允许家长根据节目的性和暴力内容做出锁定决策的系统（Huesmann et al., 2003）。令人遗憾的是，后来出台的非官方的电视内容指导准则并没有被所有的电视网络采用，也没有被家长们很好地理解（Bushman & Cantor, 2003）。

第二，父母要帮助缺乏电视理解力的孩子评估他们所看的节目，这个建议特别重要。年幼儿童对电视中攻击性榜样的反应非常强烈，原因之一是他们不能像成人那样解释这些暴力，经常漏掉细节。比如，一个攻击者的反社会动机和意图，或者作恶者因为其攻击行为而可能遭受的不愉快后果（Collins, Sobol, & Westby, 1981; Slaby et al., 1995）。另外，年幼儿童强烈认同那些攻击行为受到社会强化的英雄人物，这使得年幼儿童更容易受到电视暴力怂恿效应的影响，这是家长需要知道的事实（Huesmann et al., 2003）。如果家长一边坚决反对作恶者的行为，一边强调儿童漏掉的细节信息，尤其是帮孩子理解这些施暴者（或暴力英雄）应该如何以建设性的方式解决他们的问题，那么儿童就能更好地理解媒体暴力，受到的消极影响也会比较小（Collins, 1983; Liebert & Sprafkin, 1988）。遗憾的是，这一策略并未得到充分利用，正如米歇尔·圣·彼德斯等人（Peters et al., 1991）所指出的，由于父母与子女在家一起看电视的时间段播放的大多不是动作片、冒险片和极端暴力节目，而是诸如晚间新闻、体育赛事或黄金时段的电视剧，这些电视节目对年幼儿童并不具有吸引力。

电视是一种教育工具

至此，我们都是以一种警惕的眼光来审视电视节目，谈论的大多是它的危害。但是这个“早期窗口”也可以成为教给儿童许多有价值课程的最有效的方式之一，当然，前提是它的内容必须转变为这类信息。让我们来看看支持这种观点的一些证据。

教育类电视节目与儿童的亲社会行为　许多电视节目，特别是像《芝麻街》和《罗杰斯先生的邻居》这类在公共电视频道播出的节目，其设计意图之一是用于颂扬合作、分享以及安抚悲伤的同伴这类亲社会行为。已有的研究表明，那些经常观看亲社会电视节目的年幼儿童确实变得更具亲社会倾向（Calvert & Kotler, 2003; Hearold, 1986）。但是需要强调一点，除非有成人对播出的节目进行监控，并鼓励儿童练习和实施他们学到的亲社会性课程，否则这些节目可能没有持久的教育意义（Friedrich & Stein, 1975; Friedrich-Cofer et al., 1979）。此外，只有当节目中不包含吸引年幼儿童的暴力行为时，他们才可能吸收和践行电视中播出的这些亲社会性课程。但是，尽管有这些限制性条件，亲社会电视节目的正面效应仍然大大超过负面作用，暴力电视节目会增加攻击性，而亲社会电视节目能在更大程度上促进亲社会行为的发生，特别是在成人鼓励儿童关注那些用建设性手段解决人际冲突的情节时（Hearold, 1986）。

电视是早期学习和认知发展的影响因素　1968 年，美国政府和一些私人基金会提供资金创建了儿童电视工作室（CTW），该组织致力于制作能保持儿童兴趣并促进其智力发展的电视节目。这个组织的第一部作品《芝麻街》成为全球最流行的儿童连续剧，平均每周播放三次，观众约占美国学前儿童的一半，还在全世界近 50 个国家播出（Liebert & Sprafkin, 1988）。《芝麻街》的受众是 3~5 岁的儿童，节目旨在培养他们重要的认知技能，如数数、认识和区分数字及字母、对物体进行排序和分类，以及解决简单的问题。制作者希望处境不利的儿童在定期观看该节目后能更好地为入学做好准备。

对《芝麻街》的评价 在《芝麻街》播出的第一季期间，美国教育考试服务中心（ETS）就对它的作用进行了评估。来自美国五个地区的 950 名 3~5 岁儿童参加了前测，接受认知技能的测量，以判断他们对字母、数字和几何图形的掌握情况。在季末进行了再测，以检验他们都学到了什么。

经过数据分析，结果清楚地表明《芝麻街》达到了它的目的。如图 12.3 所示，收看《芝麻街》最多的儿童（Q3 组和 Q4 组，每周收看 4 次以上）在测验总分（图 a）、字母测验分数（图 b）和写自己名字的能力方面（图 c）都表现出最大的进步。3 岁儿童的收益大于 5 岁儿童，这可能是年龄较小的儿童开始时所知甚少的缘故。第二项相似的研究（Bogatz & Ball, 1972）只包括城

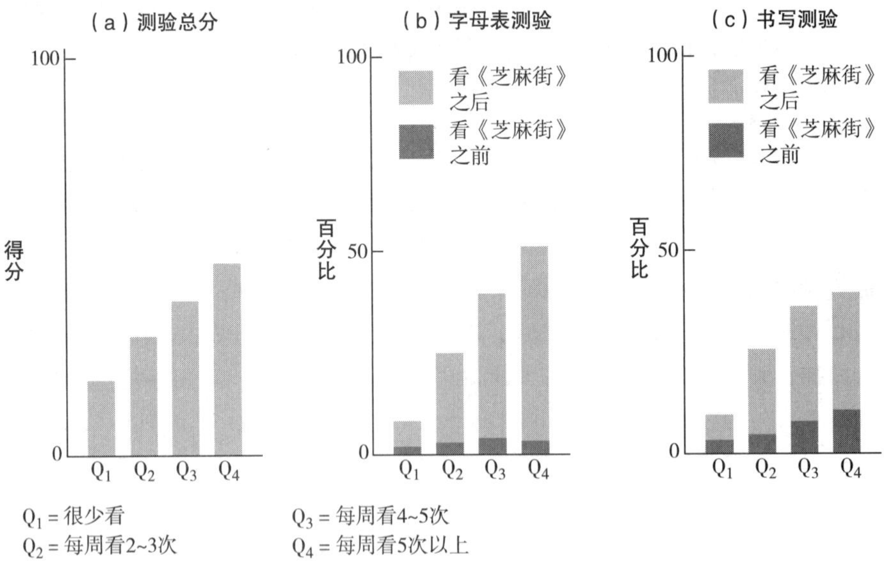

图 12.3 《芝麻街》的收看时间与儿童能力之间的关系：（a）根据收看时间划分的四个不同组的儿童在测验总分上的进步情况；（b）四组儿童正确背诵字母表的百分比；（c）四组儿童正确写出自己名字的百分比。

资料来源：Liebert & Sprafkin, 1988.

市处境不利的学前儿童，结果和第一项研究相同。其他研究也发现，定期收看《芝麻街》与学前儿童的词汇和前阅读技能的明显进步密切相关（Rice et al., 1990）。根据一年级教师的评定，与很少观看《芝麻街》的同学相比，那些经常看该节目处境不利的儿童，其入学准备更好，对学校活动也更感兴趣（Bogatz & Ball, 1972）。

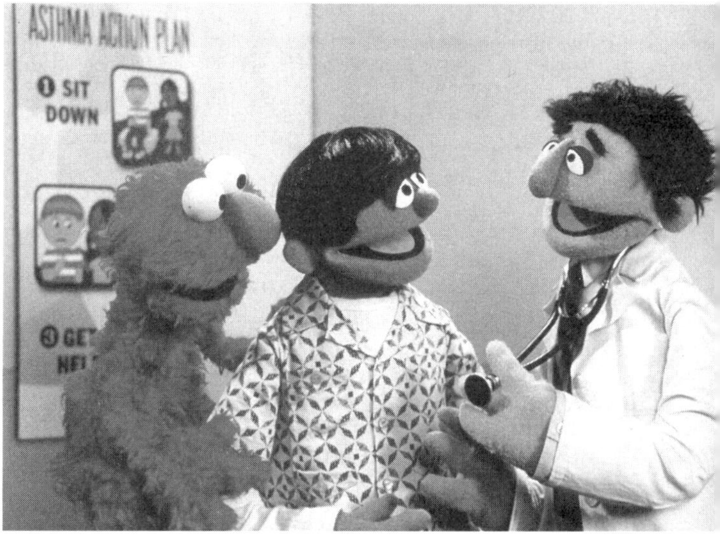

Children's Television Workshop, Richard Termine

图片 12.2 儿童从《芝麻街》这样的教育电视节目中学习到许多有价值的课程。

其他教育节目 《芝麻街》的成功鼓舞了儿童电视工作室和其他非商业制作人继续创作了多档面向儿童各科知识的节目，如培养阅读技能的《电力公司》，教数学的《兴趣魔方》，介绍逻辑推理的《想一想》，讲授科学的《接触 3-2-1》，以及简要概述社会调查研究的《蓝色大理石》。《电力公司》是专为 1~4 年级小学生设计的，对阅读技能的提高确有帮助，但是需要儿童在学校观看，这样教师能够帮助他们做到学以致用（Ball & Bogatz, 1973）[2]。遗憾的是，尽管美国广播公司制作的《科学法庭》和加拿大综合电视台制作的《流行科学大进击》被认为获得了成功，但是由商业电视台制作的、针对年龄较大儿童的教育节目大多未能成功吸引广大的受众群（Farhl, 1998）。

对教育节目毫无根据的忧虑及这类节目的长远益处 有评论家声称，观看教育电视节目是一种被动的活动，它取代了许多更有价值、更能促进发展的活动，比如在成人指导下的阅读和主动学习（Singer & Singer, 1990）。的确，有研究指出，年幼儿童在学习新材料时表现出的“视频致呆”（Troseth, Saylor, & Archer, 2006）似乎意味着，他们把时间花在成人监督下的其他活动上可能会更好。然而，这种对教育节目的批评听起来有点刺耳。发展心理学家一直认为，如果把教育类节目做得更逼真、更具互动性，那么它们可能会更有效，尼克国际儿童频道播出的《蓝色斑点狗》就是这样做的：在展示新材料时，视频中的老师直接看向观众，直接向观众提问，然后停下来邀请观众回答问题。更重要

2 《电力公司》于 1985 年停播。但是该节目录像带仍然在学校里供师生们上课使用。

的是，节目中的课程会有意地重复几遍，以确保观众有足够的机会跟着视频中的老师学习。显然，这种形式不如面对面的双向互动那样能获得丰富的体验；但它吸引了年幼儿童的注意力，对《蓝色斑点狗》的评估显示，与不看这一节目的同伴相比，定时收看该节目的学前儿童在认知、问题解决技能和语言熟练程度等方面明显获益（Anderson, 2004; Linebarger & Walker, 2005）。

即使存在其固有的局限性，教育类节目仍不失为一种宝贵的资源。研究证实，在学前期花更多时间看大众类节目，与儿童在入学准备认知评估中的较差表现相关；然而，花更多时间看教育类节目则与儿童在这些相同的入学准备技能中的更好表现相关（Anderson et al., 2001; Wright et al., 2001）。更重要的是，鼓励孩子看教育类节目的家长也倾向于提供电视以外的其他教育选择，这些活动有其丰富的效果，并有助于进一步限制孩子看大众类节目（Huston et al., 1999）。

人们曾一度担忧，如果中产阶级家庭的孩子更喜欢看《芝麻街》，那么它可能真的会拉大经济处境不利儿童与中产阶级儿童之间的智力差距（Cook et al., 1975）。但是，后来的研究发现，经济处境不利的儿童不仅和中产阶级的同伴一样经常看《芝麻街》（Pinon, Huston, & Wright, 1989），而且从中学到的东西并不少（Rice et al., 1990）。更重要的是，这个节目的影响能够持续很久。追踪研究表明，个体在学前阶段经常看《芝麻街》，与其 10~13 年后较好的高中学习成绩以及参与创造性活动相关（尽管程度较弱）（Anderson et al., 2001）。所以，收看《芝麻街》对所有的学前儿童而言都是一种宝贵的经验，而且花费不多，收益不小，每人每天只需要几美分（Anderson et al., 2001）。艰巨的任务是使更多的家长相信，《芝麻街》和其他教育类节目是他们和孩子都不应错过的宝贵资源（ Larson, 2001）。

总之，电视是一种技术，既能造福儿童，也可能给儿童带来危害，关键取决于儿童观看的内容。换言之，重要的是信息，而不是媒介本身。那么，我们能否改变电视节目，使之成为一个更有效的社会化工具，教给儿童那些能够准确反映一个自由社会的态度、价值观和行为？答案是肯定的，只要愿意去做，我们就一定能够做到。

电脑时代的儿童发展

和电视一样，电脑也是一种影响儿童学习和生活方式的现代技术。但它是以何种方式影响儿童的呢？如果从好莱坞的电影中寻找线索，我们可能会认为，年轻的电脑使用者都将成长为聪明智慧但社会适应不良的人，就像电影《菜鸟大反攻》里那些古怪可爱的角色一样。确实，大多数教育者认为，电脑作为课堂教学的有效补充，对儿童教育有积极影响，是一种有助于儿童学得更多、更快乐学习的工具。1996 年，已有 98% 以上的美国公立学校使用电脑作为教学工具；2003 年，60%~70% 的美国家庭拥有电脑，一半以上的家庭接通了互联网（U.S. Bureau of the Census, 1997; Day, Janus, & Davis, 2003）。现如今，电脑已经得到大范围普及，但是它们真的有助于儿童的学习、思考和创造吗？年轻的电脑使用者是否会沉迷于电脑技术，与社会脱节或缺乏社交技能，从而被同伴拒绝呢？

课堂上的电脑

电脑是课堂上的一种有效学习工具吗？美国教育考试服务中心曾在 13 000 名四年级和八年级的学生中对电脑使用与数学成绩进行了一次大规模的评估，结果表明，**计算机辅助教学**（computer-assisted instruction，CAI）能够（但并不总是）提高学业成绩（Wenglinsky, 1998a）。对于这项研究中的四年级学生而言，花在电脑上的时间越多与其数学成绩越低相关。这些学生中的许多人做的是由电脑生成的简单、重复的练习，其他研究者也发现，这种练习的作用有限。但是，如果电脑装上高激发性的启发式游戏，让儿童自己去发现重要的数学概念，并且对教师进行培训，教给他们如何有效地在教学中引入电脑，那么电脑就会对数学成绩有积极影响，并能促进更积极的学习态度（Wenglinsky, 1998a）。

对八年级学生的研究结果在许多方面与四年级学生相似。当电脑主要用于激发学生从事应用性活动和模拟活动时，数学成绩会提高；但是当电脑主要用于重复练习时，就会产生消极影响（Wenglinsky, 1998a）。再次强调，从电脑使用中受益的学生，往往是其教师受过培训、知道如何在课堂上更好地使用电脑。我们从这些信息中可以得出结论：如果使用得当，电脑能够成为有用的教学辅助工具。显然，教师培训是基础，如果我们要有效利用电脑技术的教育潜能，就必须加强教师培训。

计算机编程与认知发展 在训练有素的教师的指导下，教给学生计算机编程（这样个体就能控制它）似乎也大有裨益，可以培养学生的掌控动机，提高自我效能感，促进新的思维模式的发展，而这些在计算机辅助学业练习中是不可能出现的。道格拉斯·克莱门茨（Clements, 1991, 1995）对一年级和三年级的学

图片 12.3　借助电脑进行学习是对课堂教学的一种有效补充，也是一种教会年幼儿童合作的经历。

生进行了 Logo 语言的培训，这种计算机语言能让儿童把他们已完成的绘画转换成输入语言，最终可以在计算机的显示器上成功地再现他们的作品。虽然，与那些做了更多普通的计算机辅助学业练习的同伴相比，克莱门茨的研究中那些学会了 Logo 语言的儿童在考试成绩上并不占优，但是他们在皮亚杰的具体运算能力、数学问题解决策略和创造力测验中的得分则较高（Clements, 1995; Nastasi & Clements, 1994）。由于儿童必须发现错误并改正他们的 Logo 程序才能使其运行，所以编程促进了他们对自己思维的思考，从而与获得的**元认知知识**（metacognitive knowledge）联系起来（Clements, 1990）。最后，越来越多的高中教师和大学教授为他们的课程创建了网页，以发起对课程资料的在线讨论，他们相信，这种做法会引导学生对课程资料进行更具批判性、更深入细致的思考（Hara, Bonk, & Angeli, 2000; Murray, 2000）。显然，这些发现都很重要，因为它们意味着电脑不仅对于传授理论概念有效，而且也有助于儿童以新的方式进行思考。

对社会性的影响　年幼的电脑使用者是否如一些人所担心的那样，会变成隐身而居、缺乏社会技能、不能适应社会的人呢？几乎不会如此！儿童往往把家用电脑作为一种吸引别人、与同伴聊天或一起玩电脑游戏的设备来使用（Crook, 1992）。在课堂上进行的现场研究表明，通过使用计算机或借助计算机编程来学习解决问题的学生具备两个特点 ：（1）在面临挑战时可能会寻求合作解决方案 ；（2）如果与同伴合作遇到问题后，他们更倾向于坚持下去（Nastasi & Clements, 1993, 1994）。合作双方对于如何解决问题意见不一致时可能会发生冲突 ；但是他们在编程遇到挑战时表现出的浓厚兴趣往往会压倒他们的分歧，使冲突以友好的方式解决（Nastasi & Clements, 1993）。所以，电脑似乎会促进（而不是阻碍）同伴互动，这种交往通常既生动又具挑战性，显然有助于推动儿童那些社会技能行为的发展。

课堂之外：使用互联网的好处

电脑在课堂之外的广泛使用意味着，很多儿童和青少年会在许多方面受到他们所接触的计算机技术的影响。我们先来关注使用互联网的三个明显的好处。

互联网应用与学业成绩　已有研究表明，在课堂上使用计算机对学生的认知技能和学业成绩具有一定的好处。除此之外，有研究还揭示，家中配备电脑有助于儿童在互联网上搜索完成学校项目所需的材料，并提高其学业成绩（Pew Internet and American Life Project, 2002; Valkenburg & Soeters, 2001）。遗憾的是，美国在这方面存在巨大的数字鸿沟：成绩不良的少数族裔和其他经济处境不利的儿童，在家中不太可能使用电脑和互联网，这可能会继续导致他们的学业不良。琳达·杰克逊等人（Jackson, von Eye et al., 2006）探讨了家中使用互联网对13~14岁学业落后的城市贫困学生的学业成绩的影响。他们给参与研究的每个家庭配备一台电脑，可以免费上网。研究者监测了这些青少年使用互联网的频率，测量了之后16个月中他们的阅读成绩和在校成绩。

结果很明显。这些青少年在家里登录上网的次数越多，他们在6个月后的标准化阅读测试中的分数就越高，在收到电脑后的一年和16个月后的平均成绩也越高。青少年把较多的时间用于网上阅读，无论读的是与学校有关的信息还是说唱明星的趣闻轶事，都可能是他们阅读成绩提高的原因，而更好的阅读技能可能有助于这些青少年获得较高的学业分数。此外，杰克逊等人还推测，与阅读书本以及其他传统的发展学习技能的方式相比，在互联网上搜索信息会更有趣，可以“无痛苦地学习”，因此，积极的学业成果可能在一定程度上是快乐学习的巧合效应。然而，值得注意的是，这项研究的参与者在收到电脑前的在校表现远低于平均水平，对于那些在校表现已经良好的学生而言，使用互联网是否有类似的好处还有待观察。

使用电脑对社会性发展的好处　调查显示，在美国青少年中，每周上网至少一次的占89%，每天都上网的占61%，他们在网上的时间，大多数是通过电子邮件或网上聊天进行社交沟通（Cynkar, 2007a）。与流行的观点相反，多数青少年花在与学校、俱乐部或其他线下社交网络朋友聊天的时间，远远超过与陌生人的聊天（Gross, 2004; Valkenburg & Peter, 2007）。此外，那些经常在线交流的青少年比不在线交流的人感觉与朋友更亲密（Valkenburg & Peter, 2007）。

为什么网上交流能促进更亲密的友谊？在对荷兰青少年的研究中，帕蒂·瓦尔肯堡和约肯·彼得（Valkenburg & Peter, 2007）发现，青少年在网上比在线下更愿意分享自己的私密信息，尤其是与异性。他们把互联网看作透露个人信息的一个低风险场所，并向他们的伴侣提出在面对面交流中显得粗鲁的问题。也就是说，个体在网上更容易谈论爱情、恐惧、忧虑或感到难为情的事情。正如第 13 章将要讲到的，这种亲密的自我表露是深厚、坚定友谊的决定因素。此外，我们在第 8 章中还了解到，与同伴在线交流的另一个重要方面是，它可以帮助年龄小一些的青少年在匿名论坛上探索并改进自己刚显露的性别认同，这比与异性面对面的交流风险小得多（Subrahmanyam, Smaehl, & Greenfield, 2006）。

使用电脑对健康的好处　有研究表明，西方国家（如美国、加拿大和英国）的青少年，通常把互联网作为一个健康的信息源，特别是寻求有关性和性风险方面的信息（Borzekowski & Rickert, 2001; Gray et al., 2005）。对发展中国家的民众来说，互联网的使用非常重要，在这些国家，营养不良很常见，由于缺乏医疗保健，传染病难以控制。迪娜·博泽科夫斯基等人（Borzekowski, Fobil, & Asante, 2006）对西非加纳的 15~18 岁青少年样本进行了考察，了解其以医疗为目的使用互联网的情况，该国深受上述健康问题的困扰，青少年患性病的风险相当大，其中包括艾滋病。虽然加纳人家里很少有电脑，但生活在城市的人可以在网吧付费上网。这项研究发现，在这个城市青少年样本中，有超过 60% 的人使用互联网，很多人明确表示要寻找健康方面的信息，他们认为这既有用又可靠，而且容易读懂。许多青少年表示，比起传统的医疗服务，他们在寻求关于自己身体、两性关系和健康方面个人的、敏感的、尴尬的问题的解答时，求助互联网会感觉更舒适些（Suzuki & Calzo, 2004）。虽然没有什么东西可以取代与医生面对面的交流，但互联网上很容易找到可靠和可信的信息，有助于改善世界各地年轻人的生活以及他们做出的选择。

对电脑的担忧

儿童和青少年使用计算机技术会有哪些危险信号？有三种担忧最常见。

对视频游戏的担忧

> 《侠盗猎车手：罪恶都市》是一个视频游戏，玩家可与妓女通过发生性关系来提高分数，还可以杀死妓女获得加分。游戏中有玩家把妓女殴打致死时鲜血四溅的场面（National Institute on Media and the Family, as cited in Associated Press, 2002b）。

一项全国性调查表明，80% 的美国青少年每周花 2 小时以上的时间玩电脑视频游戏（Williams, 1998），并且玩游戏是小学生使用电脑的主要活动（Subrahmanyam et al., 2000）。这一活动并非如许多家长所想的那样，会把儿童的注意力从学校功课或同伴活动中转移走；相反，玩电脑通常可以替代其他娱乐休闲活动，特别是看电视（Huston et al., 1999）。但是，评论家们担心，过多地玩《美国陆军》系列、《杀戮地带》系列、《真人快打》系列和《侠盗猎车手》这些流行的、非常暴力的视频游戏，可能会像观看电视暴力节目一样诱发儿童的攻击性，养成攻击习惯。

评论家的担忧当然是有根据的。至少有三项关于四至十二年级学生的早期调查发现，玩电脑视频游戏的时间与现实世界中的攻击行为之间存在着中等程度的正相关（Dill & Dill, 1998）。实验研究证据更是揭示出：一项有关三年级和四年级学生的研究（Kirsh, 1998）与另一项关于大学生的研究（Anderson & Dill, 2000）均发现，被随机分配玩暴力视频游戏的被试，与那些玩非暴力视频游戏的对照组被试相比，对随后呈现的模糊挑衅表现出更强烈的敌意归因偏向，明显表现出更多的攻击行为（Bushman & Anderson, 2002），并且暴力视频游戏对那些认同暴力游戏角色的男孩产生的教唆作用最大（Konijn, Bijvank, & Bushman, 2007）。由于暴力视频游戏玩家*主动*参与了攻击行为的计划和实施，并且他们这种成功的、符号化的暴力不断地受到强化，而观看暴力电视节目的儿童只是被动地接触攻击性和暴力，所以研究者认为，暴力视频游戏的攻击性教唆效应可能远超暴力电视节目（Anderson & Dill, 2000）。这些早期的报告揭示，家长至少应当像关注孩子看什么电视节目一样，关注孩子在玩什么视频游戏。

对社会不平等的担忧 另一些评论家相信，计算机革命可能会把某些儿童群体甩在后面，导致他们缺乏相关技能，无法适应我们这个日益依赖电脑的社会。如前所述，来自经济贫困家庭的儿童在学校里能接触到电脑，但是家里可能没有，或者他们所在的学校也没有训练有素、能在课堂上有效使用电脑的教师（Becker, 2000; Rocheleau, 1995）。此外，在最初上电脑课的时候，男孩可能比女孩更感兴趣，更踊跃地报名参加电脑培训班。为什么呢？或许是因为电脑被认为与数学这个传统的男性科目有关，现有的许多电脑游戏都是为男孩设计的（Lepper, 1985; Ogletree & Williams, 1990）。但是，这种性别差异在美国已经基本被消除了（Mayer-Smith, Pedretti, & Woodrow, 2000; Subrahmanyam, Greenfield, & Gross, 2000），主要是因为电脑越来越多地用于朋友间的交往，用于促进合作的课堂学习活动之中，而这些活动都是女孩们喜欢参加的（Collis,

1996; Rocheleau, 1995)。

对网络使用的担忧　家用电脑和在线服务的普及意味着，世界各地数以百万计的儿童和青少年现在可以在无人监督的情况下使用互联网。显然，在网络上接触到的信息对于那些搜索与学校课业相关主题的学生来说可能是福音。但是，许多家长和老师都对某些潜在的网络影响感到担忧。

对色情内容和性剥削的担忧　在互联网上搜索色情内容就像在谷歌上搜索"性"这个词一样唾手可得，每年约有 40% 的美国青少年和儿童访问网页上 40 万个色情网站中的一个或多个，其中许多网站不需要验证用户的合法年龄 (DeAngelis, 2007; Wolak, Mitchell, & Finkelhor, 2007)。迄今为止，对接触色情之影响的研究仍屈指可数，但已有的数据揭示出，这对儿童和青少年的性态度产生了一些令人不安的影响：与很少访问色情网站的同龄人相比，经常访问色情网站的儿童和青少年更可能把性看作纯粹的生理娱乐活动，不需要什么感情，把女性看作玩物，更能容忍对女性的侵犯行为，更容易接受婚前和婚外性行为 (DeAngelis, 2007, Greenfield, 2004; Peter & Valkenburg, 2006)。通常，男孩访问色情网站远多于女孩，尤其是，如果他们观看的内容非常露骨，并且认为这是对性关系的真实描述，那么他们更可能持这样的态度 (Peter & Valkenburg, 2006, 2007)。

图片 12.4　经常接触网络色情可能会导致青少年对女性、性和性关系产生不良的态度。

对网络使用的其他担忧　家长和老师们对网络使用的许多其他担忧还未引起研究者们的足够重视。例如，互联网也被一些五花八门的邪教组织以及宣扬仇恨的组织（诸如三 K 党）用作主要的招募工具 (Downing, 2003)。而且，我们在第 9 章中曾讲到，网络欺凌已经相当普遍，网络欺凌对受害者造成的心理影响甚至超过受害者在学校或社区遭遇的面对面欺凌 (Raskauskas & Stoltz, 2007)。儿童还会频繁接触到与电视广告同样令人讨厌和带有欺骗性的网络广告 (Wartella, Caplovitz, & Lee, 2004)。尽管对大多数青少年来说，使用互联网可以加强线下朋友间的友谊，但是多达 15% 的使用者因为上网而与

家人和同学疏远了（也就是说逃离了当前的环境），把与陌生人的在线联系作为其主要的社交方式（Cynkar, 2007a）。

父母应该做些什么才能打消这些顾虑呢？拉里·罗森（Rosen, 2008）在他的书中提出了以下建议：

1. 学习电脑技术。了解社交网站 MySpace 是如何运作的，YouTube 是什么网站，学会使用各种控件和限定功能。这些有助于让家长更好地了解哪些规则和限制是必要的。
2. 把电脑放在家人经常出入的房间。不要创造“技术茧”，让孩子孤立自己，不参与家庭活动。
3. 提前制订家庭活动计划，包括孩子的活动计划。
4. 限制孩子的上网时间，规定上网时间必需与探亲访友等其他活动的时间协调好。
5. 监控孩子的上网活动。察觉孩子正在消费哪些信息，以及这些内容是否会造成不适或引发问题。要做到这一点，最简单的方法是和孩子保持一种尊重和建设性的沟通，而不是惩罚。

小结　像电视一样，电脑对儿童和青少年发展的影响既可能是积极的，也可能是消极的，这取决于我们如何使用它们。如果年轻人使用电脑主要是消磨时间，交流一些无聊的话题，或在网上看色情片，或让自己与世隔绝，与陌生人搭讪，或干掉来自外太空的变异外星人，那么结果就不会是积极的。但是，如果年轻人把电脑用于学习、创造、合作或与朋友友好相处等方面，那么结果就会是相当积极的。

学校是社会化的影响源

儿童在家庭以外的生活中接触到的所有正规机构中，很少能有像学校一样有这么多机会影响他们的发展。在美国，从 5~6 岁开始，一个普通儿童每天在学校要度过大约 5 小时的时间。现在，儿童在校时间比过去长得多。1870 年，美国只有 200 所公立高中，全美国儿童中只有一半每年有 3~5 个月的时间去上学。现在学校的学期长达 9 个月（180 个学日）；超过 75% 的美国青少年在 17 岁时仍在上高中；约 50% 的美国高中毕业生继续接受各种形式的高等教育（U.S. Bureau of the Census, 2001）。

如果要概括学校的使命，我们可能会把学校看作儿童习得基础知识和学习技能的场所：包括阅读、写作、算术、电脑技能，以及以后的外语、社会研究、高等数学和科学等。学校也为儿童提供**非正式课程**（informal curriculum），教他们如何适应并融入自己的文化。学生应该遵守规则，与同学合作，尊重权威，做一个好公民。对成长中的儿童来说，同伴的影响大多发生在与学校有关的活动中，这极大地取决于儿童就读的学校类型以及他们在校经历的质量（Brody, Dorsey, et al., 2002）。因此，把学校看作儿童社会化的影响源是非常恰当的，它可能会影响儿童的社会性和情感的发展，传授知识，帮助学生做好就业和经济独立的准备。

在本章的这一节，我们将重点探讨学校会以哪些方式影响儿童。首先，我们将讨论正规的课堂教学能否促进儿童的智力发展。其次，我们将考察不同学校在其"效能"上的显著差异，即学校完成课程目标以及有助于培养学生成为"好公民"的非课程目标的能力。在总结了有效学校的特点后，我们将讨论一些有特殊需要的学生和处境不利的学生在学校可能遇到的问题，并以此衡量我们的教育体系能否满足儿童的需要。

学校教育能否促进认知发展

如果你已经完成了大学前两年的学习，那么你所掌握的生物、化学和物理知识可能已经远远超过 100 年前很多聪明的大学教授。显然，学生从他们接受的学校教育中学到了大量有关这个世界的知识。但是，当发展心理学家们提出"学校教育能否促进认知发展"这一问题时，他们是想知道，正规教育是否加速了智力发展，或者促进了思维模式和解决问题的方法，而这些在缺乏学校教育的情况下不太可能得到发展。

为了说明这些问题，研究者有代表性地研究了发展中国家儿童的智力发展，那里的学校教育是非义务性的，或尚未在全社会开展义务教育。这类研究通常发现，上学的儿童比家庭背景相似但没上学的同龄人能更快地达到皮亚杰的理论所提出的各项发展里程碑（例如守恒），并且在记忆和元认知知识的测验中也表现更好（Rogoff, 1990; Sharp, Cole, & Lave, 1979）。一般来说，儿童在学校接受的教育越多，其认知成绩就越好。我们来看弗里德里克·莫里森等人的发现（Morrison et al., 1995, 1997），他们先把刚达到一年级入学年龄儿童的认知成绩与年龄小一点的学前班儿童的认知成绩进行了比较。在学年末的测验中，年龄稍大一点的一年级儿童在阅读、记忆、语言和算术技能方面明显胜过那些年龄几乎相同的学前班儿童（见 Gormley et al., 2005, similar educationrelated boosts in 4-year-old pre-K students）。在另一项研究中，按照延长的学年（210 天）校历上课的美国儿童，与那些研究开始时能力相当但按正常学年（180 天）校历上课的儿童相比，在第二年秋季的学业成绩和一般认知能力测验中得分都较高（Frazier & Morrison, 1998）。最后，贾内伦·胡滕洛切尔等人（Huttonlocher et al., 1998）以 6 个月为间隔，对幼儿园和小学一年级儿童的认知发展进行了追踪研究，发现儿童在头年 10 月至来年 4 月的上学高峰期内的认知增长，显著高于来年 4 月至 10 月上学低峰期内的认知增长。所以，学校教育通过传授一般知识，教给儿童一系列规则、策略和问题解决技能（包括集中注意的能力和对信息提取的充分意识），确实促进了认知发展（Ceci, 1991; Ceci & Williams, 1997）。

这些发现是否意味着，我们让孩子更早地入学，对他们的成长会更好呢？正如我们将在专栏 12.2 中所看到的，较早入学既有利，也有弊。

有效（和无效）学校教育的决定因素

在一个新城镇寻找住所时，父母问的第一个问题往往是：住在哪里才能让我们的孩子受到最好的教育？这种关注反映了一种普遍的观念，即一些学校比另一些学校更好、更有效。实际是这样的吗？

迈克尔·鲁特（Rutter, 1983）认为的确如此。按照鲁特的观点，**有效的学校**（effective schools）能够提高学生的学业成绩，增强其社会技能，使其养成礼貌的行为，培养积极的学习态度，较少旷课，对超过法定入学年龄者继续提供教育，使学生获得能够找到并维持工作的技能。鲁特认为，不管学生的种族或社会经济背景如何，在实现这些目标时，一些学校总会比另一些学校更成功。让我们一起来看看支持这种观点的证据。

在一项大型研究中，鲁特等人（Rutter et al., 1979）在英国伦敦的 12 所面向低收入或中低收入人群的中学进行了广泛的访谈和观察。他们在学生入学时进行了一系列的学习能力测验，以衡量他们的初始学业成绩。在中学毕业前，又对学生们进行了一次主要的测验，以评估他们的学业进步情况。收集的其他信息还包括学生的考勤记录和课堂行为的教师评定。经过数据分析，鲁特发现，12 所学校在有效性上存在差异：与来自低效能学校的学生相比，来自“好”学校的儿童问题行为较少，上学更有规律，学习进步更大。从图 12.4 中我们可以了解“学校有效性”的重要性。图中的曲线表示学生中学入学时的学业成绩（曲线 3 为低分者，曲线 1 为高分者）。在所有三条曲线上，高效能学校的

专栏 12.2 当前争论

学龄前儿童应该提前上学吗?

婴儿和学步儿具有了一定的学习能力，给宝宝读故事或者让他们接受音乐熏陶，这些丰富多彩的活动能够促进他们的大脑发育和智力提高，在过去的二十多年里，大众传媒已经使这一理念家喻户晓（Kulman, 1997）。许多家长接受了这一理念并付诸实践，例如参加诸如“阅读起跑线”这样的项目，这些项目声称有助于父母提高6~9个月大的婴儿的前读写技能（Hall, 2001）！现在，已经有许多学龄前儿童每天要在高度重视学习的日托机构和学前班度过4~8个小时（Early et al., 2007）。这样做对孩子真的有益吗?

《不再错爱孩子》一书的作者戴维·艾尔金德（Elkind, 1987）当然不认可这种做法。他认为，当前教育开始的时间被推广的越来越早，这种做法有点激进（另见 Bruer, 1999），如今的许多幼儿，没有足够的时间如其所是的那样做个简单的孩子，按照他们自己的意愿去玩耍和社会化。艾尔金德还担心，如果儿童的生活被“望子成龙，望女成凤”的父母精心安排，那么儿童就可能会丧失学习的主动性和乐趣。

一些研究（Hart, Burts, et al., 1998; Marcon, 1999; Stipek et al., 1995; Valeski & Stipek, 2001）证实了艾尔金德的这一担忧。在以学习为导向的幼儿园或学前班上课的3~6岁儿童，有时会在认字母和阅读技能等基本学习能力方面表现出一些初始优势，但这种优势在学前班末期往往就会消失。更重要的是，与那些在强调以儿童为中心的社会化课程，以及灵活的、实践性的探究式学习为主的幼儿园或学前班的儿童相比，这些在高度结构化、以学习为导向的机构中的儿童被证明创造力较差，压力较大，对考试更焦虑，对成功缺乏自豪感，对未来的成功缺乏自信，并且通常都不太喜欢学校。所以，在学前期过分强调学习是危险的。

很好地平衡了入学准备性学习和社交活动的幼儿园，有助于儿童做好入学准备。

另一方面，能够提供健康的混合游戏和儿童自发的探究式学习的学前教育机构则对幼儿非常有益，尤其是对那些处境不利的儿童（Stipek, 2002; Gormley & Gayer, 2005）。虽然大多数参加学前课程学习的幼儿并不比待在家里的儿童在智力上有什么优势，但是对于处境不利的学龄前儿童而言，参加了以儿童为中心、专为其入学做准备的项目，比未参加这种项目的处境不利的儿童表现出更好的认知发展，入学后的学业成绩也更好（Campbell et al., 2001; Magnusson et al., 2003; Reynolds & Temple, 1998; 另见本书第7章）。部分原因是参与这一项目的儿童，其家长较多地参与到孩子的教育之中（Reynolds & Robertson, 2003）。所以，只要学前教育项目给儿童留有充足的时间去游戏，让他们在群体社交互动背景下掌握技能，那么这些项目就有助于儿童从中学到社交、学业和沟通技能，理解规则和一日生活常规，这将使儿童更顺畅地从在家中的个体学习向小学课堂中的集体学习过渡。

学生毕业时的学业成绩都优于低效能学校的学生。更有启发意义的发现是，入学时资质较差但就读于高效能学校的学生（曲线 3），其毕业时的成绩与入学时资质较好但进入最低效能学校读书的学生（曲线 1）恰好相同。针对美国小学和中学的其他大型研究也获得了类似结果。即使在控制了学生的种族构成、社会经济背景和社区服务之类的重要因素之后，仍然发现一些小学比另一些更有效（Brookover et al., 1979; Hill, Foster, & Gendler, 1990; 也见 Eccles & Roeser, 2005）。

所以，儿童上什么学校可能是差异的原因所在。你可能会很好奇什么原因会使得一所学校更有效。

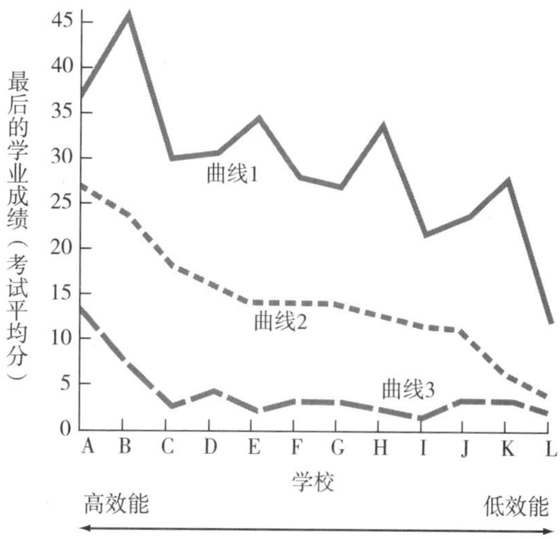

图 12.4 中学入学时的初始成绩（曲线 1—3）和所在学校的效能（学校 A—L）对中学生平均学业成绩的影响

值得注意的是，如果学生就读于较高效能的学校，那么这三种类型的学生在最终的学业评估中水平都较高。此外，就读于较高效能学校的曲线 2 代表的学生与曲线 1 代表的学生成绩相似，就读于较低效能学校的曲线 2 代表的学生与曲线 3 代表的学生的成绩也相似。

资料来源：Rutter et al., 1979.

对有效学校教育的一些错误观念

财政支持 有趣的是，一所学校的财政支持程度对学生所接受的教育质量的影响可能并不像人们认为的那样大。经费严重不足会降低教育质量；但是一些研究表明，只要一所学校拥有合格的教师和合理水平的财政支持，那么花在每个学生身上的准确费用、学校图书馆的藏书量、教师的工资和教师的学历等，在决定学生成就方面都只起很小的作用（Early et al., 2007; Hanushek, 1997; Rutter, 1983）。然而，其他研究表明，增加直接用于课堂指导的资源能够提高低年级学生的成绩（Wenglinsky, 1998b）。因此，仅仅增加学校的预算可能不会提高学校的有效性，除非是明智的投资。

学校和班级的规模 另一个对学校有效性影响相对较小的因素是班级的平均规模：在标准的小学和中学里，班级人数从 20 人到 35 人不等，班级规模对学生的学习成绩影响很小（Ehrenberg et al., 2001; NICHD Early Child Care Research Network, 2004b; Rutter & Maughan, 2002）。在小学低年级，一对一教学或者小组教学可以显著提高学生的阅读和算术成绩，特别是那些经济处境不利或能力低下的学生（Blatchford et al., 2002; Finn, 2002）。把班额减少到 20 人或更少，有助于学前班和一年级学生成绩的明显进步（见 NICHD Early Child Care

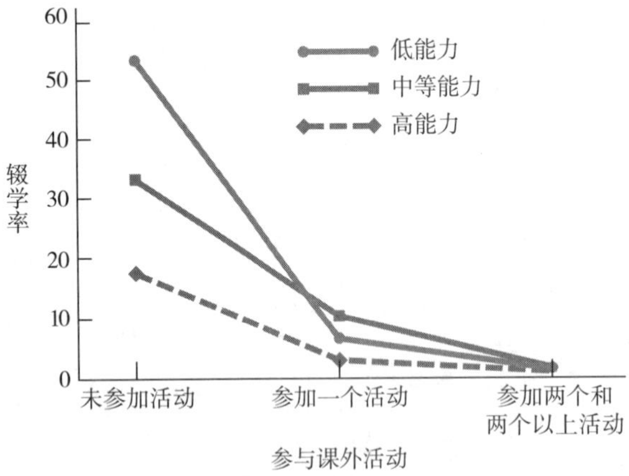

图 12.5　高中生的社交活动 / 学业能力和课外活动参与度对辍学率的影响

很明显，能力较低或中等的学生，如果参加课外活动，与同伴和学校环境保持积极、自愿的联系，则他们更可能留在学校继续学习。

资料来源：Mahoney & Cairns, 1997.

Research Network, 2004b, for a review）。但是，简单地缩小所有年级的班级规模所产生的巨大开支可能得不偿失。

有一些证据表明，学校规模会影响年龄较大的学生参与结构化的课外活动，这种活动强调诸如合作、公平游戏、正确看待竞争等这些"非正式课程"。虽然规模较大的中学能组织较多的课外活动，但在规模较小的学校里，学生往往：（1）更深入地参与活动；（2）更可能处于承担责任的位置或担任领导职位；（3）对课外活动经历更满意（Barker & Gump, 1964; Jacobs & Chase, 1989）。为什么呢？其中一个原因是，在规模较大的学校里，学生较少被鼓励参与活动，常常被湮没在人群中，感到一种疏离感，与同伴及校园文化缺乏联系。这确实令人遗憾，因为早期的一项对青少年从七年级开始直到成年初期的追踪研究发现，那些社交技能较差的低能力学生，如果坚持参加一种或多种课外活动，与学校环境保持自发的联系，那么他们就不太可能辍学或成年后参与反社会活动（Mahoney, 2000; Mahoney & Cairns, 1997; 见图 12.5）。当然，对这些发现的一种潜在批评是，那些倾向于留在学校的适应良好的学生是那些被课外活动吸引的人。然而，对这种自我选择变量加以控制的追踪研究一致表明，适量地参加课外活动，如课外俱乐部和体育活动以及其他有组织的课外活动（如志愿服务），确实能促进积极结果，如学业成绩提高，坚持上学，心理健康问题较少，很少饮酒和药物滥用，在成年初期更多地参与政治和社会活动，这种参与课外活动的好处，对于各种能力水平、来自社会各阶层和各种族群体的学生来说都是显而易见的（Busseri et al., 2006; Fredricks & Eccles, 2006; Mahoney, Harris, & Eccles, 2006）。这些发现隐含的意义很清楚：为了更好地完成教育学生的使命，妥善地为他们的成年生活做好准备，无论学校规模大小，初中和高中学校都应该更多地鼓励所有学生参加课外活动，不要因为学业成绩差就直截剥夺了他们的这些机会。

按能力分班　**按能力分班**（ability tracking）是指先把学生按智商或学业成绩进行分组，然后把"能力"相当的学生组成一个班里进行教学，这种做法多年

来一直备受争议。一些教育家认为，和同等能力的同伴一起学习，学生能学得更好。另一些人则认为，按能力分班会降低能力较低学生的自尊，导致他们的学业成绩差和辍学率高。

现有的研究表明，无论是按能力分班还是混班教学都没有明显的优势：这两种方法在高效能和低效能的学校中都普遍存在（Glass, 2002; Rutter, 1983）。然而，其优劣要视情况而定。对于能力强的学生而言，如果他们接受的是根据其能力和学习需要量身定制的挑战性课程，那么按能力分班就能够使他们受益（Glass, 2002; Kulik & Kulik, 1992）。然而，对于能力差的学生而言，如果按能力分班后不给他们配备最好的老师（这种情况很常见），难以应对学习上的挑战，被贴上"笨蛋"的标签，那么他们就不太可能从中受益并且会变得更糟（Mac Iver, Reuman, & Main, 1995; Mehan et al., 1996; Porter & Polikoff, 2007）。休·米恩等人（Mehan et al., 1996）批评这种做法："不是笨孩子被分到了慢班或低能力组中，……而是被分到慢班或低能力组中使他们变笨了"（p. 230）。

总之，我们讨论的这些因素似乎并不会对有效的教育产生什么影响。一所只有足够的财政支持、班级规模较大、实行混班教学的学校，与另一所资源丰富、班级规模小、实行按能力分班教学的学校相比，通常其教育效果可能并无太大差异。

有效学校教育的影响因素

学生的构成 在某种程度上，一所学校的"有效性"是指它在工作中能发挥的既定功能。一般来说，在经济处境不利的学生占多数的学校中，学生的学业成绩最差；而如果在一所高智力学生集中的学校接受教育，那么似乎任何儿童在学习上都能取得进步（Brookover et al., 1979; Portes & MacLeod, 1996）。但是，这并不意味着，一所学校的好坏仅仅取决于其生源，因为许多从处境不利人群中大量招生的学校，在激励学生和为他们将来就业或升学做准备方面都具有很高的效能（Reynolds, 1992）。

学校的氛围 学生对学校氛围的感知，包括他们的安全感以及他们从老师和其他教职员工那里得到的情感支持和鼓励，也会影响学校的有效性（Hamre & Pianta, 2005; Loukas & Robinson, 2004）。如果儿童感到安全，教师在课堂上营造出积极、支持性的情绪氛围，那么学生就能在学习上取得更好的成绩，更喜欢参与课堂活动，以及较少出现情绪问题（Eccles & Roeser, 2005; Gazelle, 2006; Hamre & Pianta, 2005）。

成功学校的学习氛围 那么，一些非常成功的学校，其学习环境是什么样的

呢？文献综述（Eccles & Roeser, 2005; National Research Council and Institute of Medicine, 2004; Rutter, 1983）归纳出了高效能学校在价值观和教育实践方面的以下特点：

- 重视学习。高效能的学校非常关注学生的学习目标。老师经常给学生布置家庭作业，并检查、批改，和学生进行讨论。
- 课堂管理。在高效能的学校里，教师很少浪费时间来预热一项活动或解决令人困扰的纪律问题。课程按时开始和结束。教师明确地表达对学生的期待，并给予他们及时、清楚的学业反馈。课堂气氛和谐；教师鼓励所有学生发挥自己的最大潜能，并对学生好的表现给予充分的表扬。
- 纪律。在高效能的学校里，全体教职员工都严格执行规定，当场处理问题，而不是把犯错的学生叫到校长办公室。教师很少体罚学生（打耳光或打屁股），那样会导致逃学、反抗和紧张的课堂气氛。
- 具有挑战性且与文化相关的课程。高效能的学校通过提供一些学习材料，强调学校的文化和历史以及当前面临的发展问题，致力于提高学生的兴趣、注意力、努力程度和出勤率。相反，如果向学生提供的内容不惧挑战性，或者学生感觉不到自己和学校有什么关系，就可能影响他们的学业成绩，使学生觉得自己和学校有隔阂（Eccles & Roeser, 2005; Jackson & Davis, 2000）。
- 团队工作。在高效能的学校里，全体教职员工是一个工作团队，他们共同制定课程目标，指导学生进步，统一在校长积极而充满活力的领导下工作。

总之，高效能学校的环境是一种舒适且有条不紊的环境，在这种环境中，学校期望学生学业成功，激励学生努力学习。有效的教师在很多方面就像权威型的父母，既关心爱护学生，又对学生严格并有所控制（Wentzel, 2002）。研究一致证明，来自不同社会背景的儿童和青少年都愿意接受**权威型教学**（authoritative instruction），接受这种教学方式的学生，比那些接受**专制型教学**（authoritarian instruction）和**放任型教学**（permissive instruction）的学生能更好地茁壮成长（Arnold, McWilliams, & Arnold, 1998; Lewin, Lippitt, & White, 1939; Wentzel, 2002）。

最后，无论怎么强调都不为过的是，有效的学校教育对经济处境不利的学生至关重要，这些学生不仅面临学业成绩低下的风险，而且生活的社区或家庭环境容易使他们表现出行为问题、内化心理障碍（如焦虑、抑郁）和其他反社会行为。例如，吉恩·布罗迪等人（Brody, Dorsey et al., 2002）发现，如果教师能创建有效的课堂环境，可以帮助那些来自低收入、单亲家庭且正处于危险期的 7~15 岁的孩子应对他们所承受的压力，保证他们在学校的出勤率，避免在这类学生中常见的外化和内化障碍。不仅如此，在这项研究中，即使学生所接受的父母教养带有损害性（缺少温暖和监护），有效学校教育的这种稳定的保护作用仍然非常明显（另见 Meehan, Hughes & Cavell, 2003，for similar results with aggressive African-American and Latino students）。同样，德博拉·奥唐奈等人（O'Donnell et al., 2002）也发现,居住在暴力社区的高危险性青少年，如果受到有效学校教师的支持和鼓励，就会较少受到不良同伴的影响，较少参与物质滥用和其他反社会行为。这些发现清楚地说明，有效的学校教育在社会化过程中是多么重要，它对积极的社会性和情感发展以及良好的学业成绩具有实质性的影响。

学生和学校之间的"良好匹配" 关于有效学校教育的另一个要点是，学生的特征和学校环境的特征往往相互作用，共同影响着学生的发展，李·克伦巴赫和理查德·斯诺（Cronbach & Snow, 1977）把这种现象称为**倾向—教学的相互作用**（aptitude-treatment interaction, ATI）。多年来，许多教育研究都基于这样一个假设：一种特殊的教学方法、教育哲学或课堂结构可被证明对所有学生而言都具有优势，无论学生的能力、人格和文化背景如何。这种假设通常是错误的。相反，很多教育方法都是对某些学生非常有效，而对另一些学生则效果较差。有效的秘诀是，寻找学生与教育实践之间的恰当的契合点。

例如，教师倾向于让那些来自中产阶级家庭的能力强的学生发挥最大的潜力，往往采取快节奏、高标准的方法，不断向他们提出挑战。反之，对低能力和处境不利的学生，则多鼓励他们，使之产生积极的反应。为此，老师通常为这些学生提供能真正投入的学习体验，关怀和鼓励他们，而不是打扰和要求他们（Good & Brophy, 1994; Sacks & Mergendoller, 1997）。

除了提供与文化相关的学习材料之外，对学生的文化传统保持敏感也是制订有效教育计划的关键。欧裔美国学生来自于强调个人成就的文化，或许他们更适应传统课堂上所强调的个体为主导的期望。相反，夏威夷原住民的学生以及其他来自集体主义文化背景的学生，更强调合作和协作学习，所以常常在传统的西方课堂上受挫。他们很少注意老师或所学的课程，而是花很多时间寻求同学的注意，这些行为被老师误认为他们对学校不感兴趣（Tharp, 1989）。但是，如果教学适应这些同学的文化，教师轮流对每个小组进行指导，并鼓励小组成员齐心协力，互相帮助，以达成学习目标，那么夏威夷儿童就会对学校产生更大的热情，学习也能取得更大的进步（见图 12.6）。

遗憾的是，如果青少年所在学校的环境与他们不断变化的发展需要之间不

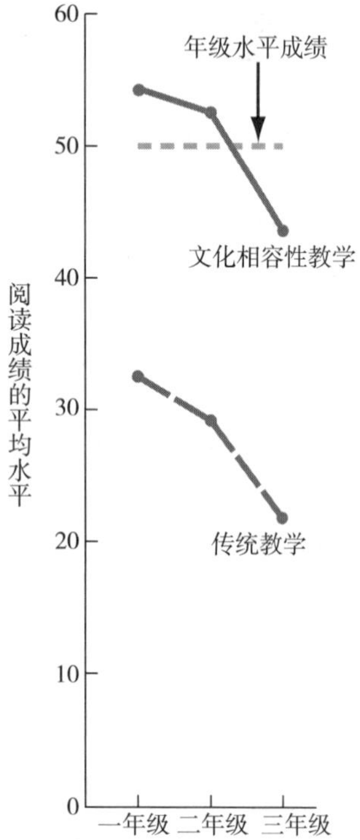

图 12.6 接受传统课堂教学或文化相容性课堂教学的夏威夷原住民 1~3 年级学生的阅读成绩

接受文化相容性教学的学生，其阅读成绩达到年级水平；而接受传统西方式教学的学生，其阅读成绩远低于年级水平。

资料来源：Tharp & Gallimore, 1988.

能匹配，那么无论学生来自何种社会背景，都可能对学习失去兴趣。

一段时间以来，教育者一直在关注一些不希望看到的变化，这些变化往往发生在从小学向初中过渡的青少年身上，表现为没有自尊心，对学校失去兴趣，学习成绩下降，以及更多的捣乱行为，等等（Eccles et al., 1996; Seidman et al., 1994）。为什么这是一个危险的过渡期？

部分问题源于这样一个事实：刚步入青春期的青少年经常需要努力应对许多其他压力（如青春期的变化和其他生活转变，诸如家庭动荡或搬家），而这些通常发生在他们从小学升入中学这段时间（Flanagan & Eccles, 1993）。但是，杰奎琳·埃克尔斯等人（Eccles, Lord, & Midgley, 1991; Roeser & Eccles, 1998）认为，中学本身的特点是导致学生在小升初过渡期适应困难的部分原因。具体来说，他们提出了“良好匹配”（goodness of fit，也译作“良好契合”）假设，当一所学校，无论是初中还是整个中学阶段，如果与青少年的发展需求很不匹配，那么学生过渡到中学就会特别困难。

“不匹配”是指什么呢？从小学过渡到初中时，学生要离开规模较小的小学，在那里，他们与同学和老师的关系密切，学习活动有很多选择，纪律也不那么严格；而他们要进入的中学则通常是一种规模更大、更官僚化的环境，在那里，师生关系缺乏人情味，强调好成绩，却很难取得，选择学习活动的机会有限，纪律也很严格。所有这一切都发生在青少年寻求更多自主性的当口（Andermann & Midgley, 1997）。

埃克尔斯和其他人的研究表明，发展需要和学校环境之间的“匹配度”或“契合度”，确实是影响青少年适应学校的重要因素。一项研究（Mac Iver & Reuman, 1988）发现，向初中的过渡导致学生对学习的内在兴趣下降，主要是这些学生希望更多地参与课堂决策，但最终这样的机会比小学时要少的多。第二项研究表明，学生和学校之间的良好匹配是多么重要：如果升入初中后，学生与数学老师的私人的、支持性的关系减少，那么他们对数学课的态度就会发生消极变化；但是，如果升入初中后，学生从老师那里得到的支持比小学还多，那么他们的学习兴趣实际会提高（Midgley, Feldlauter, & Eccles, 1989）。在第三项研究中，当学生感到学校鼓励每个学生发挥最大的潜能（学习目标），而不强调分数竞争（成绩目标）时，学生在心理和学业上都会表现得更好（Roeser & Eccles, 1998）。

这些研究带给我们什么启示？当学生从小学升入初中时，他们的学习动机和成绩下降并非不可避免。这些退步通常发生在学生与学校环境之间的匹配度从适合到不适合的时候。我们如何才能改善这种匹配呢？家长可以通过预判从小学向中学过渡有多困难，并与孩子交流这些理解来帮助他们适应。一项研究发现，当父母能够与子女的发展需求保持一致，在决策时培养孩子的自主性，那么这些青少年通常能很好地适应向初中的过渡，自尊也会有所提高（Lord, Eccles, & McCarthy, 1994）。教师还可以为学生们提供帮助，在过渡期，教师强调掌握目标而非成绩目标，在学业问题上多征求学生家长意见，并让家长多参与。在这段过渡期，家长和教师之间的合作关系通常会减弱，青少年往往感到他们面临着新的、缺乏人情味且几乎没有社会支持的学习环境所带来的压力（Eccles & Harold, 1993）。事实上，专门设计的为青少年提供这些支持的项目，确实能帮助他们适应向新学校的过渡，减少他们的辍学率（Smith, 1997）。

图片 12.5 从一所规模较小、关系密切的小学进入一所更加官僚且缺乏人情味的中学对青少年来说是一种压力，许多人在这一期间失去学习兴趣，更容易受同伴群体的影响。

总之，学生与课堂环境之间的“良好匹配”是有效学校教育的一个重要方面。根据学生的文化背景、个人特点和发展需求精心设计的教育才更可能取得成功。

我们的学校是否满足了所有学生的需要

美国公共教育的诞生，其初衷并非出于培养劳动力（19世纪的大多数工人都是农民或者文化程度很低的无技术劳工），而是出于把一个移民国家“美国化”的需要，即把他们融入美国的主流社会（Rudolph, 1965）。因此，美国的公立学校传统上是宣扬主流文化的中产阶级教育机构，其教职员工是那些秉持中产阶级价值观的白人教师。

但是，越来越多的公立学校的学生来自非白人社会背景；在加利福尼亚，公立学校的学生多数属于各种“少数族裔”群体（Garcia，1993）。少数族裔的孩子在我们的学校受到良好的教育了吗？如今的学校在满足有发展障碍和其他特殊需要的学生的需求方面又做得如何呢？

少数族裔学生的受教育经历 肯尼斯·克拉克（Clark, 1965）在他的《黑暗的贫民窟》一书中指出，美国公立学校的课堂表现出一种“文化冲突”，在这种冲突中，那些秉持中产阶级价值观的教师未能意识到少数族裔学生在努力适应学校安静、有序的欧式学校氛围时所遇到的困难。举一个语言习惯的例子，非裔美国儿童在家中被提问的机会比白人儿童少，并且他们被问的问题通常都是开放式的，要求他们用冗长的、复杂的口头回答来描述自己的知识或经历（Bries-Heath, 1982, 1989）。因此，这些儿童在学校里回答他们“不熟悉的”知识训练型问题（要求简洁、正确的答案）时常常不知所措，因此可能会被老师打上无知或不合作的烙印。

诚然，许多来自少数族裔群体的低收入家庭的儿童在学校里确实会遇到一些问题。我们在第 7 章中曾提到，这些儿童往往学习成绩较差，与欧裔美国同班同学相比，他们的考试分数和在标准化成就测验中的得分都较低。他们也比欧裔美国同学更可能受到老师的纪律惩罚，留级一次或多次，甚至未完成高中教育就辍学（Associated Press, 2002a; U.S. Bureau of Census, 2007）。为什么会这样呢？让我们一起来看三种可能的原因。

父母参与 把少数族裔学生的学业成绩差归结为其父母在价值观教育或鼓励孩子努力学习方面的失败，这种看法曾经很流行，但是我们在第 7 章中了解到，这是一个非常错误的观念[3]。回想一下，非裔和拉丁裔美国父母对教育的重视程度不亚于欧裔美国父母（Galper, Wigfield, & Seefeldt, 1997），并且他们实际上更支持诸如学生能力测验和延长每天在校时间之类的改革（Stevenson, Chen, & Uttal, 1990）。不过，少数族裔

Michael Newman/PhotoEdit, Inc.

图片 12.6　如果父母重视教育，对学校活动感兴趣且积极参与，那么他们的孩子就可能在学校表现出色。

3　第 7 章曾经讲到，少数族裔学生的学业成绩差不能仅仅归因于智力缺陷。即使智力（智商分数）相同，非裔、美国土著和拉丁裔学生仍比欧裔和亚裔学生更可能在标准化成就测验中获得较低的等级和分数。

学生的父母往往对学校系统了解较少，并且较少参加家长与教师的座谈、家长教师委员会的会议和学校发起的其他活动，而这种参与的缺乏可能部分抵消了“学校教育很重要”这一信息的作用。如果少数族裔父母积极参与学校活动，那么他们的孩子就会在克服学习困难时感到更自信，并且倾向于在学校表现出色（Luster & McAdoo, 1996; Reynolds & Robertson, 2003）。因此，父母的积极参与会使情况有很大改观。

幸运的是，这些发现促使许多学校实施了学前班过渡项目，希望让更多的家长参与到与学校有关的活动中。常见的过渡活动包括：每学年开学前召开家长会；家长带领他们学龄前的孩子参观学校，或者孩子登记入学后由家长参观学前班的教室；在整个学年，安排老师和家长之间的其他联系（如家访、电话咨询）。这些过渡政策确实有效。一项对美国992所学校的评估显示，特别是那些低社会经济地位的高风险学生，由于在校广泛参加了过渡项目，在学前班结束时的学业成绩明显好于学校没有该项目的儿童，并且这些学业上的进步部分源于家长更多地参与了孩子的学习活动（Schulting, Malone, & Dodge, 2005）。

父母和同伴影响的相互作用 虽然少数族裔父母在培养孩子的学业能力方面起着至关重要的作用，但是在不清楚同伴是如何影响学业成绩的情况下，我们还不能充分理解家长的作用。劳伦斯·斯腾伯格等人（Steinberg et al., 1992）对非裔、拉丁裔、亚裔和欧裔美国中学生进行了一项大规模的学业成绩调查。他们发现，学业成功和良好的个人适应通常与权威型的父母教养有关，但是父母对学业成绩的这种积极影响能轻易地被非裔同伴的影响所削弱，这些同伴常常贬低学业成绩的价值，迫使许多非裔学生在学业成功和同伴接受之间做出选择（另见 Arroyo & Zigler, 1995; Ogbu, 2003）。

拉丁裔美国孩子的父母多采取严厉且略带专制的教养方式，而不是灵活的权威型教养方式。因此，许多拉丁裔美国学生在家中自主行动和习得决策技能的机会较少，而在美国学校的个人主义背景下，这些技能又十分重要（Steinberg, Dornbusch, & Brown, 1992）。此外，来自低收入地区的拉丁裔美国学生容易跟那些不重视学习的同伴交往，这些同伴可能会削弱家长对孩子学习的促进作用。相反，欧裔美国学生比非裔或拉丁裔美国学生更可能获得权威型的父母教养和有利于其教育活动的同伴支持。然而，重要的是我们要注意到，当非裔和拉丁裔美国学生和支持性的同伴联系密切时，他们就会感到自己和族群也有着紧密的联系，并且认为学业成绩是成为一名族群好成员的一部分，因此他们的学业成绩不太可能很糟（Altschul, Oyserman, & Bybee, 2006; Gutman, Sameroff, & Eccles, 2002）。

有趣的是，高成就的亚裔美国学生在家中通常接受限制性的看上去很专制的父母教养。但是，这种高控制的教养模式加上父母非常重视教育，以及许多亚裔父母为孩子设定了非常高的成绩标准，实际上促成了孩子的学业成功。为什么呢？正如第 7 章所指出的，亚裔美国儿童从小就被教导要尊敬并遵从他们的长辈，长辈有责任把孩子培养成为对社会负责、有能力的人（Chao, 1994, 2001）。由于亚裔家庭的这种社会化模式，致使亚裔美国同伴群体都强烈认同教育并鼓励学业成功就不足为奇了（Fuligni, 1997）。结果如何呢？亚裔美国学生通常比其他学生花更多的时间学习，并且大多是和他们的支持性朋友交往，毫无疑问，这可以解释他们的学业成功（Fuligni, 1997; Steinberg, Dornbusch, & Brown, 1992）。

教师的评估和期望 教师通过对学生的行为进行解释和评估，将对学生的自我知觉、学业成绩和社会地位产生极大的影响。我们首先讨论一些教师影响学生成绩的途径，然后看看这些过程如何影响少数族裔学生在校的适应情况。

首先，教师对学生的学习能力会形成不同的印象，这种预期会明显地影响学生的学业进步。在一项里程碑式的研究中，罗伯特·罗森塔尔和雷诺·雅各布森（Rosenthal & Jacobson, 1968）发现，教师对一个学生的期望能影响这个学生的成绩，这就是他们所谓的**皮格马利翁效应**（Pygmalion effect）：如果一个学生被预期表现得好而不是表现差，那么这个学生的实际表现就会更好，因此教师的期望就可能成为学生自我实现的预言。为了证明这一点，罗森塔尔和雅各布森给研究中的每位小学老师一份名单，上面写有班里 5 个学生的名字，断定他们是“成绩快速进步的学生”。实际上，这些所谓的快速进步的学生不过是从班级名册中随机挑选的。他们与其他学生的唯一不同是老师给予他们更高的期望。但是，在小学一二年级教师的头脑中植入这些高期望，足以使那些所谓的快速进步的学生在智商和阅读成绩上比其他未被贴上标签的同学表现出更大的进步。

显然，教师心目中形成的对学生的积极或消极预期常常反映了真实的能力差异：那些过去曾被期望表现好（或差）的学生，后来往往真的表现得更好（或更差）。如果两个学生的学习态度和动机相同，那么被老师寄予厚望的那个学生可能比老师对其期望较低的学生表现得更出色（Jussim & Eccles, 1992）。皮格马利翁效应是怎样发挥作用的？教师似乎更愿意在学习上给那些被寄予厚望的学生拔高，如果他们正确地回答了问题，就会表扬他们（这或许会导致他们认为自己能力很强）；如果他们没有正确地回答问题，老师通常会换一种提问方式，使他们能正确回答，从而暗示他们的失败是可以通过坚持和努力来战胜的（Dweck & Elliot, 1983）。反之，那些被寄予较低预期的学生通常被提问的机会较少，当他们回答不正确时很可能会受到批评，这可能会使他们相信自己能力较差，从而降低自己的成就动机（Brophy, 1983; Dweck & Elliott, 1983）。教师期望效应对学习成绩的影响在低年级是最大的，尤其是在高期望儿童和低期望儿童确实受到区别对待的班级里（Kuklinski & Weinstein, 2000, 2001）。这些期望最终会影响学生的学业自我概念，从而使高期望儿童和低期望儿童的学习差异持续存在（Kuklinksi & Weinstein, 2001）。

教师对学业成绩的种族间差异的影响　一些少数族裔学生的学业成绩较差，可能部分归咎于教师的区别对待，现在我们就来分析一下这种情况。根据社会刻板印象，亚裔美国学生被认为既聪明又勤奋；而来自低收入社区的非裔美国学生、美国土著学生和拉丁裔美国学生，则被认为在校表现较差。教师很难不受这种刻板印象的影响。少数族裔的学生们常常感到白人教师不理解他们，如果教师能给予他们更多的尊重和理解，他们就能在学校里表现得更好（Ford & Harris, 1996）。有证据表明，如果学生和老师具有相同的文化背景，学生往往在社会性发展和学习两方面都会有更好的表现（Goldwater & Nutt, 1999; Jackson, Barth, et al., 2006; Meehan, Hughes, & Cavell, 2003）。在一项研究中，让教师从一组特质中选出那些最能准确描述低收入少数族裔学生的特质。结果，他们一致选择了诸如懒惰、爱打闹和叛逆这样的形容词，这表明他们对这些学生并不抱有很高期望（Gottlieb, 1966）。

或许你会看到，根据这些刻板印象形成期望的教师是如何在无意中对学业成绩的种族差异产生影响的。例如，他们可能会很微妙地向一个亚裔学生传达这样的观念，如果他 / 她没有正确回答问题，把问题换一种说法再问一遍，是希望这个孩子做得更好，从而告诉他们坚持和不断努力能够战胜失败。的确，我们在第 7 章（见专栏 7.2）中也曾了解到，如果亚裔美国学生的身份（以及对亚裔美国人的刻板印象）被突显出来，那么他们在学业活动中的表现通常会更好。相反，一个来自低收入社区的墨西哥裔或非裔美国学生可能被老师认为能力较低，因此很少被老师提问，老师甚至会以令他 / 她自我怀疑的方式批评他 / 她的失误。即使在学校表现很好的少数族裔学生，受到这种贬低后也会有变成差生的风险，因为到 6~10 岁，他们已经非常了解大众广泛持有的对自己种族的消极刻板印象，并且已经开始经历“刻板印象威胁”（见专栏 7.2）对学业成绩下降的影响（McKown & Weinstein, 2003）。

总之，家长的价值观和教养方式、同伴对学业成绩的支持以及教师的期望和评价都可能对学业成绩的种族差异产生影响。一些理论家认为，来自低收入少数族裔亚文化群的儿童，一旦进入中产阶级的学校环境就迅速处于不利地位。如果想要激励并且更好地教育这些学生，学校就必须进行大的调整。如果学业成绩差的少数族裔学生在课堂上（或从教材中）能够学到更多关于他们族群的信息，那么他们就会在学校表现得更好（Jackson & Davis, 2000; Kagan & Zahn, 1975; Stevenson, Chen & Uttal, 1990）。研究者提出这一观点已有多年，这也是近年来使学校教育在文化上与少数族裔学生联系更紧密的变革的主要理论依据。今天，我们看到了许多积极的变化，其中有日益广泛的双语教学，旨在满足美国来自 100 多个语种的儿童的需要（Winsler et al., 1999），多元文化教育课程把许多文化和亚文化族群的观念带入课堂，从而让所有学生在学校都觉得更受欢迎（Banks, 1993; Burnette, 1997）。

对特殊学生的教育 教育者面临的另一项任务是成功地教育那些有特殊需要的学生，即学习能力低下、心理发展迟缓，有身体和感觉障碍以及其他发育障碍的学生。在 1975 年美国国会通过《残疾儿童教育法案》以前，这些残疾儿童曾被安置在单独的学校或班级，有一些残疾人被认为无法接受教育而被公立学校拒绝。这项法案在 1990 年经过修订，要求学区为全体有特殊需要的学生提供与其他正常儿童相似的教育。该法案的目的是确保有特殊需要的学生接受与普通公立学校的学生尽可能相似的教育，帮助他们做好步入社会的准备。这项法案的执行情况如何呢？许多学区选择了**包容**（inclusion，亦称“回归主流”，mainstreaming），不是把有特殊需要的学生安置在特殊学校或特殊班级里，而是在全部或大部分时间，把他们安排在普通班级里。

包容是否达到了目的？令人遗憾的是，情况并不理想。与单独进行特殊教育的其他有特殊需要的学生相比，这些回归主流的学生有时在学习上做得不错，特别是残疾程度不太严重的学生（Holahan & Costenbader, 2000），但他们通常做不到这样（Buysse & Baily, 1993; Hunt & Goetz, 1997; Manset & Semmel, 1997）。此外，他们的自尊往往会下降，因为很多有特殊需要的学生在主动、持续地与同学互动时会遇到困难，同学们会取笑他们，不愿意和他们交朋友或一起玩（Guralnick & Groom, 1988; Guralnick et al., 2006; Hunt & Goetz, 1997; Taylor, Asher, & Williams, 1987）。

这些发现是否意味着包容是失败的呢？从某种意义上来说确实如此，因为我们已经知道，把有特殊需要的学生安排在普通班级的简单做法收效甚微。若想有效地发挥作用，包容必需确保来自不同背景、具有不同能力水平的学生在现实中能积极地与其他学生交流和互动，并且学到了他们应该学习的内容。我们如何实现这些目标呢？

图片 12.7　通过强调团队合作达成共同目标，合作学习活动包括了适合各种能力水平学生的更丰富的学习体验。

罗伯特·斯莱文等人（Slavin, 1991, 1996; Stevens & Slavin, 1995a, 1995b; Salend, 1999）在**合作学习法**（cooperative learning method）上取得了巨大成功，在这种方法中，一个有特殊需要的学生和几个同学被分到一组，并因全组表现出色而受到表扬。例如，让一个数学小组的每个成员去解决适合其能力水平的问题。小组成员彼此监督完成情况，在需要时互相帮助。为了鼓励这种合作，完成最多数学题的小组将获得奖励。例如，授予“超级小队”这样的称号并颁发证书。同样，埃利奥特·阿伦森等人（Aronson et al, 1978）设计了一种称为“拼图法”的教学方法，以促进不同族裔的融合。这种方法是给学习小组中的每个人一些材料去学习，要求他 / 她把自己学的材料教给其他组员。然后制定一套规则，保证不同社会背景和能力水平的儿童在一起共同努力，即使是能力最差的组员的努力也会对全组成功起重要作用。

显然，这些合作学习方法确实有效。有特殊需要的二至六年级学生，在强调合作学习的班级中越来越喜欢学校，并且在词汇、阅读、语言技能和元认知测验等方面超过了传统班级中的特殊学生，在合作学习的第二年比第一年表现出更大的优势（Stevens & Slavin, 1995a）。不仅如此，有特殊需要的儿童和超常儿童在合作学习的班级里一同茁壮成长，他们的自尊往往会得到提升，更可能被同伴完全接受（Stevens & Slavin, 1995b）。所以，只要教育者专门设计学习内容，鼓励来自不同社会背景和具有不同能力水平的学生为实现一个共同目标齐心协力，包容式教学就能取得成功。

儿童教育效果的跨文化比较

我们的学校在向学生传授学习技能方面是否成功？对美国 9~17 岁学生的阅读、写作和数学成绩开展的大规模调查表明，大部分学生在小学阶段学会了阅读，中学毕业时掌握了基本的计算和读图等数学能力（National Education

Goals Panel, 1992）。但是，来自美国全国教育进步评价（又称为国家成绩单）近期的评估显示，只有 39% 的四年级学生和 32% 的八年级学生在数学技能上达到“精通”或更好水平，这两个年级的学生在阅读技能上达到精通或更好水平的只有三分之一（The Education Trust, 2007）。更令人不安的是，五分之一的美国学生在这些基本学习技能上的得分低于及格水平。此外，美国青年学生的写作并不是很好，超过三分之一的 17 岁学生不能写出一篇格式正确、意思连贯的文章。这些结果是否应该引起我们的警示呢？

政治家和教育家都认为应当引起重视。事实上，早期的证据表明，美国学校很大比例的学生达不到基本的学习熟练程度，这是 2001 年通过并获两党支持的法案《不让一个孩子掉队》（No Child Left Behind, NCLB）的主要推动力，该法案旨在确保到 2014 年，美国学校 100% 的学生能在阅读和数学两门课上达到熟练（年级水平）或更高水平（见专栏 12.3《不让一个孩子掉队》的规定和对其效果的早期评估）。除了许多美国儿童在国家成绩单上的低分之外，几项跨国调查显示，美国在校学生的数学、语言技能和科学等方面的平均分一直较低，某些方面甚至比许多其他工业化国家的学生低很多（National Education Goals Panel, 1992; Stevenson, Chen, & Lee, 1993）。

由哈罗德·史蒂文森等人所做的跨文化研究（Chen & Stevenson, 1995; Stevenson, Lee, & Stigler, 1986; Stevenson, Chen, & Lee, 1993）得出了确切的结论：中国和日本的学龄儿童在数学、阅读和其他科目上的成绩超过了美国儿童。数学成绩的差距尤其突出。例如，在对 5 年级学生的数学测验中，只有 4% 的中国学生和 10% 的日本学生的分数与美国儿童的平均分一样低（Stevenson, Chen & Lee, 1993）。这样的成绩差异在儿童刚入学时就很明显了，在儿童从一年级到五年级再到十一年级的发展过程中，每一年都有所扩大（Geary et al., 1996; Stevenson, Chen & Lee, 1993）。为什么会有这样的差距？这些差距为我们改进美国教育带来怎样的启示？

问题并不是美国学生智力差，因为他们入学的智商测验成绩和亚洲学生完全一样（Stevenson et al., 1985），他们至少在涵盖了学校通常不教内容的一般信息测验中，与日本和中国学生的得分相同（Stevenson, Chen & Lee, 1993）。美国学生与亚洲学生的这种成绩差距主要反映了教育态度和教育实践方面的文化差异。例如：

1. 课堂教学。亚洲学生接受教育的时间比美国多。亚洲国家的小学老师在主科教学上投入的课时更多，例如，每周花 2~3 倍于美国的时间进行数学教学。亚洲的课堂是一种舒适且有条不紊的环境，很少浪费时间。亚洲学生

表 12.2 一些国家或地区八年级学生的数学和科学平均成绩（1999 年的分数）

国家或地区	数学分数	国家或地区	科学分数
新加坡	604	新加坡	568
韩国	587	匈牙利	552
日本	579	日本	550
荷兰	540	韩国	549
匈牙利	532	荷兰	545
加拿大	531	澳大利亚	540
斯洛文尼亚	530	捷克共和国	539
俄罗斯联邦	526	英格兰	538
澳大利亚	525	斯洛文尼亚	533
捷克共和国	520	加拿大	533
马来西亚	519	俄罗斯联邦	529
美国	502	美国	515
英格兰	496	新西兰	510
新西兰	491	意大利	493
世界平均分	487	马来西亚	492
意大利	479	世界平均分	488
塞浦路斯	476	泰国	482
罗马尼亚	472	罗马尼亚	472
泰国	467	塞浦路斯	460
土耳其	429	伊朗	448
伊朗	422	土耳其	433
智利	392	智利	420
菲律宾	345	菲律宾	345
摩洛哥	337	摩洛哥	323
南非	275	南非	243
中国台湾	585	中国台湾	569
中国香港	582	中国香港	530

□ 平均分显著高于美国

▨ 平均分与美国无显著差异

■ 平均分显著低于美国

把 95% 的时间花在课业上，比如听老师讲课和做练习；而美国学生只把大约 80% 的时间花在课业上（Stigler, Lee & Stevenson, 1987）。亚洲学生每天和每年的上学时间也比美国学生长（经常星期六还要上半天课）（Fuligni & Stevenson, 1995; Stevenson, Lee & Stigler, 1986）。

Fujiphotos/The Image Works

图片 12.8　在传统的亚洲课堂上，学生被要求坐在座位上完成作业或专心听老师讲课。

2. 父母参与。亚洲父母把很多精力投入到教育过程。他们对孩子的期望比美国父母高，以美国的标准来看，即使他们的孩子已经非常优秀，但亚洲的父母仍然很少对孩子的学习成绩满意（Chen & Stevenson, 1995; Ng, Pomerantz, & Lam, 2007; Stevenson, Chen, & Lee, 1993）。比起美国父母，亚洲父母把家庭作业看得更重要，每个学生有一个教师家长联系本，学生每天上学时带到学校，放学后再带回家，使家长能经常收到老师反馈的孩子的信息。这些沟通使亚洲父母能够密切追踪孩子的学习情况，并根据教师的建议在家里鼓励和帮助孩子（Stevenson & Lee, 1990）。相反，美国家长和教师的联系通常仅限于每年一次的简短的家长会。

3. 学生投入。亚洲学生不仅上学的天数更多，上课的时间更长，而且他们还做很多家庭作业（Larson & Verma, 1999; Stevenson, Chen, & Lee, 1993）。在中学阶段，与美国学生相比，亚洲学生花在学业活动上的时间更长，而花在劳动、约会或与朋友交往上的时间更少（Fuligni & Stevenson, 1995）。亚洲学生和同伴的社交互动大多是围绕学习（例如一起学习）展开的，学业成绩是亚洲同伴群体中影响社会适应和受欢迎程度的重要条件（Chen, Chang, & He, 2003）。

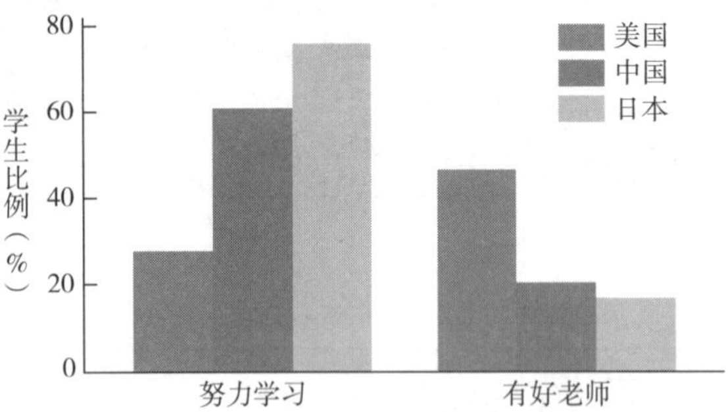

图 12.7　中国、日本和美国中学生选择“努力学习”或拥有“好老师”作为影响他们数学成绩最重要因素的百分比

资料来源：摘自 Chen & Stevenson, 1995。

4. 非常强调努力学习。亚洲学生勤奋学习的另一个原因是，他们的父母、老师和他们自己共同秉持一个强烈的信念：所有的

专栏12.3 当前争论

《不让一个孩子掉队法案》真的能不让孩子掉队吗？

《不让一个孩子掉队法案》(No Child Left Behind Act, NCLB) 是基于这样一种变革理论而制定的，即政治家们希望提高美国学生的学业成绩 (Porter & Polikoff, 2007)。其主要条款是：

- 创建课程和内容标准，向教师展示他们应该教什么。
- 使用学生成绩测验来说服老师教授那些能让学生达到成绩目标的内容。
- 通过要求教师和学校为了实现成绩目标，每年要取得“适当年度进步”(adequate yearly progress, AYP)，从而使他们承担起责任。连续六年未能达到适当年度进步的学校必须进行重组。更重要的是，在读学生连续两年未能取得适当年度进步，将被允许转到取得更大进步的学校。
- 对学生的表现数据加以分解，确保有特殊需要的学生以及少数族裔和各种社会经济群体的学生都能取得适当的年度进步。
- 制定最低标准，确保教师是合格的，从而有效地完成教学大纲规定的任务。

这项非常复杂的法案从2002年才开始生效，其中一些条款（例如，界定学校需要重组的六年责任标准）尚未得到执行，并且出现了一些需要解释的问题。个别州在确定学生的精通程度、适当年度进步及教师资格等方面的标准时留有相当大的余地，这是评估《不让一个孩子掉队法案》的主要问题。例如，21个州设定的用于界定“精通程度”的标准是如此之低，以至于转化成国家成绩单时还低于精通水平的“及格线”。我们如何把这些州的学生在精通程度上的进步与那些精通目标更高的州的学生加以比较呢？尽管所有的州都要求教师有学士学位，以确保他们的教学资格，但是一些州要求教师的学科知识得分接近75百分位才有充分的资格上岗；而另一些州的要求是得分低于25百分位也算有“充分的资格”。所以在诸多方面，比如学生的精通程度标准、达到标准所需的进步，以及帮助学生实现这些目标的教育者的资格，都存在着很大的差异，以至于使用各州的数据来评估该法案并进行比较时，就好像生硬地将苹果和橙子进行比较一样。

那么，自《不让一个孩子掉队法案》实施以来，学生成绩的变化能说明什么呢？如果我们凭借标准化的全国性测验（即国家成绩单）来评价学生的阅读和数学精通程度，似乎已经出现以下情况：

- 美国学生的数学精通程度有中度提高，小学生的阅读精通水平有小幅度提高 (Center on Education Policy, 2007; Porter & Polikoff, 2007)。
- 在缩小黑人与白人美国学生、拉丁裔与白人美国学生，以及来自不同社会经济背景的学生在阅读和数学精通程度的差距方面，取得了一点进步 (Porter & Polikoff, 2007)。
- 教师资格方面有了一些进步 (Desimone, Smith, & Frisvold, 2007)。

那么，《不让一个孩子掉队法案》发挥作用了吗？几乎没有教育者会认同乔治·布什总统宣布的“这是一个巨大的成功” (The White House, 2007)。事实上，很多人对此并不那么乐观，他们指出，尽

专栏 12.3（续）

管分数是朝着正确的方向发展，但是：(1) 现在就把该法案与取得的进步两者之间做出因果结论还为时尚早；(2) 鉴于目前所取得的有限进步，显然，要实现该法案所制定的让 100% 的美国儿童精通数学和阅读的目标，还需要做出很多改变（关于建议的修改样本，可见 Figlio, 2007; Porter & Polikoff, 2007; Schwartz & McCartney, 2007）。另一些人批评该法案把所有的责任压力一股脑儿地推给教师和学校，没有意识到之所以有那么多儿童面临学业失败的风险，还是因为他们在家里没有获得必要的技能，而家庭本应帮助他们在学校获得成功。请注意，该法案并没有强调或资助许多早期儿童干预，包括高质量的学前教育，以及鼓励父母更多地参与儿童的学习活动等项目，而这些对孩子以后的教育结果均有非常积极的影响。因此，《不让一个孩子掉队法案》可能正朝着正确的方向迈出了一步，但是要实现这个善意的法律所追求的宏伟目标，还需付出更多的努力。

学生，只要付出足够的努力，都有潜力把学习搞好；相反，美国学生则更多地认为，学习好坏反映的是其他一些因素，如教师的教学质量（见图 12.7）或者个人智力（Chen & Stevenson, 1995; Stevenson, Chen, & Lee, 1993）。东亚的父母比美国父母更可能强调孩子的学业，把这些视为强调重要文化价值的机会，即必须靠更加努力来提升自己（Ng, Pomerantz, & Lam, 2007）。亚洲学生面临着巨大压力，他们必须在学校表现出色，因为他们能否上大学或上好大学，在很大程度上取决于其高考成绩。和美国学生相比，他们那种“努力学习终有好回报”（得高分）的强大信念，使他们不会产生那么多的学校焦虑或其他心理失调问题（Chen, Chang, & He, 2003; Chen & Stevenson, 1995; Crystal et al., 1994）。

因此，从中国和日本教育的成功可以判断，有效教育的规则并不神秘。秘诀是让老师、学生和家长一起协作，使教育成为学生的先导，为学生确立高成就目标，鼓励学生为实现这些目标进行日复一日的努力。针对美国学生被其他国家学生超越的事实，美国许多州和地方的学区都在采取措施迎接这一挑战。他们通过加强课程，严格教师资格认证，提高毕业和升级的标准，实施灵活的学期，缩短假期时间，增强学生对学过的教材的记忆，最重要的是，设法在小学和初中阶段让家长参与进来与教师协作，创设更有支持性的学习环境（Gonzalez, 2000; Zigler, Finn-Stevenson, & Stern, 1997）。这些教育改革都注意到，如果美国人想要在这个不断变化且竞争日益激烈的世界保持领导角色，改善美国下一代的学习和职业准备是至关重要的。

本章要点

- 本章探讨了成长中的儿童和青少年三种**家庭之外的影响因素**：电视、电脑和学校教育。

早期窗口：电视对儿童和青少年的影响

- 虽然儿童看电视的时间比参加其他活动的时间更多，但是适度地看电视并不会削弱他们的认知发展、学习成绩或同伴关系。
- 在八九岁以前，儿童容易被电视节目的视觉的或形象的特征所迷惑，他们可能在推断人物角色动机意图、重构连贯的故事脉络方面存在困难。但是，在童年中期和青少年期，认知发展和看电视的经验促进了**电视理解力**的发展。
- 相关研究、实验室实验和现场实验三种证据综合起来，可得出这样的结论：过多地看电视暴力节目会引发攻击行为、形成攻击习惯和**丑陋世界观**，使受众对真实世界的攻击性事件**脱敏**。这一证据支持了关于电视暴力作用的社会学习观，否定了宣泄说。
- 除了电视暴力潜在的伤害作用之外，商业电视节目还向儿童呈现消极的刻板印象，影响儿童对少数族裔和性别问题的看法。儿童容易被那些推销其父母不愿购买商品的电视广告所操纵。过多地看电视限制了身体的活动，导致**肥胖症**和相关的健康问题。
- 积极方面，儿童观看了电视中的友好行为后，可能会习得亲社会性经验，并付诸行动。家长可以陪孩子一起看《罗杰斯先生的邻居》这样的节目，鼓励他们描述或者扮演所看到的亲社会性角色。像《芝麻街》这样的教育节目在培养基本的认知技能方面效果很好，可帮助儿童做好入学准备。成人与孩子一起观看，边看边讨论，有助于他们把看到的东西加以应用。

电脑时代的儿童发展

- 无论在智力还是社会性方面，儿童都能从电脑的使用中获益。知识丰富的教师能够给学生呈现可激发思考的高水平学习游戏和刺激，在教师的指导下，**计算机辅助教学**能够提高儿童的学习成绩。学习计算机编程有助于促进儿童的认知和**元认知**的发展。此外，计算机还能够促进而不是抑制同伴间的社交互动。
- 使用互联网被证明有这些好处：改进处境不利儿童的阅读技能；提供亲密的自我表露的机会，从而带来亲密友谊；可提供健康问题的知识，使青少年在行为上做出更健康的决策，从而避免做出危险的决策。
- 对儿童使用电脑有一些担忧：（1）研究表明，暴力电脑游戏能够引发敌意性归因偏见和攻击行为；（2）贫困儿童以及女孩从电脑使用中受益较少；（3）危害还可能来自观看互联网上的色情片、不受限制地接触性侵犯者以及互联网上的其他不良影响。

学校是社会化的影响源

- 学校影响着儿童发展的许多方面。正规学校课程以传授知识为目的，通过教给儿童不同类型信息处理的规则和解决问题的策略，促进他们的认知和元认知的发展。学校还有许多**非正式课程**，教给儿童所处文化看重的社会技能，帮助他们成为好公民。
- 除了促进儿童的认知发展之外，在取得以下积极结果方面，一些学校比另一些学校更有效能：包括低缺勤率、积极的学习态度、良好的学业成绩、职业技能和符合社会期望的行为等。学校的有效性并非取决于每个学生教育经费的多少和班级规模，也不取决于学校是**按能力分班**教学还是混合分班教学。**有效学校**的特点是：（1）教师能够创设舒适的、关注任务的、激发学生全身心投入的课堂环境；（2）激发学生努力学习；（3）存在积极的**倾向—教学的相互作用**，即学生的个人或文化特点与他们受到的教学类型之间做到良好匹配。在许多方面，有效教师就像权威型的父母，能够对学生的社会性、情感和学习发展产生积极影响。学生更喜欢这种**权威型教学**，而不是**专制型教学**或**放任型教学**的方式。

- 在适应学校和挑战学习困难方面存在种族差异，这种差异通常可追溯到父母和同伴的影响以及教师的区别对待，后者可由教师对学生的不同期望来解释，也称为**皮格马利翁效应**。
- **包容**的教育形式只使有特殊需要的学生产生了有限的学习进步（或没有进步），未能促进他们的自尊或同伴接受。在所有措施中最可能满足所有学生教育需要的是，开设更全面的双语教学和多元文化课程，在课堂上更好地采用**合作学习法**。

儿童教育效果的跨文化比较

- 学业成绩的跨国调查显示美国学生是“后进生”，特别是在数学和科学学科上。美国学生与其他工业化社会的学生之间的成绩差距，与他们在教育态度、教育实践活动以及家长、学生在学习过程中的参与程度方面的文化差异有关。《不让一个孩子掉队法案》在学生成绩方面取得了一些进步，但是为了实现其更高目标，还需对学校进行重组。

第13章

家庭之外的影响（Ⅱ）：同伴对社会化的影响

在本书中，我们主要把成人看作儿童社会化的影响源。从成人作为父母、老师、教练、童子军团长以及宗教领袖这些角色中能够清楚地看出，他们代表了社会中的权力、权威和专家。但是，皮亚杰等一些理论家认为，同伴与成人一样，会对儿童或青少年的发展有同样（甚至更多）的贡献（Harris, 1998, 2000; Sullivan, 1953; Youniss, Mclellan, & Strouse, 1994）。实际上，他们认为“儿童期存在着两个社交世界”，一个是成人—儿童的世界，另一个是儿童—同伴的世界，这两个社会系统以不同的方式影响着儿童的发展。

同伴对儿童或青少年的发展起着什么样的作用？如果我们设想自己可能会被流行小说和电影，如《蝇王》和《死亡诗社》所影响，我们可能认为，同伴会削弱成人为儿童制订的最优计划，引导儿童做出反抗和反社会行为，颠覆和破坏儿童的发展。但是，如今发展心理学家认识到，对同伴影响的这种认识是极度歪曲的，带有错误的、消极的色彩（Hartup & Stevens, 1997）。的确，同伴有时候会产生“坏影响”，但是很明显，他们也可能以很多积极的方式影响着同伴。下面我们来看美国中西部地区一个孤独的农民的观点，他自己的生活经历使他深信，同伴交往会促进健康的、适应性的发展结果[1]。

亲爱的摩尔先生：

我在 10 月 30 日的 *** 杂志上看到了您关于独生子的研究。我是一个独生子，现年 57 岁了，我想跟您谈谈我的生活。我不仅是一个独生子，而且在我成长的那个乡村，周围没有小孩可以一起玩耍……从上一年级开始，我就被嘲笑，被捉弄……我特别害怕坐校车去上学，因为校车上别的孩子叫我“妈妈的宝贝”。二年级的时候，我听到男孩们开始说脏话。我问他们这些词是什么意思，他们就嘲笑我。从此，我吸取了一个教训——不要问问题。这常使我感到很困惑，因为我经常听不懂别人在说什么，但是我又不敢去问那是什么意思。上学的时候，我从来没跟女孩子出去过，事实上，我几乎不跟她们说话。在我们学校，男孩和女孩不在一起玩。男孩在操场上的某个地方玩，女孩则在另一个地方玩。因此我不了解有关女孩的任何事情。我上高中的时候，男孩和女孩开始约会，而我却只能听别人约会的故事。

我还有很多话要说，但我最想说、也最重要的是，我从来没结过婚，没有小孩。我在职场上也不是很成功。我认为我所遭遇的这些困难，并不完全是独生子的缘故……但是，我认为您建议学龄儿童要有同伴，以及成人不要过于严厉监管他们，这是对的……独生子女的父母应该尽力为孩子

1 这封信的引用得到了作者及收信人摩尔（Shirley G. Moore）先生的许可。

寻找同伴。

您真诚的朋友

如果我们认为同伴是社会化过程的重要影响源，那么就有很多问题有待回答。例如，谁能成为合格的同伴？同伴是怎样互相影响的？同伴的独特影响是什么？不良的同伴关系会导致什么后果？拥有特殊的同伴盟友或友谊很重要吗？最后，同伴会比父母或其他成人的影响更大吗？这些问题将是我们接下来要探讨的。

同伴的概念和作用

《新韦氏词典》把**同伴**（peer）定义为“与另一人有同等身份的人”。发展心理学家认为，同伴是在社交中处于相同地位的个体，或者至少从当前来看，是具有相似的行为复杂性的个体（Lewis & Rosenblum, 1975）。根据这个以行为为基础的定义，那些在年龄上略有差异的儿童仍可称为“同伴”，只要他们在寻求共同的兴趣或目标时，能够调整自己的行为以互相适应对方的能力。

同伴互动的重要性

有关同伴影响的早期研究在很大程度上受到了习性学取向的理论家的影响，他们试图确定儿童与儿童之间互动的适应性意义。回忆一下第9章和第10章中讲到的，当资源（玩具）缺乏时，同伴冲突有助于年幼儿童学会如何以友善的方式解决他们之间的矛盾，从而促进他们形成解决冲突的亲社会模式，比如分享（Caplan et al., 1991）。我们还注意到，即使是3~5岁儿童之间充满敌意的交流，也具有适应性，它有助于儿童建立支配等级，以确立群体成员中每个人相对的权力和地位，从而把同伴群体内以后发生攻击的可能性降到最低（Sackin & Thelen, 1984; Strayer, 1980）。在这些观察的基础上，习性学家提出，同伴互动可能是一种特殊的社会行为，它在进化过程中被“选择”保留了下来，以促进每一代人社会行为的适应模式的发展。现在我们来分析儿童与儿童之间的互动可能会起到的特殊作用。

同龄（或平等地位）伙伴的互动　通过对比儿童与父母之间的交往，我们了解了同龄伙伴交往的重要性的原因。儿童与父母的互动通常是不平等的：因为父母处于强势地位，而儿童在家中处于从属地位，他们经常不得不服从成人的权威。相反，同龄伙伴的地位比较平等，如果他们希望友好相处或达成共同目标，就必须学会理解对方的观点，学会协商、让步与合作。所以，同伴之间的平等交往对儿童社交能力的发展有重要影响，而这些社交能力在不平等的家庭氛围中是很难获得的。

混龄同伴的互动　按照哈图普（Hartup, 1983）的观点，不同年龄儿童之间的交往也为社会性与人格的发展提供了一个至关重要的背景。虽然**混龄互动**（mixed-age interactions）往往会失衡，一个儿童（通常是年长儿童）比其他儿童拥有更大的权力，但这些不对称的交往有助于儿童获得某些社交能力。一项跨文化的调查发现，与年幼儿童的交往可以促进年长儿童的同情心、照护、亲社会倾向、果断性以及领导力的发展（Whiting & Edwards, 1988; 另见 Kowalski et al., 2004）。同时，年幼儿童也能从与年长儿童的交往中获益，他们能从年长儿童身上学到许多新技能，学会如何寻求帮助，如何顺从那些强有力的伙伴。通常是年长儿童主导着与年幼儿童的交往，并且他们会根据年幼同伴的能力来调整自己的行为。甚至2岁的儿童就能表现出这种领导力和适应能力，比起与同龄伙伴的交往，他们在与18个月大的学步儿互动时，更倾向于主动发起交往，表现出更简单和更具重复性的游戏活动（Brownell, 1990）。

也许你已经注意到，人们认为混龄同伴的互动给年长的和年幼的儿童带来的好处，在很多方面相似于兄弟姐妹之间的互动（参见第11章）。但是，同伴交往与兄弟姐妹间的交往有一个重要区别，即在兄弟姐妹中，长幼次序在出生时就固定了，但是儿童在同伴中的地位则更灵活，这取决于他们选择的同伴。因此，混龄同伴的互动可能为儿童提供了他们在与兄弟姐妹的互动中错失的经验，以及实际的主要互动背景：（1）在家里习惯了作威作福的年长儿童，在与更年长的同伴交往时会学习与人协商、妥协；（2）在家里被压制的年幼儿童，当他们与更年幼的孩子交往时，会学习领导别人和表达自己的同情心；（3）独生子女在与同伴互动时，则会获得上述两方面的社交能力。从这个角度看，混龄同伴的互动的确是一种非常重要的经验。

Myrleen Ferguson Cate/Photo Edit, Inc.

图片 13.1　年长的和年幼的儿童都能从与混龄同伴的互动中获益。

同伴交往的频率

在 2~12 岁，儿童与同伴在一起的时间日益增多，而与成人在一起的时间则越来越少（Rubin, Bukowski, & Parker, 2006）。图 13.1 形象地描述了这种趋势，它概括了谢莉·埃利斯等人（Ellis et al., 1981）观察 436 个儿童在家中以及在邻里附近玩耍时的发现。有趣的是，这项研究还发现，在各年龄阶段，儿童与同龄伙伴（定义为年龄相差 1 岁之内）的交往时间少于跟比他们大 1 岁多或比他们小的孩子的交往。显然，我们要认真对待这种观点，即同伴是指社会地位平等而非年龄相仿的伙伴。

埃利斯研究中的另外一个发现也很常见：即使是 1~2 岁的儿童，与同性别同伴交往的时间也比与异性同伴交往的时间多；随着年龄的增长，这种性别隔离越来越明显。一旦进入性别隔离的世界，男孩和女孩就会经历不同的社会关系。男孩喜欢“成群”，女孩喜欢“结对”；也就是说，男孩大多在群体中进行竞争性的或者群体游戏，而女孩通常与一两个伙伴建立起更长久、更多合作的关系（Benenson, Apostoleris, & Parnass, 1997; Fabes, Martin, & Hanish, 2003）。

总之，儿童与同伴在一起的时间越来越多，这些同伴通常是与他们年龄相仿、喜欢相同性别类型活动的同性别儿童。

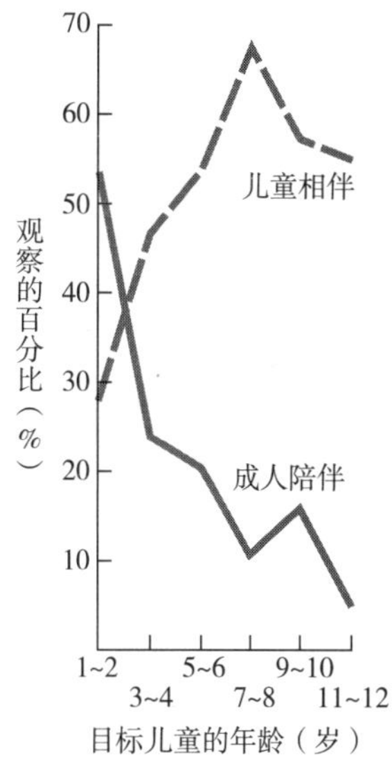

图 13.1 儿童与成人和其他儿童相伴时间的发展变化

资料来源：摘自 Ellis, Rogoff, & Cromer, 1981。

同伴影响的重要性

在这一问题上，我们推测，同伴互动可以促进许多社交能力和个人能力的发展，而这些能力在不平等的亲子关系中是不容易获得的。这种观点有什么依据吗？如果真是这样，那么同伴的影响究竟有多重要？在了解了哈里·哈洛对恒河猴的研究之后，发展心理学家对这些问题更感兴趣了。

哈洛对猴子的研究　与同伴很少交往或没有交往的儿童，是否会变得不正常或者适应不良呢？为了找到答案，哈洛等人（Alexander & Harlow, 1965; Suomi & Harlow, 1978）把恒河猴和母猴放在一起饲养，并剥夺了它们与同伴玩耍的机会。这些**“只有母亲”的猴子**（“mother-only” monkeys）不能形成正常的社会行为模式。后来把它们放到同龄猴群中时，这些被剥夺了同伴的猴子往

Courtesy Harlow Primate Center, University of Wisconsin

图片 13.2 那些只和同伴一起长大的猴子之间形成了强烈的双向依恋，经常攻击本群体外的猴子。

往躲避猴群。有时，当它们接近同伴时，这些不善社交的猴子表现出很高的（不适当的）攻击性，它们的反社会倾向通常会一直持续到成年阶段。

那么，同伴交往是正常的社会性发展的关键吗？不完全是。在后来的实验中，哈洛又把恒河猴和它们的母亲分开饲养，让它们经常与同伴在一起。结果，这些**“只有同伴”的猴子**（“peer-only” monkeys）常常拼命地挤在一起，形成了强烈的双向依恋。但是，它们的社会性发展在某种程度上是不正常的，它们容易被很小的压力或挫折激怒，成年后对其同伴群体之外的猴子表现出非同寻常的攻击性。

对人的类似研究　1951 年，安娜・弗洛伊德和索菲・丹报告了一例与哈洛的只有同伴的猴子相似的令人吃惊的人类案例。1945 年的夏天，人们在纳粹集中营发现了 6 个 3 岁的儿童，他们相依为命。出生后不久，他们的父母就被杀害了。他们从狱友那里得到一些微不足道的照料，这些狱友后来也都死了，实际上，这些孩子是自己活了下来。

当战争结束他们被营救出来时，这 6 个孤儿被送到了英格兰的一家特殊治疗中心，在那里，人们试图让他们“恢复正常”。这些“只有同伴”的儿童对治疗有什么反应呢？开始时，他们几乎毁掉了所有的玩具，还破坏家具。此外，他们对中心的工作人员反应非常冷淡或公开表示敌意。与哈洛的猴子一样，这些孩子们只喜欢他们自己待在一起；当被分开时，哪怕只是一小会儿，他们也会极度焦虑不安。他们彼此之间表现出很强的亲社会关怀：

> 不需要催促这些孩子“轮流”做什么事情，他们自然就会这样做。他们对彼此的感受非常关注……吃饭的时候，把食物拿到同伴的面前比自己吃更重要（Freud & Dann, 1951, pp. 131-133）。

虽然这些儿童表现出了很多焦虑症状，对外人高度怀疑，但在进入中心一年后，他们最终还是和成人养育者建立起了良好的关系，并且学会了一种新语言。这个故事的结局是令人欣慰的，35 年之后，这些孤儿到了中年，他们都过着充实的、富有成效的生活（Hartup, 1983）。

哈洛等人对恒河猴的研究以及安娜·弗洛伊德和索菲·丹对战争孤儿的观察表明，父母和同伴对儿童（或者猴子）的社会性发展都起着重要作用，但两者的作用是不同的，各有各的特点。与敏感而富于回应性的父母经常接触，不仅使婴儿学会了基本的交往技能，而且还给他们提供了安全感，使他们敢于冒险去探索周围环境，他们发现，他人是很有趣的同伴（Hartup, 1989; Rubin, Bukowski, & Parker, 2006）。相反，与同伴的交往可以让儿童（幼猴）仔细规划他们基本的交往模式，在与自己多少有些相似的同伴交往时，他们逐渐形成有效的、适应性的社交行为模式。事实上，哈洛的“只有同伴”的猴子缺乏母子关系带来的安全感，这或许能解释它们为什么彼此依偎得那么紧，不愿意探索环境，容易被外来者惊吓到（对他们也具有攻击性）。但是，在它们自己的同伴群体内，它们形成了有效的互动方式，表现出了正常的社交行为模式（Suomi & Harlow, 1978）。

那么，对于人类来说，建立并维持与同伴的和谐关系有多重要呢？显然，这种关系非常重要。一篇对 30 多项研究的综述表明，在学校被拒绝的儿童比拥有良好同伴关系的儿童更容易辍学，也容易表现出过失行为和犯罪行为，在青少年期和成年初期表现出严重的心理问题（Parker & Asher, 1987; Parker et al., 1995; Rubin, Bukowski, & Parker, 2006）。因此，只与同伴接触不足以保证正常的发展结果，与同伴和睦相处也很重要。

总之，同伴的确是重要的社会化影响源，在同伴面前表现出适宜的社交行为，这是一个最重要的发展难题。朱蒂·哈里斯认为，在影响儿童或青少年的发展结果方面，同伴和同伴交往比父母及其教养行为重要得多。在回到同伴社交性这个主题以及关注影响儿童社交性的因素之前，我们在专栏 13.1 中考察了哈里斯颇具争议性的观点，以及批评者对她的这些观点的反应。

同伴社交性的发展

社交性（sociability）这一术语描述了儿童在社会互动中与别人打交道、寻求他人关注和认同的意愿。在第 5 章中，我们注意到即使是小婴儿也是社会性的人：在他们形成最初依恋之前的几个月，他们就会笑，会咿呀学语，或者还试图吸引照护者的注意；当成人把他们放下，或者离开让他们自己待着的时候，他们就会发出抗议（Schaffer & Emorson, 1964）。但是他们会如此主动地寻求同伴，即婴儿或学步儿的陪伴吗？

专栏 13.1 当前争论

同伴比父母更重要吗？

近年来，朱蒂·哈里斯（Harris, 1995, 1998, 2000）的一些观点备受争议，她提出，相对于父母来说，同伴对儿童社会化的影响更重要。哈里斯声称：

1. 长期以来，发展心理学家认为，父母的教养行为与儿童的发展结果之间的相关归因于家庭内的父母影响，但事实上，这种相关在很大程度上归因于父母和子女的共享基因。
2. 父母的影响局限于儿童在家里的行为，这种影响对年幼儿童而言很强大，但对他们在家庭之外的行为影响不大。
3. 因为适应性的社会学习因特定情境而不同，因此，对于儿童在家庭之外的社会化而言，同伴比父母更重要。

哈里斯认为，"如果把儿童在家庭之外的生活保持恒定，让他们待在学校或者社区中，但是把他们的父母调换成别人，他们仍然会发展为相同类型的成人"（Harris, 1998, p. 359）。为了说明她的观点，哈里斯提到，移民儿童从同伴那里很快习得了一种新语言和新的文化传统，虽然他们的父母来自不同的文化，说着不同的语言。

哈里斯的观点深受本书第 3 章讨论过的行为遗传学研究的影响。她认为，那些宣称父母的某种教养方式（例如权威型教养方式）会促进良好结果的研究，未能控制基因的重要影响。例如，有些父母具有采用权威型教养方式的遗传倾向，他们的孩子会发展得比较好，这并非因为孩子所接受的教养方式，而是因为他们与父母共享的基因促进了其适应性的发展。此外，哈里斯还正确地指出，同一对父母养育的几个孩子往往很不相同。为什么呢？她认为，这是因为他们拥有不同的基因，受遗传影响的特征引发了父母不同的反应。实际上，是父母对儿童已有的遗传差异做出了反应，而不是父母的教养方式造成了个体发展结果的差异。

哈里斯进一步声称，同伴社会化使得来自不同家庭的儿童变得相似。当他们花更多的时间与同伴交往，并决定归属于哪个社交群体（以性别、年龄和兴趣特征为基础）时，渐渐地，儿童希望与群体中的其他成员更相似。因此，他们留意其他儿童，采纳同伴群体中流行的观点、说话方式、穿着以及行为模式。最终，他们开始与那些心理上相似的个体交往，创造出和自己遗传倾向相容的社交环境。正因为如此，知识取向的人愿意跟有头脑的人交往（Lervolino, et al., 2002），故而强化了他们对知识追求的兴趣（Kindermann, 2007; Rubin, Bukowski, & Parker, 2006）；相反，有攻击倾向的人愿意与攻击性同伴交往，从而使得攻击倾向得以保持（Ellis & Zarbatany, 2007）。哈里斯认为，随着年龄的增长，父母教养行为的影响越来越小，遗传倾向以及对同伴影响的关注，在很大程度上最终决定着个体的发展结果。

毫不奇怪，研究家庭进程的发展心理学家强烈地反对哈里斯的理论，认为她错误地夸大了某些案例（Collins et al., 2002; Vandell, 2000）。他们声称，哈里斯缺乏有力的证据来证明同伴是儿童和青少年发展的主要影响源。此外，有可靠证据表明，即使考虑了遗传影响，父母的教养行为仍然会起作用。例如，我们在第 3 章中提到，如果受到父母的不同对待，同卵双生子会形成不同的发展模式，这种不同与父母教养方式的差异程度相仿（Asbury et

专栏 13.1（续）

al., 2003）。因为这些同卵双生子具有相同的基因，他们之间表现出的不同应归因于（至少部分归因于）不同的养育方式。本书第 5 章和第 11 章曾论述，养父母的养育敏感性（或缺乏敏感性），很大程度上决定着收养的子女能否与他们形成安全型依恋（Stams, Juffer, & van IJzendoorn, 2002），并且在整个儿童期和青少年期影响着他们的社会性发展特征（Jaffari-Bimmel et al., 2006）。这又一次印证了父母教养的重要影响，因为养父母和收养子女之间没有共享基因。我们从专栏 5.2 中了解到，困难型气质婴儿的父母在经过帮助之后变得更敏感，反应性更强，养育者敏感性的提高与婴儿形成的安全依恋之间存在着因果联系。此外，我们在本章后面还要讲到，父母不仅影响着儿童与同伴友善交往的能力，而且他们的养育行为也影响着儿童选择什么样的同伴与之交往。

总而言之，哈里斯以下的主张是正确的：(1) 基因和同伴都对我们的社会性与人格发展有重要作用；(2) 发展心理学家通常高估了父母对儿童和青少年发展结果的作用。但是，她认为父母的教养方式不重要，这一结论是错误的。纵观全书（也将在本章中看到），父母和同伴、兄弟姐妹、老师，以及处于特定文化和亚文化环境的其他社会化影响源，都对人的发展起着重要作用（Bronfenbrenner & Morris, 2006; Collins et al., 2000; Vandell, 2000）。

婴儿期和学步期的同伴交往

进化似乎不仅赋予了人类婴儿与照护者形成依恋的能力，而且还赋予了他们与同伴建立关系的能力（Nash & Hay, 2003）。6~7 个月大时，婴儿经常对其他婴儿微笑、咿咿呀呀地发声和做出手势，偶尔还会给他们玩具玩（Vandell & Mueller, 1995）。6~10 个月大的婴儿已经表现出一些简单的社交偏好，因为他们确实会选择与那些曾帮助过而非伤害过他的伙伴一起玩耍（Hamlin, Wynn, & Bloom, 2007）。1 岁时，婴儿甚至会模仿另一个孩子玩玩具的简单动作，这意味着他们试图与同伴分享自己的意图，或者试图理解同伴的意图（Rubin, Bukowski, & Parker, 2006）。然而，此时婴儿之间的许多友好的手势经常未被注意到，并且得不到回应。

在 12~18 个月大时，学步儿开始对彼此的行为给予更多的适当回应，经常进行更复杂的交流，他们会轮流做一件事。请看下面的例子：

> 拉里坐在地板上，伯尼转过身看着他。伯尼一边挥手一边说"da"，眼睛盯着拉里。他重复发出了三遍这样的声音，拉里笑了。伯尼又发出了

同样的声音，拉里又笑了。就这样一直重复了 12 次之多，后来伯尼走开了（Mueller & Lucas, 1975, p. 241）。

然而问题是，这种“行为 / 反应”事件算不算真正的社会交流。12~18 个月大的孩子似乎常常把同伴当成具有特殊反应性的“玩具”，他们可以通过眼神、手势、微笑和大笑来控制这些“玩具”（Brownell, 1986）。

图片 13.3 随着年龄的增长，学步儿之间的互动越来越熟练和互惠。

但是，到了 18 个月大时，几乎所有的婴儿都开始表现出与同龄儿童间协调的互动，且具有明显的社会性特征。他们兴奋地彼此模仿（Asendorph, 2002; Nielsen & Dissanayake, 2003），当他们把模仿到的行为带进社会性的游戏中时，他们经常盯着同伴看，对同伴笑（Eckerman & Didow, 1996; Eckerman & Stein, 1990; Howes & Matheson, 1992）。研究发现，18 个月大的婴儿对同伴的行为高度关注，他们更可能模仿同伴的简单行为，而不是模仿成人的同样行为（Ryalls, Gul, & Ryalls, 2000）。

到 20~24 个月大时，学步儿的游戏中有了很多言语成分：玩伴经常互相描述他们正在进行的活动（“我掉下来了”“我也是，我也掉下来了”），或者试图去影响同伴应该承担的角色（“你进到剧场里去”）（Eckerman & Didow, 1996）。这种同步的社交语言使 2~2.5 岁的孩子更容易扮演互补性角色，比如在捉人游戏中，一个扮演被捉的人，一个扮演捉人者；或者互相合作达到一个共同目标，比如一个孩子操作把手，以便让另一个孩子从容器里拿出一个有趣的玩具（Brownell & Carriger, 1990; Brownell, Ramani, & Zerwas, 2006）。

2 岁前，社会性和认知的发展都有助于同伴社交性的发展。我们在第 5 章中曾了解到，与非安全型依恋的儿童相比，与母亲建立起安全依恋的儿童一般都更外向，成为更有吸引力的玩伴，这表明安全型依恋的儿童所接受的敏感的、反应性的养育对其**社交技能**（social skills）的发展起着积极作用。18~24 个月大的幼儿开始表现出真正协调、互惠的互动，这一年龄段刚好是他们在胭脂测验中表现出自我意识、能把自己的照片从同伴照片中区分出来的时间（见

第 6 章）。这不是偶然的！切莉娅·布劳内尔和麦克尔·卡里戈尔（Brownell & Carriger, 1990）提出，学步儿必须先意识到他们与同伴是自主的动因，能让某事发生，然后他们才能进行互补性的游戏，或协调他们的行为来达到某个目标。与他们的推理能力相一致，能合作达成一个目标的学步儿，在自我—他人区分测验中的成绩要好于那些不善于合作的儿童（另见 Brownell, Ramani, & Zerwas, 2006），这表明，早期交往技能在很大程度上依赖于社会认知的发展。其中，主体间性（intersubjectivity），即与交往同伴分享意义、意图和目标的能力，对复杂的假装游戏活动非常重要，这种假装游戏在学前期逐渐展开，并且变得越来越复杂（Rubin, Bukowski, & Parker, 2006）。

学前期的社交性

在 2~5 岁期间，儿童不仅变得外向，而且会向更多观众做出社交手势。观察研究表明，2~3 岁的儿童比年龄更大些的儿童更多地待在成人身边，寻求身体接触；而 4~5 岁儿童的社交行为通常是向同伴而不是向成人发出游戏邀请，以此来吸引注意或认同（Harper & Huie, 1985; Hartup, 1983）。

在学前期，儿童表现出越来越明显的同伴取向，他们的交往特点也随之发生变化。在一项经典研究中，米尔德里德·帕滕（Parten, 1932）观察了幼儿园里 2.5~4 岁的儿童在自由游戏中的行为，考察儿童在同伴交往中的社交复杂性的发展变化。她发现，学前儿童的游戏可以分为四种，按照社交复杂性从低到高依次是：

1. **非社会性活动**（nonsocial activity）：儿童看着别人玩，或自己单独玩，不管别人在做什么。
2. **平行游戏**（parallel play）：儿童各玩各的，很少交流，也不想去影响别人的行为。
3. **联合游戏**（associative play）：儿童分享玩具，交换材料，但是他们只关注自己的目标，不会为了实现共同目标而合作。
4. **合作游戏**（cooperative play）：儿童玩假装游戏，担任互惠的角色，通过合作来实现共同目标。

如图 13.2 所示，单独游戏和平行游戏随着年龄的增长而下降，联合游戏与合作游戏则越来越多。帕滕得出结论，她的数据反映了三阶段的发展顺序，单独游戏最早出现，它是最不成熟的；接着是平行游戏，它最终让位于联合游

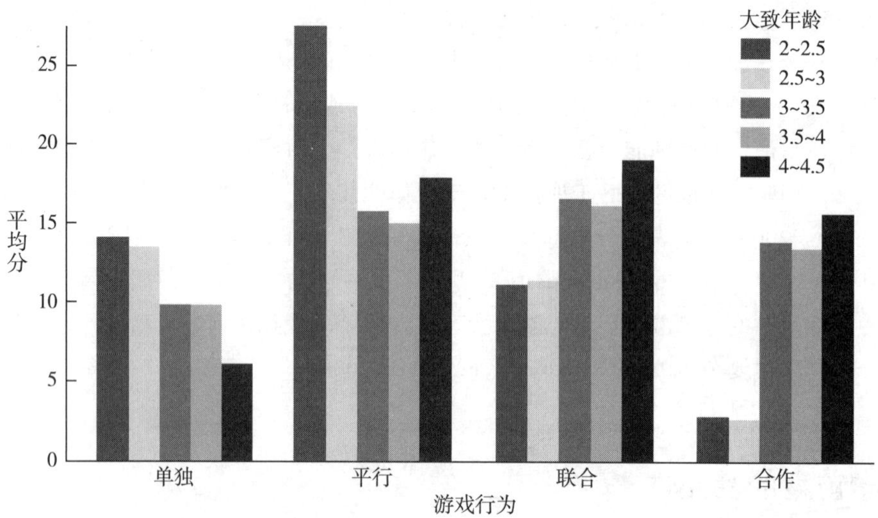

图 13.2 各年龄段的学前儿童参与各种活动的频率

随着年龄的增长，单独游戏和平行游戏发生的频率越来越低，而联合游戏与合作游戏发生的频率越来越高。

资料来源：摘自 Parten, 1932。

戏与合作游戏这些更成熟的游戏形式。

一些研究者对帕滕的结论提出了质疑，他们指出，单独游戏在整个学前期都很普遍，不一定是不成熟的（Hartup, 1983; Rubin, Bukowski, & Parker, 1983）。如果单独游戏在本质上只是机能性的，例如，来回滚一个球，或者在屋子里跑圈等这类认知上比较简单的重复活动，那么它可以被定义为“不成熟”的（Coplan et al., 2001）。但是，学前期的大部分单独游戏，本质上都有一定的认知复杂性和建构性，比如儿童单独搭一座塔、画画、猜谜等。有趣的是，这种比较被动的、建构性的单独游戏与幼儿园女孩的情绪适应和社交能力呈正相关，但在幼儿园男孩中则没有发现这种相关。因为男孩通常是成群地玩耍，单独游戏和沉默的旁观者行为对老师和同伴来说可能是反常的或反社会的，它可能反映了害羞或社交焦虑，这会导致男孩在以后几年中被忽视甚至被拒绝（Coplan et al., 2001; Hart , Yang, & Nelson, 2000）。

另一些研究者认为，学前期游戏的“成熟性”更多地依赖于它的认知复杂性，而不是社会或非社会特性。在一项长达 3 年的追踪研究中，卡洛丽·豪斯和凯瑟琳·麦泽森每隔 6 个月观察一次 1~2 岁儿童的游戏活动（Howes & Matheson, 1992），她们发现，随着年龄的增长，游戏在认知上越来越复杂，如表 13.1 描述的六个阶段一样。此外，儿童游戏的复杂性与儿童和同伴的社交

表 13.1 从婴儿期到学前期游戏活动的变化

游戏类型	出现的年龄	描述
平行游戏	6~12 个月	两个儿童进行相同的活动，彼此都不关注对方。
平行意识游戏	1 岁	儿童进行平行游戏，偶尔会互相看一眼，或者监视对方的活动。
简单假装游戏	1~1.5 岁	儿童进行相同的活动，说话、谈笑、分享玩具或进行其他互动。
互补游戏和互惠游戏	1.5~2 岁	在诸如你跑我追或躲猫猫等社交游戏中，儿童进行角色交换。
合作性社交假装游戏	2.5~3 岁	儿童扮演一些互补性的想象角色或“假装”角色（如妈妈和宝宝），但是对这些角色的意义或者以什么方式开展游戏并没有进行讨论和计划。
复杂的社交假装游戏（或社会表演游戏）	3.5~4 岁	儿童主动计划他们的假装游戏。他们给每个角色命名，给每个人分派角色，事先计划好游戏的脚本，并且如果游戏进行不下去了，他们会停下来修改脚本。

资料来源：摘自 Howes & Matheson, 1992。

能力有很明显的联系：在任何一个年龄阶段，如果儿童的游戏比较复杂，那么在 6 个月之后的下一次观察中，根据评价，他们将更加外向，更具有亲社会倾向，表现出较少的攻击性和退缩。由此看来，儿童游戏的认知复杂性（尤其是假装游戏）是预测其未来同伴社交能力的一个可靠指标。

文化影响　尽管在所有文化中，随着年龄的增长，认知上复杂的社交假装游戏的形式会越来越多，但学前儿童的游戏特点仍受文化价值观的影响（Goencue, Mistry, & Mosier, 2000）。一项研究（Farver, Kim, & Lee-Shin, 2000）比较了美国和韩国学前儿童的假装游戏，结果发现，美国儿童喜欢扮演英雄，玩那些带有一定危险性的游戏；而韩国儿童喜欢扮演家庭角色，从事日常活动。美国儿童经常在游戏中进行个人探索，指挥别人；而韩国儿童则更关注同伴的活动，更倾向于合作。因此，在个人主义文化（美国）中，游戏教儿童去张扬他们的自我和个性；而在集体主义文化（韩国）中，儿童学习控制他们的自我和情绪，以保持和促进群体的和谐。

假装游戏的作用　学前期的假装游戏有多重要？卡洛丽·豪斯（Howes, 1992）认为，假装游戏至少有三种关键的发展性功能。首先，假装游戏有助于儿童学习和掌握与他们的社交伙伴互相理解的方法。其次，当儿童在假装游戏中围绕着谁来扮演什么角色、游戏中应该遵守何种规则而进行协商时，游戏就给儿童提供了学习妥协的机会。最后一点很重要，社交语言使儿童表达出困扰他们的感受，给他们提供了一个好机会，从而更好地理解自己（或同伴）的情绪危机，从同伴那里获得（或者为同伴提供）社会支持，发展信任感甚至与同伴建立起亲密的情感联结。因此，假装游戏可能对儿童的沟通技能、情绪理解、观点采择和照顾等能力的发展有重要影响。从这个角度来看，那些精通假装游戏的儿童会被更多的同伴喜欢和接纳就不足为奇了（Farver, Kim, & Lee-Shin, 2000; Rubin, Bukowski, & Parker, 2006）。

儿童假装游戏的内容也会导致情绪困扰，这时就需要成人的干预。例如，那些坚持玩不成熟的单独游戏（例如漫无目的地闲逛而不加入游戏小组）的儿童会出现一些问题行为，从而导致被同伴拒绝（Coplan, 2000; Coplan et al., 2001; Gazelle et al., 2005）。那些经常扮演暴力幻想角色的儿童也会遇到麻烦：他们常常表现出生气和攻击行为，而很少有亲社会行为（Dunn & Hughes, 2001）。因此，早期游戏预示着儿童可能从那些旨在提高其同伴接纳的社交技能训练（本章后面会介绍）中获益。

儿童中期和青少年期的同伴交往

小学阶段的同伴互动越来越复杂。不仅合作式的复杂假装游戏司空见惯，而且在儿童 6~10 岁时，他们越来越喜欢玩那些有正式规则的游戏（如儿童棒球和“大富翁”）（Hartup, 1983; Piaget, 1965）。

儿童中期同伴互动的另一个显著变化是，6~10 岁儿童的交往更多地发生在真正的**同伴群体**（peer group）中。当发展心理学家谈及同伴群体时，他们指的不仅仅是同伴的集合体，而是一个真正的联盟，具有以下特征：（1）经常互动；（2）有归属感；（3）制定自己的规范，规定成员应该如何着装、思考和行动；（4）形成了一个结构或层级组织（例如，领导和其他角色），使群体成员能朝着共同的目标努力。此外，小学儿童已能明确地认同他们的群体，比如成为一名“童子军”、一位“蓝色骑士”或“斯米蒂帮的一员”，这种认同往往是其极大的个人自豪感的来源。因此，6~10 岁时，儿童开始暴露于同伴群体这一最强有力的社会环境之中，在这里他们发现了团队协作的价值，形成了忠诚感和对共同目标的承诺，也学会了诸如社会组织如何实现其目标等知识（Hartup, 1983; Sherif et al., 1961）。

同伴小圈子的出现　到了青少年初期，与父母、兄弟姐妹和其他的社会化影响源相比，青少年与同伴在一起的时间更多，尤其是跟小群体的朋友在一起，人们称之为**小圈子**（cliques）（Berndt, 1996; Rubin, Bukowski, & Parker, 2006）。早期的同伴小圈子往往在童年晚期形成，一般包括四至八名同性别的

图片 13.4　青少年与同伴交往的时间比与父母和兄弟姐妹在一起的时间要多。他们的大多数时间是与少数同性别伙伴在一起，彼此真诚地互相喜欢，偏爱相似的活动。到了青少年中期，这种同性别的小圈子逐渐向跨性别的小圈子过渡。

成员，他们有相似的价值观和爱好。早期的同性别小圈子的成员一般不稳定，儿童或年龄小一些的青少年，尤其是男孩，通常不只属于一个小圈子（Degirmencioglu et al., 1998; Kindermann, 2007; Urberg et al., 1995）。到了青少年中期，男孩的小圈子与女孩的小圈子之间开始有较多的互动，最终形成了跨性别的小圈子（Collins & Laursen, 2004; Dunphy, 1963）。一旦形成，小圈子往往会发展出各自独特的着装打扮、黑话暗语和行为举止，这些规范使小圈子之间彼此不同，帮助小圈子成员建立起稳定的归属感或者群体同一性（Cairns et al., 1995; Espelage, Holt, & Henkel, 2003）。

团伙的出现　到了青少年中期，具有相似规范和价值观的小圈子会变成一个较大的、组织较为松散的集合体，称之为**团伙**（crowd）（Connolly, Furman, & Konarski, 2000）。团伙并没有取代小圈子，团伙中的成员资格是由同伴根据青少年的声望进行社会分配的，一个特定小圈子的成员可以属于（或被分配到）不同的团伙（Urberg et al., 1995）。团伙是根据其成员共同的态度和活动来界定的，作为一种机制，团伙的主要作用是为青少年确定在中学这个大社会结构中的生态位，或者偶尔也组织聚会、看橄榄球比赛之类的社交活动。虽然名称不尽相同，但是很多学校都有诸如“智囊团”“新人类”“运动员”“瘾君子”“蹩脚货”“土匪”“终结者”之类的团伙，每个团伙都是一个松散的集合体，由一群在某些基本方面彼此相似且与其他团伙成员不同的青少年组成（Brown, Mory, & Kinney, 1994; La Greca, Prinstein, & Fetter, 2001）。中学里的每个人似乎都承认这些不同：“‘智囊团’们都戴眼镜，爱拍老师马屁”（Brown, Mory, & Kinny, 1994, p. 128）；“派对族那帮人比运动族更游手好闲，但是他们不会像瘾君子那样醉醺醺地来学校”。同伴小圈子和团伙在中学生里是一种普遍的群体结构。虽然叫法不同，但是那些在主流欧裔美国人的学校里发现的同伴团伙，在大多数以非裔美国学生为主的中学里也同样存在（Hughes, 2001）。在中国高一学生中也发现了一些兴趣和价值观各不相同的学生小圈子（也可能是团伙）（Chen, Chang, & He, 2003）。

认同一个小圈子或一个团伙可能是有害的，如果加入的是一个鼓吹饮酒、吸毒、性行为及其他反社会或违法行为的小圈子就更是如此（Brendgen, Vitaro, & Bukowski, 2000; Brown, 2004; Urberg et al., 1995）。简言之，青少年和同伴在一起会比独自一人时更有可能去冒险，关注的是冒险的好处（而不是代价）（Gardner & Steinberg, 2005）。但是，这些同伴群体也发挥着许多有益的作用。当青少年开始脱离家庭建立自己的同一性时，这些小圈子和团伙不仅能让青少年有机会去尝试新角色，表达初显的价值观，而且还为他们建立约会关系铺平了道路（Connolly, Furman, & Konarski, 2000, 2004; Dunphy, 1963）。在青少年初期，随着男孩和女孩小圈子开始互动，性别隔离开始被打破。同性别小圈子提供了一个探索与异性互动方式的"安全基地"：铁哥们在一旁时，你跟一个女孩说话所感受到的威胁比你一个人的时候要小得多。随着跨性别的同伴小圈子和团伙的建立，青少年有更多的机会在社交环境中了解异性成员，而不一定要跟对方建立亲密关系。最终，异性朋友关系发展起来，两人关系形成，于是两个人开始约会，或者跟几对朋友在一起（Feiring, 1996）。这时候，原先的小圈子或团伙在帮助青少年确立了社会同一性，把男孩女孩拉到一起之后，就开始逐渐解体了（Brown, 1990; Collins & Steinberg, 2006）。

约会关系的建立及功能 对多数青少年来说，向约会关系的转变是同伴群体活动的结果（Collins & Steinberg, 2006）。坎迪斯·费林（Feiring, 1996）对美国 15 岁青少年的典型约会经历做了一番有趣的描述。15 岁时，大约 90% 的青少年都有过约会的经历，但是只有 21% 的人正在约会。大多数是两个人约会，或是一群朋友一起约会，每天见面或者打电话（平均 60 分钟）。这些约会关系比较随便，平均只持续四个月。虽然约会双方互相吸引，但是他们的关系更像是那种同性朋友间的亲密友谊，而不是成人间的浪漫关系，约会同伴发挥着一种陪伴功能，而不是爱或安全的对象。

有人提出，人类有一种进化倾向，即与同伴竞争伴侣，在确立长期的伴侣关系之前，会与几位伴侣进行性试验（Weisfeld & Woodward, 2004）。根据布拉德福德·布朗（Brown, 1999）的说法，青少年从最初的迷恋到成熟的爱情关系，可能会经历多达四个阶段。

1. 起始阶段。青少年初期，主要聚焦于自我，把自己看作可以与异性建立浪漫关系的人。
2. 地位阶段。到了青少年中期，如果能在更大的同伴群体中获得认可，那么与"合适的"伴侣建立浪漫关系则对个人在同伴中的地位而言很重要。
3. 情感阶段。到了青少年晚期，个体主要关注关系本身，而不是自我或同伴地位。浪漫关系变得更加个人化，更有爱心，并脱离了大团伙背景。

4. 结合阶段。在成年初显期，在情感阶段获得的情感亲密性与建立持久结合关系的长期承诺相结合，形成了真正的爱的依恋。

因此，青少年可能需要一段时间，才能把他们对安全的需要（早前由父母满足）、对亲密关系和地位的需要（早期从同性伙伴那里获得）以及性满足的需要（一种新需要）加以整合，形成一种成熟的恋爱关系。

约会具有几个发展性功能。它帮助青少年从父母和同伴之外获得自主性，获得作为一个成人的地位。从进化的角度来看，它使得青少年与家庭成员分开，避免了乱伦关系（Gray & Steinberg, 1999）。那么，约会对青少年来说是一种积极的体验吗？这要视情况而定。青少年初期的约会对其社会性发展和情绪调节的消极影响大于积极影响，对那些男朋友的年龄比她们大的早熟女孩而言尤为如此（Poulin & Pedersen, 2007），这种约会为她们提供了诸如性行为、酗酒、致瘾物滥用、逃学、入店行窃以及离家出走等危险行为的环境（Stattin et al., 2005）。约会的影响在一定程度上也取决于青少年其他关系的质量。例如，不良的亲子关系、不安全依恋的表征往往会产生一些麻烦：这些青少年可能会坠入“爱河”，频繁发生性行为，但是他们却不信任或虐待自己的伴侣，不能对伴侣做出情感承诺（Collins & Steinberg, 2006; Tracy et al., 2003）。但是，那些较晚开始约会的青少年则情况要好得多。在对十年级和十一年级学生的追踪研究中，帕特里克·戴维斯和麦克尔·温德尔（Davies & Windle 2000）发现，拥有稳定的约会关系有利于个体的自尊，在一定意义上具有保护作用，因为约会中的青少年较少涉及诸如酗酒或参与轻度犯罪等问题行为，而且他们被爱情伴侣所接受，有助于弥补他们与父母之间的不良关系（Furman & Shaffer, 2003）。但是，那些拥有稳定约会关系的青少年，一旦关系破裂，他们就会觉得自己缺乏吸引力，感到抑郁。而那些约会很随意（或根本不约会）的青少年，往往与同性朋友的关系更亲密，但是他们的问题行为较多。不过，尽管稳定的约会关系可能会带来一些情感上的风险，但是与那些不约会的青少年相比，有约会关系的较年长青少年的情绪调节要好得多（Collins & Steinberg, 2006; Davies & Windle, 2000）。

父母对同伴交往的影响

一些儿童被同伴吸引，热衷于社会交往，而另一些儿童则表现得不爱交往，甚至退缩。请回忆第 4 章，社交性是气质的一个基本成分，在一定程度上受基因型的影响。也就是说，有些儿童天生就比另一些儿童更善于交际，更外向。无论如何，有一点很清楚，好的或差的同伴关系通常始于家庭，父母可能促进也可能抑制孩子的同伴交往。

父母是经纪人、监护人和教练 父母通过几种方式影响儿童与同伴接触的绝对数量。他们对住处的选择就是一个重要影响因素。如果父母选择住在一个有公园、操场和很多孩子的街区，其子女就有充足的机会和同伴交往。相反，如果他们选择住在一个空旷、住宅稀疏、孩子很少的街区，就会限制孩子和同伴的交往（Medrich et al., 1982）。

当年幼儿童不能自己方便地聚到一起的时候，他们与同伴的交往很大程度上取决于父母是否承担了同伴交往的“经纪人”，也就是说，父母是否帮孩子安排同伴间的互访，是否把孩子送到托儿所或幼儿园，是否鼓励孩子参加一些为儿童举办的活动。关于不同的托幼教育对儿童的社交技能和同伴关系的影响一直存在争议。美国儿童卫生和人类发展研究所（NICHD）主持的一项大型、多地区参与的追踪研究显示，与在托幼机构待的时间比较短的同伴相比，在托幼机构中待的时间比较长的 3 岁儿童，其同伴互动能力相当或略强（NICHD Early Child Care Research Network, 2001a）。但是不利的一方面是，如果他们花大量的时间待在这些日托机构，那么在小学低年级，他们会表现出更多的攻击和不顺从行为，而且到 12 岁他们会继续表现出较多的行为问题（Belsky et al., 2007; NICHD Early Child Care Research Network, 2003a）。从表面上看，这些发现可能会导致父母犹豫应不应该把孩子送到托幼机构，让孩子有机会接触同伴。但是，其他一些调查者研究了在一些高质量的托儿所长大的儿童，在敏感的保教人员的悉心照护下，他们在同伴交往方面表现出较多积极的结果（Love et al., 2003）。此外，我们从专栏 12.2 中了解到，参加了旨在培养社交技能的学前课程的儿童，比待在家中的儿童更早地发展了社交技能。为什么呢？至少有以下三个可能的原因。首先，学前教师和受过训练的托儿所保教人员提供的指导，对提高儿童的社交技能发挥了一定作用（Howes, Hamilton, & Matheson, 1994）。其次，儿童通常会对充满爱心、回应及时的老师和托儿所保教人员形成安全依恋，他们对这些人的积极心理作用模型，鼓励他们与托幼机构的其他人（也就是同学）交往时更外向。卡洛丽·豪斯等人（Howes et al., 1998）发现，与非安全型依恋的儿童相比，对老师形成了安全依恋的儿童不仅在学前期更容易建立亲密的朋友关系，而且在 5~7 年后的小学阶段也更容易拥有亲密（而不是不稳定、非支持性的）的友谊。第三种可能也不能忽略，幼儿园里的儿童因为与同伴越来越熟，所以变得更善于社交，与同伴在一起时更自如。研究发现，与陌生同伴相比，当学前儿童彼此熟悉以后，他们的游戏更具合作性、更复杂，社交技能也更娴熟（Brody, Graziano, & Musser, 1983; Harper & Huie, 1985; Rubin, Bukowski, & Parker, 2006）。出于这些原因，父母把孩子送到一个高质量的托幼机构，可能确实能培养孩子与同伴交往的社交能力。

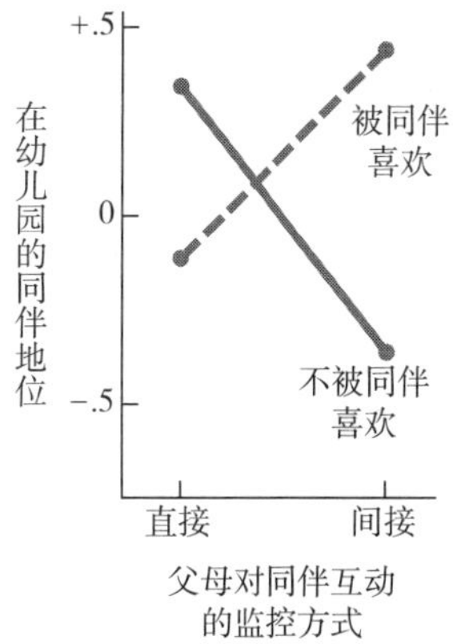

图 13.3　父母对孩子与同伴互动的间接监控可提高孩子在幼儿园的同伴地位。

资料来源：Ladd & Golter, 1988.

父母的监控和教导　父母安排孩子的同伴来家里玩，通过监控孩子与同伴的互动，确保孩子们顺利、友好地一起玩耍，不发生大的冲突，也会对儿童产生影响。这带给我们一个有趣的话题。

父母应该密切监控甚至打断幼儿之间顽皮的互动吗？加里·拉德和贝基·高尔特（Ladd & Golter, 1988）试图回答这个问题，他们询问学前儿童的父母，近期怎样监控孩子与同伴在家里的互动。一些父母报告说，他们密切监控孩子们的游戏活动，有时甚至参与其中（直接监控）；另一些父母则报告，他们只是偶尔留意一下孩子们的活动，不打断或者也不参与（间接监控）。哪种形式的监控有助于孩子的同伴互动？拉德和高尔特的发现显然支持父母的间接监控。图 13.3 显示，与被父母直接监控甚至游戏经常被打断的学前儿童相比，被父母间接监控的学前儿童在幼儿园里更受同伴喜欢（或更少被人不喜欢）。

但是，这一结果可能带点误导性。另有研究发现，那些认为孩子的社交技能不够好的母亲更容易打断儿童的游戏；有研究显示，冲突性的同伴互动会导致父母的直接监控，而不是相反（Mize, Pettit, & Brown, 1995）。而且，多数母亲报告，当玩伴们出现攻击性时，她们会进行干预，必要时甚至强制终止冲突（Colwell et al., 2002）。在促进儿童良好社交技能的发展方面，重要的不是父母监控和干预儿童游戏的多少，而是干预的质量。如果父母教导孩子以亲社会的方法来解决冲突，或请求加入一群同伴的游戏中（例如，建议孩子怎样在不打扰同伴的情况下提出加入他们的游戏），如果这些教导是积极的、支持的和乐观的，孩子很可能形成一种亲社会取向，从而促进积极的同伴关系（Clark & Ladd, 2000; Mize & Pettit, 1997）。这种教导不应仅限于同伴互动。如果母亲对孩子少一些直接指导，而是建立更平等的关系，鼓励他们提出合理要求，允许孩子影响大人的行为，这就是在教孩子如何以成功影响玩伴的方式和大人交流（Black & Logan, 1995; Guralnick et al., 2007）。相反，那些干扰孩子、控制欲强、经常命令孩子或不善于抑制自己消极情绪的父母，其养育出的孩子通常也不善于调节消极情绪，而不善于调控情绪与不和谐的同

图片 13.5　专制的父母如果不善于调控自己的消极情绪，那么他们的孩子可能与同伴建立起冲突性的关系。

伴互动有很强的相关性（Denham et al., 2003; Fabes et al., 1999）。更重要的是，这些父母不自觉地教孩子专横、独断，也抑制了孩子的同伴社交性；而这种专横、独断的行为方式会招致同伴的消极反应，进而使得儿童觉得与同伴交往一点儿也不愉快（Kochanska, 1992; Guralnick et al., 2007; MacKinnon-Lewis, Rabiner, & Starnes, 1999）。

总之，上述研究显示，父母可以通过以下几种方式来促进儿童的社交技能和积极的同伴关系的发展：（1）平静地与孩子讨论基本的社交礼仪，教孩子采用亲社会的策略发起和维持社交互动（Clark & Ladd, 2000; Guralnick et al., 2007; Landry et al., 1998; Mize & Pettit, 1997）；（2）间接地（非干扰性地）监控孩子与同伴的交往，确保他们遵守了已经习得的社交礼仪；（3）给孩子一定程度的自由，让他们计划自己的游戏活动，自己解决大部分的小争吵（Rubin, Bukowski, & Parker, 2006）。

亲子关系和同伴交往　父母不仅要充当孩子与同伴互动的发起者和监控者的角色，还要通过作为养育者、权威人物和训导者的行为，间接影响孩子对同伴的反应。我们从第 5 章中了解到，在出生后的第一年里，不同的养育方式导致不同的依恋类型。虽然依恋行为和同伴交往代表着不同的社交系统，但依恋理论家（Ainsworth, 1979; Bowlby, 1988）认为，儿童早期依恋的质量会影响他们以后对他人的反应。与安全依恋的儿童相比，那些对一个或多个缺乏回应性的养育者形成不安全依恋的儿童，在面对不熟悉的同伴时，会表现出更多的焦虑和抑制，而且更不善于交际。

已有的证据和这种观点一致。回忆一下我们在第 5 章所做的分析，与形成了不安全依恋的儿童相比，那些在 12~18 个月大时形成安全依恋的儿童，在幼儿期、学前期、小学期以及青少年初期都表现出了更恰当的社交行为，在同伴中也更有吸引力（Allen et al., 2007; Englund et al., 2000; Jaffari-Bimmel et al., 2006; Schneider, Atkinson, & Tardiff, 2001）。此外，与不安全型依恋的儿童相比，安全型依恋的儿童在 3.5~6 岁时就能以更积极的方式来理解同伴，与同伴建立起良好的友谊（Cassidy et al., 1996）；与认为自己的早期依恋是不安全型的成人相比，那些回忆自己早期拥有安全型依恋的成人更少感到孤独，更少抑郁，更可能从朋友和同伴那里获得社会支持（Allen et al., 2007; Kobak & Sceery, 1988）。

为什么安全型依恋会促进同伴交往和积极的同伴关系呢？根据鲍尔比（Bowlby, 1988）的观点，安全型依恋的幼儿对敏感的、回应性强的养育者形成了积极的心理作用模型，这反过来又使他们对他人持有积极的看法，认为其他人会欢迎他们的社交举止。但是，依恋安全性和同伴交往之间得出的是相关数据，这就可能还有其他解释。一种解释是，容易型气质的儿童或社交技能较好的儿童容易形成安全型依恋，能够恰当地与同伴交往。但是，凯利·波斯特等人（Bost et al., 1998）对3~4岁儿童开展的一项研究揭示：（1）儿童依恋的安全性能显著预测其社交支持网络的特征以及同伴交往能力；（2）儿童与同伴交往时的社交能力不能预测社交支持或他们与母亲的依恋质量。因此，似乎是安全依恋增强了社交能力（以及与同伴的良好关系），而不是社交技能比较好的儿童容易建立安全依恋。

教养方式的类型和同伴交往 到目前为止，从我们的讨论中你也许已经总结出，那些有恰当社交能力的儿童，其父母往往是关爱的、敏感的，他们教授和示范给孩子有效的沟通方式以及其他社交技能，以一种非干扰性的方式监控孩子，因此允许孩子有相当大的自主权，在与同伴交往的情境中能恰当地运用他们已经习得的社交准则。显然，这种关爱、敏感、适度控制的方式，很像本书一直提倡的*权威型教养方式*，它与儿童娴熟的社交行为和同伴接纳有稳定的联系（Baumrind, 1971; Hart, Newell, & Olsen, 2003; Hinshaw et al., 1997; Mize & Pettit, 1997）。相反，依靠强制命令手段的高度专制（或非参与型）的父母养育出来的孩子，通常具有攻击性，或者在与其他儿童交往时缺乏社交技能，可能被同伴拒绝（Dekovic & Janssens, 1992; Hart et al., 1998; Yang et al., 2003）。很明显，有充分的证据证明，积极（或消极）的同伴交往通常始于家庭。

最后一点，也是非常重要的一点：虽然权威型的教养方式能够促进良好的社交技能和积极的同伴关系，但是专栏13.2告诉我们，它所培养的特殊技能可能存在显著的文化差异。

同伴接纳与受欢迎程度

在儿童的社会生活中，或许没有什么比同伴接纳更引人注意了。**同伴接纳**

专栏 13.2 文化影响

对父母教养方式和儿童社交技能的跨文化检验

我们从第 4 章中了解到，害羞和社交抑制行为在不同的文化中有着截然不同的含义。在美国和加拿大等个人主义社会中，人们鼓励儿童自主，展现出自信，要有恰当的果断性，而在社交情境中的害羞和缺乏主见则被看作社交不成熟和心理适应不良的表现。相反，在集体主义文化中，如中国和韩国，人们鼓励儿童抑制他们的个人愿望去追求集体目标。实际上，中国的儒家和道家都致力于灌输天下为公的思想，强调自我克制和社交中的抑制行为是至关重要的社交技能而非缺点。因此，如果权威型教养方式或者它的成分（即关爱、指导和非惩罚性的教养取向）促进了娴熟的社交行为，那么表现出权威型教养方式的西方国家的父母就会教养出不太害羞和社交上非抑制的儿童，而采用这种教养方式的中国父母教出的孩子通常是保守或抑制的。

陈欣银、陈会昌等人（Chen & Chen et al., 1998）在一项对加拿大和中国的 2 岁儿童及其母亲的跨文化研究中验证了这些假设。在该研究中，每个学步儿被带到一间陌生的游戏室里，里面有新奇玩具（例如一个能移动和发出奇怪声音的机器人），以及一个戴着面具的友好的陌生人，陌生人鼓励儿童与其一起玩游戏。通过这些观察，研究者可以记录儿童对不熟悉刺激的警觉程度，据此计算出每个儿童的行为抑制性分数。此外，这些学步儿的母亲每人填写一份问卷，用以评价其教养态度和教养行为。研究者感兴趣的问题是：（1）母亲对孩子的接纳度（关爱）；（2）她对孩子的掌控和成就行为的鼓励；（3）她的惩罚倾向（即采取强制命令方式管教孩子的偏好）。

从中国文化重视社交克制和加拿大文化对此的贬低来看，正如我们所预期的，这项研究证明，中国的学步儿明显比加拿大的学步儿更抑制。但事实不仅如此。陈欣银和陈会昌等人计算了母亲在教养方式的三个维度上的得分与儿童在行为抑制性测量上的得分之间的相关，发现了两种文化中显著不同的模式。表格中的相关系数显示，在中国，关爱、接纳、鼓励成就和不使用强制命令的母亲，她们的孩子在 2 岁时更多地属于中国人看重的**抑制型**；而在加拿大，这种教养方式之下的儿童更多是**非抑制的**，在加拿大，克制并不是优点，自我决断才是优点。这些结果不仅与研究者的跨文化研究假设一致，而且也是一种重要的提醒：虽然培养良好社交技能的教养方式在很多方面具有跨文化的相似性，但是它们培养出的具体技能可能会因文化差异而截然不同。

中国和加拿大样本中儿童的教养态度 / 行为与学步儿的行为抑制性之间的相关

儿童教养变量	中国	加拿大
对儿童的接纳	0.17	−0.22
鼓励成就	0.18	−0.21
惩罚	−0.15	0.22

注：正相关表示在该项儿童教养变量上，得分高的母亲会养育出行为抑制的儿童；负相关表示在这一变量上得分高的母亲养育出的孩子是非抑制的。

资料来源：摘自 C. Chen et al., 1998。

（peer acceptance）指的是儿童被同伴看作一个讨人喜欢同伴的程度。正如你所预料的，有很多因素决定着一个人在同伴眼中的价值，其中有些因素是与特定的群体或环境有关的。例如韧性、敌意和驾驶摩托车的能力可能会让你成为一个合格的"地狱天使"，但是这些品质能否提高你在教会青年团的地位就令人怀疑了。显然，不同的群体重视不同的品质，那些被群体接纳的人必然拥有他们的同伴群体重视的特征（Chang, 2004）。但是，无论年龄、性别和社会文化背景如何，仍然有很多因素影响着一个人在不同群体中的社会地位。当我们分析决定一个人的同伴地位的因素时，我们将聚焦于这些品质。

测量儿童的同伴接纳度

发展心理学家一般采用**社会测量技术**（sociometric techniques）来评价儿童被同伴接纳的程度。这些技术要求儿童根据一些特定标准来选择群体成员。在大多数社会测量调查中，会让某一班级的所有儿童进行同伴提名，指出几个他/她喜欢的和几个不喜欢的同学，或者在一个5点量表上（从"非常喜欢跟他/她玩"到"非常不喜欢跟他/她玩"），对班级里的每个孩子的受欢迎程度做出评价（Cillessen & Bukowski, 2000; Terry & Coie, 1991）。即使是3~5岁的儿童也能对社会测量做出恰当回应（Denham et al., 1990），他们做出的选择（或评价）与老师报告的同伴接纳度能够恰当地对应，这表明社会测量法可以有效地评估儿童在同伴群体中的地位（Hymel, 1983; Wu et al., 2001）。

同伴接纳的分类　对社会测量数据进行分析时，通常把儿童划分为五种类型。**受欢迎儿童**（popular children）被很多同伴喜欢，不喜欢他们的人很少。**被拒绝儿童**（rejected children）被很多同伴不喜欢，喜欢他们的人很少。**被忽视儿童**（neglected children）被提名为喜欢和不喜欢的次数都很少，他们的社会影响很小，其他同伴对他们视而不见。**矛盾型儿童**（controversial children）被许多同伴喜欢，但同时也有许多同伴不喜欢他们。总的来说，在一个普通的小学班级里，这四类儿童占到了总数的三分之二，剩下的三分之一属于**一般地位儿童**（average status），他们被喜欢和被不喜欢的提名都比较平均（Coie, Dodge, & Coppotelli, 1982）。

社会测量地位的稳定性　根据社会测量划分的类型稳定性如何？一个受欢迎的儿童是否一直受欢迎？曾经被拒绝的儿童后来能否变得招人喜欢？

在探讨这些问题时，我们先来关注一下矛盾型儿童，这些儿童到目前为止没有得到深入研究，因为他们在一个普通的小学班级里只占 5%，而且他们的这种矛盾状况持续不了多久。一项研究发现，起初被归为矛盾型的儿童，约有 60% 在间隔一个月后其同伴地位就会发生变化（Newcomb & Bukowski, 1984）。

矛盾型儿童之所以矛盾是有原因的，他们表现出受欢迎儿童的积极行为特征（如合作、善交际），同时也表现出一些消极行为（如攻击性、破坏性）（Bukowski et al., 1993; Rubin, Bukowski, & Parker, 2006）。矛盾型儿童经常被说成是傲慢的或势利的（Hatzichristou & Holf, 1996）。有趣的是，具有这些“混合”行为模式的儿童通常实际不被很多同伴喜欢，但是基于他们的社会影响和同伴交往的数量，很多人把他们描述为“受欢迎的”。这使一些研究者提出，社会测量地位（基于喜欢）和受同伴欢迎程度（基于谁被认为是有威信或社会地位高的）是不同的理论建构（LaFontana & Cillessen, 2002; Schwartz et al., 2006）。

尽管受欢迎的儿童不能永久地保持他们的优势地位，但是在相对较短的一段时间内（不到一年），被归类为受欢迎的儿童（在社会测量学上被界定为受喜欢的儿童）和一般地位的儿童倾向于保持其地位（Newcomb & Bukowski, 1984）。但是被拒绝儿童的地位更稳定，他们可能年年保持着被拒绝的地位（Rubin, Bukowski, & Parker, 2006）。原因之一是，同伴在对被拒绝儿童的行为归因时存在一种不利的偏向。他们往往把被拒绝儿童的反社会行为归为稳定的倾向性原因（例如，“她既肮脏又刻薄”），而把他们的亲社会行为归为不稳定的环境因素（如“他妈妈让他邀请我去参加聚会”）。相反，那些被人喜欢的儿童的亲社会行为，则通常被归为倾向性原因（“他邀请我是因为他喜欢我”），而把他们的反社会行为归为不稳定的情境因素（“他没有邀请我是因为他的请帖发完了”）（Hymel, 1986; Hymel et al., 1990）。因此，对于那些受欢迎的儿童和一般地位的儿童而言，他们受益于大家吃不准他们会不会对同伴做出消极反应；而那些不被喜欢的儿童一旦做出消极行为，大家都会把责任推到他们身上，即使他们做出友好行为也得不到信任，这不利于他们克服自己的坏名声和低社会地位。这种同伴方面的社会认知偏见，再加上被拒绝儿童那些令同伴厌烦和生气的行为，似乎能够解释为什么被拒绝儿童会长期被拒绝。

最后一点，虽然被拒绝和被忽视的儿童都不被他们的同伴所接纳，但是被忽视并不像被拒绝那么糟。被忽视儿童不像被拒绝儿童那样孤独（Cassidy & Asher, 1992; Crick & Ladd, 1993），与被拒绝儿童相比，当他们进入一所新学校或者一个新的游戏群体时，他们最终更可能获得有利的社会地位（Coie & Dodge, 1993）。此外，被拒绝儿童在以后的生活中将面临更大的风险，表现出越轨行为、反社会行为以及其他严重的适应问题（Dodge & Pettit, 2003; Laird et al., 2001; Parker & Asher, 1987）。

儿童被同伴接纳、忽视或拒绝的原因

在本书的其他章节，我们曾讨论过那些似乎能影响儿童被接纳的因素，主要有：

教养方式 正如本章前面提到的，采用关爱、敏感和权威型教养方式的养育者，注重跟孩子讲道理，而不是用权力来指导或控制孩子的行为，这样的父母养育出来的孩子多是安全型依恋，成人和同伴都喜欢他们。相反，高度专制或非参与型的父母主要靠权力作为控制手段，养育出来的孩子的依恋类型通常是不安全型的，他们乖戾、不合作、攻击性强，通常不被同伴们喜欢。

父母会影响孩子的社交技能，这一事实意味着，许多被拒绝儿童表现出的长期的适应问题，既可能源于不良的同伴关系，又可能源于混乱的家庭生活。有证据表明，一旦儿童被拒绝，在同伴群体活动中，其他儿童就开始捉弄或排挤他们。同伴的这种不友好的对待方式，会使被拒绝儿童感到抑郁和孤独，促使其采用攻击行为进行报复，或者在同伴群体和班级活动中表现为退缩和学业失败（Buhs & Ladd, 2001; Flook, Repetti, & Ullman, 2005; Haselager et al., 2002; Ladd, 2006）。因此，同伴拒绝对不良适应结果的影响似乎超过了儿童在家中所经历问题的影响。

气质特征 儿童的某些气质特点与社会测量地位相关，而且无疑会对社会测量地位产生影响。例如，我们从第4章中了解到，那些易激惹、爱冲动的困难型儿童会面临不能与同伴和谐相处的风险，这可能导致他们被拒绝。此外，那些行为抑制或慢热型的消极被动儿童，也有被同伴忽视甚至拒绝的风险（至少在西方国家是这样）（Eisenberg, Shepard et al., 1998; Hart, Newell, & Olsen, 2003）。

认知技能 认知和社会认知技能都能预测儿童的同伴接纳程度。在三至八年级的学生群体中，最受欢迎的儿童是角色采择能力比较强的儿童（Kurdek & Krile, 1982; LeMare & Rubin, 1987），与没有亲密朋友的儿童相比，那些建立起亲密友谊关系的儿童在角色采择方面的得分更高（McGuire & Weisz, 1982）。此外，与被拒绝的儿童和青少年相比，那些受欢迎、中等地位和被忽视的儿童往往学习成绩较好，智商测验的得分较高（Bukowski et al., 1993; Chen, Chang,

& He, 2003; Chen, Rubin, & Li, 1997; Wentzel & Asher, 1995)。

但是，这些发现是一些相关数据，并不能最终证明不良的认知或学习技能会导致儿童不被喜欢；一个同样合理的解释是，较差的社会测量地位会导致认知 / 学习缺陷。事实上，一项追踪研究发现，学生在四年级时缺乏同伴接纳，能够预测其五年级时的焦虑 / 抑郁的增加以及学习上的自我概念下降，进而影响到六年级的学业成绩（Flook, Repetti, & Ullman, 2005）。然而，同伴接纳和学业成绩可能是相互关联的，因为我们将要看到，旨在促进儿童学业成绩的干预措施通常也会提高他们的社会地位。

此外，还有两类特征能够有效地预测儿童和青少年在同伴中的地位，即身体特征和人际行为模式。

同伴接纳与身体特证的关系

容貌的吸引力 有一句格言，"美来自心灵"。然而，很多人并不这样认为。甚至 6 个月大的婴儿也能区分有吸引力和没吸引力的面孔（Langlois et al., 1991），与没吸引力的陌生人相比，12 个月大的婴儿更喜欢与有吸引力的陌生人交往（Langlois, Roggman, & Rieser-Danner, 1990）。到了学前期，与吸引力不大的幼儿相比，有吸引力的儿童常被同伴和老师以更积极的方式来描述（如更友好、更聪明）（Adams & Crane, 1980; Langlois, 1986）。更重要的是，上小学以后，有吸引力的儿童一般比没吸引力的儿童更受欢迎，这种吸引力偏向在前青少年期和青少年期变得越来越强烈（Langlois et al., 2000; Xie et al., 2006）。当我们讨论有吸引力和缺乏吸引力的儿童如何与同伴互动时，容貌吸引力和同伴接纳度之间的联系开始变得有意义了。有吸引力和没吸引力的 3 岁儿童在社交行为上没有太大差异；但是到了 5 岁，与有吸引力的儿童相比，没吸引力的儿童在游戏时更活跃，更吵闹，更多地对同伴做出攻击性反应（Langlois & Downs, 1979）。因此，缺乏吸引力的儿童似乎会形成一种疏远其他儿童的社交互动模式。

为什么会这样呢？一些理论家认为，父母、老师和其他儿童可能会通过向有吸引力的儿童巧妙地（或并不巧妙地）传达期望，让他们知道自己是有能力的，能在学校里表现好，举止友善，讨人喜欢，从而使有吸引力的儿童形成一种自我实现的预言。这种信息无疑会对儿童产生影响：有吸引力的儿童因此会变得越来越自信、友好、开朗；而缺乏吸引力的儿童可能会对他们收到的不太有利的反馈心生怨恨，变得更逆反或更具攻击性。由此可见，"美即善"的刻板印象是如何变成现实的（Langlois & Downs, 1979）。

体形 体形（或体格）是影响儿童的自我概念和受同伴欢迎程度的另一个身体特征。在一项研究（Staffieri, 1967）中，给 6~10 岁的儿童看外胚型（瘦高）、内胚型（柔软、丰满、圆胖）和中胚型（运动型、肌肉发达）的身体轮廓图（见图 13.4）。先问儿童喜欢哪种体形，然后给儿童一份形容词表，让他们选择适合描述几种体形的形容词。最后，让儿童列出班里最好的五个朋友的名字以及三个不喜欢的同学的名字。

结果很明显。儿童不仅喜欢中胚型的体形，而且他们还赋予这种体形之人一些积极的形容词，如勇敢、强壮、灵活、乐于助人；相反，他们赋予外胚型和内胚型之人的形容词则没有这么积极。对于儿童本身而言，他们的体形和受欢迎程度之间存在明显相关：中胚型的儿童在班里最受欢迎，内胚型的儿童最不受欢迎（Sigelman, Miller, & Whitworth, 1986）。今天，虽然越来越多的美国儿童比以前更肥胖，但内胚型的儿童仍然会被同伴嘲笑和排斥（Davison & Birch, 2002; Krishnamoorthy, Hart, & Jelalian, 2006）。

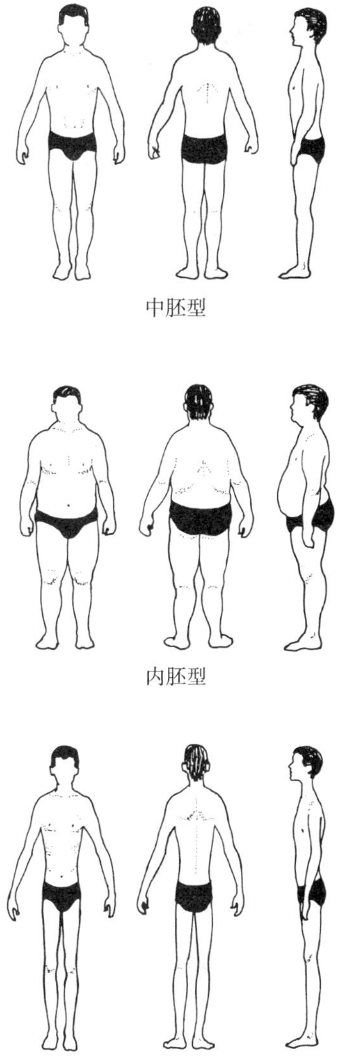

图 13.4 在斯塔菲耶里（Staffieri）的研究中使用的三种体形示意图

现在，可以回想一下你自己的青少年时代，当你的身体开始发生变化，你第一次意识到自己正在迅速变成一个年轻的男人或女人的情形。相对于你的朋友而言，这些事在你身上来得是早还是晚？你是否认为这些事件发生的时间会影响你的人格或社交生活？

青春期开始的时间确实有一些非同寻常的影响，但这种影响对男孩和女孩来说是不同的。

青春期对男孩的影响 加利福尼亚大学所做的一些经典的追踪研究表明，与成熟较晚的男孩相比，成熟较早的男孩拥有很多社交优势。一项研究对 16 个早熟和 16 个晚熟的青春期男孩进行了长达 6 年的追踪，结果发现，与早熟的男孩相比，晚熟的男孩脾气更急躁，更焦虑，更多地寻求关注（他们也被老师评价为缺少男子气，缺乏身体吸引力）（Jones & Bayley, 1950）。早熟者在社交环境中更加镇定自信，容易在运动会和学生选举中获胜。虽然这项研究只调查了加利福尼亚大学的 32 个男孩，但其他一些研究也发现，早熟者往往容易被同伴接纳（甚至受同伴欢迎）（Bulcroft, 1991）。不过，早熟者也有一些劣势：后来的研究

图片 13.6　早熟的男孩在社交情境中更加镇定和自信，更受同伴欢迎。

表明，早熟的男孩在学校更可能表现出轻微的违法行为和品行不端，以及酗酒或滥用致瘾物，如果他们生活在经济状况不佳的社区或父母采用严厉、专制的教养方式时就更是如此（Ge et al., 2002; Kaitiala-Heino et al., 2003）。然而，研究继续指出了晚熟男孩的社交劣势，发现他们往往感到焦虑，缺乏自信，容易出现轻微的适应困难（Dorn, Susman, & Ponirakis, 2003）。与早熟的男孩相比，晚熟男孩上学的愿望相对较低，甚至在青少年初期，他们在校的学业成绩也较低（Dubas, Graber, & Petersen, 1991）。

为什么早熟的男孩具有社交优势？一个原因可能是其身材高大、力气大，使其成为一个更有能力的运动员，因此容易得到成人和同伴的认可（Lease, Kennedy, & Axelrod, 2002; Rodkin et al., 2000）。早熟者成人化的外表可能使人们高估他的能力，赋予他一些成年人才拥有的特权和责任。研究证实，相对于晚熟的儿子，父母对早熟的儿子的教育期望和成就期望会更高（Duke et al., 1982），他们与早熟的儿子之间很少就晚上几点睡觉以及选择什么样的朋友这类问题发生冲突（Savin-Williams & Small, 1986）。也许你能明白，这种积极和谐的氛围是如何促进早熟者的镇定和自信的，正是这种镇定和自信使早熟者在同伴群体中更受欢迎，并占据领导地位。

早熟男孩和晚熟男孩之间的这些差异会持续到成人期吗？一般说来，它们随着时间的流逝会慢慢消失。有研究者报告，到十二年级，早熟者和晚熟者在学习成绩方面的差异已经消失（Dubas, Grader, & Petersen, 1991）。也有人发现（Jones, 1965），与晚熟的同伴相比，加利福尼亚大学那些早熟的男生在 30 岁以后仍然更善于交际，也更自信。

青春期对女孩的影响　对女孩来说，早熟可能是一种劣势。几项研究发现，与处于前青春期的同学相比，早熟的女孩不够外向，也不那么受欢迎（Aro & Taipale, 1987; Clausen, 1975），她们可能报告有较多的焦虑和抑郁症状（Ge, Conger, & Elder, 1996; Stice, Presnell, & Bearman, 2001）。直觉上，这些发现是有道理的。一个早熟的女孩看起来可能与班上的女生差别显著，这会招致女生

们的嘲笑，而班上的男孩一般要比女孩晚熟两到三年，因此他们对早熟女孩更加女性化的特征还不是那么感兴趣（Caspi et al., 1993）。结果，早熟的女孩经常寻找年长的同伴（或被年长的同伴选中），尤其是大男生，这些大男生会引诱早熟的女孩放弃学业追求，从事一些不良活动，如吸烟、喝酒、致瘾物滥用和性行为，而她们还没有做好准备来应对这些（Caspi et al., 1993; Dick et al., 2000; Stattin et al., 2005）。实际上，有研究发现，当早熟的女孩就读一所男女混合的学校且有很多男性朋友时，她们患心理抑郁的风险会大大增加（Caspi et al., 1993; Ge et al., 1996）。

女孩早熟的一些不利影响可能是长期的。例如，瑞典的一项研究发现，与晚熟或者正常成熟的女孩相比，早熟的女孩在学校里表现一直不好，更有可能辍学（Stattin & Magnusson, 1990）。然而，随着时间的推移，大多数早熟的女孩会发展得越来越好。到了11~12年级，与其他女孩相比，早熟的女孩不再像以前那样不受欢迎了（Hayward et al., 1997），而且一旦其他女生发现早熟的女孩更受男孩欢迎，那么早熟的女孩甚至会被女同学羡慕。然而，对于那些很早就结交了不良同伴、涉足不当性行为和致瘾物滥用的早熟女孩来说，则会有非常明显的长期负面影响，这些行为本身就会带来有害的后果（Ge et al., 2002）。

总的来说，早熟的优势和晚熟的劣势对男孩来说都比女孩大。但是需要指出的是，早熟者和晚熟者在同伴接纳方面的差异并不大，况且儿童之间差异巨大，除了青春期到来的时间会影响这一阶段能否平稳过渡外，还有许多其他因素也在起作用。

行为与同伴接纳的关系 虽然青少年的体征和认知、学习、运动能力都与同伴接纳有关，但如果同伴认为某同学的行为不恰当或反社会时，即使是最聪明、最有吸引力的儿童也可能难受欢迎（Dodge, 1983）。什么样的行为特征对儿童在同伴中的地位发挥最重要的影响呢？

对幼儿园和小学的儿童以及中学的青少年进行的几项研究报告了几乎相同的结果。受欢迎的儿童，即社会测量调查中被提名最多的儿童，往往是那些比较冷静、外向、友好、支持性的同伴，他们能够成功地发起并维持互动，能够友好地解决争端（Coie, Dodge, & Kupersmidt, 1990; Denham et al., 1990; Rubin, Bukowski, & Parker, 2006; Xie et al., 2006）。在美国和中国，那些“社交明星”大多是关爱、友好、合作、富有同情心的人，他们表现出很多的亲社会行为，很少有破坏或攻击行为（C. Chen et al., 2000; Rubin, Bukowski, & Parker, 2006）。

相反，被忽视的儿童往往比较消极被动和害羞。他们不善言谈，与中等

图片 13.7　被忽视的儿童通常比较害羞，徘徊于人群周围，很少尝试加入群体。

地位的儿童相比，他们不敢加入群体游戏，觉得自己很少得到同伴的支持，也很少吸引别人的注意力（Coie, Dodge, & Kupersmidt, 1990; Harrist et al., 1997; Wentzel, 2003）。但是，与中等地位的儿童相比，被忽视儿童的社交技能并不差，他们没有因为他们的社交关系而感到更多的孤独或抑郁（Cassidy & Asher, 1992; Wentzel & Asher, 1995）。他们只是因为缺乏社交主动性而不那么"显眼"。

被拒绝的儿童可以分成两类，每一类各有其独特的行为特征。第一类是**攻击—被拒绝的儿童**（aggressive-rejected children），他们常通过使用武力或关系攻击来支配同伴或试图达到个人目的，故而经常与同伴格格不入（Cillessen & Mayeux, 2004; Hinshaw et al., 1997）。这些具有破坏性、爱吹牛的学生，在群体活动中往往不合作、挑剔，很少表现出亲社会行为（Newcomb, Bukowski, & Pattee, 1993; Parkhurst & Asher, 1992）。攻击—被拒绝的儿童常将他人的行为解释为敌意的，即使事实并非如此；他们还喜欢用报复而非和平的策略来解决争执（Troop-Gordon & Asher, 2005）。但是，他们会明显地高估自己的社会地位，经常称自己像多数儿童一样受欢迎，甚至比他们更受欢迎（Zakriski & Coie, 1996）。这些青少年具有最大的风险，随着时间的推移，他们会一直处于被拒绝的处境（Haselager et al., 2002），因此慢慢变得充满敌意，有外显的行为问题，甚至在青少年后期和成年期会出现暴力犯罪行为（Parker et al., 1995; Ladd, 2006; Rubin, Bukowski, & Parker, 2006）。

第二类是**退缩—被拒绝的儿童**（withdrawn-rejected children），他们是典型的社交中的笨拙同伴，表现出诸多不寻常、不成熟的行为，对同伴群体的期望不敏感。与攻击—被拒绝的儿童一样，退缩—被拒绝的儿童在面临冲突时容易生气，很快就会放弃解决冲突的亲社会途径，喜欢报复（Burgess et al., 2006; Troop-Gordon & Ladd, 2005）。但是，与攻击—被拒绝的儿童不同，退缩—被拒绝的儿童通常会有社交焦虑，他们很清楚同伴不喜欢他们，当同伴在活动中有意排斥他们时，他们就开始退缩（Burgess et al., 2006; Gazelle & Ladd, 2003; Harrist et al., 1997; Hymel, Bowker, & Woody, 1993; Zakriski & Coie, 1996）。这些退缩型的被拒绝儿童会感到格外孤独，还可能有低自尊、抑郁和其他内隐障碍的风险（Hymel, Bowker, & Woody, 1993; Ladd, 2006; Rabiner, Keane, & MacKinnon-Lewis, 1993）。由于他们行为异常，对批评过度敏感，缺乏亲密朋友的支持，因此尤其容易成为小痞子们欺凌的对象（Gazelle et al., 2005; Hodges et al., 1999; Ladd & Burgess, 1999）。

影响的方向问题 现在我们来讨论一个比较棘手的解释问题：儿童所表现出来的行为特征真的会导致他们受同伴欢迎、被拒绝或被忽视吗？例如，受欢迎的儿童真的是因为他们的友好、合作和非攻击性而受欢迎的吗？还是因为儿童受到欢迎之后才变得更友好、合作，更少攻击性？要检验这两个相反的假设，一种方法是把儿童放到一组陌生同伴中去，看他们表现出的行为能否预测他们最终在同伴群体中的地位。有几项这类研究（Coie & Kupersmidt, 1983; Dodge, 1983; Dodge et al., 1990; Gazelle et al., 2005; Ladd, Price, & Hart, 1988）探讨了这个问题，结果相当一致：儿童表现出来的行为确实能预测他们在同伴中的地位。那些最终被陌生同伴接受的儿童能够有效地发起社会交往，对别人的要求做出积极回应。例如，当他们想要参与一个群体活动时，这些有社交技能的、很快被接受的儿童，常常是先观察，努力弄清楚正在进行的活动，然后对活动的进展做出令人高兴的、建设性的评论，这时他们就很自然地融入这个群体中了。相反，那些被拒绝的儿童则爱出风头，比较自私。他们喜欢批评或打断群体游戏，如果别人不让他们加入，他们就威胁报复。那些被同伴忽视的儿童通常在一个群体周围徘徊，不敢主动发起交往，当其他儿童把注意转向他们并提出要求时，他们往往又害羞地走开。有趣的是，一些被熟悉的同伴忽视的儿童有时会突然变得爱和陌生同伴交往（Coie & kupersmidt, 1983），而那些极端退缩的被忽视儿童往往会继续处于这种地位，最后被同伴拒绝（French, 1988; Rubin, Bukowski, & Parker, 2006）。

那么，社会测量地位只是一种附带现象，即仅仅反映了一个人的行为适当与否，对未来的行为或调适结果没有特别的影响吗？并非如此，社会地位非常重要！我们来看看那些攻击—被拒绝的男孩，随着时间的推移，他们越来越被同伴接纳，被同伴接纳之后，他们的攻击性大大降低，这清楚地说明，社会地位的变化影响了行为（Haselager et al., 2002）。加里·拉德（Ladd, 2006）对5~12岁的儿童进行了长达7年的追踪研究，发现加性模型在预测儿童的适应问题方面有支持作用。也就是说，早期的攻击性和退缩行为能够预测后来的外显和内隐障碍；但是，由于早期的攻击性或退缩行为导致的同伴拒绝有其独立影响，这明显增加了这些不受欢迎的儿童在未来几年出现严重适应问题的可能性。所以，一个人的社会测量地位远远不是一种附带现象，它不仅反映了个体的早期行为，而且独立地对个体未来的行为和心理健康产生重要影响（见 Buhs & Ladd, 2001; Gazelle & Ladd, 2003）。

文化对同伴接纳的影响 关于同伴接纳的相关因素和影响力的研究大多是在美国和加拿大进行的，但是在世界各地其他一些国家开展的研究也发现了与前面的研究相似的结论。一般来说，在欧洲的一些国家和中国，那些高攻击性和极端抑制的儿童有可能处于被同伴拒绝的不利境地，而那些友好、合作或具有亲社会倾向的儿童通常会被同伴接受（Attili, Vermigli, & Schneider, 1997; Casiglia, Lo Coco, & Zappulla, 1998; Chen, Rubin, & Sun, 1992; Schwartz, Chang, & Farver, 2001）。

然而，与各种社会测量地位最密切相关的行为存在显著的文化差异。例如，我们从专栏 4.3 可知，害羞、优柔寡断的社交行为会使一个美国儿童处于被忽视（甚至被拒绝）的不利境地，但这种行为在中国往往会提高其同伴接纳度，因为在中国，恬静、保守、谦虚是更符合社会期望的行为。同样，相对于美国儿童而言，学习成绩对中国儿童和青少年的同伴接纳的影响更大，学习差的中国儿童会被排斥、拒绝，甚至被同伴欺凌（Chen, Chang, & He, 2003; McCall, Beach, & Lau, 2000; Schwartz, Chang, & Farver, 2001）。

同伴地位相关因素随年龄的变化 事实证明，同伴地位的影响因素随年龄的增长也有一些变化。例如，尽管在任何年龄段，攻击性的增强通常都与不利的同伴地位相关，但是接近青少年期，它对社会地位的影响变得不再那么重要了（Cillessen & Mayeux, 2004）：此时，至少有一些认为自己很酷、很前卫、反社会的“捣蛋”男孩被男同学认为是受欢迎的（虽然不总是被喜欢），对女孩来说也很有吸引力（Bukowski, Sippola, & Newcomb, 2000; LaFontana & Cillessen, 2002; Rodkin et al., 2000）。这一看似矛盾的发现部分是由于青少年定义的受欢迎程度和社会测量的受欢迎程度有本质区别。青少年用术语“受欢迎程度”来描述那些有威望、引人注目和具有影响他人能力的同伴，以及那些具有攻击性或反社会的“受宠者”，这些人在社会测量中往往是有争议的，他们获得的支持和提名大多来自那些具有攻击性和反社会的同伴（Kiesner & Pastore, 2005）。然而，他们的“受欢迎程度”可能是一件喜忧参半的事情，因为那些由于其攻击性或反社会行为而导致社会地位提高的青少年，往往会脱离学校，学业成绩也会下降（Schwartz et al., 2006）。相比之下，在社会测量中变得更受欢迎的青少年（不管他们是否是“受宠者”），则没有表现出这种脱离学习的模式。因此，受欢迎和被喜欢不是一回事，对青少年来说，被同伴喜欢，似乎比由于其攻击性和反社会倾向而获得高地位（受欢迎）更具适应性。

第二个发展趋势是，在儿童期，退缩行为成为同伴拒绝以及诸如焦虑、抑郁等内隐障碍更重要的预测因素（Ladd, 2006; Rubin, Bukowski, & Parker, 2006）。到小学中后期，许多退缩儿童的异常行为开始在同伴眼中凸显出来，同伴越来越可能排斥他们；这些退缩的受排斥者变得越来越疏远同伴群体的活动，为他们自己的不良社会地位感到焦虑或抑郁。

图片 13.8　在青少年期，与异性建立积极关系的能力开始提升一个人的社会地位。

最后，我们还需注意，在青少年期，到男女生开始打交道以后，与异性建立亲密关系的能力开始提升个体的社会地位（Collins & Steinberg, 2006）；而在儿童期，那些频繁地与“敌人”结交或违反性别隔离规则的儿童，其同伴地位则可能降低（Kovacs, Parker, & Hoffman, 1996; Sroufe et al., 1993）。

显然，同伴接纳受多种因素的影响。脾气好、长相有魅力和学习能力强等特征对同伴接纳有帮助；但是，表现出良好的社会认知技能、被自己的文化和同伴群体认为具有社交能力的行为举止似乎更重要。

遗憾的是，一些缺乏上述特征、被同伴拒绝的儿童，随着在校年级的升高通常会一直被拒绝，他们很可能会出现与同伴拒绝相关的各种适应问题（Brendgen et al., 2001; Coie, Dodge, & Kupersmidt, 1990; Ladd, 2006）。现在，我们来看一些干预项目，它们能够帮助被拒绝儿童提高其社交技能，取得更健康的心理发展结果。

提高被拒绝儿童的社交技能

同伴拒绝是个体当前和以后出现心理问题的一个强有力的预测因素，鉴于此，许多研究者设计了干预方案，旨在提高不受欢迎儿童的社交技能。下面是几种比较有效的技术。

强化法和榜样法　早期的许多针对社交技能的训练方法都是建立在学习理论基础之上的，例如：（1）强化（利用代币和表扬）儿童表现出恰当的社交行为，如合作和分享；（2）让儿童和技能熟练的社交行为榜样在一起。这两种方法在增强儿童有效的社交行为方面都很成功。当老师和同伴参与到干预方案中的时候，他们更容易注意到被拒绝儿童的行为变化，并改变对他们的看法（Bierman & Furman, 1984; White & Kistner, 1992）。对于老师和成人来说，有几种方法可以为被拒绝儿童设置有利于强化其表现出恰当社交行为的游戏环境。例如，他们可以利用第 12 章介绍的那些成功的合作策略，让儿童努力完成一项任务或者达成一个共同目标，这些任务或目标要求所有参与者通力合作。此外，如果榜样与目标儿童相似，并且榜样在做出熟练的社交行为的同时伴随一些评论，把儿童的注意力集中到这些恰当行为的目的和好处上，那么榜样的效果会更好（Asher, Renshaw, & Hymel, 1982）。

社交技能的认知训练法 当伴以言语解释或讲道理时，榜样法会更有效。这一事实说明，促使儿童想象技能熟练的社交行为所带来积极结果的干预方案可能是有效的。为什么呢？因为在社交技能训练中，儿童积极的认知参与能够增强他们对所教原则的理解和认同，有利于他们把这些原则加以内化，然后在与同伴交往时表现出来。

辅导（coaching，也译作“教练”或“教练技术”）是一种认知的社会学习技术，辅导者呈现一种或多种社交技能，详细解释为什么要使用这些技能，让儿童练习，然后告诉儿童如何改进他们的行为。谢莉·奥登和斯蒂文·阿谢尔（Oden & Asher, 1977）教给三四年级被孤立的儿童四种重要技能：如何加入到一个正在进行的游戏中去；如何轮流和分享；如何有效地交流；如何给予同伴关注和帮助。这些儿童经辅导后不仅变得更加外向和积极，而且一年后的测量表明，这些以前被孤立的儿童的社交地位也有很大提高（Mize & Ladd, 1990; Schneider, 1992）。

图片 13.9 辅导法可以有效地提高被拒绝儿童的社交技能。

其他基于认知发展理论的认知干预方法还旨在提高儿童的**观点采择能力**和**社会问题解决能力**。这些方法对攻击—被拒绝的儿童尤其有效，这些儿童经常表现出一种**敌意归因偏差**（对同伴的意图作过多的敌意解释），这种偏差是他们在家中从专制型的父母那里学来的，他们的父母不相信别人，并采用攻击性的问题解决策略（Keane, Brown, & Crenshaw, 1990; Pettit, Dodge, & Brown, 1988）。为了帮助这些攻击性的被拒绝者，训练方案不仅要向这些儿童强调攻击是不合适的，还要帮助他们学习非攻击性的冲突解决方法。一种比较有效的方法是米尔娜·舒尔和乔治·斯皮瓦克（Shure & Spivack, 1978; Shure, 1989）设计的**社交问题解决训练**（social problem-solving training），这种方法帮助学前儿童想出友好地解决人际问题的方法并对其进行评价。在为期 10 周的时间内，儿童用木偶扮演一个冲突场景，训练者鼓励他们就自己采取的解决方法给冲突双方带来的感受展开讨论。舒尔和斯皮瓦克发现，儿童参与这个项目的时间越长，他们的攻击性解决方法就越少。此外，当儿童能更好地思考自己行为的社会后果时，他们的班级适应能力（由教师评价得到）显著地提高了（见 Kazdin, 2003a; Vitaro et al., 1999）。

学习技能训练　在校学习吃力的儿童通常会被班里的同学拒绝（Schwartz, Chang, & Farver, 2001; Dishion, Andrews, & Crosby, 1995），他们往往为此感到焦虑和抑郁，学习成绩变得更差（Flook, Repetti, & Ullman, 2005）。我们能否通过提高这些儿童的学习技能，让他们回归学校的主流活动，从而使他们的社交地位得到提高呢？一个研究团队对这种方法进行了尝试，他们给那些成绩差、被拒绝的四年级儿童提供了大量的学习技能训练（Coie & Krehbiel, 1984）。这些训练不仅提高了儿童的阅读和数学成绩，而且也提高了他们的社会地位。干预结束一年以后，这些以前被拒绝的儿童，现在在同伴群体中获得了中等地位。

成人可以采用各种技术提高不受欢迎儿童的社交技能，帮助他们在同伴中获得更有利的地位。但是必须谨慎，如果儿童的父母是专制型、不信任的父母，或者儿童周围的朋友都是些经常采用攻击性冲突解决方法的高攻击性朋友，那么他们所学的新社交技能和问题解决策略就会被削弱，干预的长期效果就要打折扣。由于这些原因，乔治·佩蒂特等人（Pettit et al., 1988）主张采用预防性干预，其特点是：（1）只要儿童与同伴间一出现问题就马上实施干预；（2）干预不仅局限于问题儿童群体（另见 Lavellee et al., 2005）。令人遗憾的是，那些针对攻击—被拒绝青少年群体的治疗方案，由于没有吸收父母和其他一些被接纳的儿童参与进来，结果有些适得其反：参与者的社会测量地位改变很小，而问题行为和过失行为却有所增加（Dishion, McCord, & Poulin, 1999; Dodge, Dishion, & Lansford, 2006）。因此，若想社交技能训练项目更有效，必须及早开始，最好在被拒绝儿童还未聚到一起、形成一个鼓励反社会的小圈子之前就开始（Dodge, Dishion, & Lansford, 2006; Kazdin, 2003b）。

儿童及其朋友

随着儿童变得越来越外向，和各种各样的同伴接触，他们通常逐渐与一个或多个玩伴形成亲密的联系，这种纽带就是我们所谓的**友谊**（friendship）。我们在第 6 章中曾经提到，儿童对于什么样的人才有资格做朋友有相当明确的想法。在 8 岁以前，朋友的主要基础就是*共同活动*：儿童认为，朋友就是喜欢他们并愿意与其一起玩相同游戏的人。相比之下，8~10 岁的儿童具备了较强的观点采择能力，他们开始把朋友视为和自己在*心理上相似*的人，他们值得信任，因为他们忠诚、善良、合作，对彼此的感受和需要很敏感（Berndt, 1996）。到青少年期，忠诚和共同的心理品质仍是朋友的特征，但青少年对朋友的理解则更多地集中在*互惠的情感投入*上。也就是说，朋友是亲密的伙伴，能够真正理解彼此的优点，接纳彼此的缺点，愿意分享他们内心深处的想法和感受（Hartup, 1996）。

友谊的发展

虽然年幼的儿童有很多玩伴，但是他们中只有很少人能够成为亲密的朋友。友谊是如何形成的呢？要搞清楚这个问题，一种办法是把一些互不相识的儿童随机配对做玩伴，观察他们在几周时间里的游戏情况，从中寻找线索来解释为什么有些配对的儿童能够成为朋友而另一些不能。约翰·高特曼（Gottman, 1983）在一些最初不相识的 3~9 岁儿童的身上尝试了这种方法。在 4 周时间里，每一对伙伴都要在其中一个人的家里一起玩游戏。研究快结束时，请母亲填写一份问卷，报告她们的孩子是否和新伙伴成为了朋友。此外，观察者还记录了儿童在游戏中的行为，希望用这些观察来确定成为朋友的儿童之间与没成为朋友的儿童之间的交往有何不同。

不出所料，高特曼发现，一些结对的玩伴很快成了朋友，另一些则没有。他还发现，成为朋友和没成为朋友的儿童在游戏活动中有一些重要区别。首先，成为朋友的儿童刚开始时并不一定能在玩什么这一问题上达成一致，但他们在*解决冲突和确立共同活动*方面（即玩什么和怎么玩）比没成为朋友的儿童好得多。最终成为朋友的儿童还能更成功地进行*清晰的沟通和信息交流*。其中有些信息是非常个人化的，最终成为朋友的儿童比没能成为朋友的儿童更可能**自我表露**（self-disclosure）。因此，在高特曼看来，那些很早就能在玩什么游戏上达成一致的儿童似乎非常“合得来”，因此变得更愿意对同伴表达自己的情感和认同，并进而透露个人信息，这就是他们建立友谊的过程。

当然，儿童自身的特点对他们交朋友的能力也会有很大的影响。朱蒂·邓恩等人（Dunn & Cutting, 1999; Dunn, Cutting, & Fisher, 2002）报告，那些有着稳固友谊的学前儿童的特征是，在假装游戏中表现出高水平的合作行为和其他亲社会行为，他们经常表现出很高的社会理解水平：遵守规则，理解他人的情绪，善于读懂他人的心思（用心理理论任务来测量）。这一发现使我们想起了之前在第4章中讨论过的研究，该研究表明，善于理解他人情绪和调控自己情绪的学前儿童，通常会被老师认为具有社交能力，而且对同伴有吸引力。此外，邓恩等人（Dunn et al., 2002）还发现，早期就形成了亲密友谊并且社交能力强的4岁儿童，后来在学校里更容易结交新朋友。因此，儿童可能在学前期就形成了关于友谊的“心理作用模型”，它将影响其后来的友谊质量或特征。

朋友间和熟人间的社交互动

早在1~2岁时，儿童就会对他们喜欢的游戏伙伴形成依恋，他们对这些“朋友”的反应方式和对其他人的反应很不一样（Howes, 1996）。例如，与熟人相比，朋友间会玩更高级的假装游戏，也会表露出更多的情感和赞同（Howes, Droege, & Matheson, 1994; Whaley & Rubenstein, 1994）。朋友之间经常做有益于对方的事。在学前期，许多利他行为通常都首先出现在朋友间。例如，弗里德里克·坎费尔等人（Kanfer et al., 1981）发现，如果能给朋友带来好处，3~6岁的儿童宁愿放弃自己宝贵的游戏时间，转而去完成一项枯燥无味的任务；但是这种自我牺牲行为几乎不会发生在熟人之间。相比于熟人，年幼儿童对朋友的痛苦会表现出更多的同情，更愿意尽力减轻朋友的痛苦（Costin & Jones, 1992; Farver & Branstetter, 1994）。此外，朋友甚至可以将亲社会行为社会化。例如，卡罗琳·巴里和凯瑟琳·文策尔（Barry & Wentzel, 2006）发现，当年龄小一点的青少年经常与支持性、亲社会的亲密朋友互动时，他们会选择追求更多的亲社会目标，而且随着时间的推移，他们会变得更具亲社会倾向。

人们常说，亲密的友谊是一种“化学反应”，好朋友之间很“合拍”。研究结果明确地支持了这种观点。让成对的六年级学生在一起随便交谈，如果两个人是好朋友，他们之间的谈话就会比熟人间的谈话更有趣、更精彩，也更放松（Field et al., 1992）。谈话结束后，对参与者唾液中的皮质醇（与压力有关的激素）水平进行测试，结果发现，熟人之间随便的互动比朋友间的互动压力更大。如果他们受到冷落或体验到某种模棱两可的伤害，大多数儿童（甚至是攻击性的儿童）更可能相信朋友（而不是熟人或敌人）是无辜的，从而不会生气，不会做出敌意归因，或以某种方式进行报复（Burgess et al., 2006; Peets et al., 2007）。在合作完成学校的任务时，与熟人相比，朋友之间通常会更“同步”，更容易达成一致意见，把更多的时间“花在任务上”（Hartup, 1996）。朋友间的互动之所以如此同步和富有成效，原因之一是，与熟人相比，朋友在兴趣和态度、学习能力、社会测量地位、人格以及亲社会行为水平等方面更相似（Chen et al., 2005; Haselager et al., 1998; Rubin, Bukowski, & Parker, 2006）。因此，“物以类聚，人以群分”。这一发现有助于解释为什么朋友之间的互动往往以亲密感和积极的关注为特征，而且他们之间确实有一种非常有利的“化学反应”。

儿童之间的友谊能够保持多长时间？即使是学前儿童的友谊也可能是相当稳定的，这可能会令你吃惊。例如，卡洛丽·豪斯（Howes, 1988）发现，在同一所幼儿园里待过几年的儿童，同样的亲密关系通常会超过一年。在童年中期，尽管亲密友谊在强度上可能会上下波动，但是这种友谊通常很稳定（Berndt & Hoyle, 1985; Cairns et al., 1995）。然而，进入青少年期以后，他们的友谊网络（可能被青少年称为“朋友”的所有人的名单）在数量上开始减少（Berndt, Hawkins, & Hoyle, 1986; Berndt & Hoyle, 1985）。朋友的减少反映了青少年逐渐意识到，如果只选择一个非常亲密的朋友小圈子，他们就更容易担负起友谊带来的责任，包括交流亲密信息和提供情感支持。

拥有朋友有好处吗

朋友在影响儿童的发展方面能发挥独特的作用吗？那些拥有足够多的同伴却没有亲密朋友的儿童，与那些有一个或几个亲密朋友的儿童有差别吗？很少有严格控制的追踪研究来回答这些问题（Hartup, 1996），我们可以对朋友作为社会化媒介所起的作用做一些试探性的讨论。

朋友能提供安全感和社会支持　朋友在儿童生活中起重要作用的一个强有力的线索是，研究发现，拥有至少一个支持性的朋友，能在很大程度上减少那些被同伴群体排挤之不受欢迎儿童的孤独感和受伤害程度（Hodges, Malone, & Perry, 1997; Hodges et al., 1999; Parker & Asher, 1993; Schwartz et al., 2000）。一项追踪研究发现，没有朋友的一年级学生会变得更加焦虑和抑郁，更容易出现诸如打架之类外显行为问题；到二年级时，其社交孤立比一年级时更严重。相比之下，社交孤立的一年级学生，如果能成功交到朋友，那么在同样时间段里，他们的适应问题或社交孤立就不会增多（Laursen et al., 2007）。那么，拥有朋友是如何使遭遇困难的儿童得以应对社交孤立和适应不良这种恶性循环的呢？当前的推测是，亲密的友谊能提供一种环境，改善被孤立儿童的不良社交技能，起到情感安全网络的作用，这种安全感可以减轻不良同伴关系带来的痛苦（Berndt, 2004; Laursen et al., 2007），也使他们更容易承担其他潜在的生活压力挑战。例如，加里·拉德等人（Ladd et al., 1987, 1990, 1996）发现，与没有朋友的儿童相比，和朋友一起入园的儿童似乎更喜欢幼儿园或学校，更少出现适应问题。托马斯·本特等人（Berndt et al., 1999）发现，从小学到初中的过渡，对很多学生来说都比较困难，但是如果有亲密的朋友，这一过渡就会比较顺利。对那些家庭缺乏教养且无凝聚力，父母又靠严厉管教的儿童来说，亲密的支持性友谊对提高其社交能力所起的作用尤为重要（Criss et al., 2002; Gauze et al., 1996）；在这种混乱的家庭环境中成长的青少年，如果失去一个特别亲密的支持性的朋友，那么他们的自我价值感会大幅度下降（Gauze et al., 1996）。

图片 13.10 没有什么比朋友的安慰和鼓励更令人心安的了。

因此，朋友是安全感和**社会支持**（social support）的潜在重要来源，随着儿童年龄的增长，朋友的这种作用越来越重要。例如，四年级的学生认为，父母是他们重要的社会支持源，然而说到朋友：（1）七年级的学生认为，朋友跟父母具有同等的支持性；（2）十年级的学生认为，朋友提供了最多的社会支持（Buhrmester, 1996; Furman & Buhrmester, 1992）。尽管从朋友和同伴那里获得越来越多的社会支持这一趋势很正常，但有时候也会做过了头。例如，戴维·杜布瓦等人（DuBois et al., 2002b）发现，从成人和同伴那里都得到了足够社会支持的青少年拥有很高的自尊感，适应良好，而那些从朋友（及其他同伴）那里得到大多数社会支持、而从父母（和老师）那里得到很少社会支持的青少年，则面临着出现问题行为和情绪障碍的极大风险（见 Dishion & Dodge, 2005; Seidman et al., 1999）。

朋友对社交问题解决技能的影响 友谊通常被认为是令人愉快和有益的关系，是值得珍惜的，所以人们应鼓励儿童尽力去解决与这些“特殊”伙伴间的冲突（Hartup, 1996）。他们确实也是这样做的。由于朋友有很多时间是在一起的，所以他们比不是朋友的人更容易发生争执；但是从学前期开始，与那些意见不一致的熟人相比，那些持不同意见的朋友更可能在争吵加剧之前退让，做出让步，接受公平的结果，并在冲突结束后继续交往（Hartup et al., 1988; Laursen, Finkelstein, & Betts, 2001）。到童年中期，与普通的熟人相比，朋友们在玩竞争性游戏时，能更好地遵守规则（不欺骗）；在为解决争执而协商时，能够尊重对方的观点、需要和愿望（Fonzi et al., 1997; Nelson & Aboud, 1985）。这种与朋友友好解决冲突的经验，无疑会促进成熟的社会问题解决技能的发展，这是同伴社会地位的一个最强的预测因素（Rubin, Bukowski, & Parker, 2006）。

友谊是成人浪漫关系的准备 从儿童中期到青少年期，亲密友谊是以日益增强的亲密感和交互性为特征的。这种对同性伙伴强烈而亲密的情感联结，对稳定的成人爱情关系中常见的人际敏感性和承诺的发展是必要的吗？哈里·斯塔克·沙利文（Sullivan, 1953）认为确是如此。沙利文报告说，他的许多因孤独而遭受心理困扰的患者，在年轻时未能形成亲密的友谊，他据此得出结论：在前青少年期，同性朋友（或“密友”）间形成的亲密的双向联结为强烈的自我价值感提供了基础，也为个体在日后建立并维持亲密爱情关系所需的关怀和同情态度奠定了基础。与沙利文的观点一致，与那些没有朋友的同学相比，那些在前青少年期就已形成亲密的同性友谊的儿童更容易打破性别隔离界线，与异性同伴形成亲密关系（Connolly, Furman, & Konarski, 2000; George & Hartmann, 1996）。此外，温多尔·弗尔曼等人（Furman et al., 2002）发现，青少年对其浪漫关系的看法和表征与他们对友谊的表征密切相关，而不是与对父母的依恋表征更相关。这一发现与沙利文等人（如 Furman, 1999）的观点一致，即同性友谊为儿童和青少年将来的亲密浪漫关系做了准备。

但是评论家辩称，要令人信服地验证沙利文的理论，需要做纵向**前瞻性研究**（prospective study），考察那些在前青少年期无朋友的儿童与至少有一个亲密朋友的同龄人长大成人后有何不同。凯瑟琳·巴格维尔等人（Bagwell et al., 1998）做了一项这样的研究。她们先对一个 11 岁儿童的样本完成了社会测量，确定他们的社会测量地位，以及是否和一个最好的朋友建立起亲密的双向联结。12 年以后，这批参与者（23 岁）完成了一系列问卷，旨在测量他们的一般自我价值感、学业和工作表现、对未来的抱负水平、与家人关系的质量，以及知觉到的恋爱能力、抑郁和其他精神病理症状。

研究结果为沙利文的理论提供了一些支持。与在前青少年期无朋友的儿童相比，那些在前青少年期拥有亲密的同性友谊的儿童，在成年后与亲密伙伴（家人）相处时感觉更有能力，自尊心更强，也更少抑郁。更重要的是，这些结果只能归因于参与者早期的友谊状况，而不能归因于他们一般的同伴接纳程度。在这项研究中，尽管与那些无朋友的儿童相比，在前青少年期有朋友的儿童在 12 年后并不认为自己的恋爱能力更强，但是如果我们不是对参与者本人而是对他们的伴侣进行恋爱能力的评价，结果可能就会有所不同（毕竟，对 23 岁的成人而言，谁愿意承认自己缺乏恋爱能力呢？）。

朋友和同伴对适应结果的影响 有趣的是，巴格维尔等人（Bagwell et al., 1998）发现，一般的同伴接纳也可以预测一些适应结果，但是它所预测的结果不同于前青少年期的友谊状况所预测的。具体来说，相比于那些社会测量地位较高的同伴，11 岁时被拒绝的儿童在 12 年后的抱负水平更低，并且认为自己在学习和工作业绩上能力更差。这是否意味着，在个体的社会性发展中，朋友和同伴群体在某种程度上扮演着不同的、独特的角色？很可能是这样，但是现在这样说还为时尚早。近期更多对年幼儿童的研究一致发现，友谊状况和一般的同伴接纳都会影响许多适应结果，当儿童既被同伴接纳又拥有一个或多个亲密的支持性朋友时，他们似乎在整体上会适应得更好（Criss et al., 2002; Ladd & Burgess, 2001）。实际上，巴格维尔等人的研究发现，早期的同伴接纳和友谊状况对那些参与者的总体心理健康均有重要影响，所以，在前青少年期被同伴拒绝并且缺乏朋友的年轻人，可能会报告更高水平的精神心理症状。

异性友谊 在青少年初期至中期，少男少女们开始结交更多的异性朋友，组成一个跨性别的小圈子。女孩的异性朋友通常比男孩多，和男孩相比，她们的异性同盟更可能是与校外年龄较大的同伴结成的（Feiring, 1999; Poulin & Pedersen, 2007）。虽然这些关系能够并且有时候会发展成最好的友谊或恋爱关系，但是大多数青少年的异性友谊都不如同性友谊那么亲密，在某种程度上逊于同性友谊（Poulin & Pedersen, 2007）。露丝·沙拉巴尼等人（Sharabany et al., 1981）让五年级、七年级、九年级和十一年级的学生，从诸如信任、忠诚、对对方情感的敏感及依恋等情感亲密性角度，描述他们的同性和异性朋友。结果如图 13.5 所示，同性友谊在所有年龄段都被描述为高亲密性的，但是异性友谊直到十一年级才达到同性友谊的水平。这

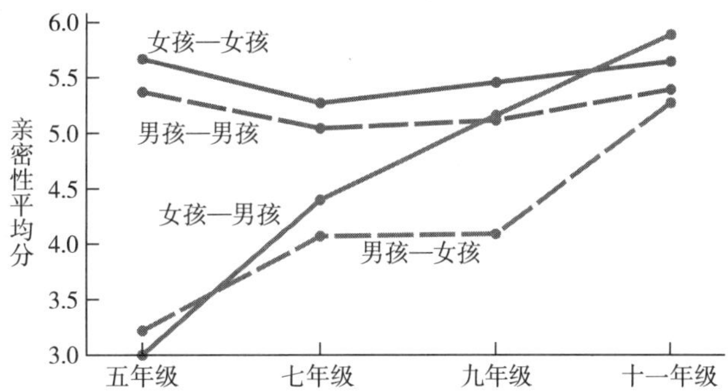

图 13.5 同性别和跨性别的友谊在青少年期的变化

"女孩—男孩"分数反映了女孩如何评价她们与男孩关系中的亲密性；"男孩—女孩"的分数反映了男孩如何评价他们和女孩的关系。跨性别的友谊在青少年期明显变得越来越亲密，最终达到了同性别友谊在这一发展阶段所特有的亲密程度。

资料来源：Sharabany, Gershoni, & Hoffman, 1981.

些数据非常有趣，因为它们也支持了沙利文的观点，儿童先从同性友谊中学习亲密的同伴同盟经验，然后再把这些经验运用到异性关系中去。

需要注意的是，无论是在同性友谊还是异性友谊中，女孩都比男孩报告了更高水平的亲密性，有文献也报告了与此一致的研究结果（参见 Winstead & Griffin 2001 的综述）。而且男孩和女孩都报告说，他们从女朋友而不是男朋友那里得到更多的帮助、支持和鼓励（Poulin & Pedersen, 2007）。这有助于解释为什么后来女孩比男孩更容易把恋爱关系中的“浪漫”与“够朋友”这一品质联系在一起，如分享亲密情感、提供情感支持（Feiring, 1999）。

友谊的可能成本

虽然我们强调友谊能促进积极的发展结果，但是拥有朋友甚至是亲密的支持性朋友也有不利的一面。一些非常亲密的朋友倾向于陷入共同思维反刍之中，也就是说，他们喜欢过度讨论，沉迷于他们的个人问题。在一项追踪研究中，阿曼达・罗斯、温迪・卡尔森和艾瑞卡・沃勒（Rose, Carlson & Waller, 2007）发现，这种对彼此问题的强烈关注以及随之提供的社会支持，会影响年龄较大儿童和青少年提高友谊的知觉质量。但是对女孩来说，他们比男孩更爱共同思维反刍，这就增加了成本：即使在控制了研究开始时已经存在的适应困难后，女孩们更多的共同思维反刍也能预测其焦虑和抑郁会随着时间的推移而增加，这反过来又促进了这种共同思维反刍的增加。所以，当朋友间提供的社会支持涉及对自己的或朋友的问题过度推敲和琢磨时，它对情绪调节的影响可能就是消极而非积极的。

在什么情况下，拥有朋友被证明是有问题的？我们首先注意到，友谊的质量存在着显著的差异，那些欠缺社交技能的儿童，包括与父母建立了不安全依恋的儿童，父母采用严厉控制或漠不关心的教养方式的儿童，或者被同伴拒绝的儿童，他们拥有的友谊缺乏支持和相互信任（Capaldi et al., 2001; Dishion & Dodge, 2005; Kerns, Klepec, & Cole, 1996; Lieberman, Doyle, & Markiewicz, 1999）。缺乏社交技能的非安全型依恋或抑郁的儿童，甚至可能会选择那些消极看待和对待他们的人做朋友，这或许有助于他们延续消极的自我概念（Cassidy, Aikins, & Chernoff, 2003; Parker et al., 2005）。遗憾的是，低质量的友谊往往是那些高冲突的同盟，身处其中的儿童可能会通过采取报复或敌对的行为而非和解的方式来回应朋友间的分歧（Rose & Asher, 1999）。那么，儿童友谊的质量会影响其适应和发展的结果吗？

回答是肯定的。对学前儿童（Ladd, Kochenderfer, & Coleman, 1996）和七八年级的前青少年期的儿童（Berndt & Keefe, 1995）开展的研究都发现，拥有亲密的支持性友谊的儿童，进入学校一年后更喜欢学校，更多地参与学校活动。而那些有着敌对或冲突友谊的学生，则对学校持消极态度，不愿参加学校活动，捣乱行为比较多。此外，那些与父母建立了非安全型依恋或被大的同伴群体拒绝的儿童，如果其社会支持主要由朋友提供，那么他们很可能表现出不良的适应结果（Booth, Rubin, & Rose-Krasnor, 1998; Rubin, Bukowski, & Parker, 2006）。这个结果似乎反映出，这些儿童的友谊网络往往包含其他一些缺乏社交技能、反社会的个体，他们：（1）不是支持性的同伴；（2）喜欢谈论和鼓励适应不良的行为方式（Dishion & Owen, 2002; Piehler & Dishion, 2007; Rubin, Bukowski, & Parker, 2006）。事实上，对于那些来自教养不良或失调家庭的儿童而言，似乎只有当最好的友谊是亲密的且没有冲突时，才能促进其社交能力和自尊的发展（Gauze et al., 1996）。最后，拥有亲密、支持性的同性朋友的青少年很可能会建立相对亲密和非冲突的浪漫关系（Connolly, Furman, & Konarski, 2000），而那些拥有不正常的、非支持性朋友的个体，将面临殴打或以其他方式虐待恋人的风险（Capaldi et al., 2001; Dishion & Patterson, 2006）。

显然，这些结果都是相关数据，不能得出低质量的友谊会导致适应问题和不良发展结果的因果结论。事实上，一些追踪研究揭示了更多的交互作用的过程：缺乏社交技能的问题儿童往往聚集在一起，形成低质量的友谊，经常与离经叛道的同伴为伍。这些离经叛道的朋友间会散布些离经叛道的言论（例如，"大麻永远是好东西"或"女孩都想抽大麻"），这又鼓励和强化了问题行为，这种**偏离行为训练**（deviancy training）加剧了儿童或青少年的反社会行为和其他适应问题（Piehler & Dishion, 2007）。例如，在第 9 章中，我们了解到那些已经具有攻击性和反社会的青少年最容易与帮派成员厮混在一起，这反过来又会使他们的过失行为和反社会行为增多（Walker-Barnes & Mason, 2001）。同样，那些开始学抽烟和吸毒的年龄较小的青少年，经常会选择吸毒的朋友，随着时间的推移，会导致更严重的药物滥用（Dishion & Owen, 2002）。有意思的是（与友谊影响的交互作用模型一致），如果中学生中很少有人吸毒，青少年很少有机会选择那些可能维持（或加重）他们吸烟、饮酒或吸毒的人做朋友，那么青少年的物质成瘾就不可能长期保持下去（Cleveland & Wiebe, 2003）。

总之，现在有充分的证据表明，拥有不值得信任、非支持和冲突性的友谊，的确会导致不良的发展结果。如果我们把这些结果与那些亲密的、支持性的友谊在个体一生中发挥的重要作用做对比，就会很容易理解为什么一些研究者认为，我们对处于风险中的不受欢迎的儿童给予的干预应该再扩大些，包括应该教他们如何建立和维持这些支持性的亲密关系，以及进行更普遍的社交技能训练（Rose & Asher, 1999）。

父母和同伴是影响源

发展心理学家现在大多承认，随着儿童的成熟，同伴群体和友谊网络对儿童发展和成熟的影响越来越重要。事实上，朱蒂·哈里斯（Harris, 1998, 2000）一直认为，儿童主要是通过其同伴群体融入他们所处文化之中的，即使他们有不同的父母，生活在不同的家庭中，也会变成相似的人。与她的观点相一致，研究者对移民儿童的观察表明，他们很容易从同伴那里学会当地的文化传统和行为习惯，即使这些风俗与其父母的文化习俗大相径庭（Fuligni, Tseng, & Lam, 1999; Phinney, Ong, & Madden, 2000）。

同伴以很多方式相互影响。他们强化特定的行为方式，劝阻或惩罚另一些行为方式。例如，我们在第 8 章中讲到，甚至学步儿都会通过强化性别类型游戏活动，破坏或以其他方式阻碍某个儿童玩跨性别的玩具或结交跨性别的玩伴，从而强化性别隔离。儿童还可能通过充当社会榜样和社会比较的对象来互相影响。我们回忆第 6 章中讨论过的内容，学龄儿童往往把自己的行为和成绩与同伴的做比较，以此来确认自己的能力，这些能力对其自尊有很大影响。同伴间还会通过批评和劝说互相影响。他们对有分歧的问题进行讨论和辩论，在此过程中态度和行为都会发生改变（Cohen & Prinstein, 2006）。例如，我们在第 10 章中曾讲到，当同伴之间发生意见分歧时，那些充满活力的挑战和讨论会对道德推理的发展产生潜在的影响。

时至今日，没有一个发展心理学家否认同伴是社会化的重要影响源，但是许多人（包括我自己，见专栏 13.1）认为，一些理论家，如哈里斯，夸大了同伴的作用（Jaccard, Blanton, & Dodge, 2005）。持这种观点的一个原因是，许多明显的同伴影响可能暗含着父母的影响，其实，父母在儿童和青少年选择同伴方面发挥着重要作用。

不断提高的同伴从众

同伴作为社会化的影响源变得越来越重要的一个主要原因是，从儿童中期开始，发生在真正的同伴群体中的同伴互动越来越多。同伴联盟通过设定各种

规范（norms）来影响其成员，这些规范规定了群体成员应该如何穿衣、打扮、思考和行动。随着年龄的增长，儿童对这些规范的同伴压力越来越敏感，尽管他们并不像人们通常认为的那样盲目遵从。

在托马斯·本特（Berndt, 1979）有关**同伴从众**（peer conformity）的经典研究中，他询问了三年级到十二年级的学生，在同伴发起各种亲社会行为或反社会行为时，他们屈从于同伴压力的可能性。他发现，在亲社会行为方面，屈从同伴压力的情况随年龄的增长变化不大。但是在反社会行为上，却有显著的发展变化，屈从同伴的人急剧增加。这种明知同伴的行为不对，却仍然接受的高峰出现在九年级（约14~15岁，见图13.6），到高中后逐渐下降（见Brown, Clasen, & Eicher, 1986; Steinberg & Silverberg, 1986）。这并不是说，10~14岁的青少年表现出的原则性和内心勇气正在减弱；相反，他们正面临着越来越大的同伴压力去从众，这也意味着抵制同伴影响可能会产生不利的社会后果（Steinberg & Monahan, 2007）。事实上，往往是那些社会测量的明星人物最容易屈从同伴发起的不端行为，他们虽然表现出很高的心理社会成熟度，但却失去了很多的社会地位（Allen et al., 2005），地位高的（新潮的）同伴群体的成员尤其会如此（Ellis & Zarbatany, 2007）。因此，家长们有理由担心他们10~15岁的孩子会因为随波逐流而陷入困境。在这个年龄段，各种同伴压力尤其强烈，实际上，没有什么比被视为不合群的“蠢货”更糟糕的了（Brown, 2004）。

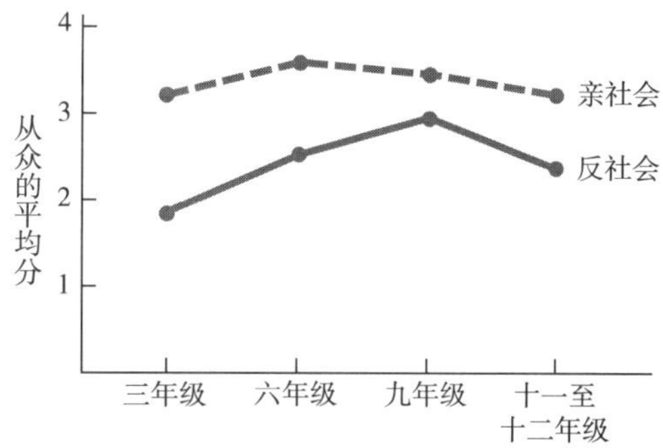

图 13.6 各年级学生在亲社会行为和反社会行为上屈从于同伴压力的平均分

资料来源：Berndt, 1979，美国心理学协会出版，引用得到许可。

为什么盲目遵从同伴发起的不端行为到高中后期会下降呢？这种趋势可能反映了年龄较大的青少年寻求自主的进步：他们现在能更成熟地做出自己的决定了，既不依赖父母，也不依赖同伴（Steinberg, 2008）。根据劳伦斯·斯腾伯格和苏珊·席尔瓦伯格（Steinberg & Silverberg, 1986）的观点，在青少年初期，对同伴压力的强烈屈从可能是自主性发展的必经阶段：青少年正在努力减少对父母的依赖，在他们发展自信来坚持个人立场、忠于个人信念之前，可能需要同伴接纳来提供安全感。如果他们对成人的规则和价值观唯唯诺诺，不能抓住机会不时地与同伴相处，就不太可能获得同伴接纳（Allen, Weissberg, & Hawkins, 1989）。虽然这一说法不能完全安慰某些父母，因为他们的孩子和朋友一起往别人家的邮箱里投放樱桃炸弹，或者给别人家的汽车轮胎放气而被抓，但某一阶段非常强大的同伴影响，的确有可能为其以后的独立自主铺平道路。

全世界的儿童进入青少年期后都变得更容易受同伴群体的影响，但是我们从专栏 13.3 中可以看到，他们并不一定都像美国同龄人一样，容易受同伴发起的不端行为的影响。

交叉压力是个问题吗

在过去相当长的一段时间，青少年期常常被描述为一段暴风骤雨期，这时的青年人经历着**交叉压力**（cross-pressures），即由于父母与同伴所提倡的价值观或行为存在差异，致使激烈的冲突时有发生。这种对青少年期生活状况的描述是否准确呢？对某些青少年来说，这个时期或许有价值，尤其是那些“被拒绝”的青少年，他们会形成一个不正常的同伴小圈子，这个圈子认可并助长反社会行为，使他们疏远父母、老师和大多数同伴（Broidy et al., 2003; Dishion, et al., 1995; Dishion, McCord, & Poulin 1999; Dodge, Coie, & Lynam, 2006; Fuligni et al., 2001）。这些青少年往往通过拒绝主流的成人价值观，支持那些离经叛道的同伴所推崇的价值，以此来应对他们所承受的交叉压力。但是，有以下几个原因可以解释为什么所谓的交叉压力“问题”，其实对大多数青少年来说根本不是问题。

父母—同伴冲突一直都处于较低水平的原因之一是，父母和同伴往往在不同的领域施加他们的影响。例如，汉斯·塞巴尔德（Sebald, 1986）曾询问青少年：是向父母还是向同伴寻求不同问题的建议。在穿什么衣服、参加什么俱乐部、对社会事件取何态度、业余爱好以及其他娱乐活动的选择上，同伴的影响可能比父母的影响要大。但是青少年称，他们在学习问题、职业目标或未来取向的决策上则较多地依赖父母。只要父母和同伴各自的主要影响领域不同，青少年就不太可能在父母压力和同伴压力之间被压垮。

父母—同伴冲突处于较低水平的第二个也是更重要的原因是，父母通过其教养方式，在很大程度上影响着孩子对同伴的选择（Collins et al., 2000; Scaramella et al., 2002）。权威型的父母关爱孩子，既不过分控制又不过度放纵，他们对子女的管教一以贯之；他们通常会发现，子女对他们有强烈的依恋，而且内化了他们的价值观。这些青少年不需要逆反或拼命地寻求同伴接纳，因为他们在家里已经得到了足够多的关爱（Allen et al., 2007; Brown et al., 1993; Goldstein, Davis-Kean, & Eccles, 2005）。事实上，他们希望结交有共同价值观

专栏 13.3 文化影响

同伴发起的不端行为的文化差异

我们在第 11 章中曾讲到，在许多文化中，当青少年期到来时，儿童开始寻求自主，因此和父母的冲突也不断升级。世界各地的青少年，当他们在家里开始跟父母有了更多的争执时，是不是都突然变得更容易受同伴不端行为的影响呢？

虽然很少有数据支持上述观点，但陈川盛等人（Chen et al., 1998）的一项研究探讨了这一问题。来自美国和中国的七年级和八年级（初一和初二）学生参加了这项研究。在保密的情况下，每个青少年报告了自己从上学之后参与的（1= 从不；2= 一两次；3= 三四次；4= 经常）20 种不端行为（考试作弊、打架、酗酒、损坏公共财物、对父母说谎）中的每种行为的频率，并在七点量表上评价了同伴对自己这些行为的喜好程度：（1）钦佩或赞同他们的不当行为；（2）认为他们的反社会行为很恶劣。

这项研究的结果如图所示。图 a 显示，所有青少年报告的不端行为水平相似。虽然与欧裔美国青少年相比，参加研究的中国青少年的同伴群体更不认可这些行为（图 b），更多地反对这些不端行为，但参与研究的青少年在这些行为上的水平仍然相似。虽然与美国的青少年相比，中国的青少年更不赞成这些行为，但似乎他们的行为并不比美国同龄人的行为好多少。

这项研究的一个局限在于，研究所选取的被试都来自中产阶级，被试都报告了低到中等水平的不端行为（事实上，在总的不端行为量表上，不端行为得分可高达 80 分）。但是结果发现，与美国儿童相比，尽管中国儿童经历的同伴压力（更多的消极认同）较小，但是中国儿童在不端行为和反社会行为方面与美国儿童无大差别，这表明，同伴会导致青少年行为不端的看法可能有些夸大（见 Jaccard, Blanton, & Dodge, 2005）。在本章的最后一节，我们将介绍另一项研究，它以不同的方式探讨了这个问题。

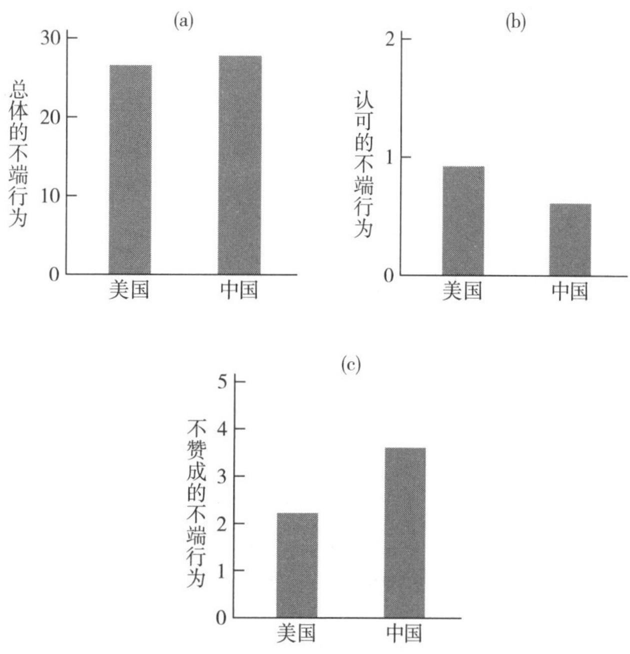

自我报告的不端行为的总分（图 a），知觉到的同伴认可水平（图 b），不赞成的不端行为（图 c）。图中显示的美国数据是指欧裔美国青少年的数据。

资料来源：C. Chen et al., 1998.

的朋友，这些朋友能最大化地保护他们远离不健康的同伴影响（Bogenschneider et al.,1998; Fletcher et al., 1995）。即使他们遇到了不良的同伴压力，如果父母给予支持，允许他们拥有合理而恰当的自主，采用行为控制而非心理控制，那么这些青少年就能够抵抗或克服消极的同伴影响，保持良好的行为（Galambos, Barker, & Almeida, 2003; Goldstein, Davis-Kean, & Eccles, 2005）。

有趣的是，那些确实“掉进坏圈子”并表现出反社会行为的青少年，其问题源头往往在家庭。父母容易犯的一个错误是，采取过于严格和侵入式的教育，不能适应青少年越来越强的自主需要。这导致青少年疏离父母，接受消极的同伴影响，甚至把学习丢置脑后，或违反父母的规则来取悦朋友（Fuligni et al., 2001; Goldstein, Davis-Kean, & Eccles, 2005）。父母容易犯的另一些错误是，要么过分纵容，要么对孩子采取敌视或漠视态度，要么过多地采用心理控制，而不是明察秋毫地监控孩子的活动和朋友的选择（Galambos, Barker, & Almeida, 2003; Goldstein, Davis-Kean, & Eccles, 2005; Scaramella et al., 2002）。因此，青少年最后是加入“好的”群体还是“坏的”群体，是处于健康的还是不健康的同伴压力之下，父母的教养方式有着非常重要的影响。

当然，即便父母所做的一切都正确，也会存在父母意见与许多同伴意见发生冲突的问题（例如，关于晚间作息、约会行为，以及吸烟、酗酒和吸食毒品等危害的看法）。但是，同伴群体的价值观很少像成人通常所认为的那样离经叛道；哪怕是在青少年中期，消极的同伴压力最严重的时候，绝大多数青少年报告说，他们的朋友和同伴会劝阻反社会行为，而不是宽恕这种行为（Brown et al., 1986; 参见专栏 13.3）。在父母和同伴的规则发生冲突的很多问题上，青少年的行为其实是父母和同伴共同影响的产物。例如，丹尼斯·康德尔（Kandel, 1973）研究了一组青少年，这些人最好的朋友有的吸毒（大麻），有的不吸；他们的父母有的吸毒，有的不吸。在父母吸毒但朋友不吸毒的青少年中，只有 17% 的人吸毒。在父母不吸毒而最好的朋友吸毒的青少年中，56% 的人吸毒。这一结果显示，在吸食大麻问题上，同伴群体比父母的影响大。但是吸食大麻的最高比率（67%）出现在父母和同伴都吸毒的青少年身上。在考察父母和同伴在

图片 13.11 虽然青少年经常以狂野和叛逆的形象出现，但他们的规范和价值观往往是成人社会的反映。

酗酒、吸烟和其他非法药物的使用等方面对青少年的影响时，也发现了相似的情况（Bogenschneider et al.,1998; Chassin et al., 1996, 1998; Newcomb & Bentler, 1989）。

总之，青少年的社会化不是父母对同伴发起的一场持久战；相反，这两个重要的影响源总体上是互补的，而不是矛盾的（Bogenschneider et al., 1998; Collins et al., 2000）。绝大多数的青少年与父母保持愉快的关系，接受父母的许多价值观，不愿结交那些极度偏离父母价值观的同伴。同样，绝大多数的父母也知道，对儿童和青少年来说，与同伴建立友好而紧密的关系是非常重要的。他们似乎很欣赏本章开头那个孤独的农民提到的观点：很好地为人们服务的社交能力是儿童和青少年与密友和同伴结成联盟的硕果。

本章要点

同伴的概念和作用

- 同伴互动是儿童的第二世界，这是一个平等互动的世界，与家庭的不平等环境完全不同。但是，**混龄互动**也是至关重要的社会化背景，年幼的和年长的同伴都能从中获益。
- 随着年龄的增长，儿童与同伴的交往显著增多，在学前期和小学低年级阶段，儿童在空闲时间和同伴在一起的时间至少与和大人在一起的时间相仿。此时的“同伴群体”由同性别的、年龄稍有差异的同伴组成。
- 对**只有母亲的猴子**和**只有同伴的猴子**以及年幼儿童的研究发现，同伴交往对社交能力和适应性的社交行为的发展有重要作用。未能与同伴建立并保持良好同伴关系的儿童，会在以后的生活中经历很多严重的适应问题。朱蒂·哈里斯提出，同伴是比成人更重要的社会化影响源。

同伴社交性的发展

- 同伴之间的**社交性**大约出现在6个月大时。大约在18~24个月大时，学步儿的社交互动逐渐变得复杂和协调，他们经常互相模仿对方，在简单的社交游戏中承担互补性角色，偶尔也为达到共同目标而协调其行为。
- 在学前期，**非社会性活动**和**平行游戏**逐渐减少，**联合游戏**和**合作游戏**逐渐增多。假装游戏在许多方面促进了**社交技能**的发展，学前儿童的游戏活动的成熟可预测他们当前和今后在同伴中的受欢迎程度。
- 儿童中期，同伴互动大多发生在名副其实的同伴群体中，这是一种正式结成的联盟，确定了群体成员的归属感，形成群体**规范**来指导成员应该如何行事。在青少年初期，个体花更多的时间与同伴在一起，尤其是与他们的**小圈子**以及被称为**团伙**的更大联盟中的亲密朋友在一起。小圈子和团伙帮助青少年脱离家庭，形成其自我同一性，为他们日后建立约会关系铺平道路。早期的约会关系更像是友谊，通常会提高青少年的社会地位和自尊。但是，青少年初期过多的约会可能会带来麻烦，尤其是早熟的女孩，她们可能被大龄男孩吸引，卷入越轨的或反社会的活动中。

- 父母会影响儿童的社交性，影响途径有：选择在哪个社区生活，是否愿意做孩子与同伴交往的“预约代理人”，对孩子与同伴的交往进行监控。敏感、回应式的父母有助于孩子形成安全依恋，也可以促进积极的同伴关系。权威型的父母更可能培养出与同伴建立良好关系的孩子，这些孩子具有恰当的社交能力；而专制型或非参与型的父母，尤其是把权力作为控制手段的父母，教育出来的孩子更可能具有破坏性、攻击性，并且不被同伴喜欢。

同伴接纳与受欢迎程度

- 儿童被**同伴接纳**的程度不同。同伴接纳指儿童被其他人喜欢（或不喜欢）的程度。发展心理学家采用**社会测量技术**，把同伴接纳分为五类：（1）**受欢迎儿童**（很多人喜欢,很少人不喜欢），（2）**被拒绝儿童**（很多人不喜欢,很少人喜欢），（3）**矛盾型儿童**（很多人喜欢，也有很多人不喜欢），（4）**被忽视儿童**（很少人喜欢，很少人不喜欢），（5）**一般地位儿童**（被提名为喜欢或不喜欢的次数处于班里的平均水平）。无论是被忽视的儿童还是被拒绝的儿童都不被同伴接纳；其中被拒绝的儿童是典型的孤独者，在以后的生活中可能出现严重的适应问题。
- 外貌特征、认知能力以及父母的教养方式都会影响儿童的社会测量地位，但儿童的社交行为方式是同伴接纳的有力预测因素。受欢迎儿童一般表现为关爱、合作，对同伴富有同情心，表现出很多亲社会行为、很少的破坏性和攻击行为。被忽视儿童往往具备足够的社交技能，但是他们害羞、沉默，经常徘徊在同伴群体活动的边缘。被拒绝儿童表现出许多令人不愉快和烦恼的行为，很少有亲社会行为。**攻击—被拒绝**儿童的特点是敌对、冲动、不合作且具有攻击性，而**退缩—被拒绝的**儿童一般有社交焦虑，缺乏社交技能，不成熟，对同伴的批评过度敏感，可能成为坏孩子欺凌的对象。上述五类儿童的行为存在文化差异，但是同伴接纳的相关因素仍具有跨文化的相似性。
- 尽管社会测量地位通常反映了个体过去的行为，但它对以后的行为和心理健康也有重要影响。
- 提高被拒绝儿童的社交技能的训练项目有强化法、榜样辅导法和社会认知干预，如**辅导和社会问题解决训练**，学业补习可以帮助儿童跟上学校的节奏，减少他们与敌意的、反社会的同伴接触的机会。若想让社交技能训练项目更好地发挥作用，就要：（1）对年幼儿童开始训练而不要等到青少年期；（2）让目标儿童的老师和同班同学都参加干预。

儿童及其朋友

- 儿童一般会与游戏群体中的一人或多人形成亲密的联系或**友谊**。年幼儿童把朋友看作和谐的玩伴，年龄稍大些的儿童和青少年则认为朋友是特殊的亲密同伴，这些同伴和自己拥有相似的兴趣和价值观，可以为自己提供亲密的社会和情感支持。
- 具有较高的社会理解能力，能够在合作游戏中解决冲突、达成一致，愿意通过**自我表露**来交流信息，这样的儿童在同伴中具有吸引力，容易交到朋友。
- 相比于非朋友的熟人，朋友间的互动更温暖，更具合作性，更富有同情心且更加同步（但冲突不一定更少）。
- 亲密的支持性友谊可通过以下方式促进积极的发展结果：（1）为儿童和青少年提供安全感和**社会支持**；（2）提高社会问题解决技能和与人

协商的能力；（3）培养强烈的自我价值感、关爱以及同情态度，这些都是以后生活中建立亲密关系的基础。但是，与朋友过度的共同思维反刍可能导致焦虑和抑郁。友谊质量明显存在不同，儿童从冲突性、非支持性的友谊中获益甚少；事实上，与不良朋友相处会导致一种**偏离行为训练**，它会加剧适应不良行为和反社会行为。

父母和同伴是影响源

- 随着儿童的成熟，同伴成为更重要的社会化影响源。**同伴从众**压力的高峰出现在青少年中期，此时的青少年非常易受同伴群体**规范**的影响，包括那些鼓吹不端行为的标准。青少年初期容易接受同伴影响，可以帮助年轻人选择与父母不同的立场，逐渐变得更自主，使他们在青少年晚期不再容易受父母和同伴的影响。
- 对多数已和父母建立了安全依恋关系且把父母的价值观内化的儿童来讲，**交叉压力**并不是问题。此外，同伴群体的价值观往往和父母的价值观非常相似，同伴更可能阻止而不是容忍反社会行为。所以，青少年的社会化过程并不是父母和同伴之间的一场持久战；相反，这两种重要影响更多地是互补而非对立。

第 14 章

结 语

至此，我们完成了对社会性与人格发展这一学科的主要理论和实证问题的回顾。本书基于对发展中儿童与青少年开展的 10 000 多项实证研究而写成。毫无疑问，通过阅读指导老师指定的著作，或者完成课堂要求的练习，你的知识基础一定会得到进一步的拓展。在本课程即将结束之际，花一点时间反思你所学到的知识，或许会对你有所帮助：想一想，作为父母、未来的父母，抑或作为有抱负的儿童照护专业人士，有朝一日有机会影响儿童和青少年的生活时，这些知识对你有何启示。

如果我们把时间快进到一年后的今天，你会发现，自己在这门课程的期末考试中能回忆起的“知识”几乎不到一半。研究长时记忆和学习的心理学家告诉我们，这是意料之中的事，但并不能说明你没有从这门课程中受益。事实上，每当这门课程即将结束时，我经常会跟我的学生提到这一点，如果他们现在能够看到一幅“更广阔的画卷”，并且能够在今后的生活中保留和使用这些知识，那么作为老师，我就觉得自己成功了。但是这幅更广阔的画卷是什么呢？如果希望在我们的指导下，儿童和青少年能够得到更好的发展，那么我喜欢把它界定为一系列保持在我们头脑中相对稳定和极其重要的、与人的发展有关的一些宽泛的原理。我不打算详细列出这些原理。实际上，你们可以自己动手列出一份有关社会性与人格发展重要原理的清单，然后看看你们的清单与这里要讨论的清单是否一致。可能你们列出的一些东西没有出现在我的清单上。如果是那样的话，我想听听你们的见解，以便我（以及将来的学生）能够从你们的看法中获益。

社会性与人格发展的主要问题

人的发展的整体性

虽然这是一门聚焦于社会性与人格发展的二级课程或“专业”课程，但是截至目前，它明确地表明人的发展确实是整体努力的结果。例如，一个 7 个月大的婴儿开始依恋她的照护者，这不仅仅是社会性发展的一个里程碑。这个婴儿已经形成了对熟悉陪伴者面孔的*认知图式*，并且能够把他们与陌生人区分开来。她也发展了*运动能力*，使其能够爬向自己的依恋对象来维持她所期望的亲近感。她抗拒与喜欢的人分离，部分原因是*客体恒常性*的发展，这种恒常性使她意识到陪伴者从视野中消失后仍然继续存在（因此可以召唤回来）。依恋关系的出现会影响其他方面的发展，例如，通过提供安全感和社会技能使学步儿：（1）自信地探索其周围的环境，从而发展他们的运动和问题解决能力，提高他们的自我效能感；（2）鼓励他们与新伙伴建立社会关系，这种社会关系可能会以友谊的形式形成新的依恋。总之，我们同时是生理的、认知的、社会性的和情绪的存在，所有这些发展线索相互交织在个体的整个发展过程之中。

人是自身发展的积极贡献者

早期的发展理论家倾向于认为，人类是被动地由他们不可控的影响力所塑造的。弗洛伊德认为，儿童受生物本能力量驱动、经由家庭中的早期经验塑造而成。华生以及早期的学习理论家把新生儿说成是一块*白板*，究竟是朝着积极方向还是消极方向发展，主要取决于父母选择的养育方式。皮亚杰大大改变了这种儿童发展观，他强调儿童*主动*探索他们周围的环境，*主动*建构他们对物体、事件和周围人的新理解。他的观点得到了班杜拉（以不同的方式）的认可，班杜拉首次宣称，儿童凭借自己的行为，主动地影响着父母如何对待他们。行为遗传学家认为，我们*主动地*选择自己感觉“舒适的”环境生态位，因为它们与我们自己的遗传倾向是一致的。当然，我们也受到通常我们可能不会选择与之交往的许多人（例如日托照护者、教师、关系一般的同学等）的影响。但是可以肯定的是，我们创造了我们自己的环境，影响着周围的人和事，并以此贡献于我们自身的发展。主动的人与变化的环境之间这种持续的*交互作用*，彼此以一种互惠的方式相互影响，从而引导着发展。

图片 14.1 人通过选择适合自己遗传倾向的环境生态位，以及影响自己所处的社会大环境的特征，主动地为自身发展作出贡献。

发展的连续性和非连续性

发展心理学家在人的发展的连续性和非连续性问题上进行了旷日持久的争论。发展是分阶段的，还是以小而有序的步子进行的？早期的特质能否延续到后来的生活中？

尽管一些研究支持皮亚杰和科尔伯格等理论家的观点，即我们的认知发展、道德发展和性别认同要经历几个截然不同的阶段，从而获得发展；但是我们现在知道，这些领域的发展是逐步发生的，因此从一个“阶段”向另一个“阶段”的过渡或转变不会突然出现。此外，儿童顺利渡过一系列发展里程碑的速度，在很大程度上取决于他们所处的环境。（回忆第 8 章的内容，例如，那些经常看到男女两性裸露身体的儿童，比从未有过这种经历的儿童提前 1~2 年形成成熟的性别恒常性意识。）如今，许多发展心理学者已经能坦然接受，在一些特殊领域，发展可能存在序列性（甚至阶段性），前一个里程碑是后一个的先决条件。但是他们认识到，我们看到的那些“过渡”或转变（作为阶段的标志），反映的只是许多小的递增变化的积累，这些变化促使儿童或青少年完成了这些过渡或转变。从这个角度来看，人的发展既是连续的又是非连续的。

当然，关于发展的连续性和非连续性问题，还存在另一番争论，即早期的发展是否会持续，并对个体日后成为什么样的人产生影响。这里再强调一遍，文献中指的是发展的连续性和非连续性。例如，在第 4 章中，我们知道行为抑制性这种气质特征在儿童期有中度的稳定性，例如，抑制的青少年在 11~15 年中通常保持抑制特性，而非抑制的青少年通常保持着相对非抑制的特性。但是，我们也知道，这种发展的连续性非常明显地表现在 20%~25% 的极端抑制（或极端非抑制）的儿童身上，其他 75%~80% 的儿童，随着年龄的增长，其行为抑制性则表现出较大波动，即发展的非连续性。所以，如果我们从群体趋势来看，发展往往是连续的，早期特质或早期发展可以预测后来的发展结果。但是，在个体水平上，发展往往是非连续的，试图用某个人儿童时期的特质来预测其成年后的性格特征是有风险的。

人的发展有很大的可塑性

为什么早期的特质或早期的发展往往不能预测个体后来的生活结果？原因之一是，人是有心理韧性的有机体，表现出很大的可塑性，即一种对不同经验做出不同反应的非凡能力。因此，1 岁时生活在人力、财力都很匮乏的社会福利机构中的婴儿，其社会性和智力发展都会滞后，可是，如果他们被安置到有丰富刺激活动的家庭，从敏感的养育者那里获得足够的关爱和指导，那么他们至少可以克服一些最初的缺陷。第 13 章曾经分析过，一个充满敌意、被同伴疏远、学业不良的小学生，如果他在干预项目中接受了学业补习和社会技能训练，就会有助于他跟上学校进度，获得更有利的社会测量地位。有关可塑性和个体在后来生活中发生变化的证据尤其令人振奋，使我们对促进健康发展充满信心。与弗洛伊德的观点相反，早期经验本身很少能塑造或伤害一个人。相反，生活中有很多机会可以弥补个体早期创伤所造成的损害，教给他新技能，引导年轻的生命走上更有成效的发展之路。诚然，不利的早期经验如果持续下去，或伴随其他不利经验，很可能会导致不良的发展结果；但是，如果潜在的、破坏性的早期经验被后来的良好经验所弥补，那么我们就可以预期，具有可塑性和心理韧性的儿童能够表现出一种强大的自我复原力以及适应性的发展结果。

天性和教养之分是伪二分法

从某种重要的意义来看，天性和教养的问题已经得到解决。我们现在已经清楚，反映着天性和教养两者的多种因果力量，小到细胞化学递质的变化，大到宏观经济或文化价值观的变化，共同引导着人的发展。

实际上，我们在本书第 3 章中提到，每个人的遗传基因严重影响着其所处的环境。也就是说，每个人表现出的受遗传影响的特征会引发他人（环境影响）的特定反应，从而影响我们自身的发展。此外，我们倾向于主动寻求与自身遗传特征最相容的经验或环境生态位，而生态位明显影响着我们的发展。同时，我们所处的环境也影响着我们的生物发展过程。例如，第 8 章曾讲到，在早期性别角色社会化过程中，男孩和女孩的不同经历可能会影响还不成熟的大脑“回路”：例如，男孩接受了更丰富的视觉和空间刺激，他们在负责加工空间信息的脑区形成了比女孩更多的突触联结；而女孩往往比男孩获得了更丰富的言语经验，她们在负责言语信息加工的脑区形成了更多的突触联结。所以，我们观察到的视觉 / 空间或言语技能的性别差异，究竟是归于天性还是归于教养呢？我们现在知道，这个问题几乎不能回答，因为天性和教养的作用在这些领域（包括社会性和人格发展的所有方面）盘根错节，剪不断，理还乱。这里有必要引用戴安娜·哈尔佩恩（Halpern, 1997）颇有见地的结论：在我们解释人的发展的各个方面时，“……生物因素和环境因素就像共有一个心脏的连体婴儿一样难以分割”。

得出这一结论以后，我当然希望学过这门课程的人不要把你年幼的儿子（或学生）的反抗或挑衅归咎为“坏种子”。诚然，基因可能会影响我们对环境刺激的反应，并最终影响我们的社交行为，但是，它们几乎不能决定我们的社交行为。社交行为通常反映了某种错综复杂的相互作用，这种相互作用展现了其他人以促进适应性或非适应性的反应方式，对儿童遗传影响特征做出回应。换言之，天性需要后天的教养才能在行为中得以表达，而教养总是作用于天性。

如果没有两者持续不断的交互作用，就谈不上发展。

正常发展和异常发展都很重要

在任何一本关于人的发展的教科书中都有一种趋势，那就是强调几乎所有人都会经历的标准化发展，即发展的规律性和普遍性。的确，我们每个人都共享着人类发展过程中的很多共性。但是我们不要忽视一个事实，我们每个人又都会表现出一种独特的（或特定的）发展模式。实际上，我们表现出的发展多样性是如此令人印象深刻，以至于我们常常无法准确地将它们一一描述出来。

如果近距离观察每个婴儿的气质、日常节律和发展速度，我们就会发现，个性从出生后就显露无遗。但是，小婴儿还没表现出以后那样的多样性，因为早期发展受到物种成熟蓝图强有力的引导，这种蓝图以可预测的方式依次展现（McCall, 1981）。例如，全世界绝大多数婴儿出生后前 10 个月的运动技能都是按照可预测的顺序发展的。1 岁左右，婴儿迈出第一步，说出第一个有意义的词；大约 18 个月大的时候，他们开始与玩伴有一些互惠反应，能把词组合成简单的句子。然而，到了学步儿后期，每个个体独特的遗传天赋与个性化的养育环境相结合,个性开始得以充分表达。结果呢？对于一个 2 岁的孩子而言，知道其年龄，我们就能说出他的很多事情。但是，对于 8 岁的儿童来说，只知道其年龄，我们对他的具体情况还是知之甚少。因为随着年龄的增长，多样性会逐渐增加，与 8 岁或 11 岁的儿童相比，青少年之间的相似性越来越少。

总之，我们不应期待任何一个孩子是其父母或者特别有能力的哥哥姐姐甚至是同卵双生子的复制品。发展总是沿着普遍性和特殊性的方向进行的，并且从进化论角度来看，这种多样性具有适应价值，因为只有具有高度多样性特征的物种，才有可能在其环境灾难性的千变万化中得以生存。要真实地解释人的发展，我们必须认识和领会发展的多样性，必须设法充分理解儿童和青少年表现出的普遍性和特殊性变化背后的力量。只有做到这一点，我们才能回答我们在第 1 章中提到的那位年轻的大学二年级学生的问题——她说她选修这门课的原因就是想知道：为什么人们如此相似，又如此不同。

发展的文化和历史背景

我们从本书中还知道，儿童和青少年置身于影响其发展的社会文化背景之中。在不同的文化、社会阶层、人种和族群中，社会性与人格发展分别会呈现出不同的形式。此外，12世纪或19世纪的发展也不同于21世纪的发展；每个人的发展都受其生活时代的社会变迁和历史事件的影响。这说明了什么？我们现有的关于人的发展的知识存在着很大的文化局限性和时代局限性，因为这些知识都是建立在20世纪后半期对西方儿童和青少年的研究，尤其是对白人中产阶级被试的研究基础之上的。

Bob Daemmerich/Stock Boston

图片 14.2 这个危地马拉的女孩花几百个小时学习编织，因为这里的人们要靠手艺来维持生计。然而，对于工业化社会的儿童来说，放弃学业来学习对维持生计毫无用处的编织技能就很不明智。显然，适应性发展的标准在不同文化中可能存在巨大差异。

发展心理学家对发展中的文化、亚文化及历史变迁研究得越透彻，他们就越能深刻地认识到背景影响的重要性，认识到强调这些影响的布朗芬布伦纳的生态系统模型（Bronfenbrenner, 1979; Bronfenbrenner & Morris, 2006）以及维果茨基的社会文化理论（Vygotsky, 1978）的有效性。例如，我们知道，在中国那样强调集体目标而不是个人目标，并试图抑制个人自信和自我炫耀的文化中，害羞是一种社交优势而非社交障碍。我们还知道，在低社会经济地位的非裔美国家庭中看到的那种比较专制的、“简单粗暴的”教养，比其他教养方式更适应非裔美国家庭，因为它有助于避免孩子受到同伴的负面影响，这些影响会导致儿童的学习成绩下降和反社会行为增多。此外，我们还应认识到，家庭的变化、男性和女性角色正在发生的变化，更不用说如火如荼的技术革命和社会变迁，这些都可能导致人类在21世纪中叶的发展与今天的发展大相径庭。显然，我们应该纠正那些特别教条和民族中心主义的观点，不能想当然地认为某些特定的价值观、教养方式或发展模式对所有人都是“最优的”。什么是适应性的发展模式？是什么促进或抑制了发展？这些都因文化和亚文化的不同而存在巨大差别，而且永远受到生活时代的制约。

从多个角度看发展

本书多次指出，许多学科都对全面理解社会性与人格发展有所贡献。例如，行为遗传学家和内分泌学家帮助我们了解基因和激素会怎样影响我们的行为以及他人对这些行为的反应，从而为人格发展创造了一个社会“环境”。心理学家和家庭教育理论家为我们理解关系和家庭社会系统作出了巨大贡献，而家庭这一社会系统既影响儿童和青少年的发展，同时又受儿童和青少年发展的影响。此外，人类学家、社会学家、历史学家，甚至经济学家也告诉我们，不断变化的经济和社会文化也对人的发展产生诸多影响。

毋庸置疑，要理解社会性和人格发展这个复杂的问题，我们需要采取折衷主义取向，博采众长，没有任何一种理论能独领风骚。为了说明这一点，我曾经问过卡罗尔·琳·马丁（Carol Lynn Martin, 第 8 章介绍的性别图式理论的提出者之一），她是否认为其关于学前儿童性别角色的信息加工图式可以完美地解释儿童如何形成对男性和女性角色的偏爱。她回答道：“天哪，不能！”她告诉我，她认为自己的新观点在某种程度上可能有创新，值得探究，同时她也从班杜拉、科尔伯格以及社会信息加工研究者的早期理论中获益甚多，如果我们这方面的所有知识都只来自她的研究，那么我们对性别类型化的知识将会非常贫乏。我对马丁博士的印象是，她对自己贡献的评价既中肯又谨慎；她说的没错，生物社会学、心理生物社会学、社会学习理论和认知发展理论等方面的学者与性别图式理论家一起，都对我们了解性别角色的发展作出了贡献，且贡献巨大（参见本书第 8 章表 8.5）。我们研究的各个发展领域的情况都是如此，我们的知识总是在对多学科和多种理论观点的整合中不断丰富起来的。

教养方式（和成人指导）的重要性

在专栏 3.3 中，我们介绍了一场有关父母的教养方式和儿童养育实践影响儿童、青少年发展的有趣争论。行为遗传学家桑德拉·斯卡尔（Scarr, 1992）认为，父母的教养方式并不重要。人类的进化很可能已经使他们能够适应形形色色的环境，并对其做出反应。因此，如果把儿童放在一个“平均水平”的家庭环境中，即普通人的家庭环境，儿童将会表现出正常的适应性发展结果，不管儿童的父母（或其他抚养人）采用何种教养方式。朱蒂·哈里斯（Judith Harris）也认为，父母的教养方式对儿童最终发展结果的影响很小。她认为，我们的基因和同伴群体是影响社会性与人格发展的主要因素（参见专栏 13.1）。

相反，像鲍姆林德（Baumrind, 1993）、马丁·霍夫曼（Hoffman, 1988, 2000）以及肯尼斯·道奇（参见 Dodge, Coie, & Lynam, 2006）等环境主义者则认为，父母的教养方式和成人指导是造成儿童与青少年发展结果存在巨大差异的主要原因。我们究竟应该接受哪一种观点呢？

坦白地说，我的倾向在本书中已经有所流露，实证性的资料清楚地表明，教养方式的确起作用，而且对成长中的儿童和青少年具有重要影响。实际上，我们通过本书回顾的研究可以发现，对立双方的结论都得到了现有研究强有力的支持。

儿童需要爱和指导……也需要限制 在几个领域，我们已经注意到，如果成长中的儿童从养育者那里得到关爱，他们会发展得较好。相反，养育者的淡漠、疏远（或拒绝）的态度通常可以预测不良的发展结果。关爱显然是有效的父母教养的重要组成部分（尤其是在学前期和小学低年级阶段有效的替代性照护和有效的指导）。但是，仅有关爱和接纳并不能充分确保良好的发展。我们只需回忆一下那些放任型父母的孩子，他们的发展结果远远不能令人满意。这些父母一般都接纳他们的孩子，但是却很少为孩子提供行为标准来管理和评估其行为，也没有认真监督孩子的行为。

最能带来适应性发展结果的教养方式的特点是温暖的接纳，给儿童提供指导或确定的标准，监控儿童或青少年的行为，以确保其遵从父母的要求，实现父母的期望。换言之，如果成长中的儿童得到了父母的关爱、指导……以及限制，父母对孩子关心备至，帮助孩子获得发展上的成功，那么这些孩子将会发展得最好。对于西方民主社会的很多家庭来说，权威型的儿童教养方式强调给儿童一些自主权，让他们决定如何满足父母的期望，这是一种非常有效的方法，它把关爱、指导与合理的限制结合起来，以促进适应性的发展结果。但是，在其他的文化、亚文化或环境生态位的家庭中，这些关爱、指导和限制的成功结合可能以其他方式产生作用，但对这些家庭同样（或更加）有效。例如，“简单粗暴的”的父母教养方式在社会经济地位较低的非裔美国家庭中较常见。这种教养方式介于鲍姆林德提出的权威型和专制型教养方式之间，它可以有效地避免生活在危险环境中的儿童受到同伴的不良影响和其他形式的伤害。按照白人中产阶级的标准，“简单粗暴的”教养方式多少有点专制和强迫的味道；但是这种教养方式对非裔美国青少年来说，并不会像在白人中那样导致攻击性和反社会行为，可能是因为它对非裔美国儿童来说意味着关心和照顾（而不是冷漠和敌意）（Deater-Deckard & Dodge, 1997）。同样，按照西方的标准，中国父母和华裔美籍父母的高限制型教养方式可能被认为是专制型的。但是，这种教养方式却能很好地预测中国儿童良好的发展结果，因为中国的文化价值观（被父母和他们的孩子所接受）强调：（1）关爱的父母有责任高度控制和限制他们的孩子，以便把他们训练成遵从集体主义秩序的、充分社会化的成员；（2）儿童有义务通过接受和遵守父母为他们设定的指导和限制来尊重父母。这种过于严格的儿童教养方式不能高度地融入西方个人主义社会的家庭中并发挥作用，但在其他文化背景下却非常有效，很大程度是因为它巧妙地将成长中的个体所需要的爱、指导和限制与个体所处背景中流行的重要价值观融合了起来（Chao, 1994; 2001）。

这些事实告诉我们，关爱和指导……以及限制都是有效教养方式的重要组成部分。但是，有多种方式可以把这些成分整合到父母（和其他成人）的教养中来，最有效的教养方式在很大程度上取决于一个家庭所处的文化和（或）环境生态位。路易斯·劳萨（Laosa, 1981）的发现显然是非常正确的，“在世界范围内，本土化的儿童养育方式代表着对生活条件的成功适应，而生活条件历来都因人而异。（成人）是不是好的（父母），只能根据他们自己文化的相关标准来判断”。

父母自身必须具有适应性　我们也注意到，成功地养育一个孩子是一件艰苦的工作，并且没有一套魔法公式可以绝对地保证子女的良好发展。为什么呢？主要原因或许是，每个儿童和青少年都是一个独特的个体，即使两个孩子在同一家庭由同一父母抚养长大，对其中一个人很奏效的教养方式，对另一个人也可能是可悲的失败！

这方面有一个很好的例子，就是我们在专栏 10.3 介绍过的格拉吉娜·科罕斯卡（Kochanska, 1997）对气质和道德内化的研究。那些气质上胆小的儿童，如果父母采用温和、符合心理规律的指导方法，不采用高控制的教养方式，他们就会形成较强的内化了的良知。但是，同样的教养方式对那些高冲动型、气质上胆大的儿童就不起作用，对于这些儿童来说，父母只有与他们建立关爱的、合作的关系，鼓励他们顺从，他们才会对父母做出积极的回应，这种关爱、合作的关系，会促使儿童积极跟父母合作，取悦父母，尽力不破坏亲子间令人满意的联系。

这方面的研究（我们在前面提到很多）雄辩地证明：当父母成功地适应了他们的孩子时，儿童才可能成长得更好，因为父母的教养方式与子女的人格特点之间形成了良好匹配。当然，要形成这种良好匹配，有时候可能需要圣人般的耐心，尤其是当儿童经常任性、叛逆，或出现其他难以应对的行为之时。但是现在我们知道，有些父母能够抛开先入之见，敏感地适应子女难以管教的行为，这些父母养育的孩子往往对他们产生了安全型依恋（Van den Boom, 1995），并且在以后的儿童期和青少年期，也不再会被看作困难型学生和出现任何适应问题（Jaffari-Bimmel et al., 2006; Rubin et al., 2003）。相反，如果父母不能适应子女的叛逆行为，缺乏耐心，过分苛求，强制性地管教孩子，那么，困难型的儿童可能一直不会改变。

总之，高效能的父母能够敏感地针对自己的孩子调整教养方式，在他们的教养实践与孩子独特的个性特征间创建良好的匹配。就像我们在第 5 章中讲的，养育者的敏感性可以预测依恋的安全性（以及其他许多适应性结果），原因之一是："敏感的养育"这一概念意味着养育者有能力根据儿童（或青少年）表现出的行为特征来调整自己的生活常规。

多种社会力量共同塑造发展

也许最近的社会性与人格发展的社会背景模型，其主要力量就是呼吁人们关注那些影响成长中的儿童和青少年家庭之外的因素。我们知道，学校是社会化的一个至关重要的影响源，学校的特点与儿童自身背景或发展需要之间的良好匹配，直接影响着儿童的发展。我们也知道，文化和技术因素，如电视节目内容、个人电脑和互联网的使用，以多种方式影响着成长中的个体，其中有些影响是好的，而有些影响是不好的。从过去 35 年的实践中我们还认识到，儿童的同伴是另一个重要的发展背景，同伴不仅影响着个体获得大家看重的社会技能，而且也影响着个体许多良好品质的养成，这些品质包括亲社会性关怀、合作和团队精神、健康的竞争态度、离开家庭之后的自我同一感和归属感以及自尊（只列举了少数几个），等等。所以，虽然家庭是社会化的最初影响源，但是每个人都直接或间接地处于家庭之外形形色色的环境之中，这些经验在塑造个体的人格和社交行为方面起着重要的作用。

来路已长，前路漫漫

1979 年，我把本书第 1 版献给"那些致力于探索社会性与人格发展的研究者"，同时表达了我的一个信念：这门学科业已迎来属于它的时代。此后，出现了一些令人兴奋的突破：（1）鲍尔比—爱因斯沃斯有关依恋的习性学理论的出现，继而引发了致力于识别安全和不安全依恋的长期影响（如果有的话）

图片 14.3　虽然家庭是社会化的最初影响源，但是每个人都处于家庭之外形形色色的环境之中，它们在塑造人格和社会行为方面起着重要的作用。

的研究；（2）还有许多社会性发展学家发起了一场确定同伴作为社会化影响源所起重要作用（如果有的话）的运动。那也正是布朗芬布伦纳（Bronfenbrenner, 1979）首次提出生态系统论的时候。随着社会性发展研究者不断把社会背景因素考虑进去，他们开始探讨过去未曾考察过的一些新问题。例如，一些早期研究显示，良好的同伴关系能够促进适应性的发展结果，同伴拒绝会导致困难，这提示研究者要在同伴接纳之外去考察特殊的同伴群体或友谊关系是否对社会性和人格发展有特别的影响（如防止那些社会测量地位较低的儿童出现与同伴拒绝相关的适应不良的结果）。同时，布朗芬布伦纳强调的中环境系统的影响，即连接诸如家庭和同伴群体的微环境系统，也促使研究者去探索这种联系，并且发现，通往积极的同伴关系和高质量的亲密关系的道路通常始于家庭。而且，当前人们越来越强调文化对发展的影响，近 20 年来已成为本学科的前沿，这主要源于布朗芬布伦纳有关大环境系统对发展重要性的论述；还有就是，一些实证观察发现，导致西方社会中白人中产阶级青少年各种发展结果的动因并非在其他地方都有效，这些研究源于研究者想要探究问题原因的愿望。

显然，从 1979 年开始，我们已经走过一段漫长之路。事实上，本书第 6 版引用了大量 1995 年之后的资料，这些知识在本书第 1 版出版之时还不曾存在。当我们进入 21 世纪第二个十年时，随着我们的知识几乎每隔几年就会呈指数增长，社会性和人格发展无疑会成为一个生气勃勃的研究领域。然而，作为一项正处于发展中的事业，这一领域还远远没有成熟。

在过去的 10~15 年里，我们对社会性与人格发展已经有了如此之多的了解，我为什么还要说这些呢？原因很简单，对关注社会性发展的心理学家来说，他们在一个主题上了解得越多，就越感到有更多的东西需要去探索和学习。如果你读过我们的重点期刊上的论文（我希望你们读一读），你就会发现，所有这些论文的作者都对他们提出的问题给出了某种形式的“答案”。然而，这些论文的讨论部分通常会提出许多他们的数据不能解释的甚至更有趣的问题，需要更多的研究对这些问题做进一步的探讨。

那么，对于发展心理学家来说，问题永远多于答案。我发现这是一个既令人惭愧又令人鼓舞的观念。在我们学完“社会性与人格发展”这门课程之际，我希望你们也会深受鼓舞：为你们已经掌握的知识，也为了还有那么多未知等待你们去探索。我真诚地希望，你们能运用学过的知识（以及你们在其他课程中学到的知识），更深入地观察你自己，观察你周围的人，使你和他人的生活朝向更健康的方向发展。

专业术语表

ability tracking **按能力分班**
the educational practice of grouping students according to ability and then educating them in classes with students of comparable educational or intellectual standing.

acceptance/responsiveness **接纳 / 回应性**
a dimension of parenting that describes the amount of responsiveness and affection that a parent displays toward a child.

accommodation **顺应**
Piaget's term for the process by which children modify their existing schemes in order to incorporate or adapt to new experiences.

acculturation stress **文化适应压力**
anxiety or uneasiness that new residents may feel upon attempting to assimilate a new culture and its traditions.

achievement expectancies **成就预期**
cognitive expectations of succeeding or failing at a particular achievement-related activity.

achievement motivation **成就动机**
a willingness to strive to succeed at challenging tasks and to meet high standards of accomplishment.

achievement training **成就训练**
encouraging children to do things well—that is, to meet or exceed high standards as they strive to accomplish various objectives.

achievement value **成就价值**
perceived value of attaining a particular goal should one strive to achieve it.

active genotype/environment correlations **主动性基因型 / 环境相关**
the notion that our genotypes affect the types of environments that we prefer and seek out.

activity/passivity issue **主动性 / 被动性问题**
debate among developmental theorists about whether children are active contributors to their own development or, rather, passive recipients of environmental influence.

adaptation **适应**
inborn tendency to adjust to the demands of the environment.

adoption design **收养设计**
a study in which adoptees are compared with their biological relatives and their adoptive relatives to estimate the heritability of an attribute.

Adult Attachment Interview **成人依恋访谈**
clinical interview used with adolescents and adults to tap respondents' memories of their childhood relationships with parents in order to assess the character of respondents' attachment representations.

affective explanations **情感解释**
discipline which focuses a child's attention on the harm or distress that his or her conduct has caused others.

"aggressive cues" hypothesis **"攻击性线索"假设**
Berkowitz's notion that the presence of stimuli previously associated with aggression can evoke aggressive responses from an angry individual.

altruism **利他**
a concern for the welfare of others that is intrinsically motivated and expressed through such voluntary prosocial acts as sharing, cooperating, and helping.

altruistic exhortations **利他劝诫**
verbal encouragement to help, comfort, share, or cooperate with others.

Amae **撒娇**
Japanese term that refers to an infant's feeling of total dependance on his or her mother and presumption of the

mother's love and indulgence.

androgenized females 双性化女性

females who develop male-like external genitalia because of exposure to male sex hormones during the prenatal period.

androgyny 雌雄同体

a gender-role orientation in which the individual has incorporated a large number of both masculine and feminine attributes into his or her personality.

aptitude-treatment interaction (ATI) 倾向— 教学的相互作用

a phenomenon whereby characteristics of the student and of the school environment interact to affect student outcomes, such that any given educational practice may be effective with some students but not with others.

asocial phase (of attachment) 非社交性阶段（依恋）

approximately the first six weeks of life, in which infants respond in an equally favorable way to interesting social and nonsocial stimuli.

assimilation 同化

Piaget's term for the process by which children interpret new experiences by incorporating them into their existing schemes.

associative play 联合游戏

form of social discourse in which children pursue their own interests but will swap toys or comment on each other's activities.

attachment 依恋

a close emotional relationship between two persons, characterized by mutual affection and a desire to maintain proximity.

Attachment Q-set 依恋 Q 分类

alterative method of assessing attachment security that is based on observations of the child's attachment-related behaviors at home; can be used with infants, toddlers, and preschool children.

attribution retraining 归因再训练

therapeutic intervention in which helpless children are persuaded to attribute failures to their lack of effort rather than a lack of ability.

authoritarian instruction 专制型教学

a restrictive style of instruction in which the teacher makes absolute demands and uses threats or force (if necessary) to ensure that students comply.

authoritarian parenting 专制型教养方式

a restrictive pattern of parenting in which adults set many rules for their children, expect strict obedience, and rely on power rather than reason to elicit compliance.

authoritative instruction 权威型教学

a warm but controlling style of instruction in which the teacher makes many demands but also allows some autonomy and individual expression as long as students are staying within the guidelines that the teacher has set.

authoritative parenting 权威型教养方式

flexible, democratic style of parenting in which warm, accepting parents provide guidance and control while allowing the child some say in deciding how best to meet challenges and obligations.

autonomous morality 自律道德

Piaget's second stage of moral development, in which children realize that rules are arbitrary agreements that can be challenged and changed with the consent of the people they govern.

autonomy 自主性

the capacity to make decisions independently, to serve as one's own source of emotional strength, and to otherwise manage one's life tasks without depending on others for assistance; an important developmental task of adolescence.

autonomy support 自主性支持

parental attempts to foster individuality and self-determination by encouraging children to express their viewpoints, participate in family decisions that affect them, and to have some say in how they will comply with parental demands and directives.

avoidant attachment 回避型依恋

an insecure infant/caregiver bond characterized by little separation protest and a tendency of the child to avoid or ignore the caregiver.

baby biography 婴儿传记

a detailed record of an infant's growth and development over a period of time.

basic gender identity 基本的性别同一性

the stage of gender identity in which the child first labels the self as a boy or a girl.

behavioral comparisons phase 行为比较阶段

the tendency to form impressions of others by comparing

and contrasting their overt behaviors.

behavioral control 行为控制

attempts to regulate a child's or an adolescent's conduct through firm discipline and monitoring of his or her conduct.

behavioral definition of aggression 攻击性的行为定义

any action that delivers noxious stimuli to another organism.

behavioral definition of altruism 利他的行为定义

behavior that benefits another person, regardless of the actor's motives.

behavioral genetics 行为遗传学

the scientific study of how genotype interacts with environment to determine behavioral attributes such as intelligence, personality, and mental health.

behavioral inhibition 行为抑制性

a temperamental attribute reflecting the fearful distress children display and their tendency to withdraw from unfamiliar people and situations.

behavioral schemes 行为图式

organized patterns of behavior that are used to represent and respond to objects and experiences.

behaviorism 行为主义

a school of thinking in psychology that holds that conclusions about human development should be based on controlled observations of overt behavior rather than speculation about unconscious motives or other unobservable phenomena; the philosophical underpinning for social-learning theories.

belief-desire theory 信念—愿望理论

theory of mind that develops between ages 3 and 4; the child now realizes that both beliefs and desires may determine behavior and that people will often act on their beliefs, even if they are inaccurate.

benign attributional bias 善意归因偏差

tendency to give the benefit of the doubt to peers rather than quickly assuming that their displeasing actions reflect a hostile or antisocial intent.

blended (or reconstituted) families 混合（或重组）家庭

new families resulting from cohabitation or remarriage that include a parent, one or more children, and step-relations.

bully/victims 欺凌者 / 被欺凌者

a small subset of children who are often bullied and who, in turn, often bully their more positive peers.

caregiving hypothesis 养育行为假说

Ainsworth's notion that the type of attachment an infant develops with a particular caregiver depends primarily on the kind of caregiving he has received from that person.

case study 个案研究

a research method in which the investigator gathers extensive information about the life of an individual and then tests developmental hypotheses by analyzing the events of the person's life history.

castration anxiety 阉割焦虑

in Freud's theory, a young boy's fear that his father will castrate him as punishment for his rivalrous conduct.

categorical self 分类自我

a person's classification of the self along socially significant dimensions such as age and sex.

catharsis hypothesis 宣泄假说

the notion that aggressive urges are reduced when people witness or commit real or symbolic acts of aggression.

cathartic technique 宣泄法

a strategy for reducing aggression by encouraging children to vent their anger or frustrations on inanimate objects.

causal attributions 因果归因

conclusions drawn about the underlying causes of one's own or another person's behavior.

centered thinking (centration) 聚中思维

the tendency to focus on only one aspect of a problem when two or more aspects are relevant.

child abuse 虐待儿童

term used to describe any extreme maltreatment of children, involving physical battering; sexual molestations; psychological insults such as persistent ridicule, rejection, and terrorization; and physical or emotional neglect.

child effects model 儿童影响模型

model of family influence in which children are believed to influence their parents rather than vice versa.

chronic persistence trajectory 长期稳定轨迹

growth curve of children who are highly aggressive early in life and who display the same high (or escalating) levels of aggression throughout childhood and adolescence.

chronosystem 时间系统
in ecological systems theory, changes in the individual or the environment that occur over time and influence the direction development takes.
clinical method 临床法
a type of interview in which a participant's response to each successive question (or problem) determines what the investigator will ask next.
clique 小圈子
a small group of friends that interacts frequently.
coaching 辅导
method of social-skills training in which an adult displays and explains various socially skilled behaviors, allows the child to practice them, and provides feedback aimed at improving the child's performances.
coercive home environment 强制型家庭环境
a home in which family members often annoy one another and use aggressive or otherwise antisocial tactics as a method of coping with these aversive experiences.
cognitive development 认知发展
age-related changes that occur in mental activities such as attending, perceiving, learning, thinking, and remembering.
cognitive operation 认知操作
an internal mental activity that one performs on objects of thought.
cohort effect 年龄群效应
age-related difference among cohorts that is attributable to cultural/historical differences in cohorts' growing-up experiences rather than to true developmental change.
collaborative (or guided) learning 合作学习（或指导学习）
The process of learning or acquiring new skills that occurs as novices participate in activities under the guidance of a more skillful tutor.
collective efficacy 集体效能
term used to describe neighborhoods in which residents are well connected, neighborly, and tend to monitor events in the neighborhood (including activities of neighborhood youth) to maintain public order.
collectivist (or communal) society 集体主义社会或公共社会
society that values cooperative interdependence, social harmony, and adherence to group norms. These societies generally hold that the group's well-being is more important than that of the individual.
committed compliance 自觉的服从
compliance based on the child's eagerness to cooperate with a responsive parent who has been willing to cooperate with him or her.
compensation 补偿
the ability to consider more than one aspect of a problem at a time (also called decentration).
compensatory interventions 补偿式干预
special educational programs designed to further the cognitive growth and scholastic achievements of disadvantaged children.
complex stepparent home 复杂的继父（母）家庭
family consisting of two married (or cohabiting) adults, each of whom has at least one biological child living at home.
computer-assisted instruction (CAI) 计算机辅助教学
use of computers to teach new concepts and practice academic skills.
concordance rate 一致率
the percentage of cases in which a particular attribute is present for one member of a twin pair if it is present for the other.
concrete-operational stage 具体运算阶段
Piaget's third stage of cognitive development, lasting from about ages 7 to 11, when children are acquiring cognitive operations and thinking more logically about tangible objects and experiences.
conflict 冲突
circumstance in which two (or more) persons have incompatiable needs, desires, or goals.
confounding variable 混淆变量
some factor other than the independent variable that, if not controlled by the experimenter, could explain any differences across treatment conditions in participants' performance on the dependent variable.
congenital adrenal hyperplasia (CAH) 先天性肾上腺增生
a genetic anomaly that causes one's adrenal glands to produce unusually high levels of androgen from the prenatal period onward; often has masculinizing effects

on female fetuses.
conservation 守恒
the recognition that the properties of an object or substance do not change when its appearance is altered in some superficial way.
consistency schema 一致性图式
attributional heuristic implying that actions that a person consistently performs are likely to be internally caused (reflecting a dispositional characteristic).
constructivist 建构主义者
one who gains knowledge by acting or otherwise operating on objects or events to discover their properties.
contextual model 环境论模型
view of children as active entities whose developmental paths represent a continuous, dynamic interplay between internal forces (nature) and external influences (nurture).
continuity/discontinuity issue 连续性 / 不连续性问题
debate among theorists about whether developmental changes are best characterized as gradual and quantitative or, rather, abrupt and qualitative.
controversial children 矛盾型儿童
children who receive many nominations as a liked individual and many as a disliked individual from members of their peer group.
conventional morality 习俗道德
Kohlberg's term for the third and fourth stages of moral reasoning, in which moral judgments are based on a desire to gain approval (Stage 3) or to uphold laws that maintain social order (Stage 4).
cooperative learning methods 合作学习法
an educational practice whereby children of different backgrounds or ability levels are assigned to teams; each team member works on problems geared to his or her ability level, and all members are reinforced for "pulling together" and performing well as a team.
cooperative play 合作游戏
true social play in which children cooperate or assume reciprocal roles while pursuing shared goals.
coparenting 共同养育
circumstance in which parents mutually support each other and function as a cooperative parenting team.
correlation coefficient 相关系数
a numerical index, ranging from −1.00 to +1.00, of the strength and direction of the relationship between two variables.
correlational design 相关设计
a type of research design that indicates the strength of associations among variables; though correlated variables are systematically related, these relationships are not necessarily causal.
cross-cultural comparison 跨文化比较
a study that compares the behavior and/or development of people from different cultural or subcultural backgrounds.
cross-generational problem 跨代问题
the fact that long-term changes in the environment may limit conclusions of a longitudinal project to that generation of children who were growing up while the study was in progress.
cross-pressures 交叉压力
conflicts stemming from differences in the values and practices advocated by parents and those advocated by peers.
cross-sectional design 横断设计
a research design in which subjects from different age groups are studied at the same point in time.
crowd 团伙
a large, reputationally based peer group made up of individuals and cliques that share similar norms, interests, and values.
deferred imitation 延迟模仿
reproduction of a modeled activity that has been witnessed at some point in the past.
demandingness/control 要求 / 控制性
a dimension of parenting that describes how restrictive and demanding parents are.
dependent variable 因变量
the aspect of behavior that is measured in an experiment and assumed to be under the control of the independent variable.
desensitization hypothesis 脱敏假设
the notion that people who watch a lot of media violence will become less aroused by aggression and more tolerant of violent and aggressive acts.
desire theory 愿望理论
an early theory of mind in which a person's actions are

thought to be a reflection of her desires rather than other mental states such as beliefs.

development 发展

the systematic continuities and changes in the individual that occur between conception (when a sperm penetrates an ovum creating a new organism) and death.

developmental stage 发展阶段

a distinct phase within a larger sequence of development; a period characterized by a particular set of abilities, motives, behaviors, or emotions that occur together and form a coherent pattern.

deviancy training 偏离行为训练

interactions among deviant peers that perpetuate and intensify a child's behavior problems and antisocial conduct.

diary study 日记研究

a self-report methodology in which participants respond to standardized questions, in a diary or notebook, at a specified time or whenever they are instructed to respond by prompt from an electronic pager.

difficult temperament 困难型气质

temperamental profile in which the child is irregular in daily routines and adapts slowly to new experiences, often responding negatively and intensely.

direct effect 直接影响

instances in which any pair of family members affects and is affected by each other's behavior.

direct tuition 直接教导

teaching young children how to behave by reinforcing "appropriate" behaviors and by punishing or otherwise discouraging inappropriate conduct.

discrete emotions theory 单一情绪理论

a theory of emotions specifying that specific emotions are biologically programmed, accompanied by distinct sets of bodily and facial cues, and discriminable from early in life.

disequilibriums 失衡

imbalances or contradictions between one's thought processes and environmental events. By contrast, *equilibrium* refers to a balanced, harmonious relationship between one's cognitive structures and the environment.

disorganized/disoriented attachment 混乱型依恋

an insecure infant/caregiver bond characterized by the infant's dazed appearance on reunion or a tendency to first seek and then abruptly avoid the caregiver.

doctrine of specificity 特定情境说

a viewpoint shared by many social-learning theorists that holds that moral affect, moral reasoning, and moral behavior may depend on the situation one faces as much as or more than on an internalized set of moral principles.

donor insemination 精子捐赠

process by which a fertile woman conceives with the aid of sperm from an unknown donor.

double standard 双重标准

the view that sexual behavior that is appropriate for members of one sex is less appropriate for the other.

easy temperament 容易型气质

temperamental profile in which the child quickly establishes regular routines, is generally good natured, and adapts easily to novelty.

eclectics 折衷学派

those who borrow from many theories in their attempts to predict and explain human development.

ecological systems theory 生态系统论

Bronfenbrenner's model emphasizing that the developing person is embedded in a series of environmental systems that interact with one another and with the person to influence development (sometimes called **bioecological theory**).

ecological validity 生态效度

state of affairs in which the findings of one's research are an accurate representation of processes that occur in the natural environment.

effective schools 有效的学校

schools that are generally successful at achieving curricular and noncurricular objectives, regardless of the racial, ethnic, or socioeconomic background of the student population.

effortful control 努力控制

temperamental attribute that reflects one's ability to focus and/or shift attention as called for by the situation and to suppress dominant or inappropriate responses in favor of those more appropriate for the situation.

ego 自我

psychoanalytic term for the rational component of the personality.

egocentrism 自我中心主义
the tendency to view the world from one's own perspective while failing to recognize that others may have different points of view.
Electra complex 恋父情结
female version of Oedipus complex, in which a 3- to 6-year-old girl was believed to envy her father for possessing a penis and to seek him as a sex object in the hope of sharing the organ that she lacks.
emotion 情绪
a motivational construct that is characterized by changes in affect (or feelings), physiological responses, cognitions, and overt behavior.
emotional bonding 情感纽带
term used to describe the strong affectional ties that parents may feel toward a neonate; some theorists believe that the strongest bonding occurs shortly after birth, during a sensitive period.
emotional competence 情绪能力
abilities to display predominantly positive (rather than negative) emotions, correctly identify others' emotions and respond appropriately to them, and adjust one's own emotions to appropriate levels of intensity in order to achieve one's goals.
emotional display rules 情绪表达规则
culturally defined rules specifying which emotions should or should not be expressed under which circumstances.
emotional self-regulation 情绪自我调节
the process of adjusting one's emotions to appropriate levels of intensity in order to accomplish one's goals.
empathic concern 共情式关怀
a measure of the extent to which an individual recognizes the needs of others and is concerned about their welfare.
empathy 共情
the ability to experience vicariously the same emotions that someone else is experiencing.
emulation 效仿
reproduction of a modeled outcome by use of means other than those that the model displayed.
entity view of ability 能力的实体观
belief that one's ability is a highly stable trait that is not influenced much by effort or practice.
environmental determinism 环境决定论
the notion that children are passive creatures who are molded by their environments.
Eros 生的本能
Freud's name for instincts such as respiration, hunger, and sex that help the individual (and the species) to survive.
ethnic identity 种族同一性
sense of belonging to an ethnic group and committing oneself to that group's traditions or culture.
ethnography 人种学方法
method in which the researcher seeks to understand the unique values, traditions, and social processes of a culture or subculture by living with its members and making extensive observations and notes.
ethology 习性学
the study of the bioevolutionary bases of behavior and development.
evocative genotype/environment correlations 激发性基因型 / 环境相关
the notion that our heritable attributes affect others' behavior toward us and thus influence the social environment in which development takes place.
exosystem 外系统
social systems that children and adolescents do not directly experience but that may nonetheless influence their development; the third of Bronfenbrenner's environmental layers, or contexts.
experimental control 实验控制
steps taken by an experimenter to ensure that all extraneous factors that could influence the dependent variable are roughly equivalent in each experimental condition; these precautions must be taken before an experimenter can be reasonably certain that observed changes in the dependent variable were caused by the manipulation of the independent variable.
experimental design 实验设计
a research design in which the investigator introduces some change in the participant's environment and then measures the effect of that change on the participant's behavior.
expressive role 表达型角色
a social prescription, usually directed toward females, that

one should be cooperative, kind, nurturant, and sensitive to the needs of others.

extended family 大家庭

a group of blood relatives from more than one nuclear family (for example, grandparents, aunts, uncles, nieces, and nephews) who live together, forming a household.

extended self 持久自我

more mature self-representation, emerging between ages 3½ and 5 years, in which children are able to integrate past, present, and unknown future self-representations into a notion of a self that endures over time.

extrafamilial influences 家庭之外影响因素

social agencies other than the family that influence a child's or an adolescent's cognitive, social, and emotional development.

extrinsic orientation 外在取向

a desire to achieve in order to earn external incentives such as grades, prizes, or the approval of others.

false-belief task 错误信念任务

method of assessing one's understanding that people can hold inaccurate beliefs that can influence their conduct, wrong as these beliefs may be.

false self-behavior 虚假自我行为

acting in ways that do not reflect one's true self or the "true me."

falsifiability 可证伪性

a criterion for evaluating the scientific merit of theories; a theory is falsifiable when it is capable of generating predictions that could be disconfirmed.

family 家庭

two or more persons, related by birth, marriage, adoption, or choice, who have emotional ties and responsibilities to each other.

family distress model 家庭压力模型

Conger's model of how economic distress affects family dynamics and developmental outcomes.

family social system 家庭的社会系统

the complex network of relationships, interactions, and patterns of influence that characterize a family with three or more members.

"felt responsibility" hypothesis "感知责任"假说

the theory that empathy may promote altruism by causing one to reflect on altruistic norms and thus to feel some obligation to help others who are distressed.

field experiment 现场实验

an experiment that takes place in a naturalistic setting such as the home, the school, or a playground.

fixation 固着

arrested development at a particular psychosexual stage, often occurring as a means of coping with existing conflicts and preventing movement to the next stage, where stress may be even greater.

foreclosure 早闭

identity status characterizing individuals who have prematurely committed themselves to occupations or ideologies without really thinking about these commitments.

formal-operational stage 形式运算阶段

Piaget's fourth and final stage of cognitive development, from age ll to l2 and beyond, when the individual begins to think more rationally and systematically about abstract concepts and hypothetical events.

friendship 友谊

a strong and often enduring relationship between two individuals, characterized by loyalty, intimacy, and mutual affection.

frustration/aggression hypothesis 挫败 / 攻击假说

early learning theory of aggression, holding that frustration triggers aggression and that all aggressive acts can be traced to frustrations.

functionalist perspective (on emotions)（情绪的）机能主义观

a theory specifying the major purpose of an emotion is to establish, maintain, or change one's relationship with the environment to accomplish a goal; emotions are not viewed as discrete early in life but as entities that emerge with age.

gangs 团伙

loosely organized groups of adolescents that hang out, identify as a group, and often partake in delinquent or criminal activities.

gender consistency 性别一致性

the stage of gender identity in which the child recognizes that a person's gender is invariant despite changes in the person's activities or appearance (also known as gender constancy).

gender identity 性别同一性
one's awareness of one's gender and its implications.
gender intensification 性别强化
a magnification of sex differences early in adolescence; associated with increased pressure to conform to traditional gender roles.
gender schemas 性别图式
organized sets of beliefs and expectations about males and females that guide information processing.
gender segregation 性别隔离
children's tendency to associate with same-sex playmates and to think of the other sex as an out-group.
gender stability 性别稳定性
the stage of gender identity in which the child recognizes that gender is stable over time.
gender typing 性别类型化
the process by which a child becomes aware of his or her gender and acquires motives, values, and behaviors considered appropriate for members of that sex.
gender-role standard 性别角色标准
a behavior, value, or motive that members of a society consider more typical or appropriate for members of one sex.
genotype 基因型
the genetic endowment that an individual inherits.
"goodness-of-fit" model "良好匹配"模型
Thomas and Chess's notion that development is likely to be optimized when parents' child-rearing practices are sensitively adapted to the child's temperamental characteristics.
habits 习惯
well-learned associations between stimuli and responses that represent the stable aspects of one's personality.
heritability 遗传力
the amount of variability in a trait that is attributable to hereditary factors.
heritability coefficient 遗传力系数
a numerical estimate, ranging from .00 to +1.00, of the amount of variation in an attribute that is due to hereditary factors.
heteronomous morality 他律道德
Piaget's first stage of moral development, in which children view the rules of authority figures as sacred and unalterable.
heuristic 启发性
a criterion for evaluating the scientific merit of theories. An heuristic theory is one that continues to stimulate new research and new discoveries.
high-level desister trajectory 高水平终止轨迹
growth curve of children who are highly aggressive early in life but who gradually become less aggressive throughout childhood and adolescence.
high-risk neighborhood 高风险邻里社区
a residential area in which the incidence of child abuse is much higher than in other neighborhoods with the same demographic characteristics.
holistic perspective 整体观
a unified view of the developmental process that emphasizes the interrelationships among the physical/biological, mental, social, and emotional aspects of human development.
HOME inventory 家庭量表
a measure of the amount and type of intellectual stimulation provided by a child's home environment.
hostile aggression 敌意性攻击
aggressive acts for which the perpetrator's major goal is to harm or injure a victim.
hostile attributional bias 敌意性归因偏差
tendency to view harm done under ambiguous circumstances as having stemmed from a hostile intent on the part of the harm-doer; characterizes reactive aggressors.
hypothesis 假说
a theoretical prediction about some aspect of experience.
hypothetico-deductive reasoning 假设演绎推理
a style of problem solving in which all possible solutions to a problem are generated and then systematically evaluated to determine the correct answer(s).
id 本我
psychoanalytic term for the inborn component of the personality that is driven by the instincts.
identification 认同
Freud's term for the child's tendency to emulate another person, usually the same-sex parent.
identity 同一性
a mature self-definition; a sense of who one is, where one

is going in life, and how one fits into society.

identity achievement 同一性获得

identity status characterizing individuals who have carefully considered identity issues and have made firm commitments to an occupation and ideologies.

identity crisis 同一性危机

Erikson's term for the uncertainty and discomfort that adolescents experience when they become confused about their present and future roles in life.

identity diffusion 同一性弥散

identity status characterizing individuals who are not questioning who they are and have not yet committed themselves to an identity.

imaginary audience 假想观众

allegedly a form of adolescent egocentrism that involves confusing one's own thoughts with those of a hypothesized audience and concluding that others share your preoccupations.

immanent justice 内在公正

the notion that unacceptable conduct will invariably be punished and that justice is ever-present in the world.

imprinting 印刻

an innate or instinctual form of learning in which the young of certain species will follow and become attached to moving objects (usually their mothers).

inclusion 包容

the educational practice of integrating special needs students into regular classrooms rather than placing them in segregated special education classes.

incompatible-response technique 反向—反应法

a nonpunitive method of behavior modification in which adults ignore undesirable conduct while reinforcing acts that are incompatible with these responses.

incremental view of ability 能力增长观

belief that one's ability can be improved through increased effort and practice.

independence training 独立性训练

encouraging children to become self-reliant by accomplishing goals without others' assistance.

independent variable 自变量

the aspect of the environment that an experimenter modifies or manipulates in order to measure its impact on behavior.

indirect, or third party, effect 间接的或第三方影响

instances in which the relationship between two individuals in a family is modified by the behavior or attitudes of a third family member.

individualistic society 个人主义社会

society that values personalism and individual accomplishments, which often take precedence over group goals. These societies tend to emphasize ways in which individuals differ from each other.

induction 引导

a nonpunitive form of discipline in which an adult explains why a child's behavior is wrong and should be changed by emphasizing its effects on others.

informal curriculum 非正式课程

noncurricular objectives of schooling such as teaching children to cooperate, respect authority, obey rules, and become good citizens.

"in-group/out-group" schema 群内 / 群外图式

one's general knowledge of the mannerisms, roles, activities, and behaviors that characterize males and females.

inhibitory control 抑制性控制

an ability to display acceptable conduct by resisting the temptation to commit a forbidden act.

innate purity 性善论

the idea that infants are born with an intuitive sense of right and wrong that is often misdirected by the demands and restrictions of society.

inner experimentation 内部实验

the ability to solve simple problems on a mental, or symbolic, level without having to rely on trial-and-error experimentation.

inner speech 内部言语

internalized private speech; covert verbal thought.

insightfulness 悟性

caregiver capacity to understand an infant's motives, emotions, and behaviors and to take them into account when responding to the infant; thought to be an important contributor to sensitive caregiving.

instinct 本能

an inborn biological force that motivates a particular response or class of responses.

instrumental aggression 工具性攻击
aggressive acts for which the perpetrator's major goal is to gain access to objects, space, or privileges.
instrumental role 工具型角色
a social prescription, usually directed toward males, that one should be dominant, independent, assertive, competitive, and goal-oriented.
intentional definition of aggression 攻击性的意图定义
any action intended to harm or injure another living being, who is motivated to avoid such treatment.
internal working models 内部心理作用模型
cognitive representations of self, others, and relationships that infants construct from their interactions with caregivers.
internalization 内化
the process of adopting the attributes or standards of other people—taking these standards as one's own.
intimacy versus isolation 亲密对孤独
the sixth of Erikson's psychosocial conflicts, in which young adults must commit themselves to a shared identity with another person (that is, intimacy) or else remain aloof and unconnected to others.
intrinsic orientation 内在取向
a desire to achieve in order to satisfy one's personal needs for competence or mastery.
introversion/extroversion 内向性 / 外向性
the opposite poles of a personality dimension: Introverts are shy and anxious around others and tend to withdraw from social situations; extroverts are highly sociable and enjoy being with others.
intuitive thought 直觉思维
Piaget's term for reasoning that is dominated by appearances (or perceptual characteristics of objects and events) rather than by rational thought processes.
invariant developmental sequence 恒定的发展顺序
a series of developments that occur in one particular order because each development in the sequence is a prerequisite for the next.
joint attention 共同注意
the act of attending to the same object at the same time as someone else; a way in which infants share experiences and intentions with their caregivers.
kinship 血亲关系
the extent to which two individuals have genes in common.
late-onset (or adolescent-limited) trajectory 后发（或限于青少年的）轨迹
growth curve of individuals who become more aggressive, usually for a limited time, during adolescence or young adulthood after having been relatively nonaggressive during childhood.
learned helplessness orientation 习得性无助定向
a tendency to give up or to stop trying after failing because these failures have been attributed to a lack of ability that one can do little about.
learned helplessness 习得性无助
the failure to learn how to respond appropriately in a situation because of previous exposures to uncontrollable events in the same or similar situations.
learning goal 学习目标
state of affairs in which one's primary objective in a achievement context is to increase one's skills or objectives.
locus of control 控制点
personality dimension distinguishing people who assume that they are personally responsible for their life outcomes (internal locus) from those who believe that their outcomes depend more on circumstances beyond their control (external locus).
longitudinal design 追踪设计
a research design in which one group of subjects is studied repeatedly over a period of months or years.
looking-glass self 镜像自我
the idea that a child's self-concept is largely determined by the ways other people respond to him or her.
love withdrawal 爱的收回
a form of discipline in which an adult withholds attention, affection, or approval in order to modify or control a child's behavior.
macrosystem 宏系统
the larger cultural or subcultural context in which development occurs; Bronfenbrenner's outermost environmental layer, or context.
mastery motivation 掌握动机
an inborn motive to explore, understand, and control one's environment.

mastery orientation 掌握定向
a tendency to persist at challenging tasks because of a belief that one has the ability to succeed and/or that earlier failures can be overcome by trying harder.
maternal deprivation hypothesis 母亲剥夺假说
the notion that socially deprived infants develop abnormally because they have failed to establish attachments to a primary caregiver.
mean-world belief 丑陋世界观
a belief, fostered by televised violence, that the world is a more dangerous and frightening place than is actually the case.
mechanistic model 机械论模型
view of children as passive entities whose developmental paths are primarily determined by external (environmental) influences.
mesosystem 中系统
the interconnections among an individual's immediate settings, or microsystems. The second of Bronfenbrenner's environmental layers, or contexts.
meta-analysis 元分析
statistical procedure for combining and analyzing the results of several studies on the same topic to test hypotheses and draw conclusions.
metacognition 元认知
one's knowledge about cognition and about the regulation of cognitive activities.
microgenetic design 微观发生学设计
a research design in which participants are studied intensively over a short period of time as developmental changes occur; attempts to specify how or why those changes occur.
microsystem 微系统
the immediate settings (including role relationships and activities) that the person actually encounters; the innermost of Bronfenbrenner's environmental layers, or contexts.
moderate-level desister trajectory 中等水平终止轨迹
growth curve of children who are moderately aggressive early in life but who gradually become less aggressive throughout childhood and adolescence.
moral affect 道德情感
the emotional component of morality, including feelings such as empathy, guilt, shame, and pride in ethical conduct.
moral behavior 道德行为
the behavioral component of morality; actions that are consistent with one's moral standards in situations in which one is tempted to violate them.
moral disengagement 道德推脱
the ability to avoid self-condemnation when engaged in immoral behavior by justifying one's actions as appropriate, minimizing their effects, or blaming others for one's conduct.
moral reasoning 道德推理
the cognitive component of morality; the thinking that people display when deciding whether various acts are right or wrong.
moral rules 道德规则
standards of acceptable and unacceptable conduct that focus on the rights and privileges of individuals.
morality 道德
a set of principles or ideals that help that the individual to distinguish right from wrong, act on the this distinction, and feel pride in virtuous conduct and guilt (or shame) for conduct that violates one's standards.
morality of care 关怀道德
Gilligan's term for what she presumes to be the dominant moral orientation for females—an orientation focusing more on compassionate concerns for human welfare than on socially defined justice as administered through law.
morality of justice 公正道德
Gilligan's term for what she presumes to be the dominant moral orientation of males, focusing more on socially defined justice as administered through law than on compassionate concerns for human welfare.
moratorium 延缓
identity status characterizing individuals who are currently experiencing an identity crisis and are actively exploring occupational and ideological positions in which to invest themselves.
"mother-only" monkeys "只有母亲"的猴子
monkeys who are raised with their mothers and denied any contact with peers.
motivational/intentional definition of altruism 利他的动机 / 意图观
beneficial acts for which the actor's primary motive or

intent was to address the needs of others.

motive to achieve success (M_s) 成就动机
Atkinson's term for the disposition describing one's tendency to approach challenging tasks and take pride in mastering them; analogous to McClelland's need for achievement.

motive to avoid failure (M_{af}) 避免失败的动机
Atkinson's term for the disposition describing one's tendency to shy away from challenging tasks so as to avoid the embarrassment of failing.

mutually responsive orientation 相互回应取向
parent/child relationship characterized by establishment of comfortable routines, harmonious patterns of communication, mutual responsiveness to each other's needs and goals, and shared positive affect.

natural (or quasi) experiment 自然实验（或准实验）
a study in which the investigator measures the impact of some naturally occurring event that is assumed to affect people's lives.

natural selection 自然选择
an evolutionary process, proposed by Charles Darwin, stating that individuals with characteristics that promote adaptation to the environment will survive, reproduce, and pass these adaptive characteristics to offspring; those lacking these adaptive characteristic.

naturalistic observation 自然观察
a method in which the scientist tests hypotheses by observing people as they engage in everyday activities in their natural habitats (for example, at home, at school, or on the playground).

nature versus nurture issue 天性对教养问题
debate within developmental psychology over the relative importance of biological predispositions (nature) and environmental influences (nurture) as determinants of human development.

need for achievement (*n* Ach) 成就需要
McClelland's depiction of achievement motivation as a learned motive to compete and to strive for success in situations in which one's performance can be evaluated against some standard of excellence.

negative identity 消极同一性
Erikson's term for an identity that is in direct opposition to that which parents and most adults would advocate.

negative reinforcer 负强化物
any stimulus whose removal or termination as the consequence of an act will increase the probability that the act will recur.

neglected children 被忽视儿童
children who receive few nominations as either a liked or a disliked individual from members of their peer group.

neonate 新生儿
a newborn infant from birth to approximately 1 month of age.

no-nonsense parenting 严厉型教养方式
a mixture of authoritative and authoritarian parenting styles that is associated with favorable outcomes in African-American families.

nonrepresentative sample 非代表性样本
a subgroup that differs in important ways from the larger group (or population) to which it belongs.

nonshared environmental influence (NSE) 非共享环境影响
an environmental influence that people living together do not share and that should make these individuals different from one another.

nonsocial activity 非社会性活动
onlooker behavior and solitary play.

no-problem trajectory 无问题轨迹
growth curve of children who are low in aggression throughout childhood and adolescence.

norm of social responsibility 社会责任规范
the principle that we should help others who are in some way dependent on us for assistance.

norms 规范
group-defined rules or expectations about how the members of that group are to think or behave.

obesity 肥胖症
a medical term describing individuals who are at least 20 percent above the ideal weight for their height, age, and sex.

object permanence 客体永久性
the realization that objects continue to exist when they are no longer visible or detectable through the other senses.

observational learning 观察学习
learning that results from observing the behavior of others.

observer influence 观察者影响
tendency of participants to react to an observer's presence by behaving in unusual ways.
Oedipal morality 俄狄浦斯道德
Freud's theory that moral development occurs during the phallic period (ages 3 to 6) when children internalize the moral standards of the same-sex parent as they resolve their Oedipus or Electra conflicts.
Oedipus complex 恋母情结
Freud's term for the conflict that 3- to 6-year-old boys experience when they develop an incestuous desire for their mothers and, at the same time, a jealous and hostile rivalry with their fathers.
operant learning 操作学习
a form of learning in which voluntary acts (or operants) become either more or less probable, depending on the consequences they produce.
operational schemes 运算图式
Piaget's term for schemes that utilize cognitive operations, or mental "actions of the head," that enable one to transform objects of thought and to reason logically.
organismic model 有机论模型
view of children as active entities whose developmental paths are primarily determined by forces from within themselves.
Organization 组织 an inborn tendency to combine and integrate available schemes into coherent systems or bodies of knowledge.
original sin 原罪说
the idea that children are inherently selfish egoists who must by controlled by society.
ownness effect 嫡亲效应
tendency of parents in complex stepparent homes to favor and be more involved with their biological children than with their stepchildren.
own-sex schema 自我性别图式
detailed knowledge or plans of action that enable a person to perform gender-consistent activities and to enact his or her gender role.
parallel play 平行游戏
largely noninteractive play in which players are in close proximity but do not often attempt to influence each other.
parent effects model 父母影响模式
model of family influence in which parents (particularly mothers) are believed to influence their children rather than vice versa.
parsimony 简约性
a criterion for evaluating the scientific merit of theories; a parsimonious theory is one that uses relatively few explanatory principles to explain a broad set of observations.
particularistic development 特定性的发展
developmental outcomes that vary from person to person.
passive genotype/environment correlations 被动性基因型 / 环境相关
the notion that the rearing environments that biological parents provide are influenced by the parents' own genes and hence are correlated with the child's own genotype.
passive victims (of aggression)（攻击行为的）被动受害者
socially withdrawn and anxious children whom bullies torment, even though they appear to have done nothing to trigger such abuse.
peer acceptance 同伴接纳
a measure of a person's likability (or dislikability) in the eyes of peers.
peer conformity 同伴从众
the tendency to go along with the wishes of peers or to yield to peer-group pressures.
peer group 同伴群体
a confederation of peers that interact regularly, define a sense of membership, and formulate norms that specify how members are supposed to look, think, and act.
peers 同伴
two or more persons who are operating at similar levels of behavioral complexity.
"peer-only" monkeys "只有同伴"的猴子
monkeys who are separated from their mothers (and other adults) soon after birth and raised with peers.
performance goal 成绩目标
state of affairs in which one's primary objective in an achievement context is to display one's competencies (or to avoid looking incompetent).
permissive instruction 放任型教学
a lax style of instruction in which the teacher makes

few demands of students and provides little or no active guidance.

permissive parenting 放任型教养方式

a pattern of parenting in which otherwise accepting adults make few demands of their children and rarely attempt to control their behavior.

person (or trait) praise 个人（或特质）表扬

praise focusing on desirable personality traits such as intelligence; this praise fosters performance goals in achievement contexts.

personal agency 个人作用感

the recognition that one can be the cause of an event or events.

personal choices 个人选择

decisions about one's conduct that are (or should be, in the person's view) under personal jurisdiction and not regulated by rules or authority figures (for example, choice of friends or leisure activities).

personal fable 个人神话

allegedly a form of adolescent egocentrism in which the individual thinks that he and his thoughts and feelings are special or unique.

phallic stage 性器期

Freud's third stage of psychosexual development (from 3 to 6 years of age) in which children gratify the sex instinct by fondling their genitals and developing an incestuous desire for the parent of the other sex.

phase of indiscriminate attachments 未分化的依恋阶段

period between 6 weeks and 6–7 months of age in which infants prefer social to nonsocial stimulation and are likely to protest whenever any adult puts them down or leaves them alone.

phase of multiple attachments 多重依恋阶段

period when infants are forming attachments to companions other than their primary attachment object.

phase of specific attachment 特定的依恋阶段

period between 7 and 9 months of age when infants are attached to one close companion (usually the mother).

phenotype 表现型

the ways in which a person's genotype is expressed in observable or measurable characteristics.

popular children 受欢迎儿童

children who are liked by many members of their peer group and disliked by very few.

postconventional morality 后习俗道德

Kohlberg's term for the fifth and sixth stages of moral reasoning, in which moral judgments are based on social contracts and democratic law (Stage 5) or on universal principles of ethics and justice (Stage 6).

posttraumatic stress disorder 创伤后应激障碍

a psychological syndrome involving flashbacks to traumatizing events, nightmares, and feelings of anxiety and helplessness in the face of threats; common among soldiers in combat and sexually abused children.

power assertion 强迫命令

a form of discipline in which an adult relies on his or her superior power (for example, by administering spankings or withholding privileges) to modify or control a child's behavior.

preadapted characteristic 预适应特征

an innate attribute that is a product of evolution and serves some function that increases the chances of survival for the individual and the species.

preconventional morality 前习俗道德

Kohlberg's term for the first two stages of moral reasoning, in which moral judgments are based on the tangible punitive consequences (Stage 1) or rewarding consequences (Stage 2) of an act for the actor rather than on the relationship of that act to society's rules and customs.

premoral period 前道德阶段

in Piaget's theory, the first five years of life, when children have little respect for or awareness of socially defined rules.

preoperational stage 前运算阶段

Piaget's second stage of cognitive development, lasting from about ages 2 to 7, when children are thinking at a symbolic level but are not yet using cognitive operations.

present self 当前自我

early self-representation in which 2- and 3-year-olds recognize current representations of self but are largely unaware that past self-representations or self-relevant events have implications for the future.

primary (or basic) emotions 初级（或基本）情绪

the set of emotions present at birth or emerging early in the first year that some theorists believe to be biologically programmed.

primary circular reaction 初级循环反应
a pleasurable response, centered on the infant's own body, that is discovered by chance and performed over and over.

private self (or I) 私密自我
those inner, or subjective, aspects of self that are known only to the individual and are not available for public scrutiny.

private speech 个人言语
Vygotsky's term for the subset of a child's verbal utterances that serve a self-communicative function and guide the child's activities.

proactive aggressors 主动型攻击者
highly aggressive children who find aggressive acts easy to perform and who rely heavily on aggression as a means of solving social problems or achieving other personal objectives.

process praise 过程表扬
praise of effort expended to formulate good ideas and effective problem-solving strategies; this praise fosters learning goals in achievement contexts.

promotion of volitional functioning (PVF) 自主性机能促进
method of autonomy support in which parents guide adolescents' decision making by suggesting alternatives, tying them to adolescents' values and goals, and permitting them to resolve issues for themselves.

proprioceptive feedback 本体感反馈
sensory information from the muscles, tendons, and joints that helps one to locate the position of one's body (or body parts) in space.

prosocial behavior 亲社会行为
actions, such as sharing, helping, or comforting, that are intended to benefit other people.

prosocial moral reasoning 亲社会道德推理
the thinking that people display when deciding whether to help, share with, or comfort others when these actions could prove costly to themselves.

prospective study 前瞻性研究
study in which the suspected causes or contributors to a developmental outcome are assessed earlier to see whether they accurately forecast the developments they are presumed to influence.

provocative victims (of aggression)（攻击性的）挑衅型受害者
restless, hot-tempered, and oppositional children who are victimized because they are disliked and often irritate their peers.

psychobiosocial model 心理生物社会模型
perspective on nature/nurture interactions specifying that specific early experiences affect the organization of the brain, which in turn influences one's responsiveness to similar experiences in the future.

psychological comparisons phase 心理比较阶段
tendency to form impressions of others by comparing and contrasting these individuals on abstract psychological dimensions.

psychological constructs phase 心理建构阶段
tendency to base one's impressions of others on the stable traits these individuals are presumed to have.

psychological control 心理控制
attempts to regulate a child's or an adolescent's conduct by such psychological tactics as withholding affection and/or inducing shame or guilt.

psychophysiological methods 心理生理学方法
methods that measure the relationships between physiological processes and aspects of children's physical, cognitive, social, or emotional behavior and development.

psychosexual theory 心理性欲理论
Freud's theory that states that maturation of the sex instinct underlies stages of personality development and that how parents manage children's instinctual impulses will determine the traits children come to display.

psychosocial theory 心理社会理论
Erikson's revision of Freud's theory, which emphasizes sociocultural (rather than sexual) determinants of development and posits a series of eight psychosocial conflicts that people must resolve successfully to display healthy psychological adjustment.

public self (or me) 公开自我
those aspects of self that others can see or infer.

punisher 惩罚
any consequence of an act that suppresses that act and/or decreases the probability that it will recur.

Pygmalion effect 皮格马利翁效应
the tendency of teacher expectancies to become self-fulfilling prophecies, causing students to perform better or worse depending on their teacher's estimation of their potential.

random assignment 随机分配
a control technique in which participants are assigned to experimental conditions through an unbiased procedure so that the members of the groups are not systematically different from one another.

reactive aggressors 反应型攻击者
children who display high levels of hostile, retaliatory aggression because they overattribute hostile intents to others and can't control their anger long enough to seek nonaggressive solutions to social problems.

reactive attachment disorder 反应性依恋障碍
inability to form secure attachment bonds with other people; characterizes many victims of early social deprivation and/or abuse.

reciprocal determinism 交互决定论
the notion that the flow of influence between children and their environments is a two-way street; the environment may affect the child, but the child's behavior will also influence the environment.

reinforcer 强化物
any consequence of an act that increases the probability that the act will recur.

rejected children 被拒绝儿童
children who are disliked by many peers and liked by few.

relational aggression 关系攻击
acts such as snubbing, exclusion, withdrawing acceptance, or spreading rumors that are aimed at damaging an adversary's self-esteem, friendships, or social status.

relational self-worth 关系自我价值
feelings of self-worth within a particular relationship context (for example, with parents, with male classmates); may differ across relationship contexts.

reliability 信度
the extent to which a measuring instrument yields consistent results, both over time and across observers.

repression 压抑
a type of motivated forgetting in which anxiety-provoking thoughts and conflicts are forced out of conscious awareness.

resistant attachment 拒绝型依恋
an insecure infant/caregiver bond characterized by strong separation protest and a tendency of the child to remain near but resist contact initiated by the caregiver, particularly after a separation.

retaliatory aggression 报告性攻击
aggressive acts elicited by real or imagined provocations.

reversibility 可逆性
the ability to reverse, or negate, an action by mentally performing the opposite action.

role taking 角色采择
the ability to assume another person's perspective and understand his or her intentions, thoughts, feelings, and behaviors.

rouge test 胭脂测验
test of self-recognition that involves marking a toddler's face and observing his or her reaction to the mark when he or she is placed before a mirror.

scaffolding 搭建脚手架
process by which an expert, when instructing a novice, responds contingently to the novice's behavior in a learning situation so that the novice gradually increases his or her understanding of a problem.

scheme 图式
an organized pattern of thought or action that a child constructs to make sense of some aspect of his or her experience; Piaget sometimes uses the term cognitive structure as a synonym for scheme.

schizophrenia 精神分裂症
a serious form of mental illness characterized by disturbances in logical thinking, emotional expression, and interpersonal behavior.

scientific method 科学方法
an attitude or value about the pursuit of knowledge that dictates that investigators must be objective and must allow their data to decide the merits of their theorizing.

secondary (or complex) emotions 次级（或复杂）情绪
self-conscious or self-evaluative emotions that emerge in the second and third years and depend in part on cognitive development (sometimes called **self-conscious emotions**).

secondary circular reaction **次级循环反应**
a pleasurable response, centered on an object external to the self, that is discovered by chance and performed over and over.

secondary reinforcer **次级强化物**
an initially neutral stimulus that acquires reinforcement value by virtue of its repeated association with other reinforcing stimuli.

secure attachment **安全型依恋**
an infant/caregiver bond in which the child welcomes contact with a close companion and uses this person as a secure base from which to explore the environment.

secure base **安全基地**
use of a caregiver as a base from which to explore the environment and to which to return for emotional support.

selective attrition **选择性流失**
nonrandom loss of participants during a study, resulting in a nonrepresentative sample.

selective breeding experiment **选择性培育实验**
a method of studying genetic influences by determining whether traits can be bred in animals through selective mating.

self **自我**
the combination of physical and psychological attributes that is unique to each individual.

self-care (or latchkey) children **自我照管（或挂钥匙）儿童**
children who care for themselves after school or in the evenings while their parents are working.

self-concept **自我概念**
one's perceptions of one's unique combination of attributes.

self-conscious emotions **自我意识情绪**
see secondary (or complex) emotions.

self-disclosure **自我表露**
the act of revealing private or intimate information about oneself to another person.

self-esteem **自尊**
one's evaluation of one's worth as a person based on an assessment of the qualities that make up the self-concept.

self-fulling prophecy **自我实现预言**
phenomenon whereby people cause others to act in accordance with the expectations they have about those others.

self-oriented distress **指向自我的痛苦**
feeling of *personal* discomfort or distress that may be elicited when we experience the emotions of (that is, empathize with) a distressed other; thought to inhibit altruism.

self-recognition **自我识别**
the ability to recognize oneself in a mirror or a photograph, coupled with the conscious awareness that the mirror or photographic image is a representation of "me."

sensitive period **敏感期**
period of time that is optimal for the development of particular capacities or behaviors, and in which the individual is particularly sensitive to environmental influences that would foster these attributes.

sensorimotor stage **感觉运动阶段**
Piaget's first stage of cognitive development, from birth to 2 years, when infants rely on behavioral schemes to adapt to the environment.

separation anxiety **分离焦虑**
a wary or fretful reaction that infants and toddlers often display when separated from persons to whom they are attached.

sequential design **序列设计**
a research design in which subjects from different age groups are studied repeatedly over a period of months or years.

seriation **序列**
a cognitive operation that allows one to order a set of stimuli along a quantifiable dimension such as height or weight.

sexual orientation **性取向**
one's preference for sexual partners of the same or other sex; often characterized as primarily heterosexual, homosexual, or bisexual.

sexuality **性欲望**
aspect of self referring to erotic thoughts, actions, and orientation.

shared environmental influences (SE) **共享环境影响**
an environmental influence that people living together share and that should make these individuals similar to

one another.

sibling rivalry 同胞竞争

the spirit of competition, jealousy, and resentment that may arise between two or more siblings.

simple stepparent home 简单的继父（母）家庭

family consisting of a parent, his or her biological children, and a stepparent.

single-parent family 单亲家庭

a family system consisting of one parent (either the mother or the father) and the parent's dependent child(ren).

situational compliance 情境性服从

compliance based primarily on a parent's power to control the child's conduct.

slow-to-warm-up temperament 慢热型气质

temperamental profile in which the child is inactive and moody and displays mild passive resistance to new routines and experiences.

sociability 社交性

one's willingness to interact with others and to seek their attention or approval.

social cognition 社会认知

the thinking that people display about the thoughts, feelings, motives, and behaviors of themselves and other people.

social comparison 社会比较

the process of defining and evaluating the self by comparing oneself to other people.

social competence 社交能力

the ability to achieve personal goals in social interactions while maintaining positive relationships with others.

social information-processing (or attribution) theory 社会信息加工理论（或归因理论）

social-cognitive theory stating that the explanations we construct for social experiences largely determine how we react to those experiences.

social perspective taking 社会观点采择

the ability to infer others' thoughts, intentions, motives, and attitudes.

social problem-solving training 社交问题解决训练

method of social-skills training in which an adult helps children (through role playing or role-taking training) to make less hostile attributions about harm-doing and to generate nonaggressive solutions to conflict.

social referencing 社交参照

the use of others' emotional expressions to gain information or infer the meaning of otherwise ambiguous situations.

social skills 社交技能

thoughts, actions, and emotional regulatory activities that enable children to achieve personal or social goals while maintaining harmony with their social partners.

social smile 社交性微笑

smile directed at people; first appears at 6–10 weeks of age.

social stimulation hypothesis 社交刺激假说

the notion that socially deprived infants develop abnormally because they have had little contact with companions who respond contingently to their social overtures.

social support 社会支持

tangible and intangible resources provided by other people in times of uncertainty or stress.

social-conventional rules 社会常规

standards of conduct determined by social consensus that indicate what is appropriate within a particular social context.

socialization 社会化

the process by which children acquire the beliefs, values, and behaviors considered desirable or appropriate by their culture or subculture.

social-roles hypothesis 社会角色假说

the notion that psychological differences between the sexes and other gender-role stereotypes are created and maintained by differences in *socially assigned* roles that men and women play (rather than attributable to biologically evolved dispositions).

sociocultural theory 社会文化理论

Vygotsky's perspective on development, in which children acquire their culture's values, beliefs, and problem-solving strategies through collaborative dialogues with more knowledgeable members of society.

socioeconomic status (SES) 社会经济地位

one's position within a society that is stratified according to status and power.

sociometric techniques 社会测量技术

procedures that ask children to identify those peers whom

they like or dislike or to rate peers for their desirability as companions; used to measure children's peer acceptance (or nonacceptance).

stereotype threat 刻板印象威胁

a fear that one will be judged to have traits associated with negative social stereotypes about his or her ethnic group.

strange situation 陌生情境

a series of eight separations and reunion episodes to which infants are exposed in order to determine the quality of their attachments.

stranger anxiety 陌生人焦虑

a wary or fretful reaction that infants and toddlers often display when approached by an unfamiliar person.

structured interview or structured questionnaire 结构式访谈或结构式问卷

a technique in which all participants are asked the same questions in precisely the same order so that the responses of different participants can be compared.

structured observation 结构式观察

an observational method in which the investigator cues the behavior of interest and observes participants' responses in a laboratory.

superego 超我

psychoanalytic term for the component of the personality that consists of one's internalized moral standards.

symbolic function 符号机能

the ability to use symbols (for example, images and words) to represent objects and experiences.

symbolic representations 符号表征

the images and verbal labels that observers generate in order to retain the important aspects of a model's behavior.

symbolic schemes 符号图式

internal mental symbols (such as images or verbal codes) that one uses to represent aspects of experience.

sympathetic empathic arousal 同情心的共情式唤醒

feelings of sympathy or compassion that may be elicited when we experience the emotions of (that is empathize with) a distressed other; thought to become an important mediator of altruism.

synchronized routines 同步活动

generally harmonious interactions between two persons in which participants adjust their behavior in response to the partner's actions and emotions.

tabula rasa 白板

the idea that the mind of an infant is a "blank slate" and that all knowledge, abilities, behaviors, and motives are acquired through experience.

television literacy 电视理解力

one's ability to understand how information is conveyed in television programing and to interpret this information properly.

temperament hypothesis 气质假说

Kagan's view that the Strange Situation measures individual differences in infants' temperaments rather than the quality of their attachments.

temperament 气质

a person's characteristic modes of emotional and behavioral responding to environmental events, including such attributes as activity level, irritability, fearful distress, and positive affect.

tertiary circular reaction 三级循环反应

an exploratory scheme in which infants devise new methods of acting on objects to reproduce interesting results.

testicular feminization syndrome (TFS) 睾丸雌性化综合征

a genetic anomaly in which a male fetus is insensitive to the effects of male sex hormones and will develop female-like external genitalia.

Thanatos 死的本能

Freud's name for inborn, self-destructive instincts that were said to characterize all human beings.

theory 理论

a set of concepts and propositions designed to organize, describe, and explain an existing set of observations.

theory of mind 心理理论

an understanding that people are cognitive beings with mental states that are not always accessible to others and that often guide their behavior.

time sampling 时间取样

a procedure in which an investigator records the frequencies with which individuals display particular behaviors during the brief time intervals that each participant is observed.

time-out technique 暂停法
a form of discipline in which children who misbehave are removed from the setting until they are prepared to act more appropriately.
timing of puberty effect 青春期到来的时间的影响
the finding that people who reach puberty late preform better on visual/spatial tasks than those who mature early.
tools of intellectual adaptation 智力适应工具
Vygotsky's term for methods of thinking and problem-solving strategies that children internalize from their interactions with more competent members of society.
traditional nuclear family 传统核心家庭
a family unit consisting of a wife/mother, a husband/father, and their dependent child(ren).
trait 特质
a dispositional characteristic that is stable over time and across situations.
transactional model 相互影响模式
model of family influence in which parent and child are believed to influence each other reciprocally.
transactive interactions 协商式互动
verbal exchanges in which individuals perform mental operations on the reasoning of their discussion partners.
transitivity 传递
the ability to infer relations among elements in a serial order (for example, if $A > B$ and $B > C$, then $A >$ than C).
trust versus mistrust 信任对不信任
the first of Erikson's eight psychosocial stages, in which infants must learn to trust their closest companions or else run the risk of mistrusting other people later in life.
twin design 双生子设计
a study in which sets of twins that differ in zygosity (kinship) are compared to determine the heritability of an attribute.
two-generation interventions 两代干预
interventions with goals of (1) stimulating children's intellectual development and readiness for school through preschool day care and education and (2) assisting parents to gain parenting skills and move out of poverty.
unconscious motives 无意识动机
Freud's term for feelings, experiences, and conflicts that influence a person's thinking and behavior but lie outside the person's awareness.
uninvolved parenting 忽视型教养方式
a pattern of parenting that is both aloof (or even hostile) and overpermissive, almost as if parents neither cared about their children nor about what they may become.
universal development　normative developments that all individuals display.
validity 效度
the extent to which a measuring instrument accurately reflects what the researchers intended to measure.
verbal mediator 言语中介
in Bandura's theory, a verbal encoding of modeled behavior that the observer stores in memory.
visual/spatial ability 视觉和空间能力
the ability to mentally manipulate or otherwise draw inferences about pictorial information.
withdrawn-rejected children 退缩— 被拒绝的儿童
a subgroup of rejected children who are often passive, socially anxious, socially unskilled, and insensitive to peer-group expectations.
X-linked recessive trait X– 连锁隐性性状
an attribute determined by recessive gene that appears only on X chromosomes; because the gene determining these characteristics is recessive (that is, dominated by other genes that might appear at the same location on X chromosomes), such characteristics are more common among males; who have only one X chromosome; also called *sex-linked trait*.
zone of proximal development 最近发展区
Vygotsky's term for the range of tasks that are too complex to be mastered alone but can be accomplished with guidance and encouragement from a more skillful partner.

参考文献

Aber, J. L., Brown, J. L., & Jones, S. M. (2003). Developmental trajectories toward violence in middle childhood: Course, demographic differences, and responses to school-based intervention. *Developmental Psychology, 39,* 324–348.

Aboud, F. E. (1988). *Children and prejudice.* New York: Blackwell.

Aboud, F. E. (2003). The formation of in-group favoritism and out-group prejudice in young children: Are they distinct attitudes? *Developmental Psychology, 39,* 48–60.

Abramovitch, R., Corter, C., Pepler, D. J., & Stanhope, L. (1986). Sibling and peer interaction: A final follow-up and a comparison. *Child Development, 57,* 217–229.

Abravanel, E., & Sigafoos, A. D. (1984). Exploring the presence of imitation during early infancy. *Child Development, 55,* 381–392.

Ackerman, B. P., Brown, E. D., Schoff D'Eramo, K., & Izard, C. E. (2002). Maternal relationship instability and school behavior of children from disadvantaged families. *Developmental Psychology, 38,* 694–704.

Ackerman, B. P., Kogos, J., Youngstrom, E., Schoff, K., & Izard, C. (1999). Family instability and the problem behaviors of children from economically disadvantaged families. *Developmental Psychology, 35,* 258–268.

Ackerman, B. P., Schoff, K., Levinson, K., Youngstrom, E., & Izard, C. E. (1999). The relations between cluster indexes of risk and promotion and the problem behaviors of 6- and 7-year-old children from economically disadvantaged families. *Developmental Psychology, 35,* 1355–1366.

Adam, E. K., & Chase-Lansdale, P. L. (2002). Home sweet home(s): Parental separations, residential moves, and adjustment problems. *Developmental Psychology, 38,* 792–805.

Adams, G. R., Abraham, K. G., & Markstrom, C. A. (1987). The relations among identity development, self-consciousness, and self-focusing during middle and late adolescence. *Developmental Psychology, 23,* 292–297.

Adams, G. R., & Crane, P. (1980). An assessment of parents' and teachers' expectations of preschool children's social preference for attractive or unattractive children and adults. *Child Development, 51,* 224–231.

Adams, R. E., & Passman, R. H. (1980, March). *The effects of advance preparation upon children's behavior during brief separation from their mother.* Paper presented at annual meeting of the Southeastern Psychological Association. Washington, DC.

Adler, A. (1964). *Problems of neurosis.* New York: Harper & Row. (Original work published 1929).

Aguilar, B., Sroufe, L. A., Egeland, B., & Carlson, E. (2000). Distinguishing the life-course-persistent and adolescent-limited antisocial behavior types: From birth to 16 years. *Development and Psychopathology, 12,* 109–132.

Ahnert, L., Rickert, L., & Lamb, M. E. (2000). Shared caregiving: Comparison between home and child-care settings. *Developmental Psychology, 36,* 339–351.

如需更多参考文献，请联系：nccpsy@163.com。

Ainsworth, M. D. S. (1967). *Infancy in Uganda: Infant care and the growth of love.* Baltimore: Johns Hopkins University Press.

Ainsworth, M. D. S. (1979). Attachment as related to mother-infant interaction. In J. S. Rosenblatt, R. A. Hinde, C. Beer, & M. Busnel (Eds.), *Advances in the study of behavior* (Vol. 9). Orlando, FL: Academic Press.

Ainsworth, M. D. S. (1989). Attachments beyond infancy. *American Psychologist, 44,* 709–716.

Ainsworth, M. D. S., Blehar, M. C., Waters, E., & Wall, S. (1978). *Patterns of attachment: A psychological study of the strange situation.* Hillsdale, NJ: Erlbaum.

Aksan, N., & Kochanska, G. (2005). Conscience in childhood: Old questions, new answers. *Developmental Psychology, 41,* 506–516.

Aksan, N., Kochanska, G., & Ortmann, M. R. (2006). Mutually responsive orientation between parents and their young children: Toward methodological advances in the science of relationships. *Developmental Psychology, 42,* 833–848.

Al Awad, A. M. H., & Sonuga-Barke, E. J. S. (1992). Childhood problems in a Sudanese city: A comparison of extended and nuclear families. *Child Development, 63,* 906–914.

Alessandri, S. M., & Lewis, M. (1996). Differences in pride and shame in maltreated and nonmaltreated toddlers. *Child Development, 67,* 1857–1869.

Alexander, B. K., & Harlow, H. F. (1965). Social behavior in juvenile rhesus monkeys subjected to different rearing conditions during the first 6 months of life. *Zooloqische Jarbucher Phvsioloqie, 60,* 167–174.

Alexander, G. M., & Hines, M. (1994). Gender labels and play styles: Their relative contribution to children's selection of playmates. *Child Development, 65,* 869–879.

Alexander, K. L., & Entwisle, D. R. (1988). Achievement in the first two years of school: Patterns and processes. *Monographs of the Society for Research in Child Development, 53,* (2, Serial No. 218).

Alfieri, T., Ruble, D. N., & Higgins, E. T. (1996). Gender stereotypes during adolescence: Developmental changes and the transition to junior high school. *Developmental Psychology, 32,* 1129–1137.

Alink, L. R. A., Mesman, J., van Zeijl, J., Stolk, N., Juffer, F., Koot, H. M., Bakermans-Kranenburg, M. J., & van IJzendoorn, M. H. (2006). The early childhood aggression curve: Development of physical aggression in 10- to 50-month-old children. *Child Development, 77,* 954–966.

Allen, J. P., McElhaney, K. B., Kuperminc, G. P., & Jodl, K. M. (2004). Stability and change in attachment security across adolescence. *Child Development, 75,* 1792–1805.

Allen, J. P., McElhaney, K. B., Land, D. J., Kuperminc, G. P., Moore, C. W., O'Beirne-Kelly, H., & Kilmer, S. L. (2003). A secure base in adolescence: Markers of attachment security in the mother-adolescent relationship. *Child Development, 74,* 292–307.

Allen, J. P., Moore, C., Kuperminc, G., & Bell, K. (1998). Attachment and adolescent psychosocial functioning. *Child Development, 69,* 1406–1409.